1 MONTH OF
FREE
READING

at

www.ForgottenBooks.com

By purchasing this book you are eligible for one month membership to ForgottenBooks.com, giving you unlimited access to our entire collection of over 1,000,000 titles via our web site and mobile apps.

To claim your free month visit:
www.forgottenbooks.com/free660137

ISBN 978-0-364-29080-4
PIBN 10660137

This book is a reproduction of an important historical work. Forgotten Books uses
state-of-the-art technology to digitally reconstruct the work, preserving the original format
whilst repairing imperfections present in the aged copy. In rare cases, an imperfection in
the original, such as a blemish or missing page, may be replicated in our edition. We do,
however, repair the vast majority of imperfections successfully; any imperfections that
remain are intentionally left to preserve the state of such historical works.

Berichte
Denkschriften und Verhandlungen

des

Fünften Internationalen Kongresses

für

Versicherungs-Wissenschaft

zu

Berlin vom 10. bis 15. September 1906

———•·•———

Herausgegeben im Auftrag

des Deutschen Vereins für Versicherungs-Wissenschaft

von

ALFRED MANES
Dr. phil. et jur.
Generalsekretär des Vereins
Geschäftsführer des Kongresses

Zweiter Band: Denkschriften

——————— •·•• ———————

Berlin 1906
Ernst Siegfried Mittler und Sohn
Königliche Hofbuchhandlung
Kochstraße 68—71

HG

Rapports, Mémoires et Procès-Verbaux

du

Cinquième Congrès International

des

Actuaires

tenu à Berlin du 10 au 15 septembre 1906

Tome II: Mémoires

Edité par

ALFRED MANES

Secrétaire Général

Berlin 1906

Ernst Siegfried Mittler und Sohn

Königliche Hofbuchhandlung

Kochstraße 68—71

Reports, Memoirs and Proceedings

of the

Fifth International Congress

of

Actuaries

held in Berlin September 10 to 15, 1906

Vol. II: Memoirs

Edited by

ALFRED MANES

General Secretary

Berlin 1906

Ernst Siegfried Mittler und Sohn

Königliche Hofbuchhandlung

Kochstraße 68—71

Inhaltsverzeichnis

für Band II.

Denkschriften.

Mémoires. — Memoirs.

VIII.

Fortschritte der Sterblichkeitsforschung.

| Des progrès en matière d'investigations sur la mortalité. | Methods of conducting mortality investigations. |

IX.

Die Ausgleichung von Sterblichkeitstafeln.

X.

Die Fortschritte auf dem Gebiete des Unterrichts in Versicherungs-Wissenschaft.

XI.

Die Fortschritte auf dem Gebiete der Gesetzgebung über die Versicherung.

Les progrès en matière de légis- | The progress of insurance
lation d'assurance. | legislation.

XII.

Technische Hilfsmittel.

Les divers auxiliaires techniques. — Aids to actuarial calculation.

XIII.

Vorschläge zu einer Vereinheitlichung der Rechtsvorschriften über die Staatsaufsicht.

Propositions pour uniformiser les dispositions légales en ce qui concerne particulièrement la surveillance exercée par l'État.

The uniformity of legal requirements, especially as regards reports to be made to the insurance authorities.

Berichte über die dem Kongreß seitens der deutschen Reichsbehörden gewidmeten Festschriften. [*)]

XIV.

a. Kaiserliches Aufsichtsamt für Privatversicherung.

a. L'Office Impérial de Surveillance de l'Assurance Privée.

a. The Imperial Office for Superversion of Insurance.

A. Die Gewinnbeteiligung.

[*)] Diese gelangen an die persönlich erscheinenden Kongreßmitglieder in Berlin zur Verteilung.

b. Reichsversicherungsamt.

**b. L'Office
Impérial d'Assurance Sociale.**

**b. The Imperial
Office for Workmen-Insurance.**

c. Kaiserliches Statistisches Amt.

**c. L'Office
Impérial de Statistique.**

c. The Imperial Statistical Office.

Ende des zweiten Bandes.

Der dritte, die Protokolle des Kongresses sowie das Mit-
gliederverzeichnis usw. enthaltende Band gelangt Ende 1906
zur Ausgabe und Versendung.

VIII.

Fortschritte der Sterblichkeitsforschung.

Des progrès en matière d'investigations sur la mortalité.

Methods of conducting mortality investigations.

VIII. — A.

Die Fortschritte der Sterblichkeitsstatistik in Dänemark.

Von Harald Westergaard, Kopenhagen.

Die offizielle dänische Statistik hat mehrere *Sterbetafeln* hergestellt, teils für das ganze Königreich, teils für einzelne Teile der Bevölkerung, speziell für die Hauptstadt, für die kleineren Städte und für die Landbevölkerung. In der Regel wurde die einfache Methode in Anwendung gebracht, die Intensität der Sterblichkeit aus der jährlichen Anzahl von Sterbefällen und der durchschnittlichen Volkszahl zu berechnen, und zwar wurde die letztere Zahl meistens als Durchschnittszahl zweier Volkszahlen am Ende und Schluss der betreffenden Periode ermittelt.[1]) Diese Methode wird wie bekannt im allgemeinen zu recht zuverlässigen Ergebnissen führen, falls die Elementarbeobachtungen nur richtig sind. Leider ist dieses nur teilweise der Fall, und zwar enthalten die Sterbelisten häufig sehr *viele ortsfremde Todesfälle*. Wie bedeutend diese Fehlerquelle ist, hat soeben *Dr. Carlsen* in der vom Gesundheitskollegium veröffentlichten Übersicht über die Todesursachen in der städtischen Bevölkerung Dänemarks nachgewiesen.[2]) Es erhellt aus seinen Untersuchungen, daß in den kleineren Städten im Alter von 5—25 Jahren im männlichen Geschlechte sogar 22—30 Prozent der Todesfälle ortsfremde waren. Für sämtliche Altersklassen war die Verhältniszahl 9 Prozent. Auch in Kopenhagen spielt diese Fehlerquelle eine nicht unerhebliche Rolle, doch waren hier nur im ganzen 3 Prozent der Todesfälle ortsfremde. Auf derartige Beobachtungen fußend, ist es *Dr. Carlsen* gelungen, eine recht zuverlässige *Sterbetafel für die städtische Bevölkerung* aufzustellen.

Das königliche statistische Bureau hat einen Versuch gemacht, *eine Reichstafel* nach ähnlichen Prinzipien zu berechnen wie die deutsche und norwegische Reichstafel oder die von *v. Pesch* für Holland hergestellte Tafel.[3])

Die Methode[4]) besteht wesentlich darin, daß man mit Hilfe der Auswanderungsstatistik die jährliche Volkszahl in jeder Altersklasse berechnet und somit einen verhältnismäßig genauen Ausdruck für die

---

[1]) Vgl. Westergaard: Die Lehre von der Mortalität und Morbilität, p. 149 f.
[2]) Oversigt over Dödsaarsagerne i Kongeriget Danmarks Bybefolkning 1890 bis 1899. Kbhavn 1905.
[3]) Westergaard, l. c., p. 161 ff.
[4]) Vielser, Födte og Döde 1895 — 1900. Kbhvn 1903.

von der Bevölkerung durchlebte Zeit gewinnt. Mit Ausgangspunkt in der Volkszählung am 1. Februar 1890 wird man berechnen können, wie viele gleichaltrige Personen die nächste Volkszählung (1. Februar 1901) würden erlebt haben, falls keine Aus- und Einwanderung stattgefunden hätte. Bei Vergleichung mit der Zählung 1901 wird sich nun der Auswanderungsüberschuß ermitteln können, und wenn man annimmt, daß dieser sich auf die einzelnen Jahre des Intervalles 1890—1900 wie die überseeische Auswanderung verteilt, wird es leicht sein, die Volkszahl für jedes Jahr zu konstruieren. Was die Sterbefälle betrifft, wird es notwendig sein, eine Reihe von Interpolationen vorzunehmen, um einjährige (statt fünfjährige) Altersklassen zu gewinnen, und ferner, um die Sterbefälle in *Geburtsjahrklassen* zu zerlegen.

Der Unterschied zwischen den nach der älteren und neueren Methode berechneten Sterbetafeln war übrigens nicht groß. So war im Alter von 5—30 Jahren die Sterblichkeit unter Männern nach der älteren Methode durchschnittlich etwa 2—3 Prozent größer als nach der neueren. Im Alter von 30—35 Jahren war die Sterblichkeit fast dieselbe, und im Alter von 35—65 Jahren wieder durchschnittlich 3—4 Prozent größer. Bei Sterblichkeitsmessungen, wo die Individualbeobachtungen ausgeschlossen sind, wird man selten eine größere Genauigkeit erwarten dürfen. Wo es sich um kleinere Gebiete handelt, ist diese Methode übrigens, wie man leicht sehen wird, ausgeschlossen, man wird hier meistens auf die ältere Methode hingewiesen werden.

Zum ersten Male in der offiziellen dänischen Statistik hat man auch im Jahre 1903 *Sterbetafeln nach Zivilstand* aufgestellt. Die Ergebnisse entsprechen den in anderen Ländern gefundenen; die Sterblichkeit der ledigen Männer ist eine sehr große, die der ledigen Frauen ist in den jüngeren Jahren etwas kleiner als die der verheirateten, später bedeutend größer. Die Sterblichkeit der Verwittweten entspricht wieder derjenigen der Ledigen.

Im Jahre 1905 veröffentlichte das königliche statistische Bureau eine Übersicht über die *Geschichte der Bevölkerung im 19. Jahrhundert.*[1]) Die Hauptergebnisse der in vielen Beziehungen interessanten *Volkszählung 1787* werden hier im Faksimile mitgeteilt, wodurch man Anhaltspunkte zu einer Sterblichkeitsuntersuchung betreffend die letzten Jahrzehnte des 18. Jahrhunderts gewinnt. Ferner enthält das Werk wertvolle *Zusammenstellungen der Sterbetafeln* für verschiedene Perioden seit 1840. Es bestätigt sich, daß die Gesundheitsverhältnisse sich immer verbessert haben. Die mittlere Lebensdauer für Männer im Alter 0 war z. B. 1840—1849 nur 40,9 Jahre, 1895—1900 dagegen 50,2 Jahre usw. Nach einer *Standardberechnung* mit dem Altersaufbau in 1901 als Ausgangspunkt wird man finden, daß die Sterblichkeit der Männer 1890—1900 nur 80 Prozent der Sterblichkeit 1840 bis 1849 war; für Frauen war die Verhältniszahl sogar nur 78 Prozent.

Bei der Volkszählung 1901 wurde nach der Anzahl der *lebenden und gestorbenen Kinder in jeder Ehe* gefragt und dadurch viele inter-

---

[1]) Befolkningsforholdene i Danmark i det 19. Aarhundrede. 1905.

essante Ergebnisse gewonnen,[1]) teilweise den Beobachtungen entsprechend, welche ich in Verbindung mit *M. Rubin* seinerzeit gefunden
habe.[2]) Beispielsweise soll hier erwähnt werden, daß in Ehen im
Bauernstande, welche 10—15 Jahre bestanden haben und die nur
1—2 Kinder gehabt hatte, war die Sterblichkeit der Kinder 10 Prozent,
in Ehen mit 4 Kindern 16 Prozent, mit 8—9 Kindern 22 Prozent, und
mit 10—12 Kindern sogar 35 Prozent. Es zeigt sich überhaupt überall, daß bei forcierter Kindererzeugung die Sterblichkeit der Kinder
verhältnismäßig sehr groß ist. Auch für *Kopenhagen* liegen inter-
essante vom städtischen Bureau veröffentlichte Beobachtungen vor mit
entsprechenden Ergebnissen.[3]) Hier wurde auch die Anzahl der
Kinder mit der *Größe der Wohnungen* zusammengestellt: die kleinen
Wohnungen haben eine bedeutend größere Sterblichkeit als die größeren Wohnungen aufzuweisen.

Endlich hat das königliche statistische Bureau eine Statistik *der
Armenhäuser*[4]) herausgegeben, in welcher auch die Sterblichkeitsverhältnisse berührt werden. Die Sterblichkeit der Personen in Armenpflege war bedeutend größer als in der allgemeinen Bevölkerung; wenn
man aber solche Personen ausscheidet, welche wegen Krankheit oder
Trunksucht in Armenpflege kamen, ist die Sterblichkeit nicht auffallend groß. Dagegen war die *Sterblichkeit der wegen Trunksucht
Unterstützten* doppelt so groß wie in der allgemeinen Bevölkerung.

Anläßlich einer Reform der *Pensionsverhältnisse im geistlichen
Stande* wurden die Sterblichkeits- und Invaliditätsverhältnisse *der
Pfarrer* einer Untersuchung unterzogen. Da die Ergebnisse deutschen
Lesern zugänglich sind,[5]) sei hier nur erwähnt, daß die Sterblichkeit
der Aktiven wie gewöhnlich im geistlichen Stande eine sehr kleine ist;
dagegen ist die Sterblichkeit *der Pensionierten* bedeutend, und man
kann hier die gewöhnlichen Wirkungen einer Auslese beobachten; die
Sterblichkeit ist in den ersten Jahren nach der Verabschiedung viel
größer als späterhin.

Die Sterblichkeit der *skandinavischen Diakonissinnen* wurde von
mir in einer kleinen Abhandlung behandelt, die in *A. v. Lindheims*
Buch: „Saluti ægrorum" (1905) aufgenommen wurde. Im ganzen
deuten die Beobachtungen auf günstige Gesundheitsverhältnisse, während man wie bekannt unter katholischen Krankenpflegerinnen eine
auffallend große Sterblichkeit gefunden hat.

---

[1]) Ægteskabs-Statistik (Statistiske Meddelelser 4. R. 18, 1905).
[2]) Statistik der Ehen 1890. —
[3]) Trap: Børneantal og Børne døde lighed i Köbenhavnske Ægteskaber 1905.
[4]) De fattig understöttede i Danmark 1901 (stat: Meddel: 4 R 18 1905).
[5]) Westergaard: Die Sterblichkeit und Invalidität im dänischen geistlichen
Stande. Assecuranz-Jahrbuch. Wien 1906.

Statistique de la mortalité au Danemark.

Par Harald Westergaard, Copenhague.

1. Une enquête s'étendant aux décès survenus parmi la population des villes a permis de dresser une Table relativement exacte de la mortalité dans les agglomérations urbaines.

2. Le Bureau Royal de Statistique a dressé une Table danoise sur le modèle des tables allemande, hollandaise (*van Pesch*), et norvégienne. En même temps on a examiné quelle était la mortalité pour chaque classe de la population civile.

3. Le Bureau Royal a publié un exposé de l'état de la population danoise pendant le 19me siècle en tenant compte, entre autres, des mouvements de la mortalité.

4. On doit à la Statistique officielle du Danemark deux travaux, l'un sur la fécondité dans le mariage et l'autre sur l'influence que le nombre des enfants exerce dans chaque famille sur la mortalité de ces derniers. L'importance de la dimension des logements a aussi été établie.

5. Il faut signaler en outre une enquête relative à la mortalité des personnes hospitalisées, une statistique se rapportant aux sœurs de charité et enfin des observations faites au sujet de l'invalidité et de la mortalité des ecclésiastiques.

Mortality-statistics in Denmark.

By Harald Westergaard, Copenhagen.

1. An investigation into the deaths of strangers among the urban population has made it possible to prepare a fairly reliable mortality-table for Towns.

2. A Table for the entire Realm on a method, similar to that for Germany, the Netherlands (*van Pesch*) and for Norway has been prepared by the Royal Statistical Bureau. At the same time the mortality according to the *état civil* was investigated.

3. The above-mentioned Royal Bureau has published a synopsis of the state of the population in Denmark during the 19th Century, at the same time reviewing (for the period under observation) the changes in the mortality.

4. There are two official papers on the fecundity of marriage and on the influence of large families on the mortality of children.

5. There is a paper on the mortality of persons in Poorhouses (workhouses), and there are statistics of hospital nurses (*Diakonissinnen*) and observations on the mortality and invalidity of the clergy.

Die Fortschritte der Sterblichkeitsforschung in Preußen.

Von **C. Ballod**, Berlin.

In Preußen ist, wie auch in fast allen anderen Staaten (von Schweden abgesehen), die Erhebung und Verarbeitung des statistischen Urstoffes erst in der zweiten Hälfte des 19. Jahrhunderts so weit vervollkommnet worden, daß eine genauere Erforschung der Sterblichkeitsverhältnisse unter Zugrundelegung der Alterssterblichkeit erfolgen konnte. Die an sich so geistvollen und interessanten Ausführungen *Süssmilchs* basieren auf nur sehr summarischen Angaben. Auch für den ganzen Zeitraum von 1816—1860, als in Preußen bereits ein statistisches Bureau bestand, das das bei den Volkszählungen gewonnene Material sowohl als die Ergebnisse der Bevölkerungsbewegung verarbeitete, sind doch nur recht allgemeine Verhältniszahlen berechnet worden: es sind da veröffentlicht Angaben über die Geburten-, Sterbe- und Heiratsziffer für die gesamte Bevölkerung. Die erste Sterbetafel für Preußen ist für die Zeit 1859—1864 von *Becker,* dem nachmaligen ersten Direktor des Kaiserl. Deutschen Statistischen Amtes, allerdings auch in nur sehr summarischer Weise, unter Ausscheidung von 5 und 10jährigen Altersklassen, berechnet worden.[1] Sodann ist von *Boeckh* für das Jahr 1865 eine Sterbetafel unter Zuhilfenahme von Interpolationen errechnet.[2] Eine wirklich genaue Berechnung konnte aber erst durchgeführt werden, als man eine bessere Einteilung der Gestorbenen, nach einjährigen Altersklassen, durchgeführt hatte. Eine solche genaue Einteilung nach Geburtsjahres- und Altersklassen gibt es erst seit 1876; für die Altersklassen ist allerdings auch die vollständige Verarbeitung erst seit 1901 im Gange; für die Zeit von 1876—1900 sind die Altersklassen nur bis zum 20. Lebensjahre nach einjährigen, sodann nur nach fünfjährigen Intervallen vorhanden. Eine wirklich den Anforderungen der statistischen Theorie genügende Sterblichkeitstafel wird man daher erst in einigen Jahren berechnen können. Indessen sind doch schon bei der

---

[1] Veröffentlicht in der Zeitschrift des Königl. Preufs. Statist. Bureaus 1869, S. 140 ff.

[2] Hildebrandts Jahrbücher f. Nationalökonomie und Statistik 1875, S. 201 ff.

gegenwärtigen Sachlage bzw. bei dem Material, das Preußen seit 1876 besitzt, eine Genauigkeit zu erzielen, wie dies bei keinem anderen größeren Staat möglich ist, weil fast alle anderen Staaten entweder nur Angaben über die Altersjahre der Gestorbenen oder die Kalenderjahre der Geburt derselben besitzen.

Eine vollständige Sterbetafel für den Preußischen Staat in seinem jetzigen Umfange ist auf Grund der Sterblichkeitsangaben für die einzelnen Kalendergeburtsjahresklassen zuerst von dem Freiherrn *v. Fircks* für die Jahre 1867, 1868, 1872, 1875, 1876, 1877 berechnet und veröffentlicht worden. Wie man sieht, hat Freiherr *v. Fircks* die Kriegsjahre und überhaupt auch die anderen Jahre einer erhöhten Sterblichkeit außer acht gelassen, wohl, weil es ihm daran lag, die *normale* Sterblichkeit zu ermitteln. Es ist nun interessant, daß die *v. Fircks*sche Tafel, wie aus der Tabellenanlage zu ersehen ist, nichtsdestoweniger durchweg ungünstigere Daten für die mittlere bez. „durchschnittliche fernere" Lebensdauer aufweist, als die ältere Tafel von *Becker* (aus den Jahren 1859—1864). Den Werten der *Fircks*schen Tafel sehr nahe kommt die Sterbetafel von *Becker* für das Deutsche Reich für die Jahre 1872—1881, welche letztere freilich methodologisch viel höher steht. Von späteren Sterbetafeln ist noch

Tabelle 1.   Mittlere Lebensdauer.

Alter	Preußen[1] 1859 bis 1864		Preußen[2] 1867, 1868, 1872, 1875, 1876, 1877		Deutsche Sterbetafel[3] 1871 bis 1880		Preußen 1891 bis 1900		Preußen 1900 bis 1901	
	m.	w.	m.	w.	m.	w.	m.	w.	m.	w.
0	36,5	38,5	35,4	38,0	35,6	38,5	41,1	44,6	42.1	45,4
1	45,6	46,3	44,8	46,4	46,5	48,1	51,5	53,8	52,7	55,2
5	49,8	50,5	48,6	50,1	49,4	51,0	53.2	55,5	53,7	56,3
10	47,2	48,1	45,9	47,5	46,5	48,2	49,7	52,1	49,9	52,6
15	43,4	44,2	41,9	43,6	42,4	44,2	45,3	47,9	45,6	48,4
20	39,5	40,3	38,1	39,7	38,4	40,2	41,3	43,8	41,5	44,3
25	36,0	36,6	34,7	36,1	35,0	36,5	37,4	39,8	37,7	40,3
30	32,4	33,0	31,2	32,6	31,4	33,1	33,5	35,9	33.7	36,4
35	—	—	28,8	30,9	27,9	29,7	29,6	32,2	29,8	32.6
40	25,2	26,1	24,4	25,8	24,5	26,3	26,0	28,4	26,0	28.8
45	—	—	21,4	23,0	21,2	22,8	20,5	24,7	22,5	24,9
50	18,6	19,2	18,1	19,0	18,0	19,3	19,1	20,9	19,1	21,1
55	—	—	14,7	15,5	15,0	15,9	15,9	17,2	16,0	17,4
60	12,7	12,9	12,4	12,7	12,1	12,7	13,0	13,9	13,0	14,1
65	—	—	8,9	9,2	9,6	10,0	10,3	10,8	10,3	11,0
70	7,8	7,8	7,8	7,7	7,3	7,6	7,9	8,3	8,0	8,4
75	—	—	5,0	4,9	5,5	5,7	6,0	6,3	6,0	6.3
80	4,7	4,9	4,7	4,4	4,1	4.2	4.4	4,7	4,5	4,7
85	—	—	2,9	2,6	3,1	3,1	3,2	3,5	3,4	3,5
90	3,6	3,7	3,0	3,0	2,8	2.4	2,4	2,7	2,6	2,9
95	—	—	1,7	1,8	—	—	—	—	—	—
100	—	—	—	—	—	—	—	—	—	—

[1]) Zeitschr. 1869, S. 140.
[2]) Zeitschr. 1882, S. 139.
[3]) Vierteljahrshefte 1887, Nov., S. 70.

eine von *v. Fircks* für die Jahre 1890/91 berechnete zu erwähnen, die allerdings methodologisch einen Rückschritt bedeutet, jedoch für summarische Vergleiche immerhin geeignet ist.[1]) Dieselbe ergibt eine bedeutende Abminderung der Sterblichkeit und eine erhebliche Zunahme der mittleren Lebensdauer. Dies allerdings in erster Linie nur für die jüngeren Altersklassen, die Sterblichkeit der reiferen Altersklassen hat sich kaum merklich verändert. Dasselbe ist aus der von *Ballod* für die Jahre 1881—1890 und für 1894—1897 berechneten Sterbetafel zu ersehen.[2])

Gegenwärtig bzw. im Jahre 1905/1906 sind im Königl. Preuß. Statist. Landesamt etwa 50 Sterbetafeln für die Zeit von 1891—1900 bzw. 1896—1900 und 1900/1901 fertiggestellt worden, von denen bereits 6 Tafeln veröffentlicht sind,[3]) die anderen noch im Laufe des Jahres erscheinen werden. Es ist bei diesen Berechnungen gleichzeitig Wert gelegt auf eine Unterscheidung der Sterblichkeit in Stadt und Land, welche Unterscheidung nach dem vorliegenden statistischen Urmaterial bequem durchführbar ist, die aber bei den früheren Berechnungen, so auch bei den *v. Fircks*schen Tafeln für 1890/1891 vernachlässigt worden ist, offenbar weil *v. Fircks* diese Unterschiede für bedeutungslos gehalten hat. Eine genaue, vollständig erschöpfende Erfassung der Sterblichkeitsverhältnisse wäre freilich erst geboten, wenn man die Sterblichkeit der einzelnen Berufe, ebenfalls getrennt nach Land und Stadt, feststellen könnte. Leider ist eine derartige Forderung an der Hand des bis jetzt vorhandenen Materials nicht erfüllbar. Es sind aber Anstalten getroffen, um von 1905 an die Gestorbenen wenigstens nach Beruf und 5jährigen Altersklassen zu gliedern. Im Anschluß an die nächste, im Jahre 1907 stattfindende Berufszählung werden alsdann in einigen bzw. 3—4 Jahren genauere Angaben über die Berufssterblichkeit wenigstens für die wichtigsten, etwa 20 Berufe möglich sein.

Vorläufig können wir nur Vergleiche ziehen zwischen den Ergebnissen der zur Zeit vorliegenden, für die Jahre 1891—1900 und 1900/1901 berechneten Sterbetafeln und den Angaben der früheren, *Becker*schen und *v. Fircks*schen Tafeln.

Die Berechnung der Haupttafel für den Preußischen Staat für 1891—1900 ist in der Weise erfolgt, daß für die ersten 5 Lebensjahre sowohl die Alters- als die Geburtsjahresklassen der verstorbenen Kinder berücksichtigt sind, und zwar ist die Rechnung nach der *Becker*schen Methode ausgeführt worden, die *Becker* selbst seinerzeit, d. h. bei der Berechnung der Sterbetafel für 1872—1881 nur unvollständig bzw. unter Zuhilfenahme von Interpolationen anwenden konnte. Für die Altersklassen vom fünften Lebensjahre an sind zunächst Sterbekoeffizienten der einzelnen Altersklassen (mit einjährigen Intervallen) berechnet worden unter Beobachtung des genauesten Verfahrens. Die

---

[1]) Zeitschrift des Königl. Preuſs. Statist. Bureaus 1897, S. 141.
[2]) Abgedruckt in der „Lebensfähigkeit der ländlichen und städtischen Bevölkerung Leipzig 1897 und der mittleren Lebensdauer in Stadt und Land", Leipzig 1899.
[3]) Statist. Korrespondenz, 27. Mai 1905.

Tabelle 2.

Preußische Sterbetafel 1900 bis 1901.

Überlebende (von 1000 Lebendgeborenen)

Alter in Jahren	Staat						Die 22 Großstädte zusammen		Mittelstädte und Landgemeinden mit über 20 000 bis 100 000 Einwohnern		Kleinstädte mit unter 20 000 Einwohnern	
	zusammen		Städte		Land							
	m.	w.	m.	w.	m.	w.	m.	w.	m.	w.	m.	w.
1	26	27	28	29	30	31	32	33	34	35	36	37
0	1000	1000	1000	1000	1000	100	1 000	1000	1000	1000	1000	1000
1	782,45	814,50	772,38	804,48	789,03	821,09	7?18	796,29	782,12	812,17	776,77	809,49
2	744,24	776,61	731,54	763,88	752,52	784,96	721,09	754,32	739,36	768,20	737,53	771,86
3	729,50	752,14	715,82	748,28	738,41	7?42	7?31	738,71	7?06	751,25	721,93	756,71
4	720,13	745,16	705,91	738,32	729,36	7?17	6?09	728,43	712,02	7?49	712,99	747,43
5	713,55	?51	699,17	731,23	722,89	754,27	688,22	721,24	704,51	732,95	689,53	740,53
10	?624	715,69	682,05	712,71	?46	735,54	6?4	703,57	6?75	713,07	680,19	721,74
15	6?80	702,43	673,06	702,90	6?72	724,08	6?15	694,62	6?76	703,02	6?06	711,17
20	672,39	685,98	658,63	690,22	6?43	710,38	6?17	683,22	661,67	6?06	6?06	697,09
25	6?30	?74	641,15	673,95	6?41	6?85	634,12	668,32	6?17	674,14	622,09	678,42
30	6?75	?80	620,87	653,90	6?68	6?54	615,11	649,87	624,94	654,34	598,44	656,33
35	?99	619,17	596,91	632,01	6?00	651,71	591,35	629,40	601,73	632,72	5?01	632,71
40	586,84	593,08	564,94	607,21	668,26	6?34	559,46	605,46	6?95	6?04	528,56	606,93
45	552,60	?421	524,05	580,60	4?59	601,78	517,98	579,65	527,98	580,60	481,17	580,13
50	?038	?257	474,55	549,77	538,02	?66	?635	549,34	478,53	549,91	4?98	548,75
55	459,20	?35	416,50	510,51	49?,12	538,43	408,12	511,55	418,37	5?09	3?04	509,06
60	398,39	406,48	350,01	459,05	436,53	487,42	340,38	459,82	348,44	4?83	3?04	458,57
65	327,05	?565	276,26	392,66	366,46	4?70	?87	394,11	274,11	3?50	212,52	392,35
70	244,43	211,92	198,37	307,38	279,63	?74	188,89	311,20	192,10	3?14	132,98	304,76
75	157,27	110,77	122,18	209,28	?91	213,84	115,18	215,74	5?36	206,35	64,83	205,51
80	79,01	40,61	59,00	112,70	94,19	109,31	55,34	119,25	51,54	109,64	21,30	109,08
85	26,69	7,84	19,18	43,14	32,41	?3,75	18,94	48,66	15,05	39,50	3,08	40,93
90	4,58	0,61	2,97	8,44	5,83	7,41	3,38	10,84	2,30	7,56	0,07	7,37
95	0,06	—	—	0,67	0,17	0,57	—	0,71	—	0,64	—	0,62
100	—	—	—	—	—	—	—	—	—	—	—	—

Tabelle 2 (Forts.)

Preußische Sterbetafel 1900 bis 1901.

Mittlere Lebensdauer

Alter in Jahren	Staat						Die 22 Großstädte zusammen		Mittelstädte und Landgemeinden mit über 20000 bis 100000 Einwohnern		Kleinstädte mit unter 20000 Einwohnern	
	zusammen		Städte		Land							
	m.	w.	m.	w.	m.	w.	m.	w.	m.	w.	m.	w.
	38	39	40	41	42	43	44	45	46	47	48	49
0	42,07	45,84	39,85	44,92	43,72	46,48	39,19	44,78	39,95	44,87	40,45	45,05
1	52,69	55,22	50,52	54,77	54,34	5555	50,27	55,17	50,00	54,18	51,00	54,59
2	54,38	56,91	52,33	56,67	55,97	57,10	52,20	57,45	51,88	56,26	52,70	56,24
3	54,48	57,02	52,48	56,85	56,03	57,17	52,38	57,25	52,05	5653	52,83	56,37
4	54,19	56,74	52,21	56,61	55,72	56,86	52,13	57,05	51,85	56,35	52,49	56,06
5	53,69	56,26	51,71	56,16	55,22	56,37	51,65	56,82	51,40	55,92	51,96	55,58
10	49,95	52,64	47,94	52,55	51,52	52,75	47,85	53,18	47,74	52,41	48,19	51,96
15	45,61	48,40	43,55	48,25	47,20	48,54	43,45	48,84	43,34	48,13	43,82	47,70
20	41,53	44,27	39,45	44,09	43,14	44,43	39,26	44,61	39,27	43,98	39,76	43,61
25	37,67	40,27	35,45	40,09	39,43	40,43	35,19	40,55	35,21	39,95	35,98	39,74
30	33,69	36,42	31,53	36,25	35,40	36,57	31,20	36,63	31,27	36,09	32,16	36,00
35	29,75	32,57	27,70	32,42	31,32	32,71	27,36	32,74	27,37	32,24	28,33	32,25
40	26,01	28,77	24,12	28,64	27,41	28,89	23,78	28,93	23,76	28,45	24,70	28,51
45	22,47	24,93	20,81	24,84	23,65	25,01	20,48	25,11	20,45	24,68	21,38	24,71
50	19,12	21,07	17,72	21,09	20,07	21,07	17,42	21,36	17,31	20,91	18,24	20,98
55	15,97	17,40	14,84	17,52	16,69	17,32	14,59	17,75	14,44	17,39	15,28	17,42
60	1?,03	14,01	12,18	14,20	13,53	13,87	12,00	14,47	11,83	14,09	12,49	14,06
65	10,33	10,96	9,77	11,18	10,63	10,80	9,70	11,46	9,37	11,06	9,98	11,02
70	7,97	8,39	7,62	8,59	8,16	8,25	7,00	8,85	7,30	8,46	7,73	8,46
75	6,01	6,27	5,82	6,44	6,11	6,15	5,87	6,66	5,49	6,31	5,86	6,34
80	4,48	4,71	4,38	4,82	4,54	4,64	4,52	5,02	4,18	4,68	4,39	4,74
85	3,37	3,54	3,27	3,56	3,43	3,53	3,39	3,69	3,26	3,54	3,24	3,48
90	2,57	2,89	2,50	2,90	2,65	2,88	2,50	2,83	2,50	2,92	2,62	2,92
95	2,50	2,51	—	2,49	2,53	2,49	—	2,49	—	2,50	2,57	2,50
100	—	—	—	—	—	—	—	—	—	—	—	—

Besetzung einer jeden Altersklasse ist, abgesehen von den Volkszählungsterminen, auch für den 1. Januar eines jeden der 10 Jahre (von 1891—1900) festgestellt, indem die mit Hilfe der „Vorwärtsschreibung" einerseits, der „Rückwärtsschreibung" anderseits ermittelten Größen halbiert wurden. Auf diese Durchschnittsbesetzung wurden alsdann die entsprechenden Zahlen der Gestorbenen einer jeden Altersklasse bezogen, nachdem vorher, wegen der bekannten Überfüllung der runden Altersjahre, ein Ausgleich der Ziffern der Verstorbenen vorgenommen war. Diese so erhaltenen Sterbekoeffizienten wurden, da sich, namentlich für die höheren Altersklassen, noch eine Reihe von Unebenheiten ergaben, einem weiteren Ausgleich unterzogen.

Tabelle 3.   **Mittlere Lebensdauer.**
Männliches Geschlecht.

Alter	Land- und Stadtgemeinden												
	Ost-preußen		West-preußen		Pommern		Posen		Brandenburg			Sachsen	
	Land	Stadt	Land	Stadt	Land	Stadt	Land	Stadt	Land	Berlin	Stadt	Land	Stadt
0	41,7	35,27	41,9	35,7	45,0	36,6	44,2	37,7	41,9	39,8	39,7	43,8	39,8
20	43,8	36,90	44,9	38,3	44,9	40,1	44,9	39,5	43,1	40,1	41,1	44,3	41,0
30	36,1	28,9	37,1	30,5	37,2	32,3	36,9	31,6	35,2	32,0	32,9	36,2	33,0
40	28,1	22,3	29,0	23,6	29,2	25,1	28,7	24,5	27,4	24,6	25,7	28,0	25,3
50	20,6	16,7	21,4	17,7	21,4	18,6	21,1	18,4	20,3	18,8	18,7	22,8	18,4
60	13,9	11,7	14,5	12,5	14,4	12,8	14,4	12,8	13,7	12,6	12,9	13,5	12,5
70	8,4	7,6	8,8	7,8	8,6	8,0	8,9	8,3	8,3	8,0	8,0	7,9	7,7

Alter	Land- und Stadtgemeinden											
	Hannover		Westfalen		Hessen-Nassau		Rheinland		Schlesien		Schleswig-Holstein	
	Land	Stadt	Land	Stadt	Land	Stadt	Land	Stadt	Land	Stadt	Land	Stadt
0	49,4	43,8	45,0	40,4	48,3	44,7	44,3	40,9	39,0	35,4	51,5	44,8
20	44,0	40,4	41,7	38,0	42,2	39,8	42,4	39,7	41,8	36,3	46,7	41,6
30	36,2	32,4	34,0	30,5	34,6	31,9	34,7	31,9	33,7	28,5	38,8	33,6
40	28,9	25,0	26,1	23,3	26,6	24,3	27,0	24,4	26,6	21,9	30,5	26,1
50	20,5	18,4	19,0	17,2	19,3	17,7	19,6	17,8	19,1	16,3	22,6	19,5
60	13,8	12,7	12,8	11,8	12,7	11,9	13,0	12,1	12,8	11,4	15,3	13,5
70	8,3	8,0	7,8	7,4	7,5	7,5	7,8	7,6	7,7	7,1	9,3	8,5

Übersicht IV.   Preußische Sterbetafel 1891 bis 1900.
                              Gesamtstaat.

Alter in Jahren	Sterbeziffer auf 1000 Lebende		Gleichzeitig Lebende		Alter in Jahren	Überlebende (von 1000 Lebendgeborenen)		Mittlere Lebensdauer	
	männl.	weibl.	männl.	weibl.		männl.	weibl.	männl.	weibl.
1	2	3	4	5	6	7	8	9	10
					0	1000	1000	41,07	44,59
0— 1	—	—	843,44	867,92	1	780,47	812,75	51,54	53,80
1— 2	—	—	755,08	787,24	2	738,23	770,60	53,47	55,72
2— 3	—	—	728,75	761,06	3	720,85	753,10	53,74	56,00
3— 4	—	—	714,93	747,09	4	709,72	741,81	53,58	55,85
4— 5	—	—	705,51	737,49	5	701,77	733,57	53,18	55,47
5— 6	—	—	698,79	740,46	6	695,81	727,84	52,63	54,94
6— 7	—	—	693,49	724,82	7	691,16	722,30	51,98	54,32
7— 8	—	—	689,30	720,31	8	687,44	718,32	51,26	53,62
8— 9	—	—	685,97	716,70	9	684,50	715,07	50,48	52,86
9—10	—	—	683,28	713,72	10	682,05	712,36	49,66	52,06
10—11	—	—	680,93	711,14	11	679,81	709,92	48,82	51,23
11—12	—	—	678,88	708,80	12	677,84	707,67	47,96	50,40
12—13	—	—	676,91	706,58	13	675,98	705,49	47,09	49,55
13—14	—	—	675,07	704,36	14	674,16	703,22	46,22	48,71
14—15	—	—	673,22	702,06	15	672,27	700,89	45,35	47,87
15—16	—	—	671,20	699,65	16	670,13	698,41	44,49	47,04
16—17	—	—	668,89	697,09	17	667,64	695,77	43,65	46,21
17—18	—	—	666,13	694,43	18	664,62	693,09	42,85	45,39
18—19	—	—	662,93	691,71	19	661,23	690,32	42,07	44,57
19—20	—	—	659,41	688,89	20	657,58	687,45	41,30	43,76
20—21 .. .	—	—	655,71	685,91	21	653,83	684,37	40,53	42,95
21—22	—	—	651,94	682,79	22	650,05	681,20	39,77	42,15
22—23	—	—	648,16	679,53	23	646,26	677,86	39,00	41,35
23—24	—	—	644,38	676,12	24	642,49	674,38	38,22	40,56
24—25	—	—	640,61	672,53	25	638,73	670,67	37,44	39,78
25—26	5,79	5,69	636,90	668,77	26	535,06	666,87	36,66	39,01
26—27	5,88	5,87	633,20	664,92	27	631,34	662,96	35,87	38,24
27—28	6,00	6,07	629,45	660,96	28	627,56	658,95	35,08	37,46
28—29	6,15	6,29	625,64	656,88	29	623,72	654,81	34,30	36,70
29—30	6,33	6,53	621,75	652,68	30	619,78	650,55	33,52	35,94
30—31	6,57	6,79	617,75	648,35	31	615,71	646,15	32,73	35,18
31—32	6,84	7,03	613,62	643,89	32	611,52	641,62	31,95	34,42
32—33	7,16	7,28	609,34	639,30	33	607,16	636,97	31,18	33,67
33—34	7,54	7,52	604,88	634,59	34	602,60	632,20	30,41	32,92
34—35	7,97	7,74	600,21	629,76	35	597,82	627,32	29,65	32,17
35—36	8,42	7,94	595,32	624,84	36	592,82	622,36	28,89	31,42
36—37	8,91	8,14	590,19	619,84	37	587,56	617,32	28,15	30,68
37—38	9,43	8,34	584,89	614,76	38	582,22	612,20	27,40	29,93
38—39	9,98	8,53	579,33	609,60	39	576,44	606,99	26,67	29,18
39—40	10,56	8,71	573,41	604,36	40	570,38	601,72	25,95	28,43

Übersicht IV.   **Preußische Sterbetafel 1891 bis 1900.**   (Fortsetzung).
                                    Gesamtstaat.

Alter in Jahren	Sterbeziffer auf 1000 Lebende		Gleichzeitig Lebende		Alter in Jahren	Überlebende (von 1000 Lebendgeborenen)		Mittlere Lebensdauer	
	männl.	weibl.	männl.	weibl.		männl.	weibl.	männl.	weibl.
1	2	3	4	5	6	7	8	9	10
40—41	11,16	8,96	567,22	599,04	41	564,05	596,35	25,23	27,68
41—42	11,77	9,10	560,75	593,65	42	557,45	590,45	24,53	26,93
42—43	12,41	9,22	554,01	588,24	43	550,57	585,52	22,83	26,18
43—44	13,07	9,33	547,00	582,80	44	543,42	580,08	23,13	25,42
44—45	13,75	9,48	539,71	577,35	45	536,00	574,62	22,45	24,66
45—46	14,45	9,70	532,16	571,85	46	528,31	569,07	21,77	23,89
46—47	15,20	10,02	524,33	566,24	47	520,34	563,40	21,09	23,13
47—48	15,98	10,42	516,22	560,48	48	512,09	557,56	20,42	22,36
48—49	16,81	10,96	507,82	554,52	49	503,55	551,48	19,76	21,60
49—50	17,70	11,68	499,14	548,28	50	494,72	545,08	19,11	20,85
50—51	18,70	12,40	490,14	541,73	51	485,55	538,37	18,46	20,11
51—52	19,72	13,52	480,81	534,75	52	476,07	531,13	17,81	19,37
52—53	20,82	14,25	471,17	527,87	53	466,26	523,61	17,18	18,64
53—54	22,00	15,40	461,19	519,61	54	456,11	515,61	16,55	17,93
54—55	23,30	16,70	450,87	511,34	55	445,62	507,07	15,93	17,22
55—56	24,75	18,10	440,18	502,53	56	434,73	497,98	15,31	16,52
56—57	26,38	19,60	429,07	493,14	57	423,41	488,30	14,71	15,84
57—58	28,18	21,10	417,53	483,20	58	411,64	478,10	14,12	15,17
58—59	30 16	22,70	405,53	472,74	59	399,41	467,37	13,53	14,51
59—60	32,32	24,40	393,06	461,74	60	386,71	456,10	12,96	13,85
60—61	34,66	26,40	380,12	450,16	61	373,53	444,21	12,40	13,21
61—62	37,18	29,00	366,72	437,87	62	359,90	431,52	11,85	12,58
62—63	39,88	32,00	352,87	424,78	63	345,84	417,94	11,31	11,98
63—64	42,78	35,35	338,60	410,65	64	331,35	403,36	10,79	11,39
64—65	45,90	39,50	323,92	395,55	65	316,48	387,74	10,27	10,83
65—66	49,35	43,70	308,86	379,45	66	301,24	371,16	9,76	10,29
66—67	53,40	48,10	293,41	362,45	67	285,58	353,73	9,27	9,77
67—68	59,05	52,70	277,39	344,65	68	269,20	335,56	8,81	9,28
68—69	64,85	57,60	260,81	326,17	69	252,42	316,78	8,36	8,80
69—70	70,30	62,70	243,85	307,15	70	235,28	297,52	7,93	8,33
70—71	76,30	68,20	226,54	287,71	71	217,79	277,89	7,53	7,89
71—72	82,50	74,20	209,26	267,95	72	200,72	258,01	7,12	7,46
72—73	88,90	80,80	192,18	247,99	73	183,63	237,97	6,74	7,04
73—74	95,50	88,10	175,27	227,94	74	166,90	217,90	6,37	6,64
74—75	102,40	96,10	158,77	207,91	75	150,64	197,92	6,00	6,26
75—76	111,30	105,00	142,70	188,05	76	134,76	178,17	5,65	5,90
76—77	120,30	115,00	127,12	168,49	77	119,47	158,80	5,31.	5,56
77—78	130,80	126,00	112,14	149,39	78	104,80	139,98	4,98	5,24
78—79	142,80	137,00	97,82	131,01	79	90,83	122,03	4,67	4,94
79—80	156,80	150,00	84,23	113,52	80	77,62	105,00	4,38	4,66

Übersicht IV.   Preußische Sterbetafel 1891 bis 1900.   (Fortsetzung).
Gesamtstaat.

Alter in Jahren	Sterbeziffer auf 1000 Lebende		Gleichzeitig Lebende		Alter in Jahren	Überlebende (von 1000 Lebendgeborenen)		Mittlere Lebensdauer	
	männl.	weibl.	männl.	weibl.		männl.	weibl.	männl.	weibl.
1	2	3	4	5	6	7	8	9	10
80— 81 . . .	172,00	163,00	71,48	97,09	81	65,84	89,17	4,11	4,40
81— 82 . . .	187,00	176,00	59,76	81,96	82	54,17	74.74	3,85	4,15
82— 83 . . .	203,00	190,00	49,18	68,26	83	44,19	61,78	3,61	3,92
83— 84 . . .	222,00	205,00	39,78	56,04	84	35,36	50,29	3,38	3,70
84— 85 . . .	243,00	221,00	31,53	45,29	85	27,70	40,28	3,18	3,49
85— 86 . . .	264,00	238,00	24,47	36,00	86	21,24	31,72	3,00	3,30
86— 87 . . .	286,00	256,00	18,59	28,12	87	15,93	24,54	2,83	3,12
87— 88 . . .	308,00	275,00	13,81	21,56	88	11,68	18,59	2,68	2,95
88— 89 . . .	330,00	294,00	10,02	16,21	89	8,37	13,83	2,54	2,80
89— 90 . . .	352,00	314,00	7,12	11.95	90	5,87	10,07	2,41	2,66
90— 91 . . .	374,00	334,00	4,95	8,63	91	4,02	7,19	2,29	2,52
91— 92 . . .	397,00	354,00	3,36	6,11	92	2,69	5,08	2,17	2,39
92— 93 . . .	420,00	375,00	2,23	4,24	93	1,76	3,44	2,05	2,26
93— 94 . . .	444,00	396,00	1,44	2,87	94	1,12	2,30	1,94	2,13
94— 95 . . .	468,00	417,00	0,91	1,91	95	0,69	1,51	1,83	1,99
95— 96 . . .	494,00	438.00	0,56	1,24	96	0,42	0,97	1,67	1,81
96— 97 . . .	522,00	460,00	0.34	0,79	97	0,25	0,60	1,44	1,62
97— 98 . . .	550,00	484.00	0,19	0,49	98	0,14	0,37	1,21	1,30
98— 99 . . .	580,00	508,00	0,11	0,30	99	0,08	0,22	0,75	0,82
99—100 . . .	610,00	534,00	0,06	0,18	100	0,04	0,13	—	—

Der Übergang von den Sterbekoeffizienten zur Absterbeordnung erfolgte in der Weise, daß für alle Altersklassen vom sechsten Lebensjahre an die Methode von *Bertillon* angewandt wurde, d. h. die Formel

$$S_{n+1} = S_n \frac{2000 - \delta}{2000 + \delta},$$ in der S_x die Überlebenden des n^{ten} Lebensjahres,

δ die Sterbeziffer bedeutet. Es war anfangs in Aussicht genommen worden, die ganze Tafel nach der *Becker*schen Methode zu berechnen, allein der Umstand, daß die zu diesem Zwecke wissenschaftlich vollkommen ausreichende, doppelte Einteilung der Gestorbenen nur bis zum 20. Lebensjahr nach einjährigen Altersintervallen vorhanden war, man also für die späteren Lebensalter doch hätte zur Interpolation greifen müssen, ließ davon Abstand nehmen. Betrachten wir nun zunächst die angefügte Tabelle I, so erscheint geradezu auffallend, wie sehr sich die Verhältnisse für die Jahre 1867—1877, für die die *v. Fircks*sche Tafel berechnet ist, verschlechtert haben gegenüber den Jahren 1859—1864. Auch die deutsche Sterbetafel für 1871—1881 weist fast durchweg ungünstigere Zahlen auf als die preußische Sterbetafel von 1859—1864. Erst die Tabelle für 1891—1900 weist wieder durchweg günstigere Zahlen auf und die Tafel von 1900/1901 bedeutet der ersteren Tafel gegenüber keine merkliche Verbesserung, wenigstens nicht für die reiferen Altersklassen.

Tabelle 2 veranschaulicht handgreiflich, welche nicht unerheblichen Unterschiede in der Sterblichkeit der männlichen Bevölkerung vorkommen können, sobald man die Bevölkerung nur nach dem einen großen Gesichtspunkt, ob Stadt oder Land, trennt. Die gleiche Tendenz zeigt Tabelle 3, aus der noch das weitere Ergebnis sich ablesen läßt, daß in den stärker industrialisierten Provinzen die Landgemeinden für die männliche Bevölkerung eine ungünstigere Sterblichkeit aufweisen als in den anderen, weniger industrialisierten. Bei der weiblichen Bevölkerung dagegen lassen sich keine erheblichen Unterschiede bei einer Trennung nach Stadt und Land feststellen. Im übrigen ist auf die Tabellen selbst zu verweisen.

Des progrès en matière d'investigations sur la mortalité en Prusse.

Par C. Ballod, Berlin.

L'auteur, s'appuyant sur des tables indiquant la durée moyenne de la vie, démontre que la mortalité a subi de grandes fluctuations, en Prusse, pendant la periode 1860—1890 et que c'est depuis 1891 seulement qu'une amélioration s'est produite. Les classes d'âges les plus élevées ont elles aussi bénéficié, dans une certaine mesure, d'une plus grande vitalité, mais c'est surtout pour les classes d'âges les plus jeunes que la durée de la vie s'est très sensiblement accrue.

The progress of mortality investigations en Prussia.

By C. Ballod, Berlin.

The author deduces from the tables of middle-age lives that the mortality conditions in Prussia for the years 1860—1890, have experienced great fluctuations and that only in the latest period 1891 to 1900 has a noticeable change for the better taken place, while the duration of life of the younger and youngest age classes has considerably risen.

VIII. — B 2.

Selbständige und unselbständige Witwen- und Waisenversicherung.

Von **Fritz Rohde**, Magdeburg.

Die selbständige Witwen- und Waisenversicherung war schon Gegenstand mannigfacher Abhandlungen und ist im allgemeinen auch in versicherungtechnischen Kreisen bekannt. Über die unselbständige Witwen- und Waisenversicherung, d. h. die Witwenversicherung mit Rücksicht darauf, ob der Versicherte schon verheiratet ist oder nicht, und die Waisenversicherung mit Rücksicht darauf, ob die Kinder schon vorhanden, oder noch zu erwarten, sind dagegen erst wenige Abhandlungen erschienen.

Die in diesen letzteren angeführten Berechnungen bieten theoretisch zu keinen Einwendungen Anlaß.

In der Praxis ergibt sich aber der Übelstand, daß, wenn die Rechnung auf Richtigkeit Anspruch machen will, keine allgemein gültigen Grundlagen angewandt werden können, sondern die Grundlagen stets aus den besonderen Verhältnissen der einzelnen Kassen oder Berufsklassen berechnet werden müssen.

Geschieht dies nicht, und wählt man eine Tafel, nach welcher z. B. 50 pCt. der Mitglieder im Alter von 65 Jahren verheiratet sein sollen, während in Wirklichkeit 80 pCt. derselben verheiratet sind, so kommen falsche Ergebnisse heraus.

In den nachfolgenden Berechnungen ist dieser Übelstand vermieden worden.

1. Witwenversicherung.

Zunächst soll die erwartungsmäßige Ausgabe für die jetzt Verheirateten berechnet werden.

Wenn l_x Männer und l_u Frauen vorhanden sind, so beträgt, falls der Mann im nächsten Jahre stirbt, die an die überlebende Witwe zu zahlende Rente

$$= \frac{d_x}{l_x} \cdot \frac{l_{u+1}}{l_u} \cdot a_{u+1},$$

und der auf ein Jahr diskontierte Wert ist:

$$= v \cdot \frac{d_x}{l_x} \cdot \frac{l_{u+1}}{l_u} \cdot a_{u+1} = \frac{d_x}{l_x} \cdot \frac{D_{u+1}}{D_u} \cdot \frac{\Sigma D_{u+1}}{D_{u+1}} = \frac{d_x \cdot N_{u+1}}{l_x \cdot D_u}.$$

Die Summe dieser Ausgaben an alle Witwen vom x. Jahre ab
beträgt:

Ia
$$a_{x\,|\,u} = \frac{\Sigma\,d_x \cdot N_{u+1}}{l_x \cdot D_u}.$$

Der Wert der mit 1 beginnenden und jährlich um 1 steigenden
Rente beträgt:

Ib
$$\overset{\angle'}{a}_{x\,|\,u} = \frac{\Sigma\,\Sigma\,d_x \cdot N_{u+1}}{l_x \cdot D_u}.$$

Zur Berechnung der Witwenrenten für die jetzt ledigen Personen gebraucht man eine Tafel, welche anzeigt, in welcher Weise
sich die Ledigen durch die jährlich eintretenden Heiraten vermindern.

Wenn man zunächst von einer jeden Sterblichkeitstafel absieht,
so ergibt sich folgendes Bild:

Von h_x Ledigen des Alters x gehen im nächsten Jahre g_x durch
Heirat ab, so daß zu Ende des Jahres noch h_{x+1} Ledige übrig
bleiben. Im folgenden Jahre gehen g_{x+1} durch Heirat ab, und es
bleiben h_{x+2} Ledige übrig usw.

Eine solche Tafel ergibt sich unmittelbar aus der Zusammenstellung der männlichen Bevölkerung Preußens in bezug auf Alter
und Familienstand nach der Volkszählung von 1900.

Diese Zusammenstellung findet sich im Reichsanzeiger von 1902,
Nr. 122, abgedruckt, und zwar für Alter von 5 zu 5 Jahren.

Die dort angegebenen Ledigen kann man unmittelbar für h_x einsetzen. Die Zahlen für die Zwischenalter habe ich durch graphische
Interpolation gefunden.

Die Witwenrente beträgt nach einem Jahre $= a_{u+1}$, der diskontierte Betrag derselben $= v \cdot a_{u+1}$.

Dieser Ausdruck muß aber für einen jetzt Ledigen mit folgenden
Wahrscheinlichkeiten multipliziert werden:

1. daß der Mann im ersten Jahre heiratet, $= \dfrac{g_x}{h_x}$,

2. daß der Mann im ersten Jahre stirbt, $= \dfrac{d_x}{l_x}$,

3. daß die Frau nach einem Jahre noch lebt, $= \dfrac{l_{u+1}}{l_u}$.

Man erhält: $\dfrac{g_x}{h_x} \cdot \dfrac{d_x}{l_x} \cdot \dfrac{l_{u+1}}{l_u} \cdot v \cdot a_{u+1}$, oder:

1)
$$\frac{g_x \cdot d_x \cdot N_{u+1}}{h_x \cdot l_x \cdot D_u}.$$

Im 2. Jahre gehen von $g_x \cdot l_{x+1}$ Verheirateten des ersten Jahres
$g_x \cdot d_{x+1}$, und von den $g_{x+1} \cdot l_{x+1}$ Verheirateten des 2. Jahres
$g_{x+1} \cdot d_{x+1}$ durch Tod ab. Im übrigen ist die Rechnung wie vorhin,
und es lautet die Ausgabe für das 2. Jahr:

2.
$$\frac{g_x \cdot d_{x+1} + g_{x+1} \cdot d_{x+1}}{h_x \cdot l_x} \cdot \frac{N_{u+2}}{D_u}.$$

Im 3. Jahre sterben $g_x \cdot d_{x+2} + g_{x+1} \cdot d_{x+2} + g_{x+2} \cdot d_{x+2}$
Verheiratete, und die Ausgabe lautet:

$$3.\qquad \frac{g_x \cdot d_{x+2} + g_{x+1} \cdot d_{x+2} + g_{x+2} \cdot d_{x+2}}{h_x \cdot l_x} \cdot \frac{N_{u+3}}{D_u}.$$

Diese Formeln lassen sich noch etwas umwandeln:
Zwischen den Größen g und h bestehen folgende Beziehungen:

$$g_x = h_x - h_{x+1}$$
$$g_x + g_{x+1} = h_x - h_{x+2}$$
$$g_x + g_{x+1} + g_{x+2} = h_x - h_{x+3} \quad \text{usw.}$$

Dadurch gehen die vorigen Ausdrücke über in:

1. $(h_x - h_{x+1})\, d_x \quad \cdot N_{u+1} \colon h_x \cdot l_x \cdot D_u$
2. $(h_x - h_{x+2})\, d_{x+1} \cdot N_{u+2} \colon h_x \cdot l_x \cdot D_u$
3. $(h_x - h_{x+3})\, d_{x+2} \cdot N_{u+3} \colon h_x \cdot l_x \cdot D_u.$

Als Summe aller erwartungsmäßigen Ausgaben für Ledige
erhält man:

$$^l a_{x \mid u} = \frac{h_x\, \Sigma\, d_x \cdot N_{u+1}}{h_x \cdot l_x \cdot D_u} - \frac{\Sigma\, h_{x+1} \cdot d_x \cdot N_{u+1}}{h_x \cdot l_x \cdot D_u} \quad \text{oder}$$

$$\text{IIa}\qquad ^l a_{x \mid u} = \frac{\Sigma\, d_x \cdot N_{u+1}}{l_x \cdot D_u} - \frac{\Sigma\, h_{x+1} \cdot d_x \cdot N_{u+1}}{h_x \cdot l_x \cdot D_u}.$$

Im ersten Glied ist derselbe Ausdruck entstanden, wie für die Verheirateten.

Man kann demnach für die Berechnung zunächst die Annahme machen, daß alle Personen verheiratet sind, und nachher von den Gesamtausgaben die erwartungsmäßigen Minderausgaben für die Ledigen abziehen, also:

$$^h a_{x \mid u} = \frac{\Sigma\, h_{x+1} \cdot d_x \cdot N_{u+1}}{h_x \cdot l_x \cdot D_u}.$$

Die steigenden Renten betragen:

$$\text{IIb}\qquad ^l a'_{x \mid u} = \frac{\Sigma\, \Sigma\, d_x \cdot N_{u+1}}{l_x \cdot D_u} - \frac{\Sigma\, \Sigma\, h_{x+1} \cdot d_x \cdot N_{u+1}}{h_x \cdot l_x \cdot D_u}.$$

Auch hier kann man von den Gesamtausgaben die Minderausgaben für die ledig bleibenden mit

$$^h a'_{x \mid u} = \frac{\Sigma\, \Sigma\, h_{x+1} \cdot d_x \cdot N_{u+1}}{h_x \cdot l_x \cdot D_u}$$

abziehen.

Durch diese beiden Formeln sind die erwartungsmäßigen *Ausgaben an Witwenrenten für Ledige* bestimmt.

Berechnung der Witwenrenten.

Grundzahlen für Witwenversicherung.

Deutsche Reichstafel für Frauen. Zinsfuß $3\frac{1}{2}\%$.

u	D_u	N_u	a_u	u	D_u	N_u	a_u
100	0,09	0,09	1,000	49	8 513	119 902	14,085
99	0,20	0,29	1,489	48	8 939	128 841	14,413
98	0,38	0,67	1,772	47	9 380	138 221	14,736
97	0,71	1,38	1,942	46	9 836	148 057	15,053
96	1,25	2,63	2,104	45	10 310	158 367	15,361
95	2,13	4,76	2,235	44	10 805	169 172	15,657
94	3,55	8,31	2.341	43	11 322	180 494	15,942
93	5,79	14,10	2,435	42	11 864	192 358	16,214
92	9,16	23,26	2,539	41	12 432	204 790	16,473
91	14,1	37,4	2,652	40	13 027	217 817	16,720
90	21,3	58,7	2,756	39	13 648	231 465	16,960
89	31,4	90,1	2,869	38	14 296	245 761	17,191
88	45,3	135,4	2,989	37	14 971	260 732	17,416
87	64,0	199,4	3,116	36	15 674	276 406	17,635
86	88,5	287,9	3,253	35	16 404	292 810	17,850
85	119,9	407,8	3,401	34	17 164	309 974	18,060
84	159,4	567,2	3,558	33	17 953	327 927	18,266
83	207,9	775,1	3,728	32	18 773	346 700	18,468
82	266,7	1 041,8	3,906	31	19 625	366 325	18,666
81	336,8	1 378,6	4,093	30	20 510	386 835	18,861
80	419,1	1 797,7	4,289	29	21 428	408 263	19,053
79	514,7	2 312,4	4,493	28	22 383	430 646	19,240
78	624,0	2 936,4	4,706	27	23 373	454 019	19,425
77	747,5	3 683,9	4,928	26	24 399	478 418	19,608
76	885	4 569	5,163	25	25 462	503 880	19,789
75	1 036	5 605	5,410	24	26 561	530 441	19,971
74	1 200	6 805	5,671	23	27 697	558 138	20,152
73	1 377	8 182	5,942	22	28 869	587 007	20,333
72	1 564	9 746	6,231	21	30 077	617 084	20,517
71	1 762	11 508	6,531	20	31 322	648 406	20,701
70	1 971	13 479	6,839	19	32 604	681 010	20,887
69	2 191	15 670	7,152	18	33 924	714 934	21,075
68	2 421	18 091	7,473	17	35 283	750 217	21,263
67	2 662	20 753	7,796	16	36 684	786 901	21,451
66	2 914	23 667	8,122	15	38 128	825 029	21,638
65	3 175	26 842	8,454				
64	3 445	30 287	8,792				
63	3 723	34 010	9,135				
62	4 010	38 020	9,481				
61	4 305	42 325	9,832				
60	4 607	46 932	10,187				
59	4 916	51 848	10,547				
58	5 232	57 080	10,910				
57	5 555	62 635	11,275				
56	5 887	68 522	11,640				
55	6 228	74 750	12,002				
54	6 579	81 329	12,362				
53	6 941	88 270	12,717				
52	7 316	95 586	13,065				
51	7 702	103 288	13,411				
50	8 101	111 389	13,750				

Deutsche Reichstafel, getrennt für Männer und Frauen. Zinsfuß $3\frac{1}{2}\%$.

x	l_x	d_x	l_u	D_u	N_u	$d_x \cdot N_{u+1}$	$\Sigma d_x \cdot N_{u+1}$	$\Sigma\Sigma d_x \cdot N_{u+1}$	$l_x \cdot D_u$	$a_{x|u}$	$\dfrac{L}{a_{x\,u}}$
101	—	—	—	—	2,63	—	—	—	—	—	—
100	2,0	2,0	56	2,13	4,76	0,005	0,005	0,005	0,004	1,125	1,125
99	3,9	1,9	90	3,55	8,31	0,009	0,01	0,02	0,01	1,000	2,000
98	7,3	3,4	142	5,79	14,10	0,03	0,04	0,06	0,04	1,000	1,500
97	13	5,7	217	9,16	23,26	0,08	0,1	0,2	0,1	1,000	2,000
96	23	10	323	14,1	37,4	0,2	0,3	0,5	0,3	1,000	1,667
95	38	15	471	21,3	58,7	0,6	0,9	1	0,8	1,125	1,250
94	61	23	671	31,4	90,1	1	2	3	2	1,000	1,500
93	97	36	935	45,3	135,4	3	5	8	4	1,250	2,000
92	150	53	1 276	6,0	199,4	7	12	20	10	1,200	2,000
91	225	75	1 705	88,5	287,9	15	27	47	20	1,350	2,350
90	330	105	2 232	119,9	407,8	30	57	104	40	1,425	2,600
89	474	144	2 867	159,4	567,2	59	116	220	76	1,526	2,895
88	666	192	3 614	207,9	775,1	109	225	445	138	1,630	3,225
87	917	251	4 479	266,7	1 041,8	195	420	865	245	1,714	3,531
86	1 236	319	5 464	336,8	1 378,6	332	752	1 617	416	1,808	3,887
85	1 635	399	6 570	419,1	1 797,7	550	1 302	2 919	685	1,901	4,261
84	2 120	485	7 795	514,7	2 312,4	872	2 174	5 093	1 091	1,993	4,668
83	2 700	580	9 131	624,0	2 936,4	1 341	3 515	8 608	1 685	2,086	5,109
82	3 378	678	10 569	747,5	3 683,9	1 991	5 506	14 114	2 525	2,181	5,527
81	4 156	778	12 090	885,0	4 569	2 866	8 372	22 486	3 678	2,276	6,114
80	5 035	879	13 677	1 036	5 605	4 016	12 388	34 874	5 216	2,375	6,686
79	6 010	975	15 307	1 200	6 805	5 465	17 853	52 727	7 212	2,475	7,311
78	7 077	1 067	16 960	1 377	8 182	7 261	25 114	77 841	9 745	2,577	7,988
77	8 228	1 151	18 617	1 564	9 746	9 417	34 531	112 372	12 869	2,683	8,732
76	9 454	1 226	20 265	1 762	11 508	11 949	46 480	158 852	16 658	2,790	9,536
75	10 743	1 289	21 901	1 971	13 479	14 834	61 314	220 166	21 174	2,896	10,398
74	12 085	1 342	23 521	2 191	15 670	18 089	79 403	299 569	26 478	2,999	11,314
73	13 468	1 383	25 118	2 421	18 091	21 672	101 075	400 644	32 606	3,100	12,287
72	14 880	1 412	26 686	2 662	20 753	25 544	126 619	527 263	39 611	3,197	13,311
71	16 310	1 430	28 217	2 914	23 667	29 677	156 296	683 559	47 527	3,289	14,383
70	17 750	1 440	29 703	3 175	26 842	34 080	190 376	873 935	56 356	3,378	15,507
69	19 189	1 439	31 140	3 445	30 287	38 626	229 002	1 102 937	66 106	3,464	16,684
68	20 620	1 431	32 521	3 723	34 010	43 341	272 343	1 375 280	76 768	3,548	17,915
67	22 037	1 417	33 843	4 010	38 020	48 192	320 535	1 695 815	88 368	3,627	19,190
66	23 433	1 396	35 101	4 305	42 325	53 076	373 611	2 069 426	100 879	3,704	20,514
65	24 802	1 369	36 293	4 607	46 932	57 943	431 554	2 500 980	114 263	3,777	21,888
64	26 139	1 337	37 418	4 916	51 848	62 748	494 302	2 995 282	128 499	3,847	23,310
63	27 442	1 303	38 476	5 232	57 080	67 558	561 860	3 557 142	143 577	3,913	24,775
62	28 708	1 266	39 472	5 555	62 635	72 263	634 123	4 191 265	159 473	3,976	26,282
61	29 935	1 227	40 414	5 887	68 522	76 853	710 976	4 902 241	176 227	4,034	27,818
60	31 124	1 189	41 308	6 228	74 750	81 473	792 449	5 694 690	193 840	4,088	29,378
59	32 276	1 152	42 162	6 579	81 329	86 112	878 561	6 573 251	212 344	4,137	30,956
58	33 392	1 116	42 981	6 941	88 270	90 763	969 324	7 542 575	231 774	4,182	32,543
57	34 474	1 082	43 767	7 316	95 586	95 508	1 064 832	8 607 407	252 212	4,222	34,128
56	35 524	1 050	44 521	7 702	103 288	100 365	1 165 197	9 772 604	273 606	4,259	35,718
55	36 544	1 020	45 245	8 101	111 389	105 354	1 270 551	11 043 155	296 043	4,292	37,303
54	37 534	990	45 939	8 513	119 902	110 275	1 380 826	12 423 981	319 527	4,321	38,882
53	38 497	963	46 605	8 939	128 841	115 466	1 496 292	13 920 273	344 125	4,348	40,451
52	39 433	936	47 248	9 380	138 221	120 595	1 616 887	15 537 160	369 882	4,371	42,006
51	40 343	910	47 870	9 836	148 057	125 781	1 742 668	17 279 828	396 814	4,392	43,546
50	41 228	885	48 481	10 310	158 367	131 030	1 873 698	19 153 526	425 061	4,408	45,061

Altersunterschied x — u = 5.

x	l_x	d_x	l_u	D_u	N_u	$d_x \cdot N_{u+1}$	$\Sigma d_x \cdot N_{u+1}$	$\Sigma\Sigma d_x \cdot N_{u+1}$	$l_x \cdot D_u$	$a_{x|u}$	$\dfrac{L}{a_{x|u}}$
49	42 086	858	49 090	10 805	169 172	135 879	2 009 577	21 163 103	454 739	4,419	46,539
48	42 919	833	49 701	11 322	180 494	140 920	2 150 497	23 313 600	485 929	4,426	47,977
47	43 728	809	50 320	11 864	192 358	146 020	2 296 517	25 610 117	518 789	4,427	49,365
46	44 511	783	50 946	12 432	204 790	150 616	2 447 133	28 057 250	553 361	4,422	50,703
45	45 272	761	51 576	13 027	217 817	155 845	2 602 978	30 660 228	589 758	4,414	51,988
44	46 010	738	52 207	13 648	231 465	160 749	2 763 727	33 423 955	627 944	4,401	53,228
43	46 729	719	52 837	14 296	245 761	166 423	2 930 150	36 354 105	668 038	4,386	54,419
42	47 428	699	53 462	14 971	260 732	171 787	3 101 937	39 456 042	710 045	4,369	55,568
41	48 110	682	54 078	15 674	276 406	177 819	3 279 756	42 735 798	754 076	4,349	56,673
40	48 775	665	54 685	16 404	292 810	183 810	3 463 566	46 199 364	800 105	4,329	57,742
39	49 422	647	55 282	17 164	309 974	189 448	3 653 014	49 852 378	848 279	4,306	58,769
38	50 049	627	55 869	17 953	327 927	194 354	3 847 368	53 699 746	898 530	4,282	59,764
37	50 656	607	56 445	18 773	346 700	199 052	4 046 420	57 746 166	950 965	4,255	60,724
36	51 244	588	57 010	19 625	366 325	203 860	4 250 280	61 996 446	1 005 664	4,226	61,647
35	51 815	571	57 566	20 510	386 835	209 172	4 459 452	66 455 898	1 062 726	4,196	62,533
34	52 369	554	58 111	21 428	408 263	214 307	4 673 759	71 129 657	1 122 163	4,165	63,386
33	52 908	539	58 647	22 383	430 646	220 054	4 893 813	76 023 470	1 184 240	4,132	64,196
32	53 434	526	59 170	23 373	454 019	226 520	5 120 333	81 143 803	1 248 913	4,100	64,972
31	53 949	515	59 680	24 399	478 418	233 820	5 354 153	86 497 956	1 316 302	4,068	65,713
30	54 454	505	60 174	25 462	503 880	241 601	5 595 754	92 093 710	1 386 508	4,036	66,421
29	54 951	497	60 648	26 561	530 441	250 428	5 846 182	97 939 892	1 459 554	4,005	67;103
28	55 442	491	61 102	27 697	558 138	260 447	6 106 629	104 046 521	1 535 577	3,977	67,757
27	55 927	485	61 534	28 869	587 007	270 697	6 377 326	110 423 847	1 614 557	3,950	68,393
26	56 410	483	61 941	30 077	617 084	283 524	6 660 850	117 084 697	1 696 644	3,926	69,010
25	56 892	482	62 324	31 322	648 406	297 434	6 958 284	124 042 981	1 781 971	3,905	69,610
24	57 387	486	62 681	32 604	681 010	315 125	7 273 409	131 316 390	1 871 046	3,887	70,183
23	57 871	493	63 013	33 924	714 934	335 738	7 609 147	138 925 537	1 963 216	3,876	70,764
22	58 369	498	63 322	35 283	750 217	356 037	7 965 184	146 890 721	2 059 433	3,868	71,326
21	58 843	474	63 609	36 684	786 901	355 603	8 320 787	155 211 508	2 158 597	3,855	71,904
20	59 287	444	63 878	38 128	825 029	349 384	8 670 171	163 881 679	2 260 495	3,836	72 498
19	59 696	409	64 136	39 622	864 651	337 437	9 007 608	172 889 287	2 365 275	3,808	73 095
18	60 063	367	64 390	41 171	905 822	317 327	9 324 935	182 214 222	2 472 854	3,771	73,686
17	60 383	320	64 649	42 784	948 606	289 863	9 614 798	191 829 020	2 583 426	3,722	74,254
16	60 657	274	64 926	44 471	993 077	259 918	9 874 716	201 703 736	2 697 477	3,661	74,775
15	60 892	235	65 237	46 248	1 039 325	233 373	10 108 089	211 811 825	2 816 133	3,589	75,214

Deutsche Reichstafel, getrennt für Männer und Frauen. Zinsfuß 3½%.

x	h_x	$\dfrac{h_x \cdot l_x}{\cdot D_u}$	$\dfrac{h_{x+1} \cdot d_x}{\cdot N_{u+1}}$	$\dfrac{\Sigma h_{x+1}}{\cdot d_x \cdot N_{u+1}}$	$\dfrac{\Sigma\Sigma h_{x+1}}{\cdot d_x \cdot N_{u+1}}$	$h_{a_{x\,u}}$	$h'_{a_{x\,u}}$	$l_{a_{x\,u}}$	$l'_{a_{x\,u}}$
69	664	4 389	2 565	15 206	73 235	3,464	16,684	—	—
68	665	5 105	2 878	18 084	91 319	3 542	17 888	0,006	0,027
67	667	5 894	3 205	21 289	112 608	3 612	19 106	15	84
66	671	6 769	3 540	24 829	137 437	3 668	20 304	36	210
65	675	7 713	3 888	28 717	166 154	3 723	21 542	54	346
64	680	8 738	4 235	32 952	199 106	3 771	22 786	76	524
63	686	9 849	4 594	37 546	236 652	3 812	24 028	101	747
62	693	11 051	4 957	42 503	279 155	3 846	25 261	130	1 021
61	700	12 336	5 326	47 829	326 984	3 877	26 506	157	1 312
60	708	13 724	5 703	53 532	380 516	3 901	27 726	187	1 652
59	716	15 204	6 097	59 629	440 145	3 922	28 949	215	2 007
58	725	16 804	6 499	66 128	506 273	3 935	30 128	247	2 415
57	735	18 538	6 924	73 052	579 325	3 941	31 251	281	2 877
56	746	20 411	7 377	80 429	659 754	3 940	32 323	319	3 395
55	759	22 470	7 859	88 288	748 042	3 929	33 291	363	4 012
54	773	24 699	8 370	96 658	844 700	3 913	34 200	408	4 682
53	787	27 083	8 926	105 584	950 284	3 899	35 088	449	5 363
52	800	29 591	9 491	115 075	1 065 359	3 889	36 003	482	6 003
51	813	32 261	10 062	125 137	1 190 496	3 879	36 902	513	6 644
50	824	35 025	10 653	135 790	1 326 286	3 877	37 867	531	7 194

Ledige männliche Personen des preußischen Staates in 1900.

x	h_x	$\dfrac{h_x \cdot l_x}{\cdot D_u}$	$\dfrac{h_{x+1} \cdot d_x}{\cdot N_{u+1}}$	$\dfrac{\Sigma h_{x+1}}{\cdot d_x \cdot N_{u+1}}$	$\dfrac{\Sigma\Sigma h_{x+1}}{\cdot d_x \cdot N_{u+1}}$	$h_{a_{x|u}}$	$h^{\angle}{}_{a_{x|u}}$	$l_{a_{x|u}}$	$l^{\angle}{}_{a_{x|u}}$
49	834	37 925	11 196	146 986	1 473 272	3 876	38 847	0,543	7,692
48	842	40 915	11 753	158 739	1 632 011	3 880	39 888	546	8 089
47	849	44 045	12 295	171 034	1 803 045	3 883	40 936	544	8 429
46	859	47 534	12 787	183 821	1 986 866	3 867	41 799	555	8 904
45	877	51 722	13 387	197 208	2 184 074	3 813	42 227	601	9 761
44	905	56 829	14 098	211 306	2 395 380	3 718	42 151	683	11 077
43	942	62 929	15 061	226 367	2 621 747	3 597	41 662	789	12 757
42	985	69 939	16 182	242 549	2 864 296	3 468	40 954	901	14 614
41	1 025	77 293	17 515	260 064	3 124 360	3 365	40 422	984	16 251
40	1 061	84 891	18 841	278 905	3 403 265	3 285	40 090	1 044	17 652
39	1 101	93 396	20 100	299 005	3 702 270	3 201	39 641	1 105	19 128
38	1 167	104 858	21 398	320 403	4 022 673	3 056	38 363	1 226	21 401
37	1 271	120 808	23 229	343 632	4 366 305	2 843	36 125	1 412	24 599
36	1 405	141 296	25 911	369 543	4 735 848	2 615	33 517	1 611	28 130
35	1 552	164 935	29 389	398 932	5 134 780	2 419	31 132	1 777	31 401
34	1 717	192 675	33 260	432 192	5 566 972	2 243	28 893	1 922	34 493
33	1 904	225 479	37 783	469 975	6 036 947	2 084	26 774	2 048	37 422
32	2 116	264 270	43 129	513 104	6 550 051	1 942	24 785	2 158	40 187
31	2 360	310 647	49 476	562 580	7 112 631	1 811	22 896	2 257	42 817
30	2 640	366 038	57 018	619 598	7 732 229	1 693	21 124	2 343	45 297
29	3 150	459 760	66 113	685 711	8 417 940	1 491	18 309	2 514	48 794
28	3 850	591 197	82 041	767 752	9 185 692	1 299	15 537	2 678	52 220
27	4 742	765 623	104 218	871 970	10 057 662	1 139	13 137	2 811	55 256
26	5 660	960 301	134 447	1 006 417	11 064 079	1 048	11 521	2 878	57 489
25	6 620	1 179 665	168 348	1 174 765	12 238 844	996	10 375	2 909	59 235
24	7 550	1 412 640	208 613	1 383 378	13 622 222	979	9 643	2 908	60 540
23	8 380	1 645 175	253 482	1 636 860	15 259 082	995	9 275	2 881	61 489
22	9 033	1 860 286	298 359	1 935 219	17 194 301	1 040	9 243	2 828	62 083
21	9 400	2 029 081	321 216	2 256 435	19 450 736	1 112	9 586	2 743	62 318
20	9 630	2 176 857	328 421	2 584 856	22 035 592	1 187	10 123	2 649	62 375
19	9 805	2 319 152	324 952	2 909 808	24 945 400	1 255	10 756	2 553	62 339
18	9 920	2 453 071	311 139	3 220 947	28 166 347	1 313	11 482	2 458	62 204
17	9 989	2 580 584	287 544	3 508 491	31 674 838	1 360	12 274	2 362	61 980
16	9 999	2 697 207	259 632	3 768 123	35 442 961	1 397	13 141	2 264	61 634
15	10 000	2 816 133	233 350	4 001 473	39 444 434	1 421	14 007	2 168	61 207

2. Waisenversicherung.

Für die Berechnung der erwartungsmäßigen Ausgaben an Waisenrenten sind mehrere Fälle zu unterscheiden:

1. Die bereits fälligen Waisenrenten werden nach der Formel a_y^z berechnet, wo y das Alter des Kindes, und z das Endalter ist, bei welchem die Rentenzahlung aufhören soll.

2. Bei den erwartungsmäßigen *Mehr*renten an Waisen, deren Mutter noch lebt, für den Fall, daß die Mutter stirbt, lautet die Formel ähnlich, wie bei der Witwenversicherung unter Ia und Ib, nämlich:

$$a_{u\ y}^z = \frac{\Sigma\, d_u \cdot N_{y+1}^z}{l_u \cdot D_y}$$

$$\text{und}\quad a_{u\ y}^{\angle z} = \frac{\Sigma\, \Sigma\, d_u \cdot N_{y+1}^z}{l_u \cdot D_y}.$$

3. Bei den erwartungsmäßigen Renten für lebende Kinder, wenn der Vater lebt, lauten die Formeln ähnlich, wie unter 2., nämlich:

$$a_{x\ y}^z = \frac{\Sigma\, d_x \cdot N_{y+1}^z}{l_x \cdot D_y}$$

$$\text{und}\quad a_{x\ y}^{\angle z} = \frac{\Sigma\, \Sigma\, d_x \cdot N_{y+1}^z}{l_x \cdot D_y}.$$

4. Die Berechnung der erwartungsmäßigen *Mehr*renten an die Voll-Waisen für den Fall, daß beide Eltern sterben, ergibt sich durch folgende Betrachtung:

Wenn das jetzige Alter des Kindes mit y angenommen wird, so beträgt die Wahrscheinlichkeit, daß nach einem Jahre beide Eltern gestorben sind, dagegen das Kind noch lebt:

$$= \frac{d_x}{l_x} \cdot \frac{d_u}{l_u} \cdot \frac{l_{y+1}}{l_y}.$$

Für diesen Fall erhält das Kind vom nächsten Jahre ab eine Rente von a_{y+1}^z, deren diskontierter Wert am Anfange des Jahres $= v \cdot a_{y+1}^z$ ist.

Die Ausgabe beträgt also:

$$\frac{d_x}{l_x} \cdot \frac{d_u}{l_u} \cdot \frac{l_{y+1}}{l_y} \cdot v \cdot a_{y+1} = \frac{d_x \cdot d_u \cdot N_{y+1}}{l_x \cdot l_u \cdot D_y}.$$

In den ersten beiden Jahren sind $(d_x + d_{x+1})\,(d_u + d_{u+1})$ Paare gänzlich aufgelöst. Da im ersten Jahre $d_x \cdot d_u$ Paare ausgestorben sind, so entfallen $(d_x + d_{x+1})\,(d_u + d_{u+1}) - d_x \cdot d_u$ auf das 2. Jahr.

Im 3. Jahr ergeben sich $(d_x + d_{x+1} + d_{x+2})\,(d_u + d_{u+1} + d_{u+2}) - (d_x + d_{x+1})\,(d_u + d_{u+1})$ aufgelöste Paare usw.

Wenn man diese Differenzen mit $f_{x,y}$ bezeichnet, so erhält man als Summe der Ausgaben:

$$a_{x,u\,y} = \frac{f_{x,y} \cdot N_{y+1} + f_{x,y+1} \cdot N_{y+2} + \cdots}{l_x \cdot l_u \cdot D_y}$$

$$= \frac{\Sigma\, f_{x,y} \cdot N_{y+1}}{l_x \cdot l_u \cdot D_y}$$

und als steigende Rente:

$$\overset{\angle}{a}_{x,u|y} = \frac{\Sigma\,\Sigma\,f_{x,y}\cdot N_{y+1}}{l_x\cdot l_u\cdot D_y}.$$

Die Alter von Vater und Mutter haben für die Rechnung geringere Wichtigkeit; man kann sich in dieser Beziehung mit einem Durchschnittsverfahren begnügen, indem man z. B. annimmt, daß der Vater durchschnittlich um 35 Jahre, die Mutter um 30 Jahre älter ist, als das Kind.

Eine Vereinfachung der numerischen Rechnung ergibt sich durch die Beziehungen zwischen $f_{x,y}$ und $f_{x-1,y+1}$. Es ist:

$$f_{x,y} = (l_x - l_{x+y+1})(l_u - l_{u+y+1}) - (l_x - l_{x+y})(l_u - l_{u+y})$$

$$f_{x-1,y+1} = (l_{x-1} - l_{x+y+1})(l_{u-1} - l_{u+y+1}) - (l_{x-1} - l_{x+y})(l_{u-1} - l_{u+y}),$$

woraus man vermittels einiger Umformungen erhält:

$$f_{x-1,y+1} - f_{x,y} = d_{x-1}\cdot d_{u+y+1} + d_{u-1}\cdot d_{x+y+1}.$$

Durch diese Gleichung läßt sich $f_{x-1,y+1}$ unmittelbar aus $f_{x,y}$ ableiten.

5. Zur Berechnung der erwartungsmäßigen Waisenrenten an zu erwartende Kinder sind folgende Erwägungen anzustellen:

Nicht nur die jetzt lebenden Kinder, sondern auch alle später zu erwartenden Kinder der Versicherten haben beim Tode des Vaters Anspruch auf Waisenpension. Während man aber bei den ersteren mit einer gegebenen Anzahl von Kindern rechnen kann, ja rechnen muß, da keine noch so genau berechnete Wahrscheinlichkeit ·die Wirklichkeit zu ersetzen vermag, ist man bei den zu erwartenden Kindern, welche ja erst in der Zukunft geboren werden, vollständig auf Wahrscheinlichkeiten angewiesen.

Die Wahrscheinlichkeiten, in einem bestimmten Alter eine bestimmte Anzahl von Kindern zu erhalten, ergeben sich durch einen Vergleich der Ehejahre des verheirateten Versicherten mit der Anzahl der während dieser Ehe geborenen Kinder.

War beispielsweise das Alter des Versicherten bei seiner Eheschließung = x Jahre, stand derselbe 3 Jahre unter Beobachtung, und wurde ihm im 2. Ehejahre ein Kind geboren, so erhält man die Wahrscheinlichkeiten k_x:

Alter	e_x = Ehejahre	b_x = Geburten	K_x = Geburtswahrscheinlichkeiten
x	1	—	0
x+1	1	1	1
x+2	1	—	0

Zu einer solchen Statistik bedarf man nicht nur der Angabe aller jetzt lebenden Kinder, sondern ebenso der inzwischen gestorbenen und weiter der inzwischen über z Jahre alt gewordenen Kinder.

Alle diese Angaben liegen für die Arbeiter des Rheinischen Werks »Isselburger Hütte« vor, und durch Vergleich der Ehejahre, welche in einem bestimmten Alter des Mannes durchlaufen sind, mit den während dieses Alters erfolgenden Geburten ergibt sich die Statistik der Geburtswahrscheinlichkeiten. Die letzteren sind nach der Methode von *Finlaison* und dann noch durch Differenzen ausgeglichen.

Die Wahrscheinlichkeit, daß ein Verheirateter im x. Jahre stirbt, dagegen sein in demselben Jahre geborenes Kind am Ende des Jahres noch am Leben ist, beträgt:

$$\frac{d_x}{l_x} \cdot \frac{l_1}{l_0},$$

und der Wert der diskontierten Rente $v \cdot a_1^z$, welche das Kind dann erhält, ist

$$= \frac{d_x \cdot l_1 \cdot v \cdot a_1}{l_x \cdot l_0} = \frac{d_x \cdot N_1}{l_x \cdot D_0}.$$

Die Wahrscheinlichkeit, daß der Vater im $(x+1)$. Jahre stirbt, dagegen sein im x. Jahre geborenes Kind am Ende des $(x+1)$. Jahres noch lebt, ist

$$= \frac{d_{x+1} \cdot l_2}{l_x \cdot l_0},$$

und der Wert der für diesen Fall an das Kind zu zahlenden Rente

$$= \frac{d_{x+1} \cdot N_2}{l_x \cdot D_0}.$$

Die Gesamtsumme der Waisenrenten an das im x. Jahre zu erwartende Kind beträgt bis zum z. Jahre hin:

$$\frac{1}{l_x \cdot D_0} \left(d_x \cdot N_1 + d_{x+1} \cdot N_2 + \ldots + d_{x+z-2} \cdot N_{z-1} \right)$$

Es ist aber nicht zu erwarten, daß 1 Kind, sondern K_x Kinder im x. Jahre geboren werden, so daß der Ausdruck noch mit K_x zu multiplizieren ist. Der außerhalb der Klammer stehende Ausdruck lautet dann

$$\frac{K_x}{l_x \cdot D_0},$$

woraus sich ergibt

$$\frac{K_x \cdot v^x}{l_x \cdot D_0 \cdot v^x} = \frac{k_x}{D_x \cdot D_0}.$$

Der Zähler des ganzen Ausdrucks, also der diskontierte Wert der Waisenrenten an die im x. Jahre zu erwartenden Kinder lautet demnach:

$$k_x \left(d_x \cdot N_1 + d_{x+1} \cdot N_2 + \ldots + d_{x+z-2} \cdot N_{z-1} \right).$$

Der diskontierte Wert der Waisenrenten für die im $(x+1)$. Jahre zu erwartenden Kinder ist:

$$k_{x+1} \left(d_{x+1} \cdot N_1 + d_{x+2} \cdot N_2 + \ldots + d_{x+z-1} \cdot N_{z-1} \right).$$

Im $(x+2)$. Jahre ergibt sich:

$$k_{x+2} \left(d_{x+2} \cdot N_1 + d_{x+3} \cdot N_2 + \ldots + d_{x+z} \cdot N_{z-1} \right).$$

Der Gesamtwert aller Ausgaben ist:

$$
\begin{aligned}
&= k_x && \cdot \varSigma\, d_x && \cdot N_1 \\
&+ k_{x+1} && \cdot \varSigma\, d_{x+1} && \cdot N_1 \\
&+ k_{x+2} && \cdot \varSigma\, d_{x+2} && \cdot N_1 \\
&+ \ldots\ldots\ldots\ldots\ldots \\
&+ k_{x+n-1} && \cdot \varSigma\, d_{x+n-1} && \cdot N_1 \\
&= \varSigma\, k_x && \cdot \varSigma\, d_x && \cdot N_1,
\end{aligned}
$$

und dieser Ausdruck, durch $D_x \cdot D_0$ dividiert, ergibt:

IIIa.
$$a_{x\,|\,0}^{z} = \frac{\Sigma k_x \cdot \Sigma d_x \cdot N_1}{D_x \cdot D_0}$$

als die erwartungsmäßige gleichbleibende Rente für zu erwartende Kinder.

Die Gesamtsumme der im x. Jahre mit 1 beginnenden und jährlich um 1 steigenden erwartungsmäßigen Waisenausgaben an die zu erwartenden Kinder beträgt:

$$k_x \quad (d_x \quad \cdot N_1 + 2\,d_{x+1} \cdot N_2 + 3\,d_{x+2} \cdot N_3 + .. + (z-1)\,d_{x+z-2} \cdot N_{z-1})$$
$$+ k_{x+1} (2\,d_{x+1} \cdot N_1 + 3\,d_{x+2} \cdot N_2 + 4\,d_{x+3} \cdot N_3 + .. + z \quad d_{x+z-1} \cdot N_{z-1})$$
$$+ k_{x+2} (3\,d_{x+2} \cdot N_1 + 4\,d_{x+3} \cdot N_2 + 5\,d_{x+4} \cdot N_3 + .. + (z+1)\,d_{x+z} \quad \cdot N_{z-1})$$
$$+ \dots \dots \dots \dots \dots \dots \dots \dots \dots \dots \dots \dots$$
$$+ k_{x+n-1}(n \cdot d_{x+n-1} \cdot N_1 + (n+1)\,d_{x+n} \cdot N_2 + (n+2)\,d_{x+n+1} \cdot N_3 + \dots$$
$$+ (n+z-2)\,d_{x+n+z-3} \cdot N_{z-1})$$

$$= k_x \qquad\qquad\qquad \Sigma\Sigma d_x \qquad \cdot N_1)$$
$$+ k_{x+1} \quad (\qquad \Sigma d_{x+1} \quad \cdot N_1 + \Sigma\Sigma d_{x+1} \quad \cdot N_1)$$
$$+ k_{x+2} \quad (\qquad 2\,\Sigma d_{x+2} \quad \cdot N_1 + \Sigma\Sigma d_{x+2} \quad \cdot N_1)$$
$$+ \dots \dots \dots \dots \dots \dots \dots \dots \dots \dots$$
$$+ k_{x+n-1} ((n-1)\,\Sigma d_{x+n-1} \cdot N_1 + \Sigma\Sigma d_{x+n-1} \cdot N_1)$$

$$= \Sigma\Sigma k_{x+1}\,\Sigma d_{x+1} \cdot N_1 + \Sigma k_x\,\Sigma\Sigma d_x \cdot N_1,$$

und diese Summe durch $D_x \cdot D_0$ dividiert, ergibt:

IIIb
$$a_{x\,|\,0}^{z} = \frac{\Sigma\Sigma k_{x+1}\,\Sigma d_{x+1} \cdot N_1 + \Sigma k_x \cdot \Sigma\Sigma d_x \cdot N_1}{D_x \cdot D_0}$$

als erwartungsmäßige, im x. Jahre mit 1 beginnende und jährlich um 1 steigende Rente für zu erwartende Kinder.

Während bei den Verheirateten die gleichbleibenden Ausgaben an die zu erwartenden Kinder im ersten Jahre

$$= \frac{k_x \cdot \Sigma d_x \cdot N_1}{D_x \cdot D_0}$$

waren, sind dieselben für den Fall, daß der Versicherte unverheiratet ist, noch mit der Heiratswahrscheinlichkeit für das x. Jahr

$$= \frac{g_x}{h_x}$$

zu multiplizieren, wodurch man erhält:

$$\frac{g_x \cdot k_x \cdot \Sigma d_x \cdot N_1}{h_x \cdot D_x \cdot D_0}.$$

Im 2. Jahre erhalten die g_x Verheirateten des ersten Jahres $g_x \cdot K_{x+1}$ Kinder, deren diskontierte Zahl $= g_x \cdot k_{x+1}$, und die g_{x+1} Verheirateten des zweiten Jahres $g_{x+1} \cdot K_{x+1}$ Kinder, deren diskontierte Zahl $= g_{x+1} \cdot k_{x+1}$ ist.

Der Gesamtwert der Ausgaben für das 2. Jahr beträgt:

$$\frac{(g_x + g_{x+1})\,k_{x+1} \cdot \Sigma d_{x+1} \cdot N_1}{h_x \cdot D_x \cdot D_0}.$$

Im 3. Jahre betragen die Ausgaben:

$$\frac{(g_x + g_{x+1} + g_{x+2})\, k_{x+2} \cdot \varSigma d_{x+2} \cdot N_1}{h_x \cdot D_x \cdot D_0} \quad \text{usw.}$$

Da zwischen den Größen g und h die Beziehungen bestehen:

$$g_x = h_x - h_{x+1}$$
$$g_x + g_{x+1} = h_x - h_{x+2}$$
$$g_x + g_{x+1} + g_{x+2} = h_x - h_{x+3},$$

so gehen die Ausdrücke über in:

1. $h_x \cdot k_x \cdot \varSigma d_x \cdot N_1 - h_{x+1} \cdot k_x \cdot \varSigma d_x \cdot N_1 : h_x \cdot D_x \cdot D_0$
2. $h_x \cdot k_{x+1} \cdot \varSigma d_{x+1} \cdot N_1 - h_{x+2} \cdot k_{x+1} \cdot \varSigma d_{x+1} \cdot N_1 : h_x \cdot D_x \cdot D_0$
3. $h_x \cdot k_{x+2} \cdot \varSigma d_{x+2} \cdot N_1 - h_{x+3} \cdot k_{x+2} \cdot \varSigma d_{x+2} \cdot N_1 : h_x \cdot D_x \cdot D_0.$

Die Summe ist:

$$= \frac{h_x \cdot \varSigma k_x \cdot \varSigma d_x \cdot N_1}{h_x \cdot D_x \cdot D_0} - \frac{\varSigma h_{x+1} \cdot k_x \cdot \varSigma d_x \cdot N_1}{h_x \cdot D_x \cdot D_0}.$$

Im ersten Glied kann man h_x wegheben und erhält:

$$\text{IV a} \quad {}_1 a^z_{x\,|\,0} = \frac{\varSigma k_x \cdot \varSigma d_x \cdot N_1}{D_x \cdot D_0} - \frac{\varSigma h_{x+1} \cdot k_x \cdot \varSigma d_x \cdot N_1}{h_x \cdot D_x \cdot D_0}$$

als erwartungsmäßige gleichbleibende Waisenrente für zu erwartende Kinder jetzt lediger Personen.

Das erste Glied des Ausdrucks ist dasselbe wie für die Verheirateten unter III a.

Man kann also auch in diesem Falle die Annahme machen, daß alle Personen verheiratet sind, und nachher von den Gesamtausgaben die erwartungsmäßigen Minderausgaben für die Ledigen abziehen, also:

$$_h a^z_{x\,|\,0} = \frac{\varSigma h_{x+1} \cdot k_x \cdot \varSigma d_x \cdot N_1}{h_x \cdot D_x \cdot D_0}.$$

Die Gesamtsumme der im x. Jahre mit 1 beginnenden und jährlich um 1 steigenden erwartungsmäßigen Waisenausgaben für die zu erwartenden Kinder von jetzt ledigen Versicherten beträgt:

im 1. Jahr: $g_x \cdot k_x \quad (\; d_x \cdot N_1 + 2\, d_{x+1} \cdot N_2 + \cdots$
$$+ (z-1)\, d_{x+z-2} \cdot N_{z-1})$$

„ 2. „ : $(\quad g_x + g_{x+1})\, k_{x+1} \,(2\, d_{x+1} \cdot N_1 + 3\, d_{x+2} \cdot N_2 + \cdots$
$$+ z \quad d_{x+z-1} \cdot N_{z-1})$$

„ 3. „ : $(g_x + g_{x+1} + g_{x+2})\, k_{x+2} \,(3\, d_{x+2} \cdot N_1 + 4\, d_{x+3} \cdot N_2 + \cdots$
$$+ (z+1)\, d_{x+z} \cdot N_{z-1}).$$

Da $g_x = h_x - h_{x+1}$
$$g_x + g_{x+1} = h_x - h_{x+2}$$
$$g_x + g_{x+1} + g_{x+2} = h_x - h_{x+3} \quad \text{usw.,}$$

so erhält man:

1. $h_x \cdot k_x \quad (\qquad\qquad \Sigma\Sigma d_x \cdot N_1)$
$\qquad -h_{x+1} \cdot k_x \quad (\qquad\qquad -\Sigma\Sigma d_x \cdot N_1)$

2. $h_x \cdot k_{x+1} \, (\; \Sigma d_{x+1} \cdot N_1 + \Sigma\Sigma d_{x+1} \cdot N_1)$
$\qquad -h_{x+2} \cdot k_{x+1} \, (\; \Sigma d_{x+1} \cdot N_1 + \Sigma\Sigma d_{x+1} \cdot N_1)$

3. $h_x \cdot k_{x+2} \, (2\,\Sigma d_{x+2} \cdot N_1 + \Sigma\Sigma d_{x+2} \cdot N_1)$
$\qquad -h_{x+3} \cdot k_{x+2} \, (2\,\Sigma d_{x+2} \cdot N_1 + \Sigma\Sigma d_{x+2} \cdot N_1).$

Als Gesamtsumme ergibt sich:

$$h_x \left\{ \Sigma\Sigma k_{x+1} \cdot \Sigma d_{x+1} \cdot N_1 + \Sigma k_x \, \Sigma\Sigma d_x \cdot N_1 \right\}$$
$$- \left\{ \Sigma\Sigma h_{x+2} \cdot k_{x+1} \cdot \Sigma d_{x+1} \cdot N_1 + \Sigma h_{x+1} \cdot k_x \, \Sigma\Sigma d_x \cdot N_1 \right\},$$

und wenn man durch $h_x \cdot D_x \cdot D_0$ dividiert:

$$\text{IVb} \quad {}^{\angle z}_{\ }a_{x\,|\,0} = \frac{\Sigma\Sigma k_{x+1} \cdot \Sigma d_{x+1} \cdot N_1 + \Sigma k_x \, \Sigma\Sigma d_x \, N_1}{D_x \cdot D_0}$$
$$- \frac{\Sigma\Sigma h_{x+2} \cdot k_{x+1} \cdot \Sigma d_{x+1} \cdot N_1 + \Sigma h_{x+1} \cdot k_x \cdot \Sigma\Sigma d_x \, N_1}{h_x \cdot D_x \cdot D_0}$$

als erwartungsmäßige mit 1 beginnende und jährlich um 1 steigende Waisenrente für zu erwartende Kinder jetzt lediger Personen.

Das erste Glied des Ausdrucks ist gleich der steigenden Waisenrente für zu erwartende Kinder von verheirateten Versicherten unter IIIb.

Man kann also die Gesamtausgabe unter der Annahme berechnen, daß alle Mitglieder verheiratet sind, und dann die Minderausgabe für die ledig bleibenden

$$_h{}^{\angle z} a_{x\,|\,0} = \frac{\Sigma\Sigma h_{x+2} \cdot k_{x+1} \cdot \Sigma d_{x+1} \cdot N_1 + \Sigma h_{x+1} \cdot k_x \cdot \Sigma\Sigma d_x \cdot N_1}{h_x \cdot D_x \cdot D_0}$$

davon abziehen.

6. Die zu erwartenden *Mehr*renten an die zu erwartenden Kinder für den Fall, daß beide Eltern sterben, findet man folgenderweise:

Wenn einem xjährigen Vater ein Kind geboren wird, so ist die Wahrscheinlichkeit, daß nach einem Jahre beide Eltern gestorben sind, dagegen das Kind noch lebt,

$$= \frac{d_x}{l_x} \cdot \frac{d_u}{l_u} \cdot \frac{l_1}{l_0}.$$

In diesem Falle erhält das Kind vom nächsten Jahre ab eine Rente von a_1^z, deren diskontierter Wert am Anfange des Jahres $= v \cdot a_1^z$ ist. Die Ausgabe beträgt also:

$$\frac{d_x}{l_x} \cdot \frac{d_u}{l_u} \cdot \frac{l_1}{l_0} \cdot v \cdot a_1^z = \frac{d_x \cdot d_u \cdot N_1}{l_x \cdot l_u \cdot D_0} = \frac{f_{x,0} \cdot N_1}{l_x \cdot l_u \cdot D_0}.$$

In den ersten beiden Jahren sind $(d_x + d_{x+1})(d_u + d_{u+1})$ Paare gänzlich aufgelöst. Da im ersten Jahre $d_x \cdot d_u$ Paare ausgestorben sind, so fallen $(d_x + d_{x+1})(d_u + d_{u+1}) - d_x \cdot d_u$ aufgelöste Paare auf das 2. Jahr.

Bezeichnet man diese Differenz mit $f_{x,1}$, so erhält man als Summe der Ausgaben:

$$\frac{f_{x,0} \cdot N_1 + f_{x,1} \cdot N_2 + f_{x,2} \cdot N_3 \cdots}{l_x \cdot l_u \cdot D_0} = \frac{\Sigma f_{x,0} \cdot N_1}{l_x \cdot l_u \cdot D_0}.$$

Nun wird aber dem $x$jährigen Vater nicht 1 Kind, sondern K_x Kinder geboren, so daß der Wert der Rente

$$= K_x \cdot \frac{\Sigma f_{x,0} \cdot N_1}{l_x \cdot l_u \cdot D_0} = K_x \cdot \frac{v^x \cdot \Sigma f_{x,0} \cdot N_1}{v^x \cdot l_x \cdot l_u \cdot D_0} = k_x \cdot \frac{\Sigma f_{x,0} \cdot N_1}{D_x \cdot l_u \cdot D_0}.$$

Im Alter $x + 1$ des Vaters werden K_{x+1} Kinder geboren, deren diskontierter Wert $= k_{x+1}$, und die Ausgabe ist

$$= k_{x+1} \cdot \frac{\Sigma f_{x+1,0} \cdot N_1}{D_x \cdot l_u \cdot D_1} \quad \text{usw.}$$

Die Gesamtsumme der Renten ist

$$= \frac{k_x \cdot \Sigma f_{x,0} \cdot N_1 + k_{x+1} \cdot \Sigma f_{x+1,0} \cdot N_1 + \cdots}{D_x \cdot l_u \cdot D_0} \quad \text{oder}$$

Va $$a_{x,u|0}^z = \frac{\Sigma k_x \cdot \Sigma f_{x,0} \cdot N_1}{D_x \cdot l_u \cdot D_0}$$

als erwartungsmäßige gleichbleibende Rente an zu erwartende Kinder für den Fall, daß beide Eltern sterben.

Wenn die Voll-Waisenrente an zu erwartende Kinder beim Alter x des Vaters mit 1 beginnen und jährlich um 1 steigen soll, so nehmen die Ausgaben folgende Form an:

1. k_x ($f_{x,0}$ $\cdot N_1 + 2 f_{x,1}$ $\cdot N_2 + 3 f_{x,2}$ $\cdot N_3 + \cdots$)

2. k_{x+1} ($2 f_{x+1,0} \cdot N_1 + 3 f_{x+1,1} \cdot N_2 + 4 f_{x+1,2} \cdot N_3 + \cdots$)

3. k_{x+2} ($3 f_{x+2,0} \cdot N_1 + 4 f_{x+2,2} \cdot N_2 + 5 f_{x+2,3} \cdot N_3 + \cdots$).

Die Summe dieser Ausdrücke ist:

$$= k_x \quad (\qquad\qquad \Sigma\Sigma f_{x,0} \quad \cdot N_1)$$

$$+ k_{x+1} (\quad \Sigma f_{x+1,0} \cdot N_1 + \Sigma\Sigma f_{x+1,0} \cdot N_1)$$

$$+ k_{x+2} (2 \cdot \Sigma f_{x+2,0} \cdot N_1 + \Sigma\Sigma f_{x+2,0} \cdot N_1)$$

$$+ \ldots\ldots\ldots\ldots\ldots\ldots\ldots$$

$$= \Sigma\Sigma k_{x+1} \cdot \Sigma f_{x+1,0} \cdot N_1 + \Sigma k_x \cdot \Sigma\Sigma f_{x,0} \cdot N_1,$$

und diese Summe durch $D_x \cdot l_u \cdot D_0$ dividiert, ergibt:

Vb $$a_{x,u|0}^z = \frac{\Sigma\Sigma k_{x+1} \cdot \Sigma f_{x+1,0} \cdot N_1 + \Sigma k_x \cdot \Sigma\Sigma f_{x,0} \cdot N_1}{D_x \cdot l_u \cdot D_0}$$

als erwartungsmäßige beim Alter x des Vaters mit 1 beginnende und jährlich um 1 steigende Rente an die zu erwartenden Kinder für den Fall, daß beide Eltern sterben.

Während bei den Verheirateten die gleichbleibenden Voll-Waisenrenten an die zu erwartenden Kinder im 1. Jahr

$$= k_x \cdot \frac{\varSigma f_{x,0} \cdot N_1}{D_x \cdot l_u \cdot D_0}$$

waren, sind dieselben für den Fall, daß der Versicherte unverheiratet ist, noch mit der Heiratswahrscheinlichkeit für das x. Jahr, $= \dfrac{g_x}{h_x}$ zu multiplizieren, wodurch man erhält:

$$\frac{g_x \cdot k_x \cdot \varSigma f_{x,0} \cdot N_1}{h_x \cdot D_x \cdot l_u \cdot D_0}.$$

Im 2. Jahre erhalten die g_x Versicherten des ersten Jahres $g_x \cdot K_{x+1}$ Kinder, deren diskontierter Wert $= g_x \cdot k_{x+1}$, und die g_{x+1} Verheirateten des 2. Jahres $g_{x+1} \cdot K_{x+1}$ Kinder, deren diskontierter Wert $= g_{x+1} \cdot k_{x+1}$.

Der Gesamtwert der Ausgaben für das 2. Jahr ist:

$$\frac{(g_x + g_{x+1})\, k_{x+1} \cdot \varSigma f_{x+1,0} \cdot N_1}{h_x \cdot D_x \cdot l_u \cdot D_0}.$$

Im 3. Jahre betragen die Ausgaben:

$$= \frac{(g_x + g_{x+1} + g_{x+2})\, k_{x+2} \cdot \varSigma f_{x+2,0} \cdot N_1}{h_x \cdot D_x \cdot l_u \cdot D_0}.$$

Da zwischen den Größen g und h die Beziehungen bestehen:

$$g_x \qquad\qquad = h_x - h_{x+1}$$
$$g_x + g_{x+1} \qquad = h_x - h_{x+2}$$
$$g_x + g_{x+1} + g_{x+2} = h_x - h_{x+3},$$

so gehen die Ausdrücke über in:

1. $h_x \cdot k_x \quad \cdot \varSigma f_{x,0} \quad \cdot N_1 - h_{x+1} \cdot k_x \quad \cdot \varSigma f_{x,0} \quad \cdot N_1 : h_x \cdot D_x \cdot l_u \cdot D_0$

2. $h_x \cdot k_{x+1} \cdot \varSigma f_{x+1,0} \cdot N_1 - h_{x+2} \cdot k_{x+1} \cdot \varSigma f_{x+1,0} \cdot N_1 : h_x \cdot D_x \cdot l_u \cdot D_0$

3. $h_x \cdot k_{x+2} \cdot \varSigma f_{x+2,0} \cdot N_1 - h_{x+3} \cdot k_{x+2} \cdot \varSigma f_{x+2,0} \cdot N_1 : h_x \cdot D_x \cdot l_u \cdot D_0.$

Die Summe ist:

$$= \frac{h_x \cdot \varSigma k_x \cdot \varSigma f_{x,0} \cdot N_1}{h_x \cdot D_x \cdot l_u \cdot D_0} - \frac{\varSigma h_{x+1} \cdot k_x \cdot \varSigma f_{x,0} \cdot N_1}{h_x \cdot D_x \cdot l_u \cdot D_0}.$$

Im ersten Glied hebt sich h_x weg, und man erhält:

VI a $\quad {}^l a_{x,u|0}^{\,z} = \dfrac{\varSigma k_x \cdot \varSigma f_{x,0} \cdot N_1}{D_x \cdot l_u \cdot D_0} - \dfrac{\varSigma h_{x+1} \cdot k_x \cdot \varSigma f_{x,0} \cdot N_1}{h_x \cdot D_x \cdot l_u \cdot D_0}$

als erwartungsmäßige gleichbleibende Voll-Waisenrente für zu erwartende Kinder jetzt lediger Personen.

Das erste Glied ist dasselbe, wie für die Verheirateten unter Va. Man kann also auch hier die Annahme machen, daß alle Personen verheiratet sind, und nachher von den Gesamtausgaben die erwartungsmäßigen Minderausgaben für die ledig bleibenden abziehen, also:

$$h_{a^z_{x,u|0}} = \frac{\Sigma h_{x+1} \cdot k_x \cdot \Sigma f_{x,0} \cdot N_1}{h_x \cdot D_x \cdot l_u \cdot D_0}.$$

Die im x. Jahre mit 1 beginnenden und jährlich um 1 steigenden Ausgaben an die zu erwartenden Kinder von jetzt ledigen Personen für den Fall, daß beide Eltern sterben, betragen:

im 1. Jahr:

$g_x \cdot \qquad\qquad k_x \cdot \{ f_{x,0} \quad\cdot N_1 + 2 f_{x,1} \quad\cdot N_2 + 3 f_{x,2} \quad\cdot N_3 + \ldots)$

im 2. Jahr:

$(g_x + g_{x+1} \qquad) k_{x+1} (2 f_{x+1,0} \cdot N_1 + 3 f_{x+1,1} \cdot N_2 + 4 f_{x+1,2} \cdot N_3 + \ldots)$

im 3. Jahr:

$(g_x + g_{x+1} + g_{x+2}) k_{x+2} (3 f_{x+2,0} \cdot N_1 + 4 f_{x+2,1} \cdot N_2 + 5 f_{x+2,2} \cdot N_3 + \ldots).$

Da $\qquad\qquad g_x \qquad\qquad = h_x - h_{x+1}$
$\qquad\qquad\qquad g_x + g_{x+1} \qquad = h_x - h_{x+2}$
$\qquad\qquad\qquad g_x + g_{x+1} + g_{x+2} = h_x - h_{x+3}$ usw.,

so erhält man:

1. $h_x \cdot k_x (\Sigma\Sigma f_{x,0} \cdot N_1) - h_{x+1} \cdot k_x (\Sigma\Sigma f_{x,0} \cdot N_1)$

2. $h_x \cdot k_{x+1} (\Sigma f_{x+1,0} \cdot N_1 + \Sigma\Sigma f_{x+1,0} \cdot N_1)$
$\qquad\qquad - h_{x+2} \cdot k_{x+1} (\Sigma f_{x+1,0} \cdot N_1 + \Sigma\Sigma f_{x+1,0} \cdot N_1)$

3. $h_x \cdot k_{x+2} (2 \Sigma f_{x+2,0} \cdot N_1 + \Sigma\Sigma f_{x+2,0} \cdot N_1)$
$\qquad\qquad - h_{x+3} \cdot k_{x+2} (2 \Sigma f_{x+2,0} \cdot N_1 + \Sigma\Sigma f_{x+2,0} \cdot N_1).$

Als Gesamtsumme ergibt sich:

$h_x \cdot (\Sigma\Sigma k_{x+1} \quad\cdot \Sigma f_{x+1,0} \cdot N_1 + \Sigma k_x \quad\cdot \Sigma\Sigma f_{x,0} \cdot N_1)$
$- (\Sigma\Sigma h_{x+2} \cdot k_{x+1} \cdot \Sigma f_{x+1,0} \cdot N_1 + \Sigma h_{x+1} \cdot k_x \cdot \Sigma\Sigma f_{x,0} \cdot N_1),$

und wenn man durch $h_x \cdot D_x \cdot l_u \cdot D_0$ dividiert, erhält man:

$$\overset{l^z}{a}_{x,u\ 0} = \frac{\Sigma\Sigma k_{x+1} \cdot \Sigma f_{x+1,0} \cdot N_1 + \Sigma k_x \cdot \Sigma\Sigma f_{x,0} \cdot N_1}{D_x \cdot l_u \cdot D_0}$$

VIb

$$- \frac{\Sigma\Sigma h_{x+2} \cdot k_{x+1} \cdot \Sigma f_{x+1,0} \cdot N_1 + \Sigma h_{x+1} \cdot k_x \cdot \Sigma\Sigma f_{x,0} \cdot N_1}{h_x \cdot D_x \cdot l_u \cdot D_0}$$

als erwartungsmäßige mit 1 beginnende und jährlich um 1 steigende Voll-Waisenrente für zu erwartende Kinder jetzt lediger Personen.

Das erste Glied des Ausdrucks ist gleich der steigenden Voll-Waisenrente für zu erwartende Kinder von verheirateten Versicherten unter Vb.

Man kann also auch hier zunächst die Gesamtausgabe unter der Annahme berechnen, daß alle Mitglieder verheiratet sind, und dann die Minderausgabe für die ledig bleibenden,

$$h_{a_{x,u\,0}}^{\angle z} = \frac{\Sigma\,\Sigma\,h_{x+2} \cdot k_{x+1} \cdot \Sigma\,f_{x+1,0} \cdot N_1 + \Sigma\,h_{x+1} \cdot k_x \cdot \Sigma\,\Sigma\,f_{x,0} \cdot N_1}{h_x \cdot D_x \cdot l_x \cdot D_0}$$

davon abziehen.

Durch diese Formeln sind die bei den Pensionskassen am häufigsten vorkommenden Witwen- und Waisenrenten eindeutig bestimmt.

Berechnung der Waisenrenten.

a) Bis zum 14. Jahre.

b) Bis zum 21. Jahre.

Deutsche Reichstafel für Männer und Frauen $= \dfrac{M + F}{2}$.

Zinsfuß $3^1/_2$ %.

Fällige Waisenrenten für Kinder.

y	D_y	N_y^{14}	a_y^{14}
13	4,019	4,019	1,—
12	4.176	8.195	1.962
11	4.340	12.535	2,888
10	4.513	17.048	3,778
9	4,697	21.745	4,630
8	4.894	26.639	5.443
7	5,107	31.746	6.216
6	5,340	37.086	6.945
5	5.599	42.685	7.624
4	5.895	48.580	8.241
3	6,243	54,823	8.782
2	6,682	61.505	9,205
1	7.390	68.895	9.323
0	10,000	78.895	7,890

Deutsche Reichstafel. u = für Frauen = F.

y = für Männer und Frauen $= \dfrac{M + F}{2}$.

Zinsfuß $3^1/_2$ %.

Erwartungsmäßige Waisenrenten für Mütter und Kind.

u	y	D_y	$l_u \cdot D_y$	N_{y+1}^{14}	$d_u \cdot N_{y+1}^{14}$	$\Sigma(d_u \cdot N_{y+1}^{14})$	$\Sigma\Sigma(d_u \cdot N_{y+1}^{14})$	$a_{u|y}^{14}$	$\overset{L}{a}_{u\,y}^{14}$
42	12	4,176	210,136	4,019	2.488	2.488	2.488	0,012	0,012
41	11	4,340	221.106	8.195	5.130	7.618	10.106	34	46
40	10	4.513	232,762	12,535	7,897	15.515	25.621	67	110
39	9	4,697	245.216	17.048	10,757	26.272	51.893	107	212
38	8	4,894	258.584	21.745	13,699	39.971	91.864	155	355
37	7	5.107	273.030	26.639	16.649	56.620	148,484	207	544
36	6	5.340	288.777	31.746	19.556	76.176	224,660	264	778
35	5	5,599	306.181	37.086	22.511	98,687	323.347	322	1,056
34	4	5.895	325.887	42.685	25,483	124.170	447.517	381	1.373
33	3	6,243	348.790	48.580	28.516	152.686	600.203	438	1.721
32	2	6,682	377,165	54.823	31,578	184.264	784.467	489	2.080
31	1	7.390	421.304	61.505	34.750	219.014	1 003.481	520	2.382
30	0	10,000	575.660	68,895	38,306	257.320	1 260.801	447	2,190

3*

Deutsche Reichstafel $3\tfrac{1}{2}$ %.

$x =$ Männer $=$ M.

$y =$ Männer und Frauen $= \dfrac{M + F}{2}$.

Erwartungsmäßige Waisenrenten für Vater und Kind.

x	y	D_y	$l_x \cdot D_y$	N_{y+1}^{14}	$d_x \cdot N_{y+1}^{14}$	$\Sigma d_x \cdot N_{y+1}^{14}$	$\Sigma\Sigma d_x \cdot N_{y+1}^{14}$	$a_{x\mid y}^{14}$	$\angle/a_{x\mid y}^{14}$
48	13	4,019	172,491						
47	12	4,176	182,608	4,019	3,251	3,251	3,251	0,018	0,018
46	11	4,340	193,178	8,195	6,417	9,668	12,919	50	67
45	10	4,513	204,313	12,535	9,539	19,207	32,126	94	157
44	9	4,697	216,109	17,048	12,581	31,788	63,914	147	296
43	8	4,894	228,692	21,745	15,635	47,423	111,337	207	487
42	7	5,107	242,215	26,639	18,621	66,044	177,381	273	732
41	6	5,340	256,907	31,746	21,651	87,695	265,076	341	1,032
40	5	5,599	273,091	37,086	24,662	112,357	377,433	411	1,382
39	4	5,895	291,343	42,685	27,617	139,974	517,407	480	1,776
38	3	6,243	312,456	48,580	30,460	170,434	687,841	545	2,201
37	2	6,682	338,483	54,823	33,278	203,712	891,553	602	2,634
36	1	7,390	378,693	61,505	36,165	239,877	1 131,430	633	2,988
35	0	10,000	518,150	68,895	39,339	279,216	1 410,646	539	2,722

Deutsche Reichstafel $3\tfrac{1}{2}$ %.

$x = M,\ u = F,\ y = \dfrac{M + F}{2}$.

Grundzahlen für erwartungsmäßige Voll-Waisenrenten bis zum 14. Jahre.

x	u	y	d_x	d_u	Σd_x	Σd_u	$\Sigma d_x \cdot \Sigma d_u$	$\Sigma d_x \cdot \Sigma d_u - \Sigma d_{x+1} \cdot \Sigma d_{u+1} = f_{x,y}$	N_{y+1}^{14}	$f_{x,y} \cdot N_{y+1}^{14}$	$\Sigma f_{x,y} \cdot N_{y+1}^{14}$
49	44	14	858	609	10,587	9,085	96 182,895	13,720			
48	43	13	833	611	9,729	8,476	82 463,004	12,496			
47	42	12	809	619	8,896	7,865	69 967,040	11,369	4,019	45,692	45,692
46	41	11	783	626	8,087	7,246	58 598,402	10,246	8,195	83,966	129,658
45	40	10	761	630	7,304	6,620	48 352,480	9,160	12,535	114,821	244,479
44	39	9	738	631	6,543	5,990	39 192,570	8,084	17,048	137,816	382,295
43	38	8	719	630	5,805	5,359	31 108,995	7,057	21,745	153,454	535,749
42	37	7	699	625	5,086	4,729	24 051,694	6,047	26,639	161,086	696,835
41	36	6	682	616	4,387	4,104	18 004,248	5,081	31,746	161,301	858,136
40	35	5	665	607	3,705	3,488	12 923,040	4,165	37,086	154,463	1 012,599
39	34	4	647	597	3,040	2,881	8 758,240	3,293	42,685	140,562	1 153,161
38	33	3	627	587	2,393	2,284	5 465,612	2,469	48,580	119,944	1 273,105
37	32	2	607	576	1,766	1,697	2 996,902	1,698	54,823	93,089	1 366,194
36	31	1	588	565	1,159	1,121	1 299,239	982	61,505	60,398	1 426,592
35	30	0	571	556	571	556	317,476	317	68,895	21,840	1 448,432
										1 448,432	10 572,927
										29 827,820	29 827,820
										= 0,049	= 0,354

$$f_{x,\,y.}$$

Alter des Kindes			13	12	11	10	9	8	7
x	u	y							
48	43	13	509	1,519	2,519	3,509	4,485	5,449	6,397
47	42	12		501	1,492	2,473	3,440	4,395	5,333
46	41	11			490	1,460	2,416	3,359	4,286
45	40	10				479	1,425	2,357	3,273
44	39	9					466	1,384	2,287
43	38	8						453	1,343
42	37	7							437
41	36	6							
40	35	5							
39	34	4							
38	33	3							
37	32	2							
36	31	1							
35	30	0							

Alter des Kindes			6	5	4	3	2	1	0
x	u	y							
48	43	13	7,327	8,239	9,131	10,003	10,854	11,684	12,496
47	42	12	6,253	7,156	8,040	8,903	9,744	10,565	11,369
46	41	11	5,195	6,087	6,960	7,812	8,643	9,453	10,246
45	40	10	4,171	5,052	5,914	6,756	7,577	8,377	9,160
44	39	9	3,172	4,039	4,888	5,717	6,525	7,313	8,084
43	38	8	2,215	3,071	3,908	4,725	5,521	6,298	7,057
42	37	7	1,294	2,134	2,955	3,757	4,539	5,302	6,047
41	36	6	420	1,244	2,049	2,836	3,603	4,350	5,081
40	35	5		404	1,193	1,964	2,716	3,448	4,165
39	34	4			386	1,140	1,875	2,592	3,293
38	33	3				368	1,086	1,785	2,469
37	32	2					350	1,031	1,698
36	31	1						332	982
35	30	0							317

$$\Sigma f_{x,y} \cdot N_{y+1}^{14}$$

Alter des Kindes	13	12	11	10	9	-8	7
x u y							
47 42 12		2,014	5,996	9,939	13,825	17,664	21,433
46 41 11			10,012	21,904	33,624	45,191	56,557
45 40 10				27,908	51,486	74,736	97,584
44 39 9					59,430	98,330	136,573
43 38 8						108,180	165,777
42 37 7							177,418
41 36 6							
40 35 5							
39 34 4							
38 33 3							
37 32 2							
36 31 1							
35 30 0							
$\Sigma\Sigma f_{x,y} \cdot N_{y+1}^{14}$		2,014	16,008	59,751	158,365	344,101	655,342

Alter des Kindes	6	5	4	3	2	1	0
x u y							
47 42 12	25,131	28,760	32,313	35,781	39,161	42,461	45,692
46 41 11	67,704	78,643	89,350	99,800	109,990	119,928	129,658
45 40 10	119,987	141,970	163,482	184,486	204,968	224,934	244,479
44 39 9	174,063	210,827	246,813	281,949	316,206	349,606	382,295
43 38 8	222,228	277,606	331,792	384,694	436,260	486,556	535,749
42 37 7	256,699	334,454	410,510	484,777	557,174	627,796	696,835
41 36 6	270,032	373,946	475,558	574,809	671,555	765,891	858,136
40 35 5		388,929	519,802	647,646	772,281	893,764	1 012,599
39 34 4			536,278	696,307	852,315	1 004,404	1 153,161
38 33 3				714,184	905,073	1 091,119	1 273,105
37 32 2					924,261	1 147,642	1 366,194
36 31 1						1 168,062	1 426,592
35 30 0							1 448,432
$\Sigma\Sigma f_{x,y} \cdot N_{y+1}^{14}$	1 135,844	1 835,135	2 805,898	4 104,433	5 789,244	7 922,163	10 572,927

Erwartungsmäßige Voll-Waisenrenten bis zum 14. Jahre.

x	u	y	l_x	l_u	$l_x \cdot l_u$	D_y	$l_x \cdot l_u \cdot D_y$	$\dfrac{\Sigma f_{x,y}\cdot N^{14}_{y+1}}{l_x\cdot l_u\cdot D_y}=a_{x,u\mid y}$	$\dfrac{\Sigma\Sigma f_{x,y}\cdot N^{14}_{y+1}}{l_x\cdot l_u\cdot D_y}=\overset{L}{a}_{x,u\mid y}$
47	42	12	43,728	50,320	2 200,393	4,176	9 188,841	0,—	0,—
46	41	11	44,511	50,946	2 267,657	4,340	9 841,631	0,001	0,002
45	40	10	45,272	51,576	2 334,949	4,513	10 537,625	3	6
44	39	9	46,010	52,207	2 402,044	4,697	11 282,401	5	14
43	38	8	46,729	52,837	2 469,020	4,894	12 083,384	9	28
42	37	7	47,428	53,462	2 535,596	5,107	12 949,289	14	51
41	36	6	48,110	54,078	2 601,693	5,340	13 893,041	19	82
40	35	5	48,775	54,685	2 667,261	5,599	14 933,994	26	123
39	34	4	49,422	55,282	2 732.147	5,895	16 106,007	33	174
38	33	3	50.049	55,869	2 796.188	6,243	17 456,602	41	235
37	32	2	50,656	56,445	2 859,278	6,682	19 105,696	48	303
36	31	1	51,244	57,010	2 921,420	7,390	21 589,294	54	367
35	30	0	51,815	57,566	2 982,782	10,000	29 827.820	49	354

Erwartungsmäßige gleichbleibende und steigende Ausgaben für zu erwartende Kinder bis zum 14. Jahre.

Wahrscheinlichkeit eines Verheirateten, Kinder zu erhalten.

x Alter des Mannes	K_x	$K_x \cdot v^x = k_x$	x Alter des Mannes	K_x	$K_x \cdot v^x = k_x$
55	0,013	0.002	34	0,343	0,106
54	27	4	33	349	112
53	43	7	32	356	118
52	59	10	31	363	125
51	76	13	30	371	132
50	93	17	29	379	140
49	110	20	28	387	148
48	127	24	27	395	156
47	145	29	26	403	165
46	163	33	25	412	174
45	181	38	24	421	184
44	200	44	23	430	195
43	219	50	22	430	202
42	238	56	21	430	209
41	258	63	20	430	216
40	278	70	19	430	224
39	296	77	18	430	231
38	310	84	17	430	240
37	321	90	16	430	248
36	330	96	15	430	257
35	337	101			

x	d_x	$\Sigma (d_x \cdot N_1)$ nach Jahren					
		0	1	2	3	4	5
		$N_1 = 68{,}895$	61,505	54,823	48,580	42,685	37,086
55	1,020	499,755	429,482	364,902	305,583	251,368	202,195
54	990	485,192	416,986	354,251	296,687	244,123	196,487
53	963	471,038	404,692	343,802	287,883	236,874	190,689
52	936	457,298	392,812	333,583	279,308	229,756	184,937
51	910	444,022	381,327	323,758	270,964	222,870	179,331
50	885	431,235	370,263	314,294	262,979	216,197	173,939
49	858	418,745	359,633	305,201	255,313	209,842	168,736
48	833	406,641	349,251	296,480	247,962	203,754	163,801
47	809	394,920	339,184	287,950	240,912	197,919	159,075
46	783	383,374	329,429	279,672	234,004	192,323	154,546
45	761	372,231	319,802	271,644	227,292	186,825	150,201
44	738	361,350	310,505	263,700	220,773	181,472	145,916
43	719	350,952	301,416	256,025	214,305	176,267	141,735
42	699	340,895	292,738	248,516	208,056	171,087	137,665
41	682	331,335	284,349	241,357	201,939	166,087	133,603
40	665	322,197	276,382	234,435	196,114	161,185	129,684
39	647	313,357	268,782	227,881	190,492	156,535	125,844
38	627	304,630	261,433	221,639	185,182	152,050	122,214
37	607	295,990	254,171	215,608	180,137	147,831	118,720
36	588	287,485	246,975	209,641	175,267	143,836	115,450
35	571	279,215	239,876	203,711	170,434	139,974	112,357
34	554	271,140	232,972	197,852	165,616	136,128	109,365
33	539	263,360	226,226	192,152	160,848	132,283	106,373
32	526	255,959	219,720	186,569	156,197	128,458	103,359
31	515	249,020	213,539	181,188	151,638	124,725	100,352
30	505	242,547	207,755	176,080	147,243	121,058	97,411
29	497	236,620	202,380	171,320	143,086	117,533	94,525
28	491	231,308	197,481	166,913	139,227	114,208	91,756
27	485	226,540	193,126	162,927	135,680	111,147	89,164
26	483	222,527	189,250	159,420	132,502	108,358	86,802
25	482	219,241	186,034	156,327	129,788	105,885	84,671
24	486	216,924	183,441	153,795	127,316	103,755	82,796
23	493	215,645	181,679	151,788	125,363	101,899	81,197
22	498	215,120	180,810	150,488	123,844	100,428	79,812
21	474	213,235	180,579	149,950	122,922	99,312	78,788
20	444	209,683	179,093	149,940	122,638	98,688	77,943
19	409	204,256	176,078	148,770	122,784	98,591	77,547
18	367	196,646	171,362	146,206	121,865	98,837	77,580
17	320	186,726	164,679	142,107	119,684	98,115	77,882
16	274	174,809	155,932	136,250	116,130	96,261	77,309
15	235	161,608	145,418	128,565	111,022	93,193	75,735

x	\multicolumn{7}{c}{$\Sigma (d_x \cdot N_1)$ nach Jahren}	$\Sigma\Sigma(d_x \cdot N_1)$
	6	7	8	9	10	11	12	
	31,746	26,639	21,745	17,048	12,535	8,195	4,019	
	158,100	119.147	85,422	57,089	34.296	17,135	5,695	2 530.169
	153.764	116,018	83.331	55,802	33.589	16.829	5,611	2 458.670
	149,301	112,729	81,056	54,375	32,792	16,459	5,502	2 387,192
	144,810	109.382	78,693	52.839	31,921	16,051	5,373	2 316,763
	140,391	106.042	76,312	51,262	30.992	15,612	5.237	2 248,120
	136,111	102.778	73,954	49.687	30.047	15.143	5,088	2 181,715
	132,021	99.640	71,669	48,141	29,115	14.675	4,931	2 117,662
	128,087	96,658	69,486	46,654	28,208	14.219	4,779	2 055,980
	124.363	93,791	67,419	45.239	27,338	13,776	4,630	1 996,516
	120,798	91,084	65,430	43,903	26.514	13,352	4,485	1 938,914
	117.380	88.491	63.557	42,617	25,789	12,953	4,349	1 883.081
	114.096	86,001	61.759	41,406	24,989	12.579	4,220	1 828.766
	110.842	83,604	60,029	40,241	24,284	12,212	4,099	1 776,011
	107,662	81,218	58.361	39,117	23,603	11,871	3,979	1 724,768
	104,565	78.883	56,692	38,035	22,948	11,541	3,870	1 675,204
	101,461	76,604	55,053	36,940	22,313	11,219	3,762	1 627,349
	98,475	74,316	53.458	35,866	21,665	10,910	3.657	1 581,238
	95,549	72.120	51.848	34,822	21,080	10,588	3,557	1 536,662
	92,797	69,972	50,312	33.764	20,416	10,275	3,448	1 493,441
	90.158	67,967	48,814	32,766	19,792	9,978	3,348	1 451,477
	87,695	66.044	47,423	31,789	19.207	9,668	3,251	1 410.644
	85,370	64,259	46,091	30.892	18,634	9,383	3,147	1 370,849
	83,120	62.581	44.866	30,036	18,119	9,106	3.058	1 332,128
	80,848	60,943	43,707	29,247	17,620	8,858	2.966	1 294,451
	78.545	59,275	42,573	28.504	17,167	8,618	2,890	1 258,034
	76,235	57,568	41,398	27,764	16.734	8,398	2,809	1 223,000
	73,980	55,853	40,189	26,990	16,301	8,191	2,741	1 189,709
	71,767	54,179	38,968	26,182	15,834	7,975	2.673	1 158,471
	69,657	52,546	37,788	25,372	15.847	7,739	2.600	1 129,633
	67,703	51,004	36,646	24,599	14,865	7,494	2,520	1 103,690
	65,942	49,593	35,581	23,860	14,416	7,258	2,440	1 080,986
	64,864	48,333	34,614	23,176	13,987	7,043	2,363	1 061,907
	62,988	47,210	33,757	22,558	13,591	6,834	2,295	1 046,805
	61,825	46,238	32,998	22,017	13,237	6,634	2,227	1 035,688
	60,825	45,429	32,349	21,542	12,932	6,477	2,166	1 026,456
	60,067	44,734	31,814	21.137	12,605	6,334	2,114	1 016,850
	59,523	44,222	31,355	20,809	12,438	6,208	2,070	1 004,651
	59,297	43,868	31,028	20,525	12,257	6,103	2,030	987,604
	59,413	43,762	30,816	20,335	12,101	6,021	1,997	963,638
	59,730	43.921	30,788	20,219	12,002	5,948	1,973	931,272
	59,269	44.221	30,955	20,235	11,949	5,907	1.949	890,026

Deutsche Reichstafel, $3^1/2 \, {}^0/_0$.

$$\text{Männer} = M, \quad \text{Kinder} = \frac{M + F}{2}.$$

Erwartungsmäßige gleichbleibende Ausgaben für zu erwartende
Kinder jetzt Verheirateter.

x	$D_x \cdot D_0$	k_x	$\Sigma \, (d_x \cdot N_1)$	$k_x \cdot \Sigma \, (d_x \cdot N_1)$	$\Sigma k_x \cdot \Sigma \, (d_x \cdot N_1)$	$a_x \, {}_0^{14}$
55	5,509	0,002	49,976	100	100	0,018
54	5,857	4	48,519	194	294	50
53	6,217	7	47,104	330	624	100
52	6,591	10	45,730	457	1,081	164
51	6,979	13	44,402	577	1,658	238
50	7,382	17	43,124	733	2,391	324
49	7,799	20	41,875	838	3,229	414
48	8,232	24	40,664	976	4,205	511
47	8,681	29	39,492	1,145	5,350	616
46	9,146	33	38,337	1,265	6,615	723
45	9,628	38	37,223	1,414	8,029	834
44	10,127	44	36,135	1,590	9,619	950
43	10,645	50	35,095	1,755	11,374	1,068
42	11,183	56	34,090	1,909	13,283	1,188
41	11,740	63	33,134	2,087	15,370	1,309
40	12,319	70	32,220	2,255	17,625	1,431
39	12,920	77	31,336	2,413	20,038	1,551
38	13,541	84	30,463	2,559	22,597	1,669
37	14,185	90	29,599	2,664	25,261	1,781
36	14,852	96	28,749	2,760	28,021	1,887
35	15,543	101	27,922	2,820	30,841	1,984
34	16,259	106	27,114	2,874	33,715	2,074
33	17,002	112	26,336	2,950	36,665	2,157
32	17,772	118	25,596	3,020	39,685	2,233
31	18,571	125	24,902	3,113	42,798	2,305
30	19,401	132	24,255	3,202	46,000	2,371
29	20,263	140	23,662	3,313	49,313	2,434
28	21,160	148	23,131	3,423	52,736	2,492
27	22,092	156	22,654	3,534	56,270	2,547
26	23,063	165	22,253	3,672	59,942	2,599
25	24,074	174	21,924	3,815	63,757	2,648
24	25,129	184	21,692	3,991	67,748	2,696
23	26,232	195	21,565	4,205	71,953	2,743
22	27,384	202	21,512	4,345	76,298	2,786
21	28,572	209	21,324	4,457	80,755	2,826
20	29,796	216	20,968	4,529	85,284	2,862
19	31,051		20,426	4,575	89,859	2,894
18	32,336	231	19,665	4,543	94,402	2,919
17	33,646		18,673	4,482	98,884	2,939
16	34,981		17,481	4,335	103,219	2,951
15	36,346	257	16,161	4,153	107,372	2,954

Erwartungsmäßige steigende Ausgaben für zu erwartende Kinder jetzt Verheirateter.

x	$k_{x+1}\,\Sigma(d_{x+1}\cdot N_1)$	Σ	$\Sigma\Sigma(k_{x+1}\cdot\Sigma(d_{x+1}\cdot N_1))$	$\Sigma\Sigma(d_x\cdot N_1)$	$k_x\cdot\Sigma\Sigma(d_x\cdot N_1)$	$\Sigma(k_x\cdot\Sigma\Sigma(d_x\cdot N_1))$	$\Sigma\Sigma(k_{x+1}\cdot\Sigma(d_{x+1}\cdot N_1)) + \Sigma(k_x\cdot\Sigma\Sigma(d_x\cdot N_1))$	$a_{x\,0}^{14}$
55				253,017	506	506	506	0,092
54	100	100	100	245,867	983	1,489	1.589	271
53	194	294	394	238,719	1,671	3,160	3,554	572
52	330	624	1,018	231,676	2.317	5,477	6,495	985
51	457	1,081	2,099	224,812	2,923	8,400	10,499	1,504
50	577	1.658	3,757	218,172	3,709	12,109	15.866	2.149
49	733	2,391	6.148	211,766	4,235	16,344	22,492	2.884
48	838	3,229	9.377	205,598	4,934	21.278	30,655	3.724
47	976	4,205	13.582	199,652	5,790	27,068	40,650	4,683
46	1,145	5.350	18,932	193,891	6.398	33.466	52,398	5.729
45	1,265	6,615	25,547	188,308	7,156	40,622	66.169	6.878
44	1,414	8.029	33,576	182,877	8.047	48,669	82,245	8,121
43	1,590	9.619	43,195	177,601	8,880	57,549	100.744	9.464
42	1,755	11,374	54,569	172,477	9,659	67,208	121,777	10,889
41	1,909	13,283	67,852	167,520	10,554	77,762	145.614	12,403
40	2,087	15,370	83,222	162,785	11,891	89,153	172,375	13.993
39	2,255	17,625	100,847	158,124	12,176	101,329	202.176	15,648
38	2,413	20,038	120,885	153,666	12,908	114,237	235,122	17,364
37	2,559	22.597	143,482	149,344	13,441	127,678	271.160	19,116
36	2,664	25,261	168.743	145,148	13,934	141.612	310.855	20.897
35	2,760	28,021	196,764	141,064	14,247	155,859	352,623	22.687
34	2,820	30,841	227,605	137,085	14,531	170,390	397,995	24,478
33	2,874	33,715	261,320	133,213	14,920	185,310	446,630	26,269
32	2,950	36,665	297,985	129,445	15,275	200,585	498,570	28,054
31	3,020	39,685	337,670	125,803	15,725	216,310	553,980	29,830
30	3,113	42,798	380,468	122,300	16,144	232,454	612,922	31,592
29	3,202	46,000	426,468	118,971	16,656	249,110	675,578	33,340
28	3,313	49,313	475,781	115,847	17,145	266,255	742,036	35,068
27	3,423	52,736	528,517	112,963	17,622	283,877	812,394	36,773
26	3,534	56,270	584,787	110,369	18,211	302,088	886,875	38,454
25	3,672	59,942	644,729	108.099	18,809	320,897	965,626	40,111
24	3,815	63,757	708,486	106,191	19,539	340,436	1 048,922	41,741
23	3,991	67,748	776,234	104,681	20,418	360,849	1 137,083	43,347
22	4,205	71,953	848,187	103,569	20,921	381,770	1 229,957	44,915
21	4,345	76,298	924,485	102,646	21,453	403,223	1 327,708	46,469
20	4,457	80,755	1 005,240	101,685	21,964	425,187	1 430,427	48,007
19	4,529	85,284	1 090,524	100,465	22,504	447,691	1 538,215	49,538
18	4,575	89,859	1 180,383	98,760	22,814	470,505	1 650,888	51,054
17	4,543	94,402	1 274,785	96,364	23,127	493,632	1 768,417	52,560
16	4,482	98,884	1 373,669	93,127	23,095	516,727	1 890,396	54,041
15	4,335	103,219	1 476,888	89.003	22,874	539.601	2 016,489	55,480

Erwartungsmäßige gleichbleibende Ausgaben an zu erwartende
Kinder jetzt lediger Personen.

x	h_x	$h_x \cdot D_x \cdot D_0$	$k_x \cdot \varSigma d_x \cdot N_1$	$\dfrac{h_{x+1} \cdot k_x}{\cdot \varSigma d_x \cdot N_1}$	$\dfrac{\varSigma h_{x+1} \cdot k_x}{\cdot \varSigma d_x \cdot N_1}$	$h_{a_{x|0}}{}^{14}$	$l_{a_{x|0}}{}^{14}$
	746						
55	759	418	100	7	7	0,017	0,001
54	773	453	194	15	22	49	1
53	787	489	330	26	48	98	2
52	800	527	457	36	84	159	5
51	813	567	577	46	130	229	9
50	824	608	733	60	190	313	11
49	834	650	828	69	259	398	16
48	842	693	776	81	340	491	20
47	849	737	1,145	96	436	592	24
46	859	786	1,265	107	543	691	32
45	877	844	1,414	121	664	787	47
44	905	916	1,590	139	803	877	73
43	942	1,003	1,755	159	962	959	109
42	985	1,102	1,909	180	1,142	1,036	152
41	1,025	1,203	2,087	206	1,348	1,121	188
40	1,061	1,307	2,255	231	1,579	1,208	223
39	1,101	1,422	2,413	256	1,835	1,290	261
38	1,167	1,580	2,559	282	2,117	1,340	329
37	1,271	1,803	2,664	311	2,428	1,347	434
36	1,405	2,087	2,760	351	2,779	1,332	555
35	1,552	2,412	2,820	396	3,175	1,316	668
34	1,717	2,792	2,874	446	3,621	1,297	777
33	1,904	3,237	2,950	507	4,128	1,275	882
32	2,116	3,761	3,020	575	4,703	1,250	983
31	2,360	4,383	3,113	659	5,362	1,223	1,082
30	2,640	5,122	3,202	756	6,118	1,194	1,177
29	3,150	6,383	3,313	875	6,993	1,096	1,338
28	3,850	8,147	3,423	1,078	8,071	991	1,501
27	4,742	10,476	3,534	1,361	9,432	900	1,647
26	5,660	13,054	3,672	1,741	11,173	856	1,743
25	6,620	15,937	3,815	2,159	13,332	837	1,811
24	7,550	18,972	3,991	2,642	15,974	842	1,854
23	8,380	21,982	4,205	3,175	19,149	871	1,872
22	9,033	24,736	4,345	3,641	22,790	921	1,865
21	9,400	26,858	4,457	4,026	26,816	998	1,828
20	9,630	28,694	4,529	4,257	31,073	1,083	1,779
19	9,805	30,446	4,575	4,406	35,479	1,165	1,729
18	9,920	32,077	4,543	4,454	39,933	1,245	1,674
17	9,989	33,609	4,482	4,446	44,379	1,320	1,619
16	9,999	34,978	4,335	4,330	48,709	1,393	1,558
15	10,000	36,346.	4,153	4,153	52,862	1,454	1,500

Erwartungsmäßige steigende Ausgaben an zu erwartende Kinder jetzt lediger Personen.

x	$h_{x+2} k_{x+1} \cdot \Sigma d_{x+1} N_1$	$\Sigma\Sigma h_{x+2} k_{x+1} \cdot \Sigma d_{x+1} N_1$	$k_x \cdot \Sigma\Sigma d_x N_1$	$h_{x+1} k_x \cdot \Sigma\Sigma d_x N_1$	$h_{x+1} k_x \cdot \Sigma\Sigma d_x N_1$	$\Sigma h_{x+1} k_x \cdot \Sigma\Sigma d_x N_1$	$\Sigma\Sigma h_{x+2} k_{x+1} \Sigma d_{x+1} N_1 + \Sigma h_{x+1} k_x \Sigma\Sigma d_x N_1$	$^{14}_{h}L\, a_{x,0}$	$^{14}_{l}L\, a_{x,0}$
55				506	38	38	38	0,091	0,001
54	7	7	7,	988	75	113	120	265	6
53	15	22	29	1,671	129	242	271	554	18
52	26	48	77	2,817	182	424	501	951	34
51	36	84	161	2,923	234	658	819	1,444	60
50	46	130	291	3,709	302	960	1.251	2,058	91
49	60	190	481	4,235	349	1,309	1,790	2,754	130
48	69	259	740	4,934	411	1,720	2,460	3,550	174
47	81	340	1,080	5.790	488	2,208	3,288	4,461	222
46	96	436	1,516	6,398	543	2,751	4,267	5,429	300
45	107	543	2,059	7,156	615	3,366	5,425	6,428	445
44	121	664	2,723	8,047	706	4,072	6,795	7,418	703
43	139	803	3,526	8,880	804	4,876	8,402	8,377	1,087
42	159	962	4,488	9,659	910	5,786	10,274	9,323	1,566
41	180	1,142	5,630	10,554	1,040	6,826	12,456	10,354	2,049
40	206	1,348	6,978	11,391	1,168	7,994	14,972	11,455	2,538
39	231	1,579	8,557	12,176	1,292	9,286	17,843	12,548	3,100
38	256	1,835	10,392	12,908	1,421	10,707	21,099	13,354	4.010
37	282	2,117	12,509	13,441	1,569	12,276	24,785	13,747	5,369
36	311	2,428	14,937	13,934	1,771	14,047	28,984	13,888	7,009
35	351	2,779	17,716	14,247	2,002	16,049	33,765	13,999	8,688
34	396	3,175	20,891	14,531	2,255	18,304	39,195	14,088	10,440
33	446	3,621	24,512	14,920	2,562	20,866	45,378	14,019	12,250
32	507	4,128	28,640	15,275	2,908	23,774	52,414	13,896	14,118
31	575	4,703	33,343	15,725	3,327	27,101	60,444	13,791	16,030
30	659	5,362	38,705	16,144	3,810	30,911	69,616	13,592	18 —
29	756	6,118	44,823	16,656	4,397	35,308	80,131	12,554	20,786
28	875	6,993	51,816	17,145	5,401	40,709	92,525	11,357	23,711
27	1,078	8,071	59,887	17,622	6,784	47,493	107,380	10,250	26,523
26	1,361	9,432	69,319	18.211	8,636	56,129	125,448	9,610	28,844
25	1.741	11,173	80,492	18,809	10,646	66,775	147,267	9,241	30,870
24	2,159	13,332	93,824	19,539	12,935	79,710	173,534	9,147	32,594
23	2,642	15,974	109,798	20.413	15,412	95,122	204,920	9,322	34,025
22	3,175	19,149	128,947	20,921	17,532	112,654	241,601	9,767	35,148
21	3,641	22,790	151,737	21,453	19,378	132,032	283,769	10,566	35,903
20	4,026	26,816	178,553	21,964	20,646	152,678	331,231	11,544	36,463
19	4,257	31,073	209,626	22,504	21,671	174,349	383,975	12,612	36,926
18	4,406	35,479	245,105	22,814	22,369	196,718	441,823	13,774	37,280
17	4,454	39,933	285,038	23,127	22,942	219,660	504,698	15,017	37,543
16	4,446	44,379	329,417	23,095	23,070	242,730	572,147	16,357	37,684
15	4,330	48,709	378,126	22,874	22,872	265,602	643,728	17,711	37,760

Erwartungsmäßige gleichbleibende und steigende Renten an

x	(f_x,0) 0	(f_x,1) 1	2	3	4	5	6
55	738	2,321	4.077	6,022	8,180	10,590	13,309
54	687	2.163	3.796	5,606	7,607	9,825	12,300
53	641	2.015	3,540	5,222	7,084	9,189	11,415
52	602	1,884	3.301	4.873	6,602	8,515	10.623
51	566	1.769	3.089	4,548	6,166	7,942	9,903
50	541	1,673	2.910	4,267	5,767	7,430	9,251
49	523	1.604	2.760	4.032	5.425	6,966	8,673
48	509	1.554	2,654	3.835	5,139	6,568	8,149
47	501	1,519	2,578	3.696	4,901	6,239	7,703
46	490	1,492	2.519	3,592	4,728	5,958	7,328
45	470	1,460	2.473	3,509	4,596	5,751	7,004
44	466	1.425	2,416	3.440	4,485	5,587	6,760
43	453	1.384	2.357	3,359	4,395	5,449	6,565
42	437	1.343	2,287	3.273	4,286	5,333	6,397
41	420	1.294	2.215	3.172	4,171	5,195	6,253
40	404	1.244	2,134	3,071	4,039	5,052	6,087
39	386	1,193	2.049	2,955	3,908	4,888	5,914
38	368	1.140	1,964	2.836	3,757	4,725	5,717
37	350	1,086	1.875	2.716	3,603	4,539	5,521
36	332	1.031 ·	1.785	2.592	3,448	4,350	5,302
35	317	982	1.698	2,469	3,293	4,165	5,081
34	302	936	1.615	2,348	3.136	3,976	4,864
33	289	893	1.542	2.235	2,984	3,788	4,645
32	275	853	1,469	2.133	2,840	3,604	4,425
31	263	813	1,404	2.032	2,711	3.431	4,210
30	249	775	1,337	1.941	2,581	3,273	4,007
29	236	734	1,272	1.846	2,462	3,115	3,820
28	223	694	1.206	1.756	2,342	2,970	3,634
27	210	655	1,139	1.664	2,226	2,822	3,463
26	197	616	1.074	1.570	2,108	2,682	3,289
25	185	578	1,010	1.481	1.989	2,540	3,125
24	174	543	948	1.393	1,877	2,396	2,960
23	164	511	892	1,309	1,767	2,264	2,795
22	154	481	839	1,231	1,661	2,132	2,642
21	136	443	780	1,148	1,551	1,992	2,476
20	119	391	714	1.060	1,437	1.851	2,303
19	106	344	631	969	1,323	1,708	2,132
18	93	304	556	856	1.209	1,570	1,963
17	83	270	493	757	1,071	1,437	1,804
16	76	242	441	677	953	1,281	1,660
15	73	226	403	615	864	1,155	1,496

die Vollwaisen für zu erwartende Kinder bis zum 14. Jahre.

7	8	9	10	11	12	λ
16,374	19,828	23,674	27,884	32,411	37,208	55
15,093	18,239	21,780	25,716	30,014	34,625	54
13,953	16,817	20,041	23,666	27.689	32,074	53
12,955	15,554	18,488	21,787	25,494	29.602	52
12,063	14,448	17,107	20,109	23,481	27,268	51
11,260	13,470	15,908	18,625	21,692	25,136	50
10,537	12,593	14,852	17,342	20,116	23,247	49
9,899	11,807	13,909	16,216	18,758	21,587	48
9,323	11,116	13,066	15,215	17,569	20,162	47
8,827	10,486	12,322	14.314	16,508	18,909	46
8,407	9,941	11,638	13,515	15,549	17,787	45
8,038	9,472	11,040	12,775	14,693	16,768	44
7,757	9,058	10,524	12,125	13,897	15,856	43
7.527	8,787	10,062	11,559	13,193	15,001	42
7,327	8,471	9,699	11,046	12,574	14,240	41
7,156	8,239	9,397	10,642	12.012	13,570	40
6,960	8,040	9,131	10,303	11,566	12,958	39
6,756	7,812	8,903	10,003	11,188	12.469	38
6,525	7,577	8,643	9,744	10,854	12,052	37
6,298	7,313	8,377	9,453	10,565	11,684	36
6,047	7,057	8,084	9,160	10,246	11,369	35
5,794	6.774	7,798	8,836	9,924	11.020	34
5,547	6,492	7,486	8,523	9,571	10,671	33
5,297	6,214	7,172	8,180	9,230	10,289	32
5,047	5.935	6,866	7,837	8,858	9,921	31
4,801	5,653	6,556	7,501	8,485	9,519	30
4,566	5,375	6.242	7,159	8,118	9.115	29
4,353	5,110	5,934	6,815	7,746	8,718	28
4,137	4,869	5,638	6,475	7.371	8,315	27
3,941	4,626	5,370	6,151	7,000	7,909	26
3,743	4,406	5,101	5,857	6,648	7.510	25
3,557	4,185	4,859	5,564	6,331	7,183	24
3,371	3,979	4,617	5,302	6,016	6,794	23
3,185	3,773	4,392	5,040	5,736	6,450	22
2,998	3,552	4,152	4,782	5,439	6.145	21
2,798	3,332	3,896	4,507	5,147	5.813	20
2,594	3,100	3,644	4,218	4,840	5,488	19
2,395	2,866	3,381	3.935	4,518	5.149	18
2,203	2,642	3,122	3,645	4,208	4,799	17
2,032	2,435	2,881	3,367	3,898	4,468	16
1,887	2,263	2,670	3,121	3,613	4,150	15

x	N_1 = 68,895	N_2 61,505	N_3 54,823	N_4 48,580	N_5 42,685	N_6 37,086	N_7 31,746
	\multicolumn — $\Sigma (f_{x,0} \cdot N_1)$ nach Jahren						
	0	1	2	3	4	5	6
55	390,969	385,884	371,609	349,257	320,003	285,086	245,812
54	361,781	357,048	343,745	322,934	295,700	263,229	226,792
53	335,105	330,689	318,296	298,888	273,520	243,282	209,389
52	310,939	306,792	295,204	277,107	253,434	225,253	193,674
51	289,144	285,245	274,364	257,430	235,335	209,016	179,562
50	269,870	266,143	255,853	239,900	219,171	194,554	166,999
49	253,050	249,447	239,582	224,450	204,863	181,706	155,872
48	238,540	235,033	225,475	210,925	192,295	170,359	146,001
47	226,250	222,798	213,455	199,322	181,367	160,447	137,309
46	215,746	212,370	203,194	189,384	171,934	151,752	129,656
45	206,750	203,450	194,470	180,912	163,866	144,248	122,920
44	198,880	195,669	186,905	173,660	156,948	137,804	117,084
43	191,944	188,823	180,311	167,389	151,071	132,311	112,103
42	185,623	182,612	174,352	161,814	145,914	127,619	107,841
41	179,673	176,780	168,821	156,677	141,268	123,464	104,198
40	173,989	171,205	163,554	151,855	136,936	119,696	100,960
39	168,360	165,701	158,363	147,130	132,775	116,093	97,966
38	162,681	160,146	153,135	142,367	128,500	112,553	95,030
37	156,849	154,438	147,759	137,479	124,285	108,906	92,072
36	150,852	148,565	142,223	132,437	119,846	105,128	88,995
35	144,843	142,659	136,619	127,311	115,316	101,260	85,814
34	138,767	136,686	130,929	122,076	110,669	97,283	82,538
33	132,798	130,806	125,314	116,860	106,003	93,266	79,217
32	126,895	125,001	119,754	111,701	101,339	89,216	75,850
31	121,168	119,356	114,355	106,658	96,787	85,215	72,491
30	115,557	113,842	109,075	101,745	92,316	81,299	69,161
29	110,053	108,427	103,912	96,939	87,971	77,462	65,909
28	104,713	103,177	98,908	92,297	83,766	73,769	62,755
27	99,483	98,036	94,008	87,763	79,680	70,178	59,712
26	94,385	93,027	89,239	83,351	75,724	66,726	56,779
25	89,448	88,173	84,618	79,081	71,887	63,397	53,977
24	84,686	83,488	80,148	74,951	68,183	60,172	51,286
23	80,144	79,014	75,871	70,981	64,622	57,079	48,683
22	75,774	74,713	71,754	67,155	61,175	54,085	46,178
21	71,093	70,156	67,431	63,155	57,578	50,958	43,570
20	66,143	65,323	62,918	59,004	53,854	47,720	40,856
19	61,085	60,355	58,239	54,780	50,072	44,425	38,091
18	56,012	55,372	53,502	50,454	46,295	41,135	35,312
17	51,123	50,551	48,890	46,187	42,510	37,938	32,609
16	46,637	46,114	44,625	42,207	38,919	34,851	30,100
15	42,851	42,348	40,958	38,749	35,761	32,073	27,790

N_8 26.639	N_9 21.745	N_{10} 17,048	N_{11} 12,535	N_{12} 8,195	N_{13} 4,019		
\multicolumn — $\Sigma(f_{x,0} \cdot N_1)$ nach Jahren						$\Sigma\Sigma(f_{x,0} \cdot N_1)$	
7	8	9	10	11	12		
203,561	159,943	116,827	76,467	41,515	14,954	2 961,887	55
187,745	147,539	107,878	70,747	38,512	13,916	2 737,566	54
173,151	135,981	99,413	65,247	35,582	12,891	2 581,484	53
159,951	125,440	91,618	60,099	32,789	11,897	2 344,197	52
148,124	115,990	84,572	55,408	30,202	10,959	2 175,351	51
137,631	107,636	78,345	51,225	27,879	10,102	2 025,308	50
128,339	100,269	72,886	47,566	25,828	9,343	1 893,201	49
120,131	93,761	68,087	44,375	24,048	8,676	1 777,706	48
112,855	88,020	63,848	41,573	22,501	8,103	1 677,848	47
106,393	82,879	60,077	39,070	21,128	7,600	1 591,183	46
100,685	78,289	56,673	36,832	19,891	7,149	1 516,185	45
95,624	74,211	53,614	34,793	18,780	6,739	1 450,711	44
91,262	70,598	50,901	32,960	17,761	6,373	1 393,807	43
87,533	67,482	48,483	31,330	16,841	6,029	1 343,473	42
84,347	64,829	46,408	29,874	16,027	5,723	1 298,089	41
81,636	62,573	44,657	28,637	15,298	5,454	1,256,450	40
79,191	60,650	43,167	27,601	14,686	5,208	1 216,891	39
76,881	58,884	41,896	26,719	14,180	5,011	1 178,073	38
74,545	57,163	40,687	25,953	13,739	4,844	1 138,719	37
72,164	55,386	39,484	25,203	13,354	4,696	1 098,333	36
69,684	53,575	38,229	24,448	12,966	4,569	1 057,293	35
67,096	51,662	36,932	23,638	12,562	4,429	1 015,267	34
64,471	49,695	35,578	22,816	12,132	4,289	973.245	33
61,803	47,692	34,180	21,953	11,699	4,135	931,218	32
59,126	45,681	32,775	21,070	11,246	3,987	889,915	31
56,440	43,651	31,358	20,182	10,779	3,826	849,231	30
53,782	41,619	29,931	19,290	10,316	3,663	809,274	29
51,218	39,622	28,510	18,394	9,852	3,504	770,485	28
48,719	37,698	27,110	17,499	9,382	3,342	732,610	27
46,338	35,839	25,780	16,625	8,915	3,179	695,907	26
44,056	34,085	24,504	15,808	8,466	3,018	660,518	25
41,889	32,413	23,313	15,029	8,055	2,867	626,480	24
39,810	30,830	22,178	14,307	7,661	2,731	593,911	23
37,791	29,306	21,102	13,614	7,297	2,596	562,540	22
35,710	27,723	20,000	12,921	6,927	2,470	529,692	21
33,545	26,091	18,846	12,204	6,554	2,336	495,394	20
31,323	24,413	17,672	11,459	6,172	2,206	460,292	19
29,080	22,700	16,468	10,704	5,772	2,069	424,875	18
26,882	21,014	15,269	9,946	5,377	1,929	390,225	17
24,830	19,417	14,122	9,211	4,990	1,796	357.819	16
23,040	18,014	13,093	8,541	4,629	1,668	329,515	15

Deutsche Reichstafel, $3^1/_2$ %, Männer $= M$, Frauen $= F$, Kinder $= \dfrac{M + F}{2}$

Erwartungsmäßige, gleichbleibende Renten an die Vollwaisen für noch zu erwartende Kinder jetzt Verheirateter.

x	$D_x \cdot l_u \cdot D_0$	k_x	$\Sigma(f_{x,0} \cdot N_1)$	$k_x \cdot \Sigma(f_{x,0} \cdot N_1)$	$\Sigma k_x \cdot \Sigma(f_{x,0} \cdot N_1)$	$a_{x,u|0}^{14}$
55	249,255	0,002	390,969	782	782	0.003
54	269,065	4	361,781	1,447	2,229	8
53	289,743	7	335,105	2,346	4,575	16
52	311,412	10	310.939	3,109	7,684	25
51	334,085	13	289,144	3,759	11,443	34
50	357,887	17	269,870	4,588	16,031	45
49	382,853	20	253,050	5,061	21,092	55
48	409,139	24	238,540	5,725	26,817	66
47	436,828	29	226.250	6,561	33,378	76
46	465,952	33	215,746	7,120	40.498	87
45	496,574	38	206,750	7,857	48,355	97
44	528,700	44	198,880	8,751	57,106	108
43	562.450	50	191,944	9,597	66,703	119
42	597,866	56	185,623	10,395	77,098	129
41	634,876	63	179,673	11,319	88,417	139
40	673,665	70	173,989	12,179	100.596	149
39	714,243	77	168,360	12,964	113.560	159
38	756,522	84	162,681	13,665	127,225	168
37	800,672	90	156,849	14,116	141,341	177
36	846,713	96	150,852	14,482	155,823	184
35	894,748	101	144,843	14,629	170,452	191
34	944,827	106	138,767	14,709	185,161	196
33	997,116	112	132,798	14,873	200,034	201
32	1 051,569	118	126,895	14,974	215,008	204
31	1 108.317	125	121,168	15,146	230.154	208
30	1 167,436	132	115,557	15,254	245.408	210
29	1 228.910	140	110,058	15,407	260,815	212
28	1 292,918	148	104,713	15,498	276.313	214
27	1 359,409	156	99,483	15,519	291,832	215
26	1 428,545	165	94,385	15,574	307,406	215
25	1 500,388	174	89,448	15,564	322.970	215
24	1 575.111	184	84,686	15,582	338,552	215
23	1 652,957	195	80,144	15,628	354,180	214
22	1 734,010	202	75,774	15,806	369,486	213
21	1 817,436	209	71,093	14,858	384.344	211
20	1 903,309	216	66,143	14.287	398,631	209
19	1 991,487	224	61,085	13,683	412.314	207
18	2 082,115	231	56,012	12,939	425,253	204
17	2 175,180	240	51,123	12,270	437,523	201
16	2 271,176	248	46,637	11,566	449,089	198
15	2 371,104	257	42,851	11,013	460,102	194

Erwartungsmäßige, steigende Renten an die Vollwaisen für noch zu erwartende Kinder jetzt Verheirateter.

x	$k_{x+1}\Sigma(f_{x+1,0}\cdot N_1)$	$\Sigma(k_{x+1}\cdot\Sigma(f_{x+1,0}\cdot N_1))$	$\Sigma\Sigma(k_{x+1}\cdot\Sigma(f_{x+1,0}\cdot N_1))$	$\Sigma\Sigma(f_{x,0}\cdot N_1)$	$k_x\cdot\Sigma\Sigma(f_{x,0}\cdot N_1)$	$\Sigma(k_x\cdot\Sigma\Sigma(f_{x,0}\cdot N_1))$	$\Sigma\Sigma(k_{x+1}\cdot\Sigma(f_{x+1,0}\cdot N_1))+\Sigma(k_x\cdot\Sigma\Sigma(f_{x,0}\cdot N_1))$	$\overset{14}{a}{}_{x,u\mid 0}$
55	782	782		2 961.887	5,924	5,924	5,924	0,024
54	782	782		2 737,566	10,950	16,874	17,656	66
53	1,447	2,229	3,011	2 531,434	17,720	34,594	37,605	130
52	2,346	4,575	7,586	2 344,197	23,442	58,036	65,622	211
51	3,109	7.684	15,270	2 175,351	28,280	86,316	101,586	304
50	3.759	11.443	26,713	2 025,308	34,430	120,746	147,459	412
49	4.588	16,031	42,744	1 893,201	37,864	158,610	201,354	526
48	5,061	21,092	63,836	1 777,706	42,665	201,275	265,111	648
47	5,725	26,817	90,653	1 677,848	48,658	249,933	340,586	780
46	6,561	33,378	124,031	1 591,183	52,509	302,442	426,473	915
45	7,120	40,498	164,529	1 516,135	57,613	360,055	524,584	1,056
44	7,857	48,355	212,884	1 450,711	63,831	423,886	636,770	1,204
43	8,751	57,106	269,990	1 393,807	69,690	493,576	763,566	1,358
42	9.597	66,703	336,693	1 343,473	75,234	568,810	905,503	1,515
41	10,395	77,098	413,791	1 298,089	81,780	650,590	1 064,381	1,677
40	11,319	88,417	502,208	1 256,450	87,952	738,542	1 240,750	1,842
39	12,179	100,596	602,804	1 216,891	93,791	832,243	1 435,047	2,009
38	12,964	113,560	716,364	1 178,073	98,958	931,201	1 647,565	2,178
37	13,665	127,225	843,589	1 138,719	102,485	1 033,686	1 877,275	2,345
36	14,116	141,341	984,930	1 098,333	105,440	1 139,126	2 124,056	2,509
35	14,482	155,823	1 140,753	1 057,293	106,787	1 245,913	2 386,666	2,667
34	14,629	170,452	1 311,205	1 015,267	107,618	1 353,531	2 664,736	2,820
33	14,709	185,161	1 496,366	973,245	109,003	1 462,534	2 958,900	2.967
32	14,873	200,034	1 696,400	931,218	109,884	1 572,418	3 268,818	3,109
31	14,974	215,008	1 911,408	889,915	111,239	1 688,657	3 595,065	3,244
30	15,146	230,154	2 141,562	849,231	112,098	1 795,755	3 937,317	3,373
29	15,254	245,408	2 386,970	809,274	113,298	1 909,053	4 296,023	3,496
28	15,407	260,815	2 647,785	770,485	114,032	2 023,085	4 670,870	3,613
27	15,498	276,313	2 924,098	732,610	114,287	2 137,372	5 061,470	3,723
26	15,519	291,832	3 215,930	695,907	114,825	2 252,197	5 468,127	3,828
25	15,574	307,406	3 523,336	660,518	114,930	2 367,127	5 890,463	3,926
24	15,564	322,970	3 846,306	626,480	115,272	2 482,399	6 328,705	4,018
23	15,582	338,552	4 184,858	593,911	115,813	2 598,212	6 788,070	4,104
22	15,628	354,180	4 539,038	562,540	113,683	2 711,845	7 250,883	4,182
21	15,306	369,486	4 908,524	529,692	110,706	2 822,551	7 731,075	4,254
20	14,858	384,344	5 292,868	495,394	107,005	2 929,556	8 222,424	4,320
19	14,287	398,631	5 691,499	460,292	103,105	3 032,661	8 724,160	4,381
18	13,683	412,314	6 103,813	424,875	98,146	3 130,807	9 234,620	4,435
17	12,939	425,253	6 529,066	390,225	93,654	3 224,461	9 753,527	4,484
16	12,270	437,523	6 966,589	357,819	88,739	3 313,200	10 279,789	4,526
15	11,566	449,089	7 415,678	329,515	84,685	3 397,885	10 813,563	4,561

Erwartungsmäßige, gleichbleibende Renten an die Vollwaisen für zu erwartende Kinder jetzt lediger Personen.

x	h_x	$\dfrac{h_x \cdot D_x}{l_u \cdot D_0}$	$k_x \cdot \Sigma f_{x,0} \cdot N_1$	$\dfrac{h_{x+1} \cdot k_x}{\Sigma f_{x,0} \cdot N_1}$	$\dfrac{\Sigma h_{x+1} \cdot k_x}{\Sigma f_{x,0} \cdot N_1}$	$h\,a_{x,u|0}^{14}$	$l\,a_{x,u|0}^{14}$
	746						
55	759	18.918	782	58	58	0,003	—
54	773	20,799	1.447	110	168	8	—
53	787	.22.803	2,346	181	349	15	0,001
52	800	24.913	3,109	245	594	24	1
51	813	27.161	3.759	301	895	33	1
50	824	29,490	4,588	373	1,268	43	2
49	834	31,930	5,061	417	1,685	53	2
48	842	34.450	5,725	477	2,162	63	3
47	849	37.087	6,561	552	2,714	73	3
46	859	40.025	7,120	604	3,318	83	4
45	877	43.550	7,857	675	3,993	92	5
44	905	47.847	8,751	767	4,760	99	9
43	942	52,983	9,597	869	5,629	106	13
42	985	58,890	10,395	979	6,608	112	17
41	1.025	65,075	11,319	1,115	7,723	119	20
40	1,061	71,476	12,179	1,248	8,971	126	23
39	1,101	78,638	12,964	1,375	10,346	132	27
38	1,167	88,286	13,665	1,505	11,851	134	34
37	1,271	101,765	14,116	1,647	13,498	133	44
36	1,405	118,963	14,482	1,841	15,339	129	55
35	1,552	138,865	14,629	2,055	17,394	125	66
34	1,717	162,227	14,709	2,283	19,677	121	75
33	1,904	189,851	14,873	2,554	22,231	117	84
32	2.116	222,512	14,974	2,851	25,082	113	91
31	2,360	261,563	15,146	3,205	28,287	108	100
30	2,640	308,203	15.254	3,600	31,887	103	107
29	3,150	387,107	15,407	4,067	35,954	93	119
28	3,850	497,773	15,498	4,882	40,836	82	132
27	4,742	644.632	15,519	5,975	46,811	73	142
26	5,660	808,556	15,574	7,385	54,196	67	148
25	6,620	993.257	15,564	8,809	63,005	63	152
24	7,550	1 189,209	15,582	10,315	73,320	62	153
23	8,880	1 385.178	15,628	11,799	85,119	61	153·
22	9,033	1 566.331	15,306	12,826	97,945	63	150
21	9,400	1 708.390	14,858	13,421	111,366	65	146
20	9,630	1 832,887	14,287	13,430	124,796	68	141
19	9,805	1 952.653	13,683	13,177	137,973	71	136
18	9,920	2 065,458	12,939	12,687	150,660	73	131
17	9,989	2 172.787	12.270	12,172	162,832	75	126
16	9,999	2 270,949	11,566	11,553	174,385	77	121
15	10,000	2 871.104	11.013	11,012	185,397	78	116

Erwartungsmäßige, steigende Renten an Vollwaisen für zu erwartende Kinder jetzt lediger Personen.

x	$\dfrac{h_{x+2}\,k_{x+1}}{\Sigma f_{x+1,0}\,N_1}$	$\dfrac{\Sigma\Sigma h_{x+2}\,k_{x+1}}{\Sigma f_{x+1,0}\,N_1}$	$k_x\cdot\Sigma\Sigma f_{x,0}\,N_1$	$\dfrac{h_{x+1}\,k_x}{\Sigma\Sigma f_{x,0}\,N_1}$	$\Sigma h_{x+1}\,k_x\cdot\Sigma\Sigma f_{x,0}\,N_1$	$\Sigma\Sigma h_{x+2}\,k_{x+1}\,\Sigma f_{x+1,0}\,N_1 + \Sigma h_{x+1}\,k_x\,\Sigma\Sigma f_{x,0}\,N_1$	$\dfrac{h14}{a_{x,u|0}}$	$\dfrac{l14}{a_{x,u|0}}$
55				5,924	442	442	442	0,023	0,001
54	58	58	58	10,950	831	1,273	1.331	64	2
53	110	168	226	17,720	1,370	2.643	2.869	126	4
52	181	349	575	23,442	1,845	4.488	5.063	203	8
51	245	594	1,169	28,280	2.262	6.750	7,919	292	12
50	301	895	2,064	34,430	2.799	9,549	11.613	394	18
49	373	1,268	3,332	37,834	3,120	12,669	16,001	501	25
48	417	1,685	5,017	42.665	3,558	16,227	21.244	617	31
47	477	2,162	7,179	48,658	4,097	20,324	27,503	742	38
46	552	2,714	9,893	52,509	4,458	24,782	34.675	866	49
45	604	3,318	13,211	57,613	4,949	29,731	42.942	986	70
44	675	3,993	17,204	63,831	5,598	35,829	52.533	1,098	106
43	767	4,760	21,964	69,690	6,307	41,636	63.600	1,200	158
42	869	5,629	27,593	75,234	7,087	48,723	76,316	1,296	219
41	979	6,608	34,201	81,780	8,055	56,778	90.979	1,398	279
40	1,115	7,723	41,924	87,952	9,015	65,793	107,717	1,507	335
39	1,248	8,971	50,895	93,701	9,942	75,735	126,630	1,610	399
38	1,375	10,346	61,241	98,958	10,895	86,630	147,871	1,675	503
37	1.505	11,851	73,092	102,485	11,960	98,590	171.682	1,687	658
36	1,647	13,498	86,590	105.440	13,401	111,991	198,581	1,669	840
35	1,841	15.339	101,929	106,787	15.004	126,995	228,924	1,649	1,018
34	2.055	17,394	119,323	107,618	16.702	143,697	263.020	1,621	1,199
33	2.283	19,677	139.000	109,003	18,716	162,413	301,413	1,588	1,379
32	2.554	22,231	161,231	109,884	20.922	183,335	344.566	1,549	1,560
31	2.851	25,082	186,313	111,289	23.538	206,873	393,186	1,503	1,741
30	3,205	28,287	214,600	112,098	26,455	233,328	447.928	1,453	1,920
29	3.600	31,887	246,487	113,298	29.911	263,239	509.726	1,317	2.179
28	4,067	35,954	282,441	114.032	35,920	299,159	581,600	1,168	2,445
27	4.882	40,836	323,277	114.287	44,000	343,159	666.436	1,034	2,689
26	5,975	46.811	370,088	114,825	54,450	397,609	767.697	949	2,879
25	7,385	54,196	424,284	114,980	65,050	462,659	886,943	893	3,033
24	8,809	63,005	487,289	115,272	76,310	538,969	1 026,258	863	3,155
23	10.315	73,320	560,609	115,813	87,439	626,408	1 187,017	857	3,247
22	11,799	85,119	645,728	113,633	95,224	721,632	1 367,360	873	3,309
21	12,826	97,945	743,673	110,706	100,001	821,633	1 565,306	916	3,338
20	13,421	111,366	855,039	107,005	100,585	922,218	1 777,257	970	3,350
19	13.430	124,796	979.835	103,105	99,290	1 021,508	2 001,343	1,025	3,356
18	13,177	137,973	1 117,808	98,146	96,232	1 117,740	2 235,548	1,082	3,353
17	12,687	150,660	1 268,468	93,654	92,905	1 210,645	2 479,113	1,141	3,343
16	12,172	162,832	1 431,300	88,739	88,641	1 299,286	2 730,586	1,202	3,324
15	11,553	174,385	1 605,685	84.685	84,677	1 383,963	2 989,648	1.261	3,300

Waisenrenten bis zum 21. Jahre.

x	u	y	a_y^{21}	$a_{u|y}^{21}$	$\angle a_{u|y}^{21}$	$a_{x|y}^{21}$	$\angle a_{x|y}^{21}$	$a_{x,u|y}^{21}$	$\angle a_{x,u|y}^{21}$
55	50	20	1,—					—	—
54	49	19	1,960	0,015	0,015	0,025	0,025	—	—
53	48	18	2,883	41	54	71	95	0,002	0.003
52	47	17	3,772	76	128	132	221	4	9
51	46	16	4,628	120	241	206	414	8	22
50	45	15	5,452	170	399	290	679	14	44
49	44	14	6,248	226	605	380	1,021	21	78
48	43	13	7,015	289	865	476	1,439	29	125
47	42	12	7,751	358	1,180	574	1,934	40	188
46	41	11	8,458	432	1,553	674	2,502	51	269
45	40	10	9,134	510	1,985	774	3,139	64	369
44	39	9	9,776	590	2.474	872	3,840	78	489
43	38	8	10,383	671	3,017	969	4,598	93	630
42	37	7	10,950	752	3,610	1,061	5,403	109	789
41	36	6	11,472	830	4,243	1,149	6.243	125	967
40	35	5	11,941	905	4,906	1,230	7,103	140	1,159
39	34	4	12,342	972	5,582	1,302	7,960	155	1,302
38	33	3	12,654	1,031	6,246	1,360	8.781	169	1,569
37	32	2	12,822	1,074	6,850	1.397	9,503	180	1,766
36	31	1	12,594	1,076	7,209	1.381	9,875	184	1,901
35	30	0	10,307	878	6,154	1,112	8,330	153	1,656

x	$a_{x\,|\,0}^{21}$	$_{\angle}a_{x\,|\,0}^{21}$	$^{h}a_{x\,|\,0}^{21}$	$^{h}_{\angle}a_{x\,|\,0}^{21}$	$^{l}a_{x\,|\,0}^{21}$	$^{l}_{\angle}a_{x\,|\,0}^{21}$
55	0.037	0.272	0,036	0,268	0,001	0,004
54	102	792	99	773	3	19
53	205	1,653	198	1,603	7	50
52	337	2,819	324	2,721	13	98
51	489	4,257	469	4,088	20	169
50	667	6,024	640	5,768	27	256
49	853	7,998	818	7,640	35	358
48	1,054	10,226	1,010	9,756	44	470
47	1,272	12,744	1,220	12,155	52	589
46	1,493	15,451	1,426	14,663	67	788
45	1,722	18,378	1,626	17,218	96	1,160
44	1,962	21,547	1,812	19,726	150	1,821
43	2,208	24,923	1,982	22,127	226	2,796
42	2,454	28,473	2,142	24,474	312	3,999
41	2,705	32,215	2,315	27,029	390	5,186
40	2,956	36,112	2,496	29,746	460	6,366
39	3,204	40,138	2,665	32,417	539	7,721
38	3,447	44,273	2,766	34,328	681	9,945
37	3,678	48,455	2,780	35,170	898	13,285
36	3,897	52,663	2,749	35,383	1,148	17,280
35	4,098	56,850	2,718	35,534	1,380	21,316
34	4,282	60,998	2,678	35,516	1,604	25,482
33	4,453	65,111	2,632	35,363	1,821	29,748
32	4,611	69,178	2,581	35,066	2,030	34,112
31	4,759	73,203	2,525	34,625	2,234	38,578
30	4,895	77,169	2,465	34,063	2,430	43,106
29	5,024	81,084	2,260	31,416	2,764	49,668
28	5,143	84,930	2,043	28,408	3,100	56,522
27	5,254	88,704	1,855	25,654	3,399	63,050
26	5,358	92,402	1,761	24,087	3,597	68,315
25	5,456	96,019	1,718	23,194	3,738	72,825
24	5,548	99,556	1,725	22,979	3,823	76,577
23	5,638	103,011	1,780	23,418	3,858	79,593
22	5,718	106,342	1,876	24,493	3,842	81,849
21	5,790	109,607	2,026	26,406	3,764	83,201
20	5,855	112,806	2,191	28,711	3,664	84,095
19	5,912	115,968	2,354	31,189	3,558	84,779
18	5,959	119,081	2,513	33,858	3,446	85,223
17	5,997	122,171	2,667	36,699	3,330	85,472
16	6,024	125,217	2,818	39,762	3,206	85,455
15	6,039	128,191	2,953	42,856	3,086	85,335

x	$a_{x,u\,|\,0}^{21}$	$\angle\ a_{x,u\ 0}^{21}$	$h\ a_{x,u\ 0}^{21}$	$h\angle\ a_{x,u\,|\,0}^{21}$	$l\ a_{x,u\,|\,0}^{21}$	$l\angle\ a_{x,u\,|\,0}^{21}$
55	0,011	0,125	0,011	0,123	—	0,002
54	29	342	28	334	0,001	8
53	56	674	54	654	2	20
52	87	1,088	84	1,050	3	38
51	121	1,556	117	1,493	4	63
50	159	2,088	152	1,999	7	89
49	195	2,635	187	2,515	8	120
48	231	3,208	222	3,058	9	150
47	269	3,812	257	3,633	12	179
46	304	4,417	290	4,189	14	223
45	339	5,031	319	4,705	20	326
44	373	5,659	344	5,170	29	489
43	407	6,294	364	5,578	43	716
42	439	6,929	382	5,944	57	985
41	471	7,569	401	6,330	70	1,239
40	502	8,207	420	6,737	82	1,470
39	531	8,840	438	7,108	93	1,732
38	558	9,465	443	7,304	115	2,161
37	582	10,071	435	7,273	147	2,798
36	604	10,657	421	7,121	183	3,536
35	623	11,214	407	6,966	216	4,248
34	639	11,744	393	6,794	246	4,950
33	653	12,248	378	6,605	275	5,643
32	665	12,727	364	6,403	301	6,324
31	674	13,184	348	6,184	326	7,000
30	682	13,616	333	5,956	349	7,660
29	688	14,028	299	5,380	389	8,648
28	693	14,415	264	4,766	429	9,649
27	696	14,779	234	4,217	462	10,562
26	698	15,120	217	3,879	481	11,241
25	699	15,437	205	3,656	494	11,781
24	698	15,731	200	3,541	498	12,190
23	696	16,002	200	3,524	496	12,478
22	693	16,243	204	3,595	489	12,648
21	688	16,462	213	3,774	475	12,688
20	683	16,660	223	3,993	460	12,667
19	676	16,838	232	4,216	444	12,622
18	668	16,994	241	4,445	427	12,549
17	659	17,131	248	4,678	411	12,453
16	649	17,245	256	4,921	393	12,324
15	638	17,332	262	5,149	376	12,183

De l'assurance indépendante et non indépendante des veuves et orphelins.

Par **Fritz Rohde**, Magdebourg.

La nouveauté qu'offre cette étude consiste dans le fait que la méthode employée pour calculer les probabilités de dépenses: a) en ce qui concerne l'assurance des veuves prend les célibataires pour base, et b) en ce qui concerne l'assurance des orphelins s'étend au nombre des enfants à venir.

Le sujet ici traité a déjà fait l'objet de divers travaux, citons entre autres l',,Essai sur les pensions" (*Beiträge zur Pensionsversicherung*) de *Hugo Meyer*. Mais tandis que ce dernier se sert d'une table des personnes mariées, l'auteur de la présente étude considère comme point de départ les célibataires d'où proviennent les gens mariés dont le nombre se modifie par la suite puisque les uns meurent et que les autres demeurent en vie. L'auteur ne tient donc compte que d'une table des célibataires. Les personnes mariées qui sont provisoirement comprises dans les calculs s'éliminent et ne figurent par conséquent plus dans les équations finales.

L'avantage pratique que présente cette méthode consiste en ce que l'on n'est plus obligé, comme autrefois, de déduire les probabilités se rapportant au mariage précisément de la situation de la société ou de la classe de population objet d'investigations, pour les introduire ensuite dans les calculs, mais que l'on peut appliquer la même norme avec une exactitude suffisante à n'importe quelle classe de population.

Pour le calcul des rentes de veuves on s'est servi de la table par âges des hommes non mariés de l'État prussien, établie sur la base du recensement de 1900. Cette table intéressera sans doute tous les amis de la statistique.

Pour le calcul des rentes d'orphelins pour enfants à venir on utilisait jusqu'ici deux tables, à savoir:

1. La probabilité d'être père d'enfants de moins de z ans, z représentant l'âge jusqu'auquel les enfants touchent une rente;

2. Les charges moyennes qui, sous forme de rentes d'orphelins, seront encourues à la mort d'un père.

Ici aussi on devait fixer ces deux tables d'après la situation de la caisse en question pour ensuite les faire entrer en ligne de compte.

Dans cette étude par contre il n'y a qu'une seule base, soit la probabilité pour un homme marié d'avoir des enfants pendant une année. Pour les États prussiens cette probabilité est connue, elle comportait en:

1880/81	1885/86	1890/91	1895/96	1900/01
0,2671	0,2689	0,2655	0,2617	0,2531

Mais les probabilités aux divers âges du père, lesquelles seraient nécessaires pour le calcul des rentes d'orphelins n'out pas été établies. En ce qui concerne la ville de Berlin on possède assez de données statistiques pour pouvoir trouver ces probabilités, toutefois ce matériel n'aurait que peu d'utilité pour les caisses, car c'est à Berlin que, de toute la Prusse, les probabilités de naissances sont le plus faibles, elles ne s'élèvent qu'à 0,1488. Voilà pourquoi les probabilités indiquées sous Kx sont calculées sur les observations de l'usine rhénane "Isselburger Hütte".

S'agissant de déterminer en chiffres, les rentes d'orphelins on a pris, outre cette table de probabilités, le taux de l'intérêt à 3½% et la table impériale allemande, c'est-à-dire :

pour les hommes : la table impériale pour hommes $=$ M
pour les femmes : la table impériale pour femmes $=$ F

pour les enfants : la table impériale pour hommes et femmes $= \dfrac{M + F}{2}$

Quant aux rentes d'orphelins, payables jusqu'à la quatorzième année, tous les détails des calculs ont été donnés tandis que pour celles allant jusqu'à la 21e année seuls les résultats finaux ont été indiqués.

S'agissant des autres âges z, le calcul peut être effectué absolument de la même manière. Au cas où une grande exactitude n'est pas de rigueur, une simple interpolation entre les valeurs fournies pour les âges 14 et 21 peut du reste suffire.

Independent and non-independent widow- and orphan-insurance.

By Fritz Rohde, Magdeburg.

The novelty in this paper consists in the method of calculating the probabilities of payments in cases of widows' endowments for unmarried persons and of orphans-insurance for children in spe.

These things have already been dealt with; among others in *Hugo Meyer's* paper: "Beiträge zur Pensionsversicherung". While that author made use of a table of married persons however, the author of this paper considers the unmarried persons as the basis of inferences to be drawn from. From the ranks of the unmarried the married spring; and the number of the latter varies during the years, which follow, as a portion of the married dies, while another portion survives. The author therefore bases his calculations upon a table of unmarried persons. The married persons, appearing at first in the calculations, disappear and are therefore non-existent in the concluding equations.

The practical advantage of this method of calculation consists in this: It will henceforth not be necessary (as it has been until now) to draw inferences of the probabilities of "being married" from a special profession or class of people and then to base calculations upon; but we shall be able to lay down a general good basis with sufficient accuracy for every profession or class of people.

In the case of endowments for widows the calculations are based upon the table of unmarried men in Prussia according to the Census of the year 1900. This table is given in ext. in this paper and will be, we hope, of interest for every friend of statistical enquiry.

Two tables have hitherto been in use for the calculation of orphan-annuities (for children in spe), viz.:

1. The probability of being the father of children under the age of z years (z being the age of the child), up to which age the child draws the annuity, and

2. The average amount of orphan-annuities on the death of a father. In these cases also we had to draw inferences for both tables from the special circumstances of that particular profession or class of persons and to make our calculations thereupon.

But in *this* paper there exists *one* basis only; to wit the probability of a married man begetting children in a year.

This probability is known for Prussia; it amounts to:

1880/81	1885/86	1890/91	1895/96	1900/05
0,2671	0,2689	0,2655	0,2617	0,2531

The father's expectation of life (which would be necessary for the calculation of the orphan-annuity) has not however been calculated. For Berlin, however, we possess sufficient statistical data, to find this probability also; but for professions or classes these data are of little use, as Berlin with 0,1488 shows the smallest birth-probability in the whole kingdom of Prussia. The probabilities in this paper are therefore calculated from the experience of the Rheinish foundries "Isselburger Hütte".

For the figures in the calculation of orphan-annuities we have made use of this table of probabilities, interest at 3,5%, and the tables of the German Empire, viz.:

For men: the tables for men = M

For women: the tables for women = F

For children: the tables for men and women = $\dfrac{M + F}{2}$

For orphan-annuities up to the 14th year of age the entire method of calculation is given; for those up to the 21st year of age the final result only is given.

The calculation for the other periods of age can made exactly in the same manner; if extreme accuracy is not required a mere interpolation would be sufficient for the ages between 14 and 21 years.

VIII. — C.

Life assurance in India.

By **Arthur T. Winter,** London.

Life Assurance in India keeps pace in its growth with the mercantile expansion of that country, and the subject is one of increasing importance to Life Offices. Not only are there a greater number of Europeans from year to year engaging in the Civil and Military administration of the country and its mercantile pursuits who require the benefits of assurance, but the more Europeanized Natives themselves are also seeking the same protection. At the present time India is one of the largest fields for insurance business in which the rates of mortality differ materially from those in temperate climates. We have now very extensive and definite information about these latter rates of mortality, but in regard to India similar data are somewhat meagre, and I hope therefore even the small additional contributions on this matter which I shall be able to make in the course of this Paper may be of use.

As evidence of the extent of the interests of British Insurance Companies in India, I find that in the case of those Offices which publish to the Board of Trade separate returns of their Indian business the Sums Assured in force amount to over £6 500 000. But this of course does not nearly represent the total amount covered by policies on Indian lives, as many English Companies do not make separate returns of such business, and a considerable and increasing amount is being written by American, Canadian and local companies.

Indian mortality.

"British Empire" experience.

I have recently been engaged on an investigation into the mortality experienced by lives assured in India in the British Empire Mutual Life Assurance Company and the Positive Government Security Life Assurance Company (up to the date the latter Office was transferred to the former, viz. 1895), and by the kind permission of the Directors of my Company I am able to use the results of this investigation. In regard, however, to the deductions and inferences therefrom made in this Paper I should say I am personally responsible for these. The experience (to which, for brevity, I shall refer as the

"British Empire" experience) extends over the years 1872 to 1902 and
comprises the following data:

	Years of Life	Deaths
Europeans	19,867	389
Eurasians	4,961	94
Asiatics	12,594	192
Total . . .	37,422	675

As it was considered desirable to observe the effect of selection,
the policy year method was adopted in tabulating the facts. The rates
of mortality were graduated by the graphic method up to age 65, to
which age the data were considered sufficiently large to give fairly reliable results. After age 65 an assumption had to be made as to the
rates of mortality which would hold as the facts were too meagre to
give proper averages, and, guided by the rates for ages immediately
preceding age 65, the most reasonable basis on which to proceed appeared to be to adopt rates 50% higher than the H^m (Text Book graduation), and this plan was accordingly resorted to. For similar
reasons a corresponding method was used by Messrs. *Rothery* and *Hardy*
in their experience of the Barbadoes Mutual (Vol. XXVII., "Journal
of the Institute of Actuaries"), where the assumption made was that
after age 70 the rates of mortality would be 30% higher than those of
the H^m Table. During short periods of furlough to Europe, European
lives were kept under observation. This was found to be advisable as
several deaths occurred during these periods, the inference being that
the visits to Europe were often not in the nature of holidays, but were .
due to illhealth. The expected deaths by the graduated rates of mortal- .
ity and the actual deaths are compared in the following Table "A":

TABLE A.   "British Empire" Indian Experience (Combined races).

Comparison of Actual Deaths with Expected Deaths
by graduated rates of mortality.

Ages	Exposed to Risk	Actual Deaths	Expected Deaths by graduated q_x	Accumulated error
16—24	736	4	4	0
25—29	3 078	22	22	0
30—34	6 014	48	56	+8
35—39	7 260	95	82	—5
40—44	6 916	92	100	+8
45—49	5 753	120	115	—2
50—54	· 3 962	115	115	—2
55—59	2 247	87	91	+2
60—64	993	55	53	0
65—69	376	26	28	+2
70—74	76	5	8	+5
75—79	11	6	2	+1
All ages	37 422	675	676	+1

The exposed to risk, the actual deaths and the expected deaths according to H^m und O^m Tables are given for quinquennial groups of ages in Table "B", separate particulars being given for Europeans, Eurasians and Asiatics. Diagram B shows graphically the ungraduated rates of mortality of Europeans, Asiatics, and combined races. It will be found from these that the following ratios exist between the actual and expected deaths, the special feature noticeable being the relatively light mortality of Asiatics up to age 45.

Ratios of Actual to Expected Deaths by H^m and O^m Tables.

	Europeans		Eurasians		Asiatics		Total	
	H^m	O^m	H^m	O^m	H^m	O^m	H^m	O^m
Ages below 45 . . .	1.37	1.60	1.12	1.32	.99	1.16	1.20	1.40
Ages 45 & over . .	1.49	1.55	2.06	2.15	1.59	1.67	1.59	1.65
Totals all ages . . .	1.44	1.57	1.57	1.74	1.28	1.43	1.41	1.54

(It will be noticed that the expected deaths by the H^m Table are about 10% higher than by the O^m Table.)

Table "C" which follows gives deaths, classified in races, and analysed according to

a) first and second years of assurance,

b) third, fourth and fifth years of assurance,

c) subsequent years,

and compares these deaths with those expected by

1. Select $O^{[m]}$ for the first 5 years of assurance and $O^{m(5)}$ for subsequent years;

2. $O^{m(5)}$ throughout.

The following observations are suggested by an examination of this Table:

1. Amongst European lives the mortality is nearly as high in the first five years of assurance as in subsequent years, the rates of actual to expected deaths by the $O^{m(5)}$ Table being:

1.43 for the first 5 years of assurance and

1.50 after the first 5 years of assurance.

During the first few years residence in India, Europeans are more likely to become victims to enteric fever and similar diseases than subsequently, and, as assurances are frequently effected when a life first goes out to the country, this period of acclimatisation is often concurrent with the first five years of assurance. This I think explains to a large extent the heavy mortality of Europeans during that period. The mortality is especially heavy in the third, fourth and fifth years, being during that period 1.79 of the $O^{m(5)}$ expected, whereas in the first and second years it is only 1.01 of the $O^{m(5)}$ expected.

2. Up to age 45 the mortality amongst Asiatics is more favourable than for Europeans, and the effect of selection is much more evident in the former race. Beyond that age up to age 72 the mortality rates in

TABLE B.

British Empire Experience, India (1872—1902).

ACTUAL DEATHS AND EXPECTED DEATHS BY O^m & H^m TABLES.

Ages	Europeans				Eurasians				Asiatics				Totals			
	Exposed to risk	Actual Deaths	Expected Deaths H^m	O^m	Exposed to risk	Actual Deaths	Expected Deaths H^m	O^m	Exposed to risk	Actual Deaths	Expected Deaths H^m	O^m	Exposed to risk	Actual Deaths	Expected Deaths H^m	O^m
16—19	18	0	.1	.0	5	0	.0	.0	19	1	.1	.1	42	1	.2	.1
20—24	310	1	2.1	1.3	80	0	.5	.3	304	2	2.1	1.3	694	3	4.7	2.9
25—29	1 370	15	9.5	7.2	176	1	3.3	2.5	1 232	6	8.5	6.4	3 078	22	21.3	16.1
30—34	2 854	26	23.1	18.5	951	11	7.7	6.2	2 209	11	17.9	14.3	6 014	48	48.7	39.0
35—39	3 641	53	34.5	29.3	1063	19	10.1	8.5	2 556	23	24.2	20.6	7 260	95	68.8	58.4
40—44	3 668	54	39.4	36.7	890	4	9.6	8.9	2 358	34	25.3	23.6	6 916	92	74.3	69.2
16—44	11 861	149	108.7	93.0	3465	35	31.2	26.4	8 678	77	78.1	66.3	24 004	261	218.0	185.7
45—49	3 186	58	43.0	40.2	672	15	9.2	8.6	1 945	47	26.6	24.9	5 753	120	78.8	73.7
50—54	2 412	61	42.3	40.7	411	15	7.2	6.9	1 139	39	20.0	19.3	3 962	115	69.5	66.9
55—59	1 461	60	35.1	34.1	256	15	6.1	6.0	530	12	12.7	12.4	2 247	87	53.9	52.5
60—64	686	41	23.8	22.9	111	7	3.8	3.7	196	7	6.8	6.5	993	55	34.4	33.1
65—69	252	13	12.6	12.3	46	7	2.3	2.3	78	6	3.9	3.8	376	26	18.8	18.4
70—74	53	4	4.0	3.9			.	.	23	1	1.7	1.7	76	5	5.7	5.6
75—79	6	3	.7	.7			.	.	5	8	.6	.6	11	6	1.3	1.3
45—79	8 006	240	161.5	154.8	1496	59	28.6	27.5	3 916	115	72.3	69.2	13 418	414	262.4	251.5
Totals	19 867	389	270.2	247.8	4961	94	59.8	53.9	12 594	192	150.4	135.5	37 422	675	480.4	437.2

DIAGRAM B. "British Empire" Indian Experience 1872—1902.

Diagram showing the ungraduated Rates of Mortality for Europeans, Asiatics, and combined Races.

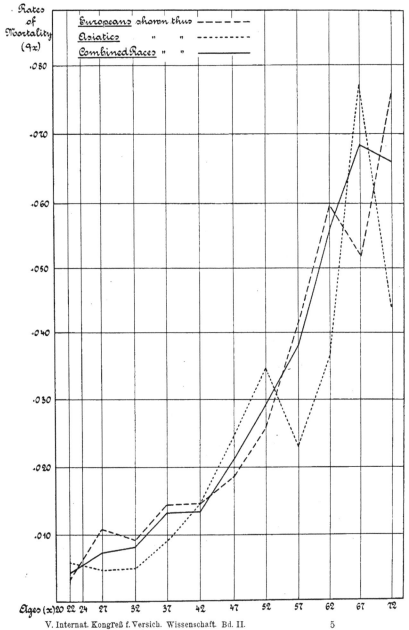

TABLE C.   "British Empire" Indian Experience.

COMPARISON OF ACTUAL DEATHS WITH THE EXPECTED BY $O^{[M]}$ (SELECT) & $O^{M(5)}$ TABLE.

	Europeans				Eurasians				Asiatics				Total			
	1st & 2nd yrs	3rd 4th 5th yrs	1st to 5th yrs	After 5 yrs	1st & 2nd yrs	3rd 4th 5th yrs	1st to 5th yrs	After 5 yrs	1st & 2nd yrs	3rd 4th 5th yrs	1st to 5th yrs	After 5 yrs	1st & 2nd yrs	3rd 4th 5th yrs	1st to 5th yrs	After 5 yrs
Ages 16—44:																
(1) Actual Deaths	35	52	87	62	6	5	11	24	25	22	47	30	66	79	145	116
Expected Deaths by																
(2) $O^{[M]}$(Select) & $O^{m(5)}$	15.60	23.83	39.43	45.9	1.74	6.87	11.39	12.90	13.57	19.29	32.86	25.	33.69	49.99	83.68	83.55
(3) $O^{m(5)}$ throughout	29.32	30.41	59.73	45.9	3.08	8.77	17.26	12.90	25.75	24.61	50.36	25.	63.56	63.79	127.35	83.55
Ratios																
(1)/(2)	2.24	2.19	2.21	1.35	3.45	.73	.97	1.87	1.84	1.14	1.43	1.	1.96	1.58	1.74	1.40
(1)/(3)	1.19	1.72	1.47	1.35	1.95	.57	.64	1.87	.97	.89	.93	1.	1.04	1.24	1.15	1.40
Ages 45—72:																
(1) Actual Deaths	7	35	42	15	6	4	10	2	12	2	44	67	25	71	96	304
Expected Deaths by																
(2) $O^{[M]}$(Select) & $O^{m(5)}$	6.94	13.97	20.91	6.79	1.74	3.23	8.49	8.49	5.26	0.53	15.79	45.	13.94	27.73	41.67	190.64
(3) $O^{m(5)}$ throughout	12.32	18.10	30.42	6.79	3.08	4.20	8.49	8.49	9.38	3.67	23.05	45.	24.78	35.97	60.75	190.64
Ratios (Hos)																
(1)/(2)	1.02	2.50	2.01	1.54	3.45	1.24	1.28	2.28	2.28	3.05	2.80	1.	1.80	2.57	2.30	1.59
(1)/(3)	.57	1.93	1.38	1.54	1.95	.95	.97	2.28	1.29	2.34	1.91	1.	1.01	1.97	1.58	1.59
All Ages (16—72):																
(1) Actual Deaths	42	87	129	57	12	9	21	26	37	54	91	7	91	150	241	420
Expected Deaths by																
(2) $O^{[M]}$(Select) & $O^{m(5)}$	22.54	37.80	60.34	72.18	6.26	10.10	18.83	31.9	18.83	29.82	48.65	0.6	47.63	77.72	125.35	274.19
(3) $O^{m(5)}$ throughout	41.64	48.51	90.15	72.18	11.57	12.97	35.13	31.9	35.13	35.28	73.41	0.6	88.34	99.76	188.10	274.19
Ratios																
(1)/(2)	1.87	2.30	2.14	1.50	1.93	.89	1.97	2.0	1.97	1.81	1.88	1.3	1.91	1.93	1.93	1.53
(1)/(3)	1.0	1.79	1.43	1.50	1.04	.60	1.06	2.0	1.06	1.41	1.24	1.3	1.03	1.50	1.29	1.53

the first five years of assurance are higher for Asiatics than Europeans. The ratio of actual to expected deaths by the $O^{m(5)}$ Table is as follows:

Europeans.

	ages 16—44	ages 45—72
1st 5 years of Assurance	1.47	1.38
After do. do.	1.36	1.54

Asiatics.

1st 5 years of Assurance	.93	1.91
After do. do.	1.19	1.48

3. The Eurasian experience is perhaps too small to base any definite conclusions upon, but it will be noticed that the mortality for this race is lighter in the first five years than in the case of Europeans and Asiatics, and heavier after the first five years. The mortality is also relatively much heavier after age 44 than up to that age.

4. As was of course anticipated, the actual deaths are very much heavier in the first five years than the expected by the $O^{[m]}$ analysed tables, and as far as I am aware there is only one published table with which this mortality could properly be compared, viz. that given by Mr. *Arthur Hunter,* F. I. A., in a Paper read before the Congress of Actuaries in 1903. He there gives the experience of Native lives assured in India and Ceylon by two American and one Canadian Company, with the following results, which are compared with those brought out in the above Table "C".

Native Lives. Ratios of actual to expected deaths.

Insurance Years	British Empire Experience by $O^{[m]}$ & $O^{m(5)}$	2 American & one Canadian Office By Actuarial Society's (of America) Table
1—5	1.88	2.41
6th & thereafter	1.37	1.90

Relatively, the British Empire Mortality appears to have been very favourable.

It will I think be useful to institute a comparison between the experience we have been describing and the results of similar investigations. The most important are those of the "Standard" and "Oriental" Offices. Particulars of the "Standard" mortality for the years 1870 to 1885 and 1885 to 1900 are given in Tables VII and VIII in a Paper contributed by Mr. *S. C. Thomson,* B. A., F. I. A., F. F. A., to the Congress in 1903, and the "Oriental" experience from 1874 to 1891 was given in a Paper read by Mr. *James Chatham,* F. I. A., F. F. A., before the Congress of Actuaries in 1900.

In the "Standard" investigations the second period 1885—1900 Table VIII shows more favourable rates of mortality than the first. This is no doubt due to a certain extent to a general improvement in mortality, but without information as to the relative amount of "select" business in the two experiences it is impossible to determine the weight that should be given to this improvement. In fact, Mr. *Thomson* expresses the opinion "that it would not be safe without considerable modification to base premiums upon them, owing to the paucity of numbers and the somewhat select character of the lives forming the subject of

5*

the observations". As the period covered by the "Standard" Tables, 1870—1885 and 1885—1900, is close to that of the "British Empire", viz. 1872—1902, I have combined the "Standard" figures for purpose of comparison.

In the following Table "D" are given estimates of the expected deaths by the O^m Table, and by the O^m Table taking ages 7 years older, and the actual deaths for each of the above-mentioned experiences; also similar information in regard to the "British Empire" experience. The aggregate expected deaths for all ages and races by the O^m Table with 7 years addition to ages do not differ appreciably from the actual deaths, more especially in the cases of the "Oriental" and "British Empire", and in the totals of the three Offices the expected deaths by the above method are about 3% less than the actual.

It has before been remarked in Papers on tropical mortality that the rates of extra mortality increase with the age of the life, and the investigations referred to above support these contentions.

Mr. *G. F. Hardy* (J. I. A., Vol. XXV, p. 235) says in regard to European lives in India

"The effect of exposure on acclimatized lives appears to increase with its duration and is by no means in the nature of a constant addition to the rate of mortality."

Again Messrs. *G. F. Hardy* and *H. J. Rothery* in reference to mortality in the West Indies state:

"It will be observed that the extra mortality increases very rapidly with the age and is more nearly a constant percentage upon the H^m rates than a constant addition."

This quotation is from a Paper dealing with the Mortality in the Barbadoes Mutual Office, and as a comparison of the rates of mortality with those of the "British Empire" Office in India may be of interest, I give the relative rates hereunder.

Rates of Mortality.

Age	Barbadoes Mutual. West Indies	British Empire. India
27	.0123	.0073
37	.0164	.0113
47	.0219	.0200
57	.0344	.0405
67	.0658	.0758

It may here be mentioned that Messrs. *Hardy* and *Rothery* considered the rates of mortality of the "Barbadoes Mutual" as "being of the character of a standard of minimum tropical mortality".

It would have been of considerable interest if a Table could have been added showing the mortality which rules among European lives after their permanent retirement to Europe, but in the case of the "Positive" and "British Empire" Offices there are not sufficient data on which to base any definite conclusions. The only way to obtain a sufficiently large number of facts relating to such lives would be for the Offices doing business in India to jointly collect the facts bearing on this point.

TABLE D.

MORTALITY EXPERIENCE OF "STANDARD", "ORIENTAL" & "BRITISH EMPIRE" (Combined Races).

Ages	"Standard" 1870—1900			"Oriental" 1874—1891			"British Empire" 1872—1902			Total 3 Companies		
	Actual Deaths	1)Estimated Expected Deaths O^m	1)Estimated Expected Deaths O^m with 7 years added to ages	Actual Deaths	Estimated Expected Deaths O^m	Estimated Expected Deaths O^m with 7 years added to ages	Actual Deaths	Expected Deaths O^m	Expected Deaths O^m with 7 years added to ages	Actual Deaths	Estimated Expected Deaths O^m	Estimated Expected Deaths O^m with 7 years added to ages
20—24	32	13.2	17.4	8	9.3	12.2	3	2.9	3.9	43	25.4	33.5
25—29	118	58.2	78.6	56	48.5	65.5	22	16.1	21.7	196	122.8	165.8
30—34	144	101.0	136.8	115	94.4	127.8	48	39.0	52.7	307	234.4	317.3
35—39	226	128.9	176.2	159	114.9	156.8	95	58.4	79.8	480	302.2	412.8
40—44	177	134.3	190.8	143	108.9	154.0	92	69.2	98.3	412	312.4	443.1
45—49	191	123.6	185.7	125	81.8	121.9	120	73.7	1 104	436	279.1	418.0
50—54	157	99.6	158.2	88	53.6	84.9	115	66.9	106.5	360	220.1	349.6
55—59	87	56.2	95.7	47	31.0	51.5	87	52.5	87.3	221	139.7	234.5
60—64	.	.	.	28	144	24.7	55	33.1	57.0	83	47.5	81.7
65—69	.	.	.	8	3.9	7.0	26	184	32.1	34	22.3	39.1
70—74	.	.	.	.	.	.	5	5.6	9.7	5	5.6	9.7
75—79	.	.	.	.	.	.	6	1.3	2.1	6	1.3	2.1
Totals	1132	715.0	1039.4	777	560.7	806.3	674	437.1	661.5	2583	1712.8	2507.2

1) q$_x$ and q$_{x+7}$ where x is the central age of the group have been multiplied by the exposed to risk.

Indian postal insurance scheme.

Through the kindness of the Actuary of the India Office, Mr. *Willis Browne,* F. I. A., I have been supplied with data which has enabled me to investigate the mortality rates amongst lives assured under the Indian Government Postal Insurance Scheme. This scheme embraces all members of the Civil Service, but is taken advantage of almost exclusively by Natives.

The annual reports on the administration of the Fund are very complete and give much valuable information as to the class of policies effected and the ranks from which the policyholders are drawn. The Report for the year ending 31st March 1904 tells us that 1062 policies were issued for amounts under Rs. 1000, and 506 policies for larger sums, the average policy being for Rs. 1342 (about £89). We are also informed that 1491 of the new entrants were Asiatics and 77 were non-Asiatics. It appears that the lives are medically examined before being admitted to the benefits of the scheme.

The information supplied has enabled me to complete an investigation of the mortality experienced in the Fund from its inauguration in February 1884 to 31st March 1904.

Whole Life and Endowment Assurance policies are granted under the scheme, the latter plan having been introduced in February 1898. Policies issued under this plan already preponderate in number, the existing policies on the 31st March 1904 consisting of:

3074 Whole Life Policies and
5340 Endowment Assurance Policies.

Total 8414

It will be observed that as all the Endowment Assurances as well as a certain proportion of the Whole Life Policies were effected within six years of the close of the observations the experience includes a large percentage of recently selected lives.

The following Table E gives the Rates of Mortality for quinquennial groups of ages. These are compared with the "British Empire" Experience of Natives only. The expected deaths by the "British Empire" combined Indian Table and by O^m with seven years added to age are also given.

It will be seen that the mortality amongst Native lives assured in the "British Empire" Office is generally lighter than that under the Indian Postal Assurance Scheme.

It will also be noticed that under age 50 the total number of deaths expected by "British Empire" combined Indian Table is almost identical with the number experienced. After that age, however, the actual deaths are 30% higher than those expected by this standard. As, however, the data are very meagre after age sixty little confidence can be placed in the results beyond that age.

TABLE E.

INDIAN POSTAL INSURANCE SCHEME.
MORTALITY EXPERIENCE 1884—1904.

Age	Exposed to risk	Actual Deaths	Rates of Mortality quinquennial groups (3) ÷ (2)	Rates of mortality quinql. groups B. E. (India) Natives only	Expected Deaths by B. E. India (Combined Races) Table	Expected Deaths by O^m q_{x+7} (where x = central age in group)
(1)	(2)	(3)	(4)	(5)	(6)	(7)
21—24	1,649	12	.0073	.0066	9.7	9.4
25—29	8,628	83	.0096	.0049	63.0	60.9
30—34	11,842	101	.0086	.0050	110.1	104.0
35—39	10,676	116	.0109	.0090	120.6	117.4
40—44	7,719	116	.0150	.0144	111.9	109.6
45—49	4,475	78	.0175	.0242	89.5	85.8
21—49	44,989	506	.	.	504.8	487.1
50—54	1,989	76	.0392	.0342	56.3	52.2
55—59	516	29	.0563	.0226	20.9	20.1
60—64	103	2	.0194	.0357	5.5	5.9
65—69	11	2	.1818	.0770	.8	.9
50—69	2,569	109	.	.	83.5	79.1
All ages	47,558	615	.	.	588.3	566.2

Native life assurance.

The vast majority of the Indian Natives are quite ineligible for assurance on account of their poverty and illiteracy. According to the Census Report of 1901, less than one per cent of the male population over 20 were literate in English — that is less than 710,000. As, generally speaking, only such Natives as are educated in English would be acceptable to British Companies for assurance, it will be seen that the scope for Native assurances is very much smaller than might be imagined from the enormous population of the country, and companies can only look to a very limited class of the Native community for acceptable business. Experience shows that this class is subject to a much lighter mortality than the general population, the difference being considerably greater than would be found in a comparison of assured lives and the general population in Western communities. Famine and epidemics are two of the chief causes of the very high rates of mortality ruling among the Indian Native population. From the former cause the comparatively wealthy and literate class of Natives referred to are practically immune, and, although they still have much to learn in hygienics, their means enable them to live under more comfortable and less unsanitary conditions than the rank and file of the population. This renders them less liable to succumb to plague and other epidemics, and in the case of illness, they have the advantage of medical assistance which often is not available to the poorer members of the community. These facts are mentioned more especially to show that mortality rates based on census statistics are no guide whatever to the rates which may be expected to rule amongst assured lives.

The "Oriental" Office in Bombay which was established in 1874, was, I believe, the first Company to insure Native lives at moderate premiums. At that time very little information was available as a guide to the rates of mortality which were likely to rule amongst the class from which Native policyholders would be drawn. It was a new development for an Oriental race, and only experience could teach Companies the weight to be attached to special features of the business — amongst the more important of these being the degree of probity and honesty in their relations to a life office which might be expected from Natives of the class referred to.

As from time to time further evidence of the rates of mortality amongst assured Native lives has been forthcoming, additional Companies have entered the field, and there are a number of British Companies having branches in India who now extend the benefits of Life Assurance at moderate premiums to certain classes of the Natives of India, subject in most cases to restrictions as to the class of assurance and limitations as to age at entry. Some of these Companies specifically state the classes of Native lives whom alone they are prepared to assure. Some, again, restrict Natives to Endowment Assurance policies, and most of them exclude Native lives whose ages exceed 45 years. As the rates of mortality amongst assured Natives are, until the later ages, relatively light compared with Europeans, it appears that Endowment Assurances are the class of contract which can most advantageously be granted by Offices on these lives.

A comparison of the rates of mortality in the general Native population and amongst Native assured lives is appended. Much higher rates rule in the former throughout the table. The disparity is, however, specially noticeable up to age 45, and this feature may partly be accounted for by the greater proportion of select lives amongst the assured lives up to that age.

NATIVES.
Rates of Mortality.

	Natives (Males) Census 1881 *G. F. Hardy*	B. E. Natives ungrad.	Indian Govt. Postal Assce. ungrad.	"Standard" 1895—/00 Natives ungrad.	O^m
20—24	.0191	.0066	.0073	.0103	.00431
25—29	.0207	.0049	.0096		.00523
30—34	.0226	.0050	.0086	.0090	.00648
35—39	.0248	.0090	.0109		.00804
40—44	.0281	.0144	.0150	.0170	.01001
45—49	.0328	.0242	.0175		.01277
50—54	.0403	.0342	.0392	.0256	.01693
55—59	.0480	.0226	.0563		.02338
60—64	.0672	.0357	.0194	.0662	.03344
65—69	.0990	.0770	.1818		.04900

Premiums.

As a result of enquiries made of British Companies, I am able to furnish the following statements in regard to the extras charged for lives resident in India, Burma, Ceylon and the Straits Settlements. I would take the opportunity of thanking the Offices for their courtesy in answering my enquiries.

Dealing first with the Offices which charge a uniform extra for all ages, I have prepared the following Table F.

It will be noticed that more than half of these Offices charge 1% extra for all the countries referred to, and about half limit the extras charged to a term of years only.

Seventeen of the offices giving me information charge premiums based on graduated extras to home rates increasing with the age at entry. Of these I have selected seven Companies having agencies in the East and actively working there, and give below the average premiums and extras charged by them.

I have also recorded the Rates of Premium charged under the Indian Government Postal Scheme and the net premiums at 3% interest brought out by the "British Empire" Indian experience, and have added the O^m 3% premiums with seven years addition to age, for purposes of comparison.

Description of Assurance	Average Premium	Average extra over Home rate	Indian Govt. Postal Assce. Rates	B. E. (India) Net Prems at 3% Interest	O^m with 7 years addtn. Net Pm. 3% Interest
	£ s. d.	£ s. d.	£ s. d.	£ s. d.	£ s. d.
Whole Life, Without Profits.					
Age at entry 20 . . .	2. 6. 1	— 12. 10	—	1. 12. 11	1. 12. 6
„ „ 30 . . .	2. 16. 6	— 14. 11	2. 17. 6	2. 5. 10	2. 5. 5
„ „ 40 . . .	3. 13. 9	— 17. 8	4. 2. 6	3. 6. 1	3. 5. 11
„ „ 50 . . .	5. 5. 5	1. 5. 6	—	5. — 10	5. 1. 9
Endowment Assurances Death or 60, Without Profits.					
Age at entry 25 . . .	3. 1. 8	— 13. 4	2. 12. 9	2. 7. 3	2. 6. 8
„ „ 35 . . .	4. 8. 5	— 15. 11	4. 2. 3	3. 12. 9	3. 12. —
„ „ 45 . . .	7. 7. 10	1. 2. —	—	6. 10. 10	6. 9. 5

The Offices chiefly concerned with Indian Risks, viz. those whose average rates are given in the above table, appear now to generally recognize that the extra should be an increasing one with age at entry, and none of these Offices, I believe, restrict the extra to a term of years only. Their practice in both these respects appears to be warranted by the mortality experience of assured lives, which shows the extra risk to increase with advancing age.

The Net rates of Premium, derived from the "British Empire" experience given above, approximate closely to O^m rates with 7 years

TABLE F.

RATES OF EXTRA PREMIUM CHARGED FOR INDIA, BURMA, STRAITS SETTLEMENTS & CEYLON

by Companies adopting the same rate of extra premium at all ages.

Number of Offices charging rates referred to.

Rate of extra charged	Whole Life Policies				Endowment Assurance Policies			
	India	Burmah	Straits Settlements	Ceylon	India	Burmah	Straits Settlements	Ceylon
£ 2. 2. —	.	.	1	.	.	.	1	.
2. — —	.	.	1	.	.	.	1	.
1. 10. —	2	3	3	3	2	2	3	2
1. 5. —	1	1	1	1	1	1	1	1
1. 1. —	1	1	1	1	1	1	1	1
1. — —	18	19	20	18	14	17	16	16
— 15. —	3	1	1	4	6	3	4	6
— 12. 6	1	.	.	1	1	1	.	1
— 10. —	.	.	.	1	.	.	.	.
1) — 6. —	1	1	1	1	1	1	1	1

13 of the Offices referred to above charge the extra for a limited term of years only
9 of these charge a uniform extra of 1 % p. a. for ten years only
1 „ „ „ „ „ 1 % „ for five or ten years only according to circumstances
1 „ „ „ „ „ 1 % „ for five years only
1 „ „ „ „ „ 25 s./— „ „ „ „ „
1 „ „ „ „ „ 30 s./— „ „ „ „ „

One Office charges 30 s./— for 1st five years (if life unacclimatized) reducible to 15 s./— afterwards.
Another Office in the same circumstances charges 30 s./— 1st five years, 20 s./— 2nd five years & 10 s./— afterwards.

1) The Company charging 6 s./— % Extra makes this rate permanent, & takes only a special class of lives, subject generally to favourable mortality.

added to age. These rates are, however, based on the mortality of the combined races, and as a number of Offices are charging the same premiums for Natives as for Europeans, it will be interesting to examine the relative mortality of the races to see how far this is justified. With this object I have endeavoured to ascertain the modifications of the O^m Table which would be necessary to represent the mortality rates of Europeans and Natives respectively. On examination of Table B it appeared that, taking the Native rate of mortality as O^m q_{x+6} and the European rate as O^m q_{x+5} + .003, the actual deaths would be approximately reproduced in total, and there would be no considerable difference between .the actual deaths and expected deaths by these methods in any group of ages. I give the figures below:

Age	Europeans		Natives	
	Expected Deaths	Actual Deaths	Expected Deaths	Actual Deaths
16—29	15.6	16	10.1	9
30—49	199.2	191	112.3	115
50—69	171.5	175	64.2	64
70—79	6.9	7	3.6	4
	393.2	389	190.2	192

Representative Office rates of annual premium per £100 for Non-Participating Whole Life Assurances with the additions suggested by the above rates of mortality (leaving out of account any further extra that may be required) would be as follows:

Age at Entry x	Europeans Office rate for age (x + 5) + 6 s./—	Natives Office rate for age (x + 6)
	£ s. d.	£ s. d.
20	2. 2. 3	1. 17. 0
25	2. 6. 9	2. 1. 11
30	2. 12. 10	2. 8. 3
35	3. 0. 11	2. 16. 10
40	3. 11. 6	3. 7. 11
45	4. 5. 3	4. 2. 6

There are further considerations, however, which call for additional extras:

1. *As regards Europeans.*

A further extra is required to cover possible damage to the life which may continue to exist after retirement to Europe.

2. *As regards Natives.*

The experience of such risks is·meagre compared with that of Europeans, and a further addition is desirable to cover possible adverse variations in mortality experience. Also in practice a lower rate of premium would not be charged than for Europeans.

Taking the further extra referred to in the preceding paragraphs 1 and 2 as a constant of say 4s/- per cent per annum (i. e. about 25% addition to the average extra) a suitable premium for Europeans in India is found by taking the English premium for a life 5 years older

and adding 10s/- per cent. Representative annual premiums per £100
assured, Whole Life, Without Profits, on this basis would be as follows:

Age at Entry	Indian Rates	Extras over Home Rates
	£ s. d.	£ s. d.
20	2. 6. 3	— 12. 9
25	2. 10. 9	— 14. 6
30	1. 16. 10	— 16. 1
35	3. 4. 11	— 18. 1
40	3. 15. 6	1. —. 7
45	4. 9. 3	1. 3. 9

Assuming that Native lives are not accepted at higher ages at entry
than 45, and that only the best classes of Natives are regarded as eligible
at all, the "British Empire" experience does not appear to justify higher
rates of premium for Natives than for Europeans.

Policy values.

I should preface the following remarks by saying that they relate
specially to Companies working actively in India and particularly
to those insuring Native lives. In an Office which has only a few Indian
risks and which does not assure Native lives, the matter would not, of
course, be of sufficient importance to warrant a departure from its
general method of valuing policies subject to climate or occupation
extras.

It is customary in most Offices to value on the same basis as for
home contracts, and to reserve part of the extra premium for the current
year to meet the unexpired risk, regarding the extra risk as a constant
one from year to year. It would appear, however, that the extra risk
is an increasing one as the life grows older, and a more suitable method
of valuation for Indian risks appears to be that now adopted by many
Companies in valuing policies on under-average lives at home, viz. to
make reserves for them in valuation as at the rated-up age. This
method has also the advantage of making provision for increased
liability

   a) under Bonuses,

   b) under Paid-up and Limited Payment policies if the extra premium
      ceases with the ordinary premium.

In the case of European lives the basis of reserves would require to
be modified on a life permanently returning to Europe.

With regard to Native lives the adoption of the ordinary English
Reserve with perhaps a part of the extra for current risk is especially unsuitable, as the rates of mortality appear to correspond more
closely to a constant addition to age, and the question of modification
of reserves on retirement does not arise as with English lives.

It is undesirable that special tables of mortality should be introduced into valuations if reserves can properly be made by an adaptation
of existing standard tables to the circumstances, and if the valuation is

under the O^m Table, Reserves based on a suitable addition to ages at entry is, I think, a proper method to adopt for policies on Native lives. The effect of such a method of valuation, as compared with the usual plan of adopting home reserves and part of a year's extra, would be to require larger reserves under whole life policies, — more especially for those of long duration, whilst under endowment assurances the reserves would generally be smaller, being little, if any, larger than under ordinary home contracts at normal ages.

Conclusion.

It will be convenient to summarise the more important points referred to in the Paper.

1. The effect of selection on European mortality in India is not apparent, the mortality rates in the first five years of assurance being approximately the same as those ruling for lives of the same age which have been insured for longer periods. This may perhaps be accounted for by the fact that the trying period of acclimatization is frequently concurrent with the first five years of assurance.

2. The mortality amongst selected Natives appears to be considerably lighter than for Europeans at ages under 45 and rather higher than for Europeans after that age.

3. The rates of mortality are approximately represented by the following modifications in the O^m Table:

For Europeans . . . . $q_{x+5} + .003$ ⎫ x being the
For Asiatics . . . . q_{x+6} ⎬ normal age.
For combined races including Eurasians . . . q_{x+7} ⎭

This last rate of mortality is brought out in the "British Empire" experience. It would be of course vary with the relative number of the different races combined in any experience.

4. An addition to age at entry supplemented by a constant is a more suitable way of deriving the Indian rate of premium from the Home rate than increasing the latter by a uniform addition at all ages at entry.

5. The most eligible class of Native lives are assurable at the same rates as Europeans in India, provided their age at entry does not exceed 45.

6. With regard to policy values, more especially in the case of Native assured lives, a suitable method of arriving at these is to take the value corresponding to the rated-up age at entry.

Die Lebensversicherung in Indien.

Von A. T. Winter, London.

Der Bericht enthält eine Zusammenstellung der vorläufigen Erfahrungen über die Sterblichkeit der in Indien versicherten Personen und außerdem die Tabellen zu bisher unveröffentlichten Forschungen, nämlich:

1. Denen der British Empire Company, die sich auf die Jahre 1872 bis 1902 erstrecken und folgende Daten enthalten:

	Durchlebte Jahre	Todesfälle
Europäer	19 867	389
Eurasier	4 961	94
Asiaten	12 594	192
Zusammen . . .	37 422	675

2. Eine Untersuchung über die Mortalität nach dem Indischen „Postal Insurance Scheme", die sich auf die Jahre 1884 bis 1904 erstreckt und 47 558 durchlebte Jahre (fast durchweg Eingeborene) und 615 Todesfälle umfaßt.

Stellt man die wichtigeren in dem Bericht erwähnten Punkte kurz zusammen, so ergibt sich folgendes:

1. Die Wirkung der Auslese auf die Sterblichkeit der Europäer in Indien läßt sich nicht ersehen, da die Sterblichkeit in den ersten fünf Versicherungsjahren annähernd dieselbe ist wie die für Leben des gleichen Alters, die vor einem längeren Zeitraum versichert worden sind. Dies kann vielleicht aus der Tatsache erklärt werden, daß die Periode des Akklimatisationsversuchs häufig mit den ersten fünf Jahren der Versicherung zusammentrifft.

2. Die Mortalität unter den Eingeborenen scheint beträchtlich niedriger zu sein als unter den Europäern im Alter unter 45 Jahren und nach diesem Alter eher höher als unter den Europäern.

3. Die Sterblichkeit wird annähernd durch folgende Modifikationen der O^m Tabelle dargestellt:

Für Europäer . . . . $q_x + 5 + 0.003$ 〉 wobei x das
Für Asiaten . . . . $q_x + 6$ 〉 Eintritts- (oder
Für kombinierte Rassen einschl. der Eurasier $q_x + 7$ 〉 *wirkliche* Alter) darstellt.

Der letzte Wert ist gewonnen aus der Erfahrung der „British Empire Company". Er dürfte jedoch variieren mit der relativen Zahl der verschiedenen bei jedem Versuch kombinierten Rassen.

4. Die Erhöhung des Eintrittsalters und die Hinzufügung einer Konstanten ist ein gangbarerer Weg für die Ableitung der indischen Prämien aus den einheimischen, als die letzteren um einen einheitlichen Zuschlag für alle Eintrittsalter zu erhöhen.

5. Die ausgewähltesten Klassen eingeborener Leben können zu denselben Raten wie die Europäer in Indien versichert werden, vorausgesetzt, daß ihr Eintrittsalter 45 Jahre nicht übersteigt.

6. Eine zweckmäßige Methode zur Berechnung der Prämienreserve, spezieller für eingeborene Versicherte, besteht darin, den Wert zu nehmen, der dem erhöhten Eintrittsalter entspricht.

L'assurance sur la vie aux Indes.

Par **A. T. Winter**, Londres.

Cette étude donne un résumé des expériences précédemment faites aux Indes relativement à la mortalité des personnes assurées et un certain nombre de tableaux où sont consignées des observations non encore publiées, entre autres:

1. celles de la „British Empire Company" s'étendant aux années 1872 à 1902 et comprenant les chiffres suivants:

	Années de risque	Décès
Européens	19.867	389
Eurasiens	4.961	94
Asiatiques	12.594	192
Total . . .	37,422	675

2. celles se rapportant à la mortalité pour le „Indian Postal Insurance Scheme" pendant les années 1884 à 1904 et comprenant 47 558 années de risque (presque toutes de naturels) et 615 décès.

Voici le résumé des points les plus importants relatés dans notre étude:

1. Les effets de la sélection ne sont pas apparents en ce qui concerne la mortalité des Européens aux Indes, la proportion des décès étant approximativement la même pendant les cinq premières années de l'assurance que pour les personnes de même âge assurées depuis plus longtemps.

2. La mortalité des naturels apparaît beaucoup plus faible que celle des Européens, au-dessous de 45 ans et sensiblement supérieure après cet âge.

3. Les taux de mortalité sont approximativement les suivants si l'on prend la table O^m pour base:

Pour les Européens . . . . $q_{x+5} + 003$ ⎫ x désignant
Pour les Asiatiques . . . . q_{x+6} ⎬ l'âge effectif.
Pour les races combinées y compris les Eurasiens q_{x+7} ⎭

La dernière de ces valeurs est tirée des observations de la „British Empire". Les chiffres varient, cela va sans dire, selon la proportion dans laquelle les différentes races sont combinées dans chaque expérience.

4. Il est beaucoup plus rationnel de calculer les primes indiennes sur le taux de mortalité d'un âge plus avancé, ledit taux étant augmenté d'une constante, que d'exiger une surprime invariable pour tous les âges d'entrée.

5. La classe la plus acceptable des risques indigènes peut être assurée aux mémes conditions que les Européens aux Indes, pourvu que l'âge de ces candidats n'excède pas 45 ans.

6. Pour le calcul des réserves, spécialement en ce qui concerne les risques indigènes, la méthode la plus recommandable est de prendre la valeur correspondant à l'âge d'entrée augmenté d'un certain nombre d'années.

VIII. — D.

Bericht

über den Stand und das bisherige Ergebnis der Arbeiten zur Herstellung einer Absterbeordnung aus Beobachtungen an österreichischen Versicherten.

Von **James Klang**, Wien.

Die erste Anregung zur Herstellung einer Sterbetafel aus Beobachtungen an österreichischen Versicherten ist von dem Regierungsrate im versicherungstechnischen Departement des k. k. Ministeriums des Innern, Herrn *Professor Dr. Ernst Blaschke,* in einem am 2. Dezember 1899 im Verbande der österreichischen und ungarischen Versicherungstechniker gehaltenen, in Heft II der Mitteilungen dieses Verbandes abgedruckten Vortrage gegeben worden. Prof. *Blaschke* entwickelte in demselben in eingehender Darstellung ein nahezu vollständiges Programm für die Durchführung des projektierten Unternehmens. Danach sollten in den Bereich der anzustellenden Untersuchungen ausschließlich österreichische, d. h. in Österreich abgeschlossene Versicherungen einbezogen und sollte die aus naheliegenden, praktischen Erwägungen wünschenswerte Berücksichtigung der ungarischen Versicherungen einer auf Grund desselben Programmes ins Werk zu setzenden Parallelaktion vorbehalten werden. Das Beobachtungsmaterial sollte nach den Geschlechtern getrennt verarbeitet und es sollten Tafeln für vollständig untersuchte normale, für vollständig untersuchte minderwertige und für nicht untersuchte Leben angefertigt werden. Die Sterblichkeit sollte nach Versicherungsdauern ermittelt, die Absterbeordnung der normalen Leben getrennt für die auf den Ablebensfall und die nach gemischten Versicherungen Versicherten, die der minderwertigen Leben für jede der nach der bekannten Buchheimschen Gefahrenklassifikation zu bildenden drei Gefahrenklassen besonders abgeleitet werden. Als Zählprinzip sollte die ärztliche Auslese gelten, d. h. es sollte jedes Leben so oftmal gezählt werden, als für dasselbe Verträge auf Grund wiederholter ärztlicher Auslese abgeschlossen worden waren, als Sterblichkeitsmaß der Untersuchungen das von Gotha unter Zusammenfassung aller Beitrittsalter von n-1 bis n zu einer und derselben Gruppe verwendet werden. — Dem Technikerverbande war die mehr formale Aufgabe zugedacht, die Gesellschaften zum Anschlusse an die

gemeinsame Arbeit zu veranlassen, durch ein Aktionskomitee den Zähltermin zu bestimmen und auf Grund der *Blaschke*schen Vorschläge das
Zählprogramm endgiltig festzustellen, sowie die Kosten des Unternehmens auf die Gesellschaften umzulegen. Die Ausfüllung der Zählkarten, deren Zählung und die Zusammenfassung der Zählresultate in
den nach dem Formulare *Blaschkes* anzufertigenden Summartabellen
sollte jede Gesellschaft im eigenen Wirkungskreise bewerkstelligen und
die Ableitung der Absterbeordnung aus den Summartabellen —
eventuell getrennt nach Gesellschaftsgruppen mit Versicherten gleicher
Sterblichkeitsverhältnisse — von der Regierung erbeten werden.

Obwohl diese Vorschläge zum guten Teile ersichtlich dem Bestreben entsprungen waren, die Gesellschaften über die möglichen Konsequenzen ihrer Beteiligung an der Arbeit in allen Belangen zu beruhigen
und so die Schwierigkeiten zu beseitigen, die sich der Verwirklichung
des Planes entgegenstellen konnten, bedurfte es doch einer mehr als einjährigen mühevollen Verhandlung, um zunächst zwanzig Gesellschaften
— darunter alle österreichischen und ungarischen — für denselben zu
gewinnen, und erst in einer am 24. Januar 1901 abgehaltenen Versammlung konnte zur Konstituierung des Aktionskomitees geschritten
werden, in welches die Vertreter — Direktoren und Mathematiker —
von sieben Gesellschaften (Anker, Assicurazioni Generali, Beamtenver-
ein, Janus, Österreichischer Phönix, Riunione Adriatica und Wiener)
berufen wurden, und dem sich, einem an sie gerichteten Ansuchen
Folge gebend, die Herren Hofrat Professor *Emauel Czuber* und Regierungsrat Professor *Dr. Ernst Blaschke* als Beiräte anschlossen.

Die gewissenhafte Berichterstattung erfüllt eine gern geübte
Pflicht, indem sie auch vor dem illustren Forum der Fachmänner aller
Länder, denen diese Blätter zugeeignet sind, dankbar der werktätigen
Mithilfe gedenkt, deren sich die gemeinsame Arbeit der in Österreich
tätigen Gesellschaften seitens der beiden Beiräte erfreuen durfte. Wenn
es gestattet ist, zu hoffen, daß das Resultat dieser Arbeit neben seiner
Erheblichkeit für den praktischen Betrieb auch eine beachtenswerte
wissenschaftliche Bedeutsamkeit für sich wird in Anspruch nehmen
können, so kommt das Verdienst daran in erster Linie den Anregungen
der Herren *Czuber* und *Blaschke* und der teilnehmenden Sorgfalt zu,
mit der sie die Bestrebungen des Aktionskomitees vom Anfang bis zum
Ende begleitet haben.

Die Versammlung vom 24. Januar 1901 hatte das letztere hinsichtlich des Zählprinzips, der Vorarbeiten bis zur Herstellung der
Summartabellen und der weiteren Bearbeitung dieser an die oben mitgeteilten Vorschläge *Blaschkes* gebunden. Es ist indes dem Komitee,
welches auf die Konformität des Arbeitsmateriales und volle Autonomie
in der Arbeit selbst den höchsten Wert legen mußte, gelungen, nicht
nur die Zahl der Teilnehmer auf achtundzwanzig zu erhöhen, sondern
auch eine Abänderung der gefaßten Beschlüsse zu erzielen, der gemäß
die Vorarbeit der einzelnen Gesellschaften auf die Ausfüllung der Zählkarten beschränkt, die Behandlung der letzteren von deren Zählung angefangen bis zur gänzlichen Vollendung der Tafeln einer zu errichtenden Zentralstelle übertragen und dem Komitee anheimgestellt wurde,

über Grundlage und Methode der anzustellenden Untersuchungen nach
eigenem Ermessen zu entscheiden. Diese Vereinbarung war von ausschlaggebender Tragweite für den Wert der ganzen Arbeit, denn sie hat
es möglich gemacht, durch ein System sorgfältig erwogener Kontroll-
maßregeln die höchst erreichbare Korrektheit des Urmaterials sicher
zu stellen und an die Lösung eines Problems heranzutreten, dem eine
weitgehende wissenschaftliche und praktische Bedeutung kaum wird abgesprochen werden können und von dem weiter unten des näheren die
Rede sein wird.

Das Komitee begann seine meritorischen Arbeiten mit der Feststellung der *Zählkarte,* welche die nachfolgende Form erhielt:

Gesellschaft		Nr.	
	Kategorie nach Höhe der VersicherungsSumme	Auf Grund der ursprünglichen ärztlichen Untersuchung	
		bestehende Mitversicherungen	ausgestellte Ersatzpolizen
	Etwaige Prämien-Er-höhungen		

		Jahr	Monat
Datum der Geburt			
„ des wirklichen Austrittes			
„ „ rechn.-mäss.			
„ „ Eintrittes			

		Jahre	Monate
Dauer der Beobachtung			

.... Art des Austrittes ....

Todesursache ....

Name und Vorname	....
	....
geboren in	....
am	....
Vor- oder Nach-versicherungen	....
	....

6*

Wie man sieht, läßt die Zählkarte die Möglichkeit offen, nicht bloß normale, sondern auch minderwertige, zu erhöhten Prämien versicherte Leben in die Untersuchung einzubeziehen. Das Komitee hat sich indes dahin geeinigt, vorerst nur die Absterbeordnung *vollständig untersuchter und normaler Leben* herzustellen. In Anlehnung an die *Blaschke-*schen Vorschläge wurde beschlossen, die Sterblichkeitsmasse für *jedes der Geschlechter besonders* und rücksichtlich der versicherten Männer getrennt nach den auf den *Ablebensfall* und den nach *gemischten Versicherungen* Versicherten zu erforschen. Im Interesse besserer Übersichtlichkeit und möglichster Vermeidung von Irrtümern wurde auf diese Differenzierung des Materiales schon bei der Anfertigung der Zählkarten derart Rücksicht genommen, daß für Männer-Ablebensversicherungen hellbraune, für Männer-gemischte Versicherungen weiße und für Frauen grüne Zählkarten zur Verwendung gelangten.

Als *Zähltermin wurde der 31. Dezember 1900, als Beobachtungsperiode der Zeitraum von 25 Jahren — beginnend mit dem 1. Januar 1876 und endigend mit dem Zähltermine* — bestimmt, und die gleichmäßige und korrekte Ausfüllung der Zählkarten durch eine den Gesellschaften ausgehändigte, nach den Beschlüssen des Komitees von den Herren *Altenburger* (Riunione Adriatica) und *Dr. Graf* (Assicurazioni Generali) verfaßte *„Anleitung zur Ausfertigung der Zählkarten für die Untersuchung der Sterblichkeitsverhältnisse der österreichischen Versicherten"* sicher gestellt. Eine ins Einzelne gehende Analyse dieser „Anleitung" erscheint an dieser Stelle überflüssig, da die Mehrzahl der Rubriken der Zählkarte für den Techniker einer besonderen Erläuterung nicht bedarf. Es soll darum nur hervorgehoben werden, daß in die Rubrik für Mitversicherungen" die laufenden Nummern der gleichzeitig — d. h. bei unverändert gebliebenem Beitrittsalter — ausgefertigten Policen und jedenfalls, auch wenn solche Mitversicherungen nicht bestanden, das *rechnungsmäßige Beitrittsalter* der Versicherten einzusetzen war, und daß als *„Datum des Eintritts"* bei ohne neuerliche Untersuchung ausgefertigten Ersatzpolicen der ursprüngliche Versicherungsbeginn, bei solchen, deren Ausfertigung eine ärztliche Untersuchung vorangegangen war, der Tag des Wirksamkeitsbeginnes der Ersatzpolice und bei solchen, durch welche die Wiederherstellung einer durch mindestens sechs Monate unterbrochen gewesenen Versicherung beurkundet worden war, der Reaktivierungstag zu betrachten gewesen ist. Als *„Datum des wirklichen Austrittes"* hatte der Todes-, bzw. Ablaufs-, bzw. Fälligkeitstag und bei Rückkauf oder Storno der Tag zu gelten, bis zu welchem Prämie gezahlt war; in die Rubrik *„Datum des rechnungsmäßigen Austrittes"* war — selbstverständlich nur in den Fällen des Storno mangels Prämienzahlung — der unter Berücksichtigung der vertragsmäßigen Nachfrist sich ergebende Termin einzusetzen. Für die Bezeichnung der verschiedenen Austrittsarten wurden Buchstaben gewählt (Tod — T, Ablauf — A, Erreichung des Fälligkeitstermines — E, Rückkauf — R, Storno mangels Prämienzahlung — S), welche in die Zählkarten rechts von den Worten „Art des Austrittes" einzusetzen waren, während die Zahl „1900" links von diesen Worten anzeigen sollte, daß die betreffende Person am Zähltermine am

Leben und ihre Versicherung in Kraft war. Ersetzte Policen waren, wenn der Ersatz ohne neuerliche Untersuchung vorgenommen wurde, als solche durch das Wort „ersetzt", wenn aber der Ausstellung der Ersatzpolice eine ärztliche Untersuchung vorangegangen war, als abgelaufen durch Einstellung eines A zu bezeichnen. Bei Versicherungen, die ein- oder mehreremale mindestens sechs Monate hindurch unterbrochen worden waren, sollte die Art des endgiltigen Austrittes nur auf der die letzte Versicherung betreffenden Zählkarte angegeben, auf den Zählkarten der vorangegangenen Versicherungen der mangels Prämienzahlung eingetretene Storno mittelst Einsetzung eines S' ersichtlich gemacht werden.

Das große Interesse, welches nunmehr, da die Durchführung des gemeinsam unternommenen Werkes sicher gestellt erschien, der Förderung desselben seitens aller Beteiligten entgegengebracht, der Eifer, welcher von den Gesellschaften an die Ausfüllung der Zählkarten gesetzt wurde, haben es möglich gemacht, daß die ersten Zählkartensendungen schon während des letzten Quartales 1902 bei dem Aktionskomitee einliefen und dasselbe zur Errichtung und Organisation der „Zentralstelle zur Herstellung einer Sterblichkeitstafel aus den Beobachtungen an österreichischen Versicherten" schreiten konnte, zu deren Leitung Herr *Dr. Rosmanith* berufen wurde.

In der zweiten Hälfte 1903 konnte die Einlieferung der Zählkarten als abgeschlossen betrachtet werden; es waren bis dahin *618 455 Zählkarten* eingelaufen, von denen sich *580 242 auf Männer* und *88 213 auf Frauen* — durchwegs vollständig untersuchte normale Leben — bezogen.

In der Zwischenzeit waren von dem Aktionskomitee unter Mitwirkung seiner beiden Beiräte Umfang und Art der an diesem Materiale durchzuführenden Arbeiten festgestellt worden. Den diesbezüglichen Verhandlungen lagen neben dem eingangs besprochenen Vortrage *Dr. Blaschkes* sechs von dem Komitee angehörigen Technikern erstattete Gutachten zugrunde, von denen drei im wesentlichen auf die Vorschläge *Blaschkes* zurückgriffen, während die Gutachten der Herren *Dr. Graf, Dr. Spitzer* (Riunione Adriatica) und Professor *Dr. Tauber* (Österreichischer Phönix) rücksichtlich aller in Betracht kommenden Fragen — insbesondere rücksichtlich der Differenzierung des Materiales, der zu befolgenden Zählmethode und der in Anwendung zu bringenden Zählformulare — eine Reihe selbständiger, von denen *Blaschkes* zum Teil wesentlich abweichender Vorschläge enthielten, und — von verschiedenen Standpunkten ausgehend — auch untereinander in wichtigen Belangen nicht unerheblich differierten. Es ist hier nicht der Ort, auf diese Differenzen, so verlockend die Materie auch ist, näher einzugehen, aber es besteht die Absicht, die Gutachten seiner Zeit mit den Tafelarbeiten zum Abdrucke zu bringen. An dieser Stelle soll nur betont werden, daß es allseitigem Zusammenwirken gelungen ist, das Komitee auf ein einstimmig angenommenes, von allen Beteiligten gebilligtes Arbeitsprogramm zu einigen.

Die schwierigste Entscheidung, die das Komitee zu treffen hatte, betraf die *Zähleinheit.* Von der *Police,* die ein rein formales Moment auf die Resultate Einfluß gewinnen läßt, und der *„versicherten Summe"*, welche das Gewicht der Beobachtung in nicht begründeter Weise festlegt, konnte von vornherein nicht die Rede sein; es kamen also nur die *„ärztliche Auslese"* oder die *„Person"* als Zähleinheiten in Frage. Regierungsrat *Blaschke* hatte sich in seinem Vortrage für die „ärztliche Auslese" ausgesprochen. Schien es zunächst, es sei dies nur geschehen, um den beteiligten Gesellschaften die Zählarbeit überlassen zu können und damit das Zustandekommen des Unternehmens zu erleichtern, so trat Regierungsrat *Blaschke,* dem sich auch Hofrat *Czuber* anschloß, jetzt mit einer besonderen, späterer Veröffentlichung vorbehaltenen Denkschrift mit aller Entschiedenheit den Beweis dafür an, daß die Zählung nach der ärztlichen Auslese nicht nur eine sehr bedeutende Vereinfachung und Abkürzung des Zählgeschäftes ermögliche, sondern ihr auch wissenschaftlich ein höherer Wert als jeder nach irgend einem anderen Zählprinzipe vorgenommenen Zählung zukomme.

Bei jeder neueren Untersuchung der Sterblichkeitsmasse sei — so wird in dieser Denkschrift ausgeführt — ein näheres und ein entfernteres Ziel zu unterscheiden. Das erstere richte sich auf die Ermittlung von nach Altern und Versicherungsdauern abgestuften Sterbenswahrscheinlichkeiten (Elementarwahrscheinlichkeiten), das letztere auf die Ableitung von Mittelwerten für die einzelnen Alter ohne Rücksicht auf die Versicherungsdauern (Summarwahrscheinlichkeiten). Die Maßzahlen gleichen Alters und gleicher Beobachtungsdauer seien biologisch von Interesse, da sie offenbar eine Eigenschaft der versicherten Person ausdrücken, die durch beide Merkmale charakterisiert sei, und zu erwarten stehe, daß eine Personenmenge gleicher Qualität stets zu demselben Sterblichkeitsmaße führen werde. Ein derart stabiles Sterblichkeitsmaß werde sich bei einer Gruppe gleichaltriger, aber ohne Rücksicht auf die Versicherungsdauer zusammengefaßter Personen erst dann ergeben, wenn sich in der Zusammensetzung der betreffenden Altersklasse in Rücksicht auf die Versicherungsdauer eine gewisse Gleichartigkeit eingestellt haben werde. Diese Gleichartigkeit könne erst nach längerer Zeit eintreten, aber nach Ablauf einer solchen trete sie *erfahrungsgemäß immer* ein. Der innere Grund dieser Erscheinung liege in dem Umstande, daß die Sterbenswahrscheinlichkeiten sich nach dem fünften bis zehnten Versicherungsjahre nur noch wenig ändern und die jenseits dieser Grenze liegende Mehrzahl der Versicherten die Wirkung der Auslese auf die Gestaltung der Sterblichkeit paralysiere. Mit Rücksicht auf diese erfahrungsgemäß allemal eintretende Stabilität erscheine die Wahl der Zähleinheit zur Ermittlung der übrigens biologisch nur wenig interessanten Summarwahrscheinlichkeiten, die nach dem Gesagten nicht mehr eine Eigenschaft der versicherten Person, sondern des Versicherungsstockes, also der Versicherungsgesellschaft zu tun haben, theoretisch unwichtig und nur praktisch nach der Frage zu entscheiden, wie das angestrebte Ziel mit dem geringsten Zeit- und Arbeitsaufwande zu erreichen sei. Daß aber die Auslese in dem Betrachte größere Vorteile als irgend ein anderes Zählprinzip biete, werde von keiner Seite bestritten werden können. — Was dagegen die Elementarwahrscheinlichkeiten anlange, so sei ihre Stabilität nicht die Folge der durch den Zeit-

abfluß automatisch herbeigeführten gleichartigen Gestaltung der einzelnen Altersklassen, sondern davon bedingt, daß bei ihrer Ermittlung
von vornherein gleiches Beitrittsalter und gleiche Versicherungsdauer
in ihrer Verbindung erfaßt werden. Daraus ergebe sich der zwingende
Schluß, daß — soll diese Stabilität als gesichert angesehen werden
können — keine dieser in der Beobachtungsreihe vorhandenen Verbindungen bei der Untersuchung unberücksichtigt bleiben dürfe, daß also
jede Person so oft gezählt werden müsse, als sich bezüglich derselben
Kombinationen von Beitrittsaltern und Versicherungsdauern ergäben.
Dieser Forderung genüge allein die Zählung nach der Auslese, diese
aber vollkommen, während die Zählung nach Personen dieser Anforderung nicht entspreche, weil sie dort, wo mehrfach Versicherte in
Frage kommen, bald Beobachtetes als nicht Beobachtetes, bald nicht
Beobachtetes als Beobachtetes behandle. Ersteres sei der Fall, wo
nicht unterbrochene Versicherungsperioden vorlägen, gleichviel, ob
man nur eine Beobachtungsreihe mit dem Eintrittstage der ältesten
und dem Austrittsdatum der letzten der mehrfachen Versicherungen
konstruiere (Ersatzzählkarten), oder ob man aus den den einzelnen
Versicherungen entsprechenden Beobachtungsreihen die sich deckenden
Reihenstücke herausschneide und die Vorversicherung dort enden lasse,
wo die Nachversicherung beginnt, oder diese beginnen lasse, wo jene
endigt. — Nicht Beobachtetes werde als beobachtet angesehen, wo
unterbrochene Versicherungsperioden in Frage kämen, indem die
Zwischenperioden in die Untersuchung einbezogen werden. Man könne
dieser Methode den Vorwurf der Unrichtigkeit nicht ersparen, da bei
derselben die aus den Zwischenperioden stammenden Sterbefälle nicht
in Betracht gezogen würden und auch nicht in Betracht gezogen werden
könnten. Wolle man diese Unrichtigkeit vermeiden, so müsse man das
Zählprinzip verletzen und, wie neuestens geschehen, die mehrfachen
Versicherungen der späteren Perioden wie Neuversicherungen behandeln, d. h. so vorgehen, wie es bei der Zählung nach der Auslese geschehe. Daß zu diesem inkonsequenten Auskunftsmittel gegriffen werden müsse, sei ein sprechender Beweis dafür, daß eine fehlerhafte Ableitung der Elementarwahrscheinlichkeiten sich nur vermeiden lasse,
wenn den Ermittlungen als Zähleinheit die Auslese zugrunde gelegt
werde. Hier bilde sie nicht nur praktisch genommen das zweckmäßigste, sondern vom theoretischen Standpunkte aus auch das einzig
zulässige Zählprinzip. Für sie spreche übrigens als wichtigste Erwägung, daß die Absterbeordnung, welche die Grundlage des Geschäftsbetriebes der Lebensversicherungsgesellschaften darstelle, ihrem
Zwecke dann am allerbesten entsprechen werde, wenn die Art ihres Aufbaues sich genau an die Entstehungsweise eines Versicherungsstockes
anschließe. Jede Nachversicherung werde von den Gesellschaften als
Neuversicherung behandelt, nichttaugliche Leben würden in der Nachversicherung abgelehnt, und für die tauglichen gelten in bezug auf die
Nachversicherung die Bedingungen der Anfangsperiode der Versicherrung. Es sei sonach kein Grund vorhanden, in der Erfahrung das nachversicherte Leben, das in der Praxis wie ein neues Leben betrachtet
wird, bei Ermittlung der Sterbenswahrscheinlichkeiten mit dem Leben

der älteren Versicherung zusammenzuwerfen. Es habe wohl den An-
schein, als ob diese Ausführungen bezüglich jener Gattung von Sterbetafeln ihre Anwendbarkeit verlören, bei denen es gelingen würde, den
Versicherungsstock von der Auslese unabhängig zu machen. Solche
Tafeln würden einen Maßstab für die an seit längerer Zeit versicherten
Personen beobachtete Sterblichkeit geben und biologisch interessant
sein. Allein auch bei diesen müsse die Beobachtung auf Grund der
Person als Zähleinheit als verfehlt bezeichnet werden, weil sie voraus-
setze, daß jede Person als mit gleicher Güte beobachtet in Rechnung zu
ziehen sei, eine n-mal ausgelesene Person aber als Beobachtung von
n-facher Genauigkeit oder vom Gewichte n aufzufassen sei, also auch
mit diesem Gewichte in Rechnung komme. Auch für die Idealtafel
könne also nicht die Person, sondern nur die Auslese als Zähleinheit
dienen. Mit dieser theoretischen Deutung der Auslese beseitige man
auch den einzigen scheinbaren Nachteil, welchen die auf Grund der
ärztlichen Auslese ermittelte Absterbeordnung habe: die Notwendigkeit, die bisherige Definition der Absterbeordnung zu ändern. Sie zeige
nach wie vor, wie viel von einer Einheit gleichaltriger Personen im folgenden Alter noch leben, bzw. bis zu diesem Alter gestorben seien. Die
Ersetzung der Person als Zähleinheit durch die Auslese sei lediglich
eine Verbesserung der bisher unrichtigen *Methode der Forschung.*

So bestechend sich aber auch die von Regierungsrat *Blaschke* vor-
gebrachten, im Vorstehenden kurz wiedergegebenen Argumente dem
Aktionskomitee darstellten, so konnte es sich doch nicht entschließen,
eine Zählmethode fallen zu lassen, die bis dahin allen namhaften Sterblichkeitsmessungen zugrunde gelegt und zuletzt noch bei der Herstellung der neuesten englischen Tafel in Anwendung gebracht worden
war, zumal die Methode, welche an ihre Stelle treten sollte, in der
Kritik den stärksten Angriffen ausgesetzt war und — von der Absterbeordnung des österreichischen Beamtenvereines abgesehen — vorerst
noch der Erprobung an einem irgendwie erheblichen Materiale er-
mangelte. Anderseits durfte und wollte das Komitee auch über den
*Blaschke*schen Vorschlag nicht ohne weiteres hinweggehen, da dessen
Begründung theoretisch im höchsten Maße beachtenswert erschien und
das Komitee sich der Einsicht nicht verschließen konnte, daß die praktische Erprobung desselben zu einem sehr wesentlichen Fortschritte in
der Methode der Sterblichkeitsmessungen und damit zu einem höchst
schätzenswerten Gewinne für die Lebensversicherungsdisziplin führen
könne. Da diese Erprobung nur durch einen Vergleich der Ergebnisse
beider an demselben Materiale vorgenommenen Zählungen bewirkt
werden konnte, so einigte sich das Aktionskomitee zu dem Beschlusse,
das ganze ihm zur Verfügung gestellte Material der Zählung sowohl
auf Grundlage der ärztlichen Auslese, als auch der versicherten Per-
son zu unterziehen, die Resultate beider Zählungen bis zur Herstellung
der Absterbeordnungen zu bearbeiten und durch Vergleichung der Er-
gebnisse das Verhältnis beider Zählmethoden zu einander festzustellen.

Es darf mit Befriedigung konstatiert werden, daß die nicht unbedeutenden Opfer an Zeit und Kosten, welche die Durchführung dieses
Beschlusses erforderte, keine vergeblichen gewesen sind, und daß der

angestellte Vergleich die Berechtigung des *Blaschke*schen Vorschlages in vollem Umafnge erwiesen hat. Die Bekanntgabe sämtlicher Vergleichstabellen muß naturgemäß für den Zeitpunkt der Veröffentlichung des gesamten Sterbetafelwerkes vorbehalten werden, einige Ziffern aus denselben mögen indes zur Orientierung der Leser dieses Berichtes schon hier folgen. Es ergaben sich beispielsweise an

Sterbenswahrscheinlichkeiten (Aggregattafeln)

bei dem Alter	für das Gesamtmaterial			für das auf gemischte Versicherungen bezügliche Material		
	aus der Selektionszählung	aus der Personenzählung	Differenz %	aus der Selektionszählung	aus der Personenzählung	Differenz %
20	0,00350	0,00362	3,43	0,00294	0,00305	3,74
30	533	556	4,31	433	452	4,39
40	931	964	3,54	738	768	4,07
50	1790	1832	2,35	1404	1446	2,99
60	3632	3667	0,96	2850	2891	1,44
70	7517	7482	0,47	5948	5936	0,20
80	15432	15152	1,81	—	—	—

Netto-Jahresprämie für eine Kapitalsversicherung von K 1000.

Alter	Gesamtmaterial			Gemischte Versicherung auf das 65. Lebensjahr		
	Selektionszählung	Personenzählung	Differenz %	Selektionszählung	Personenzählung	Differenz %
30	17,95	17,95	0,00	20,09	20,25	0,80
40	26,50	26,58	0,30	32,48	32,66	0,55
50	40,86	40,81	0,12	60,70	60,91	0,34

Prämienreserve für eine Kapitalsversicherung von K 1000.

Abgelaufene Versicherungsdauer	Gesamtmaterial						Gemischte Versicherung auf das 65. Lebensjahr					
	Beitrittsalter 30			Beitrittsalter 40			Beitrittsalter 30			Beitrittsalter 40		
	Selektionszählung	Personenzählung	Differenz %	Selektionszählung	Personenzählung	Differenz %	Selektionszählung	Personenzählung	Differenz %	Selektionszählung	Personenzählung	Differenz %
5	68,53	68,38	0,22	93,80	93,00	0,85	87,40	87,83	0,49	139,36	139,04	0,23
10	143,50	142,80	0,49	192,40	190,52	0,98	186,94	186,64	0,16	298,55	297,98	0,19
15	223,74	222,61	0,51	293,44	290.51	1,00	300,25	299,73	0,17	483,80	483,20	0,12
20	308,17	306,20	0,64	394,83	390,54	1,09	429,70	429,00	0,16	708,00	707,20	0,11

Sterbenswahrscheinlichkeiten (Auslesetafeln).

Bei-tritts-alter	Im Versicherungsjahre											
	1			5			10			20		
	Selek-tions-zäh-lung	Per-sonen-zäh-lung	Diffe-renz %	Selek-tions-zäh-lung	Per-sonen-zäh-lung	Diffe-renz %	Selek-tions-zäh-lung	Per-sonen-zäh-lung	Diffe-renz %	Selek-tions-zäh-lung	Per-sonen-zäh-lung	Diffe-renz %
30	0,00329	0,00335	2	0,00727	0,00736	1	0,01041	0,01056	1	0,01596	0,01589	1
35	382	398	4	958	998	4	1223	1249	2	2571	2555	1
40	485	514	6	1262	1339	6	1811	1843	2	3195	3094	3
45	757	824	9	1644	1715	4	2528	2587	2	4909	4873	1
50	1017	1078	6	2438	2622	7	3211	3140	2	7331	7299	1
55	1433	1490	4	3531	3507	1	4838	4904	2	9278	9512	3
60	1901	1836	4	4252	3933	10	7201	6660	6			

Die vorstehend mitgeteilten Beispiele zeigen, daß die höchste Differenz zwischen den Sterbenswahrscheinlichkeiten der aus der Selektionszählung und jener der aus der Personenzählung hervorgegangenen Aggregattafel 4.31% beträgt. Zu einem ganz ähnlichen Ergebnisse führt die Vergleichung der Sterbenswahrscheinlichkeiten der Auslesetafeln, die im ersten Versicherungsjahre vereinzelt Differenzen bis zu 9% aufweisen, sich aber mit der zunehmenden Versicherungsdauer einander stetig nähern und im 20. Versicherungsjahre mit einer Höchstdifferenz von 3% fast vollständig decken. Die geringfügige Inkongruenz, die sich bei Beitrittsalter 45 im ersten, bei Alter 60 im fünften und bei Alter 40 im zwanzigsten Versicherungsjahre zeigt, ist ohne Zweifel auf den Umstand zurückzuführen, daß die Auslesetafeln zunächst nur in einer provisorischen Ausgleichung vorliegen, und wird bei genau ausgeglichenen Tafeln aller Voraussicht nach verschwinden.

Noch erheblich geringer, als bei den Sterbenswahrscheinlichkeiten sind die Abweichungen bei den korrespondierenden Nettoprämien und Prämienreserven, bei denen sie nur vereinzelt 0.5% bzw. 1% übersteigen.

So erscheint, was Regierungsrat *Blaschke* auf dem Wege einer theoretischen Konstruktion gefunden hat, durch die praktische Erprobung an einem umfangreichen Materiale bekräftigt: *daß die Resultate der Selektionszählung und die der Personenzählung als identisch betrachtet werden dürfen.* Man wird über dieses Ergebnis des von der österreichischen Zentralstelle durchgeführten Vergleiches bei künftigen Sterblichkeitsmessungen kaum hinweggehen können. Es mag der theoretischen Untersuchung vorbehalten bleiben, nach den Ursachen der interessanten Erscheinung zu forschen und aus der Betrachtung aller in Frage kommenden Momente das wissenschaftliche Wertverhältnis der beiden Zählmethoden abzuleiten und zu präzisieren; der Praktiker wird die Ersparnis an Zeit, Arbeit und Kosten, welche die Selektionszählung gegenüber der Personenzählung ermöglicht, nicht außer acht lassen dürfen und angesichts der Gleichheit der Ergebnisse seinen künftigen

Arbeiten wohl kaum eine andere Zähleinheit, als die ärztliche Auslese zugrunde legen. Und insofern darf man die von dem Aktionskomitee der österreichischen Lebensversicherungsgesellschaften beschlossene Untersuchung und das erzielte Resultat als einen dauernden Gewinn für die Methodik der Sterblichkeitsmessungen bezeichnen.

Die eben besprochene Doppelzählung nach der Auslese und nach Personen ist nicht die einzige Erweiterung geblieben, welche das ursprüngliche Arbeitsprogramm erfahren hat. In der Erwägung, daß die an der Arbeit beteiligten Gesellschaften neben der hohen Bedeutung, welche sie den aus der Untersuchung des Gesamtmateriales zu gewinnenden Ergebnissen zuzuerkennen unzweifelhaft geneigt waren, ein begreifliches Interesse daran haben müßten, die Resultate der Sterblichkeitsmessungen an ihrem eigenen Materiale kennen zu lernen, ist der Beschluß gefaßt worden, *die Arbeit der Zentralstelle mit der Untersuchung an dem auf die Männer bezüglichen Materiale der einzelnen Gesellschaften beginnen zu lassen und erst nach vollständiger Durchführung der Einzeluntersuchungen zu der Bearbeitung des Gesamtmateriales zu übergehen.*

Hinsichtlich der *Unterteilung des Materiales der einzelnen Gesellschaften* war man von vornherein darin einig, daß in derselben nicht zu weit gegangen werden dürfe, einerseits, um gewisse Schwierigkeiten bei der Zusammenlegung der Ergebnisse zu vermeiden, andererseits, um den Wert der letzteren nicht durch ihre Ableitung aus einem nicht hinreichend umfangreichen Materiale zu beeinträchtigen. Demgemäß wurden für jede einzelne an der Arbeit beteiligte Gesellschaft nur drei Absterbeordnungen hergestellt, und zwar *für Männer überhaupt, d. h.* nach Ablebens- und gemischten Versicherungen zusammen, für *Männer mit gemischter Versicherung* einschließlich der Ablebensversicherungen mit abgekürzter Prämienzahlung und für *Frauen überhaupt.*

Dagegen wurde hinsichtlich des *Gesamtmateriales* die oben mitgeteilte Differenzierung (nach Männern überhaupt, nach auf den Ablebensfall versicherten Männern ausschließlich der Versicherungen mit abgekürzter Prämienzahlung, nach Männern gemischter Versicherung einschließlich der Ablebensversicherungen mit abgekürzter Prämienzahlung und nach Frauen überhaupt) insofern erweitert, als sowohl für Männer als auch für Frauen *Absterbeordnungen des alten Bestandes,* d. h. der am Beginne der Zählperiode, also am 1. Januar 1876 in Kraft gestandenen Versicherungen, und des *neuen Bestandes,* d. h. der vom 1. Januar 1876 an abgeschlossenen Versicherungen, ermittelt worden sind.

Zum Zwecke der Eintragung der gewonnenen Zählresultate und der Berechnung der Sterbenswahrscheinlichkeiten aus denselben wurde nach einem Vorschlage des Herrn *Dr. Graf* eine Summartabelle festgestellt, welche die Bezeichnung „Zählformular I" erhielt und zunächst bei der Zählung des Materiales der einzelnen Gesellschaften zur Anwendung gelangte. Behufs Eintragung der aus dem Gesamtmateriale aller Gesellschaften sich ergebenden Zählresultate wurden an der Summartabelle mehrfache Änderungen vorgenommen, infolge deren das

Zählformular I

die nachfolgende Form erhielt:

Beitrittsalter: n.

Abgelaufene Versicherungsjahre	Eingetreten	Ausgeschieden			Summe der Ausscheidungen	Spalte 5 von unten auf summiert	Spalte 1 von unten auf summiert	Differenz zwischen Spalte 6 und Spalte 7	Sterbenswahrscheinlichkeit 4 8
		am Zähltermine	bei Lebzeiten	infolge Ablebens					
	1	2	3	4	5	6	7	8	9
0									
1									
2									
3									
. . bis 60									

Eine zweite auf Anregung des Herrn Regierungsrates Prof. *Blaschke* angelegte Summartabelle erhielt die Bezeichnung

Zählformular II

und folgende Form:

Beitrittsalter: n.

Kalenderjahr der Geburt	Zahl der mit einer Vertragsdauer von						
	0	1	2	3	4	5	bis 60
	Versicherungsjahren lebend Ausgeschiedenen						
18..							
18..							
18..							
. . 60 Zeilen							

Diese zweite Summartabelle hat den Zweck, die Untersuchung der Änderungen der Sterblichkeit nach den Geburtszeiten zu ermöglichen. Das Formular besteht aus zwei Blättern, von denen eines für die Registrierung der bei Lebzeiten und der infolge Erreichung des Zähltermines

Ausgeschiednen bestimmt und als solches durch ein E kenntlich gemacht ist, während das andere für die Eintragung der infolge Tod Ausgeschiedenen dient und mit einem T bezeichnet ist. In dieses Zählformular wurden nur die Ergebnisse der Selektionszählung, und zwar wie aus dem vorstehenden Schema hervorgeht, für jedes Beitrittsalter nicht, wie in das Zählformular I, nach abgelaufenen Versicherungsdauern, sondern nach Kalenderjahren der Geburt eingetragen.

Die Sammlung, Vorbereitung und sorgfältige Prüfung der in die beiden Zählformulare einzutragenden Daten geschah durch vorherige Einstellung derselben in ein von Herrn *Dr. Rosmanith* zu dem Ende nach dem folgenden Schema konstruiertes

Hilfsformular.

Beitrittsalter: n.   Einfach Versicherte.

Geburts-jahr	Ganze Beobachtungsjahre										
	0	1	2	3	4	5	6	7	8	9	bis 60
18..											
18..											
18..											
18..											
. . 60 Zeilen											

welches nicht bloß eine sehr wesentliche Abkürzung der Arbeit ermöglicht, sondern auch eine gesteigerte Sicherheit für die Korrektheit der ermittelten Resultate gewährleistet hat.

Die technische Bearbeitung des Materiales in der Zentralstelle wurde durch die im Anhange zu diesem Berichte abgedruckte „Instruktion zur Behandlung des einlaufenden Zählkartenmateriales" geregelt, welche das ganze Zählgeschäft bis in seine kleinsten Einzelheiten umfaßt und insbesondere eine Reihe beachtenswerter Vorschriften für die Prüfung der eingelieferten Zählkarten enthält, deren genauer Durchführung es zu danken ist, daß das den Untersuchungen zugrunde gelegte Material mit der höchst erreichbaren Genauigkeit ausgestattet werden konnte.

Auf Grund dieser Vorschriften sind seitens der Zentralstelle anläßlich der Vorzählung (P. 2 d. I.) 8641, anläßlich der Legung der Zählkarten bei der Einzelzählung (P. 6 und 9 d. I.) 8271 und anläßlich der Gruppierung der mehrfach Versicherten bei der Gesamtzählung (P. 30 d. I.) 5493, zusammen nicht weniger als *22 405 Rückfragen* an die beteiligten Gesellschaften ergangen, die in nahezu allen Fällen die Aufklärung der bestandenen Zweifel ermöglichten.

Über die grundsätzlichen Bestimmungen, welche für die Durchführung der Arbeit maßgebend gewesen sind, gibt die erwähnte „Instruktion" vollständigen Aufschluß. Hervorzuheben ist nur zweierlei:
zunächst, daß die vor dem 1. Januar 1876 abgeschlossenen Versicherungen (alter Bestand) mit ihren dem tatsächlichen Eintrittstage entsprechenden Beobachtungsdaten in die Zählungen einbezogen wurden
und die Ausscheidung der vor dem 1. Januar 1876 unter Beobachtung
verbrachten Zeit durch Rechnungsoperation in dem Zählformulare erfolgt ist; dann, daß die mehrfach Versicherten bei der Personenzählung
nach den einzelnen Gesellschaften sowohl bezüglich der Grundsätze für
die Ableitung der Beobachtungszahlen aus den Zählresultaten, als auch
bezüglich des Vorganges bei der Zählung in anderer Weise behandelt
wurden, als bei der Personenzählung des Gesamtmateriales der Fall gewesen ist. Das Nähere über diesen Unterschied in der Behandlung ist
aus den Punkten 18—20, beziehungsweise 36 und 37 b der „Instruktion" zu entnehmen.

Die Bearbeitung des Materiales der einzelnen an dem Unternehmen beteiligten Gesellschaften ist um die Mitte des Jahres 1905 zu
Ende geführt worden. Für jede derselben liegen vor: das *Zählkartenregister* (vgl. P. 46. d. I.), die *Zählformulare I* aus der Selektions- und
Personenzählung und das *Zählformular II* aus der Selektionszählung
von Männern überhaupt, die *unausgeglichenen und ausgeglichenen
Sterbenswahrscheinlichkeiten* der Selektions- und Personenzählung von
Männern überhaupt, die *Zählformulare I* der Selektions- und Personenzählung und das *Zählformular II* aus der Selektionszählung von
Männern gemischter Versicherung, sowie die *unausgeglichenen und ausgeglichenen Sterbenswahrscheinlichkeiten* der Selektions- und Personenzählung von Männern gemischter Versicherung.

*Die aus der Zählung des Materiales der einzelnen Gesellschaften
abgeleiteten Ergebnisse bilden uneingeschränktes Eigentum derselben
und sind nicht zur Veröffentlichung bestimmt.*

Die Arbeiten an dem *Gesamtmateriale* sind bis auf geringe Rück-
stände, die bei Erscheinen dieses Berichtes unzweifelhaft beseitigt sein
werden, Ende Mai 1906 abgeschlossen worden.

Als deren Resultat liegen neben den vollständig berechneten *Zähl-
formularen I und II* für jede der vorgenommenen Zählungen die
nachfolgenden *unausgeglichenen und ausgeglichenen Absterbeordnungen* vor:

1. Männer überhaupt,
2. Männer alten Bestandes,
3. Männer neuen Bestandes,
4. Männer-Ablebensversicherungen ausschließlich der mit abgekürzter Prämienzahlung,
5. Männer gemischte Versicherung einschließlich der Ablebensversicherungen mit abgekürzter Prämienzahlung,
6. Frauen überhaupt,
7. Frauen alten Bestandes und
8. Frauen neuen Bestandes.

Jede diese Absterbeordnungen ist beschlußgemäß doppelt, auf Grundlage der *Selektions- und der Personenzählung* abgeleitet, die *Ausgleichung* in sorgfältigster Weise nach der *Gomperz-Makehamschen* Formel unter Berücksichtigung der Beobachtungsgewichte nach den Grundsätzen der Theorie der kleinsten Fehlerquadrate vorgenommen worden.

Über den Umfang des Materiales, welches in die einzelnen Zählungen einbezogen wurde, geben die nachfolgenden Daten Aufschluß:

1. Bei der *Selektionszählung versicherter Männer überhaupt* waren von den eingelaufenen 520 242 Zählkarten 45 329 aus den in den P. 3 und 4 der Instruktion angegebenen Gründen und als auf Mitversicherungen bezüglich auszuscheiden, so daß bei derselben *484 913* Karten zur Zählung gelangten, von denen *296 731* Karten einfach und *188 182* Karten oder rund 39% mehrfach Versicherte betrafen. Die *Toten* der Selektionszählung beliefen sich auf *62 769*.

Zum Zwecke der Durchführung der *Personenzählung* wurden aus den 188 182 auf mehrfach Versicherte bezüglichen Karten wegen gänzlicher Deckung der Versicherungsdauer durch vorhergehende Versicherungen 78 486 Karten ausgeschieden. Es verblieben somit *113 336* Karten mehrfach Versicherter, die in die Zählung einbezogen wurden, dergestalt, daß zuzüglich der 296 731 Karten einfach Versicherter im ganzen *410 067* Karten bei der *Personenzählung versicherter Männer überhaupt* zur Behandlung gelangten. Die Anzahl der *Toten* betrug bei dieser Zählung 52 939.

2. Die *Selektionszählung der Männer alten Bestandes* umfaßte im ganzen 64 365 Zählkarten, von denen sich *43 236* auf einfach und *21 129* auf mehrfach Versicherte bezogen. Die *Toten* der Selektionszählung des alten Bestandes beliefen sich auf *30 495*.

Behufs Vornahme der Personenzählung wurden aus den Karten der mehrfach Versicherten wegen gänzlicher Deckung der Beobachtungsdauer durch vorhergehende Versicherungen *6246* Karten ausgeschieden, so daß die *Personenzählung des alten Bestandes* an Männern im ganzen *58,119* Karten umfaßte. An *Toten* wurden *27,082* gezählt.

3. Die Beobachtungszahlen für die *Selektionszählung der Männer des neuen Bestandes* wurden durch Verminderung der Beobachtungszahlen aus der Zählung der Männer überhaupt um die Beobachtungszahlen des alten Bestandes unmittelbar gewonnen.

Behufs Feststellung der Beobachtungszahlen der *Personenzählung* mußte das in P. 39 b. der „Instruktion" vorgeschriebene Korrekturverfahren durchgeführt werden, von dem *7618* Zählkarten betroffen wurden.

4. In die *Selektionszählung der auf Ableben versicherten Männer* wurden 227 106 Zählkarten einbezogen, von denen 135 890 einfach und 91 216 mehrfach Versicherte betrafen. Die Toten betrugen 51 524.

Für die *Personenzählung* wurden aus den 91 216 auf mehrfach Versicherte bezüglichen Karten wegen gänzlicher Deckung der Versicherungsdauer durch vorhergehende Versicherungen 27 103 Karten ausgeschieden, so daß 64 113 Karten mehrfach Versicherter verblieben und daher einschließlich der 135 890 Karten einfach Versicherter im ganzen 200 003 Karten zur Zählung gelangten. Die Anzahl der *Toten* belief sich auf 44 150.

5. Die *Selektionszählung der Männer gemischter Versicherung* umfaßte *262 609* Karten, von denen sich *160 841* Karten auf einfach und 101 768 Karten auf mehrfach Versicherte bezogen. Die Anzahl der *Toten* betrug *11 616*.

Zum Zwecke der *Personenzählung* wurden aus den auf die mehrfach Versicherten bezughabenden 101 768 Karten *30 240* wegen gänzlicher Deckung der Versicherungsdauer durch vorhergegangene Versicherungen ausgeschieden, so daß *71 528* Karten mehrfach Versicherter verblieben und zuzüglich der 160 841 Karten einfach Versicherter insgesamt *232 369* Karten zur Behandlung gelangten. Tote wurden 10 456 gezählt.

6. Bei der *Selektionszählung versicherter Frauen* wurden von den eingelaufenen *88 689* Karten aus den instruktionsmäßigen Gründen 5521 Karten ausgeschieden, so daß bei derselben 83 168 Karten zur Zählung gelangten, von denen 65 843 einfach und 17 325 mehrfach Versicherte betrafen. Die *Toten* der Selektionszählung beliefen sich auf 15 604.

Zum Zwecke der Vornahme der *Personenzählung* wurden aus den 17 325 auf mehrfach Versicherte bezüglichen Karten wegen gänzlicher Deckung der Versicherungsdauer durch vorhergehende Versicherungen 4692 Karten ausgeschieden, so daß 12 633 Karten mehrfach Versicherter verblieben und zuzüglich der 65 843 Karten einfach Versicherter im ganzen 78 476 Karten gezählt wurden. Die Anzahl der *Toten* betrug 10 912.

7. Die *Selektionszählung der Frauen des alten Bestandes* umfaßte im ganzen 24 226 Karten, von denen sich 18 965 auf einfach und 5261 auf mehrfach Versicherte bezogen. Die *Toten* der Selektionszählung des alten Bestandes an Frauen betrugen 10 810.

Behufs Vornahme der *Personenzählung* wurden aus den Karten der mehrfach Versicherten wegen gänzlicher Deckung der Versicherungsdauer durch vorhergehende Versicherungen 1723 Karten ausgeschieden, so daß 3538 Karten mehrfach Versicherter verblieben und zuzüglich der 18 965 Karten einfach Versicherter im ganzen 22 503 Karten zur Zählung gelangten. Die Toten betrugen 9743.

8. Wie bei den Männern wurden auch bei den Frauen die Beobachtungszahlen für die *Selektionszählung des neuen Bestandes* durch Abzug der Beobachtungszahlen des alten Bestandes von den Beobachtungszahlen aus der Zählung der Frauen überhaupt unmittelbar, die Beobachtungszahlen für die *Personenzählung* durch Anwendung des sub 3 erwähnten Korrekturverfahrens auf 840 Zählkarten gewonnen.

Zu den nächsten Arbeiten der Zentralstelle gehört die *Konstruktion von Auslesetafeln und Absterbeordnungen* aus den unter 1, 4, 5 und 6 aufgezählten Sterbetafeln mit *Weglassung der ersten fünf*, beziehungsweise der *ersten zehn Versicherungsjahre*.

Was die *praktische Verwendung* der aus den durchgeführten Untersuchungen hervorgegangenen Sterbetafeln anlangt, so war die Erwägung nicht abzuweisen, daß es für die österreichisch-ungarischen Gesellschaften von höchster Wichtigkeit ist, den Versicherungsabschlüssen in ihrem ganzen österreichisch-ungarischen Tätigkeitsgebiete einheitliche Rechnungsgrundlagen zugrunde zu legen. Sie haben sich darum auch geeinigt, in Ungarn eine Parallelaktion durchzuführen und eine Absterbeordnung aus Beobachtungen an ungarischen Versicherten herzustellen. Unter der Führung eines Aktionskomitees, dem die Assicurazioni Generali, die Erste Ungarische Allgemeine Assekuranz, die Foncière Pester Versicherungs-Anstalt, der Österreichische Phönix und die Riunione Adriatica angehören, sind die einschlägigen Arbeiten im Jahre 1902 in Angriff genommen worden. Die in Budapest errichtete Zentralstelle, welche unter der Leitung des Herrn *Altenburger* steht, hat zur Zeit die Zählung des Materiales der einzelnen Gesellschaften beendigt und mit der Bearbeitung des Gesamtmateriales begonnen. Die Grundsätze und Bestimmungen, nach denen die Zählkarten von den Gesellschaften auszufüllen und in der Zentralstelle zu behandeln sind, entsprechen genau denjenigen, welche für die österreichischen Sterblichkeitsmessungen gegolten haben, so daß die Ergebnisse der von den beiden Zentralstellen in Wien und Budapest durchgeführten, bzw. durchzuführenden Untersuchungen in Hinsicht auf die Grundlagen, aus denen sie hervorgegangen, und die Methode, nach der sie abgeleitet sein werden, als homogen werden betrachtet werden dürfen. Es besteht die Absicht, nach Beendigung der Arbeiten in Budapest das Material beider Zentralstellen zusammenzulegen und aus demselben eine *„Absterbeordnung aus den Beobachtungen an österreichischen und ungarischen Versicherten"* herzustellen.

In der Zwischenzeit ist die österreichische Zentralstelle mit der Aufbereitung und Ordnung ihrer Arbeitsresultate für die *Drucklegung* befaßt, die anfangs Mai l. J. mit den aus der Selektionszählung der versicherten Männer hervorgegangenen Beobachtungszahlen begonnen hat.

Es steht zu erwarten, daß die österreichischen und ungarischen Gesellschaften, wenn ihnen, wie sie zuversichtlich hoffen, die Freude gegönnt sein wird, die Mitglieder des VI. Internationalen Kongresses für Versicherungswissenschaft in den gastlichen Mauern Wiens zu begrüßen, in der Lage sein werden, ihren lieben Gästen die Resultate der gemeinsam durchgeführten Untersuchungen vollständig abgeschlossen vorzulegen. Möge es dem bedeutsamen Werke, an welches von allen Beteiligten so viele Opfer an Mühe und Arbeit gewendet worden sind, beschieden sein, die teilnehmende Aufmerksamkeit der Berufsgenossen wachzurufen und zu verdienen!

Instruktion

zur Behandlung des einlaufenden Zählkartenmateriales.

1. Die von den einzelnen Gesellschaften einlaufenden Zählkarten sind zuvörderst nach solchen für Männer (hellbraune und weiße) ·und solchen für Frauen (grüne) zu trennen.

2. Jede der beiden Kartenkategorien ist einer Zählung zu unterziehen, um die Stückzahl derselben festzustellen. Zu dem Behufe werden die Zählkarten nach Policennummern geordnet, dann nach Jahrgängen, d. h. also nach den Karten, welche sich auf die vor dem 1. Januar 1876 ausgestellten Policen (alter Bestand) und nach denjenigen, welche sich auf die in j e d e m der Jahre 1876 bis einschließlich 1900 abgeschlossenen Versicherungen beziehen, geschieden, s e p a r a t gezählt, und die gefundenen Zählresultate sohin summiert. Sowohl die Einzelresultate als auch das Gesamtresultat sind in das im Punkt 46 besprochene Zählkartenregister einzutragen. Anläßlich der zum Zwecke dieser Zählung zu bewirkenden Legung der Zählkarten nach Policennummern und Eintrittsjahren sind die auf den Zählkarten angegebenen Eintrittsdaten durch Zusammenhalt derselben mit der chronologischen Reihenfolge der Policennummern zu kontrollieren. Entstehende Zweifel sind durch Rückfragen bei den betreffenden Gesellschaften zu beheben.

Z u   b e a c h t e n : Die Vorschrift in der Anmerkung zu Punkt 9.

3. Aus dem so nach Jahrgängen geordneten Materiale sind jene Zählkarten zu e n t f e r n e n , die in dasselbe nicht gehören, und nur irrtümlich in dasselbe gelangt sein können. Das sind die etwa vorfindlichen Zählkarten für Versicherungen, welche

    a) vor dem 1. Januar 1876 erloschen oder

    b) nach dem 31. Dezember 1900 in Kraft getreten sind.

Die zu e n t f e r n e n d e n Karten sind abzuzählen. Die Zählung ist nach Jahrgängen gesondert und getrennt nach den sub a und b bezeichneten Kategorien vorzunehmen, und die Resultate derselben sind in das Zählkartenregister einzutragen. Die Karten selbst sind zu verpacken, mit einer entsprechenden Bezeichnung zu versehen und bei dem Materiale der betreffenden Gesellschaft aufzubewahren.

4. Aus dem verbleibenden Materiale sind dann jene Karten a u s - z u s c h e i d e n , die sich auf Versicherungen beziehen, welche

    a) von Anbeginn an storniert worden sind, also die Beobachtungsdauer 0 haben,

    b) zu dem a l t e n B e s t a n d e , d. h. also zu den vor dem 1. Januar 1876 abgeschlossenen Versicherungen gebören, aber aus was immer für einem Grunde vor dem Jährungstermine 1876 erloschen sind,

    c) auf als minderwertig bezeichnete Leben nach aus den einschlägigen Blaschkeschen Absterbeordnungen berechneten Tarifen abgeschlossen worden sind.

Die auszuscheidenden Karten werden gleichfalls nach Jahrgängen gesondert und getrennt nach den sub a, b und c angegebenen Kategorien abgezählt und die Resultate in daß Zählkartenregister eingetragen. Die Karten selbst sind zu verpacken, mit einer entsprechenden Bezeichnung zu versehen und bei dem Materiale der betreffenden Gesellschaft autzubewahren.

Sobald dies geschehen, sind die

Zählkarten für versicherte Männer,

und zwar die Karten jeder einzelnen an der Arbeit beteiligten Gesellschaft zunächst separat der weiteren, im
nachfolgenden erörterten Behandlung, in der von dem Vorsitzenden und
dem Subkomitee nach Maßgabe des einlangenden Materiales festzustellenden Reihenfolge, zu unterziehen.

5. Die Zählkarten sind zunächst auf die **Richtigkeit** der die II. Ordnung und
Beobachtungsdauer bzw. das Austrittsdatum betreffenden An- Sichtung der
gaben zu prüfen. Infolge der nach Punkt 2 der Instruktion zu be- Zählkarten.
wirkenden Vorzählung erscheinen vor Beginn der eigentlichen Zählarbeit
die Karten nach Beitrittsjahren geordnet. Die Prüfung der Beobachtungsdauern hat nun dadurch zu erfolgen, daß die auf jedes Bei-
trittsjahr bezügliche Karten, welche nach der Reihenfolge der Eintritts-
monate gelegt sind, nach Austrittsmonaten geordnet werden. Diese
Ordnung ergibt Päckchen desselben Eintrittsjahres, gleicher Monate des
Ein- und Austrittes, aber verschiedener Austrittsjahre und es wird sohin
durch Konstatierung der Differenz zwischen Austritts- und Eintrittsjahr
die Richtigkeit der auf den Karten ersichtlich gemachten Beobachtungsdauer bzw. des Austrittsdatums geprüft. Ergeben sich bezüglich der
letzteren Differenzen, die aus dem Zählmateriale selbst nicht zu beheben
sind, so müssen dieselben durch Rückfrage bei den betreffenden Gesellschaften beseitigt werden.

6. Ist dies geschehen, so werden die in den Zählkarten eingetragenen
Beitrittsalter einer Prüfung auf ihre richtige Berechnung unterzogen und damit auch die auf die Altersdaten bezüglichen Angaben in
den Zählkarten kontrolliert. Zu dem Ende werden die nach Beitrittsjahren liegenden Karten nach Geburtsjahren unterteilt. Jedes der so gewonnenen Päckchen enthält drei Beitrittsalter, deren Richtigkeit durch
bloße Vergleichung der auf den Karten untereinander stehenden, die
Monate der Geburt und des Beitrittes betreffenden Ziffern zu konstatieren ist. Alle Karten, bei denen die Differenz zwischen diesen
Ziffern, gleichviel ob dieselbe durch Abzug der oberen (Geburtsmonate)
von der unteren (Beitrittsmonate) oder der unteren von der oberen Ziffer
gebildet wird, 6 oder kleiner als 6 ist, fallen in das mittlere der drei
Beitrittsalter; alle Karten mit einer Differenz, die 6 oder mehr als 6 beträgt, fallen, wenn diese Differenz durch Abzug der oberen (Geburtsmonate) von der unteren Ziffer (Beitrittsmonate) gewonnen ist, in das
um ein Jahr höhere Alter. Stellen sich bei der hier vorgeschriebenen
Prüfung Zweifel über die Richtigkeit der in den Zählkarten angegebenen
Geburtsdaten heraus, die aus dem Zählmateriale selbst nicht beseitigt
werden können, so müssen dieselben durch Rückfrage bei den betreffenden Gesellschaften aufgeklärt werden.

7. In die auf die Versicherungen des alten Bestandes bezüglichen
Zählkarten ist die Anzahl der bis zum Jährungstage im Jahre 1876 abgelaufenen Versicherungsjahre einzutragen. Diese Eintragung erfolgt
(in roter Tinte) vor den Worten „Dauer der Beobachtung" (siehe
Beilage 4).

8. Die Zählkarten sind nunmehr in **alphabetischer Reihenfolge** anzuordnen.

9. Das Zählkartenmaterial ist nun daraufhin zu untersuchen, welche
Zählkarten sich **auf ein und dasselbe** Risiko beziehen. Diese Zählkarten, welche durch die alphabetische Anordnung bereits in unmittelbare Nachbarschaft gebracht sein müssen, sind mittels eines Gummiringes zu einem Päckchen zu vereinigen. Nachdem durch nochmalige
sorgfältige Kontrolle, insbesondere durch Vergleich mit den in der einschlägigen Rubrik der Zählkarten enthaltenen Eintragungen konstatiert
worden ist, einerseits, daß alle in demselben Päckchen befindlichen
Karten sich wirklich auf dieselbe Person beziehen, anderseits, daß alle

auf dieselbe Person bezüglichen Karten tatsächlich in diesem Päckchen enthalten sind, muß festgestellt werden,

a) welche der in den einzelnen Päckchen befindlichen Karten M i t - v e r s i c h e r u n g e n, d. h. solche Policen betreffen, die gleichzeitig ausgestellt sind bzw. bei denen das versicherungsmäßige Beitrittsalter dasselbe ist. Von diesen Karten ist jeweils nur jene, welche sich auf die am längsten in Kraft gebliebene Versicherung bezieht, und wenn mehree derselben die gleiche Beobachtungsdauer aufweisen, jene, welche die niedrigste Ordnungsnummer trägt, in dem Päckchen zu belassen, w ä h r e n d a l l e ü b r i g e n a u f M i t v e r s i c h e r u n g e n b e z ü g l i c h e n Z ä h l k a r t e n a u s d e m s e l b e n h e r a u s z u n e h m e n u n d a u s d e m A r b e i t s - m a t e r i a l e a u s z u s c h e i d e n s i n d. Diese a u s z u s c h e i - d e n d e n Karten sind indes abzuzählen, ihre Anzahl ist in das Zählkartenregister einzutragen und die Karten selbst sind — verpackt und mit einer entsprechenden Bezeichnung versehen — bei dem Materiale der betreffenden Gesellschaft aufzubewahren;

b) welche der in den einzelnen Päckchen befindlichen Karten e r - s e t z t e, E r s a t z p o l i c e n, die an Stelle der ersteren ausgefertigt wurden, bzw. o h n e d a ß eine Überprüfung des Gesundheitszustandes des Versicherten stattgefunden hätte, betreffen. Die Zählkarten, welche sich auf e r s e t z t e P o l i c e n beziehen, sind i n d e r l i n k e n E c k e o b e n in der für die „Höhe der Versicherungssumme" bestimmten Rubrik d r e i e c k i g z u d u r c h - l o c h e n ;

Die so durchlochten, auf ersetzte Policen bezugnehmenden Karten sind auszuscheiden und wohlverpackt und mit einer entsprechenden Bezeichnung versehen bei dem Materiale der betreffenden Gesellschaft aufzubewahren.

A n m e r k u n g : Vor Entfernung der dreieckig durchlochten, auf ersetzte Policen bezüglichen Karten ist genau zu prüfen, ob auf der verbleibenden Zählkarte für auf der Ersatzpolice der auf der dreieckig durchlochten Karte ersichtlich gemachte ursprüngliche Versicherungsbeginn ordnungsmäßig eingetragen ist.

c) welche m e h r f a c h e V e r s i c h e r u n g e n (Vor- oder Nachversicherungen) betreffen. Diese Karten sind i n d e r l i n k e n E c k e u n t e n neben dem Raum für Geburtsort und Geburtsdatum auf der Allonge r u n d z u d u r c h l o c h e n.

Die Anzahl der auf ersetzte Policen sowie der auf mehrfache Versicherungen bezüglichen Karten ist in dem Zählkartenregister ersichtlich zu machen.

A n m e r k u n g : Bei jenem Materiale, welches bereits alphabetisch geordnet in der Zentralstelle einlangt und die ein und dasselbe Risiko betreffenden Karten bereits vereinigt enthält, hat die Durchlochung der auf Ersatzpolicen und mehrfache Versicherungen bezüglichen Karten vor der im Punkt 2 vorgeschriebenen Legung nach Policennummern zu erfolgen.

Weisen die auf mehrfach Versicherte bezüglichen Zählkarten verschiedene Geburtsdaten aus, so ist zunächst mittels Konsignation bei der betreffenden Gesellschaft anzufragen, welche dieser Daten als richtig anzusehen sind. Wo diese Frage nicht beantwortet werden kann oder die Stellung der Frage sich als untunlich erweist, hat das Geburtsdatum zu gelten, welches auf der Zählkarte für die zuletzt ausgestellte Police angegeben ist.

10. Nunmehr werden die Karten, welche auf der Rückseite (s. Beilage 1) mit einer Stampiglie, die den Namen der Gesellschaft mit einem Schlagwort charakterisiert, zu versehen sind, fortlaufend numeriert, wobei alle in einem Päckchen vereinigt gebliebenen, auf dieselbe Person bezüglichen Karten dieselbe Nummer, jedoch zur Unterscheidung der

einzelnen Karten neben der gemeinsamen Nummer Buchstaben (s. Beilage 2) erhalten. Auf der ersten, den Buchstaben a tragenden Karte ist anzumerken, wieviel Karten in dem betreffenden Päckchen vereinigt sind.

11. Nun sind aus jedem Paket mehrfacher Versicherungen jene Karten herauszusuchen, welche Wiedereintritte in die Beobachtung nach einer mehr als sechsmonatlichen Unterbrechung betreffen. Diese Karten sind mittels Stampiglie mit einem deutlich sichtbaren W zu versehen (s. Beilage 3) und es ist die vom ersten Eintrittstage bis zum Wiedereintritte in die Beobachtung abgelaufene Zeit, und zwar in Jahren und Monaten, oberhalb des Buchstabens W (in roter Tinte) einzutragen (siehe Beilage 5).

A n m e r k u n g : Alle in den Punkten 9 und 11 vorgeschriebenen Manipulationen mit den auf ein und dasselbe Risiko bezüglichen Zählkarten haben unter unmittelbarer und ununterbrochener Beaufsichtigung des Leiters der Zentralstelle oder des Stellvertreters desselben zu erfolgen und es darf weder Ausscheidung, noch Drohung, noch Bezeichnung mit W vorgenommen werden, bevor seitens desselben festgestellt ist, daß die betreffenden Zählkarten unter die einschlägige Bestimmung der in Rede stehenden Vorschriften fallen.

12. Nach Beendigung dieser Vorarbeiten werden alle aus den Zählkarten, welche sich auf ein und dasselbe Risiko beziehen, gebildeten Päckchen aus dem Arbeitsmateriale ausgehoben und zum Zwecke ihrer später zu erörternden Behandlung besonders aufbewahrt.

Ist dies geschehen, so wird zunächst das übrig gebliebene Material, III. Zählung. welches alle Zählkarten für einfach Versicherte enthält, der endgültigen Zählung unterzogen, deren Resultat als Grundlage für die sowohl nach S e l e k t i o n e n , als auch nach P e r s o n e n zu entwickelnden Sterbetafeln zu dienen hat.

13. Zu dem Ende werden alle Karten der einfach Versicherten vorerst nach v e r s i c h e r u n g s m ä ß i g e m B e i t r i t t s a l t e r derselben (a — ½ bis a + ½) gelegt, dann die zu einem Beitrittsalter gehörigen Karten nach Beobachtungsdauern (Ausscheidung, im 1., 2 ,. n^{ten} Versicherungsjahre) geordnet und innerhalb einer jeden Beobachtungsdauer nach G e b u r t s j a h r e n unterteilt.

Die so gewonnenen Zählkartenpäckchen, von denen eine jede a l l e auf dasselbe Beitrittsalter, dieselbe Beobachtungsdauer und dasselbe Geburtsjahr bezüglichen Karten umfaßt, sind dann nach den Gründen der A u s s c h e i d u n g a u s d e r B e o b a c h t u n g in die drei Gruppen der

a) Ausgeschiedenen infolge Erreichung des Zähltermines, 31. Dezember 1900,

b) Ausgeschiedenen bei Lebzeiten (A, E, R, S, S[1]) und

c) Ausgeschiedenen durch Tod (T)

zu teilen. Dann wird jede der in dieser Weise gebildeten Zählkartengruppen gezählt und das Zählresultat auf ein besonderes, mit der Bezeichnung „1900", bzw. „E", bzw. „T" zu versehendes Blatt des Hilfsformulares (s. Beilage 6), das am Kopfe die Angabe des Beitrittsalters zu tragen hat, in die der abgelaufenen Beobachtungsdauer entsprechende Kolonne auf der für das betreffende Geburtsjahr bestimmten Zeile eingetragen.

Die Kolonnen der in dieser Weise für jedes Beitrittsalter ausgefüllten drei Hilfsformulare werden summiert und die Summen auf der letzten Zeile ersichtlich gemacht. Sodann werden die Summen des Hilfsformulares „1900" in die Kolonne 2, die des Hilfsformulares „E" in Kolonne 3 und die des Hilfsformulares „T" in die Kolonne 4 des Zählformulares I (s. Beilage 7) — die Summe jeder Kolonne des Hilfsformulares auf jene Zeile des Zählformulares I, welche der betreffenden Beobachtungsdauer entspricht — und zwar in z w e i E x e m p l a r e dieses Formulares eingetragen, von denen das eine mit der Überschrift

„Selektionszählung", das andere mit der Überschrift „Personenzählung" zu versehen ist. Die Eintragung in beide Exemplare des Zählformulares I erfolgt mit schwarzer Tinte.

A n m e r k u n g : Zählkarten, welche in der Rubrik „Datum der Geburt" nur die Angabe des Jahres, nicht aber auch die des Monats enthalten, sind, wie das übrige Material, in die Arbeit einzubeziehen und dürfen nicht ausgeschieden werden. In allen Fällen, in denen solche Karten nach Vorschrift der „Anleitung" die Angabe des versicherungsmäßigen Beitrittsalters zu der vorgeschriebenen Stelle enthalten, hat dieses versicherungsmäßige Beitrittsalter für die Einrangierung der betreffenden Zählkarte zu gelten. In den wenigen Fällen, in denen aus bestimmten Manipulationsgründen ein versicherungsmäßiges Beitrittsalter auf der Karte nicht angegeben ist, ist als Geburtsdatum ·der 1. Juli des auf der Karte angegebenen Jahres anzusehen und danach das Beitrittsalter zu berechnen.

14. Nunmehr wird an die Ausfüllung des Zählformulares II (s. Beilage 8), welches nur für die Zählung nach Selektionen zu dienen hat und daher nur in einem Exemplare auszufüllen ist, in Ansehung der Karten der einfach Versicherten gegangen. Das Zählformular II zerfällt in zwei Blätter, von denen eines für die Registrierung „der infolge Erreichung des Zähltermines" und „der bei Lebzeiten Ausgeschiedenen", das andere für die der „infolge Tod Ausgeschiedenen" bestimmt, und das erstere mit E, das letztere mit T bezeichnet ist.

Die Ausfüllung geschieht derart, daß die in den Hilfsformularen „E" „und 1900" enthaltenen Zählresultate in die entsprechenden Zeilen und Kolonnen des Zählformulares II, Blatt E, und zwar die ersteren auf die erste punktierte Linie mit schwarzer, die letzteren auf die zweite punktierte Linie mit blauer Tinte, und die in dem Hilfsformular „T" enthaltenen Zählresultate auf die erste punktierte Linie der entsprechenden Zeilen und Kolonnen des Zählformulares II, Blatt T, mit schwarzer Tinte übertragen werden.

15. Hierauf sind die Karten des alten Bestandes herauszunehmen und ohne Rücksicht auf die Art des Austrittes lediglich nach den vor „Dauer der Beobachtung" rot vorgemerkten Ziffern zu legen. Die so gebildeten Untergruppen sind zu zählen und die Zählresultate in die Kolonne 1 der beiden Exemplare des Zählformulares I, also sowohl in das für die Zählung nach Selektionen, als auch in das für die Zählung nach Personen bestimmte mit schwarzer Tinte an der Stelle einzutragen, welche mit Rücksicht auf die in der Vorkolonne angegebene Beobachtungsdauer dem durch die rote Ziffer für die einzelnen Untergruppen bezeichneten Zeiträume entspricht.

16. Das auf die einfach Versicherten bezügliche Kartenmaterial wird nun durch Wiedereinreihung der herausgehobenen, auf den alten Bestand bezüglichen Karten wieder in jene Ordnung gebracht, in der es sich vor deren Heraushebung befunden hat, und an gehöriger Stelle verwahrt.

17. Sobald dies geschehen ist, wird an die Zählung der mehrfach Versicherten gegangen. Die Methode der Zählung ist eine andere, je nachdem es sich um Zählung nach Selektionen oder um Zählung nach Personen handelt. Da sich nach den im Punkte 12 erteilten Vorschriften alle auf ein und dasselbe Risiko bezüglichen Karten in Päckchen vereinigt vorfinden, so wird zunächst deren Z ä h l u n g n a c h P e r s o n e n e r - f o l g e n .

18. Zum Zwecke dieser Zählung ist rücksichtlich jeder mehrfach versicherten Person zu untersuchen, welche Zeit hindurch sie ununterbrochen unter Beobachtung gestanden ist. Für alle Zählkarten, welche sich auf eine solche ununterbrochene Beobachtungsperiode beziehen, ist e i n e Ersatzzählkarte (s. Beilage 9) auszufertigen. Haben Unterbrechungen in der Beobachtung stattgefunden, d. h. ist die betreffende Person zeitweilig, und zwar länger als sechs Monate unversichert ge-

wesen, finden sich also in den betreffenden Päckchen Karten, welche mit
einem W und der entsprechenden Zeitangabe versehen sind, dann werden
sich zwei oder mehrere ununterbrochene Beobachtungsperioden ergeben,
und es wird in einem derartigen Falle für die, eine jede solche ununterbrochene Beobachtungsperiode betreffenden Karten je eine in der Weise,
wie die Originalkarten, mit einem W und der entsprechenden Zeitangabe
zu versehende Ersatzkarte, und werden im ganzen daher genau so viele
Ersatzzählkarten auszufertigen sein, als sich ununterbrochene Beobachtungsperioden ergeben.   Die Ausfüllung der Ersatzzählkarten erfolgt
nach den für die Herstellung der Originalkarten getroffenen Bestimmungen unter Berücksichtigung der in dieser Instruktion, Punkt 7
und 11, gegebenen Vorschriften.

A n m e r k u n g : Um die Richtigkeit des Vorganges der Ausfertigung der Ersatzzählkarten eingehend überprüfen zu können, hat der
Leiter der Arbeit in ein besonderes Buch die Fälle zu verzeichnen,
welche für die grundsätzliche Behandlung der Personenzählung muster-
gültig waren.

19. Sind alle Ersatzzählkarten hergestellt, so werden dieselben in
der im Punkte 13 vorgeschriebenen Weise nach Art der Ausscheidung,
Beitrittsalter und Beobachtungsdauer geordnet, gezählt und die Zählresultate an den entsprechenden Stellen in die Kolonnen 2, 3 und 4 des
Zählformulares I, welches mit „Personenzählung" überschrieben ist, mit
roter Tinte eingetragen.

A n m e r k u n g :   Die Eintragung erfolgt selbstverständlich bei
dem Beitrittsalter, welches auf der ersten Zählkarte ersichtlich gemacht ist.

20. Sodann werden alle jene Ersatzzählkarten — gleichviel ob alten
oder neuen Bestandes —, die mit einem W bezeichnet sind, herausgehoben
und nach den roten Zahlen gelegt, welche sich oberhalb des Buchstaben
W befinden, wobei Dauern von 1 bis 5 Monaten nicht zu berücksichtigen,
solche von 6 bis 11 Monaten aber als ein volles Jahr zu behandeln sind.
Ist dies geschehen, so werden aus den verbliebenen Ersatzzählkarten jene
herausgesucht, die sich auf den alten Bestand beziehen und nach den
roten Zahlen geordnet, die vor den Worten „Dauer der Beobachtung"
angegeben sind. Die so gewonnenen Päckchen von Ersatzzählkarten mit
gleichen roten Zahlen werden dann abgezählt und die Zählresultate an
der entsprechenden Stelle in die Kolonne 1 des Zählformulares I, welches
mit „Personenzählung" überschrieben ist, mit roter Tinte eingetragen.
Damit ist die Personenzählung beendigt. Die Ersatzzählkarten sind
nunmehr zu verpacken, entsprechend zu bezeichnen und aufzubewahren.

21. Die nächste Aufgabe bildet die Zählung der Karten der mehrfach
Versicherten nach Selektionen. Zur Durchführung derselben wird auf
die Originalkarten zurückgegriffen, welche nach der erteilten Vorschrift
bis zu diesem Momente, soweit sie sich auf ein und dasselbe Risiko beziehen, durch Gummiringe miteinander verbunden sein müssen.   .

·22· Die Gummiringe werden nunmehr gelöst und es werden die in
denselben befindlich gewesenen Karten abgezählt, um zunächst die Anzahl derselben für die Eintragung in das Zählregister festzustellen. Ist
dies geschehen, so werden die Karten in der im Punkt 13 vorgeschriebenen Weise nach Beitrittsalter, Beobachtungsdauer und Geburtsjahr, und innerhalb derselben nach den Gründen der Ausscheidung geordnet, sohin gezählt und die Zählresultate in die Hilfsformulare „1900",
bzw. „E", bzw. „T" eingetragen. Die Kolonnen der Hilfsformulare werden
summiert und die gewonnenen Summen in der im Punkte 13 bestimmten
Art in die Kolonnen 2, 3 und 4 des Zählformulares I, welches mit „Selektionszählung" überschrieben ist, mit roter Tinte eingetragen.

23. Sodann wird as Zählformular II in Ansehung der mehrfach Versicherten derart ausgefüllt, daß die in den betreffenden Hilfsformularen

„E" und „1900" enthaltenen Zählresultate auf die dritte und vierte punktierte Linie der entsprechenden Zeilen und Kolonnen des Zählformulares II, Blatt E, und zwar die ersteren mit roter, die letzteren mit
grüner Tinte, und die in den betreffenden Hilfsformularen „T" enthaltenen Zählresultate auf die zweite punktierte Linie der entsprechenden Zeilen und Kolonnen des Zählformulares II, Blatt T, mit roter Tinte
eingetragen werden.

24. Schließlich werden die Karten des alten Bestandes herausgehoben,
wie bei den einfach Versicherten lediglich nach den vor „Dauer der Beobachtung" rot vorgemerkten ZiXern geordnet, die so gebildeten Untergruppen gezählt und die Zählresultate in die Kolonne 1 des Zählformulares I, welches mit „Selektionszählung" überschrieben ist, mit roter
Tinte eingetragen.

Damit sind auch die Eintragungen für die Selektionszählung durchgeführt. Die Karten, und zwar sowohl jene, welche sich auf einfach
Versicherte beziehen, als auch jene, welche mehrfach Versicherte betreffen, sind nunmehr wieder zusammenzulegen und es ist die **Z ä h l u n g
d e r g e m i s c h t e n V e r s i c h e r u n g e n e i n s c h l i e ß l i c h d e r
T o d e s f a l l v e r s i c h e r u n g e n m i t a b g e k ü r z t e r P r ä m i e n -
z a h l u n g v o n M ä n n e r n** vorzunehmen.

IV. Zählung
der gemischten
Versicherungen
einschließlich
der Todesfall-
versicherungen
mit abgekürzter
Prämienzahlung
von Männern.

25. Zu dem Ende sind aus dem Gesamtmateriale für Männer die hellbraunen Zählkarten, sofern dieselben nicht durch Aufdruck eines △ in
der linken unteren Ecke als auf Versicherungen mit begrenzter Prämienzahlung bezüglich gekennzeichnet sind, auszuscheiden.

Die verbleibenden Karten sind zunächst — analog dem im Punkte 2
angeordneten Vorgange — nach Eintrittsjahren zu ordnen und es ist die
Anzahl der auf jedes einzelne Eintrittsjahr bezüglichen Karten sowie die
Gesamtzahl der letzteren festzustellen und sohin die Eintragung der
Einzelresultate und des Gesamtresultates in das Zählkartenregister vor-
zunehmen.

26. Die so vorgezählten Karten werden dann alphabetisch geordnet
und die auf e i n Leben bezüglichen Karten mit Gummiringen zusammengefaßt. Ist dies geschehen, so sind jene Karten, welche bei der Verarbeitung des Gesamtmateriales mitgezählt wurden, zählreif gemacht.

Es müssen nun aber jene Karten, welche vor der Zählung des Gesamtmaterials als auf Mitversicherungen bezüglich ausgeschieden worden
waren, vor Beginn der Zählung der gemischten Versicherungen daraufhin
geprüft werden, ob sie bei der letzteren ausgeschieden zu bleiben haben
oder mitzuzählen sind. Zu dem Ende müssen aus der Gesamtheit der
ausgeschieden gewesenen Karten die hellbraunen, sofern dieselben nicht
durch Aufdruck eines △ in der linken unteren Ecke als auf Versicherungen mit begrenzter Prämienzahlung bezüglich gekennzeichnet sind,
ausgehoben und beiseite gelegt werden. Die dann verbleibenden Karten
sind alphabetisch zu ordnen und es ist rücksichtlich jeder einzelnen dieser
Karten zu konstatieren, ob in dem nach Punkt 25, Absatz 2, vorgezählten
Materiale Karten vorhanden sind, welche dieselbe Person in demselben
Eintrittsalter betreffen, oder nicht. Ist ersteres der Fall, dann bleibt die
betreffende Karte als eine auf eine Mitversicherung bezügliche auch von
dieser Zählung ausgeschlossen; ist letzteres der Fall, dann ist die Karte
in das zu zählende Material einzubeziehen.

Die Anzahl der hiernach in die Zählung einzubeziehenden Karten ist
in das Zählregister einzutragen.

Ist dies geschehen, so werden die Zählungen genau in der Reihenfolge und nach den Bstimmungen der Punkte 13—24 sowohl nach Selektionen als auch nach Personen vorgenommen und die Eintragungen in
die beiden Exemplare des Zählformulares I, die wieder, wie im Punkte 13
angegeben, zu überschreiben sind, und in die beiden Blätter des Zählformulares II bewirkt.

A n m e r k u n g : Nach Beendigung aller Zählungen sind aus den
Karten mit der Austrittsursache E jene herauszusuchen, welche sich auf

Versicherungen beziehen, deren Erfüllungszeitpunkt mit dem Ablaufe eines vollen Versicherungsjahres zusammenfällt. Dieselben sind nach Beitrittsaltern und Beobachtungsdauern zu ordnen und zu zählen und die gefundenen Zählresultate sind in ein zu dem Zwecke anzulegendes Formular einzutragen.

27. Sobald die Zählung der gemischten Versicherungen einer Ge- *Wieder-* sellschaft vollendet ist, müssen die auf dieselben bezüglichen Zählkarten *herstellung und* mit den nach Punkt 25 ausgeschiedenen, die reinen Ablebensversiche- *alphabetische* rungen betreffenden Zählkarten wieder vereinigt werden. Das so wieder- *Materiales der* hergestellte Material für Männer der betreffenden Gesellschaft ist mit *einzelnen* Hilfe der nach Punkt 10 auf der Rückseite der Zählkarten angebrachten *Gesellschaften.* Nummern in alphabetischer Reihenfolge zu bringen, wobei alle auf ein und dieselbe Person bezüglichen Zählkarten d e r B r e i t e n a c h mit Gummiringen zu umfassen sind.

A n m e r k u n g : Bei der alphabetischen Neuordnung fallen jene nach Punkt 9a bei der Zählung des gesamten Materials der einzelnen Gesellschaften ausgeschiedenen Zählkarten, welche nach Punkt 26, zweiter Absatz, bei der Zählung der gemischten Versicherungen eingereiht werden mußten, von selbst wieder heraus, da sie auf der Rückseite keine Nummern tragen. Diese Zählkarten sind unter der Bezeichnung „Zählkarten von Mitversicherten, die bei der Zählung der gemischten Versicherungen eingereiht waren", aufzubewahren.

28. Ist die Zählung der gemischten Versicherungen für alle an der *V. Zählung des* Arbeit beteiligten Gesellschaften durchgeführt und die alphabetische *Gesamt-* Neuordnung des Materials für Männer einer jeden derselben in der im *materiales für* Punkte 27 bestimmten Weise erfolgt, so werden zum Zwecke der Z ä h - *der Arbeit be-* l u n g d e s g e s a m t e n M ä n n e r m a t e r i a l e s die auf Männerver- *teiligten Gesell-* sicherungen bezüglichen Zählkarten aller Gesellschaften vereinigt. *schaften.*

Die Vereinigung hat unter Aufrechthaltung der für jede einzelne *Vereinigung* Gesellschaft wiederhergestellten alphabetischen Ordnung der Zählkarten *und alpha-* derart zu erfolgen, daß die letzteren buchstabenweise in der Reihenfolge *betische Legung* des Alphabets zusammengestoßen werden, so zwar, daß mit der voll- *sämtlicher* ständigen Durchführung der Vereinigung zugleich auch die alphabetische *Zählkarten.* Legung sämtlicher Zählkarten vollendet sein muß.

Bei der Legung ist sorgfältig darauf zu achten, daß die gemäß Punkt 27 der Breite nach mit Gummiringen umschlossenen Karten (mehrfach Versicherte e i n e r Gesellschaft) unter diesen Ringen vereinigt bleiben.

29. Das alphabetisch geordnete Material ist nun daraufhin zu unter- *Feststellung der* suchen, ob in demselben Zählkarten verschiedener Gesellschaften vor- *bei ver-* handen sind, die ein und dasselbe Risiko betreffen. Solche Zählkarten *schiedenen* sind d e r L ä n g e n a c h mit Gummiringen in Päckchen zusammenzu- *Gesellschaften* fassen. (Mehrfach bei v e r s c h i e d e n e n Gesellschaften Versicherte.) *mehrfach Ver-* *sicherten.*

A n m e r k u n g : Sind innerhalb der so der Länge nach mit Gummiringen umfaßten Päckchen auch solche Päckchen vorhanden, welche der Breite nach durch Gummiringe zusammengehalten werden, so können von diesen letzteren nunmehr die Gummiringe entfernt werden.

30. Die der Länge nach durch Gummiringe zusammengehaltenen *Kontrolle der* Päckchen müssen vor jeder weiteren Verarbeitung sorgfältig geprüft *mehrfach Ver-* werden, um sicherzustellen, ob alle in denselben enthaltenen Zählkarten *sicherten.* tatsächlich einen und denselben Versicherten betreffen. Die dabei sich *Beseitigung von* ergebenden, durch die Verschiedenheit einzelner Angaben verursachten *Identitäts-* Zweifel sind nach den folgenden grundsätzlichen Bestimmungen aufzu- *zweifeln.* klären bzw. zu entscheiden:

A. Wenn in den auf denselben Vor- und Zunamen lautenden Zählkarten

a) Tag und Monat der Geburt in einer der in Frage kommenden Karten nicht angegeben sind, aber sonstige Verschiedenheiten in den Angaben nicht vorliegen,

b) die Angabe des Geburtsorts fehlt,

c) die Geburtsdaten um Tage voneinander differieren,

d) die Differenz in den Geburtsdaten zwar einen oder mehrere Monate beträgt, das Beitrittsalter des Versicherten aber durch dieselbe nicht beeinflußt wird,

so ist eine Rückfrage an die Gesellschaften, deren Materiale diese Zählkarten zugehören, nicht erforderlich, sondern sind die letzteren ohne weiteres als einen und denselben Versicherten betreffend anzusehen, und es ist jene Karte als die maßgebende zu betrachten, deren Angaben am vollständigsten sind.

B. Wenn in auf denselben Vor- und Zunamen lautenden Zählkarten

a) die Geburtsorte verschieden angegeben sind und diese Verschiedenheit sich mit Hilfe des Ortslexikons (Änderung des Ortsnamens, Übersetzung in eine andere Sprache u. dgl.) nicht aufklären läßt,

b) Tag und Monat der Geburt in einer der in Frage kommenden Karten nicht angegeben sind und überdies Verschiedenheiten in anderen Angaben vorliegen, welche einen Zweifel an der Identität der versicherten Personen zu begründen geeignet sind,

c) die Differenz in den Geburtsdaten ein Jahr und darüber oder zwar nur einen oder mehrere Monate beträgt, aber das Beitrittsalter des Versicherten beeinflußt,

so ist an die Gesellschaften, von denen diese Zählkarten ausgestellt sind, eine auf dem vorgeschriebenen Formulare (Beilage 10) abgefaßte Anfrage zu richten und auf Grund der einlaufenden Antworten die Entscheidung darüber zu treffen, ob die Zählkarten sich auf identische oder verschiedene Versicherte beziehen.

Werden in diesen Antworten die ursprünglichen Angaben aufrechterhalten bzw. durch dieselben etwa vorhandene Lücken nicht ausgefüllt, so sind die Zählkarten auch in allen vorstehend angeführten Fällen als auf dieselbe Person bezüglich anzusehen und es sind diese Fälle nach den Angaben der Zählkarte mit spätestem Beitrittstermine zu behandeln.

C. Wenn in Zählkarten, die auf denselben Zeitraum lauten und in denen sonst alle Angaben identisch sind, die Vornamen differieren und die Verschiedenheit sich nicht etwa der Übersetzung in andere Sprachen ergibt, so ist an die betreffenden Gesellschaften eine Anfrage, wie in den sub B behandelten Fällen zu richten. Sofern aus den Antworten nicht mit aller Bestimmtheit hervorgeht, daß die Zählkarten einen und denselben Versicherten betreffen, sind dieselben als auf einfach Versicherte bezügliche Zählkarten zu behandeln.

Anmerkung: Bei Vornahme der Kontrolle und Anwendung der im vorstehenden vorgeschriebenen grundsätzlichen Bestimmungen ist tunlichst nach den speziellen Verhältnissen in den einzelnen Fällen vorzugehen. So wird z. B. in dem sub B c) behandelten Falle die angeordnete Nachfrage dann unterlassen werden können, wenn den Angaben auf einer der in Frage kommenden Karten unbedingte Authentizität zukommt (Ausscheidung durch Tod). Anderseits wird sich auch in dem sub A d) erwähnten Falle eine Anfrage, obwohl sie nicht vorgeschribn ist, dann empfehlen, wenn die Namen, auf welche die Zählkarten lauten (wie Müller u. ä.), besonders häufig vorkommende sind.

Ausscheidung der mehrfach Versicherten. 31. Ist durch die im Punkte 30 vorgeschriebene Kontrolle die Gewißheit erlangt worden, daß in den der Länge nach durch Gummiringe zusammengehaltenen Päckchen sich nur auf dasselbe Risiko bezügliche Zählkarten befinden, so werden sowohl alle diese Päckchen (mehrfach bei verschiedenen Gesellschaften Versicherte), als auch alle der Breite nach mit Gummiringen zusammengefaßten Päckchen (mehrfach bei einer Gesellschaft Versicherte), welche nach der im Punkte 29, Anmerkung, vorgesehenen Entfernung solcher Ringe noch in dem Materiale übriggeblieben sind, aus dem letzteren unter sorgfältiger Aufrechterhaltung

der alphabetischen Reihenfolge herausgehoben und zum Zwecke ihrer
später zu erörternden Behandlung besonders aufbewahrt.

32. Ist dies geschehen, so wird das übriggebliebene Material, Zählung
der einfach
Versicherten.
welches alle Zählkarten für einfach Versicherte enthält, der endgültigen
Zählung unterzogen, deren Resultat als Grundlage für die sowohl nach
S e l e k t i o n e n   als auch nach P e r s o n e n zu konstruierenden
Sterbetafeln zu dienen hat.

Bei dieser Zählung ist indes — unbeschadet der Aufrechterhaltung
der im Punkte 13 Absatz 2 angegebenen Teilungsgründe — insofern
anders, als in den Punkten 13 bis 16 für die Einzelzählungen vorgeschrieben worden ist, vorzugehen, als bei Berechnung der abgelaufenen
Beobachtungsdauern der infolge Erreichung des Zähltermines und der
bei Lebzeiten Ausgeschiedenen nicht mehr anzunehmen ist, daß die Ausscheidungen durchschnittlich in der Mitte des Ausscheidungsjahres erfolgen, sondern dieselben, wenn der Versicherte im Ausscheidungsjahre
nicht länger als fünf Monate unter Beobachtung gestanden ist, auf den
Anfang des Ausscheidungsjahres zurückzubeziehen, und wenn er während
des Ausscheidungsjahres sechs Monate oder länger unter Beobachtung
war, auf das Ende des Ausscheidungsjahres zu verlegen sind.

33. Auch in der Zählmanipulation tritt eine Änderung des im Teilung der
Zählkarten.
Punkte 13 für die Einzelzählungen angeordneten Vorganges insofern
ein, als sämtliche Zählkarten zunächst nach den G r ü n d e n d e r A u s -
s c h e i d u n g a u s d e r B e o b a c h t u n g in drei Gruppen der

a) Ausgeschiedenen infolge Erreichung des Zähltermines vom 31. Dezember 1900 (am Zähltermine unter Beobachtung Verbliebenen),

b) Ausgeschiedenen bei Lebzeiten und

c) Ausgeschiedenen durch Tod

geteilt werden und j e d e d i e s e r G r u p p e s e p a r a t g e z ä h l t
w i r d.

ad a) Die Zählkarten, welche sich auf die infolge Erreichung des a) Aus-
geschiedene
infolge Er-
reichung des
Zähltermines.
Zähltermines Ausgeschiedenen beziehen, werden nach dem v e r s i c h e -
r u n g s m ä ß i g e n B e i t r i t t s a l t e r derselben gelegt, dann die zu
einem jeden Beitrittsalter gehörigen Zählkarten nach G e b u r t s -
j a h r e n geordnet.

Es leuchtet ein, daß jedem Geburtsjahre eines bestimmten Beitrittsalters am Zähltermine B e o b a c h t u n g s d a u e r n entsprechen werden, die einen Zeitraum von zwei Jahren umfassen, sich aber auf drei
nacheinander folgende Versicherungsjahre derart verteilen, daß von dem
niedrigsten derselben (a) mindestens sechs Monate abgelaufen sein
müssen, während von dem höchsten der drei Versicherungsjahre (a + 2)
nicht mehr als fünf Monate abgelaufen sein können (a J 6 M bis $\overline{a + 2 J}$
5 M). Um nun für jede einzelne Zählkarte die Beobachtungsdauer, unter
die sie zu zählen ist, dem oben im Punkte 32 auseinandergesetzten Zählprinzipe gemäß festzustellen, werden die Zählkartenpäckchen eines jeden
Geburtsjahres in drei neue Päckchen unterteilt, von denen jedes einem
der drei in Betracht kommenden Versicherungsjahre zu entsprechen hat.
Jenes dieser neu gebildeten Päckchen, welches das mittlere, mit allen
zwölf Monaten in die Beobachtung fallende Versicherungsjahr (a + 1)
betrifft, wird in zwei Teile zerlegt, deren einer die Zählkarten jener
Versicherten, welche in diesem Versicherungsjahre nicht länger als fünf
Monate $\overline{(a + 1 J}$, 0 bis 5 M), deren anderer die Zählkarten jener Versicherten, welche in demselben sechs Monate oder länger $\overline{(a + 1 J}$, 6 bis
12 M) in Beobachtung waren, zu umfassen hat. Mit dem ersten Teile wird
das auf das niedrigste Versicherungsjahr (a J, 6 bis 12 M) bezügliche Päckchen zu einem neuen Zählkartenpäckchen vereinigt, für welches die
Beobachtungsdauer mit der dem mittleren der drei hier in Betracht
kommenden Versicherungsjahre entsprechenden Anzahl von Jahren
(a + 1) festzustellen ist; der zweite Teil wird zu dem auf das höchste
Versicherungsjahr $\overline{(a + 2 J}$, 0 bis 5 M) bezüglichen Päckchen geschlagen

und so ein zweites neues Zählkartenpäckchen gebildet, für welches als Beobachtungsdauer die dem höchsten Versicherungsjahre entsprechende Anzahl von Jahren ($a + 2$) zu gelten hat.

Jedes dieser zwei Päckchen wird dann der Zählung unterzogen und das Zählresultat in ein am Kopfe mit der Bezeichnung "Einfach, Gesamtmateriale 1900" und dem betreffenden Beitrittsalter versehenes Blatt des H i l f s f o r m u l a r e s (Beilage 11) auf der für das betreffende Geburtsjahr bestimmten Zeile in die der festgestellten Beobachtungsdauer ($a + 1$ rücksichtlich $a + 2$) entsprechende Kolonne eingetragen.

b) Ausgeschiedene bei Lebzeiten. ad b) Die Zählkarten der bei Lebzeiten Ausgeschiedenen sind vorerst in zwei Gruppen zu teilen, deren eine die Karten jener Versicherten, welche im Ausscheidungsjahre 0 — 5 Monate, und deren andere .die Karten jener Versicherten, welche in demselben 6 — 12 Monate unter Beobachtung waren, zu enthalten hat. Bei der Zählung der ersten Gruppe ist als Beobachtungsdauer nur die Zahl der auf den Zählkarten angegebenen ganzen Beobachtungsjahre — unter Außerachtlassung der über dieselben hinaus verflossenen Monate — anzusehen. Für die Zählkarten der zweiten Gruppe hat — dem im Punkte 32 erörterten Prinzipe gemäß — als Beobachtungsdauer die um 1 erhöhte Anzahl der auf den Karten angegebenen Beobachtungsjahre zu gelten; die derart sich ergebende Zahl der Beobachtungsjahre ist auf diese Karten rechts von den Worten "Dauer der Beobachtung" mittels Stampiglie aufzustempeln.

Sobald diese Korrektur durchgeführt ist, werden die beiden Zählkartengruppen wieder vereinigt und sohin alle Zählkarten nach Beitrittsaltern, die Zählkarten eines jeden Beitrittsalters nach den, wie vorstehend auseinandergesetzt, festgestellten — Beobachtungsdauern geordnet und die Zählkarten jeder Beobachtungsdauer nach Geburtsjahren unterteilt.

Die derart gebildeten Zählkartenpäckchen werden gezählt und die Zählresultate in ein am Kopf mit der Bezeichnung "Einfach, Gesamtmateriale, E" und dem betreffenden Beitrittsalter versehenes Blatt des Hilfsformulares auf der für das betreffende Geburtsjahr bestimmten Zeile in die der Beobachtungsdauer entsprechende Kolonne eingetragen.

c) Ausgeschiedene durch Tod. ad c) Die Zählkarten der durch Tod Ausgeschiedenen werden zunächst nach Beitrittsaltern und innerhalb dieser nach den auf den Zählkarten angegebenen ganzen Jahren der Beobachtungsdauer — unter Außerachtlassung der über dieselben hinaus verflossenen Monate (siehe unten Punkt 34) — geordnet und sohin nach Geburtsjahren unterteilt.

Die so gebildeten Zählkartenpäckchen werden gezählt und die Zählresultate in ein am Kopfe mit der Bezeichnung "Einfach, Gesamtmateriale T" und dem betreffenden Beitrittsalter versehenes Blatt des Hilfsformulares auf der für das betreffende Geburtsjahr bestimmten Zeile in die der Beobachtungsdauer entsprechenden Kolonne eingetragen.

Übertragung in das Zählformular I. 34. Die Kolonnen der in dieser Weise für jedes Beitrittsalter ausgefüllten, mit 1900, E und T bezeichneten Blätter des Hilfsformulares werden summiert und die Summen auf der letzten Zeile eines jeden Blattes ersichtlich gemacht. In den mit T bezeichneten Blättern des Hilfsformulares wird dann unter der Summe einer jeden Kolonne die dem im Punkte 32 erörterten Zählprinzipe entsprechende Beobachtungsdauer, nämlich die um 1 erhöhte Anzahl der über den einzelnen Kolonnen angegebenen ganzen Beobachtungsjahre, mit roter Tinte eingetragen.

Sodann werden die Summen des Hilfsformulares "1900" in die Kolonne 4, die des Hilfsformulares "E" in die Kolonne 5 und die des Hilfsformulares "T" in die Kolonne 6 der für die bezüglichen Beitrittsalter bestimmten Blätter des Zählformulares I (siehe Beilage 12) —. die Summe jeder Kolonne der Hilfsformulare auf der oberen Zeile jener Zeile, welche der betreffenden (in dem Hilfsformulare T mit roter Tinte angegebenen) Beobachtungsdauer entspricht — und zwar in zwei Exemplare dieses Formulares eingetragen, von denen das eine mit der Überschrift „Selektionszählung“, das andere mit der Überschrift „Personenzählung“ zu versehen ist.

35. Nunmehr werden aus den drei Gruppen der infolge Erreichung des Zähltermines, der bei Lebzeiten und der durch Tod Ausgeschiedenen sämtliche Zählkarten des alten Bestandes (d. h. der vor dem 1. Januar 1876 Beigetretenen) ausgesondert und nach Beitrittsjahren sowie nach den gemäß der Bestimmung im Punkte 7 auf die Zählkarten aufgetragenen roten Zahlen (der bis zum Jährungstage 1876 verflossenen Beobachtungsjahre) geordnet. Die so gebildeten Päckchen werden abgezählt und die Zählresultate in die Kolonne 1 des für das betreffende Beitrittsalter bestimmten Blattes der beiden Exemplare des Zählformulares I auf der oberen Zeile der den roten Zahlen entsprechenden Horizontalreihen eingetragen. *(Alter Bestand der einfach Versicherten.)*

36. Damit ist die Zählung der einfach Versicherten beendet und es kann an die Zählung der mehrfach Versicherten gegangen werden. Um das einschlägige Material zählreif zu machen, ist dasselbe dem nachstehenden Vorbereitungsverfahren zu unterziehen: *(Zählung der mehrfach Versicherten. Vorbereitungsverfahren.)*

a) Sämtliche der Länge oder der Breite nach durch Gummiringe zusammengehaltene Zählkartenpäckchen werden in der alphabetischen Reihenfolge, in welcher dieselben nach den Bestimmungen des Punktes 31 aufbewahrt worden sind, auf der Rückseite mit fortlaufenden Nummern versehen. Alle in einem Päckchen liegenden Zählkarten erhalten dieselbe Nummer, auf der ersten Zählkarte eines jeden Päckchens ist neben der Nummer die Anzahl der in demselben befindlichen Zählkarten ersichtlich zu machen. Die Numerierung ist zum Unterschied von der im Punkte 10 vorgeschriebenen in r o t e r Farbe vorzunehmen. *(a) Numerierung aller Zählkarten der mehrfach Versicherten.)*

b) Nach Beendigung der roten Numerierung sind aus den der Länge nach durch Gummiringe zusammengehaltenen Zählkartenpäckchen jene Zählkarten auszuscheiden, welche Mitversicherungen betreffen. Dabei ist genau nach den Bestimmungen vorzugehen, welche im Punkte 9a für die Ausscheidung der Mitversicherungen aus dem Materiale der einzelnen Gesellschaften getroffen worden sind, und es sind die ausgeschiedenen Zählkarten unter der Bezeichnung: „Bei der Gesamtzählung ausgeschiedene Mitversicherungen“, aufzubewahren. *(b) Ausscheidung der Mitversicherungen von bei verschiedenen Gesellschaften mehrfach Versicherten.)*

c) Die einzelnen Zählkartenpäckchen sind nunmehr mit Rücksicht auf ein später zu erörterndes Manipulationserfordernis daraufhin zu prüfen, ob sie Zählkarten des alten Bestandes enthalten. Die s ä m t l i c h e n Zählkarten solcher Paketchen, bei denen dies der Fall ist — also auch jene Zählkarten solcher Päckchen, welche nicht den alten Bestand betreffen — sind auf der Rückseite mit einem A zu bezeichnen. *(c) Bezeichnung der Zählkarten des alten Bestandes.)*

d) Hierauf ist festzustellen, ob und inwieweit die Zeiträume, während deren die mehrfach Versicherten auf Grund der einzelnen, von ihnen geschlossenen Versicherungsverträge in Beobachtung gestanden sind, sich ganz oder teilweise decken. Die zu dem Zwecke anzustellende Untersuchung der einzelnen Päckchen wird ergeben, daß in dem in Rede stehenden Belange dreierlei Arten von Zählkarten zu unterscheiden sind: *(d) Feststellung der sich deckenden Beobachtungszeiträume.)*

aa) Zählkarten, deren Beobachtungszeit zur Gänze in der einer anderen Zählkarte enthalten ist (Karten mit späterem Eintritte und früherer oder gleichzeitiger Ausscheidung). Jede solche Karte ist mit einem Zeichen „S“ abzustempeln zum Zeichen, daß dieselbe nur für die Selektionszählung in Betracht kommt;

bb) Zählkarten, deren Beobachtungszeit zum Teil in der einer anderen Zählkarte enthalten ist (Karten mit späterem Eintritte und späterer Ausscheidung). Jede derartige Karte ist zum Zeichen, daß sie bei der Personenzählung ebenfalls zu berücksichtigen ist, mit einem „P" abzustempeln, und es ist in die Rundung des P die Zeitdauer in ganzen Jahren einzutragen, während deren die betreffende Versicherung gleichzeitig mit der früher abgeschlossenen in Kraft- gestanden ist. Dabei sind Zeitdauern bis zu fünf Monaten unberücksichtigt zu lassen, und solche von sechs Monaten und darüber als ein ganzes Jahr zu rechnen;

cc) Zählkarten mit völlig verschiedenen Beobachtungszeiten (Karten mit einem nach der Ausscheidung einer früheren Karte gelegenen Eintritte). Solche Karten werden bei der Selektions- und Personenzählung gleichartig behandelt.

37. Nach Beendigung dieses Vorverfahrens können die Gummiringe, welche die einzelnen Zählkartenpäckchen zusammenhalten, entfernt und es kann die Zählung der mehrfach Versicherten vorgenommen werden.

a) Rücksichtlich der Zählung nach S e l e k t i o n e n gelten für die mehrfach Versicherten dieselben Vorschriften, welche in den Punkten 33—35 für die Zählung der einfach Versicherten gegeben worden sind, mit der Maßgabe indes, daß die Resultate der Zählung der drei nach den Ausscheidungsgründen gebildeten Zählkartengruppen der infolge Erreichung des Zähltermines, bei Lebzeiten und durch Tod Ausgeschiedenen in die bzw. mit der Bezeichnung „Mehrfach, Gesamtmateriale 1900 bzw. E bzw. T" und dem entsprechenden Beitrittsalter versehenen Blätter des Hilfsformulars (siehe Beilage 13) einzutragen und die Summen der Kolonnen des Hilfsformulars sowie die aus der Zählung des alten Bestandes sich ergebenden Resultate nur in das mit „Selektionszählung" überschriebene Exemplar des Zählformulares I und in die u n t e r e Hälfte der den betreffenden Beobachtungsdauern entsprechenden Zeilen der Kolonnen 4, bzw. 5, bzw. 6, bzw. 1 zu übertragen sind.

b) Zum Zwecke der Zählung nach P e r s o n e n sind die bei der Selektionszählung aus den drei Zählkartengruppen der infolge Erreichung des Zähltermines, der bei Lebzeiten und der durch Tod Ausgeschiedenen herausgehobenen Zählkarten des alten Bestandes in diese Gruppen wieder einzureihen. Ist dies geschehen, so werden aus jeder Zählkartengruppe die in derselben enthaltenen, mit einem S abgestempelten Zählkarten ausgeschieden. Dann werden die übrigbleibenden Karten jeder Zählkartengruppe nach Beitrittsaltern geordnet und nach Beobachtungsdauern unterteilt. Die derart gewonnenen Zählkartenpäckchen werden unter sinngemäßer Anwendung (die Unterteilung nach Geburtsjahren entfällt) der für die Zählung der einfach Versicherten in den Punkten 33—35 getroffenen Bestimmungen abgezählt und die Zählresultate in die untere Hälfte der den einzelnen Beobachtungsdauern entsprechenden Zeilen der Kolonnen 4, 5 und 6 des mit „Personenzählung" überschriebenen Exemplares des Zählformulares I eingetragen.

Ist die Abzählung durchgeführt, so werden aus den derselben unterzogenen Zählkartenpäckchen jene Karten herausgehoben, welche mit einem P abgestempelt sind. Diese Zählkarten werden nach Beitrittsaltern geordnet und nach den in die Rundung der P eingetragenen Zahlen unterteilt. Die in dieser Weise gebildeten Zählkartenpäckchen werden abgezählt und die Zählresultate in die untere Hälfte der den Zahlen in den P entsprechenden Zeilen der Kolonne 2 des mit „Personenzählung" überschriebenen Exemplares des Zählformulares I eingetragen.

Aus den nach Ausscheidung der mit P bezeichneten übriggebliebenen Zählkarten werden schließlich die Karten des alten Bestandes herausgehoben, nach Beitrittsaltern geordnet und nach den gemäß Punkt 7 angegebenen roten Zahlen unterteilt. Die so gebildeten Zählkartenpäckchen werden abgezählt und die Zählresultate in die untere Hälfte der den roten Zahlen entsprechenden Zeilen der Kolonne 1 des mit „Personenzählung" überschriebenen Exemplares des Zählformulares I eingetragen.

Anmerkung: Zählkarten, die dem alten Bestande angehören und zugleich mit einem P versehen sind, werden selbstverständlich nur einmal, und zwar wie aus den vorstehenden Bestimmungen hervorgeht, nur bei der Zählung der mit einem P versehenen Karten berücksichtigt.

38. Nunmehr erübrigt noch die Ausfüllung des Zählformulares II, Zählformular II. das auch in Ansehung des Gesamtmateriales nur für die Zählung nach Selektionen zu dienen hat und daher nur in einem Exemplare anzufertigen ist.

Das Zählformular II (siehe Beilage 14) zerfällt wie das für die Einzelzählungen bestimmte in zwei Blätter, von denen eines für die Zählung der infolge Erreichung des Zählertermines und der bei Lebzeiten Ausgeschiedenen, das andere für die Zählung der durch Tod Ausgeschiedenen bestimmt und von denen das erstere mit E, das letztere mit T zu bezeichnen ist.

Bei der Ausfüllung des Zählformulares II, welche gleichfalls auf Grund der Eintragungen in das Hilfsformular zu erfolgen hat, ist die Unterscheidung zwischen einfach und mehrfach Versicherten fallen zu lassen. Es müssen daher, ehe an die Ausfüllung gegangen wird, die korrespondierenden Zahlen der zum Zwecke der Selektionszählung angefertigten Hilfsformulare für einfach und mehrfach Versicherte addiert werden. Die sich ergebenden Summen des Hilfsformulares 1900 sind dann in die obere, die Summen des Hilfsformulares E in die untere Hälfte der den einzelnen Geburtsjahren entsprechenden Zeilen der für die betreffenden Beobachtungsdauern bestimmten Kolonnen des mit E bezeichneten Blattes des Zählformulares II einzutragen, während die Additionssummen der Hilfsformulare T in die den einzelnen Geburtsjahren entsprechenden Zeilen der für die bzw. Beobachtungsdauern bestimmten Kolonnen des mit T bezeichneten Blattes des Zählformulares II einzutragen sind.

39. Mit der Ausfüllung des Zählformulares II ist die Zählung des Gesonderte vereinigten Gesamtmateriales aller an der Arbeit beteiligten Gesell- Zählung des schaften beendet. In diesem Stadium der von der Zentralstelle vorzu- neuen nehmenden Untersuchungen erscheint es zweckmäßig, die gesonderte Bestandes. Zählung der Versicherten des alten (bis zum 1. Januar 1876 Beigetretene) und des neuen (nach dem 1. Januar 1876 Beigetretene) Bestandes sowohl nach Selektionen als auch nach Personen vorzunehmen.

a) Diese gesonderten Zählungen werden mit der Zählung des a l t e n a) Zählung des B e s t a n d e s begonnen. Zum Zwecke derselben werden alle auf alten Bestandes. den alten Bestand bezüglichen Zählkarten aus dem Materiale herausgehoben und nach den in dem Punkte 33 angegebenen Ausscheidungsgründen in drei Gruppen geordnet. Jede dieser drei Gruppen wird nach Beitrittsaltern gelegt, dann werden die zu einem Beitrittsalter gehörigen Zählkarten nach Beobachtungsdauern unterteilt. Die in dieser Art gebildeten Zählkartenpäckchen werden sohin unter sinngemäßer Anwendung der für die Zählung der Gesamtmateriales im vorstehenden getroffenen Bestimmungen abgezählt und die Zählresultate in die den einzelnen Beobachtungsdauern entsprechenden Horizontalreihen der bezüglichen Kolonnen zweier Exemplare des Zählformulares I eingetragen, von denen das eine mit „Selektionszählung des alten Bestandes", das andere mit „Personenzählung des alten Bestandes" zu überschreiben ist.

Anmerkung: Die Unterteilung der Zählkartenpäckchen nach Geburtsjahren entfällt, da die Ausfüllung des Zählformulares II nicht zu erfolgen hat.

b) Die Zählung des n e u e n B e s t a n d e s nach Selektionen und
Personen wird derart bewerkstelligt, daß von den Zählresultaten,
welche sich aus der Zählung des vereinigten Gesamtmateriales aller
Gesellschaften ergeben haben, die nach a gewonnenen Resultate der
Zählung des alten Bestandes in Abzug gebracht werden.

Dieser Vorgang ergibt für die Selektionszählung ohne weiteres endgültige und vollständig korrekte Resultate, welche unmittelbar in die
betreffenden Horizontalreihen der entsprechenden Kolonnen eines mit
„Selektionszählung des neuen Bestandes" zu überschreibenden Exemplares des Zählformulares I eingetragen werden können.

Dagegen können die aus der Subtraktion der Resultate der Personenzählung des alten Bestandes von den Resultaten der Personenzählung des vereinigten Gesamtmateriales sich ergebenden Beobachtungszahlen insofern noch nicht als endgültige Resultate der Personenzählung
des neuen Bestandes angesehen werden, als in einzelnen Fällen dieselben
Personen dem alten und dem neuen Bestande angehören und die Zeiträume, während deren sie aus Verträgen des neuen Bestandes in Beobachtung waren, ganz oder teilweise durch die Zeiträume gedeckt sein
können, während deren sie als Versicherte des alten Bestandes beobachtet wurden. Da nämlich schon bei der Zählung des vereinigten Gesamtmateriales die von solchen Versicherten als Zugehörige zum neuen
Bestande verbrachten Beobachtungsjahre, soweit dieselben durch die von
ihnen als Zugehörige zum alten Bestande verbrachten Beobachtungsjahre
gedeckt waren, nicht berücksichtigt bzw. abgezogen worden sind, so erscheinen die durch die Subtraktion der Zählresultate des alten Bestandes
von denen des Gesamtmateriales gewonnenen Zählresultate des neuen
Bestandes neuerlich um diese Beobachtungsjahre gekürzt, und es ist daher eine entsprechende Ergänzung derselben durch die Hinzufügung
dieser derart aus der Zählung gänzlich herausgefallenen Beobachtungsjahre erforderlich. Es sind daher die durch die Subtraktion gewonnenen
Zählresultate zunächst in ein als Hilfsformular zu verwendendes und als
solches zu bezeichnendes Exemplar des Zählformulares I zu übertragen.

Dann sind zum Zwecke der Vornahme der als notwendig darge-
tanen Korrektur alle auf der Rückseite mit einem A bezeichneten Zählkarten aus dem Materiale herauszuheben, mit Hilfe der daselbst ersicht-
lichen r o t e n Nummern alphabetisch zu legen und dann die auf ein und
dieselbe Person bezüglichen Karten unter Gummiringe in Päckchen zu
bringen. Aus jedem dieser Päckchen, welche Zählkarten sowohl des
alten wie des neuen Bestandes enthalten werden, sind nur jene Karten
des n e u e n Bestandes herauszusuchen, welche deshalb mit einem S oder
P abgestempelt sind, weil die auf denselben angegebene Beobachtungszeit durch die auf einer dieselbe Person betreffenden Karte des a l t e n
Bestandes ersichtliche Beobachtungszeit ganz oder teilweise gedeckt
wird. Bei dieser Aussonderung müssen jene ausgesonderten Karten,
welche sich auf dieselbe Person beziehen, durch Gummiringe in Päckchen
vereinigt bleiben.

Die in jedem dieser Päckchen enthaltenen Zählkarten sind dann
darauf zu untersuchen, ob und inwieweit die auf den letzteren angegebenen Beobachtungszeiten sich ganz oder teilweise decken. Wie bei
der im Punkte 36 d) vorgeschriebenen Feststellung wird sich auch hier
wieder ergeben, daß in den Päckchen dreierlei Arten von Zählkarten sich
vorfinden:

a) Zählkarten, bei denen die abgelaufenen Beobachtungszeiten innerhalb der Beobachtungszeit einer Zählkarte mit früherem Eintritts-
datum gelegen sind. Solche Zählkarten werden mit S in b l a u e r
Farbe abgestempelt;

b) Zählkarten, bei denen ein Teil der verflossenen Beobachtungszeit
innerhalb der Beobachtungszeit einer Zählkarte mit früherem Ein-
trittsdatum gelegen ist. Solche Karten sind mit einem P in b l a u e r
Farbe abzustempeln, und es ist in die Rundung dieses Buchstabens
die Zeitdauer, während deren die betreffenden Versicherungen

gleichzeitig mit früher abgeschlossenen in Kraft gestanden sind, in ganzen Jahren mit b l a u e r Tinte einzutragen;
c) Zählkarten, bei denen die Beobachtungszeiten sich in keiner Weise mit denen anderer decken und die auch hier eine besondere Bezeichnung nicht erhalten.

Ist dies festgestellt, so werden zunächst die mit einem blauen S bezeichneten Zählkarten entfernt. Die übrigbleibenden Zählkarten werden dann nach Beitrittsaltern geordnet. Die so gebildeten Päckchen werden hierauf nach Beobachtungsdauern unterteilt, wobei die mit einem s c h w a r z e n P gestempelten Karten jenen Beobachtungsdauern anzureihen sind, welche den Ziffern in den schwarzen P korrespondieren. Die derart neu gebildeten Päckchen werden abgezählt und die Zählresultate in die der Beobachtungsdauer entsprechenden Zeilen der Kolonnen 4, 5 und 6 eines als Hilfsformular zu verwendenden und als solches zu bezeichnenden Exemplares des Zählformulares I eingetragen.

Sodann werden die mit einem blauen P abgestempelten Zählkarten herausgehoben, nach dem Beitrittsalter und den in den blauen P blau eingeschriebenen Ziffern geordnet und gezählt und die Zählresultate werden in die den blauen Ziffern entsprechenden Zeilen der Kolonne 1 des oben erwähnten als Hilfsformular bezeichneten Zählformulares I eingetragen.

Schließlich werden die in die beiden als Hilfsformulare verwendeten Exemplare des Zählformulares I eingetragenen Beobachtungszahlen zusammengezählt und die sich ergebenden Resultate, welche nunmehr die korrekten und vollständigen Ergebnisse der Zählung des n e u e n B e - s t a n d e s darstellen, in die entsprechenden Horizontalreihen der korrespondierenden Kolonnen 1, 4, 5 und 6 eines mit „Personenzählung des neuen Bestandes" zu überschreibenden Exemplares des Zählformulares I übertragen.

Nach Beendigung der Zählung des neuen Bestandes sind sämtliche sowohl auf den alten, als auch auf den neuen Bestand bezüglichen Zählkarten wieder zusammenzulegen und es ist die

Z ä h l u n g d e r g e m i s c h t e n V e r s i c h e r u n g e n e i n s c h l i e ß - lich der Todesfallversicherungen mit abgekürzter Prämienzahlung von Männern
vorzunehmen.

VI. Zählung der gemischten und der Todesfall-Versicherungen mit abgekürzter Prämienzahlung.

40. Zu dem Ende sind aus dem vereinigten Gesamtmateriale für Männer die hellbraunen Zählkarten, sofern dieselben nicht durch den Aufdruck eines △ in der linken unteren Ecke als auf Versicherungen mit abgekürzter Prämienzahlung bezüglich gekennzeichnet sind, auszuscheiden.

Wenn dies geschehen ist, sind aus dem verbleibenden Materiale jene Karten herauszusuchen, welche gemäß Punkt 36 a auf der Rckseite mit roten Nummern versehen sind, und es sind alle jene so numerierten Karten, welche dieselbe Nummer aufweisen, mittels eines Gummiringes zusammenzufassen.

A n m e r k u n g : Auch dann, wenn eine rote Nummer sich nur auf e i n e r Karte vorfindet, muß diese letztere mit einem Gummiringe versehen werden.

Da nur solche Karten rot numeriert worden sind, welche mehrfach Versicherte betreffen und die Numerierung in alphabetischer Reihenfolge geschehen ist, so sind durch den eben geschilderten Vorgang die Karten der mehrfach Versicherten in alphabetischer Ordnung herausgehoben worden.

Bevor zur Zählung des sich so ergebenden Materiales übergegangen werden kann, ist hier, wie bei den Einzelzählungen, festzustellen, ob und welche von den Zählkarten, die als Mitversicherungen bezüglich, vor der Zählung der vereinigten Gesamtmateriales ausgeschieden worden waren, hier mitgezählt werden müssen. Zu dem Ende sind aus den nach den Bestimmungen des Punktes 27 ausgeschiedenen und unter der Bezeichnung „Zählkarten von Mitversicherten, die bei der Zählung der gemischten Versicherungen eingereiht waren", aufbewahrten Zählkarten sowohl, als auch aus den nach den Bestimmungen des Punktes 36 b) ausgeschiedenen und unter der Bezeichnung „bei der Gesamtzählung ausgeschiedene Mitversicherungen" aufbewahrten Zählkarten die hellbraunen, sofern sie nicht durch Aufdruck eines △ in der linken unteren Ecke als Versicherungen mit abgekürzter Prämienzahlung betreffende gekennzeichnet sind, herauszuheben und aufzubewahren. Die dann verbleibenden Karten beider Kategorien ausgeschiedener Mitversicherungen sind alphabetisch zu ordnen, und es ist dann hinsichtlich jeder einzelnen dieser Karten zu konstatieren, ob in dem im vorstehenden zweiten Absatze erwähnten Materiale Karten vorhanden sind, welche denselben Versicherten in demselben Beitrittsalter betreffen oder nicht. Ist ersteres der Fall, dann bleibt die ausgeschieden gewesene Karte auch von der nun vorzunehmenden Zählung ausgeschlossen; finden sich dagegen in dem zur Zählung vorbereiteten Materiale denselben Versicherten in demselben Beitrittsalter betreffende Karten nicht vor, dann ist die ausgeschieden gewesene Karte in das zu zählende Material einzureihen.

41. Ist dies geschehen, so wird die Zählung genau nach den Bestimmungen der Punkte 33—37 sowohl nach Selektionen als auch nach Personen vorgenommen und die Eintragung in die beiden Exemplare des Zählformulares I, die wieder, wie im Punkte 34, zweiter Absatz, zu überschreiben sind, und in die beiden Blätter des Zählformulares II bewirkt.

Wiedererstellung des Gesamtmateriales.
42. Nach Beendigung der Zählung der gemischten Versicherungen werden zunächst die zum Behufe derselben eingereihten, früher als auf Mitversicherungen bezüglich ausgeschieden gewesenen Zählkarten wieder herausgehoben, mit den auch bei dieser Zählung unberücksichtigt gebliebenen, auf Mitversicherungen bezüglichen Karten vereinigt und in der in den Punkten 27 und 36 b) bestimmten Weise aufbewahrt.

Das übriggebliebene Zählkartenmaterial wird dann mit den nach Punkt 40, erster Absatz, ausgeschiedenen Zählkarten wieder vereinigt und so das der Zählung unterzogen gewesene Gesamtmaterial für Männer wieder hergestellt.

II. Neuerliche Zählung des alten Bestandes.
43. Um einen Vergleich des Ergebnisses der nach den Bestimmungen des Punktes 39 vorgenommenen Zählung des alten Bestandes mit den Ergebnissen einer Zählung desselben nach den für die Bearbeitung des Materiales nach einzelnen Gesellschaften getroffenen Bestimmungen zu ermöglichen, werden aus dem so wiederhergestellten Materiale alle auf den alten Bestand bezüglichen Zählkarten neuerlich herausgehoben und nach den in den Punkten 13, 17—22 getroffenen Bestimmungen einer abermaligen Zählung unterzogen, deren Resultate in zwei, wie im Punkte 13 angegeben, zu überschreibende Exemplare des Zählformulares I eingetragen sind.

Sobald die Zählung erfolgt ist und alle Kolonnen der nach den vorangehenden Bestimmungen angelegten Zählformulare auf Grund der in die letzteren eingetragenen Beobachtungszahlen ausgefüllt worden sind, erscheinen die an dem Zählkartenmateriale für Männer anzustellenden Untersuchungen bis auf weitere Beschlußfassung beendet. Es sind nunmehr die

VIII. Bearbeitung der Zählkarten für Frauen.
Zählkarten für versicherte Frauen

einer analogen Behandlung, wie jene für versicherte Männer zu unterziehen.

Vorzählung. Ausscheidung der nicht zur Verarbeitung gelangenden Karten. Ordnung, Sichtung und Numerierung.
44. Die Zählkarten jeder einzelnen an der Zählung beteiligten Gesellschaft sind der im Punkte 2 vorgeschriebenen Vorzählung zu unterziehen. Aus denselben sind die nicht zur Verarbeitung gelangenden Karten nach der in den Punkten 3 und 4 gegebenen Anleitung zu beseitigen und aufzubewahren. Die übrigbleibenden Karten jeder einzelnen Gesellschaft sind nach den Bestimmungen der Punkte 5—8 zu ordnen und zu sichten und nach Vorschrift des Punktes 10 zu numerieren und abzustempeln.

45. Nach Beendigung dieser Vorarbeiten kann zur Zählung über- Zählung. gegangen werden. Dieselbe ist nicht für jede einzelne Gesellschaft, sondern nur an dem vereinigten Gesamtmateriale aller an der Arbeit beteiligten Gesellschaften vorzunehmen.

Die Vereinigung des Materiales und die Abzählung desselben erfolgen unter sinngemäßer Anwendung der Bestimmungen der Punkte 28, zweiter Absatz, bis 38.

Eine besondere Zählung der gemischten Versicherungen einschließlich der Todesfallversicherungen mit abgekürzter Prämienzahlung findet nicht statt.

Dagegen sind der alte und der neue Bestand besonderen Zählungen nach den Bestimmungen des Punktes 39, der alte Bestand auch der Zählung nach Vorschrift des Punktes 43 zu unterziehen.

Mit der Abzählung des auf Frauen bezüglichen Materiales und der gehörigen Ausfüllung der betreffenden Zählformulare ist bis auf weitere Verfügung die der Zentralstelle übertragene Aufgabe als durchgeführt anzusehen.

46. Der Leiter der Zentralstelle und in Verbindung desselben sein IX. Zählkarten-register. Stellvertreter hat ein Zählkartenregister zu führen, in welches alle auf das Zählkartenmaterial jeder an der Arbeit beteiligten Gesellschaft bezughabenden Daten eingetragen sind und das jederzeit à jour zu halten ist. In diesem Register ist ersichtlich zu machen

a) die Anzahl der von jeder Gesellschaft abgelieferten Karten nach Männern und Frauen gesondert und unterteilt nach Bestand am 1. Januar 1876 und nach dem Zuwachs in j e d e m der Jahrgänge 1876—1900,

b) die Anzahl der wegen nicht Zugehörigkeit zum Materiale entfernten Karten, gesondert nach den im Punkte 3 sub a und b aufgeführten Kategorien und unterteilt nach Jahrgängen,

c) die Anzahl der nach den Bestimmungen des Punktes 4 ausgeschiedenen Karten nach den dort aufgeführten Kategorien a bis c und gleichfalls nach Jahrgängen unterteilt,

d) die Anzahl der beseitigten Karten für Mitversicherungen,

e) die Anzahl der auf ersetzte Policen bezüglichen Karten,

f) die Anzahl der Karten für mehrfache Versicherungen,

g) die Gesamtzahl der der tatsächlichen Zählung unterzogenen Karten,

h) die Anzahl der auf gemischte Versicherungen (einschließlich der Todesfallversicherungen mit abgekürzter Prämienzahlung) entfallenden Karten, unterteilt nach dem Bestande am 1. Januar 1876 und nach dem Zuwachse in jedem der Jahre 1876—1900,

i) die Anzahl der in die Zählung der gemischten Versicherungen einbezogenen, bei der Zählung des Gesamtmateriales als auf Mitversicherungen bezüglich ausgeschieden gewesenen Karten.

In einer Rubrik für „Anmerkungen" sind alle besonderen Wahrnehmungen einzutragen, welche bei der Verarbeitung des Materiales etwa gemacht werden sollten.

47. Sollten im Verlaufe der Arbeit Fälle an den Tag treten, für X. Zweifelhafte Fälle. welche eine Vorschrift in dieser Instruktion nicht enthalten ist, so ist der Leiter der Zentralstelle bzw. dessen Stellvertreter verpflichtet, im Wege des Vorsitzenden des Subkomitees die Entscheidung des Subkomitees über die Behandlung derselben einzuholen.

48. Die Art, in welcher in den einzelnen Stadien die Richtigkeit der XI. Kontrollen. Zusammenfassungen, Ausscheidungen und Zählungen der Karten sowie der bezüglichen Eintragungen kontrolliert werden soll, bleibt dem Leiter der Zentralstelle bzw. dessen Stellvertreter anheimgestellt. Derselbe hat jedoch über die Art, in welcher die Kontrolle über jeden Arbeiter sowie über jede geleistete Eintragung, Zählung usw. bewirkt worden ist, Aufschreibungen zu führen, in welche Einsicht zu nehmen sowohl dem k. k. Ministerium, als auch jedem Mitgliede des Aktionskomitees freisteht. freisteht.

De l'état des travaux entrepris pour établir une table de mortalité basée sur les observations relatives aux assurés autrichiens. De leurs résultats actuels.

Par J. Klang, Vienne.

C'est de M. le Prof. *Dr. Ernst Blaschke,* Conseiller du gouvernement prés le Département technique des assurances au Ministère de l'Intérieur, qu'est partie l'initiative de dresser une table de mortalité basée sur les observations se rapportant aux assurés autrichiens. Dans une conférence, tenue le 2 décembre 1899, il développa un plan présque complet d'enquête sur la mortalité. Après des pourparlers qui durèrent plus d'une année et furent hérissés de difficultés on parvint, dans une assemblée du 24 janvier 1901, à constituer un Comité d'action.

Ledit Comité décida que les travaux préparatoires des diverses sociétés se borneraient à remplir les cartes de recensement et à les transmettre à un bureau central chargé d'en opérer le dépouillement, qu'en outre on constaterait d'abord la mortalité parmi *les sujets ayant subi un examen médical approfondi et reconnus complètement normaux,* enfin que la mortalité totale serait classée *d'après le sexe* et que, pour les hommes, on distinguerait encore entre *l'assurance en cas de décès* et *l'assurance mixte.*

Comme date de recensement on fixa le 31 décembre 1900 et comme période d'observation un espace de 25 années à partir du 1er janvier 1876. De plus on dressa le modèle des cartes et rédigea les instructions d'après lesquelles elles devaient être composées. Déjà au commencement de 1903 la plus grande partie d'entre elles avaient été remises au bureau central. Le nombre total des cartes rentrées s'élève à 618 455, dont 530 242 concernent les hommes et 88 213 les femmes. Le Comité d'action eut, en premier lieu, à se prononcer sur le choix de l'unité de base. Un mémoire présenté par M. le Conseiller *Dr. Blaschke* recommandait vivement de prendre, comme telle, la „sélection médicale". Mais le Comité d'action n'ayant pu se résoudre à abandonner entièrement une méthode qui avait été utilisée jusqu'alors pour tous les calculs importants de mortalité et dont on s'était encore servi pour les tables anglaises les plus récentes, il fut convenu de *soumettre tous les matériaux dont on disposait tant au calcul basé sur la sélection médicale qu'à celui n'envisageant que la personne assurée et d'établir la relation existant entre ces deux systèmes de numération.*

Les résultats de cette comparaison sont indiqués dans 4 tableaux du présent rapport, et il résulte de ces données fort nombreuses que la méthode par sélection et celle par personnes, concordent presque absolument.

On résolut encore de faire commencer les opérations du bureau central par une investigation portant sur le matériel hommes de *chaque Compagnie séparément.*

Pour se rendre compte de la modification survenue avec le temps dans le taux de mortalité, on décida de rechercher séparément quelle était la mortalité de *l'ancien* et du *nouvel* effectif, c'est-à-dire pour les assurances, tant d'hommes que de femmes, conclues avant et après le 1ᵉʳ janvier 1876.

En vue de la notation des résultats on a constitué trois formulaires.

L'utilisation technique du matériel par le bureau central fut réglée par l'„Instruction pour l'emploi du matériel de recensement" reproduite au commencement du rapport.

Les opérations relatives aux expériences de chacune des Compagnies en cause furent terminées vers le milieu de l'année 1905 et celles ayant trait à l'ensemble des matériaux réunis vers la fin de mai 1906, à quelques détails près.

Enfin le rapport fournit d'amples indications sur la quantité des observations faites lors des divers recensements.

Report on the progress of work in connection with the construction of a mortality table from Austrian assured lives.

By J. Klang, Vienna.

The first suggestion that a mortality table should be formed from the experience of Austrian assured lives came from Professor *Dr. Ernst Blaschke,* Councillor in the actuarial department of the Imperial-Royal Home Office, who proposed a practically complete scheme with this object in a Paper which he read on the 2ⁿᵈ December 1899, after more than a year of laborious negociations, matters so far progressed that after a meeting on the 24ᵗʰ January 1901 an acting Committee was formed.

The first resolutions of this Committee determined that the preliminary work of individual Offices should be limited to the preparation of the cards, which should then be handed over for subsequent treatment to a Central Bureau to be formed; that, first of all, the rates of mortality should be calculated for thoroughly examined normal lives; that the sexes should be dealt with separately, and, as regards males, divided into the whole life and endowment assurance classes.

The observations were to close on the 31ˢᵗ December 1900, a period of 25 years beginning with the 1ˢᵗ January 1876; further, the shape of the cards was decided upon, and instructions as to their filling-up prepared.

By the commencement of 1903 the Central Bureau had already received most of the cards. In the aggregate there are 618 455 cards, of which 530 242 apply to males and 88 213 to females.

In the first place, the Committee was faced by the difficulty of fixing the unit of computation. For this there was *Dr. Blaschke's* proposal, — reserved for later publication — which strongly supported the "medical" examination as the unit of computation. But since the Committee could not resolve to drop a method which formed the basis of all previous important mortality investigations, as also recently of the latest English Table, it was determined to analyse the whole available material both according to medical examination and by lives assured, and to ascertain the ratio of one to the other.

In four tables of the following report are exhibited the results of this comparison, whence based on a great number of cases the practically complete agreement between both methods appears to be demonstrated.

It was further resolved that the Central Bureau should commence with the investigation of the males' experience of the individual offices.

In order to learn the change in mortality during the course of time, the rates of mortality were separately derived for the *old* and the new assurances, i. e. those effected before and after the 1st January 1876, both for males and for females.

For the registration of the results three formulae were adopted.

The technical treatment of the facts was regulated in accordance with the "Instructions relative to the treatment of the Cards" given above.

The treatment of the material of each individual Company was finished about the middle of 1905, and the task relative to the aggregate had with few arrears been completed by the end of May 1906.

Finally the report contains numerous data as to the range of the material included in the different enumerations.

Über die Sterblichkeit
normal versicherter Männer in Schweden.

Von **Karl Dickman,** Stockholm.

Der Zweck dieser Untersuchung ist, durch Vergleichung der Sterblichkeit normal versicherter Männer in Schweden mit der Sterblichkeit der männlichen Bevölkerung während des Jahrzehntes 1881—1890 im ganzen Reiche und in den Städten einen kleinen Beitrag zu der Frage zu liefern, inwieweit die Sterblichkeit versicherter Personen sich der Sterblichkeit der Bevölkerungsschicht nähert, aus der der Versicherungsstock stammt.

Das Material, dessen ich mich bedient habe, ist den vom Komitee für skandinavische Sterblichkeitstafeln jüngst veröffentlichten Sterblichkeitstafeln[1]), und zwar den Tafeln IV und V, entnommen worden.

Die erwähnte Tafel IV enthält für die einzelnen Altersjahre, von einem Geburtstage zum anderen gerechnet, und innerhalb eines jeden Altersjahres für die einzelnen Versicherungsjahre, vom ersten Geburtstage nach dem Eintritt an gerechnet, *erstens* die Anzahl ganzer Beobachtungsjahre zuzüglich der Anzahl der Toten, *zweitens* die Anzahl der Toten, *drittens* die Anzahl der Ausgeschiedenen. Wenn man diese für das Alter x und Versicherungsjahr t mit bzw. $L_{x, t}$, $T_{x, t}$ und $A_{x, t}$ bezeichnet, so kann man die Sterbeintensität $\mu_{x + \frac{1}{2}, t}$ ziemlich nahe durch

$$\mu_{x + 1/2, t} = \frac{T_{x, t}}{L_{x, t} + 1/2 \, (A_{x, t} - T_{x, t})}$$

ausdrücken. Obwohl das Komitee die Ergebnisse für die nach dem zehnten folgenden Versicherungsjahre nicht vereinzelt veröffentlicht hat, habe ich doch Gelegenheit gehabt, vom Material aller einzelnen Versicherungsjahre Kenntnis zu nehmen.

Die Tafel IV des Komitees, welche von den Beobachtungen vor dem dem Eintritt nächstfolgenden Geburtstage nichts enthält, ist durch Tafel V ergänzt worden. Diese enthält für jedes erreichte Altersjahr u. a. die folgenden Angaben: *erstens* für alle Eingetretenen die gesam-

---

[1]) Dödlighetstabeller enligt nitton skandinaviska och finska lifförsäkringsanstalters erfarenheter. I. Normala lif. Stockholm 1906.

melte Beobachtungszeit vor dem ersten Geburtstage unter der Voraussetzung, daß keine Sterbefälle oder Austritte stattgefunden hätten, *zweitens* die gesammelte Zeit von einem Sterbefalle bis zum ersten (nicht erreichten) Geburtstage, *drittens* die gesammelte Zeit von einem Austritte bis zum ersten Geburtstage. Bezeichnet man für das Alter x diese drei Größen mit λ_x, τ_x, α_x, so ist

$$\frac{\tau_x}{\lambda_x - (\tau_x + \alpha_x)}$$

die Sterbeintensität für ein Alter zwischen x und x + 1 (etwa x + ¾) Jahre.

Da das vom Komitee bearbeitete schwedische Material, welches sich auf die Erfahrungen 9 schwedischer Lebensversicherungsgesellschaften stützt, die Zeit von 1855 bis 1900 (unter Ausschluß der nach 1895 gezeichneten Versicherungen) umfaßt, und da diese Gesellschaften sich so entwickelt haben, daß der Schwerpunkt der Beobachtungen auf die 1880er Jahre fallen dürfte, so habe ich für den Vergleich die Sterblichkeit während des Jahrzehnts 1881—1890 zugrunde gelegt. Da ferner ein viel größerer Teil der Stadtbevölkerung als der Landbevölkerung versichert ist, so könnte es angemessen sein, zum Vergleich eine Sterblichkeit zu wählen, die zwischen der Männersterblichkeit des ganzen Reiches und der der Städte liegt. Da aber das Verhältnis der beiden Kategorien von Versicherten unbekannt ist, so habe ich die wirkliche Sterblichkeit mit der nach den *beiden* erwähnten Sterblichkeitstafeln berechneten verglichen.

Dabei habe ich als approximativen Ausdruck der Sterbeintensität

$$\mu_{x+1/2} = \frac{2\,d_x}{l_x + l_{x+1}}$$

gesetzt.

Weil im Alter unter 20 Jahren nur 9 und im Alter über 80 Jahren nur 39 Sterbefälle eingetroffen sind, habe ich mich auf die Altersstufen zwischen 20 und 80 Jahren beschränkt. Da ferner unter diesen nach dem 40. Versicherungsjahr nur 23 Sterbefälle vorkamen, habe ich auch diese letzten Versicherungsjahre ausgeschlossen.

Die numerischen Berechnungen sind folgendermaßen ausgeführt worden.

Für ein jedes der betreffenden Alters- und Versicherungsjahre ist die gesamte Beobachtungszeit $B_{x,t} = L_{x,t} + \frac{1}{2}(A_{x,t} - T_{x,t})$ (für die Zeit vor dem ersten Geburtstage nach dem Eintritt $= \lambda_x - \tau_x - \alpha_x$) berechnet worden. Für die Zeit nach den ersten 10 Versicherungsjahren sind diese Größen für jede Periode von 5 aufeinanderfolgenden Versicherungsjahren summiert worden. Jede der Größen $B_{x,t}$ (bzw. der Summen von 5 aufeinanderfolgenden $B_{x,t}$) ist mit $\mu_{x+\frac{1}{2}}$ für die Sterblichkeit der männlichen Bevölkerung sowohl im ganzen Reiche als in den Städten multipliziert worden. Alsdann habe ich diese Produkte für je 5 Altersjahre summiert. Der Weitläufigkeit dieser Berechnungen wegen teile ich von ihnen nur diese letztgenannten Summen mit, welche in den beiliegenden Ziffertafeln A, B, C, D für jedes Versicherungsjahr (bzw. Gruppe von Versicherungsjahren) in den beiden ersten Kolumnen zu finden sind. Diese geben somit die Anzahl der berechneten Sterbefälle an. Die dritte Kolumne enthält die Anzahl der eingetroffenen Sterbefälle. Wie aus den Tafeln selbst ersichtlich, sind die so erhaltenen Zahlen in diesen drei Kolumnen der Übersichtlichkeit wegen zu größeren Perioden von Alters- und Versicherungsjahren zusammengefaßt worden.[1]) Wenn die Anzahl der Sterbefälle mir nicht allzu klein vorkam, sind endlich in der 4. und 5. Kolumne die Prozentsätze der wirklichen Sterbefälle von den berechneten angegeben worden.

Um einen noch anschaulicheren Überblick über die Resultate zu geben, habe ich die hauptsächlichsten derselben auch graphisch dargestellt, nämlich die Prozentsätze der wirklichen Sterblichkeit von der berechneten sowohl für die Altersgruppen 20—39 und 40—59 als auch für alle vorkommenden Altersgruppen zusammengenommen. Tafel I stellt diese Resultate für Tafel A und Tafel II dieselben für Tafel B graphisch dar. Sie zeigen die Prozentsätze der wirklichen Sterbefälle von den berechneten sowohl (die oberen 3 Linien) nach der Männersterblichkeit im ganzen Reiche wie (die unteren 3 Linien) nach der in den Städten. In Tafel I bezeichnen die Eckpunkte die genannten Prozentsätze, nachdem durchschnittlich $\frac{1}{2}$, $1\frac{1}{2}$, $2\frac{1}{2}$ Versicherungsjahre seit dem ersten Geburtstage verflossen sind. Größerer Anschaulichkeit wegen sind diese Punkte durch Geraden zusammengebunden worden.[2]) Da ich indessen der Vollständigkeit halber die Linien auch für die Zeit vor dem ersten Geburtstage fortgesetzt habe, unter der hypothetischen Annahme, daß die Versicherungen $\frac{1}{2}$ Jahr vor dem Geburtstage gezeichnet worden sind (was freilich durchschnittlich ein wenig zu viel ist), so habe ich die erwähnten Eckpunkte als die Prozentsätze nach 1, 2, 3 bis 10 Versicherungsjahren angegeben. Tafel I stellt somit die Ergebnisse der 10 ersten Versicherungsjahre, zuzüglich der Zeit vor dem ersten Geburtstage, somit etwa für $10\frac{1}{2}$ Jahre dar.

Tafel II ist eine ähnliche graphische Darstellung der Prozentsätze für je 5 Versicherungsjahre, scheidet sich aber von der vorigen dadurch, daß die Zeit vor dem ersten Geburtstage ausgeschlossen ist. Auch hier bezeichnen die Eckpunkte die in den Zahlentafeln angegebenen Prozentsätze und sind daher in der Mitte jeder Periode plaziert worden.

---

[1]) Um betreffs der Altersberechnung nichts undeutlich hervortreten zu lassen, erwähne ich folgendes Beispiel. Aus Tafel B findet man, daß für das erreichte Alter 40 bis 49 und für die Versicherungsjahre 6 bis 10 die Anzahl der wirklichen Sterbefälle 522 beträgt. Dies bedeutet 522 eingetroffene Sterbefälle unter Personen, die zwischen 40 und 50 Jahre alt waren und die mehr als 5, aber weniger als 10 Jahre, vom ersten Geburtstage nach dem Eintritte gerechnet, versichert gewesen sind, d. h. sie haben wenigstens 6, höchstens 10 Geburtstage als versichert erlebt.

[2]) Eigentlich hätten die Prozentsätze durch horizontale für jedes Versicherungsjahr unterbrochene Geraden genauer dargestellt werden können. Das Totalbild wäre aber dadurch undeutlicher geworden. Zur Ausgleichung der Prozentsätze hat es mir bis jetzt an Zeit gefehlt.

Sterblichkeit normal versicherter

Prozent der wirklichen Sterbefälle von den berechneten im ganzen

Tafel I. Die 10 ersten Versicherungsjahre.

------- 20 ... 39 erreichte Arbeitsjahre.

——————— 40 ... 59   „   ..

—·—·—·—· 20 ... 79   .,

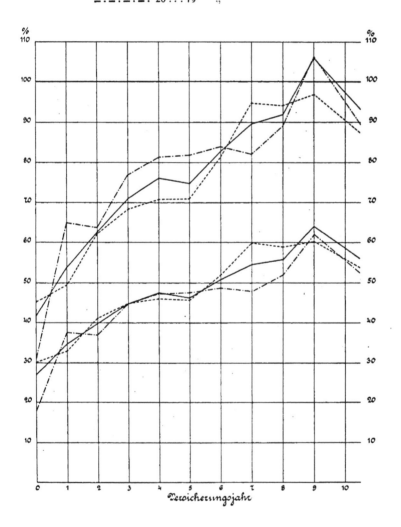

Männer in Schweden.

Reiche (die oberen 3 Linien) und in den Städten (die unteren 3 Linien).

Tafel II. Die 40 ersten Versicherungsjahre.

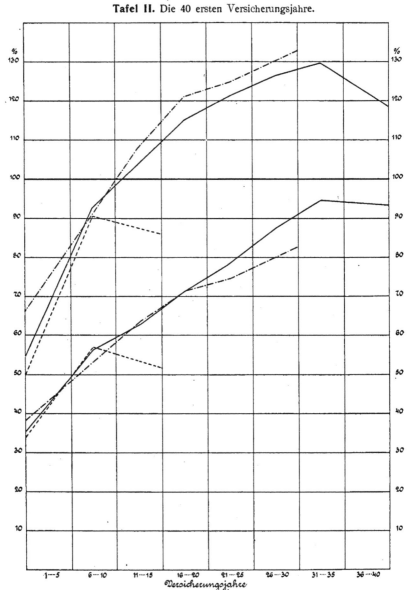

Versicherungsjahre

Aus den Resultaten der Untersuchung, am besten vielleicht aus Tafel II, ist ersichtlich, daß, obwohl die hier untersuchte Sterblichkeit für das erste Versicherungsdezennium bedeutend kleiner ist als die Sterblichkeit im ganzen Reiche (und auch für die ganze Zeit ohne Auseinanderhalten der Versicherungsjahre entschieden niedriger ist), sie doch während der folgenden Zeit dieselbe weit übersteigt. Dagegen liegt sie beständig unter der Sterblichkeit in den Städten, obwohl sie schließlich nicht viel davon entfernt ist. Die Prozentsätze für das ganze Reich und für die Städte sind:

für die Versicherungsjahre	ganzes Reich	Städte
21—40	123,7%	83,9%
26—40	126,6%	90,2%
31—40	126,9%	94,4%
36—40	122,1%	93,8%

Man sieht hieraus, daß die Grenzsterblichkeit, welche zwischen der Sterblichkeit im ganzen Reiche und der in den Städten fällt, der letzteren näher liegt. Da es zu vermuten ist, daß die überwiegende Mehrzahl der Versicherten aus Stadtbevölkerung besteht, während daß die Stadtbevölkerung Schwedens nur etwa $\frac{1}{4}$ der Landbevölkerung ausmacht, scheint es somit nicht ausgeschlossen, daß die Versicherungssterblichkeit sich im ganzen der allgemeinen Sterblichkeit asymptotisch nähert. Um dies genauer entscheiden zu können, wäre es notwendig, nicht nur das Verhältnis der versicherten Stadtbevölkerung zur versicherten Landbevölkerung zu kennen, sondern auch das Versicherungsmaterial nach den chronologischen Perioden der Volkszählungen Schwedens, d. h. nach Dezennien, geordnet zu haben.

Aus der Untersuchung geht auch hervor, welche außerordentlich große Rolle die *Auslese* spielt, da diese wenigstens für die hier untersuchten Leben ihre deutlichen Wirkungen weit über das erste Versicherungsdezennium hinaus erstreckt.

Nach Bewerkstelligung einer Ausgleichung der hier berechneten Prozentsätze könnte man (in ähnlicher Weise wie *Dr. Engelbrecht* dies für die Tafel M I der 23 deutschen Gesellschaften getan hat), durch Multiplikation derselben mit den Sterbeintensitäten für das ganze Reich oder für die Städte, ausgeglichene Sterbeintensitäten für versicherte Männer in Schweden erhalten. Jedenfalls könnte dieses Verfahren als eine Kontrolle einer Ausgleichung direkt berechneter Sterbeintensitäten dienen. Bis jetzt habe ich doch dazu keine Gelegenheit gehabt.

Tafel A.   Sterblichkeit normal versicherter Männer in Schweden.

Erreichtes Altersjahr	Zeit vor dem ersten Geburtstage nach erhaltener Versicherung					Versicherungsjahr (abzüglich der Zeit vor dem ersten Geburtstage) 1.					Versicherungsjahr 2.				
	Anzahl berechneter Sterbefälle nach der Männersterblichkeit im ganzen Reiche	in den Städten	Anzahl wirklicher Sterbefälle	Prozent d. wirkl. Sterbefälle v. d. berechneten Ganzes Reich	Städte	Anzahl berechneter Sterbefälle im ganzen Reiche	in den Städten	Anzahl wirklicher Sterbefälle	Prozent Ganzes Reich	Städte	Anzahl berechneter Sterbefälle im ganzen Reiche	in den Städten	Anzahl wirklicher Sterbefälle	Prozent Ganzes Reich	Städte
20—24	38,68	51,78	22	—	—	74,96	100,33	47	—	—	53,39	71,48	33	—	—
25—29	51,32	73,41	20	—	—	116,53	166,01	46	—	—	102,95	146,82	63	—	—
30—34	43,60	69,11	20	—	—	105,43	166,04	56	—	—	102,65	161,89	65	—	—
35—39	33,84	55,67	15	—	—	81,76	134,63	38	—	—	82,97	136,57	51	—	—
40—44	24,53	42,54	10	—	—	62,69	108,24	37	—	—	65,32	112,93	52	—	—
45—49	15,04	26,71	8	—	—	38,74	68,83	29	—	—	42,39	75,31	20	—	—
50—54	7,82	13,24	0	—	—	20,77	35,33	11	—	—	23,42	39,85	11	—	—
55—59	3,81	5,95	2	—	—	10,23	16,04	9	—	—	11,92	18,69	8	—	—
60—64	1,06	1,57	1	—	—	3,62	5,34	4	—	—	4,52	6,66	4	—	—
65—69	0,20	0,27	0	—	—	0,39	0,53	0	—	—	0,84	1,16	0	—	—
70—74	0,01	0,01	0	—	—	0,06	0,08	0	—	—	0,07	0,08	0	—	—
75—79	0,05	0,06	0	—	—	0,10	0,12	0	—	—	0,11	0,12	0	—	—
20—29	90,00	121,19	42	46,7	33,5	191,49	266,34	93	48,6	34,9	156,34	218,30	96	61,4	44,0
30—39	77,44	124,78	35	45,2	28,0	187,19	300,67	94	50,2	31,3	185,62	298,46	116	62,5	38,9
40—49	39,57	69,25	18	45,5	26,0	101,43	177,07	66	64,9	37,3	107,71	188,24	72	66,8	38,2
50—59	11,63	19,19	2	—	—	31,00	51,37	20	—	—	35,34	58,54	19	—	—
60—69	1,26	1,84	1	—	—	4,01	5,87	4	—	—	5,36	7,82	4	—	—
70—79	0,06	0,07	0	—	—	0,16	0,20	0	—	—	0,18	0,20	0	—	—
20—39	167,44	245,97	77	46,0	30,8	378,68	567,01	187	49,4	32,9	341,96	516,76	212	62,0	41,0
40—59	51,20	88,44	20	39,1	22,6	132,43	228,44	86	64,9	37,6	143,05	246,78	91	63,6	36,9
60—79	1,32	1,91	1	—	—	4,17	6,07	4	—	—	5,54	8,02	4	—	—
20—79	219,96	336,32	98	44,6	28,8	515,28	801,52	277	53,8	34,6	490,55	771,56	307	62,6	39,8

Tafel A. (Forts.)

Sterblichkeit normal versicherter Männer in Schweden.

Versicherungsjahr (abzüglich der Zeit vor dem ersten Geburtstage)

Erreichtes Altersjahr	3. Anzahl berechneter Sterbefälle nach der Männersterblichkeit im ganzen Reiche	in den Städten	Anzahl wirklicher Sterbefälle	Prozent der wirklichen Sterbefälle von den berechneten Ganzes Reich	Städte	4. Anzahl berechneter Sterbefälle nach der Männersterblichkeit im ganzen Reiche	in den Städten	Anzahl wirklicher Sterbefälle	Prozent der wirklichen Sterbefälle von den berechneten Ganzes Reich	Städte	5. Anzahl berechneter Sterbefälle nach der Männersterblichkeit im ganzen Reiche	in den Städten	Anzahl wirklicher Sterbefälle	Prozent der wirklichen Sterbefälle von den berechneten Ganzes Reich	Städte
20—24	37 29	49,99	40	—	—	23,87	32 06	18	—	—	12,47	16,75	7	—	—
25—29	92 40	132,01	57	—	—	81,09	116 00	61	—	—	67,28	96,36	40	—	—
30—34	100 19	158,26	62	—	—	97,62	154 41	62	—	—	91,30	144,59	71	—	—
35—39	86 40	142,21	57	—	—	88,71	146 02	65	—	—	88,53	145,68	66	—	—
40—44	68 90	119,24	49	—	—	73,00	126 25	46	—	—	75,58	130,71	53	—	—
45—49	46 13	81,96	35	—	—	51,22	91 00	51	—	—	53,95	95,88	53	—	—
50—54	26 92	45,83	23	—	—	30,69	52 18	31	—	—	34,04	57,85	28	—	—
55—59	14 22	22,27	13	—	—	16,13	25 27	11	—	—	18,68	29,25	15	—	—
60—64	5 71	8,41	4	—	—	7,41	10 93	10	—	—	8,91	13,18	5	—	—
65—69	1 17	1 60	0	—	—	1,62	2 25	4	—	—	2,08	2,87	1	—	—
70—74	0 18	0,22	0	—	—	0,36	0 45	0	—	—	0,36	0,46	0	—	—
75—79	0 12	0,13	0	—	—	0,13	0 14	0	—	—	0,09	0,11	0	—	—
20—29	129 69	182,00	7	74,8	3,3	04,96	148 06	79	75,3	53,4	79,75	113,11	47	58,9	41,6
30—39	186 59	300 47	1 9	63,8	9,6	86,33	300 43	27	68,2	42,3	79,83	290,27	137	76,2	47,2
40—49	115,03	201,20	4	73,0	1,7	24,22	217 25	97	78,1	44,6	29,53	226,59	106	81,8	46,8
50—59	41,14	68,10	6	—	—	46,82	77 45			54,2	52,72	87,10	43	81,6	49,4
60—69	6,88	10,01	4	—	—	,	13 18				10,99	16,05	6	—	—
70—79	0,30	0,35	0	—	—	,	0 59			—	0,45	0,57	0	—	—
20—39	316,28	482,47	5	8,3	44,8	,	448 49				259,58	403,38	84	70,9	45,6
40—59	156 17	269,30	0	6,8	44,6	,	294 70				182,25	369	49	81,8	47,5
60—79	7,18	10,36	4	—	—	,	13 77				11,44	16,62	6	—	—

Tafel A. (Forts.)

Sterblichkeit normal versicherter Männer in Schweden.

Versicherungsjahr (abzüglich der Zeit vor dem ersten Geburtstage)

Erreichtes Alters-jahr	6. Anzahl berechneter Sterbefälle nach der Männer-sterblichkeit im ganzen Reiche	in den Städten	Anzahl wirklicher Sterbefälle	6. Prozent der wirklichen Sterbefälle von den berechneten Ganzes Reich	Städte	7. Anzahl berechneter Sterbefälle nach der Männer-sterblichkeit im ganzen Reiche	in den Städten	Anzahl wirklicher Sterbefälle	7. Prozent der wirklichen Sterbefälle von den berechneten Ganzes Reich	Städte	8. Anzahl berechneter Sterbefälle nach der Männer-sterblichkeit im ganzen Reiche	in den Städten	Anzahl wirklicher Sterbefälle	8. Prozent der wirklichen Sterbefälle von den berechneten Ganzes Reich	Städte
20—24	5,01	6,74	4	—	—	1,90	2,53	1	—	—	0,74	1,03	1	—	—
25—29	49,55	71,16	37	—	—	33,57	48,42	30	—	—	20,95	30,38	9	—	—
30—34	80,18	126,95	60	—	—	69,64	110,46	72	—	—	58,86	93,62	54	—	—
35—39	84,15	138,50	77	—	—	78,60	129,31	71	—	—	71,51	117,63	79	—	—
40—44	73,22	126,63	60	—	—	71,47	123,68	59	—	—	68,95	119,34	64	—	—
45—49	56,44	100,29	40	—	—	56,52	100,44	41	—	—	56,21	99,91	45	—	—
50—54	35,79	60,84	36	—	—	37,78	64,23	31	—	—	38,87	66,03	33	—	—
55—59	20,41	31,96	20	—	—	22,11	34,63	23	—	—	23,39	36,62	25	—	—
60—64	10,19	15,05	8	—	—	11,49	16,94	17	—	—	13,59	20,04	11	—	—
65—69	3,37	4,68	5	—	—	4,22	5,86	2	—	—	4,99	6,90	5	—	—
70—74	0,52	0,63	0	—	—	1,08	1,34	1	—	—	1,32	1,66	3	—	—
75—79	0,10	0,12	0	—	—	0	0	—	—	—	0,13	0,16	1	—	—
20—29	54,56	77,90	41	75,1	52,6	35,47	50,95	31	—	—	21,69	31,41	10	—	—
30—39	164,33	265,41	137	83,4	51,6	148,24	239,77	143	96,5	59,6	130,37	211,25	133	102,0	63,0
40—49	129,66	226,92	100	77,1	44,1	127,99	224,12	100	78,1	44,6	125,16	219,25	109	87,1	49,7
50—59	56,20	92,80	56	99,6	60,3	59,89	98,86	54	90,2	54,6	62,26	102,65	58	93,2	56,5
60—69	13,56	19,73	13	—	—	15,71	22,80	19	—	—	18,58	26,94	16	—	—
70—79	0,62	0,75	0	—	—	1,08	1,34	1	—	—	1,45	1,82	4	—	—
20—39	218,89	343,31	178	81,3	51,8	183,71	290,72	174	94,7	59,9	152,06	242,66	143	94,0	58,9
40—59	185,86	319,72	156	83,9	48,8	187,88	322,98	154	82,0	47,7	187,42	321,90	167	89,1	51,9
60—79	14,18	20,48	13	—	—	16,79	24,14	20	—	—	20,03	28,76	20	—	—
20—79	418,93	683,51	347	82,8	50,8	388,38	637,84	348	89,6	54,6	359,51	593,32	330	91,8	55,6

Versicherungsjahr (abzüglich der Zeit vor dem ersten (Geburtstage)

Erreichtes Altersjahr	9.					10.				
	Anzahl berechneter Sterbefälle nach der Männersterblichkeit		Anzahl wirklicher Sterbefälle	Prozent der wirklichen Sterbefälle von den berechneten		Anzahl berechneter Sterbefälle nach der Männersterblichkeit		Anzahl wirklicher Sterbefälle	Prozent der wirklichen Sterbefälle von den berechneten	
	im ganzen Reiche	in den Städten		Ganzes Reich	Städte	im ganzen Reiche	in den Städten		Ganzes Reich	Städte
20—24	0,21	0,29	0	—	—	0,05	0,08	0	—	—
25—29	11,38	16,55	15	—	—	4,89	7,14	4	—	—
30—34	46,81	74,62	43	—	—	35,20	56,30	36	—	—
35—39	64,35	5,84	61	—	—	56,14	92,30	47	—	—
40—44	64,39	111,48	62	—	—	58,54	101,36	56	—	—
45—49	53,85	95,69	56	—	—	51,77	91,99	39	—	—
50—54	39,71	67,43	48	—	—	37,83	64,21	36	—	—
55—59	24,61	38,53	28	—	—	25,50	39,90	34	—	—
60—64	14,23	21,00	23	—	—	14,58	21,54	18	—	—
65—69	6,33	8,76	8	—	—	7,26	9,99	10	—	—
70—74	1,49	1,87	3	—	—	1,68	2,08	5	—	—
75—79	0,37	0,44	—	—	—	0,40	0,47	1	—	—
20—29	11,59	16,84	15	—	—	4,94	7,22	4	—	—
30—39	111,16	180,46	104	93,6	48,8	91,34	148,60	83	90,9	55,9
40—49	118,24	207,17	118	99,8	57,0	110,31	193,35	95	86,1	49,1
50—59	64,32	105,96	76	118,2	71,7	63,33	104,11	70	110,5	67,2
60—69	20,56	29,76	31	—	—	21,84	31,53	28	—	—
70—79	1,86	2,31	3	—	—	2,08	2,55	6	—	—
20—39	122,75	197,30	119	96,9	60,3	96,28	155,82	87	90,4	55,8
40—59	182,56	313	194	106,3	62,0	173,64	297,46	165	95,0	55,5
60—79	22,42	32,07	34	—	—	23,92	34,08	34	—	—
20—79	327,73	542,50	347	105,9	64,0	293,84	487,36	286	97,3	58,7

Tafel B.

Sterblichkeit normal versicherter Männer in Schweden.

Versicherungsjahr (abzüglich der Zeit von dem ersten Geburtstage)

Erreichtes Altersjahr	1.—5. im ganzen Reiche	1.—5. in den Städten	1.—5. Anzahl wirkl. Sterbefälle	1.—5. % Ganzes Reich	1.—5. % Städte	6.—10. im ganzen Reiche	6.—10. in den Städten	6.—10. Anzahl wirkl. Sterbefälle	6.—10. % Ganzes Reich	6.—10. % Städte	11.—15. im ganzen Reiche	11.—15. in den Städten	11.—15. Anzahl wirkl. Sterbefälle	11.—15. % Ganzes Reich	11.—15. % Städte
24—24	201,98	270,61	145	71,8	53,6	7,91	10,67	6	—	—	0,01	0,01	0	—	—
25—29	460,25	661,20	267	58,0	40,6	120,34	173,65	95	78,9	54,7	2,52	3,68	3	—	—
30—34	497,19	785,19	316	63,6	40,2	290,69	461,91	265	91,2	57,4	55,52	89,90	34	—	—
35—39	428,37	701,11	277	64,7	39,3	354,75	583,58	335	94,4	57,4	161,61	265,41	155	95,9	58,4
40—44	345,49	597,37	237	68,6	39,7	336,57	582,49	301	89,4	51,7	214,30	371,31	215	100,3	57,9
45—49	232,43	412,98	188	80,9	45,5	274,79	488,32	221	80,4	45,3	201,20	357,48	205	101,9	57,3
50—54	135,84	231,04	104	76,6	45,0	189,98	322,74	184	96,9	57,0	163,95	278,10	195	118,9	70,1
55—59	71,18	111,52	56	78,7	50,2	116,02	181,64	130	112,0	71,6	117,09	183,18	137	117,0	74,8
60—64	30,17	44,52	27	—	—	64,08	94,57	77	120,2	81,4	75,96	112,10	87	114,5	77,6
65—69	6,10	8,41	5	—	—	26,17	36,19	30	—	—	40,89	56,28	47	—	—
70—74	1,03	1,29	0	—	—	6,09	7,58	12	—	—	17,04	21,18	14	—	—
75—79	0,55	0,62	0	—	—	1,00	1,19	2	—	—	3,58	4,13	1	—	—
20—29	662,23	931,81	412	62,2	44,4	128,25	184,32	101	78,8	54,8	2,53	3,69	3	—	—
30—39	925,56	1486,30	593	64,1	39,8	645,44	1045,49	600	93,0	57,4	217,13	355,31	189	87,0	53,2
40—49	577,92	1010,35	425	73,5	42,1	611,36	1070,81	522	85,4	48,7	415,50	728,79	420	101,1	57,6
50—59	207,02	342,56	160	77,3	46,7	306,00	504,38	314	102,6	62,3	281,04	461,28	332	118,1	72,0
60—69	36,27	52,93	32	—	—	90,25	130,76	107	118,6	81,8	116,85	168,38	134	114,7	79,6
70—79	1,58	1,91	0	—	—	7,09	8,77	14	—	—	20,62	25,31	15	—	—
20—39	1587,79	2418,11	1005	63,3	41,6	773,69	1229,81	701	90,6	57,0	219,66	359,00	192	87,4	53,5
40—59	784,94	1352,91	585	74,5	43,2	917,36	1575,19	836	91,1	53,1	696,54	1190,07	752	108,0	63,2
60—79	37,85	54,84	32	—	—	97,34	139,53	121	124,3	86,7	137,47	193,69	149	108,4	76,9
20—79	2410,58	3825,86	1622	67,3	42,4	1788,39	2944,53	1658	92,7	56,3	1053,67	1742,76	1093	103,7	62,7

Spaltenüberschriften: Anzahl berechneter Sterbefälle nach der Männersterblichkeit (im ganzen Reiche / in den Städten) — Anzahl wirklicher Sterbefälle — Prozent der wirklichen Sterbefälle von den berechneten (Ganzes Reich / Städte).

Tafel B. (Forts.)　　　　Sterblichkeit normal versicherter Männer in Schweden.

Versicherungsjahr (abzüglich der Zeit vor dem ersten Geburtstage)

Erreichtes Altersjahr	16.—20.					21.—25.					26.—30.				
	Anzahl berechneter Sterbefälle nach der Männersterblichkeit		Anzahl wirklicher Sterbefälle	Prozent der wirklichen Sterbefälle von den berechneten		Anzahl berechneter Sterbefälle nach der Männersterblichkeit		Anzahl wirklicher Sterbefälle	Prozent der wirklichen Sterbefälle von den berechneten		Anzahl berechneter Sterbefälle nach der Männersterblichkeit		Anzahl wirklicher Sterbefälle	Prozent der wirklichen Sterbefälle von den berechneten	
	im ganzen Reiche	in den Städten		Ganzes Reich	Städte	im ganzen Reiche	in den Städten		Ganzes Reich	Städte	im ganzen Reiche	in den Städten		Ganzes Reich	Städte
20—24	0,02	0,02	—	—	—	—	—	—	—	—	—	—	—	—	—
25—29	0	0	—	—	—	—	—	—	—	—	—	—	—	—	—
30—34	0,99	1,64	—	—	—	—	—	—	—	—	—	—	—	—	—
35—39	27,20	44,52	28	—	—	0,53	0,82	1	—	—	—	—	—	—	—
40—44	94,63	164,58	101	106,7	61,4	15,26	26,73	15	—	—	0,20	0,35	—	—	—
45—49	124,82	221,80	150	120,2	67,6	58,35	03,67	77	32,0	74,	7,33	12,97	11	—	—
50—54	114,95	194,88	154	134,0	79,0	79,63	34,75	93	16,8	69,	29,49	49,67	45	52,6	90,6
55—59	100,22	156,73	121	120,7	77,2	78,33	22,42	04	32,8	85,	2,3	67,06	48	11,8	71,6
60—64	72,47	106,96	64	88,3	59,8	68,44	0,09	85	24,2	84,		61,85	44	05,0	71,1
65—69	49,78	68,41	55	110,5	80,4	52,54	72,04	64	21,8	88,		50,51	53	43,6	104,9
70—74	28,39	35,03	35	—	—	36,77	45,28	37	—	—		40,03	45	38,2	112,4
75—79	12,80	14,90	12	—	—	18,98	21,93	19	—	—		23,89	22	—	—
20—29	0,02	0,02	—	—	—	—	—	—	—	—	—	—	—	—	—
30—39	28,19	46,16	28	—	—	0,53	0,82	1	—	—	—	—	—	—	—
40—49	219,45	386,38	251	114,4	65,0	73,61	330,40		—	—				128,4	79,7
50—59	215,17	351,61	275	127,8	78,2	157,96	257,17		—	—					
60—70	122,25	175,37	119	97,3	67,9	10,98	173,13		—	—				123,0	86,3
70—79	41,19	49,93	47	114,1	94,1	55,75	6,21		—	—				125,8	104,8
20—39	28,21	46,18	28	—	—	0,53	0,82		—	—				—	—
40—59	434,62	737,99	526	121,0	71,3	231,57	387,57		—	—				130,1	80,0
60—79	63,44	5,30	166			17,73	240,34								93,0

Versicherungsjahr (abzüglich der Zeit vor dem ersten Geburtstage)

Erreichtes Altersjahr	Anzahl berechneter Sterbefälle nach der Männersterblichkeit (31.—35.)		Anzahl wirklicher Sterbefälle (31.—35.)	Prozent der wirklichen Sterbefälle von den berechneten (31.—35.)		Anzahl berechneter Sterbefälle nach der Männersterblichkeit (36.—40.)		Anzahl wirklicher Sterbefälle (36.—40.)	Prozent der wirklichen Sterbefälle von den berechneten (36.—40.)	
	im ganzen Reiche	in den Städten		Ganzes Reich	Städte	im ganzen Reiche	in den Städten		Ganzes Reich	Städte
20—24	—	—	—	—	—	—	—	—	—	—
25—29	—	—	—	—	—	—	—	—	—	—
30—34	—	—	—	—	—	—	—	—	—	—
35—39	—	—	—	—	—	—	—	—	—	—
40—44	—	—	—	—	—	—	—	—	—	—
45—49	—	—	—	—	—	—	—	—	—	—
50—54	3,13	5,18	4	—	—	2,23	3,44	4	—	—
55—59	14,76	22,98	18	—	—	—	—	—	—	—
60—64	20,70	30,56	37	—	—	10,08	14,89	10	—	—
65—69	21,79	29,75	23	—	—	13,79	18,87	20	—	—
70—74	21,99	26,87	24	—	—	13,67	16,77	19	—	—
75—79	12,54	14,55	17	—	—	14,30	16,40	13	—	—
20—29	—	—	—	—	—	—	—	—	—	—
30—39	—	—	—	—	—	—	—	—	—	—
40—49	—	—	—	—	—	—	—	—	—	—
50—59	17,89	28,16	22	—	—	2,23	3,44	4	—	—
60—69	42,49	60,31	60	141,2	99,5	23,87	33,76	30	—	—
70—79	34,53	41,42	41	118,7	99,0	27,97	33,17	32	—	—
20—39	—	—	—	—	—	—	—	—	—	—
40—59	17,89	28,16	22	—	—	2,23	3,44	4	—	—
60—79	77,02	101,73	101	131,1	99,3	51,84	66,93	62	119,6	92,6

Tafel C.   **Sterblichkeit normal versicherter Männer in Schweden.**

Versicherungsjahr (abzüglich der Zeit vor dem ersten Geburtstage)

Erreichtes Altersjahr	1.—10.					11.—20.				
	Anzahl berechneter Sterbefälle nach der Männersterblichkeit		Anzahl wirklicher Sterbefälle	Prozent der wirklichen Sterbefälle von den berechneten		Anzahl berechneter Sterbefälle nach der Männersterblichkeit		Anzahl wirklicher Sterbefälle	Prozent der wirklichen Sterbefälle von den berechneten	
	im ganzen Reiche	in den Städten		Ganzes Reich	Städte	im ganzen Reiche	in den Städten		Ganzes Reich	Städte
20—24	209,89	281,28	151	71,9	53,7	0,03	0,03	—	—	—
25—29	580,59	830,85	362	62,4	43,6	2,52	3,68	3	—	—
30—34	787,88	1247,10	581	73,7	46,6	56,51	91,54	34	96,9	9,0
35—39	783,12	1288,69	612	78,1	47,5	188,81	309,93	183	—	—
40—44	682,06	1179,86	538	78,9	45,6	308,93	535,89	316	102,3	59,0
45—49	507,22	901,30	409	80,6	45,4	326,02	579,28	355	108,9	61,3
50—54	325,82	553,78	288	88,4	52,0	278,90	472,98	349	125,1	73,8
55—59	187,20	293,16	186	99,4	63,4	217,31	339,91	258	118,7	75,9
60—64	94,25	139,09	94	110,3	74,8	148,43	219,06	151	101,7	68,9
65—69	32,27	44,60	35	—	—	90,67	124,69	102	112,5	81,8
70—74	7,12	8,87	12	—	—	45,43	56,21	49	107,9	87,2
75—79	1,55	1,81	2	—	—	16,38	19,03	13	—	—
20—29	790,48	1112,13	513	64,9	46,1	2,55	3,71	3	—	—
30—39	1571,00	2535,79	1193	75,9	47,0	245,32	401,47	217	88,5	54,1
40—49	1189,28	2081,16	947	79,6	45,5	634,95	1115,17	671	105,7	60,2
50—59	513,02	846,94	474	92,4	56,0	496,21	812,89	607	122,3	74,7
60—69	126,52	183,69	139	109,9	75,7	239,16	343,75	253	105,8	73,6
70—79	8,67	10,68	14	—	—	61,81	75,24	62	100,3	82,4
20—39	2361,48	3647,92	1706	72,2	46,8	247,87	405,18	220	88,8	54,3
40—59	1702,30	2928,10	1421	83,5	48,5	1131,16	1928,06	1278	113,0	66,3
60—79	135,19	194,37	.153	113,2	78,7	300,91	418,99	315	104,7	75,2
(…	…	6770,20	9980	78,1	48,4	179,94	9759,23	1813	107,9	65,9

Versicherungsjahr (abzüglich der Zeit vor dem ersten Geburtstage)

Erreichtes Altersjahr	21.—30. Anzahl berechneter Sterbefälle nach der Männersterblichkeit im ganzen Reiche	21.—30. in den Städten	21.—30. Anzahl wirklicher Sterbefälle	21.—30. Prozent der wirklichen Sterbefälle von den berechneten Ganzes Reich	21.—30. Städte	31.—40. Anzahl berechneter Sterbefälle nach der Männersterblichkeit im ganzen Reiche	31.—40. in den Städten	31.—40. Anzahl wirklicher Sterbefälle	31.—40. Prozent der wirklichen Sterbefälle von den berechneten Ganzes Reich	31.—40. Städte
20—24	—	—	—	—	—	—	—	—	—	—
25—29	—	—	—	—	—	—	—	—	—	—
30—34	0,53	0,82	1	—	—	—	—	—	—	—
35—39	—	—	—	—	—	—	—	—	—	—
40—44	15,46	27,08	15	—	—	3,13	5,18	4	—	—
45—49	65,68	116,64	88	134,0	75,4	16,99	26,42	22	—	—
50—54	109,12	184,42	138	126,5	74,8	30,78	45,45	47	152,7	103,4
55—59	121,26	189,53	152	125,4	80,2	35,58	48,62	43	120,9	88,4
60—64	110,36	162,90	129	116,9	79,2	35,66	43,64	43	120,6	98,5
65—69	89,46	122,55	117	130,8	95,5	26,84	30,95	30	—	—
70—74	69,33	85,31	82	118,3	96,1	—	—	—	—	—
75—79	39,66	45,82	41	103,4	89,5	—	—	—	—	—
20—29	—	—	—	—	—	—	—	—	—	—
30—39	0,53	0,82	1	—	—	—	—	—	—	—
40—49	81,14	143,72	103	126,9	71,7	20,12	31,60	26	—	—
50—59	230,38	373,95	290	125,9	77,6	66,36	94,07	90	135,6	95,7
60—69	199,82	285,45	246	123,1	86,2	62,50	74,59	73	116,8	97,9
70—79	108,99	131,13	123	112,9	93,8	—	—	—	—	—
20—39	0,53	0,82	1	—	—	—	—	—	—	—
40—59	311,52	517,67	393	126,2	75,9	123,86	168,66	163	126,5	96,6
60—79	308,81	416,58	369	119,5	88,6	—	—	—	—	—
20—79	620,86	935,07	763	122,9	81,6	148,98	200,26	189	126,9	94,4

Tafel D.   Sterblichkeit normal versicherter Männer in Schweden.

Versicherungsjahr (abzüglich der Zeit vor dem ersten Geburtstage)

Erreichtes Altersjahr	21.—40. Anzahl berechneter Sterbefälle nach der Männersterblichkeit im ganzen Reiche	in den Städten	Anzahl wirklicher Sterbefälle	Prozent der wirklichen Sterbefälle von den berechneten Ganzes Reich	Städte	11.—40. Anzahl berechneter Sterbefälle nach der Männersterblichkeit im ganzen Reiche	in den Städten	Anzahl wirklicher Sterbefälle	Prozent der wirklichen Sterbefälle von den berechneten Ganzes Reich	Städte	1.—40. Anzahl berechneter Sterbefälle nach der Männersterblichkeit im ganzen Reiche	in den Städten	Anzahl wirklicher Sterbefälle	Prozent der wirklichen Sterbefälle von den berechneten Ganzes Reich	Städte
20—24	—	—	—	—	—	0,03	0,03	—	—	—	209,92	281,31	151	71,9	53,7
25—29	—	—	—	—	—	2,52	3,68	3	—	—	583,11	834,53	365	62,6	43,7
30—34	—	—	—	—	—	56,51	91,54	34	—	—	844,39	1 338,64	615	72,8	45,9
35—39	0,53	0,82	1	—	—	1834	310,75	184	97,2	59,2	972,46	1 599,44	796	81,9	49,8
40—44	15,46	27,08	15	—	—	324,39	562,97	331	102,0	58,8	1006,45	1 749,83	869	86,3	49,9
45—49	65,68	116,64	88	134,0	75,4	391,70	695,92	443	113,1	63,7	898,92	1 597,22	852	94,8	53,3
50—54	112,25	860	142	126,5	74,9	391,15	662,58	491	125,5	74,1	716,97	1 216,36	779	108,7	64,0
55—59	138,25	215,90	174	125,9	80,6	355,56	555,81	432	121,5	77,7	542,76	848,97	618	113,9	72,8
60—64	141,14	229	176	124,7	84,5	3257	437,45	327	99,2	74,8	423,82	576,54	431	101,7	74,8
65—69	524	171,17	160	128,0	93,5	215,71	295,86	262	121,5	88,6	247,98	340,46	297	119,8	87,2
70—74	109	128,95	125	119,1	96,9	1742	3516	174	115,7	94,0	157,54	194,03	186	118,1	95,9
75—79	6650	7677	71	106,8	92,5	82,88	95,80	84	101,4	87,7	84,43	97,61	86	101,9	88,1
20—29	—	—	—	—	—	2,55	3,71	3	—	—	793,03	1 115,84	516	65,1	46,2
30—39	0,53	0,82	1	—	—	245,85	402,29	218	88,7	54,2	1816,85	2 938,08	1411	77,7	48,0
40—49	81,14	572	103	126,9	71,7	716,09	1258,89	774	108,1	61,5	1905,37	3 340,05	1721	90,3	51,5
50—59	350	550	316	126,1	77,9	771	1218,39	923	123,6	75,8	1259,73	2 065,33	1397	110,9	67,6
60—69	218	556	336	126,2	88,5	545,28	733,31	189	108,0	80,3	671,80	917,00	728	108,4	79,4
70—79	171,49	272	196	114,3	95,3	233,30	280,96	258	110,6	91,8	241,97	291,64	272	112,4	93,3
20—39	0,53	0,82	1	—	—	248,40	406,00	221	89,0	54,4	2609,88	4 053,92	1927	73,8	47,5
40—59	354	549,22	419	126,3	76,3	1462,80	2477,28	1697	116,0	68,5	3165,10	5 405,38	3118	98,5	57,7
60—79	437,67	585,28	532	121,6	90,9	778,58	1014,27	847	108,8	83,5	913,77	1 208,64	1000	109,4	82,7
20—79	769,84	1135,32	952	123,7	83,9	2489,78	3897,55	2765	111,1	70,9	6688,75	10 667,94	6045	90,4	56,7

Sur la mortalité des hommes, risques normaux, en Suède.

Par Karl Dickman, Stockholm.

En s'appuyant sur le matériel recueilli et rédigé par le Comité pour les tables scandinaves de mortalité, auquel ont contribué 9 compagnies suédoises, l'auteur a comparé la mortalité effective des hommes assurés en Suède à celle des hommes dans le royaume entier et dans les villes pour les années 1881—1890.

Il donne, comme le résultat le plus important, la table suivante relative aux âges 20 à 80 ans, les années d'assurance se comptent à partir des anniversaires :

Années d'assurance	Nombre effectif de décès en pourcent de celui calculé sur la base de la mortalité	
	du royaume entier	des villes
0*)	44,6 %	28,8 %
1	53,8	34,6
2	62,6	39,8
3	70,9	44,6
4	76,1	47,4
5	74,8	46,2
· 6	82,8	50,8
7	89,6	54,6
8	91,8	55,6
9	105,9	64,0
10	97,3	58,7
1—5	67,3	42,4
6—10	92,7	56,3
11—15	103,7	62,7
16—20	115,0	71,3
21—25	121,1	78,7
26—30	126,4	87,5
31—35	129,6	94,7
36—40	122,1	93,8
1—10	78,1	48,4
11—20	107,9	65,9
21—30	122,9	81,6
31—40	126,9	94,4
21—40	123,7	83,9
11—40	111,1	70,9
1—40	90,4	56,7

*) Temps compté à partir de l'entrée jusqu'à l'anniversaire suivant.

On the mortality amongst insured healthy male lives in Sweden.

By **Karl Dickman**, Stockholm.

On the basis of data, collected and elaborated from the experience of nine Swedish life insurance companies by the Commitee for scandinavian mortality tables, I have compared the mortality of insured males in Sweden with that according to the mortality tables for the decennium 1881—1890, male lives, partly of the whole Kingdom and partly of the towns.

As the most important result of the investigation I give the following table referring to males between 20 and 80 years, the insurance years being counted from one birthday to the next one.

Insurance year	Real mortality in percent of the expected one, according to the mortality of males	
	In the whole Kingdom	In the Towns
0*)	44,6 %	28,8 %
1	53,8	34,6
2	62,6	39,8
3	70,9	44,6
4	76,1	47,4
5	74,8	46,2
6	82,8	50,8
7	89,6	54,6
8	91,8	55,6
9	105,9	64,0
10	97,3	58,7
1—5	67,3	42,4
6—10	92,7	56,3
11—15	103,7	62,7
16—20	115,0	71,3
21—25	121,1	78,7
26—30	126,4	87,5
31—35	129,6	94,7
36—40	122,1	93,8
1—10	78,1	48,4
11—20	107,9	65,9
21—30	122,9	81,6
31—40	126,9	94,4
21—40	123,7	83,9
11—40	111,1	70,9
1—40	90,4	56.7

*) Time from entrance to next birthday.

VIII. — E 2.

Zur Frage der Gegenauswahl.

(Über die von der Versicherungs-Gesellschaft „Skandia" vorgenommene Untersuchung.)

Von I. Fredholm, Stockholm.

Da es sowohl von praktischem als auch von theoretischem Werte ist, die Sterblichkeit der vorzeitig ausscheidenden Versicherungsnehmer zu kennen, wurde von der schwedischen Lebensversicherungsgesellschaft „Skandia" der Versuch gemacht, eine statistische Grundlage zur Beantwortung dieser Frage zu gewinnen.

Zu diesem Zweck wurden zuerst Namenlisten über alle Personen, die vorzeitig vom Versicherungsvertrag zurückgetreten waren, innerhalb der Periode 1855—1903, an die Agenten gesandt mit der Frage, ob die bezeichneten Personen am 31. Dezember 1903 noch am Leben waren oder nicht. In dem letzten Falle sollte der Agent wenn möglich Sterbejahr und -Tag angeben. Konnte der Agent die Fragen nicht beantworten. mußte man auf anderem Wege die nötigen Nachrichten zu bekommen suchen. Hierzu mußten über 3800 Briefe an verschiedene Personen und Ämter gerichtet werden. Auf diese Weise gelang es, befriedigende Nachrichten zu bekommen betreffend 10 322 von sämtlichen ausgeschiedenen Personen, deren Anzahl 10 545 betrug.

Näheren Aufschluß über Umfang und Beschaffenheit des Materials gibt die folgende Tafel:

	A. Ganz ausgeschieden						B. Teilweise ausgeschieden	
	A_1 Gesunde leben			A_2 Kranke leben			B_1	B_2
	A_{11} während der ganzen Beob. Zeit gefolgt	A_{12} während eines Teils der Beob. Zeit gefolgt	A_{13} während keines Teils der Beob. Zeit gefolgt	A_{21} wie bei A_{11}	A_{22} wie bei A_{12}	A_{23} wie bei A_{13}	Gesunde leben	Kranke leben
Unter Beobachtung Eingetretene . .	6132	260	170	1317	75	53	2014	524
Gestorbene	1007	58	—	574	33	—	352	214
Abgegangene . . .	—	130	170	—	39	53	—	—
Lebend am 31. Dezember 1903 . .	5125	72	—	743	3	—	1662	310

Von den beiden Hauptgruppen A und B umfaßt A sämtliche Personen, die, einmal bei der „Skandia" versichert, ihre Versicherungen vor dem Ausgang des Jahres 1903 aufgegeben hatten, B dagegen sämtliche Personen, deren Versicherungen *zum Teil* noch am 31. Dezember 1903 in Kraft waren.

Bei der Bearbeitung des Materials ist folglich zu bemerken, daß von den Beobachtungsjahren der der Gruppe A zugehörigen Personen ein Teil zu der Gruppe B gerechnet werden muß, nämlich die Zeit, während welcher die Versicherungen nur zum Teil aufgegeben waren. Unter Berücksichtigung dieses Umstandes ist im übrigen die Bearbeitung in der Weise ausgeführt, daß wenn i_x, n_x, d_x die Anzahl der in einem Alter zwischen x und x + 1 Jahren (ausschließlich) Eingetretenen, Abgegangenen und Gestorbenen bezeichnen, und b_x mittels der Rekursionsformel

$$b_x = b_{x-1} + i_{x-1} - u_{x-1} - d_{x-1}$$

berechnet wird, die Wahrscheinlichkeit q_x für ein x jähriger innerhalb des Jahres zu sterben mittels der Formel

$$q_x = \frac{d_x}{b_x + {}^1\!/_2 (i_x - u_x)}$$

berechnet wird.

Die dieser Formel zugrunde gelegene Annahme, daß Eintritt und Abgang auf die Mitte des Jahres verlegt werden kann, ist durch eine besondere Untersuchung geprüft und als zulässig befunden worden.

Um die Sterblichkeit der Abgegangenen vergleichen zu können, ist auch eine Tafel für die Sterblichkeit der Versicherungsnehmer der „Skandia" berechnet worden. Da diese Untersuchung die Fortsetzung einer früheren Arbeit ist, hat man sich bei der Konstruktion dieser Tafel einer etwas verschiedenen Methode bedient, indem hier die Beobachtungszeit erst nach Vollendung des ersten Altersjahres gerechnet ist. Folglich ist die Sterbenswahrscheinlichkeit q_x durch die Formel

$$q_x = \frac{d_x}{b_x - {}^1\!/_2 u_x}$$

berechnet.

Die Vergleichung, welche in dieser Mitteilung nur die gesunden, ganz ausgeschiedenen Leben umfaßt, ist nun so ausgeführt, daß die erwartungsmäßige Zahl der Sterbefälle nach der Tafel der Versicherungsnehmer der „Skandia" zwischen den unter Beobachtung genommenen Ausgetretenen berechnet ist. Das Resultat dieser Berechnung für die Gesundheit der Gruppen A_{11} und A_{12} findet sich in der folgenden Tafel:

Alter	Zahl der Sterbefälle		Wirkliche — Erwartungsmäßige Zahl der Sterbefälle	
	wirklich	berechnet	+	—
20 bis 24	14	13.5	0,5	
25 „ 29	32	31,3	0,7	
30 „ 34	81	52,6	28,4	
35 „ 39	113	68,4	44,6	—
40 „ 44	118	86,8	31,2	—
45 „ 49	106	109,5	—	3,5
50 „ 54	127	119,9	7,1	—
55 „ 59	133	112,1	20,9	—
60 „ 64	104	115,1	—	11,1
65 „ 69	96	99,6		3,6
70 „ 74	70	83,0		13
75 „ 79	41	44,7		3,7
80 „ 84	15	16,7	—	1,7
85 „ 89	10	11,1	—	1,1
20 „ 89	1060	964,3	133,4	37,7

Nach dieser Rechnung beurteilt, sollte also die Sterblichkeit der Ausgeschiedenen im Durchschnitt wesentlich höher sein als die der Versicherungsnehmer. Doch ganz so einfach liegt die Sache nicht, denn man muß bedenken, daß die Ausgeschiedenen erst nach dem Verlauf einiger Versicherungsjahre unter Beobachtung genommen sind, und man konnte daher vermuten, daß die wahrgenommene Übersterblichkeit durch diesen Umstand sich erklären ließe.

Darum habe ich noch einen Vergleich angestellt, indem ich die erwartungsmäßige Zahl der Sterbefälle nach einer Tafel berechnete, die mit Ausschluß der fünf ersten Versicherungsjahre berechnet ist.

Diese Tafel umfaßt nun nicht nur die Gesellschaft „Skandia", sondern eine Anzahl anderer Versicherungsanstalten Schwedens. Doch ist der Unterschied zwischen der „Skandia"-Tafel und der genannten Tafel ohne Ausschluß der fünf ersten Versicherungsjahre so gering, daß die Anwendung dieser Tafel zum vorliegenden Zweck keineswegs gewagt erschient. Eine nur für die „Skandia" geltende Tafel mit Ausschluß der fünf ersten Jahre liegt leider noch nicht vor. Die Vergleichung ergibt:

Alter	Zahl der Sterbefälle		Wirkliche — Erwartete Zahl der Sterbefälle	
	wirklich	erwartet	+	—
20 bis 24	14	14,4	—	0,4
25 „ 29	32	32,1	—	0,1
30 „ 34	81	59,1	21,9	—
35 „ 39	113	85,2	27,8	—
40 „ 44	118	99,6	18,4	—
45 „ 49	106	110,1	—	4,1
50 „ 54	127	123,6	3,4	—
55 „ 59	133	125,3	7,7	—
60 „ 64	104	111,9	—	7,9
65 „ 69	96	102,2	—	6,2
70 „ 74	70	77,7	—	7,7
75 „ 79	41	46,9	—	5,9
80 „ 84	15	22,7	—	7,7
20 „ 84	1050	1010,8	79,2	40,0

Um diese Ziffern beurteilen zu können, sei bemerkt, daß eine besondere Untersuchung ergeben hat, daß die Versicherungszeit vor dem Austritt im Mittel *unter* fünf Jahren liegt für das Beitrittsalter von 20 bis 49 Jahren, dagegen *über* fünf Jahre für spätere Beitrittsalter.

Somit erscheint die beträchtliche Übersterblichkeit zwischen den Altersgrenzen 30—44 nicht durch den genannten Umstand erklärlich, und es muß angenommen werden, daß in diesen Altersstufen die Sterblichkeit der Ausgetretenen wirklich höher ist als die der Versicherten. Zwischen den Altersgrenzen 45—64 scheint die Sterblichkeit der Ausgetretenen ziemlich übereinstimmend mit der der Versicherten zu sein. Dagegen zeigt sich bei dem Alter von 65 Jahren an eine gewisse Untersterblichkeit, die möglicherweise für die Existenz einer schädlichen Auswahl sprechen könnte.

Ein sicherer Beweis für die Existenz der Gegenauswahl ist jedoch hiermit gar nicht gegeben. Betrachtet man nämlich die Übersichtstafel auf S. 2, so geht daraus hervor, daß von 170 der Ausgetretenen keine Nachricht zu erlangen war. Es ist somit nicht unwahrscheinlich, daß unter diesen Personen ein so großer Teil gestorben sein kann, daß die sich zeigende Untersterblichkeit der Ausgetretenen nur scheinbar ist.

Wie es sich nun auch hiermit verhalten mag, so scheint es mir doch durch die vorliegende Untersuchung wahrscheinlich gemacht, daß die Bedeutung der sogenannten Gegenauswahl für eine Lebensversicherungsgesellschaft nicht sehr groß sein kann.

A propos de l'antisélection des assurés.

(L'enquête de la Compagnie d'assurance sur la vie „Skandia".)

Par I. **Fredholm**, Stockholm.

Cette étude a pour but d'apprendre à connaître la mortalité des assurés qui ont volontairement quitté la Compagnie „Skandia".

Les observations s'étendent aux années 1855 à 1903 inclusivement, elles comprennent 10 545 sorties; l'auteur n'ayant toutefois tenu compte que des risques normaux qui ont complètement cessé de faire partie de l'assurance, ce chiffre se réduit à 6562. Au nombre de ces derniers on compte 1063 décès et 170 cas dont le sort est absolument inconnu.

Cette enquête a établi que la mortalité de ces personnes est beaucoup plus élevée que celle des autres assurés pendant la période de 20 à 60 ans. A partir de cet âge la mortalité des personnes qui ont quitté l'assurance est plutôt inférieure. Cependant ce peut n'être là qu'une apparence, car il est fort probable qu'une grande partie des 170 personnes dont le sort est inconnu sont mortes, ce qui modifierait sensiblement le résultat de ces dernières constatations.

An investigation of "withdrawals"

(Made by the "Skandia" Life Insurance Company.)

By I. **Fredholm**, Stockholm.

The purpose of this Paper is to show the mortality of those persons, who voluntarily gave up their assurance in the "Skandia". The years of observation include the period between 1855 and 1903.

The total number of persons under observation amounts to 10 545; but of those who withdrew only the perfectly healthy and those who left the Assurance Company altogether are treated in this paper. Their number amounts to 6562; 1063 of them died, and the fate of 170 is unknown.

The investigation shows that the mortality of those persons (who had voluntarily left) during the ages between 20 and 60 years was considerably higher than the mortality of the Assured, but from the age of 60 years the mortality of those who had left the Assurance Company was somewhat less than that of the Assured. It is possible, however, that this smaller mortality is illusory only; perhaps the greater number of the 170 whose fate is unknown died and, if so, the rate of mortality of the persons, who had left the Assurance Company would be considerably changed.

Untersuchung
der Sterblichkeit unter normalen Leben
nach den Erfahrungen von neunzehn skandinavischen und finnischen Lebensversicherungsanstalten.

Von Graf **Samuel af Ugglas**, Stockholm.

Auf dem im Jahre 1885 zu Stockholm abgehaltenen ersten skandinavischen Lebensversicherungskongreß war der Vorschlag gemacht worden, die Sterblichkeit unter den lebensversicherten Personen in Schweden, Norwegen, Dänemark und Finnland zu untersuchen. Es wurde daher auf dem dritten Kongreß in Christiania im Jahre 1893 ein aus den Herren *Otto Samson,* Direktor der Lebensversicherungsaktiengesellschaft Nordstjernan in Stockholm, *M. S. Hansson,* Direktor der Lebensversicherungsgesellschaft Idun in Christiania, und dem Professor *Harald Westergaard* in Kopenhagen bestehendes Komitee eingesetzt, mit dem Auftrage, die Ausarbeitung skandinavischer Sterblichkeitstabellen zu besorgen. Zum Sekretär des Komitees und Leiter der Arbeit wurde der Obererwähnte ausersehen.

Als Grundlage für die Berechnung der Beobachtungsdauer wählte man die von der dänischen Staatsanstalt angewendete Methode, hauptsächlich charakterisiert dadurch, daß die Leben nicht vor dem ersten Geburtstag nach dem Eintritt unter Beobachtung genommen werden und danach von einem Geburtstag zum andern beobachtet werden bis zum letzten Geburtstag während der Beobachtungsdauer, sofern nicht vor diesem Zeitpunkt Todesfall oder Austritt erfolgt. Da indessen dadurch *teils* die Zeit vom Eintritt bis zum ersten Geburtstag mit allem was sich darin ereignet verloren geht, *teils* die Methode annimmt, daß alle Austritte am zuletzt vollendeten Geburtstag erfolgen, demzufolge die während des Jahres Ausgetretenen in der Zahl während desselben Jahres beobachteter Leben nicht mitgezählt werden, beschloß das Komitee, neben seiner Hauptuntersuchung und als Komplement derselben eine Reihe Spezialuntersuchungen vorzunehmen, *teils* betreffs der Sterblichkeit während der Zeit vor dem ersten Geburtstag, *teils* betreffs der Verteilung der Austritte und der Todesfälle während der einzelnen Versicherungsjahre. Da schließlich auch zum voraus angenommen werden konnte, daß die Sterblichkeit sich in den einzelnen Ländern verschieden stellte, wurde beschlossen, daß Untersuchungen sowohl für jedes Land für sich als auch für alle Länder gemeinsam, teils ohne, teils mit Finnland gemacht werden sollten. Man vermutete nämlich, daß die Sterblichkeit in diesem letzteren Lande besonders abweichende Sterblichkeitsverhältnisse zeigen würde.

Die Lebensversicherungsanstalten, die sich an den Untersuchungen beteiligten und Material dazu lieferten waren folgende:

In *Schweden*:

    die Versicherungsaktiengesellschaft *Skandia,*
    die Feuer- und Lebensversicherungsaktiengesellschaft *Svea,*
    die Lebenversicherungsaktiengesellschaft *Nordstjernan,*
    die Lebensversicherungsaktiengesellschaft *Thule,*
    die Lebenversicherungsaktiengesellschaft *Victoria,*
    die Feuer- und Lebensversicherungsaktiengesellschaft *Skåne,*
    die „*Allgemeine*" Lebensversicherungsgesellschaft,
    die Schwedische Lebensversicherungsanstalt *Oden*
    die Lebensversicherungsaktiengesellschaft *Norrland.* Summa 9.

In *Norwegen*:

    die Norwegische Lebensversicherungsanstalt *Idun,*
    die Christianiaer allgemeine „*Gegenseitige*" Versicherungsanstalt,
    die Lebensversicherungsgesellschaft *Brage,*
    die Lebensversicherungsgesellschaft *Hygea.* Summa 4.

In *Dänemark*:

    die *Staatsanstalt* für Lebensversicherung,
    die gegenseitige Versicherungsgesellschaft *Danmark,*
    die Dänische Lebensversicherungsgesellschaft *Hafnia,*
    die gegenseitige Lebensversicherungsgesellschaft *Fremtiden.*
    Summa 4.

In *Finnland*:

    die Versicherungsaktiengesellschaft *Kaleva,*
    die Lebensverscherungsaktiengesellschaft *Suomi.* Summa 2.

Demnach insgesamt 19 Anstalten.

Ausgenommen von der dänischen Staatsanstalt, erhielt man das Material für die Untersuchung in Form von Karten, *weiße* für männliche und *blaue* für weibliche Leben. Außer dem Namen der betr. Anstalten, zum Nachweis von wo die Angaben erteilt worden waren, enthielten die Karten die Angabe der vollständigen Namen (für verheiratete Frauen sowohl den Familiennamen der betreffenden Person vor der Verheiratung als auch den Familiennamen ihres Mannes), Beruf, Versicherungsbetrag, Prämienerhöhung, wo solche vorgekommen, nebst der Ursache davon, sowie nötige Daten und Altersangaben, wie gleichfalls die Ursache des Austritts und (für Verstorbene) die Todesursache.

Die dänische Staatsanstalt, die aus besonderen Gründen verhindert war, dem Komitee ihr *Karten*material zur Verfügung zu stellen, sandte Angaben in Form von Tabellen ein, eine für Eingetretene, eine für

Ausgetretene und eine für Gestorbene. Diese auf karriertem Papier auf-gesetzten Tabellen enthielten für jedes Geburtsjahr, sowie Eintritts-(bzw. Austritts- und Todes-)jahr die Anzahl der Personen, die *vor* und *nach* dem Geburtstag eingetreten (bzw. ausgetreten oder gestorben) waren, erstere in der unteren linken Ecke eines jeden Vierecks, letztere in der oberen rechten Ecke desselben Vierecks eingetragen. Das Material von der Staatsanstalt hat daher für sich bearbeitet und das Resultat dem von den übrigen dänischen Anstalten auf Grund des Kartenmateriales erhaltenen hinzugefügt werden müssen.

Das Material umfaßte sowohl normale Leben als auch solche, die auf Grund von Gesundheitszustand, Beruf usw. erhöhte Prämien er-halten hatten, doch sind in der vorliegenden Untersuchung nur die *normalen Leben* berücksichtigt worden.

Für jede Versicherung wurde *eine* Karte ausgefüllt, und daher mußten alle auf das nämliche Leben ausgefüllten Karten mit ununter-brochener Beobachtungszeit zusammengeführt und eine für das Leben gemeinsame Karte ausgefüllt werden, die mit einem roten Querstrich versehen wurde. Die Anzahl der ausgeschiedenen Karten belief sich auf 26 208, und da die Gesamtzahl der Karten 162 430 gewesen war, betrug das Ausscheidungsprozent 16.14%. Die größte Anzahl ausge-schiedener Karten oder 25 674 betrafen männliche Leben mit einem Ausscheidungsprozent von 16.97%, während von den Karten für die weiblichen Leben nur 4.80% oder 534 Karten ausgeschieden zu werden brauchten. Die Anzahl Leben mit nur einer Police betrug also:

Männer 108 540,
Frauen 10 202 = 118 742

und Leben mit mehreren Policen

Männer 17 082,
Frauen   398 = 17 480.

In diesen Ziffern ist jedoch nicht das Material von der dänischen Staatsanstalt einbegriffen, da in den Tabellen derselben die Aus-scheidung bereits gemacht war. Die Anzahl Leben von dort war 20 180 Männer und 2007 Frauen.

Das ganze Material an normalen Leben, das dem Komitee zur Ver-fügung stand, umfaßte:

aus *Schweden:*
Männer 74 765   mit 6 464
Frauen .4 967 =   79 732 „   207 =   6 671 Todesfällen,

aus *Norwegen:*
Männer 13 134   „   977
Frauen   883 =   14 017   „   42 =   1 019   „

aus *Dänemark:*
Männer ·42 791   „   6 504
Frauen   3 693 =   46 484   „ 1 162 =   7 666   „

aus *Finnland:*

Männer	15 112		mit	991		
Frauen	3 064	= 18 176	„	130	= 1 121	Todesfällen.

demnach insgesamt:

Männer	145 802		„	14 936		
Frauen	12 607	= 158 409	„	1 541	= 16 477	„

Da indessen nach der vom Komitee verfolgten Methode die Beobachtungszeit nicht vor dem ersten Geburtstage nach dem Eintritt beginnt und für diejenigen, die dann noch in Beobachtung bleiben, an den betreffenden Geburtstagen im letzten Beobachtungsjahr (1900) endigt, wird alles, was sich vor und nach den genannten Tagen ereignet, außer Betracht gelassen. Demzufolge müssen *teils* 4816 Leben, die zwischen dem Eintrittstage und dem nächsten Geburtstage starben oder austraten, von der vorstehend genannten Anzahl abgesetzt werden, *teils* 408 Todesfälle, die nach den betreffenden Geburtstagen im Jahre 1900 eintrafen, als am Schlusse der Beobachtungszeit noch am Leben befindlich angesehen werden. Das Material, das das Komitee bei seiner Hauptuntersuchung zu beobachten gehabt hat, beläuft sich also auf

Männer	141 297		mit	14 364		
Frauen	12 296	= 153 593	„	1 517	= 15 881	Todesfällen.

Selbst diese Anzahl ist jedoch bei der Aufstellung der Sterblichkeitstabellen nicht ganz in Anspruch genommen worden. *Teils* ist das Komitee der Meinung gewesen, hierbei vom Alter von 20 Jahren ausgehen zu müssen, *teils* würden infolge der vom Komitee verfolgten Methode alle Austretenden gerade am Geburtstage des Altersjahres, in welchem der Austritt erfolgt, als austretend anzusehen sein, alle die, die während des ersten Versicherungsjahres austreten, garnicht zur Beobachtung gelangen. Die Anzahl solcher Leben betrug 11 573, während außerdem 671 Leben mit 24 Todesfällen am Ende der Beobachtungszeit das Alter von 20 Jahren noch nicht erreicht hatten. Das Material, das demnach bei der Untersuchung tatsächlich zur Anwendung gekommen ist, besteht also aus 141 349 Leben mit 15 857 Todesfällen, insgesamt 1 437 269 Beobachtungsjahre repräsentierend. Jedes einzelne Leben hat also durchschnittlich 10.13 Jahre unter Beobachtung gestanden.

Das *Durchschnittsalter* beim *Eintritt* für alle Länder ist 31:55 Jahre für Männer und 32:50 für Frauen gewesen, und beim Todesfalle bzw. 51:19 und 58:67 Jahre.

Die nun gemachten Angaben betreffen das Material, wie dasselbe schließlich vorlag. Anfänglich wurde indessen bestimmt, daß die Beobachtungszeit am 31. Dezember 1894 abgeschlossen werden sollte. Da jedoch das Material von der dänischen Staatsanstalt nur für Perioden von 5 Jahren zu erhalten war, und es demnach nicht weiter zurückging als bis zum Ende des Jahres 1890, beschloß man, die Beobachtungszeit auszudehnen, sodaß sie alle bis Ende des Jahres 1895 Eingetretenen umfaßte und daß diese Leben noch weitere 5 Jahre beobachtet werden sollten, d. h. daß in der Untersuchung alle unter den vorerwähnten Leben bis zum Ende des Jahres 1900 eingetroffenen Todesfälle und Austritte mitgenommen werden sollten. Durch diese Ergänzungen wurden 20 132 Leben und 7135 Todesfälle gewonnen, von welch letzteren jedoch, wie vorstehend erwähnt wurde, 408 nach den betr. Geburtstagen im Jahre 1900 eintrafen und demnach nicht *als solche* mit in Berechnung gezogen worden sind. Auf 10 000 Leben berechnet, beträgt die durch die Ergänzungen erhaltene Anzahl Todesfälle gerade 50% von dem was Ende des Jahres 1894 der Fall war. Der Gewinn an der Anzahl der Beobachtungsjahre betrug, approximativ und in runden Zahlen, 695 000 Jahre, wodurch auch die durchschnittliche Beobachtungszeit um 3 : 7 Jahre oder etwa 70% verlängert wurde.

I. Die Hauptuntersuchung.

Das solchergestalt zur weiteren Bearbeitung fertige Material wurde alsdann in drei große Hauptgruppen eingeteilt: *Gestorbene, Ausgetretene* und *Leben,* deren Versicherungen am Ende der Beobachtungszeit *noch in Kraft* waren, worauf eine jede dieser Hauptgruppen nach dem Eintrittsalter am ersten Geburtstage nach dem Eintritt und innerhalb jeden Eintrittsalters nach der Anzahl ganz durchlebter Beobachtungsjahre eingeteilt wurde. Die Anzahl der Leben innerhalb jeder Beobachtungsgruppe wurde sodann in die ersten Grundtabellen oder die sogenannten „*Primärtabellen*" eingetragen. Diese nahmen für jedes Eintrittsalter in besonderen Spalten die Anzahl der Gestorbenen, Ausgetretenen und am Ende der Beobachtungszeit versichert Gebliebenen, nach der Anzahl durchlebter Beobachtungsjahre geordnet, auf. Von dieser Tabelle wurden die Resultate in die anderen Grundtabellen oder „*Alterstabellen*" übertragen, die auch die Anzahl der Gestorbenen, Ausgetretenen und versichert Gebliebenen aufnahmen, aber nach ganz durchlebten Altersjahren geordnet, während diese Tabelle außerdem eine weitere Spalte für die Anzahl bei jedem Alter noch Lebenden enthielt. Dadurch, daß man dann aus den Alterstabellen alle je nach dem verschiedenen Eintrittsalter bei gleichem durchlebten Alter annotierten Lebenden, Gestorbenen und Ausgetretenen zusammenaddierte, erhielt man die schließlichen Grundtabellen, *die Übersichtstabellen,* die die Anzahl für jedes Alter *Lebenden* (beobachtete Leben) und die in demselben Alter *Gestorbenen* und *Ausgetretenen* enthalten. In den beigefügten Tabellen (Tabellenbeilage I) wird ein Auszug aus diesen Tabellen über die männlichen Leben erteilt.

An der Hand dieser Übersichtstabellen wurden darauf die eigentlichen *Sterblichkeitstabellen* aufgestellt, von denen die für die männlichen Leben in der Tabellenbeilage II beiliegen. Eine Ausgleichung der für jedes Land aufgestellten Tabellen hat nicht stattgefunden, doch hat Herr Professor *T. N. Thiele* am Königl. Observatorium in Kopenhagen eine Ausgleichung der Tabellen für alle Länder zusammen vorge-

nommen, über die er im 1. Heft der Nordischen Aktuarienzeitschrift
„Aktuaren" näher berichtet hat. Die nachstehende Tabelle bringt einen
Vergleich der unausgeglichenen mit den ausgeglichenen Zahlen der
Lebenden.

Von 100 000 20jährigen leben:

Alter	Männer nach		Frauen nach	
	der unausge-glichenen	der ausge-glichenen	der unausge-glichenen	der ausge-glicheuen
	Tabelle		Tabelle	
20	100 000	100 000	100 000	100 000
25	97 182	97 887	97 129	97 628
30	95 098	95 784	95 014	95 102
35	92 847	93 511	92 311	92 280
40	90 150	90 825	89 027	89 126
45	86 804	87 422	85 542	85 675
50	82 297	82 930	81 306	81 899
55	76 230	76 898	77 597	77 517
60	68 325	68 825	71 431	71 854
65	58 096	58 304	63 917	63 930
70	45 092	45 350	53 463	52 934
75	30 414	30 912	38 639	39 105
80	17 265	17 205	24 664	24 434
85	7 050	7 033	12 177	12 088
90	1 634	1 806	3 986	4 357
95	234	231	726	1 025
96	—	137	726	720
100	—	11	—	135

Da während der Jahre 1900 und 1901 in allen nordischen Ländern
öffentliche Volkszählungen vorgenommen worden sind, und auf Grund
der hierbei gesammelten Angaben eine Untersuchung über die allgemeine
Sterblichkeit in diesen Ländern während des letztvergangenen Jahrzehntes bewerkstelligt worden ist, hat das Komitee einen Vergleich
dieser Sterblichkeiten mit den vom Komitee gefundenen aufgestellt.
Es hat sich dabei herausgestellt, daß, was die Männer anbelangt, die
allgemeine Sterblichkeit sich bis zum Alter von 50 Jahren über der vom
Komitee gefundenen hält. Besonders gilt dies von Dänemark und in
noch höherem Grade von Norwegen, während in Finnland die Sterblichkeit nach der offiziellen Statistik im großen ganzen mit der vom
Komitee für dieses Land gefundenen zusammenfällt. Für die Altersstufen *über* 50 Jahre hat das Komitee wiederum im allgemeinen eine
etwas höhere Sterblichkeit gefunden als was sich aus den offiziellen
Untersuchungen ergeben hat. Hierbei ist noch zu bemerken, daß diese
nur das letzte Jahrzehnt umfassen, während die Tabellen des Komitees
sich über eine sehr lange Beobachtungszeit (30—40 Jahre) erstrecken,
in welcher die Sterblichkeit im allgemeinen stufenweise abge-
nommen hat.

Was schließlich die weiblichen Leben anbelangt, so ist das Material, das dem Komitee zu Gebote gestanden hat, allzu gering, als daß ein sicherer Vergleich gemacht werden könnte, doch scheint dasselbe Verhältnis, wie rücksichtlich der Männer, auch für die Frauen vorherrschend zu sein, mit Ausnahme von Dänemark, wo die Sterblichkeit unter den Versicherten im Vergleich zu den Ziffern der offiziellen Statistik bemerkenswert groß ist.

Auch bei einem Vergleich mit den bei ausländischen Untersuchungen erhaltenen Sterblichkeiten zeigen die Erfahrungen der 19 skandinavischen Gesellschaften ein entschiedenes Übergewicht, das nur bei den höheren Altersstufen etwas abnimmt, doch ist das Material hier von so geringem Umfang, daß dem Zufall ein sehr weites Feld offen gelassen ist. Das Verhältnis geht aus den nachstehenden Tabellen näher hervor, wo unter „19 skandinavischen Gesellschaften" die Ziffern für alle vier Länder zusammengenommen aufgeführt sind. Der Vergleich betrifft die Sterblichkeit unter *Männern*.

Von 100 000 Männern starben im Laufe eines Jahres:

Alter	19 Skandinavische Gesellschaften	23 Deutsche Gesellschaften	17 Englische Gesellschaften	20 Englische Gesellschaften	New Experiences 1863—1893	
					„New" Assurances	„New & old" Assurances
25	425	654	777	633	474	505
30	416	770	842	772	561	587
35	528	932	929	877	718	760
40	644	1 158	1 036	1 031	848	916
45	912	1 474	1 221	1 219	1 035	1 124
50	1 225	1 884	1 594	1 595	1 438	1 533
55	1 848	2 634	2 166	2 103	2 122	2 104
60	2 708	3 689	3 024	2 968	2 719	2 915
65	4 174	5 083	4 408	4 343	3 927	4 122
70	5 776	7 340	6 493	6 219	5 945	6 334
75	10 073	10 608	9 556	9 836	9 228	9 331
80	13 817	15 600	14 041	14 465	14 106	14 151

Vergleicht man schließlich die für die verschiedenen Länder gefundenen Sterblichkeitszahlen mit einander, so zeigt sich, was die Männer anbelangt, daß die Sterblichkeit in Schweden nicht unbedeutend über dem Durchschnittsniveau liegt, und noch mehr ist dies der Fall bei Finnland, was nicht so erstaunlich ist, da im allgemeinen eine recht hohe Sterblichkeit in diesem Lande beobachtet worden ist. Das Zurückstehen Schwedens dürfte sich zum Teil daraus erklären lassen, daß aus dem schwedischen Material die recht zahlreichen in Finnland gemachten Versicherungen, die mit ihrer größeren Sterblichkeit das schwedische Material verschlechtert haben, nicht mit hinreichender Genauigkeit

haben ausgesondert werden, können. Anderseits zeigen sowohl Dänemark als Norwegen eine wesentlich geringere Anzahl beobachteter
Todesfälle, als was aus der Berechnung hervorgeht, zumal bei Altersstufen unter 50 Jahren. Nachstehende Zusammenstellung gibt einen
Vergleich der Anzahl in jedem Lande tatsächlich eingetroffene Todesfälle unter Männern, mit der Anzahl, die sich ergibt, wenn die für alle
Länder gemeinsam berechnete Sterblichkeitstabelle der Berechnung zugrunde gelegt wird, wobei, da die dänische Staatsanstalt mehr als 60%
von sämtlichen dänischen Beobachtungen repräsentiert, die Todesfälle
sowohl von da als von den übrigen dänischen Anstalten jede für sich
aufgenommen sind.

Anzahl berechneter und eingetroffener Todesfälle (Männer).

| Alter | Schweden | | Norwegen | | Dänemark | | | | | | Finnland | |
| | | | | | Die Staatsanstalt | | Übrige Anstalten | | Alle Anstalten | | | |
	Be-rechnet	Ein-ge-trof-fen	Be-rechnet	Ein-ge-trof-fen	Be-rechnet	Ein-ge-trof-fen	Be-rechnet	Ein-ge-trof-fen	Be-rechnet	Ein-ge-trof-fen	Be-rechnet	Ein-ge-trof-fen
20—29	525:68	516	116:77	107	89:59	81	102:92	87	192:51	168	125:51	170
30—39	1314:44	1411	232:43	190	397:63	385	421:40	317	819:03	702	220:56	282
40—49	1607:91	1721	247:02	221	701:52	624	537:80	464	1239:32	1088	199:39	265
50—59	1337:41	1397	207:33	179	1034:72	1000	428:73	432	1463:45	1432	127:69	128
60—69	749:89	737	151:49	135	1286:24	1295	240:89	247	1527:13	1542	41:52	56
70—79	292:77	286	87:27	60	1006:43	1054	98:43	84	1104:86	1138	6:04	7
80 u. darüber	47:90	39	25:76	19	310:03	332	19:02	12	329:05	344	0:31	1
Summa	5876:00	6107	1068:07	911	4826:16	4771	1849:19	1643	6675:35	6414	721:02	909

Was schließlich die Frauen anbelangt, so sind diese, wie zuvor erwähnt wurde, in relativ so geringer Anzahl vertreten, daß bei einer derartigen Berechnung gar zu leicht Zufälligkeiten einspielen und die
Resultate ungewiß machen können, doch scheinen bei ihnen die Verhältnisse ganz verschieden von dem zu sein, was rücksichtlich der
Männer gefunden wurde, indem Schweden hier eine wesentliche Untersterblichkeit zeigt, während Dänemark über das Durchschnittsniveau
gelangt.

Das Komitee hat auch *die Sterblichkeit unter Berücksichtigung
der Dauer der Versicherung* untersucht und nachstehend folgt eine
summarische Übersicht des Resultates für die männlichen Leben in
allen Ländern zusammengenommen bis hinauf zu 70 Jahren und in
gleichalterigen Altersgruppen von 10 Jahren. Bei dieser Untersuchung
hat jedoch das Material von der dänischen Staatsanstalt nicht mitgenommen werden können, da die Form, in der dasselbe überliefert wurde,
eine derartige Bearbeitung nicht zuließe.

Dauer der Versicherungen: Männer.

Vollendete Versicherungs-jahre	Altersstufen														
	20—29			30—39			40—49			50—59			60—69		
	Lebende	Gestorbene	Ausgetretene	Lebende	Gestorbene	Ausgetretene	Lebende	Gestorbene	Ausgetretene	Lebende	Gestorbene	Ausgetretene	Lebende	Gestorbene	Ausgetretene
0	45 326	155	5 660	43 106	151	3 706	15 860	108	1107	3 202	85	208	260	10	24
1	38 125	161	2 314	44 026	189	1 906	17 237	120	577	3 681	40	128	340	11	12
2	31 649	169	1 566	44 484	212	1 726	18 570	131	645	4 221	55	133	437	10	17
3	25 704	137	923	44 805	244	1 290	20 358	162	498	4 799	66	121	557	25	12
4	19 100	85	570	42 864	218	1 173	21 173	186	487	5 315	74	147	673	21	21
5—9	28 863	169	684	143 535	890	2 662	96 737	852	1574	29 874	494	483	4 889	171	64
10 darüb	655	10	768	46 645	296	1 974	106 354	1111	2335	70 305	1374	1865	25 060	926	803
0—4	159 904	707	11 033	219 285	1014	9 801	93 198	707	3314	21 218	270	737	2 267	77	86
5 darüber	29 518	179	1 452	190 180	1186	4 636	203 091	1963	3909	100 179	1868	2348	29 949	1097	867
Summa	189 422	886	12 485	409 465	2200	14 437	296 289	2670	7223	121 397	2138	3085	32 216	1174	953

Bei der vorstehenden Übersicht ist zu beachten, daß nach der vom Komitee verfolgten Methode die Ausgetretenen als gerade am Geburtstage ausgetreten angenommen werden, sodaß man also, um die wirkliche Anzahl der zu Anfang eines jeden Versicherungsjahres lebenden zu erhalten, zur Anzahl der in obiger Übersicht als „lebende" Verzeichneten die Anzahl der während der Jahre Ausgetretenen zu addieren hat.

Die nachstehende Tabelle gibt eine Übersicht von der Sterblichkeit, berechnet auf 100 000 bei Beginn eines jeden Jahres Lebende, die 5 ersten Versicherungsjahre jedes für sich und die darauffolgenden 5 Jahre zusammengenommen, und von der während der ersten 5 Jahre zusammengenommen herrschenden Sterblichkeit, wie gleichfalls von derselben unter Abzug sowohl der 5 ersten als auch der 10 ersten Versicherungsjahre, alles in Altersgruppen von 10 Jahren. Die Berechnung ist für männliche Leben aller Länder zusammengenommen gemacht worden.

Von 100,000 in nachstehendem Alter Lebenden sterben im Laufe des Jahres:

Vollendete Versicherungsjahre	Altersgruppen				
	20—29	30—39	40—49	50—59	60—69
0	342	350	681	1 093	3 846
1	422	429	696	1 087	3 235
2	534	477	705	1 303	2 288
3	533	545	796	1 375	4 488
4	445	509	879	1 392	3 120
5—9	586	620	881	1 654	3 498
10 Jahre und darüber	1 527	635	1 045	1 954	3 695
0—4	442	462	759	1 273	3 397
5 Jahre und darüber	606	624	967	1 865	3 663
Summa	468	537	901	1 761	3 644

Wie sich die diesbezüglichen Verhältnisse in den verschiedenen Ländern gestalten, geht aus nachstehender Übersicht hervor, welche zeigt, wieviele Todesfälle auf 100 erwartete solche eingetroffen sind, wenn als Grundlage für die Berechnung der Anzahl erwarteter Todesfälle die für die betreffenden Altersklassen in ihrem ganzen Umfang gefundenen Sterblichkeitskoeffizienten angewendet werden. Die Altersklassen sind in zwei größeren Altersgruppen zusammengeführt worden:

Auf, 100 in nachstehenden Altersklassen erwartete Todesfälle trafen unter ·Männern ein:

Vollendete Versicherungsjahre	20—44				45—69				20—69			
	Schweden	Norwegen	Dänemark	Finnland	Schweden	Norwegen	Dänemark	Finnland	Schweden	Norwegen	Dänemark	Finnland
0	71	97	63	60	72	119	76	59	71	100	66	60
1	87	73	95	86	50	37	100	77	79	67	97	85
2	92	102	105	100	77	41	84	70	88	89	99	99
3	91	126	106	117	97	71	90	100	93	113	101	113
4	92	84	112	100	84	90	128	78	90	85	118	94
5—9	114	108	106	120	91	78	105	105	104	95	106	114
10 u. darüber	115	99	104	96	110	113	99	120	111	111	99	112
0—4	86	96	95	92	78	71	98	79	84	91	96	89
5 u. darüber	114	105	106	115	104	105	100	112	108	105	102	114

Schließlich sind auch Sterblichkeitabellen unter Abzug der 5 ersten Beobachtungsjahre aufgestellt worden. In diesen Tabellen (Tabellenbeilage III) ist auch das Material von der dänischen Staatsanstalt mit aufgenommen worden.

Spezialuntersuchungen.

Diese Untersuchungen, in welche das von der dänischen Staatsanstalt gelieferte Material aus zuvor erwähnten Gründen nicht mit einbegriffen ist, bezweckten hauptsächlich zu beleuchten, in welchem Maße die vom Komitee angewendete Methode für die Berechnung der Beobachtungszeit die in früheren Ermittelungen gefundene Sterblichkeit hat beeinflussen können, und zwar zerfallen sie in 2 Hauptabteilungen:

1. *Untersuchung betreffs der Verhältnisse während des ersten Versicherungsjahres* und

2. *Untersuchung betreffs der Verhältnisse während der Zeit nach dem ersten Geburtstag.*

Bei diesen Untersuchungen sind freilich sowohl männliche als weibliche Leben behandelt worden; da aber infolge der relativ geringen

Anzahl der letzteren die Resultate für die weiblichen Leben weniger
zuverlässig werden mußten, so sind in der nachstehenden Auseinandersetzung der Resultate nur die männlichen Leben berücksichtigt worden.

**1. *Die Untersuchung betreffs der Verhältnisse während des ersten
Versicherungsjahres* bezweckte**

teils, sozusagen im Detail, die Sterblichkeit während der ersten Versicherungszeit, speziell die Zeit vor dem ersten Geburtstage klar-
zustellen,

teils Material zu gewähren zu einer eventuellen Ermittelung der
Sterblichkeit bei Mitnahme der Zeit vor dem ersten Geburtstage.

Hierbei galt es zunächst zu ermitteln, eine wie lange Zeit durchschnittlich zwischen dem Eintrittsjahre und dem ersten Geburtstage
verstrichen war. Zu diesem Ende wurden die Eingetretenen innerhalb
jeden Eintrittsalters nach beim Eintritt *vollendeten* Altersmonaten,
sowie die vor dem ersten Geburtstage Gestorbenen und Ausgetretenen
nach den Altersmonaten eingeteilt, in welchen sie gestorben oder ausgetreten waren. Dann wurde die gesamte Anzahl der Beobachtungsmonate ausgerechnet, die für alle Leben vom Ende des Monats, in
welchem der Eintritt (bzw. Austritt oder Todesfall) erfolgt war, bis
zum nächsten Geburtstag verflossen waren. Die wirkliche Beobachtungszeit für die Leben erhielt man also dadurch, daß man von der für
die Eingetretenen gefundenen Anzahl Beobachtungsmonate die Anzahl
Beobachtungsmonate für Gestorbene und Ausgetretene subtrahierte.

Bei dieser ersten Untersuchung sind Eintritte, Todesfälle und Austritte sozusagen als auf das Ende der verschiedenen Altersmonate konzentriert angesehen worden, oder, mit anderen Worten, die Beobachtungszeit hat erst vom Ende desjenigen Altersmonats an, in welchem
z. B. der Eintritt erfolgt war, angefangen berechnet zu werden. Da
indessen diese Annahme ja nicht die wirklichen Verhältnisse repräsentiert, galt es sodann zu ermitteln, wie viele Tage vom Eintritt bzw.
Todesfall oder Austritt bis zum Ende der verschiedenen Altersmonate
übrig waren. Da es zu weitläufig geworden wäre, diese Untersuchung
für *jedes* Eintrittsalter zu machen, so ist dieselbe auf jedes 10. Alter
beschränkt worden und sind die dabei gefundenen Resultate als für
eine Altersperiode von 10 Jahren geltend angesehen worden, in
der Weise, daß die Resultate für das Alter 20 als für die Altersstufen
20—25, die Resultate für das 30 als für die Altersstufen 26—35 geltend
angesehen wurden, usw.

Die Untersuchung selbst wurde in der Weise vorgenommen, daß
innerhalb der untersuchten Enitrittsalter für jeden Altersmonat die
Anzahl Eingetretener bzw. Gestorbener und Ausgetretener nach der
Anzahl vollendeter Tage des Altersmonats verteilt wurden. Ist z. B. eine
Person beim Eintritt 20 Jahre 5 Monate und 13 Tage alt gewesen, so hat
sie in der ersten Untersuchung eine Beobachtungszeit bis zum nächsten
Geburtstag von 6 Monaten erhalten. Bei dieser letzteren Einteilung
wurde dieselbe am 13. Tage des 5. Altersmonats eingetragen und erhielt

also eine tatsächliche Untersuchungszeit von 6 Monaten und 17 Tagen, indem alle Monate zu 30 Tagen gerechnet wurden. Die Endsummen der einzelnen Altersmonate wurden sodann addiert und die Endsummen des Jahres in Monate umgewandelt, wobei die Quoten von 0,5 Monat abwärts und aufwärts abgerundet wurden. Die dabei erhaltene Anzahl ganzer Monate wurde darauf zu den Zahlen addiert, die sich in der ersten Untersuchung ergeben hatten. Die hier folgende Zusammenstellung gibt eine Übersicht in verkürzter Form über die Endresultate dieser Untersuchung für männliche Leben von allen Ländern zusammengenommen, wie gleichfalls über Sterblichkeit und Austrittsfrequenz während der Zeit vor dem ersten Geburtstage ausgerechnet auf 100 000 und *pro Jahr,* d. h. daß der Quotient $\dfrac{\text{Gestorbene (bzw. Ausgetretene)}}{\text{gesammelte Beobachtungszeit}}$ $\times$ 100,000, der ja Sterblichkeit bzw. Austrittsfrequenz pro *Monat* ausdrückt, nachträglich mit 12 multipliziert worden ist. Mit „gesammelte Beobachtungszeit" wird die gesammelte Zeit für die Eingetretenen abzüglich der gleichen Zeit für Gestorbene und Ausgetretene bezeichnet.

Gesammelte Beobachtungszeit, Sterblichkeit und Austrittsfrequenz für die Zeit vor dem ersten Geburtstage.

Männliche Leben: Schweden, Norwegen, Dänemark und Finnland.

Eintritts-alter	Anzahl			Ge-sammelte Beobach-tungszeit	Mittlere Beobach-tungszeit für Ein-getretene	Von 100 000 Ein-getretenen	
						sterben	treten aus
	Ein-getretene	Ge-stor-bene	Aus-getretene	Monate	Monate	vor dem ersten Ge-burtstag	
20—24	24 389	35	1 035	117 766	4 : 8	357	10 546
25—29	33 217	36	1 303	164 989	5 : 0	262	9 477
30—34	26 915	34	837	137 449	5 : 1	297	7 307
35—39	17 852	22	491	92 603	5 : 2	285	6 362
40—44	10 114	18	279	52 775	5 : 2	409	6 344
45—49	5 039	12	140	26 384	5 : 2	546	6 367
50—54	2 051	2	45	10 993	5 : 4	218	4 912
55—59	802	5	27	4 295	5 : 4	1 397	7 544
60—64	155	2	3	849	5 : 5	2 827	4 240
65—76	26	—	—	151	5 : 8	—	—

Als einen Zusatz zu dieser letzten Untersuchung hat das Komitee auch eine Ermittelung der Sterblichkeit und der Austrittsfrequenz während des *ganzen ersten Versicherungsjahres,* d. h. vom Eintrittstage bis zum Jahrestage darauf, vorgenommen. Die Resultate dieser Untersuchung sind aus nachstehender Zusammenstellung ersichtlich:

Sterblichkeit und Austrittsfrequenz während des ersten Versicherungsjahres.
Männliche Leben: Schweden, Norwegen, Dänemark und Finnland.

Anzahl Beobachtungs- monate	Eintrittsalter								
	20—29					30—39			
	Anzahl			Von 100 000 Lebenden		Anzahl			Von 100 000 Lebenden
	Lebende	Ge- storbene	Ausge- tretene	sterben	treten aus	Lebende	Ge- storbene	Ausge- tretene	sterben	treten aus
				während des Quartals					während des Quartals	
0—3	57 606	19	216	33	375	44 767	23	106	51	237
3—6	57 371	45	1 909	78	3 328	44 638	30	1 088	67	2 438
6—9	55 417	41	2 174	74	3 923	43 520	37	1 160	85	2 665
9—12	53 202	38	2 613	71	4 911	42 323	47	1 507	111	3 561

	Eintrittsalter								
	40—49					50—64			
0—3	15 153	10	45	66	297	3 008	4	2	133	67
3—6	15 098	22	288	146	1 908	3 002	6	44	200	1 466
6—9	14 788	25	355	169	2 401	2 952	7	71	237	2 405
9—12	14 408	18	444	125	3 082	2 874	7	93	244	3 236

In nachstehender Zusammenstellung wird ein Vergleich dargelegt zwischen der Sterblichkeit

teils während des ganzen ersten Versicherungsjahres vom Eintritts- tage bis zum Jahrestage darauf,

teils während der Zeit *vor* dem ersten Geburtstage (pro ganzes Jahr gerechnet) und

teils während des ersten Beobachtungsjahres, d. h. vom ersten während der Beobachtung vollendeten Geburtstage an.

nzahl der Gestorbenen während des ersten Versicherungs- und Beobachtungsjahres. Es kamen auf 100 000 Lebende zu Anfang jeden Jahres:

in- tts- ter	Schweden, Norwegen und Dänemark						Schweden, Norwegen, Dänemark und Finnland					
	Männer			Frauen			Männer			Frauen		
	während des ersten Versiche- rungs- jahres	vor dem ersten Ge- burts- tage	während des ersten Beobach- tungs- jahres	während des ersten Versiche- rungs- jahres	vor dem ersten Ge- burts- tage	während des ersten Beobach- tungs- jahres	während des ersten Versiche- rungs- jahres	vor dem ersten Ge- burts- tage	während des ersten Beobach- tungs- jahres	während des ersten Versiche- rungs- jahres	vor dem ersten Ge- burts- tage	während des ersten Beobach- tungs- jahres
—24	321	384	389	280	163	329	312	357	870	219	202	404
—29	213	271	270	188	301	361	202	262	275	171	297	240
—34	281	297	354	477	316	624	297	297	376	449	339	562
—39	309	264	406	294	—	550	319	285	391	297	169	582
—44	447	416	568	—	—	508	425	409	589	351	258	801
—49	721	625	997	937	526	1 053	635	546	1 007	795	1 335	883
—54	499	250	1 096	1 333	1 038	515	439	218	1 062	1 195	928	461
—59	989	945	1 577	826	1 752	—	1 122	1 397	1 387	752	1 577	—
—64	3 546	3 093	4 098	—	—	—	3 871	2 827	4 444	—	—	—

Die Tabelle zeigt, daß von 100 000 bei z. B. vollendeten 20—24 Jahren in Schweden, Norwegen und Dänemark eingetretenen Männern 321 vor dem ersten Jahrestage des Eintritts starben, während die Sterblichkeit vor dem ersten Geburtstage pro ganzes Jahr gerechnet, einer Anzahl von 384 enspricht. Von den nämlichen Eingetretenen, welche den ersten Geburtstag überlebten, demnach im Alter 21—25, starben ferner vor dem nächsten Geburtstage 389, ebenfalls auf 100 000 am ersten Geburtstage Lebende gerechnet.

Wenn man die mit 20—30 Jahren Eingetretenen, welche während der ersten Monate der Versicherungszeit eine besonders hohe Sterblichkeit zeigen, ausnimmt, geht aus den Zahlen in der Tabelle recht deutlich der Einfluß der ärztlichen Selektion hervor, indem die Sterblichkeit, zum Teil ziemlich stark, zunimmt, je länger die Versicherungszeit angedauert hat.

Nachdem in dieser Weise die Untersuchungen betreffs der Verhältnisse während des ersten Versicherungsjahres beendigt waren, begann:

2. *Die Untersuchung betreffs der Verhältnisse nach dem ersten Geburtstage,* die hauptsächlich den Zweck hatten, Material zu gewähren für eine nähere Untersuchung des Einflusses, den die vom Komitee gewählte Methode, die Austritte als gerade am Geburtstage erfolgt zu betrachten, bei der Berechnung der Sterblichkeit haben kann, gleichfalls aber einen Beitrag zu gewähren zu einer Ermittelung der Verteilung der Austritte auf die einzelnen Versicherungsjahre.

Unter den Austritten kommen doch manche vor, deren Eintreffen, sofern nicht Todesfälle vorhergehen, bestimmt berechnet werden können, nämlich solche, die Folge davon sind, daß die vereinbarte Versicherungszeit verstrichen ist, wie kurze Kapitalversicherungen auf den Todesfall, gemischte Lebens- und Kapitalversicherungen usw. Ein anderer Teil wiederum ist ausschließlich von der Sterbenswahrscheinlichkeit abhängig, wie bei gegenseitigen Versicherungen auf zwei oder mehrere verbundene Leben, da bei dem Tode eines der Versicherten die Policen auf das Leben der übrigen von selbst außer Kraft treten. Es gilt daher in erster Hand, *das Verhältnis zwischen Austritten dieser Art,* vom Komitee mit U_1 bezeichnet, *und den übrigen Austritten* infolge aufhörender Prämienzahlung, Rückkauf usw., welche die Bezeichnung U_2 erhalten haben, zu untersuchen. Diese Untersuchung ist in derselben Weise bewerkstelligt worden, wie es bei der Aufstellung der Tabellen über die Dauer der Versicherungen geschehen ist, aber mit den Ausgetretenen nach den Austrittsursachen verteilt, und wird nachstehend eine Zusammenstellung der Resultate für männliche Leben und alle Länder zusammengenommen mitgeteilt.

Nachdem sämtliche Ausgetretene so nach den Ursachen des Austrittes verteilt waren, wurde eine generelle *Untersuchung der Verteilung der Todesfälle und Austritte auf die verschiedenen Versicherungsjahre* vorgenommen.

Diese Untersuchung wurde jedoch nur für jedes 10. Eintrittsalter und in gleicher Weise gemacht, wie es bei der entsprechenden Untersuchung war. Zuerst wurde untersucht, wie viel ganze Monate vom

Männliche Leben: Schweden, Norwegen, Dänemark und Finnland.

Vollendete Versicherungs- jahre	Altersklassen											
	20—29		30—39		40—49		50—59		60—69		70—89	
	Anzahl Ausgetretene nach											
	U_1	U_2	U_1	U_2	U_1	U_2	U_1	U_2	U_1	U_2	U_1	U_2
0	14	5 646	14	3 692	18	1094	8	200	1	23	—	—
1—4	51	5 322	81	6 014	65	2142	56	476	15	47	—	1
5 u. darüber	15	1 437	140	4 496	169	3740	432	1913	226	641	9	173
0—9	78	11 639	226	12 237	163	4725	138	1082	28	122	1	3
10 u. darüber	2	766	9	1 965	84	2251	358	1507	214	589	8	171
Summa	80	12 405	235	14 202	247	6976	496	2589	242	711	9	174

letzten Geburtstage bis zu dem Monat verflossen waren, in welchem der Todesfall oder der Austritt erfolgt war, und dann, wie viel Tage bis zum Tage des Todesfalles oder des Austritts vom Anfang des Monats, in welchem diese Ereignisse eingetroffen waren, verflossen waren. Die Resultate dieser beiden Detailuntersuchungen wurden sodann zusammengeworfen, nachdem die Tage in der letzteren Untersuchung in zuvor erwähnter Weise in Monate umgewandelt waren.

Das Resultat für alle Länder zusammengenommen ist aus nachstehender Übersicht ersichtlich:

Beobachtungszeit für Ausgetretene und Gestorbene vom zuletzt vollendeten Geburtstage an.

Männliche Leben: Schweden, Norwegen, Dänemark und Finnland.

Ein- tritts- alter	Anzahl			Anzahl Monate vom zuletzt vollendeten Geburtstage an					
				Summa			Durchschnittszahl		
	Ausgetreten nach		Ge- storben	bis zum Austritt nach		bis zum Todes- fall	bis zum Austritt nach		bis zum Todes- fall
	U_1	U_2		U_1	U_2		U_1	U_2	
20	10	715	97	19	3238	587	2	5	6
30	50	1738	397	242	8043	2310	5	5	6
40	50	677	317	275	3169	1951	6	5	6
50	16	158	157	63	795	967	4	5	6
60	4	15	47	6	74	267	2	5	6
70	—	—	3	—	—	20	—	—	7

Im Anschluß an die Ermittelung betreffs der Zeit, welche die während eines jeden Jahres Gestorbenen und Ausgetretenen durchschnittlich nach zuletzt vollendeten ganzen Altersjahren unter Beobachtung verbleiben, wurde auch eine Untersuchung vorgenommen betreffs der .

Austrittsfrequenz für die nach U_2 Ausgetretenen oder der Wahrscheinlichkeit, daß während eines jeden Jahres infolge aufhörender Prämienzahlung, Rückkaufes oder dergleichen Austritte erfolgen. Bei dieser Untersuchung, der Angaben zugrunde liegen, die bei den Ermittelungen betreffs der Dauer der Versicherungen (Pag. 8) und derjenigen betreffs der Verteilung der Austritte nach den Austrittsursachen (Pag. 13) erhalten wurden, wurde doch eine Richtigstellung nötig in bezug auf die in der ersten dieser Untersuchungen angewendeten Zahlen für „Lebende", indem von diesen die während des Jahres Ausgetretenen subtrahiert worden sind, da von diesen ja angenommen wurde, daß sie gerade am Geburtstage abgingen. Wenn man daher bei der Berechnung der Austrittsfrequenz ohne weiteres die zuvor gefundenen Zahlen für während des Jahres beobachtete Leben anwendet, ist es ja klar, daß die Wahrscheinlichkeit, daß ein Austritt eintreffen werde, durch eine etwas zu große Zahl ausgedrückt wird. Zu der bei der Untersuchung betreffs der Dauer der Versicherungen angewendeten Anzahl Lebender muß daher die Anzahl während des Jahres Ausgetretener addiert werden. Da indessen die Untersuchung nur die nach U_2 Ausgetretenen betraf, konnte man eben hier von den aus anderen Gründen Abgegangenen oder den mit U_1 Bezeichneten, deren Austritte durch ganz andere Gesetze geregelt wurden, gänzlich absehen, und die gesuchte Austrittsfrequenz durch die Formel $\dfrac{U_2}{L + U_2}$ ausdrücken, worin L die Anzahl Lebender nach der Untersuchung betreffs der Dauer der Versicherungen, und U_2 die Anzahl mit dieser Bezeichnung während des Jahres Ausgetretener bedeutet.

Die Resultate der Untersuchung, die demnach, wie man sieht, in voller Analogie mit derjenigen betreffs der Sterbenswahrscheinlichkeit vorgenommen worden ist, sind aus nachstehender Zusammenstellung für alle Länder zusammengenommen ersichtlich.

Austrittsfrequenz für die nach U_2 Ausgetretenen.
Männliche Leben: Schweden, Norwegen, Dänemark und Finnland.

Vollendete Versicherungsjahre	Von 100 000 in nachstehenden Altersklassen Lebenden treten aus											
	20-24	25-29	30-34	35-39	40-44	45-49	50-54	55-59	60-64	65-69	70-74	75-7[9]
0	12 459	10·212	8322	7249	6319	6722	5789	6116	8077	8696	—	—
1—4	4 865	4 281	3547	2985	2746	2601	2802	1995	2255	2500	—	11 11
5 u. darüber	2 388	2 245	1768	1481	1236	1192	1077	989	871	819	579	63
0—9	7 533	5 171	3689	2840	2478	2341	2224	1726	1828	1083	441	4 87
10 u. darüber	—	1 613	1216	1171	926	957	906	935	797	849	579	58
Summa	7 526	5 156	3508	2558	2006	1750	1515	1216	1065	883	572	69

Wie sich die Austritte während der einzelnen Versicherungsjahre verhalten, geht wiederum aus nachstehender Zusammenstellung hervor, wo man, unter Anwendung der für die einzelnen Altersklassen in ihrem ganzen Umfange gefundenen Austrittskoeffizienten als Ausgangspunkte, berechnet hat, wie viele Austritte innerhalb einer jeden Altersklasse auf

Anzahl berechnete und eingetroffene Austritte der einzelnen Versicherungsjahre.

Männliche Leben: Schweden, Norwegen, Dänemark und Finnland.

Vollendete Ver-sicherungs-jahre	Anzahl Austritte in nachstehenden Altersklassen											Von 100 in nachstehenden Altersklassen erwarteten Austritten trafen ein				
	Berechnete					Eingetroffene									
	20—29	30—39	40—49	50—64	Summa	20—29	30—39	40—49	50—64	Summa	20—29	30—39	40—49	50—64	20—64
0	3 155:08	1 466:20	323:77	50:90	4 995:95	5 646	3 692	1094	221	10 653	179	252	338	434	213
1—4	6 922:43	5 616:53	1 509:43	275:62	14 324:01	5 322	6 014	2 142	516	13 994	77	107	142	187	98
5—9	1 534:40	4 388:38	1 872:88	465:31	8 260:97	671	2 532	1 489	451	5 143	44	58	80	97	62
0—9	11 611:91	11 471:11	3 706:08	791:83	27 580:93	11 639	12 238	4 725	1188	29 790	100	107	127	150	108
10 u. darüber	37:34	1 324:77	2 030:18	1 179:14	4 571:43	10	558	1 011	783	2 362	27	42	50	66	52
0—4	10 077:51	7 082:73	1 833:20	326:52	19 319:96	10 968	9 706	3 236	737	24 647	109	137	177	226	128
5 u. darüber	1 571:74	5 713:15	3 903:06	1 644:45	12 832:40	681	3 090	2 500	1 234	7 505	43	54	64	75	58
Summa	11 649:25	12 795:88	5 736:26	1 970:97	32 152:36	11 649	12 796	5 736	1971	32 152	100	100	100	100	100

jeden Jahrgang Versicherungen entfallen müßten, und diese Zahlen mit den beobachteten Austritten verglichen hat, wobei die Leben in Altersgruppen von 10 Jahren bis hinauf auf 50, und danach bis einschließlich 64 Jahre in einer Gruppe zusammengeführt worden sind. Für höhere Altersstufen ist die Anzahl der Austritte so gering, daß diese außer Betracht gelassen werden können.

Wie sich schließlich die Verhältnisse in dieser Hinsicht in den verschiedenen Ländern gestalten, erhellt aus nachstehender Übersicht von der Anzahl eingetroffener Austritte auf 100 auf Grund der für alle Länder zusammengenommen gefundenen Austrittskoeffizienten berechnete. Die Leben sind auch hier in den gleichen Altersgruppen zusammengestellt wie vorstehend.

Von 100 erwarteten Austritten unter Männern trafen ein:

Alter	Schweden	Norwegen	Dänemark	Finnland
20—29	107	66	131	68
30—39	108	63	107	64
40—49	102	66	113	84
50—64	91	64	151	73
20—64	106	65	118	73

Aus diesen Zusammenstellungen ergibt sich, daß die Austrittsfrequenz in Norwegen relativ am kleinsten, aber auch in Finnland ziemlich niedrig ist. In Dänemark ist sie wiederum erheblich höher als in den übrigen Ländern, und zeigt außerdem die Eigenart, daß sie mit vorrückendem Alter, speziell nach 40 Jahren, zunimmt. Auch in Schweden liegt die Austrittsfrequenz, besonders in den jüngeren Altersklassen, etwas näher dem Durchschnittsniveau, hält sich jedoch diesem recht nahe, was ja auch natürlich ist, da nahezu 65% aller Austritte von diesem Lande entstammen.

Nachdem so die Untersuchungen betreffs der normalen Leben in dem Umfange, der von Anfang geplant war, zu Ende geführt waren, ist zuletzt als eine schließliche Zusammenfassung derselben für bestimmte Altersstufen eine

Untersuchung der Sterblichkeit, falls die Ausgetretenen mitgezählt werden, d. h. daß die Anzahl Lebender um so viele Leben vermehrt worden ist, wie sie durch die gesamte Anzahl Beobachtungsjahre, welche alle Ausgetretenen von zuletzt vollendeten ganzen Altersjahren bis zum Tage des Austritts durchlebt haben, repräsentiert werden.

Das Resultat dieser Untersuchung, die für jedes 10. Altersjahr und für alle Länder zusammengenommen, mit und ohne Finnland, gemacht worden ist, geht aus nachstehender Übersicht hervor, wo vergleicheshalber auch die Sterblichkeit aufgenommen ist, berechnet:

teils nach der vom Komitee zuvor angewendeten Methode,

teils unter der gewöhnlichen Voraussetzung, daß sich die Austritte gleichmäßig über das ganze Jahr verteilen, d. h. daß die Ausgetretenen nach zuletzt vollendeten ganzen Altersjahren durchschnittlich ein halbes Jahr unter Beobachtung verbleiben.

Vergleichende Sterblichkeitstabelle mit Einrechnung von Ausgetretenen.

Alter	Schweden, Norwegen und Dänemark						Schweden, Norwegen, Dänemark und Finnland					
	Anzahl			Von 100 000 Lebenden sterben			Anzahl			Von 100 000 Lebenden sterben		
	Lebende	Ausgetretne	Gestorbene	nach vom Komitee verfolgter Methode	mit Einrechnung v. Ausgetretenen		Lebende	Ausgetretne	Gestorbene	nach vom Komitee verfolgter Methode	mit Einrechnung v. Ausgetretenen	
					mit wirklicher Beobachtungszeit	mit zu 1/2 Jahr berechneter Beobachtungszeit					mit wirklicher Beobachtungszeit	mit zu 1/2 Jahr berechneter Beobachtungszeit
Männliche Leben												
20	3 523	373	20	568	548	539	4 282	429	30	701	672	667
30	38 560	1 676	159	412	406	404	42 812	1 801	178	416	409	407
40	43 242	917	272	629	625	622	45 566	969	300	644	639	638
50	24 515	548	301	1 228	1 217	1 214	25 794	569	316	1 225	1 214	1 212
60	9 909	283	263	2 654	2 629	2 617	10 192	288	276	2 708	2 676	2 670
70	3 249	38	187	5 756	5 733	5 722	3 272	39	189	5 776	5 750	5 743
80	578	3	80	13 841	13 817	13 793	579	3	80	13 817	13 793	13 793
90	16	4	5	31 250	27 778	27 778	16	4	5	31 250	27 778	27 778
Weibliche Leben												
20	424	32	4	943	920	909	672	47	4	595	576	576
30	1 988	112	12	604	593	587	2 845	132	17	598	586	584
40	2 237	71	16	715	708	704	2 634	85	19	721	712	710
50	1 797	53	12	668	656	658	1 931	57	13	673	662	663
60	1 386	29	30	2 165	2 135	2 141	1 405	33	30	2 135	2 098	2 110
70	785	5	45	5 732	5 703	5 718	786	5	45	5 725	5 696	5 711
80	209	—	23	11 005	11 005	11 005	209	—	23	11 005	11 005	11 005
90	16	—	5	31 250	31 250	31 250	16	—	5	31 250	31 250	31 250

Wie zu erwarten war, stellt sich die nach der Methode des Komitees berechnete Sterblichkeit etwas höher, als wenn man auch die Ausgetretenen mitnimmt. Der Unterschied ist aber, wie man sieht, unbedeutend. Einen noch kleineren Unterschied zeigt die Sterblichkeit nach der wirklichen Beobachtungszeit der Ausgetretenen berechnet, von der, die bei der gewöhnlichen Voraussetzung, daß die Austritte sich gleichmäßig über das ganze Jahr verteilen, erhalten wurde, und daher dürfte auch diese Voraussetzung in der Hauptsache ganz korrekt sein.

Die Untersuchungen, über welche nun ein kurzer Bericht abgestattet worden ist, haben freilich dargetan, daß die Sterblichkeit innerhalb doch so nahe verwandter Länder, wie die 4 nordischen, keineswegs gleichartig gewesen ist, sondern im Gegenteil recht große Verschiedenheiten gezeigt hat, zum Teil sogar größere, als man nach zuvor bekannten Verhältnissen hätte vermuten können, indessen hofft das Komitee doch, einen Beitrag geliefert zu haben, um gemeinschaftliche Ursachen zu beleuchten, die in den nordischen Versicherungsanstalten auf die Sterblichkeit eingewirkt haben, und deren Beobachtung für die Entwickelung des Versicherungswesens von Bedeutung sein wird.

Tab. I.

Auszug der Übersichtstabellen.

Normale Leben: Männer.

Alter	Schweden			Norwegen			Dänemark			Finnland		
	Lebende	Ge-storbene	Ausge-schiedene	Lebende	Ge-storbene	Ausge-schiedene	Lebende	Ge-storbene	Ausge-schiedene	Lebende	Ge-storbene	Ausge-schiedene
1— 9	151	—	2	—	—	—	29	1	2	—	—	—
10—19	2 424	9	233	312	—	27	1 781	10	97	888	3	49
20—24	30 233	151	2 705	7 182	35	447	7 666	48	665	8 60	52	479
25—29	84 064	365	4 929	18 102	72	592	34 960	120	2 002	18 293	118	666
30—34	121 316	615	4 860	22 778	86	537	69 338	283	2 224	21 842	145	578
35—39	124 510	796	3 598	20 935	104	350	82 688	419	1 890	19 680	137	400
40—44	105 789	869	2 349	16 711	105	223	77 077	484	1 439	14 092	143	239
45—49	77 671	852	1 456	11 605	116	155	63 049	64	1 210	8 937	122	152
50—54	49 432	779	841	7 396	103	91	47 956	681	966	5 071	85	62
55—59	27 821	618	449	4 500	76	47	34 739	751	604	2 410	43	25
60—64	14 090	435	223	2 632	72	32	24 220	761	428	928	43	9
65—69	6 342	302	67	1 419	63	19	15 793	781	171	256	13	4
70—74	2 658	190	20	724	39	3	9 054	679	100	68	6	1
75—79	926	96	6	323	21	3	4 166	459	36	11	1	—
80—84	259	37	1	123	11	—	1 526	249	11	2	1	—
85—89	27	12	—	24	7	—	338	82	2	—	—	—
90—95	—	—	4	3	1	—	38	13	—	—	—	—
Summa	647 713	6 116	21 743	114 769	911	2 526	474 418	6 425	11 847	101 148	912	2 664

Tab. II.

Mortalitäts-Tafeln.
Normale männliche Leben: Schweden.

Alter x	Lebende l_x	Gestorbene d_x	Von 100000 Lebenden sterben im Jahre $100\,000\,q_x$	Mittlere Lebensdauer $\frac{\Sigma l_x}{l_x} \div \frac{1}{2}$	Alter x	Lebende l_x	Gestorbene d_x	Von 100000 Lebenden sterben im Jahre $100\,000\,q_x$	Mittlere Lebensdauer $\frac{\Sigma l_x}{l_x} \div \frac{1}{2}$
20	100 000	561	561	44:82	20	73 779	1686	2 285	16:94
21.	99 439	598	601	44:07	21.	72 093	1664	2 308	16:33
22	98 841	622	629	43:34	22	70 429	1454	2 064	15:70
23	98 219	486	495	42:61	23	68 975	1724	2 500	15:02
24	97 733	366	374	41:82	24	67 251	1946	2 893	14:40
25	97 367	427	439	40:97	25	65 305	1373	2 102	13:81
26	96 940	313	323	40:15	26	63 932	2397	3 749	13:09
27	96 627	420	435	39:28	27	61 535	1860	3 023	12:59
28	96 207	477	496	38:45	28	59 675	2475	4 148	11:96
29	95 730	435	454	37:64	29	57 200	2783	4 865	11:46
30	95 295	426	447	36:81	30	54 417	2408	4 426	11:02
31	94 869	488	514	35:97	31	52 009	2146	4 126	10:51
32	94 381	457	484	35:15	32	49 863	2632	5 278	9:94
33	93 924	461	491	34:32	33	47 231	2539	5 375	9:46
34	93 463	552	591	33:49	34	44 692	2916	6 525	8:97
35	92 911	518	558	32:68	35	41 776	2708	6 483	8:56
36	92 393	579	627	31:86	36	39 068	2681	6 863	8:12
37	91 814	590	643	31:06	37	36 387	2380	6 542	7:68
38	91 224	627	687	30:26	38	34 007	3671	10 795	7:19
39	90 597	623	688	29:47	39	30 336	3187	10 507	6:99
40	89 974	656	729	28:67	40	27 149	2545	9 375	6:76
41	89 318	717	803	27:87	41	24 604	2626	10 674	6:40
42	88 601	705	796	27:10	42	21 978	2476	11 268	6:11
43	87 896	784	892	26:31	43	19 502	2024	10 377	5:82
44	87 112	791	908	25:54	44	17 478	2805	16 049	5:44
45	86 321	839	972	24:77	45	14 673	1030	7 018	5:38
46	85 482	839	982	24:01	46	13 643	1779	13 043	4:75
47	84 643	1044	1233	23:24	47	11 864	2712	22 857	4:39
48	83 599	986	1179	22:53	48	9 152	1194	13 043	4:54
49	82 613	961	1163	21:79	49	7 958	1404	17 647	4:15
50	81 652	1061	1299	21:04	50	6 554	—	—	3:93
51	80 591	1153	1431	20:31	51	6 554	—	—	2:93
52	79 438	1385	1743	19:60	52	6 554	1873	28 571	1:93
53	78 053	1382	1771	18:94	53	4 681	—	—	1:50
54	76 671	1359	1773	18:27	54	4 681	—	—	0:50

Tab. II.

Mortalitäts-Tafeln.

Normale männliche Leben: Norwegen.

Alter x	Lebende l_x	Gestorbene d_x	Von 100000 Lebenden sterben im Jahre $100000\,q_x$	Mittlere Lebensdauer $\frac{\Sigma l_x}{l_x} \div \frac{1}{2}$	Alter x	Lebende l_x	Gestorbene d_x	Von 100000 Lebenden sterben im Jahre $100000\,q_x$	Mittlere Lebensdauer $\frac{\Sigma l_x}{l_x} \div \frac{1}{2}$
20	100 000	604	604	47:28		76 052	1535	2 018	18:03
21	99 396	511	514	46:57		74 517	1202	1 613	17:39
22	98 885	673	681	45:81		73 315	1427	1 947	16:67
23	98 212	416	424	45:12		71 888	1677	2 333	15:99
24	97 796	374	382	44:31		70 211	1698	2 418	15:36
25	97 422	207	212	43:47		68 513	2096	3 059	14:73
26	97 215	468	481	42:56		66 417	1837	2 766	14:18
27	96 747	420	434	41:77		64 580	2168	3 357	13:57
28	96 327	384	399	40:95		62 412	1705	2 732	13:02
29	95 943	405	422	40:11		60 707	2443	4 025	12:37
30	95 538	320	335	39:28		58 264	4233	5 532	11:87
31	95 218	437	459	38:41		54 031	2989	5 532	11:76
32	94 781	350	369	37:58		51 042	1487	2 913	11:42
33	94 431	330	349	36:72		49 555	786	1 587	10:75
34	94 101	352	374	35:85		48 769	2613	5 357	9:91
35	93 749	359	383	34:98		46 156	3183	6 897	9:44
36	93 390	518	555	34:11		42 973	3170	7 377	9:11
37	92 872	420	452	33:30		39 803	3184	8 000	8:79
38	92 452	546	591	32:45		36 619	2647	7 229	8:51
39	91 906	471	512	31:64		33 972	1887	5 556	8:14
40	91 435	607	664	30:80		32 085	1035	3 226	7:59
41	90 828	508	559	30:00		31 050	2677	8 333	6:82
42	90 320	756	837	29:17		28 373	2364	8 621	6:42
43	89 564	462	516	28:41		26 009	2738	10 526	5:96
44	89 102	487	547	27:55		23 271	3003	12 903	5:60
45	88 615	620	700	26:70		20 268	—	—	5:36
46	87 995	1053	1197	25:89		20 268	2385	11 765	4:36
47	86 942	749	862	25:20		17 883	1192	6 667	3:87
48	86 193	975	1131	24:41		16 691	5564	33 333	3:11
49	85 218	1010	1185	23:68		11 127	1855	16 667	3:42
50	84 208	1334	1584	22:96		9 272	4636	50 000	3:00
51	82 874	824	994	22:32		4 636	—	—	4:50
52	82 050	840	1024	21:54		4 636	—	—	3:50
53	81 210	911	1122	20:76		4 636	—	—	2:50
54	80 299	1915	2385	19:99		4 636	—	—	1:50
55									

Tab. II.

Mortalitäts-Tafeln.

Normale männliche Leben: Schweden, Norwegen, Dänemark und Finnland.

Alter x	Lebende l_x	Gestorbene d_x	Von 100 000 Lebenden sterben im Jahre $100\,000\,q_x$	Mittlere Lebensdauer $\frac{\sum l_x}{l_x} \dot{-} \frac{1}{2}$	Lebende l_x	Gestorbene d_x	Von 100 000 Lebenden sterben im Jahre $100\,000\,q_x$	Mittlere Lebensdauer $\frac{\sum l_x}{l_x} \dot{-} \frac{1}{2}$
20	100 000	701	701	44:91	71 682	1670	2 330	15:42
21	99 299	552	556	44:23	70 012	1687	2 410	14:78
22	98 747	641	649	43:47	68 325	1850	2 708	14:13
23	98 106	515	525	42:75	66 475	1799	2 707	13:51
24	97 591	409	419	41:98	64 676	2126	3 287	12:87
25	97 182	413	425	41:15	62 550	2192	3 505	12:29
26	96 769	395	408	40:32	60 358	2262	3 748	11:72
27	96 374	394	409	39:49	58 096	2425	4 174	11:16
28	95 980	490	511	38:65	55 671	2512	4 512	10:62
29	95 490	392	410	37:84	53 159	2889	5 434	10:10
30	95 098	396	416	37:00	50 270	2687	5 345	9:65
31	94 702	446	471	36:15	47 583	2491	5 235	9:17
32	94 256	434	460	35:32	45 092	2605	5 776	8:65
33	93 822	461	491	34:48	42 487	2864	6 742	8:15
34	93 361	514	551	33:65	39 623	3083	7 780	7:70
35	92 847	490	528	32:83	36 540	2959	8 098	7:31
36	92 357	539	584	32:00	33 581	3167	9 431	6:91
37	91 818	526	573	31:19	30 414	3064	10 073	6:57
38	91 292	605	663	30:36	27 350	2970	10 859	6:25
39	90 687	537	592	29:56	24 380	2591	10 626	5:95
40	90 150	581	644	28:74	21 789	2410	11 060	5:60
41	89 569	641	716	27:92	19 379	2114	10 909	5:24
42	88 928	681	766	27:12	17 265	2386	13 817	4:82
43	88 247	723	819	26:32	14 879	1852	12 445	4:51
44	87 524	720	823	25:53	13 027	2276	17 473	4:08
45	86 804	792	912	24:74	10 751	2181	20 285	3:84
46	86 012	840	877	23:97	8 570	1520	17 734	3:69
47	85 172	931	1093	23:20	7 050	1183	16 774	3:38
48	84 241	927	1100	22:45	5 867	1781	30 357	2:96
49	83 314	1017	1221	21:69	4 086	754	18 462	3:03
50	82 297	1008	1225	20:95	3 332	963	28 889	2:60
51	81 289	1158	1424	20:21	2 369	735	31 034	2:45
52	80 131	1291	1611	19:49	1 634	511	31 250	2:33
53	78 840	1314	1667	18:80	1 123	306	27 273	2:16
54	77 526	1296	1672	18:11	817	233	28 571	1:79

Tab. II.

Mortalitäts-Tafeln.

Normale männliche Leben: Dänemark.

Alter x	Lebende l_x	Gestorbene d_x	Von 100000 Lebenden sterben im Jahr $100000\,q_x$	Mittlere Lebensdauer $\frac{\Sigma l_x}{l_x} - \frac{1}{2}$
20	100 000	565	565	45:35
21	99 435	792	797	44:61
22	98 643	717	727	43:96
23	97 926	620	633	43:28
24	97 306	508	522	42:55
25	96 798	421	435	41:77
26	96 377	251	260	40:95
27	96 126	262	273	40:06
28	95 864	438	457	39:17
29	95 426	291	305	38:35
30	95 135	357	375	37:46
31	94 778	329	347	36:60
32	94 449	343	363	35:73
33	94 106	435	462	34:85
34	93 671	444	474	34:01
35	93 227	433	464	33:17
36	92 794	444	478	32:33
37	92 350	453	490	31:48
38	91 897	588	640	30:63
39	91 309	419	459	29:83
40	90 890	434	478	28:96
41	90 456	511	565	28:10
42	89 945	633	704	27:25
43	89 312	634	710	26:44
44	88 678	622	701	25:63
45	88 056	726	824	24:81
46	87 330	794	909	24:01
47	86 536	815	942	23:23
48	85 721	801	935	22:44
49	84 920	1034	1218	21:65
50	83 886	914	1090	20:91
51	82 972	1208	1456	20:13
52	81 764	1282	1568	19:42
53	80 482	1322	1642	18:73
54	79 160	1103	1393	18:03
55	78 057	1381	1769	17:28
56	76 676	1759	2294	16:58
57	74 917	1390	1856	15:96

Alter x	Lebende l_x	Gestorbene d_x	Von 100000 Lebenden sterben im Jahre $100000\,q_x$	Mittlere Lebensdauer $\frac{\Sigma l_x}{l_x} - \frac{1}{2}$
58	73 527	1939	2 637	15:25
59	71 588	1685	2 354	14:65
60	69 903	1770	2 532	13:99
61	68 133	2079	3 052	13:34
62	66 054	1984	3 003	12:74
63	64 070	2426	3 787	12:12
64	61 644	2182	3 539	11:58
65	59 462	2390	4 019	10:99
66	57 072	2614	4 581	10:43
67	54 458	3123	5 734	9:90
68	51 335	2731	5 319	9:47
69	48 604	2638	5 428	8:98
70	45 966	2688	5 847	8:47
71	43 278	2984	6 895	7:96
72	40 294	3246	8 056	7:51
73	37 048	3194	8 621	7:13
74	33 854	3121	9 220	6:75
75	30 733	3135	10 201	6:39
76	27 598	3207	11 621	6:06
77	24 391	2707	11 097	5:79
78	21 684	2438	11 244	5:45
79	19 246	2165	11 250	5:07
80	17 081	2344	13 725	4:65
81	14 737	1917	13 008	4:31
82	12 820	2488	19 408	3:89
83	10 332	2121	20 524	3:74
84	8 211	1592	19 394	3:53
85	6 619	998	15 079	3:25
86	5 621	1912	34 021	2:74
87	3 709	687	18 519	2:90
88	3 022	898	29 730	2:45
89	2 124	797	37 500	2:27
90	1 327	442	33 333	2:33
91	885	266	30 000	2:25
92	619	103	16 667	2:00
93	516	310	60 000	1:30
94	206	—	—	1:50
95	206	206	100 000	0:50

Tab. II.

Mortalitäts-Tafeln.

Normale männliche Leben: Finnland.

Alter x	Lebende l_x	Gestorbene d_x	Von 100000 Lebenden sterben im Jahre $100000\,q_x$	Mittlere Lebensdauer $\frac{\Sigma l_x}{l_x} \div \frac{1}{2}$
20	100 000	1318	1318	42:11
21	98 682	242	245	41:67
22	98 440	622	632	40:77
23	97 818	607	621	40:03
24	97 211	505	520	39:27
25	96 706	529	547	38:48
26	96 177	896	932	37:68
27	95 281	495	520	37:03
28	94 786	768	810	36:22
29	94 018	408	434	35:52
30	93 610	418	447	34:67
31	93 192	585	628	33:82
32	92 607	672	726	33:03
33	91 935	678	738	32:27
34	91 257	704	771	31:51
35	90 553	672	742	30:75
36	89 881	697	775	29:97
37	89 184	540	605	29:20
38	88 644	616	695	28:38
39	88 028	573	651	27:57
40	87 455	736	842	26:75
41	86 719	911	1051	25:97
42	85 808	680	792	25:24
43	85 128	1055	1239	24:44
44	84 073	1032	1227	23:74
45	83 041	1029	1239	23:03
46	82 012	912	1112	22:31
47	81 100	1006	1241	21:56
48	80 094	1270	1586	20:82
49	78 824	1433	1818	20:15
50	77 391	908	1173	19:52

Alter x	Lebende l_x	Gestorbene d_x	Von 100000 Lebenden sterben im Jahre $100000\,q_x$	Mittlere Lebensdauer $\frac{\Sigma l_x}{l_x} \div \frac{1}{2}$
51	76 483	1 280	1 673	18:74
52	75 203	1 199	1 595	18:05
53	74 004	1 260	1 703	17:34
54	72 744	1 885	2 591	16:63
55	70 859	1 214	1 713	16:06
56	69 645	883	1 268	15:33
57	68 762	860	1 250	14:52
58	67 902	1 368	2 015	13:70
59	66 534	2 159	3 245	12:97
60	64 375	2 957	4 594	12:39
61	61 418	2 468	4 018	11:96
62	58 950	2 620	4 444	11:44
63	56 330	2 921	5 185	10:95
64	53 409	3 023	5 660	10:52
65	50 386	1 718	3 409	10:12
66	48 668	2 561	5 263	9:46
67	46 107	4 009	8 696	8:96
68	42 098	3 413	8 108	8:76
69	38 685	—	—	8:49
70	38 685	3 364	8 696	7:49
71	35 321	3 925	11 111	7:16
72	31 396	4 830	15 385	6:99
73	26 566	—	—	7:17
74	26 566	—	—	6:17
75	26 566	—	—	5:17
76	26 566	—	—	4:17
77	26 566	8 855	33 333	3:17
78	17 711	—	—	3:50
79	17 711	—	—	2:50
80	17 711	—	—	1:50
81	17 711	17 711	100 000	0:50

Mortalitäts-Tafeln.

Normale männliche Leben: Schweden, Norwegen und Dänemark.

Tab. II.

Alter x	Lebende l_x	Gestorbene d_x	Von 100000 Lebenden sterben im Jahre $100\,000\,q_x$	Mittlere Lebensdauer $\frac{\Sigma l_x}{l_x} \div \tfrac{1}{2}$
20	100 000	568	568	45:12
21	99 432	616	620	44:38
22	98 816	645	653	43:65
23	98 171	497	506	42:93
24	97 674	393	402	42:15
25	97 281	394	405	41:32
26	96 887	321	331	40:48
27	96 566	380	394	39:62
28	96 186	455	473	38:77
29	95 731	390	407	37:95
30	95 341	393	412	37:11
31	94 948	432	455	36:26
32	94 516	408	432	35:42
33	94 108	439	466	34:57
34	93 669	496	529	33:73
35	93 173	473	508	32:91
36	92 700	526	567	32:07
37	92 174	525	570	31:26
38	91 649	606	661	30:43
39	91 043	534	587	29:63
40	90 509	569	629	28:80
41	89 940	621	691	27:98
42	89 319	682	764	27:17
43	88 637	700	790	26:38
44	87 937	701	797	25:58
45	87 236	777	891	24:79
46	86 459	838	969	24:00
47	85 621	928	1084	23:23
48	84 693	909	1073	22:48
49	83 784	995	1188	21:72
50	82 789	1017	1228	20:98
51	81 772	1154	1411	20:23
52	80 618	1300	1612	19:51
53	79 318	1321	1665	18:82
54	77 997	1273	1632	18:14
55	76 724	1422	1853	17:43
56	75 302	1695	2251	16:75
57	73 607	1512	2054	16:12

Alter x	Lebende l_x	Gestorbene d_x	Von 100000 Lebenden sterben im Jahre $100\,000\,q_x$	Mittlere Lebensdauer $\frac{\Sigma l_x}{l_x} \div \tfrac{1}{2}$
58	72 095	1688	2 341	15:45
59	70 407	1679	2 384	14:81
60	68 728	1824	2 654	14:16
61	66 904	1789	2 674	13:53
62	65 115	2123	3 261	12:89
63	62 992	2188	3 474	12:31
64	60 804	2260	3 717	11:73
65	58 544	2450	4 185	11:16
66	56 094	2526	4 504	10:63
67	53 568	2893	5 401	10:11
68	50 675	2696	5 320	9:66
69	47 979	2531	5 275	9:17
70	45 448	2616	5 756	8:65
71	42 832	2876	6 714	8:15
72	39 956	3092	7 739	7:70
73	36 864	2997	8 129	7:30
74	33 867	3204	9 462	6:91
75	30 663	3095	10 093	6:58
76	27 568	3001	10 885	6:26
77	24 567	2595	10 561	5:96
78	21 972	2433	11 073	5:61
79	19 539	2134	10 924	5:24
80	17 405	2409	13 841	4:83
81	14 996	1838	12 254	4:52
82	13 158	2299	17 473	4:08
83	10 859	2203	20 285	3:84
84	8 656	1535	17 734	3:69
85	7 121	1194	16 774	3:38
86	5 927	1799	30 357	2:96
87	4 128	762	18 462	3:03
88	3 366	972	28 889	2:60
89	2 394	743	31 034	2:45
90	1 651	516	31 250	2:33
91	1 135	310	27 273	2:16
92	825	236	28 571	1:79
93	589	353	60 000	1:30
94	236	—	—	1:50
95	236	236	100 000	0:50

Normale männliche Leben: Schweden.

Alter	Lebende	Gestorbene	Von 100 000 Lebenden sterben im Jahre
x	l_x	d_x	100 000 q_x
20	17	—	—
21	61	1	1 639
22	157	2	1 274
23	304	2	658
24	626	1	160
25	1 278	5	391
26	2 319	6	259
27	3 495	20	572
28	4 736	27	570
29	6 145	40	651
30	7 608	39	513
31	8 905	48	539
32	10 263	56	546
33	11 320	70	618
34	12 230	86	703
35	13 157	86	654
36	13 767	96	697
37	14 079	99	703
38	14 373	124	863
39	14 558	114	783
40	14 501	119	821
41	14 278	126	882
42	14 044	130	926
43	13 685	134	979
44	13 177	123	933
45	12 835	124	966
46	12 169	126	1 035
47	11 668	154	1 320
48	10 861	137	1 261
49	10 166	123	1 210
50	9 435	130	1 378
51	8 725	132	1 513
52	7 993	147	1 839
53	7 312	141	1 928
54	6 645	125	1 881
55	5 990	130	2 170

Alter	Lebende	Gestorbene	Von 100 000 Lebenden sterben im Jahre
x	l_x	d_x	100 000 q_x
56	5 318	126	2 369
57	4 790	117	2 443
58	4 265	90	2 110
59	3 808	99	2 600
60	3 332	100	3 001
61	2 907	62	2 133
62	2 574	96	3 730
63	2 236	69	3 086
64	1 939	81	4 177
65	1 648	81	4 915
66	1 406	62	4 410
67	1 207	50	4 143
68	1 041	56	5 379
69	885	48	5 424
70	745	49	6 577
71	611	40	6 547
72	507	35	6 903
73	427	28	6 557
74	351	38	10 826
75	275	29	10 545
76	223	21	9 417
77	177	19	10 734
78	141	16	11 348
79	105	11	10 476
80	81	13	16 049
81	57	4	7 018
82	46	6	13 043
83	35	8	22 857
84	23	3	13 043
85	17	3	17 647
86	9	—	—
87	7	2	28 571
88	7	—	—
89	4	—	—
90	—	—	—

Tab. III.

Mortalitätstafeln mit Ausnahme der fünf ersten Versicherungsjahre.
Normale männliche Leben: Dänemark.

Alter x	Lebende l_x	Gestorbene d_x	Von 100 000 Lebenden sterben im Jahre $100\,000\,q_x$
20	47	—	—
21	75	1	1 333
22	111	—	—
23	179	1	559
24	260	3	1 154
25	337	—	—
26	506	9	1 779
27	699	2	286
28	1 027	5	487
29	1 456	6	412
30	2 245	10	445
31	3 112	12	386
32	4 091	18	440
33	5 071	22	434
34	6 068	34	560
35	7 034	31	441
36	7 873	36	457
37	8 600	51	593
38	9 157	58	633
39	9 547	38	398
40	9 913	42	424
41	10 108	55	544
42	10 252	76	741
43	10 236	69	674
44	10 186	68	668
45	10 040	83	827
46	9 816	89	907
47	9 602	99	1 031
48	9 241	84	909
49	8 941	104	1 163
50	8 442	106	1 256
51	8 077	112	1 387
52	7 695	118	1 533
53	7 332	123	1 678
54	6 932	104	1 500
55	6 557	117	1 784
56	6 198	148	2 388
58	5 460	153	2 802
59	5 113	120	2 347
60	4 707	123	2 613
61	4 403	141	3 202
62	4 099	128	3 123
63	3 863	152	3 935
64	3 584	119	3 320
65	3 300	136	4 121
66	3 057	133	4 351
67	2 777	165	5 942
68	2 521	138	5 474
69	2 291	121	5 282
70	2 075	126	6 072
71	1 849	126	6 814
72	1 640	132	8 049
73	1 447	128	8 846
74	1 252	116	9 265
75	1 090	109	10 000
76	935	109	11 658
77	774	86	11 111
78	637	71	11 146
79	535	57	10 654
80	443	59	13 318
81	358	47	13 128
82	295	56	18 983
83	223	46	20 628
84	140	32	20 000
85	122	19	15 574
86	95	33	34 737
87	52	9	17 308
88	36	11	30 556
89	23	8	34 783
90	15	5	33 333
91	10	3	30 000
92	6	1	16 667
93	5	3	60 000
94	1	—	—

Normale männliche Leben: Schweden, Norwegen und Dänemark.

Alter x	Lebende l_x	Gestorbene d_x	Von 100 000 Lebenden sterben im Jahre 100 000 q_x	Alter x	Lebende l_x	Gestorbene d_x	Von 100 000 Lebenden sterben im Jahre 100 000 q_x
20	64	—	—	58	10 439	256	2 452
21	136	2	1 471	59	9 556	233	2 438
22	277	2	722	60	8 609	235	2 730
23	535	3	561	61	7 842	214	2 729
24	1 012	5	494	62	7 161	240	3 351
25	1 883	6	319	63	6 547	234	3 574
26	3 346	15	448	64	5 927	213	3 594
27	4 943	29	587	65	5 312	227	4 273
28	6 712	37	551	66	4 785	208	4 347
29	8 754	52	594	67	4 273	236	5 523
30	11 241	57	507	68	3 797	207	5 452
31	13 656	67	491	69	3 382	175	5 174
32	16 173	81	501	70	3 009	178	5 916
33	18 374	100	544	71	2 628	175	6 659
34	20 408	124	608	72	2 292	177	7 723
35	22 450	127	566	73	1 996	165	8 267
36	23 980	141	588	74	1 703	162	9 513
37	25 018	161	644	75	1 448	144	9 945
38	25 847	197	762	76	1 230	134	10 894
39	26 413	161	610	77	1 013	107	10 563
40	26 702	178	667	78	836	92	11 005
41	26 611	199	748	79	688	72	10 465
42	26 449	226	854	80	562	76	13 523
43	26 021	212	815	81	446	55	12 332
44	25 395	202	795	82	363	62	17 080
45	24 848	223	897	83	275	56	20 364
46	23 852	241	1 010	84	198	36	18 182
47	22 923	271	1 182	85	151	26	17 219
48	21 723	240	1 105	86	110	34	30 909
49	20 624	247	1 198	87	63	11	17 460
50	19 274	254	1 318	88	44	13	29 545
51	18 094	259	1 431	89	28	8	28 571
52	16 886	279	1 652	90	16	5	31 250
53	15 763	278	1 764	91	11	3	27 273
54	14 613	253	1 731	92	7	2	28 571
55	13 499	261	1 933	93	5	3	60 000
56	12 383	290	2 342	94	1	—	—
57	11 380	244	2 144	95	1	t	100 000

Tab. III.   **Mortalitätstafeln mit Ausnahme der fünf ersten Versicherungsjahre.**
Normale männliche Leben: Schweden, Norwegen, Dänemark und Finnland.

Alter x	Lebende l_x	Gestorbene d_x	Von 100 000 Lebenden sterben im Jahre 100 000 q_x
20	67	—	—
21	153	2	1307
22	923	2	619
23	631	4	634
24	1 171	8	683
25	2 200	9	409
26	3 908	22	563
27	5 757	33	573
28	7 747	49	633
29	9 975	62	622
30	12 584	65	517
31	15 043	78	519
32	17 671	97	549
33	20 049	111	554
34	22 144	137	619
35	24 204	136	562
36	25 713	159	618
37	26 741	171	639
38	27 554	211	766
39	28 072	175	623
40	28 321	195	689
41	28 092	217	772
42	27 841	234	840
43	27 357	229	837
44	26 643	219	822
45	26 051	241	925
46	24 978	253	1013
47	23 968	388	1202
48	22 648	258	1139
49	21 469	266	1239
50	20 037	267	1333
51	18 786	273	1453
52	17 499	289	1052
53	16 295	286	1755
54	15 104	269	1781
55	13 923	269	1932
56	12 764	297	2327

Alter x	Lebende l_x	Gestorbene d_x	Von 100 000 Lebenden sterben im Jahre 100 000 q_x
58	10 730	261	2 432
59	9 803	242	2 469
60	8 809	245	2 781
61	8 011	218	2 721
62	7 305	246	3 368
63	6 658	239	3 590
64	6 013	219	3 642
65	5 389	230	4 268
66	4 833	211	4 366
67	4 313	238	5 518
68	3 831	210	5 482
69	3 410	175	5 132
70	3 032	180	5 937
71	2 646	177	6 689
72	2 305	179	7 766
73	2 004	165	8 234
74	1 709	162	9 479
75	1 451	144	9 924
76	1 233	134	10 868
77	1 016	108	10 630
78	837	92	10 992
79	689	72	10 450
80	563	76	13 499
81	447	56	12 528
82	363	62	17 080
83	275	56	20 364
84	198	36	18 182
85	151	26	17 219
86	110	34	30 909
87	63	11	17 460
88	44	13	29 545
89	28	8	28 571
90	16	5	31 250
91	11	3	27 273
92	7	2	28 571
93	5	3	60 000
94	1	—	—

Tab. III.　　Mortalitätstafeln mit Ausnahme der fünf ersten Versicherungsjahre.
Normale männliche Leben: Finnland.

Alter	Lebende	Gestorbene	Von 100 000 Lebenden sterben im Jahre	Alter	Lebende	Gestorbene	Von 100 000 Lebenden sterben im Jahre
x	l_x	d_x	$100\,000\ q_x$	x	l_x	d_x	$100\,000\ q_x$
20	3	—	—	51	692	14	2 023
21	17	—	—	52	613	10	1 631
22	46	1	—	53	532	8	1 504
23	96	3	1 042	54	491	16	3 259
24	159	3	1 887	55	424	8	1 887
25	317	7	946	56	381	7	1 837
26	562	4	1 246	57	338	4	1 183
27	814	4	491	58	291	5	1 718
28	1 035	12	1 159	59	247	9	3 644
29	1 221	10	819	60	200	10	5 000
30	1 343	8	596	61	169	4	2 387
31	1 387	11	793	62	144	6	4 167
32	1 498	16	1 068	63	111	5	4 505
33	1 675	11	657	64	86	6	6 977
34	1 736	13	749	65	77	3	3 896
35	1 754	9	513	66	48	3	6 250
36	1 733	18	1 039	67	40	2	5 000
37	1 723	10	580	68	34	3	8 824
38	1 707	14	820	69	28	—	—
39	1 659	14	844	70	23	2	8 696
40	1 619	17	1 050	71	18	2	11 111
41	1 481	18	1 215	72	13	2	15 385
42	1 392	8	575	73	8	—	—
43	1 336	17	1 272	74	6	—	—
44	1 248	17	1 362	75	3	—	—
45	1 203	18	1 496	76	3	—	—
46	1 126	12	1 066	77	3	1	33 333
47	1 045	17	1 627	78	1	—	—
48	925	18	1 946	79	1	—	—
49	845	19	2 249	80	1	—	—
50	763	13	1 704	81	1	1	100 000

Tab. III.

Mortalitätstafeln mit Ausnahme der fünf ersten Versicherungsjahre.
Normale männliche Leben: Norwegen.

Alter x	Lebende l_x	Gestorbene d_x	Von 100 000 Lebenden sterben im Jahre 100 000 q_x
20	—	—	—
21	—	—	—
22	9	—	—
23	52	—	—
24	126	1	794
25	268	1	373
26	521	—	—
27	749	7	935
28	949	5	527
29	1 153	6	520
30	1 388	8	576
31	1 639	7	427
32	1 819	7	385
33	1 983	8	403
34	2 110	4	190
35	2 259	10	443
36	2 340	9	385
37	2 339	11	470
38	2 317	15	647
39	2 308	9	390
40	2 288	17	743
41	2 225	18	809
42	2 153	20	929
43	2 100	9	429
44	2 032	11	541
45	1 973	16	811
46	1 867	26	1 393
47	1 753	18	1 027
48	1 621	19	1 172
49	1 517	20	1 318
50	1 397	18	1 288
51	1 292	15	1 161
52	1 198	14	1 169
53	1 119	14	1 251
54	1 036	24	2 317
55	952	14	1 471
56	—	6	1 345

Alter x	Lebende l_x	Gestorbene d_x	Von 100 000 Lebenden sterben im Jahre 100 000 d_x
57	788	17	2 157
58	714	13	1 821
59	635	14	2 205
60	570	12	2 105
61	532	11	2 068
62	488	16	3 279
63	448	13	2 902
64	404	13	3 218
65	364	10	2 747
66	322	13	4 087
67	289	21	7 266
68	235	13	5 532
69	206	6	2 913
70	189	3	1 587
71	168	9	5 357
72	145	10	6 897
73	122	9	7 377
74	100	8	8 000
75	83	6	7 229
76	72	4	5 556
77	62	2	3 226
78	58	5	8 621
79	48	4	8 333
80	38	4	10 526
81	31	4	12 903
82	22	—	—
83	17	2	11 765
84	15	1	6 667
85	12	4	33 333
86	6	1	16 667
87	4	2	50 000
88	1	—	—
89	1	—	—
90	1	—	—
91	1	1	100 000
92	1	—	—

Enquête portant sur la mortalité
qui frappe les risques normaux, d'après les expériences de
19 Compagnies scandinaves et finlandaises d'assurance sur la vie.

Par Samuel af Ugglas, Stockholm.

Une Commission fut instituée, au troisième Congrès tenu en 1893 à Christiania, avec mandat de procéder à l'élaboration de tables scandinaves de mortalité.

Les matériaux mis à la disposition de ladite Commission comprenaient non seulement des risques normaux mais encore ceux qui en raison de l'état de santé du candidat, de sa profession etc. n'avaient été acceptés que moyennant surprime. L'enquête ne porta cependant que sur les risques normaux; ceux-ci furent répartis en individus vivants, classés par âges, et personnes défuntes ou sorties de l'assurance, à ce même âge.

L'annexe I du Rapport donne un extrait des tableaux ainsi obtenus en ce qui concerne les hommes.

Ces tableaux servirent ensuite à dresser les tables de mortalité proprement dites; pour les hommes, voir annexe II. L'ajustement des tables, établies séparément pour chaque pays, n'a pas eu lieu, mais M. le Professeur *T. N. Thiele,* de l'observatoire royal de Copenhague, à entrepris cet ajustement pour tous les pays réunis, et a fourni des renseignements détaillés sur ce travail dans le fascicule 1. de la revue actuarielle „Aktuaren".

Des recensements officiels de la population ayant été faits dans tous les pays du Nord au cours des années 1900 et 1901 et une enquête sur la mortalité générale pendant la dernière période décennale, ayant été basée sur ces données, la Commission établit une comparaison entre ladite mortalité et celle résultant de ses propres investigations.

Il fut constaté que cette dernière était supérieure. Elle l'est indubitablement aussi, comparée aux taux de mortalité observés à l'étranger.

Si, enfin, l'on compare entre eux les taux de mortalité masculine trouvés pour les différents pays scandinaves, on remarque que la mortalité est bien au-dessus de la moyenne en Suède et qu'en Finlande elle atteint des proportions encore plus élevées, ce qui n'a du reste rien d'étonnant, la mortalité générale étant également très forte dans ce pays.

La Commission a en outre dirigé ses investigations sur la mortalité dans ses rapports avec la durée de l'assurance et donne un court aperçu du résultat de ses recherches dans ce sens.

Investigations spéciales.

Ces investigations peuvent être rangées en 2 grandes catégories:

1°. *Enquête se rapportant à la première année d'assurance;*

2°. *Enquête se rapportant à la période qui s'est écoulée depuis le premier anniversaire de naissance.*

L'enquête à laquelle la Commission s'est livrée et dont le rapport a donné le compte-rendu succint a démontré que les taux de mortalité sont loin d'être les mêmes dans les quatre pays du Nord, pourtant si étroitement apparentés et que les différences sont parfois plus considérables qu'on n'aurait pu le supposer d'après les renseignements que l'on possédait jusqu'alors. Toutefois la Commission espère avoir contribué à déterminer les causes communes qui ont influé sur la mortalité dans les établissements d'assurance des États septentrionaux et aime à croire que cette enquête ne sera pas sans importance pour le développement futur de l'industrie des assurances.

Investigation of the mortality among normal lives according to Skandinavian experience.

By **Samuel af Ugglas**, Stockholm.

A Committee was appointed at the Third life insurance Congress held in Christiania in 1893, to elaborate the Scandinavian tables of mortality. The material at their disposal embraced not only normal lives, but also such as had paid an extra premium because of their health condition, occupation, etc., nevertheless in the investigation presented only the normal lives have been considered.

The principal tables (Übersichtstabellen) prepared by the committee contain the number of those living (of the observed lives) at each age, and of those, who at the same age had died or withdrawn. In the appendix a specimen (table I) of these tables for male lives is given. In addition to these so-called *principal tables,* mortality tables proper were drawn up, of which those for male lives are given in the appendix (table II). An adjustment of the mortality tables of each of the countries has not been made, but Prof. *T. N. Thiele,* of the royal observatory in Copenhagen, has undertaken an adjustment of the tables together and has given a report of his work in the first number of the northern insurance journal "Aktuaren".

By a comparison also with the rates of mortality obtained as a result of foreign investigations, the experiences of the 19 Scandinavian societies show a decided superiority in this respect.

Finally, if we compare the mortality figures of the different lands with each other, we find that so far as concerns male lives, the mortality in Sweden lies significally above the average, and even more so is this the case in Finland, although this latter fact is not so astonishing, since in this country in general, a high mortality has been observed.

The Committee has also investigated the mortality with reference to the duration of the insurance.

Special investigations were made, e. g.:

1. An investigation of the conditions arising during the first year the insurance is in force.

2. An investigation of the conditions arising after the first birthday following the taking out of the insurance.

The investigations of the Committee have clearly proved that the mortality within countries which are indeed so closely related as these four northern ones, has in no respect been the same, but on the contrary has shown great differences, in part even greater than we could have supposed, according to previously known conditions, meanwhile the Committee verily hopes to have made a contribution to the setting forth in a clear light of the common causes which have affected the mortality of those insured in the northern institutions, and whose consideration will be of significance for the development of the principles of insurance.

VIII. — F.

Vergleichung

der

einjährigen Sterbenserwartungen und der Nettorechnungen für Versicherungen auf den Todesfall ärztlich untersuchter Leben aus Aggregat- und Selektionstafeln britischer und deutscher Erfahrungen.

Von **J. Riem**, Basel.

Die Wissenschaft lehrt, daß den versicherungstechnischen Berechnungen Sterbetafeln zugrunde gelegt werden sollen, welche den Erfahrungen der Lebensversicherungsgesellschaften, und zwar möglichst denjenigen der Neuzeit, in allen Teilen entsprechen.

In der Praxis kommen deshalb drei Hauptarten von Sterbetafeln zur Anwendung, nämlich:

1. Sterbetafeln für Versicherungen auf den Todesfall;
2. Sterbetafeln für Versicherungen auf den Erlebensfall;
3. Sterbetafeln für Rentenversicherungen.

Für die Berechnungen der Versicherungen auf den Todesfall verwendet man im allgemeinen Sterbetafeln, welche durchgängig größere einjährige Sterbenserwartungen aufweisen als diejenigen Sterbetafeln, welche man für die Erlebensfall- und Rentenversicherungen benützt. In der vorliegenden Abhandlung soll nun der praktischen Anwendung der Sterbetafeln für die Versicherungen auf den Todesfall eine besondere Aufmerksamkeit gewidmet sein.

Das eidgenössische Versicherungsamt hat in seinem Berichte für 1903 über die privaten Versicherungsunternehmungen in der Schweiz die Erfahrungen der 60 britischen Lebensversicherungsgesellschaften über die einjährigen Sterbenserwartungen in Wort und Bild erschöpfend behandelt. Auf Seite XIII des erwähnten Berichtes lesen wir unter anderem:

„Die Beobachtungen beziehen sich auf die in Großbritannien abgeschlossenen Verträge. Sie begannen für die einzelne Police frühestens mit demjenigen Versicherungsjahre, welches im Jahre 1863 seinen Anfang nahm und endeten spätestens mit dem Schlusse des im Jahre 1893 abgelaufenen Versicherungsjahres. Das unter Leitung von

12*

Ralph Price Hardy stehende Komitee von 60 britischen Gesellschaften sonderte das Beobachtungsmaterial

1. nach der Versicherungsart: Lebenzeit, gemischte, übrige Versicherungen, Renten;
2. nach der Gewinnbeteiligung: mit Gewinn, ohne Gewinn;
3. nach dem Geschlecht;
4. nach dem Eintrittsalter;
5. nach der Versicherungsdauer."

Ob eine Unterscheidung in der Abkürzung bei den gemischten Versicherungen in solche, welche vom Antragsteller selbst gewählt wurde, und in solche, welche die Versicherungsgesellschaften für die Annahme des Antrages bedungen haben, gemacht worden ist, läßt der Bericht des eidgenössischen Amtes nicht erkennen. Ebenso geht aus dem Berichte nicht hervor, ob in dem Beobachtungsmaterial für die lebenslänglichen Versicherungen von dem Versicherer bedungene Alterserhöhungen enthalten sind, und in welcher Weise bei der Verarbeitung des Beobachtungsmaterials diesen Alterserhöhungen Rechnung getragen worden ist. Auch über die Berufgefahr, welche auf die einjährige Sterbenserwartung sicher einen großen Einfluß ausübt, erfahren wir aus dem Berichte ebenfalls nichts. Und doch ist gerade die Unterscheidung der einjährigen Sterbenserwartungen nach Berufsklassen für die versicherungstechnischen Berechnungen von großem Werte, wie denn schon Prof. *Karup* den Nachweis geliefert hat, daß die wegen Berufgefahr bedungene Abkürzung der Versicherungen allein gegen Verluste aus der Sterblichkeit nicht zu schützen vermag. Nach den Erfahrungen der „Gothaer Lebensversicherungsbank" wurde von *Dr. phil. Albert Andrae* die Sterblichkeit in den Berufen, die sich mit der Herstellung und dem Verkauf geistiger Getränke befassen, untersucht, und sind die Resultate seiner Untersuchungen in Band V, Heft 3, der „Zeitschrift für die gesamte Versicherungs-Wissenschaft" veröffentlicht. Dr. *Andrae* fand z. B., daß für einen 40jährigen Brauer, welcher im Alter von 35 Jahren der Versicherung beigetreten ist, die einjährige Sterbenserwartung mehr als doppelt so groß ist (16,5⁰/₀₀) als die von der „Gothaer Bank" benützte Selektionstafel für Männer angibt (7,96⁰/₀₀). Den Ausgleich in der Sterblichkeit für den im Alter von 35 Jahren der Versicherung beigetretenen Brauer findet Dr. *Andrae* in einer Alterserhöhung von 7—9 Jahren, je nachdem es sich um eine lebenslängliche oder um eine bis auf das 55. Lebensjahr abgekürzte Versicherung handelt. Es sei hier auch noch die sehr verdienstvolle Arbeit von Prof. *Blaschke* über die Versicherung minderwertiger Leben erwähnt. Prof. *Blaschke* sagt, und zwar mit Recht:

„Es gibt keine abnormalen Leben, welche irgend eine Altersstrecke, sei es vor, sei es nach einem bestimmten Lebensjahre, mit normalen Leben in Rücksicht der Sterbenswahrscheinlichkeiten gemein hätten."

Obgleich nun die neuesten Sterbetafeln für die Versicherungen auf den Todesfall ärztlich untersuchter Leben die wichtigsten Unterscheidungen für den Techniker in Beruf, in voll- und minderwertige

Leben nicht machen, so unterscheiden doch alle diese Sterbetafeln jetzt *in der Dauer,* welche seit dem Abschluß der Versicherung verflossen ist (Selektionstafeln). Diejenigen Sterbetafeln, welche eine Unterscheidung in der Dauer der Versicherung nicht machen, nennt man Aggregattafeln. Die bisher genannten Unterscheidungen, welche der Versicherer auf Grund wissenschaftlicher Untersuchungen bei Anwendung wirklich brauchbarer Sterbetafeln für die Versicherung auf den Todesfall ärztlich untersuchter Leben beachten soll, fasse ich wie folgt zusammen:

1. Geschlecht: männlich, weiblich;
2. Beruf: 24 Hauptberufsklassen (vgl. das systematische Verzeichnis der Berufarten des Deutschen Reiches);
3. Versicherungsart: Lebenszeit, gemischt;
4. Gewinnbeteiligung: mit Gewinn, ohne Gewinn;
5. vollwertige Leben ⎫ vgl. die 3 Gefahrenklassen
6. mittelwertige Leben ⎬ von Prof. *Dr. Blaschke;*
7. minderwertige Leben ⎭
8. Eintrittsalter: 20. bis 60. Jahr;
9. Versicherungsdauer: Abstufung für 1. bis 10. Versicherungsjahr.

Man hat es demnach jetzt schon für die Berechnung der einjährigen Sterbenserwartung ärztlich untersuchter Leben und zwar nur für die Versicherungen auf den Todesfall *für ein Leben* auf die recht stattliche Anzahl von

$$2 \times 24 \times 2 \times 2 \times 3 \times 41 \times 10 = 236\,160 \text{ Unterscheidungsfällen}$$

gebracht. Wer aber glauben wollte, das Maß der Unterscheidungsfälle in der einjährigen Sterbenserwartung sei voll, der irrt sich, denn die Wissenschaft wird neben den hier erwähnten noch andere Unterscheidungsfälle finden oder bereits gefunden haben.

Berücksichtigt man nun weiter, daß zurzeit die Todesfallversicherungen für *verbundene* Leben auch noch im praktischen Gebrauche stehen, so kann man die Größe der Verantwortlichkeit ermessen, welche nach dem heutigen Stande der Wissenschaft dem Versicherer für die richtige Berechnung der Prämien und des Deckungskapitals überbürdet wird.

Zu meiner Vergleichung der einjährigen Sterbenserwartungen und der Nettorechnungen für Versicherungen auf den Todesfall ärztlich untersuchter Leben aus Aggregat- und Selektionstafeln habe ich die Sterbetafel der 23 deutschen Lebensversicherungsgesellschaften für normal versicherte Männer und Frauen mit vollständiger ärztlicher Untersuchung, die bekanntlich von einer großen Anzahl Lebensversicherungsgesellschaften immer noch mit Nutzen angewendet wird, herangezogen, obschon einzelne Autoren auf dem Gebiete der Lebensversicherungs-Wissenschaft den Sterbetafeln der 23 deutschen Gesellschaften überhaupt nur noch einen historischen Wert beimessen. Ich stelle also zu meiner Vergleichung Sterbetafeln mit markanten Gegensätzen einander gegenüber, nämlich die Sterbetafeln für Männer der 60 britischen Lebensversicherungsgesellschaften (1863—1893) für Versicherungen auf Lebenszeit mit Gewinn und die Sterbetafeln der

23 deutschen Lebensversicherungsgesellschaften für normal versicherte
Männer und Frauen mit vollständiger ärztlicher Untersuchung.

Die Kommission des Kollegiums für Lebensversicherungs-Wissenschaft zu Berlin (1868—1883) hat sich bei der Herstellung der deutschen Sterbetafeln mit dem Hinweise darauf begnügt, daß die Selektion auf die einjährige Sterbenserwartung einen Einfluß ausübt, und
daß jüngere Anstalten darauf gefaßt sein müssen, in späteren Jahren
eine zunehmende Sterblichkeit derselben Altersklassen als Folge der
von den Versicherten beständig ausgeübten Selektion zu erfahren,
ohne sich indessen mit weiteren Untersuchungen dieserhalb zu befassen.
Es war deshalb meine erste Aufgabe, aus dem veröffentlichten Material
der 23 deutschen Lebensversicherungsgesellschaften eine Selektionstafel, und zwar eine für Männer und Frauen gemischte herzustellen,
was mir auch nach sorgfältiger Entfernung der bei der Drucklegung
des Materials unterlaufenen und im Verzeichnisse der Berichtigungen
nicht erwähnten Irrtümer gelungen ist.   Das nach Altersstufen ab-
gegrenzte Beobachtungsmaterial der 23 deutschen Lebensversicherungsgesellschaften läßt bekanntlich für die einjährige Sterbenserwartung
nicht ohne weiteres auf ganze Versicherungsjahre schließen. Die in
der letzten Horizontalreihe der Tabelle III der Erfahrungen der 23
deutschen Gesellschaften enthaltenen Zahlen

Eintrittsalter		Beobachtungsalter $[x+t]$	
von Jahr einschl.	bis Jahr ausschl.	Durchlebte Beobachtungs- jahre	Gestorbene
x	x + 1	Λx	dx
x + 1	x + 2	Λx + 1	dx + 1
x + 2	x + 3	Λx + 2	dx + 2
.	.	.	.
.	.	.	.
.	.	.	.
x + t	x + t + 1	Λx + t	dx + t

liefern für die einjährige Sterbenserwartung Werte, welche sich im
Minimum auf eine Beobachtungsdauer von einem Tage, im Maximum
dagegen auf eine Beobachtungsdauer von 365 Tagen bzw. von 0—1
Jahr erstrecken.   Ebenso erhält man aus den Zahlen der zweitletzten
Horizontalreihe der Tabelle III für die einjährige Sterbenserwartung
Werte, welche sich auf eine Beobachtungsdauer von 0—2 Jahren er-
strecken usw.   Es ist demnach die Beobachtungsdauer von 1 Jahre so-
wohl in der letzten als auch in der vorletzten Horizontalreihe enthalten.
Die Beobachtungsdauer von 2 Jahren ist in der zweit- und drittletzten
Horizontalreihe enthalten.   Bezeichnet man nun die Zeit, welche seit
Abschluß der Versicherung verflossen ist, mit 0, 1, 2, 3, 4 usw. Jahren
und die Horizontalreihen der Tabelle III von unten gerechnet succes-
sive mit z, y, x, w, v, u usw., so erstreckt sich, wie die nebenstehende
Abbildung zeigt,

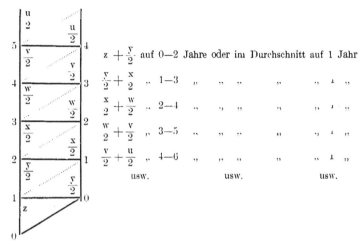

$z + \dfrac{y}{2}$ auf 0—2 Jahre oder im Durchschnitt auf 1 Jahr

$\dfrac{y}{2} + \dfrac{x}{2}$ „ 1—3 „ „ „ „ „ 1 „

$\dfrac{x}{2} + \dfrac{w}{2}$ „ 2—4 „ „ „ „ „ 1 „

$\dfrac{w}{2} + \dfrac{v}{2}$ „ 3—5 „ „ „ „ „ 1 „

$\dfrac{v}{2} + \dfrac{u}{2}$ „ 4—6 „ „ „ „ „ 1 „

usw.   usw.   usw.

Unter Berücksichtigung dieser Erwägungen erhält man aus dem Beobachtungsmaterial für

$z + \dfrac{y}{2}$ einjährige Sterbenserwartung, welche sich auf das 1. Versicherungsjahr,

$\dfrac{y + x}{2}$ „   „   „   „   „ 2.

$\dfrac{x + w}{2}$ „   „   „   „   „ 3.

$\dfrac{w + v}{2}$ „   „   „   „   „ 4.

$\dfrac{v + u}{2}$ „   „   „   „   „ 5.   „

usw.   usw.   usw.

beziehen. Bezeichnet man nun die unausgeglichene einjährige Sterbenserwartung des Alters [x] für das t. Versicherungsjahr mit $^t q[x]$ so drückt $\Sigma^t q\left[\begin{smallmatrix}5\,9\\3\,0\end{smallmatrix}\right]$ die Summe der unausgeglichenen einjährigen Sterbenserwartungen vom Alter 30 bis zum Alter von 59 Jahren einschließlich aus und zwar für den Fall, daß seit Abschluß der Versicherung (t—1) Jahre verflossen sind. Aus dem Beobachtungsmaterial der 23 deutschen Lebensversicherungsgesellschaften für Männer und Frauen mit vollständiger ärztlicher Untersuchung fand ich nun für die ersten 12 Versicherungsjahre folgende Werte:

$\Sigma^1 q\left[\begin{smallmatrix}5\,9\\3\,0\end{smallmatrix}\right] = 0{,}35113$ $\Sigma^8 q\left[\begin{smallmatrix}5\,9\\3\,0\end{smallmatrix}\right] = 0{,}52426$

$\Sigma^2 q\left[\begin{smallmatrix}5\,9\\3\,0\end{smallmatrix}\right] = 0{,}44086$ $\Sigma^9 q\left[\begin{smallmatrix}5\,9\\3\,0\end{smallmatrix}\right] = 0{,}52685$

$\Sigma^3 q\left[\begin{smallmatrix}5\,9\\3\,0\end{smallmatrix}\right] = 0{,}48292$ $\Sigma^{10} q\left[\begin{smallmatrix}5\,9\\3\,0\end{smallmatrix}\right] = 0{,}52468$

$\Sigma^4 q\left[\begin{smallmatrix}5\,9\\3\,0\end{smallmatrix}\right] = 0{,}49312$ $\Sigma^{11} q\left[\begin{smallmatrix}5\,9\\3\,0\end{smallmatrix}\right] = 0{,}53547$

$\Sigma^5 q\left[\begin{smallmatrix}5\,9\\3\,0\end{smallmatrix}\right] = 0{,}48947$ $\Sigma^{12} q\left[\begin{smallmatrix}5\,9\\3\,0\end{smallmatrix}\right] = 0{,}52514$

$\Sigma^6 q\left[\begin{smallmatrix}5\,9\\3\,0\end{smallmatrix}\right] = 0{,}49063$

$\Sigma^7 q\left[\begin{smallmatrix}5\,9\\3\,0\end{smallmatrix}\right] = 0{,}50964$

Eine wesentliche Abweichung in den Summen der einjährigen
Sterbenserwartungen findet man in der vorstehenden Zusammenstellung nur innerhalb der ersten sieben Versicherungsjahre. Wollte
man aber die Berechnung der einjährigen Sterbenserwartungen noch
weiter ausdehnen, so würden zweifelsohne noch Abweichungen konstatiert werden. In Erwägung jedoch, daß das Beobachtungsmaterial mit
fortschreitender Versicherungsdauer stets kleiner wird und infolgedessen die daraus zu gewinnenden Resultate an Zuverlässigkeit verlieren, habe ich für das 8. und die folgenden Versicherungsjahre die
Berechnung der einjährigen Sterbenserwartung zusammengefaßt, und
als Wert für

$$\Sigma^{8 \text{ etc.}} q \left[\begin{smallmatrix} 5 & 9 \\ 3 & 0 \end{smallmatrix}\right] = 0.51906$$

gefunden. Dieser letzte Wert bleibt um etwa 1% hinter dem Werte
für das 8., 9., 10. und 12. Versicherungsjahr zurück, während für das
11. Versicherungsjahr der Unterschied 3% des Wertes $\Sigma^{8 \text{ etc.}} q \left[\begin{smallmatrix} 5 & 9 \\ 3 & 0 \end{smallmatrix}\right]$
beträgt. Es darf hieraus geschlossen werden, daß in den vorliegenden
vergleichenden Berechnungen die einjährigen Sterbenserwartungen
wenigstens für das 8. bis 12. Versicherungsjahr etwas zu klein, hingegen für spätere Versicherungsjahre etwas zu groß bewertet sind. Für
die vorliegenden Vergleichungen kann dies jedoch als belanglos bezeichnet werden. Es mag hier nicht unerwähnt bleiben, daß die Summe
der unausgeglichenen einjährigen Sterbenserwartungen der Aggregattafel für die Alter von 30—59 Jahren ($\Sigma^{1 \text{ etc.}} q \left[\begin{smallmatrix} 5 & 9 \\ 3 & 0 \end{smallmatrix}\right]$) 0,48828 beträgt.
Dieser letztere Wert bleibt hinter demjenigen für das 8. und die folgenden Versicherungsjahre um 6,3% zurück. Als Grundlage für die Berechnung der einjährigen Sterbenserwartungen für die Alter von 30 bis
59 Jahren habe ich aus dem Beobachtungsmaterial der 23 deutschen
Gesellschaften die nachstehenden Größen gefunden:

	Der Beobachtung entnommene Größen.				Tab. I.
Versicherungsjahr t	Seit Abschluß der Versicherung sind verflossen Jahre	$\Sigma q \left[\begin{smallmatrix} 3 & 9 \\ 3 & 0 \end{smallmatrix}\right]$	$\Sigma q \left[\begin{smallmatrix} 4 & 9 \\ 4 & 0 \end{smallmatrix}\right]$	$\Sigma q \left[\begin{smallmatrix} 5 & 9 \\ 5 & 0 \end{smallmatrix}\right]$	$\Sigma q \left[\begin{smallmatrix} 5 & 9 \\ 3 & 0 \end{smallmatrix}\right]$
1	0	0,07638	0,10424	0,17051	0,35113
2	1	0,09561	0,12737	0,21788	0,44086
3	2	0,10517	0,14234	0,23541	0,48292
4	3	0,10638	0,14601	0,24073	0,49312
5	4	0,10604	0,14418	0,23925	0,48947
6	5	0,10579	0,14397	0,24087	0,49063
7	6	0,10681	0,14868	0,25415	0,50964
8 etc.	7 etc.	0,10712	0,15127	0,26067	0,51906

Berechnet man nun aus diesen Größen nach der *King-* und *Hardy*
schen Formel die ausgeglichenen einjährigen Sterbenserwartungen für
jedes Versicherungsjahr, so ergeben sich Werte, welche für jedes Beitrittsalter innerhalb der ersten sieben Versicherungsjahre einer nochmaligen Ausgleichung bedürfen. Um diese zweite Ausgleichung unnötig zu machen, habe ich verschiedene Versuche angestellt und dabei
gefunden, daß man unter Zuhilfenahme einer Proportionsrechnung

vor Anwendung der *King-* und *Hardy*schen Formel zu brauchbaren Resultaten gelangt. Die angewandte Proportionsrechnung ist folgende:

$$\Sigma^1 q\left[{}^{39}_{30}\right] : \Sigma^{8\,\text{etc.}} q\left[{}^{39}_{30}\right] = \Sigma^1 q\left[{}^{59}_{30}\right] : \Sigma^{8\,\text{etc.}} q\left[{}^{59}_{30}\right]$$

$$\Sigma^2 q\left[{}^{39}_{30}\right] : \Sigma^{8\,\text{etc.}} q\left[{}^{39}_{30}\right] = \Sigma^2 q\left[{}^{59}_{30}\right] : \Sigma^{8\,\text{etc.}} q\left[{}^{59}_{30}\right]$$

$$\Sigma^3 q\left[{}^{39}_{30}\right] : \Sigma^{8\,\text{etc.}} q\left[{}^{39}_{30}\right] = \Sigma^3 q\left[{}^{59}_{30}\right] : \Sigma^{8\,\text{etc.}} q\left[{}^{59}_{30}\right]$$

$$\Sigma^4 q\left[{}^{39}_{30}\right] : \Sigma^{8\,\text{etc.}} q\left[{}^{39}_{30}\right] = \Sigma^4 q\left[{}^{59}_{30}\right] : \Sigma^{8\,\text{etc.}} q\left[{}^{59}_{30}\right]$$

$$\Sigma^5 q\left[{}^{39}_{30}\right] : \Sigma^{8\,\text{etc.}} q\left[{}^{39}_{30}\right] = \Sigma^5 q\left[{}^{59}_{30}\right] : \Sigma^{8\,\text{etc.}} q\left[{}^{59}_{30}\right]$$

$$\Sigma^6 q\left[{}^{39}_{30}\right] : \Sigma^{8\,\text{etc.}} q\left[{}^{39}_{30}\right] = \Sigma^6 q\left[{}^{59}_{30}\right] : \Sigma^{8\,\text{etc.}} q\left[{}^{59}_{30}\right]$$

$$\Sigma^7 q\left[{}^{39}_{30}\right] : \Sigma^{8\,\text{etc.}} q\left[{}^{39}_{30}\right] = \Sigma^7 q\left[{}^{59}_{30}\right] : \Sigma^{8\,\text{etc.}} q\left[{}^{59}_{30}\right]$$

ferner

$$\Sigma^1 q\left[{}^{49}_{40}\right] : \Sigma^{8\,\text{etc.}} q\left[{}^{49}_{40}\right] = \Sigma^1 q\left[{}^{59}_{30}\right] : \Sigma^{8\,\text{etc.}} q\left[{}^{59}_{30}\right]$$

usw.　　　usw.　　　usw.　　　usw.

ferner

$$\Sigma^1 q\left[{}^{59}_{50}\right] : \Sigma^{8\,\text{etc.}} q\left[{}^{59}_{50}\right] = \Sigma^1 q\left[{}^{59}_{30}\right] : \Sigma^{8\,\text{etc.}} q\left[{}^{59}_{30}\right]$$

usw.　　　usw.　　　usw.　　　usw.

Die abgeänderten Größen sind folgende:

Vor Anwendung der *King-* und *Hardy*schen Formel mit Hilfe der Proportionsrechnung abgeänderte Größen.　　Tab. II.

Versicherungsjahr t	Seit Abschluß der Versicherung sind verflossen Jahre	$\Sigma q\left[{}^{39}_{30}\right]$	$\Sigma q\left[{}^{49}_{40}\right]$	$\Sigma q\left[{}^{59}_{50}\right]$	$\Sigma q\left[{}^{59}_{30}\right]$
1	0	0,07246	0,10233	0,17634	0,35113
2	1	0,09098	0,12848	0.22140	0,44086
3	2	0,09966	0.14074	0,24252	0,48292
4	3	0.10177	0,14371	0,24764	0,49312
5	4	0.10101	0,14265	0,24581	0,48947
6	5	0.10125	0,14299	0,24639	0,49063
7	6	0.10518	0,14852	0.25594	0,50964
8 etc.	7 etc.	0.10712	0,15127	0,26067	0.51906

Infolge dieser Proportionsrechnung fällt die einjährige Sterbenserwartung innerhalb der ersten sieben Versicherungsjahre für die jüngeren Alter im Durchschnitt etwas kleiner und für die höheren Alter im Durchschnitt etwas größer aus als unter Zugrundelegung der unabgeänderten Größen. Setzt man nun

$$q[x] = a_t + b_t \cdot c^x,$$

so ist

$$a = \frac{1}{10} \frac{\Sigma^t q\left[{}^{39}_{30}\right] \cdot \Sigma^t q\left[{}^{59}_{50}\right] - \left(\Sigma^t q\left[{}^{49}_{40}\right]\right)^2}{\Sigma^t q\left[{}^{39}_{30}\right] + \Sigma^t q\left[{}^{59}_{50}\right] - 2\left(\Sigma^t q\left[{}^{49}_{40}\right]\right)};$$

$$b = \frac{\Sigma^t q\left[{}^{59}_{30}\right] - 30 \cdot a}{\dfrac{c^{60} - c^{30}}{c - 1}}.$$

$$c = \sqrt[10]{\frac{\Sigma^t q\left[{}^{59}_{50}\right] - \Sigma^t q\left[{}^{49}_{40}\right]}{\Sigma^t q\left[{}^{49}_{40}\right] - \Sigma^t q\left[{}^{39}_{30}\right]}};$$

Der Schlüssel für die Berechnung der einjährigen Sterbenserwartungen ist demnach folgender:

23 deutsche Gesellschaften.

Selektionstafel
für Männer und Frauen mit vollständiger ärztlicher Untersuchung.

$$q[x] = a_t + {}_{ht}c^x \qquad \text{Tab. III.}$$

t	a	b	c
1	0,052 255 43	0,000 853 653	1,094 986
2	0,065 609 13	0,001 071 800	1,094 986
3	0,071 868 46	0,001 174 056	1,094 986
4	0,073 386 45	0,001 198 853	1,094 986
5	0,072 843 09	0,001 189 982	1,094 986
6	0,073 015 85	0,001 192 800	1,094 986
7	0,075 845 03	0,001 239 015	1,094 986
8 etc.	0,077 246 90	0,001 261 917	1,094 986

Aus den vom Komitee der 60 britischen Gesellschaften veröffentlichten einjährigen Sterbenserwartungen der Selektionstafel O[M]
habe ich für die Alter von 30—59 Jahren nach den gleichen Grundsätzen, nach welchen ich die Selektionstafel der 23 deutschen Gesellschaften ausgeglichen habe, ebenfalls die zur Berechnung der einjährigen Sterbenserwartung erforderlichen Konstanten hergestellt und hierfür folgende Werte gefunden:

60 britische Gesellschaften.

Selektionstafel O[M]

$$q[x] = a_t + b_t c^x \qquad \text{Tab. IV.}$$

t	a	b	c
1	0,022 480 27	0,059 815 94	1,093 480
2	0,039 278 47	0,068 205 92	1,093 600
3	0,044 638 26	0,076 640 24	1,093 422
4	0,047 379 67	0,083 321 02	1,093 430
5	0,049 446 60	0,089 317 14	1,093 388
6	0,051 317 60	0,094 672 04	1,093 323
7	0,053 207 17	0,099 185 88	1,093 277
8	0,055 030 59	0,103 221 3	1,093 213
9	0,056 968 89	0,105 999 6	1,093 267
10	0,058 803 10	0,108 917 6	1,093 218
11 etc.	0,059 791 64	0,109 431 6	1,093 328

Die unter Zugrundelegung obiger Formel nach Tabelle IV berechneten einjährigen Sterbenserwartungen der O[M]-Tafel stimmen
nicht nur in den Altern von 30—59 Jahren, sondern auch in den
Altern von 10—59 Jahren bis auf die letzte Dezimalstelle genau mit
den veröffentlichten überein, während sie für die Alter von 60—65
Jahren nur in der letzten Dezimalstelle unbedeutend abweichen. Die

angewandten Grundsätze der Ausgleichung der Sterbenserwartungen sind demnach bei den britischen und deutschen Selektionstafeln für diese Alter genau die nämlichen.

Nach Tabelle III kann man nun jede einzelne einjährige Sterbenserwartung für jedes beliebige Versicherungsjahr berechnen. Für die praktische Ausrechnung der ganzen Tafel der Sterbenserwartungen ist es jedoch nicht notwendig, für jedes einzelne Versicherungsjahr nach obiger Formel zu rechnen, sondern man rechne zuerst die einjährigen Sterbenserwartungen mit Ausschluß der ersten sieben Versicherungsjahre und multipliziere dann mit B_t der nachstehenden Tabelle V die Werte von $^{8\,\text{etc.}}q\,x$.

Tab. V.

t	B	t	B
1	0,676 472 8	5	0.942 993 1
2	0,849 343 0	6	0.945 227 9
3	0,930 374 1	7	0,981 851 8
4	0,950 025 0		

Demnach ist z. B. die einjährige Sterbenserwartung für das Alter von 40 Jahren, nachdem 5 Jahre seit dem Abschlusse der Versicherung verflossen sind, also für das 6. Versicherungsjahr

$$B_6 \cdot {}^{8\,\text{etc.}}q_{40} = q_{[35+5]} = 0{,}01180.$$

Die Ableitung der Lebenden, Sterbenden und der Elemente zu den Nettorechnungen geschah nach bekannten Methoden. Die Veröffentlichung dieser Zahlen ist jedoch nicht der Zweck der vorliegenden Arbeit, und hierzu würde auch der Raum fehlen. Es mag aber nicht unerwähnt bleiben, daß alle diese Berechnungen eine nicht geringe Zeit in Anspruch genommen haben.

Für meine Vergleichung aus den Aggregat -und Selektionstafeln der 60 britischen und der 23 deutschen Gesellschaften kommen folgende Bezeichnungen zur Anwendung:

$$O^M = \text{Aggregattafel} \left.\right\} \text{für Männer}$$
$$O^{[M]} = \text{Selektionstafel}$$

der 60 britischen Lebensversicherungsgesellschaften (1863—1893) für Versicherungen auf Lebenszeit mit Gewinn.

$$D^{M\,u.\,W\,I} = \text{Aggregattafel} \left.\right\} \text{für normal versicherte Männer}$$
$$D^{[M\,u.\,W\,I]} = \text{Selektionstafel} \qquad \text{und Frauen}$$

der 23 deutschen Lebensversicherungsgesellschaften mit vollständiger ärztlicher Untersuchung.

Die Abstufung der Selektionstafel der 60 britischen Gesellschaften $O^{[M]}$ erstreckt sich auf die ersten 10 Versicherungsjahre, während ich die Abstufung der Selektionstafel der 23 deutschen Gesellschaften $D^{[M\,u.\,W\,I]}$ auf die ersten 7 Versicherungsjahre ausdehnte. Die nachfolgenden Vergleichungen werden sich nur auf die in der Versicherungspraxis am häufigsten vorkommenden Alter von 30—60 Jahren beziehen.

A. Einjährige Sterbenserwartungen.

In den nachfolgenden Tabellen ist unter Berücksichtigung der Versicherungsdauer für die Eintrittsalter von 30, 35, 40, 45 und 50 Jahren die einjährige Sterbenserwartung aus den Aggregattafeln q x der einjährigen Sterbenserwartung aus den Selektionstafeln q [x] gegenübergestellt.

Tab. 1 : 30.   Eintrittsalter: 30 Jahre.

Seit Abschluß der Versicherung sind verflossen Jahre t	Einjährige Sterbenserwartung				Seit Abschluß der Versicherung sind verflossen Jahre t
	O^M q 30 + t ⁰/₀₀	$O^{[M]}$ q [30] + t ⁰/₀₀	$D^{M \ u. \ WI}$ q 30 + t ⁰/₀₀	$D^{[M \ u. \ WI]}$ q [30] + t ⁰/₀₀	
0	5,95	3,12	8,82	6,52	0
1	6,20	5,02	9,01	8,35	1
2	6,48	5,80	9.24	9.33	2
3	6.77	6,33	9.44	9,73	3
4	7,06	6.80	9.70	9,89	4
5	7,38	7,28	9,99	10,16	5
6	7,71	7,78	10,27	10,83	6
7	8,04	8,29	10.58	11,35	7
8	8,38	8,83	10,95	11,69	8
9	8,77	9,40	11,33	12.07	9
10	9,15	9,86	11.76	12,48	10
15	11,53	12.05	14,37	15,21	15
20	15.05	15.46	18,14	19,51	20
25	20,45	20,79	25.06	26,28	25
30	28,87	29.07	35,35	36.94	30

Tab. 1 : 35.   Eintrittsalter: 35 Jahre.

Seit Abschluß der Versicherung sind verflossen Jahre t	Einjährige Sterbenserwartung				Seit Abschluß der Versicherung sind verflossen Jahre t
	O^M q 35 + t ⁰/₀₀	$O^{[M]}$ q [35] + t ⁰/₀₀	$D^{M \ u. \ WI}$ q 35 + t ⁰/₀₀	$D^{[M \ u. \ WI]}$ q [35] + t ⁰/₀₀	
0	7,38	3.61	9,99	7,27	0
1	7,71	5.64	10,27	9,37	1
2	8.04	6,55	10.58	10,56	2
3	8,38	7,22	10.95	11.11	3
4	8,77	7.85	11,33	11,38	4
5	9,15	8.49	11,76	11,80	5
6	9,56	9.16	12,28	12,70	6
7	10,01	9,86	12,79	13,43	7
8	10,48	10.60	13,31	13,97	8
9	10,99	11,38	13,86	14,56	9
10	11.53	12,05	14,37	15,21	10
15	15.04	15,46	18,14	19,51	15
20	20,45	20,79	25,06	26,28	20
25	28,87	29.07	35,35	36.94	25

Tab. 1 : 40. Eintrittsalter: 40 Jahre.

Seit Abschluß der Versicherung sind verflossen Jahre	Einjährige Sterbenserwartung				Seit Abschluß der Versicherung sind verflossen Jahre
	O^M $q\,40 + t$	$O^{[M]}$ $q\,[40] + t$	$D^{M\,u.\,WI}$ $q\,40 + t$	$D^{[M\,u.\,WI]}$ $q\,[40] + t$	
t	$^0/_{00}$	$^0/_{00}$	$^0/_{00}$	$^0/_{00}$	t
0	9,15	4.38	11.76	8,44	0
1	9,56	6.60	12,28	10,99	1
2	10,01	7.73	12,79	12,49	2
3	10,48	8.62	13.31	13,27	3
4	10.99	9.48	13,86	13.73	4
5	11,53	10.38	14,37	14.38	5
6	12,13	11,32	14,88	15.64	6
7	12,77	12.31	15.49	16,70	7
8	13,45	13,36	16.21	17,56	8
9	14,22	14.47	17.05	18,49	9
10	15.04	15,46	18,14	19,51	10
15	20,45	20.79	25.06	26,28	15
20	28.87	29.07	35.35	36.94	20

Tab. 1 : 45. Eintrittsalter: 45 Jahre.

Seit Abschluß der Versicherung sind verflossen Jahre	Einjährige Sterbenserwartung				Seit Abschluß der Versicherung sind verflossen Jahre
	O^M $q\,45 + t$	$O^{[M]}$ $q\,[45] + t$	$D^{M\,u.\,WI}$ $q\,45 + t$	$D^{[M\,u.\,WI]}$ $q\,[45] + t$	
t	$^0/_{00}$	$^0/_{00}$	$^0/_{00}$	$^0/_{00}$	t
0	11.53	5.58	14.37	10.29	0
1	12,13	8.11	14,88	13,53	1
2	12,77	9.56	15,49	15,54	2
3	13,45	10.80	16.21	16,68	3
4	14.22	12,04	17.05	17,44	4
5	15,04	13,33	18,14	18,44	5
6	15,95	14,69	19.31	20.26	6
7	16,93	16.13	20,60	21,86	7
8	17.99	17.66	22,00	23,20	8
9	19,18	19.29	23,49	24.67	9
10	20,45	20.79	25,06	26.28	10
15	28,87	29,07	35.35	36.94	15

Ich unterlasse nicht, die verdienstvolle Arbeit von *Dr. Engelbrecht* in Karlsruhe,

„Der Einfluß der Versicherungsdauer auf die Sterblichkeit in der Lebensversicherung“,

gebührend zu erwähnen, welche in der am 1. Januar 1906 erschienenen „Zeitschrift für die gesamte Versicherungs-Wissenschaft“ in Band VI, 1. Heft veröffentlicht ist. *Dr. Engelbrecht* behandelt im Gegensatze zur Selektionstafel $D^{[M\,u.\,WI]}$ die Selektionstafel $D^{[MI]}$ für Männer der 23 deutschen Lebensversicherungsgesellschaften. *Dr. Engelbrecht* dehnt die Abstufung der Selektionstafel $D^{[MI]}$ auf die ersten 8 Ver-

Tab. 1:50.   Eintrittsalter: 50 Jahre.

Seit Abschluß der Versicherung sind verflossen Jahre	Einjährige Sterbenserwartung				Seit Abschluß der Versicherung sind verflossen Jahre
	O^M q 50 + t	$O^{[M]}$ q [50] + t	$D^{M\,u.\,WI}$ q 50 + t	$D^{[M\,u.\,WI]}$ q [50] + t	
t	‰	‰	‰	‰	t
0	15.04	7.46	18,14	13.20	0
1	15.95	10,47	19.31	17,52	1
2	16,93	12,44	20.60	20,34	2
3	17.99	14.22	22.00	22,04	3
4	19.18	16,03	23.49	23,27	4
5	20,45	17,94	25,06	24,84	5
6	21.84	19,95	26,81	27.54	6
7	23.38	22.10	28,66	29,97	7
8	25,05	24,37	30,73	32,09	8
9	26.89	26,80	32,88	34,40	9
10	28.87	29,07	35.35	36.94	10

sicherungsjahre aus und unterscheidet überdies noch für das 9. bis 20. und nach dem 20. Versicherungsjahre. Obschon die Grundzüge in der Behandlung der Selektionstafeln $D^{[M\,I]}$ und $D^{[M\,u.\,WI]}$ gänzlich voneinander abweichen, so sind doch die Tendenzen der einjährigen Sterbenserwartungen beider Tafeln, welche zum größten Teil von dem gleichen Beobachtungsmaterial herstammen, nahe miteinander verwandt. Ich bringe daher in der nachstehenden Tabelle 2 auch die Vergleichung der einjährigen Sterbenserwartungen aus der Aggregattafel $D^{M\,I}$ mit der Selektionstafel $D^{[M\,I]}$ zum Ausdruck.

Tab. 2.   Einjährige Sterbenserwartung.

Seit Abschluß der Versicherung sind verflossen Jahre	Eintrittsalter 30 Jahre		Eintrittsalter 35 Jahre		Eintrittsalter 40 Jahre		Eintrittsalter 45 Jahre		Eintrittsalter 50 Jahre	
	$D^{M\,I}$ q 30+t	$D^{[M\,I]}$ q [30]+t	$D^{M\,I}$ q 35+t	$D^{[M\,I]}$ q [35]+t	$D^{M\,I}$ q 40+t	$D^{[M\,I]}$ q [40]+t	$D^{M\,I}$ q 45+t	$D^{[M\,I]}$ q [45]+t	$D^{M\,I}$ q 50+t	$D^{[M\,I]}$ q [50]+t
t	‰	‰	‰	‰	‰	‰	‰	‰	‰	‰
0	7.70	5,60	9.32	6,59	11,58	8.11	14,74	10,13	18,84	12,99
1	8.00	8.01	9.68	9,49	12.21	11.61	15,32	14,41	20,14	18,50
2	8.31	9,07	10,10	10.85	12.84	13,22	15,97	16,25	21,57	20,69
3	8,62	9,27	10,56	11,22	13,50	13.77	16.70	17,13	23.09	22,35
4	8,96	9,48	11,03	11,53	14.14	14.19	17,63	17,81	24.70	23,58
5	9,32	10,06	11,58	12.27	14,74	15,11	18,84	19,07	26.34	25,50
6	9,68	10,56	12.21	13,00	15,32	16.18	20,14	20,82	28,16	28,37
7	10,10	11,11	12,84	13,77	15,97	17,32	21,57	22,67	30.11	31,33
8	10.56	11,72	13,50	14.57	16,70	18,42	23,09	24,40	32.23	33.93
9	11,03	12,23	14,10	15.24	17.63	19,39	24.70	26,00	34,40	36,31
10	11,58	12.77	14,74	15.95	18,84	20.46	26.34	27,75	36.89	38.86
15	14.74	15.95	18.84	20.46	26,34	27.75	36.89	38,86		
20	18,84	20.46	26.34	27,75	36.89	38.86				
25	26,34	23,72	36.89	34.10						
30	36.89	34,10								

Die Vergleichung der einjährigen Sterbenserwartungen aus den Tafeln der 60 britischen Gesellschaften mit den einjährigen Sterbenserwartungen aus den Tafeln der 23 deutschen Gesellschaften M und W I und M I stellt zwei charakteristische Merkmale fest. *Erstens* weisen die britischen Tafeln durchgängig eine bedeutend geringere Sterblichkeit auf, als die deutschen Tafeln. Diese Tatsache schließt auf die Zusammensetzung grundverschiedener Versicherungsobjekte. Es ist wohl mit Sicherheit anzunehmen, daß die britischen Gesellschaften ihre Versicherungsobjekte im allgemeinen besser situierten Bevölkerungskreisen entnommen haben als die 23 deutschen Gesellschaften. Zweitens zeigen die Beziehungen der Aggregattafeln zu den Selektionstafeln in den einjährigen Sterbenserwartungen bei den 23 deutschen Gesellschaften ganz andere Verhältnisse, als bei den 60 britischen Gesellschaften. Die einjährigen Sterbenserwartungen der Selektionstafeln nähern sich bei den britischen Gesellschaften in einem viel langsameren Tempo den einjährigen Sterbenserwartungen der Aggregattafel, als das bei den 23 deutschen Gesellschaften der Fall ist. Dieses Faktum schließt auf die Verschiedenartigkeit der Bewegungen innerhalb der in Frage kommenden Versicherungsbestände.

B. Barwerte der vorschüssigen Leibrenten von 1 mit Ablauf der Versicherung bei vollendetem 60. Lebensjahre.

Den Berechnungen der Leibrenten und der nachfolgenden Nettorechnungen habe ich einen Zinsfuß von $3\frac{1}{2}\%$ zugrunde gelegt. Wie bei den einjährigen Sterbenserwartungen, so habe ich auch bei den Barwerten der Leibrenten für die Eintrittsalter von 30, 35, 40, 45 und 50 Jahren die Gegenüberstellung aus Aggregat- und Selektionstafeln gemacht.

Tab. $3 : {}^{60}_{30}$ Eintrittsalter: 30 Jahre.

Seit Abschluß der Versicherung sind verflossen Jahre	$a[30] + t : \overline{60 - (30 + t)}$				Seit Abschluß der Versicherung sind verflossen Jahre
	O^M	$O^{[M]}$	$D^{M\,u.\,W I}$	$D^{[M\,u.\,W I]}$	
0	17,130	17,163	16.603	16.652	0
1	16.794	16,781	16.293	16.202	1
2	16.449	16.416	15,972	15.867	2
3	16.094	16.049	15,641	15,832	3
4	15.729	15.674	15,298	15.189	4
5	15,353	15.292	14.943	14.832	5
6	14.966	14,901	14,577	14.463	6
7	14.566	14.501	14,198	14.087	7
8	14,155	14.090	13.806	13.700	8
9	13,781	13,669	13,401	13.300	9
10	13.293	13.236	12.982	12,886	10
15	10.874	10.845	10.663	10,586	15
20	7,993	7.981	7,867	7.826	20
25	4.480	4.477	4.437	4,427	25

Tab. 3 : $\frac{60}{35}$ Eintrittsalter: 35 Jahre.

Seit Abschluß der Versicherung sind verflossen Jahre	$a[35] + t : \overline{60 - (35 + t)}$				Seit Abschluß der Versicherung sind verflossen Jahre
	O^M	$O^{[M]}$	$D^{M \text{ u. W I}}$	$D^{[M \text{ u. W I}]}$	
0	15,353	15,467	14,943	14,923	0
1	14,966	15,028	14,577	14,516	1
2	14,566	14,601	14,198	14,122	2
3	14,155	14,169	13,806	13,726	3
4	13,731	13,729	13,401	13,319	4
5	13,293	13,279	12,982	12,897	5
6	12,841	12,818	12,549	12,460	6
7	12,373	12,345	12,101	12,014	7
8	11,891	11,859'	11,639	11,555	8
9	11,391	11,359	11,160	11,079	9
10	10,874	10,845	10,663	10,586	10
15	7,993	7,981	7,867	7,826	15
20	4,480	4,477	4,437	4,427	20

Tab. 3 : $\frac{60}{40}$ Eintrittsalter: 40 Jahre.

Seit Abschluß der Versicherung sind verflossen Jahre	$a[40] + t : \overline{60 - (40 + t)}$				Seit Abschluß der Versicherung sind verflossen Jahre
	O^M	$O^{[M]}$	$D^{M \text{ u. W I}}$	$D^{[M \text{ u. W I}]}$	
0	13,293	13,451	12,982	12,988	0
1	12,841	12,944	12,549	12,513	1
2	12,373	12,444	12,101	12,049	2
3	11,891	11,937	11,639	11,580	3
4	11,391	11,418	11,160	11,098	4
5	10,874	10,886	10,663	10,597	5
6	10,339	10,339	10,147	10,077	6
7	9,784	9,777	9,610	9,544	7
8	9,210	9,197	9,052	8,994	8
9	8,613	8,599	8,471	8,421	9
10	7,993	7,981	7,867	7,826	10
15	4,480	4,477	4,437	4,427	15

Die Vergleichung der Barwerte der vorschüssigen Renten mit Ablauf der Versicherung bei vollendetem 60. Lebensjahre

$$a[x] + t : \overline{60 - (x + t)}$$

aus Aggregat- und Selektionstafeln führt zu solchen Gegensätzen, die ohne Erinnerung an die Verschiedenartigkeit in der Zusammensetzung der Versicherungsobjekte, sowie der Bewegungen innerhalb der einzelnen Versicherungsbestände unverständlich erscheinen. Verfolgt man z. B. die Differenzen der Rentenbarwerte in Tabelle 3 : $\frac{60}{40}$ innerhalb der

Tab. $3:\genfrac{}{}{0pt}{}{60}{45}$ Eintrittsalter: 45 Jahre.

Seit Abschluß der Versicherung sind verflossen Jahre	$a[45]+t:\overline{60-(45+t)}$				Seit Abschluß der Versicherung sind verflossen Jahre
	O^M	$O^{[M]}$	$D^{M\ u.\ WI}$	$D^{[M\ u.\ WI]}$	
0	10.874	11.048	10,663	10,684	0
1	10.339	10,458	10,147	10,128	1
2	9,784	9,870	9,610	9,577	2
3	9,210	9.269	9,052	9,017	3
4	8.613	8.652	8,471	8,438	4
5	7,993	8.016	7.867	7,835	5
6	7,348	7,359	7.239	7,207	6
7	6.677	6.680	6,584	6,558	7
8	5.977	5.975	5,901	5,881	8
9	5.245	5,242	5,187	5,171	9
10	4.480	4,477	4.437	4,427	10

Tab. $3:\genfrac{}{}{0pt}{}{60}{50}$ Eintrittsalter: 50 Jahre.

Seit Abschluß der Versicherung sind verflossen Jahre	$a[50]+t:\overline{60-(50+t)}$				Seit Abschluß der Versicherung sind verflossen Jahre
	O^M	$O^{[M]}$	$D^{M\ u.\ WI}$	$D^{[M\ u.\ WI]}$	
0	7,993	8,146	7,867	7,911	0
1	7,348	7.451	7,239	7,248	1
2	6,677	6.748	6,584	6,582	2
3	5.977	6.024	5,901	5,898	3
4	5.245	5,275	5,187	5,183	4
5	4,480	4,496	4.437	4,433	5
6	3,677	3,685	3,649	3,644	6
7	2,832	2,835	2,817	2.814	7
8	1,942	1,943	1,936	1,935	8
9	1,000	1,000	1,000	1,000	9

20jährigen Versicherungsdauer, so findet man, daß die Rentenbarwerte mit noch 14jähriger Laufzeit für einen 46jährigen, welcher als 40jähriger in die Versicherung eingetreten ist, in Aggregat- und Selektionstafeln bei den 60 britischen Gesellschaften völlig einander gleich sind, während dieselben bei den 23 deutschen Gesellschaften gerade hier die größten Unterschiede innerhalb der 20jährigen Versicherungsdauer zeigen. Für das Eintrittsalter von 45 Jahren in Tabelle $3:\genfrac{}{}{0pt}{}{60}{45}$ sind die Rentenbarwerte aus den Selektionstafeln der 60 britischen Gesellschaften fast durchgängig teurer als die Rentenbarwerte aus den Aggregattafeln. Bei den 23 deutschen Gesellschaften findet gerade das Gegenteil statt; hier sind die Rentenbarwerte aus den Selektionstafeln mit Ausnahme des ersten Versicherungsjahres überall *wohl-*

feiler als die Rentenbarwerte aus den Aggregattafeln. Für das Eintrittsalter von 50 Jahren mit 10jähriger Versicherungsdauer (Tabelle 3 : $\frac{60}{50}$) sind bei den 23 deutschen Versicherungsgesellschaften in Aggregat- und Selektionstafeln die Unterschiede der Rentenbarwerte fast völlig verwischt, während das bei den 60 britischen Gesellschaften nicht der Fall ist. Auch die Eintrittsalter von 30 und 35 Jahren (Tabelle 3 : $\frac{60}{30}$ und Tabelle 3 : $\frac{60}{35}$) verfolgen für die Rentenbarwerte innerhalb der ganzen Versicherungsdauer, trotzdem die Differenzen in der Mehrzahl auf der gleichen Seite liegen, bei den deutschen und britischen Gesellschaften nicht die gleichen Tendenzen. Wie man aus der Vergleichung der Rentenbarwerte sieht, können die Selektionstafeln, je nachdem sie verschiedenartigem Beobachtungsmaterial entstammen, ganz verschiedene Wirkungen verursachen.

C. Einmalige Nettoprämien mit Ablauf der Versicherung bei vollendetem 60. Lebensjahre.

Zur Vergleichung der einmaligen Nettoprämien aus Aggregat- und Selektionstafeln bediene ich mich

erstens der temporären Versicherung auf den Todesfall, und setze bei den Berechnungen voraus, daß das versicherte Kapital nicht am Schlusse des Versicherungsjahres, in welchem der Versicherte stirbt, fällig wird, sondern sofort nach dem Tode.   Als Eintrittsalter wähle ich das 30. Lebensjahr. Die fortschreitende Versicherungsdauer wird mit t bezeichnet, so daß also [30] $+$ t das erreichte Alter bedeutet.

$$A = \frac{\overline{M}\,[30] + t - \overline{M}\,60}{D\,[30] + t};$$

zweitens der Erlebensfallversicherung zum Eintrittsalter von 30 Jahren

$$A = \frac{D\,60}{D\,[30] + t};$$

drittens der gemischten Versicherung mit den gleichen Voraussetzungen wie bei der temporären Versicherung

$$\overline{A} = \frac{\overline{M}\,[30] + t - \overline{M}\,60 + D\,60}{D\,[30] + t}.$$

Die Vergleichung der einmaligen Nettoprämien mit fortschreitender Versicherungsdauer, und zwar für den Fall, daß 0, 2, 4, 6, 8, 10, 15, 20 und 25 Jahre seit dem Abschluß der Versicherung verflossen sind, findet in der nachstehenden Tabelle 4 nur für das Eintrittsalter von 30 Jahren statt.

Verfolgt man die einmaligen Nettoprämien der temporären Versicherung nach der Versicherungsdauer, so ergibt sich, daß für das Eintrittsalter von 30 Jahren, für den Fall also, wo seit dem Abschluß der Versicherung noch keine Zeit (0 Jahre) verflossen ist, bei den

Tab. 4.

Einmalige Nettoprämien (A) mit Ablauf der Versicherung bei Vollendung des 60. Lebensjahres.

Eintrittsalter: 30 Jahre.   Versicherungskapital 1000.

Erreichtes Alter [30] + t	Versicherungs- art	O^M	$O^{[M]}$	$D^{M \text{ u. W I}}$	$D^{[M \text{ u. W I}]}$
		0 Jahre seit Abschluß der Versicherung verflossen			
30 Jahre	Temporär . . .	183,32	183,37	224,93	231,79
	Erlebensfall . .	240,53	239,37	217,44	212,42
	Gemischt . . .	423,85	422,74	442,37	444,21
		2 Jahre seit Abschluß der Versicherung verflossen			
32 Jahre	Temporär . . .	186,10	189,58	226,59	236,50
	Erlebensfall . .	260,82	258,52	237,14	230,98
	Gemischt . . .	446,92	448,10	463,73	467,48
		4 Jahre seit Abschluß der Versicherung verflossen			
34 Jahre	Temporär . . .	188.16	192,93	227,72	238,23
	Erlebenstall . .	283,15	280,32	258,84	252,21
	Gemischt . . .	471,31	473,25	486,56	490,44
		6 Jahre seit Abschluß der Versicherung verflossen			
36 Jahre	Temporär . . .	189,38	194,86	228,14	239,33
	Erlebensfall . .	307,75	304,56	282,82	275,67
	Gemischt . . .	497,13	499,42	510,96	515,00
		8 Jahre seit Abschluß der Versicherung verflossen			
38 Jahre	Temporär . . .	189,65	195,30	227,64	238,81
	Erlebensfall . .	334,91	331,56	309,38	301,97
	Gemischt . . .	524,56	526,86	537,02	540,78
		10 Jahre seit Abschluß der Versicherung verflossen			
40 Jahre	Temporär . . .	188,70	193,98	225,93	236,97
	Erlebensfall . .	365,00	361,74	338,92	331,30
	Gemischt . . .	553,70	555,72	564,85	568,27
		15 Jahre seit Abschluß der Versicherung verflossen			
45 Jahre	Temporär . . .	179,39	183,09	213,72	224,75
	Erlebensfall . .	455,95	453,29	429,32	421,11
	Gemischt . . .	635,34	636,38	643,04	645,86
		20 Jahre seit Abschluß der Versicherung verflossen			
50 Jahre	Temporär . . .	154,74	157,15	185,52	194,38
	Erlebensfall . .	577,61	575,64	551,61	544,30
	Gemischt . . .	732,35	732,79	737,13	738,68
		25 Jahre seit Abschluß der Versicherung verflossen			
55 Jahre	Temporär . . .	102,77	103,99	124,67	130,10
	Erlebensfall . .	747,48	746,38	727,41	722,43
	Gemischt . . .	850,25	850,37	852,08	852,53

13*

Aggregat- und Selektionstafeln der 60 britischen Gesellschaften sozusagen gar kein Unterschied, während bei fortschreitender Versicherungsdauer die einmalige Nettoprämie aus den Selektionstafeln diejenige aus den Aggregattafeln in jedem Falle übersteigt. Bei den 23 deutschen Gesellschaften ist gleich von Beginn der Versicherung an die einmalige Nettoprämie aus der Selektionstafel größer als die einmalige Nettoprämie aus der Aggregattafel. Die Steigerung der einmaligen Nettoprämien bei fortschreitender Versicherungsdauer hält bei den 23 deutschen Gesellschaften länger an als bei den 60 britischen Gesellschaften. Die *Prozentsätze* der Steigerung sind folgende: .

Erreichtes Alter	$100\,\dfrac{O^{[M]} - O^M}{O^M}$	$100\,\dfrac{D^{[M\,u.\,WI]} - D^{M\,u.\,WI}}{D^{M\,u.\,WI}}$
30 Jahre	0,03	3,05
32 „	1.87	4.37
34 ..	2,54	4.62
36	2.89	4,90
38	2.98	4,91
40	2,80	4.89
45	2,06	5,16
50	1,56	4,78
55 „	1.19	4.36

Es soll ferner nicht unerwähnt bleiben, daß mit höherem Eintrittsalter, für den Fall, daß seit dem Abschlusse der Versicherung noch keine Zeit (0 Jahre) verflossen ist, die einmalige Nettoprämie für die temporäre Versicherung auf den Todesfall bei den 60 britischen Gesellschaften aus den Selektionstafeln *wohlfeiler* wird als aus den Aggregattafeln. Bei den 23 deutschen Gesellschaften findet für die Alter von 30—45 Jahren — und das sind so ziemlich die meisten, welche in der Praxis vorkommen — gerade das Gegenteil statt; hier sind die einmaligen Nettoprämien aus den Selektionstafeln *teurer* als aus den Aggregattafeln. Die nachfolgende Tabelle 4a gibt uns hierüber Aufschluß:

Tabelle 4a.

Einmalige Nettoprämie für eine temporäre Versicherung von 1000, zahlbar sofort nach dem Tode, wenn derselbe vor Vollendung des 60. Lebensjahres eintritt.

Eintritts-alter	Einmalige Nettoprämien				Eintritts-alter
	O^M	$O^{[M]}$	$D^{M\,u.\,WI}$	$D^{[M\,u.\,WI]}$	
30	183.32	183,37	224,93	231.79	30
35	188,89	183,67	228,04	233,73	35
40	188,70	178,65	225,93	230,19	40
45	179,39	163,69	213,72	216,17	45
50	154,74	130,72	185.52	182,65	50

Es sollen hier noch pro memoria die *prozentualen Unterschiede* zwischen den einmaligen Nettoprämien der temporären Versicherung auf den Todesfall aus den Selektionstafeln der 23 deutschen und der 60 britischen Gesellschaften zu den letzteren hervorgehoben werden:

Erreichtes Alter	$100 \dfrac{D^{[M\ u.\ W\,I]} - O^{[M]}}{O^{[M]}}$
30 Jahre	26,4
32 ,,	24,7
34	23,5
36	22,8
38	22,3
40	22,2
45	22,8
50	23,7
55 ,,	25,1

In dem umgekehrten Verhältnisse, in welchem die einmaligen Nettoprämien der temporären Versicherung aus den Selektionstafeln zu den Aggregattafeln stehen, bewegen sich die einmaligen Nettoprämien der Erlebensfallversicherung aus den Selektionstafeln zu den Aggregattafeln. Es bestehen hier folgende *prozentuale Verhältnisse:*

Erreichtes Alter	$100 \dfrac{O^{[M]} - O^M}{O^M}$	$100 \dfrac{D^{[M\ u.\ W\,I]} - D^{M\ u.\ W\,I}}{D^{M\ u.\ W\,I}}$
30 Jahre	— 0,48	— 2.31
32 ,,	— 0,88	— 2,60
34	— 1,00	— 2,56
36	— 1,04	— 2,53
38	— 1.00	— 2,40
40	— 0,89	— 2.25
45	— 0,58	— 1,91
50	— 0,34	— 1,33
55 ,,	— 0,15	— 0.68

Bei den einmaligen Nettoprämien der gemischten Versicherung ist das Bild der Selektionstafeln zu den Aggregattafeln, weil die umgekehrten Verhältnisse hier zusammenkommen, etwas verwischt; immerhin treten die Unterschiede bei den 23 deutschen Gesellschaften deutlicher hervor als bei den 60 britischen Gesellschaften. Sowohl bei den deutschen, als auch bei den britischen Gesellschaften sind die einmaligen Nettoprämien der gemischten Versicherung mit Ausnahme des ersten Versicherungsjahres aus den Selektionstafeln überall *teurer* als aus den Aggregattafeln. Die *prozentualen Verhältnisse* sind hier folgende:

Erreichtes Alter	$100 \dfrac{O^{[M]} - O^M}{O^M}$	$100 \dfrac{D^{[M\ u.\ W\,I]} - D^{M\ u.\ W\,I}}{D^{M\ u.\ W\,I}}$
30 Jahre	— 0,26	0,42
32 ,,	0,26	0,81
34	0,41	0.80
36	0,46	0,79
38	0.44	0,70
40	0.36	0,61
45	0,16	0,44
50	0,06	0,21
55 ,,	0.01	0,05

Je mehr sich die gemischte oder abgekürzte Versicherung der lebenslänglichen nähert, desto stärker werden die Gegensätze der einmaligen Nettoprämien aus den Selektionstafeln zu den Aggregattafeln hervortreten.

D. Jährliche Nettoprämien mit Ablauf der Versicherung bei Vollendung des 60. Lebensjahres.

Wie bei den einmaligen Nettoprämien, so habe ich auch bei den jährlichen Nettoprämien in der nachstehenden Tabelle 5a zwischen temporären, Erlebensfall- und gemischten Versicherungen unterschieden.

Bei den jährlichen Nettoprämien treten die gleichen Erscheinungen zutage wie bei den einmaligen Nettoprämien. Ich kann mich daher hier auf das bei den einmaligen Nettoprämien bereits Gesagte beziehen und über die gegenseitigen *prozentualen Verhältnisse* auf die nachfolgende Tabelle 5 verweisen:

Tab. 5.

Erreichtes Alter	Versicherungs- art	$100 \dfrac{O^{[M]} - O^M}{O^M}$	$100 \dfrac{D^{[M \text{ u. } WI]} - D^{M \text{ u. } WI}}{D^{M \text{ u. } WI}}$
30 Jahre	Temporär . . .	— 0.19	3,32
	Erlebensfall . .	— 0,64	— 1,98
	Gemischt . . .	— 0,44	0.71
32 Jahre	Temporär . . .	2,12	5.00
	Erlebensfall . .	— 0,69	— 1,95
	Gemischt . . .	0.48	1.45
34 Jahre	Temporär . . .	2.93	5.31
	Erlebensfall . .	— 0,67	— 1.83
	Gemischt . . .	0.77	1,51
36 Jahre	Temporär . . .	3.24	5.75
	Erlebensfall . .	— 0.58	— 1.75
	Gemischt . . .	0,87	1.60
38 Jahre	Temporär . . .	3,43	5.70
	Erlebensfall . .	— 0,55	— 1,65
	Gemischt . . .	0,89	1,47
40 Jahre	Temporär . . .	3.31	5.69
	Erlebensfall . .	— 0.47	— 1.53
	Gemischt . . .	0,82	1.36
45 Jahre	Temporär . . .	2.30	5.94
	Erlebensfall . .	— 0,31	— 1,19
	Gemischt . . .	0,43	1,18
50 Jahre	Temporär . . .	1,70	5.34
	Erlebensfall . .	— 0,18	— 0,81
	Gemischt . . .	0,22	0,74
55 Jahre	Temporär . . .	1,26	4.63
	Erlebensfall . .	— 0,08	— 0,45
	Gemischt . . .	0.08	0,30

Tab. 5a.

Jährliche Nettoprämien$(\overline{P})$ mit Ablauf der Versicherung bei Vollendung des
60. Lebensjahres.

Eintrittsalter: 30 Jahre. Versicherungskapital 1000.

Erreichtes Alter [30] + t	Versicherungs- art	O^M	$O^{[M]}$	$D^{M\,u.\,W\,I}$	$D^{[M\,u.\,W\,I]}$
		0 Jahre seit Abschluß der Versicherung verflossen			
30 Jahre	Temporär . . .	10,70	10,68	13,55	14,00
	Erlebensfall . .	14,04	13,95	13,10	12,84
	Gemischt . . .	24,74	24,63	26,65	26,84
		2 Jahre seit Abschluß der Versicherung verflossen			
32 Jahre	Temporär . . .	11,31	11,55	14,19	14,90
	Erlebensfall . .	15,86	15,75	14,85	14,56
	Gemischt . . .	27,17	27,30	29,04	29,46
		4 Jahre seit Abschluß der Versicherung verflossen			
34 Jahre	Temporär . . .	11,96	12,31	14,89	15,68
	Erlebensfall . .	18,00	17,88	16,92	16,61
	Gemischt . . .	29,96	30,19	31,81	32.29
		6 Jahre seit Abschluß der Versicherung verflossen			
36 Jahre	Temporär . . .	12,66	13,07	15,65	16,55
	Erlebensfall . .	20,56	20,44	19,40	19,06
	Gemischt . . .	33,22	33,51	35,05	35,61
		8 Jahre seit Abschluß der Versicherung verflossen			
38 Jahre	Temporär . . .	13,40	13.86	16,49	17,43
	Erlebensfall . .	23,66	23,53	22,41	22,04
	Gemischt . . .	37,06	37,39	38.90	39,47
		10 Jahre seit Abschluß der Versicherung verflossen			
40 Jahre	Temporär . . .	14,19	14.66	17,40	18,39
	Erlebensfall . .	27,46	27,83	26,11	25,71
	Gemischt . . .	41,65	41,99	43,51	44,10
		15 Jahre seit Abschluß der Versicherung verflossen			
45 Jahre	Temporär . . .	16,50	16,88	20,04	21.23
	Erlebensfall . .	41,93	41,80	40,26	39,78
	Gemischt . . .	58,43	58.68	60.30	61,01
		20 Jahre seit Abschluß der Versicherung verflossen			
50 Jahre	Temporär . . .	19,36	19,69	23.58	24,84
	Erlebensfall . .	72,26	72,13	70,12	69,55
	Gemischt . . .	91,62	91,82	93,70	94,39
		25 Jahre seit Abschluß der Versicherung verflossen			
55 Jahre	Temporär . . .	22.94	23,23	28,09	29,39
	Erlebensfall . .	166,85	166,71	163,93	163,20
	Gemischt . . .	189.79	189,94	192,02	192.59

E. Deckungskapital aus den jährlichen Nettoprämien mit Ablauf der Versicherung-bei Vollendung des 60. Lebensjahres.

Die Vergleichung des Deckungskapitals aus Aggregat- und Selektionstafeln ist hier nur für die jährliche Prämienzahlung nötig, weil
das Deckungskapital aus der einmaligen Prämienzahlung bekanntlich
der einmaligen Nettoprämie des erreichten Alters gleich ist, und diese
Fälle bereits bei den einmaligen Nettoprämien behandelt worden sind.
Die nachfolgende Tabelle 6 wird daher die Vergleichung des Deckungskapitals nur aus der jährlichen Nettoprämie bringen, und zwar für
die temporäre, Erlebensfall- und gemischte Versicherung.

Tab. 6.

Deckungskapital $(\overline{V})$ aus den jährlichen Nettoprämien mit Ablauf der Versicherung bei Vollendung des 60. Lebensjahres.

Eintrittsalter: 30 Jahre.   Versicherungskapital: 1000.

Nach Jahren	Versicherungs- art	O^M	$O^{[M]}$	$D^{M\,u.\,WI}$	$D^{[M\,u.\,WI]}$
1	Temporär . . .	5,10	7,98	5,04	7,97
	Erlebensfall . .	14,65	14,43	13.62	13.28
	Gemischt . . .	19.75	22,41	18,66	21,25
2	Temporär . . .	10.10	14,26	10.17	14,36
	Erlebensfall . .	29.88	29,52	27,91	27,25
	Gemischt . . .	39,98	43,78	38,08	41,61
4	Temporär	19.86	25,53	20,43	25,58
	Erlebensfall . .	62,31	61,67	58,44	57,18
	Gemischt . . .	82,17	87,20	78.87	82,76
6	Temporär . . .	29.24	35,72	30,62	36,85
	Erlebensfall . .	97.63	96.69	91.85	89,97
	Gemischt . . .	126.87	132.41	122.47	126.82
8	Temporär . . .	38,19	44,82	40,57	47,01
	Erlebensfall . .	136.17	135,00	128,52	126,06
	Gemischt . . .	174,36	179,82	169.09	173.07
10	Temporär . . .	46.46	52.62	50,02	56,57
	Erlebensfall . .	178,37	177.10	168.87	165.84
	Gemischt . . .	224,83	229,72	218.89	222,41
15	Temporär . . .	63.04	67,27	69,24	76,55
	Erlebensfall . .	303.28	302,00	289,63	285,19
	Gemischt . . .	366.32	369,27	358,87	361.74
20	Temporär . . .	69.21	71,91	78,92	84.82
	Erlebensfall . .	465.39	464,31	448.55	443,81
	Gemischt . . .	534.60	536,22	527,47	528,63
25	Temporär . . .	54,83	56,18	64,55	68.12
	Erlebensfall . .	684.58	683,93	669,29	665,59
	Gemischt . . .	739,41	740,11	733,84	733.71

Vergleicht man die Differenzen der Deckungskapitalien aus Selektions- und Aggregattafeln, so findet man für die temporäre Versicherung, daß nach vier, sechs und acht Versicherungsjahren diese Differenzen bei den britischen Gesellschaften größer sind als bei den deutschen, und daß nach Ablauf der übrigen Versicherungsjahre das Umgekehrte der Fall ist. Nach 20 und 25 Jahren sind diese Differenzen bei den deutschen Gesellschaften sogar doppelt so groß als bei den britischen Gesellschaften. Für die Erlebensfallversicherungen sind die *negativen* Differenzen überall bei den deutschen Gesellschaften größer als bei den britischen Gesellschaften. Diese Differenzen sind nach dem 25. Versicherungsjahre fünfmal größer bei den deutschen als bei den britischen Gesellschaften. Für die gemischten Versicherungen weisen diese Differenzen, weil hier die positiven und negativen aus den temporären und Erlebensfallversicherungen zusammenfallen, nicht so große Unterschiede auf. Als charakteristisches Merkmal darf hier hervorgehoben werden, daß die Differenzen der Deckungskapitalien aus Selektions- und Aggregattafeln bei den 23 deutschen Gesellschaften geringer sind als bei den 60 britischen Gesellschaften. Zur Erhärtung des Vorgesagten lasse ich hier die Tabelle 6a folgen:

Tab. 6a.

Differenzen der Deckungskapitalien aus Selektions- und Aggregattafeln

$$[t]\,\overline{V} - t\,\overline{V}.$$

Eintrittsalter: 30 Jahre.　　　　　　Versicherungskapital: 1000.

Nach Jahren	Herkunft	Temporär	Erlebensfall	Gemischt
1	britisch	2,88	— 0.22	2,66
	deutsch	2,93	— 0,34	2,59
2	britisch	4,16	— 0,36	3.80
	deutsch	4,19	— 0,66	3,53
4	britisch	5,67	— 0,64	5.03
	deutsch	5,15	— 1.26	3,89
6	britisch	6,48	— 0.94	5,54
	deutsch	6,23	— 1,88	4,35
8	britisch	6,63	— 1,17	5,46
	deutsch	6,44	— 2,46	3,98
10	britisch	6.16	— 1,27	4.89
	deutsch	6,55	— 3,03	3,52
15	britisch	4,23	— 1.28	2,95
	deutsch	7,31	— 4,44	2,87
20	britisch	2,70	— 1.08	1.62
	deutsch	5,90	— 4,74	1,16
25	britisch	1,35	— 0,65	0,70
	deutsch	3,57	— 3.70	— 0,13

Stellt man sich bei dieser Gelegenheit die nicht uninteressante Frage: „Mit welchem Satze (in Promille der Versicherungssumme) muß man das Deckungskapital der gemischten Versicherung mit jährlicher Prämienzahlung aus den Selektionstafeln zillmern, um das Deckungskapital aus den Aggregattafeln zu erhalten?" so ist die Antwort folgende:

Versicherungs-jahr	Zillmersatz britisch	deutsch
1	2,7 $^0/_{00}$	2,6 $^0/_{00}$
2	4,0 ,,	3,7 ,,
4	, ,,	4,2 ,,
6	, ,,	5,0 ,,
8	, ,,	4,8 ,,
10	,,	4,5 ,,
15	5,4 ,,	4,5 ,,
20	3, ,,	2,5 ,,
25	2,5 ,,	— 0,5 ,,

F. Jährliche Netto-, Risiko- und Reserveprämie der gemischten Versicherung mit Ablauf bei Vollendung des 60. Lebensjahres.

Zur Vergleichung der Netto-, Risiko- und Reserveprämien aus Aggregat -und Selektionstafeln habe ich nur die *gemischte* Versicherung mit jährlicher Prämienzahlung herangezogen, und zwar deshalb, weil in der gemischten Versicherung die temporäre Versicherung sich in der Risikoprämie, und die Erlebensfallversicherung sich in der Reserveprämie wiederspiegelt.

Die Anwendung der Aggregattafeln läßt für die ersten sechs Versicherungsjahre bei den 60 britischen Gesellschaften eine größere Risikoprämie zu als die Anwendung der Selektionstafeln. Vom achten Versicherungsjahre ab ist dagegen das Umgekehrte der Fall. Hier ist bei Anwendung der Aggregattafeln die Risikoprämie kleiner als bei Anwendung der Selektionstafeln. Bei den 23 deutschen Gesellschaften ist die Risikoprämie bei Anwendung der Aggregattafeln nur in den ersten zwei Versicherungsjahren größer als bei Anwendung der Selektionstafeln, während in allen folgenden Versicherungsjahren die Anwendung der Selektionstafel eine größere Risikoprämie zuläßt als bei Anwendung der Aggregattafel. Die Unterschiede in den Differenzen zwischen den britischen und deutschen Tafeln sind zum Teil nicht unbedeutend.

Da die Reserveprämie bekanntlich nichts anderes ist als das Komplement der Risikoprämie zur Nettoprämie, so finden auch hier komplementäre Beziehungen statt. So findet man, daß sich mit Anwendung der Selektionstafeln sowohl für die 60 britischen als auch für die 23 deutschen Gesellschaften in den ersten Versicherungsjahren größere Reserveprämien ergeben als mit Anwendung der Aggregat-

Tab. 7.

Jährliche Netto-, Risiko- und Reserveprämien der gemischten Versicherung mit Ablauf der Versicherung bei Vollendung des 60. Lebensjahres.

Eintrittsalter: 30 Jahre.　　　　　　Versicherungskapital: 1000.

Versicherungsjahr	Versicherungsart	O^M	$O^{[M]}$	D^M u. W I	$D^{[M}$ u. W I]
1	Nettoprämie	24,74	24.63	26,65	26,84
	Risikoprämie . . .	5.74	3.00	8,51	6.28
	Reserveprämie . .	19,00	21.63	18.14	20,56
2	Nettoprämie	24,74	24.63	26.65	26.84
	Risikoprämie . . .	5.85	4.72	8,53	7,87
	Reserveprämie . .	18,89	19.91	18,12	18,97
4	Nettoprämie	24.74	24.63	26,65	26,84
	Risikoprämie . . .	6.11	5,69	8,56	8.78
	Reserveprämie . .	18.63	18.94	18.09	18,06
6	Nettoprämie	24.74	24.63	26.65	26.84
	Risikoprämie . . .	6,35	6.23	8,64	8.74
	Reserveprämie . .	18.39	18.40	18,01	18.10
8	Nettoprämie	24,74	24,63	26.65	26,84
	Risikoprämie . . .	6,55	6,71	8,67	9.26
	Reserveprämie . .	18,19	17,92	17,98	17,58
10	Nettoprämie	24.74	24,63	26,65	26.84
	Risikoprämie . . .	6,71	7,15	8,74	9,27
	Reserveprämie . .	18.03	17,48	17.91	17,57
15	Nettoprämie	24.74	24.63	26.65	26.84
	Risikoprämie . . .	6,91	7,22	8,82	9,22
	Reserveprämie . .	17.83	17,41	17,83	17,62
20	Nettoprämie	24.74	24,63	26.65	26.84
	Risikoprämie . . .	6.63	6,81	8,07	8,73
	Reserveprämie . .	18,11	17,82	18,58	18.11
25	Nettoprämie	24.74	24,63	26,65	26,84
	Risikoprämie . . .	5,15	5,23	6,43	6,76
	Reserveprämie . .	19.59	19.40	20,22	20.08

tafeln. Bei den 60 britischen Gesellschaften sind die Differenzen der Reserveprämien für das sechste Versicherungsjahr aus Selektions- und Aggregattafel unbedeutend, während das bei den 23 deutschen Gesellschaften im vierten und sechsten Versicherungsjahr der Fall ist. Ebenso weichen die Differenzen in den übrigen Versicherungsjahren, wie solches aus der nachfolgenden Tabelle 7a zu ersehen ist, nicht unwesentlich voneinander ab.

Tab. 7a.

Differenzen der Netto-, Risiko- und Reserveprämien aus Selektions-
und Aggregattafeln.

Eintrittsalter: 30 Jahre.   Versicherungskapital: 1000.

Ver-sicherungs-jahr	Herkunft	Differenzen der jährlichen		
		Netto-prämien	Risiko-prämien	Reserve-prämien
1	britisch	− 0,11	− 2,74	+ 2,63
	deutsch	+ 0,19	− 2,23	+ 2,42
2	britisch	− 0.11	− 1,13	+ 1,02
	deutsch	+ 0,19	− 0,66	+ 0,85
4	britisch	− 0,11	− 0,42	+ 0,31
	deutsch	+ 0,19	+ 0,22	− 0,03
6	britisch	− 0,11	− 0.12	+ 0,01
	deutsch	+ 0,19	+ 0,10	+ 0,09
8	britisch	− 0,11	+ 0,16	− 0.27
	deutsch	+ 0,19	+ 0,59	− 0,40
10	britisch	− 0,11	+ 0.44	− 0,55
	deutsch	+ 0,19	+ 0,53	− 0.34
15	britisch	−− 0.11	+ 0.31	− 0.42
	deutsch	+ 0,19	+ 0,40	− 0,21
20	britisch	− 0,11	+ 0,18	− 0,29
	deutsch	+ 0,19	+ 0,66	− 0,47
25	britisch	− 0,11	+ 0,08	− 0,19
	deutsch	+ 0.19	+ 0,33	− 0,14

Schlußfolgerung.

1. Die Sterbetafeln mit geringer Sterblichkeitserwartung können
nicht an allen Orten und für alle Bevölkerungskreise ohne Gefahr für
die Prosperität einer Anstalt angewandt werden. Dies mag zum Teil
auch wohl als ein Grund angesehen werden, warum in dem neuen
französischen Versicherungsgesetze allen in Frankreich operierenden
Lebensversicherungs-Gesellschaften die Anwendung ein und derselben
Aggregat-Sterbetafel für die Todesfallversicherungen vorgeschrieben ist.

2. Zur Erkennung, ob die Anwendung einer Sterbetafel für ein
bestimmtes Operationsgebiet, sei es in Amerika, in England, in Frankreich, in Deutschland, in Österreich, in Italien oder in der Schweiz den
tatsächlichen Verhältnissen entspricht, ist nicht zum mindesten weg-
leitend, die durchschnittliche Versicherungssumme in dem Bevölkerungskreise der verschiedenen Länder kennen zu lernen, aus welchem
die Versicherungen geschöpft werden.

3. Die Prämientarife der Todesfallversicherungen sind je nach
dem Orte und dem Objekte der Versicherung *abänderungsbedürftig.*

Diese Abänderung kann sowohl in der Versetzung in eine *höhere,* als auch in eine *niedrigere* Altersklasse gefunden werden, je nachdem es sich um einen *Maximal-, Minimal-* oder einen *Durchschnittstarif* handelt, den eine Gesellschaft zur Ausgabe gelangen läßt. Es wäre falsch gehandelt, wenn eine Gesellschaft ein sogenanntes minderwertiges Risiko nach ihrem *Minimaltarife* aufnehmen wollte. Nicht minder ist es meines Erachtens unrichtig, zu behaupten, ein sogenanntes besseres Risiko könne nicht gegen eine billigere Prämie bei einer Gesellschaft mit einem *Maximaltarife* versichert werden.

4. Die Vergleichung der Prämientarife derjenigen Lebensversicherungsanstalten, die nicht in den gleichen Bevölkerungskreisen operieren, führt unbedingt zu Trugschlüssen.

5. Diejenigen Lebensversicherungs-Gesellschaften, welche in der Hauptsache Versicherungen auf die ganze Lebensdauer abschließen, haben ein ungleich größeres Interesse an der Anwendung der Selektionstafeln als diejenigen Gesellschaften, welche in der Hauptsache gemischte oder abgekürzte Versicherungen abschließen.

6. Die Anwendung der Selektionstafeln ist für die Todesfallversicherung nach der *Herkunft* des Versicherungsobjektes, nach dem *Geschlechte* und dem *Berufe* des Versicherten wünschenswert, aber in der Praxis unausführbar.

7. Die Anwendung der Selektionstafeln für die Rentenversicherungen, und zwar nach der *Herkunft* und dem *Geschlechte* der Versicherungsobjekte ist dagegen, weil hier die Berufstätigkeit keinen großen Einfluß auf die Sterbenserwartung ausübt, nicht nur erwünscht, sondern auch praktisch ausführbar.

8. Wenn man nun noch bedenkt, wie außerordentlich schwer es dem damaligen Kollegium für Lebensversicherungs-Wissenschaft in Berlin gewesen ist, zur Herstellung eigener Sterbetafeln ein Material von 23 Gesellschaften, unter denen leider die größten deutschen Gegenseitigkeitsanstalten nicht mitzählen, zusammenzufinden, so dürfte für die Mehrzahl der deutschen und schweizerischen Lebensversicherungs-Gesellschaften, deren eigenes Beobachtungsmaterial für die Herstellung von Sterbetafeln noch unzureichend ist, das Verlangen nach einer der Neuzeit entstammenden, für ihre Zwecke brauchbaren Selektionstafel einstweilen wohl noch ein frommer Wunsch bleiben.

Comparaison

entre les taux annuels de mortalité et les primes nettes des assurances en cas de décès d'après les tables moyennes et les tables par âge d'entrée dites „Select Tables" provenant d'observations anglaises et allemandes.

Par J. Riem, Bâle.

1. Les tables à taux bas de mortalité ne peuvent être appliquées indifféremment dans tous les pays et pour toutes les classes de la population sans danger pour la prospérité d'un établissement d'assurances sur la vie. C'est en partie pourquoi, très probablement, la nouvelle loi française sur les assurances fait à toutes les Compagnies d'assurance sur la vie opérant sur le territoire français une obligation d'employer une seule et même table pour les assurances en cas de décès. .

2. Pour se rendre compte si l'emploi de telle ou telle table de mortalité est vraiment indiqué dans une contrée quelconque, qu'il s'agisse de l'Amérique, de l'Angleterre, de la France, de l'Allemagne, de l'Autriche, de l'Italie ou de la Suisse, il n'est pas sans intérêt de connaître l'importance moyenne des sommes assurées dans les populations de ces divers pays.

3. Les tarifs de primes des assurances en cas de décès doivent varier suivant le lieu et l'objet de l'assurance. Cette modification peut s'opérer par le transfert dans une classe d'âge supérieure ou dans une classe d'âge inférieure selon que la Compagnie d'assurances se sert d'un tarif maximum, d'un tarif minimum ou d'un tarif moyen. Ce serait une erreur de la part d'une Compagnie que d'admettre un risque taré sur la base de son tarif minimum, mais il ne serait pas moins erroné de prétendre qu'un très bon risque ne peut pas être assuré à un taux inférieur au tarif maximum.

4. La comparaison des tarifs de Compagnies d'assurance sur la vie qui n'opèrent pas dans les mêmes milieux de population conduit inévitablement à des conclusions fausses.

5. Les Compagnies d'assurances sur la vie qui font surtout des assurances pour la vie entière ont un intérêt bien plus considérable à se servir des „Select Tables" que celles qui s'occupent principalement d'assurances mixtes ou temporaires.

6. Il serait désirable que les „Select Tables" fussent établies en tenant à l'origine, du sexe et de la profession de l'assuré, mais dans la pratique leur emploi ne serait pas possible.

7. Par contre en ce qui concerne les rentes, l'application des „Select Tables" dressées d'après l'origine et le sexe de l'assuré semble non seulement désirable mais peut être mise à exécution dans la pratique.

8. Si l'on songe aux énormes difficultés rencontrées par le Comité des sciences d'assurances afin de réunir en son temps le matériel nécessaire fourni par 23 Compagnies au nombre desquelles manquaient malheureusement les grandes sociétés mutuelles allemandes, il faut considérer que l'intention d'établir des „Select Tables" répondant à la situation actuelle et aux buts que les Compagnies poursuivent, pour la plupart d'entre elles, leur matériel étant actuellement insuffisant, restera longtemps encore irréalisable.

Comparison
between effected and actual death strain for whole life assurances under aggregate and select tables according to British and German experience.

By **J. Riem**, Basel.

1. Life Tables with low rates of mortality cannot be used in all places and for all classes of the population without endangering the prosperity of an Office. This may partly be the reason why, according to the new French Insurance law, all Insurance Companies working in France must employ one and the same aggregate Table of Mortality.

2. In order to find out whether a given Table is suitable for a fixed territory — be it in America, England, France, Germany, Austria, Italy or in Switzerland — an important factor is the average sum assured.

3. Whole Life Premium rates require modification according to the place and object of the assurance: this can be done either by "rating-up" or also by "rating down" depending on whether the company publishes a maximum, minimum or average tariff. It would be wrong to accept a so-called under-average risk on a minimum tariff — and not less incorrect to assert that a so-called first-class risk should not be assured at a lower premium.

4. A comparison of the rates of those Offices which do not operate among the same classes of the community is bound to lead to erroneous conclusions.

5. Those offices which mainly grant whole life assurances have unquestionably a much greater interest in the employment of Select Tables than have those that for the most part issue endowment assurances.

6. The application of Select Tables to whole life assurances, taking into account heredity, sex and occupation, is desirable but impracticable.

7. A similar application of Select Tables, as regards deferred annuities involving heredity and sex, is however quite practicable, as well as desirable, since the occupation exercises no great influence on mortality.

8. If now it be objected, how extremely difficult it was for the "Kollegium" for Life Insurance Science at Berlin to construct a Life Table from the experience of 23 offices (unfortunately not inclusive of the leading German Mutuals), it will be seen that the desire of the majority of German and Swiss offices, whose material is as yet inadequate for the construction of Life Tables, to have a Select Table of modern date and suitable for their purposes may remain for a time but a pious aspiration only.

Formation of a mortality table for valuation purposes.

By **M. M. Dawson**, New York.

The forms of our mortality tables are the result of a few stages of evolutionary development. They, or some of them, are admirably fitted for some or perhaps for most of the purposes for which they are employed, such as computation of premiums, surrender values and the like. That they are equally suitable for the valuation of policy liabilities I very much question, in view of the many modifications and adjustments required, either for a group or for a seriatim valuation.

In order to get the matter before us clearly, let us look at the problem of valuing policy obligations at the close of the fiscal year, as if there were no mortality tables and no precedents as to methods. Suppose, that sufficient data could be had from the past experience of the company, to answer as a guide for the future, and that these statistics could be cast into any convenient form at will. What would the valuer be likely to discover and require under such conditions?

First, he would discover that, in addition to presently matured obligations, the company had large engagements to meet in future, to value which, as well as the premiums receivable as a consideration for them, he must know pretty well what the interest and mortality values will be. He would also find that the latter depends upon both the age of the policy-holder and the duration of the insurance.

Second, he would see that the most accurate and convenient method of arrangement of the data as to mortality, for the purpose of valuation at the close of the fiscal year, would be by what may be called fiscal years of duration which would exhibit the influence both of age and duration. That this may clearly appear, consider that this and this only would surely be required, if arrangement by ages were not also necessary. That necessity merely indicated arrangement of the data to cover both these distinctions.

It follows, therefore, that what would be called for, is a select table, arranged by fiscal years instead of by policy years. Such a table will exhibit the mortality in the fiscal year of issue, in the next fiscal year, etc. and on the presupposition of sufficient data, the entire mortality to be expected in any fiscal year may be ascertained by a summation of the mortality under policies issued that year, policies issued the previous

year, and so on. The construction of such a table is not difficult. To
assemble the data, cards containing the following information only for
each policy issued by the company, need be written up:

No		Age . . . . .
Admitted	Year	
Died	Year	
Discontinued	Year	

Let the fiscal year of issue be called Year 0, the next fiscal year,
Year 1, etc.

Sort the cards of all entrants by ages upon admission and count.
Sort these cards for each age into four piles, embracing the deaths, dis-
continuances, existing and emergents· from the first fiscal year; count
each pile and enter in a schedule as follows: —

Age upon admission, ... years

Fiscal Year	$S_{[x]+n}$ Entered	$n_{[x]+n}$ Discontinued during year	$d_{[x]+n}$ Died during year	$e_{[x]+n}$ Existing	$E_{[x]+n}$ Exposed
0					
1					
2					
3					
etc.					

Repeat this process· for each succeeding fiscal year until the cards
are exhausted.

The formula for exposures for Year 0 is:

$$E_{[x]} = S_{[x]} - \tfrac{1}{2}\, w_{[x]}$$

This is of course an average of but half a year or thereabout in reality.

And for emergents which enter upon Year 1, the formula is:

$$S_{[x]+1} = S_{[x]} - (d_{[x]} + w_{[x]} + e_{.[x]})$$

In this $[x] + 1$ does not mean one year older than upon admission
but merely entering upon "Year 1".

The same formulas for the nth. fiscal year are:

$$E_{[x]+n} = S_{[x]+n} - \tfrac{1}{2}\, w_{[x]+n}$$

$$S_{[x]+n} = S_{[x]+n-1} - (d_{[x]+n-1} + w_{[x]+n-1} + e_{[x]+n-1})$$

In this $[x] + n$ does not mean "n years older than upon admission" but merely entering upon "Year n".

It should be observed that in this mode of forming a mortality
table, no attention is given to what precise age $[x]$ at entry stands for,
e. g. for age last birthday, nearest birthday, or next birthday. The
reason for this is that what is wanted for the valuation is information
as to the proportion of persons received as of age $[x]$, without regard to
the basis for determinating the age, who die in the fiscal year of issue,
the next fiscal year etc. *Pari passu,* it is of no consequence that the

dates of issue fall in various months of the year in this or that proportion, so long as the issues of each fiscal year exhibit virtually the same incidence in their respective years of issue which must be assumed under any practical method of valuation.

Another simplification by the use of such a table, is that, no matter whether deaths were assumed to take place at the end of the policy year or momently throughout the year and, so far as whole life policies are concerned, without modification and as to other policies with suitable modifications no matter whether annual, semi-annual, quarterly, monthly, weekly or momently premiums are payable, it is sufficiently accurate in practice to assume that both claims and premiums are on the average payable in the middle of the fiscal year, and therefore to use *this* formula for valuation:

$$_n V_{[x]} = \bar{A}_{[x]+n} - P_x \bar{a}_{[x]+n}$$

in which the continuous functions may best be computed at their approximate values by the formulas:

$$\bar{A}_{[x]+n} = \frac{v^{x+n} d_{[x]+n} + v^{x+n+1} d_{[x]+n+1} + \cdots \cdots \cdots}{v^{x+n} l_{[x]+n}}$$

$$\bar{a}_{[x]+n} = \frac{v^{x+n} l_{[x]+n+1/2} + v^{x+n+1} l_{[x]+n+1/2} + \cdots \cdots}{v^{x+n} l_{[x]+n}}$$

n being taken as integral in v^{x+n}, etc., and merely as indicating the status at the commencement of fiscal "year n" in all other respects.

For convenient use in forming tables of these values, the mortality table may be graduated by half fiscal years, after the first, which is approximately a half year on the average. This may be accomplished most accurately by having the cards so written and the material so arranged that after the fiscal year of issue, the progress may be traced by half fiscal years. Or, if great accuracy is not required, an approximate result may be reached by interpolation.

In the case of a policy with premiums limited to m years, the formula requires a considerable alteration, as follows:

$$_n V_m P_x = \bar{A}_{[x]+n} - {}_m P_x \bar{a}_{[x]+n \overline{m-n}}$$

For an endowment insurance maturing in m years, the formula becomes:

$$_n VP_{\overline{x m}} = A_{[x]+n \overline{m-(n-1/2)}} - P_{x \overline{m}} \bar{a}_{[x]+n \overline{m-n}}$$

$$A_{[x]+n \overline{m-(n-1/2)}} = \frac{v^{x+n} d_{[x]+n} + - - - v^{x+m} {}_{1/2} d_{[x]+m} + l_{[x]+m+}}{v^{x+n} l_{[x]+n}}$$

Making use of a table of this form, the valuation would proceed according to years of issue: excepting that, of course, if the data indicated that it was desirable, the material beyond a certain number of fiscal years after issue could be combined into an ultimate section of the table, and valuations of policies of duration longer than the select period could be made by means of that table.

14*

Valuation on this basis could be made with equal facility by the seriatim or the group method; but if by the latter, there must of course be separate groups for each year of issue which is yet treated as affected by fresh selection, while all the other insurances may be gathered into one group and be valued by the ultimate section of the table.

The valuation formulas presented herein are not intended to indicate what premiums shall be valued i. e. whether net, gross, gross with a deduction, $Px + 1$ or by whatever method or mortality table computed. They are meant to be perfectly general. But it may well be that the valuer, approaching the subject without preconceptions, as we have supposed, would form views about this and it may not be unprofitable to speculate as to what those views ought to be.

That he would not be likely to value premiums exceeding the actual premiums payable will not be disputed.

Nor, when apprised that a portion of the premium receipts are required to pay expenses, would he value the gross premiums, except he also valued future expenses per contra.

Neither would he admit any negative values as assets or in reduction of positive values; for there can be no certainty that they will be realized. Moreover, he would not consider it proper to admit premiums to be valued which would cause the values to be negative even at the end of the fiscal year of issue, especially if the rights of policyholders to participation in the margins of future premiums are to be safeguarded.

Within the limits of these prohibitions he would select premiums for valuation. They might, for instance, be net premiums by the select table, derived from the same date and rearranged by policy years or, approximately so, by means of half-year sections; or they might be net premiums by the ultimate section of the same table. This choice would be according as the benefit of a fresh selection was to be applied in reducing the net premiums payable, the cost of new business being otherwise provided for, as by a membership fee; or in covering the initial expense of procuring the risks, which expenditure brought the temporarily lower mortality through fresh medical selection. This last mentioned, known as the select and ultimate method, has been adopted as the minimum standard in the State of New York. Certainly a net premium by an aggregate table should not be used, even though based upon the very data from which he had constructed his select table; nor should a net premium by any other table.

Two modes of rearranging the select mortality table, constructed for valuation purposes, so as to accommodate half-yearly requirements and so as to answer for computing approximate, net select premiums have been referred to, one by actual arrangement of data in half-yearly groups instead of yearly, and the other by interpolation. Neither is very accurate, because within the second fiscal year is embraced experience as to policies issued on the first day of the fiscal year, which is wholly in their second policy year, and as to others issued on the last day of the fiscal year, which is wholly within their first policy year. Half-yearly groups are subject to a similar objection. These groups represent the inexact facts to be dealt with in valuations, they show precisely the influence of selection upon mortality during fiscal years; but just because they do, they fail to give a reliable basis during the period affected by fresh selection, for a table based upon policy years.

In the ultimate section of the mortality table for valuation purposes, the conditions are different. The ages for which this table has been made are x, x + 1, x + 2, etc., plus the average fractional portion of the fiscal year, in each case, which the policies were in force during that year. Interpolation to adjust to ages x, x + 1, x + 2, etc. — by the standard, be it borne in mind, employed by the Company to determine ages, whether by last birthdays, nearest birthdays or next birthdays — will in the case of this ultimate section give good results; and will supply reliable net premiums based upon this ultimate section if it is determined, upon the hypothesis already mentioned, that such are to be valued.

Über die Herstellung von Mortalitätstafeln zu Zwecken der Berechnung der Prämienreserve.

Von M. M. Dawson, New York.

Die Sterblichkeitstafeln in ihrer gegenwärtigen Gestalt sind das Ergebnis einiger Stadien der Entwicklung.

Diese Tafeln, oder wenigstens einige derselben, eignen sich vorzüglich für gewisse, oder vielleicht für fast alle Zwecke, für welche sie Verwendung finden, wie z. B. für die Berechnung von Prämien, Rückkaufswerten u. dgl. Daß sie in gleicher Weise für die Bewertung von Policen-Verbindlichkeiten passen, möchte ich sehr bezweifeln, in Anbetracht der vielen Modifikationen und Sondereinrichtungen, welche für die Schätzung der Policen entweder in Gruppen oder einzeln erforderlich sind.

Um uns die Sache klar zu machen, wollen wir das Problem der Schätzung von Policenverbindlichkeiten am Ende des Geschäftsjahres unter der Voraussetzung betrachten, daß weder Sterblichkeitstafeln vorhanden seien, noch Beispiele von vorher in Anwendung gebrachten Berechnungsmethoden. Nehmen wir an, daß genügende Daten über frühere Erfahrungen einer Gesellschaft als Anhalt für die Zukunft zugänglich sind, und daß ein solches statistisches Material nach Belieben in passende Form gebracht werden kann. Was würde der Rechner unter solchen Umständen wohl entdecken und für nötig finden?

Erstens würde er entdecken, daß außer den in nächster Zeit fällig werdenden Verbindlichkeiten die Gesellschaft auch in der Zukunft großen Verpflichtungen nachzukommen hat, zu deren Bewertung sowie der dafür als Gegenleistung zu zahlenden Prämien er ziemlich genau wissen muß, wie Zinsfuß und Sterblichkeit verlaufen werden. Auch würde er finden, daß die letztere sowohl vom Alter des Versicherten, als der Versicherungsdauer abhängig ist.

Zweitens würde er erkennen, daß für die Zwecke der Schätzung am Ende des Geschäftsjahres die genaueste und bequemste Methode für die Anordnung des Materials hinsichtlich der Sterblichkeit diejenige ist, welche man als die „Methode der Geschäftsjahre" bezeichnen kann, und welche sowohl den Einfluß des Alters, als auch der Versicherungsdauer zum Ausdruck bringt.

Um sich darüber klar zu werden, beachte man, daß dies, und zwar nur dies, gewiß verlangt sein würde, wenn nicht Anordnung nach Altern auch notwendig wäre.   Dies Erfordernis würde einfach auf Anordnung des Materiales zur Deckung beider Fälle hindeuten.

Man sieht also, daß das, was verlangt wird, eine Auslesetafel ist, welche nach Geschäftsjahren, anstatt nach Policenjahren, angeordnet ist.   Eine solche Tafel zeigt die Sterblichkeit in dem Geschäftsjahre, in dem der Beitritt erfolgte, in dem folgenden Geschäftsjahre usw., und in der Voraussetzung eines genügend umfangreichen Materiales wird die in irgend einem Geschäftsjahre zu erwartende Sterblichkeit gefunden durch Summation der Sterblichkeitsziffern für die in diesem Jahre ausgestellten Policen, für die im vorhergehenden Geschäftsjahre ausgestellten Policen usw.

Die Herstellung einer solchen Tafel ist nicht schwer.

Zur Sammlung des notwendigen Materials braucht nur für jede von der Gesellschaft ausgestellte Police eine Karte nach dem folgenden Schema ausgeschrieben zu werden:

Nummer	Alter . . . . .
Angenommen	Jahr . . . . .
Gestorben	Jahr . . . . .
Erloschen	Jahr . . . . .

Das Geschäftsjahr, in dem der Beitritt erfolgt, werde als das Jahr 0, das darauffolgende als das Jahr 1 bezeichnet, usw.

Man sortiere nun die Karten sämtlicher Eingetretenen nach dem Alter bei der Aufnahme und zähle dieselben.   Man sortiere sodann die Karten eines jeden Alters in vier Gruppen, nämlich nach Tod, Erloschen, In Kraft, Übergetreten aus dem ersten Geschäftsjahre, zähle die Karten in jeder Gruppe und trage die Ergebnisse in ein Schema von folgender Form ein:

Alter beim Eintritt . . . . Jahre.

	$s_{[x]+n}$	$w_{[x]+n}$	$d_{[x]+n}$	$e_{[x]+n}$	$E_{[x]+n}$
Geschäfts-jahr.	Eingetreten.	Erloschen während des Jahres.	Gestorben während des Jahres.	Bestehend.	Unter Risiko.
0					
1					
2					
3					
usw.					

Dieser Prozeß ist für jedes folgende Geschäftsjahr zu wiederholen, bis die Karten erschöpft sind.

Die Formel für „Unter Risiko" im Jahre 0 lautet:

$$E_{[x]} = s_{[x]} - \tfrac{1}{2} w_{[x]}$$

Dies ist natürlich in Wirklichkeit nur ein Durchschnitt von etwa einem halben Jahr.

Für „Übergetreten" in das Jahr 1 lautet die Formel:

$$s_{[x]+1} = s_{[x]} - (d_{[x]} + w_{[x]} + e_{[x]})$$

Hierin bedeutet $[x] + 1$ nicht „ein Jahr älter als beim Eintritt", sondern bloß „ins Jahr 1 übergetreten".

Für das n^{te} Geschäftsjahr lauten die Formeln:

$$E_{[x]+n} = s_{[x]+n} - \tfrac{1}{2} w_{[x]+n}$$

$$s_{[x]+n} = s_{[x]+n-1} - (d_{[x]+n-1} + w_{[x]+n-1} + e_{[x]+n-1})$$

und hierin bedeutet $[x] + n$ nicht „n Jahre älter als beim Eintritt", sondern nur „ins Jahr n übergetreten".

Es darf nicht unerwähnt bleiben, daß bei dieser Art der Herstellung einer Sterblichkeitstafel keine Rücksicht darauf genommen wird, welchem genauen Alter beim Eintritt $[x]$ entspricht, d. h. ob es das Alter am letztverflossenen, das am nächstliegenden oder das am nächstfolgenden Geburtstage bedeutet.

Der Grund hierfür liegt darin, daß das, was zur Schätzung gebraucht wird, Angaben über das Verhältnis sind, in welchem die beim Alter $[x]$ Eintretenden — wobei aber die Basis für die Bestimmung dieses Alters gleichgültig ist — im Geschäftsjahre, in dem der Beitritt erfolgte, im nächstfolgenden Geschäftsjahre usw. durch Tod ausscheiden.

Ebensowenig ist es von Belang, daß die Ausstellungsdaten sich auf verschiedene Monate des Jahres ungleichmäßig verteilen, solange nur die Zugänge eines jeden Geschäftsjahres die nämlichen Erscheinungen zeigen, wie sie in den entsprechenden Ausstellungsjahren für eine praktisch verwendbare Schätzungsmethode angenommen werden müssen.

Eine andere Vereinfachung, welche sich durch die Anwendung einer solchen Tafel ergibt, besteht darin, daß, gleichviel, ob die Todesfälle als am Ende des Policenjahres, oder kontinuierlich während desselben eintretend gedacht werden, und weiter, gleichviel, ob jährliche, halbjährliche, vierteljährliche, monatliche, wöchentliche oder kontinuierliche Prämien gezahlt werden, für die Praxis die Annahme hinreichend genau ist, daß sowohl die Todesfälle, als auch die Prämien durchschnittlich in der Mitte des Geschäftsjahres fällig werden.

Man kann daher für die Schätzung die folgende Formel verwenden:

$$_n V_{[x]} = \bar{A}_{[x]+n} - P_x \, \bar{a}_{[x]+n}$$

worin für die kontinuierlichen Funktionen am besten ihre Näherungswerte zu setzen sind, nämlich:

$$\bar{A}_{[x]+n} = \frac{v^{x+n} d_{[x]+n} + v^{x+n+1} d_{[x]+n+1} + \cdots\cdots}{v^{x+n} l_{[x]+n}}$$

$$\bar{a}_{[x]+n} = \frac{v^{x+n} l_{[x]+n+1/2} + v^{x+n+1} l_{[x]+n+3/2} + \cdots}{v^{x+n} l_{[x]+n}}$$

Hierbei nimmt.n in v^{x+n} usw. ganzzahlige Werte an, und bedeutet sonst bloß den Status am Anfang des „Geschäftsjahres n".

Zur bequemen Herstellung von Tabellen für die-letzterwähnten Funktionen ist es angebracht, die Sterblichkeitstafel vom Ende des ersten Geschäftsjahres ab (das ja im Durchschnitt ungefähr ein halbes Jahr beträgt) nach halben Geschäftsjahren zu graduieren. Dies kann am genauesten dadurch erreicht werden, daß die Zählkarten so ausgeschrieben werden und das Material so geordnet wird, daß nach Ablauf des Geschäftsjahres, in dem der Beitritt erfolgte, der Prozeß für jedes halbe Jahr durchgemacht wird. Ist keine große Genauigkeit erforderlich, so kann man durch Interpolation ein angenähertes Resultat erhalten.

Für Policen auf den Todesfall mit einer auf m Jahre abgekürzten Prämienzahlung lautet die Schätzungsformel:

$$_n V_m\, P\,_x = \bar{A}\,_{[x]+n} - {}_m\, P_x\, \bar{a}\,_{[x]+n\,\overline{m-n}}$$

während für eine gemischte Versicherung für m Jahre die folgende Formel zu verwenden ist:

$$_n VP_x\,\overline{{}_{m|}} = \bar{A}\,_{[x]+n\,\overline{m-(n-1/2)|}} - P_x\,\overline{{}_{m|}}\,\bar{a}\,_{[x]+n\,\overline{m-n|}}$$

wobei

$$\bar{A}\,_{[x]+n\,\overline{m-(n-1/2)|}} = \frac{v^{x+n}\, d\,_{[x]+n} + \cdots + v^{x+m}\,[1/2\, d\,_{[x]+m} + l\,_{[x]+m+1/2}]}{v^{x+n}\, l\,_{[x]+m}}$$

Beim Gebrauche einer solchen Tafel würde die Schätzung nach Ausstellungsjahren erfolgen. Sollte es jedoch angezeigt erscheinen, so könnte das Material nach Ablauf einer gewissen Reihe von Geschäftsjahren, vom Ausstellungsdatum ab gerechnet, in eine Schlußabteilung ("Ultimate Section") der Tafel zusammengefaßt werden, und natürlich würde die Schätzung von Policen, deren Dauer die Ausleseperiode übersteigt, nach dieser Schlußabteilung vorzunehmen sein.

Auf dieser Grundlage könnte die Schätzung mit derselben Leichtigkeit, entweder für jede einzelne Versicherung, oder nach der Gruppenmethode vorgenommen werden. Im letzteren Falle müßten natürlich die Versicherungen, welche noch als unter dem Einflusse der frischen Auslese stehend zu betrachten sind, in besonderen Gruppen, nach Maßgabe des Ausstellungsjahres, getrennt gehalten werden, während alle übrigen Policen in eine einzige Gruppe zusammengefaßt und nach der „Schlußabteilung" der Tafel geschätzt werden könnten.

Die oben aufgeführten Schätzungsformeln machen keine Vorschriften über die Art und Weise, wie die Prämien zu bewerten sind. d. h. ob Netto-, Brutto-, reduzierte Bruttoprämien, P_{x+1}, oder auf andere Art berechnete Prämien zu wählen sind, bzw. welche Sterblichkeitstafel zugrunde zu legen ist. Diese Formeln sind völlig allgemein gehalten.

Aber der Rechner, welcher unserer Annahme gemäß ohne besondere Voraussetzungen an die Sache herantritt, wird sicherlich nach gewissen Grundsätzen verfahren, und es dürfte nicht ohne Nutzen sein, auf dieselben näher einzugehen.

Er würde bei der Schätzung wohl keine Prämien verwenden, welche die wirklich gezahlten Prämien übersteigen; darüber kann kein Zweifel bestehen. Ferner würde er, falls ihm bekannt ist, daß ein Teil der Prämieneinnahme zur Deckung der Unkosten verwendet werden soll, ebensowenig Bruttoprämien in Ansatz bringen, es sei denn, daß er gleichzeitig die zu erwartenden Unkosten in Abzug brächte.

Auch würde er keine negativen Reserven als Aktiva, oder als Reduktionen positiver Reserven zulassen; denn man kann nicht mit Sicherheit annehmen, daß nachher positive Werte daraus entstehen.

Überdies würde er es für nicht angänglich erachten, Prämien bei der Schätzung zu verwenden, welche negative Reserven ergeben, auch wenn dies nur am Ende des Geschäftsjahres, in dem der Eintritt erfolgte, der Fall ist, um so weniger, wenn die Rechte der Policeninhaber an dem Gewinn aus den Zuschlägen der zu erwartenden Prämien gewahrt werden sollen. Er würde vielmehr für die Schätzung Prämien wählen, welche sich innerhalb der durch die angedeuteten Beschränkungen ergebenden Grenzen bewegen. Solche Prämien sind z. B. Prämien auf Grund einer Auslesetafel, welche aus dem nämlichen Material abgeleitet, aber nach Policenjahren oder angenähert nach Halbjahren angeordnet ist.

Es könnten aber auch Nettoprämien Verwendung finden, welche auf Grund der „Schlußabteilung" derselben Tafel berechnet sind.

Die erstere Art würde zu gebrauchen sein, wenn der Einfluß der Neuzugänge zur Verminderung der zu zahlenden Nettoprämien zu verwenden ist, während für die Kosten des neuen Geschäfts anderweitig Vorkehrung getroffen wird, z. B. durch eine Eintrittsgebühr; die andere Art der Prämien würde zu wählen sein, falls jener Einfluß verwendet werden soll zur Deckung der Unkosten für die Beschaffung neuer Risiken, welch letztere die Sterblichkeit infolge der neuen ärztlichen Auslese vorübergehend herabdrücken.

Diese letztere Methode, unter dem Namen der „Auslese- und Schlußtafelmethode" ("Select and Ultimate Method") bekannt, ist vom Staate New York als Minimum Maßstab für die Berechnung der Prämienreserve angenommen worden. Vor allen Dingen sollten Nettoprämien, welche auf Grund einer Gesamttafel berechnet sind, keine Verwendung finden, auch wenn dieselbe auf dem nämlichen Material basiert wäre, aus welchem die Auslesetafel abgeleitet wurde; ebensowenig Nettoprämien, die auf einer anderen Tafel beruhen.

Zwei Arten der Umgruppierung der für Schätzungszwecke hergestellten Sterbetafel, um dieselbe halbjährlichen Perioden anzupassen und für die angenäherte Berechnung von Auslesenettoprämien verwenden zu können, nämlich die eine durch direkte Gruppierung des Materials nach halbjährlichen, anstatt nach jährlichen Gruppen, die andere durch Interpolation. Keine von beiden kann Anspruch auf große Genauigkeit erheben, weil das zweite Geschäftsjahr die Erfahrung derjenigen Policen umfaßt, welche ausgestellt sind am 1. Tage des Geschäftsjahres, welcher innerhalb ihres zweiten Policenjahres liegt, und auch die Erfahrung derjenigen Policen, welche ausgestellt sind am letzten Tage des Geschäftsjahres, der innerhalb ihres ersten Policenjahres liegt. Ähnliches gilt für halbjährliche Gruppen. Diese Gruppen stellen die wirklichen Tatsachen dar, mit welchen die Schätzung zu tun hat; sie zeigen genau den Einfluß der Auslese auf die Sterblichkeit während der Geschäftsjahre, aber gerade deswegen bilden sie keine verläßliche Grundlage während der Ausleseperiode für eine auf Policenjahren basierte Tafel. Anders verhält es sich mit der „Schlußabteilung" der für Schätzungszwecke konstruierten Tafel. Die Alter, nach welchen diese Tafel angeordnet ist, sind x, x + 1, x + 2 usw., in jedem Falle zuzüglich des Bruchteiles vom Geschäftsjahre, während dessen die Policen innerhalb dieses Jahres durchschnittlich in Kraft waren.

Es mag noch erwähnt werden, daß mit Hilfe der Interpolation, um aus der von der Gesellschaft angewendeten Regel für die Bestimmung des Alters — sei es nach dem letztverflossenen, dem nächstliegenden, oder dem nächstfolgenden Geburtstage — die Alter x, x + 1, x + 2 usw. zu erhalten, bei Anwendung dieser „Schlußabteilung" gute Resultate erzielt werden, und daß auch die aus dieser Abteilung abgeleiteten Nettoprämien als verläßlich zu betrachten sind, falls man, unter der bereits erwähnten Voraussetzung, beschlossen hat, solche Prämien bei der Schätzung zu verwenden.

De la construction
de tables de mortalité pour le calcul des réserves mathématiques.
Par M. M. Dawson, New-York.

La plupart des tables de mortalité suffisent parfaitement pour le calcul des primes, des valeurs de rachat etc., mais l'auteur doute qu'elles permettent de calculer exactement les réserves mathématiques, c'est-à-dire quelles sont les obligations d'une Compagnie.

L'auteur part de l'hypothèse suivant laquelle il n'y aurait ni tables, ni méthodes, mais un nombre assez considérable d'observations faites pendant les années précédentes. Il montre comment on peut dresser des tables de mortalité en prenant directement ces observations pour base. A cet effet il opère sur les années civiles et non sur les années de risque et tient compte non de l'âge mais de la durée de l'assurance. Il répartit des matériaux sous forme de cartes telles qu'on en emploie pour établir les tables de mortalité, classe les décès, sorties etc. d'après l'âge d'entrée et obtient ainsi des „select-tables".

Pour le calcul des réserves mathématiques, il constitue les formules selon la méthode continue et prend ensuite des valeurs approchées. Ses formules sont d'une application générale que le calcul comprenne les primes nettes, les primes brutes ou les primes d'inventaire.

VIII. — G 2.

On the method of calculating the expected death-losses during the calendar year from the books of a life insurance company.

By **Herbert N. Sheppard**, Newyork.

It has now become such a settled custom with most American Companies to observe their mortality experience year by year that it is unnecessary to point out the advantages of such a proceeding, apart from the fact that the figures are still required by some States for the Gain and Loss Exhibit.

It may be stated in passing, for those who are unfamiliar with the Gain and Loss Exhibit, that it is an attempt to trace the growth of the surplus during the calendar year by comparison of loading earned with expenses incurred, interest earned with interest required to maintain the reserve, death losses incurred with expected losses, surrender values allowed with corresponding reserves released, and from other sources of profit or loss; and the exhibit is now required as an addition to the Annual Statement of income and disbursements, assets and liabilities, by twelve States in the Union.

The subject considered in this paper is the proper method of calculating the expected death losses during the calendar year from the books of the Company for comparison with the actual death losses, thus showing the gain or loss due to mortality alone.

This should be considered as a statistical operation, the data on the one side being the table of mortality used and the policies with their respective reserves, and on the other the actual death losses with their respective reserves at the moment of death, as though by the terms of the policy the sum assured might not be payable immediately upon receipt and approval of proofs of death, yet the Company holds itself liable immediately on receipt of notice of death for the full sum assured, as is seen where such notice is received immediately before the end of the calendar year, and may be driven by competition to pay the claim earlier on the average than the end of the period that the contract calls for.

Let us now obtain a general expression for the expected death-losses on a group of policies in the same class, taken out at the same age, under observation between attained ages x and x + 1, representing the experience of a policy year. Between these ages the sum assured is continually changing on account of withdrawals, deaths and re-instatements. Assume the policy year divided into n equal parts, taken so small that withdrawals, deaths and re-instatements may be assumed to take place at the ends of the respective periods in which they occur, and the force of mortality to remain constant during each such period.

Let S_x be the sum assured at age x.

U_r the excess of sum assured on withdrawals and deaths over re-instatements during the rth period.

$V_{x+\frac{r}{n}}$ the reserve per unit of sum assured at the end of the rth period.

Then the expected loss during the policy year is

$$\frac{1}{n} \mu_x S_x (1 - V_{x+\frac{1}{n}})$$

$$+ \frac{1}{n} \mu_{x+\frac{1}{n}} (S_x - U_1) (1 - V_{x+\frac{2}{n}})$$

$$+ \frac{1}{n} \mu_{x+\frac{2}{n}} (S_x - U_1 - U_2) (1 - V_{x+\frac{3}{n}})$$

$$+ \ldots \ldots \ldots \ldots \ldots \ldots \ldots$$

$$+ \frac{1}{n} \mu_{x+\frac{r-1}{n}} (S_x - U_1 - U_2 \ldots \ldots - U_{r-1}) (1 - V_{x+\frac{r}{n}})$$

$+$ etc. $\ldots \ldots \ldots \ldots \ldots$

Let $\mu_{x+\frac{r-1}{n}} = \mu_x + \frac{r-1}{n} \triangle \mu_x$ stopping at first differences,

then using the formula given in the Text Book of the Institute of Actuaries, Chap. XVIII, for the reserve at the end of the fractional part of a year, viz.:

$$V_{x+\frac{r}{n}} = V_x + \frac{r}{n} (V_{x+1} - V_x) + \pi (1 - \frac{r}{n})$$

$$\therefore 1 - V_{x+\frac{r}{n}} = 1 - V_x - \pi - \frac{r}{n} (V_{x+1} - V_x - \pi)$$

$$= A - \frac{r}{n} B \quad \text{say,}$$

we get the expected loss

$$= \frac{1}{n} \mu_x S_x (A - \frac{1}{n} B)$$

$$+ \frac{1}{n} (\mu_x + \frac{1}{n} \triangle \mu_x) (S_x - U_1) (A - \frac{2}{n} B)$$

$$+ \frac{1}{n} (\mu_x + \frac{2}{n} \triangle \mu_x) (S_x - U_1 - U_2) (A - \frac{3}{n} B)$$

$$+ \ldots \ldots \ldots \ldots \ldots$$

$$+ \frac{1}{n} (\mu_x + \frac{r-1}{n} \triangle \mu_x) (S_n - U_1 - U_2 \ldots \ldots - U_{r-1}) (A - \frac{r}{n} B) + \text{etc.}$$

Take first the coefficient of S_x

This $= \frac{1}{n} \left\{ \mu_x \left(A - \frac{1}{n} B \right) + \left(\mu_x + \frac{1}{n} \triangle \mu_x \right) \left(A - \frac{2}{n} B \right) + \text{etc.} \right\}$ of

wich the general term is

$$\frac{1}{n} \left(\mu_x + \frac{r-1}{n} \triangle \mu_x \right) \left(A - \frac{r}{n} B \right)$$

which $= \mu_x \left(\frac{A}{n} - \frac{r\, B}{n^2} \right) + \triangle \mu_x \left(\frac{r-1}{n^2} A - \frac{r\,\overline{r-1}}{n^3} B \right)$ which summing

from 1 to n and making n infinite becomes

$$\mu_x \left(A - \frac{1}{2} B \right) + \triangle \mu_x \left(\frac{1}{2} A - \frac{1}{3} B \right)$$

$$= \left(\mu_x + \frac{1}{2} \triangle \mu_x \right) \left(A - \frac{1}{2} B \right) - \triangle \mu_x \frac{B}{12}$$

the last term may be neglected and we get

$$\mu_x + \tfrac{1}{2} \left\{ 1 - V_x - \pi_x - \frac{1}{2} \left(V_{x+1} - V_x - \pi \right) \right\}$$

$$= \mu_x + \tfrac{1}{2} \left\{ 1 - \frac{1}{2} \left(V_x + V_{x+1} + \pi \right) \right\} = \mu_x + \tfrac{1}{2} \left(1 - M_{x+\frac{1}{2}} \right)$$

where $M_{x+\frac{1}{2}}$ is the mean reserve at age $x + \frac{1}{2}$.

Call this last expression L for conciseness. Now, going back to our original expression for the expected death-loss, giving, however, the coefficient of S_x its limiting value, we get as the coefficient of U_r the following expression:

$$L - \frac{1}{n} \left[\mu_x \left(A - \frac{1}{n} B \right) + \left(\mu_x + \frac{1}{n} \triangle \mu_x \right) \left(A - \frac{2}{n} B \right) \right.$$

$$+ \ldots \ldots \ldots + \left. \left(\mu_x + \frac{r-1}{n} \triangle \mu_x \right) \left(A - \frac{r}{n} B \right) \right]$$

$$= L - \left[\mu_x \left(\frac{r}{n} A - \frac{r\,\overline{r+1}}{2\,n^2} B \right) + \triangle \mu_x \left\{ \frac{(r-1)\,r}{2\,n^2} A - \frac{(r-1)\,r\,(r+1)}{3\,n^3} B \right\} \right]$$

The limiting value of the summation for all values of r of U_r multiplied by the above factor can be found when we know the law governing U_r, but here we will confine ourselves to the case where $U_1 = U_2 = \ldots = U_r = \frac{1}{n} U$. Summing the above from $r = 1$ to $r = n$ and making n infinite, we get as the value of the expected loss

$$L\,S_x - U \left[L - \mu_x \left(\frac{1}{2} A - \frac{1}{6} B \right) - \triangle \mu_x \left(\frac{1}{6} A - \frac{1}{12} B \right) \right]$$

$$= L\,S_x - U \left[L - \mu_x \left(\frac{1}{2} A - \frac{1}{4} B + \frac{1}{12} B \right) - \triangle \mu_x \left(\frac{1}{4} A - \frac{1}{8} B - \frac{1}{12} A + \frac{1}{24} B \right) \right]$$

$$- L\,S_x - U \left[L - \left(\mu_x + \frac{1}{2} \triangle \mu_x \right) \left(\frac{1}{2} A - \frac{1}{4} B \right) + \frac{A}{12} \triangle \mu_x - \frac{B}{12} \left(\mu_x + \frac{1}{2} \triangle \mu_x \right) \right]$$

$$= L \left(S_x - \frac{1}{2} U \right) - U \left[\frac{A}{12} \triangle \mu_x - \frac{B}{12} \mu_{x+\frac{1}{2}} \right].$$

The last term may be neglected (the multiplier of U in the case of a Whole Life policy, age at issue 35, duration 12, H^M $3\frac{1}{2}\%$ T. B. graduation working out to five cents per $1000) so that we see that where the sum assured increases or decreases evenly throughout the policy year on account of the defect or excess of withdrawals and deaths together over re-instatements, the expected death-losses for the year are obtained by multiplying the mean sum assured by the product of the mean force of mortality (which is approximately equal to the central death rate, — see Text Book of the Institute of Actuaries, Chap. II) and the amount at risk at the middle of the year per unit of sum assured, or the complement of the mean reserve.

This suggests at once the method to be pursued where the policies, either seriatim or in groups, are valued as at the end of the calendar year, as dividing the calendar year into two parts and assuming the expected death-losses in the second half of the calendar year to be equal to those in the first half of the succeeding year (which the preceding investigation shows to involve a slight error) and the expected death-losses in the first half of the calendar year to be equal to those in the second half of the preceding year (involving a slight error in the opposite direction) we get the following rule:

Classify all policies by ages attained (done most easily by means of the office year of birth, i. e. year of entry less age at entry) and obtain the totals of the sum assured and of the mean reserve at the end of the calendar year for all of the same attained age, multiply by one-half of the mean force of mortality at the end of the calendar year and add corresponding figures for end of previous year, and we shall obtain expected claims and reserves expected to be released by death during the calendar year, the difference being the expected death-losses.

It may be objected that as the ordinary calculation of the reserve assumes that all claims are paid at the end of the policy year, the formula for the expected death-losses should be subject to this hypothesis as well. In answer to that it may be claimed that we should rather take into consideration the actual facts of the case. Assuming that the Company on the average pays its claims about a month after the date of death of the insured, it follows that in life, limited payment life, and term policies, the net premium and, in consequence, the reserves, both terminal and mean, are understated on the average by the amount of five months' interest on them. Where, therefore, there is no pure endowment feature involved in the reserve, a correction may be made if desired, both in the case of the reserves on expected and actual losses, but in the case of endowment assurances and life policies with a pure endowment feature, the error does not affect the pure endowment portion of the contract, and it will be necessary to make an estimate of the percentage of these reserves which the term or whole life insurance covers in order to apply the correction.

There are one or two practical points remaining to be considered.

1. *Return Premium Policies.*

In this case it is practically impossible, where many such policies are issued, to make the correction each year for the sum assured, but the ratio of actual to expected losses may be considered to be sufficiently accurate if the increasing insurance on account of return premiums is omitted both in numerator and denominator and from the ratio thus found applied to the premiums returned with death claims the expected loss on such return premiums may be calculated.

2. Reinsurance.

The obvious way to treat reinsurances is to deduct the amounts and corresponding reserves on the reinsured plan from the total amounts and reserves on original policies, both for expected and actual death-losses. The effect of this, however, is that the loss on original policies is partly concealed by the profit arising from an excessive death rate, where they are reinsured on a lower premium plan. This can be seen by taking the case of an application for \$100 000 on the ten year endowment plan, on which reinsurance is taken for \$75 000 on the ten year term plan. As far as the amount reinsured is concerned the original company retains the pure endowment premium and puts up the pure endowment reserve and the cost of insurance is negative, being the amount of the pure endowment reserve expected to be released by death. Hence an excessive death rate in these cases means a profit to the original company as far as the amount reinsured is concerned, which partly conceals the loss on the \$25 000 retained. For statistical purposes, therefore, it would perhaps be better to omit all insurance above the Company's limit on any one life, though for the Gain and Loss Exhibit the full amount should be taken. The above practically means that the experience of pure endowments carried by the Company without accompanying insurance should be observed separately.

3. Selection.

It is advisable to investigate the experience of the first few years of issue. If the year 1906 be the year observed and the death-losses of years of issue 1901—1906 inclusive which had been in force five years or less at date of death, be taken, as these represent 5 years of risk the expected losses by the above method will be obtained by taking into consideration years of issue 1902—1906 inclusive as at end of 1906 and 1901 to 1905 inclusive as at end of 1905. By this method the death-losses are kept in separate policy years, and the effect of selection can be traced better than if we were to separate both death-losses and exposures by calendar years of issue.

The whole of the above reasoning depends upon the mathematical reserve. The amount at risk, however, when we take the assurance fund and surplus together, is not the sum assured less reserve, but the sum assured less the credit on the policy till this credit becomes equal to the reserve, the credit for any year being calculated by taking the credit for the preceding year, adding the effective premium, increasing at the effective rate of interest and debiting with effective mortality. Let ΣS be the sum assured on policies which have not yet earned their reserve, ΣV the sum of the corresponding reserves, and ΣC the sum of the corresponding credits, then we have expected strain on the assurance fund $= q\Sigma S - q\Sigma V$ and expected strain on the surplus $= q\Sigma V - q\Sigma C$.

If therefore the expected claims are less than the actual — which is what we should expect when applying an aggregate table to the first few years of the policy, there will be a gain to the assurance fund, which is the one usually taken account of, and which goes through the Gain and Loss Exhibit to swell the surplus at the end of the year, and in addition a gain to the surplus on account of its actual strain being less than the expected. This is put forward subject to correction and, if true, shows that the Gain and Loss Exhibit is incomplete in its statement of the gain from mortality on the business of the company. For the purpose of this argument the assurance fund is considered as credited with the net premium in every case, the excess of the expenses in the first year over the loading being borrowed out of surplus, to be repaid from the loadings of following years.

This paper does not touch the question of annuities, and, as stated in the beginning, has been written primarily with the view of showing the theoretical ground for what the writer considers the most accurate method of obtaining the expected losses on assurances where the books of the Company are arranged for the purpose of calculating the reserves required by law in the different States, and where the amount of time that can be put into such an investigation is necessarily limited.

Über eine Methode, den „expected death-loss" für das Kalenderjahr aus den Büchern einer Lebensversicherungsgesellschaft zu berechnen.

Von **Herbert N. Sheppard**, New York.

Der Verfasser gibt eine Methode zur Berechnung des „expected death-loss", d. h. des rechnungsmäßigen Überschusses der Auszahlungen auf den Todesfall über die diesen ausgezahlten Versicherungen entsprechenden Prämienreserven, oder, was dasselbe ist, der auf das Ende des Jahres verzinsten Risikoprämie. Unter Annahme einer Anzahl von Policen derselben Versicherungsart und desselben Eintrittsalters zeigt er, daß der „expected death-loss" für das Versicherungsjahr gleich dem Produkt aus dem mittleren Versicherungsbestande, der mittleren Sterbewahrscheinlichkeit und dem auf die Mitte des Jahres bezogenen reduzierten Kapitale ist, wobei angenommen wird, daß der Versicherungsbestand sich gleichmäßig während des Versicherungsjahres ändert.

Den „expected death-loss" für das Kalenderjahr erhält man also, indem man das Produkt aus dem reduzierten Kapital und der halben für das Ende des Jahres geltenden Sterbewahrscheinlichkeit bildet und dazu das entsprechende Produkt für das Vorjahr addiert.

Sodann werden einige praktische Fragen, betreffend Gegenversicherung, Rückversicherung, Auswahl behandelt und besprochen, ob das reduzierte Kapital nicht besser definiert würde als die Differenz zwischen der Versicherungssumme und dem Betrage der akkumulierten Prämienzahlungen, bis der letztere die Prämienreserve erreicht hat.

Méthode pour calculer le „death-loss" normal annuel d'après les livres d'une Compagnie.

Par **Herbert N. Sheppard,** New York.

L'auteur donne une formule pour le calcul du „death-loss" normal annuel, c'est-à-dire de la différence, prévue d'après la table de mortalité, entre les sinistres à payer et le montant des réserves normales relatives aux assurances devenues exigibles. En considérant un certain nombre de polices de la même catégorie d'assurances contractées au même âge, il prouve que ce „death-loss" pour l'année de risque est égal au produit du montant assuré moyen, du taux de mortalité moyen et de la part de la somme unité assurée non couverte par la réserve normale; il suppose que le montant total assuré varie en progression arithmétique pendant l'année de risque.

Le „death-loss" normal pour l'exercice se calcule donc en formant le produit du risque total non couvert par la réserve normale par la moitié du taux de mortalité à la fin de l'année et en y ajoutant le même produit correspondant à l'année précédente.

Ensuite il fait quelques remarques concernant la contre-assurance, la réassurance, la sélection et il soulève la question, si l'on doit définir le montant risqué sur une police („amount at risk" = part de la somme assurée non couverte par la réserve) comme étant la différence entre la somme assurée et le montant accumulé des primes payées, jusqu'à ce que ce dernier ait atteint la réserve.

VIII. — G 3.

Loss experience of paid-up insurance in the Equitable Life Assurance Society of the United States, from 1859 to 1899.

By **Robert George Hann**, New York.

Having made extensive investigations of the Loss Experience pertaining to Paid-Up or Free Policies, I am enabled through the courtesy of the Hon. *Paul Morton,* President of the Society, to lay the results before the Fifth Congress of Actuaries.

The statistics exclude all paid-ups emanating from Tontine Settlements, because we require a Medical Examination in all cases when the paid-up exceeds the original policy in amount. They also exclude all limited payment contracts where payment of premiums has been completed.

In every case, with the exception of certain old contracts issued in favor of wife and children, the paid-up was chosen in preference to cash.

Every precaution has been exercised in instituting independent checks as the work progressed.

After finishing the experience little time was left to prepare an article thereon — hence it was necessary to present it in this form, if at all.

I thought it might be of some interest to give the Life portion separately from the Endowment.

Paid-up policies were granted after three or more yearly premiums had been received.

Amounts only are dealt with and are traced through policy years. The age in all cases was that of the original policy which represented the nearest birthday of the assured at entry.

After the contracts were issued the only sources of termination were by Death, Maturity or Surrender.

The object of the investigation was to ascertain if Paid-ups granted compared favorably or otherwise with the experience of the whole Society.

15*

Equitable Life Assurance Society

Table I.   Loss Experience from Organization

Age at entry	4th and 5th years				6 to	
	Amount Exposed $	Expected Loss by Am. Table $	Actual Loss $	Actual to Expected Per Cent	Amount Exposed $	Expected Loss by Am. Table $
United States (Northern), Canada, Great Britain, Australia and South Africa.						
Life Paid-Up.						
to 39	8 245 657	74 560	59 356	79.61	33 675 454	326 155
40 to 49	3 677 984	45 900	33 606	73.22	15 685 993	233 202
50 and over . .	1 829 655	55 276	17 693	32.01	6 832 112	258 832
all ages	13 753 296	175 736	110 655	62.97	56 193 559	818 189
Endowment Paid-up.						
to 39	2 515 861	22 511	18 552	82.41	9 289 535	88 668
40 to 49	1 231 386	15 619	12 530	80.22	4 553 417	69 185
50 and over . .	558 068	14 522	43 000	296.10	1 469 228	48 008
all ages	4 306 215	52 652	74 082	140.70	15 312 180	205 861

Table II.

Tropical and Semi-Tropical.

	allewance made for extra 1000					
Life Paid-up.						
to 39	669 330	8 622	5 200	60·31	3 002 119	41 465
40 to 49	332 464	5 973	5 476	91.68	1 815 138	38 475
50 and over . .	129 758	4 176	5 103	122.20	522 081	23 274
all ages	1 131 552	18 771	15 779	84.06	5 339 338	103 214
Endowment Paid-up.						
to 39	606 237	7 759	6 178	79.62	1 836 904	25 293
40 to 49	241 633	4 216	3 013	71.47	662 082	13 315
50 and over . .	36 252	1 184	—	—	84 270	3 191
all ages	884 122	13 159	9 191	69.85	2 583 256	41 799

Table III.

Continent of Europe.

Life Paid-up.						
to 39	1 079 255	9 922	6 547	65.98	4 816 556	47 347
40 to 49	487 411	6 124	4 339	70.85	1 882 642	26 947
50 and over . .	94 398	2 096	2 433	116.08	423 891	11 647
all ages	1 661 064	18 142	13 319	73.42	7 073 089	85 941
Endowment Paid-up.						
to 39	542 527	4 841	3 149	65.05	2 026 721	19 154
40 to 49	162 569	2 034	1 050	51.62	688 428	10 520
50 and over . .	49 653	1 084	350	32.29	118 604	4 087
all ages	754 749	7 959	4 549	57.16	2 833 753	33 761

of the United States.

to Anniversaries in 1899.

10 years		All years					
Actual Loss $	Actual to Expected Per Cent	Amount Exposed $	Expected Loss by Am. Table $	Actual Loss $	Actual to Expected Per Cent		
217 855	66.79	122 580 246	1 749 154	1 706 836	97.58	17 830 415	In force 1899
221 755	95.09	58 074 662	1 337 767	1 608 240	98.20	4 294 957	Death Claims
204 334	78.94	20 926 193	1 247 089	979 881	78.57	3 882 081	Other Termins
643 944	78.70	201 581 101	4 634 010	4 294 957	92.68	26 007 453	Total Issues
						7.75 years.	Average Duration
61 750	69.64	24 340 506	267 938	220 222	82.19	2 162 025	In force 1899
69 918	101.06	9 821 901	182 493	130 453	71.48	445 797	Death Claims
18 119	37.74	2 694 786	95 353	95 122	99.76	3 406 466	Other Termins
149 787	72.76	36 857 193	545 784	445 797	81.68	6 014 288	Total Issues
						6.13 years	Average Duration
26 868	64.80	9 205 956	149 239	143 412	96.10	2 139 205	In force 1899
46 520	120.91	5 350 576	160 737	189 888	118.14	390 830	Death Claims
23 118	99.33	1 410 031	77 452	57 530	74.28	411 973	Other Termins
96 506	93.50	15 966 563	387 428	390 830	100.88	2 942 008	Total Issues
						5.43 years	Average Duration
17 218	68.07	3 877 518	57 013	54 557	95.69	753 117	In force 1899
9 835	73.86	1 173 781	24 900	12 848	51.60	76 461	Death Claims
2 115	66.28	156 587	6 447	9 056	140.47	338 479	Other Termins
29 168	69.78	5 207 886	88 360	76 461	86.53	1 168 057	Total Issues
						4.46 years	Average Duration
43 254	91.36	7 855 748	80 114	74 727	93.28	2 309 304	In force 1899
41 829	154.23	3 210 478	51 992	68 060	130.90	168 608	Death Claims
10 708	91.94	822 479	26 150	25 821	98.74	254 801	Other Termins
95 791	111.46	11 888 705	158 256	168 608	106.54	2 732 713	Total Issues
						4.35 years	Average Duration
20 232	105.63	3 325 584	32 362	29 181	90.17	843 855	In force 1899
14 055	133.60	1 098 215	17 685	٠ 17 454	98.69	52 272	Death Claims
5 281	129.36	179 736	5 715	5 637	98.64	187 765	Other Termins
39 574	117.22	4 603 535	55 762	52 272	93.74	1 083 892	Total Issues
						4.25 years	Average Duration

Table IV.   Equitable Life Assurance Society
                                    Loss Experience from Organization

Age at entry	4th and 5th years				6 to	
	Amount Exposed $	Expected Loss by Am. Table $	Actual Loss $	Actual to Expected Per Cent	Amount Exposed $	Expected Loss by Am. Table $
All Life Paid-up.						
to 39	9 994 242	93 104	71 103	76.37	41 494 129	414 967
40 to 49	4 497 859	57 997	43 421	74.87	19 833 773	298 624
50 and over . .	2 053 811	61 548	25 229	40.99	7 778 084	293 753
all ages	16 545 912	212 649	139 753	65.72	68 605 986	1 007 344
Endowment Paid-up.						
to 39	3 664 625	35 111	27 879	79.40	13 153 160	133 115
40 to 49	1 635 588	21 869	16 593	75.87	5 903 927	93 020
50 and over . .	644 873	16 790	43 350	258.19	1 672 102	55 286
all ages	5 945 086	73 770	87 822	119.05	20 729 189	281 421

Table V.

Total Experience.

to 39	13 658 867	128 215	98 982	77.20	54 647 289	548 082
40 to 49	6 133 447	79 866	60 014	75.14	25 237 700	391 644
50 and over . .	2 698 684	78 338	68 579	87.54	9 450 186	349 039
all ages	22 490 998	286 419	227 575	79.46	89 335 175	1 288 765

Table VI.

Non-Tontine excluding Females, Tropical, Semi-Tropical and Southern States.

to 39	3 062 785	27 788	18 101	65.14	16 480 031	161 765
40 to 49	1 797 280	22 276	12 793	57.43	9 638 770	145 014
50 and over . .	1 062 554	36 623	7 794	21.28	4 514 792	187 175
all ages	5 922 619	86 687	38 688	44.63	30 633 593	493 954

It constitutes an extensive experience passing through a generation
of nearly 40 years. In the general class, with the exception of the
youngest ages, the *Expected* has its corresponding *Actual* loss at all the
remaining ages.

It involves female lives which do not however appreciably affect the
general results. It may be noted in passing that the Actual to Expected loss on female lives was 84.98 per cent. of the American Table.

The first portion of this experience was drawn off by ages at entry
and by policy years. The 4th and 5th policy years are the 1st and
2nd policy years of the paid-ups, the experience of the first three policy
years having been excluded from the whole business.

In the early years of the Society's history, the Endowments were
issued as payable at death or 50, death or 55, and so on. Most of the
Endowments however have been issued for terms of 10, 15, 20 years, etc.
The 20-year term is the one greatly preferred.

of the United States.

to Anniversaries in 1899.

10 years		All years					
Actual Loss $	Actual to Expected Per Cent	Amount Exposed $	Expected Loss by Am. Table $	Actual Loss · $	Actual to Expected Per Cent		
287 977	69.40	139 641 950	1 978 507	1 924 975	97.29	22 278 924	In Force 1899
310 104	103.84	66 635 716	1 850 496	1 866 188	100.85	4 854 395	Death Claims
238 160	81.07	23 158 703	1 350 691	1 063 232	78.72	4 548 855	Other Termins
836 241	83.01	229 436 369	5 179 694	4 654 395	93.72	31 682 174	Total Issues
						7.24 years.	Average Duration
99 200	74.52	31 543 608	357 313	303 960	85.07	3 758 997	In Force 1899
93 808	100.85	12 093 897	225 078	160 755	81.42	574 530	Death Claims
25 521	46.11	3 031 109	107 515	109 815	102.14	3 932 710	Other Termins
218 529	77.65	46 668 614	689 906	574 530	83.28	8 266 237	Total Issues
						5.65 years.	Average Duration
387 177	70.64	171 185 558	2 335 820	2 228 935	95.42	26 037 921	In Force 1899
403 912	103.13	78 729 613	2 075 514	2 026 943	97.66	5 428 925	Death Claims
263 681	75.54	26 189 812	1 458 206	1 173 047	80.44	8 481 565	Other Termins
1 054 770	81.84	276 104 983	5 869 600	5 428 925	92.49	39 948 411	Total Issues
						6.91 years.	Average Duration
89 738	55.47	89 655 675	1 378 087	1 303 632	94.60	5 209 663	In Force 1899
145 472	100.32	44 654 311	1 349 798	1 327 216	98.33	3 316 626	Death Claims
98 906	52.84	15 033 265	963 020	685 778	71.21	4 571 655	Other Termins
334 116	67.54	149 313 251	3 690 905	3 316 626	89.86	13 097 944	Total Issues
						11.40 years.	Average Duration

By Endowment is meant Endowment Assurance.

The following tables divide themselves into two distinct parts.

The first six are arranged by ages at entry and duration, while tables 7 to 12 are arranged according to ages attained. Each one of the first division comprises the same experience as that of the second respectively. Unlike general experiences the Exposures increase in volume as we recede from the early years of duration.

The classification has been made with due regard to territory yielding similar Experience.

From Table I are excluded the Southern States of the United States, because the experience therein differs from and is less favorable than in the Northern States. This is especially marked in the case of

Endowments where ordinarily one would expect to find the opposite result. It is due, I believe, to two prime causes — Firstly, in the past, the necessity in the South for *Cash* has been sharper than in the North, which has no doubt led to keener intuitive selection on the part of the better risks for Cash Values; secondly, to the practice in the past, of issuing Endowment policies at the ordinary rates, on lives not considered up to the standard for whole life assurance.

Malarial and other fevers have been prevalent in a large portion of this territory, and are bound to continue so for a considerable period in spite of the efforts being made to improve sanitation.

First Part.

Table I may be considered as comprising the Standard business of the Society. Over 26 millions of free policies were issued in 40 years, with amounts exposed to risk sufficiently large in each interval of duration, except perhaps in some cases in the 4th and 5th years, to afford trustworthy results for all ages.

The intensity of loss increases naturally with the duration, with one exception among the young entrants, and for all years. The exception was due to a few claims for much larger amounts than the average.

The loss on the Endowment business is much more favorable than that on the Life, even after the great run off from Surrenders. If there were little or no surrenders, the Endowent Experience would be still more favorable.

The loss on Life policies is most favorable among those entering in advanced life, but is reversed in the case of Endowments.

The bulk of the Tropical and Semi-tropical business was procured in South and Central America. After providing for all expenses due to the extra premium, we had left a provision for 50 per cent. Extra Mortality on Tropical cases, and 25 per cent. on Semi-tropical. In computing the expected loss these extra percentages were used. There were other percentages used for business in Tropical Africa and the East, to provide for Extra Mortality.

This is a much younger business than that in Table I, as is indicated by the average duration.

The intensity of loss on Life business was greatest among those entering in middle life, and like Table I, least among those in advanced life. On comparing Endowment with Life, the former is much more favorable than the latter. We can only regard this part of the Experience as a whole on account of the smallness of the sums involved.

This business is still younger than the Tropical and Semi-tropical, and is drawn chiefly from France, Germany, Spain, Italy and Russia.

Although the character and standing of our Chief Managers and Medical Advisers have been of a high order, the prosecuting business at arms-length in a more strenuous fashion than is customary, has unquestionably resulted in attracting many undesirable risks. It should however be borne in mind that the peoples of Southern and Eastern Europe have not the stamina of the Anglo-Saxon race.

Among the Life contracts the most favorable experience is among the young entrants, and the worst among those entering in middle life. Here again the Endowment Experience is much better than the Life.

The life portion involves large amounts throughout. Since more than 201 Millions of the 229 Millions of Exposures appeared in Table I, their characteristics are necessarily similar, although they are modified for the worse by the influence of the Tropical, Semi-tropical and European business.

In the early years the intensity of loss decreases as the age at entry advances. From the 6th to the 10th years it is lowest among the young entrants, highest for those entering in middle life, and then decreases for the old entrants. For all years the intensity exhibits the same tendency as in Table I; it increases steadily with the duration. Although the Endowments are small in extent, yet there is a perceptible tendency to heavy loss in the *early* years. I think this is due to a simmering down of the poor lives admitted on Endowments at the start, who have become sufficiently impaired to enable them to select paid-up against the Society. Premature death would be the natural sequence. The temptation to place young men on the Endowment plan when they are not considered eligible for *whole* life assurance, is great. Its practice however is dubious. It is probably admissible when the trouble is unquestionably remote. The heavy loss among old entrants was due to a few relatively heavy claims.

Bringing together the whole experience speaks for itself.

Up to this point the tables comprise the greater portion of business that emanated from policies on the Deferred Dividend or Tontine plan. It occurred to me that if the business on all other plans (chiefly annual participating) were examined it might differ from that of the general experience. This tables includes the oldest business. From it have been excluded Females, Tropical, Semi-tropical and Southern States.

This table should of course be compared with Table V. The same law holds in both tables in the 4th and 5th years as to intensity of loss, although we must remember the amounts are small. It is nearly the same from the 6th to the 10th years, and is again repeated for all years. This experience, however, is much more favorable throughout than that of the general experience, especially up to about the fourteenth year.

If this experience had not been included in Table V, the favorable contrast would have been still more pronounced.

Second Part.

Tables VII to XII correspond respectively with Tables I to VI, that is, they cover the same experience, but are constructed for ages attained. They will repay careful study. Where amounts are dealt with we may expect the ratios to fluctuate between wide limits of deviation.

Table VII.

Equitable Life. Assurance Society

Loss Experience from business since

United States (North), Canada, Gr. Britain, Australia and south Africa.

Life.

Age attained	Amount Exposed $	Expected Loss by Am. Table $	Actual Loss $	Actual to Expected Per Cent	Actual to Expected Per Cent
to 19	54 699	425	—	—	
20—24	486 762	3 867	2 836	73.33	
25—29	3 229 278	26 617	17 536	65.88	74.94
30—34	9 896 528	85 636	66 587	77.76	
35—39	18 961 948	176 005	151 096	85.85	83.45
40—44	25 120 784	258 756	211 713	81.82	
45—49	30 987 533	375 354	273 811	72.95	93.66
50—54	33 438 929	517 408	562 357	108.69	
55—59	29 657 815	633 526	623 416	98.40	106.95
60—64	22 862 270	712 833	816 573	114.55	
65—69	14 654 284	690 030	706 605	102.40	92.83
70—74	7 370 038	531 987	427 788	80.41	
75—79	3 580 379	388 674	310 112	79.79	
80—84	1 095 537	185 207	101 555	54.83	
85 and over	184 317	47 685	22 972	48.17	
All ages	201 581 101	4 634 010	4 294 957	92.68	

Table VIII.

Tropical and semi-Tropical. Allowance made for extra risk.

Life		Expected Loss by 150 and 125 % respectively of Am. Expected			
to 19	914	8	102	1275.00	
20—24	30 246	352	—	—	
25—29	214 726	2 456	620	25.25	72.16
30—34	712 288	8 566	7 334	85.62	
35—39	1 553 317	20 121	13 898	69.07	67.20
40—44	2 466 680	35 542	23 509	66.14	
45—49	3 190 626	53 315	66 882	125.45	121.51
50—54	3 232 584	68 725	81 403	118.45	
55—59	2 305 995	67 888	67 997	100.16	114.67
60—64	1 286 827	55 930	73 984	132.28	
65—69	712 009	47 254	28 070	59.40	61.69
70—74	242 395	24 497	16 191	66.09	
75 and over	16 498	2 442	10 840	443.90	
80 and over	1 458	332	—	—	
All ages	15 966 563	387 428	390 830	100.88	

of the United States.

Organization to Anniversaries in 1899.

Endowment.

Age attained	Amount Exposed $	Expected Loss by Am. Table $	Actual Loss $	Actual to Expected Per Cent	Actual to Expected Per Cent
to 19	187 733	1 443	—	—	
20—24	559 154	4 437	2 350	52.96	
25—29	1 432 554	11 778	7 780	66.06	65.62
30—34	2 898 707	25 054	16 389	65.41	
35—39	4 808 485	44 628	26 170	58.64	72.38
40—44	6 523 323	67 212	54 785	81.51	
45—49	6 917 177	83 536	94 143	112.70	105.06
50—54	6 048 770	93 101	91 430	98.21	
55—59	4 270 396	90 502	51 681	57.10	70.55
60—64	2 067 184	63 712	57 113	89.64	
65—69	858 787	40 017	43 956	109.84	74.91
70—74	267 898	18 664	—	—	
75—79	17 025	1 700	—	—	
All ages	368 857 193	545 784	445 797	81.68.	

Endowment.

to 19	7 603	85	—	—	
20—24	30 746	352	—	—	
25—29	210 116	2 529	3 275	129.50	58.22
30—34	620 301	7 738	2 702	34.92	
35—39	971 424	13 032	13 722	105.29	76.55
40—44	1 131 904	16 581	8 947	53.96	
45—49	1 118 167	19 268	15 886	82.45	73.70
50—54	725 102	15 301	9 593	62.70	
55—59	294 784	8 581	13 280	154.76	132.57
60—64	68 746	3 032	2 115	69.76	
65—69	28 193	1 786	6 941	388.63	372.97
70	800	75	—	—	
All ages	5 207 886	88 360	76 461	86.53	

Table IX.

Continent of Europe.

Life.

Age attained	Amount Exposed $	Expected Loss by Am. Table $	Actual Loss $	Actual to Expected Per Cent	Actual to Expected Per Cent
to 19	12 302	94	—	—	
20—24	48 191	384	400	104.17	
25—29	333 136	2 748	1 102	40.10	} 199.34
30—34	986 324	8 539	21 398	250.59	
35—39	2 160 583	20 055	13 227	65.95	} 62.49
40—44	2 689 294	27 666	16 592	59.97	
45—49	2 413 633	29 018	21 767	75.01	} 135.57
50—54	1 642 817	25 187	51 719	205.34	
55—59	915 166	19 419	18 267	94.07	} 89.89
60—64	483 265	14 989	12 657	84.44	
65—69	171 990	7 948	6 981	87.83	} 113.88
70—74	31 292	2 132	4 498	210.98	
75 and over	712	77	—	—	
All ages	11 888 705	158 256	168 608	106.54	

Table X.

Total Life.

Age attained	Amount Exposed $	Expected Loss by Am. Table $	Actual Loss $	Actual to Expected Per Cent	Actual to Expected Per Cent
to 19	˙67 915	527	102	19.35	
20—24	565 199	4 603	3 236	70.30	
25—29	3 777 140	31 821	19 258	60.52	} 85.15
30—34	11 595 140	102 741	95 319	92.78	
35—39	22 675 848	216 181	178 221	82.44	} 79.91
40—44	30 276 758	321 964	251 814	78.21	
45—49	36 591 792	457 687	362 460	79.19	} 98.96
50—54	38 314 330	611 320	695 479	113.77	
55—59	32 878 976	720 833	709 680	98.45	} 107.20
60—64	24 632 362	783 752	903 214	115.24	
65—69	15 538 283	745 232	741 656	99.52	} 91.28
70—74	7 643 725	558 616	448 477	80.28	
75—79	3 597 589	391 193	320 952	82.04	} 73.26
80—84	1 096 995	185 539	101 555	54.74	
85 and over	184 317	47 685	22 972	48.17	
All ages	229 436 369	6 179 694	4 854 395	93.72	

The first column of ratios is given throughout for quinquennial ages, but the second column of ratios for decennial ages, which shows more clearly the natural intensity of the loss both for Life and Endowment. It rises to a maximum and then declines. Any material departure from this is due to either small amounts, or to a few claims far beyond the average. The fall in the ratio at the older ages is prominent.

Endowment.

Age attained	Amount Exposed $	Expected Loss by Am. Table $	Actual Loss $	Actual to Expected Per Cent	Actual to Expected Per Cent
to 19	92 843	715	2 500	349.65	
20—24	113 069	892	600	67.26	
25—29	168 105	1 886	200	14.43	68.51
30—34	563 013	4 879	4 092	83.87	
35—39	1 113 784	10 312	9 549	92.60	81.16
40—44	901 658	9 241	6 320	68.39	
45—49	643 405	7 717	10 273	133.12	131.89
50—54	494 729	7 678	10 032	130.66	
55—59	377 780	7 989	3 290	41.18	44.56
60—64	94 249	2 871	1 549	53.95	
65—69	32 701	1 514	3 867	255.42	
70 and over	8 199	568	—	—	
All ages	4 603 535	55 762	52 272	93.74	

Total Endowment.

Age	Amount	Expected	Actual	Actual Exp	
to 19	288 179	2 243	2 500	111.46	
20—24	702 969	5 681	2 950	51.93	
25—29	1 810 775	15 693	11 255	71.72	64.53
30—34	4 082 021	37 671	23 183	61.54	
35—39	6 893 693	67 972	49 441	72.74	74.22
40—44	8 556 885	93 034	70 052	75.30	
45—49	8 678 749	110 521	120 302	108.85	102.10
50—54	7 268 601	116 080	111 055	95.67	
55—59	4 942 960	107 072	68 251	63.74	73.03
60—64	2 230 179	69 615	60 777	87.30	
65—69	919 681	43 317	54 764	126.43	
70—74	276 897	19 307	—	—	
75—79	17 025	1 700	—	—	
All ages	46 668 614	689 906	574 530	83.28	

In the majority of cases, I think this is due partially to the leading a life further removed from care and worry than in earlier life, and also to the character of the American Table, which, I apprehend, gives too *low* a mortality in middle life. It will be remembered though the observations of this table were of considerable magnitude in middle life, yet they were of *short* duration.

Table XI.

Total Experience.

Age attained	Amount Exposed $	Expected Loss by Am. Table $	Actual Loss $	Actual to Expected Per Cent	Actual to Expected Per Cent
To 19	356 094	2 770	2 602	93.94	
20—24	1 268 168	10 284	6 186	60.15	
25—29	5 587 915	47 514	30 513	64.22	} 79.29
30—34	15 677 161	140 412	118 502	84.40	}
35—39	29 569 541	284 153	227 662	80.12	}
40—44	38 833 643	414 998	321 866	77.50	} 78.60
45—49	45 270 541	568 208	482 762	84.96	}
50—54	45 582 931	727 400	806 534	110.88	} 99.51
55—59	37 821 936	827 905	777 931	93.96	}
60—64	26 862 541	853 367	963 991	112.96	} 103.61
65—69	16 457 964	788 549	796 420	101.00	}
70—74	7 920 622	577 923	448 477	77.60	} 91.10
75—79	3 614 614	392 893	320 952	81.69	}
80—84	1 096 995	185 539	101 555	54.74	} 73.04
85 and over	184 317	47 685	22 972	48.17	}
All ages	276 104 983	5 869 600	5 428 925	92.49	

Table XIII.

Comparative Table of Loss Experience between

Territory	4th and 5th years			
	Expected Loss by Am. Table $	Actual Loss $	Actual to Expected Per Cent	Actual to Expected by Standard Per Cent
United States (North), Canada, Gt. Britain &c	228 388	184 737	80.89	**92.44**
Tropical and Semi-Tropical .	31 930	24 970	78.20	**89.37**
Continent of Europe	26 101	17 868	68.46	**78.24**
Total	286 419	227 575	79.46	**90.81**

Whole business excluding

United States (North), Canada, Gt. Britain &c	18 162 864	15 158 449	83.46	**95.38**
Tropical and Semi-Tropical .	4 234 006	3 407 574	80.48	**91.97**
Continent of Europe	2 571 860	2 440 176	94.88	**108.43**
Total	24 968 730	21 006 199	84.13	**96.15**

Table XII.

Non-Tontine business excluding Females, Tropical, Semi-Tropical and Southern States.

Age attained	Amount Exposed $	Expected Loss by Am. Table $	Actual Loss $	Actual to Expected Per Cent	Actual to Expected Per Cent
To 19	32 875	254	—	—	
20—24	199 893	1 589	—	—	
25—29	1 265 191	10 435	6 285	60.23	64.67
30—34	4 604 741	39 881	26 256	65.84	
35—39	10 592 236	98 431	66 614	67.68	72.57
40—44	16 875 485	174 132	131 190	75.34	
45—49	23 337 935	282 943	242 940	85.86	93.00
50—54	26 484 244	410 209	401 701	97.93	
55—59	24 321 973	520 313	467 789	89.91	103.46
60—64	19 096 232	595 769	686 881	115.29	
65—69	12 186 727	573 965	579 752	101.01	90.06
70—74	6 317 336	456 960	348 704	76.31	
75—79	2 830 953	306 977	245 752	80.06	70.79
80—84	1 020 042	173 124	94 090	54.35	
85—90	177 388	45 923	18 672	40.66	
All ages	149 343 251	3 690 905	3 316 626	89.86	

Paid-up and Ordinary business Paid-ups.

6 years and over				All years			
Expected Loss by Am. Table $	Actual Loss $	Actual to Expected Per Cent	Actual to Expected by Standard Per Cent	Expected Loss by Am. Table $	Actual Loss $	Actual to Expected Per Cent	Actual to Expected by Standard Per Cent
4 951 806	4 556 017	92.01	96.86	5 179 794	4 740 754	91.52	96.68
443 458	442 321	99.65	104.90	475 788	467 291	98.21	103.93
187 917	203 012	108.03	113.72	214 018	220 880	103.21	109.69
5 583 181	5 201 350	93.16	98.06	5 869 600	5 428 925	92.49	97.74

first three policy years.

76 278 489	74 161 190	97.22	102.34	94 441 353	89 319 639	94.58	101.09
10 034 069	11 407 365	113.69	119.67	14 268 075	14 814 939	103.83	111.92
6 591 991	7 762 099	117.75	123.95	9 163 851	10 202 275	111.33	119.85
92 904 549	93 330 654	100.46	105.75	117 873 279	114 336 853	97.00	103.84

On comparing Table XII with Table XI, a much lower intensity of loss is noticeable throughout the former, especially up to middle life, which is of paramount importance when viewed in the light of premium receipts.

I believe the superiority of the non-tontine experience over the general, to be due to its having been procured at less expense and under lower pressure.

With a view to cite all on the same plane with respect to relative duration, the figures denoted Standard are derived as follows: —

For the 4th year 85 per cent. of the Expected Mortality by the American Table was taken, for the 5th year 90 per cent, and 95 per cent. thereafter.

It must be borne in mind that the Experience of the *first three policy years* have been excluded from the whole business.

Whether the measure be the American Table or the Standard adopted, the fact stands out prominently that the Paid-up Experience is more favorable *throughout* than that of the whole Society's.

This points the moral that Paid-ups should be encouraged rather than Cash Values, where surrenders have to be granted.

Sterblichkeitserfahrungen auf prämienfreie Policen bei der Equitable Life Assurance Society of the United States.

Von Robert George Hann, New York.

Nr. 1. Die Beobachtungen umfassen nur solche Policen, welche auf eigene Wahl des Versicherten ausgestellt wurden.

Nr. 2. Sie beziehen sich nur auf Versicherungssummen, geordnet nach Versicherungsjahren.

Nr. 3. Die Untersuchungen betreffen eine Vergleichung mit den Erfahrungen des gesamten Versicherungsbetriebes.

Nr. 4. Das Material ist das größte bisher über prämienfreie Policen veröffentlichte und erstreckt sich fast über 40 Jahre.

Nr. 5. Der erste Teil der Untersuchungen besteht aus sechs Tafeln, die nach Eintrittsaltersgruppen geordnet und in drei Perioden nach der Versicherungsdauer geteilt sind.

Nr. 6. Der zweite Teil betrifft dieselben Untersuchungen wie der vorige, aber geordnet nach dem Erfüllungsalter.

Nr. 7. Das Material ist in jedem Falle geteilt nach Beobachtungsgebieten, welche voneinander abweichende Resultate ergaben.

Nr. 8. Die Südstaaten sind ausgeschlossen. Die lebenslänglichen Versicherungen zeigen einen ungünstigen, die abgekürzten einen noch ungünstigeren Verlauf; der Grund hierfür ist die Verweisung der schlechten Risiken auf die abgekürzte Versicherung und auch die Selbstauswahl.

Nr. 9. Tafel I betrifft das Normalgeschäft und zeigt naturgemäß zunehmende Sterblichkeit mit der Versicherungsdauer, mit zufälligen Ausnahmen. Hier zeigen die abgekürzten Versicherungen ein günstigeres Bild als die lebenslänglichen.

Nr. 10. Tropische und halbtropische Risiken. Die erwarteten Auszahlungen wurden zu 150 bis 125 Prozent der „American Table" berechnet. Die wirklichen waren größer in den mittleren, am geringsten in den vorgerückten Lebensaltern. Abgekürzte Versicherungen waren günstiger als lebenslängliche.

Nr. 11. Im europäischen Geschäft wurden einige ungünstige Risiken herangezogen infolge zu eifrigen Werbens. Die Völker des südlichen und östlichen Europas besitzen geringere Widerstandskraft als die angelsächsische Rasse. Abgekürzte Versicherungen zeigen hier ein viel besseres Resultat als die lebenslänglichen.

Nr. 12. Die Gesamterfahrungen sind in Tafel I die besten. In den jüngeren Jahren nimmt die Größe des Verlustes ab mit zunehmendem Eintrittsalter. In den mittleren Alterslagen ist er am niedrigsten für die jung eingetretenen, am stärksten für die im mittleren Alter eingetretenen, um wieder abzunehmen für die in höherem Alter eingetretenen. Die abgekürzten Versicherungen zeigten starken Verlust in jungen Jahren, als Folge der Zulassung schlechterer Risiken zu diesen.

Nr. 13. Das Geschäft mit jährlicher Dividende erwies sich durchweg als das günstigste.

Nr. 14. Zweiter Teil, geordnet nach dem Erfüllungsalter. Verhältnis der wirklichen zu den erwarteten Auszahlungen, nach fünf- und zehnjährigen Perioden. Dies Verhältnis nimmt ab in späteren Lebensaltern, als Folge davon, daß in diesen das Leben sorgen- und kummerfreier zu sein pflegt und daß die „American Table" eine zu niedrige Sterblichkeit in den mittleren Lebensaltern angibt.

Nr. 15. Das Geschäft mit jährlicher Dividende ist günstiger als alle anderen, weil es mit weniger Unkosten und größerer Vorsicht betrieben ist.

Nr. 16. Ein Normalresultat ist festgestellt für die Vergleichung der prämienfreien mit den gesamten Policen der Gesellschaft, wobei von den letzteren die drei ersten Versicherungsjahre ausgeschlossen sind. Dies ist geschehen, um die Versicherungsdauer genügend zu berücksichtigen.

Nr. 17. Die Erfahrungen bei prämienfreien Policen sind durchweg erheblich günstiger als die des gesamten Geschäfts; darum sollte den Versicherten an Stelle des Rückkaufs die Ausstellung von solchen besonders empfohlen werden.

De la mortalité des porteurs de polices libérées, d'après les observations de l'„Equitable Life Assurance Society of the United States".

Par **Robert George Hann**, New-York.

1°. Les observations ne comprennent que les polices qui ont été établies sur le désir même de l'assuré.

2°. Elles ne se rapportent qu'aux sommes assurées classées par exercices annuels.

3°. Les investigations entreprises comportent une comparaison avec les expériences faites pour l'ensemble de l'exploitation.

4°. Les matériaux dont il est fait usage dans le rapport sont les plus considérables qui aient été publiés jusqu'ici en matière de polices libérées, ils proviennent d'une série de quarante années environ.

5°. La première partie des investigations se compose de six tableaux dressés par groupes d'âges à l'entrée et divisées en trois périodes, d'après la durée de l'assurance.

6°. La seconde partie concerne les mémes investigations, mais classées d'après l'âge où la police arrive à échéance.

7°. Les matériaux sont, dans chaque cas, répartis suivant les pays où les observations ont été faites et les résultats différent les uns des autres.

8°. Les États du Sud n'entrent pas en ligne de compte. Les assurances vie entière présentent un cours défavorable et les assurances mixtes un cours plus défavorable encore. La raison en est dans le fait que les mauvais risques ne sont point admis pour la vie entière et aussi dans l'auto-sélection.

9°. Le tableau I est relatif aux affaires normales et indique, il va de soi, une mortalité qui croit avec la durée de l'assurance, à quelques exceptions fortuites près. Ici les assurances mixtes offrent un aspect plus favorable que les assurances vie entière.

10°. Risques tropicaux et des zones avoisinantes. Les paiements prévus avaient été calculés à raison de 150 à 125% de l'„American Table". Les paiements effectifs dépassèrent ces chiffres pour les années moyennes de la vie et leur furent inférieurs pour les âges avancés. Les assurances mixtes furent plus favorables que les assurances vie entière.

11°. Au nombre des affaires européennes il s'est trouvé quelques risques désavantageux par suite d'une recherche trop active de la clientèle. Les peuples du Sud et de l'Est de l'Europe offrent une force de résistance moins grande que les races anglo-saxonnes. Les assurances mixtes ont donné de beaucoup meilleurs résultats que les assurances vie entière.

12°. Les expériences totales du tableau I sont les meilleures. Pendant la jeunesse les pertes diminuent à mesure que l'âge d'entrée s'élève, pendant les années moyennes c'est pour les personnes qui sont entrées jeunes dans l'assurance que la mortalité est la plus faible, tandis qu'elle atteint son maximum avec les assurés ayant contracté leur police à un âge déjà mûr pour s'abaisser ensuite de nouveau avec les âges d'entrée plus avancés. Les assurances mixtes ont montré une grande mortalité pendant la jeunesse, conséquence des mauvais risques acceptés dans cette catégorie.

13º. Les affaires avec répartition annuelle des bénéfices ont été de beaucoup les plus avantageuses.

14º. Seconde partie, classement d'après l'âge où la police est échue. Proportion des paiements effectifs comparativement aux paiements prévus, établie pour des périodes de cinq et de dix ans. Pour les âges avancés cette proportion diminue, car, d'une part la lutte pour l'existence se fait alors en général moins âpre et les soucis plus rares et, d'autre part, l',,American Table“ donne une mortalité trop faible pour les années moyennes.

15º. Les affaires avec répartition annuelle des bénéfices sont meilleures que toutes les autres, parce qu'elles entraînent à des frais moins considérables et sont conduites avec plus de prudence.

16º. L'auteur a établi un résultat normal pour la comparaison des polices libérées avec l'ensemble des polices de la Compagnie tout en faisant abstraction, quant à celles-ci des trois premières années de l'assurance, ceci dans le but de tenir suffisamment compte de la durée de l'assurance.

17º. Les expériences concernant les polices libérées sont de toutes manières sensiblement plus favorables que celles relatives à l'ensemble des affaires, on devrait donc toujours conseiller aux assurés de chosir une police libérée plutôt que de demander le rachat.

IX.

Ausgleichung von Sterblichkeitstafeln.

L'ajustement des tables de mortalité.

Methods of adjusting or graduating tables of mortality.

IX. — A.

Notes on the practical graduation of life insurance tables.

By J. F. Steffensen, Copenhagen.

In graduating a mortality experience for life insurance purposes, two considerations are of great and equal importance. The graduated table should represent the original facts with sufficient accuracy or the table will be inapplicable, and the process of graduation should be sufficiently simple, or the work involved will be too laborious to be undertaken. It is equally unsatisfactory for an Actuary to use a table in which important features of the original observations have been effaced, as to resort to already existing tables because the labour involved in graduating the experience with which he is specially concerned is prohibitive.

The object of the present investigation is to show how the arithmetical work involved in computing graduated annuity-values etc from an ungraduated experience can be considerably diminished without losing the degree of accuracy required for life insurance purposes. In order to prove this it will be necessary to go through a certain amount of technical detail, but it is hoped that the final result will be considered very compact, and that the examples given with this paper will clearly illustrate the practical application of the method to be discussed.

It may be advisable to begin with stating briefly the principle of our method. Supposing we have a simple formula for $\bar{a}_x$ it is easy to deduce from this a formula for μ_x or for $\log l_x$. If the constants entering into either of these can be determined from the ungraduated experience, we have at once the means of calculating *directly* the graduated values of $\bar{a}_x$.

The first thing, then, is to find a sufficiently simple and general formula for $\bar{a}_x$. This may be done in the following way.

Let a population consist of l_x persons aged x, l_{x+1} persons aged $x+1$ and so on. Then the annual death rate of that population will be

$$\frac{d_x + d_{x+1} + \cdots}{l_x + l_{x+1} + \cdots} = \frac{l_x}{\varSigma l_x} = \frac{1}{1 + e_x}. \quad \cdots \cdots \quad (1)$$

Passing now to continuous functions, let us consider a population consisting of persons aged x and upwards, the number living at age $x + t$ being $l_{x+t} \, dt$. Here the »force of mortality of the population« will be represented by

$$\frac{-\int_0^\infty \frac{d}{dt} l_{x+t} \, dt}{\int_0^\infty l_{x+t} \, dt} = \frac{l_x}{\int_0^\infty l_{x+t} \, dt} = \frac{1}{\bar{e}_x} \quad \ldots \ldots (2)$$

in analogy with (1). Now it seems to be a fairly probable hypothesis that $\frac{1}{\bar{e}_x}$ or the force of mortality of a population can be represented by a function of the same *form* (the constants of course being different) as μ_x or the force of mortality of a community of persons all aged x. But we may go one step further. The annuity-value $\bar{a}_x$ may be considered as the expectation of life at age x if the original force of mortality μ_x is increased by the constant δ at all ages. We may therefore assume that $\frac{1}{\bar{a}_x}$ can be represented by an expression of the same form as μ_x. According to Makehams Law, which is known to apply to most ordinary tables of mortality, as far as the adult ages are concerned, μ_x is of the form $A + B \, e^{cx}$. We therefore assume (our assumption to be proved by experience) that $\frac{1}{\bar{a}_x}$ can be graduated by the formula:

$$\frac{1}{\bar{a}_x} = \alpha + \beta \, e^{\gamma x} = \alpha + \beta \cdot 10^{gx}. \quad \ldots \ldots \ldots (3)$$

Before proceeding to show how the constants α, β and g can be calculated from a given mortality experience, it will be suitable to state some of the relations derived from (3). Use will be made of the following *general* theorems, for which we need not give the proofs here as they are either well known or easy to establish.

$$\frac{d}{dx} D_x = - (\mu_x + \delta) D_x \quad \ldots \ldots (4)$$

$$\frac{d}{dx} \bar{N}_x = - D_x \quad \ldots \ldots \ldots (5)$$

$$\mu_x + \delta = - \frac{d}{dx} \log_e D_x = \frac{1}{\bar{a}_x} - \frac{d}{dx} \log_e \frac{1}{\bar{a}_x} \quad \ldots \ldots (6)$$

$$\frac{1}{\bar{a}_x} = - \frac{d}{dx} \log_e \bar{N}_x \quad \ldots \ldots \ldots (7)$$

$$\bar{a}_{x\,\overline{n}|} = \frac{1 - e^{-\int_x^{x+n} \frac{dx}{\bar{a}_x}}}{\left(\frac{1}{\bar{a}_x}\right)} \quad \ldots \ldots (8)$$

By means of these relations we find immediately the following, when (3) is taken into account:

$$\mu_x = \alpha + \beta e^{\gamma x} + \frac{\alpha \gamma}{\alpha + \beta e^{\gamma x}} - (\gamma + \delta) \quad \ldots \ldots \ldots \quad (9)$$

$$= \frac{1}{\bar{a}_x} + \alpha \gamma \bar{a}_x - (\gamma + \delta)$$

$$= \overline{P}_x + \alpha \gamma \bar{a}_x - \gamma.$$

$$\log_e \frac{l_x}{l_{x+t}} = \int_x^{x+t} \mu_x \, dx = (\alpha - \delta) t + \frac{\beta}{\gamma} \left(e^{\gamma t} - 1 \right) e^{\gamma x} + \log_e \frac{\alpha + \beta e^{\gamma x}}{\alpha + \beta e^{\gamma (x+t)}} \quad (10)$$

The radix of the table of l_x can be chosen arbitrarily; if we take

$$\log_e l_0 = -\frac{\beta}{\gamma} + \log_e (\alpha + \beta) \quad \ldots \ldots \ldots \ldots \quad (11)$$

we obtain from (10)

$$\log_e l_x = (\delta - \alpha) x - \frac{\beta}{\gamma} e^{\gamma x} + \log_e (\alpha + \beta e^{\gamma x}) \quad \ldots \ldots \quad (12)$$

Further, by (7) we obtain immediately, in accordance with (11)

$$- \log_e \overline{N}_x = \alpha x + \frac{\beta}{\gamma} e^{\gamma x} \quad \ldots \ldots \ldots \ldots \ldots \quad (13)$$

and by (8)

$$\bar{a}_{x\,\overline{n}|} = \frac{1 - e^{\displaystyle -\alpha n - \frac{\beta}{\gamma} (e^{\gamma n} - 1) e^{\gamma x}}}{\alpha + \beta e^{\gamma x}} \quad \ldots \ldots \quad (14)$$

Several of the above formulas are not of immediate practical utility, but (10) will be used later on, and (14) is evidently of theoretical importance as representing the temporary annuity by an explicit expression. In practice (3) and (13) are the fundamental formulas, log D_x being calculated from these by the general relation

$$\log D_x = \log \frac{1}{\bar{a}_x} + \log \overline{N}_x \quad \ldots \ldots \ldots \ldots \quad (15)$$

If numerical values of $\bar{a}_{x\,\overline{n}|}$ are desired, we should not use (14) directly, but either compute $\overline{N}_x$ and $\overline{N}_{x+n}$ by means of (13) or still better, if a table of Gauss's logarithms is available, only calculate $\log \overline{N}_{x+n}$ — $\log \overline{N}_x$ by (13) and thereafter $\bar{a}_{x\,\overline{n}|}$ by the general relation

$$\bar{a}_{x\,\overline{n}|} = \bar{a}_x \left(1 - \frac{\overline{N}_{x+n}}{\overline{N}_x} \right). \quad \ldots \ldots \ldots \quad (16)$$

A convenient expression for the policy-value may be found in the following way. We have by (3)

$$_n\overline{V}_x = 1 - \frac{\bar{a}_{x+n}}{\bar{a}_x} = 1 - \frac{\alpha + \beta e^{\gamma x}}{\alpha + \beta e^{\gamma (x+n)}} = \frac{\beta e^{\gamma (x+n)} \cdot (1 - e^{-\gamma n})}{\alpha + \beta e^{\gamma (x+n)}}$$

$$= \left(1 - \frac{\alpha}{\alpha + \beta e^{\gamma (x+n)}} \right) (1 - e^{-\gamma n})$$

Remembering now that $\dfrac{1}{a + \beta\, e^{\gamma(x+n)}} = \bar{a}_{x+n}$ and that owing to (9)

we may replace $(1 - a\,\bar{a}_{x+n})$ by $\dfrac{1}{\gamma}\left(\overline{P}_{x+n} - \mu_{x+n}\right)$, we obtain finally

$$_n\overline{V}_x = \left(\overline{P}_{x+n} - \mu_{x+n}\right) \cdot \frac{1 - e^{-\gamma n}}{\gamma} \quad \ldots \ldots \quad (17)$$

The practical advantage of this formula is that we have

$$\log\,{}_n\overline{V}_x = \log\left(\overline{P}_{x+n} - \mu_{x+n}\right) + \log\frac{1 - e^{-\gamma n}}{\gamma} = f_1\,(x+n) + f_2\,(n) \quad (18)$$

which is very convenient for numerical calculations, if f_1 and f_2 are tabulated. For all tables with the same $g, f_2\,(n)$ is unaltered.

It follows from (9) that μ_x has a minimum, and in this respect our formula differs from Makeham's formula for μ_x which admits no minimum at any age. This minimum may be determined in the usual way by putting $\dfrac{d}{dx}\,\mu_x = 0$ whence $(a + \beta\,e^{\gamma x})^2 = a\,\gamma$. It therefore appears that the minimum of μ_x implies the following three conditions

$$\frac{1}{\bar{a}_x} = \sqrt{a\gamma} \quad \ldots \ldots \ldots \ldots \ldots \quad (19)$$

$$x = \frac{\log_e\,(\sqrt{a\gamma} - a) - \log_e \beta}{\gamma} \quad \ldots \ldots \quad (20)$$

$$\mu_x = 2\sqrt{a\gamma} - (\gamma + \delta) \quad \ldots \ldots \ldots \quad (21)$$

Finally it may be pointed out that by (9) we may express $\bar{a}_x$ in terms of μ_x. This requires only the solution of a quadratic equation; the result is

$$\frac{1}{\bar{a}_x} = \frac{1}{2}\,(\mu_x + \delta + \gamma) \mp \sqrt{\frac{1}{4}\,(\mu_x + \delta + \gamma)^2 - a\gamma} \quad \ldots \quad (22)$$

As $\dfrac{1}{\bar{a}_x}$, owing to (3), is constantly increasing with x, we must in (22) read the square root with the sign — when x is less than the value indicated by (20), and with + when x is greater than that value.

We now come to the practical calculation of the constants a, β and g. As $\log\dfrac{l_x}{l_{x+t}} = -\overset{x+t-1}{\underset{x}{\Sigma}}\log\,(1 - q_x)$ can be easily determined from the ungraduated experience, it follows that three values of that expression, corresponding to equidistant intervals t, inserted in equations of the form (10), would furnish three equations from which a, β and γ might be found by trials. The *rationale* of this well known method for calculating mortality constants is that $\log\dfrac{l_x}{l_{x+t}}$ is proportional with the *average* value of μ_x in the interval t, this average value being $\dfrac{1}{t}\displaystyle\int_x^{x+t}\mu_x\,dx$. Three average values of μ_x will evidently give a fairly good idea of the general shape of the mortality curve in all cases where this can be represented by a formula containing only three constants.

A simpler solution can be obtained by availing ourselves of a property which formula (3) has in common with Makeham's Law viz- that the constant g seems to vary very little from one table to another. According to the trials I have so far been able to make, we may as the normal value of g take $g = 0 \cdot 026$. This value will usually give satisfactory results; but if it does not, the graduation can be repeated with another value of g.

If the value of g is known, there are only two constants, α and β, to be determined by equations of the form (10). Now let the constants derived from observation be $\log \dfrac{l_x}{l_{x+t}}$ and $\log \dfrac{l_{x+t}}{l_{x+2t}}$.

We put

$$k_1 = \log \frac{l_x}{l_{x+t}} + t \log (1+i) \quad \ldots \ldots \ldots (23)$$

$$k_2 = \log \frac{l_{x+t}}{l_{x+2t}} + t \log (1+i) \quad \ldots \ldots \ldots (24)$$

and introduce the new constant

$$c = \log \alpha - g x - \log \beta \quad \ldots \ldots \ldots \ldots (25)$$

whence

$$\beta = \alpha \cdot 10^{-c-gx} = \alpha \cdot 10^{-c} \cdot e^{-\gamma x}. \quad \ldots \ldots (26)$$

Remembering that $g = 0 \cdot 43429 \ldots \gamma = M\gamma$ we obtain from (10)

$$k_1 = M \alpha t + \frac{M^2 \alpha}{g} (10^{gt} - 1) 10^{-c} + \log \frac{1 + 10^{-c}}{1 + 10^{gt-c}} \quad \ldots (27)$$

and

$$k_2 = M \alpha t + \frac{M^2 \alpha}{g} (10^{gt} - 1) 10^{gt-c} + \log \frac{1 + 10^{gt-c}}{1 + 10^{2gt-c}}. \quad \ldots (28)$$

These two equations can also be written

$$\frac{M\alpha}{g} = \frac{k_1 + \log \dfrac{1 + 10^{gt-c}}{1 + 10^{-c}}}{gt + M(10^{gt} - 1) 10^{-c}} = \frac{k_2 + \log \dfrac{1 + 10^{2gt-c}}{1 + 10^{gt-c}}}{gt + M(10^{gt} - 1) 10^{gt-c}}. \quad (29)$$

By means of the four functions defined by

$$w(c) = \frac{1}{Mgt + M^2(10^{gt} - 1) 10^{-c}} \quad \ldots \ldots (30)$$

$$\psi(c) = \log \frac{1 + 10^{gt-c}}{1 + 10^{-c}} \quad \ldots \ldots \ldots (31)$$

$$\varphi(c) = \frac{gt + M(10^{gt} - 1) 10^{-c}}{gt + M(10^{gt} - 1) 10^{gt-c}} \quad \ldots \ldots (32)$$

$$f(c) = \varphi(c) \cdot \log \frac{1 + 10^{2gt-c}}{1 + 10^{gt-c}} - \psi(c) \quad \ldots \ldots (33)$$

we derive finally from (29) the two fundamental equations

$$k_1 = k_2 \, \varphi \, (c) + f \, (c) \quad \ldots \ldots \ldots \ldots \quad (34)$$

and

$$\alpha = g \, [k_1 + \psi \, (c)] \, w \, (c) \quad \ldots \ldots \ldots \ldots \quad (35)$$

By means of these relations it becomes a very easy matter to calculate the constants α and β, if the functions φ (c), f (c), ψ (c) and w (c) are tabulated. The process is simply this: first calculate k_1 and k_2 by (23) and (24); then c by (34) (a few trials will usually give a sufficiently close value); thereafter α can be found directly by (35), while (25) gives

$$\log \beta = \log \alpha - (c + gx) \quad \ldots \ldots \ldots \ldots \quad (36)$$

One little difficulty remains to be removed. The functions defined by (30) to (33) are evidently functions of (gt) as well as of c. This would seem to necessitate calculating tables with double argument for each of those functions. If however it is remembered that g varies very little, if it does vary at all, and that (2t) must be taken so large as to cover all adult ages, we can evidently content ourselves with calculating the said functions for a constant »normal« value of gt, say gt = 0.858 corresponding to g = 0.026, t = 33 or to g = 0.0286, t = 30 and so on. If the value of g is 0.026, (2t) covers all ages from x to x + 66 (x being always arbitrary); if 0.0286 is the adopted value of g, we can only use the ages from x to x + 60 in the graduation, but even this will do for most purposes. A clear understanding of this principle is of importance, and to avoid mistakes we have in Table 1. appended the values of g corresponding to integral values of t, on the basis of gt = 0.858. Fractional values of t can also be used, but then the ungraduated value of $\log l_{x+t}$ must be found by interpolation. Though not strictly necessary, we have in Table 1. stated the values of t log (1 + i) at different rates of interest as well as the forces of interest corresponding to those rates. Table 2. needs hardly any further explanation; it was calculated to six places of decimals (rejecting the two last) by formulas (30)—(33), taking gt = 0.858. It must be noted, that in the table of ψ (c) the differences are *negative*. In using Table 2. for determining c by (34) it should be remembered that a fair trial value for this constant is c = 1.00. In many cases two trials will give two values between which c can be interpolated; but the result should always be verified by inserting the interpolated value of c in (34). The calculation of the constants α and β in the above manner can be done very quickly, if the ungraduated values of $\log l_x$ are given, as is the case in most published mortality experiences.

Before giving a numerical example of the calculation of the constants we may schedule the operations as follows:

1st Calculate from the ungraduated experience $\log \dfrac{l_x}{l_{x+t}}$ and $\log \dfrac{l_{x+t}}{l_{x+2t}}$.

2nd Calculate (by Table 1. or directly)

$$k_1 = \log \frac{l_x}{l_{x+t}} + t \log (1 + i)$$

and

$$k_2 = \log \frac{l_{x+t}}{l_{x+2t}} + t \log (1 + i)$$

3rd Calculate by trials (taking $c = 1.00$ as a first trial value, and by means of Table 2.) c from the equation

$$k_1 = k_2 \, \varphi \, (c) + f \, (c).$$

4th Calculate by Table 2.

$$\alpha = g \, [k_1 + \psi \, (c)] \, w \, (c).$$

5th Calculate

$$\log \beta = \log \alpha - (c + g \, x).$$

Example 1. Let us attempt to calculate, from the ungraduated H^m experience, graduated $3^1/_2 \, °/_0$ continuous annuity-values. We take $g = 0.026$ (normal value) corresponding to $t = 33$ (Table 1.). If $x = 17$ is chosen as the initial age, we have $x + t = 50$ and $x + 2t = 83$. The ungraduated values of $\log l_x$ corresponding to these ages are to be found in Text Book 1 Ed. on page 80.

The details of the calculation are the following:

x	log l$_x$	△	△ + 33 log 1.035		c	△ (c)
17	3.99053				1.00	0.0150
50	3.86179	0.12874	0.62177 = k$_1$		1.02	− 0.0048
83	2.92001	0.94178	1.43481 = k$_2$		1.0152	0.0000

$$k_1 = .6218 \qquad c = 1.0152$$
$$\psi \, (c) = .1895 \qquad g \, x = .4420$$
$$k_1 + \psi \, (c) = .8113 \qquad c + g \, x = 1.4572$$
$$\log \, [k_1 + \psi(c)] = \overline{1}.9092 \qquad \log \alpha = \overline{2}.6378$$
$$\log w \, (c) = .3136 \qquad \log \beta = \overline{3}.1806$$
$$\log g = \overline{2}.4150$$
$$\log \alpha = \overline{2}.6378$$
$$\alpha = 0.04343$$

$$\frac{1}{\overline{a}_x} = 0.04343 + 10^{\,0.026\,x\,+\,\overline{3}.1806} \qquad (37)$$

$$- \log \overline{N}_x = M\alpha x + \frac{M^2 \beta}{g} \cdot 10^{g\,x}$$
$$= 0.018861 \, x + 10^{\,0.026\,x\,+\,\overline{2}.04120} \qquad (38)$$

The column headed c contains the different trial values of c. The parallel column △ (c) contains the difference $k_1 - [k_2 \, \varphi \, (c) + f \, (c)]$, which vanishes for the true value of c. As $c = 1.00$ gives a positive, and $c = 1.02$ a negative value of △ (c), the true value must be somewhere between 1.00 and 1.02. We find by simple proportion

$$\frac{c - 1.00}{1.02 - 1.00} = \frac{.0150}{.0150 + .0048}$$

whence $c = 1.0152$ which by insertion is verified to be the true value of c. The rest of the calculation needs no explanation.

It may be noted that when the constants have once been determined, even if only approximately, they ought for further use to be treated as *absolute,* for the sake of consistency. This is the reason why the constants entering into log $\overline{N}_x$ have been calculated to five places instead of four like α and β.

The minimum value of μ_x is found by (21) to be $\mu_x = 0.00771$ corresponding to x = 26.85 calculated from (20). If we wan to make a comparison between the graduated and the ungraduated experience, we may for instance calculate every fifth $\mu_{x+1/2}$ by formula (9) and compare with the ungraduated $-\log_e (1 - q_x)$ or $q_x + \frac{1}{2} q_x^2$. In the present case, however, it is more profitable to calculate every fifth $\bar{a}_x$, $\overline{P}_x$ and μ_x, and compare with the corresponding graduated $H^{\underline{m}}$ Text Book values. This has been done in the following Table, the accentuated symbols denoting the Text Book values. The difference between the non-accentuated and the accentuated function is found in a column headed $\triangle$. An idea of the *practical* importance of the deviation can be obtained from considering the column λ which has been calculated as $\bar{a}_x - \bar{a}_{x+1/2}$ and consequently indicates the variation in the annuity value when the age varies $1/2$ year. A variation of this magnitude is very frequent in practice and is neglected by the

Comparison with $H^{\underline{m}}$, Text-Book graduation, $3^1/_2 \%$ values.

x	$\bar{a}_x$	$\bar{a}'_x$	$\triangle$	λ	$\overline{P}_x$	$\overline{P}'_x$	$\triangle$	μ_x	μ'_x	$\triangle$	m
20	20.64	20.74	$-.10$	.07	.0141	.0138	3	.00786	.00550	236	154
25	19.92	19.88	.04	.09	158	159	-1	773	701	72	75
30	19.03	18.94	.09	.10	182	184	-2	775	768	7	53
35	17.93	17.85	.08	.12	214	216	-2	811	854	-43	48
40	16.65	16.60	.05	.14	257	258	-1	907	990	-83	49
45	15.18	15.20	$-.02$	.15	315	314	1	1108	1204	-96	56
50	13.58	13.67	$-.09$	.17	393	388	5	1470	1542	-72	71
55	11.87	12.02	$-.15$	.17	498	487	11	2083	2077	6	97
60	10.15	10.32	$-.17$	.17	641	625	16	3059	2920	139	140
65	8.50	8.61	$-.11$	.16	833	817	16	4548	4251	297	214
70	6.97	6.96	.01	.14	.1091	.1092	-1	6741	6353	388	346
75	5.60	5.45	.15	.13	.1441	.1492	-51	9883	9670	213	606
80	4.43	4.12	.31	.11	.1913	.2084	-171	.14293	.14910	-617	1199

Actuary, provided the deviation is not constantly in one and the same direction. In the present case the sign of $\triangle$ is changed from $+$ to $-$ as often as can be expected from the special nature of the functions compared, and the numerical value of $\triangle$ compares very favourably with λ except at age 80, where the comparatively large value of $\triangle$ is explained by the influence of ages above 83 which have not been used in the graduation. We may therefore say that the graduation of $\bar{a}_x$ has been successful, considering the trifling expense of time and labour it has involved. The same can be said of $\overline{P}_x$, being a simple function of $\bar{a}_x$. Turning finally to μ_x we are enabled to make a comparison with the mean error which can, with sufficient accuracy for our purpose, be calculated as

$\left|\sqrt{\dfrac{\mu_x}{\varepsilon_x}}\right.$ where ε_x denotes the number of exposed to risk at age x.

The column headed »m« contains this mean error, multiplied by 100000. We see at once that no single $\triangle$ can be characterised as an impossible deviation, and, the sign of $\triangle$ changing as frequently as can be expected, we may pass the result of the graduation also from this point of view, although, no doubt, it would not stand a strict theoretical testing by the method of least squares and the theory of errors.

Example 2. As another example let us graduate the Table of Scandinavian Men. The ungraduated experience has been published in the Transactions of the Sixth Scandinavian Life Insurance Congress (Copenhagen 1904), which also contain the graduation made by Professor *Thiele* of that experience. No monetary tables have as yet been published, but I have before me annuity — values calculated from the graduated table, for ages = an integer $+ \frac{1}{2}$, the rate of interest being i = 0.036757.

This somewhat peculiar rate of interest is explained by the fact, that the object was to construct monetary tables at the rate of interest $\frac{7}{8} \frac{0}{0}$ quarterly, after having increased the μ_x of the Scandinavian table with the constant 0.00125. Here we prefer to leave μ_x unaltered and, instead, take $\delta = 0.00125 + 4 \log_e 1.00875 = 0.036098$, whence i = 0.036757 as above.

As in Example 1. we take g = 0.026 and use l_x at ages 17, 50 and 83 in the graduation. The ungraduated l_x at ages 50 and 83 are found immediately in the Transactions (page 30), giving $l_{50} = 82\,452$ and $l_{83} = 10\,776$. The table given there starts with $l_{20} = 100\,000$, and we must therefore calculate $\log l_{17} = \log l_{20} - \overset{19}{\underset{17}{\Sigma}}$ $\log (1 - q_x)$ by means of the table of ungraduated q_x given on page 26. Our data then becomes: $\log l_{17} = 5.0042$; $\log l_{50} = 4.9162$; $\log l_{83} = 4.0324$; t $\log (1 + i) = 0.5173$. It will be a good practice for the reader to work out the constants for himself, and we therefore only give the result in the following three formulas:

$$\frac{1}{\bar{a}_x} = 0.04254 + 10^{0.026\,x\,+\,\overline{3.1745}} \quad . \; . \; . \; . \; . \quad (39)$$

$$\overline{P}_x = 0.00644 + 10^{0.026\,x\,+\,\overline{3.1745}} \quad . \; . \; . \; . \quad (40)$$

$$- \log \overline{N}_x = 0.018475\,x + 10^{0.026\,x\,+\,\overline{2.03510}} \quad . \; . \; . \; . \quad (41)$$

Comparison with Professor *Thiele's* graduation 3.6757 % values

x	$\bar{a}_x$	$\bar{a}'_x$	$\triangle$	λ	$\bar{P}_x$	$\bar{P}'_x$	$\triangle$	μ_x	μ'_x	$\triangle$	m
20.5	20.99	21.07	− .08	.07	.0115	.0114	1	.00513	.00429	84	93
25.5	20.23	20.24	− .01	.08	133	133	0	498	427	71	45
30.5	19.30	19.24	.06	.11	157	159	− 2	500	454	46	34
35.5	18.16	18.06	.10	.12	190	193	− 3	534	531	3	32
40.5	16.83	16.72	.11	.15	233	237	− 4	631	676	− 45	37
45.5	15.31	15.23	.08	.16	292	295	− 3	834	917	− 83	48
50.5	13.65	13.63	.02	.17	372	373	− 1	1206	1295	− 89	70
55.5	11.90	11.93	− .03	.17	479	477	2	1834	1884	− 50	107
60.5	10.16	10.20	− .04	.16	624	620	4	2835	2798	37	171
65.5	8.48	8.49	− .01	.16	819	817	2	4358	4220	138	278
70.5	6.93	6.87	.06	.15	.1081	.1095	− 14	6593	6422	171	464
75.5	5.56	5.39	.17	.12	.1437	.1493	− 56	9803	9815	− 12	838
80.5	4.39	4.12	.27	.10	.1915	.2066	− 151	.14283	.15001	− 718	1659

The appended table shows the success of the graduation. The accentuated functions denote Professor *Thiele's* graduation; the rest of the notation is in accordance with Example 1. An examination on similar lines shows at once that the graduation has been even more successful than in the case of the $H^{\underline{m}}$ Table.

I have tried to apply the same method of graduation to other mortality experiences bringing different rates of interest into account. The results cannot be stated here but they are very similar to the above. It must be noted however, that if the method is applied to a very *large* experience, the mean errors become correspondingly small and the deviation of μ_x can consequently become larger in proportion, than allowed by theory. For instance it will be found that although the formula

$$\frac{1}{\bar{a}_x} = 0.03934 + 10^{0.026x + \overline{3.1749}} \quad . \quad . \quad . \quad . \quad . \quad . \quad (42)$$

representing continuous 3 % 0^m (5) annuity values, produces results which from a *financial* point of view are very similar to the above, the quantity $\triangle = \mu_x - \mu'_x$ compares unfavourably with the mean error m.

Perhaps the most important property of our method is that it gives us the means of tracing the effects of any variation in the mortality or in the rate of interest. According to the principle underlying the method this must generally be done by means of a new graduation, but owing to the facility with which this is performed the whole process becomes a very easy matter. For instance it follows from the relation

$$\log \frac{l_x}{l_{x+t}} = M \int_x^{x+t} \mu_x \, dx \quad . \quad . \quad . \quad . \quad . \quad . \quad (43)$$

that if μ_x is increased by a constant h we need only increase $\log \dfrac{l_x}{l_{x+t}}$ and $\log \dfrac{l_{x+t}}{l_{x+2t}}$, consequently also k_1 and k_2, by Mht before the graduation is made. Further, if μ_x is multiplied by a constant factor r, we must multiply $\log \dfrac{l_x}{l_{x+t}}$ and $\log \dfrac{l_{x+t}}{l_{x+2t}}$ by that same factor. We may generally conclude from (43) that if the variation in μ_x can be expressed as a function of x, that can be integrated, then the variation in k_1 and k_2 can be computed from the formula without taking each individual age under observation into account.

The above theory can with equal facility be applied to annuities etc on joint lives. We confine our attention to two joint lives; but the extension to any number of joint lives presents no other difficulty than that in such cases the value of (gt) adopted in computing Table 2. may prove too small. It would however be too early to publish extended tables of the form 2, and we therefore confine ourselves to the case of two lives.

The formulas (4)—(8) evidently apply to joint lives if x is replaced by x : x + h, in which case, h being constant, we have $\mu_{x:x+h} = \mu_x + \mu_{x+h}$ and define $D_{x:x+h}$ by $D_{x:x+h} = e^{-x\delta} l_x l_{x+h}$.

Let us first deal with the most important case where the two joint lives are of equal age, that is h = 0 whence $\mu_{xx} = 2\mu_x$. We assume that $\bar{a}_{xx}$ can be represented by an equation of the form

$$\frac{1}{\bar{a}_{xx}} = \alpha + \beta \cdot 10^{gx} \quad\ldots\ldots\ldots (44)$$

For two joint lives of *equal* ages g = 0.0286 has been found to be a suitable constant. To this value of g corresponds (see Table 1) t = 30. Hence we may for instance, in calculating the constants α and β, use $\log l_{xx} = 2 \log l_x$ for ages 20, 50 and 80. We will again, for a numerical example, take the $H^{\underline{m}}$ Table, and assume the rate of interest to be $3\frac{1}{2}\%$. From Text Book 1 Ed. page 80 we obtain the following values: $\log l_{20:20} = 7.96594$; $\log l_{50:50} = 7.72358$; $\log l_{80:80} = 6.28724$ while Table 1 gives t log (1 + i) = 0.44821. From these figures we calculate $k_1 = 0.6906$ and $\log k_2 = 0.2752$, and then, by Table 2., we find in the usual way c = 0.9178 and $\alpha = 0.05079$, $\log \beta = \overline{3}.2160$. We finally have

$$\frac{1}{\bar{a}_{xx}} = 0.05079 + 10^{0.0286x + \overline{3}.2160} \quad\ldots\ldots (45)$$

$$-\log \overline{N}_{xx} = 0.022058x + 10^{0.0286x + \overline{2}.03519} \quad\ldots\ldots (46)$$

Comparison with H^m, Text-Book graduation, $3^{1}/_{2}$ $^0/_0$ values.

x	$\bar{a}_{xx}$	$\bar{a}'_{xx}$	$\triangle$	μ_x	μ'_x	$\triangle$
20	17.56	17.78	— .22	.00772	.00550	222
25	16.86	16.87	— .01	773	701	72
30	15.96	15.90	.06	789	768	21
35	14.87	14.77	.10	837	854	— 17
40	13.57	13.50	.07	941	990	— 49
45	12.10	12.10	.00	1143	1204	— 61
50	10.52	10.59	— .07	1500	1542	— 42
55	8.91	9.03	— .12	2093	2077	16
60	7.34	7.47	— .13	3029	2920	109
65	5.89	5.98	— .09	4458	4251	207
70	4.63	4.62	.01	6561	6353	208
75	3.57	3.45	.12	9604	9670	— 66
80	2.70	2.50	.20	.13939	.14910	— 971

A numerical comparison is appended, and it appears that the result of the graduation is satisfactory. It may be noted that the function μ_x has been calculated as

$$\mu_x = \frac{1}{2}\left[\frac{1}{\bar{a}_{xx}} + a\gamma\bar{a}_{xx} - (\gamma + \delta)\right] \quad \ldots \quad \ldots \quad (47)$$

In the corresponding way a graduation might be made of the annuity on two joint lives with the constant difference h between the ages of the two lives. If h is large, the constant g would have to be changed, as appears from the consideration that if one life is very much younger than the other, the joint annuity value will approach to the value of an annuity on a single (the elder) life. I have, however, found that even taking h as large as 7, the value $g = 0.0286$ used in the above example can very well be retained. The reason of course is that an alteration in the constant g does not necessarily make the graduation fail, as in many cases it can be practically compensated by corresponding changes in the constants α and β. — I do not propose to add any more examples here, but only make the general remark that the comparison between $\bar{a}_{xx}$ and $\bar{a}'_{xx}$ shows that we may, without much loss of accuracy, determine the value of an annuity on *any* two joint lives by finding by the Text Book Table the corresponding »equal age« and inserting that in (45). On this and other occasions we profit by the facility with which our formulas for the annuity and other functions allow inter-polation when the age is fractional.

I should like to add as a concluding remark that the above little paper is by no means supposed by the author to be the last word on the subject, or exhaustive in any respect. He believes, on the contrary, that the present method of investigation is new, and that there is ample room for development in every direction. The generality of the method should be further tested by application to tables of various kinds besides those he has been able to deal with and to Select Tables, but quite new ground has also to be explored. For instance it might be possible, by means of formula (14), to develop a theory for valuation of endowment assurances in groups, similar to Mr *Lidstone's* method (J. I. A. XXXVIII page 1.). Further, there might be found other and perhaps more suitable forms for $\bar{a}_x$ than formula (3) which would allow the determination of the constants directly from the experience, perhaps in such a manner that the inconvenience of, so to speak, guessing at the value of g is avoided. It would finally be of great interest to see if some of the more troublesome forms of calculation which occur in the practice of an Actuary — such as for instance the calculation of certain functions occurring in pension — fund problems — could not be dealt with in a similar way i. e. by assuming a *simple* formula for the function and determining the constants directly from the experience.

In thus submitting my paper to the Congress, I express the hope that Actuaries may find it worth while to apply, and further develop, a theory of which it has only been possible to give an outline in the present article.

Table 1.

t	g	t log 1.02	t log 1.025	t log 1.03	t log 1.035	t log 1.04	t log 1.045	t log 1.05
25	.034320	.21500	.26810	.32093	.37351	.42583	.47791	.52973
26	.033000	.22360	.27882	.33377	.38845	.44287	.49702	.55092
27	.031778	.23220	.28954	.34661	.40339	.45990	.51614	.57211
28	.030643	.24080	.30027	.35944	.41833	.47693	.53526	.59330
29	.029586	.24940	.31099	.37228	.43327	.49397	.55437	.61449
30	.028600	.25801	.32172	.38512	.44821	.51100	.57349	.63568
31	.027677	.26661	.33244	.39795	.46315	.52803	.59261	.65687
32	.026813	.27521	.34316	.41079	.47809	.54507	.61172	.67806
33	.026000	.28381	.35389	.42363	.49303	.56210	.63084	.69925
34	.025235	.29241	.36461	.43647	.50797	.57913	.64995	.72044
35	.024514	.30101	.37534	.44930	.52291	.59617	.66907	.74163
36	.023833	.30961	.38606	.46214	.53785	.61320	.68819	.76281
37	.023189	.31821	.39678	.47498	.55279	.63023	.70730	.78400
38	.022579	.32681	.40751	.48781	.56773	.64727	.72642	.80519
39	.022000	.33541	.41823	.50065	.58267	.66430	.74554	.82638
40	.021450	.34401	.42895	.51349	.59761	.68133	.76465	.84757
$\hat{\partial} =$		.019803	.024693	.029559	.034401	.039221	.044017	.048790

$$\log M = \overline{1}.63778 \qquad \log M^2 = \overline{1}.27557$$

Table 2.

c	$\log \varphi\,(c)$	f (c)	$\psi\,(c)$	$\log$ w (c)
.60	$\overline{1}.4271_{\,41}$	$\overline{1}.8353_{\,54}$	$0.3516_{\,44}$	$0.1759_{\,44}$
.61	$4312_{\,41}$	$8407_{\,55}$	$3472_{\,44}$	$1803_{\,44}$
.62	$4353_{\,42}$	$8462_{\,54}$	$3428_{\,44}$	$1847_{\,42}$
.63	$4395_{\,41}$	$8516_{\,53}$	$3384_{\,44}$	$1889_{\,42}$
.64	$4436_{\,43}$	$8569_{\,54}$	$3340_{\,44}$	$1931_{\,42}$
.65	$4479_{\,42}$	$8623_{\,54}$	$3296_{\,43}$	$1973_{\,41}$
.66	$4521_{\,43}$	$8677_{\,53}$	$3253_{\,43}$	$2014_{\,41}$
.67	$4564_{\,42}$	$8730_{\,53}$	$3210_{\,43}$	$2055_{\,39}$
.68	$4606_{\,43}$	$8783_{\,53}$	$3167_{\,43}$	$2094_{\,40}$
.69	$4649_{\,44}$	$8836_{\,53}$	$3124_{\,42}$	$2134_{\,39}$
.70	$4693_{\,43}$	$8889_{\,52}$	$3082_{\,43}$	$2173_{\,38}$
.71	$4736_{\,44}$	$8941_{\,52}$	$3039_{\,42}$	$2211_{\,38}$
.72	$4780_{\,44}$	$8993_{\,52}$	$2997_{\,41}$	$2249_{\,37}$
.73	$4824_{\,44}$	$9045_{\,52}$	$2956_{\,42}$	$2286_{\,37}$
.74	$4868_{\,44}$	$9097_{\,51}$	$2914_{\,41}$	$2323_{\,36}$
.75	$4912_{\,44}$	$9148_{\,51}$	$2873_{\,41}$	$2359_{\,35}$
.76	$4956_{\,45}$	$9199_{\,51}$	$2832_{\,41}$	$2394_{\,35}$
.77	$5001_{\,44}$	$9250_{\,50}$	$2791_{\,40}$	$2429_{\,35}$
.78	$5045_{\,45}$	$9300_{\,50}$	$2751_{\,40}$	$2464_{\,34}$
.79	$5090_{\,45}$	$9350_{\,49}$	$2711_{\,40}$	$2498_{\,33}$
.80	$5135_{\,45}$	$9399_{\,50}$	$2671_{\,39}$	$2531_{\,33}$
.81	$5180_{\,45}$	$9449_{\,49}$	$2632_{\,40}$	$2564_{\,33}$
.82	$5225_{\,45}$	$9498_{\,48}$	$2592_{\,39}$	$2597_{\,32}$
.83	$5270_{\,46}$	$9546_{\,48}$	$2553_{\,38}$	$2629_{\,31}$
.84	$5316_{\,45}$	$9594_{\,47}$	$2515_{\,38}$	$2660_{\,31}$
.85	$5361_{\,46}$	$9641_{\,48}$	$2477_{\,38}$	$2691_{\,31}$
.86	$5407_{\,45}$	$9689_{\,46}$	$2439_{\,38}$	$2722_{\,30}$
.87	$5452_{\,46}$	$9735_{\,46}$	$2401_{\,37}$	$2752_{\,29}$
.88	$5498_{\,45}$	$9781_{\,46}$	$2364_{\,37}$	$2781_{\,30}$
.89	$5543_{\,46}$	$9827_{\,45}$	$2327_{\,37}$	$2811_{\,28}$
.90	$5589_{\,46}$	$9872_{\,45}$	$2290_{\,36}$	$2839_{\,28}$
.91	$5635_{\,45}$	$9917_{\,44}$	$2254_{\,36}$	$2867_{\,28}$
.92	$5680_{\,46}$	$9961_{\,44}$	$2218_{\,35}$	$2895_{\,27}$
.93	$5726_{\,46}$	$0.0005_{\,43}$	$2183_{\,35}$	$2922_{\,27}$
.94	$5772_{\,46}$	$0048_{\,43}$	$2148_{\,35}$	$2949_{\,26}$
.95	$5818_{\,45}$	$0091_{\,42}$	$2113_{\,35}$	$2975_{\,26}$
.96	$5863_{\,46}$	$0133_{\,41}$	$2078_{\,34}$	$3001_{\,25}$
.97	$5909_{\,46}$	$0174_{\,41}$	$2044_{\,33}$	$3026_{\,25}$
.98	$5955_{\,45}$	$0215_{\,40}$	$2011_{\,34}$	$3051_{\,25}$
.99	$6000_{\,46}$	$0255_{\,40}$	$1977_{\,33}$	$3076_{\,24}$
1.00	6046	0295	1944	3100

Table 2 (continued).

c	$\log \varphi\,(c)$	$f\,(c)$	$\psi\,(c)$	$\log w\,(c)$
1.00	$\overline{1}.6046_{\,45}$	$0.0295_{\,39}$	$0.1944_{\,32}$	$0.3100_{\,24}$
1.01	$6091_{\,45}$	$0334_{\,39}$	$1912_{\,33}$	$3124_{\,23}$
1.02	$6136_{\,46}$	$0373_{\,37}$	$1879_{\,32}$	$3147_{\,23}$
1.03	$6182_{\,45}$	$0410_{\,38}$	$1847_{\,31}$	$3170_{\,22}$
1.04	$6227_{\,45}$	$0448_{\,36}$	$1816_{\,31}$	$3192_{\,23}$
1.05	$6272_{\,45}$	$0484_{\,36}$	$1785_{\,31}$	$3215_{\,21}$
1.06	$6317_{\,45}$	$0520_{\,35}$	$1754_{\,30}$	$3236_{\,22}$
1.07	$6362_{\,44}$	$0555_{\,35}$	$1724_{\,30}$	$3258_{\,20}$
1.08	$6406_{\,45}$	$0590_{\,33}$	$1694_{\,30}$	$3278_{\,21}$
1.09	$6451_{\,44}$	$0623_{\,33}$	$1664_{\,29}$	$3299_{\,20}$
1.10	$6495_{\,45}$	$0656_{\,33}$	$1635_{\,29}$	$3319_{\,20}$
1.11	$6540_{\,44}$	$0689_{\,32}$	$1606_{\,29}$	$3339_{\,19}$
1.12	$6584_{\,44}$	$0721_{\,31}$	$1577_{\,28}$	$3358_{\,19}$
1.13	$6628_{\,43}$	$0752_{\,30}$	$1549_{\,27}$	$3377_{\,19}$
1.14	$6671_{\,44}$	$0782_{\,29}$	$1522_{\,28}$	$3396_{\,19}$
1.15	$6715_{\,43}$	$0811_{\,29}$	$1494_{\,27}$	$3415_{\,18}$
1.16	$6758_{\,43}$	$0840_{\,28}$	$1467_{\,26}$	$3433_{\,17}$
1.17	$6801_{\,43}$	$0868_{\,28}$	$1441_{\,27}$	$3450_{\,18}$
1.18	$6844_{\,43}$	$0896_{\,26}$	$1414_{\,26}$	$3468_{\,17}$
1.19	$6887_{\,42}$	$0922_{\,26}$	$1388_{\,25}$	$3485_{\,16}$
1.20	$6929_{\,42}$	$0948_{\,25}$	$1363_{\,25}$	$3501_{\,17}$
1.21	$6971_{\,42}$	$0973_{\,25}$	$1338_{\,25}$	$3518_{\,16}$
1.22	$7013_{\,42}$	$0998_{\,23}$	$1313_{\,24}$	$3534_{\,16}$
1.23	$7055_{\,41}$	$1021_{\,23}$	$1289_{\,25}$	$3550_{\,15}$
1.24	$7096_{\,41}$	$1044_{\,22}$	$1264_{\,23}$	$3565_{\,15}$
1.25	$7137_{\,41}$	$1066_{\,21}$	$1241_{\,24}$	$3580_{\,15}$
1.26	$7178_{\,41}$	$1087_{\,21}$	$1217_{\,23}$	$3595_{\,15}$
1.27	$7219_{\,40}$	$1108_{\,20}$	$1194_{\,22}$	$3610_{\,14}$
1.28	$7259_{\,40}$	$1128_{\,19}$	$1172_{\,23}$	$3624_{\,14}$
1.29	$7299_{\,40}$	$1147_{\,18}$	$1149_{\,21}$	$3638_{\,14}$
1.30	$7339_{\,39}$	$1165_{\,17}$	$1128_{\,22}$	$3652_{\,13}$
1.31	$7378_{\,40}$	$1182_{\,17}$	$1106_{\,21}$	$3665_{\,14}$
1.32	$7418_{\,38}$	$1199_{\,16}$	$1085_{\,21}$	$3679_{\,12}$
1.33	$7456_{\,39}$	$1215_{\,15}$	$1064_{\,21}$	$3691_{\,13}$
1.34	$7495_{\,38}$	$1230_{\,15}$	$.1043_{\,20}$	$3704_{\,13}$
1.35	$7533_{\,38}$	$1245_{\,14}$	$1023_{\,20}$	$3717_{\,12}$
1.36	$7571_{\,37}$	$1259_{\,13}$	$1003_{\,20}$	$3729_{\,12}$
1.37	$7608_{\,38}$	$1272_{\,12}$	$0983_{\,19}$	$3741_{\,11}$
1.38	$7646_{\,36}$	$1284_{\,12}$	$0964_{\,19}$	$3752_{\,12}$
1.39	$7682_{\,37}$	$1296_{\,10}$	$0945_{\,18}$	$3764_{\,11}$
1.40	7719	1306	0927	3775

Die Ausgleichung von Sterblichkeitstafeln.

Von J. F. Steffensen, Kopenhagen.

Der Zweck der Abhandlung geht dahin, die Berechnung von ausgeglichenen Rentenwerten sowie die von anderen Funktionen, welche bei der Lebens-Versicherungsrechnung benutzt werden, zu erleichtern. Man kann dies in der Weise tun, daß eine einfache und doch genügend allgemeine Formel für die kontinuierliche Rente $\bar{a}_x$ angenommen wird [siehe Formel (3)] und indem man die Konstanten α, β und g direkt aus der Erfahrung ableitet.

Vor dieser Feststellung wollen wir einige der sich aus (3) ergebenden Lehrsätze erwähnen. Die Formeln (4) bis (8) sind allgemein gültig, d. h. für alle Sterblichkeitstafeln anwendbar; vermittels derselben und Formel (3) finden wir sofort die Relationen (9) bis (14) und für die Prämienreserve die Formel (17). Die grundlegenden Formeln für die praktische Anwendung sind (3) und (13); Formel (17) ist bemerkenswert, weil sie beweist, daß der Logarithmus der Reserve die Summe einer Funktion von n und einer Funktion von (x + n) ist. Wir ersehen aus (9), daß μ_x einen Minimalwert hat, welcher den Bedingungen in Formel (19) bis (21) entspricht.

Bei der Bestimmung der Konstanten α, β und g = 0.43429 γ = Mγ könnten wir drei Folgewerte von log $\dfrac{l_x}{l_{x+t}}$ aus der Sterblichkeitserfahrung berechnen, in (10) einfügen und somit die Konstanten durch Versuche finden. Allein, anstatt dies zu tun, bemerken wir, daß entsprechend einer ähnlichen Eigenschaft von *Makehams* Gesetz die Konstante g in den verschiedenen Tafeln beinahe die nämliche ist. Als den normalen Wert von g nehmen wir g = 0.026; allein es wird auch ersichtlich, wie dieser Wert, wenn es notwendig ist, geändert werden kann.

Wir nehmen für gt den konstanten Wert von 0.858; so daß, wenn g geändert wird, t auch geändert werden muß; allein das Anfangsjahr x kann immer nach Belieben gewählt werden.

Wir führen nun die neuen Konstanten k_1, k_2 und c ein, bestimmt durch (23) bis (25). Vermittels derselben können wir aus zwei Gleichungen der Form (10) die beiden Gleichungen (29) ableiten; und aus diesen wieder durch die Relationen (30) bis (33) die grundlegenden Gleichungen (34) und (35). Die in diese Gleichungen eingehenden Funktionen sind in der Tabelle 2 anschaulich dargestellt und der ganze Gang der Berechnung der Konstanten kann darauf folgendermaßen in ein Schema gebracht werden:

1. Man wählt einen passenden Wert von g mit dem entsprechenden Wert von t (durch Tafel 1). In gewöhnlichen Fällen dürfte g = 0.026, welches t = 33 entspricht, ein geeigneter Wert sein.

2. Man berechnet aus der nicht ausgeglichenen Erfahrung $\log \dfrac{l_x}{l_{x+t}}$

und $\log \dfrac{l_{x+t}}{l_{x+2t}}$.

3. Man berechnet (entweder vermittels Tafel 1 oder direkt)

$$k_1 = \log \frac{l_x}{l_{x+t}} + t \log (1 + i)$$

$$\text{und } k_2 = \log \frac{l_{x+t}}{l_{x+2t}} + t \log (1 + i).$$

4. Man berechnet durch Versuche (indem c = 1.00 als erster Versuchswert angenommen wird und vermittels der Tafel 2) c aus der Gleichung

$$k_1 = k_2 \, \varphi \, (c) + f \, (c).$$

5. Man berechnet aus Tafel 2

$$a = g \, [k_1 + \psi \, (c)] \, w \, (c).$$

6. Schließlich berechnet man

$$\log \beta = \log a - (c + g x).$$

Ein Zahlenbeispiel im einzelnen ist im »Example 1.« gegeben, entnommen aus der H^m Erfahrung; der Zinsfuß hierbei ist $3^1/_2 \, {}^0/_0$. Wir haben x = 17 angenommen und es darf bemerkt werden, daß $\triangle$ (c) die Differenz $k_1 - [k \varphi (c) + f (c)]$ bedeutet, welche für den wahren Wert von c verschwindet. Die mit »c« überschriebene Spalte enthält die verschiedenen Versuchswerte für c. Die weitere Berechnung bedarf keiner Erklärung. Aus der kleinen Tabelle, welche eine Vergleichung mit verschiedenen Funktionen enthält, die der Textbook-Ausgleichung (durch Striche gekennzeichnet) entnommen sind, kann man ersehen, daß die Ausgleichung so viel Erfolg hat, als man bei dem geringen Aufwand von Mühe erwarten darf, womit das Resultat erzielt wurde. In der Spalte mit der Überschrift $\triangle$ findet man den Unterschied zwischen den Zahlen mit und ohne Strich; λ gibt den Unterschied $\bar{a}_x - \bar{a}_{x+1/_2}$ an und bildet einen guten Maßstab für die Abweichung, welche von dem praktischen Rechner (Aktuar) angenommen werden darf; m bezeichnet schließlich den mittleren Fehler von μ_x.

In »Example 2« wenden wir die Methode auf die Erfahrungen bei skandinavischen Männern an (siehe Verhandlungen des sechsten Skandinavischen Lebensversicherungs-Kongresses, Kopenhagen 1904). Wir nehmen die nämlichen Werte für g und x an wie oben und eine Verzinsung von 3.675 $^0/_0$. Ein Vergleich mit den Werten, berechnet nach Professor *Thieles* Ausgleichung, zeigt noch günstigere Ergebnisse als in dem Fall der H^m Tafel.

Schließlich zeigen wir, wie die Methode auf den Fall von zwei verbundenen Leben angewendet wird. Man kann dies tun, weil die Formeln (4) bis (8) sich auf verbundene Leben anwenden lassen, wenn x durch x : x + h ersetzt wird. Die Formel für den Wert der Rente gestaltet sich dann zu $\frac{1}{\bar{a}_{x\,:\,x\,+\,h}} = \alpha + \beta \cdot 10^{gx}$, wobei h unverändert bleibt. Wenn die beiden Leben gleichalterig sind, so kann man als passenden Wert von g, g = 0.0286 annehmen, was t = 30 entspricht.

Wenn wir den log l_{xx} für das Alter von 20, 50 und 80 Jahren annehmen und i = 0.035 setzen, so finden wir aus der H^m Erfahrung die Formeln (45) und (46); wie diese mit den ausgeglichenen Werten des Textbooks übereinstimmen, ersieht man aus der kleinen vergleichenden Tabelle.

Ajustement pratique des tables de mortalité.

Par J. F. Steffensen, Copenhague.

Le but de cette étude est de faciliter le calcul des rentes ajustées et autres fonctions en usage dans les calculs d'assurances sur la vie. On peut y parvenir en admettant pour la rente $\bar{a}_x$ une formule simple et pourtant assez générale [voir formule (3)] et en dérivant les constantes α β et g *directement* de l'expérience.

Avant de procéder à cette démonstration nous voulons indiquer quelques-uns des théorèmes résultant de (3). Les formules (4)—(8) sont *générales* c.-à. d. applicables a toutes les tables de mortalité; grâce ä elles et à la formule (3) nous trouvons immédiatement les relations (9) bis (14) et pour la valeur actuelle la formule (17). Les formules fondamentales pour l'application pratique sont (3) et (13); la formule (17) est remarquable parce qu'elle prouve que le logarithme de la valeur actuelle est la somme d'une fonction de n et d'une fonction de (x + n). Nous voyons par la formule (9) que μ_x a une minimum qui répond aux conditions (19)—(21).

En déterminant les constantes α, β et g = 0.43429 ... γ = Mγ nous pourrions calculer trois valeurs consécutives de log $\frac{l_x}{l_{x\,+\,t}}$ au moyen des expériences de mortalité, les introduire dans (10) et trouver les constantes *expérimentalement*. Mais au lieu de procéder ainsi nous voyons que, conformément ä une propriété analogue de la loi de *Makeham,* la constante g est presque absolument la même dans toutes les tables usuelles. Comme valeur normale de g nous posons g = 0.026, toutefois cette valeur peut être modifiée si c'est nécessaire.

Nous admettons pour gt la valeur constante de 0.858 de sorte que si g est changé, t doit être changé aussi, mais l'âge initial x peut toujours être choisi arbitrairement.

Nous introduisons maintenant les nouvelles constantes k_1, k_2 etc, définies par (23)—(25). Grâce ä elles nous pouvons déduire de 2 équations de la forme (10) les deux équations (29) et de celles-ci de nouveau, par les fonctions (30)—(33) les équations fondamentales (34) et (35). Les fonctions entrant dans ces équations sont exposées dans la table 2 et tout le processus du calcul des constantes peut par conséquent être reproduit dans le schéma suivant:

1. On choisit une valeur convenable pour g avec la valeur correspondante pour t (par table 1.). A l'ordinaire g = 0.026, répondant ä t = 33, peut être considéré comme une bonne valeur.

2. On calcule de l'expérience non ajustée $\log \dfrac{l_x}{l_{x+t}}$ et $\log \dfrac{l_{x+t}}{l_{x+2t}}$.

3. On calcule (soit au moyen de la table 1 soit directement)

$$k_1 = \log \frac{l_x}{l_{x+t}} + t \log (1+i)$$

$$\text{et } k_2 = \log \frac{l_{x+t}}{l_{x+2t}} + t \log (1+i).$$

4. On calcule au moyen d'essais (en prenant c = 1.00 comme première valeur d'essai et en se servant de la table 2) c par l'équation $\quad k_1 = k_2 \, \varphi \, (c) + f \, (c).$

5. Avec la table 2 on calcule
$$a = g \, [k_1 + \psi \, (c)] \, w \, (c).$$

6. Enfin on calcule
$$\log \beta = \log \alpha - (c + g \, x).$$

Un exemple numérique en détail est donné dans »Exemple 1.« pris de l'expérience H^m, le taux de l'intérêt étant de $3^1/_2 \, {}^0/_0$. Nous avons admis x = 17 et il faut noter que $\triangle$ (c) représente la différence $k_1 - [k_2 \, \varphi \, (c) + f \, (c)]$ qui disparaît pour la vraie valeur de c. La colonne intitulée »c« renferme les différentes valeurs d'essai de c. Le reste du calcul n'a pas besoin d'être expliqué. La petite table qui contient une comparaison entre diverses fonctions tirées de l'ajustement du Text Book permet de voir que l'ajustement a tout le succès auquel on pouvait s'attendre avec le travail minime auquel on s'est livré pour obtenir ce résultat.

Dans la colonne intitulée $\triangle$ on trouve la différence entre les chiffres avec et sans accents; λ donne la différence $\bar{a}_x - \bar{a}_{x+\frac{1}{2}}$ et offre une bonne mesure pour l'écart admis par l'actuaire pratique; m enfin désigne l'erreur moyenne de μ_x.

Dans l'»Exemple 2« nous avons appliqué la méthode aux expériences faites sur des hommes scandinaves (voir les comptes-rendus du sixième Congrès scandinave pour l'assurance sur la vie, Copenhague 1904). Nous prenons les mêmes valeurs que précédemment pour g et x et un taux d'intérêt de 3.6757 $^0/_0$. Une comparaison a été établie d'après l'ajustement de M. le Prof. *Thiele* et les résultats sont encore plus favorables que dans le cas de la table H^m.

Enfin nous montrons comment la méthode est appliquée dans le cas de deux vies combinées. On peut le faire parce que les formules (4)—(8) se laissent appliquer à des vies réunies en remplaçant x par x : x + h. La formule pour la valeur de la rente s'établit alors comme suit: $\dfrac{1}{\bar{a}_{x : x + h}} = \alpha + \beta \cdot 10^{gx}$, h demeurant constant. Si les deux vies sont de mêmes âges on peut prendre comme valeur appropriée de g, g = 0.0286 correspondant ä t = 30.

Si nous admettons le log l_{xx} pour l'âge de 20, 50, et 80 ans, et posons i = 0.035, nous trouvons par l'expérience H^m les formules (45) et (46) et l'on voit par la petite table de comparaison comment ces dernières correspondent avec les valeurs ajustées du Text Book.

IX. — B 1.

Die in Deutschland angewandten Methoden zur Ausgleichung von Sterbetafeln.

Von· **M. Brendel,** Göttingen[1])
unter Mitwirkung von **A. Loewy,** Freiburg i. B.

Einleitung.

Es ist nicht wohl möglich, die *deutsche Literatur* über die Ausgleichung von ·Sterbetafeln zu besprechen, ohne dabei die *englische* zu
erwähnen. Von seiten der Praxis aus haben die Engländer die Methoden so weit entwickelt, daß es nicht leicht scheint, hier noch etwas
wesentlich Neues zu bieten, und so fußen denn auch die deutschen Arbeiten mit wenigen Ausnahmen auf den englischen. Dagegen findet sich
in Deutschland eine ziemlich reiche Literatur vor über die Zweckmäßigkeit der verschiedenen Methoden, wobei über die Vorzüge der mechanischen, graphischen, analytischen Methoden diskutiert wird. Dieser
Streit um die „beste" Methode, um die „beste" Ausgleichung, wird nicht
immer mit klaren Begriffen geführt; es müßte doch erst definiert
werden, was man unter den „besten" Werten einer Funktion, unter
„regelmäßigem" Verlauf einer Funktion usw. versteht, sonst handelt es
sich um einen Streit um vage Begriffe.

Das *eigentliche Problem,* so wie es von englischer· Seite zuerst mit
Rücksicht auf praktische Bedürfnisse begonnen und von deutscher (und

---

[1]) Es bestand die Absicht, daß das folgende Referat gemeinsam von Herrn
Professor Dr. A. Loewy und mir geliefert werden sollte. Da indessen Herr Loewy
verhindert war, so habe ich zunächst die Hauptarbeit daran übernommen; nachdem
jedoch das Referat im großen und ganzen fertig war, sind mir von Herrn Loewy
noch viele sehr wertvolle Beiträge geliefert worden, die ebenfalls Aufnahme
gefunden haben; außer verschiedenen kleineren Bemerkungen muß ich hier
besonders erwähnen:
Die Konstruktion der sächsischen Sterbetafel von Heym, S. 7.
Die graphische Ausgleichung von G. Jahn, S. 7.
Die Sterbeformeln von Lambert, Lazarus und Amthor und die der
Preußischen Rentenversicherungsanstalt, S. 16, 18, 20.
Bei der großen Reichhaltigkeit und schweren Zugänglichkeit der ein-
schlägigen Literatur stieß der Wunsch der Referenten, möglichst ein vollständiges
Referat zu geben, auf Schwierigkeiten. ·Dennoch hoffen sie, Wichtigeres nicht
übergangen zu haben; freilich erwies sich der Versuch, alle wichtigeren deutschen
Sterbetafeln mit Angabe der benutzten Ausgleichmethode anzuführen, als un-
durchführbar.

anderer) Seite aufgenommen worden ist, ist im Grunde kein Ausgleichs-
sondern ein Ebnungsproblem; denn auch im Fall der analytischen Ausgleichung handelt es sich nur formell um eine strenge Ausgleichung, da
die vorausgesetzte Kurve nur die Art des Verlaufs der Funktion gibt,
ohne wirklich a priori die wahrscheinlichste Funktion zu sein.

Die Resultate der verschiedenen Methoden pflegen sehr wenig voneinander abzuweichen, und der höhere Wert der einen oder der anderen
kann nicht durch das Nebeneinanderstellen der nach verschiedenen Methoden ausgeglichenen Tafeln empirisch bewiesen werden. Für den
praktischen Rechner wird immer die Methode die beste sein, die ihm
am geläufigsten ist. Keine der theoretischen Untersuchungen über die
Güte der verschiedenen mechanischen Ausgleichsmethoden können wir
als stichhaltig bezeichnen. Der einzige, der eine strenge Untersuchung
der Methoden angebahnt hat, ist Herr *Blaschke,* dessen Abhandlung[2])
in Österreich erschienen ist; in seinen Untersuchungen zeigt er deutlich, daß die Urheber der meisten Methoden sich gar nicht überlegt
haben, welches die strenge wahrscheinlichkeitstheoretische Bedeutung
ihres Prinzips ist und welche Voraussetzungen über den Verlauf der
Kurve sie machen.

Zweck jeder Ausgleichung ist es, die an der Hand der Beobachtung
gewonnene Zahlenreihe, die schließlich nur allein der wahrheitsgemäße
Bericht über das wirkliche Geschehen der Vergangenheit ist, zu über-
arbeiten und durch eine andere Zahlenreihe zu ersetzen. Dies geht nie
ohne Hypothese, Spekulation oder Vorurteil.

Bei der sogenannten analytischen Ausgleichung, der eine feste
Kurve zugrunde liegt, sind diese Voraussetzungen klar; daß aber bei
den mechanischen Methoden ganz ebenso gewisse Sterbefunktionen vorausgesetzt werden — nur nicht mit Sicherheit, sondern mit einer gewissen Wahrscheinlichkeit —, scheint allein *Blaschke* sich überlegt zu
haben.

Selbstverständlich machen wir hieraus den Erfindern der Methoden,
die von praktischen Gesichtspunkten ausgingen, keinen Vorwurf. Die
Würde der Wissenschaft fordert hier aber Klarheit, und eine Fortsetzung der von *Blaschke* begonnenen Untersuchungen ist durchaus
wünschenswert. Nur auf diesem Wege kann man zeigen, daß eine Methode die beste ist, aber auch nicht absolut die beste, sondern nur mit
Rücksicht auf die gewählten Voraussetzungen. Das einfache Nebeneinanderstellen von Tafeln, die nach verschiedenen Methoden ausgeglichen sind , hat wenig Wert; es beruhigt den Praktiker allerdings insofern, als er sieht, daß es ziemlich gleichgültig ist, welche Methode angewandt wird.

Auch über die *Wahl der Funktion,* welche zur Ausgleichung zu benutzen ist, gehen die Meinungen auseinander; der eine nimmt die Anzahl der Lebenden (Dekremententafel), der andere die Sterbewahrscheinlichkeiten, wieder andere die Logarithmen dieser Größen. Man

---

[2]) *Blaschke,* Die Methoden der Ausgleichung von Massenerscheinungen,
Wien 1893. — Hier mag auch erwähnt werden: Levänen, Formler för utjämning
af statistiska talserier. Öfversigt of Finska Vetenskaps-Societetens Förhandlingar.
XXXvII.

kann natürlich jede dieser Funktionen benutzen, es empfiehlt sich aber doch, Rücksicht zu nehmen auf diejenigen analytischen Funktionen, die angenähert den Gang der empirischen Funktion darzustellen scheinen. Nachdem man einmal gefunden hatte, daß z. B. die *Gompertz-Makeham*-sche Formel angenähert die Sterbeordnung darstellt, wäre nichts natürlicher gewesen, als sich vorzustellen, daß die Sterbefunktion (auch die unausgeglichene) durch diese Formel gegeben sei, in der aber die Konstanten variieren, also kleinen Schwankungen unterworfen sind. Wie dann die Annahme, daß diese Parameter konstant seien, zur analytischen Ausgleichung führt, so könnte man auch die Konstanten dieses Gesetzes als die nach einem mechanischen Verfahren (gleichviel welchem) auszugleichenden Größen nehmen, die dann also im Laufe der Sterbetafel nicht mehr konstant wären. Da dieses Verfahren aber ziemlich umständlich sein möchte, da man gleichzeitig drei Größen auszugleichen hätte, so wird man weiter zurückgreifen und der Sterbeintensität den Vorzug geben. Die unausgeglichenen Werte dieser Größe lassen sich aber als die logarithmische Ableitung der Anzahl der Lebenden durch numerische Differentiation finden, wobei allerdings Schwierigkeiten hinsichtlich der Konvergenz entstehen können; vielleicht wird es jedoch bequemer sein, den Logarithmus der Sterbewahrscheinlichkeit an seine Stelle zu setzen, der dann die beste zu wählende Größe wäre.

Referent will indessen hier keine detaillierten Vorschriften geben, sondern nur darauf hinweisen, daß nur solche Betrachtungen wie die vorstehenden Fingerzeige über die Art und Weise der Ausgleichung geben können.

Wenn man eine Ausgleichsmethode wählt, so muß man sich auch fragen, was man mit der Ausgleichung bezweckt; man muß unterscheiden, ob es sich um eine *wissenschaftliche Untersuchung* der Sterbefunktion oder um die *Aufstellung einer Tafel* handelt, die als Grundlage für die Berechnung von Tarifen dienen soll. Die wissenschaftliche Untersuchung wird sich im allgemeinen an die unausgeglichenen Werte zu halten haben. Für die Praxis dagegen ist zweierlei wünschenswert: 1. soll sich die Tafel möglichst an die wirklichen Verhältnisse anschmiegen, 2. will man eine möglichst glatt verlaufende (regelmäßige) Absterbeordnung haben.

Welches sind nun aber die *wirklichen* Verhältnisse und was heißt „*regelmäßig*"? Die Sterbewahrscheinlichkeit oder der Sterbeprozentsatz einer bestimmten Altersklasse im Durchschnitt einer Reihe von Rechnungsjahren bei einer bestimmten Gesellschaft ist gewiß eine bestimmte Größe; diese will man möglichst vorher kennen; es ist nichts natürlicher, als daß man für die verflossenen Jahre Beobachtungen macht und für den künftigen Verlauf die Resultate dieser Beobachtungen annimmt; eine solche erhaltene Absterbeordnung zeigt aber einen unregelmäßigen Verlauf; der Begriff der Unregelmäßigkeit ist hier zunächst rein subjektiv zu fassen: man vermutet, daß, wenn eine andere Gesellschaft aus demselben Geschäftskreis eine Zahl anderer Individuen versichert oder wenn Beobachtungen aus anderen Jahren genommen werden, sich andere Werte ergeben würden. Die Abweichungen, welche zwei solcher Tafeln voneinander zeigen, sind sicher sogenannte zufällige. Mit dieser Erkenntnis haben wir aber noch wenig gewonnen, da wir nicht wissen, wo der wahre Wert liegt. Selbst die Definition des wahren Wertes stößt auf Schwierigkeiten; wenn man alle versicherungsfähigen Personen verfolgen könnte, so würde man gewiß einen eindeutigen Wert für die Sterbewahrscheinlichkeit erhalten, der dann aber von Kalenderjahr zu Kalenderjahr veränderlich wäre; aber auch dann wäre nichts gewonnen, weil sich nicht alle Klassen von Versicherungsfähigen in gleicher Menge an der Versicherung beteiligen und auch eine hygienische Selbstauswahl stattzufinden scheint.

Der *wahre Wert* der Sterbewahrscheinlichkeit ist *dann* eine wohl bestimmte Größe, *wenn* die Personen, die unter Risiko stehen werden, definiert sind. Da man diese nicht beobachten kann, so wird man ihm am nächsten kommen, wenn man eine möglichst gleichgeartete Menge beobachtet; beobachtet man so eine *einzelne* Altersklasse, so ist auf Grund der gemachten Beobachtungen eben der gefundene Wert der wahrscheinlichste; man wird aber zu seiner vollen Definition noch anzugeben haben, welche *Präzision* ihm zukommt. Der Ausdruck Präzision ist hier allgemeiner aufzufassen als der des *Gauß*schen Präzisionsmaßes. Denn so sehr Unrecht man hat, die Anwendung der Wahrscheinlichkeitsrechnung[3]) auf das Problem überhaupt in Abrede zu stellen, ebensosehr muß man sich vergegenwärtigen, daß die *Häufigkeitskurven,* mit denen wir zu tun haben, nicht von vornherein *Gauß*sche Fehlerkurven sind und auch nicht durch einen einzigen Parameter (z. B. den mittleren Fehler oder das Präzisionsmaß) definiert werden können. Indessen wird man auch hier einen Präzisionsbegriff in irgend einer Weise einführen müssen, der offenbar so sein wird, daß die Präzision mit der Anzahl der beobachteten Individuen wächst; wenn diese Zahl groß genug ist, so dürfte es auch erlaubt sein, wenigstens das Stück der Häufigkeitskurve in der Umgebung ihres Maximums als nahe mit einer *Gauß*schen Fehlerkurve zusammenfallend anzusehen. Ein weiterer Schritt, die Berechnung des mittleren Fehlers dieser *Gauß*schen Kurve, ist schon weit bedenklicher; denn wenn man sie gleich der Wurzel aus der Anzahl der beobachteten Individuen setzt, so nimmt man das *Bernoulli*sche Theorem (das Urnenschema) als Grundlage, wobei jedes Individuum einen positiven oder negativen Elementarfehler darstellt, je nachdem es im Beobachtungsjahre stirbt oder nicht, — denn es kann nicht mit dem Bruchteile absterben, der der Wahrscheinlichkeit entspricht. An dieser letzteren Annahme an sich Kritik zu üben, ist allerdings sehr berechtigt. Wenn man die nötigen Reserven macht, so wird man die Präzision als eine Funktion der Anzahl der beobachteten Individuen definieren können.

---

[3]) Viele, namentlich neuere Autoren (vgl. Wagner, Wahrscheinlichkeitsrechnung und Lebensversicherung, Zeitschrift für Versicherungswissenschaft, Band VI, Heft 2, sowie die dort genannten anderen Autoren) bestreiten die Anwendbarkeit der Wahrscheinlichkeitsrechnung überhaupt; sie scheinen aber diese mit der Anwendung des Urnenschemas oder des Gaußschen Fehlergesetzes zu identifizieren. Schränkt man den Begriff der Wahrscheinlichkeitsrechnung in dieser Weise ein, so muß man ihnen in vielem Recht geben. Wir halten aber das Gebiet der Wahrscheinlichkeitsrechnung für ein viel weiteres und rechnen auch dasjenige dazu, auf dem der „Zweck" oder das „Telos" herrscht.

Hat man nun aber nicht nur eine *einzelne Altersklasse*, sondern auch die *benachbarten* beobachtet, so zeigt die Kurve einen Verlauf, der nicht plausibel scheint, oder, streng definiert, der nicht mit dem gefaßten Vorurteil über den Verlauf der Funktion übereinstimmt; der Ausgleicher einer Kurve hat also ein gewisses Vorurteil, das ihm eine Art des Verlaufs der Funktion wahrscheinlicher erscheinen läßt als eine andere. Hier ist also ein recht eigentlich noch zu bearbeitendes Feld der Wahrscheinlichkeitsrechnung, nämlich das eigentümliche *Vorurteil über den Verlauf der Funktion* (das auch der graphischen Ausgleichung zugrunde liegt), in analytische Form zu fassen; bis jetzt drückt sich dies nur darin aus, daß man den Wert seiner Ausgleichsmethode danach beurteilt, ob sie eine arithmetische Reihe 1., 2. usw. Ordnung ungeändert läßt; dies können wir nur als einen ganz rohen Anfang der hier zu machenden Untersuchungen ansehen.

Wenn wir nun von „*Unregelmäßigkeiten*" oder „*Sprüngen*" der unausgeglichenen Wertereihe sprechen, so meinen wir damit die Abweichung von dem erwarteten Verlauf. Man ist zu leicht geneigt, diese Abweichungen in das Schema der Beobachtungsfehler zu passen, was aber nicht ohne weiteres statthaft ist. Die Sprünge können nämlich aus *drei Quellen* kommen, von denen nur zwei eigentliche Fehlerquellen sind, die sich voraussichtlich durch Vervielfältigung der Beobachtungen vermindern und die man jedenfalls durch die Ausgleichung zu überwinden suchen wird.

Die *erste Fehlerquelle* ist die bereits erwähnte, welche daraus entsteht, daß die beobachteten Individuen nicht mit denen identisch sind, deren Sterbeordnung man finden will, also speziell, daß man nicht alle Individuen, deren Durchschnittssterblichkeit man haben will, beobachtet, sondern nur einen Teil; diese Fehlerquelle wird durch die Methoden zu überwinden gesucht, die man eigentlich als Ausgleichsmethoden bezeichnet.

Die *zweite Fehlerquelle* ist die zeitliche Änderung der Sterbeprozentsätze, welche man durch Ausdehnung der Beobachtungen auf einen längeren Zeitraum zu eliminieren versucht. Ganz gewiß wird man Beobachtungen aus einem längeren Zeitraum größere Präzision zuerkennen; aber hier macht die Definition der Präzision Schwierigkeiten, schon deswegen, weil man schwer die zufälligen und die systematischen Schwankungen der Sterblichkeit unterscheiden kann; und dennoch ist die Berücksichtigung dieser Präzision von fundamentaler Wichtigkeit bei der Kombination oder der Vergleichung verschiedener Tafeln.

Die *dritte Quelle* endlich ist gar keine Fehlerquelle, sondern es ist sehr wohl möglich, daß mehrere Sprünge (relative Maxima und Minima wenigstens der ersten oder höherer Ableitungen) in der Natur der Funktion liegen; das Auffinden dieser Sprünge ist ja die eigentliche Aufgabe der wissenschaftlichen Untersuchung.

Es unterliegt nun keinem Zweifel, daß alle Ausgleichsmethoden im allgemeinen die aus der ersten und dritten Quelle stammenden Sprünge in gleicher Weise beseitigen; man befindet sich in dem Dilemma, entweder eine *stark* oder *eine schwach abrundende* Ausgleichsformel zu benutzen: die erstere, um die erste Fehlerquelle zu beseitigen, die zweite, um die aus der dritten Quelle stammenden Sprünge nicht zu verwischen. Man muß hervorheben, daß die hierüber von den Ausgleichern gemachten Erwägungen ganz willkürlich sind. Wenn man aber die Bedürfnisse der Praxis im Auge hat, so soll man nicht vergessen, daß auch die in der Funktion begründeten Sprünge viele Unannehmlichkeiten in den Tarifen und Reserveberechnungen mit sich bringen; man sollte sich keinesfalls scheuen, auch diese Sprünge für die Bedürfnisse der Praxis durch Ausgleichung zu entfernen, solange sie noch nicht mit einiger Sicherheit nachgewiesen sind.

Wenn wir es für nötig befunden haben, ziemlich ausführlich auf die *Definition der Präzision* einzugehen, so haben wir das deswegen getan, weil wir es für unerläßlich halten, bei einer Ausgleichung diese Größe (oder das Gewicht) für die einzelnen Altersklassen zu kennen. Die meisten mechanischen Ausgleichsmethoden lassen diese Gewichte unberücksichtigt, was natürlich angeht, wenn diese nicht sehr verschieden sind. Aber erstens muß sich doch der Ausgleicher erst davon überzeugen, daß diese Gewichte wirklich angenähert gleich sind und darf die Ausgleichsformel nicht ganz kritiklos anwenden; und zweitens will man doch bei einer Sterbetafel wissen, wie groß nun eigentlich die Präzision in den verschiedenen Altersklassen ist. Diese wird sich nicht sehr von der der unausgeglichenen Tafel unterscheiden, aber ihre Angabe vermißt man fast immer.

Auch die graphische Methode pflegt die Gewichte nicht zu berücksichtigen; es könnte geschehen, indem man neben den einzelnen Punkten der unausgeglichenen Wertereihe die Gewichte anschreibt und sich bei der Ausgleichung möglichst danach richtet.

Die mechanischen und graphischen Methoden.

Die erste in rationeller Weise berechnete deutsche Sterbetafel scheint die von *Brune*[4]) zu sein; sie beruht auf den Erfahrungen der Königl. Preußischen Witwenverpflegungsanstalt zu Berlin aus den Jahren 1776—1834. *Brune* bildet die Sterbenswahrscheinlichkeit aus den Beobachtungen von je 5 Jahren, indem er die Summe der Lebenden jedes Quinquenniums durch die Summe der Gestorbenen dividiert; er wendet also im Prinzip die *Finlaison*sche Methode, aber mit Berücksichtigung der Gewichte an; die Ausgleichung gibt ihm die reziproken q_x für die Mitte jedes Quinquenniums; hieraus interpoliert er die Werte für die einzelnen Altersklassen mit der Nebenbedingung, daß in der ausgeglichenen Tafel für jedes Quinquennium der Quotient „Σ Lebende durch Σ Gestorbene" dem beobachteten Werte gleich bleibt, ohne daß er eine ganz klare Darstellung seines Interpolationsverfahrens gibt.

Heym[5]) benutzte eine ähnliche Methode; er bearbeitete ebenfalls das Material der Preußischen Witwenverpflegungsanstalt für die Jahre 1776—1852, indem er das Mittel aus je 5 aufeinanderfolgenden Lebens-

---

[4]) Neue Sterblichkeitstabellen für Witwenkassen, Crelles Journal, Bd. 16, 1836. — Später berechnete Brune eine neue Tafel (Allgemeine Versicherungszeitung von Masius, 1847), welche der Verfasser aber nicht hat einsehen können.

[5]) Rundschau der Versicherungen, Jahrgang III bis V.

wahrscheinlichkeiten ohne Rücksicht auf die Gewichte nahm. Nachdem er so deren Werte für jedes 5. Jahr erhalten, interpoliert er für die zwischenliegenden Jahre und verbessert dann diese Werte noch auf eine eigentümliche Weise, deren Berechtigung nicht recht einzusehen ist. *Heym* konstruierte auch eine Sterbetafel für die Bevölkerung des Königreichs Sachsen[6]). Er stützt sich auf die sächsischen Volkszählungen der Jahre 1840, 1843, 1846 und 1849 und berechnet die Wahrscheinlichkeiten, im nächsten Jahre zu sterben, für 10jährige Altersgruppen, nämlich 21—30, 31—40, usw. 91—100. Auf Grund dieser 8 Werte leitet *Heym* die zwischen diesen Grenzen liegenden Werte der Sterbenswahrscheinlichkeiten durch Interpolation ab.

Ph. Fischer[7]) widmet der Vergleichung von Resultaten aus verschiedenen Kalenderjahren (für gleiche Altersklassen) besondere Sorgfalt und berechnet den mittleren Fehler einer solchen Bestimmung; sein Verfahren verdient Beachtung zur Beurteilung der Zuverlässigkeit eines Resultates, da es zeigt, ob die Kalenderjahre, aus denen das Material entnommen ist, unter sich eine gewisse Übereinstimmung zeigen und nicht anormale Verhältnisse in einem der Jahre stattgefunden haben. Eigentlich ist diese Angabe unerläßlich und dennoch gehen die neueren Arbeiten meist mit Stillschweigen darüber hinweg, was allerdings geschehen muß, wenn das Material aus den einzelnen Kalenderjahren zu gering ist.

Sodann beschreibt *Fischer* die graphische Methode genauer, indem er die Anwendung des Kurvenlineals empfiehlt und Angaben über den bei der Zeichnung zu wählenden Maßstab macht. Wenn er sagt, daß der Zeichner möglichst kein Vorurteil über die Form der Kurve haben soll, so ist das nicht ganz exakt gesagt; denn dann könnte man überhaupt nicht zeichnen; er meint aber, der Zeichner soll das Vorurteil haben, daß die ausgeglichene Kurve sich möglichst den einfachen durch das Lineal gegebenen Kurven anschmiegt. Das ist natürlich auch ein Vorurteil, aber wohl das plausibelste. Der Einwand, den sich *Fischer* selbst macht, daß verschiedene Zeichner zu verschiedenen Resultaten kommen, ist ganz ohne Bedeutung, da es an sich keine eindeutige beste Kurve gibt und es sich nur um eine Annäherung handelt.

Graphischer Ausgleichungen mit Hilfe des Kurvenlineals unter rufung auf *Fischer* bedient sich auch Herr Knappschaftsdirektor *G. Jahn*[8]). Er sagt: „Entsprechend dem Vorschlage von *Fischer* in seinen „Grundzügen" wurde bei der vorgenommenen Ausgleichung genau (nach Quadratmillimetern) eingeteiltes Papier und ein großer Maßstab angewendet . . . . Die geradlinigen Verbindungen der Endpunkte der aufeinanderfolgenden Ordinaten ein- und derselben Wahrscheinlichkeit ergaben eine Zickzacklinie, durch welche unter Anwen-

---

[6]) Vgl. die Angaben von Herrn Geh. Rat Professor Zeuner in der Zeitschrift des Königl. Sächsischen Statistischen Bureaus, 40. Jahrgang, 1894, S. 28 und 48.

[7]) Grundzüge des auf menschliche Sterblichkeit gegründeten Versicherungswesens, Oppenheim a. Rh., 1860.

[8]) Invaliditäts- und Sterbeverhältnisse bei der Allgemeinen Knappschaftspensionskasse für das Königreich Sachsen. Zeitschrift des Königl. Sächsischen Statistischen Bureaus, Jahrgang 50, 1904.

dung des Kurvenlineals eine ideale Kurve hindurchgelegt worden ist, die der Zickzacklinie sich tunlichst anschmiegt und zugleich die Eigenschaft besitzt, daß die Ordinaten der Kurve möglichst durchgängig mit wachsendem Alter zunehmen und daß die Flächenstücke, die ober- und unterhalb der Kurve von der Zickzacklinie abgegrenzt werden, sich angenähert ausgleichen. Die Ordinaten der so gezeichneten Kurce sind als ausgeglichene Werte der Wahrscheinlichkeit angesetzt worden."

Man sieht, daß *Jahn* unter anderem mit dem ausdrücklichen Vorurteil der Zunahme der Sterbenswahrscheinlichkeiten mit dem Alter arbeitet. Jedoch mußte er diese Annahme an einigen Ausnahmestellen aufgeben, „ohne daß eine zu weitgehende Ebenung hätte eintreten müssen."

Auch die *deutsche Rentnersterbetafel*[9]) nach den Beobachtungen von 24 deutschen, 11 österreichischen und 3 schweizer Gesellschaften, mit der Germania-Stettin an der Spitze, ist graphisch mit einer „weiteren Korrektur auf rechnerischem Wege" ausgeglichen worden.

Fischers Methode verdient gewiß noch heute größte Beachtung; wenn sie auch der Form nach vorwiegend graphisch ist, so kann man sie doch den mechanischen Methoden an die Seite stellen, von denen sie sich nur dadurch unterscheidet, daß sie im Prinzip den aufeinanderfolgenden Funktionswerten nicht eine arithmetische Reihe, sondern die durch die graphische Ausgleichung gefundene Kurve zugrunde legt. Er nimmt zuerst eine graphische Ausgleichung vor, wie sie eben beschrieben worden ist. Sodann faßt er eine Reihe von n aufeinanderfolgenden Werten der Sterbenswahrscheinlichkeit w_a, w_{a+1}, w_{a+2}, $\ldots\ldots w_{a+n}$ zu einer Gruppe zusammen und bildet aus der graphisch erhaltenen Kurve die Differenzen

$$d_1 = w'_{a+1} - w'_a$$
$$d_2 = w'_{a+2} - w'_a$$

$$\text{—— —— —— —— —— —— ——}$$

$$d_{n-1} = w'_{a+n-1} - w'_a$$

wo also w'_a, w'_{a+1} usw. die aus der vorläufigen graphischen Ausgleichung folgenden Werte sind. Hierauf bildet er aus den beobachteten Werten w_a, w_{a+1} usw. folgende Werte für die Sterbenswahrscheinlichkeit des Alters a:

$$q_a = w_a$$
$$q_a = w_{a+1} - d_1$$
$$q_a = w_{a+2} - d_2$$
usw.

und nimmt aus diesen das Mittel mit Berücksichtigung der Gewichte, die er der Wurzel aus der Anzahl der beobachteten Lebenden proportional setzt.

Man sieht, daß er durch die erste graphische Ausgleichung die relativen Schwankungen der Kurve ausgleicht, während die Mittelnahme zwischen den verschiedenen q_a eine Verschiebung des ganzen Kurven-

---

[9]) Vereinsblatt für deutsches Versicherungswesen, 19. Jahrgang, Nr. 6, 1891.

stücks bedingt, falls es durch die graphische Ausgleichung zu hoch oder zu tief liegend gefunden ist. Diese Ausgleichung wird für jedes Alter vorgenommen und die so gefundenen Werte in die erste Zeichnung eingetragen; zeigt sich hier noch nicht ein befriedigender Verlauf, so soll „durch gehörige Überlegung eine neue Linie konstruiert werden". Ob *Fischer* hiermit meint, daß das Verfahren in gleicher Weise wiederholt werden soll, oder ob er eine weitere rein graphische Ausgleichung vornehmen will, geht nicht klar hervor. Dies zu entscheiden, bleibt also dem einzelnen überlassen.

Man wird kein Bedenken tragen, das *Fischer*sche Verfahren noch heut zu empfehlen, aber jedenfalls mit der Modifikation, daß der auszugleichende Wert in die Mitte der gewählten Gruppe und nicht an ihren Anfang gesetzt wird. Wie schon oben bemerkt, darf man bei einer so wichtigen Sache, wie die Ausgleichung einer Sterbetafel ist, nicht vor etwas Mehrarbeit zurückschrecken. Übrigens führt auch die *Woolhouse*sche und die ähnlichen Methoden zu keiner so kurzen Rechnung, wie man zu glauben geneigt ist; denn hier führt die erste Ausgleichung häufig noch nicht zu brauchbaren Werten und es bleibt noch sehr viel zu rechnen übrig; man sehe nur das weiter unten über die *Zimmermann*schen Ausgleichungen Gesagte. Die *Fischer*sche Methode hat demgegenüber den gewaltigen Vorteil, daß grobe Abweichungen gleich zum Verschwinden gebracht werden.

Fischer berechnet auch schließlich den mittleren Fehler der ausgeglichenen Werte.

Die von *Wittstein*[10]) empfohlene Methode besteht aus der zweimaligen Mittelbildung aus 5 aufeinanderfolgenden, unausgeglichenen Werten, also der zweimal angewandten *Finlaison*schen; er ist wohl der erste, der die Grundsätze der Wahrscheinlichkeitsrechnung etwas ausführlicher berücksichtigt, um die Präzision festzustellen; er nimmt, wie alle anderen, an, daß die Sterbeprozentsätze um einen Mittelwert nach dem *Bernoulli*schen Theorem bzw. dem *Gauß*schen Fehlergesetz schwanken, worüber man sehr im Zweifel sein kann, wie oben ausgeführt worden ist. Auffallend ist, daß *Wittstein* zwar den wahrscheinlichen Fehler, also das Gewicht der einzelnen unausgeglichenen Werte berechnet, diese Gewichte aber bei der Mittelnahme nicht berücksichtigt, sondern immer die Formel

$$y_x = \frac{u_{x-4} + 2u_{x-3} + 3u_{x-2} + 4u_{x-1} + 5u_x +}{25}$$

$$\frac{4u_{x+1} + 3u_{x+2} + 2u_{x+3} + u_{x+4}}{25}.$$

zur Ausgleichung anwendet, also den Beobachtungen die Gewichte 1 bis 5 erteilt, wie er sagt. Dann gibt er auch den wahrscheinlichen Fehler der ausgeglichenen Werte, dessen Bestimmung indessen noch weniger streng ist, als die für die unausgeglichenen, weil sie ebenso wie die vorstehende Ausgleichsformel eine gewisse Voraussetzung über die Form

---

[10]) Mathematische Statistik. Hannover 1867.

der Funktion involviert. Jedenfalls gehören diese wahrscheinlichen Fehler nicht strenge zu den aus der vorstehenden Formel definierten wahrscheinlichsten Werten. Immer wollen wir nicht vergessen, daß es für die Praxis ja auch nicht auf größte Strenge ankommt. *Wittstein* gibt als Beispiel eine Sterbetafel aus den Erfahrungen der Hannoverschen Lebensversicherungsanstalt 1831—1865; auch nimmt er eine neue Ausgleichung der *Brune*schen Sterbetafel (s. oben) vor, durch welche die Differenzen verkleinert werden.

Später hat *Wittstein*[11]), abgesehen von einer Behandlung mit Hilfe der Methode der kleinsten Quadrate, die eine hypothetische Funktion für die zu bestimmenden Wahrscheinlichkeiten voraussetzt, als einzige erlaubte Überarbeitung der an der Hand der Beobachtung gewonnenen Zahlenreihe die Anordnung der Zahlen nach ihrer Größe, ohne Rücksicht auf das Alter, angesehen. Bedenken hiergegen sind von *Zimmermann* in dem ersten der folgend besprochenen Hefte (S. 24) ausgesprochen worden. Die obige Methode gestattet aber, die Tabelle mit anderen zu vergleichen, auch dürfte sie für die Berechnung von Durchschnittsprämien, die nicht vom Lebensalter abhängen, wie solche oft von obligatorischen Pensionskassen erhoben werden, bisweilen verwendet werden können.

Wir kommen nun zu den *Zimmermann*schen Ausgleichungen der Tafeln für die deutschen Eisenbahnbeamten[12]). *Zimmermann* hat bei diesen Ausgleichungen die *Woolhouse*sche Methode angewandt; er hebt hervor, daß man, streng genommen, die Gewichte der Beobachtungen berücksichtigen müsse, daß aber dann die *Woolhouse*sche Formel außerordentlich umständlich werden würde.

Er meint, daß diese Formel auch ohne Rücksicht auf die Gewichte hinreichende Resultate liefert, dem man aber nur beipflichten kann unter der Bedingung, daß die Gewichte wenigstens nahe gleich sind, was bei vielen Anwendungen auch der Fall ist. Indessen scheint gerade bei den *Zimmermann*schen Rechnungen dieser Fall nicht ausnahmslos vorgelegen zu haben; namentlich in den jüngsten Altersklassen sind die Gewichte sehr verschieden und sehr klein, so daß *Zimmermann* z. B. bei der Ausgleichung der Sterbetafel für Dienstunfähige den stark abweichenden Wert beim Alter 24 ausschloß, d. h. ihm das Gewicht Null erteilte. Solche Erscheinungen deuten aber gerade darauf hin, daß die Berücksichtigung der Gewichte wohl angebracht gewesen wäre. *Zimmermann* benutzt als auszugleichende Größe die Wahrscheinlichkeit für eine im jüngsten Tafelalter stehende Person, das laufende Alter zu erreichen oder die Anzahl der Überlebenden. Der Grund, den er für diese Wahl angibt, daß diese Größe weniger Sprünge mache als die jährlichen Sterbenswahrscheinlichkeiten, scheint nicht ganz stichhaltig, da beide Funktionen in einem einfachen Verhältnis stehen und die Unterschiede in der Größe der Sprünge wohl nur entstehen können,

---

[11]) *Ehrenzweigs* Assekuranz-Jahrbuch, Bd. VII, 1886.

[12]) Über Dienstunfähigkeits- und Sterbensverhältnisse (Heft I); Beiträge zur Theorie der Dienstunfähigkeits- und Sterbensstatistik. Heft II—IV. Berlin 1886—1889. Fortgesetzt (Heft V—VI) von *Zillmer*.

wenn man sie beide nicht mit verhältnismäßig gleicher Genauigkeit behandelt.

Die Ausgleichung nach der *Woolhouse*schen Formel war aber noch nicht befriedigend; es zeigten sich z. B. bei der Sterbetafel für Dienstunfähige in den Altern 31—38 noch kleinere Sprünge, die durch einfache Änderung der letzten Dezimale um einige Einheiten entfernt wurden, also durch eine Methode, die gewissermaßen mit der graphischen zusammenfällt, gegen die sich *Zimmermann* sonderbarerweise sonst ablehnend verhält. Auch in den höchsten Altern zeigten sich außerordentlich große Unregelmäßigkeiten, die darin ihren Grund haben, daß die Beobachtungen hier (wie auch bei den jüngsten Altern) zu gering waren, um überhaupt einen genäherten Wert für die Sterbenswahrscheinlichkeit zu geben. Um diese Werte zu verbessern, benutzte *Zimmermann* teils die *Wittstein*sche Sterbefunktion mit der Nebenbedingung, daß das geometrische Mittel der auszugleichenden Sterbenswahrscheinlichkeiten dasselbe bleiben sollte, teils eine Hyperbel oder Parabel. Gegen dies Verfahren ist natürlich nichts einzuwenden; indessen will es dem Referenten doch scheinen, als ob bei einer Ausgleichung einiger nur ganz roh beobachteter Größen die graphische Ausgleichung,[13]) sogar von ungeübter Hand, zwar nicht besser, aber auch nicht schlechter, jedenfalls aber einfacher gewesen wäre. Hier sieht man wieder recht deutlich, daß man bei abfälligen Urteilen über irgend eine Ausgleichsmethode gegenüber einer anderen, solange nicht streng theoretische Beweise gegeben werden können, gar zu leicht vergißt, daß man auf die eine mehr eingeübt ist und darum ein rein subjektives Urteil abgibt, das eben für einen anderen nicht gilt.

Zimmermann wendet auch zum Teil das *Woolhouse*sche Verfahren zweimal an, falls die erste Ausgleichung nicht genügt; er tut das aber nicht ohne die nötige Vorsicht und sagt sehr richtig, daß die von *Dormoy* und *Woolhouse* aufgestellte Behauptung, das Verfahren sei gleichbedeutend mit einer Vermehrung des Beobachtungsmaterials auf das 4—5fache, irrig ist; denn ein Ausgleichsverfahren kann niemals die Genauigkeit der Beobachtungen vergrößern, und die Beziehung zwischen der Präzision der ausgeglichenen und der der beobachteten Werte hängt von den wahrscheinlichkeitstheoretischen Voraussetzungen über die Sterbefunktion ab.

Anderseits aber berechnet *Zimmermann* die Präzision seiner ausgeglichenen Werte in nicht zulässiger Weise; wir haben schon oben auseinandergesetzt, daß die Hypothese des *Gauß*schen Fehlergesetzes nicht ohne weiteres gemacht werden darf und daß sie jedenfalls dann nicht am Platze ist, wenn die Fehler in Wirklichkeit groß sind. Im II. Heft (Seite 5) drückt sich *Zimmermann* über diesen Punkt etwas vorsichtiger aus, indem er auf die Formeln von *Kanner* und *Lazarus* hinweist; aber auch dies rechtfertigt die Rechnungen nicht, wenn die Fehler groß sind.

---

[13]) Auch Herr *Karup* (Transactions of the 2 nd international actuarial congress, London 1899, S. 33) empfiehlt für solche Fälle ebenfalls die graphische Ausgleichung.

Es ist noch zu erwähnen, daß *Zimmermann* den besprochenen analogen Kunstgriff auch anwenden mußte, um „das durch die Ausgleichung vielfach gestörte richtige Verhältnis aufrecht zu erhalten," das die verschiedenen von ihm berechneten Tafeln, nämlich die Unfalls-, Dienstunfähigkeits- und Sterbetafeln der verschiedenen Kategorien von Beamten, untereinander zeigen mußten.

Bentzien[14]) hat bei seiner Berechnung neuerer Tafeln aus dem Material der deutschen Eisenbahnbeamten dasselbe Ausgleichsverfahren wie *Zimmermann* angewandt.

Von seiten der *Gothaer Lebensversicherungsbank,* der wir so viele wichtige Untersuchungen verdanken, liegen auch mehrere hierher gehörige Arbeiten vor.

In den *Emminghaus*schen „Mitteilungen"[15]) sind die mitgeteilten Sterbeprozentsätze zwar keiner eigentlichen Ausgleichung unterworfen worden, doch sind die Werte oberflächlich zum Zwecke der Vergleichung mit anderen Tafeln in ähnlicher Weise roh ausgeglichen worden wie bei *Brune;* es wurde für jedes Quinquennium die Summe der Gestorbenen durch die Summe der unter Risiko Gestandenen dividiert. und der so gefundene Sterbeprozentsatz auf ein Durchschnittsalter bezogen, das nicht genau in der Mitte des Quinquenniums angenommen, sondern durch Mittelnahme aus den 5 Altern bestimmt wurde unter Annahme eines Gewichtes, das durch die Anzahl der Lebenden ausgedrückt ist.

In einer weiteren Publikation[16]) der Gothaer Bank sind die Sterblichkeitsverhältnisse der Ärzte, des geistlichen Standes und der Lehrer einer Untersuchung unterworfen, wobei eine Methode angewandt wurde, die von den Verfassern im Gegensatz zur vorigen als eigentliche Ausgleichung bezeichnet wird, mit dem Zusatz, daß sie nicht gerade als die beste gelten solle. Es wurden dort ebenfalls mehrere Altersklassen zusammengefaßt, die Sterbeprozentsätze für diese berechnet und auf das Durchschnittsalter bezogen; sodann wurden diese Sterbeprozentsätze graphisch als Ordinaten mit den Altern als Abszissen aufgetragen und dazwischen für die einzelnen Altersklassen graphisch interpoliert; diese Operation wird als vorläufige Ausgleichung bezeichnet. „Mit diesen ausgeglichenen Sterblichkeitsprozentsätzen berechnete man nun durch Multiplikation derselben mit den Lebenden unter Risiko in den einzelnen Lebensjahren die Zahl derjenigen Sterbefälle, welche in den verschiedenen Altersgruppen hervorgegangen wären, falls jene ausgeglichenen Sterblichkeitsprozentsätze tatsächlich stattgefunden hätten, und je nachdem diese Zahlen unter oder über den wirklichen lagen, wurden die Ordinaten, welche die Sterblichkeitsprozentsätze in der Zeichnung darstellten, ein wenig erhöht oder er-

---

[14]) Vereinsblatt für deutsches Versicherungswesen, 1892 und 1894.
[15]) Mitteilungen aus der Geschäfts- und Sterblichkeits-Statistik der Lebensversicherungsbank für Deutschland zu Gotha 1829—1878. Weimar 1880. Der die Sterblichkeit betreffende Teil ist von Herrn *J. Karup* bearbeitet.
[16]) *J. Karup, Gollmer, Florschütz.* Aus der Praxis der Gothaer Lebensversicherungsbank, Jena 1902. Siehe auch Jahrbücher für Nationalökonomie und Statistik. Neue Folge, Bd. 13.

niedrigt, wobei natürlich die Regelmäßigkeit der Kurve nicht gestört werden durfte. Nach einer zweimaligen Wiederholung dieser Korrektion der Ordinaten mit darauf folgender Berechnung der ‚rechnungsmäßigen' Sterbefälle konnte die Annäherung in allen Altersklassen als eine befriedigende angesehen werden."

Bei der Aufstellung[17]) der neuen Bankliste für Gotha hat Herr Professor *Karup* Rücksicht genommen auf die Versicherungsdauer, und zwar hat er die Absterbeordnung für die ersten 7 Versicherungsjahre einzeln und für die Versicherungsjahre vom 8. aufwärts aufgestellt; es war hier also eine doppelte Ausgleichung (nach zwei Richtungen) auszuführen. Herr *Karup* zog zunächst die Versicherungsjahre in Gruppen zusammen, indem er zunächst das 1., dann das 2.—4. (zusammengezogen zum 3.), das 5.—7. (zusammengezogen zum 6.) nach der graphischen Methode ausglich und so die Liste für das 1., 3., 6. Versicherungsjahr erhielt; die zwischenliegenden Versicherungsjahre wurden durch Interpolation ergänzt und die so erhaltene Tafel mit zwei Eingängen durch Vergleichung von rechnungsmäßigen und wirklichen Sterbefällen allmählich verbessert. Für die Restperiode „8. Versicherungsjahr aufwärts" und für einige ähnliche Untersuchungen wurde eine von Herrn *Karup* aufgestellte Methode benutzt, deren Einzelheiten in den Verhandlungen[18]) des II. Internationalen Versicherungskongresses mitgeteilt sind.

Die dortigen Ausführungen Herrn *Karups* verdienen besonderes Interesse. Er gibt eine weitgehende Analyse und Begründung der *Woolhouse*schen, seiner eigenen und anderer mechanischer Ausgleichsmethoden. Gewiß sind die erlangten Resultate nicht als mathematisch und wahrscheinlichkeitstheoretisch einwandsfrei zu bezeichnen; indessen bieten sie viel Anregung zu weiteren Untersuchungen, die namentlich in der von *Blaschke* (s. oben) eingeschlagenen Richtung zu machen wären. Herr *Karups* Verfahren besteht in drei Operationen; zunächst in einer mechanischen Ausgleichung der Dekrementafel nach einer möglichst einfachen, etwa der *Higham*schen Formel, sodann in einer Korrektion, welche die ganze Kurve parallel nach oben oder unten verschiebt, je nachdem sie im Durchschnitt nach Ausweis der rechnungsmäßigen und der beobachteten Sterbefälle zu tief oder zu hoch liegt und schließlich in der definitiven Ausgleichung der Sterbewahrscheinlichkeiten nach der von Herrn *Karup* selbst aufgestellten mechanischen Formel, welche unter anderen den Vorteil einer starken Abrundungskraft gewährt. Sie lautet:

$$\varphi = \frac{- 2\,(l_9 + l_{-9}) - 6\,(l_8 + l_{-8}) - 9\,(l_7 + l_{-7}) - 8\,(l_6 + l_{-6}) +}{625} \cdot$$

$$\frac{21\,(l_4 + l_{-4}) + 53\,(l_3 + l_{-3}) + 87\,(l_2 + l_{-2}) + 114\,(l_1 + l_{-1}) + 125\,l_0}{625}$$

wenn φ den ausgeglichenen und die l die beobachteten Werte bezeichnen.

---

[17]) *J. Karup*, Die Reform des Rechnungswesens der Gothaer Lebensversicherungsbank. Jena 1903.

[18]) Transaction of the 2nd international actuarial congress. London, 1899.

Ob die *Karup*sche Formel wirklich der *Woolhouse*schen, der *Higham*-schen und anderen überlegen ist, läßt sich nicht so leicht entscheiden. Referent glaubt, daß dies wesentlich vom Geschmack des praktischen Rechners abhängt; die theoretischen Beweise Herrn *Karup* lassen sich nicht streng aufrecht erhalten.

Zunächst versucht Herr *Karup* zu zeigen, daß das *Woolhouse*sche Verfahren, durch Interpolation mit zweiten Differenzen aus den Beobachtungen 5 Tafeln herzustellen und aus ihnen das Mittel zu nehmen, das beste sei, da es der Methode der kleinsten Quadrate entspräche; das ist aber nicht zutreffend, nach dieser Methode würde sich vielmehr die folgende Formel

$$\varphi = \frac{93\,(l_7 + l_{-7}) - 172\,(l_6 + l_{-6}) - 252\,(l_5 + l_{-5}) - 147\,(l_4 + l_{-4}) +}{8995}$$

$$\frac{143\,(l_3 + l_{-3}) + 1743\,(l_2 + l_{-2}) + 2028\,(l_1 + l_{-1}) + 2123\,l_0}{8995}$$

ergeben. Diese stimmt übrigens mit der von Herrn *Karup* auf Seite 34 unten gegebenen überein und unterscheidet sich von der *Woolhouse*-schen um eine Größe, die der vierten Differenz der unausgeglichenen Absterbeordnung entspricht. Diese Differenz darf man aber nicht, wie Herr *Karup* annimmt, vernachlässigen, wenn man zeigen will, welche Ausgleichsformel streng der Methode der kleinsten Quadrate entspricht, und die meisten mechanischen Ausgleichsmethoden unterscheiden sich überhaupt nur um Größen dieser Art, so daß man zeigen könnte, daß jede die beste sei. Die erwähnte vierte Differenz ist durchaus nicht als eine kleine Größe anzusehen, wenn nicht schon zufällig die unausgeglichenen Werte sehr nahe eine arithmetische Reihe 3. Ordnung bilden.

Herr *Karup* verwendet dann zur Ableitung seiner Formel nicht die einfache Interpolation 2. Ordnung (wie *Woolhouse*), sondern die sogenannte (von *Sprague* herrührende) oskulierende Interpolation, die darin besteht, daß die Unstetigkeit des ersten Differentialquotienten in den Anschlußpunkten der verschiedenen Parabelstücke aufgehoben wird. Sobald es sich um reine Interpolation (ohne Ausgleichung) handelt, ist dies ein sehr schöner Gedanke, sobald aber durch die Ausgleichung die interpolierte Kurve doch noch stark geändert wird, möchten wir ihre praktischen Vorzüge in Zweifel ziehen, da das durch sie Gewonnene wieder illusorisch wird.

Endlich sind auch die Untersuchungen über den „theoretischen Fehler" nicht stichhaltig, da die Differentialquotienten der unausgeglichenen Funktion, mit denen Herr *Karup* operiert, gänzlich undefinierbare Größen sind; sie können beliebig groß sein, und die abgeleiteten Reihen sind sicher nicht konvergent.

Indessen soll keineswegs über den Wert der *Karup*schen Methode für die praktische Rechnung, für den die Beispiele Herrn *Karups* ein gutes Zeugnis ablegen, abgesprochen werden und vielmehr die strengere und weitere Untersuchung dieser Punkte eindringlich empfohlen werden. Dabei müssen wir aber das oben Gesagte wiederholen:

um stichhaltige theoretische Untersuchungen über mechanische Ausgleichsformeln zu machen, müssen durchaus die wahrscheinlichkeitstheoretischen Voraussetzungen klargestellt werden, die ihnen entsprechen; jede mechanische Ausgleichsformel ist auch eine analytische; ihre analytische Bedeutung muß festgestellt werden, wenn man irgendwelche anderen Schlüsse ziehen will als die auf ihre praktische Handlichkeit.

Auch Herr *Karup* meint, wie scheinbar alle Verfasser, daß die ersten und letzten sieben Werte einer Sterbetafel sich nicht durch die *Woolhouse*sche Formel ausgleichen lassen; es liegt doch aber auf der Hand, daß aus diesem Ausgleichsverfahren auch von selbst die wahrscheinlichsten Werte dieser Anfangs- und Endwerte folgen müssen.

Seine Ausgleichsmethode wendet Herr *Karup* auch an mit unbedeutenden Modifikationen zur Herstellung einer Invaliditätstafel, wozu er das neuere Material aus den Erfahrungen der Eisenbahnbeamten (*Zimmermann, Zillmer, Bentzien*) benutzt.

Bei der *deutschen Reichssterbetafel*[19]) war bereits eine Ausgleichung des rohen Beobachtungsmaterials wegen Überfüllung der runden Alters- bzw. Geburtsjahre notwendig. Es waren in der Statistik der Sterbefälle, wie bei den Volkszählungen, die Alter bzw. Geburtsjahre vielfach nicht richtig gegeben, sondern auf das nächst gelegene, meist durch 10 teilbare runde Jahr abgerundet. Zu diesem Zwecke wurden die runden Jahre nebst den beiden benachbarten ausgeglichen, indem eine artithmetische Reihe 2. Ordnung zugrunde gelegt wurde. Es ist natürlich sehr zweckmäßig, diese Ausgleichung vor der Berechnung der Sterbewahrscheinlichkeiten vorzunehmen und nicht zusammen mit der Ausgleichung dieser. Auch sonst mußten mehrere Ergänzungsrechnungen vorgenommen werden, die den Charakter einer Ausgleichung tragen.

Die Ausgleichung der Sterbetafel selbst erfolgte teils auf graphischem Wege, teils durch Prüfung der aus den unausgeglichenen Werten sich ergebenden Differenzenreihen. Es ist also hier auf Anwendung einer Ausgleichsformel verzichtet und ein anscheinend sorgfältiges empirisches Studium des Verlaufs der unausgeglichenen Werte ausgeführt worden; ein Verfahren, das wir als ebenso zweckmäßig ansehen müssen, wie die mechanischen Formeln, falls man nicht überhaupt vorzieht, von einer Ausgleichung abzusehen, wenn sie nicht für praktische Zwecke nötig wird.

Bei der Berechnung von Sterbetafeln aus weniger zuverlässigem Beobachtungsmaterial, so auch bei solchen für ganze Bevölkerungen, ist sehr häufig der Ausweg gewählt, daß die Tafel nur für 5jährige Altersklassen berechnet wird. *Becker*[20]) hat bei seiner Berechnung der „Preußischen Sterbetafeln" vom 30. Lebensjahre ab wegen der großen Unregelmäßigkeit sogar 10-jährige Altersklassen gewählt. *A. v. Fircks*[21]) hat bei Berechnung der späteren „Absterbeordnung unter der preußi-

---

[19]) Monatshefte zur Statistik des Deutschen Reichs. 1887. November.
[20]) Zeitschrift des Königl. Preuß. Statistischen Amts, 1869. — Vgl. auch Statistische Nachrichten aus Oldenburg. Heft XI. Teil 2.
[21]) Zeitschrift des Königl. Preuß. Statistischen Amts, 1882.

schen Bevölkerung" 5jährige Altersklassen und ein nicht näher be-
schriebnes Ausgleichsverfahren angewandt; es ist an „den Logarithmen
der Mortalitätsziffern" bewirkt worden. Bei der neueren, gleichfalls
von Herrn Geh. Regierungsrat *A. v. Fircks* auf Grund der Erfahrungen
der Jahre 1890/91 konstruierten Sterbetafeln für die männliche und
weibliche Bevölkerung Preußens (Zeitschr. d. K. preußischen statistischen Büreaus, 37. Jahrg., 1897) sind vom 15. Lebensjahre an die
Sterbenswahrscheinlichkeiten für 5jährige Altersgruppen berechnet
worden; wie die Tabellen ergeben, sind die einjährigen Sterbenswahrscheinlichkeiten durch Division der Differenzen durch 5 gewonnen,
z. B. $q_{19} = 4{,}39$, $q_{20} = 4{,}66$, $q_{21} = 5{,}02$, $q_{22} = 5{,}38$, $q_{23} = 5{,}74$,
$q_{24} = 6{,}10$, $q_{25} = 6{,}46$, $q_{26} = 6{,}54$. Bei Ausscheidetafeln, die aus den
Erfahrungen von Knappschaftskassen konstruiert sind, werden häufig
die Wahrscheinlichkeitswerte für 5jährige Altersklassen berechnet und
hieraus „durch graphische Interpolation die Werte für jedes Altersjahr
gefunden." (Vgl. die *Hugo Meyer*schen Untersuchungen über den
Brandenburger Knappschaftsverein, sowie die *Beckmann*schen über den
Saarbrücker Knappschaftsverein, *Hugo Meyer*, Beiträge zur Pensionsversicherung, 1903, S. 133 u. 143.) *Boekh*[22]) hat seine „Berliner
Sterbetafel" nicht ausgeglichen. Ebenso sind auch die *Zeuner*schen
Sterbetafeln für die Gesamtbevölkerung des Königreichs Sachsen nicht
ausgeglichen (Zeitschr. d. K. sächsischen statistischen Büreaus,
49. Jahrg., 1903, S. 76 und 40. Jahrg., 1894, S. 13).

Sterbefunktionen   und   analytische   Ausgleichsmethoden.

Ein deutscher Gelehrter, *J. H. Lambert,*[23]) hat sich wohl als erster
bei Sterblichkeitsuntersuchungen der Exponentialfunktion bedient.
Seine Formel, bei der y die Überlebenden des Alters x bedeutet, lautet:

$$y = 10\,000 \left(\frac{96-x}{96}\right)^2 - 6176 \left(e^{\frac{-x}{31{,}682}} - e^{\frac{-x}{2{,}43314}} \right)$$

Sie ist nicht über das 95. Lebensjahr ausdehnbar, für x = 96 verschwindet das erste Glied. „Das erste Glied, welches parabolisch ist,
würde angeben, daß das menschliche Geschlecht ebenso wegstirbt, wie
ein zylindrisches Gefäß voll Wasser sich ausleert. Die zwei anderen
Glieder haben mit dem Erwärmen und Erkälten der Körper viel Ähnliches, weil dabei in der Tat die logistische Linie zugrunde liegt, wie
ich es im zweiten Bande von den Actis helveticis längst schon gezeigt
habe. Dessenungeachtet werde ich die hier gegebene Formel nur als
etwas mit der Beobachtung noch erträglich gut übereinstimmendes und
statt des Interpolierens brauchbares ansehen. Und insofern kann sie,
wenn man über die Sterblichkeit in London Betrachtungen anstellen
will, bei den Rechnungen gut gebraucht werden."

---

[22]) Veröffentlichungen des Statistischen Amts in Berlin. 1879. Supplement III.
[23]) Beiträge zum Gebrauch der Mathematik, III. Teil. Berlin 1772. S. 483 ff.

Moser[24]) scheint anzunehmen, daß „die Sterblichkeit von einem mathematischen Gesetz regiert" wird und sagt, „die Anzahl der Toten bis zu einem gewissen Lebensalter ist proportional der vierten Wurzel aus diesem Lebensalter"; er gibt demnach für die Anzahl der Lebenden die Formel

$$y = 1 - a x^{\frac{1}{4}}$$

und findet in der Tat vom Alter 0 bis 31 eine ganz gute Übereinstimmung mit *Kerssebooms* Tafel; er wendet seine Formel sogar auf die auf der Domäne Kleinhof bei Tapiau beobachteten Sterbefälle von Kälbern und Pferden an.

Um auch die Sterblichkeit nach dem 30. Lebensjahr darzustellen, ergänzt er schließlich seine Formel auf

$$y = 1 - a x^{\frac{1}{4}} + b x^{\frac{9}{4}} - c x^{\frac{17}{4}} - d x^{\frac{25}{4}} + e x^{\frac{33}{4}}$$

Er berechnet dann eine nach der Formel, mit Fortlassung der beiden letzten Glieder, ausgeglichene Sterbetafel, wobei er, wie es scheint, die von *Brune, Finlaison, Deparcieux* benutzten Beobachtungen zugrunde gelegt hat. Ob er eine strenge Ausgleichung nach der Methode der kleinsten Quadrate vorgenommen hat, läßt sich nicht erkennen, ist aber kaum zu erwarten, da damals diese Methode wohl noch nicht so allgemein verbreitet war. Seine numerischen Werte sind:

$$y = 1 - 0,2 x^{\frac{1}{4}} - \frac{0,7125}{10^5} x^{\frac{9}{4}} - \frac{0,1570}{10^8} x^{\frac{17}{4}}$$

Gauß[25]) fand, daß die Kindersterblichkeit der *Quetelet*schen Tafel (Annuaire de Bruxelles, 1844 und 1846) sich mit überraschender Genauigkeit in den ersten 6 Monaten durch

$$y = 10\,000 - A \sqrt[3]{x}, \qquad \log A = 3,98273 \quad \text{(x in Monaten)}$$

darstellen läßt.

Außerdem fanden die Herren *Börsch* und *Krüger* bei der Herausgabe von *Gauß'* Nachlaß[26]) eine Notiz, nach welcher *Gauß* die Erfahrung über die Tontinen, vermutlich nach *Deparcieux*, in 5jährigen Intervallen durch die Formel darstellt

$$y = c\,g^{\left(r^x - h k^x\right)}$$

welche eine Erweiterung der *Gompertz*schen Formel ist.

Als gänzlich unhaltbar muß *Wittsteins* Ansicht[27]) über das Sterblichkeitsgesetz angesehen werden. Er sagt, „das ideale Ziel aber ist das, gleichwie der Astronom jetzt aus wenigen Beobachtungen eines

---

[24]) Gesetze der Lebensdauer, Berlin 1839.
[25]) *Peters*, Briefwechsel zwischen Gauß und Schumacher, Bd. V., S. 325.
[26]) *Gauß'* Werke, Bd. VIII., S. 155. — Die Formel ist hier in einer Form wiedergegeben, die ihre Beziehung zur Gompertzschen hervortreten läßt. — Vgl. auch *A. Loewy*, Die Gaußsche Sterbeformel, Zeitschrift für die gesamte Versicherungswissenschaft, Bd. 6, 3. Heft.
[27]) Das mathematische Gesetz der menschlichen Sterblichkeit, Hannover 1883. — Vgl. auch das oben über Moser Gesagte.

Gestirns dessen ganze Bahn berechnet, so auch dereinst aus der Beobachtung weniger Altersklassen mit Sicherheit eine ganze Sterblichkeitstafel aufstellen zu können": man kann sich sehr wohl zwei verschiedene Gruppen von Individuen denken, die in vielen Altersklassen
die gleiche Sterblichkeit aufweisen, in den übrigen dagegen eine recht
verschiedene.

Dagegen hat natürlich die von *Wittstein* aufgestellte Formel:[28])

$$ y = c \cdot \exp \left\{ - \int a^{-(M-x)^n} dx - \frac{1}{m} \int a^{-(mx)^n} dx \right\}, $$

wo das letzte Glied mit Rücksicht auf die jüngsten Altersklassen gilt,
also eventuell fortgelassen werden kann, die gleiche Berechtigung wie
jede andere, falls sie sich geeignet erweist zur genäherten Darstellung
einer beobachteten Sterbeordnung.   Eine Anwendung seiner Formel
gibt *Wittstein* auf die Beobachtungen der 20 englischen Gesellschaften,
indem er seine Ausgleichung nach der Methode der kleinsten Quadrate
vornimmt; er empfiehlt mit Recht, bei derartigen Ausgleichungen als
auszugleichende Funktion eine solche zu wählen, die womöglich linear
ist und dabei die Gewichte der einzelnen Beobachtungen zu berücksichtigen; aber bei der Begründung seiner Ausgleichsmethode hat er
übersehen, daß, wenn die Beobachtungsfehler der direkt beobachteten
Größe das *Gauß*sche Fehlergesetz befolgen, dies von den Fehlern der
indirekt beobachteten zur Ausgleichung benutzten Funktion nicht
strenge gilt, sondern nur genähert, wenn die Beobachtungsfehler
klein sind.

Die *Sterbetafel der 23 deutschen Gesellschaften*[29]) ist von *Zillmer*
ausgeglichen worden, ohne daß nähere Angaben über die Art der Ausgleichung gemacht worden wären.   Man kann aber aus dem Gang der
Werte der ausgeglichenen Tafel, der nicht immer ein befriedigender
ist, entnehmen, daß ein mechanisches Verfahren angewandt worden ist.

Dagegen hat Lazarus[30]) diese Tafel nach der *Makeham*schen
Formel ausgeglichen und eine eingehende Vergleichung mit der *Zillmer*schen Tafel ausgeführt.

Lazarus muß (neben *Blaschke*) als derjenige bezeichnet werden,
dessen Ausführungen über die Ausgleichung von Sterbetafeln mathematisch und wahrscheinlichkeitstheoretisch am meisten befriedigen.
Überall zeigt er, daß er von allen den vagen Vorstellungen frei ist, die
sich bei anderen Schriftstellern zeigen.   Das einzige, was auch bei ihm
nicht einwandsfrei ist, ist die unmittelbare Zugrundelegung des Urnenschemas (bzw. des *Gauß*schen Fehlergesetzes) für seine Untersuchungen. *Lazarus* gibt auch den analytischen Ausgleichsmethoden
den unbedingten Vorzug, worin man ihm beipflichten muß, wenn man
von rein praktischen Bequemlichkeitsgründen absieht.

---

[28]) Ich bezeichne mit Herrn Professor H. Bruns: $e^x = \exp. x$.
[29]) Deutsche Sterblichkeitstafeln aus den Erfahrungen von 23 Lebensversicherungs-Gesellschaften. Berlin 1883.
[30]) *Ehrenzweigs* Assekuranz-Jahrbuch. Bd. VI, 1885.

Namentlich sein Aufsatz im Berichte der Hamburger mathematischen Gesellschaft[31]) ist sehr lesenswert. Dort leitet er in aller Strenge die Gleichungen ab, nach denen die wirklich wahrscheinlichsten Werte der gesuchten Größen zu finden sind, natürlich „wahrscheinlichste Werte" immer nur relativ mit bezug auf die über die Sterbeordnung gemachten Voraussetzungen zu verstehen.

Von *Lazarus*[32]) ist auch das *Gompertz-Makeham*sche Sterbegesetz zu der Formel:

$$y = \alpha \cdot \beta^{\left(b^x\right)} \cdot \gamma^{\left(c^x\right)} \cdot \delta^x$$

mit 6 Konstanten, die für das ganze Leben gelten soll, erweitert worden.

A. *Amthor*[33]) hat, ebenfalls in Verfolg des *Gompertz*schen Gedankenganges, diese weiter verallgemeinert zu

$$y = a \cdot b^x \cdot c_1^{\left(g_1^x\right)} \cdot c_2^{\left(g_2^x\right)} \cdot c_3^{\left(g_3^x\right)} \cdots \cdots \text{usw.}$$

Er spricht sich auch merkwürdigerweise ohne jede Reserve für die Existenz eines mathematischen Sterbegesetzes aus.

H. *Grosse*[34]) endlich hat in einem gewissen Anschluß an *Wittstein* das Gesetz

$$y = a \cdot \exp. \left(- a q^x + b q^{-x}\right)$$

aufgestellt.

Herr *Selling*[35]) gibt ein Verfahren, das indessen weniger ein Ausgleichsverfahren, als vielmehr ein Interpolationsverfahren ist, und das sich ebenfalls auf eine analytische Funktion stützt; seine Funktion lautet

$$y = a u^x + b v^x + c w^x,$$

wo also 6 Konstanten auftreten. Diese Funktion gewährt verschiedene Vorteile, indem sie eine mathematisch elegante Bestimmung der Konstanten zuläßt und bei verbundenen Leben in eine Funktion gleicher Form übergeht. Herr *Selling* wendet seine Formel auf die deutsche Reichssterbetafel und auf die Tafel der Arbeitsfähigen nach den Erfahrungen der deutschen Einsenbahnverwaltungen an und bestimmt die Konstanten aus den Zahlen der Lebenden (bzw. Arbeitsfähigen) der Alter 65, 57, 49, 41, 32, 25, wobei also keine Ausgleichung vorgenommen ist; es zeigt sich, daß die dazwischenliegenden, beobachteten Werte recht gut dargestellt werden.

Bei einer Anwendung auf die Tafel der 23 deutschen Gesellschaften nimmt Herr *Selling* insofern eine mechanische Ausgleichung vor,

---

[31]) Vom Jahr 1878.

[32]) Über Mortalitätsverhältnisse und ihre Ursachen, Hamburg 1867.

[33]) Festschrift, Herrn Oberbürgermeister Pfotenhauer gewidmet vom Lehrerkollegium der Kreuzschule, Dresden 1874.

[34]) Die Versuche zu einer mathematischen Darstellung des Sterblichkeitsgesetzes, *Ehrenzweigs* Assekuranz-Jahrbuch 1884.

[35]) *Crelles* Journal, Bd. 106, 1890.

als er je 8 Altersklassen zusammenfaßt und aus 6 solchen Summen
seine Konstanten bestimmt.

Herr *Anton*[36]) will darauf verzichten, die ganze Sterbeordnung
durch alle Alter hindurch durch eine einzige analytische Funktion darzustellen und schlägt vor, einen jeden ausgeglichenen Wert durch eine
parabolische Kurve (im speziellen durch die eigentliche Parabel
zweiten Grades) zu bestimmen, die möglichst nahe eine Reihe von beobachteten Nachbarwerten (im speziellen nimmt er fünf aufeinander
folgende Werte) darstellt. Er bezeichnet diese Methode als die „parabolische Ausgleichungsmethode". Herr *Anton* löst aber damit keineswegs die Aufgabe in der Weise, wie er anfangs angibt, nämlich, indem
er annimmt, „daß die in ihrem ganzen Verlauf transzendente Sterb-
lichkeitskurve aus einzelnen Stücken zusammengesetzt ist, welche algebraischen Kurven angehören"; denn jeder einzelne nach seiner Methode
ausgeglichene Wert gehört einer anderen algebraischen Kurve an.
Dadurch, daß die Bestimmungen der einzelnen ausgeglichenen Werte
getrennt vorgenommen werden, ergibt sich vielmehr eine gewisse Beziehung zu den mechanischen Ausgleichsverfahren, aber mit der wichtigen Modifikation, daß die einzelnen Bestimmungen eines Wertes mit
Hilfe der Nachbarwerte nach streng wahrscheinlichkeitstheoretischen
Prinzipien erfolgt, allerdings ohne Berücksichtigung der Gewichte.

Wollte man aber die Aufgabe wirklich lösen, wie Herr *Anton* angibt, indem man nämlich immer nur ein Stück der gesuchten Kurve
durch eine analytische Funktion ausgleicht, so wäre es wohl zweckmäßiger, eine transzendente (etwa die *Makeham*sche) Funktion zu
wählen, die sich erfahrungsgemäß den Beobachtungen gut anschließt.

Die Formeln für die parabolische Ausgleichung hat übrigens schon
Lazarus a. a. O. abgeleitet.

Die *Gesellschaft Germania-Stettin,* die neben der Gothaer in
dankenswertester Weise ihr Beobachtungsmaterial der Öffentlichkeit zugänglich macht, hat ihre Sterbetafeln[37]) nach dem *Gompertz-Makeham*schen Gesetz ausgeglichen.

Zum Schluß[38]) weisen wir noch auf eine analytische Formel hin,
die für das ganze Leben gelten soll und deren sich die *preußische
Rentenversicherungsanstalt,* wohl das größte derartige deutsche Institut, bei der Versicherung von Leibrentnern seit 1901 bedient. Sind
l^x die Lebenden des Alters x, so lautet die fragliche Formel:

$$\log l_{x+1} - \log l_x = \alpha + \beta q^x + \beta_1 q_1^x + \beta_2 q_2^{(x-12,5)^4}$$

Auf Grund eigener Erfahrungen sind mit Hilfe dieser Formel von
genanntem Institut zwei Sterbetafeln konstruiert worden, nämlich eine
für männliche, die andere für weibliche Rentenversicherte. Die Konstanten sind

---

36) Zeitschrift für Mathematik und Physik, 38. Jahrgang. 1893.
37) Vereinsblatt für deutsches Versicherungswesen, 25. Jahrgang. Nr. 5—7,
1897.
38) Vgl. *A. Loewy,* Versicherungsmathematik (Sammlung Göschen, S. 41).

$$\alpha = -0,002527627 \ (-0,00203476118),$$
$$\beta = -0,0000728274945 \ (-0,00000453198041,$$
$$\beta_1 = -0,0213584307 \ (-0,01052044),$$
$$\beta_2 = +0,0022867 \ (0,0015439),$$
$$q = 1,087398 \ (1,12212),$$
$$q_1 = 0,544406 \ (0,5209),$$
$$q_2 = 0,998079 \ (0,996075);$$

die ersten Zahlen beziehen sich auf die Männersterbetafel, die zweiten, in Klammern stehenden Zahlen auf die Frauensterbetafel.

Bei der Rechnung mit 7 stelligen Logarithmen verschwindet $\beta_1 q_1{}^x + \beta_2 q_2{}^{(x-12,5)^4}$ bei der Männertafel für $x \geq 30$, bei der Frauentafel für $x \geq 33$. Für diese Werte von x läßt sich daher: $\log l_{x+1}$ $- \log l_x = \alpha + \beta q^x$, $l_x = c \cdot g^{q^x} \cdot k^x$ setzen; $\log k = \alpha$; $\log g =$ $\dfrac{\beta}{q-1}$, $c = \dfrac{l_{30}}{k^{30} \cdot g^{q^{30}}} \left(\dfrac{l_{33}}{k^{33} \cdot g^{q^{33}}} \right)$.

Les méthodes allemandes pour l'ajustement des tables de mortalité.

Par M. Brendel, Göttingen.

Généralités.

Les méthodes, employées en Allemagne, pour l'ajustement des tables de mortalité se basent plus ou moins sur les méthodes anglaises, les actuaires anglais étant les premiers qui se sont occupés de cette question et qui l'ont résolue par des méthodes très ingénieuses au point de vue de la pratique.

En revanche on rencontre dans la littérature allemande de fréquentes discussions sur la question de savoir, quelle méthode doit être regardée comme là meilleure. L'auteur prouve que la manière dont on traite cette question est insuffisante, que les expressions „meilleure méthode", „meilleures valeurs d'une fonction observée", „marche régulière d'une fonction", sont tout-à-fait arbitraires. C'est ce qui a déjà été démontré dans un ouvrage de M. *Blaschke*.[1]

Pour les besoins de la pratique la meilleure méthode sera toujours celle qui répond le mieux au goût du calculateur et à laquelle il est habitué; aussi les résultats obtenus par les différentes méthodes ne diffèrent que très peu de sorte que le choix de la méthode est chose fort peu importante pour la pratique.

Pour faire des recherches théoriques sur la variation de la mortalité aux différents âges, il faudra toujours étudier les observations non ajustées.

---

[1] Pour les titres des ouvrages mentionnés, voir les notes dans l'article original allemand.

Pourtant si on veut étudier la question de l'ajustement d'une manière rigoureuse, il faudrait se rendre compte du rôle qu'y joue le calcul
des probabilités: chaque méthode d'ajustement repose sur des conditions bien déterminées et basées sur le calcul des probabilités. On peut
dire qu'un ajustement n'est possible que sur la base d'un certain préjugé qu'on s'est formé sur le caractère de la fonction considérée. Ce
préjugé est définitif si l'on emploie une loi de mortalité analytique,
comme la loi de *Makeham* et d'autres; car alors la forme de cette fonction est déterminée; mais aussi en cas d'un ajustement graphique où
mécanique, comme la formule de *Woolhouse* et d'autres, il existe un
tel préjugé qui, s'il ne fixe pas rigoureusement la forme analytique de
la fonction, suppose toutefois une certaine forme de la courbe de mortalité comme la plus probable. Si on se sert de la méthode graphique
moyennant une règle courbe, ce sont les courbes données par cette règle
qui figurent comme les plus probables. Si l'on ajuste d'après une formule mécanique il existe encore de telles courbes les plus probables bien
déterminées, seulement on ne s'est pas donné la peine de les dériver.
Pour étudier la question des méthodes mécaniques, il est indispensable
d'étudier les formules de *Woolhouse, Higham, Karup, Wittstein* etc.
sur la base du calcul des probabilités, comme l'a commencé M. *Blaschke*
dans l'ouvrage mentionné.

L'auteur s'occupe aussi avec un peu plus de rigueur de la question,
quel est le but d'un ajustement et quel est le caractère des „irrégularités" de la fonction observée qu'on veut faire disparaître. On montre
que ces irrégularités proviennent de trois sources, savoir:

1° les individus observés ne sont pas identiques à ceux dont on
veut étudier la mortalité ou, spécialement, on n'en a pas observé l'ensemble complet de ces individus, les observations n'étant pas assez
nombreuses;

2° le taux de mortalité change avec les années.

Ces deux sources donnent naissance à des irrégularités qu'on peut
insérer dans la classe des erreurs et que l'on cherche d'abord à éviter
par la multiplication des observations et en second lieu par l'ajustement.

3° il y a des irrégularités qui appartiennent à la nature de la
fonction dont au moins les dérivées peuvent avoir plusieurs maxima et
minima. On propose que, pour la pratique, ces derniers aussi soient
enlevées par l'ajustement, à moins que leur existence n'ait été observée
avec une certitude sensible.

Enfin on constate que toutes ces questions devraient être étudiées
à l'aide d'une analyse rigoureuse et du calcul des probabilités et que,
spécialement, on doit se rendre compte quelle est la précision des valeurs
observées et ajustés, la loi des erreurs de *Gauss* n'étant pas applicable
a priori.

Méthodes mécaniques et graphiques.

Le premier qui, en Allemagne, a établi une table de mortalité méri-
tant de l'intérêt, est *Brune*. Lui, comme *Heym*, se sont servis en principe d'une méthode primitive d'ajustement, qu'on emploie encore au-

jourd'hui avec succès, quand les observations sont peu nombreuses. Ils avaient combiné les observations par rapport à cinq classes d'âge consécutives en une seule, ce qui fournit une valeur assez exacte pour chaque cinquième année; les valeurs intermédiaires se trouvent par une interpolation.

Ph. Fischer donne une méthode qui se compose d'un ajustement préliminaire graphique suivi d'un calcul utilisant les valeurs voisines et du même caractère, à peu prés, que les formules de *Finlaison, Wittstein* etc. Sa méthode offre le grand avantage que l'ajustement graphique fait disparaître dès l'abord les discontinuités les plus importantes dans les observations.

Comme la méthode de *Finlaison* consiste en ce qu'on prend, pour chaque âge, la moyenne de la valeur observée et de deux valeurs de part et d'autre, celle de *Wittstein* s'obtient en refaisant ce procès une seconde fois.

Zimmermann et d'autres ont fait des calculs très étendus sur la mortalité et l'invalidité des employés des chemins de fer allemands; il s'est servi principalement de la formule de *Woolhouse;* toutefois il fait beaucoup de remarques intéressantes sur les différentes méthodes d'ajustement que l'auteur discute en détail.

A la Lebensversicherungsbank für Deutschland à Gotha nous devons une longue série de recherches importantes sur la mortalité à différents points de vue, et dernièrement M. *J. Karup* a développé une nouvelle formule mécanique d'ajustement, qu'il compare avec les formules de *Woolhouse, Higham* et d'autres. M. *Karup* a été conduit à la construction de sa formule par quelques réflexions théoriques, qui ne sont pas rigoureuses au point de vue de l'analyse et du calcul des probabilités, mais qui pourtant méritent de l'intérêt.

Méthodes analytiques et lois de mortalité.

Le grand géomètre *Lambert* semble avoir été le premier qui ait construit une loi de mortalité sous une forme analytique comprenant la fonction exponentielle. Après lui *Moser* en a trouvé une autre sous la forme d'une fonction algébrique, tout en s'arrêtant, comme il semble, à l'hypothèse, qu'il existe une loi de mortalité analytique bien déterminée et invariable.

D'autres formules ont été trouvées par *Gauss, Wittstein, Lazarus, Amthor, Grosse, Selling* et par la *Preußische Rentenversicherungsanstalt* (Caisse de retraites prussienne). M. *Anton* propose de faire un ajustement analytique en renonçant à représenter la mortalité par une formule unique pour tous les âges; il veut résoudre la question en composant la loi de mortalité au moyen de branches formant des courbes algébriques. La solution du problème qu'il donne n'est pourtant pas tout-à-fait en harmonie avec la dite proposition et aboutit plutôt à une méthode essentiellement mécanique.

L'auteur doit remercier M. *Loewy* (Fribourg i/B.) qui a bien voulu lui fournir quelques remarques importantes.

Methods used in Germany for the adjustment of mortality tables.

By M. Brendel, Göttingen.

Introduction.

The methods employed in Germany for the adjustment of Life Tables are, for a great part, based on the English methods, as the English actuaries were the first to treat and resolve this question with great success from a practical point of view.

On the other hand, there are many German authors, who discuss the question, which of the numerous methods may be regarded as the best. The researches forming the basis of this discussion are quite insufficient, and the expressions "best method", "best values of an observed function", "regularity of a function", are arbitrary, as has been shown already by A. *Blaschke* in a work published in Austria.

The best method for practical use is always that, which suits the calculator best and to which he is accustomed. The results obtained by the different methods being very nearly the same, it is of no great importance, which of them may be chosen.

In order to make theoretical investigations of the variation of mortality with the age, the unadjusted values must be employed.

If however the question of the adjustment of mortality tables has to be rigorously treated, it only can be on the basis of the calculus of probabilities, since each method corresponds to certain conditions supplied by this calculus. It is a matter of fact, that no adjustment is possible, except as based on a certain prejudgment with regard to the character of the function. This prejudgment is a definitive one, if an analytical law of mortality, as the law of *Makeham* for instance, is applied, because in this case the form of the investigated function is determined. But also in the case of a mechanical or graphical method of adjustment, as for instance the formula of *Woolhouse,* such a prejudgment can be stated; the difference is only, that in the latter case the prejudgment is not definitive, but attributes to the form of the function only a certain degree of probability. If a graphical adjustment is made with help of a curved rule the curves represented by this are regarded as the most probable. Even if the adjustment is a mechanical one, such most probable curves exist, only their exact form has not yet been derived. From this point of view the formulae of *Woolhouse, Higham, Karup, Wittstein,* etc. ought to be considered with application of the calculus of probabilities as it has been shown by A. *Blaschke.*

The author also treats more rigorously the question, what is the scope of an adjustment and what is the character of the so-called irregularities in the observed function. He states that these irregularities issue from three sources, namely:

1. the persons observed are not identical with those, of which the mortality is required, or especially the observations do not comprehend the whole number of these persons and are not sufficient;

2. the force of mortality varies from year to year.

These two sources introduce irregularities, which can be regarded as errors and which are to be avoided firstly by multiplying the observations and secondly by an adjustment.

3. There are some irregularities, which certainly depend upon the nature of the discussed function, as, if not the function itself, at least its derivatives may have several maxima and minima. The proposition is made to neutralize also these irregularities, provided that their existance has not been proved with a great degree of certitude.

Finally it may be repeated, that all these questions ought to be studied by a rigorous analysis and by the calculus of probabilities and that account has to be taken of the precision of the observed and adjusted values. the law of errors of *Gauss* not being applicable a priori.

The graphical and mechanical methods.

The first mortality table of interest in Germany was established by *Brune,* who has been succeeded by *Heym*. Both employed a rather simple method of adjustment, which is even yet advantageous, if the observations are not numerous. They combined the observations of five consecutive classes of age in a single one and so obtained an adjusted value for each fifth year, from which the intermediate values were derived by interpolation.

Ph. Fischer describes a method composed of a preliminary adjustment based on a graphical method and a calculus involving the adjacent values, which is of about the same kind as the formulae of *Finlaison, Wittstein,* etc. His method is of great advantage, because it makes disappear at the beginning the most important discontinuities of the observations.

As, by *Finlaison's* method, for each age, the average is taken of five successive values, that of *Wittstein* consists of the same procedure repeated once more.

Zimmermann and others have made careful investigations of the mortality and invalidity of the employed of the German railway companies; he follows principally the method of *Woolhouse;* but he makes some interesting observations about the different methods, which the author discusses in particular.

From the side of the *Lebensversicherungsbank für Deutschland* in Gotha we possess a great number of important researches about the force of mortality from different standpoints and at the Second international actuarial congress Professor *J. Karup* developed a new formula for adjustment, which he compares with the formulae of *Woolhouse, Higham* and others. Professor *Karup* has been conducted to the construction of his formula by merely theoretical considerations, which of course cannot be regarded as rigorous in an analytical sense, but which nevertheless are of some interest.

Analytical methods and laws of mortality.

The great mathematician *Lambert* was the first, who established a mathematical law of mortality in the form of the exponential function. *Moser* gave another one expressed by an algebraical function; he seems to have believed, that there exists a well defined and invariable mathematical law of mortality.

Other formulae have been found, in Germany, by *Gauss, Wittstein, Lazarus, Amthor, Grosse, Selling* and by the *Preußische Rentenversicherungsanstalt* (Prussian bank of old age pensions). Dr. *Anton* proposes an analytical method of graduation, without representing the law of mortality by the same formula throughout all ages; he composes this transcendental function from several branches of algebraical character. But the solution, which he gives, is not entirely in accordance with this supposition and leads him to a method of a more mechanical character.

The author owes his best thanks to Professor *Loewy* (Freiburg-Baden), who lent him his valuable assistance in several questions.

IX. — B. 2.

Beiträge zur Ausgleichung nach der Theorie des Minimums.

Von **Carl Dizler** in Stuttgart.

Einleitung.

Herr *Corneille L. Landré* aus Amsterdam hat im XXII. Jahrgang des „Assekuranzjahrbuchs" (Wien 1901) sowie in der zweiten Auflage seines Handbuchs „Mathematisch-Technische Kapitel zur Lebensversicherung" eine mechanische Ausgleichungsmethode mittelst der Theorie des Minimums veröffentlicht. Die gegebene Formel ist symmetrisch und erstreckt sich über 19 Glieder, nämlich ein Mittelglied und links und rechts je 9 Seitenglieder. Sie enthält 10 verschiedene Koeffizienten, welche zunächst so bestimmt werden, daß dieselben mit einem möglichst kleinen mittleren Fehler behaftet sind. Außerdem soll die Ausgleichung bis in die III. Differenzen genau sein, d. h. das Verfahren soll arithmetische Reihen 0., I., II. und III. Ordnung unverändert lassen. Es handelt sich sonach um die Herstellung eines Minimums mit 4 Nebenbedingungen, wovon indessen wegen der Symmetrie je 2 zusammenfallen.

Mit *Landrés* symmetrischer Formel können die 9 ersten und die 9 letzten Glieder einer Beobachtungsreihe nicht ausgeglichen werden. Will man die Endglieder in gleicher Weise behandeln, so müssen für jedes derselben besondere asymmetrische Formeln aufgestellt werden. Der Zweck dieser Abhandlung ist zunächst, diese asymmetrischen Formeln in ihren Resultaten zu verzeichnen. Bei der Herstellung wurde daran festgehalten, daß ein mittlerer Koeffizient vorhanden ist, an den sich auf der vollständigen Seite 9 Koeffizienten anschließen. Dabei können die Koeffizienten der unvollständigen Seite den entsprechenden Koeffizienten der andern Seite gleich sein oder nicht. Ferner kann man in beiden Fällen darauf bedacht sein, daß die Ausgleichung wie bei der symmetrischen Formel bis in die III. Differenzen genau ist; man kann sich aber auch an einer Genauigkeit bis in die II. Differenzen genügen lassen. Wir erhalten demgemäß 4 Serien von asymmetrischen Formeln. Auch kann man den größten Teil der Endglieder dadurch ausgleichen, daß man symmetrische Formeln mit verminderter Gliederzahl benützt.

Die *Landré*schen Koeffizienten bilden, wie unschwer zu beweisen, eine arithmetische Reihe. Sie sind geometrisch betrachtet äquidistante

Punkte auf einer Parabel. Daraus ergibt sich ein neuer Weg zu ihrer Herstellung — die Parabelmethode — und ein neuer Beweis des *Landré*schen Satzes. Bei der Parabelmethode wird zunächst die Gleichung der Parabel aufgestellt; die hierin vorkommenden Konstanten werden aus der entsprechenden Anzahl von Bedingungsgleichungen ermittelt. Diese Methode kann mit Erfolg bei den asymmetrischen Formeln mit verschiedenen Links- und Rechtskoeffizienten angewandt werden. Wo dagegen teilweise Symmetrie vorhanden ist, kann die Rechnung nur mit Hilfe der Minimumsmethode ausgeführt werden. Man verlangt in diesem Falle mehr von der Parabel als sie leisten kann; geometrisch ausgedrückt hat dieser Gewaltakt zur Folge, daß die Parabel zerreißt und aus zwei getrennten Bögen besteht. — Der *Landré*sche Satz, daß der erste seiner Koeffizienten gleich der Summe der Quadrate sämtlicher Koeffizienten ist, kann am einfachsten bewiesen werden, indem man die *Landré*schen Koeffizienten als arithmetische Reihen aktiv und passiv zur Ausgleichung verwendet.

Mit Hilfe der Parabelmethode können auch weitere symmetrische Ausgleichsformeln gebildet werden. Der Grad der Gleichung richtet sich hierbei nach der Zahl der Nebenbedingungen. Stellt man als solche die Forderung auf, daß die Koeffizienten neutral sind auch gegen arithmetische Reihen IV. und VI. Ordnung, so wird der mittlere Fehler der Koeffizienten ziemlich groß. Die Toleranz geht auf Kosten der Kraft. Forderungen, welche dem Geiste des ganzen Verfahrens entsprechend kleine mittlere Fehler erzielen wollen, müssen sozusagen demokratischen Charakter haben. Es muß verhütet werden, daß einzelne Koeffizienten durch Größe — dem absoluten Werte nach gemessen — hervorragen. Der mittlere Koeffizient, welcher in der Regel ein Maximalwert ist, wird niedergehalten durch die Wahl einer Flachparabel bzw. durch die Bestimmung, daß der Krümmungsradius der Parabel im Scheitel unendlich groß wird. Allzugroße negative Werte lassen sich vermeiden durch Einführung eines Minimums an geeigneter Stelle.

Der Stoff ist im folgenden in 12 Paragraphen eingeteilt. Die ersten 6 Paragraphen bringen die Koeffizienten der asymmetrischen und der demselben Zweck dienenden symmetrischen Formeln; dieselben sind in Dezimalbruchform dargestellt. Über die geeignete Wahl der zu verwendenden Serie wird am besten von Fall zu Fall entschieden. Die 1. Formel dient zur Ausgleichung des ersten und letzten Gliedes einer Beobachtungsreihe, die 2. Formel zur Ausgleichung des zweiten und zweitletzten Gliedes usw. Bei Behandlung von Sterbenswahrscheinlichkeiten in den jüngsten Lebensaltern kann es sich empfehlen, mehrere aufeinander folgende Werte mit derselben Formel auszugleichen, so daß die späteren Ausgleichungen nicht mehr auf die Alter 0 und 1 zurückgreifen. — Die folgenden 4 Paragraphen bringen Erläuterungen und Beiträge zur Theorie. — Im vorletzten Paragraphen werden weitere symmetrische Formeln mitgeteilt, die zu arithmetischen Reihen führen und bis in die II. und damit auch bis in die III. Differenzen genau sind. Hierbei kann der *Landré*sche Koeffizientensatz nur dann zutreffen, wenn die tolerierte arithmetische Reihe von derselben Ordnung ist wie die Koeffizientenreihe. Der letzte Paragraph bringt zum Vergleiche die Methoden von *Finlaison, Woolhouse, Higham, Karup* und *Landré*. — Zur Veranschaulichung folgt noch eine graphische .Darstellung der Resultate der vier ersten und zwei letzten Paragraphen.

Zum Schlusse ist es dem Verfasser Bedürfnis, seinem lebhaften Bedauern Ausdruck zu geben, daß der treffliche Mann nicht mehr unter uns weilt. Herr *Landré* war eine tragende Säule der Aktuarwissenschaft, ein Anreger großen Stils, dem viele vieles verdanken. Er hat sich wie überall so auch in deutschen Landen ein dauerndes Andenken unter den Fachgenossen gesichert.

§ 1. **Koeffizienten der asymmetrischen Formeln, welche arithmetische Reihen bis zur III. Ordnung unverändert lassen.**

Links-Koeffizienten gleich den entsprechenden Rechts-Koeffizienten.

Koeffizienten	1. asymmetrische Formel	2. asymmetrische Formel	3. asymmetrische Formel	4. asymmetrische Formel	5. asymmetrische Formel
p_0	0,823 776	0.298 809	0.279 915	0,298 919	0.251 041
p_1	0.313 287	0,306 936	0,229 331	0,258 594	0,229 927
p_2	0,019 580	0,115 542	0,077 582	0.137 619	0,166 587
p_3	— 0.106 294	0.049 392	0.195 572	— 0.064 007	0,061 021
p_4	— 0.113 287	0,000 819	0,086 791	0.117 101	— 0,086 772
p_5	— 0,050 350	— 0,029 736	— 0.018 871	0.023 425	0,043 315
p_6	0,033 566	— 0,041 832	— 0,095 343	— 0,048 631	— 0,005 773
p_7	0.089 510	— 0.035 028	— 0.116 554	— 0.078 614	— 0.032 102
p_8	0,068 531	— 0,008 883	— 0,056 431	— 0,046 069	— 0,024 843
p_9	— 0.078 322	0.037 044	0.111 095	0,069 456	0,026 835

Koeffizienten	6. asymmetrische Formel	7. asymmetrische Formel	8. asymmetrische Formel (symm. mit 15 Gliedern)	9. asymmetrische Formel (symm. mit 17 Gliedern)	*Landrés* symmetrische Formel (Formel mit 19 Gliedern)
p_0	0.206 963	0.174 787	0.151 131	0.133 127	0.118 974
p_1	0,195 347	0,167 796	0,146 606	0.130 031	0.116 762
p_2	0,160 498	0,146 823	0.133 032	0,120 743	0,110 128
p_3	0.102 418	0.111 869	0,110 407	0,105 263	0.099 071
p_4	0,021 104	0.062 932	0,078 733	0,083 591	0.083 591
p_5	— 0.083 441	0,000 014	0,038 009	0.055 728	0.063 689
p_6	0,013 578	— 0,076 887	— 0,011 765	0.021 672	0,039 363
p_7	— 0,008 831	0,003 014	— 0.070 588	— 0,018 576	0.010 615
p_8	— 0,012 411	— 0,004 965	0,000 000	— 0.065 015	— 0,022 556
p_9	0,008 849	0,002 069	0.000 000	0.000 000	— 0.060 150

§ 2. Koeffizienten der asymmetrischen Formeln, welche arithmetische Reihen bis zur III. Ordnung unverändert lassen.

Links-Koeffizienten verschieden von den entsprechenden Rechts-Koeffizienten.

Koeffizienten	1. asymmetrische Formel	2. asymmetrische Formel	3. asymmetrische Formel	4. asymmetrische Formel	5. asymmetrische Formel
p_{-4}	.	.	.	.	— 0,086 134
p_{-3}	.	.	.	— 0,032 967	0,073 045
p_{-2}	.	.	0,087 912	0,131 868	0,171 622
p_{-1}	.	0.335 664	0.207 792	0,221 778	0,219 369
p_0	0,823 776	0,286 713	0,254 745	0,250 749	0,226 053
p_1	0,313 287	0,223 776	0,245 088	0.232 767	0,201 446
p_2	0,019 580	0,153 846	0.195 138	0,181 818	0,155 315
p_3	— 0,106 294	0,083 916	0,121 212	0.111 888	0,097 432
p_4	— 0,113 287	0,020 979	0,039 627	0,036 963	0,037 565
p_5	— 0,050 350	— 0,027 972	— 0,033 300	— 0,028 971	— 0,014 515
p_6	0,033 566	— 0,055 944	— 0,081 252	— 0,071 928	— 0,049 039
p_7	0,089 510	— 0,055 944	— 0,087 912	— 0,077 922	— 0,056 238
p_8	0,068 531	— 0,020 979	— 0,036 963	— 0,032 967	— 0,026 341
p_9	— 0,078 322	0,055 944	0,087 912	0.076 923	0,050 420

Koeffizienten	6. asymmetrische Formel	7. asymmetrische Formel	8. asymmetrische Formel	9. asymmetrische Formel	*Landrés* symmetrische Formel
p_{-9}	.	.	.	.	— 0,060 150
p_{-8}	.	.	.	— 0,076 023	— 0,022 556
p_{-7}	.	.	— 0,090 815	— 0,019 264	0,010 615
p_{-6}	.	— 0,101 651	— 0 010 836	0,027 176	0,039 363
p_{-5}	— 0,103 268	0,005 160	0,050 568	0,063 983	0,063 689
p_{-4}	0,031 886	0,082 228	0,095 201	0,091 847	0,083 591
p_{-3}	0,122 976	0,133 104	0,124 871	0,111 455	0,099 071
p_{-2}	0,176 162	0,161 342	0,141 383	0,123 495	0,110 128
p_{-1}	0,197 601	0,170 494	0.146 543	0,128 655	0,116 762
p_0	0,193 453	0,164 112	0,142 157	0,127 623	0.118 974
p_1	0,169 877	0,145 749	0,130 031	0,121 087	0,116 762
p_2	0.133 032	0,118 957	0,111 971	0,109 735	0,110 128
p_3	0,089 076	0,087 288	0,089 783	0.094 255	0,099 071
p_4	0,044 168	0,054 296	0,065 273	0,075 335	0,083 591
p_5	0,004 467	0,023 532	0,040 248	0,053 664	0,063 689
p_6	— 0,023 867	— 0,001 452	0,016 512	0,029 928	0,039 363
p_7	— 0,034 676	— 0,017 102	— 0,004 128	0,004 816	0,010 615
p_8	— 0,021 802	— 0,019 866	— 0,019 866	— 0,020 984	— 0,022 556
p_9	0,020 915	— 0,006 192	— 0,028 896	— 0,046 784	— 0,060 150

§ 3. Koeffizienten der asymmetrischen Formeln, welche arithmetische Reihen bis zur II. Ordnung unverändert lassen.

Links - Koeffizienten gleich den entsprechenden Rechts-Koeffizienten.

Koeffizienten	1. asymmetrische Formel	2. asymmetrische Formel	3. asymmetrische Formel	4. asymmetrische Formel	5. asymmetrische Formel
p_0	0.618 182	0,298 789	0.181 297	0,139 045	0,143 608
p_1	0,381 818	0,307 849	0,183 990	0,136 914	0,137 294
p_2	0.190 909	0,113 306	0,192 069	0,130 523	0,118 354
p_3	0.045 455	0.047 745	0,065 782	0.119 870	0.086 786
p_4	— 0.054 545	0,000 305	0.038 049	0,087 464	0.042 591
p_5	— 0,109 091	— 0,029 014	0,015 702	0.063 916	0,125 520
p_6	— 0,118 182	— 0,040 212	— 0.001 260	0.036 107	0,084 022
p_7	— 0.081 818	— 0,033 289	— 0.012 835	0.004 037	0.029 896
p_8	0.000 000	— 0,008 246	— 0.019 024	— 0.032 294	— 0.036 858
p_9	0,127 273	0.034 918	— 0.019 828	— 0,072 886	— 0,116 238

Koeffizienten	6. asymmetrische Formel	7. asymmetrische Formel	8. asymmetrische Formel	9. asymmetrische Formel (symm. mit 17 Gliedern)	Landrés symmetrische Formel (Formel mit 19 Gliedern)
p_0	0.163 627	0,164 019	0,149 585	0.133 127	0.118 974
p_1	0,155 889	0,157 702	0,145 131	0,130 031	0,116 762
p_2	0.132 677	0,138 751	0,131 770	0,120 743	0.110 128
p_3	0,093 989	0,107 166	0,109 502	0,105 263	0.099 071
p_4	0,039 826	0,062 947	0.078 327	0,083 591	0.083 591
p_5	— 0,029 812	0,006 094	0,038 244	0.055 728	0.063 689
p_6	0,120 848	— 0,063 393	— 0,010 745	0,021 672	0.039 363
p_7	0.058 972	0,073 495	— 0,068 642	— 0,018 576	0,010 615
p_8	— 0.017 880	0,010 027	0.029 188	— 0,065 015	— 0.022 556
p_9	— 0,110 206	— 0.066 075	— 0.025 945	0.000 000	— 0.060 150

§ 4. Koeffizienten der asymmetrischen Formeln, welche arithmetische Reihen bis zur II. Ordnung unverändert lassen.

Links-Koeffizienten verschieden von den entsprechenden Rechts-Koeffizienten.

Koeffizienten	1. asymmetrische Formel	2. asymmetrische Formel	3. asymmetrische Formel	4. asymmetrische Formel	5. asymmetrische Formel
p_{-4}	·	·	·	·	0,053 571
p_{-3}	·	·	·	0,120 879	0,083 791
p_{-2}	·	·	0,222 527	0,131 868	0,107 143
p_{-1}	·	0,377 622	0,195 554	0,137 862	0,123 626
p_0	0,618 182	0,278 322	0,169 081	0,138 861	0,133 242
p_1	0,381 818	0,193 007	0,143 107	0,134 865	0,135 989
p_2	0,190 909	0,121 678	0,117 632	0,125 874	0,131 868
p_3	0,045 455	0,064 336	0,092 657	0,111 888	0,120 879
p_4	− 0,054 545	0,020 979	0,068 182	0,092 907	0,103 022
p_5	− 0,109 091	− 0,008 392	0,044 206	0,068 931	0,078 297
p_6	− 0,118 182	− 0,023 776	0,020 729	0,039 960	0,046 703
p_7	− 0,081 818	− 0,025 175	− 0,002 248	0,005 994	0,008 242
p_8	0,000 000	− 0,012 587	− 0,024 725	− 0,032 967	− 0,037 088
p_9	0,127 273	0,013 986	− 0,046 703	− 0,076 923	− 0,089 286

Koeffizienten	6. asymmetrische Formel	7. asymmetrische Formel	8. asymmetrische Formel	9. asymmetrische Formel	*Landrés* symmetrische Formel
p_{-9}	·	·	·	·	− 0,060 150
p_{-8}	·	·	·	− 0,052 632	− 0,022 556
p_{-7}	·	·	− 0,040 248	− 0,012 384	0,010 615
p_{-6}	·	− 0,020 833	0,001 806	0,022 704	0,039 363
p_{-5}	0,008 824	0,021 324	0,037 926	0,052 632	0,063 689
p_{-4}	0,047 899	0,056 828	0,068 111	0,077 399	0,083 591
p_{-3}	0,079 864	0,085 679	0,092 363	0,097 007	0,099 071
p_{-2}	0,104 719	0,107 878	0,110 681	0,111 455	0,110 128
p_{-1}	0,122 463	0,123 424	0,123 065	0,120 743	0,116 762
p_0	0,133 096	0,132 318	0,129 515	0,124 871	0,118 974
p_1	0,136 619	0,134 559	0,130 031	0,123 839	0,116 762
p_2	0,133 032	0,130 147	0,124 613	0,117 647	0,110 128
p_3	0,122 334	0,119 083	0,113 261	0,106 295	0,099 071
p_4	0,104 525	0,101 366	0,095 975	0,089 783	0,083 591
p_5	0,079 606	0,076 996	0,072 755	0,068 111	0,063 689
p_6	0,047 576	0,045 973	0,043 602	0,041 280	0,039 363
p_7	0,008 436	0,008 298	0,008 514	0,009 288	0,010 615
p_8	− 0,037 815	− 0,036 029	− 0,032 508	− 0,027 864	− 0,022 556
p_9	− 0,091 176	− 0,087 010	− 0,079 463	− 0,070 175	− 0,060 150

§ 5. Koeffizienten der symmetrischen Formeln mit verminderter Gliederzahl, welche zur Ausgleichung der ersten und letzten Glieder einer Beobachtungsreihe verwendet werden können.

Koeffizienten	1. symmetrische Formel {0 Seitenglieder 1 Glied im ganzen	2. symmetrische Formel {1 Seitenglied 3 Glieder im ganzen	3. symmetrische Formel {2 Seitenglieder 5 Glieder im ganzen	4. symmetrische Formel {3 Seitenglieder 7 Glieder im ganzen	5. symmetrische Formel {4 Seitenglieder 9 Glieder im ganzen
p_0	1,000 000	1,000 000	0,485 714	0,333 333	0,255 411
p_1	.	0,000 000	0,342 857	0,285 714	0,233 766
p_2	.	.	— 0,085 714	0,142 857	0,168 831
p_3	.	.	.	— 0,095 238	0,060 606
p_4	.	.	.	.	— 0,090 909

Koeffizienten	6. symmetrische Formel {5 Seitenglieder 11 Glieder im ganzen	7. symmetrische Formel {6 Seitenglieder 13 Glieder im ganzen	8. symmetrische Formel {7 Seitenglieder 15 Glieder im ganzen	9. symmetrische Formel {8 Seitenglieder 17 Glieder im ganzen	*Landrés* symmetrische Formel {9 Seitenglieder 19 Glieder im ganzen
p_0	0,207 459	0,174 825	0,151 131	0,133 127	0,118 974
p_1	0,195 804	0,167 832	0,146 606	0,130 031	0,116 762
p_2	0,160 839	0,146 853	0,133 082	0,120 743	0,110 128
p_3	0.102 564	0,111 888	0.110 407	0,105 263	0,099 071
p_4	0,020 979	0,062 937	0,078 783	0,083 591	0,083 591
p_5	— 0,083 916	0,000 000	0,038 009	0,055 728	0,063 689
p_6	.	— 0,076 923	— 0,011 765	0,021 672	0,039 363
p_7	.	.	— 0,070 588	— 0,018 576	0,010 615
p_8	.	.	.	— 0,065 015	— 0,022 556
p_9	.	.	.	.	— 0,060 150

§ 6. Der mittlere Fehler vorstehender Koeffizienten.

Formel	2. Asymmetrische Formeln, welche bis in die III. Differenzen genau sind. Links-Koeffizienten gleich den entsprechenden Rechts-Koeffizienten ad § 1	3. verschieden von den entsprechenden Rechts-Koeffizienten ad § 2	4. Asymmetrische Formeln, welche bis in die II. Differenzen genau sind. Links-Koeffizienten gleich den entsprechenden Rechts-Koeffizienten ad § 3	5. verschieden von den entsprechenden Rechts-Koeffizienten ad § 4	6. Symmetrische Formeln mit verminderter Gliederzahl zur Ausgleichung asymmetrischer Glieder ad § 5
1. Formel	0,908	0,908	0,786	0,786	1,000
2. „	0,547	0,535	0,547	0,528	1,000
3. „	0,529	0,505	0,426	0,411	0,697
4. „	0,547	0,501	0,373	0,373	0,577
5. „	0,501	0,475	0,379	0.365	0,505
6. „	0,455	0,440	0,405	0,365	0,455
7. „	0,418	0,405	0,405	0,364	0,418
8. „	0,389	0,377	0,387	0,360	0,389
9. „	0,365	0,357	0,365	0,353	0,365
10. „	0,345	0,345	0,345	0,345	0,345

§ 7. Andere Herleitung der *Landré*schen symmetrischen Ausgleichsformel.

Die *Landré*schen Koeffizienten

$$p_{-9}; \; p_{-8}; \cdots p_{-2}; \; p_{-1}; \; [p_0]; \; p_1; \; p_2 \cdots p_8; \; p_9$$

bilden eine arithmetische Reihe II. Ordnung, deren Glieder sich zugleich symmetrisch um ein mittleres Glied p_0 gruppieren. Es ist hierbei $p_{+i} = p_{-i}$. Die Koeffizienten lassen sich daher auch auffassen als Ordinaten $y_0; \; y_1; \; y_2 \ldots y_9$ einer Parabelgleichung von der Form

$$y = a_0 + a_2 x^2$$

Diese Gleichung kann den Ausgangspunkt für die Herstellung der *Landré*schen Koeffizienten bilden. Sie enthält zwei noch unbekannte Konstante a_0 und a_2. Um dieselben zu bestimmen, muß man für x und y spezielle Werte einsetzen und diese gewissen Bedingungen unterwerfen. Man setzt also zunächst

$$
\begin{aligned}
x &= 0 & y_0 &= a_0 \\
x &= 1 & y_1 &= a_0 + 1^2 a_2 \\
x &= 2 & y_2 &= a_0 + 2^2 a_2 \\
& \vdots & & \vdots \\
x &= 9 & y_9 &= a_0 + 9^2 a_2
\end{aligned}
$$

Die Bedingungen erhält man aus der Forderung, daß die Koeffizienten bis in die II. Differenzen genau sind, d. h. arithmetische Reihen 0., I. und II. Ordnung unverändert lassen. Diese Bedingungsgleichungen sind

$$
\text{I} \left\{ \begin{aligned}
y_0 + 2y_1 + 2y_2 + 2y_3 + \cdots + 2y_9 &= 1 \\
1^2 y_1 + 2^2 y_2 + 3^2 y_3 + \cdots + 9^2 y_9 &= 0
\end{aligned} \right\}
$$

Die erste dieser Gleichungen drückt aus, daß die Koeffizienten eine arithmetische Reihe 0. und I., die zweite, daß sie eine arithmetische Reihe II. und III. Ordnung unverändert lassen.

Hieraus können die Konstanten a_0 und a_2 bestimmt werden und damit sind auch die gesuchten Koeffizienten $y_0; \; y_1; \; y_2 \ldots y_9$ gegeben.

§ 8. Zur Bildung der asymmetrischen Formeln.

I. Die asymmetrischen Formeln mit verschiedenen Links- und Rechtsgliedern (§ 2 und § 4) werden am einfachsten mit Hilfe der Parabelmethode hergestellt. Sollen die Koeffizienten bis in die III. Differenzen genau sein, so lautet die Gleichung

$$y = a_0 + a_1 x + a_2 x^2 + a_3 x^3$$

und die vier Konstanten bestimmen sich durch die Forderung, daß die Koeffizienten arithmetische Reihen 0., I., II. und III. Ordnung unverändert lassen. Beispielsweise für die dritte asymmetrische Formel (§ 2) sind die vier Bedingungsgleichungen:

$$
\left| \begin{aligned}
y_{-2} + y_{-1} + y_0 &+ y_1 + y_2 + y_3 + \cdots + y_9 &= 1 \\
- 2y_{-2} + 1y_{-1} &+ 1y_1 + 2y_2 + 3y_3 + \cdots + 9y_9 &= 0 \\
2^2 y_{-2} + 1^2 y_{-1} &+ 1^2 y_1 + 2^2 y_2 + 3^2 y_3 + \cdots + 9^2 y_9 &= 0 \\
- 2^3 y_{-2} - 1^3 y_{-1} &+ 1^3 y_1 + 2^3 y_2 + 3^3 y_3 + \cdots + 9^3 y_9 &= 0
\end{aligned} \right|
$$

Wird nur Genauigkeit bis in die II. Differenzen verlangt, so kommt in der Parabelgleichung das Glied $a_3 x^3$ sowie die letzte Bedingungsgleichung in Wegfall (§ 4).

II. Sind die Glieder der unvollständigen Seite gleich den entsprechenden Gliedern der : vollständigen Seite (§ 1 und § 3), so bilden die Koeffizienten p_0; p_1; p_2 . . . . . keine arithmetische Reihe, und es kann nur die Minimumsmethode angewandt werden. Handelt es sich um die dritte asymmetrische Formel, so ist der Wert

$$\varphi = p_0^2 + 2p_1^2 + 2p_2^2 + p_3^2 + \ldots \ldots + p_9^2$$

zu einem Minimum zu machen. Soll Genauigkeit bis in die III. Differenzen erzielt werden (§ 1), so hat man die Nebenbedingungen

$$\begin{vmatrix} \psi_0 = p_0 + 2p_1 + 2p_2 + p_3 + p_4 + p_5 + p_6 + p_7 + p_8 + p_9 - 1 = 0 \\ \psi_1 = \qquad\qquad\quad 3p_3 + 4p_4 + 5p_5 + 6p_6 + 7p_7 + 8p_8 + 9p_9 = 0 \\ \psi_2 = \quad 1p_1 + 4p_2 + 3p_3 + 6p_4 + 10p_5 + 15p_6 + 21p_7 + 28p_8 + 36p_9 = 0 \\ \psi_3 = \quad -1p_1 - 4p_2 + 1p_3 + 4p_4 + 10p_5 + 20p_6 + 35p_7 + 56p_8 + 84p_9 = 0 \end{vmatrix}$$

Es muß demgemäß der Wert

$$\varphi + k_0 \psi_0 + k_1 \psi_1 + k_2 \psi_2 + k_3 \psi_3$$

zu einem Minimum gemacht werden.

Will man Genauigkeit bis in die II. Differenzen (§ 3), so bleibt das Glied $k_3 \psi_3$ außer Berücksichtigung.

§ 9.   Die Nebenbedingungen der asymmetrischen Formeln.

I. Die Koeffizienten müssen so beschaffen sein, daß sie arithmetische Reihen nter Ordnung (n = 0; 1; 2; 3) unverändert lassen. Die einfachsten Verhältnisse ergeben sich, wenn wir als arithmetische Reihe die nten Potenzen der natürlichen Zahlenreihe verwenden und das Glied 0^n ausgleichen. Alsdann lautet die auszugleichende Reihe

$$(-9)^n; (-8)^n; \ldots (-3)^n; (-2)^n; (-1)^n; [0^n]; 1^n; 2^n; 3^n; \ldots 8^n; 9^n$$

und für die dritte asymmetrische Formel mit verschiedenen Links- und Rechtskoeffizienten ergibt sich als Ausgleichs- oder Bedingungsgleichung

$$0^n = (-2)^n p_{-2} + (-1)^n p_{-1} + 0^n p_0 + 1^n p_1 + 2^n p_2 + \ldots + 9^n p_9$$

Setzt man hierin n = 0; 1; 2; 3, so hat man die vier gewünschten Bedingungsgleichungen.

II. Man kann auch die Bedingungsgleichungen herleiten aus dem *Cauchy*schen Differenzensatze. Nach demselben ist

$$u_{a+n} = u_a + \binom{n}{1} \Delta^1 u_a + \binom{n}{2} \Delta^2 u_a + \binom{n}{3} \Delta^3 u_a + \ldots$$

Hat man nun beispielsweise die 3. Formel mit gleichen Links- und Rechtskoeffizienten

$$u_x' = p_0 u_x + p_1 (u_{x+1} + u_{x-1}) + p_2 (u_{x+2} + u_{x-2}) + p_3 u_{x+3} + \ldots + p_9 u_{x+9}$$

und wir führen sämtliche Glieder u_{x+n} auf die Differenzen zurück, so erhalten wir

$$\begin{aligned} u_x' &= (p_0 + 2p_1 + 2p_2 + p_3 + \ldots + p_9) u_x + [\binom{3}{1} p_3 + \binom{4}{1} p_4 + \ldots + \binom{9}{1} p_9] \Delta^1 u_x \\ &\quad + [1^2 p_1 + 2^2 p_2 + \binom{3}{2} p_3 + \binom{4}{2} p_4 + \ldots + \binom{9}{2} p_9] \Delta^2 u_x + [-1^2 p_1 - 2^2 p_2 \\ &\quad + \binom{3}{3} p_3 + \binom{4}{3} p_4 + \ldots + \binom{9}{3} p_9] \Delta^3 u_x \\ &= A_0 u_x + A_1 \Delta^1 u_x + A_2 \Delta^2 u_x + A_3 \Delta^3 u_x + A_4 \Delta^4 u_x + \ldots \quad \text{zur Abkürzung.} \end{aligned}$$

Dabei bedeuten die Werte A die obenstehenden Klammerausdrücke.

Ist nun die vorstehende Reihe speziell eine arithmetische Reihe III. Ordnung, so nimmt sie die Gestalt an

$$u_x = A_0 u_x + A_1 \Delta^1 u_x + A_2 \Delta^2 u_x + A_3 \Delta^3 u_x$$

woraus durch Koeffizientenvergleichung sich als Bedingungsgleichungen ergeben:

$$A_0 = 1; \quad A_1 = 0; \quad A_2 = 0 \text{ und } A_3 = 0.$$

§ 10. Anderer Beweis des *Landré*schen Satzes, daß bei den *Landré*schen Koeffizienten der mittlere Koeffizient p_0 gleich der Summe der Quadrate sämtlicher Koeffizienten ist.

$$p_0 = p_0^2 + 2p_1^2 + 2p_2^2 + \ldots + 2p_9^2.$$

I. Wie aus der Herleitung unmittelbar sich ergibt und ziffermäßig leicht nachgewiesen werden kann, bilden die *Landré*schen Koeffizienten

$$p_{-9}; \ p_{-8}; \ldots p_{-3}; \ p_{-2}; \ p_{-1}; \ [p_0]; \ p_1; \ p_2; \ p_3; \ldots p_8; \ p_9$$

eine arithmetische Reihe II. Ordnung. Diese Reihe ändert sich demgemäß nicht, wenn man beispielsweise ihr mittleres Glied p_0 mit Hilfe der *Landré*schen Formel ausgleicht. Durch aktive und passive Verwendung der *Landré*schen Koeffizienten ergibt sich demgemäß:

$$p_0 = p_0 \cdot p_0 + p_1 (p_1 + p_{-1}) + p_2 (p_2 + p_{-2}) + \ldots + p_9 (p_9 + p_{-9})$$
$$= p_0^2 + 2p_1^2 + 2p_2^2 + \ldots + 2p_9^2$$

was zu beweisen war.

II. Der Satz läßt sich auch auf folgendem Wege beweisen. Geht man von der Parabel $y = a_0 + a_2 x^2$ aus und setzt man zur Abkürzung

$$S_n = 1^n + 2^n + 3^n + \ldots + 9^n$$

so erhält man aus den Bedingungsgleichungen

$$\begin{cases} (2S_0+1)a_0 + 2S_2 a_2 = 1 \\ S_2 a_0 + S_4 a_2 = 0 \end{cases} \text{ woraus } \begin{cases} a_0 = \dfrac{S_4}{(2S_0+1)S_4 - 2S_2 S_2} = \dfrac{S_4}{B} \text{ zur Abkürz.} \\ a_2 = \dfrac{-S_2}{(2S_0+1)S_4 - 2S_2 S_2} = \dfrac{-S_2}{B} \quad \text{,,} \quad \text{,,} \end{cases}$$

Nun ist $\quad p_0 = y_0 = a_0 = \dfrac{S_4}{(2S_0+1)S_4 - 2S_2 S_2}$ oder $= \dfrac{S_4}{B}$

Ferner ist

$$p_0^2 + 2p_1^2 + 2p_2^2 + \ldots + 2p_9^2 = (2S_0+1)a_0^2 + 2S_4 a_2^2 + 4S_2 a_0 a_2$$
$$= \frac{S_4}{B^2}[(2S_0+1)S_4 - 2S_2 S_2] = \frac{S_4 B}{B^2} = \frac{S_4}{B} = p_0$$

was zu beweisen war.

III. Der *Landré*sche Satz trifft auch für sämtliche asymmetrischen Formeln zu. Beweise analog.

§ 11. Weitere symmetrische Ausgleichungen, die zu arithmetischen Koeffizientenreihen führen.

Koeffizienten	1. Fall	2. Fall	3. Fall	4. Fall	5. Fall
	$y = a_0 + a_2 x^2$	$y = a_0 + a_2 x^2 + a_4 x^4$	$y = a_0 + a_4 x^4$	$y = a_0 + a_2 x^2 + a_4 x^4$	$y = a_0 + a_2 x^2 + a_4 x^4$
	$\sum\limits_{k=-9}^{k=+9} k^0 y_k = 0^0$ $\sum k^2 y_k = 0^2$	$\sum k^0 y_k = 0^0$ $\sum k^2 y_k = 0^2$ $\sum k^4 y_k = 0^4$	$\sum k^0 y_k = 0^0$ $\sum k^2 y_k = 0^2$	$\sum k^0 y_k = 0^0$ $\sum k^2 y_k = 0^2$ $\dfrac{dy_8}{dx} = 0$	$\sum k^0 y_k = 0^0$ $\sum k^2 y_k = 0^2$ $\dfrac{dy_9}{dx} = 0$
p_0	0,118 974	0,187 508	0,099 332	0,148 084	0,136 518
p_1	0,116 762	0,177 682	0,099 303	0,142 638	0,132 357
p_2	0,110 128	0,149 414	0,098 869	0,126 815	0,120 185
p_3	0,099 071	0,106 340	0,096 988	0,102 159	0,100 932
p_4	0,083 591	0,054 516	0,091 924	0,071 242	0,076 149
p_5	0,063 689	0,002 423	0,081 248	0,037 666	0,048 006
p_6	0,039 363	— 0,039 036	0,061 833	0,006 063	0,019 294
p_7	0,010 615	— 0,056 535	0,029 860	— 0,017 907	— 0,006 574
p_8	— 0,022 556	— 0,034 325	— 0,019 183	— 0,027 555	— 0,025 569
p_9	— 0,060 150	0,045 767	— 0,090 507	— 0,015 163	— 0,033 038
$\sum\limits_{k=-9}^{k=+9} p_k^2$	0,118 974	0,187 508	0,124 605	0,131 339	0,123 465
$\sqrt{\sum p^2}$	0,345	0,433	0,353	0,362	0,351

Koeffizienten	6. Fall	7. Fall	8. Fall	9. Fall	10. Fall
	$y = a_0 + a_2 x^2 + a_4 x^4$	$y = a_0 + a_2 x^2 + a_4 x^4$	$y = a_0 + a_2 x^2 + a_4 x^4 + a_6 x^6$	$y = a_0 + a_6 x^6$	$y = a_0 + a_2 x^2 + a_4 x^4 + a_6 x^6$
	$\sum k^0 y_k = 0^0$ $\sum k^2 y_k = 0^2$ $\dfrac{dy_{10}}{dx} = 0$	$\sum k^0 y_k = 0^0$ $\sum k^2 y_k = 0^2$ $\dfrac{dy_{11}}{dx} = 0$	$\sum k^0 y_k = 0^0$ $\sum k^2 y_k = 0^2$ $\sum k^4 y_k = 0^4$ $\sum k^6 y_k = 0^6$	$\sum k^0 y_k = 0^0$ $\sum k^2 y_k = 0^2$	$\sum k^0 y_k = 0^0$ $\sum k^2 y_k = 0^2$ $\dfrac{dy_9}{dx} = 0$ $\dfrac{(1 + y_0'^2)^{\frac{3}{2}}}{y_0''} = \infty$
p_0	0,131 123	0,128 041	0,258 581	0,092 884	0,109 388
p_1	0,127 561	0,124 822	0,232 171	0,092 883	0,109 314
p_2	0,117 092	0,115 326	0,160 937	0,092 859	0,108 242
p_3	0,100 360	0,100 033	0,067 088	0,092 599	0,103 833
p_4	0,078 437	0,079 745	— 0,018 280	0,091 283	0,092 925
p_5	0,052 828	0,055 583	— 0,064 073	0,086 777	0,072 624
p_6	0,025 466	0,028 991	— 0,051 635	0,074 649	0,041 844
p_7	— 0,001 288	0,001 731	0,009 261	0,046 902	0,003 281
p_8	— 0,024 643	— 0,024 113	0,060 870	— 0,009 572	— 0,034 174
p_9	— 0,041 375	— 0,046 138	— 0,025 629	— 0,114 823	— 0,052 583
$\sum\limits_{k=-9}^{k=+9} p_k^2$	0,121 129	0,120 172	0,258 581	0,134 099	0,120 068
$\sqrt{\sum p^2}$	0,348	0,347	0,509	0,366	0,347

Anmerkungen zu § 11.

Anmerkung 1: Der 1. Fall ist Landrés gewöhnliche, der 2. Fall Landrés große Formel. (Vgl. Handbuch III. Aufl. Formel [138] und [139]).

Anmerkung 2: Der Landrésche Koeffizientensatz gilt nur dann, wenn die Ausgleichsgleichung — vom Glied p_{-n} bis zum Glied p_n betrachtet — eine arithmetische Reihe bildet und zugleich die arithmetischen Reihen von gleichen und sämtlichen niederen Graden unverändert läßt (1., 2. und 8. Fall).

§ 12. Vergleichungsweise Zusammenstellung anderer mechanischer Ausgleichungsmethoden von der Form.

$$u'_x = p_0 u_x + p_1 (u_{x+1} + u_{x-1}) + p_2 (u_{x+2} + u_{x-2}) + \cdots + p_n (u_{x+n} + u_{x-n}).$$

(Methode von *Finlaison; Woolhouse; Higham; Karup* und *Landré*.)

Koeffi-zienten	1. *Finlaison*	2. *Woolhouse*	3. *Higham*	4. *Karup*	5. *Landré*
p_0	0,200 000	0,200 000	0,210 667	0,200 000	0,118 974
p_1	0,160 000	0,192 000	0,192 000	0,182 400	0,116 762
p_2	0,120 000	0.168 000	0,141 867	0,139 200	0,110 128
p_3	0,080 000	0,056 000	0,079 467	0,084 800	0,099 071
p_4	0,040 000	0,024 000	0,024 000	0,033 600	0,083 591
p_5	.	0,000 000	— 0,005 333	0,000 000	0,063 689
p_6	.	— 0,016 000	— 0,016 000	— 0,012 800	0,039 363
p_7	.	— 0.024 000	— 0,014 400	— 0,014 400	0,010 615
p_8	.	.	— 0,006 933	— 0,009 600	— 0.022 556
p_9	.	.	.	— 0,003 200	— 0.060 150
$\sum\limits_{k=-n}^{k=+n} p_k^2$	0,136 000	0,179 264	0,173 221	0,162 880	0,118 974
$\sqrt{\sum p^2}$	0,369	0,423	0.416	0.404	0,345

Beilage 1.

Die asymmetrischen Koeffizienten zur Landrésschen Ausgleichungsformel.

Graphisch dargestellt von C. Dizler.

I II III IV V VI VII VIII IX X

ad § 1. Links-Koeffizienten-symbolisch-entsprechenden Rechts-Koeffizienten. Ausgleichung genau bis in die III. Differenzen.

ad § 2. Links-Koeffizienten von den entsprechenden Rechts-Koeffizienten. Ausgleichung genau bis in die III. Differenzen.

ad § 3. Links-Koeffizienten gleich den entsprechenden Rechts-Koeffizienten. Ausgleichung genau bis in die II. Differenzen.

ad § 4. Links-Koeffizienten entgegengesetzt den entsprechenden Rechts-Koeffizienten. Ausgleichung genau bis in die II. Differenzen.

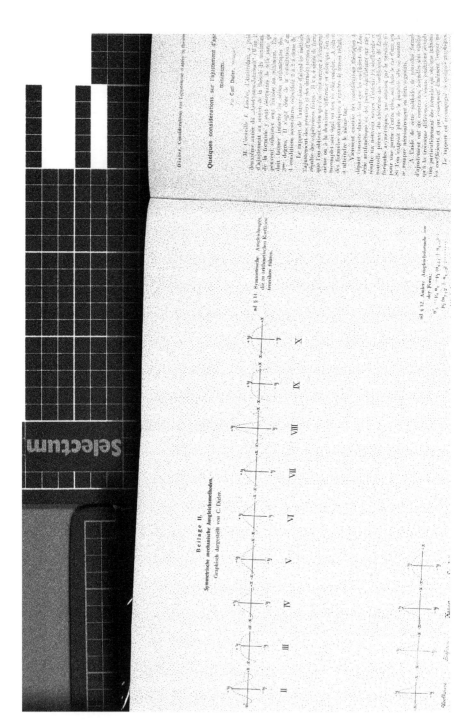

Beilage II.

Symmetrische mechanische Ausgleichmethoden.

Graphisch dargestellt von C. Dufer.

II   III   IV   V   VI   VII   VIII   IX   X

Von Carl Dufer.

Quelques considérations sur l'ajustement d'après la méthode du minimum.

Quelques considérations sur l'ajustement d'après la théorie du minimum.

Par Carl Dizler, Stuttgart.

M. *Corneille L. Landré,* d'Amsterdam, a publié dans la vingt-deuxième année du „Assekuranz-Jahrbuch" (Wien 1901) une méthode d'ajustement au moyen de la théorie du minimum. Les coefficients de la formule y sont déterminés de telle sorte que les erreurs qui peuvent subsister sont limitées au minimum. En outre, ce procédé doit laisser intactes les séries arithmétiques des 0me, 1er, 2me et 3me degrés. Il s'agit donc de la constitution d'un minimum avec 4 conditions secondaires coïncidant 2 à 2 à cause de la symétrie.

Le rapport de l'auteur donne d'abord les méthodes se rapportant à l'ajustement des premiers et des derniers termes d'une série telle qu'elle résulte des expériences faites. Il y a 4 séries de formules asymétriques que l'on obtient selon que l'on veut arriver à l'exactitude jusqu'à la troisième ou à la deuxième différence et selon que l'on entend que le côté incomplet soit égal ou non au côté complet. A cela viennent s'ajouter des formules symétriques à nombre de termes réduit, lesquelles servent à atteindre le même but.

Viennent ensuite des considérations théoriques dont le point de départ consiste dans le fait que les coefficients de *Landré* forment une série arithmétique ou des points équidistants sur une parabole. Il en résulte un nouveau moyen d'obtenir les coefficients comme aussi une nouvelle preuve du théorème des coefficients de *Landré*. Quant aux formules asymétriques, une solution par la parabole n'est possible que pour une partie d'entre elles, soit dans le cas d'une symétrie complète. Si l'on exigeait plus de la parabole, elle ne saurait le supporter sans se rompre nécessairement en deux segments.

A l'aide de cette méthode, de nouvelles formules symétriques d'ajustement ont été construites, lesquelles sont exactes au moins jusqu'à la troisième différence. Comme conditions secondaires on se servira particulièrement des formules qui ont une influence nivelante sur les coefficients et par conséquent diminuent l'erreur moyenne.

Le rapport est accompagné de quelques graphiques.

Notes on adjustment by the method of least squares.

By Carl Dizler, Stuttgart.

Mr. *Corneille L. Landré* of Amsterdam published in the "Assekuranz-Jahrbuch", vol. XXII (Wien 1901), a mechanical method of adjustment by means of the method of least squares. The coefficients of the formulae are determined in such a manner that they show the smallest possible average error. The method also leaves unchanged the arithmetical series of the zero, 1st, 2nd and 3rd orders. This leads to the establishment of a minimum with four supplementary conditions, two of which coïncide on account of symmetry.

My paper first gives the methods which relate to the adjustment of the first and last links of a series of observations. There are four series of asymmetrical formulae, which depends on whether accuracy is required up to the third or second difference (differential) and also whether the incomplete side be equal or not equal to the complete side. There are added besides symmetrical formulae with less links, which pursue the same object.

To these are added theoretical observations, the starting point of which consists in the fact that the coefficients of *Landré* form an arithmetical series or that they are equidistant points on a parabola. This leads to a new method or modus of their deduction and is another proof of the theory of *Landré's* coefficients.

A portion only of the asymmetrical formulae can be solved by the method of the parabola. This is however impossible in the case of partial symmetry, and in such a case more is required of the parabola than it can comply with, and it breaks into two separat segments.

With the help of this method further symmetrical formulae of adjustment are formed, which are exact at least up to the third difference. Secondary conditions, which have a levelling influence upon the coefficients and therefore reduce the average error, have to be considered particularly.

The principal results of the paper are shown graphically.

IX. — C.

Ajustement des tables de mortalité.

Par **Marc Achard**, Paris.

Nous n'avons ici, ni à définir, ni à justifier la pratique de l'ajustement, dont la nécessité est généralement admise.

Nous ferons seulement remarquer que l'ajustement est communément appliqué sous deux formes différentes : dans la première, on représente l'ensemble des observations au moyen d'une seule formule, ou d'un petit nombre de formules, jouissant de propriétés de nature à faciliter les calculs ultérieurs. On obtient ainsi une régularité très grande ; telles sont, notamment, les formules de *Gompertz* et de *Makeham*.

Une autre forme de l'ajustement consiste à corriger, d'une façon systématique, chacun des nombres fournis par l'observation, en utilisant à cet effet les nombres voisins de celui sur lequel on opère. Les modifications ainsi produites, tout en réduisant les oscillations dues à l'insuffisance de la base statistique, sont plus atténuées que dans le premier procédé d'ajustement ; on peut donc espérer obtenir ainsi des chiffres plus précis, c'est-à-dire plus rapprochés des nombres véritables. Les méthodes des MM. *Woolhouse* et *Karup* nous en fournissent des exemples.

L'utilité que présente ce surcroît d'exactitude ne saurait, croyons-nous, être contestée, car il en résulte précisément les mêmes effets que si le nombre des observations dont on dispose était augmenté dans une proportion notable. Aussi, même dans le cas où la loi de mortalité devrait être finalement représentée par une formule, il resterait encore avantageux d'obtenir un accroissement de précision, de manière à aborder la dernière phase de l'ajustement avec de meilleures données.

Nous laisserons complètement de côté la question de l'interpolation des tables de mortalité par une formule, renvoyant sur ce sujet aux intéressants travaux de M. *Quiquet*. Nous exposerons seulement, dans le présent travail, un procédé d'ajustement qui permet d'augmenter l'exactitude des taux de mortalité.

Hypothèses nécessaires à l'ajustement.

Deux hypothèses sont nécessaires pour la construction et l'ajustement des tables de mortalité.

1° A chaque âge correspond un taux de mortalité *fixe*, parfaitement déterminé, bien qu'il ne soit connu qu'approximativement.

2° L'autre hypothèse consiste en ce que les taux de mortalité afférents aux divers âges ont des valeurs d'autant plus rapprochées que ces âges sont eux-mêmes plus voisins, se comportant ainsi comme les différentes valeurs d'une *fonction continue.* Dans l'ignorance où nous sommes de ce que pourrait être cette fonction, nous supposerons que sa continuité est telle que, dans un intervalle d'un petit nombre d'années, de part et d'autre de chaque âge, le taux de mortalité peut être assimilé à une fonction entière de l'âge dont le degré ne dépasse pas le troisième. Définir, dans un petit intervalle, le taux de mortalité comme étant une fonction d'un certain ordre, c'est affirmer que les dérivées ou les différences de cet ordre sont constantes; ou, — ce qu'il est plus facile de constater — que les différences de l'ordre immédiatement supérieur sont négligeables eu égard à la précision dont le calcul du taux paraît susceptible.

Approximation que l'on peut atteindre des taux de mortalité.

Il nous sera utile, pour la suite du présent travail, de nous rendre compte de l'ordre d'approximation que l'on peut atteindre, en prenant pour probabilité de décès dans l'année, les taux bruts de mortalité (c'est-à-dire les taux non ajustés) tels que les fournissent immédiatement les statistiques.

Rappelons d'abord les formules par lesquelles on peut évaluer la probabilité des écarts.

Si, sur s épreuves (nombres de vivants), d est le nombre d'arrivées de l'évènement attendu (nombre de décès pendant une année) dont la probabilité inconnue est p, alors $\frac{d}{s}$ est une valeur approchée de p; — et on sait que la probabilité P que la valeur de p est comprise entre les deux limites $\frac{d}{s} \pm 1$ a pour expression

$$P = \Theta (\gamma) = \frac{2}{\sqrt{\pi}} \int_{0}^{\gamma} e^{-x^2} dx$$

dans laquelle on a, pour la valeur de γ

$$\gamma = 1 \sqrt{\frac{s^3}{2d\,(s-d)}}$$

Remplaçons $\frac{d}{s}$ par p_1, et $\frac{s-d}{s}$ par q_1, nous pourrons écrire

$$\gamma = \frac{1}{p_1} \sqrt{\frac{d}{2q_1}}$$

$\frac{1}{p_1}$ étant l'erreur *relative* à craindre sur p_1, en prenant ce nombre, comme valeur de p, et cela avec la probabilité P. On en conclut, pour l'expression de cette erreur *relative*

$$\varepsilon = \frac{1}{p_1} = \gamma \sqrt{\frac{2q_1}{d}}$$

Mais, pour une très petite valeur de p_1, cas fréquent pour les taux de mortalité, q_1 est très voisin de l'unité. On a donc, pour l'erreur *relative* à craindre, avec une probabilité P, l'expression approchée

$$\varepsilon = \gamma \sqrt{\frac{2}{d}}$$

Adoptons, pour fixer les idées, la valeur $P = \dfrac{9}{10}$, valeur à laquelle correspond

$$\gamma = 1.17$$

et nous aurons, tous calculs faits,

$$\varepsilon = \frac{1}{0,604 \sqrt{d}}$$

Ainsi, pour une appréciation *sommaire*, l'erreur *relative* à craindre, avec une probabilité donnée, ne dépend *sensiblement* que du nombre de décès, quelle que soit la probabilité de décès pourvu qu'elle soit *petite*. Cette erreur à craindre est alors inversement proportionnelle à la racine carrée du nombre de décès.

Appliquons cette expression dans les cas où le nombre de décès, d, se trouve compris entre 400 et 700 pour une année. Nous aurons alors, pour la proportion de l'erreur *relative*, à craindre avec une probabilité $\dfrac{9}{10}$ les chiffres de $\dfrac{1}{12}$ à $\dfrac{1}{16}$. Ainsi, avec les nombres les plus élevés que puisse fournir une statistique bien faite, les taux annuels de mortalité comportent une incertitude de $\dfrac{1}{12}$ à $\dfrac{1}{16}$ de leur valeur.

On voit par là quelle utilité peut présenter un procédé d'ajustement permettant de considérer les nombres de décès comme triples ou quintuples de ce qu'ils sont en réalité.

Des nombres triples présenteraient une erreur *relative* de $\dfrac{1}{21}$ à $\dfrac{1}{28}$, et des nombres quintuples de $\dfrac{1}{27}$ à $\dfrac{1}{36}$.

Théorie du procède d'ajustement.

Nous désignerons par:

p_a le taux de mortalité annuel inconnu correspondant à l'âge a; nous le considérons comme régi par les hypothèses indiquées plus haut, et nous l'appellerons en conséquence taux *théorique;*

t_a le taux de mortalité donné immédiatement par l'expérience, c'est-à-dire le rapport du nombre des décès constatés au nombre des vivants à l'âge a. Afin de le distinguer du taux précédent nous l'appellerons taux *empirique;*

P_a la moyenne de tous les taux de mortalité *théoriques* (inconnus) compris entre les âges a — k et a + k, inclusivement, — ces taux étant par conséquent en nombre $2k + 1 = n$;

T_a la moyenne des $2\,k + 1 = n$ taux empiriques correspondant à ces mêmes âges (de $a - k$ à $a + k$, inclusivement).

Nous aurons par suite de ces définitions,

(1) $P_a = \dfrac{1}{n} \sum\limits_{-K}^{+K} p_{a+i}$

(2) $T_a = \dfrac{1}{n} \sum\limits_{-K}^{+K} t_{a+i}$

i prenant, dans ces sommes, toutes les valeurs entières de $-K$ à $+K$ inclusivement.

Le taux p_{a+i} — étant, par hypothèse, dans l'intervalle de n années considéré, une fonction entière du troisième degré de $a + i$ (et par conséquent de i), — peut être exprimé, au moyen du développement de Taylor, en fonction de p_a et de ses trois premières dérivées. On a donc les expressions ci-après de p^{a+i} et de p_{a-i}

$$p_{a+i} = p_a + i\,\frac{d\,p_a}{da} + \frac{i^2}{2}\,\frac{d^2\,p_a}{da^2} + \frac{i^3}{6}\,\frac{d^3\,p_a}{da^3}$$

$$p_{a-i} = p_a - i\,\frac{d\,p_a}{da} + \frac{i^2}{2}\,\frac{d^2\,p_a}{da^2} - \frac{i^3}{6}\,\frac{d^3\,p_a}{da^3}$$

ajoutons membre à membre, et nous aurons, toutes réductions faites:

(3) $p_{a+i} + p_{a-i} = 2\,p_a + i^2\,\dfrac{^2\,p_a}{d\,d\,a^2}$

faisons la somme de toutes les égalités de la même forme, pour les valeurs de i de 1 à K inclusivement, et ajoutons en outre p_a aux deux membres, nous aurons

$$\sum\limits_{-K}^{+K} p_{a+i} = (2\,K + 1)\,p_a + \frac{d^2\,p_a}{da^2}\,\sum\limits_{0}^{K} i^2$$

Dans le second membre figure la somme des carrés des K premiers nombres naturels, remplaçons la par son expression connue, et nous aurons:

(4) $\sum\limits_{-K}^{+K} p_{a+i} = (2\,K + 1)\,p_a + \dfrac{K\,(K+1)\,(2\,K+1)}{6}\,\dfrac{d^2\,p_a}{da^2}$

Divisons les deux membres par $n = 2\,K + 1$; il vient

$$\frac{1}{n} \sum\limits_{-K}^{+K} p_{a+i} = p_a + \frac{K\,(K+1)}{6}\,\frac{d^2\,p_a}{da^2}$$

c'est-à-dire, d'après la définition de P_a:

(5) $P_a = p_a + \dfrac{K\,(K+1)}{6}\,\dfrac{d^2\,p_a}{da^2}$

Prenons les dérivées secondes des deux membres par rapport à a

$$\frac{d^2\,P_a}{da^2} = \frac{d^2\,p_a}{da^2} + \frac{K\,(K+1)}{6}\,\frac{d^4\,p_a}{da^4}$$

Mais, d'après nos hypothèses, p_a est du troisième degré seulement par rapport à a; la quatrième dérivée est donc nulle, et le dernier terme de l'équation précédente disparaissant, il reste

(6)
$$\frac{d^2 P_a}{da^2} = \frac{d^2 p_a}{da^2}$$

Ainsi la dérivée seconde est la même pour la fonction théorique p_a et pour la moyenne théorique P_a. Nous pourrions donc, si nous connaissions P_a, en tirer $\frac{d^2 Pa}{da^2}$ et, par suite, $\frac{d^2 p_a}{da^2}$ qui a la même valeur; — puis, la transportant dans l'équation (5), nous serions en mesure d'en déduire la valeur de p_a.

Il est vrai que la valeur exacte de P_a nous est inconnue, mais nous en connaissons une valeur approchée, — qui n'est autre que T_a moyenne des taux *empiriques*. Pour le montrer, prenons la différence des équations (1) et (2), membre à membre, il vient

(7)
$$P_a - T_a = \sum_{-K}^{+K} \frac{1}{n} (p_{a+i} - t_{a+i})$$

Ainsi l'erreur commise en prenant T_a (valeur empirique) pour P_a (valeur théorique) est la somme algébrique des erreurs analogues commises sur les couples de probabilités (empirique et théorique) aux mêmes âges. D'ailleurs, d'après la théorie des écarts, la *facilité* de l'erreur x est, pour chacun de ces couples, définie par la fonction de Gauss $\frac{h}{\sqrt{\pi}} 1^{-h^2 x^2}$ dans laquelle $h^2 = \frac{s}{2t(1-t)}$, s désignant le nombre des épreuves et t le taux de mortalité empirique. Il en résulte, d'après les propriétés connues de cette fonction, que l'erreur à craindre sur P_a est régie par une loi semblable dans laquelle la quantité h est remplacée par une quantité H, telle que l'on ait

$$\frac{1}{H^2} = \sum_{-K}^{+K} \frac{1}{n^2} \frac{1}{h^2_{a+i}}$$

Si, dans cette expression, nous remplaçons les diverses valeurs h_{a+i} par une valeur moyenne que nous désignerons par h, nous aurons finalement

$$\frac{1}{H^2} = \frac{1}{nh^2}$$

ou
$$H^2 = \frac{ns}{2t(1-t)}$$

t indiquant une valeur intermédiaire entre celles des taux empiriques, et s un nombre intermédiaire entre ceux des nombres de vivants relatifs aux divers âges de l'intervalle.

On peut dire sommairement que la valeur de H^2 est telle qu'on pourrait l'attendre si le nombre des épreuves (nombre de vivants) relatif à l'un des âges se trouvait multiplié par le nombre des années sur lesquelles on a opéré. En d'autres termes, les choses se passent comme si le nombre des épreuves était égal à la totalité des divers nombres de vivants afférents à toutes les années de l'intervalle.

Les taux de mortalité étant peu différents, en raison du peu d'étendue de l'intervalle, on voit que l'exactitude sur laquelle on peut compter en prenant pour P_a le nombre T_a est sensiblement la même que si toutes les épreuves qui ont servi à déterminer séparément les valeurs des nombres t_{a+i} avaient été totalisées pour l'évaluation de P_a.

Les erreurs relatives à craindre seront donc, d'après ce que nous avons vu plus haut, en raison inverse de la racine carrée du nombre n.

T^a étant une évaluation très approchée de P_a, c'est sur la série des nombres T_a que nous calculerons la dérivée seconde de P_a, que nous aurons à utiliser pour passer de P_a au taux théorique p_a.

On voit immédiatement que deux cas sont à distinguer : 1° si la fonction P_a se comporte comme une fonction du deuxième degré, la dérivée seconde est constante et égale, comme l'on sait, à la différence seconde ; c'est donc au moyen de cette différence que l'on opérera la correction.

2° Si la fonction P_a doit être considérée comme du troisième degré, la dérivée seconde n'est plus égale à la différence seconde, mais bien à cette dernière diminuée algébriquement de la différence troisième.

Ainsi la série des nombres T_a étant calculée pour les âges successifs, ces nombres pourront être considérés comme la représentation approximative des nombres P_a, et leurs dérivées secondes pourront être calculées par les différences en vue de la détermination du terme de correction qui figure dans l'équation (5). On en déduira une valeur approchée du taux théorique, sous la forme

$$(9) \qquad p_a = T_a - \frac{K\,(K+1)}{6}\,\frac{d^2\,T_a}{d_a{}^2}$$

Le calcul des nombres T_a et de leurs différences présentera des simplifications qu'il est à peine utile de signaler, lorsque le nombre n des termes employés dans les sommes successives ne change pas. On a en effet, d'après l'équation (2) en désignant par $\triangle$ et $\triangle^2$ les différences premières et deuxièmes.

$$\triangle T_a = T_{a+1} - T_a = \frac{t_{a+K+1} - t_{a-K}}{n}$$

$$\triangle^2 T_a = \frac{\triangle t_{a+K+1} - \triangle t_{a-K}}{n}$$

et une formule analogue pour la différence troisième.

Règles pratiques.

Nous déduirons des considérations qui précèdent les règles suivantes pour l'ajustement d'une partie de la table de mortalité :

Ayant adopté un nombre impair $n = 2K+1$ indiquant de combien de termes se compose chaque somme, on formera, pour chaque âge, la somme de n taux de mortalité bruts dont K précédent et K suivent le taux brut correspondant à l'âge considéré. Ces sommes étant divisées par n donneront comme quotients les nombres T_a ; on en déduira les nombres p_a, c'est-à-dire les taux ajustés en leur faisant subir la correction indiquée par l'équation (9).

Application numérique.

Nous prendrons un exemple dans ta table de mortalité française A F, en ajustant le taux de mortalité relatif à l'âge de 40 ans.

Voici l'indication des nombres de décès et des taux de mortalité pour cent (taux bruts), pour cet âge et quelques âges voisins.

âges	Nombres de décès	Taux de mortalité pour cent
38 ans	566	0,8918
39 „	593	0,9408
40 .	594	0,9954
41 ,	571	1,0764
42 .	549	1,0804
43 „	569	1,1084
44 „	555	1,1534

1^0 D'après les formules données plus haut, le taux de mortalité brut à l'âge de 40 ans comporte (avec une probabilité de $^9/_{10}$) une erreur relative de $^1/_{14}$ de sa valeur environ. Le taux véritable se trouverait entre les limites 0,9954 $\pm$ 0,0711 pour cent, c'est-à-dire entre 1,0665 et 0,9243 pour cent.

2^0 Ajustement avec 3 termes n = 3, K = 1, $\dfrac{K\,(K+1)}{6} = \dfrac{1}{3}$

La somme des taux bruts de 39 à 41 ans inclus est 3,0126 p. cent

dont le $\frac{1}{3}$ est $T_{40} = 1,0042$ „

de même $T_{41} = 1,0507$ „

$T_{42} = 1,0884$ „

D'où l'on déduit la différence seconde $\triangle^2 = -0,0088$ „

et la correction $-\dfrac{1}{3}\,\triangle^2 = +0,0029$ „

que l'on ajoutera à T_{40}, ce qui donnera $p_{40} = 1,0071$ pour cent pour la valeur du taux ajusté.

L'erreur relative à craindre, calculée d'après les décès de 39 à 41 ans, soit sur 1707 décès, est de $^1/_{25}$ environ.

Le taux véritable se trouverait compris entre 1,0071$\pm$ 0,0403, soit entre 1,0474 et 0,9668 pour cent.

3^0 Ajustement avec 5 termes. N = 5, K = 2, $\dfrac{K\,(K+1)}{6} = 1.$

La moyenne des 5 taux bruts de 38 à 42 ans donne:

$T_{40} = 0,9970$ pour cent

de même $T_{41} = 1,0013$ „

$T_{42} = 1,0055$ „

La différence deuxième est égale à une unité négative du dernier ordre décimal.

La correction étant égale et de signe contraire, le taux ajusté est $p_{40} = 0,9971$ pour cent.

Il comporte, d'après les 2822 décès de 38 à 42 ans, une erreur relative de $^1/_{32}$. Le taux véritable serait compris entre 0,9971 $\pm$ 0,0312, soit entre 1,0283 et 0,9659.

D'après la petitesse de la différence seconde, dans ces exemples, relativement aux écarts possibles, il eût été oiseux de calculer les différences 3 ièmes.

On voit que l'on aurait pu prendre pour n un nombre plus grand, 7 par exemple, tout en laissant à la correction une valeur minime par rapport à l'erreur à craindre. Cette dernière condition devant être toujours respectée.

Über die Ausgleichung von Sterbetafeln.

Von Marc Achard, Paris.

Die Notwendigkeit einer Ausgleichung ergibt sich aus der Unvollständigkeit der Zahlen der Statistiken. Will man einen Begriff von dem relativen Fehler geben, der mit einer mäßigen Wahrscheinlichkeit, etwa $9/10$, in den Sterbensprozentsätzen zu erwarten ist, so kann man sagen, daß dieser im großen und ganzen im umgekehrten Verhältnis zur Quadratwurzel aus der jährlichen Anzahl der Todesfälle wächst und daß er, für eine beträchtliche Anzahl von Todesfällen, etwa 400 bis 700, etwa den Betrag von $1/12$ bis $1/16$ der Sterbenswahrscheinlichkeit erreicht.

Der Gegenstand der vorliegenden Arbeit ist die Ausgleichung der Sterbenswahrscheinlichkeiten durch Vergrößerung der Präzision.

Es wird angenommen, daß innerhalb eines Zeitraumes von wenigen Jahren die Sterbenswahrscheinlichkeiten sich wie eine Funktion von höchstens drittem Grade ändern. Aus dieser Voraussetzung ergibt sich die betrachtete Ausgleichsmethode.

Sie besteht in folgenden Operationen: man nimmt für ein bestimmtes Alter das Mittel aus einer gewissen Anzahl von Sterbenswahrscheinlichkeiten, die zu beiden Seiten des betrachteten Alters liegen. Diese Mittel bilden dann eine neue Reihe von Werten, aus denen man die ausgeglichenen Werte ableitet mit Hilfe einer Korrektion, welche von diesen Werten selbst, oder richtiger von ihren zweiten Ableitungen, abhängt. Sie darf nur sehr klein sein.

Wenn man die Anzahl der aufeinander folgenden Werte bestimmt hat, die zur Mittelbildung benutzt werden sollen, so wird sich der zu erwartende Fehler annähernd im umgekehrten Verhältnis zur Wurzel aus dieser Anzahl vermindert haben. Er wird also der gleiche sein, wie wenn die statistischen Zahlen im gleichen Maße vervielfältigt wären.

Ein numerisches Beispiel aus den Zahlen der französischen Tafel AF beschließt die Arbeit.

On the graduation of mortality tables.

By M. Achard, Paris.

In consequence of the insufficiency of the statistical observations, an adjustment of the data becomes necessary. To form an idea of the relative error of the rate of mortality, with a certain moderate probability, $^9/_{16}$ for example, it can be stated, that this relative error, very nearly, increases in inverse ratio to the square root of the number of deaths per annum, and that, for a considerable number of deaths, 400 or 700 for instance this error amounts to $^1/_{12}$ or $^1/_{16}$ of the rate of mortality.

The subject of the present paper is the adjustment of the rates of mortality by increasing their precision.

The supposition is made that the rates of mortality, for a space of a few years, vary as a function of no higher than the 3rd order; the procedure of adjustment follows from this supposition.

It involves the following operations: for a given age, the unadjusted rate of mortality is combined with a certain number of preceding and an equal number of following table values by taking the mean of the consecutive values. These average form a new series of values, from which the graduated values are derived by a correction depending on these same values, or, more exactly, on their second derivatives. This correction has to be very small.

As a suitable number of consecutive values for forming the averages has been chosen, the error to be expected will have diminished approximately in the ratio of the square root of this number. Consequently this error will be the same, as if the material of the statistics were multiplied by this number.

A numerical example calculated on the base of the French Table AF is given at the end of the paper.

IX. — D.

Zur Ausgleichung von Sterbetafeln.
Die verschiedenen Methoden
der Anwendung der Gompertz-Makehamschen Formel.

Von **Gustav Rosmanith**, Wien.

1. Bedeutet w_x die Sterbenswahrscheinlichkeit, $1 - w_x$ die Überlebenswahrscheinlichkeit und l_x die Anzahl der Lebenden einer Abfallsordnung vom Alter x, so lautet die *Gompertz-Makeham*sche Formel:

$$l_x = K \cdot s^x \cdot g^{q^x},$$

woraus wegen $\dfrac{l_{x+1}}{l_x} = 1 - w_x$

$$1 - w_x = s \cdot g^{q^x (q-1)} \text{ und}$$

$$\log (1 - w_x) = \log s + (q - 1) \log g \cdot q^x.$$

Diese Relation bildet die Grundlage der folgenden Untersuchungen und soll einfach in folgender Weise geschrieben werden:

$$(1) \qquad\qquad \gamma_x = a + bq^x,$$

so daß $\gamma_x = \log (1 - w_x)$, $a = \log s$, $b = (q - 1) \log g$ bedeutet.

Der zugehörige direkt beobachtete Wert wird mit $\bar{y}_x$ bezeichnet werden.

Will man die Reihe der l_x ausgleichen, so hat man somit vier Konstante zu bestimmen und die Kurve wäre durch die Angabe der Werte für vier Beobachtungsalter bestimmt.

Legt man der Ausgleichung die Werte von $y_x = \log (1 - w_x)$ zugrunde, wie dies im folgenden zumeist geschieht, so sind nur drei Beobachtungswerte nötig, um die Kurve zu bestimmen; geht man von den ausgeglichenen Werten der Reihe y_x auf die Reihe l_x über, so ist die Konstante K willkürlich zu bestimmen und wird dann zumeist so gewählt, daß das Anfangsalter mit einer runden Zahl von Lebenden besetzt erscheint.

Die Beobachtungsreihe aber, die durch die Formel dargestellt werden soll, umfaßt weit mehr Einzelwerte, als die Anzahl der Konstanten beträgt, zwischen 60 und 100, je nach dem Umfang des Beobachtungsmaterials. Daraus entspringt ein Ausgleichungsproblem, da es sich darum handelt, die Formel der Gesamtheit der Beobachtungen »möglichst anzupassen« und eine einwandfreie Lösung dieses Problems vermag nur die Methode der kleinsten Quadrate zu geben.

2. Von jenen Methoden, welche dieser Forderung nicht entsprechen und daher nur angenäherte Werte der Konstanten zu bestimmen gestatten, kommt derzeit praktisch allein die *King-Hardy*-sche Methode in Betracht. Ich beschränke mich auf die kürzeste Behandlung derselben und verweise auf die Originalpublikation Text Book, Band II.

Die Beobachtungen werden in drei Gruppen von gleicher Anzahl t geteilt und die drei Konstanten aus den drei Gleichungen

(2)
$$S_1 = \sum_{x}^{x+t-1} (\bar{y}_x - y_x) = 0$$
$$S_2 = \sum_{x+t}^{x+2t-1} (\bar{y}_x - y_x) = 0$$
$$S_3 = \sum_{x+2t}^{x+3t-1} (\bar{y}_x - y_x) = 0$$

bestimmt. Aus diesen Gleichungen ergeben sich durch Substitution des Wertes $a + bq^x$ für y_x die folgenden:

$$S_1 = t \cdot a + q^t \frac{q^t-1}{q-1} \cdot b$$
$$S_2 = t \cdot a + q^{x+t} \frac{q^t-1}{q-1} b$$
$$S_3 = t \cdot a + q^{x+2t} \frac{q^t-1}{q-1} b,$$

aus welchen zunächst der Wert von q^t gefunden wird:

$$q^t = \frac{S_3 - S_2}{S_2 - S_1},$$

womit auch q schon gegeben erscheint.

Von derartig ermittelten Werten von q werde ich später wiederholt Gebrauch machen, während die weitere Lösung des *King*schen Gleichungssystems für das folgende nicht in Betracht kommt.

3. Die Theorie der kleinsten Quadrate erfordert zunächst

$$\sum (\bar{y}_x - y_x)^2 \, \Gamma_x \quad \text{ein Minimum,}$$

wobei sich die Summe über alle vorliegenden Beobachtungen zu erstrecken hat. Γ_x bedeutet das Gewicht für den Logarithmus der Überlebenswahrscheinlichkeit und es ist nach *Wittstein*[*]) zu setzen

$$\Gamma_x = \frac{l_x (1 - w_x)}{w_x}.$$

Darin bedeutet l_x die Zahl der bei dem Alter x wirklich beobachteten Lebenden.

---

[*]) *Th. Wittstein*, Das mathematische Gesetz der Sterblichkeit. 2. Aufl. 1883.

Die erstere Gleichung ist erfüllt, wenn

$$\Sigma\,(\gamma_x - y_x)\,\Gamma_x \cdot d\,y_x = 0.$$

Stellt man sich auf den Standpunkt, man sei durch Näherungswerte der Konstanten a, b, q dem Minimum der mit Berücksichtigung
der Gewichte gebildeten Fehlerquadrate bereits sehr nahe gekommen
und strebe an, durch Korrektionen d a, d b, d q an jenen Näherungs-
werten das Minimum zu erreichen, so darf bis auf Glieder der ersten
Ordnung in den Korrektionen

$$\gamma_x - \gamma_x = d\,\gamma_x = d\,a + q^x\,d\,b + b_x\,q^{x-1}\,d\,q$$

gesetzt werden und die Bedingung des Minimum, in bezug auf d a,
d b, d q als Variable ausgeführt, liefert die drei Gleichungen:

$$(3) \qquad \begin{aligned} \Sigma\,(\overline{y}_x - y_x)\,\Gamma_x &= 0 \\ \Sigma\,(\overline{y}_x - y_x)\,\Gamma_x\,q^x &= 0 \\ \Sigma\,(\gamma_x - y_x)\,\Gamma_x\,b_x\,q^{x-1} &= 0, \end{aligned}$$

die man als »Normalgleichungen« bezeichnet.

Die Methode der kleinsten Quadrate führt aber nur dann zur
direkten Lösung der Aufgabe, wenn y_x eine lineare Funktion der
Variablen ist, da nur in diesem Falle das System der Normalgleichungen linear ist. *Dieser Forderung ist in dem vorliegenden
Falle nicht entsprochen; das Gleichungssystem (3) ist transzendent
und es kann daher eine Lösung desselben nur durch Näherungsmethoden erfolgen.*

4. Die bisher zur Anwendung gebrachten Näherungsmethoden
lassen sich nach dem Wege, auf welchem die Annäherung an die
beste Kurve gesucht wird, in folgender Weise gruppieren:

I. Es werden angenäherte Werte für alle drei Konstanten vorausgesetzt und diese Werte der Forderung der Methode der kleinsten
Quadrate entsprechend verbessert (*Gauss*sches Näherungsverfahren).

II. Die Annäherung bezieht sich auf den Charakter der Kurve,
indem an die Stelle der gesuchten transzendenten Funktion eine
rationale ganze Funktion entsprechenden Grades gesetzt wird, mit
anderen Worten: indem man von der Potenzreihenentwicklung einer
transzendenten Funktion die Anfangsglieder beibehält in der Er-
wartung, die so gesetzte algebraische Kurve der transzendenten genügend nahe bringen zu können. (Methode der Momente nach
Pearson Biometrica, Vol. I. 1901/2, Cambridge University Press.)

III. Die Annäherung bezieht sich auf eine Konstante, während
die beiden anderen Konstanten durch direkte Lösung der Bedingungsgleichungen gefunden werden. (*Graf*sche Methode, akkumulierte
Abweichungen.)

Auf Grund der folgenden Untersuchungen ergibt sich eine
weitere Möglichkeit, zu den besten Werten der Konstanten zu kommen
durch eine Modifikation der *Gauss*schen Methode:

IV. Es wird ein angenäherter Wert der Konstante q vorausgesetzt und mit Hilfe desselben werden nach der Methode der
kleinsten Quadrate die besten Werte aller drei Konstanten ermittelt.

I. Es werden angenäherte Werte für alle drei Konstanten vorausgesetzt und diese unter Anwendung der Methode der kleinsten Quadrate verbessert. (Gausssche Methode.)

5. Es seien a_0, b_0, q_0 die gegebenen angenäherten Werte der Konstanten,

$$y'_x = a_0 + b_0 q_0^x$$

der mit ihnen gerechnete und y_x der zu suchende verbesserte Funktionswert:

$$y_x = a + b q_x,$$

wobei $a = a_0 + \delta a$ $b = b_0 + \delta b$ $q = q_0 + \delta q$ sein soll.

Dann ist nach der *Gauss*schen Methode zu setzen:

$$y_x = (a_0 + \delta a) + (b_0 + \delta b)(q_0 + \delta q)^x.$$

Vernachlässigt man Glieder 2. Ordnung, so erhält man für den zweiten Summanden

$$(b_0 + \delta b)(q_0^x + x \cdot \delta q \cdot q_0^{x-1}) = b_0 q_0^x + q_0^x \delta b + x b_0 q_0^{x-1} \delta q.$$

Somit wird

$$y_x - y'_x = \delta a + q_0^x \delta b + x b_0 q_0^{x-1} \delta q$$
$$\bar{y}_x - y_x = (\bar{y}_x - y'_x) - (\delta a + q_0^x \delta b + x b_0 q_0^{x-1} \delta q).$$

Setzt man diesen Ausdruck für die Differenz $(\bar{y}_x - y_x)$ im Gleichungssystem (3) ein, schreibt für $(\bar{y}_x - y'_x)$ das Zeichen Δ_x und setzt $b_0 q^{-1} = \varepsilon$, so erhält man für die Korrektionen die Differentiale δa, δb und δq die Bestimmungsgleichungen:

$$\Sigma \Gamma_x (\delta a + q_0^x \delta b + \varepsilon \cdot x \cdot q_0^x \cdot \delta q) - \Sigma \Gamma_x \Delta_x = 0$$
$$\Sigma \Gamma_x q_0^x (\delta a + q_0^x \delta b + \varepsilon x \cdot q_0^x \delta q) - \Sigma \Gamma_x q_0^x \Delta_x = 0$$
$$\Sigma \Gamma_x \varepsilon x q_0^x (\delta a + q_0^x \delta b + \varepsilon x q_0^x \delta q) - \Sigma \Gamma_x \varepsilon x q_0^x \Delta_x = 0$$

welche in folgender Weise geschrieben werden können, wenn gleichzeitig die letzte Gleichung mit ε abgekürzt wird:

(4)
$$\delta a \Sigma \Gamma_x + \delta b \Sigma \Gamma_x q_0^x + \varepsilon \delta q \Sigma \Gamma_x x q_0^x = \Sigma \Gamma_x \Delta_x$$
$$\delta a \Sigma \Gamma_x q_0^x + \delta b \Sigma \Gamma_x q_0^{2x} + \varepsilon \delta q \Sigma \Gamma_x x q_0^{2x} = \Sigma \Gamma_x q_0^x \Delta_x$$
$$\delta a \Sigma \Gamma_x x q_0^x + \delta b \Sigma \Gamma_x x q_0^{2x} + \varepsilon \delta q \Sigma \Gamma_x x^2 q_0^{2x} = \Sigma \Gamma_x x q_0^x \Delta_x.$$

Führt man nun folgende Bezeichnung für die Koeffizienten dieser symmetrischen Gleichungen ein:

(5)
$$\Sigma \Gamma_x = A \quad \Sigma \Gamma_x q_0^x = B \quad \Sigma \Gamma_x x q_0^x = C \quad \Sigma \Gamma_x \Delta_x = D$$
$$\Sigma \Gamma_x q_0^{2x} = E \quad \Sigma \Gamma_x x q_0^{2x} = F \quad \Sigma \Gamma_x q_0^x \Delta_x = G$$
$$\Sigma \Gamma_x x^2 q_0^{2x} = H \quad \Sigma \Gamma_x x q_0^x \Delta_x = K$$

und berücksichtigt, daß b_0 ein negativer Wert, somit auch ε negativ sein muß, und daß man auch δb negativ nehmen muß, um die Beziehung $b = b_0 + \delta b$ für den absoluten Wert von b beizubehalten, so erhält man nunmehr das Gleichungssystem:

(6)
$$A \delta a - B \delta b - C \varepsilon \delta q = D$$
$$B \delta a - E \delta b - F \varepsilon \delta q = G$$
$$C \delta a - F \delta b - H \varepsilon \delta q = K$$

und daraus für die Verbesserungen der Konstanten die Gleichungen:

$$\varepsilon\,\delta q = \frac{(BD - AG)(AF - BC) - (CD - AK)(AE - B^2)}{(AF - BC^2) - (AH - C^2)(AE - B^2)}$$

(7)
$$\delta b = \frac{(BD - AG) - \varepsilon\,\delta q(AF - BC)}{AE - B^2}$$

$$\delta a = \frac{B\,\delta b + C\,\varepsilon\,\delta q + D}{A}$$
$$\quad\quad\quad\quad\quad\quad\quad\quad\quad | \; \varepsilon \text{ absolut.}$$

Um die Methode zur Anwendung zu bringen, hat man zuerst eine Näherung nach der *King*schen Methode zu rechnen, die Tafel für dieselbe und die Differenzen Δ_x zu entwickeln; sodann ist die numerische Rechnung der Koeffizienten durchzuführen, welche sich bezüglich der sechs Koeffizienten der linken Seiten von (6) einfach gestaltet, indem man aus der Reihe der Werte log Γ_x und log q_0^x durch je eine weitere Rechnungsoperation die Reihe der Logarithmen der einzelnen Summanden der Koeffizienten nacheinander entwickelt. Dagegen ist bei der Berechnung der rechten Seiten D, G und K das Vorzeichen der einzelnen Summanden wechselnd, da Δ_x mit seinem Vorzeichen in die Rechnung eingeht, daher die Auswertung der Endsummen besondere Aufmerksamkeit erfordert. D, G und K gehen selbst mit ihrem Vorzeichen in die Rechnung der Korrektionen (7) ein, während die übrigen Koeffizienten ebenso wie ε als absolute Werte zu betrachten sind. Auch die Lösung der Gleichungen (7) ist umständlich, so daß im ganzen diese Methode nicht leicht zu handhaben ist und einen umfangreichen Rechenapparat erfordert.

Die Schwierigkeit des wechselnden Vorzeichens läßt sich aber umgehen und gleichzeitig eine Ersparnis an Rechenarbeit erzielen, indem die Rechnung der Tafel für die angenäherten Werte der Konstanten q_0, a_0 und b_0 und die Entwicklung der Differenzen Δ_x entfallen kann.

Setzt man nämlich in den Koeffizienten D, G und K an Stelle des Zeichens Δ_x den entsprechenden Wert

$$\Delta_x = \overline{y}_x - y'_x = \overline{y}_x - a_0 - b_0\,q_0^x,$$

so kann man schreiben:

$$\Sigma\,\Gamma_x\,\Delta_x = \Sigma\,\Gamma\,\overline{y}_x - a_0\,\Sigma\,\Gamma_x - b_0\,\Sigma\,\Gamma_x\,q_0^x$$

$$\Sigma\,\Gamma_x\,q_0^x\,\Delta_x = \Sigma\,\Gamma_x\,q_0^x\,\overline{y}_x - a_0\,\Sigma\,\Gamma_x\,q_0^x - b_0\,\Sigma\,\Gamma_x\,q_0^{2x}$$

$$\Sigma\,\Gamma_x\,x\,q_0^x\,\Delta_x = \Sigma\,\Gamma_x\,x\,q_0^x\,\overline{y}_x - a_0\,\Sigma\,\Gamma_x\,x\,q_0^x - b_0\,\Sigma\,\Gamma_x\,x\,q_0^{2x}.$$

Führt man weiters folgende Zeichen ein:

$$\Sigma\,\Gamma_x\,\overline{y}_x = V \quad \Sigma\,\Gamma_x\,q_0^x\,\overline{y}_x = W \text{ und } \Sigma\,\Gamma_x\,x\,q_0^x\,\overline{y}_x = Z,$$

so kann man die vorstehenden Gleichungen schreiben

(8)
$$\begin{array}{l} D = V - a_0\,A - b_0\,B \\ G = W - a_0\,B - b_0\,E \\ K = Z - a_0\,C - b_0\,F, \end{array}$$

so daß man an Stelle der drei Ausdrücke D, G, K, welche, wie früher bemerkt, *aus Summanden von wechselnden Vorzeichen bestehen,* die aus Summanden von *einerlei Vorzeichen* bestehenden Ausdrücke

V, W, Z berechnet, zu deren Auswertung nur die Reihe der Original-beobachtungswerte $\bar{y}_x$ benötigt wird. Es entfällt somit die Berechnung der Reihe der y'_x und der Δ_x und man kann lediglich aus den Werten q_0 a_0 b_0 $\bar{y}_x$ Γ_x alle neun Koeffizienten entwickeln, aus denen sich dann die erforderlichen Größen D, G, K mit Hilfe der einfachen Relationen (8) sofort berechnen lassen.

Die *Gauss*sche Methode ist die einzige Methode, welche zu tadellosen Resultaten führt, d. h. die Summe der Fehlerquadrate tatsächlich zu einem Minimum macht. Aber ihre Anwendung wird auch dadurch sehr erschwert, daß bereits bei solchen Werten von δq, welche innerhalb der gewöhnlichen Grenze der Abweichung der nach der *King*schen Methode gerechneten Werte von q liegen, die einmalige Anwendung nicht ausreicht und eine zweimalige Rechnung erforderlich wird; insbesondere der Wert der Korrektion δb ist sehr empfindlich und wird durch die Vernachlässigung der zweiten Potenz von δq schon bei kleinen Werten von δq beeinflußt. Ich habe bei wiederholten Rechnungen gefunden, daß in dem Falle, als δq den Betrag von 0.0005 übersteigt, eine zweimalige Verbesserung nicht zu vermeiden ist. Dadurch wird aber eine außerordentliche Ausdehnung der Rechenarbeit erforderlich, wenn man nach der bisher üblichen Rechenmethode verfährt. Durch meine im Punkte 16 entwickelte Rechenmethode wird der Umfang der Rechenarbeit aber ganz wesentlich eingeschränkt.

II. Es wird der gesuchten transzendenten Kurve eine algebraische Kurve höherer Ordnung substituiert.

6. *Pearson* hat eine ganz eigenartige Behandlung des Problems, aus der sich die interessantesten Konsequenzen ergeben, durchgeführt, indem er die Theorie der für die Bearbeitung variationsstatistischer Erscheinungen so fruchtbaren »Frequenzkurven« und der ihnen zugrunde liegenden »Momente höherer Ordnung« auf die *Gompertz-Makeham*sche Formel anwendete.

Wir gehen von der Grundgleichung für die Lebenden aus, welche vier Konstante enthält, und suchen ihr eine Parabel dritter Ordnung, deren Gleichung auch vier Parameter enthält, möglichst nahe zu bringen:

(9) $$y_x = a_1 + a_2\,x + a_3\,x^2 + a_4\,x^3.$$

Die Forderung der Methode der kleinsten Quadrate ergibt

$$\int (\bar{y}_x - y_x)^2\,d\,x \quad \text{ein Minimum,}$$

was zur Folge hat, daß

$$\int (\bar{y}_x - y_x)\,\delta\,y\,d\,x = 0$$

werden muß, wenn δy_x die Variation von y_x in bezug auf die Koeffizienten bedeutet, so daß

$$\delta y_x = \delta a_1 + x\,\delta a_2 + x^2\,\delta a_3 + x^3\,\delta a_4$$

und da die Inkremente $\delta a_1 \ldots \delta a_4$ willkürliche Größen sind, so entspringen aus obiger Forderung die folgenden Bestimmungsgleichungen für die Koeffizienten der Formel (9)

$$(10) \quad \begin{cases} \int (\bar{y}_x - y_x)\, d x = 0 \\ \int (\bar{y}_x - y_x)\, x\, d x = 0 \\ \int (\bar{y}_x - y_x)\, x^2\, d x = 0 \\ \int (\bar{y}_x - y_x)\, x^3\, d x = 0. \end{cases}$$

welche auch in folgender Weise geschrieben werden können:

$$(11) \quad \begin{cases} \int y_x\, d x = \int \bar{y}_x\, d x = A_1 \\ \int y_x\, x\, d x = \int \bar{y}_x\, x\, d x = A_1\, \mu_1 \\ \int y_x\, x^2\, d x = \int \bar{y}_x\, x^2\, d x = A_1\, \mu_2 \\ \int y_x\, x^3\, d x = \int \bar{y}_x\, x^3\, d x = A_1\, \mu_3. \end{cases}$$

Der Ausdruck A_1 bedeutet die Fläche der durch die beobachteten Werte begrenzten Kurve; $A_1\,\mu_1$, $A_1\,\mu_2$, $A_1\,\mu_3$ sind die aus der Theorie der Frequenzkurven[*] bekannten »Momente« (1., 2. und 3. Moment) dieser Kurve. Die Forderung der Methode der kleinsten Quadrate geht also dahin, *daß die Fläche und die ersten drei Momente der gesuchten ausgeglichenen Kurve gleich sein sollen der Fläche und den ersten drei Momenten der den beobachteten Werten entsprechenden Kurve.*

Um aus den direkt beobachteten Werten $\bar{y}_x$ zu den Integralwerten des Systems (11) zu gelangen, stellt *Pearson* eine Reihe von Formeln zusammen, von denen hier nur zwei, die Formeln von *Simpson* und *Weddle*, angeführt werden sollen:

Die erstere ist für $2\,p + 1$ Ordinaten anzuwenden und lautet:

$$A = \int_{x_0}^{x_{2p}} y\, d x = \frac{1}{3}\, h\, [y_0 + 2\,(y_2 + y_4 + \ldots + y_{2p-2}) + y_{2p} + \\ + 4\,(y_1 + y_3 + \ldots + y_{2p-1})].$$

Die Formel von *Weddle* für $6\,p$ Ordinaten lautet:

$$A = \int_{x_0}^{x_{6p}} y\, d x = \frac{3}{10}\, h\, [y_0 + y_2 + y_4 + y_8 + y_{10} + \ldots + y_{6p} + \\ + 2\,(y_6 + y_{12} + \ldots + y_{6p-6}) + 5\,(y_1 + y_5 + y_7 + \ldots + y_{6p-1}) + \\ + 6\,(y_3 + y_9 + y_{15} + \ldots + y_{6p-3})],$$

wobei h das Intervall der Beobachtungspunkte bedeutet und im vorliegenden Falle, wo es sich um einjährige Intervalle handelt, 1 zu setzen ist.

---

[*] »Die Methode der Variationsstatistik.« *Georg Dunker*, Leipzig 1899.

Besonders die letztere Formel liefert sehr gute Näherungen für die Werte der Integrale, die sehr genau bestimmt sein müssen, wenn die Methode zu guten Resultaten führen soll. Ich habe mich davon überzeugt, daß die Annäherung mit der Trapezformel

$$A = h\left(\frac{1}{2}y_0 + y_1 + y_2 + \ldots + \frac{1}{2}y_p\right)$$

durchaus nicht ausreichend erscheint.

Die Werte der Momente werden entwickelt, indem an Stelle der Werte y_x die Werte $x \cdot \bar{y}_x$, $x^2 \cdot \bar{y}_x$, $x^3 \cdot \bar{y}_x$ treten und dieselbe Formel wie für A angewendet wird.

Auf der linken Seite der Gleichungen (11) wird nun von *Pearson* an Stelle des Ausdruckes (q) die *Gompertz-Makehamsche* Formel gesetzt, wobei, wie schon erwähnt, von den *Lebenden* der Abfallsordnung ausgegangen wird,

$$y_x = l_x = k \cdot s^x g^{q^x},$$

und da man nunmehr zu Normalgleichungen kommt, die eine Elimination der Variablen gestatten, gelangt man auf diesem Wege zu einer direkten Bestimmung der Konstanten der gesuchten Kurve.

Um die Auswertung der Integrale zu ermöglichen, ist zunächst eine Verschiebung des Ursprunges des Koordinatensystems auf den Mittelpunkt der in Betracht kommenden Strecke notwendig. Bezeichnet $(l + 1)$ die Anzahl der auszugleichenden Werte, welche in ungerader Zahl gewählt werden, und ist x_0 der Altersindex des mittleren Wertes der Beobachtungsreihe, so wird die Verschiebung durch die Substitution

$$x = x_0 + x' = x_0 + \frac{x'}{l} \cdot l$$

bewirkt.

Setzt man

$$k \cdot s^{x_0} = k_1 \qquad\qquad s^l = s_1$$
$$g^{q^{x_0}} = g_1 \qquad\qquad q^l = q_1,$$

so erhält man

$$l_{x'} = k_1 s_1^{\frac{x'}{l}} g_1^{q_1^{\frac{x'}{l}}}.$$

Nimmt man den Logarithmus und schreibt wieder x statt x' so ist weiters:

$$\log l_x = \log k_1 + \frac{x}{l}\log s_1 + q_1^{\frac{x}{l}}\log g_1.$$

Setzt man schließlich

$$\log l_x = L \qquad \log s_1 = S \qquad \log g_1 = G,$$
$$\log k_1 = K \qquad q_1 = e^{2n}$$

so geht obiger Ausdruck für $\log l_x$ über in die Form:

$$L = K + S \cdot \frac{x}{l} + G \cdot e^{2n \frac{x}{l}}.$$

und die auszuwertenden Integrale sind folgende:

$$1.\quad A = \int_{-\frac{1}{2}}^{+\frac{1}{2}} L\,dx = K\,1 + G\,\frac{1}{2\,n}\,e^{2n\frac{x}{1}}\Big|_{-\frac{1}{2}}^{+\frac{1}{2}}$$

somit

$$A = K\,1 + G\,\frac{1}{n}\,\frac{e^{n}-e^{-n}}{2}.$$

Führt man hyperbolische Funktionen ein, nämlich

$$\frac{e^{n}-e^{-n}}{2} = \sinh n \text{ als hyperbolischen Sinus}$$

$$\frac{e^{n}+e^{-n}}{2} = \cosh n \text{ als hyperbolischen Cosinus,}$$

so kann man nun schreiben:

(1)
$$a_0 = \frac{A}{1} - K + G\,\frac{\sinh n}{n}$$

$$2.\quad A\,a_1 = \int_{-\frac{1}{2}}^{+\frac{1}{2}} L\,x\,dx = \frac{S}{31}\,x^3\Big|_{-\frac{1}{2}}^{+\frac{1}{2}} + G\int_{-\frac{1}{2}}^{+\frac{1}{2}} x\,e^{2n\frac{x}{1}}\,dx$$

$$- S\cdot\frac{1^2}{12} + \frac{1^2}{12}\,G\,\frac{\cosh n}{n} - \frac{1^2}{2}\,G\,\frac{\sinh n}{n^2}$$

(2)
$$a_1 = \frac{12}{1^2}\,A\,a_1 = S + 6\,G\left(\frac{\cosh n}{n} - \frac{\sinh n}{n^2}\right)$$

$$3.\quad A\,a_2 = \int_{-\frac{1}{2}}^{+\frac{1}{2}} L\,x^2\,dx = \frac{1}{12}\,K\,1^3 + G\int_{-\frac{1}{2}}^{+\frac{1}{2}} x^2\,e^{2n\frac{x}{1}}\,dx$$

(3)
$$a_2 = \frac{12}{1^3}\,A\,a_2 = K + 3\,G\left(\frac{\sinh u}{n} - \frac{2\cosh n}{n^2} + \frac{2\sinh n}{n^3}\right)$$

$$4.\quad A\,a_3 = \int_{-\frac{1}{2}}^{+\frac{1}{2}} L\,x^3\,dx = \frac{S}{51}\cdot\frac{1^5}{16} + G\int_{-\frac{1}{2}}^{+\frac{1}{2}} x^3\,e^{2n\frac{x}{1}}\,dx$$

(4)
$$a_3 = \frac{80}{1^4}\,A\,a_3 = S + 10\,G\left[\frac{\cosh n}{n} - \frac{3\sinh n}{n^2} + \frac{6\cosh n}{n^3} - \frac{6\sinh n}{n^4}\right].$$

Durch Subtraktion erhält man aus (4) — (2) und (3) — (1)

$$a_3 - a_1 = G\left[\frac{4\cosh n}{n} - \frac{24\sinh n}{n^2} + \frac{60\cosh n}{n^3} - \frac{60\sinh n}{n^4}\right]$$

$$a_2 - a_0 = G\left[\frac{2\sinh n}{n} - \frac{6\cosh n}{n^2} + \frac{6\sinh n}{n^3}\right].$$

Setzt man $\frac{a_3 - a_1}{a_2 - a_0} = \beta$, so erhält man durch Multiplikation mit

n^4 und Division mit cosh n

$$\beta = \frac{4\,n^3 + 60\,n - (24\,n^2 + 60)\,\text{tgh }n}{(2\,n^3 + 6\,n)\,\text{tgh }n - 6\,n^2}\,.$$

Durch Einsetzen von $\text{tgh }n = \dfrac{e^n - e^{-n}}{e^n + e^{-n}} = \dfrac{e^{2\,n} - 1}{e^{2\,n} + 1}$ und Auflösung der Gleichung nach $e^{2\,n}$ ergibt sich schließlich

$$e^{2\,n} = \frac{(\beta n^3 + 12\,n^2 + 3\,\beta n + 30) + (2\,n^3 + 3\,n^2\beta + 30\,n)}{(\beta n^3 + 12\,n^2 + 3\,\beta n + 30) - (2\,n^3 + 3\,n^2\beta + 30\,n)}\,.$$

Setzt man $\beta n^3 + 12\,n^2 + 3\,\beta n + 30 = Y_2$

(5) $2\,n^3 + 3\,n^2\beta + 30\,n \quad = Y_1,$

so ist $e^{2\,n} = \dfrac{Y_2 + Y_1}{Y_2 - Y_1}\,.$

Man kommt also schließlich zu einer transzendenten Gleichung, welche nach dem *Newton*schen Näherungsverfahren lösbar ist.

7. Ich gebe nunmehr ein Zahlenbeispiel für die Durchführung einer derartigen Ausgleichung. Die Reihe der unausgeglichenen Werte der Logarithmen der Lebenden wurde der Versuchstafel aus dem Material einer Anzahl größerer österreichischer Lebensversicherungsanstalten entnommen, welche in der Zentralstelle zur Herstellung der österreichischen Sterbetafel lediglich zu Studienzwecken berechnet worden war. Zur Ausgleichung wurde die Strecke vom Alter 28 bis einschließlich 88 gewählt, also 61 Werte, so daß sich $l = 60$ ergibt. Die Fläche und die Momente für die unausgeglichenen Werte wurden nach der Formel von *Weddle* gerechnet und folgende Zahlen gefunden:

$$A = 360.134 \qquad A\,\mu_2 = 103174.226$$
$$A\,\mu_1 = -503.541 \qquad A\,\mu_3 = -290902.406,$$

woraus sich $\beta = 0.4336$ ergibt.

Die Werte der übrigen Konstanten wurden wie folgt ermittelt:

$$\log q = 0.034631$$
$$K = 4.977610$$
$$G = 0.152052$$
$$S = 0.07443,$$

woraus sich die Konstanten der auf das Alter 0 als Ursprung bezogenen Kurve ergeben:

$$a = \log s = \frac{\log s_1}{e} = \frac{S}{l} = -0.0012405 = 0.998759 - 1$$

$$\log g = \log g_1 : q^{x_0} = G : q^{58} = -0.001490$$

und daraus $\log(-b) = \log[(q - 1)\log q] = 0.092524 - 4.$

Bezüglich der Darstellung der Todesfälle durch die auf Grund dieser Ausgleichung gerechnete Tafel liefert der Vergleich der rechnungsmäßigen Todesfälle mit den tatsächlich beobachteten folgendes Resultat:

Alter	Anzahl der Todesfälle		Differenz Beob. — Rechn. für *Pearson*	Differenz für Ausgleichung nach *Gauss*scher Methode
	beobachtete	gerechnet nach *Pearson*		
28—34	2277	2429·9	— 152·9	— 34·0
35—39	3300	3369·9	— 69·9	+ 6·4
40—44	4629	4596·6	+ 32·4	+ 59·5
45—49	5659	5632·6	+ 26·4	— 6·0
50—54	6518	6369·9	+ 148·1	+ 77·7
55—59	7008	6809·4	+ 198·6	+ 119·7
60—64	6645	6854·6	— 209·6	— 273·3
65—69	6366	6342·0	+ 24·0	+ 5·5
70—74	4890	4949·4	— 59·4	— 37·4
75—79	3058	3073·4	— 15·4	+ 23·0
80—84	1322	1290·9	+ 31·1	+ 67·6
85—90	241	256·4	— 15·4	— 11·3
	51913	51975·0	— 62·0	— 2·6

Die Summe der Fehlerquadrate stellt sich für die Ausgleichung nach *Pearson* in der Strecke vom Alter 28 bis 90 auf 236.372 Einheiten der 4. Dezimalstelle (wobei die Differenzen in den Werten $\overline{y}_x$ und y_x als Abweichungen betrachtet werden), während die Ausgleichung nach *Gauss* in der gleichen Strecke nur 212.170 ebensolche Einheiten liefert.

Im Detail ergibt der Vergleich in den Fehlerquadratsummen folgendes Resultat:

Alter	*Pearson*	*Gauss*
28—39	42.100	19.700
40—49	35.200	34.000
50—59	34.000	22.300
60—69	56.000	62.400
70—79	28.100	28.700
80—89	41.000	45.100
	236.400	212.200

Die Differenz beträgt somit 24.000 Einheiten der 4. Dezimalstelle, wovon 22.400 auf die Altersstrecke 28 bis 39 entfallen. Vom Alter 40 angefangen ist die Darstellung der unausgeglichenen Werte durch die *Pearson*sche Kurve fast ebenso gut wie durch die nach der *Gauss*schen Methode gerechnete Kurve.

Charakteristisch für die *Pearson*sche Methode ist der große Wert von log q (0·0346 bei *Pearson* gegen 0·0336 bei *Gauss*) und die infolgedessen eintretende künstliche Erhöhung der Sterbenswahrscheinlichkeiten für die Alter unter 40. In vorliegendem Falle ergibt die Rechnung — 223 Tote gegen — 28 Tote nach *Gauss;* der Ausgleich hierfür wird in den mittleren Altersstrecken gewonnen, wie beispielsweise bei der vorliegenden Tafel in der Gruppe 50 bis 64, welche + 137 Tote gegen — 77 bei *Gauss* liefert.

Eine Eigentümlichkeit der Methode besteht weiters darin, daß die Lebenserwartung des jüngsten Alters durch die Ausgleichung nicht geändert wird. Es geht dies aus der ersten Gleichung des Systems (10) hervor, wenn man die Lebenden l_x an Stelle von y_x und das Summenzeichen an Stelle des Integralzeichens setzt:

$$\Sigma\,(\bar{l}_x - l_x) = 0$$

oder
$$\Sigma\,\bar{l}_x = \Sigma\,l_x.$$

III. Es wird ein angenäherter Wert der Konstanten q gesucht und mit Hilfe dieses Wertes werden die beiden anderen Konstanten auf direktem Wege nach der Methode der kleinsten Quadrate ermittelt.

8. Setzt man für die Konstante q einen Wert q_0 voraus, so erhält man nach Gleichung (1)

$$y_x = a + b\,q_0^x.$$

Die Bedingungsgleichung

$$\Sigma\,(\bar{y}_x - y_x)^2\,\Gamma_x \text{ ein Minimum,}$$

zerfällt wegen

$$d\,y_x = d\,a + q_0^x\,d\,b$$

in zwei Gleichungen

(12)
$$\Sigma\,(\bar{y}_x - y_x)\,\Gamma_x\ = 0$$
$$\Sigma\,(\bar{y}_x - y_x)\,\Gamma_x\,q_0^x = 0,$$

die identisch mit den beiden ersten Gleichungen des Systems (3) und beide linear sind in bezug auf die Konstanten a und b als Unbekannte, somit eine direkte Lösung zulassen.

Durch Substitution des Wertes für y_x erhält man

(13)
$$\Sigma\,(\bar{y}_x - a - b\,q_0^x)\,\Gamma_x\ = 0$$
$$\Sigma\,(\bar{y}_x - a - b\,q_0^x)\,\Gamma_x\,q_0^x = 0$$

und weiters

(14)
$$a\,\Sigma\,\Gamma_x\ + b\,\Sigma\,\Gamma_x\,q_0^x = \Sigma\,\Gamma_x\,\bar{y}_x$$
$$a\,\Sigma\,\Gamma_x\,q_0^x + b\,\Sigma\,\Gamma_x\,q_0^{2x} = \Sigma\,\Gamma_x\,q_0^x\,\bar{y}_x.$$

Entsprechend der Bezeichnungsweise des Gleichungssystems (4) ist hier

$$\Sigma\,\Gamma_x = A \quad \Sigma\,\Gamma_x\,q_0^x = B \quad \Sigma\,\Gamma_x\,q_0^{2x} = E$$

zu setzen und auch die Ausdrücke auf der rechten Seite der obigen Gleichungen $\Sigma\,\Gamma_x\,y_x$ und $\Sigma\,\Gamma_x\,q_0^x\,\bar{y}_x$ finden sich in den von mir für die Koeffizienten D, G und K abgeleiteten Relationen bereits vor und sind mit V und W zu bezeichnen, so daß die Gleichungen (14) übergehen in

$$A\,a + B\,b = V$$
$$B\,a + E\,b = W,$$

woraus sich

(15)
$$a = \frac{E\,V - B\,W}{A\,E - B^2} \quad b = \frac{A\,W - B\,V}{A\,E - B^2}$$

ergibt.

Wird diese Rechnung für irgend einen Wert q durchgeführt, so erhält man das *diesem Werte* entsprechende Minimum der Fehlerquadrate, also ein *relatives* Minimum. Denkt man sich die Konstante q als variablen Parameter eine Reihe von Werten durchlaufend, für jeden derselben die Rechnung der Konstanten a und b nach der vorstehenden Methode durchgeführt, und für jede auf diese Weise erhaltene Kurve die Summe der Fehlerquadrate berechnet, so wird ein q unter diesen Werten sich befinden, dem die *geringste Summe* der Fehlerquadrate entspricht und dieser Wert von q mit den zugehörigen Konstanten a und b entspricht der Kurve des eigentlichen, des *absoluten Minimums* der Fehlerquadrate.

9. Wie man sieht, ist die Rechnung nach den obigen Formeln ganz wesentlich einfacher als die Rechnung nach der *Gauss*schen Methode, sie setzt jedoch die Kenntnis desjenigen Wertes von q schon voraus, dem das absolute Minimum der Fehlerquadrate entsprechen soll. Es ist daher begreiflich, daß man in letzter Zeit nach Mitteln sucht, um die Konstante q selbständig bestimmen und sodann die vorstehende vereinfachte Rechnung zur Ableitung der beiden anderen Konstanten anwenden zu können. Ich will im nachstehenden einige dieser jedenfalls beachtenswerten Versuche vorführen und auf Grund meiner Erfahrungen kritisch beleuchten.

1. *Hardy* hat bei der Ausgleichung der neuen englischen Tafeln[*] den Wert von q auf empirischem Wege bestimmt, indem er wiederholte Versuche mit verschiedenen Werten von q machte und denjenigen davon als den geeignetsten betrachtete, welcher nach Durchführung der Ausgleichung die Abweichung der Totenzahlen für Rechnung und Beobachtung sowohl in ihrer Gesamtsumme als auch in den fünfjährigen Teilsummen als die geringsten erscheinen ließ. Nun arbeitete wohl *Hardy* mit einer rechnerisch noch wesentlich einfacheren Methode als die eben behandelte (dieselbe kommt im folgenden zur Besprechung), so daß eine wiederholte Rechnung keine Schwierigkeiten machte; dennoch erscheint es schwer möglich, auf diese Weise die Bestimmung des Wertes von q mit einer solchen Genauigkeit festzustellen, daß eine wesentliche Verminderung der Summe der Fehlerquadrate ausgeschlossen wäre.

2. Ein Verfahren zur direkten Bestimmung des Wertes von q als des »wahrscheinlichsten Wertes« aus einer Reihe von Beobachtungen schlägt Dr. *Graf* (Triest) vor in seiner Abhandlung »Eine vorteilhafte Methode zur Ausgleichung von Sterbebeobachtungen nach der *Gompertz-Makeham*schen Formel« (Versicherungswissenschaftliche Mitteilungen, 1. Heft, Wien 1904).

Nimmt man die Beobachtungswerte für drei äquidistante Punkte

$$\overline{y}_x = a + b\, q^x$$
$$\overline{y}_{x+t} = a + b\, q^{x+t}$$
$$\overline{y}_{x+2t} = a + b\, q^{x+2t}$$

---

[*] British Offices Life Tables 1893, »Principles and Methods« London Layton 1903.

und führt die Symbole ein

$$\overline{y}_{x+t} - \overline{y}_x = \varDelta(x+t, x)$$
$$\overline{y}_{x+2t} - \overline{y}_{x+t} = \varDelta(x+2t, x+t)$$
$$\log \varDelta(x+2t, x+t) - \log \varDelta(x+t, x) = \varDelta^2(x+2t, x+t, x),$$

so erhält man für $\log q$ den Wert

$$\log q = \frac{1}{t}\,\varDelta^2(x+2\,t, x+t, x).$$

Rechnet man in gleicher Weise die Werte von q aus allen weiteren Tripel mit dem konstanten Abstande t der einzelnen Punkte, also für

$$\overline{y}_{x+1}, \quad \overline{y}_{x+t+1}, \quad \overline{y}_{x+2t+1}$$
$$\overline{y}_{x+2}, \quad \overline{y}_{x+t+2}, \quad \overline{y}_{x+2t+2} \quad \text{usw. bis}$$
$$\overline{y}_{x+t-1}, \overline{y}_{x+2t-1}, \overline{y}_{x+3t-1}$$

so daß jeder Punkt der ganzen Reihe von x bis $x + 3t - 1$ einmal in Rechnung gezogen wird, so erhält man zunächst t-Werte für $\log q$, welche mit $K_1 K_2 \ldots K_t$ bezeichnet werden, und aus diesen schließlich den »wahrscheinlichsten Wert« von q, indem für jeden einzelnen Wert von K das Gewicht $\varGamma_x$ bestimmt und das Mittel unter Berücksichtigung der Gewichte gebildet wird:

$$\log q = \sum_{x=1}^{x=t} \varGamma_x K_x : \sum_{x=1}^{x=t} \varGamma_x.$$

Das wesentlichste Moment dieser Methode liegt in der Gewichtsbestimmung für die einzelnen Ausdrücke $\varDelta^2$. *Graf* beweist zunächst auf einem neuen Wege die von *Wittstein* abgeleiteten Formeln für die Gewichtsbestimmung des Lebens- und der Sterbenswahrscheinlichkeit, sodann der Logarithmen dieser Werte. Es ergibt sich das Gewicht von $\overline{y}_x$ (in abgeänderter Bezeichnungsweise)

$$g_x = \frac{L_x(1 - w_x)}{w_x}.$$

Weiters bestimmt *Graf* nach dem Satze, daß der reziproke Wert des Gewichtes einer Summe gleich ist der Summe der reziproken Werte der Gewichte der Summanden, das Gewicht von $\varDelta(x + 2t, x + t)$ aus der Gleichung

$$\frac{1}{G_{x+2t}} = \frac{1}{g_{x+2t}} + \frac{1}{g_{x+t}}$$

und löst sodann die Aufgabe, das Gewicht von $\varDelta^2(x + 2t, x + t, x)$ aus den Gewichten G_{x+t} und G_{x+2t} zu bestimmen, so daß er schließlich für das fragliche Gewicht $\varGamma_x$ den Ausdruck erhält:

$$\frac{1}{\varGamma_x} = \frac{1}{G_{x+2t}}\left(\frac{1}{\varDelta(x+2t, x+t)}\right)^2 + \frac{1}{G_{x+t}}\left(\frac{1}{\varDelta(x+t, x)}\right)^2.$$

Diese Methode ist um so bemerkenswerter, als sie den ersten Versuch darstellt, zu einem genauen Werte von q auf direktem Wege zu gelangen.

Wenn auch das praktische Resultat der Rechnung nach dieser Methode für den Wert der Konstanten q nur mehr oder weniger gute Annäherungen liefert, so erscheint es nicht undenkbar, diesen Weg weiter zu verfolgen und schließlich zu zuverlässigen Ergebnissen zu gelangen. Ich gebe als Beispiele die für die *Selektionszählung des Gesamtmaterials der österreichischen Sterblichkeitsmessung* gefundenen Werte:

Vom Alter 28 ausgehend und drei Gruppen von je 15 Beobachtungen zusammenfassend, also im ganzen die Beobachtungsstrecke vom Alter 28 bis einschließlich 72 einbeziehend, findet man für den Wert von log q:

$$\text{nach der } Graf\text{schen Methode } \ldots \ldots 0\text{·}03234,$$
$$\text{„ „ } Gauss\text{schen „ } \ldots \ldots 0\text{·}03307$$

und für die Beobachtungsstrecke vom Alter 28 bis einschließlich 90 (also t = 21):

$$\text{nach der } Graf\text{schen Methode } \ldots \ldots 0\text{·}03403,$$
$$\text{„ „ } Gauss\text{schen „ } \ldots \ldots 0\text{·}03367.$$

Also nicht nur auf der längeren Strecke, sondern auch auf der der *Graf*schen Theorie genau entsprechenden kürzeren Strecke ist die Abweichung in den Werten von log q keine unbeträchtliche. Ich habe wiederholt für Differenzen im Werte von log q im obigen Ausmaße ganz bedeutende Differenzen in den Summen der Fehlerquadrate nachgewiesen. Anderseits habe ich mich mit Hilfe eines im folgenden entwickelten Kriteriums überzeugen können, daß die *Gauss*schen Werte von log q tatsächlich dem absoluten Minimum der Fehlerquadrate entsprechen.

3. Zu angenäherten Werten der Konstanten q kann man auch gelangen, wenn man q nach der *King*schen Methode aus dem Gleichungssystem (2) berechnet. Manchmal bilden die derart abgeleiteten Werte von q wohl recht gute Annäherungen, keinesfalls darf man dies aber von vornherein annehmen. Geht man mit einem solchen Werte von q in die Rechnung zur Ableitung der beiden anderen Konstanten nach den Gleichungen (11) ein, so ergeben sich Kurven, welche wohl eine wesentlich geringere Summe der Fehlerquadrate aufweisen als die Kurven nach der *King*schen Ausgleichung selbst, deren absoluter Wert begreiflicherweise trotzdem wesentlich von dem Grade der Annäherung des angenommenen Wertes von q an den besten Wert dieser Konstante abhängt.

Berechnet man, von einem bestimmten Alter ausgehend, für verschiedene aufeinander folgende Werte von t die *King*schen Werte für q, so bekommt man einen Einblick in die Abhängigkeit der Werte der Konstanten der *Gompertz-Makeham*schen Kurve von der Länge der Strecke, auf welche sich die auszugleichenden Beobachtungen verteilen. Das folgende Beispiel betrifft die schon erwähnte Studientafel aus dem Material einer Anzahl österreichischer Lebensversicherungsanstalten; neben den nach der *King*schen Methode berechneten Werten sind auch die nach der *Graf*schen Methode über die gleiche Strecke, d. h. für dieselben Werte von t, gerechneten Werte von q angeführt:

Ausgangsalter 28

t	log q nach *King*	log q nach *Graf*
15	0·03184	0·03184
16	3224	3222
17	3328	3317
18	3404	3332
19	3482	3361
20	3353	3382

Bemerkenswert ist die nahe Übereinstimmung der ersten drei Werte von log q nach beiden Methoden. Die Vergrößerung der Werte von log q mit größer werdendem t ist *keineswegs zufällig,* und bleibt auch bei Berücksichtigung der Beobachtungsgewichte bestehen, wie ein Vergleich mit den Resultaten der *Gauss*schen Methode zeigt; auch diese liefert *für kürzere Beobachtungsstrecken wesentlich kleinere Werte von q als für die längeren Strecken.* Der *Gauss*sche Wert von log q für die Altersstrecke 28 bis 90, somit einem Werte von t = 21 entsprechend, beträgt 0·03361, stimmt also mit dem *Graf*schen Wert für t = 19 überein, woraus sich schließen läßt, daß die *Graf*schen Näherungswerte besser sind als die *King*-schen, welche gerade bei t = 19 eine auffallend starke Abweichung von dem richtigen Werte zeigen.

Ich gebe noch einige Beispiele für die Abhängigkeit des Wertes von q von der Beobachtungsstrecke, und zwar für die österreichische Versuchstafel mit Ausschluß von fünf Beobachtungsjahren und für die englischen Tafeln der mit Gewinnanteil versicherten Personen:

Werte von log q aus den Beobachtungen der Tafel

t	M (5)	O M	O M (5)
15	0·03403	0·03647	0·03815
16	3385	3760	3900
17	3466	3817	3928
18	3508	3863	3956
19	3560	3884	3954
20	3416	3847	3904

Es ist ersichtlich, daß das Ansteigen der Werte von log q für die Tafeln mit Ausschluß der ersten fünf Beobachtungsjahre geringer ist als bei den Gesamttafeln.

10. Die vorstehenden Ausführungen zusammenfassend, gelangt man also zu der Erkenntnis, daß uns vorläufig noch kein Mittel zu Gebote steht, um jenen Wert der Konstanten q, welcher dem Minimum der Fehlerquadrate entspricht, im vornhinein zuverlässig zu ermitteln. Immerhin wird man in vielen Fällen, wo es sich nicht gerade um die genaueste Ermittlung der Kurve mit dem Minimum der Fehler-quadrate handelt und man sich mit einer guten Annäherung begnügen kann, von der im Punkt 9 angeführten Methode der Bestimmung der Konstanten Gebrauch machen. Beispielsweise erzielt man für die Versuchstafel M mit dem Werte von log q = 0·034, welches sich

als ungefähres Mittel der *King*schen Werte für die größeren Gruppen, d. h. für die größeren Werte von t ergibt, eine Fehlerquadratsumme von 214.500 Einheiten der vierten Dezimalstelle, also mit Rücksicht auf die 212.200 Einheiten des *Gauss*schen Minimums eine gewiß brauchbare Ausgleichung.

Geht man mit dem Werte für log q $= 0\cdot039$ in die Rechnung der ausgeglichenen Kurve der englischen Tafel $OM_{(5)}$ ein, also mit jenem Werte, welcher die Reihe der *King*schen q-Werte für dieses Material plausibel erscheinen läßt, so bekommt man eine Tafel, deren Fehlerquadratsumme nur um etwa 400 Einheiten der vierten Dezimalstelle von dem effektiven Minimum entfernt ist.

Es ist aber eine dringende Forderung, daß man in dem Falle, als man sich mit einem angenäherten Wert von q begnügen will, ein Urteil darüber gewinne, wie weit man mit der so erhaltenen Kurve von dem tatsächlichen Minimum der Fehlerquadrate entfernt ist, da man sonst Gefahr läuft, wenig geeignete, ungenügend angenäherte Kurven als definitive Ausgleichungen zu akzeptieren. Diesbezüglich dürfte es von Wert sein, *ein Kriterium kennen zu lernen*, dessen Ableitung mir gelungen ist, *welches in verläßlicher Weise über den Grad der Annäherung an die beste Kurve, bzw. über das Maß der möglichen Verminderung der Fehlerquadratsumme Aufschluß gibt:*

11. Es sei ein genäherter Wert von q, der mit q_2 bezeichnet werden soll, gegeben und es seien mittels desselben nach der vorstehenden Methode die beiden anderen Konstanten der Kurve mit a_2 und b_2 bestimmt worden. Es bestehen somit die Gleichungen

$$^2r_x = a_2 + b_2\, q_2^x$$

(1) $$\Sigma\,(r_x - {}^2r_x)\,\Gamma_x = 0$$

(2) $$\Sigma\,(\bar{r}_x - {}^2r_x)\,\Gamma_x\, q_2^x = 0.$$

Wenn q_1 jenen vorläufig unbekannten Wert von q darstellt, welchem das absolute Minimum der Fehlerquadrate entspricht, während a_1 und b_1 die zugehörigen Werte der beiden anderen Konstanten sind, so muß für die Konstanten $q_1\, a_1\, b_1$ das Gleichungssystem (3) erfüllt sein:

$$^1r_x = a_1 + b_1\, q_1^x$$

(1') $$\Sigma\,(\bar{r}_x - {}^1r_x)\,\Gamma_x = 0$$

(2') $$\Sigma\,(\bar{r}_x - {}^1r_x)\,\Gamma_x\, q_1^x = 0$$

(3') $$\Sigma\,(\bar{r}_x - {}^1r_x)\,\Gamma_x\, x\, q_1^x = 0.$$

Das unbekannte absolute Minimum der Fehlerquadratsumme ist

$$M_1 = \Sigma\,(\bar{r}_x - {}^1r_x)^2\,\Gamma_x$$

und dem Werte q_2 entspricht eine Fehlerquadratsumme von

$$M_2 = \Sigma\,(\bar{r}_x - {}^2r_x)^2\,\Gamma_x.$$

Für die Differenz der beiden Quadratsummen erhält man

$$\Delta M = M_2 - M_1 = \Sigma \, \Gamma_x \, [(y_x - {}^2y_x)^2 - (\bar{y}_x - {}^1y_x)^2].$$

Setzt man

$$\Delta y_x = {}^1y_x - {}^2y_x,$$

somit

$${}^2y_x = {}^1y_x - \Delta y_x,$$

so wird

$$(\bar{y}_x - {}^2y_x)^2 = [(\bar{y}_x - {}^1y_x) + \Delta y_x]^2$$

und durch Einsetzung dieses Ausdruckes in ΔM nach Ausführung der Quadrierung:

$$\Delta M = \Sigma \, \Gamma_x \, [(\Delta y_x)^2 + 2 \, \Delta y_x \, (\bar{y}_x - {}^1y_x)]$$
$$= \Sigma \, \Gamma_x \, \Delta y_x \, [\Delta y_x + 2 \, (\bar{y}_x - {}^1y_x)]$$

und wegen

$$\Delta y_x + (\bar{y}_x - {}^1y_x) = (y_x - {}^2y_x)$$

weiterhin:

$$\Delta M = \Sigma \, \Gamma_x \, \Delta y_x \, [(\bar{y}_x - {}^1y_x) + (y_x - {}^2y_x)].$$

Schreiben wir nun für Δy_x den entsprechenden Ausdruck

$$\Delta y_x = (a_1 - a_2) + (b_1 \, q_1^x - b_2 \, q_2^x)$$

und setzen

$$a_1 - a_2 = \Delta a$$
$$\bar{y}_x - {}^1y_x = {}^1\Delta y_x$$
$$y_x - {}^2y_x = {}^2\Delta y_x$$
$$\Delta M = C_1 + C_2,$$

so wird

$$C_1 = \Sigma \, \Gamma_x \, {}^1\Delta y_x \, [\Delta a + b_1 \, q_1^x - b_2 \, q_2^x]$$
$$= \Delta a \, \Sigma \, \Gamma_x \, {}^1\Delta y_x + b_1 \, \Sigma \, \Gamma_x \, {}^1\Delta y_x \, q_1^x - b_2 \, \Sigma \, \Gamma_x \, {}^1\Delta y_x \, q_2^x.$$

Nun ist nach den Gleichungen (1') und (2')

$$\Sigma \, \Gamma_x \, {}^1\Delta y_x = 0 \text{ und } \Sigma \, \Gamma_x \, {}^1\Delta y_x \, q_1^x = 0,$$

so daß die ersten zwei Summanden in C_1 gleich 0 werden und für C_1 erübrigt:

$$C_1 = - \, b_2 \, \Sigma \, \Gamma_x \, {}^1\Delta y_x \, q_2^x.$$

In gleicher Weise ergibt sich für C_2

$$C_2 = \Sigma \, \Gamma_x \, {}^2\Delta y_x \, (\Delta a + b_1 \, q_1^x - b_2 \, q_2^x)$$
$$= \Delta a \, \Sigma \, \Gamma_x \, {}^2\Delta y_x + b_1 \, \Sigma \, \Gamma_x \, {}^2\Delta y_x \, q_1^x - b_2 \, \Sigma \, \Gamma_x \, {}^2\Delta y_x \, q_2^x.$$

Da hier ebenfalls der erste und dritte Summand 0 werden infolge der Gleichungen (1) und (2), so resultiert für C_2

$$C_2 = b_1 \, \Sigma \, \Gamma_x \, {}^2\Delta y_x \, q_1^x$$

und man erhält somit für ΔM den ungemein charakteristischen Ausdruck

(16) $$\Delta M = b_1 \, \Sigma \, \Gamma_x \, {}^2\Delta y_x \, q_1^x - b_2 \, \Sigma \, \Gamma_x \, {}^1\Delta y_x \, q_2^x,$$

in welchem die beiden Summenausdrücke den linken Seiten der

Gleichungen (2) und (2') entsprechen, jedoch mit vertauschten Werten von q.

Die Gleichung (16) gilt *allgemein* für die Differenz der Fehlerquadrate zweier nach der Methode des Punktes 8 mit *beliebigen Werten* von q ausgeglichenen Kurven, da wir von der Gleichung (3') noch nicht Gebrauch gemacht haben, welche allein die Bedingung dafür liefert, daß q_1 der dem absoluten Minimum entsprechende Wert ist.

Mit Hilfe dieser letzteren Gleichung kann nun der Ausdruck für $\varDelta M$ einer Vereinfachung unterzogen werden.

Setzt man $q_1 = q_2 + \delta q$, also $q_2 = q_1 - \delta q$ und somit

$$q_2^x = q_1^x \left(1 - \frac{\delta q}{q_1}\right)^x,$$

sodann in erster Näherung

$$q_2^x = q_1^x - x \frac{\delta q}{q_1} q_1^x$$

und substituiert letzteren Ausdruck in C_1, so wird

$$C_1 = - b_2 \varSigma \varGamma_x \, {}^1\varDelta y_x \, q_1^x + b_2 \frac{\delta q}{q_1} \varSigma \varGamma_x \, {}^1\varDelta y_x \, x \, q_1^x.$$

Hier wird abermals der erste Summand nach (2') gleich 0, es wird nunmehr aber auch wegen der Giltigkeit der Gleichung (3') der zweite Summand gleich 0, *so daß C_1 ganz verschwindet* und für $\varDelta M$ erübrigt

$$\varDelta M = b_1 \varSigma \varGamma_x \, {}^2\varDelta y_x \, q_1^x.$$

Da nun in dem Summenausdruck rechter Hand der unbekannte Wert q_1 vorkommt, ist derselbe in dieser Form noch nicht verwertbar, er wird es aber sofort, wenn man mittels der obigen Substitution q_1 eliminiert und

$$q_1^x = q_2^x \left(1 + \frac{\delta q}{q_2}\right)^x = q_2^x + x \frac{\delta q}{q_2} q_2^x$$

in die letzte Gleichung einführt.

Es ergibt sich

$$\varDelta M = b_1 \varSigma \varGamma_x \, {}^2\varDelta y_x \, q_2^x + b_1 \frac{\delta q}{q_2} \varSigma \varGamma_x \, {}^2\varDelta y_x \, x \, q_2^x,$$

worin wieder der erste Summand wegen Gleichung (2) verschwindet, so daß schließlich resultiert

$$\varDelta M = \delta q \frac{b_1}{q_2} \varSigma \varGamma_x \, {}^2\varDelta y_x \, x \, q_2^x.$$

In diesem Ausdrucke kann man b_1 durch b_2 ersetzen, da die beiden Werte niemals wesentlich differieren und da es sich im vorliegenden Falle nicht um den genauen Wert, sondern nur um die ungefähre Größe von $\varDelta M$ handelt.

Setzt man weiters $\frac{b_2}{q_2} = \varepsilon$, ein Faktor, der bereits von der Ausgleichung nach der *Gauss*schen Methode bekannt und wegen des

Vorzeichens von b_2 negativ ist, und führt für den Summenausdruck den Buchstaben K ein, also

$$\Sigma \, \Gamma_x{}^2 \Delta \, \mathfrak{y}_x \, x \, q_2^x = K,$$

so erhält man endlich die Gleichung

(17) $\Delta M = - \varepsilon \, \delta q \cdot K$ | ε absolut.

Zunächst ist zu bemerken, daß K identisch ist mit dem bei der *Gauss*schen Methode in der letzten Gleichung des Gleichungssystems (4) erscheinenden Koeffizienten K und nichts anderes vorstellt als den Rest, welchen die Annahme der Werte q_2 a_2 b_2 für die Konstanten in der dritten Bedingungsgleichung des Systems (3) für das absolute Minimum übrig läßt.

Nur für dieses selbst wird K = 0.

ε stellt einen Wert vor, welcher zwischen einer halben und einundeinhalb Einheiten der vierten Dezimalstelle zu liegen pflegt. Nehmen wir ihn vorläufig angenähert als *eine Einheit* der vierten Dezimalstelle an, so wird sich

$$\Delta M = - \delta q \cdot K$$

sofort in Einheiten der vierten Dezimalstelle ergeben, jenem Maße, welches für die Messung der Fehlerquadratsumme sich am geeignetsten erweist; dieser Ausdruck ist dann je nach dem *absoluten Werte* von ε mit einer Zahl zwischen $1/2$ und $1^1/2$ zu vervielfachen.

Man ersieht aus dieser Relation, daß aus der Größe des Ausdruckes K auf die Größe von ΔM und δq ein Schluß gezogen werden kann, weshalb ich K als das »*kritische Moment*« für den Wert von q_2 bezeichnen möchte.

Das Vorzeichen von K bedingt jenes von δq, da ΔM *notwendig positiv sein muß;* denn M_1 ist das absolute Minimum, jedes M_2 also notwendig größer als M_1. *Ist K positiv, so muß δq negativ sein,* also ist das angenommene q_2 zu *verkleinern,* um zu einem besseren Wert von q zu gelangen.

Die Berechnung des Ausdruckes K schließt sich unmittelbar an die Rechnung der Fehlerquadratsumme selbst an. Ist die ausgeglichene Tafel für die Konstanten q_2 a_2 b_2 gerechnet worden, so bildet man die Differenzen $2 \, \Delta \, \mathfrak{y}_x$ zwischen den ausgeglichenen und unausgeglichenen Werten $\mathfrak{y}$, rechnet die Reihe $\log (\Delta \, \mathfrak{y}_x \cdot \Gamma_x)$, aus der man einerseits durch nochmalige Summierung der Reihe $\log \Delta \, \mathfrak{y}_x$ zu den Fehlerquadraten, anderseits durch Summierung der Logarithmen von $x \, q^x$ zu dem kritischen Momente gelangt.

12. Ich lasse nun einige Beispiele folgen, um den Gebrauch dieses Kriteriums anschaulich zu machen.

Geht man mit dem Werte

$$\log q_2 = 0.035, \text{ also } q_2 = 1.08393$$

in die Rechnung nach Punkt 8 für die österreichische Versuchstafel ein, so bekommt man für das kritische Moment K den Wert

$$+ 7,391.590,$$

für die Summe der Fehlerquadrate

$$M_2 = 242.100 \text{ (Einh. d. 4. Dez.)}.$$

Der Wert von b_2 ergibt sich absolut mit 0·000118

$$\varepsilon = \frac{b_2}{q_2} \text{ in Einh. d. 4. Dez., also } 1·18 : 1·084 = 1·09,$$

somit ist $\varepsilon K = + 8,066.000$ (Einh. d. 4. Dez.) und da $\varDelta M = - \delta q \cdot \varepsilon K$, so würde einer Änderung des Wertes von q um $\delta q = - 0·001$ eine Verminderung der Fehlerquadratsumme um ungefähr 8066 Einh. d. 4. Dez. entsprechen.

Wäre nun bekannt, daß der beste Wert für die Konstante q der Wert aus $\log q_1 = 0·03361$ ist, dem $q_1 = 1·08046$ entspricht, so hätte man

$$\delta q = q_1 - q_2 = 1·08046 - 1·08393 = - 0·00347 = 3·47 \times - 0·001$$

zu setzen und fände für die zu erwartende Verminderung obiger Fehlerquadratsumme von 242.100 den Betrag von $3.47 \times 8066 = 28.000$, so daß das absolute Minimum der Fehlerquadrate auf etwa 214.000 Einh. d. 4. Dez. zu schätzen wäre. In der Tat beträgt dasselbe 211.676 solcher Einheiten, also immerhin eine beachtenswerte Übereinstimmung des Kalküls mit dem Ergebnisse der wirklichen Rechnung, wenn man berücksichtigt, daß es sich hier schon um einen recht großen Wert von δq handelt, für welchen die bei der Ableitung des Ausdruckes (17) gemachten Voraussetzungen nicht mehr vollständig zutreffend sind. Jedenfalls würde man aber aus der Größe des kritischen Momentes K zu schließen haben, daß man sich noch ziemlich weit vom Minimum entfernt befindet und daß die mit dem Werte $\log q = 0·035$ bewirkte Annäherung unzureichend ist.

Geht man mit dem Werte

$$\log q_2 = 0·034, \text{ also } q_2 = 1·08143$$

in die Rechnung nach Punkt 8 für dieselbe Tafel ein, so erhält man die Beträge:

für das kritische Moment
$$K_2 = + 2,057.000,$$

für die Fehlerquadratsumme
$$M_2 = 214.524 \text{ (Einh. d. 4. Dez.).}$$

Der Wert von b_2 ergibt sich absolut mit 0·000136, somit
$$\varepsilon = 1·36 : 1·081 = 1·26,$$

so daß für $\delta q = - 0·001$ eine Verminderung der Fehlerquadratsumme um $1·26 \times 2057 = 2600$ (Einh. d. 4. Dez.) zu erwarten wäre.

In der Tat ist $\delta q = 1·08046 - 1·08143 = - 0·00097$, so daß sich $\varDelta M$ theoretisch mit

$$0·97 \times 2600 = 2500 \text{ Einh. d. 4. Dez.,}$$

de facto mit

$$214.524 - 211.676 = 2848 \text{ Einh. d. 4. Dez.}$$

ergibt.

Würde man noch wissen, daß der richtige, d. h. der dem Werte b_1 entsprechende Wert von ε 1·36 beträgt, so würde der schätzungsweise Wert von $\varDelta M$ sich mit 2713 ergeben, also noch näher dem faktischen Werte kommen.

Ein weiteres Beispiel entnehme ich der am Schlusse der Original-
abhandlung angeführten Ausgleichungsrechnung für die Tafel $OM_{(5)}$
der neuen englischen Sterblichkeitsmessung. Geht man mit dem
Werte

$$\log q_2 = 0{\cdot}039, \text{ also } q_2 = 1{\cdot}09396$$

in die Rechnung nach Punkt 8 ein, so erhält man für das kritische
Moment K den Wert $+ 3{,}417{.}000$, für die Fehlerquadratsumme den
Betrag $158{.}458$ (Einh. d. 4. Dez.).

b_2 ist dem absoluten Werte nach $0{\cdot}000047$, somit $\varepsilon = 0{\cdot}43$, für
$\delta q = - 0{\cdot}001$, würde somit eine Verminderung der Fehlerquadratsumme um $0{\cdot}43 \times 3417 = 1500$ Einh. d. 4. Dez. zu erwarten sein.

Nun ergibt sich der beste Wert von q mit $q_0 = 1{\cdot}09369$, es ist
also $\delta q = 1{\cdot}09369 - 1{\cdot}09396 = - 0{\cdot}00027 = 0{\cdot}27 \times - 0{\cdot}001$ und
die Verminderung der Fehlerquadratsumme beträgt daher theoretisch
$0{\cdot}27 \times 1500 = 405$ Einh. d. 4. Dez.

Die tatsächliche Verbesserung ergibt sich mit

$$\Delta M = 158{.}458 - 158{.}078 = 380 \text{ Einh. d. 4. Dez.}$$

und stimmt abermals gut überein mit dem Kalkül.

Wie man aus den vorstehenden und einigen noch folgenden
Beispielen ersieht, ist das Verhältnis der Größe von δq zu K sehr
verschieden, so daß sich ein sicherer Schluß auf die Größe von δq
aus dem gefundenen Werte von K nicht ziehen läßt. Jedoch steht
das Eine fest, daß *in dem Falle, als K klein ist,* d. h. nicht mehr
als einige Hunderttausende beträgt, *die mögliche Verbesserung der
Fehlerquadrate wenige hundert Einheiten der vierten Dezimalstelle
nicht übersteigen kann.* Dagegen ist es nicht unmöglich, daß trotz
eines großen Wertes von K der Betrag von δq und damit auch der
von ΔM klein ausfällt.

13. Ich habe im Punkt 9 das Gleichungssystem (3) zur Berechnung der Werte der Konstanten a und b benutzt; man kann
aber in gleicher Weise auch das Gleichungssystem (8) der *Pearson*-
schen Methode zur Berechnung der Werte dieser Konstanten heran-
ziehen, falls man einen Wert der Konstanten q auf irgend eine Art
gefunden hat. Da nur zwei Konstante zu ermitteln sind, bedarf man
nur der beiden ersten Gleichungen des Systems (8)

(1)
$$\int (\bar{y}_x - y_x)\, dx = 0$$
$$\int (\bar{y}_x - y_x)\, x\, dx = 0.$$

Setzt man Summenzeichen an Stelle von Integralzeichen und
nimmt das Intervall d x gleich der Einheit, so lauten diese Bedingungsgleichungen

(2)
$$\Sigma (\bar{y}_x - y_x) = 0$$
$$\Sigma (\bar{y}_x - y_x)\, x = 0.$$

Nun ist $(\overline{y}_x - y_x)$ die Differenz der Funktionswerte Beobachtung — Rechnung oder kurz gesagt die Abweichung Δy_x; ferner ist

$$x\,\Delta\,y_x + (x+1)\,\Delta\,y_{x+1} + (x+2)\,\Delta\,y_{x+2} + \ldots$$
$$= (x-1)\,(\Delta\,y_x + \Delta\,y_{x+1} + \Delta\,y_{x+2} + \ldots) + \Delta\,y_x + 2\,\Delta\,y_{x+1} + 3\,\Delta\,y_{x+2}$$
$$= (x-1)\,\Sigma\,\Delta\,y_x + S_x + S_{x+1} + S_{x+2} + \ldots\ldots\;.$$

wenn S_x die Summe der Abweichungen vom Alter x bis zum Ende der Tafel bedeutet:

$$S_x = \Delta\,y_x + \Delta\,y_{x+1} + \Delta\,y_{x+2} + \ldots$$

Nach (2) ist somit

$$\Sigma\,\Delta\,y_x = 0 \text{ und}$$
$$(x-1)\,\Sigma\,\Delta\,y_x + \Sigma\,S_x = 0$$

also auch

$$\Sigma\,S_x = 0.$$

$\Sigma\,S_x$ stellt die Summe der *aufsummierten Abweichungen* vor, daher die Methode von *Hardy* in der erwähnten Publikation der englischen Sterblichkeitsmessung als die »*Methode der aufsummierten Abweichungen*« *(accumulated Deviations)* bezeichnet wird. Die beiden Bedingungsgleichungen lauten nunmehr

$$\Sigma\,\Delta\,y_x = 0 \text{ und } \Sigma\,S_x = 0.$$

Die erste derselben nimmt durch Ersetzung des Symbols Δy_x folgende Gestalt an:

$$\Sigma\,\overline{y}_x = \Sigma\,(a + b\,q^x) = n\,a + b\,(q^x + q^{x+1} + \ldots + q^{x+n-1}),$$

(3)
$$\text{also } \Sigma\,\overline{y}_x = n\,a + b\,q^x\,\frac{q^n - 1}{q - 1},$$

wenn n die Anzahl der in die Ausgleichung einbezogenen Beobachtungswerte und x den Index des jüngsten Alters bedeutet.

Für die einzelnen Summanden der zweiten Gleichung erhält man:

$$S_x = \Sigma\,\overline{y}_x - n\,a - b\,q^x\,\frac{q^n - 1}{q - 1}$$

(4)
$$S_{x+1} = \Sigma\,\overline{y}_{x+1} - (n-1)\,a - b\,q^{x+1}\,\frac{q^{n-1} - 1}{q - 1}$$

$$S_{x+2} = \Sigma\,\overline{y}_{x+2} - (n-2)\,a - b\,q^{x+2}\,\frac{q^{n-2} - 1}{q - 1}$$

usw. bis

$$S_{x+n-1} = \overline{y}_{x+n-1} - a - b\,q^{x+n-1}\,\frac{q - 1}{q - 1}$$

und daraus für die zweite Gleichung selbst

$$\Sigma\,S_x = \Sigma\,\Sigma\,\overline{y}_x - a\,\frac{(n+1)\,n}{2} - \frac{b\,q^x}{q-1}\left[n\,q^n - \frac{q^n - 1}{q - 1}\right] = 0$$

(5)
$$\Sigma\,\Sigma\,\overline{y}_x = a\cdot\frac{n\,(n+1)}{2} + \frac{b\,q^x}{(q-1)^2}\,[n\,q^{n+1} - (n+1)\,q^n + 1].$$

Somit liefert diese Methode die beiden gesuchten Konstanten durch Lösung zweier Gleichungen (3) und (5) in geschlossener Form;

22*

nur die von den Werten der direkten Beobachtung abhängigen
Absolutglieder $\Sigma \bar{y}_x$ und $\Sigma \Sigma \bar{y}_x$ sind durch Summenbildung zu ermitteln, die übrigen Koeffizienten sind Funktionen der gegebenen
Werte von q und n. Die Rechnung gestaltet sich somit sehr einfach, man kann in wenigen Stunden die Ausgleichung einer Beobachtungsreihe durchführen, und daher eignet sich diese Methode
ganz vorzüglich zu vorläufigen Ausgleichungen. Die Annäherung
an die Minimalkurve ist natürlicherweise noch unvollkommener als
bei der *Pearson*schen Methode. Über den anzunehmenden Wert
von q kann man aus den *King*schen Werten für diese Konstante
schlüssig werden, was um so leichter zu bewerkstelligen ist, da man
die Reihe der $\Sigma \bar{y}_x$, die man zur Berechnung der *King*schen Werte
für die Konstante q braucht, ohnehin für die Ausgleichungsrechnung
benötigt. Die Kontrolle für den richtigen Wert von q liefert der
Vergleich der Toten. Die Gesamtsumme der berechneten Toten muß
jener der beobachteten Toten möglichst nahe kommen, die Teilsummen für je fünf Werte dürfen keine zu großen Abweichungen
zeigen und die Vorzeichen derselben müssen wechselnd sein.

14. Auch in dem Falle, als man nicht die Konstante q, sondern
einen Wert für die Konstante a als vorgegeben annimmt, kann man
zu einem linearen Gleichungssystem gelangen, so daß die Berechnung
der beiden anderen Konstanten nach der Methode der kleinsten
Quadrate auf direktem Wege erfolgen kann, wie *Altenburger* und
Dr. *Goldziher* in Budapest (Heft 4 der »Versicherungswissenschaftlichen Mitteilungen«, Wien, Juni 1905; Comptes Rendus de l'Acad.
des Sciences, Paris 1905) gezeigt haben.

IV. Es wird ein angenäherter Wert der Konstanten q
vorausgesetzt und mit Hilfe desselben werden die nach
der Methode der kleinsten Quadrate am besten entsprechenden Werte aller drei Konstanten ermittelt.

15. Schon bei Behandlung der *Gauss*schen Methode wurde
erwähnt, daß diese Methode allein exakte Resultate zu liefern imstande ist, jedoch wegen des umfangreichen Rechnungsapparates
schwer zu handhaben ist. Auf Grund der aus einem reichhaltigen
Studienmaterial gewonnenen Erfahrungen konnte ich ein von dem
bisher üblichen gänzlich abweichendes Rechenverfahren ausbilden,
welches ich im folgenden auseinandersetzen und zur Anwendung
empfehlen will. Durch dasselbe wird eine bedeutende Ersparnis an
Rechenarbeit erzielt und es gestaltet sich das ganze Rechenverfahren
sehr durchsichtig und leicht kontrollierbar.

Es ist vor allem nicht nötig, eine angenäherte Ausgleichung
durchführen und eine Tafel der rechnungsmäßigen Funktionswerte y_x
herzustellen. Es genügt, eine Annahme über den Wert von q zu
machen; wie ich bereits gezeigt habe, geschieht dies am besten, indem
man eine Reihe von Werten der Konstanten q nach der *King*schen
Methode rechnet und einen plausiblen Wert für diese Konstante

wählt. Mit diesem Werte q_0 wird in die Rechnung nach dem Gleichungssystem (14) eingegangen und es werden zunächst die von q freien Koeffizienten A und V, sodann die q enthaltenden Koeffizienten B, E und W gerechnet.

Es werden nun weiters die Konstanten a_0 und b_0 nach den Formeln (15) bestimmt

$$a_0 = \frac{EV - BW}{AE - B^2} \qquad b_0 = \frac{AW - BV}{AE - B^2}.$$

Legt man nun dieses Konstantensystem $a_0\,b_0\,q_0$ der Verbesserung mittels der *Gauss*schen Methode zugrunde, so ergibt sich folgendes:

1. Für das Konstantensystem $a_0\,b_0\,q_0$ ist das Gleichungssystem (12) erfüllt:

$$\Sigma\, \varDelta\, y_x\, \varGamma_x = 0$$
$$\Sigma\, \varDelta\, y_x\, q_0^x \cdot \varGamma_x = 0.$$

2. Von den für die Auswertung der *Gauss*schen Gleichungen (6) in Verbindung mit (8) erforderlichen neun Koeffizienten A, V, B, E, W, dann C, F, H und Z sind die ersten fünf mit den bereits für die Auswertung der ersten Näherungen a_0, b_0 der Konstanten gerechneten Koeffizienten identisch; denn außer von den unausgeglichenen Sterbenswahrscheinlichkeiten und den Gewichten, welche naturgemäß dieselben bleiben, hängen diese Koeffizienten lediglich von dem Werte von q ab, für welchen in beiden Rechnungen q_0 zu setzen ist.

Es sind somit nur die Koeffizienten C, F, H und Z neu zu rechnen, woraus $K = Z - a_0\,C - b_0\,F$ zu ermitteln ist.

3. Die in dem Gleichungssystem (6) rechtsseitig auftretenden Ausdrücke D und G sind beide Null zu setzen. Denn nach dem Gleichungssystem (5) ist

$$D = \Sigma\, \varGamma_x\, \varDelta\, y_x \qquad G = \Sigma\, \varGamma_x\, \varDelta\, y_x \cdot q_0^x$$

und beide Ausdrücke werden nach der Feststellung unter 1. gleich Null.

4. Setzt man in den Gleichungen des Systems (5) D und G gleich Null, so erhält man zur Berechnung des Wertes der Verbesserungen die Gleichungen:

$$\varepsilon \cdot \delta\, q = K \cdot X$$

(18)
$$\delta\, b = -\,\varepsilon\, \delta\, q\, \frac{AF - BC}{AE - B^2}$$

$$\delta\, a = \frac{C \cdot \varepsilon\, \delta\, q + B\, \delta\, b}{A} \qquad\qquad |\ \varepsilon\ \text{absolut.}$$

(19)
$$\text{wobei } X = \frac{A}{\dfrac{(AF - BC)^2}{AE - B^2} - (AH - C^2)}.$$

5. Da das Binom $AE - B^2$ bereits für die Berechnung der Näherungen a_0 und b_0 entwickelt wurde, so ist für die Berechnung

des Wertes vorstehender Verbesserungen nur noch die Auswertung
der beiden Binome (A F — B C) und (A H — C^2) erforderlich.

6. Ehe man noch in die Berechnung der Verbesserung nach
Punkt 4 eingeht, kann man aus der Größe des Wertes von K, *welcher
nichts anderes als das im vorstehenden abgeleitete kritische Moment
darstellt,* ungefähr entnehmen, inwieweit noch eine Verbesserung der
Kurve zu erzielen sein wird; erscheint das mit den Näherungen q_0
a_0 b_0 erzielte Resultat dem Zwecke entsprechend genügend, so kann
man die Rechnung abbrechen und diese Konstanten für die endgültige Ausgleichung akzeptieren.

7. Werden die Verbesserungen nach den Gleichungen (18) ausgewertet, so erhält man die verbesserten Konstanten

$$a_1 = a_0 + \delta a \qquad b_1 = b_0 + \delta b \qquad q_1 = q_0 + \delta q,$$

welche dann aber nicht als die endgültigen Konstanten betrachtet
werden können, falls δq halbwegs groß ausgefallen ist; in diesem
Falle ist besonders der Wert von δb durch die Vernachlässigung der
2. Potenz von δq irritiert und eine neue Rechnung erforderlich, bei
der man sich im allgemeinen auf die Verbesserung der Konstanten
a_1 und b_1 unter Beibehaltung des Wertes von q_1 beschränken kann.

Dies erfordert nur die Neurechnung der Koeffizienten B, E, W
mit Hilfe des Wertes q_1 und es ergibt sich:

$$a_2 = \frac{E_1 \, V - B_1 \, W_1}{A \, E_1 - B_1^2} \qquad b_2 = \frac{A \, W_1 - B_1 \, V}{A \, E_1 - B_1^2}.$$

Ist aber δq sehr groß ausgefallen, dann empfiehlt es sich, den
ganzen Vorgang zu wiederholen und endgültige Werte der Konstanten
a_3 b_3 q_2 abzuleiten.

Anmerkung: Praktisch macht sich die Notwendigkeit einer zweiten
Rechnung dadurch bemerkbar, daß der Vergleich der rechnungsmäßigen und
wirklichen Sterbefälle eine große Differenz aufweist, während die Fehlerquadratsumme kaum merklich vom Minimum abweicht. Die Wiederholung der Rechnung
liefert dann noch eine nicht unbedeutende Änderung der Konstanten b, während
die beiden anderen Konstanten nahezu unverändert bleiben.

Die Vorteile dieses Rechenverfahrens sind außerordentlich groß;
abgesehen davon, daß, wie schon erwähnt, die Berechnung der aus
Summanden mit wechselnden Vorzeichen bestehenden Ausdrücke D,
G und K entfällt, erspart man die Durchführung einer provisorischen
Ausgleichung und die Berechnung der aus derselben sich ergebenden
Tafel der ausgeglichenen Werte, und an Stelle der weitläufigen Bestimmungsgleichungen (7) treten einfache Gleichungen, welche nur
die Auswertung weniger Binome erfordern. *Die Durchführung der
Gaussschen Verbesserung der Konstanten scheint in einem inneren
Zusammenhang mit der Rechnung der angenäherten Werte gebracht und stellt sich lediglich als eine konsequente Weiterführung
der angenäherten Rechnung dar.*

Während der Rechnung wird bereits ein Urteil über den Grad
der noch zu erzielenden Verbesserung gewonnen, so daß man eventuell
in der Lage ist, die Rechnung abzubrechen, wenn eine wesentliche
Verbesserung der Konstanten ausgeschlossen erscheint.

17. Nach Fertigstellung dieses Referates wurden mir noch zwei Arbeiten bekannt, die ich der Vollständigkeit halber wenigstens in Kürze besprechen will, welche sich ihrem wesentlichen Inhalte nach auf ein und dieselbe Behandlung des Problems beziehen und in die 3. Gruppe der besprochenen Methoden einzureihen wären, indem sie von der Bestimmung eines Wertes für die Konstante q ausgehen. Das Charakteristische der beiden Methoden ist die Elimination der Konstanten A und B aus den Grundgleichungen (3) und Ableitung einer Gleichung $\varphi(q) = 0$, aus welcher der beste Wert der Konstante q mittels einer Näherungsmethode bestimmt werden kann.

Schreibt man die Gleichungen (3) in der Form

$$a \, \Sigma \Gamma_x + b \, \Sigma \Gamma_x \, q^x = \Sigma \Gamma_x \, \bar{y}_x$$
$$a \, \Sigma \Gamma_x \, q^x + b \, \Sigma \Gamma_x \, q^{2x} = \Sigma \Gamma_x \, q^x \, \bar{y}_x$$
$$a \, \Sigma \Gamma_x \, x \, q^x + b \, \Sigma \Gamma_x \, x \, q^{2x} = \Sigma \Gamma_x \, x \, q^x \, \bar{y}_x$$

und macht von den Bezeichnungen (5) und (8) Gebrauch, so erhält man die folgenden Gleichungen:

$$a \, A + b \, B = V$$
$$a \, B + b \, E = W$$
$$a \, C + b \, F = Z$$

woraus

$$a = \frac{E \, V - B \, W}{A \, E - B^2} \qquad b = \frac{A \, W - B \, V}{A \, E - B^2}$$

$$C \, (E \, V - B \, W) + F \, (A \, W - B \, V) - Z \, (A \, E - B^2) = 0$$

folgt. Diese letztere Gleichung enthält nur die Unbekannte q und kann durch eine Näherungsmethode zur Lösung gebracht werden.

1. *Karup* (Masius Rundschau 1884) leitet die Eliminationsgleichung für die Sterbenswahrscheinlichkeiten selbst ab, und nicht wie vorstehend, für die Logarithmen der Lebenswahrscheinlichkeiten.

Für den genauen Wert q setzt *Karup* einen bereits vorhandenen Näherungswert voraus, so daß $q_1 = q(1 + \lambda)$ ist und entwickelt nun ein ziemlich weitläufiges Rechenverfahren zur Gewinnung der Größe λ und damit desjenigen Wertes von q, welcher der Gleichung $\varphi(q) = 0$ Genüge leistet.

2. *Tauber* (Versicherungswissenschaftliche Mitteilungen, Wien 1906) geht von der Zusammenfassung der Originalbeobachtungen der Werte von $\log(1 - w_x) = \bar{y}_x$ in Gruppen von t Glieder aus.

Ist $y_x = a + b \, c^x$, so ergibt die Summe von t Gliedern

$$n_0 = \sum_{t=0}^{t=t-1} y_{x+t}, \qquad n_1 = \sum_{t=t}^{t=2t-1} y_{x+t}$$

selbst eine Reihe $n_0 \, n_1 \, n_2 \ldots$ mit Gliedern von der Form

$$n_\nu = A + B \, q^\nu$$

wobei A B q durch einfache Relationen mit a, b, c verbunden sind und insbesondere $q = c^t$ ist. Diese Werte n_ν bilden das Substrat der Ausgleichung, welche für $t = 1$ in die Ausgleichung der ursprünglichen Beobachtungswerte $\bar{y}_x$ selbst übergeht. Macht man drei

Gruppen, so erhält man die *King*sche Methode. Vier Gruppen und mehr sind nach der Methode der kleinsten Quadrate zu behandeln, deren Anwendung zu der obigen Eliminationsgleichung $\varphi\,(q) = 0$ führt.

Professor *Tauber* zeigt zunächst, daß der Grad des Polynoms $\varphi\,(q)$ $3\,n - 5$ ist, wenn n die Anzahl der gebildeten Gruppen bedeutet; er weist auch nach, daß die Gleichung $\varphi\,(q) = 0$ die Wurzel 1 dreimal besitzt. Somit ist für n = 4 die Eliminationsgleichung $\dfrac{\varphi\,(q)}{(q = 1)^3} = 0$ vom 4. Grad und kann daher direkt aufgelöst werden.

Ist $n > 4$, so muß ein Näherungsverfahren durchgeführt werden.

Durch eine besonders geschickte Behandlung und Umformung wird die Eliminationsgleichung in eine Form gebracht, welche eine rasche und übersichtliche Berechnung der Verbesserung für einen angenäherten Wert von q nach dem *Newton*schen Näherungsverfahren gestattet.

Sur les différentes méthodes pour l'application de la formule de Gompertz-Makeham.

Par **G. Rosmanith**, Vienne.

Le rapport suivant est un résumé d'un ouvrage plus détaillé présenté au Congrès et publié dans les »Versicherungswissenschaftliche Mitteilungen« T. II., Vienne 1906.

L'ajustement des tables de mortalité selon la formule de *Gompertz-Makeham* ne peut être exécuté, d'une manière rigoureuse, que d'après la méthode des moindres carrés.

Si l'on pose

$$\log\,(1 - w_x) = y_x = a + b\,q^x,$$

on a les équations de condition suivantes

$$\Sigma\,(\overline{y}_x - a - b\,q^x)\,\Gamma_x \qquad\qquad = 0$$
$$\Sigma\,(\overline{y}_x - a - b\,q^x)\,\Gamma_x\,q^x \qquad = 0$$
$$\Sigma\,(\overline{y}_x - a - b\,q^x)\,\Gamma_x\,b\,x\,q^{x-1} = 0.$$

Ce système n'est pas linéaire par rapport aux constantes a, b, q et doit être résolu par des approximations.

Les méthodes d'approximation, qu'on a employées jusqu'à présent, peuvent être classées, comme suit, d'après le chemin suivi pour s'approcher de la meilleure courbe:

I. On fixe des valeurs rapprochées pour toutes les trois constantes et on les corrige en satisfaisant aux conditions du théorème des moindres carrés (méthode d'approximation de *Gauss*).

II. L'approximation est fondée sur la forme de la courbe: on remplace la fonction transcendante cherchée par une fonction rationnelle entière d'un degré convenable, c'est-à-dire: du développement en série de la fonction transcendante on ne retient que les premiers termes en supposant que la courbe algébrique ainsi obtenue soit assez rapprochée de la courbe transcendante en question (méthode des moments de *Pearson,* Biometrica, T. I., 1901/2, Cambridge University Press).

III. L'approximation ne se fait que sur une seule des constantes, tandis que les deux autres se trouvent directement par la solution des équations de condition (méthode des écarts accumulés de *Graf*).

Les recherches suivantes conduisent ä une autre manière pour déterminer les meilleures valeurs des constantes en modifiant la méthode de *Gauss.*

IV. En supposant une valeur rapprochée de la constante q, on en déduit les meilleures valeurs de toutes les trois constantes conformément à la méthode des moindres carrés.

Dans le No. I l'auteur discute la méthode d'approximation de *Gauss* et il propose une modification relative au mode de calcul.

Le parapraphe II traite de la méthode de *Pearson* qui interprète les conditions de la méthode des moindres carrés de telle manière que la surface et les trois premiers moments de la courbe ajustée cherchée représentant le nombre des vivants, doivent être égaux respectivement à la surface et aux trois premiers moments de la courbe formée par les valeurs observées.

Le parapraphe III s'occupe des méthodes de *Graf* et de *Hardy* et d'une autre d'ue ä l'auteur, pour trouver une valeur rapprochée de la constante q. Cette dernière étant trouvée, aucune difficulté ne s'oppose à la détermination des deux autres constantes ä l'aide des deux premières équations du système donné plus haut.

On démontre que les tentatives faites jusqu'à présent pour déduire une valeur de q assez rapprochée ne conduisent ä aucun résultat suffisamment précis. Toutefois, dans beaucoup de cas, on pourra se contenter d'une approximation suffisante pour q et profiter de l'avantage d'un calcul essentiellement abrégé, pourvu qu'on puisse juger, ultérieurement, si la courbe ainsi obtenue ne s'éloigne pas trop du minimum effectif de la somme des carrés des erreurs. A cet effet on peut établir un critérium; le »moment critique K« est lié à la correction possible de la somme des carrés des erreurs par la relation simple

$$\Delta M = - \varepsilon \cdot \delta q \cdot K$$

où $\varepsilon = b : q$ et où δq désigne la correction de la valeur rapprochée de q.

L'importance et le mode d'application de ce critérium sont discutés en détail.

Ensuite l'auteur traite de la méthode des déviations accumulées (accumulated deviations) de *Hardy*.

Au paragraphe IV l'auteur explique un nouveau mode de calcul essentiellement abrégé pour la méthode de *Gauss*. Au lieu de procéder à un ajustement rapproché complet en opérant sur les différences entre les valeurs observées non ajustées et les valeurs ajustées par l'ajustement rapproché, comme il est exigé dans les procédés employés jusqu'ici, on n'a qu'à supposer une valeur approchée pour q, qui se dérive facilement, et on établit un rapport intime entre le calcul des corrections des constantes d'après *Gauss* et le calcul des constantes rapprochées elles-mêmes.

Dans un supplément l'auteur s'occupe des travaux des MM. *Karup* et *Tauber* qui doivent être insérés dans le groupe III.

On various methods of graduation by Gompertz-Makeham's law.

By G. Rosmanith, Vienna.

The following report gives a summary of a larger work presented to the Congress, which has been published in the »Versicherungswissenschaftliche Mitteilungen« Vol. II. Vienna 1906.

The graduation of mortality tables by the formula of *Gompertz-Makeham* has to be based rigorously on the method of least squares.

Putting

$$\log (1 - w_x) = y_x = a + b\, q^x,$$

we have the following equations of condition:

$$\Sigma (\bar{y}_x - a - b\, q^x)\, \Gamma_x = 0$$
$$\Sigma (\bar{y}_x - a - b\, q^x)\, \Gamma_x\, q^x = 0$$
$$\Sigma (\bar{y}_x - a - b\, q^x)\, \Gamma_x\, b\, x\, q^{x-1} = 0.$$

These equations are not linear in the constants a, b, q, and must be solved by approximation.

The methods of approximation hitherto used can be classified as follows according to the way employed for approximating to the best curve.

I. Approximate values are assumed for any one of the constants and from these the true values are deduced according to the conditions of the method of least squares (*Gauss'* method of approximation).

II. The approximation is based on the equation to the curve and the known transcendental curve is replaced by a rational integral function of a suitable degree, viz: This transcendental function being developed in the form of a series, a certain finite number only of the terms is retained, and the hypothesis is made, that the algebraic curve thus determined will represent the transcendental one with sufficient approximation (*Pearson*'s method of moments, Biometrika Vol. I., 1901/2, Cambridge University Press).

III. The approximation relates only to one of the constants, the other ones being determined by direct solution of the equations of condition (*Graf*'s method, accumulated deviations).

By the following researches another way is shown for discovering the best values of the constants by a modification of *Gauss'* method

IV. Starting from an approximate value for the constant q the best values of all three constants are formed by the method of least squares.

As regards I., *Gauss'* method is treated and a modification of the mode of calculation is suggested.

Re II., *Pearson*'s mode of procedure is illustrated. It consists in equating the area and the first three moments of the graduated curve representing the number of living to the surface and the first three moments of the curve given by the observed values.

Re III., the methods of *Graf* and *Hardy* are described with an additional one of the author, for finding an approximate value of the constant q. A suitable value of q being given, no difficulty arises for the exact determination of the two other constants from the first two equations of the above system.

It is shown that the methods hitherto used for finding an approximate value of q, do not supply any correct result. In many cases, however, a convenient method of approximation for q may be used affording great facility of calculation, provided it can subsequently be shown, that the curve obtained in this way does not involve too great a deviation from the real minimum of the least squares. To test this a criterion can be given; the »critical moment K« is connected with the possible correction of the sum of the squares of the errors by the simple relation

$$\Delta M = - \varepsilon \cdot \delta q \cdot K,$$

where $\varepsilon = b : q$, δq denoting the correction of the assumed value for q. The importance and method of application of this criterion are then discussed in detail.

An account of *Hardy*'s method of accumulated deviations is given.

The IVth paragraph developes a new and rapid mode of calculation for *Gauss'* method. Instead of basing the operations on a complete approximat graduation, employing the differences of the unadjusted observed values and the values approximately adjusted, as the mode of calculation hitherto employed requires, an approximate value of q only has to be chosen; this can easily be found, and the calculation of the *Gaussian* corrections of the constants is brought into close connection with the calculation of the approximate constants themselves.

An appendix is devoted to the researches of Prof. *Karup* and Prof. *Tauber,* which belong to the III[d] group.

Anmerkung: Diejenigen Kongreßmitglieder, welche für eine eingehendere Darstellung obiger Untersuchung Interesse haben, können eine solche vom Verfasser (Wien I, Grünangergasse 1) eventuell auf dem Kongreß in Berlin erhalten.

X.

Fortschritte auf dem Gebiet des Unterrichts in Versicherungs-Wissenschaft.

Les progrès en matière d'enseignement de la science actuarielle.

The progress of teaching of acturial science in schools and colleges.

X. — A.

Des progrès en matière d'enseignement de la science actuarielle.

Par **L. Maingie,** Bruxelles.

Nous n'avons pas l'intention de rédiger un rapport sur la 10⁰ question, nous nous bornons simplement à donner quelques indications sur l'enseignement de la science actuarielle en Belgique.

Une institution nouvelle créée auprès de l'Université de Bruxelles, sous le nom d'École de Commerce, prépare les jeunes gens qui en fréqueutent les cours à la technique des affaires et délivre des diplômes d'Ingénieur commercial.

Parmi les matières de l'enseignement de cette école spéciale figurent, les Mathématiques comme préparation aux études techniques, et les éléments de la science actuarielle.

Nous donnons ci-après un extrait de la notice sur l'École de Commerce, qui renseigne sur l'étendue et la portée des cours que nous venons d'indiquer.

Introduction aux Mathématiques appliquées (I⁰ année).

Le but et les usages de l'outil mathématique. Exemples élémentaires. La nature dés problèmes à résoudre par les mathématiques. Les méthodes : numérique ou graphique, approximative ou exacte.

Rappel des notions élémentaires : Progressions, logarithmes, binôme de Newton. Notions de trigonométrie. Analyse combinatoire. Fonction exponentielle. Théorie générale des équations. Rappel de la résolution des équations du 1⁰ et du 2⁰ degré. Indications générales sur la résolution des équations d'un degré supérieur.

Représentation graphique des équations. Conditions pour qu'à une ligne corresponde une équation. Lignes principales. Notions de géométrie analytique. Résolution graphique des équations. Abaques.

Emploi de la règle à .calcul. Principe et emploi des principales machines à calculer.

Séries. Notions de calcul différentiel. Maximum et minimum. Notions de calcul intégral. Mesure des surfaces.

Interpolation.   Sommation.   Intégration approchée.   Méthodes rapides de calcul.

Géométrie descriptive.   But.   Divers systèmes de projection.   Plans côtés.   Lecture des plans et des cartes.

Des travaux pratiques sont conduits par le professeur parallèlement aux leçons, de manière à ce que la théorie soit toujours accompagnée de ses applications.

Emprunts et Assurances
(4⁰ année).

Prêts. — Différentes formes de prêts.   Prêt remboursable par annuités.   Décomposition de l'annuité.   Annuité de reconstitution.   Fonds d'accumulation.   Annuités dans le cas où le taux de placement et le taux de reconstitution sont différents.   Remboursement anticipatif des prêts par annuités.   Comment faut-il considérer ce remboursement?

Les stipulations ordinaires des actes de prêt.

Conséquence de la théorie mathématique au point de vue de la comptabilité spéciale des prêts remboursables par annuités.

Emprunts par titres. — Théorie mathématique générale.   Lots.   Formules pour le calcul des divers éléments d'un emprunt.   Tableau d'amortissement.

Recherche du taux dans les opérations d'intérêt.   Parités.

Conséquence de la théorie mathématique au point de la comptabilité générale des emprunts par obligations.

Assurances. — I. — Comparaison au point de vue technique, du régime des lois belge, allemande, autrichienne, etc. sur la réparation des accidents du travail.   Répartition et capitalisation.   Nécessité des bases techniques.

II. — Exposé des principes indispensables du calcul des probabilités.   Espérance mathématique.   Loi des grands nombres.

III. — Opérations viagères.   Table de mortalité.   Probabilités de vie et de survie.   Capital différé.   Annuités viagères.   Assurances.   Tables de commutation.

Prime annuelle d'une assurance.   Relations entre l'annuité, l'assurance et la prime annuelle.   Formules générales.   Procédés de calcul relatifs aux opérations sur une ou plusieurs têtes.

Annuités payables par fractions.   Assurances payables au moment du décès.

Annuités de survie.   Assurances de survie.

Annuités et assurances variables.

Nues propriétés et usufruits.

Réserves.   Leur nécessité.   Méthodes de calcul des réserves.

Assurances contre la maladie, contre les accidents du travail.   Mode d'emploi des statistiques.

IV. — Caisses d'assurances et sociétés d'assurances sur la vie et contre les accidents.   Caisses de pensions.   Caisses de maladie.   Sociétés mutualistes.   Association d'assurances mutuelles contre les accidents.

V. — Notious générales sur la gestion des organismes de prévoyance.

VI. — Eventuellement, pour les élèves spéciaux, théorie complète de l'intérêt et des opérations viagères; développement des chapitres III et IV du programme. Sommation; intégration approchée. Ajustement des tables de mortalité. Calcul symbolique des probabilités de vie et des annuités viagères. Applications du calcul différentiel et intégral à la recherche des opérations viagères.

En résumé, les connaissances relatives à l'exercice de la profession d'actuaire.

On le voit par ces extraits, il existe actuellement en Belgique une préparation actuarielle générale pour les jeunes gens qui se destinent, non à la carrière commerciale, (ce terme est d'une signification restreinte), mais aux professions qui exigent la connaissance de la technique générale des affaires.

En même temps, l'École de Commerce, annexe de l'Université de Bruxelles, peut former des actuaires professionnels.

Il n'est guère autre chose à signaler, en ce qui concerne la Belgique, quant à l'enseignement de la science actuarielle, si ce n'est cependant que le gouvernement, dans le légitime désir de développer les idées saines en matière d'institutions de prévoyance, a introduit à tous les degrés de l'enseignement des notions relatives à l'épargne, aux annuités viagères et aux assurances.

Ces notions ne sont et ne peuvent être fort étendues. Elles ont surtout une portée utilitaire en ce sens qu'elles n'ont d'autre prétention que d'enseigner, d'une façon pratique, les formes de la prévoyance et les moyens de la réaliser.

Über die Fortschritte des versicherungs-wissenschaftlichen Unterrichts.

Von Louis Maingie, Brüssel.

Der Bericht beschränkt sich auf einige kurze Mitteilungen über den versicherungs-wissenschaftlichen Unterricht in Belgien; insbesondere macht der Verfasser Mitteilung über die neu geschaffene, in Verbindung mit der Universität Brüssel stehende Handelshochschule. Auf dieser können junge Leute eine handelstechnische Ausbildung erhalten und das Diplom als Handelsingenieur erwerben. Unter den Unterrichtsgegenständen dieser Schule finden sich auch Mathematik und die Grundlagen der Versicherungs-Wissenschaft (Science actuarielle).

The progress of education in actuarial science.

By **Louis Maingie**, Brüssel.

The Report is confined to a few short notes regarding actuarial education in Belgium, special notice being directed to the recently formed Commercial High School in connection with Brussels University. At this School young people receive a technical training and qualify for the diploma of commercial engineer. Among the subjects taught are mathematics and the elements of actuarial science.

X. — B.

Unterricht in Versicherungswissenschaft in Dänemark.

Von **Harald Westergaard,** Kopenhagen.

Ein systematischer Unterricht im Versicherungswesen findet in Dänemark leider nicht statt. Die rechts- und staatswissenschaftliche Fakultät an der Universität in Kopenhagen hat allerdings ein national-ökonomisch-statistisches Examen, welches selbstverständlich viele Berührungspunkte mit dem Versicherungswesen hat, z. B. mit Rücksicht auf die Arbeiterversicherung, aber von einem tieferen Eindringen in diese Wisenschaft wird kaum die Rede sein können. Gelegentlich haben die Studierenden jedoch als Spezialfach die Versicherungs-Wissenschaft gewählt und werden dann auf die wichtigsten Lehrbücher in der neueren Literatur hingewiesen (*Brämer, Manes, Landré* usw.). Auch die nationalökonomischen Studierenden, welche sich speziell als Statistiker auszubilden suchen, kommen vielfach mit dem Versicherungswesen in Berührung. Da hier eine Vorbereitung in der Differenzial- und Integralrechnung vorausgesetzt wird, haben die Studierenden die Möglichkeit, mit der Wahrscheinlichkeitsrechnung, den Interpolationen usw. vertraut zu werden. Indessen zielt dieses Studium meistens auf eine Ausbildung allgemeiner Art, die Betreffenden aspirieren z. B. nach Stellungen im statistischen Bureau oder in solchen Institutionen, wo ihre nationalökonomischen Einsichten wertvoll sein können.

In der mathematisch-naturwissenschaftlichen Fakultät hat bisher der Professor der Astronomie, zurzeit Professor *Thiele,* der als Versicherungsmathematiker rühmlichst bekannt ist, Vorlesungen und Übungen über Wahrscheinlichkeitsrechnung, Interpolationen und Versicherungsmathematik gehalten, und die Studierenden haben somit einen Ausgangspunkt für weiteres Selbststudium gehabt.

Vor ein paar Jahren wurde von den beiden Fakultäten ein gemeinschaftlicher Vorschlag zur Einführung eines neuen Examens eingereicht, welches vorzugsweise auf das Versicherungswesen zielen sollte; zu dem Ende sollte eine neue Professur in der „angewandten Mathematik" errichtet werden. Der betreffende Professor sollte die Wahrscheinlichkeitsrechnung, die Versicherungsmathematik usw. vortragen und Übungen in praktischen Berechnungen halten. Der Plan umfaßte einen zweijährigen Kursus in der höheren Mathematik, ferner sollte das Studium die Theorie der Statistik, die Nationalökonomie (mit besonderer Rücksicht auf die Arbeiterversicherung und andere Gebiete des Versicherungswesens) samt gewisse Abschnitte der Jurisprudenz

23*

umfassen; im ganzen sollte das Studium etwa in 5 Jahren abgeschlossen werden können. Noch ist freilich keine Entscheidung von seiten des Unterrichtsministeriums getroffen, unzweifelhaft wïrd aber die vorgeschlagene Ordnung sich immer mehr aufdrängen; die ganze Frage ist soeben wieder in den Vordergrund getreten gelegentlich einer Doktordissertation betreffend die Sterblichkeit nach Versicherungsjahren, welche eine Kooperation der rechts- und staatswissenschaftlichen Fakultät mit der mathematisch-naturwissenschaftlichen erheischte.

De l'enseignement scientifique des assurances, au Danemark.

Par Harald Westergaard, Copenhague.

Au Danemark, il n'existe pas d'enseignement systématique en matière d'assurances. La Faculté de droit de Copenhague a un examen d'économie et de statistique qui offre certains points de contact avec la science des assurances, l'assurance ouvrière par exemple. A la Faculté des sciences mathématiques et naturelles on donne parfois des cours sur le calcul des probabilités, les interpolations et les mathématiques appliquées aux assurances. Il y a quelques années ces deux Facultés proposèrent d'instituer un nouvel examen visant plus particulièrement les assurances (Statistique théorique, économie politique, science actuarielle, calcul des probabilités). Mais le Ministère de l'Instruction publique n'a pas encore pris de décision à cet égard.

The teaching of assurance science in Denmark.

By Harald Westergaard, Copenhagen.

There is no systematic tuition in Assurance Science in Denmark. In the Faculty of Law of the University of Copenhagen there is a so-called "economic-statistical" Examination, which is in connection with the Science of Insurance (e. g. workmen's assurance), and at the Faculty of Mathematics and Natural Science lectures are given on the calculation of probabilities, on "Interpolation" and on "Assurance Mathematics". Some years ago these two Faculties proposed an Examination principally in assurance matters (e. g. the theory of Statistics, Political Economy, the Science of Insurance, the calculation of Probabilities, etc.), but the Minister for Education has not yet made known his decision upon this question.

X. — C.

Bericht über die Fortschritte des Unterrichtes in Versicherungs-Wissenschaft.

Von **D. Bischoff**, Leipzig.

Das Gebiet, mit dem sich der vorliegende Bericht befassen soll, ist in der deutschen Formulierung des Themas als „Versicherungs-Wissenschaft", in der französischen Übersetzung als „Science actuarielle" bezeichnet. Es soll über die Fortschritte berichtet werden, die der *Unterricht* auf diesem Gebiete gemacht hat. Bei diesem Gegenstande handelt es sich um zweierlei: *Einmal* kommen die *bisher erzielten* Fortschritte des Unterrichts in Versicherungs-Wissenschaft in Betracht. Hierüber will ich an dieser Stelle nicht berichten; ich beziehe mich da vielmehr auf die Darlegungen von *Manes* in seiner Schrift „Versicherungs-Wissenschaft auf deutschen Hochschulen" und in dem „Protokoll des V. Kongresses des Deutschen Verbandes für das Kaufmännische Unterrichtswesen", ferner auf die Verhandlungen der allgemeinen Mitgliederversammlung des Deutschen Vereins für Versicherungs-Wissenschaft vom 3. Oktober 1904, sowie auf einschlägige Mitteilungen in der „Zeitschrift für die gesamte Versicherungs-Wissenschafte" (Band IV, S. 267 und 490, Band V, S. 142 und 488). — *Zweitens* aber kommt es darauf an — und eben diesen Versuch will ich hier unternehmen —, über den Wert jener bisher erzielten Fortschritte zu urteilen und dabei insbesondere anzugeben, in welchem Sinne etwa ein *weiteres* Fortschreiten des Unterrichts in Versicherungs-Wissenschaft erforderlich ist. Dieses Urteil möchte ich abgeben vom Standpunkte des Versicherungspraktikers, insbesondere auf Grund meiner Kenntnis der *Lebensversicherungs*praxis. Wie sind von diesem Standpunkt aus die bisherigen Fortschritte des Unterrichts in Versicherung-Wissenschaft zu beurteilen, und welche *Zukunftswünsche* der Versicherungspraxis kommen hier speziell im Hinblick auf die deutschen Verhältnisse in Betracht? Das ist die Frage, mit der es mein Bericht in der Hauptsache zu tun hat. Dabei mag beachtet werden, daß bei dem Unterricht in Versicherungs-Wissenschaft ebensowohl die Belehrung der Versicherungspraktiker wie die Belehrung der anderen Versicherungsinteressenten (der Versicherungsnehmer, der öffentlichen Meinung, der Presse, der Parlamentarier, der Verwaltungsbeamten, der Richter usw.) in Frage steht. Und ebenso möchte ich gleich von vornherein darauf hinweisen, daß aller Wert des

in Rede stehenden Unterrichts natürlich wesentlich mit abhängt von
dem *Inhalte,* der diesem Unterricht eigen ist. Die Fortschritte des
Unterrichts in Versicherungs-Wissenschaft sind offenbar in entscheidender Weise abhängig von den Fortschritten, die jene *Versicherungs-
Wissenschaft selbst* macht; bei einem Tiefstande der wissenschaftlichen
Erkenntnis selbst z. B. kann naturgemäß von tüchtigen Fortschritten
des Unterrichts in dieser Wissenschaft nicht die Rede sein. Es ist
also im Rahmen unseres Themas nicht am wenigsten auch die Frage
zu prüfen, wie der jetzige Stand unserer Versicherungs-Wissenschaft
selbst zu bewerten ist, und welche Fortschritte in dieser Beziehung
etwa, vom Standpunkte der Versicherungspraxis aus betrachtet,
wünschenswert erscheinen.

I.

Im versicherungswissenschaftlichen Unterricht soll nicht eine bloß
referierende, sondern eine *kritische* Wissenschaft zur Geltung kommen.
Es soll dort den zu Belehrenden nicht lediglich die bloße Tatsachen-
welt des vorhandenen Versicherungswesens geschildert, sondern auch
der Wert oder Unwert der einzelnen Versicherungseinrichtungen beleuchtet werden.

Die Wissenschaft muß da sine ira et studio die Licht- und
Schattenseiten der einzelnen Erscheinungsformen des Versicherungswesens uns zum Bewußtsein bringen; sie muß über die *Zweckmäßigkeit*
der einzelnen Grundsätze und Einrichtungen gründlich sich verbreiten
und auf diese Weise wieder und wieder klarstellen, was eigentlich als
Recht und was als Unrecht auf unserem Gebiete zu erachten ist.

Diese kritische Aufklärungsarbeit, wenn sie in rechter Weise betrieben wird, hat ihren großen Nutzen. Sie trägt unmittelbar zum
Fortschritte des Versicherungswesens bei; sie hilft aber auch viele
Widerstände beseitigen, die der Entwicklung des Versicherungswesens
durch die irrigen Anschauungen weiter und einflußreicher Kreise bereitet werden. Je mehr Aufklärung über die Zweckmäßigkeit der
einzelnen Versicherungseinrichtungen erfolgt, desto irrtumfreier wird
z. B. die Vorstellung vom „Interesse der Versicherten" und vom
„Schutze der Versicherten" im Publikum, in der Presse, bei den
Richtern, in den Parlamenten usw. geraten.

Wenn aber unsere Wissenschaft bei ihrem Unterricht ein Urteil
über die Zweckmäßigkeit oder Unzweckmäßigkeit der Versicherungseinrichtungen abgeben soll, so wird sie sich — was ich hier besonders
betonen möchte — in recht gründlicher Weise auch um die Klarstellung der *Zwecke des Versicherungswesens* überhaupt zu bemühen
haben. Auf diesen Punkt muß ich hier näher zu sprechen kommen,
weil es mir scheint, daß unsere Wissenschaft hin und wieder zu rasch
an dieser Zweckfrage vorübergeht, und daß eben deshalb den Urteilen
über das Versicherungswesen und seine rechte Gestaltung vielfach einseitige, kurzsichtige Tendenzen als Ausgangspunkt dienen. Man gelangt nach meinen Erfahrungen auf unserem Gebiete nicht selten zu
falschen, dem Gedeihen des Versicherungswesens nachteiligen Anschauungen, weil man zu wenig gründlich in jener *Prinzipienlehre*
verfährt, die mit tüchtiger Lebenskenntnis die wahren Zwecke des Ver-

sicherungswesens erörtert und auf solche Weise einen wirklich rationellen, stichhaltigen Maßstab für das, was recht, und das, was unrecht ist, uns bietet. In dieser Hinsicht läßt der sogenannte „allgemeine Teil" unseres versicherungswissenschaftlichen Unterrichts hier und da an Gründlichkeit und Klarheit zu wünschen übrig.

Auf dem Gebiete des Versicherungswesens kommen natürlich sehr *verschiedenartige* Zwecke zur Geltung, so z. B. die besondere Absicht, die der einzelne Versicherte mit seiner Versicherung verbindet, oder die konkreten Erwerbstendenzen des einzelnen Versicherungsunternehmers. Als entscheidend für die Beurteilung der Richtigkeit und Zweckmäßigkeit der Versicherungseinrichtungen aber erachtet die Wissenschaft einen allgemeineren, höheren Zweck, den sie im allgemeinen den „sozialen" nennt. Die Befriedigung zufälliger Bedürfnisse auf gemeinsame Rechnung, das planmäßige Sparen für den Bedürfnisfall seitens der durch das gleiche zufällige Bedürfnis bedrohten Personen, wie es bei dem Versicherungsvorgang sich abspielt, wird dabei gewürdigt als ein höchst bedeutsames Mittel, um die vorhandenen Kräfte der Volkswirtschaft zu erhalten, um die Störung des nationalen Wirtschaftsprozesses durch eintretende „Schadenfälle" möglichst herabzumindern und die betroffenen Individuen vor mancherlei Entbehrung zu bewahren. Mir scheint aber diese übliche Zweckbestimmung, in deren Bereich die Bedeutung des Versicherungswesens in der Hauptsache immer nur durch die großen Ziffern der Versicherungssummen, Prämieneinnahmen, Schadenzahlungen und ähnlicher Wirtschaftswerte veranschaulicht zu werden pflegt, etwas zu *eng* zu sein und infolgedessen ungeeignet, uns zu dem rechten Standpunkte für die Beurteilung des Versicherungswesens und seiner Einrichtungen zu verhelfen. Ich meine, man kann Zweck und Aufgabe des Versicherungswesens nur richtig erfassen, wenn man in letzterem nicht lediglich einen *Wirtschafts*faktor, sondern einen *Kultur*faktor im weitesten Sinne des Wortes erblickt, d. h., wenn man nicht lediglich denjenigen Einfluß berücksichtigt, den dieses soziale Gebilde auf die Produktionsfähigkeit des Volkes und auf den Besitzstand der versicherten Individuen gegebenenfalls ausübt, vielmehr darüber hinaus die *gesamten* Wirkungen beachtet, die das Versicherungswesen in allen seinen Einzelheiten und Beziehungen auf unsere Gesamtkultur, auf den Zustand unseres Volkslebens, auf den Werdegang und die Gesundung unserer Lebensverhältnisse überhaupt auszuüben vermag.[1]

---

[1] Im »allgemeinen Teil« unserer heutigen Versicherungslehre wird ja auch mannigfach von der »kulturellen« Bedeutung des Versicherungswesens gesprochen, aber nicht — und das eben scheint mir ein Mangel zu sein — unter dem Gesichtswinkel jener klaren, weitschauenden Kulturvorstellung, die allein den wirklichen Verhältnissen gerecht wird. Die wahre, wirkliche Kultur umfaßt offenbar alle diejenigen Eigenschaften und Beziehungen der Individuen, auf denen der Wert des Gemeinlebens für die einzelnen, der Gesamteinfluß der Gesellschaft auf das individuelle Außen- und Innenleben beruht. Man geht da irre, wenn man als »Kultur« nur die wirtschaftliche Lage des einzelnen oder der Gesamtheit oder eine bestimmte andere *Einzelerscheinung* des Kulturzustandes ins Auge faßt; »Kultur« ist ein unteilbares Ganze, und es muß daher bei der »kulturellen» Beurteilung eines Vorganges oder einer Einrichtung stets beachtet werden, wie

Wir sollen uns, wenn wir versicherungswissenschaftliche Urteile
mit rechter Gründlichkeit aufbauen und mit rechtem Erfolge verwerten wollen, klar vor Augen halten, daß das Versicherungswesen
den Zweck hat, den Stand nicht nur des individuellen Besitzes und der
nationalökonomischen Leistungsfähigkeit, sondern den Stand unserer
Gesamtkultur günstig zu beeinflussen. Da ist es z. B. falsch und
irreführend, die Einrichtungen des Versicherungswesens lediglich
danach zu beurteilen, ob sie auch in höchstem Maße „wirtschaftlich"
sind. Vom einseitigen Standpunkte dieses Rentabilitätsinteresses aus
gelangt man zu völlig unrechtem Urteil auf unserem Gebiete. Da bildet
man sich dann etwa ein, die Verstaatlichung des Versicherungswesens
stelle den wahrhaft gesunden Zustand dar, da ja bei einer solchen Be-
triebsvereinheitlichung und einem solchen Wirtschaften für gemeinsame Rechnung dem versicherungsbedürftigen Staatsbürger die Ware
am billigsten werde geliefert werden können. In dieser und ähnlicher
Weise entwickeln sich, wie die Erfahrung lehrt, höchst kurzsichtige
und falsche Urteile auf dem Gebiete der Versicherungslehre, wenn man
es in der üblichen Weise unterläßt, bei der Wahl des Urteilsmaßstabes
das Versicherungsproblem in seiner wahren Bedeutung als allum-
fassendes Kulturproblem zu erforschen.

---

deren Wirkung auf die *Gesamtheit* der Eigenschaften und Beziehungen der
Individuen sich ausnimmt, und wie dabei auf jenen *Gesamteinfluß* eingewirkt
wird, den die Gesellschaft auf das individuelle Außen- und Innenleben ihrer
Glieder ausübt. Dieser *Zusammenhang* aller der in einander greifenden Zustände, Äußerungen und Wirkungen des Volkslebens bildet den Gegenstand der
Kulturwissenschaft; bei unserer vorwiegend nationalökonomischen und juristischen
Betrachtungweise, wie sie im allgemeinen bei der Darstellung und Beurteilung
des Versicherungswesens vorherrscht, findet eben dieser Zusammenhang nicht die
ihm gebührende Beachtung. Wir sind auf diesem Gebiete eine wirklich kulturwissenschaftliche Betrachtung leider so wenig gewöhnt, daß mancher sich vielleicht
zunächst über deren vorerwähnten Gegenstand und Zweck und Wert überhaupt
nicht klar ist; aber bei einiger Gründlichkeit der Beobachtung ergibt sich ohne
weiteres, wie auch auf dem Gebiete des Versicherungswesens und der Versicherungs - Wissenschaft die sorgfältige Berücksichtung eben des *gesamten
Kulturzusammenhanges* von entscheidender Wichtigkeit ist. Diese weit-
blickende, umfassende Kulturforschung darf da nicht als etwas Beiläufiges und
Nebensächliches behandelt, sie muß vielmehr geradezu — darauf möchte ich
hier, den herrschenden Lehrmethoden gegenüber, besonders hinweisen — als die
eigentliche Urteilsgrundlage überall klar und rückhaltlos anerkannt und zur
Geltung gebracht werden. Immer wieder kommt es darauf an, die Bedeutung
des Versicherungswesens und seiner einzelnen Gestaltungen *für das gesamte
Kulturfazit* in allen Einzelheiten und Beziehungen genau zu erforschen und
darzustellen und speziell unter *diesem* Gesichtswinkel jedes Problem und jede
Streitfrage unseres Gebietes wissenschaftlich zu beurteilen, wie denn überhaupt
diese Betrachtungsweise aus aller praktischen Erfahrung die einzige ist, die uns
in den vielen strittigen Fragen der heutigen sozialen Entwicklung zu einem
richtigen, gesunden Urteil verhelfen kann. In diesem Sinne muß bei der Ein-
schätzung der Einrichtungen und Projekte des Versicherungsgebietes deren
*Gesamt*wirkung (auch z. B. ihr psychischer Einfluß) weit sorgfältiger, gründlicher
und vorurteilsfreier untersucht werden, als dies bisher beispielsweise im Bereiche
der Versicherungs*politik* zumeist der Fall war. Nur so kann in Wirklichkeit
von einer Ermittelung des »Gemeinnützigen« die Rede sein, wie ein jeder bei
genügender Unbefangenheit und Gründlichkeit der Überlegung ohne weiteres
zugeben wird.

Soll das Versicherungswesen seinen Daseinszweck wirklich erfüllen, so muß es in seinen sämtlichen Einzelheiten und Beziehungen so gestaltet sein, daß es möglichst wenig ungesunde und möglichst viel gesunde Wirkung im Volksleben ausübt, dem gesunden Wachstum der Gesamtkultur, dem gesunden Werdegang der Gesamtheit unserer Lebensverhältnisse, dem wahren Fortschritt der Tüchtigkeit und des Wohlbefindens in unserem Gemeinleben in möglichst hohem Maße förderlich ist.

Da kommt es z. B. auf unserem Gebiete darauf an, daß hier die Intelligenz und Tatkraft zu möglichst hoher Entwicklung, Entfaltung und Wirksamkeit gelangt. Immer intelligenter und tüchtiger muß sich das Versicherungswesen anpassen an das vielgestaltige individuelle Versicherungsbedürfnis mit all seinen berechtigten Einzelinteressen. Der Betriebs- und Fortschrittseifer, wie er der Privatindustrie unseres Gebietes eigen ist, muß da als gewichtiges Moment eines zweckmäßig eingerichteten Versicherungswesens geachtet werden. Die Freiheit der Energie, die Lust und Liebe, die bisher bei freiem Schaffen auf dem Gebiete des Versicherungswesens so außerordentlich Tüchtiges geleistet hat, und ähnliche ideelle Werte müssen klar und deutlich in ihrer kulturellen Bedeutung gewürdigt werden, wo es sich um die wissenschaftliche Plan- und Zielgebung auf unserem Gebiete handelt. Die *Förderung des nützlichen Wollens und Strebens* will da als eines der wichtigsten allgemeinen Kulturziele geachtet sein. Unter diesem Gesichtswinkel ist dann beispielsweise die Betriebsfreiheit und die Betriebsprämie (Unternehmergewinn) im Versicherungsberufe wissenschaftlich zu würdigen. Dabei wird freilich u. a. zu erwägen sein, in welchem Umfange der Unternehmergewinn im Kulturinteresse wirklich erforderlich ist; denn auch in diesem Punkte bewahrheitet sich der Satz: Est modus in rebus.

Als kulturfördernd auf dem Gebiete des Versicherungswesens ist z. B. in gewissem Sinne auch die Erhaltung der *Kleinbetriebe,* die Möglichkeit der Entwicklung neuer Betriebe zu erachten; Intelligenz und Schaffenstrieb bedürfen dieser Mittel, die Beseitigung der letzteren erweist sich bei näherer Betrachtung als ein kultureller Nachteil. In ähnlicher Weise ist auch das *Agentenwesen* zu betrachten, das in fleißiger Arbeit den Versicherungsentschluß der versicherungsbedürftigen Staatsbürger fördert, in gewissem Sinne also das sittliche Wollen der letzteren in Bewegung setzt und anderseits für eine möglichst genaue Anpassung der Versicherungsart an das individuelle Bedürfnis sorgt. Diese Agentenarbeit soll man bei der wissenschaftlichen Ziel- und Plangebung auf dem Gebiete des Versicherungswesens als eine viele Tausende von Familien nährende soziale Leistung achten, die dem Fortschritt der Tüchtigkeit und des Wohlbefindens in unserem Gemeinleben außerordentlichen Vorschub leistet. Freilich will da auf der anderen Seite auch beachtet sein, daß es mit dem Kulturinteresse nicht harmoniert, wenn die erheblichen Aufwendungen, die der Agentenapparat des Versicherungswesens erfordert, sittlich minderwertigen Elementen, z. B. entlassenen Zuchthäuslern, zufallen, die man in Verkennung und Miß-

achtung des dem Versicherungswesen eigenen Kulturzweckes in die
Agentenposten einsetzt. Gerade bei derartigen Problemen zeigt es
sich, wie sich die bloße nationalökonomische Ziel- und Plangebung auf
unserem Gebiete unterscheidet von jener kulturellen, von der hier die
Rede ist.

Als wichtige Kulturforderung im Bereiche des Versicherungswesens muß ferner beispielsweise *die* erkannt werden, daß durch die
Art des Versicherungsbetriebes nicht eine Entmündigung, eine Beseitigung der *Selbstverantwortung,* eine Unterdrückung oder Ein-
schläferung des *Selbsthilfetriebes* in den beteiligten Kreisen der Staatsbürger Platz greift, denn Wirkungen letzterer Art fördern nicht,
sondern hindern das Wachstum der Gesamtkultur und tragen auf die
Dauer außerordentlich viel dazu bei, die Tüchtigkeit und das Wohl-
befinden im Volksleben herabzustimmen. Desgleichen verlangt der
Kulturzweck, daß das Versicherungswesen nicht infolge seiner Einrichtungen und seiner Praxis Simulanten zeitigt, eine „Renten-
hysterie" ins Dasein ruft oder ähnliche ungesunde geistige Einflüsse
ausübt. Interessant ist, was im Hinblick auf jenen Zweck Graf
v. Posadowsky in der Reichstagssitzung vom 14. Januar 1904 über die
staatliche Zwangsversicherung und ihre Ausdehnung geäußert hat.
„Ich bin der Ansicht," bemerkte er, „man kann auch zum Schaden
unseres Volkes das Versicherungsprinzip übertreiben, ja, man kann das
Versicherungsprinzip, um einem jeden seine Zukunft zu sichern, so
übertreiben, daß schließlich die eigene Kraft, für sich selbst zu sorgen,
selbst seine Zukunft zu sichern, vollkommen gelähmt wird, und das
kann sehr bedenkliche psychologische Wirkungen auf den Charakter
eines ganzen Volkes haben."

Es ist da schließlich auch zu beachten, daß in sehr vielen Beziehungen die Familienfürsorge den Kulturerfordernissen viel besser
zu entsprechen vermag als die zwangsweise und freiwillige Versicherung, und daß daher manche höchst wichtige soziale Aufgaben in
wirklich gesunder Weise nur mit Hilfe eines Neubaues des Familien-
lebens, nicht aber durch Versicherungseinrichtungen gelöst werden
können. Diese und ähnliche Erkenntnis muß uns bei der in Rede
stehenden Plan- und Zielgebung davor bewahren, dem Versicherungswesen zu viel zuzumuten, das Versicherungsprinzip auf jedes beliebige
soziale Bedürfnis anzuwenden.

Das sind nur so einige Ausblicke auf das Kulturproblem, mit
dem es das Versicherungswesen zu tun hat. Die zahlreichen sonstigen
Beziehungen dieses Problems kann sich ein jeder leicht klarmachen,
wenn er offenen Auges das Getriebe unseres sozialen Lebens beobachtet.

Nach diesen Feststellungen wird es nicht schwer sein, zu verstehen,
was ich damit sagen will, wenn ich verlange, daß auch unsere Ver-
sicherungs-*Wissenschaft* sich vor einseitigen Tendenzen hütet und
die gesamten kulturellen Wirkungen des Versicherungswesens
erforscht.

Unsere Wissenschaft muß sich den gesunden oder ungesunden
Einfluß der verschiedenen Grundsätze und Einrichtungen des Ver-
sicherungswesens auf den Gesamtstatus des Volkslebens klarmachen.

In diesem Sinne muß ihr ein weitschauendes kritisches Gewissen eigen sein.

Daß unsere jetzige Versicherungs-Wissenschaft dieser Forderung allerwegen genügt, kann — wie schon angedeutet — nicht behauptet werden. Ein Fortschritt in der angegebenen Richtung erscheint mir da ebenso notwendig wie wichtig.

Die bei Versicherern, bei Versicherungsnehmern und in anderen Kreisen vielfach herrschende Unkenntnis über das, was auf unserem Gebiete Recht und Pflicht, was hier notwendig und ·kulturdienlich ist, schafft zahlreiche Schwierigkeiten, die dem segensvollen Wirken des Versicherungswesens im Wege stehen. An allen Ecken und Enden rächt sich da auf unserem Gebiete der Mangel an einer weitsichtigen, gründlichen Ziel- und Plangebung. Diesen Übelständen aber kann nur abgeholfen werden, wenn die Versicherungswissenschaft mit klarem Zweckverständnis die Kulturforschung als einen wichtigen, vollwertigen Faktor ihrer Ideenarbeit aufnimmt. Unsere Wissenschaft wird der Wahrheit nur dann wirklich näherkommen, wenn sie nicht nur nach nationalökonomischen Gesichtspunkten im gewöhnlichen Sinne des Wortes arbeitet, sondern wieder und wieder um eine wirklich *kulturwissenschaftliche* Grundlegung sich bemüht.

In neuester Zeit stellt sich übrigens diese Betrachtungsweise bei gewissen Fragen des Versicherungswesens bereits ein. Ein bedeutsames Beispiel dieser Erscheinung bietet u. a. die jetzt einsetzende wissenschaftliche Behandlung unserer staatlichen Arbeiterversicherung. Man fragt sich bei der Betrachtung dieses wichtigen Gegenstandes jetzt mehr und mehr: Hat unser System der sogenannten Sozialversicherung die an dasselbe ursprünglich geknüpften Erwartungen erfüllt, ist der erhoffte kulturelle Erfolg bei der staatlichen Arbeiterversicherung in vollem Umfange zutage getreten, hat die sichtliche Zunahme der Tüchtigkeit und Zufriedenheit den Beweis für die Zweckmäßigkeit aller dieser Einrichtungen erbracht? Auf diese kulturwissenschaftliche Frage gibt man da heute mannigfach Antworten, an die unsere Versicherungs-Wissenschaft noch vor einigen Jahren und Jahrzehnten kaum gedacht hat. So fand ich beispielsweise kürzlich in unserer Zeitschrift für die gesamte Versicherungs-Wissenschaft bei einem Spezialsachverständigen folgendes kulturwissenschaftliche Urteil: „Die soziale Zwangsversicherung schränkt die ökonomische Selbstverantwortung des Individuums für seine Zukunft ein. . . . Aber die Einschränkung der Selbstverantwortung darf nicht dahin führen, daß das Gefühl für diese Selbstverantwortung in den Kreisen der Arbeiter verkümmert. Wohl fußt die soziale Versicherungsgesetzgebung auf Prinzipien, die in einem gewissen Ausmaße geeignet sind, das Bewußtsein im Arbeiter zu erhalten, daß er aus eigener Kraft zur Fürsorge für seine Existenz in der Zukunft beiträgt, so vor allem die eigene Beitragspflicht des Arbeiters, im gewissen Sinne auch die Karenzzeit und dergleichen; aber wenn durch· die Versicherung der Anreiz geschaffen wird, sich ein arbeitsloses Einkommen zu gewinnen, dann wird das Selbstverantwortungsgefühl unfehlbar in seinem Wirkungskreis verkürzt. Und da braucht die erhoffte Rente gar nicht so hoch zu sein, daß das Rentnereinkommen als solches dazu verlocken könnte. Vielmehr genügt es, daß der Arbeiter mit wachsendem Vertrauen zur *sozialen* Versorgung das Vertrauen zur Existenzsicherung aus *eigener Kraft* und damit immer mehr die ökonomische Energie, die er so notwendig hat, einbüßt." Eine solche, dem gesamten Kulturproblem ins Auge schauende Betrachtung verdrängt jetzt im Bereiche der Versicherungs-Wissenschaft bereits hier und da jene einseitige nationalökonomische Ziel- und Plangebung, die die unmittelbare „Wirtschaftlichkeit", den „Schutz der Schwachen" und ähnliche Ideale zum Kriterium gesunder Versicherungszustände erhob. Wir begegnen in dieser Weise jetzt mannigfach einer gewissen Vorsicht gegenüber falschen, einseitigen nationalökonomischen Zielen.

Jener kulturwissenschaftliche Urteilsstandpunkt sollte nun *allgemein* auf unserem Gebiete zur Herrschaft gelangen. Mehr und mehr muß es dahin kommen, daß jede einzelne Streitfrage des Versicherungswesens in dem großen Zusammenhang des Kulturproblems betrachtet und beurteilt wird. Wollen wir zu einem gerechten, zweckmäßigen Ausgleich der verschiedenen Interessen unseres Gebietes gelangen, so müssen wir uns, um ihn zu finden, zu jenem kulturwissenschaftlichen Standpunkte aufschwingen. Von da aus erst läßt sich übersehen, was als berechtigtes Interesse des einzelnen und als berechtigtes Interesse der Gesamtheit zu erachten ist, wo der Schutz des Versicherten und wo derjenige des Versicherers am Platze ist. Da gewinnen z. B. auch die Probleme der Anzeigepflicht, des Policenrückkaufes und ähnliche Streitfragen ihren besonderen kulturwissenschaftlichen Charakter. Ganz besonders notwendig erweist sich der erwähnte Urteilsstandpunkt ferner gegenüber der Frage, ob Staats- oder Privatbetrieb auf unserem Gebiete das richtige sei, und wie etwa die besonderen Prinzipien der Beamtenvereine und ähnlicher beruflicher Versicherungs-Organisationen zu beurteilen sind. Bei der Verstaatlichungsfrage wird man da u. a. den Einfluß eines solchen Vorganges auf die Entwicklung und Betätigung der schaffenden Energie im Volksleben beobachten und überlegen. Die Frage des Groß- oder Kleinbetriebes, die Bewertung der sogenannten Zillmerei, das Problem der Volksversicherung, die Beurteilung des Agentenwesens, die Ansprüche der Versicherungsärzte und ähnliches mehr erheischt gleichfalls eine Betrachtung von jenem allgemeineren Gesichtspunkte aus. In hohem Maße ist das natürlich auch bei der Beurteilung des fiskalischen Interesses auf unserem Gebiete und bei den Fragen der Staatsaufsicht und behördlichen Bevormundung im Bereiche des Versicherungswesens der Fall. Nach welchen Gesichtspunkten die Besteuerung des Versicherungswesens und die Einrichtung und Ausübung der behördlichen Kontrolle geschehen muß, das kann nur mit Hilfe einer ausreichenden kulturwissenschaftlichen Forschung entschieden werden. In gleicher Weise will auch die Frage der Vertragsgesetzgebung als kulturelle Frage aufgefaßt sein. Und gegenüber all den politischen Forderungen, mit denen heute das Gebiet des Versicherungswesens bedacht wird, hat man gleichfalls jenen Urteilsstandpunkt dringend nötig; all der geforderte Ausbau unserer staatlichen Versicherung, die Frage der Privatbeamten-Versicherung, der Arbeitslosenversicherung und zahlreiche andere Probleme bedürfen zu ihrer zweckmäßigen Erledigung unbedingt jener kulturwissenschaftlichen Forschungsarbeit.

An die *Forschung* dieser Art hat sich dann aber die Aufklärungsarbeit anzuschließen. Der *Unterricht* in der Versicherungs-Wissenschaft muß gleichfalls mit besonderem Nachdruck das Versichern in seiner Bedeutung als Kulturproblem beleuchten. Etwas von dem Geiste jener éducation civique et morale, mit der man in Frankreich eine gewisse kulturwissenschaftliche Volksbildung zu erzielen sucht, muß da in unserem versicherungswissenschaftlichen Unterricht zur Geltung kommen, wenn auch natürlich in einem besonderen, dem Wesen unseres Spezialgebietes angepaßten Sinne.

Bietet der Unterricht eine solche kulturwissenschaftliche Prinzipienlehre, so wird das auch unseren Praktikern nur dienlich sein. Die Ziel- und Plangebung, die im Bereiche der Versicherungspraxis waltet, wird dadurch manche Berichtigung erfahren, die Vorstellung von dem, was die „guten Sitten" fordern und zulassen, wird klarer und besser geraten.

Auch in unserer Praxis wird es sich bei solcher Beleuchtung mehr und mehr zeigen, daß wir der sogenannten „höheren Gesichtspunkte" nicht entbehren können. Schon jetzt wird dies hier und da empfunden. Während man früher jede Ideologie auf unserem Gebiete einfach als brotlose Kunst niederlachte, urteilt doch heute schon gar mancher anders darüber. Man entdeckt, daß das bloße Arbeitsevangelium in unserem Berufe nicht genügt, daß vielmehr auch in diesem Schaffensbereiche eine das Kulturproblem erfassende moralische Intelligenz zur Geltung kommen muß, wenn das Versicherungswesen seinen Zweck erfüllen soll. Gerade gewisse Vorgänge in neuester Zeit haben manchem die Augen hierüber geöffnet. Ich möchte da nur an einige Worte erinnern, die Präsident *Roosevelt* über einzelne Mißstände im amerikanischen Versicherungswesen jüngst geäußert hat: „Es hat sich," sagt er, „nur zu klar gezeigt, daß gewisse Leute, die an der Spitze dieser großen Gesellschaften stehen, nur wenig Notiz von der ethischen Unterscheidung zwischen Ehrlichkeit und Unehrlichkeit nehmen; sie ziehen die Linie nur diesseits dessen, was gesetzlich ehrlich genannt werden kann, jene Art von Ehrlichkeit, die notwendig ist, um es zu vermeiden, in die Krallen des Gesetzes zu fallen. Natürlich muß das einzige vollständige Mittel für diesen Zustand in dem erwachenden öffentlichen Bewußtsein gefunden werden, einem höheren Sinn für ethische Lebensführung in der großen Gemeinschaft speziell unter Geschäftsmännern und bei denen, die sich dem Rechtsberuf widmen, und in dem Wachsen des Geistes, der alle Unehrlichkeit verdammt." Dem Sprecher dieser an die sittliche Intelligenz appellierenden Worte wird man gewiß nicht den Vorwurf machen können, er sei ein Phantast; derjenige, der hier dem Gedanken Ausdruck gibt, daß der wahre Fortschritt auf dem Gebiete des Versicherungswesens nur unter dem Einfluß einer klaren Pflichtenerkenntnis zu erhoffen ist, ist gerade als ein tüchtiger, lebenskluger Mann der Praxis in der ganzen

Welt bekannt. Und ist nicht eine ihm kongeniale Persönlichkeit, Graf v. *Posadowsky* — der Ehrenpräsident unseres Kongresses — auf Grund seiner außerordentlich reichen praktischen Erfahrung zu der gleichen Forderung gekommen, daß auf allen unseren Lebensgebieten der wahre Fortschritt nur zu erwarten sei von der Klärung des Pflichtverständnisses? Ganz im Sinne dieses hervorragenden Praktikers und Kenners unserer Zeitverhältnisse scheint mir da jene Forderung zu sein, daß man im versicherungswissenschaftlichen Unterricht die erwähnte kulturwissenschaftliche Aufklärung betreibt, die einerseits den auf die sogenannte Sozialversicherung gesetzten übertriebenen Hoffnungen sowie den bureaukratischen und sonstigen Mängeln des öffentlichen Versicherungswesens ein Ende zu bereiten hilft und anderseits den großen Apparat des privaten Versicherungswesens wieder und wieder mit einem gesunden Ziel- und Planbewußtsein versieht. Graf v. *Posadowsky* hat die Gefahren der weiter und weiter sich ausdehnenden Bevormundung und bureaukratischen Allgewalt auch auf dem Gebiete des Versicherungswesens erkannt und zu verschiedenen Malen betont, wie hoch die Freiheit und Selbstverantwortung einzuschätzen ist, wie notwendig sie sich aber auch mit entsprechender *Pflichterkenntnis* verbinden muß. In dem gleichen Sinne äußert sich Präsident *Gruner* vom Kaiserlichen Aufsichtsamt für Privatversicherung: „Der Versicherer, den der Trieb nach Geldgewinn dazu anspornt, die Versicherung auf immer weitere Volkskreise auszubreiten, muß zugleich das Bewußtsein in sich tragen, im besten Sinne des Wortes gemeinnützig zu wirken." Zu letzterer Pflichtenerkenntnis aber reicht auch auf unserem Gebiete der bloße „gute Wille" nicht aus; es bedarf da, wenn im besten Sinne des Wortes gemeinnützig gewirkt werden soll, eines kulturwissenschaftlichen Denkens und Lehrens. Statt der bloßen geschäftlichen Routine muß unter diesem wissenschaftlichen Einfluß eine klare Einsicht in die kulturellen Zwecke und Zusammenhänge zur Geltung kommen, der Praktiker muß lernen, die *Gesamt*wirkung seines Tuns und Lassens zu beachten und zu verstehen. Auch im Konkurrenzkampf z. B. müssen wir da die Kulturidee und ihre Erfordernisse pflichtgemäß erfassen und respektieren. Überall in der Praxis wird seitens der Wissenschaft das Bewußtsein zur Geltung zu bringen sein, daß die erwähnten Prinzipienfragen auch nicht *vorübergehend* vernachlässigt werden dürfen, daß vielmehr von ihrer richtigen Würdigung und Lösung schließlich alles wahre Gedeihen des Versicherungswesens in entscheidender Weise mit abhängt.

So handelt es sich tatsächlich darum, den privaten Versicherungsbetrieb durch eine derartige *wissenschaftliche* Beeinflussung mehr und mehr seiner viel geschmähten Mängel zu entkleiden und ihn auf diese Weise zur höchsten Entfaltung zu bringen. Je mehr diese wissenschaftliche Durchdringung und Erziehung unserer Privatpraxis vorwärts schreitet, desto mehr wird dann auch das Bestreben verschwinden, den Privatbetrieb auf unserem Gebiete zu beengen und zu beseitigen, ihn durch das öffentliche Versicherungswesen zu ersetzen.

Da werden die „Auswüchse" statt durch die Polizei durch die Wissenschaft kuriert, und diese erweist sich dabei zweifellos als ein viel besserer Arzt. Letztere Tatsache wird ja auch offenbar in unserer Zeit bereits lebhaft empfunden: Mehr und mehr sehnt man sich danach, an Stelle der Gesetzgebungsfülle und der bureaukratischen Allgewalt die Wissenschaft zur Beeinflussung, Gesundung und Vervollkommnung des Versicherungswesens aufzubieten. Sollte nicht auch u. a. die Gründung des Deutschen Vereins für Versicherungswissenschaft und das Interesse, das die Staatsbehörde und andere einflußreiche Kreise den Bestrebungen dieses Vereins entgegenbringen, ein Ausdruck jener Empfindung sein?

Die geschilderte eigenartige Aufklärungs- und Unterrichtsarbeit der Versicherungs-Wissenschaft aber tut vielleicht mehr noch als in den Kreisen der Versicherungspraxis bei all' den übrigen Faktoren not, die mit dem Versicherungswesen zu tun haben. So müßte z. B. jene das Versicherungswesen beleuchtende kulturwissenschaftliche Prinzipienlehre in geeigneter Weise unter all jenen Staatsbürgern verbreitet werden, die als Versicherungsnehmer, als Konsumenten auf unserem Gebiete in Betracht kommen; ist doch die in diesen Kreisen herrschende Konsumentenmoral für zahlreiche schwere Mängel des Versicherungswesens am Ende noch mehr verantwortlich zu machen als die unzulängliche Pflichtenerkenntnis der Versicherungspraktiker. Je mehr gerade die kulturelle Bedeutung und die Kulturerfordernisse des Versicherungswesens in allen Schichten des Publikums durch den versicherungswissenschaftlichen Unterricht bekannt gemacht werden, desto mehr werden auch alle jene Mißverständnisse schwinden, die jetzt der Benutzung des Versicherungswesens im Wege stehen. Da kann die Versicherungs-Wissenschaft, gerade wenn sie ihren Unterrichtsberuf in der angegebenen Weise auffaßt, sehr viel dazu beitragen, falsche Sympathien und Antipathien zu beseitigen, die jetzt das Versicherungswesen an seiner vollen Entfaltung und Zweckerfüllung hindern. Auch in den Kreisen der politischen Parteien, der Gesetzgeber und der Zeitungsschreiber wird jene die kulturwissenschaftlichen Gesichtspunkte gehörig mitbeachtende Aufklärungsarbeit auf die Dauer vortrefflich wirken, während eine auf dergleichen Gesichtspunkte verzichtende Fachwissenschaft hier offenbar niemals einen entscheidenden Einfluß zu gewinnen vermag.

So meine ich denn, daß dem Versicherungswesen außerordentlich dadurch gedient würde, wenn man unserer Wissenschaft und ihrem Unterricht jene kulturwissenschaftliche Betrachtungsweise einigermaßen zu eigen machte. Gerade die allgemeinsten und entscheidendsten Entwicklungsfragen, die in unserer Zeit dem Versicherungswesen erwachsen (so z. B. auch die Fragen der Staatsversicherung und der Aufsichtskompetenz), werden sich nur zur rechten Lösung bringen lassen, wenn die Versicherungs-Wissenschaft und ihre Wirksamkeit in diesem Sinne ausgestaltet wird.

Was im einzelnen alles in das Gebiet der kulturwissenschaftlichen Betrachtung hineingehört, kann ich hier natürlich nicht erörtern. In einer anderen, mehr soziologischen Schrift[1]) habe ich mich bemüht, eingehender darzustellen, wie überhaupt die wichtigsten praktischen Fragen unserer Zeit als *Kultur*probleme aufzufassen und zu behandeln sind; aus den dort gebotenen Darlegungen läßt sich manches darüber entnehmen, wie die von mir geforderte kulturwissenschaftliche Betrachtungsweise der Versicherungs-Wissenschaft und ihres Unterrichts gedacht ist.

II.

Soll die Versicherungs-Wissenschaft oder die Aktuarwissenschaft bei ihrer Unterrichtstätigkeit eine richtige Beurteilung der Zweckmäßigkeit der vorhandenen Versicherungseinrichtungen bieten, so wird es offenbar weiter notwendig sein, *daß die Träger dieser Wissenschaft über eine genaue Kenntnis der wirklichen Verhältnisse des Versicherungsgebietes verfügen.* Wer eine Versicherungs-Wissenschaft aufbauen und in derselben unterrichten will, der muß des näheren die Erfordernisse kennen, mit denen es der einzelne Versicherungsbetrieb in Wirklichkeit zu tun hat. Da tun z. B. richtige Vorstellungen not über die verschiedenartigen Interessen des Publikums, mit denen sich der Versicherungsbetrieb abzufinden hat; auch die schlechten Neigungen, die Ausbeutungsinteressen usw., mit denen die Privatversicherung sowohl wie die Staatsversicherung, auf Schritt und Tritt zu kämpfen hat, wollen genau gekannt sein, wenn man zu einem richtigen Urteil über die Zweckmäßigkeit gewisser Grundsätze und Einrichtungen der Versicherungspraxis gelangen will. Die Art und Weise, wie die sogenannte „Selbstauslese" bei den Versicherungsuchenden vor sich geht, der Aufbau und die Wirksamkeit des jeweils vorhandenen Agentenpersonals, die Arbeitsweise und die Mängel des in Betracht kommenden bureaukratischen Apparates und ähnliches mehr müssen von unserer Wissenschaft gekannt und berücksichtigt werden. Es bedarf da klarer und genauer Vorstellungen von den praktischen Aufgaben der Rechnungstechnik, der Akquisitionstechnik, der Aufnahmetechnik, der Buchhaltungstechnik und der Schadenregulierungstechnik (auch z. B. der Rentengewährungstechnik auf dem Gebiete der staatlichen Arbeiterversicherung). Und schließlich will auch die juristische Technik gekannt sein, deren der einzelne Versicherungsbetrieb bei der Ausgestaltung seiner Versicherungsbedingungen und bei seiner Anpassung an die für ihn maßgeblichen Gesetze, Verordnungen und Aufsichtsmaßnahmen bedarf.

Ohne Kenntnis und Berücksichtigung aller dieser Lebenselemente des Versicherungswesens, aller dieser *praktischen Schwierigkeiten* des Versicherungsbetriebes vermag unsere Wissenschaft bei ihrer Entwicklung und ihrer Aufklärungsarbeit nicht zum rechten Erfolge zu gelangen.

Bei alledem will überdies beachtet sein, daß jene in Betracht kommenden realen Verhältnisse keineswegs bei allen einzelnen Ver-

---

[1]) Masonia, Leipzig 1905. In diesem Buche, das seiner ganzen Anlage nach allerdings nur den Namen einer Materialsammlung verdient, habe ich meine Gedanken über die sozialen Probleme unserer Zeit und über die Aufgaben der kulturwissenschaftlichen Erziehungsarbeit zusammenzustellen versucht.

sicherungsbetrieben die gleichen und keineswegs für alle Zeiten un-
wandelbar sind, daß vielmehr bald mit den einen, bald mit den anderen
tatsächlichen Voraussetzungen und berechtigten Interessen gerechnet
werden muß, wenn das Urteil der Wissenschaft über die Zweckmäßigkeit bestimmter Grundsätze und Einrichtungen nicht auf dem Wege
eines unzulässigen Generalisierungsverfahrens in die Irre gehen soll.

Jene Kenntnis der wirklichen Verhältnisse des Versicherungsbetriebes und die auf sie gegründete Beurteilung der einzelnen Erscheinungen dieses Gebietes wird offenbar bestens dadurch gefördert,
daß der Träger unserer Wissenschaft — nach dem Satze, daß das
Probieren nicht durch das sonstige Studieren ersetzt werden kann —
nicht nur theoretisch, sondern auch praktisch seine Erfahrungen im
Betriebe der privaten wie der staatlichen Versicherung sammelt. Wo
der Wissenschaft diese *praktischen Erfahrungen* abgehen, da besteht
zweifellos die Gefahr, daß die betreffende Geistesarbeit die wirklichen
Lebensbedingungen des Versicherungsbetriebes nicht voll erfaßt und
deshalb der rechten befruchtenden Wirkung ermangelt. Wo die praktische Erfahrung in keiner Weise mitspricht, da ist bei unserer Versicherungs-Wissenschaft und ihrer Unterrichtstätigkeit meines Erachtens ebensowenig in vollem Maße auf das erforderliche kritische
Verständnis zu rechnen wie dort, wo die Beurteilung versicherungs-
wissenschaftlicher Fragen ohne den oben erwähnten soziologischen
Ausblick, ohne ein gewissenhaftes Eingehen auf die praktischen Kultur-
probleme unseres Volkslebens vor sich geht. Auch die einzelnen Fragen
der staatlichen Aufsichtspraxis und der Vervollkommnung dieses
oder jenes Versicherungzweiges werden offenbar nur dann aufs beste
gelöst werden können, wenn die beratende Wissenschaft den rechten
praktischen Anschauungsunterricht durchgemacht hat und sozusagen
über eine reiche klinische Erfahrung verfügt.

Ich möchte hier also betonen, daß unter den geschilderten Umständen ein *erheblicher Einfluß praktischer Erfahrungen auf unsere
Wissenschaft und ihre Unterrichtstätigkeit als wünschenswert bezeichnet werden muß.* Dieser erforderliche Einfluß ist, soviel mir be-
kanut, im Auslande mannigfach vorhanden, insbesondere in England.
Bei uns in Deutschland hat er meines Erachtens das erforderliche
Maß bisher nicht erreicht; es bedarf vielmehr in dieser Beziehung noch
eines beträchtlichen Fortschrittes. Unsere deutsche Versicherungs-
Wissenschaft und ihre Aufklärungsarbeit zeichnet sich zwar dadurch
aus, daß hier bei der Beurteilung der Erscheinungen und Aufgaben
unseres Gebietes nicht bloß das rein technische Interesse zum Ausgangspunkt genommen, vielmehr der (freilich vielfach nicht klar
und richtig präzisierte) Standpunkt des Kulturinteresses — auch
„sozialer" Standpunkt genannt — mehr als anderswo vertreten wird,
aber in Übereinstimmung mit vielen in der Praxis stehenden Fach-
kollegen muß ich doch der Meinung Ausdruck geben, daß dieses
wissenschaftliche Streben bei uns nicht selten einen gewissen Mangel
an Betriebserfahrung und im Zusammenhang damit eine gewisse
Neigung zu einem abstrakten Wirken, das uns nicht recht vorwärts
bringt, erkennen läßt. Auch unser Göttinger Seminar für Versiche-

rungs-Wissenschaft hat unter diesen Umständen bekanntlich nicht das
zu leisten vermocht, was man von ihm erhoffte.

Dieser eben erwähnte Mangel wird gewiß von allen, die sich etwas
tiefer mit den hier in Rede stehenden Fragen beschäftigt haben, lebhaft
bedauert. Solange unsere Versicherungs-Wissenschaft teilweise mit
Vorstellungen und Urteilen operiert, denen keine praktische Erfahrung
und demgemäß auch kein volles Sachverständnis zugrunde liegt, ver-
hilft sie dem Versicherungswesen nicht in ausreichendem Maße zu den
Fortschritten, deren dieses benötigt. Auf dem Lebensversicherungs-
gebiete freilich regt sich neuerdings hier und da auch in Deutschland ein
recht fruchtbares wissenschaftliches Arbeiten, das seine Vorstellungen
und Urteile ganz und gar aus dem Born der praktischen Erfahrungen
schöpft. Dieser wissenschaftlichen Klärungsarbeit verdanken z. B. die
Gothaer Lebensversicherungsbank und die Lebensversicherungs-Gesellschaft zu Leipzig ihre neuerliche Betriebsreform. Aber im allgemeinen bleibt doch jene Tatsache bestehen, daß unsere Versicherungs-Wissenschaft infolge des erwähnten Mangels einstweilen ihrer
Rolle, zur allseitigen Verbesserung des Versicherungsbetriebes beizu-
tragen, nicht in genügendem Maße gerecht wird. Auch leidet zweifellos die *Autorität* dieser Wissenschaft in Gesetzgebungsfragen und
gegenüber allen möglichen politischen Attacken auf das Versicherungswesen nicht wenig unter jener mangelhaften Beteiligung der praktischen Erfahrung an dem Aufbau der wissenschaftlichen Urteile und
Forderungen. Wir haben da aus solchen Gründen an unserer Wissenschaft nicht den rechten Rückhalt, wo allerhand politische Partei-
wünsche oder verfehlte Gesetzgebungstheoreme die rationelle Entwicklung und Entfaltung unserer Kulturarbeit bedrohen.

Es muß demnach unser Wunsch sein, daß derjenige, der an der
Versicherungs-Wissenschaft und ihrer Verwertung arbeitet, eine nicht
zu gering bemessene praktische Ausbildung sich zu eigen macht, oder
aber daß auf der anderen Seite die Praxis genügend dazu beiträgt,
die Wissenschaft mit den nötigen Vorstellungen von der Betriebs-
wirklichkeit zu versorgen. Wie das im einzelnen geschehen kann,
darauf komme ich hernach noch zu sprechen. Hier möchte nur auf
das eine noch hingewiesen werden, daß natürlich eine Durchdringung
der Wissenschaft und ihres Unterrichts mit praktischen Erfahrungen
nur dann möglich ist, wenn sich die Praxis nicht in den Mantel des Ge-
heimnisses hüllt, sondern der Wissenschaft einen klaren Einblick in
ihre Verhältnisse gestattet, wie das übrigens z. B. auf dem Gebiete der
Lebensversicherung schon jetzt durchaus der Fall ist.

III.

Eine besondere Bedeutung besitzt im Rahmen der allgemeinen
Versicherungs-Wissenschaft und ihrer Lehre bekanntlich die *Rechnungswissenschaft* unseres Gebietes (Versicherungstechnik im engeren
Sinn). Das trifft vor allem auf dem Gebiete der Lebensversicherung
zu, aber mehr oder minder auch hinsichtlich der übrigen Versicherungszweige. Man identifiziert daher bekanntlich in manchen Ländern

geradezu die „Versicherungs-Wissenschaft" mit jener „Aktuarwissenschaft". Das hat natürlich seine Gründe:

Die möglichst richtige Vorausberechnung der zu erwartenden Schadenfälle ist ja für den Versicherungsbetrieb von entscheidender Wichtigkeit. Auf der richtigen Feststellung der Prämie für die einzelnen Risikenklassen und der verschiedenartigen Reserven beruht, wie bekannt, die Leistungsfähigkeit jedes Versicherungsbetriebes. Die Prämien dürfen nicht zu niedrig angesetzt werden; sie müssen beispielsweise auch die nötigen Zuschläge enthalten, mit deren Hilfe das erforderliche Betriebsinteresse bei dem Versicherer, bei seinen Innenbeamten und in seinem Außendienste in Wirksamkeit erhalten wird. Anderseits besteht für die Versicherungstechnik bekanntermaßen die Aufgabe, zu verhüten, daß der Versicherte unnötigerweise überlastet wird. Eine übermäßige Bemessung der Prämie und der Reserven würde dahin führen, viele Staatsbürger von der ausreichenden Versicherung abzuhalten, und würde sonach zur Folge haben, daß das Versicherungswesen nur unvollkommen seine Kulturaufgaben erfüllt. Da wird es auch nicht nur darauf ankommen, daß die Versicherten im *Durchschnitt* nicht zu sehr belastet werden, vielmehr muß, wenn das Versicherungswesen voll seinen Aufgaben genügen soll, auch die ungerechte Mehrbelastung einzelner zugunsten anderer vermieden werden. Die letzte, höchst praktische Aufgabe unserer speziellen Versicherungs-Wissenschaft wird immer wieder die sein, die wahre *Gerechtigkeit* im Versicherungsbetriebe herzustellen, denn je mehr diese wahrhaft vernünftige Behandlung aller einzelnen Versicherten Platz greift, desto gesünder und wirkungsvoller wird der Betrieb des Versicherungswesens sich gestalten.

Bei der Lebensversicherung ist — nebenbei bemerkt — das Problem der vernünftigen Lastenverteilung innerhalb der Versicherungsgemeinschaft besonders schwierig, da es sich hier um sehr langfristige Verträge zu handeln pflegt und ein gerechter Ausgleich zwischen den Interessen der Gegenwart und denen der Zukunft mit herausgerechnet werden muß. Da kann man z. B. keineswegs einfach den Grundsatz gelten lassen, das beste sei — wie in einem gewöhnlichen privaten Handelsunternehmen — die Ansammlung sehr hoher Reserven; denn bekanntlich unterliegen die Mitglieder der Versicherungsgemeinschaft einem beständigen Wechsel, so daß die jetzigen Generationen großenteils gar keinen Nutzen davon haben, wenn man ihnen unnötigerweise Gelder abnimmt oder vorenthält, durch die kommende Geschlechter mit besonders hohen Reserven versorgt werden. Da hat die Versicherungstechnik dafür zu sorgen, daß auch jede ungerechte Benachteiligung der Gegenwart zugunsten der Zukunft unterbleibt. Wie wichtig ist da z. B. die Frage der richtigen Belastung der einzelnen Versicherung mit ihren eigenen *Unkosten,* wie wichtig die Frage einer in jeder Beziehung rationellen *Überschußverteilung,* wie wichtig die gesunde Regelung des *Policenrückkaufes* und die zweckmäßige Bemessung der sogenannten Reserveabzüge dabei, die dem einzelnen Lebensversicherungsbetriebe Schutz gegenüber der Risikenverschlechterung gewähren müssen!

24*

Schon diese wenigen Hinweise werden genügen, uns daran zu
erinnern, welche grundlegende Bedeutung für die Entwicklung des
Versicherungswesens gerade unserer *Rechnungs*wissenschaft und ihrer
Lehre zukommt.

Diese Rechnungswissenschaft und ihre Ergebnisse werden erfahrungsgemäß im allgemeinen besonders schwer verstanden. Der
Laie — im versicherungstechnischen Sinne — durchschaut im großen
und ganzen recht wenig den Sinn all jener Rechnungen, die mit dem
Gesetze der großen Zahlen arbeiten und in die ferne Zukunft voraus-
schauen. Eben deshalb begegnet man bekanntlich in den weitesten
Kreisen bei uns heute noch jenen Rechnungsergebnissen, die den
einzelnen Versicherten manchmal scheinbar mit unerbittlicher Härte
behandeln, mit unverständigem Mißtrauen, aus dem sich wiederum
viele schädliche Tendenzen erklären, mit denen in unserer Zeit nicht
selten die öffentliche Meinung zum Versicherungswesen Stellung
nimmt.

Wenn wir alle diese Umstände berücksichtigen, so bestätigt sich
uns jene Erkenntnis, *daß im Rahmen der Versicherungs-Wissenschaft gerade der Forschungs- und Aufklärungsarbeit jener eigentlichen Versicherungstechnik die größte Beachtung zu schenken ist.*
Auch auf diesem wissenschaftlichen Sondergebiete aber muß die
Forschungsarbeit und das kritische Urteil an der Hand *praktischer
Erfahrung* zur Entwicklung gebracht werden. Ohne eine solche, die
wirklichen Verhältnisse durchdringende Erfahrung wird z. B. die Feststellung der Prämien, der Reserven, des Kostenzuschlags, des Divi-
dendenplanes, der Rückkaufswerte usw. nicht in rationeller Weise vor
sich gehen können.

Immer wieder handelt es sich da unter anderm um die statistische
Verwertung der wirklichen Betriebserfahrung. Wollte man sich z. B.
in der Lebensversicherung einfach auf die hinsichtlich der allgemeinen
Volkssterblichkeit gesammelten Erfahrungen verlassen, so würde hier
bekanntlich von einer rationellen Versicherungs-Wissenschaft nicht die
Rede sein können. Die brauchbaren Rechnungsgrundlagen müssen
immer wieder aus den Erfahrungen der Versicherungsbetriebe selbst
konstruiert werden, so beispielsweise auch hinsichtlich der Sterblich-
keitsgefahr innerhalb der einzelnen Berufe und hinsichtlich des In-
validitätsrisikos. Überall kommt es da für die versicherungswissenschaftliche Forschung und Lehre bekanntermaßen darauf an, die praktischen Erfahrungen zu berücksichtigen, die man mit der *Risikenauslese*
auf seiten der Versicherer und der Versicherungsnehmer macht. Von
welch entscheidender Bedeutung für die wissenschaftliche Beurteilung
ist dieser Punkt beispielsweise auf dem Gebiete der Rentenversicherung! Ebenso kann unsere Rechnungswissenschaft ihren Zweck nur
erfüllen, wenn sie die herrschenden Akquisitionsverhältnisse genügend
kennt und berücksichtigt, den sogenannten freiwilligen Abgang in der
Lebensversicherung mit praktischem Verständnis beurteilt und ähnliche Rechnungsfaktoren mit guter Sachkunde zu berücksichtigen
versteht.

Bei alledem kommt es übrigens darauf an, daß die betreffenden versicherungstechnischen Urteile nicht zu sehr verallgemeinert, sondern unter Berücksichtigung der individuellen Verhältnisse des einzelnen Betriebes abgegeben werden. Auch die richtige versicherungstechnische Beurteilung der staatlichen Versicherungsbetriebe wird ja nur möglich sein, wenn der betreffende wissenschaftliche Forscher und Lehrer die besondere Praxis dieser öffentlichen Betriebe vollauf berücksichtigt.

Ohne daß wir auf einer solchen speziellen Rechnungswissenschaft fußen, der in weitgehendem Maße das rechte Verständnis der Praxis innewohnt, werden wir in unserer Versicherungs-Wissenschaft und ihrem Unterricht nicht zum rechten kritischen Urteil und zum rechten Fortschritt gelangen. Wo es an einer solchen Grundlage fehlt, da kann beispielsweise auch auf dem Gebiete der öffentlichen Versicherung nicht auf eine gesunde Entwicklung gerechnet werden. Wo an Stelle einer hochentwickelten, in der praktischen Erfahrung wurzelnden Versicherungstechnik lediglich sozial-politische Wünsche und warmherzige Volksbeglückungsmotive den Ausschlag geben, da wird man es wieder und wieder erleben, daß die staatlichen Versicherungsunternehmungen bei weitem nicht den Segen stiften, den man von ihnen erhoffte. Die Erfahrung lehrt da, wie gefährlich es ist, Versicherungsbetriebe aufzubauen, ohne über einen tüchtigen Architekten zu verfügen, wie ihn jene versicherungstechnische Erfahrungswissenschaft darstellt.

Nicht minder aber ist dieser Architekt im Privatbetriebe notwendig, und je besser er seines Amtes waltet, desto besser wird der Betrieb gedeihen. Wirklich gesunde Verhältnisse, die auf die Dauer für alle Beteiligten als die besten sich erweisen, wird man meines Erachtens auch hier nur zu gewärtigen haben, wenn in unserer Versicherungs-Wissenschaft und ihrer Lehre eine solche Versicherungstechnik zu entscheidender Bedeutung gelangt. All unsere juristischen Konstruktionen und ökonomischen Maßnahmen und unsere Gesetzgebungsakte müssen in entscheidender Weise geleitet und beeinflußt werden durch jene spezielle sachkundige Rechnungswissenschaft. Es gebührt da bei der Forschungs- und Aufklärungsarbeit der Versicherungs-Wissenschaft den Problemen der doppelt abgestuften Sterbetafeln, der gerechten Kostenverteilung, der zutreffenden Rechnungsgrundlagen für die staatliche Arbeiterversicherung und zahlreichen ähnlichen versicherungstechnischen Fragen am Ende eine größere Beachtung als den sich anschließenden sekundären juristischen Erwägungen.

Auf diese Tatsachen bin ich hier besonders eingegangen, weil es mir scheint, daß sie gerade bei uns in Deutschland nicht immer genügend gewürdigt werden. Nicht selten bin ich auf die Auffassung gestoßen, die Versicherungs-Wissenschaft könne genügend gedeihen und gelehrt werden, ohne daß dabei in entscheidender Weise jene erwähnte Versicherungstechnik das Wort zu führen brauche. Auch unsere ausländischen Kollegen scheinen dieser Auffassung in unseren Kreisen begegnet zu sein. Hat doch noch kürzlich in einer Sitzung des Comité permanent des congrès internationaux d'actuaires ein Vertreter der englischen Versicherungs-Wissenschaft den Ausspruch ge-

tan: Man befürchte in England und in Schottland, daß der Versicherungstechniker bei uns sozusagen ertränkt würde durch die Flut
der Juristen. Ich muß — obgleich selbst Jurist — bekennen, daß an
dieser Auffassung etwas Wahres ist. Ich bin der Meinung, daß tatsächlich die Versicherungtechnik bei unserer deutschen Versicherungs-
Wissenschaft und ihrer Aufklärungsarbeit zu kurz kommt, und daß dies
ein Mangel unserer versicherungswissenschaftlichen Arbeit und Lehr-
tätigkeit ist.

Wir bauen meines Erachtens manchmal ökonomische und juristische Urteile in Versicherungsfragen auf, ohne dabei eine . ausreichende versicherungstechnische Grundlegung und kritische Durch-
leuchtung dieser Art vorzunehmen. In solchen Fällen besteht dann
die große Gefahr, daß man mit irrigen Präsumtionen arbeitet und zu
Ergebnissen gelangt, die den Kulturaufgaben des Versicherungswesens
und ihren praktischen Erfordernissen offenbar recht ungenügend gerecht werden. Wissenschaft und Praxis gelangen da in versicherungstechnischer Hinsicht leicht unter die Herrschaft eines rückständigen
Dogmatismus. Solcher Zustand tut dann aber ebensosehr dem Ansehen und Einfluß unserer Versicherungs-Wissenschaft Abbruch, wie
er mehr und mehr zum Nachteil der versicherungsbedürftigen Staatsbürger ausschlägt.

Es scheint mir demnach wünschenswert, daß bei unserer versiche-
rungswissenschaftlichen Aufklärungsarbeit eine geeignete Rechnungs-
wissenschaft zu erhöhter Bedeutung und größerem Einfluß gelangt;
das wird den Fortschritten des Unterrichts in der Versicherungs-
Wissenschaft sehr dienlich sein.

Freilich kommt es darauf an, daß unsere Techniker sich bei ihrem
wissenschaftlichen Arbeiten von jener Einseitigkeit freihalten, die man
bei eingefleischten Mathematikern nicht selten beobachten kann. Sie
müssen ihre Rechnungswissenschaft von höheren Gesichtspunkten aus
betrachten; sie dürfen z. B. nicht einfach das wohlfeilste Angebot an
den Versicherungsnehmer für der Weisheit letzten Schluß erachten,
müssen vielmehr die gesamte kulturelle Wirksamkeit des Versicherungswesens bei der Bildung ihrer Urteile im Auge haben. Auch im
Gebiete der Rechnungswissenschaft tut jener von mir oben erwähnte
soziologische Scharfblick not, auch hier muß man sich über die wahren
Kulturaufgaben des Versicherungswesens klar sein und die Erfordernisse wirklicher Gerechtigkeit begreifen. Und ebenso muß natürlich
den betreffenden Technikern ein *praktischer Blick* eigen sein, was
bekanntlich keineswegs bei jedem Mathematiker und Statistiker zutrifft, wenn er auch mitten im praktischen Betriebe steht. Der Vertreter der Rechnungswissenschaft kann seine bedeutsame Rolle in der
angegebenen Weise nur spielen, wenn er wirkliches Verständnis für
das Publikum, für die Akquisitionsarbeit, für die tatsächlichen
juristischen Beziehungen des Versicherungsbetriebes und ähnliches
mehr besitzt.

In diesem Sinne ist eine *richtige Schulung* der Versicherungstechniker erforderlich, wenn diese die rechte Bedeutung für den Fortschritt der versicherungswissenschaftlichen Aufklärungsarbeit ge-

winnen sollen. Der Techniker muß da manches von den anderen Sachverständigen des Versicherungsbetriebes lernen, muß manche praktische Erfahrung von dem Geschäftsmann und dem Juristen übernehmen, die mit dem Versicherungswesen gleich ihm zu tun haben,
gleichwie diese letzteren von ihm zu lernen haben. Zu dieser gegenseitigen Schulung bietet sich erfahrungsgemäß in der täglichen Praxis
unserer Versicherungsbetriebe vielfältige Gelegenheit. Immerhin genügt bei uns diese Praxis für sich allein noch nicht zur rechten wissenschaftlichen Entwicklung und Betätigung unserer Versicherungstechniker. Jene Träger der Rechnungswissenschaft vermögen bei uns
vielfach schon deshalb nicht zu den nötigen Leistungen wissenschaftlicher Aufklärung zu gelangen, weil ihnen in der täglichen praktischen
Arbeit die *Zeit* zur allseitigen Durchbildung ihres Urteils und zur
gründlichen Formulierung und Verbreitung ihrer wissenschaftlichen
Überzeugungen fehlt. In manchen anderen Ländern — z. B. in England — soll es in dieser Hinsicht besser bestellt sein, da dort die
technische Bilanz des einzelnen Betriebes nicht alljährlich, sondern
nur in größeren Zwischenräumen eine genaue rechnerische Feststellung erfährt, so daß dort die vorhandenen versicherungstechnischen
Kräfte mehr zu Arbeiten verfügbar bleiben, die dem Fortschritt der
wissenschaftlichen Aufklärungsarbeit dienen. Die gegenwärtig *bei
uns* vorliegenden Verhältnisse der Versicherungstechnik dagegen erscheinen mir, wie gesagt, nicht von der Art, daß auf dieser Grundlage
ohne weiteres jene Entwicklung und jener Einfluß der Rechnungs-
Wissenschaft zustande kommen könnten, wie solche mir im Interesse
einer recht fruchtbaren Wirksamkeit unserer Versicherungs-Wissenschaft wünschenswert erscheinen.

IV.

Wenn die Aktuarwissenschaft bei uns genügend gedeihen und
wirken soll — was, wie gesagt, bei den jetzigen Verhältnissen unserer
Versicherungstechniker leider nicht zu erhoffen ist —, so wird sie
meines Erachtens einer *besonderen Arbeitsstätte* bedürfen. Es ist da
notwendig, unserer Versicherungswissenschaft eine Pflanzstätte zu verschaffen, an der auch jene Versicherungstechniker mit voller Ruhe und
Gründlichkeit dem wissenschaftlichen Arbeiten obliegen können. Dabei wird es auch nicht zum wenigsten darauf ankommen, daß die
Gemeinsamkeit und *gegenseitige Unterstützung* zur Geltung kommt,
an der es bei uns in der Versicherungs-Wissenschaft heute noch recht
sehr fehlt: Vertreter der Rechnungswissenschaft müssen da Hand in
Hand wirken und gleichzeitig mit Trägern der anderen wissenschaftlichen Disziplinen in mehr oder minder gemeinsamer Arbeit die wahrhaft rationale Lösung der einzelnen Aufgaben unseres Versicherungswesens betreiben.

Diese aus der unmittelbaren praktischen Beschäftigung heraus-
gehobene ruhige und gründliche Forschungs- und Aufklärungsarbeit,
die sich an einer besonderen Pflegestätte der Versicherungs-Wissenschaft konzentrieren müßte, hätte aber — wie aus meinen früheren

Darlegungen zu entnehmen ist — stets eine genaue Fühlung mit der praktischen Erfahrung zu halten. An jenen gemeinsamen wissenschaftlichen Arbeiten dürften im allgemeinen nur solche Vertreter der verschiedenen Versicherungs-Wissenschaften teilnehmen, die einen ausreichenden Einblick in die Praxis des Versicherungsbetriebes (sei es die öffentliche, sei es die private) gewonnen haben. Einige Jahre tüchtiger Mitarbeit in den betreffenden Zweigen des Versicherungswesens würden als Mindestvorbedingung für die Teilnahme an jenem Gremium neben den sonstigen Erfordernissen erachtet werden müssen. Aber nicht nur diese praktische Schulung aller Beteiligten hätte jener gemeinsamen versicherungswissenschaftlichen Arbeit zugute zu kommen; es müßten vielmehr seitens des betreffenden Gremiums bei jeder einzelnen wissenschaftlichen Aufgabe immer aufs neue auch die Erfahrungen der Praxis besonders beigezogen werden; mit anderen Worten: Es würde sich darum handeln, von dieser Seite die beständige Mitarbeit der privaten und öffentlichen Versicherungsbetriebe anzuregen und zu organisieren, damit immer aufs neue das rechte Beobachtungsmaterial unserer Praxis die nötige Berücksichtigung bei dem Aufbau der versicherungswissenschaftlichen Urteile fände.

Mit diesen meinen Wünschen ziele ich auf denselben Gegenstand ab, den ich früher schon einmal in einer Mitgliederversammlung des Deutschen Vereins für Versicherungs-Wissenschaft behandelt habe: Ich möchte auch hier wieder für die Errichtung einer besonderen Akademie für Versicherungs-Wissenschaft eintreten, da mich meine Erfahrungen und Erwägungen dieser Frage immer wieder von der Möglichkeit und Notwendigkeit einer solchen Einrichtung überzeugt haben.

Die Grundlage dieser der versicherungswissenschaftlichen Forschung und Aufklärung gewidmeten Akademie müßte die eigentliche Versicherungtechnik, die Rechnungswissenschaft bilden. Bis zu einem gewissen Grade kann in ihrer Hinsicht das englische Aktuar-Institut als Vorbild dienen. Allerdings müßten die Mängel dieses Institutes, die man neuerdings in England selbst anerkennt, vermieden werden, und es würde darauf ankommen, unsere Versicherungsakademie überdies den besonderen Verhältnissen und Erfordernissen des deutschen Versicherungswesens, die von denen der englischen Versicherungspraxis mannigfach abweichen, in ihrem Aufbau besonders anzupassen. Da wird z. B. schon die genaue Berücksichtigung der staatlichen Versicherung und ihrer reichhaltigen Erscheinungsformen und Probleme in die Versicherungs-Wissenschaft unserer Akademie einzubeziehen sein.

Neben der eigentlichen Versicherungtechnik müßte aber, wie aus meinen früheren Darlegungen hervorgeht, mancherlei sonstige gründliche Wissenschaft bei der gemeinsamen Arbeit der Versicherungsakademie zur Geltung kommen: So müßte z. B. eine wissenschaftliche Forschungs- und Aufklärungsarbeit vertreten sein, die das Versichern als *Kulturproblem* in all seinen Voraussetzungen und Erfordernissen beleuchtet, mag man diese Wissenschaft nun Soziologie, Kulturkunde oder sonstwie nennen. Ferner müßte an der Versicherungsakademie auch die Lehre von der Aufnahme- und Regulierungstechnik — einschließlich all der zugehörigen medizinischen Fragen —, die Lehre von der Buchführungstechnik, die Gesetzeskunde und die Geschichte des Versicherungswesens zu ihrem Rechte kommen. Von entscheidender Bedeutung wäre dabei, wie schon angedeutet, das Hand in Hand Arbeiten, das sich einmal unter den Vertretern des einzelnen wissenschaftlichen Zweiges, des weiteren aber im Gesamtkörper der Akademie zu vollziehen hätte; damit wäre bis zu einem gewissen Grade jener Mangel des isolierten, zusammenhanglosen Arbeitens beseitigt, unter dem gegenwärtig die Entwicklung unserer Versicherungs-Wissenschaft sichtlich leidet. Da könnten dann auch der Techniker und der Jurist, der Soziologe und der Mediziner, der Historiker und der Betriebssachverständige einander beraten und berichtigen. (Eine solche Berichtigung würden da z. B. auch jene der wahren Sachkunde ermangelnden kathedersozialistischen Irrtümer erfahren, die auf dem Gebiete des Versicherungswesens so viele schädliche Folgen gezeitigt haben.) Und es würde eben diese Akademie die feste Zentralstelle sein, der auch die einzelnen Versicherungsbetriebe ihre Mitarbeit — sei es durch Überlassung von Materialien, sei es auf andere Weise — widmeten.

Wie sich diese Wirksamkeit einer Versicherungsakademie bei uns im einzelnen auszugestalten hätte, will ich hier — da das über den Rahmen meines Themas hinausführen würde — nicht näher erörtern: es sei nur bemerkt, daß auch in dieser Beziehung das Vorbild des englischen Aktuar-Institutes mancherlei zweckdienliche Aufklärung gewährt.

Was die *Bedeutung* einer richtig aufgebauten Versicherungsakademie betrifft, so meine ich, daß wir in einer solchen Einrichtung eine höchste Instanz für die Klarstellung der Aufgaben des Versicherungswesens und für die Erforschung der praktischen Mittel zur Lösung dieser Aufgaben gewinnen würden. Wo die Praxis im Drange ihrer nächstliegenden Geschäfte außerstande ist, die ihr begegnenden Prinzipienfragen und Unternehmungspläne gründlich zu prüfen und zu verarbeiten, da würde die Akademie mit ihrer gutachtlichen Arbeit Klärung schaffen, so z. B. über technisch richtige Versicherungsbedingungen, über die Probleme der Prämienreserve und Prämienüberträge, über die Gesundung der Erlebensfallversicherung, über den Ausbau der Invaliditätsversicherung, über die Privatbeamtenversicherung und sonstige Pensionsversicherung und über tausend ähnliche praktische Fragen. Sie hätte die Rechnungsgrundlagen für neue Versicherungsprobleme zu schaffen, die richtige Einrichtung und Verwertung der Statistik zu betreiben, die technische Würdigung der bestehenden Rechtsvorschriften und die Auslegung der letzteren zu bieten usw. Immer würde sich auch die Akademie als die beste Beraterin des Gesetzgebers und der Behörden bewähren; ihr Gutachten würde sicherlich auch auf die Aufsichtspraxis weit mehr Einfluß gewinnen, als dieser den spontanen, gar oft in flüchtiger Stunde übereilt geborenen und einander widerstreitenden Äußerungen der einzelnen Mitglieder unseres Versicherungsbeirats zukommen kann. Als ständiges kritisches Gewissen hätte sie unablässig an der Berichtigung der Gesetzgebung und der Verwaltungsmaßnahmen zu arbeiten.

Zur einflußreichen höchsten Instanz würde die richtig aufgebaute Versicherungsakademie werden kraft des auf die Tüchtigkeit und Wahrheit ihres Urteils gegründeten allgemeinen Ansehens. Vor ihr würde der Versicherungsunternehmer Respekt haben, wenn sie ihn über das Unzulässige dieser oder jener Erwerbstendenzen belehrt. Vor ihrem Urteil würde das politische Parteigelüste sich beugen, das jetzt mannigfach einen recht ungünstigen Einfluß auf die Gestaltung der Lebensbedingungen des Versicherungswesens ausübt. Ihr klärender und leitender Einfluß würde schließlich dahin führen, gesetzliche Zwangsnormen zur Besserung der Versicherungsbetriebe mehr oder minder entbehrlich zu machen, und anderseits würde er den Irrtümern und Übergriffen des Bureaukratismus auf die Dauer durch überlegene Kritik ein Ende bereiten. In letzterer Beziehung könnte aus der Wirksamkeit der Akademie z. B. auch unseren privaten Betrieben und ihrer freien Entwicklung in den jetzigen Zeiten weitgehendster Staatsaufsicht ein außerordentlicher Nutzen erwachsen. Wie mancher irrige Richterspruch auch würde auf unserem Gebiete durch jene autoritative wissenschaftliche Urteilsbildung verhindert, wie mancher mißtrauische Irrtum in der Presse und im Publikum durch sie beseitigt. Das gesamte Versicherungswesen aber würde zweifellos bei uns mehr und mehr dadurch eine wesentliche Förderung erfahren, daß die Akademie durch ihre Forschungs- und Aufklärungsarbeit unermüdlich auf seine Vervollkommnung hinwirkt. Jene Arbeit käme da auch den Interessen der Versicherten in hohem Maße zugute.

Selbstverständlich lassen sich alle diese Erfolge von der Entwicklung und Wirksamkeit einer Versicherungsakademie nicht von Anfang an, sondern nur allmählich erwarten; sie werden aber immer mehr hervortreten, je länger sich dieser Apparat einarbeitet und nach den gemachten Erfahrungen vervollkommnet.

Allerdings könnte die Akademie bei weitem nicht alles das leisten, was wir von der Versicherungs-Wissenschaft und ihrer Aufklärungsarbeit erwarten müssen. Die anderen, bisher schon tätigen versicherungswissenschaftlichen Arbeits- und Lehrstätten müßten nach wie vor ihres Amtes walten, wenn sie auch ihrerseits nicht in der Lage sind, bezüglich der besonderen Dienste, die wir von der Akademie erwarten, diese letztere zu ersetzen. Jene anderen Faktoren aber werden in ihrer Wirksamkeit durch die Arbeiten der Akademie wesentlich gefördert werden, so z. B. diejenigen Dozenten, die an den einzelnen Universitäten verstreut mit den verschiedenen Seiten des Versicherungswesens sich befassen.

Auch der Deutsche Verein für Versicherungs-Wissenschaft behielte trotz der Akademie seine volle Bedeutung und erführe durch die Wirksamkeit der letzteren eine außerordentliche Unterstützung. Der Verein besitzt schon darin eine dauernde und weitgehende Bedeutung, daß er viel größere Kreise, als solche bei der Akademie in Frage kommen würden, zur Mitarbeit heranzieht und unmittelbar in den verschiedensten Teilen unseres Volkslebens das Interesse für die große gemeinsame Versicherungssache weckt und fördert. Bei richtiger Tätigkeit ist diese Vereinseinrichtung ein wertvolles Förderungsmittel auf dem Gebiete versicherungswissenschaftlichen Arbeitens, ein Mittel, das wir dem Auslande voraus haben. Nichtsdestoweniger wird man bei gründlicher Erwägung zugeben, daß der Deutsche Verein für Versicherungs-Wissenschaft bei seinem ganzen Aufbau und seiner lockeren Arbeitsorganisation nicht diejenigen Aufgaben zu bewältigen vermag, die ich im voraufgehenden der Versicherungsakademie zugesprochen habe; diese Aufgaben werden zur ausreichenden Lösung nur gelangen, wenn sie von einer festen Zentralstelle aus in Angriff genommen werden, die sich ihnen unablässig in gemeinsamer Arbeit widmet und dabei auch gerade auf die Fragen der eigentlichen Versicherungstechnik genügend sich konzentriert. Ebenso werden die Arbeiten der internationalen versicherungswissenschaftlichen Kongresse natürlich keinen Ersatz für jene Akademiearbeiten zu leisten vermögen, durch letztere aber — wie die Erfahrung lehrt — außerordentlich wertvolle Impulse und Materialien erlangen können.

Auch die Unterrichtseinrichtungen außerhalb der Universitäten, die sich mit der Verbreitung der Versicherungs-Wissenschaft befassen, werden selbstverständlich durch die Einrichtung einer Versicherungsakademie keineswegs überflüssig gemacht; ihr Ausbau bleibt vielmehr nach wie vor eine wichtige Aufgabe. Das Dozieren an Handelsschulen aller Art, die Behandlung von Versicherungsfragen in sonstigen Lehranstalten, die Herausgabe einer populär gehaltenen Literatur bleibt schon deshalb sehr notwendig und nützlich, weil sich all dieser Unterricht an ganz andere Kreise wendet als an die, für welche die Versicherungsakademie bestimmt sein wird. Diese Akademie wendet sich, wo sie als Unterrichtsfaktor auftritt, naturgemäß in erster Linie an Fachleute, die bereits eine ziemlich weitgehende Vorbildung auf unserem Gebiete besitzen und jene ernsten, fachwissenschaftlichen Prüfungen bestehen wollen, wie solche z. B. beim englischen Aktuar-Institut eingeführt sind. Ihre Hauptarbeit aber würde ohnehin nicht in der unmittelbaren Unterrichtserteilung, sondern in der wissenschaftlichen Forschung und in der Sorge für eine tieffundierte Fachliteratur gelegen sein. Mittelbar würde natürlich auch diese Hauptarbeit der Akademie dem Unterrichte in der Versicherungs-Wissenschaft außerordentlich zugute kommen. Die sonstigen Unterrichtsfaktoren würden aus derselben mehr und mehr diejenigen Wahrheiten schöpfen, durch die der rechte, fruchtbringende Unterricht über die Fragen des Versicherungswesens erst ermöglicht wird. Das ganze Unterrichtswesen auf dem Gebiete der Versicherungs-Wissenschaft würde da auch seitens der Akademie in gewissem Sinne überwacht werden und unter diesem kritischen Einfluß noch umsomehr zur rechten Leistungsfähigkeit gelangen.

Schon diese wenigen Ausblicke lassen erkennen, wie bedeutungsvoll eine richtig aufgebaute Versicherungsakademie und ihr planmäßiges Einwirken nach und nach sich erweisen würde. Ich schätze die Bedeutung einer solchen Institution für unser Volksleben um so höher ein, als ich davon überzeugt bin, daß dem Versicherungswesen

in den kommenden Jahrzehnten ein großer Teil jener praktischen
Arbeit zufallen wird, deren wir zur Lösung der sogenannten sozialen
Frage, zur Gesundung unserer Kultur, zur Beseitigung der Mängel
unseres Volkslebens bedürfen. Da fordert unsere Zeit eine weitgehende
Verfeinerung und Vervollkommnung des Versicherungswesens, und
zwar großenteils der privaten Selbsthilfeorganisation auf diesem Gebiete, nachdem man sich aus der Erfahrung davon überzeugt hat, wie
wenig ausreichend und wie kulturgefährlich es ist, die soziale Frage
mit sogenannter Zwangsversicherung abtun zu wollen. Ein hochent-
wickeltes Privatversicherungswesen, in dem das freie Spiel der sittlich
regulierten Versorgungstat und Unternehmungslust vollauf zu seinem
Rechte kommt, erscheint mir als eines der wichtigsten Postulate unseres
Zeitalters der sozialen Frage; eine solche Errungenschaft — zu der
eben eine tüchtige Versicherungsakademie außerordentlich viel beizu-
tragen vermöchte — würde dem Gesundungsprozeß im Leben unserer
Kulturvölker in hohem Maße Vorschub leisten. Da ist das Versicherungswesen wahrlich wert, eine eigene wissenschaftliche Pflegestätte
zu erhalten. Für uns Versicherungspraktiker aber gewinnt das Dasein
und die Wirksamkeit eines wissenschaftlichen Institutes der geschilderten Art noch im besonderen eine immer höhere Bedeutung, je
weitgehender der Einfluß der Staatsaufsicht und der Gesetzgebung auf
unser Wirken und Schaffen sich gestaltet. Die Forderung einer Versicherungsakademie ist da kein Ausfluß müßiger Projektenmacherei,
sondern das Ergebnis nüchterner praktischer Erkenntnis.

So wichtig wie die Akademiefrage hiernach ist, so schwierig gestaltet sich aber auch ihre Lösung. Noch ist diese Frage, wie auch
Se. Exzellenz der Herr Graf v. *Posadowsky* in einem an den Deutschen
Verein für Versicherungswissenschaft gelangten Bescheid geäußert
hat, nicht spruchreif; noch ist der gangbare Weg, auf dem wir zu einer
solchen Versicherungsakademie gelangen können, nicht genügend erwogen und festgelegt. Aber wenn diese Frage noch nicht spruchreif
ist, so gilt es eben, sie *spruchreif zu machen;* und das Problem ist, wie
gesagt, wohl wert, daß man ihm eine ernste und eifrige Arbeit widmet.

Meines Erachtens soll man, wenn die Einrichtung einer Versicherungsakademie unternommen wird, dabei zunächst nicht zu viel vom
Staate erwarten, sondern — wie das auch bei den ausländischen
Aktuarinstituten zutrifft — in erster Linie die *Privatinitiative* wirken
lassen, die ja viel behender ist und schon in zahlreichen Fällen dasjenige geschaffen hat, dessen Betrieb hinterher vom Staate unterstützt
oder ganz übernommen wurde. Man kann da im kleinen anfangen;
ja, es würde sogar viel besser sein, im Anfang die Akademieeinrichtung
nicht zu groß anzulegen; das Wachstum mag sich einstellen, je nachdem das Bedürfnis sich herausstellt und die nötige Erfahrung zu Gebote steht. Die Hauptsache würde vorerst die. sein, daß man einige
tüchtige Versicherungstechniker gewinnt, die sich lediglich den Aka-
demiezwecken widmen; denn, wie gesagt, im Nebenamt werden bei
uns in Deutschland die Versicherungstechniker derartigen Aufgaben
nicht zu genügen vermögen. Geeignete Kräfte sind in der Praxis

unseres privaten und öffentlichen Versicherungswesens zweifellos vorhanden, wenn sie auch jetzt nicht immer auf wissenschaftlichem Gebiete voll zur Geltung kommen, weil sie nur nebenbei und isoliert einem derartigen Arbeiten sich widmen können. Es würde darauf ankommen, daß aus den Kreisen der Versicherungspraxis die Mittel zur Honorierung dieser kleinen Kerntruppe aufgebracht würden und ebenso die Mittel für solche versicherungstechnische Arbeitskräfte, die nicht ausschließlich, sondern nur zeitweilig an der Akademie wirken. Diese Kosten, wenn man ihnen weiter noch die erforderlichen Beträge für den zunächst wenig umfangreichen Wirtschaftsorganismus hinzurechnet, würden meines Erachtens nicht so gewaltig sein können, als daß nicht das deutsche Versicherungswesen sie ohne Schwierigkeit zu erübrigen vermöchte, zumal da ja alsbald gewisse Einnahmen aus der Unterrichtstätigkeit, Gutachten und literarischen Veröffentlichungen als Gegenposten eingestellt werden können. Ich meine, daß ein derartiger Aufwand an Arbeit und finanziellen Mitteln sich auf die Dauer ungemein rentabel erweisen würde, indem eine Akademie uns all jenen Nutzen brächte, den ich vorhin erwähnt habe und der nach und nach die Leistungsfähigkeit unserer privaten und öffentlichen Betriebe sichtlich steigern würde. Die Rentabilität würde in diesem Sinne bei solchen Ausgaben am Ende noch größer sein als bei den für die staatliche Aufsicht gemachten Aufwendungen.

Die neben der Versicherungstechnik an der Akademie erforderlichen Fächer, durch deren Mitwirkung, wie ich gezeigt habe, die gemeinsamen Akademiearbeiten wirklich fruchtbar gestaltet werden müssen, würden zunächst von Wissenschaftlern wahrgenommen werden können, die der Akademie nur im Nebenamt angehören, so daß hieraus der Akademie selbst nur geringe finanzielle Lasten erwachsen würden. Solche Kräfte für die soziologische, medizinische, juristische und sonstige Mitarbeit lassen sich z. B. für die Akademie gewiß leicht gewinnen, wenn das Institut in Berlin oder in einer anderen Großstadt seinen Sitz hätte. Wie ich ausgeführt habe, käme es darauf an, daß auch die Vertreter dieser eben erwähnten Fächer über praktische Erfahrungen auf dem Versicherungsgebiete verfügen. Die Erfüllung dieses Erfordernisses wird im Anfang nicht leicht sein, wenngleich ja zu erwarten steht, daß bei der gemeinsamen Arbeit mit den Versicherungstechnikern auch diesen anderen Wissenschaftlern alsbald manche praktische Erfahrung beikommen wird, die ihnen jetzt abgeht. Überdies würde die Heranziehung der Versicherungsbetriebe zur Mitarbeit, insbesondere zur Lieferung statistischer und sonstiger Materialien, mehr und mehr dahin führen, alle Dozenten der Versicherungsakademie mit dem erforderlichen Erfahrungsmaterial zu versorgen. Wächst sich die Akademie zu einer festen, in stetiger Entwicklung begriffenen Einrichtung aus, so dürfte übrigens zu erwarten sein, daß tüchtige Kräfte aus jenen verschiedenen Wissenschaften sich einige Jahre in Versicherungsbetriebe einstellen lassen, um dann, mit der nötigen praktischen Erfahrung ausgerüstet, als ständige Mitarbeiter in den Kreis der Akademie einzutreten. Selbstverständlich würde es sich bei der Heranziehung von Lehrkräften darum handeln, ebenso wie

aus den Kreisen der Privatversicherung, auch aus denen der Staatsversicherung wissenschaftlich hervorragende Praktiker zu gewinnen.

Von der vorsichtigen und richtigen Auswahl der Persönlichkeiten
wird natürlich beim Aufbau einer solchen Akademie außerordentlich
viel abhängen.

Gelingt der erste bescheidene Anfang, zeigt es sich — bei richtiger
Auswahl der Kräfte —, daß die Versicherungsakademie (oder wie man
das Institut sonst nennen will) mit ihrer gemeinsamen Arbeit nach
richtigem Programm etwas Brauchbares zutage fördert, dann wird
sicherlich auch der Staat mit seinen Mitteln diese Einrichtung bestens
unterstützen; denn, wie ich gezeigt habe, eine solche Versicherungsakademie vermag durch eine gründliche Verarbeitung der Versicherungsprobleme auch die staatlichen Bestrebungen vor vielen Irrgängen
und vor vieler unnötiger Kostenaufwendung zu bewahren.   Mit Hilfe
der staatlichen Mittel kann dann umsomehr an Hand der gesammelten
Erfahrung die Akademie zu jener umfassenden Arbeitsgemeinschaft
ausgebaut werden, die das Ziel ihrer Entwicklung sein muß.   Bei jener
staatlichen Mitwirkung muß freilich das *eine* beachtet werden, daß
unter derselben die Freiheit und tüchtige Auswahl der Akademiemit-
glieder nicht leiden darf; gegen Protektionseinfluß und Bureaukratismus müßte die Versicherungsakademie durch eine geeignete innere
Organisation geschützt sein.

Wenn wir in dieser Weise die Akademiefrage und ihre Zukunft
mit Ruhe ins Auge fassen, so, glaube ich, dürfen wir uns hier dahin
entscheiden: Das Unternehmen ist wert, mit aller Energie betrieben
zu werden; durch seine Förderung können wir aufs beste für die
rechten Fortschritte der versicherungswissenschaftlichen Aufklärungs-
und Unterrichtsarbeit sorgen!   Bleibt man dieser Frage gegenüber
indifferent und untätig, so wird man das im Laufe der Zeit gar oft zu
bereuen haben.

Les progrès de l'enseignement en matière de science d'assurances.

Par **D. Bischoff**, Leipsig.

I.

Mise au service des assurances, la science doit, tant dans ses investigations que dans son enseignement, s'efforcer de plus en plus
d'examiner et de discuter leurs besoins et leurs institutions *au point de
vue de la civilisation*.   En d'autres termes, cette science devra embrasser, apprécier et exposer tous les phénomènes, toutes les tendances
de cette branche de l'activité humaine, comme aussi l'ensemble de leur
influence sur la vie des peuples.   C'est à cette condition seulement que
cette discipline pourra aider à assurer le développement complet et

l'efficacité absolue des assurances. Il faut que le caractère trop exclu-
sivement „économique" dont a été, jusqu'ici, empreinte l'étude des
assurances, caractère qui ne répond pas suffisamment au but poursuivi,
soit, ainsi que toute manière de voir exclusive, remplacé dans la partie
générale de notre science, par une doctrine plus large. Alors, entre-
preneurs d'assurances, public, législateurs, autorités administratives et
tribunaux, arriveront à se faire une idée vraiment nette et juste
de la tâche, des conditions d'existence et des besoins d'une assurance
rationnelle.

II.

La science des assurances et son enseignement doivent, pour fon-
der leurs jugements et leur système, utiliser toujours à nouveau et sur
la plus grande échelle possible, les expériences de la pratique en matière d'assurances publiques et privées. Les représentants de cette
science n'obtiendront le résultat voulu, soit dans leurs recherches, soit
dans leurs démonstrations, que si, d'une part, ils sont absolument au
courant — par eux-mêmes, autant que faire se pourra — de tout ce
qui se passe réellement dans les diverses branches d'exploitation des
assurances et des nécessités que comporte chacune d'elles, et si, d'autre
part, la pratique les pourvoit d'un matériel abondant d'expériences,
de critiques et de conceptions nouvelles.

Ainsi donc: contact étroit entre la théorie et la pratique, éducation
pratique des théoriciens qui ont à jouer le rôle de guides, appui bien
compris prêté par les praticiens des entreprises publiques et privées
d'assurances aux travaux de la science.

III.

La science actuarielle, statistique et mathématique, ou technique
de l'assurance, au sens restreint, doit former la base de la science des
assurances et de l'enseignement scientifique de cette matière. Elle
doit, plus que ce n'a été le cas jusqu'ici en Allemagne, prendre la tête
de la science des assurances. Les plans commerciaux, les intérêts juri-
diques, les vœux politiques et toutes autres considérations ou intentions
qui sont du domaine des assurances doivent se subordonner à elle. Mais
il faut que cette „mathématique des assurances" soit exempte de tout
parti pris. Elle ne peut satisfaire à son rôle directeur que si elle dispose d'une vue d'ensemble parfaite sur les sciences sociales et d'une
expérience pratique suffisante. Nos techniciens manquent de l'influence nécessaire dans le domaine de la science d'assurances et de son
enseignement parce que le temps de se livrer à des travaux scientifiques
et le contact avec les autres branches de la science des assurances leur
fait défaut.

IV.

Pour donner plus d'essor à la science des assurances et à son travail de vulgarisation, on devrait créer en Allemagne aussi un Institut
spécial, une Académie des Assurances où les représentants autorisés
des diverses branches de la science des assurances, ayant des connais-

sances pratiques, et appuyés par la pratique, travailleraient en commun, et professionnellement, au perfectionnement des jugements scientifiques et des doctrines en matière d'assurances.

Cette Académie devrait être fondée par l'initiative privée des Compagnies d'assurances et des intéressés, mais pourrait sans doute bientôt compter, dans la mesure où elle montrerait son utilité générale, sur le concours de l'État. Cette œuvre devrait être commencée en petit, en nommant à titre permanent quelques techniciens compétents qui voueraient tout leur temps à l'Académie, mais en leur adjoignant dès l'abord, pour éviter le caractère unilatéral des „Instituts d'Actuaires", un certain nombre de professeurs de sociologie, d'économie politique, de droit et de médecine, à titre auxiliaire.

Plus la construction et le travail de cette académie (moins destinée à l'enseignement proprement dit qu'aux recherches scientifiques, aux expertises et à la production littéraire) progresseront avec la collaboration constante de la pratique, plus l'influence utile et décisive de cette dernière se fera sentir sur le développement de la science des assurances et sur son enseignement.

The progress of instruction in actuarial science.

By **D. Bischoff**, Leipzig.

I.

The work of research and instruction in the science of insurance (the actuarial science) should more and more advance to an examination and discussion of the business of insurance, of its requirements and institutions from a point of view of general civilization. In other words, our science should grasp, appreciate and expose all phenomena, all efforts upon this field of human activity, as well as its total influence upon the life of a nation from the point of view of being a civilized community. By such a process alone a rational development and the efficacy of insurance can be assured and promoted to its fullest measure. The more or less one-sided "economic" (*i. e.* business) consideration and appreciation of insurance, which does not satisfy the latter scope, should be replaced — just like every other one-sided point of view — by a more scientific study of first principles in the "General Part" of our actuarial science. Then only under the influence of this science insurance-concerns, the general public, the legislature, the state-authorities and the Courts of Justice will be in a position to obtain a clear and correct notion of the scope, the aims and conditions and wants of sound Insurance.

II.

The science of insurance (actuarial science) and its teachers should always and continually make use of and work up as much as possible the experience of private and public insurance-practice in establishing and proving their doctrines and judgments. The representatives of that science will achieve their aim in their researches as well as in their explanations only then, if they have a full understanding — if possible by means of personal experience — of all actual occurrences, necessities and possibilities of the various branches of the business of insurance on one hand; and if on the other hand that practical knowledge provides them sufficiently with experience, with critical acumen and with power of conception. Therefore: close contact of the instruction in the science of insurance (i. e. theory) with practical insurance business; practical teaching of the leading theorists; far reaching support of scientific research and work by practical business men in the private and public insurance concerns.

III.

The statistical and mathematical actuarial science — the technical science of insurance (Insurance technique) in the restricted meaning of this word — should form the foundation of all actuarial science and scientific teaching of that science. It should take the leading part — more than has been the case hitherto in Germany — upon the field of the science of Insurance; all business plans, all legal interests, all political aims and other desires or demands and objects within the realm of Insurance should be subordinate to it. At the same time these "insurance-mathematics" should be free from any partiality, from looking upon anything from one side only; it can justify its leading position in scientific insurance research and explanation only on the condition that it possesses on the one hand the complete scientific knowledge and judgment and, on the other, experience and understanding of practical business. Our technical insurance men do not possess influence upon the field of insurance-science (actuarial scince) and upon the teaching of it for that reason generally, because they have not sufficient time or leisure during their practical working hours for scientific work or for remaining "in touch" with the various other branches of actuarial science.

IV.

To promote the science of Insurance (actuarial science) and its work of explanation (clearing up the mind upon this doctrine) a special *Academy for Insurance* should be established in Germany also; there the various leading representatives of the different branches of actuarial science (having obtained their knowledge either by practical work themselves, or supported by practical insurance men) should collectively and professionally endeavour to improve and to perfect the science of Insurance, its teachings and aims. Such an academy should be started by the private initiative of the various insurance companies and concerns; but it would undoubtedly receive the support of the State Government as soon as it could show its utility for the benefit of the general public. This Institute might commence by appointing at first as permanent (exclusively for this academy) teachers and workers a few able Insurance-Technicians only; but their number should be increased at once (to avoid the "one-sidedness" of existing actuarial societies) by strenuous representatives of other branches of actuarial science, such as sociologists, political economists, legal and medical insurance-experts etc., who might be appointed as auxiliary teachers.

The more such an Academy progresses (whose work should consist less in teaching than in original researches, in "expertise" [evaluations, reports] and in literary productions) with the cooperation of practical insurance men; the more decisive its influence and utility will become for the development of actuarial science, of its standing and of its teachings.

X. — D.

The educational work of the Institute of Actuaries.

By Arthur Wyndham Tarn, London.

Among the various objects foreshadowed by those who assisted at the birth of the Institute of Actuaries was one which ran as follows:

"The improvement and diffusion of knowledge, and the establishment of correct principles, relating to subjects involving monetary considerations and the Doctrine of Probability."

It is the main purpose of this paper to inquire to what extent the Institute has fulfilled the hopes of its founders in carrying out this particular portion of the functions for which it exists, and to submit that for close upon sixty years it has been in the van of progress in the development of Actuarial Science.

The following Table has been compiled for the purpose of showing in chronological order the successive stages of the Educational Work of the Institute since its foundation in 1848:

Date	Educational Work Inaugurated
1850	Journal (under title of Assurance Magazine) commenced.
1850	First Examination for Fellowship held.
1856	Messenger Prize instituted.
1870	Samuel Brown Prize instituted.
1871	Classes for the assistance of students started.
1882	Text-Book (Part I) published.
1884	Royal Charter granted.
1885	Membership extended to „Students".
1886	Bye-laws allowed by Privy Council.
1887	Text-Book (Part II) published.
1887	Examination for Associateship made compulsory.
1891	Higher Mathematics made obligatory for all candidates.
1892	First Examinations held in the Colonies.
1896	First Course of Lectures delivered.
1898	Institute Notation adopted by the International Congress.
1898	Class of „Probationers" established.
1905	Lectures delivered in connection with Parts III and IV of the Examination.

Of these different stages in the history of the Educational Work of the Institute, two, by reason of the prestige they conferred, stand

25*

out in especial prominence. One was the grant of a Royal Charter in 1884, by which the Institute acquired a recognised status among scientific bodies, and its Fellowship, now no longer to be obtained (with rare exceptions) without arduous study, the rank of an academical honour. The other was the acknowledgment by the entire profession throughout the world that the notation of the Institute was "a monument of Actuarial Science", and should henceforward be adopted as the universal notation for the Theory of Life Assurance.

In a review of the various departments of the Institute's work already indicated, perhaps the foremost place, from an Educational point of view, must be accorded to its *Journal*. which has now been published without intermission for 56 years. Here, throughout the pages of its forty volumes we may find Actuarial Science presented to the student in all its possible phases: Mathematical, Financial, Demographical, Historical, Legal, Medical and Practical; and hence it may be claimed that the *Journal* amply justifies the encomium bestowed upon it by a distinguished American Actuary, the late Professor *Charlton Lewis,* in his admirable Article on "Life Insurance" in the Tenth Edition of the "Encyclopædia Britannica", where he describes these volumes as being "the most complete storehouse of technical and and practical learning on the general theory and on all its applications to Life Insurance." Its value to students was also pointed out more than thirty years ago by *Dr. Sprague* in his Article on "Annuities" in the Ninth Edition of the same work in the following words:

"Before it (the Institute) was founded, students of the subject worked for the most part alone and without any concert, and when any person had made an improvement in theory, it had little chance of becoming publicly known unless he wrote a formal treatise on the whole subject. But the formation of the Institute led to much greater interchange of opinion amongst actuaries, and afforded them a ready means of making known to their professional associates any improvements, real or supposed, that they thought they had made."

Before passing from this portion of the Institute's Educational Work it may perhaps be well to state that all, or nearly all, the most important Papers that have been written upon such subjects as Graduation, Methods of Valuation, Distribution of Surplus, the Construction and Use of Select Mortality Tables, Friendly Societies and Staff Pension Funds, have first appeared in the pages of the "Journal"; and it may be safely asserted that there is no subject of interest to the Actuary, either direct or indirect, upon which he cannot obtain information of some kind, from a reference to these pages. It may be added that such reference can now be made with little trouble, by means both of the elaborate Indexes which have been made to the first Thirty Volumes, and also of the still more elaborate Card Index which is kept up to date at Staple Inn Hall.

Next in importance in the Institute's Educational Work may be placed the opportunities afforded to students for obtaining such a theoretical and practical knowledge of their profession as shall qualify them to obtain the Fellowship. This part of its work has always received the most careful attention on the part of the Council, who, by means of Tutors, Lecturers, Text-Books and Examinations, have done their utmost to ensure that the younger generations of actuaries shall be fully competent not merely to deal with all matters relating to their profession, but also to carry on the work of the Institute in the future with the same success as has been so conspicuous in the past. In the course of his Presidential Address to the Institute in 1890 the late Mr. B. *Newbatt* referred to this subject as follows:

"As early as 1852 a scheme had been propounded for establishing a Mathematical Professorship in connection with the Institute, the duties attached to which, besides the delivery of a course of not less than twelve lectures during each session and the conduct of 'an instruction class for such Associates as might be preparing for their examinations', were to include the contribution 'of not less than two Papers per annum to the *Journal of the Institute*' . . . . . In the earlier days of the Institute and for many years afterwards, success in the examination room was the almost certain precursor to success in official life, and rightly so. For not only was the number of men who so distinguished themselves comparatively small, but in the toilsome process by which distinction was then attained, there had to be shown, besides a cultivated intelligence, discipline, devotion, tenacity, those evidences of force and individuality, which as by a sort of natural selection, marked out all the successful men as the strong spirits destined to take the lead among their fellows. . . . . It is as a school of technical training, — training which, as in other walks of life, must be undergone after school-life is over — that the Institute appeals to all engaged in Life Assurance business. I do not know what higher merit the Institute can possess in the eyes of those of whom I am now speaking, or what greater claim it can prefer to their adhesion and gratitude, than this — that to every man among them who desires it, each according to his capacity, it puts into his hands on the threshold of his career such tools, and imparts to him such skill in the use of them, as will be necessary to him in the practical business of life."

It is hardly necessary to remind Members of the Congress that the two parts of the Text-Book prepared under the direction of the Institute for the assistance of candidates for the rank of Associate, have obtained a world-wide recognition, and have been translated into more than one language. The effect of their publication was to increase to a very large extent the number of candidates both for this rank and also for that of Fellow, and to create a feeling in the more distant parts of the Empire towards the grant of greater facilities for examination. Accordingly in 1891 the Council decided to hold examinations in some of the principal towns of Canada, Australia and New Zealand, as well as of such other Colonies as would guarantee a sufficient number of candidates.

During the last ten years the Council of the Institute have arranged for the periodical delivery of courses of lectures upon various subjects, more or less cognate to Actuarial Science, by gentlemen who, though for the most part not connected with the Institute, are experts in the particular topics about which they spoke. The subjects dealt with in these lectures were the following: "The Law of Real Property in England"; "The London Daily Stock and Share List"; "The Companies' Acts"; "The Law of Mortgage"; "The Measurement of Groups and Series"; and "The Theory of the Construction of Tables of Mortality, and of similar Statistical Tables in use by the Actuary"; while during the past Session of the Institute Mr. *George King* has delivered a series of twenty-four Lectures "On the Actuarial Subjects of Parts III and IV of the Examination."

The position of the Council of the Institute towards its students has been well described by two former Presidents as follows:

"Although," remarks Mr. *Hughes,* "the standard of attainments now required for the Fellowship is very considerably higher than that which was demanded in earlier days, the student of the present day is in a much better position than his predecessors of a former generation. Until the publication of the Text-Book the student was compelled to acquire his knowledge principally from somewhat ancient treatises, which, valuable as they are, are not suitable for elementary text-books, and by painful search among various papers scattered in the *Journal* of the Institute. The absence of any uniform system of notation constituted another difficulty for the student. . . . . . By the publication of its Text-Book, the settlement of a system of notation, the provision of authorized tutors and the establishment of lectures on financial, legal and economical subjects, the Institute has now furnished its students with an efficient educational apparatus. But at the same time it has very materially raised the standard of acquirement, and the examination papers of the present day, both in precision and range, demand a much more extensive knowledge than was formerly thought necessary." "We seek to produce," observes Mr. *Young,* "not mere technical experts, but men of judgment; not simply adepts in the conduct of processes, but wise masters in the processes they employ. And though undoubtedly the quality of judgment must be native, developable by actual experience, still the resources and skill of a professional educator are competent of service in aiding natural endowment by means of the character of his teaching and his examination tests. . . . In the department of Education the history of the Institute compels our admiration of the wisdom and judgment with which these imperative obligations have been recognized and discharged."

So far we have discussed the extent of the Institute's Educational Work with regard to that section of its members who may be described as being *in statu pupillari.* But the Institute goes much further than this, since it has always been an important part of the policy of the Council to extend the utmost encouragement to those who, having succeeded in passing the Examinations, are still barely across the threshold of their professional career. And, as every private in the *Grande Armée* was supposed to carry in his knapsack a marshal's bâton,

so it is the aim of the Council to inspire each newly-qualified Fellow
with the hope that some day he may attain to the Presidency of the
Institute. Whatever may have been the case in the early days of the
Institute, at the present time it is the younger men who form the
majority of its Fellows, and hence, so to speak, its backbone. Accordingly it is to these younger men that the Council appeals from year to
year for practical evidence on their part that the Educational facilities
that have been given to them during the period of their student-
ship, have been the means of stimulating them to further efforts to
shed a lustre upon their *Alma Mater*. It is only fair to say that these
appeals usually meet with a satisfactory response in the form either of
a Paper upon some topic of Professional interest, or of a competition
in connection with a Prize Essay upon a subject selected from time to
time by the Council. And the appreciative manner in which a Paper
or Essay by one of the junior Members of the Institute is received at
the Sessional Meeting at which it is read cannot fail to stimulate others
to go and do likewise.

The reference just made to competitions in connection with Prize
Essays requires some extended notice for the reason that they have
formed no unimportant part in the work of the Institute for the education of its members. They are the outcome of gifts of money made by
past and present members of the Institute for the purpose of being
awarded by the Council for an Essay of recognized merit upon some
topic which seems of sufficient importance to justify a treatise of a
more elaborate character than can be expected of the writer of the customary sessional Paper. Two of these gifts are permanent in their
benefits, the capital having been invested, and the accumulated interest
only being devoted to such purpose. In 1856 the late Mr. *James Messenger*, a clerk in the "Pelican" Life Office, bequeathed to the Institute the sum of £174 to form a Fund, from which Prizes might be com-
peted for in the manner just described, and which was to be called the
"Messenger Prize Fund". Upon eight occasions this Prize has been
offered for competition, the topics selected by the Council as suitable
being the following: "On the Various Methods pursued in the Distribution of Surplus among the Assured in a Life Assurance Company,
with a Comparison of the Relative Merits of such Methods"; "A Com-
parioson of the Values of Policies as found by means of the Various
Tables of Mortality, and the different Methods of Valuation in use
among Actuaries"; "Life Assurance Legislation"; "Surrender Values
of Policies"; "Friendly Societies"; "On the Books and Forms to be
used in Scheduling the Particulars of the Risks of a Life Assurance
Company under its Assurance and Annuity Contracts for Periodical
or Interim Valuations, Distribution of Surplus, and for Investigation
of the Rates of Mortality, Surrender and Lapse"; "The Reserves and
Surrender Values in respect of Endowment Assurances according to
the different Methods and Bases of Valuation in Common Use"; and
"The Methods of Ascertaining the Rates of Mortality amongst the
General Population of a Country, District or Town, or amongst dif-
ferent Classes of such Population, by means of Returns of Population,
Births, Deaths and Migration".

Stimulated probably by the example of Mr. *Messenger,* the late Mr. *Samuel Brown,* on the occasion of his retirement from the Presidency of the Institute in 1870, placed in the hands of the Council the sum of £200, to form what was subsequently known as the "Samuel Brown Prize Fund", with the object, as he then expressed it in the course of a very striking speech, of leading the members of the Institute beyond their ordinary professional subjects, and of raising the character of every member "as a public man and man of intellect." Among the subjects suggested by him as representing his ideas on the matter were those of Population, Emigration, the Recurrence of Bankruptcies, Marine and Fire Insurance, Hazardous Employments, and the Regularity of Action in the Human Will. "The Prize," he added, "should be given for those subjects, which, though beyond the actual necessities of our own profession, will enable the intellectual power and training which the Institute is designed to cultivate to be brought out at frequent intervals to the effective service of the public, by the scientific elucidation of some new and important question of Political and Social Economy."

Mr. *Samuel Brown* was a man of exceptionally wide knowledge and a statistician of the highest rank, who had an almost European reputation in all matters connected with finance. As one of the founders of the Institute he entertained very lofty ideals of its work, and the position it ought to occupy in the public service. It may be that he saw a vision of the Institute becoming recognised in the future, not merely as a body of technical experts on matters concerning the business of Life Assurance, but as the standard authority in the kingdom upon all subjects based upon finance and statistics, and consulted alike by Government Departments and Municipal Bodies when great public interests were at stake.

The Prize, derived from the Interest in the Fund formed by this munificent gift, has been offered for competition upon three occasions, the selected topics being: "The History of Life Assurance in the United Kingdom"; "The Enfranchisement of Leaseholds, and the Taxation of Ground Rents, Chief Rents, and Kindred Charges on Land in England and Wales"; and "The Actuarial Aspects of recent Legislation in the United Kingdom and other Countries on the subject of Compensation to Workmen for Accidents".

In addition to these two Funds, Prizes for Essays have been offered by three distinguished Fellows of the Institute, still with us though retired form active professional work -- Mr. *M. N. Adler,* Dr. *T. B. Sprague,* and Mr. *James Chisholm.* By these means, therefore, has the Institute always endeavoured to enforce upon its members the obligation not only of striving to obtain the Fellowship by passing the four parts of its Annual Examination, but also of keeping before their minds the noble aphorism of *Bacon,* which stands on the titlepage of each number of the *Journal:* "I hold every man a debtor to his profession, from the which as men of course do seek to receive countenance and profit, so ought they of duty to endeavour themselves by way of amends to be a help and ornament thereunto".

Beyond, however, the direct work of the Institute in the education of its members to a high standard of efficiency in all the multifarious duties which are attached to the profession of Actuary, we must not forget a very large portion of its work, which, being indirect, is not so apparent to the eye. I refer to the enormous influence which, during recent years, the Institute has attained in all parts not only of the British Empire but of the civilized world. In England this influence has been felt in the large centres of industry, such as Birmingham, Bristol, Cardiff, Leeds, Manchester, Newcastle-upon-Tyne, Norwich and Nottingham, in each of which cities an Insurance Institute has been established. At the Sessional Meetings of these Institutes, which, it may be added, are entirely independent of the Institute of Actuaries, members of the Institute of Actuaries are always welcome, a privilege of which they have not been slow to avail themselves, as may be seen from the interesting Papers and Addresses which have been delivered from time to time before these provincial Institutes. So successful have they proved in their educational facilities that in March, 1897, a Federation was effected between these and similar bodies in Scotland and Ireland with the object of promoting "the education of the junior members of the Insurance profession". Under the auspices of the Federation a series of Examinations is held annually and a Journal is published which contains valuable Papers on Insurance matters.

It has been the practice of the Federation to hold its Annual Meeting at one of the large centres of industry which have been already referred to. This year, however, it was decided to hold the Meeting in London, and upon this circumstance becoming known to the Council of the Institute of Actuaries, that body took the opportunity of showing its practical sympathy with the objects of the Federation by offering it the use of Staple Inn Hall.

In that part of the Empire known as Greater Britain the same influence has made itself evident, both by the establishment of Examination centres by the Institute of Actuaries, already referred to, and by the formation of Insurance Institutes in some of the leading towns of Canada, Australia, New Zealand and South Africa. Four of these Institutes have become affiliated with the Federation, and accordingly obtain all the advantages of the connection. The beneficial effect of the Institute Examinations upon students in one of the largest portions of the Colonial Empire of Great Britain, viz., the Dominion of Canada, was recently described by Mr. *T. B. Macaulay* in the following words: "When these examinations were established they at once gave a tremendous stimulus to actuarial studies, and numbers of young men in our offices, especially in the actuarial departments, who had up to that time been content with their routine work, immediately began to study and to make up their minds to master the entire subject, and that tendency has been felt in ever increasing force since then. These young men are coming to the front and have a future before them, and this fact is due largely to the Institute of Actuaries."

There is also considerable evidence that of late years the value of
a diploma by the Institute has become more and more recognized by
the heads of Government Departments and of Public Bodies in all
English-speaking countries. In England we find members of the In-
stitute among the clerical staffs of the India Office, the War Office, the
Admiralty, the Scottish Office, the National Debt Office, the Friendly
Societies' Registry, the Office of the Ecclesiastical Commission, the
Estate Duty Office, the Public Works Loan Board, the University of
London, the London County Council, and the Corporations of London,
Westminster, Islington, Liverpool and Birkenhead; while in the
United States, Canada, Cape Colony, Victoria, Western Australia and
New Zealand, the Institute is more or less well represented among the
Government officials.

The recent adoption by the University of London, as a part of the
Syllabus for the Degree of Bachelor of Science in the Faculty of Economics and Political Science, of the subject "The History, Theory and
Present Systems of Insurance", together with the inclusion of subjects
of a kindred nature in other British Universities, are of themselves
strong proofs of the increasing interest which is being taken in
Actuarial Science, and at the same time a most gratifying indication
that the great centres of learning in Great Britain appear to be at last
realizing the importance of the Educational Work of the Institute of
Actuaries. One effect of this movement — perhaps not an unnatural
one — has been that other bodies besides the Institute have taken up
the work of teaching students in the elements of the science, among
them being the City of London College (acting in conjunction with the
London Chamber of Commerce) and the London School of Economics.
There is good reason, however, to doubt whether the purely theoretical
knowledge that can be obtained at Lectures, Classes and Examinations,
is of much value in itself. It has always been the aim of the Institute
of Actuaries, as has already been remarked, that the Actuary should
above all things be a practical man of business, relying more upon
broad principles than upon mere academic theories. It may be well,
therefore, for the Institute to take into serious consideration the attitude it should adopt with regard to this new development. Shall it
permit the professional training of future generations of Actuaries to
pass out of its hands, or shall it take steps by means of some extension
of its Charter to adapt itself to altered conditions, and thus become
"not for an age but for all time" the supreme authority upon all those
varied and intricate matters relating to our Profession with which, as
we have seen, it has dealt so successfully in the past, and with which it
can most assuredly deal in the future?

In the course of the discussion which took place upon the Paper
of Mr. *T. E. Young* at the last Congress, it will be remembered that
some very striking remarks were made on this very subject, particularly
by Mr. *George King*. It is much to be regretted that the reports of
those remarks in the published proceedings of the Congress are in-
sufficiently accurate or complete to justify any definite inference to be
drawn from their tenour. But this, at any rate, may be regarded as

quite unimpeachable, viz., that the Institute, and the Institute alone, was considered as *the* representative of Actuarial Science in Great Britain south of the Tweed, and as the Mother Society of all other existing Institutes connected with the profession throughout the civilized world. What higher testimony to the value and importance of its Educational Work can be afforded than this?

Die Tätigkeit des „Institute of Actuaries" auf dem Gebiet des Unterrichts.

Von Arthur Wyndham Tarn, London.

Dieser Aufsatz hat den Zweck zu untersuchen, inwiefern das „Institute of Actuaries" die Absicht seiner Gründer verwirklicht hat, der Förderung des Unterrichts und der Feststellung korrekter Grundlagen für die finanzielle Verwaltung von Versicherungsanstalten und für die Wahrscheinlichkeitsrechnung zu dienen.

Dies wird durch eine Tabelle dargestellt, welche die verschiedenen Stadien des Instituts veranschaulicht, deren wichtigste die Gewährung eines königlichen Patents und die allgemeine Annahme der vom Institut aufgestellten Bezeichnungsweise sind.

Den ersten Platz in der Tätigkeit des Instituts nimmt das *Journal* ein, welches periodisch seit 56 Jahren veröffentlicht und in dem die Aktuarwissenschaft in allen ihren Phasen gründlich behandelt wird. Die Unterstützung, welche das Institute of Actuaries durch Vorstand, Professoren, Lektoren, Ausgabe von Handbüchern und Prüfungen den Studenten für die Erlangung der Mitgliedschaft gewährt, besteht seit fast ebenso langer Zeit. Die Prüfungen sind seit 1891 auch in den Hauptstädten der englischen Kolonien eingeführt worden. Die Studenten, welche ihre Examen bestanden haben, werden zur Erlangung anderer Auszeichnungen dadurch ermutigt, daß der Rat sie veranlaßt, Aufsätze für die Generalversammlung anzufertigen, und sich um die Preise zu bewerben, die periodisch für Abhandlungen, welchen einen Gegenstand von allgemeinem Interesse für den Beruf bilden, ausgeschrieben werden. Es wird weiterhin der enorme Einfluß, den das Institut in der ganzen Welt ausübt, erwähnt, ein Einfluß, der sich dadurch geltend macht, daß in Großbritannien und in den hauptsächlichen Kolonien Versicherungsinstitute gegründet werden und auch dadurch, daß der Wert der Diplome des Instituts von verschiedenen Regierungen und städtischen Behörden anerkannt wird. — Der Aufsatz schließt mit einigen Bemerkungen über die kürzlich erfolgte Aufnahme der Versicherungs-Wissenschaft in den Studienplan der Londoner Universität für die Erlangung der Würde eines „Bachelor of Science", und über den Erfolg, den das Institut dadurch erzielte, daß dieser Gegenstand von anderen gelehrten Vereinen aufgenommen worden ist.

De l'activité de l',,Institute of Actuaries" dans le domaine de l'enseignement.

Par Arthur Wyndham Tarn, Londres.

L'objet de cette étude est de rechercher jusqu'à quel point l',,Institute of Actuaries" a mis en pratique l'intention de ses fondateurs par la diffusion de l'enseignement et l'établissement de principes corrects relativement aux questions monétaires et à la doctrine des probabilités. Ces indications sont fournies par une table montrant les diverses phases parcourues par l'Institut, en matière d'enseignement et dont les plus importantes sont l'octroi d'une Charte Royale et l'adoption générale de ses calculs.

C'est le *Journal* qui occupe la première place parmi ces travaux. Publié à intervalles réguliers depuis 56 ans il a traité à fond toutes les parties de la Science Actuarielle. L'appui prêté par le Conseil sous forme de professeurs, de chargés de cours, de manuels et d'examens, aux étudiants pour l'obtention de la qualité de membres, remonte presque à la même époque. Lesdits examens ont, depuis 1891, été établis dans les principales villes des colonies. Les étudiants qui ont passé leurs examens avec succès sont encouragés par le Conseil à continuer à se distinguer en présentant des mémoires aux assemblées et aussi en concourant pour l'un des prix offerts périodiquement par ce Conseil pour un sujet d'intérêt général au point de vue professionnel.

L'auteur parle ensuite de l'énorme influence exercée dans le monde entier par l'Institut et se manifestant en Grande Bretagne et dans les principales colonies par l'établissement d'Instituts d'assurance ainsi que par le fait que divers gouvernements et diverses municipalités reconnaissent des diplômes qu'il délivre comme valables.

L'étude se termine par quelques remarques sur l'admission récente de l'assurance au nombre des branches pour lesquelles l'Université de Londres délivre le grade de Bachelor of Science, et sur l'influence de l'enseignement de l'Institut en ce qui concerne cette discipline qui a été accueillie par d'autres sociétés savantes encore.

X. — E.

Das Unterrichtswesen in Österreich betreffend die Pflege der Versicherungswissenschaften.

Von Julius Graf, Triest.

I. Abschnitt.

Gegen die Mitte des fünften Jahrhunderts vor Beginn der christlichen Zeitrechnung lebte in Athen *Lysias* — der Sohn des Kephalos — einer der berühmten zehn attischen Redner. Unter den Reden, die uns von *Lysias* erhalten geblieben sind, befindet sich auch diejenige, in welcher er einen Gebrechlichen verteidigte, gegen welchen der Antrag auf Einziehung der ihm gewährten Staatsrente eingebracht worden war. Die Anklage vertrat vermutlich eines der vom Rate der Fünfhundert bestellten Organe, bei denen sich die Empfänger von Staatsrenten von Zeit zu Zeit persönlich einzufinden hatten, um etwaigen Einwendungen, die gegen ihre Bedürftigkeit erhoben wurden, entgegenzutreten.

Der Ankläger des Gebrechlichen behauptete, daß dieser, dem die Staatsrente bloß im Hinblick auf seine Erwerbsunfähigkeit zuerkannt worden sei, die Rente nunmehr widerrechtlich in Anspruch nähme, da der Grund für die Gewährung längst in Fortfall gekommen sei. Der Rentenempfänger sei nämlich von dem Übel, das ihn allerdings vordem zur Arbeit untauglich gemacht habe, längst wieder genesen, seine Verhältnisse hätten sich insoweit gebessert, daß er in der Lage sei, sich ein Pferd zu halten; ja er hätte sich sogar einiges Vermögen gespart. Aus diesem Grunde bringe er den Antrag auf Einstellung der ferneren Rentenbezüge ein.

Unser Interesse ist gewiß nicht dem Ausgange des Prozesses zugewendet, den das aufgestellte Kontrollorgan gegen den Rentenempfänger angestrengt hat, sondern es wendet sich ausschließlich den staatlichen Einrichtungen zu, die uns in der Rede des *Lysias* vor Augen geführt werden.

Aus ihr erfahren wir, daß in Athen ungefähr fünfhundert Jahre vor Christi Geburt der Staat es für seine Pflicht gehalten hat, für diejenigen zu sorgen, die infolge Krankheit oder Siechtums nicht fähig waren, durch Arbeit die Mittel zu ihrem Lebensunterhalt zu finden. Wir wissen aus anderen Quellen, daß die staatliche Unterstützung zur Zeit des *Lysias* täglich einen Obolos betrug, was nach unserem Gelde einer Jahresrente von ungefähr 50 Kronen gleichkam.

Mit der Zeit, namentlich nach dem peloponnesischen Kriege, mehrte sich in Athen die Armut und auch die Lebensmittel stiegen im Preise, und so kam es, daß wahrscheinlich um das Zeitalter, da Philipp II. von Macedonien mit Griechenland im Kriege war, die staatliche Unterstützung für Arbeits- bzw. Erwerbsunfähige auf das Doppelte — nämlich auf zwei Obolen täglich — erhöht worden ist; damals erreichte somit die jährliche Staatsunterstützung ungefähr hundert Kronen.

Die modernen Sozialpolitiker, welche es unternehmen, durch Fürsorgegesetze das Elend von weiten Bevölkerungsschichten fern zu halten, wenn Krankheit, Siechtum oder auch nur vorübergehende Erwerbslosigkeit über Familienhäupter hereinbrechen, zielen durchaus nicht danach, einen in der Weltgeschichte niemals dagewesenen Zustand herbeizuführen, sondern sie trachten vielmehr, Verhältnisse wieder zu beleben, die schon zur Blütezeit der alten griechischen Staatswesen bestanden haben.

Allein was unsere Sozialpolitiker modernster Zeit nicht gerade zu ihrem Vorteile von den Staatsmännern des alten Griechenlands unterscheidet, das ist, daß diese es sich angelegen sein ließen, die Kenntnis von den staatlichen Fürsorge-Einrichtungen den breitesten Bevölkerungsschichten zu vermitteln, während heutzutage kein allzugroßes Gewicht von Seite des Staates darauf gelegt wird, daß die von der Füsorge bedachten Bevölkerungskreise eingehend über die ihnen eingeräumten Rechte belehrt werden. Der heutige Staat begnügt sich damit, Gesetze und Einrichtungen zu schaffen, die den Verlassenen Hilfe im Elend bringen sollen, er überwacht in eingehender Weise jene privaten Unternehmungen, die ihre Entstehung und Fortentwickelung der vorausschauenden Selbsthilfe verdanken; aber er kümmert sich außerordentlich wenig darum, ob die bedachten Kreise auch die Kenntnis von den bestehenden Einrichtungen erlangen.

Mit der staatlichen Fürsorge hat aber gleichzeitig die staatliche Belehrung einherzugehen, damit jene wirksam sei. Nicht darum allein handelt es sich, daß die Vorstellung sich wieder festige, derzufolge gemeinschaftlich getragene Gefahr keine Gefahr mehr für den Einzelnen bildet, sondern auch darum, daß in das Bewußtsein des ganzen Volkes eindringe, auf welchem Wege die Gemeinschaftlichkeit die dem Einzelnen drohende Gefahr durch geringe Opfer von seiner Seite von ihm fernehält.

Die Verbreitung der Versicherungswissenschaften in weiteste Kreise, deren Pflege und Vertiefung ist also meines Erachtens nach eine gleichwichtige Aufgabe, wie die Fürsorge selbst.

Ich habe die Berichterstattung über den dermaligen Stand des Unterrichtswesens in den Versicherungswissenschaften, blos soweit Österreich in Betracht kommt, übernommen, allein ich werde bei der Behandlung meiner Aufgabe es kaum vermeiden können, zeitweilig die Ausgestaltung des Unterrichtes in den Versicherungswissenschaften, wie sie sich auch in anderen Kulturländern zeigt, zu berühren. Am häufigsten werden wohl Vergleiche mit den einschlägigen Verhältnissen im deutschen Reiche herangezogen werden müssen, zumal da die Entwickelung des privaten Versicherungsbetriebes und jene der staatlichen Anstalten in den letzten zwei Dezennien in Österreich und in Deutschland viele Ähnlichkeiten aufweisen; sind doch die maßgebenden Gesichtspunkte, welche für das fortschreitende Gedeihen des Versicherungswesens entscheidend waren, in beiden Ländern fast die gleichen gewesen.

Wenn das die Versicherungswissenschaften betreffende Unterrichts- und Bildungswesen einer Würdigung unterzogen werden soll, so sind vor allem zwei große Bevölkerungskategorien von einander zu unterscheiden.

Die eine, die ihre Belehrung über das Versicherungswesen zu dem Zwecke erhält, um im späteren Leben von dem Versicherungsschutze zweckmäßigen Gebrauch machen zu können und die zweite, die selbst einstmals berufen sein soll, tätig in das große Getriebe einzugreifen, durch dessen Räderwerk die Versicherung in ihren verschiedenen Formen der Bevölkerung vermittelt wird.

Zu der ersten Kategorie zählen die Arbeiter, die kleinen und großen Gewerbetreibenden, die Industriellen, die gesamte Kaufmannschaft usw., kurz alle Personen, in deren Interesse die Lebensversicherung, Feuer-, Hagel-, Transport-, Einbruchsdiebstahl-, Kranken- und Invalidenversicherung funktionieren soll; in die zweite Kategorie zählen vorwiegend die Mathematiker (Versicherungstechniker), ferner diejenigen Juristen, die sich mit der Durchführung der Gesetze über das Versicherungswesen befassen, also die staatlichen Verwaltungsbeamten, dann die Rechtsanwälte und in diese Kategorie gehört auch das gesamte Hilfspersonal, das bei den privaten Versicherungsgesellschaften und bei den staatlichen Versicherungsanstalten bedienstet ist.

Zwischen diesen beiden Kategorien stehen dann eine Reihe von Berufen, bei welchen einzelne Personen dem Versicherungswesen selbsttätige Dienste leisten, während die große Mehrzahl der Berufsgenossen vom Versicherungswesen bloß passiv Gebrauch macht (Ärzte und ähnliche Berufe).

Die erste der vorerwähnten Kategorien ist die umfangreichste, da sie die weitaus zahlreichsten Bevölkerungskreise in sich begreift. Es wird daher gewiß das lebhafteste Interesse erwecken, die Art und Weise näher kennen zu lernen, auf welche der Staat für die Belehrung über das Versicherungswesen bei den betreffenden Bevölkerungskreisen vorsorgt.

Um zu beurteilen, in welchem Ausmaße diese Aufgabe erfüllt wird, dürfte es wohl am einfachsten sein, diejenigen staatlichen Unterrichtsanstalten in Betracht zu ziehen, denen es obliegt Unterricht und Bildung im Kreise dieser Staatsbürger zu vermitteln.

Es werden wohl kaum Einwendungen gegen die Annahme erhoben werden, daß der weitaus überwiegendste Teil der (industriellen und landwirtschaftlichen) Arbeiter beider Geschlechter, der Dienstboten, der

niederen Handwerker, der Kleingewerbetreibenden usw. ihre Schul-
bildung ausschließlich in Volksschulen empfängt und daß der übrige
(nicht sehr beträchtliche) Teil dieser Bevölkerungsgruppen sich der
Bürgerschule zuwendet. Der geringe Prozentsatz derjenigen, die sich
einer Mittelschule, einer Gewerbe- oder einer staatlichen Fachschule zu-
wenden, kann außer Berücksichtigung bleiben.

Laut der statistischen Ausweise, die über das österreichische Unterrichtswesen vorliegen, betrug die Gesamtzahl derjenigen, welche im
Schuljahre 1902/03 Unterricht in staatlichen oder in privaten Schulen
(unter Ausschluß der Hochschulstudenten) empfingen 2 196 032 männliche, 1 910 077 weibliche, insgesamt also 4 106 109 Personen; von
diesen waren 1 880 706 Knaben und 1 813 900 Mädchen in den öffcnt-
lichen Volks- oder in staatlichen Bürgerschulen und ferner 42 955
Knaben und 84 141 Mädchen in privaten Volks- und Bürgerschulen eingeschrieben, so daß die die Volks- und Bürgerschulen Besuchenden 93%
der Gesamtheit aller Lernenden betrug.

In welcher Art wird aber Unterricht bezüglich des Versicherungswesens in diesen Schulen erteilt? Blättern wir die älteren Lehrbücher
durch, die daselbst in Gebrauch standen, so glaube ich nicht allzu Ge-
wagtes zu behaupten, wenn ich die Anschauung vertrete, daß vor dem
Jahre 1900 das Wort „Versicherung" kaum in einem einzigen der betreffenden Lehrbücher gebraucht worden ist, daß nirgends sich eine auf
das Versicherungswesen beziehende Erläuterung in diesen Lehrbüchern
vorfand.

Mit großer Freude muß ich jedoch anerkennen, daß in den letzten
Jahren sich eine gewisse Wandlung in dieser Beziehung vollzogen hat.
Es liegen vor mir mehrere Lehrbücher, die beim Rechenunterrichte an
österreichischen Volks- und Bürgerschulen Verwendung finden und in
denen sowohl die Privatversicherung (Lebens-, Feuer-, Hagel- und
Transportversicherung) wie auch die öffentliche Versicherung
(Kranken- und Unfallversicherung) in ziemlicher Weise berücksichtigt
ist. Aus den einschlägigen der Versicherung gewidmeten Kapiteln erfährt die Schuljugend wenigstens einiges über die vorerwähnten Ver-
sicherungzweige und an der Hand der gewählten Rechenbeispiele
werden den Schülern die für die verschiedenen Zweige der Versicherungen zu entrichtenden Prämien vorgeführt.

Leider sind diese Rechenbücher neueren Datums noch nicht in
allen Volks- und Bürgerschulen eingeführt und ein noch beträchtlicher
Teil der Schulen entbehrt dieses übrigens sonst gut tauglichen Hilfsmittels zur Verbreitung der Kenntnise über das Versicherungswesen.

Es ist jedoch selbstverständlich, daß nennenswerte Ergebnisse in
dieser Richtung nicht durch die Rechenbücher allein erzielt werden
können. Um der Schuljugend einen Begriff von der der Versicherung
zugrunde liegenden Idee beizubringen, müßten auch die Lese-
bücher herangezogen werden. Daß die Vorstellungen von der Wichtigkeit des Versicherungsschutzes im jugendlichen Gemüte festen Fuß
fasse, dazu eignen sich gut gewählte Lesestücke viel mehr, als alle
mündlichen und schriftlichen Erklärungen, die anläßlich der Durchführung von Rechnungsoperationen den Schülern erteilt werden.

Ich habe in den vielen Lesebüchern, die an österreichischen Volks-
und Bürgerschulen in Verwendung stehen, nach derartigen Lesestücken
geforscht und konnte in den meisten auch nicht ein einziges Lesestück
entdecken, welches die Absicht verraten hätte, dem heranwachsenden
Staatsbürger die Achtung vor der ethischen Bedeutung des Versicherungswesens einzuflößen.

Nur im Lesebuche, das in der 4. Klasse der Wiener Volksschule im
Gebrauche ist — verfaßt von Dr. *Karl Stejskal,* erschienen im k. k.
Schulbücherverlag, Wien 1903 — fand ich eine Erzählung vor, die
den Schulkindern den Begriff „Versicherung" näher bringen soll. Diese
kleine Erzählung — „Die Erbschaft" betitelt — führt uns ein Gespräch
zwischen zwei Landleuten vor, in welchem der eine Landmann dem
anderen die Vorteile der Brandschaden-, Hagel- und Viehversicherung
auseinandersetzt und diesen anspornt, auch seinerseits — wie er es selbst
getan habe — durch den Abschluß einer Versicherung sich für den Fall
vor Schaden zu schützen, wenn ein Unglück sein Hab und Gut zu ver-
nichten droht.

Es ist doch so einfach, eine größere Anzahl von Lesestücken, die
die Verbreitung der Kenntnisse über das Versicherungswesen bezwecken, in die Lehrbücher aufzunehmen. Man braucht sie gar nicht
erst vorzubereiten; es finden sich hunderte und hunderte kleinerer Er-
zählungen, die sich zur Erläuterung des Begriffes „Versicherung" und
der diesem zugrunde liegenden Entsagungsfähigkeit des Einzelnen
zugunsten der Gesamtheit gut eignen.

Wer kennt nicht z. B. die kleine Erzählung vom *Harun al Raschid,*
der, auf einem Spazierritte begriffen, einen Greis in der Sommerhitze
einen Baum pflanzen sieht, und überrascht über das sonderbare Tun des
alten Mannes vom Pferde steigt und diesen befragt, was er denn vor-
habe. Auf die Antwort des Greises, daß er im Begriffe stehe, einen
Baum zu pflanzen, erwidert der Kalif: Wozu plagst du dich hier in
Sonnenhitze und Sonnenglut, um etwas zu beginnen, das dir niemals
Vorteil bringen kann. Im Schatten des Baumes, den du anpflanzest,
wirst du dich niemals laben und an seinen Früchten wirst du dich
niemals erquicken können. Ich labe mich — so antwortete der Greis —
heute im Schatten jener Bäume, die meine Ahnen gepflanzt haben und
erquicke mich an den Früchten des Baumes, den irgend einer meiner
Voreltern gesetzt hat. Soll ich für meine Nachkommen minder besorgt
sein, als meine Vorahnen es für mich gewesen sind?

Diese kleine Erzählung findet sich in manchen Lesebüchern vor,
die an Volks- und Bürgerschulen im Gebrauche sind. Läge es nicht
sehr nahe, an diese Erzählung anknüpfend, darauf zu verweisen, daß
der Lebensversicherung genau dieselbe Vorstellung zugrunde liegt, die
den Greis veranlaßt hat, trotz Sonnenglut und Hitze sich der Mühe des
Baumpflanzens zu unterziehen? Auch derjenige, der eine Lebensversicherung abschließt, entsagt manchen Vergnügungen und Annehm-
lichkeiten, damit Weib und Kinder Schutz vor Elend und Verarmung
finden, wenn ein frühzeitiger Tod ihnen den Ernährer raubt.

Es gibt also — wie oben gezeigt worden ist — manche Gelegenheiten, bei welchen auch in der Volks- und Bürgerschule die Aufmerk-

samkeit der Zöglinge auf die Versicherung gelenkt werden könnte, und wenn solche Gelegenheiten von den Lehrern vernünftig genützt werden würden, so würde eine große Zahl von Schülern bei ihrem Austritte aus der Schule schon einige Kenntnisse über die Versicherung, über deren Wesen und Wirken ins Leben mitnehmen.

Diejenigen Lehrer, welche in dieser Richtung Gutes schaffen wollen, finden ausreichende Behelfe hierzu in den zahllosen Reklameschriften, die die Privatversicherungsgesellschaften herausgegeben haben, und durch welche es diesen Anstalten gelungen ist, die Vorstellungen von der Nützlichkeit, ja von der Notwendigkeit der Vorsorge auf dem Wege der Versicherung im Volksbewußtsein so ungemein zu festigen. Verdanken sie ja zum größten Teile dieser Propaganda die großartigen Ergebnisse, die die Entwickelung des Versicherungswesens in fast allen Kulturstaaten aufweist.

Um der Wahrheit die Ehre zu geben, will ich es nicht unterlassen, hervorzuheben, daß ich durch zahlreiche und ziemlich eingehende Umfragen erhoben habe, daß eine Beachtung des Versicherungswesens in den Volks- und Bürgerschulen usw. anläßlich des Sprachunterrichtes nicht nur bei uns in Österreich nicht erfolgt, sondern auch nicht in Deutschland und ebensowenig in der Schweiz. Auch rücksichtlich dieser beiden Staaten konnte ich kein in den Unterschulen in Verwendung stehendes Lesebuch ermitteln, in dem von Versicherung die Rede ist oder in welchem ihr einige Beachtung zu Teil geworden wäre.

In den neuesten Ausgaben der in den Volksschulen Deutschlands verwendeten Rechenbücher nimmt jedoch die Belehrung über das Versicherungswesen bereits einen ziemlich breiten Raum ein. Im sechsten Hefte des Übungsbuches für das mündliche und schriftliche Rechnen von *W. Augschun* (Verlag Mittlersche Buchhandlung, Bromberg 1905) sind der Belehrung über das Versicherungswesen nicht wie bei uns in Österreich bloß einzelne Beispiele und einige karge Anmerkungen, sondern mehrere ziemlich ausführliche Kapitel gewidmet.

In der Einleitung zu jedem Kapitel findet man die auf die öffentlichen Versicherungen Bezug habenden gesetzlichen Bestimmungen angeführt und der Lehrer, der den Rechenunterricht leitet, muß notgedrungenermaßen den Schulkindern ganz ausgiebige Kenntnisse über das Gesetz betreffend die Invalidität- und die Altersversicherung, ferner über die gesetzlichen Bestimmungen, welche sich auf die Unfall- und die Krankenversicherung beziehen, beibringen.

Auch in *A. Böhmes* Rechenbücher, die an den Bürgerschulen Deutschlands in Verwendung sind, wird der öffentlichen Versicherung eine ziemlich weitgehende Berücksichtigung zu Teil. Das vierte und fünfte Heft dieser Rechenbücher, die beide von *Schäffer* und *Weilenhammer* bearbeitet sind — Verlag Velhagen und Klasing, Bielefeld und Leipzig 1904 — enthalten ausführliche Anleitungen zur Lösung von Rechenaufgaben, die sich auf die öffentliche Arbeiterversicherung beziehen.

Es muß jedoch als ein fühlbarer Mangel betrachtet werden, daß in allen diesen Rechenbüchern bloß der staatlichen, öffentlichen Versicherung gedacht ist, während die Privatversicherung (Lebens-, Feuer-, Hagel- und Viehversicherung) vollkommen mit Stillschweigen übergangen ist.

_____

Ich möchte der österreichischen Unterrichtsverwaltung nahelegen, der Pflege des Unterrichtes über das Versicherungswesen in den Volks- und Bürgerschulen eine erhöhte Aufmerksamkeit zuzuwenden. Um aber einen wirklichen Erfolg in dieser Richtung bei den Zöglingen erzielen zu können, dazu bedürfte es zweckmäßiger mündlicher Erläuterungen von seiten der Lehrer. Wie bei jedem Unterrichte, so würde auch bei der Pflege der Gegenstände des Versicherungswesens die viva vox sich als das beste Förderungsmittel erweisen.

Allein damit die Lehrer in der Lage seien, den Schülern beim Durchlesen passend gewählter Lesestücke zweckdienliche Erläuterungen zu geben, dazu müßten sie selbst eine entsprechende Vorbildung in den Versicherungswissenschaften und eine gewisse Vertrautheit mit dem Versicherungswesen besitzen. Bei dem gegenwärtigen Stande der Dinge ist dies nicht der Fall. Der Lehrgang derjenigen, die sich dem Berufe des Volks- und Bürgerschullehrers widmen, ist in der Regel der, daß sie nach Absolvierung einer Bürgerschule, des Untergymnasiums oder der Unter-Realschule in die sogenannten Lehrerpräparandien eintreten, aus welchen sie nach vier Jahren bei gut bestandenem Staatsexamen mit der Berechtigung ausscheiden, als Lehrkräfte für Volks- bzw. Bürgerschulen Verwendung finden zu können. Die einzige Stelle, an welcher also die Volksschullehrer die Vertrautheit mit dem Versicherungswesen erlangen könnten, wären die Lehrerbildungsanstalten. Ich habe mich an die Direktionen aller in Österreich existierenden Lehrerbildungsanstalten mit der Bitte gewendet, mir Auskünfte darüber zu geben, ob an diesen Unterrichtsstätten die mit dem Versicherungswesen im Zusammenhang stehenden Wissenschaften gepflegt werden.

Meine Anfrage wurde nur von 23 Direktionen beantwortet, die übrigen — 30 an der Zahl — scheinen meine Frage als eine müssige betrachtet zu haben, denn sie fanden es nicht für gut, dem Fragesteller irgend eine Antwort zukommen zu lassen. Die geringere Hälfte der vorhandenen Lehrerbildungsanstalten, die mein Rundschreiben beantwortete, gab mir die nicht sehr trostreiche Auskunft, daß in diesen Unterrichtsanstalten das Versicherungswesen höchstens nur nebenbei gestreift wird, und daß weder durch die im Gebrauche stehenden Lehrbücher noch auch durch den mündlichen Unterricht einläßlichere Vorstellungen über Zweck und Wesen der Versicherung in den Zöglingen erweckt werden.

Wenn also die heranreifenden Lehrer in ihrem Bildungsgange dem Versicherungswesen und den mit diesen in Verbindung stehenden Wissenschaften fast vollkommen fremd bleiben, dann ist es wohl nicht zu verwundern, daß sie in ihrem späteren Lehrberufe der ihnen anvertrauten Jugend Begriffe über das Versicherungswesen nicht beizubringen vermögen, zumal da diese Begriffe niemals in den Kreis ihrer eigenen Betrachtungen eingetreten sind.

Eine Verbreitung der Kenntnisse über das Versicherungswesen in die breiten Bevölkerungsschichten durch den Volksschulunterricht kann nicht erzielt werden, wenn nicht in den Lehrerbildungsanstalten eine eingehendere Behandlung dieser Materie platzgreifen wird. Aber es scheint mir auch gerecht, die Forderung danach zu erheben.

Der Volks- und Bürgerschullehrer hat nicht wie der Lehrer an Mittelschulen (insbesondere der Lehrer an Gymnasien) ausschließlich auf die geistige und moralische Entwickelung seiner Schüler einzuwirken, sondern ihm obliegt es, außer der Erziehung und Charakterbildung auch die Vermittelung positiver Kenntnis im Auge zu behalten.

———————

Ich gehe jetzt an die Besprechung, welcher Art die Pflege ist, die dem Versicherungswesen an österreichischen Mittelschulen zu Teil wird, und wende mein Augenmerk vorerst den österreichischen Gymnasien und Realschulen zu.

Zwischen diesen beiden ist ein wesentlicher Unterschied zugunsten der Realschulen zu konstatieren.

Die österreichischen Gymnasien stehen noch heute auf dem längst überwundenen Standpunkte, daß sie bloß die Mission haben, einerseits die Denkkraft und das Denkvermögen ihrer Schüler zu entwickeln, anderseits die zukünftige Charakterentwickelung der ihnen anvertrauten Schuljugend zu beeinflussen, und sie trachten dieses Ziel zum überwiegendsten Teile durch die Pflege der klassischen Sprachen, der klassischen Literatur und der alten Geschichte zu erreichen. Positives Wissen zu vermitteln und Kenntnisse über die realen Verhältnisse des allgemeinen Lebens ihren Zöglingen beizubringen, dazu fühlt sich das moderne Gymnasium nicht berufen. Daß bei solchen Vorstellungen gerade diejenigen Wissenschaften am meisten vernachlässigt werden, die sich selbst auf positive Beobachtungen stützen, die, von reellen Verhältnissen ausgehend, auf wissenschaftlichem Wege die Mittel zu gewinnen trachten, um tatsächlichen Bedürfnissen der Staatsbürger auf dem kürzesten und besten Wege zu entsprechen, ist klar. Nach den derzeitigen Vorstellungen, die die österreichischen Gymnasien beherrschen, muß ich zugeben, daß sie nicht der richtige Ort für die Pflege des Unterrichtes im Versicherungswesen zu sein scheinen. Aber anderseits vertrete ich mit allem Nachdruck die Meinung, das Versicherungswesen habe im modernen Staate eine solche Bedeutung erlangt, daß es für eine große Gruppe von Jünglingen, die rücksichtlich ihrer Vorbildung hohen Ansprüchen genügen, nicht eine terra incognita bleiben darf. Die ethische Bedeutung des Versicherungswesens müßte gerade den Gymnasialzöglingen in einer Weise vorgeführt werden, damit sie Wurzel fasse im Herzen derjenigen, welche einstmals dazu berufen sind, im Staate die einflußreichsten und bedeutungsvollsten Stellungen einzunehmen.

Um dieses Ziel zu erreichen, müßte in verschiedenen Lehrbüchern des Gymnasiums der Versicherung gedacht werden. In den Klassen des Untergymnasiums könnte in erster Linie das deutsche Lesebuch und in zweiter Linie das Rechenbuch hierzu benützt werden. In dem einen könnte auf die bestehenden staatlichen Einrichtungen (Kranken- und Unfallversicherung) und auf die noch der Lösung harrenden Aufgaben (Invalidenversicherung, Witwen- und Waisenversorgung) hingewiesen werden, in den anderen könnte eine kurze Darstellung des Begriffes „Prämie" und eine allgemeine Erklärung der verschiedenen Formen der Lebensversicherung (Leibrenten, Kapitalversicherung auf den Ablebensfall, Erlebensversicherungen) der Feuer- und Hagelversicherung gegeben werden.

In den höheren Klassen des Obergymnasiums könnte dann im Lehrbuche für Vaterlandskunde und für Statistik eine übersichtliche Darstellung der Leistungen der österreichischen Versicherungsanstalten (staatlicher und privater Unternehmungen) eingefügt werden. Es würde gewiß das Interesse der Studierenden erwecken, zu erfahren, wie große Summen die staatlichen und privaten Unternehmungen für Versicherungskapitalien alljährlich zur Auszahlung gebracht haben, die

a) infolge des Ablebens des Versicherten,
b) infolge des Erlebens der durch die Versicherung Bedachten zur Reife gelangt sind, und es würde sie gewiß auch interessieren,
a) welche Höhe die gewährten Krankengelder erreicht haben,
b) wie groß die Gesamtsumme der ausbezahlten Leibrenten gewesen ist, die den durch Unfall Verunglückten als Entschädigung für eingetretene volle oder teilweise Erwerbsunfähigkeit zuerkannt worden ist.

Kurz, mit den modernen Einrichtungen auf dem Gebiete des Versicherungswesens müssen diejenigen, die in den höheren Mittelschulen den öffentlichen Unterricht genießen, in der Schule selbst vertraut werden. ·

Heutzutage lernen die Gymnasialschüler von alledem nichts und das Wort „Versicherung" im technischen Sinne kommt in ihren Lehrbüchern fast gar nicht vor; nur in der VII. Klasse wird beim Unterrichte über die Zinseszinsenrechnung auch die Leibrentenversicherung nebenbei erwähnt und die 17jährigen Gymnasiasten erhalten dort von der Lebensversicherung Begriffe, die nicht viel klarer sind als die Vorstellungen, die sich Volksschüler über den Jupiter und den Saturn machen.

Bezeichnend erscheint es mir, daß als Vorbild einer Sterbetafel diejenige von *Süßmilch-Baumann* aufgeführt wird. Dieses Paradigma wird allerdings nicht benützt, da die überwiegend größte Zahl der Gymnasiallehrer, die Mathematik in der VII. Klasse lehren, die im Lehrbuche eingefügte Sterbetafel schweigend übergehen. Aber daß heutzutage — 150 Jahre nach dem Erscheinen der „göttlichen Ordnung" die *Süßmilch*schen Untersuchungen über die Lebensdauer der Menschen als das Musterbild für mathematische Statistik vorgeführt werden, muß auf uns einen gewiß sonderbaren Eindruck hervorrufen.

Ich will ja gar nicht so weit gehen, zu verlangen, daß man in den österreichischen Gymnasien schon jetzt von den Bestrebungen der heimischen Versicherungsgesellschaften spreche, welche dahin gehen, eine österreichische Sterbetafel aus ihren eigenen Beobachtungen abzuleiten, obwohl ein derartig patriotisches Beginnen — auch wenn es noch nicht abgeschlossen ist — vielleicht auch schon an den Mittelschulen erwähnt zu werden wert wäre. Wenn man aber auf dem Standpunkte beharrt, daß in der Mittelschule den Schülern nur abgeschlossene wissenschaftliche Forschungen vorgetragen werden dürfen, so sollte man wenigstens die von den 23 deutschen Gesellschaften abgeleitete Sterbetafel, welche bereits vor ungefähr einem Vierteljahrhundert und zwar nach wissenchaftlich einwandfreien Gesichtspunkten hergestellt worden ist, in den Lehrbüchern als Muster vorführen.

Besser als an den Gymnasien werden in den österreichischen Realschulen die Versicherungswissenschaften gelehrt. Ich will durchaus nicht behaupten, daß die Pflege dieses Gegenstandes in den Realschulen nichts zu wünschen übrig läßt und tue dies schon deshalb nicht, weil davon gar nicht die Rede sein kann, daß die gegenwärtige Pflege als eine systematische bezeichnet werden kann. Allein es muß zum Lobe der Realschule hervorgehoben werden, daß den Schülern bereits in der II. Klasse Begriffe über Prämien der Lebensversicherung, der Feuer- und Transportversicherung beigebracht werden, daß sich in den Rechenbüchern dieser Klasse einige auf die Versicherung bezüglichen Beispiele vorfinden und schließlich, daß ihnen in der Regel in einer ihrem Fassungsvermögen entsprechenden Weise mündliche Aufklärungen über die verschiedenen Formen der Versicherung erteilt werden.

In der VII. Klasse der Realschulen wird bei der Erklärung der Grundlehren für die Wahrscheinlichkeitsrechnung — die an diesen Schulen laut Verordnung des Unterrichtsministeriums vom 23. April 1898 gelehrt werden muß — auch das Versicherungswesen einigermaßen berücksichtigt, indem die Schüler dieser Klasse über das Wesen und die Bedeutung der Sterbetafeln aufgeklärt werden und sie an der Hand dieser in der Auffindung der Werte von unmittelbaren Leibrenten und anderer leicht zu definierender Versicherungswerte unterwiesen werden.

Allerdings ist auch in den an Realschulen verwendeten Lesebüchern nichts über Versicherung enthalten und ebensowenig findet sich in der Heimatskunde, in der über so viele Dinge, die sich in Österreich vorfinden, berichtet wird und in der selbst der Mineralien, die in recht unbeträchtlicher Quantität in Österreich gefunden werden, gedacht wird, keine Erwähnung der Versicherung vor, die als ein sehr nebensächliches Gebiet behandelt wird.

Ich möchte das Augenmerk unserer Unterrichtsverwaltung darauf lenken, daß das österreichische Versicherungswesen mindestens einen so würdigen Faktor des Nationalwohlstandes darstellt, wie irgend eine der in der Vaterlandskunde erwähnten Industrien und daß es auch vom wirtschaftlichen Standpunkte angezeigt wäre, daß in diesen Lehrbüchern dem Versicherungswesen ein ausführliches Kapitel gewidmet werden würde, zumal da Österreich Grund hat, auf die Entwickelung seiner privaten Versicherungsunternehmungen, denen das Vertrauen weiter Bevölkerungskreise selbst außerhalb Österreichs entgegengebracht

wird, mit Stolz zu blicken.   Diese Anregung gilt durchaus nicht bloß
für österreichische Realschulen, sondern ebenso für österreichische
Gymnasien und für alle sonstigen Mittelschulen Österreichs.

Ich möchte die Aufzählung der Mängel bei der Belehrung unserer
Schuljugend über das Versicherungswesen nicht abschließen, ohne noch
eines Umstandes im besonderen zu gedenken.   In jenen Schulen, in
welchen sich die Zöglinge im Zustande der ersten geistigen Entwickelung befinden und in einem Alter, wo die ersten Ansätze zur Charakterbildung auftreten, übt die Lektüre einen ungemein großen Einfluß auf
ihren geistigen und sittlichen Werdeprozeß aus.

Wer immer bestrebt ist, große Ideen in das Herz der heranwachsenden Generationen zu senken, wird dieses Hilfsmittels zur Erreichung von Erziehungserfolgen nicht entraten können.   Wenn also
zur Pflege der der Versicherung innewohnenden Grundidee den Lehrern
und den Schulen ein solches Förderungsmittel an die Hand gegeben
werden würde, so wäre ihnen damit gewiß ein großer Dienst erwiesen.
Es wäre somit am Platze, den Schulbibliotheken der Gymnasien, der
Realschulen und aller anderen Mittelschulen, an denen solche bestehen,
Werke einzuverleiben, in welchen die Vorzüge und Vorteile der Versicherung den Jünglingen in anziehender Form geschildert werden.
Eines der wenigen Werke, die in dieser Richtung geschrieben worden
sind, liegt vor mir; es ist „Die Lebensversicherung" betitelt, eine Erzählung, verfaßt von dem bekannten Jugendschriftsteller *Franz Hoffmann* (Verlag Schmidt und Springs Volks- und Jugendbibliotheken,
Leipzig).   Ich glaube aus dem Inhalte des Buches schließen zu dürfen,
daß es über Veranlassung der Versicherungsgesellschaft „Iduna" in
Halle herausgegeben wurde, und aus der Nummer, die das Werkchen
unter den *Franz Hoffmannschen* Büchlein trägt, schließe ich, daß es
ungefähr in den 60er Jahren des vorigen Jahrhunderts erschienen ist.
Franz Hoffmann schildert darin, mit der Wärme und mit dem Verständnis für das kindliche Gemüt, die ihn auszeichnen, die großen
Wohltaten, die die Vorsorge des Familienvaters durch Abschluß einer
Lebensversicherung, einer des Ernährers beraubten Familie bringt.   Ich
habe dieses Büchlein meinen eigenen Kindern zum Lesen gegeben und
an der Freude, die sie bei dieser Lektüre empfanden, mit eigenen
Augen und aus selbst gemachter Wahrnehmung beurteilen können, daß
dieses kleine Werkchen vollständig das obenerwähnte Ziel erreicht.
Seit den letzten 40 Jahren sind leider weder in Österreich noch auch in
Deutschland, und ich glaube, auch nicht in der Schweiz ähnliche
Förderungsmittel zur Verbreitung der Kenntnisse über die Versicherung
erschienen, trotzdem das Versicherungswesen in diesen letzten vier Dezennien gewaltige Fortschritte gemacht hat und trotzdem neue, grundlegende Ideen in dasselbe hineingetragen worden sind.

Die Pflege, welche dem Versicherungswesen und den damit verbundenen Wissenschaften an den österreichischen Handelsschulen und
in Sonderheit an denen höherer Art (Handelsakademien) zu Teil wird,
kann als eine recht befriedigende bezeichnet werden. Der auf Grund
des Erlasses des Unterrichtsministeriums vom 30. Juni 1903 für die
höheren Handelsschulen vorgeschriebene Lehrplan verfügt, daß beim
Unterrichte in der Algebra und in der politischen Arithmetik den
Schülern des III. (also des vorletzten) Jahrganges ziemliche Kenntnisse
über die Zinseszins- und Zeitrentenrechnungen beigebracht werden
müssen, so daß sie die erste Vorbereitung für das später zu gewinnende
Verständnis für die Berechnung von Versicherungswerten erlangen.
Für den IV. (letzten) Jahrgang ist dann die Einführung in die Wahrscheinlichkeitsrechnung vorgeschrieben (absolute, relative, zusammengesetzte Wahrscheinlichkeit, Wahrscheinlichkeit in bezug auf die
Lebensdauer des Menschen, wahrscheinliche Lebensdauer, mathematische Hoffnung und rechtmäßiger Einsatz). Außerdem müssen den
Schülern dieses Jahrganges ausreichende Kenntnisse zur Auffindung
der Werte von unmittelbaren, aufgeschobenen und temporären Leibrenten, zur Berechnung der Werte von Kapitalsversicherungen auf den
Ablebensfall usf. vermittelt werden, so daß rücksichtlich des Unterrichtes in der politischen Arithmetik jedweder berechtigte Wunsch tatsächlich erfüllt erscheint.

Wenn etwas noch nachzutragen wäre, so wäre es bloß noch eine gewisse Belehrung über Sterbebeobachtungen, über die Herstellung von
Sterbetafeln und über die Herleitung der Ablebenswahrscheinlichkeiten
aus den Beobachtungen. Eine derartig allgemein gehaltene Belehrung,
die weder in Details eingehen noch ein tieferes Verständnis für mathematische Statistik voraussetzen soll, würde das bereits geweckte Verständnis für das Versicherungswesen noch wesentlich vertiefen.

Auch im Unterricht der „Handelskunde" ist dem Versicherungswesen an österreichischen Handelsschulen ein entsprechender Platz angewiesen. Bereits im II. Jahrgange werden die Schüler über Sachen-
und Lebensversicherung aufgeklärt; es wird ihnen schon zu diesem Zeitpunkte der Unterschied zwischen den Prinzipien gelehrt, auf welchen
die verschiedenen Versicherungsunternehmungen beruhen (Aktien- und
Gegenseitigkeitsanstalten, direkter Betrieb und Rückversicherung usw.).

Die Pflege des Unterrichtes in den Versicherungswissenschaften
an den österreichischen Handelsschulen könnte noch nach einer anderen
Richtung hin erweitert werden und zwar, indem an diesen Schulen
praktische Übungen auf den Formularien der Versicherungsgesellschaften eingeführt werden würden. Auf solche Weise würden die
jungen Leute, die sich dem Kaufmannsstande zu widmen beabsichtigen,
von vornherein vertraut werden mit den bei den österreichischen Versicherungsgesellschaften bestehenden Gepflogenheiten und sie könnten
für ihren zukünftigen Beruf wertvolle Unterweisungen erlangen. Ich
zweifle nicht, daß die Versicherungsgesellschaften Österreichs sich gerne
bereit finden würden, das erforderliche Drucksortenmaterial zur Verfügung zu stellen, sofern sie darum angegangen werden würden. Die
„Assicurazioni Generali" in Triest hat den Versuch gemacht, eine Zu-

sammenstellung der bei ihr im Gebrauch stehenden Drucksorten für die österreichischen Handelsschulen und Akademien zu veranstalten und hat diese Sammlung zur Förderung des Unterrichtes den Handelsschulen zugeschickt. Die günstige Aufnahme, welche dieses Geschenk von Seiten der weitaus größten Zahl der österreichischen Handelsschulen erfahren hat, die zahlreichen Danksagungen, die der Gesellschaft aus diesem Anlasse zugekommen sind, haben in mir die Überzeugung befestigt, daß unsere Handelsschulen volles Verständnis für derartige, dem Unterrichtsplane dieser Anstalten entsprechende Förderung besitzen.

Ich will es nicht unterlassen, auch die staatlichen Unfallsanstalten und die Krankenkassen zu ersuchen, durch Sammlung aller, bei ihnen im Gebrauche stehenden Drucksorten, insbesondere der der Verrechnung mit den Unternehmern bzw. mit den Dienstherren dienenden, zu sammeln und sie den Handelsschulen zur Verfügung zu stellen.

Es wird der Ausbreitung des Versicherungswesens im allgemeinen und speziell dem Vertrautwerden der kaufmännischen Kreise mit den staatlichen Einrichtungen auf dem Versicherungsgebiete gewiss nur zuträglich sein, wenn das Drucksortenmaterial der staatlichen Institute in den Schulen zu Übungszwecken benützt wird.

II. Abschnitt.

Im vorangehenden Abschnitte wurde dargelegt, in welcher Weise der Unterricht in den mit dem Versicherungswesen in engem Zusammenhange stehenden Wissenschaften in den Erziehungsanstalten erteilt wird, die berufen sind, vorwiegend jene Bevölkerungskreise heranzubilden, die in ihrem späteren Lebenslaufe von der Versicherung passiv Gebrauch machen und die somit auf die fortschreitende Entwickelung des Versicherungswesens selbst und der Versicherungswissenschaften in der Regel keinen Einfluß ausüben.

Im gegenwärtigen Abschnitte hingegen soll der Lehr- und Werdegang jener Personen beleuchtet werden, deren Lebensberuf mit der praktischen oder mit der wissenschaftlichen Betätigung auf dem Versicherungsgebiete in unmittelbarer Beziehung steht und die sich in der Ausübung ihrer Berufs- oder ihrer Amtspflichten mit dem Versicherungswesen zu befassen haben. Diese Gruppe von Personen kann in die nachfolgenden vier Untergruppen zerlegt werden, und zwar in:

1. Die Versicherungstechniker, auch Aktuare oder Versicherungsmathematiker genannt.
2. Die Versicherungsjuristen, das sind diejenigen staatlichen oder kommunalen Verwaltungsbeamte, die ihre Amtstätigkeit auch auf das Versicherungsgebiet auszudehnen bemüssigt sind, ferner die Richter und die privaten Rechtsanwälte (Advokaten).
3. Das Hilfspersonal, das bei den privaten Versicherungsinstituten und bei den staatlichen Versicherungsanstalten bedienstet ist.
4. Die Ärzte.

Mit Ausnahme der unter Ziffer 3 angeführten Personen erhalten alle übrigen Kategorien ihre fachliche Ausbildung an Hochschulen und die Beleuchtung des Bildungswesens der drei in dem Vordergrund stehenden Untergruppen fällt mit der Frage zusammen, welche Pflege dem Versicherungswesen und den Versicherungswissenschaften an österreichischen Hochschulen zu teil wird.

Die allerwichtigste der drei zu erörternden Untergruppen ist selbstverständlich die erstangeführte, nämlich die der sogenannten Versicherungstechniker (Aktuare).

Es dürfte nicht unangebracht erscheinen, einen kurzen Rückblick auf die Entstehung und die Art der Fortenwickelung dieses Teiles des Unterrichtswesens in Österreich zu werfen.

Bereits seit dem Jahre 1852 wurden an der Wiener technischen Hochschule Vorlesungen aus der politischen Arithmetik, und zwar anfangs von *Beskiba,* später von dem Dozenten *Kurzbauer* gehalten.*) Nach der Reorganisation des Polytechnikums im Jahre 1865 lehrte der Direktor der wechselseitigen Lebensversicherungsgesellschaft „Austria", *Carl Heßler,* politische Arithmetik an der Wiener Technik durch 24 Jahre hindurch, anfangs in der Eigenschaft eines Privatdozenten, nachher als außerordentlicher Professor. Zu Beginn der siebenziger Jahre des vorigen Jahrhunderts begann man sich auch an der Wiener Handelsakademie für das Versicherungswesen zu interessieren und es wurden um diese Zeit daselbst Versicherungskurse eingeführt, die fast alle Disziplinen, die Handelsschülern gelehrt werden konnten, umfaßten.

Daß im Lehrplane Vorlesungen aus der höheren Mathematik und aus der mathematischen Statistik vollends fehlten, ist einleuchtend, zumal wenn man bedenkt, daß diese Vorlesungen ausschließlich für angehende Kaufleute gehalten worden sind.

Es dauerte eine ziemlich geraume Spanne Zeit, bis man auch an der Wiener Universität anfing, sich mit dem Versicherungswesen zu beschäftigen.

Erst gegen Schluß der 80er Jahre wurden an der philosophischen Fakultät Vorlesungen aus der politischen Arithmetik und aus der Wahrscheinlichkeitsrechnung abgehalten, so von Professor *Emil Weyr,* der politische Arithmetik lehrte, von Prof. *Gustav Escherich,* der die Wahrscheinlichkeitsrechnung und ihre Anwendung auf die Berechnungen von Versicherungswerten vortrug. Ferner las zu jener Zeit noch der Dozent Dr. *Victor Sersawy* über Assekuranzmathematik und schließlich Dr. *Ernst Blaschke* über mathematische Statistik. Doch alle diese Vorlesungen bewirkten nicht, daß sich in Österreich zu dieser Zeit eine größere Schar mathematisch geschulter Versicherungstechniker heranbildete; die geringere Zahl der vorhandenen Versicherungstechniker — die diesen Namen verdienten — bildete sich vorwiegend bei den privaten Lebensversicherungsgesellschaften selbst heran, die im allgemeinen zur Bekleidung der Aktuarstelle Personen beriefen, deren Vor-

---

*) Ich verdanke die angeführten Daten dem Berichte des Dr. *Friedrich Hönig* über die österreichisch-ungarischen Lebensversicherungs-Gesellschaften aus dem Jahre 1893.

bildung in den mathematischen Disziplinen ihnen eine gewisse Gewähr dafür bot, daß sie sich von selbst in das Gebiet des Versicherungswesens einleben würden, und die durch eigenes Studium und durch die Beschäftigung mit der Materie sich in die Lage versetzen mußten, den an sie herantretenden Obliegenheiten zu entsprechen. Auf solche Weise hatte sich damals auch in Österreich ein kleiner Kreis von begabten Versicherungstechnikern herausgebildet, die Zufall oder eigene Neigung auf das Gebiet des Versicherungswesens und der Aktuarwissenschaft geführt hat.

Als aber zu Beginn der 90er Jahre des vorigen Jahrhunderts in Österreich die Arbeiterfürsorgegesetze entstanden und mit der Einführung dieser Gesetze zahlreiche das Versicherungswesen betreffende Fragen aufgeworfen wurden, da mehrte sich das Bedürfnis nach Sachverständigen im Versicherungsfache und besonders nach solchen, denen mit Beruhigung Arbeiten aus dem mathematisch-statistischen Gebiete und sonstige mit der Versicherungstechnik im Zusammenhange stehenden Probleme anvertraut werden konnten.

Das Arbeiterunfallversicherungsgesetz vom Jahre 1887, das Krankenversicherungsgesetz vom Jahre 1888, das Gesetz über die Bergwerksbruderladen vom Jahre 1889 und schließlich das Gesetz über die registrierten Hilfskassen vom Jahre 1892 erforderten rücksichtlich zahlreicher Bestimmungen die Mitwirkung sachverständiger Personen im Versicherungsfache. Die Durchführungsverordnungen, die von den Ministerien zu diesen Gesetzen erlassen worden sind, ordneten überdies die Zuweisung der in das Versicherungsgebiet fallenden Fragen an Sachverständige im Versicherungsfache an, so daß die Einhaltung der einschlägigen Vorschriften ohne die Mithilfe von Aktuaren nicht denkbar war. Allein die Zahl derjenigen Personen, die befähigt waren, solche Mitwirkung zu leisten und über ausreichende Kenntnisse verfügten, um versicherungstechnische Gutachten abzugeben, denen Vertrauen entgegengebracht werden konnte, war zu dieser Zeit in Österreich eine äußerst geringe.

Wie bei so vielen Dingen, brachte auch auf diesem Gebiete ein Zufall die Frage, die so lange ungelöst blieb, plötzlich in den Vordergrund, und ein geringfügiges Ereignis brachte es zustande, daß der Mangel an sachverständigen Versicherungstechnikern in Österreich in der gesetzgebenden Körperschaft zur Verhandlung gestellt wurde.

In der Sitzung vom 19. Juli 1892 des österreichischen Abgeordnetenhauses teilte der Abgeordnete der Stadt Wien Dr. *Karl Lueger* folgenden Vorfall mit:

Im Jahre 1889, unmittelbar nachdem die Regierung die Normalstatuten für die Meisterkrankenkassen herausgegeben hat, gründeten die Handwerksmeister in Laibach eine solche Kasse, in deren Statut sich die Bestimmung befand, daß alle drei Jahre von einem Sachverständigen im Versicherungswesen zu erheben sei, wie hoch sich der Reservefond belaufen müsse, um für die von der Krankenkasse übernommenen Verpflichtungen Sicherheit zu bieten. Nach Ablauf des ersten Trienniums wurde die Meisterkrankenkasse in Laibach aufgefordert, eine von einem Versicherungstechniker verfaßte Berechnung,

durch welche die Erfüllbarkeit der statutmäßigen Verpflichtungen nachgewiesen werden sollte, einzureichen. Da sich eine solche Persönlichkeit
weder in Laibach befand, noch auch vom Laibacher Stadtmagistrat
namhaft gemacht werden konnte, wandte sich die vorerwähnte
Krankenkasse an das Ministerium des Innern um Bekanntgabe des
Namens einer geeigneten Persönlichkeit, der die Ausführung der erforderlichen Berechnung anvertraut werden könnte. Der vom Ministerium namhaft gemachte Versicherungstechniker — namens *Kinzel*
— verlangte für das von ihm verfaßte Gutachten den (übrigens be-
scheidenen) Betrag von K. 100, der jedoch der Krankenkasse, die selbst
sehr geringe Mittel besaß, zu hoch erschien und die deshalb die Anerkennung dieses Honorars verweigerte. Aus diesem Anlasse richtete der
Abgeordnete Dr. *Karl Lueger* an den Minister des Innern die nachfolgende Interpellation:

1. Ist Seine Exzellenz geneigt, zu veranlassen, daß für die Abfassung versicherungstechnischer Berechnungen für Vereine Personen in größeren Städten und mindestens in jeder Landes-
   hauptstadt zur Verfügung gestellt werden?
2. Ist Seine Exzellenz geneigt, für die Fertigstellung solcher Berechnungen einen besonderen Tarif zu erlassen?

In der Sitzung vom 30. Januar 1893 wurde die Interpellation des
Abgeordneten Dr. *Lueger* vom damaligen Ministerpräsidenten als Leiter
des Ministeriums des Innern, Grafen *Taaffe,* beantwortet. Der Ministerpräsident erklärte freimütig, sich nicht verhehlen zu können, daß
jenen Versicherungsvereinen, welche eines fachmännischen Beirates bedürfen, zur Zeit nicht ausreichend Gelegenheit geboten sei, sich einen
solchen ohne allzugroße Kosten zu beschaffen; er gab ferner zu, daß das
Bedürfnis nach fachmännischen Beiräten, einerseits infolge der durch
die Ministerialverordnung vom 18. August 1880 eingeführten Staatsaufsicht der Versicherungsunternehmungen, anderseits infolge der
Schaffung der Arbeiterversicherungsgesetze, überaus stark fühlbar geworden sei, und daß dieses Bedürfnis noch durch das Hilfskassengesetz
eine weitere Verschärfung erhalten habe. Diese Verhältnisse seien es,
die ihn veranlassen, die vorgebrachte Wünsche in Erwägung zu ziehen,
da ein Mangel an sachverständigen Personen im Versicherungsfache
zweifellos bestehe, insbesondere an solchen Personen, die die erforderlichen Fachkenntnisse in unzweifelhafter Weise nachzuweisen vermögen.
Es scheine ihm daher vor allem nötig, Personen, die als versicherungstechnische Sachverständige Verwendung finden sollen, Gelegenheit zu
bieten, ihre theoretische und praktische Befähigung in unzweideutiger
Weise nachzuweisen. Es sei somit erforderlich, für die formelle Berechtigung zur Ausführung versicherungstechnischer Arbeiten vorzu-
sorgen, die durch Ablegung einer besonderen Prüfung zu erwerben
wäre. Wegen Einführung einer solchen Prüfung sei er mit dem
Minister für Kultus und Unterricht bereits in Verhandlung getreten.

Nach dieser Erklärung des Ministerpräsidenten Grafen *Taaffe*
war die Frage über die Errichtung eines Versicherungskurses aufge-
rollt; es konnte jetzt nur noch das Wie in Betracht kommen, auf
welche Weise nämlich die Durchführung der geplanten Maßnahme be-

wirkt werden solle. Durch Monate schwebten die Unterhandlungen beim Unterrichtsministerium, ob der zu schaffende Kursus den Universitäten oder den technischen Hochschulen angegliedert werden sollte. Im Juni 1894 brachten die Tagesblätter die Nachricht, daß die Entscheidung im Unterrichtsministerium gefallen sei, indem sich dieses entschlossen habe, vom Beginne des folgenden Schuljahres (1894/95) einen Kursus zur Heranbildung versicherungstechnischer Sachverständiger vorerst an der Wiener technischen Hochschule einzurichten. Dieser Kursus wurde als eine Abzweigung der an den österreichischen Polytechniken bestehenden allgemeinen Abteilung (die in der Regel zur Heranbildung von Lehramtskandidaten für Mittelschulen dienen) eingerichtet und die Aufnahme als ordentlicher Hörer des Kurses wurde von den gleichen Bedingungen abhängig gemacht, welche für den Antritt akademischer Studien überhaupt vorgeschrieben sind.

Das Unterrichtsprogramm umfaßte drei Jahrgänge, und der Lehrplan wurde in der nachfolgenden Weise bestimmt:

I. Jahrgang.

Mathematik, 1. Kursus	7½ Stunden
Versicherungsmathematik, 1. Kursus . .	,,
Nationalökonomie und Finanzwissenschaft	3 ,,

II. Jahrgang.

Mathematik, 2. Kursus	5 Stunden
Versicherungsmathematik, 2. Kursus nebst Übungen	4 ,,
Wahrscheinlichkeitsrechnung	3 ,,
Mechanische Technologie, 1. und 2. Teil	5 ,,

III. Jahrgang.

Mathematische Statistik	3 Stunden
Versicherungsrecht und Gesetzkunde . .	3 ,,
Buchhaltung	4 ,,
Handels-, Wechsel- und Privatseerecht . .	2 ,,

So entstand zu Beginn des Studienjahres 1894/95 in Österreich der erste Hochschulkursus zur Heranbildung von Sachverständigen im Versicherungsfache. Der an der Wiener technischen Hochschule errichtete Versicherungskursus (wie er nunmehr kurz bezeichnet wird) war der erste seiner Art im ganzen deutschen Sprachgebiete und er wurde bald mustergebend für eine ähnliche Institution im Deutschen Reiche; denn schon im nachfolgenden Jahre (1895) wurde an der preußischen Universität zu Göttingen das Königliche Seminar für Versicherungswissenschaft errichtet, an welchem die Aktuarwissenschaften in ähnlicher Weise wie an der Wiener Technik hochschulmäßig gelehrt wurden.

Überaus fördernd hat auf die so rasch erfolgende Lösung der Frage in Österreich die öffentliche Besprechung der Angelegenheit von seiten berufener Personen gewirkt und in diesem Betrachte verdient der in Nr. 7 der Beamten-Zeitung vom 10. März 1894 erschienene Artikel aus der Feder Dr. *Ernst Blaschkes* besondere Erwähnung. *Blaschke* stellte daselbst über die zweckmäßigste Art, auf welche von Staatswegen für die Bestellung autorisierter. Versicherungstechniker vorgesorgt werden solle, eingehende Betrachtungen an und gelangte zu nachfolgenden Forderungen:

1. Feststellung eines Unterrichtsprogrammes für Vorbereitung auf das Amt eines Sachverständigen.
2. Festsetzung der Schule, an welcher das Unterrichtsprogramm zu absolvieren ist.
3. Normierung der Erfordernisse für die Ablegung von Prüfungen, auf Grund deren die Autorisation als Sachverständiger im Versicherungsfache fungieren zu können, zu erteilen wäre.
4. Einsetzung einer bezüglichen Prüfungskommission.
5. Schaffung eines speziellen Gesetzes, demzufolge nach Erfüllung aller Vorbedingungen seitens des Kandidaten die Autorisation zum Sachverständigen für das Versicherungsfach ausgesprochen werden könnte.

Als Unterrichtsprogramm propagierte *Blaschke* dasjenige, das das „Institute of Actuaries" im Jahre 1893 bzw. 1894 als Prüfungsvorschriften für Mitglieder des Institutes bestimmt hat; sonach die Kenntnis der Infinitesimalrechnung, ein eingehenderes Studium der Wahrscheinlichkeitslehre, welches die Basis aller Assekuranzwissenschaft ist, hierauf die Pflege der eigentlichen Aktuarwissenschaft, und zwar der mathematischen Statistik und der Assekuranzmathematik. Nebenbei wären nach seinen Darlegungen noch die Kenntnis der Buchhaltung und die einschlägigen gesetzlichen Bestimmungen über die öffentlichen und staatlichen Versicherungen, als auch über die Privatversicherungen zu fordern. Als Vorbedingung, damit eine solche Fachprüfung von irgend einem Kandidaten angestrebt werden könne, fordert *Blaschke,* daß der Kandidat selbst das Reifezeugnis einer Mittelschule, eines Gymnasiums oder einer Realschule beizubringen vermöge und er schließt mit den Worten: Je mehr bei dieser Fachprüfung gefordert wird, desto tauglicher werden die Kandidaten ihrem einstigen Berufe gegenüber stehen; je weniger, desto größer wird die Zahl derjenigen sein, die sich zur Prüfung sofort bereit finden. Da aber viel Kandidaten und viel Wissen gleichzeitig im Interesse der Sache gelegen sei, so wird ein passender Ausweg dadurch gefunden werden müssen, daß man sich vorerst bei den Prüfungen nur auf das Notwendigste beschränkt und erst in späteren Zeiten, wenn die Institution sich eingelebt haben wird, das Maß der Anforderungen an die Prüfungskandidaten erhöht.

Die Vorschläge *Blaschkes* fanden bald Verwertung und zwar anläßlich der Erlassung der Ministerialverordnung vom 3. Februar 1895, mit welcher die Ministerien für Kultus und Unterricht und des Innern die Prüfungsvorschriften regelten, die für Bewerber um den Titel und um die Rechte eines autorisierten Versicherungstechnikers Geltung besitzen sollten. Im Sinne dieser Verordnung hat eine vom Minister des Innern hierzu ernannte Kommission die Prüfungen vorzunehmen, und es wird den Kandidaten bei günstigem Prüfungsergebnisse ein Dekret ausgefertigt, in welchem sie der Minister zur Führung des Titels „autorisierter Versicherungstechniker" ermächtigt.

So erschien denn in Österreich die Lösung der Frage nach der Ernennung und Heranbildung von Sachverständigen im Versicherungsfache, einerseits durch die Errichtung des Versicherungskurses an der Wiener technischen Hochschule, andererseits durch die Einführung der Prüfungsnormen mittels der Verordnung vom Februar 1895 vollzogen. Diese Regelung verfehlte nicht, gar bald ihre Rückwirkung auf das benachbarte Deutsche Reich — wo ja ähnliche Verhältnisse obwalteten, wie sie vorher in Österreich bestanden hatten — auszuüben. Dr. *Kiepert* (mathematischer Direktor des preußischen Beamten-Vereins) hielt am 21. September 1894 im Naturwissenschaftlichen Vereine zu Hannover einen Vortrag, in welchem er auf das bisher in Deutschland unbefriedigte Bedürfnis nach staatlich anerkannten Versicherungstechnikern hinwies; er betonte, daß selbst die Gelegenheit zum Nachweise der Befähigung in Deutschland fehle, und daß andererseits durch den Mangel von Lehrkanzeln an deutschen Universitäten für die Versicherungsdisziplinen auch die Erwerbung dieser Befähigung mit Schwierigkeiten verbunden sei. *Kiepert* schloß sich den Vorschlägen *Blaschkes* an: gegen die Errichtung eines besonderen Versicherungskurses, und zwar in Angliederung an technische Hochschulen, erhebt er jedoch Einwendungen. Ihm erschien der richtige Weg, die Ausbildung von Versicherungstechnikern durch Errichtung einschlägiger Lehrkanzeln an sämtlichen deutschen Universitäten zu bewirken.

„Obgleich ich selbst — so sagt *Kiepert* wörtlich — Professor an einer technischen Hochschule bin und als solcher Vorlesungen über das Versicherungswesen gehalten habe, ist es mir gar nicht zweifelhaft, daß die Ausbildung von Versicherungstechnikern nicht an die technische Hochschule, sondern an die Universität gehört. Wenn es sich bei der Heranbildung von Versicherungstechnikern bloß darum handeln würde, Personen die Fähigkeit beizubringen, Tarife und Prämienreserven zu berechnen, so gelänge das auch bei solchen Leuten, die eine niedere Schule besucht und eine geringere Vorbildung aufzuweisen haben. Allein für den mathematischen Sachverständigen im Versicherungsfache reicht solche Vorbildung nicht aus, und dieser bedürfe eine mathematische Schulung des Geistes, wie sie nur den Studierenden der Mathematik an den Universitäten geboten werde. Das was der zukünftige Versicherungstechniker benötige, finde er in vollem Umfange nur an den Universitäten.

Vielleicht erscheinen die Ausführungen *Kieperts* denen zu hart, die der fortschreitenden Entwickelung unserer technischen Hochschulen mit Wohlwollen gefolgt sind; es läßt sich ja nicht verkennen, daß an manchen technischen Hochschulen Österreichs in den letzten Dezennien den wissenschaftlichen Bestrebungen ein recht breiter Raum eingeräumt worden ist. Jedenfalls kamen die von *Kiepert* ausgesprochenen Bedenken zu spät, weil die Entscheidung über die Errichtung des Versicherungskurses an der Wiener technischen Hochschule zur Zeit, da *Kieperts* Vortrag gehalten worden ist, bereits getroffen war. Allein der Grundgedanke *Kieperts*, den Universitäten einen rein wissenschaftlichen Versicherungskurs anzugliedern, gelangte auch bei uns zur Ausführung. Im Jahre 1895 wurde an der Wiener Universität eine

Studienordnung für das Universitätsstudium der mathematischen Statistik und des Versicherungswesens erlassen; sie empfahl den Kandidaten, die einschlägigen Vorlesungen und Übungen in der hier aufgezählten Reihenfolge zu besuchen.

I. Semester (Wintersemester).

a) Elemente der Differential- und Integralrechnung, 5 stündig.
b) Übungen über Elemente der Differential- und Integralrechnung, 1 stündig.
c) Nationalökonomie.

II. Semester (Sommersemester).

a) Elemente der Differential- und Integralrechnung, 5 stündig.
b) Übungen über Elemente der Differential- und Integralrechnung, 2 stündig.
c) Wahrscheinlichkeitsrechnung, 3 stündig.
d) Versicherungsgesetzkunde.

III. Semester (Wintersemester).

a) Versicherungsmathematik und Buchhaltung, 4 stündig.
b) Übungen über Elemente der Differential- und Integralrechnung,
c) Versicherungsrecht.

IV. Semester (Sommersemester).

a) Versicherungsmathematik und Buchhaltung, 3 stündig.
b) Übungen in Versicherungsmathematik und Buchhaltung, 2 stündig.
c) Mathematische Statistik, 3 stündig.

Es läßt sich nicht verkennen, daß der an der Wiener Universität errichtete Versicherungskursus durchaus nicht den hohen Anforderungen entspricht, welche *Kiepert* im Interesse der Fortbildung der Versicherungswissenschaften aufzustellen sich bemüssigt fand; gerade dieser Kursus, der als Annex der philosophischen Fakultät figuriert, sollte als solcher den rein wissenschaftlichen Tendenzen in höherem Maße Rechnung tragen. Wenn die Forderung nach mathematischer Schulung des Geistes bei den sich der Wissenschaft widmenden Versicherungstechnikern für berechtigt anerkannt wird, dann wäre zweifellos eine weit intensivere Berücksichtigung der rein mathematischen Wissenschaften in der Universitäts-Studienordnung zeitgemäß gewesen und in diesem Betrachte dürfte sich wohl mit der Zeit eine Abänderung des Studienplanes als nötig erweisen. Allerdings wird bei intensiverer Pflege der reinen Mathematik der Versicherungskursus an der Universität kaum in vier Semestern (wie es gegenwärtig der Fall ist) absolviert werden können, sondern es wird sich vielmehr die Ausweitung des Studiums über sechs Semester als notwendig erweisen.

Auch die Prüfungsvorschriften, die gegenwärtig für diesen Versicherungskursus Geltung besitzen (sie wurden im Jahre 1898 vom Ministerium für Kultus und Unterricht genehmigt), müßten einer Modifikation unterzogen werden und jenen Vorschriften angepaßt werden, welche für die Ablegung der strengen Prüfungen (Rigorosen) an der philosophischen Fakultät der österreichischen Universitäten überhaupt existieren (Inaugural-Dissertation, die eventuell publiziert werden kann,

Nebenfächer außer Versicherungsmathematik und Versicherungsstatistik: Nationalökonomie, Finanzwissenschaften usw.). Kurz, die Hervorkehrung und Betonung des vorwiegend wissenschaftlichen Standpunktes sollte bei der Pflege der Versicherungswissenschaften an den Universitäten sowohl beim Aufbau des Studienplanes, wie auch bei Abfassung der Prüfungsvorschriften für die Erlangung des Diplomes eines Versicherungstechnikers in entsprechenderer Weise statthaben, als es zur Zeit der Fall ist. Wenn das einmal durchgeführt sein wird, dann könnte die im Ministerium des Innern zur Zeit bestehende Autorisationsprüfung vollständig entfallen und dies schon im Hinblick darauf, daß eine politische Behörde — wie das Ministerium des Innern — auf die Dauer wohl kaum berufen sein kann, als Prüfungsstelle für die wissenschaftliche Qualifikation von Kandidaten zu fungieren. Diese Prüfungsstelle mag als Notbehelf damals ihre Berechtigung gehabt haben, als die Interpellation des Dr. *Lueger* im Reichsrate erfolgt ist und als der Ministerpräsident die Erklärung abgeben mußte, daß das Bedürfnis nach staatlich geprüften Versicherungsmännern — so dringend und gerechtfertigt es auch sei — wegen Mangel an Lehr- und Unterrichtsstätten vorderhand unbefriedigt bleiben müsse. Heute, nachdem mehr als ein Dezennium verstrichen ist, seitdem die Versicherungskurse an der Wiener Technik und an der Wiener Universität errichtet worden sind, ist wohl die Notwendigkeit entfallen, beim Ministerium des Innern Prüfungen über die Befähigung der einzelnen Kandidaten zur Ausübung des Berufes als Versicherungstechniker abzuhalten.

Es dürfte nicht unangebracht erscheinen, einige Daten über die Frequenz anzuführen, welche die vor ungefähr 10 Jahren errichteten Versicherungskurse zu verzeichnen haben. Nach Erhebungen in der Rektoratskanzlei der Wiener technischen Hochschule waren als ordentliche Hörer des Versicherungskurses eingeschrieben:

im Studienjahre	1894/1895	. . . 5	1900/1901	. . . 27
„	„	1895/1896 . . . 20	1901/1902	. . . 24
„	„	1896/1897 . . . 28	1902/1903	. . . 30
„	„	1897/1898 . . . 30	1903/1904	. . . 37
„	„	1898/1899 . . . 35	1904/1905	. . . 36
„	„	1899/1900 . . . 34	1905/1906	. . . 24

Die Zahl derjenigen, welche in diesem Zeitraume den Versicherungskursus an der technischen Hochschule als außerordentliche Hörer frequentiert haben, konnte leider nicht ermittelt werden, da die Evidenthaltung der außerordentlichen Hörer nur kumulativ geführt wird und Aufschreibungen über die Vorlesungen, deren Frequentierung außerordentliche Hörer anmelden, an der Wiener Technik nicht geführt werden. Aufschlüsse, die mir in diesem Betrachte von äußerst verläßlicher Quelle erteilt worden sind, lassen mich vermuten, daß die Zahl der außerordentlichen Hörer in den ersten Jahren des Bestandes des Versicherungskurses eine ziemlich erhebliche war, und daß damals Beamte von Versicherungsgesellschaften und Juristen ein ziemlich großes Kontingent zu den außerordentlichen Frequentanten des Versicherungskurses gestellt haben. Später und namentlich in den letzten Jahren ist die Zahl der außerordentlichen Hörer des Versicherungskurses eine recht geringe geworden.

Seit Einführung der theoretischen Staatsprüfung an der Wiener Technik (1898) haben sich bis zum Julitermin 1905 46 Kandidaten gemeldet, von welchen 38 die Prüfung mit Erfolg bestanden haben. Über die Frequenz des Versicherungskurses an der Wiener Universität sind mir folgende Daten bekannt geworden:

Es waren als Frequentanten eingeschrieben:

1895/1896	Wintersemester	83	Sommersemester	46
1896/1897	„	30	„	15
1897/1898	„	21		22
1898/1899		17	„	30
1899/1900		20	„	36
1900/1901		16		40
1901/1902	„	22	„	29
1902/1903		35		34
1903/1904	„	25		34
1904/1905	„	30	„	51

Nur ein geringer Teil dieser Hörer hat sämtliche in der Studienordnung anempfohlene Vorlesungen belegt; die meisten begnügten sich mit der Belegung einiger Vorlesungen, vermutlich weil ihre Ausbildung in den mathematischen Disziplinen bereits eine so ausreichende war, daß sie auf eine Anzahl von Vorlesungen verzichten konnten.

Aus den Aufschreibungen der Universitätskanzlei geht ferner hervor, daß sich im Quinquenium 1899/1900 bis 1904/1905 im ganzen 25 Kandidaten (darunter 3 Damen) der theoretischen Staatsprüfung für Versicherungswesen unterzogen haben, die sämtlich approbiert worden sind.

Die Anzahl derjenigen schließlich, die sich der Prüfung auf Grund der Verordnung vom Februar 1895 beim Ministerium des Innern mit Erfolg unterzogen haben, beträgt 29 und diesen wurde der Titel „autorisierte Versicherungstechniker" verliehen. Im Sinne der vorerwähnten Verordnung müssen die Namen der autorisierten Versicherungstechniker im Amtsschematismus des Kronlandes veröffentlicht werden, in welchem sie ihren ständigen Wohnsitz haben; als solche erscheinen gegenwärtig verzeichnet:

1. *Bartl*, Julius, Abteilungsvorstand der niederösterreichischen Lebens- und Rentenversicherungsanstalt (Wien).
2. *Bathelt*, Alfred, Chef-Mathematiker des „Janus" (Wien).
3. *Decker*, Alois, Oberbeamter der Ersten österreichischen allgemeinen Unfall-Versicherungs-Gesellschaft (Wien).
4. *Dorn*, Josef, Adjunkt im Departement für Privatversicherung im Ministerium des Innern (Wien).
5. *Fuchshuber*, Josef, Leiter der niederösterreichischen Lebens- und Rentenversicherungs-Anstalt (Wien).
6. *Gasseleder*, Karl Theodor, Haus- und Fabrikbesitzer (Siegenfeld bei Baden).
7. *Gerö*, Leo, Generalsekretär der Wiener Lebens- und Rentenversicherungs-Anstalt (Wien).
8. *Haberditzel*, Andreas, Abteilungsvorstand der Arbeiter-Unfallversicherungs-Anstalt für Nieder-Österreich (Wien).

9. *Hauke*, Alfred, Dr., Bureauvorstand-Stellvertreter des Ersten Allgemeinen Beamten-Vereins der österreich-ungarischen Monarchie (Wien).
10. *Hillmayer*, Wilhelm, Ritter von, Dr., Adjunkt im Departement für Arbeiterversicherungen im Ministerium des Innern (Wien).
11. *Kaluza*, Andreas Ph., Dr., approbierter Lehramtskandidat, Adjunkt im Departement für Privatversicherung im Ministerium des Innern (Wien).
12. *Lang*, Josef, Leiter der Lebensversicherungs-Abteilung der Versicherungs-Genossenschaft der Landwirte (Budapest).
13. *Landt*, Rudolf, Beamter des Ersten Allgemeinen Beamten-Vereins der österreich-ungarischen Monarchie (Wien).
14. *Ludwig*, Wilhelm, Adjunkt im Departement für Privatversicherung im Ministerium des Innern (Wien).
15. *Palisa*, Alois, approbierter Lehramtskandidat, Inspektor im Departement für Privatversicherung im Ministerium des Innern (Wien).
16. *Ritter*, Ernst, Dr., Beamter der Internationalen Rückversicherungs-Aktien-Gesellschaft (Wien).
17. *Rosmanith*, Gustav, Dr., Leiter der Zentralstelle zur Herstellung der Sterblichkeitstafeln (Wien).
18. *Schromm*, Rudolf, Adjunkt im Departement für Arbeiterversicherung im Ministerium des Innern (Wien).
19. *Urbanetz*, Rudolf, Bureauvorstand des Ersten Allgemeinen Beamten-Vereins der österreich-ungarischen Monarchie (Wien).
20. *Dorn*, Franz, Assistent der niederösterreichischen Landes-Lebensversicherungs-Anstalt (Wien).
21. *Foerster*, Emil, Dr., (Wien).
22. *Dolinski*, Miron, Professor an der Wiener Handelsakademie (Wien).
23. *Honsic*, Anton, Aktuar der mährischen Landes-Lebensversicherungs-Anstalt (Brünn).
24. *Honsig*, Heinrich, Beamter des „Atlas" (Wien).
25. *Lanikiewicz*, Beamter (Teschen).
26. *Riedl*, Alois, Mathematiker der „Riunione" (Triest).
27. *Schanzer*, Eduard, Leiter der Lebensversicherungs-Abteilung der „Krakauer" (Krakau).
28. *Talpa*, Bureauvorstand der Arbeiter-Unfallversicherungs-Anstalt (Brünn).
29. *Onciul*, Aurel, Ritter von, Dr., Reichsratsabgeordneter, Generaldirektor der mährischen Landes-Lebens-Versicherungs-Anstalt (Brünn).

Es steht außer jedem Zweifel, daß seit der Errichtung der Versicherungskurse, somit seitdem die staatliche Regelung des Unterrichtswesens auf dem Versicherungsgebiete statthatte, eine in unserem Lande vorher nicht beobachtete Regsamkeit in wissenschaftlicher Beziehung sich kund gegeben hat. Es mag ja gewiß zur Entfaltung der wissenschaftlichen Tätigkeit die fortschreitende Entwickelung des Versiche-

27*

rungswesens selbst im letzten Dezennium viel beigetragen haben, allein
es läßt sich nicht verkennen, daß die erhöhte Pflege der mit dem Versicherungswesen im Zusammenhange stehenden Wissenschaften an
staatlichen Unterrichtsstätten einen mächtigen Impuls zur Förderung
dieser Wissenschaften erteilt hat.

Kein Vernünftiger wird soweit gehen wollen, zu behaupten, daß wir
in Österreich auf dem Gebiete der Pflege der Aktuarwissenschaften bereits dahin gediehen sind, daß wir uns mit dem bisher Erreichten
vollends zu begnügen vermöchten; anderseits kann nicht in Abrede gestellt werden, daß die wissenschaftlichen Bestrebungen in Österreich
auf dem Versicherungsgebiete einen ungemein erfreulichen Fortschritt
zeigen, und daß auch das Ansehen des Aktuarenstandes sich bei uns in
nicht zu verkennender Weise gehoben hat.   Mit größerem Vertrauen,
als es jemals vorher der Fall gewesen ist, blicken weite Bevölkerungskreise auf die Leistungen österreichischer Versicherungstechniker und
besonders die dem Versicherungswesen ferner stehenden wissenschaftlichen Kreise zollen den Aktuaren Österreichs heute Achtung, die sie
ihnen vorher in gleichem Maße nicht bekundet hatten.   Getragen von
dem Bewußtsein allseitiger Anerkennung, haben die Versicherungstechniker Österreichs selbst das Vertrauen in den Wert ihres Berufes erlangt
und Ausfluß dieser Empfindungen war es, daß in Österreich im Jahre
1898 der Verband der Versicherungstechniker entstanden ist, der, wenn
er auch mit Mängeln behaftet war, die seine Entfaltung hemmten,
doch während der kurzen Zeit seines Bestandes manch Gutes geschaffen
und manch fruchtbares Saatkorn für die Zukunft ausgestreut hat.

Aus dem Verbande der österreich-ungarischen Versicherungstechniker — an dessen Spitze der durch seine Arbeiten auf dem Gebiete der Wahrscheinlichkeitslehre rühmlichst bekannte Prof. *Czuber*
stand — ging die Anregung zur Herstellung einer österreichischen und
einer ungarischen Sterbetafel hervor, eine Anregung, die der Techniker-
Verband allerdings in die Tat nicht umzusetzen vermochte.   Denn gerade zur Zeit, da dieses bedeutende Werk unternommen werden sollte,
löste sich der Techniker-Verband auf und an seine Stelle traten die
wissenschaftlichen Vereinigungen des Verbandes der österreich-
ungarischen Privatversicherungsgesellschaften, von denen vorerst nur
die mathematisch statistische Abteilung errichtet worden ist.

Diese Institution war es, welche bereits bisher das bedeutsame Werk
der Herstellung einer österreichischen und einer ungarischen Sterbetafel aus dem Beobachtungsmaterial sämtlicher Lebensversicherungsgesellschaften förderte und sie wird auch berufen sein, später einmal,
nach Abschluß der gegenwärtig noch im Zuge befindlichen Arbeiten, die
wissenschaftliche Verwertung der erlangten Ergebnisse zu bewirken.

Heute aber, da die ersten Veröffentlichungen über die von den
Gesellschaften vorgenommenen Untersuchungen erfolgen sollen, können
die österreichischen Versicherungstechniker mit hoher Befriedigung auf
das geschaffene Werk zurückblicken, das rücksichtlich seiner korrekten
Durchführung, rücksichtlich der wissenschaftlichen Gründlichkeit und
Genauigkeit, mit der die Arbeit vollzogen worden ist, den höchsten Ansprüchen zu genügen vermag und das gewiß den besten Leistungen in
wissenschaftlich fortgeschrittensten Ländern ebenbürtig an die Seite gestellt werden darf.

Den beteiligten Versicherungsgesellschaften, die das Werk durch
ihren Opfermut entstehen ließen und die die richtige Erkenntnis von
den großen Vorteilen hatten, welche eine solche wissenschaftliche
Leistung dem österreichischen Versicherungswesen zu bringen imstande
ist, gebührt der wärmste Dank und wir österreichischen Versicherungstechniker zögern nicht, ihnen unsere aufrichtige Erkenntlichkeit hierfür
darzubringen.

––––––––––

Ich wende mich nunmehr dem letzten Teile meiner Erörterungen
zu und will zum Schlusse noch mit einigen Worten die Art berühren,
auf welche an der juridischen Fakultät der österreichischen Universitäten die Pflege der Versicherungswissenschaften erfolgt.

Was zunächst das Universitätsstudium der Hörer der juridischen
Fakultät anbelangt, so kann kein Zweifel darüber bestehen, daß bei
diesem den Versicherungswissenschaften nur eine äußerst untergeord-
nete Bedeutung zugewiesen ist und daß diejenigen, von denen ein
großer Teil einstmals dazu bestimmt ist, die staatlichen Versicherungseinrichtungen zur Durchführung zu bringen und von denen ein weiterer
recht beträchtlicher Teil berufen ist, über die mit dem öffentlichen und
privaten Versicherungswesen zusammenhängende Interessen zu entscheiden, nur eine sehr unvollkommene Vertrautheit mit den Versicherungswissenschaften an der Hochschule erlangen. Die nähere
Kenntnis von den Gesetzen über die staatliche Unfall- und Krankenversicherung wird den Juristen in den öffentlichen Vorlesungen nicht
vermittelt, bloß in den Vorlesungen über Verwaltungsrecht wird das
Unfall- und Krankenversicherungsgesetz und deren Bestimmungen kur-
sorisch behandelt. Vorschriften, auf welche Weise und bis zu welchem
Grade die öffentliche Versicherung an der juridischen Fakultät zu berücksichtigen sei, gibt es überhaupt nicht, und ebensowenig existiert
bisher auch nur eine einzige Lehrkanzel an irgend einer österreichischen
Universität für öffentliches Versicherungsrecht.

Von einzelnen Professoren oder Dozenten werden jedoch an
manchen Universitäten ab und zu spezielle Kollegien über Versicherungsrecht gehalten, so z. B. an der Wiener Universität von Professor
Menzel und von den Dozenten Dr. *Brockhaus* und Dr. *Hupka*.

Bei den Staatsprüfungen, denen sich die ordentlichen Hörer der
juridischen Fakultät zu unterziehen haben, kommt das Versicherungsrecht erst rücksichtlich der III. Staatsprüfung (des sogenannten Examen
politicum) in Betracht, bei welcher vom Prüfungskommissär aus dem
Verwaltungsrecht oder aus der Volkswirtschaftspolitik Fragen aus dem
Gebiete des öffentlichen Versicherungsrechtes gestellt werden können;
eine Verpflichtung zur Fragestellung besteht für den Prüfer nicht. Da
sich unter den Mitgliedern der Prüfungskommission für die III. Staatsprüfung nur äußerst selten Persönlichkeiten befinden, die amtlich oder
beruflich sich mit dem öffentlichen Versicherungsrechte befassen, so
kommt die öffentliche Versicherung selbstverständlich nur äußerst selten
zur Sprache.

Daß unter solchen Umständen die Vorbereitung der Kandidaten
aus den Versicherungsmaterien eine recht spärliche ist, ist einleuchtend.

Nicht anders steht die Sache bei den Rigorosen, denen sich diejenigen Juristen zu unterziehen haben, welche den Doktorsgrad utrius-
que juris anstreben. Auch bei dieser Prüfung hat das öffentliche Versicherungsrecht eine vollständig nebensächliche Bedeutung.

Bei der Zusammensetzung der Prüfungskommissionen entscheidet
weit mehr der Zufall als die Absicht, dem Versicherungswesen seinen
gebührenden Platz einzuräumen, ob unter den Prüfern sich auch eine
Persönlichkeit befindet, die dem Departement für Privatversicherung
oder für Arbeiterversicherung angehört.

Auch bei Vornahme der Advokatursprüfungen, bei welchen bekanntlich als Vorsitzender ein aktiver Richter zu fungieren berufen ist,
werden aus dem Gebiete der öffentlichen Versicherung äußerst selten, aus
dem Gebiete der Privatversicherung fast nie Fragen an die Advokatur-
kandidaten gestellt. Nicht besser steht es bei der Notariatsprüfung, bei
welcher irgendwelche Vorschriften über den Nachweis zureichender
Kenntnisse aus der Versicherungswissenschaft meines Wissens auch
nicht bestehen.

So sehen wir denn, daß bei den Juristen Österreichs selbst die
Pflege der juridischen Seite der Versicherungswissenschaften ziemlich
vernachlässigt ist und es muß nachdrücklichst hervorgehoben werden,
daß radikale Maßnahmen zur Besserung in dieser Richtung im Interesse
des Versicherungswesens und insbesondere im Interesse der Judikate in
Versicherungsfragen erwünscht wären.

Es wäre mir nicht schwer, an dieser Stelle zahlreiche Beispiele anzuführen, welche dartun würden, wie oft eine Verkennung der Grundprinzipien des Versicherungswesens aus gar manchen Judikaten ersichtlich ist.

Zu verwundern sind derartige Erscheinungen nicht, zumal da doch
an den juristischen Stellen, wie ich oben erwähnt habe, selbst die einschlägigen juristischen Disziplinen, welche das Versicherungswesen betreffen, kaum und unzureichend berücksichtigt werden, und da anderseits die mathematisch-statistische Seite des Versicherungswesens den
Juristen fast ausnahmslos eine terra incognita für das ganze
Leben bleibt.

Ich möchte an dieser Stelle eines kleinen aber recht bezeichnenden
Vorfalles Erwähnung tun.

Eine österreichische Versicherungsgesellschaft hat in der letzten
Zeit eine Sammlung sämtlicher Tarife und der bei ihr in Verwendung
stehenden Drucksorten veranlaßt, und den österreichischen Hochschulen
zu dem Zwecke zur Verfügung gestellt, damit diese Sammlung anläßlich des Unterrichtes in den Versicherungswissenschaften Verwendung
fände. Die erste Bestätigung, die der Gesellschaft zukam und mit
welcher ihr der Dank für die überreichten Drucksorten ausgesprochen
wurde, enthält die Bemerkung, daß diese Sammlung vollständig der
Lehrmittelsammlung   des   mathematischen   Seminars   zugewiesen
worden ist.

Der Gedanke, daß auch die Juristen für ein derartiges Lehrmittel
der betreffenden Universität nicht gekommen.

De l'enseignement de la science des assurances en Autriche.

Par Julius Graf, Trieste.

Après avoir démontré que les aspirations sociales de la Grèce antique tendaient non seulement à la création d'institutions dans l'intérêt général du peuple, mais encore à faire connaître ces dernières partout et de tous, l'auteur examine l'enseignement de la science des assurances tel qu'il est pratiqué en Autriche et le compare à celui qu'on donne en Allemagne. Il montre aussi par quels moyens on pourrait obtenir que l'enseignement de cette science s'étendît et expose la méthode qui devrait être employée pour prouver l'utilité de l'assurance à ceux pour qui elle offre le plus de protection.

Toutes les personnes qui, jusqu'ici, n'ont reçu leur instruction que dans une école (de l'État ou communale) l'ont quittée sans même avoir entendu le mot d'*assurance*. C'est tout dernièrement seulement que l'on a commencé à prêter quelque attention à la science des assurances dans certains établissements d'éducation. La cause de l'omission dont il vient d'être parlé provient du fait que le personnel enseignant n'a jamais eu l'occasion de se familiariser avec cette science. La situation ne se présente pas sous un jour beaucoup plus favorable dans les lycées et collèges (Gymnasien) où l'on mentionne à peine l'assurance ou souvent même où l'on n'y pense pas du tout.

L'enseignement est meilleur à cet égard dans les écoles professionnelles et commerciales, là on indique du moins les principes de l'assurance contre l'incendie, sur la vie, et pour les transports.

L'auteur passe ensuite en revue les méthodes qui devraient être employées pour donner une connaissance plus parfaite de la science des assurances à ceux qui soit professionnellement soit en raison de leurs fonctions officielles s'occupent d'affaires d'assurance, et en particulier pour former des actuaires. Il décrit le cours des études à l'Université de Vienne et à l'École technique supérieure où l'on a installé une chaire des assurances. Il nous fait l'historique de ces cours et de leurs progrès graduels, et apprécie à leur juste valeur les résultats des examens et l'œuvre des experts professionnels autrichiens en matière d'assurance. L'auteur critique enfin sévèrement le peu de place qu'on accorde à l'assurance dans le plan des études de droit, et cela au grand détriment de cette dernière, puisque les juristes ont constamment à s'occuper de ces questions soit comme avocats, soit comme juges, soit encore comme membres des parlements appelés à légiférer dans ce domaine.

The teaching of insurance science in Austria.

By Julius Graf, Triest.

Having pointed out the social-political aspirations in ancient Hellas, which not merely sought to create public institutions for the general welfare of the people, but also sought to make them known everywhere and by everybody, the author discusses the instruction in insurance science in Austria in comparison with the analogous state of affairs in Germany. He also shows by what means a wider knowledge of that science might be attained, and explains the method to prove the usefulness of insurance to those to whom insurance affords the greatest protection.

All persons who had hitherto obtained their instruction in public schools only (state or municipal) left school without having even heard the word "insurance"; only lately some attention has been paid to insurance science in board schools for small children. The cause of the above mentioned neglect is to be found in the fact, that the teachers themselves in their schools and colleges had had no occasion to become acquainted with the science of insurance. The state of affairs is not much better in our grammar schools (Gymnasien) where insurance is hardly mentioned or thought of in the classrooms.

The instruction is rather better in the Realschulen (modern side schools) and in commercial schools (Handelsschulen); there the principles at least of fire-, life- and transport insurance are taught.

The author furthermore discusses the method, which should be employed for increasing the knowledge of insurance science among those, who either professionally or officially transact insurance business; especially for the training of actuaries. He describes the state of affairs at the university of Vienna and at the technical Hochschule there before a lecturer on insurance matters was appointed; the history of these lectures and of their gradual progress is described; the results of the examination and the work of the Austrian professional insurance experts are duly appreciated. The author finally rather severely criticizes the scanty share of insurance in the study of the law students, to the great detriment of insurance, although lawyers have to deal with insurance matters as barristers as well as judges and as members of parliaments who legislate on insurance matters and decide the principles for insurance laws.

X. — F.

Instruction given in colleges and universities on actuarial subjects.

By **James H. Gore,** Washington.

At the fourth International Congress of Actuaries, Mr. *Joseph A. De Boer,* President of the National Life Insurance Company, presented a very carefully prepared paper upon the subject which I have taken for this communication.

The institutions of learning in the United States, having been appealed to by Mr. *De Boer* .for information regarding the provisions then existing for instruction in actuarial subjects, had their attention specifically called to the fact that persons practically interested in insurance were looking to them as the natural providers of training of this sort. If the question of including actuarial science in the curricula had not been considered before, it is safe to presume that it was given some attention when making answer to the inquiries addressed by Mr. *De Boer* to the presidents of the one hundred educational institutions selected by him.

In the three years that have elapsed since then, there has been time enough to witness any evidence of an awakened interest in actuarial subjects prompted by the investigation referred to. If the directing forces of our higher institutions felt that it is the function of a University or College doing advanced work to provide instruction of the character under consideration or to fit men for the profession of Actuary, it is safe to assume they would, so far as might lie in their power, take steps towards meeting this demand. To determine in a measure, the practical response that has been made to the suggested possibilities for instruction on actuarial topics, an investigation was undertaken and its results will now be laid before you.

In order to insure definite answers to the queries addressed to the institutions a questionnaire was sent covering the following points: 1. Information as to courses of instruction in actuarial subjects actually given in your institution and the credit towards graduation that is allowed therefor. 2. Number of students attending these courses. 3. A copy of catalogue giving the outline of such courses. 4. Published documents issued in connection with or as the result of such work. 5. Names of lecturers and titles of lectures on actuarial subjects.

It was found that the general subject of insurance treated from a legal or economic standpoint is, in many institutions, extended so as to include the theory upon which systems of insurance are based, the conditions necessary for stability and, in some cases, the application of mathematical and scientific principles in practical operations. The various forms of insurance organizations, as stock companies, mutual and fraternal organizations are treated and incidental thereto are the principles underlying all forms of insurance and the theory of equalization of the burden of loss. If courses of this character are pursued to the extent of mastering the underlying essentials, they cannot stop short of the study of the very questions that occupy the attention of the actuary. It is believed that increasing attention is given to these subjects of insurance and while it cannot be claimed that they fall clearly within the limits that should determine the discussion in hand, still they have great influence in the popularizing of insurance and thus react upon the actuarial profession at least to the extent of enlarging its opportunities. If this be true, with the growing requirements of actuarial services, there will come as a response, an increase in the educational facilities for meeting the demand.

Thus we find that from the University of Wisconsin, there was reported three years ago, "Very little work is done in this University on the mathematical side of the actuary's work. We have an excellent course in insurance conducted by our Prof. *B. H. Meyer,* in which the economic side of the subject and the nature of the insurance business is presented. Next year we shall add a course in which the mathematics of insurance will be more fully treated, although we do not expect to furnish a sufficiently extensive mathematical course to supply the needs of actuaries. We shall attempt to simply give enough of the mathematics of insurance to satisfy the needs of ordinary business men, who ought to know something about the subject of insurance." The same officer, *Dr. Scott,* Director of the School of Commerce, writes in answer to the queries recently profounded: "For some years we have been conducting a course of insurance, which has consisted, however, of but one semester of class work. For the coming year this work will be extended over an entire year. The following is a description of the courses which will be given: ·

38a. The Economics of Insurance; The theory of insurance; development of insurance companies; various systems of insurance; public control of insurance companies; insurance finance and related subjects. One semester.
Professor *A. A. Young.* Two-fifths credit.

38b. Life Insurance. A study of the various forms of life insurance, including an elementary survey of life insurance mathematics. One semester.
Professor *A. A. Young.* Two-fifths credit.

These courses are on exactly the same basis as other courses given in the department of Economics and Commerce, and are accredited toward graduation. The number of students taking the course has ranged between thirty and forty. Besides the regular class-room instruction in the University we have been assisted from time to time by the following lecturers: Mr. *J. M. Brown,* Madison, Wisconsin (Fire Insurance). Mr. *M. M. Dawson,* Actuary, New York City, Mr. *Frederick L. Hoffmann,* Newark, N. J., Mr. *Wilbur S. Tupper,* Los Angeles, Cal."

Here we have the promise in its fruition and gladly hail the mathematical development from economic beginnings.

Yale University. From correspondence had with officials of this University it is evident that the study of insurance from the economic standpoint has so expanded as to include a goodly amount of technical instruction. Professor *Fisher* in responding to an inquiry writes: "In reply I send a copy of the statement as to the Insurance course which appears in our annual catalogue. The number of students in the course this year is fifteen.

The first year's lectures, two years ago, were given mostly by experts outside of the University. The lecturers for the present year have been Mr. *John M. Holcomb* and Mr. *Archibald A. Welch,* President and Vice President respectively of the Phoenix Mutual, and Mr. *Sylvester Dunham* and Mr. *John B. Lunger,* President and Vice President respectively of the Travelers Insurance Company. Of these, the only one who lectured on actuarial subjects was Mr. *A. A. Welch.* This course is allowed to count for a degree on the same basis as the other courses in the University. It consists of two hours a week. Of course only a fraction of the work is devoted to the actuarial side, as it is not intended for a technical preparation of the student, but only giving him a "general culture" course in Insurance."

The statement referred to is modestly expressed as follows: — Mr. *Johnson:* —

33. Insurance.   2 hours.

The history and statistics of the development of insurance; the theory of chances and its application to the calculation of insurance premiums; varities of policies; the economic influence and importance of insurance.

Text-books: The lectures delivered in this course during 1903—1904; *T. E. Young,* Insurance.

(Monday and Friday, 5.00 P. M.; second term 3.00 P. M.)

Mr. *A. A. Welch,* Vice President and Actuary of the Phoenix Mutual Life Insurance Company, very courteously wrote thus in detail concerning this course: "Three years ago the course was started and there being no text books which could be used, the course consisted of lectures delivered, which were afterwards bound together in two volumes entitled "Yale Insurance Lectures". There were given, one lecture a week, on Mondays, and on Fridays a quiz on the lecture was held. I took charge of the quiz at first and outlined the course as well as we could in this tentative way.

The next year we used these bound lectures as our text book and with them Young's "Insurance", an English text book which came out during the previous year. The course then consisted of two recitations with an occasional lecture on different points by different men. The recitations were heard by a young man in my department here at this office, a Mr. *Johnson,* who has also had the course this year.

I enclose herewith an outline of the course this year up to next April, by which you can see in a general way what it was intended to give the students. We adopted this year *Moir's* "Primer" on insurance in connection with the Yale lectures and found these two more comprehensive.

The idea is to give the student some knowledge of insurance in its various branches, not in a technical way at all, but in a broad way, that they may be able to read and understand a fire or life contract and to act intelligently when called upon to cover themselves or others with insurance. Up to the present time we have had to feel our way and it would be surprising if we felt otherwise than we do at present, namely, that the course can be greatly increased in efficiency if conducted by a resident professor who may be in contact with the insurance companies themselves as well as the other economic courses in the University and such is to be the plan next year in Yale. Whether we shall develope into a second year course, or not, I cannot say, but at the moment it does not seem as if we should develop into a technical study of insurance either from the life or fire sides, as the demand at just that point does not seem to warrant it."

Mr. *Welch* added very materially to the obligations under which I have found myself placed, by giving in detail the administration of this department and as it may well serve as a model for those courses out of which we may hope to see the development of instruction along technical lines, I take the liberty of quoting in full the outline he followed: —

Yale College: 1905—1906.
Course Social Sciences. B 11 — Insurance Lessons.

Date	Topic	Text Book	Reference Books
Friday Sep. 29	Place Insurance Occupies in Present Civilization	Lecture	
Monday Oct. 2	Quiz on preceding lecture	Primer by Moir, Page 5	
Friday Oct. 6	Economical Functions of Life Insurance with Relation to the Family	Insurance Lectures, Vol. I, Pages 26—38	Insurance by Fricke, Pages 78—87
Monday Oct. 9	Economical Functions of Life Insurance with Relation to the State	Insurance Lectures, Pages 39—53	
Friday Oct. 13	Review		

Date	Topic	Text Book	Reference Books
Monday Oct. 16	History of Life Insurance	Insurance Lectures, Pages 9—25	Walford's Ins. Guide & Handbook
Friday Oct. 20	The Theory of Chance as applied to Life Insurance	Insurance Lectures, Pages 57—61:63—65 Life Ins. Primer by Moir, Pages 69—75	Insurance by Young, Pages 19—22
Monday Oct. 23	Life Tables: Values of Life Estates and Interests	Primer by Moir, Pages 32—37	Walford's Ins. Guide & Handbook, Chap. XI
Friday Oct. 27	Fraternal Insurance	Insurance Lectures, Pages 162—183 Moir, Chap. I, Pages 12—15	Insurance by Fricke, Pages 442—452
Monday Oct. 30	Review	—	
Friday Nov. 3	Assessment Insurance and Old Line Companies	Moir, Chap. I, Pages 8—12	
Monday Nov. 6	Formation of Premiums	Insurance Lectures, Pages 54—55 Moir, Pages 54—55: 82—83	
Friday Nov. 10	Various Kinds of Ins.	Insurance Lectures, Pages 76—77 Moir, Pages 19—28	Insurance by Young, Chap. X
Monday Nov. 13	Policy Reserves	Insurance Lectures, Pages 73—75	
Friday Nov. 17	Review	—	
Monday Nov. 20	Medical and Self Selection	Moir, Pages 40—43 Insurance Lectures, Pages 91—100: 107—112	Lecture by. B. J. Miller, Dec. 4, 1904
Friday Nov. 24	Surrender Values	Insurance Lectures, Pages 83—84 Moir, Pages 130—134	Insurance by Young. Pages 91—94
Monday Nov. 27	Dividends and their Distribution	Moir, Pages 134—135	Insurance by Young. Pages 167—176: 182—183
Friday Dec. 1	The Contract	Insurance Lectures, Pages 79—83 Moir, Pages 16—18	—
Monday Dec. 4	Investments	Insurance Lectures, Pages 144—161	Insurance by Young, Pages 21: 213—221
Friday Dec. 8	Review	—	—
Friday Jan. 12	Legal Questions: Benefici- aries and their Rights, etc.	Insurance Lectures, Pages 329—357	Insurance by Young, Chap. XI
Monday Jan. 15	Government Supervision and Government Insurance	Lecture	—

Date	Topic	Text Book	Reference Books
Friday Jan. 19	Industrial and Childs Insurance	Insurance Lectures, Vol. I, Pages 84—89	Insurance by Fricke, Pages 212—277
Monday Jan. 22	Winding up of Insolvent Companies	—	—
Friday Jan. 26	Review		
Monday Jan. 29	Lecture		
Friday Feb. 2	Fire Ins. Its place in the Financial World Historical Notes	Insurance Lectures, Vol. XI, Pages 9—21	Walford's Ins. Encyclopedia
Monday Feb. 5	History of Fire Ins. Contd.	Insurance Lectures, Pages 22—36	History of Insurance in Phila. by Fowler
Friday Feb. 9	Organization & Methods Cont'd.	Insurance Lectures, Pages 66—78	—
Monday Feb. 12	Organization & Methods Cont'd.	Insurance Lectures, Pages 78—81	—
Friday Feb. 16	Theory of Fire Ins. Nature of Contracts, etc.	Insurance Lectures, Pages 37—51	Insurance by Young, Pages 289—292
Monday Feb. 19	Theory of Fire Ins. Contd.	Insurance Lectures, Pages 51—65	—
Friday Feb. 23	Special Lecture	—	
Monday Feb. 26	Written Review		
Friday Mch. 2	Rates & Hazards	Insurance Lectures, Pages 92—109	Fire Ins. & How to Build by F. C. Moore
Monday Mch. 5	Rates & Hazards	Insurance Lectures, Pages 110—126	Insurance by Fricke, Page 550
Friday Mch. 9	Losses & Adjustments	Insurance Lectures, Pages 127—142	Insurance by Young, Pages 298—302
Monday Mch. 12	Losses & Adjustments Cont'd. Co-Insurance	Insurance Lectures, Pages 142—154	Fire Ins. by F. C. Moore
Friday Mch. 16	Special Lecture		
Monday Mch. 19	Review — Quiz		
Friday Mch. 23	Fire Ins. Engineering	Insurance Lectures, Pages 155—164	
Monday Mch. 26	Fire Ins. Engineering Cont'd.	Insurance Lectures, Pages 165—176	
Friday Mch. 30	Special Lecture	—	
Monday Apl. 2	Written Review		

Harvard University. The Secretary of Harvard wrote in response to the questions propounded, as follows: — "We have only one course which deals with the actual work of the actuary as a part of the insurance business; but we have courses in statistics and accounting, as well as in mathematics, which would doubtless form a valuable part in the training of an actuary. Were I to answer your question literally I could refer only to one half course entitled "A General View of Insurance", in which lectures are given three times a week during one half of the academic year."

University of Illinois. Dean Kinley of the courses of Training for Business has contributed a very clear statement of the course offered in insurance and adds that the student may choose actuarial, or other work as his particular line of study. It is a four years course, but might be completed by the well prepared student in a shorter time. For the first two years the subjects pursued are: —

First year.

1. English Literature; Foreign Language; Plane Trigonometry and Algebra; Physical Training; Rhetoric and Themes.

2. Analytical Geometry; Foreign Language; Political History of England; Physical Training; Rhetoric and Themes.

Second year.

1. Business Writing; Calculus; Economics; English Economic History; Foreign Language.

2. Business Writing; Foreign Language; Logic; Military; Public Finance; Statistice.

After finishing these years the student must take eight or ten hours of science and the following topics:

Statistical Adjustments: — This course is given in two parts, of which the first may be taken alone.

a) Theory of Statistical Adjustments: — This part of the course includes a discussion of the general method of statistical investigation the arithmetical and geometrical average, application of averages to tabulation, graphic methods of deducing the law of error, interpolation and the application of the theory of probability to statistics. 11.; M.; W.; 7; (2) Mr. *Milne.*

b) Applications: — A problem course in which the application of the principles developed in (a) are made to specific problems in economics, biological science, insurance, etc. 11.; Tu.; Th.- 7; (2).

Required: Mathematics 26a.

History of Economic Thought: — The history of the development of economic theory since the sixteenth century.

Economics of Insurance: — The historical development of insurance, and an extended discussion of its economic aspects. The various forms of insurance, — fire, accident, employment and life, — from the standpoint of internal organization and from that of social service. Special attention is given to the theories and practices relating to rates, policies, investments, corporate management, accounting, public supervision and insurance law.

Public Finance: — A study of the principles which should be followed in making public expenditures and in securing public revenues. The subject of taxation receives particular attention.

Taxation: — An investigation into the methods of taxation pursued by the various American Commonwealths. During the first semester a study is made of the development of taxation and the existing tax system in Illinois. In the second semester a comparative study is made of the taxing methods of the other states. The work of either semester may be taken separately.

Money and Banking: — This course is devoted to an elementary study of the history and theory of money and banking, and the monetary history of the United States.

Corporation Accounting: — This course furnishes an opportunity to study the general principles of accounting and auditing as applied in modern business. The reports of railway, banking and industrial corporations are analyzed in order to ascertain their condition and their financial operations, and also to apply the principles to other cases. The work is supplemented with a series of lectures by practical accountants.

The class room instruction is supplemented by lectures by experts.

It will be observed that a person after the completion of this course would be better prepared for other lines of insurance work than for a position in the actuarial department. The instruction is chiefly along the economic side and the technical features would merely serve to broaden the economic concepts of insurance, — that is to equip a person to better comprehend the guarantees of security offered by this form of investment prompted by economic advantage.

University of California: — In this institution a half-year course is given in insurance, including under this topic an account of the history, principles, and problems of insurance, particularly of life insurance and of fire insurance; a special study of the mathematical principles involved in actuarial science, with practice in the computation and use of tables.

The prerequisite work in mathematics embraces calculus and the theory of probabilities.

The courses directly on Insurance and Actuarial work are: 1st, A general course on Insurance, credit three hours, no prerequisites. This is an elementary course on General Insurance with no more mathematical work than is absolutely necessary to gain a clear understanding of what premiums, reserve and surplus are. The larger part of the time is given to Life Insurance as being the *most thoroughly developed system*, not because it is thought to be more important than other forms. Moir's Assurance Primer was used this year as a text book.

Part of the work of the course consists in the preparation of these on such subjects as for instance: A History and Discussion of Assessment Insurance, History and Discussion of the Legal Reserve Laws, Insurance Taxation, Schedule Rating in Fire Insurance, etc. etc. One of the concluding pieces of work consisted in carrying forward for a short term of years the business of a life insurance company on three types of policy under certain assumptions as to mortality table, assumed and actual rates of interest, expense, lapses, etc. This included the calculation of premiums, reserves and surplus, with a statement at the end of the period as to the solvency and condition of the company, and an accounting as to dividends.   There were thirty students in this course this year.

The second course is on actuarial work, three hours credit.   There are certain pre-requisites, including the General Course above on Insurance, a course on Theory of Probabilities and a certain amount of mathematics, namely, Trigonometry, Analytic Geometry, College Algebra and a certain amount of calculs.

The text book on the Institute of Actuaries is the principle reference-book.   The work includes the preparation of commutation tables for an assumed mortality table with other problems of a theoretical and practical character.   There are five students on this course this year.

The third course is a continuation of the second course.   It is planned to take up some of the more difficult parts of Actuarial Theory alone with some definite piece of computing.   This course has not yet been given.   The credit is three hours.   The pre-requisites are in addition to the other two courses, a course in Statistics.

The more immediately important of the preparatory courses are: First, the elementary course in Theory of Probabilities, credit two hours; a course in calculus of Finite Differences; a theoretical and practical course in Statistics, credit four hours; course on computive given by the astronomical department.

I should perhaps explain that a credit of one unit means a lecture or recitation of one hour once a week for half a year; 120 units are necessary for graduation.

This year we have had as part of the course of regular weekly lectures before the College of Commerce a series of four on Insurance the first on "Fire Insurance Engineering" by Mr. *George Robertson* of the Board of Fire Underwriters of the Pacific, "Modern Rate-making in Fire Insurance" by *F. B. Kellam*, Branch Secretary of the Royal and Queen Insurance companies, "Marine Insurance" by *J. B. Levison,* Marine Secretary of the Fireman's Fund Insurance Company, and a review of the Insurance situation by myself.   Mr. *Roche,* Actuary of the Pacific Conservative Co. has been kind enough to address my classes several times, also the general agents of the Northwestern Co. and Provident Life and Trust Co. on practical Insurance matters, particularly on questions of accounting and of Annual Reports.

Dartmouth College: — Mr. *H. S. Person,* Secretary of the Amos Tuck School of Administration and Finance very kindly replied to the inquiries addressed this institution in these terms: — "(1) The Tuck School receives students in their Senior year in the College.   Those who wish to take Insurance are expected to take enough mathematics in their Senior year so that they may enter the Second year of the Tuck School with a knowledge of calculs.   These students are also required to take a very broad course in Economics in their Senior year.

On this foundation, the special training for Insurance in the Second year consists of,

a) a course in the mathematics of Insurance that is expected to prepare the students for at least the first examination of the Actuary Society;

b) a course in the economics of Insurance and Business Management intended to acquaint the students with the economic aspects of Insurance and with the management of business institutions;

c) a course in Corporation Finance intended to acquaint the students with the principles involved in the handling of trust funds.

The work of the Second year is essentially graduate in character and consists largely of research under the direction of instructors. The Tuck School has a library of Insurance material said by a good authority to be as complete as any library other than those of one or two large Insurance Companies.

(2) During the year 1904—1905, one student in the Tuck School specialized in Insurance. During the present academic year, no student has been specializing in Insurance. This lack of interest in Insurance work seems to be due to two causes:

a) the high requirements in Mathematics for entrance upon it;

b) the fact that some of the earlier Tuck School graduates have experienced unusual advancement in certain other businesses, which has caused students now in the Tuck School to turn toward those lines of business.

3. A copy of our announcement is sent you under another cover.

4. We have no published documents relating specifically to work in Insurance.

5. The Instructor in Insurance during the year 1904/05 was Mr. *Allyn A. Young,* now of the University of Wisconsin. His successor with us is Mr. *Warren M. Persons.* Both of these men prepared themselves for Mathematics and then became interested in Economics, with the result that they have become instructors of Economics; but have carried into that field all the advantages of an earlier special preparation for the teaching of Mathematics at the University of Wisconsin during the past three or four years, at the same time that he has been pursuing graduate work in Economics.

The non-resident lecturer on whom we rely for instruction in Insurance is Mr. De Boer, President of the National Life Insurance Company of Vermont."

University of Michigan: — The courses of instruction offered at this University, judging from the catalogue in the absence of any reply to my enquiries, is practically the same that was given by Mr. *De Boer* in his report three years ago.

University of Iowa carried in its catalogue for two years an announcement of a course in the mathematical theory of life insurance. In writing regarding this topic, Professor *Weld says:* — "The course was offered at the request of the professor of statistics in the department of Economics and Sociology but no class was ever formed. As the course failed to materialize after standing in our announcement for two years, I concluded to withdraw it last year and nothing of the kind has taken its place.

The course is merely announced in our catalogue and no outline given. I will, however, send you a copy of last year's announcement (page 164) in which it appears for the last time. I hope to offer the course again in the future independently of any request from the outside, but have no idea of doing so at once."

Professor Cone, of the University of Kansas writes in reply to the enquiry sent out: — "But one course is offered, a general course in Insurance. I may add that the best known mortality tables are given some attention, as to their history, how formed, their differences, etc., but no effect is made to give any extended attention to strictly actuarial study. The credit allowed for this course is three hours, out of a total of 120 hours of class work required in the four years of the college course.

In 1904/05, the first year the course was offered, there were two students, this year there are ten.

Last year we had but one lecture by an insurance man, Mr. *C. C. Courtney,* State agent of the Mutual Benefit, on a very general subject. He has promised to lecture this year on the New York Insurance Investigation, and we are arranging for other lectures by insurance men, but cannot yet make definite announcement."   .

The Ohio State University and the *University of Missouri* have arranged courses on insurance but have not yet found it possible to begin actual instruction.

The University of New York, profiting by the presence in that city of a large number of specialists in the technical work of insurance and believing that there are many young men in the employ of the various Companies with headquarters in New York who might desire to qualify themselves for more advanced work offers to actuaries, actuarial clerks, life insurance officers and agents, and to all students of the subject, the advantages of special classes in actuarial preparation. These classes, which are the first of the kind to be conducted in New York City, will meet evenings between 8 and 10 o'clock in the University Building, Washington Square. Students taking the courses in Actuarial Science, if they desire to become candidates for the degree of Bachelor of Commercial Science, will receive credit for their work in Actuarial Science.

The following competent instructors have been engaged:

Charles W. Jackson, M. A. (Cantab),

Henry Moir, F. F. A., F. I. A.,

Miles M. Dawson, F. I. A.

Mr. *Jackson* is an Associate and Mssrs. *Moir* and *Dawson* are members of the Actuarial Society of America.

The course will be divided into three sections for admission to the Actuarial Society of America.

Section A. Principles of Double Entry Bookkeeping, Permutations and Combinations, Binominal. Theorem, Series, Theory and Use of Logarithms, Elements of Finite Differences, Interpolation and Summation, Theory of Probabilities, Compound Interest and Annuities Certain, Elementary Plane Geometry.

Section B. Application of Probabilities to Life Contingencies, Theory of Annuities and Insurance, Valuation, usual forms, General Nature of Insurance Contracts. History of Life Insurance, Source and Characteristics of Chief Mortality Tables.

Section C. Methods of Constructing and Graduating Mortality Tables, Methods of Loading Premiums, Valuation of Assets and Liabilities, Assessment of Expenses, Distribution of Surplus, Treatment of Changes or Surrenders of Policies, Application of Finite and Infinitesimal Calculus. Life Insurance Laws of the United States, Underaverage Lives, Special. Hazards.

This course has been given only once, but the reception that has been accorded it, suggests that it is meeting a positive demand with a promise of greater development.

There are good reasons for believing that the great increase in the volume of life insurance in this country as well as the development of the business in foreign fields and the broadening of the boundaries of life insurance to include a greater number of forms of hazardous occupations and impaired lives will result in placing the United States in the center of life insurance. This must mean a greater demand for trained men and since there is but little use in any organization for the inefficient worker, the insurance companies, especially under the economic necessities resulting from the keenness of competition, will demand better preparation of their employees. The time is passed when a young man can expect to learn the technique of his position after entering upon its duties. He must have at his command at least the theoretical principles so well grounded that the superstructure of office detail can be erected without drawing too largely upon the company's time.

This principle has found its endorsement by the establishment since our last meeting of three University Courses in Actuarial Subjects in the United States.

Versicherungswissenschaftlicher Unterricht.

Von James H. Gore, Washington.

Die Abhandlung *De Boer's* auf dem 4. Kongreß lenkte die Aufmerksamkeit auf die Bedeutung, die der technische Unterricht in der Lebensversicherung hat. Die vorliegende Abhandlung gibt einen Bericht über die Ausdehnung, bis zu der die Unterrichtseinrichtungen in den Vereinigten Staaten den in dem genannten Vortrage enthaltenen Anregungen gefolgt sind. An alle wichtigen Kollegs und Universitäten wurden Schreiben versandt und Antwort auf die spezifizierten Fragen erbeten. Aus den Antworten war folgendes zu ersehen:

1. daß mehr Aufmerksamkeit der *wirtschaftlichen* Seite der Versicherung zugewendet wird mit besonderer Betonung der zugrunde liegenden mathematischen Prinzipien,

2. daß alle Institute, die dem *Dr. De Boer Bericht* erstatteten und die Kurse dieser Art abhalten, diese auch weiter fortsetzen,

3. daß drei sehr wichtige neue Kurse eingerichtet worden sind,

4. daß Einrichtungen geschaffen werden, durch die Personen, die am Tage in der City von New York als Aktuare tätig sind, während der Abendstunden Unterricht erhalten.

Die Unterrichtsanstalten kommen nur langsam den neuen Anregungen entgegen. Diese sind so zahlreich, daß die Anstalten erst in ganz bestimmten und klar erkannten Bedarfsfällen neue Einrichtungen in Angriff nehmen können. Die Actuarial Society of America betont jedoch die Wichtigkeit der Vorbereitung für die Prüfungen, die periodisch unter ihrer Leitung abgehalten werden, fortgesetzt derart, daß man die Vermutung aussprechen kann, daß Unterrichtskurse über die technische Seite der Versicherung noch eher zu- als abnehmen werden.

De l'enseignement des sciences actuarielles dans les Collèges e Universités des Etats-Unis.

Par James H. Gore, Washington.

Le rapport présenté par M. *De Boe*r au quatrième Congrès appelait l'attention sur l'importance qu'offre un enseignement technique en matière d'assurance sur la vie. Le présent mémoire indique jusqu'à quel point cet enseignement répond, en ce qui concerne les État-Unis, aux propositions contenues dans le rapport précité.

L'auteur a adressé un questionnaire détaillé à tous les principaux Collèges et Universités. Des réponses qui lui sont parvenues il résulte 1° que l'on attache plus de valeur qu'autrefois au côté économique de l'assurance, et que l'on tient tout spécialement compte des principes mathématiques qui sont à la base de cette science, 2º que toutes les institutions citées par M. *De Boer* comme donnant des cours de ce genre les continuent, 3º que trois nouveaux cours très importants ont été établis et 4º enfin, que l'on a pris des mesures pour que les hommes occupés à des travaux actuariels dans la Cité de New-York, reçussent des leçons le soir.

Les établissements d'instruction n'adoptent que lentement les projets que leur suggèrent de simples particuliers. Les efforts qu'on leur demande sont si grands qu'il faut un besoin positif et clairement reconnu avant qu'ils se décident à étendre le champ de leurs travaux. L'Institut des Actuaires d'Amérique exige une préparation toujours plus complète pour les examens qui ont lieu sous ses auspices, aussi est-on fondé à croire que les cours embrassant la technique des assurances, tendront plutôt à se développer qu'à décliner.

XI.

Fortschritte auf dem Gebiet der Gesetzgebung über die Versicherung.

Les progrès en matière de législation d'assurance.

The progress of insurance legislation.

XI. — A.

Fortschritte der Versicherungsgesetzgebung in Dänemark.

Vom **Königlichen Aufsichtsamt ("Forsikringsraadet")**. Kopenhagen.

Die bedeutungsvollste Begebenheit, die sich seit Abhaltung des letzten internationalen Aktuar-Kongresses (New York 1903) in Dänemark auf dem Gebiete der Gesetzgebung, das Versicherungswesen betreffend, ereignet hat, ist die Erlassung des *„Gesetzes über die Wirksamkeit der Lebensversicherung* vom 29. März 1904". Dieses Gesetz, demzufolge keine Lebensversicherungs-Gesellschaft (sei es nun eine inländische oder ausländische) ihre Tätigkeit in Dänemark ohne dazu eingeholte offizielle Erlaubnis beginnen darf, hat eine überaus eingehende Beaufsichtigung der von dänischen privaten Lebensversicherungs-Gesellschaften ausgeübten Tätigkeit zur Folge, während es — abgesehen von der Vorschrift zur Deponierung eines Betrages von 100 000 Kronen — für die von ausländischen Gesellschaften betriebene Tätigkeit nur Vorschriften mehr formeller Natur zuläßt. Übrigens beruht das Gesetz im wesentlichen auf dem gemeinschaftlichen skandinavischen Entwurf, wovon auch das schwedische Versicherungsgesetz ausgegangen ist (vgl. die Abhandlung von *D. F. Lundgren* in „Proceedings of the 4th International Congress of Actuaries, Band I, Seite 915 f.). Sowohl dieser Entwurf, wie auch das dänische Versicherungsgesetz in seiner schließlichen Gestalt sind beeinflußt durch die ursprüngliche dänische Vorlage, welche vom „Landsthinget" in der Reichstags-Versammlung 1899—1900 angenommen wurde, danach jedoch hinter der gemeinschaftlichen skandinavischen Arbeit zurücktrat.

Was den Inhalt des Gesetzes anbelangt, würde es überflüssig sein, denselben hier wiederzugeben, da das Gesetz in seiner Gesamtheit in französischer Sprache im „Bulletin du Comité permanent des Congrès Internationaux d'Actuaires" No. 9, 1905, Seite 131—154 zum Abdruck gelangt ist. Hier soll nur hervorgehoben werden, daß das Gesetz im Gegensatz zu seinem schwedischen Seitenstück nicht sämtliche Versicherungsbranchen umfaßt, sondern sich darauf beschränkt, Regeln öffentlichrechtlicher Natur, betreffend die Tätigkeit der *Lebens*versicherungs-Gesellschaften zu geben, wie es sich auch im ganzen enger an den gemeinschaftlichen skandinavischen Entwurf anschließt, als das schwedische Gesetz.

Das Gesetz trat am 1. Januar 1905 in Kraft, während jedoch die Aufsichtsbehörde („Forsikringsraadet"), die aus einem Vorsitzenden und drei anderen Mitgliedern, wovon das eine als Sekretär fungiert, besteht, bereits am 1. Oktober 1904 eingesetzt wurde. Wegen der mit der Durchführung des Gesetzes verbundenen großen Vorarbeiten ist es bis jetzt (Februar 1906) noch nicht gelungen, endgültigen Beschluß über sämtliche Gesuche zu fassen, welche von Gesellschaften, die bisher eine Lebensversicherungs-Tätigkeit in Dänemark betrieben haben, eingereicht worden sind; es ist indessen selbstverständlich, daß alle diese Gesellschaften ihre bisherige Tätigkeit unbehindert haben fortsetzen können, bis die endgültige Erledigung erfolgt.

Als Ergänzung zum obengenannten Gesetz, von dessen Bestimmungen gewisse Arten von Begräbniskassen ausgenommen sind, ist des weiteren unterm 1. April 1905 ein „Gesetz über die Beaufsichtigung der Begräbniskassen" erlassen worden, dessen Wortlaut der folgende ist:

Gesetz über die Beaufsichtigung der Begräbnis-kassen.

§ 1.

Unter Begräbniskassen sind in diesem Gesetz solche auf die gegenseitige Verantwortung der Mitglieder begründete Vereine verstanden, welche die Auszahlung einer einmaligen, 500 Kronen nicht übersteigenden Summe für den Fall, daß ein Mitglied, oder eines seiner Kinder vor Erreichung des 15. Lebensjahres, mit dem Tode abgeht, zu sichern zum Zweck haben. Die betreffenden Vereine sollen dabei ausschließlich von Mitgliedern verwaltet werden, gleichwie der gesamte Ertrag der Tätigkeit zum Vorteil der letzteren erzielt werden soll und denselben in der Regel nur in Form von Begräbnisgeld soll zufallen können.

In Zweifelsfällen entscheidet das Ministerium des Innern, ob ein Verein als Begräbniskasse im Sinne des gegenwärtigen Gesetzes anzusehen ist.

§ 2.

Die Beaufsichtigung der Begräbniskassen wird dem Krankenkassen-Inspektor übertragen.

§ 3.

Die künftig zu errichtenden Begräbniskassen haben, bevor sie in Tätigkeit treten, die bereits bestehenden Begräbniskassen spätestens 6 Monate nach Inkrafttreten dieses Gesetzes dem Krankenkassen-Inspektor ein Exemplar ihrer Statuten, welche folgende Punkte behandeln sollen, einzusenden:

1. Namen der Kasse, Ort, Zweck und Umfang, Aufnahme der Mitglieder, Rechte und Pflichten, hierunter die nähere Bestimmung der gegenseitigen Verantwortung;

2. Generalversammlung und Verwaltung, sowie deren Machtvollkommenheiten;

3. Rechnungswesen und Revision, Unterbringung der Mittel der Kasse, welche getrennt gehalten werden müssen, sofern die

Kasse eine Abteilung eines mehrere Zwecke verfolgenden Vereines ist, sowie die Verwendung des Überschusses, namentlich bei Auflösung der Kasse;

4. Veränderung der Statuten.

Gleichzeitig sollen die Kassen dem Krankenkassen-Inspektor Mitteilung über Namen und Adresse des Verwaltungs-Vorsitzenden machen, sowie ein Verzeichnis der Mitglieder der Kasse mit Angabe des Namens, Geschlechtes und Geburtsjahres derselben, nach einem seitens des Ministeriums des Innern näher festgesetzten Schema aufgestellt, zusenden.

Ein neues Verzeichnis über die Mitglieder der Kasse ist dem Krankenkassen-Inspektor im Laufe des Monats Januar 1910 und später jedes 5. Jahr, ebenfalls im Monat Januar, zuzustellen; dieses Verzeichnis soll die bei Ausgang des letztverlaufenen Kalenderjahres vorhandenen Mitglieder enthalten. Der Krankenkassen-Inspektor ist jedoch berechtigt, die Zustellung eines neuen Verzeichnisses zu jedem beliebigen Zeitpunkt zu fordern.

Von späterer Veränderung der Statuten oder von einem Wechsel des Verwaltungs-Vorsitzenden ist dem Krankenkassen-Inspektor innerhalb eines Monats nach Eintreffen der Veränderungen oder nach Stattfinden der Neuwahl Mitteilung einzusenden.

Das Gesetz über die Lebensversicherungs-Wirksamkeit vom 29. März 1904 findet keine Anwendung auf die in diesem Gesetze behandelten Begräbniskassen; es sei denn, daß das Ministerium des Innern auf Grund besonderer Verhältnisse nach dem Vorschlag des Aufsichtsamtes oder des Krankenkassen-Inspektorates mit bezug auf einzelne solcher Kassen eine Bestimmung darüber trifft, jedoch kann das Ministerium des Innern in solchen Fällen diejenigen Abweichungen vom Lebensversicherungs-Gesetz gestatten, welche mit Rücksicht auf die Beschaffenheit der betreffenden Kasse als wünschenswert angesehen werden können.

§ 4.

Die Rechnung der Begräbniskassen ist jedes Jahr am 31. Dezember abzuschließen, und der Bericht darüber nach einem seitens des Ministeriums des Innern näher festgesetzten Schema zu erstatten. Der Rechenschaftsbericht ist dem Krankenkassen-Inspektor gleich nach der Revision zuzustellen und zwar spätestens vor Ablauf des Monats März eines jeden Jahres.

Über die Tätigkeit der sämtlichen Begräbniskassen und den Stand derselben erstattet der Krankenkassen-Inspektor einen jährlichen Bericht an das Ministerium des Innern, welches bestimmt, in welchem Umfang derselbe in der Ministerialzeitung zu veröffentlichen ist.

§ 5.

Der Krankenkassen-Inspektor ist berechtigt, von einer Kasse jeden Aufschluß, den er zur Beurteilung der Wirkungsart und des Standes der Kasse für erforderlich hält, einzufordern; er soll zu jeder Zeit Gelegenheit haben, sich mit den Büchern, der Rechnungsführung und der gesamten Tätigkeit der Kasse bekannt zu machen, wie er auch berechtigt sein soll, persönlich oder durch einen Stellvertreter der ordinären Generalversammlung einer Kasse beizuwohnen. Der Krankenkassen-Inspektor soll den Begräbniskassen durch Erteilung der erforderlichen Auskünfte und Anleitung behilflich sein und bei Errichtung neuer Kassen Beistand leisten.

Im Laufe des Jahres 1910 und danach jedes 5. Jahr prüft der Krankenkassen-Inspektor den Status jeder einzelnen Kasse; über den Ausfall der Untersuchung wird den Kassen Mitteilung zu machen sein, ebenfalls ist das Erforderliche in den bezüglichen jährlichen Bericht an das Ministerium des Innern aufzunehmen. Insofern der Kranken-kassen-Inspektor vermeinen sollte, daß eine Krankenkasse Schwierig-keiten haben wird, ihren Verpflichtungen nachzukommen, soll er verpflichtet sein, daß Ersuchen an die Kasse zu richten, ihr Kontingent zu erhöhen oder ihre Leistungen zu reduzieren, was von der Verwaltung der Kasse sämtlichen Mitgliedern zur Kenntnis gebracht werden muß.

§ 6.

Das Gehalt für das im Gesetz Nr. 85 vom 12. April 1892 über anerkannte Krankenkassen, § 23 erwähnte Amt als Krankenkassen-Inspektor wird auf 4000 Kr. festgesetzt, steigend jedes 4. Jahr um 500 Kr., doch so, daß das Gehalt 5500 Kr. nicht übersteigen kann.

Die Bestimmungen im vorerwähnten Gesetz, § 23, letzter und vor-letzter Punkt, gelangen zur Aufhebung.

§ 7.

Unterläßt eine Begräbniskasse, den durch das gegenwärtige Gesetz erlassenen Vorschriften rechtzeitig nachzukommen, so kann das Ministerium des Innern nach dem Vorschlag des Krankenkassen-In-spektors die Nachlässigen unter Verhängung einer täglichen oder wöchentlichen Geldstrafe zur Erfüllung ihrer Pflichten anhalten. Die dergestalt auferlegten Geldstrafen werden durch Auspfändungsbefehl eingetrieben und dürfen von der Verwaltung der Begräbniskasse nicht in Ausgabe gestellt werden. Die Strafgelder fallen der „Armenkasse" desjenigen Ortes zu, an welchem die Verwaltung der Begräbniskasse ihren Sitz hat; wo eine solche Kasse nicht vorhanden ist, fallen die-selben der Kommunalkasse anheim.

§ 8.

Die den Mitgliedern der Begräbniskassen sichergestellten Be-gräbnisgeld-Summen sind vor jeder Rechtsverfolgung geschützt.

§ 9.

Dieses Gesetz, das für die Färör-Inseln keine Geltung hat, tritt mit dem 1. Juli 1905 in Kraft.

Les progrès de la législation sur les assurances, au Danemerk.

Par l'Office de surveillance („Forsikringsraadet"), Copenhague.

Le fait de plus saillant qui se soit produit au Danemark depuis le dernier Congrès des actuaires (New York 1903) est, dans le domaine de la legislation en matière d'assurances, la promulgation de la „*Loi sur les sociétés d'assurance sur la vie, du 29 mars 1904*". Cette loi, en vertu de laquelle aucune Compagnie d'assurance sur la vie (qu'elle soit étrangère ou nationale) ne peut commencer ses opérations sans avoir été préalablement autorisée officiellement, soumet les Compagnies danoises d'assurance sur la vie à un contrôle minufieux pour tout ce qui concerne leur exploitation, tandis que les prescriptions relatives aux Compagnies étrangères, à part l'obligation d'effectuer un dépôt de 100 000 couronnes, sont plutôt d'ordre formel. Cette loi a d'ailleurs, en substance, été édifiée sur la base du projet scandinave commun dont s'est aussi inspirée la loi suédoise sur les assurances (cfr. l'exposé de D. F. *Lundgren* dans les „Proceedings of the 4th International Congress of Actuaries, T. 1, p. 915 et suiv.). Ce projet, de même que la loi danoise dans sa teneur définitive, a subi l'influence de l'avant-projet danois qui avait été adopté par le „Landsthinget" dans les sessions de la diète tenues en 1899 et en 1900, mais qui s'effaça derrière les travaux scandinaves entrepris en commun.

Quant aux prescriptions de la loi il est superflu de l'indiquer, car elles ont été publiées intégralement, en langue française, dans le „Bulletin du Comité permanent des Congrès Internationaux d'actuaires" No. 9, 1905, p. 131—154. Nous relèverons seulement le fait que la loi danoise, contrairement à son pendant suédois, n'englobe pas toutes les branches des assurances, mais se borne à édicter des règles d'ordre public en ce qui concerne les Compagnies d'assurance sur la vie, et d'une manière générale suit de plus prés le projet scandinave commun.

La loi est entrée en vigueur le 1er janvier 1905, mais l'Office de surveillance (Forsikringsraadet), composé d'un président et de trois membres, dont l'un remplit les fonctions de secrétaire, a déjà été installé le 1er octobre 1904. En raison du grand travail préparatoire nécessité par l'introduction de cette loi, il n'a pas encore été possible, jusqu'à présent (février 1906), de prendre une décision définitive quant à toutes les requêtes que les Compagnies qui exploitaient déjà l'assurance sur la vie au Danemark ont présentées. En attendant, toutes ces Compagnies peuvent, bien entendu, continuer leurs opérations comme par le passé.

Pour compléter ces dispositions, dont certaines catégories de caisses de secours en cas de décès sont exonérées, il a en outre été promulgué le 1er avril 1905 une „Loi sur la surveillance des caisses de secours en cas de décès".

The progress of assurance legislation in Denmark.

By the **Supervising Office** („**Forsikringsraadet**"), Copenhagen.

The most important fact in Denmark since the last Congress of Actuaries (New York 1903), with regard to legislation in assurance matters is the promulgation of the "Law of Life Assurance Companies", dated 29th March, 1904. This Law, by which no life assurance company (be it a foreign or a home concern) can commence business until it has received an official Permit, subjects the Danish life assurance companies to a very strict supervision in all their business affairs. The regulations for foreign companies are however of a more formal character, except that they are bound to deposit 100 000 Kronen before commencing business. This law was drawn up upon the same basis as the Scandinavian draft-law, which also formed the basis of the Swedish assurance law. See the paper by *D. F. Lundgren* in the "Proceedings of the 4th International Congress of Actuaries", T. 1, p. 915 *sqq.*)

In this draft, as well as in the Danish law itself, the influence of the preliminary Danish draft-law can be seen, which was passed by the "Landsthinget" during the sessions of the Danish parliament in 1899 and 1900, but which merged in the work, that had been undertaken together by the Scandinavians.

With regard to the Law itself, it is unnecessary to say more than that it has been published in extenso in French in the "Bulletin du Comité permanent des Congrès Internationaux des Actuaires," Nr. 9, 1905, pp. 131—154. We may only remark that the Danish Law, unlike the Swedish, does not unite all classes of assurance, but issues only regulations of a public nature for Life Assurance Companies, as the Scandinavian draft-law, which was worked out in common, also does in a more general way.

This draft became Law on 1st January, 1905, but the Supervising Office (Forsikringsraadet), consisting of a President and three members, one of whom acts as Secretary, has been in working order since 1st October, 1904. Owing to the heavy preliminary work, necessitated by this new Law, it was not possible until now (February 1906) to decide definitely upon all the petitions, which have been presented by the life assurance companies doing business in Denmark. Meanwhile these Companies are entitled to continue their business as hitherto.

On 1st April, 1905, a "Law providing for the Supervision of Friendly Societies, Burial Clubs and similar institutions" was published which relieves this class of societies of certain restrictions governing Life Assurance Companies.

Die Fortschritte der deutschen Gesetzgebung auf dem Gebiete des Privat-Versicherungswesens.

Von **Alexander Stichling**, Gotha.

Nachdem durch das Reichsgesetz über die privaten Versicherungsunternehmungen vom 12. Mai 1901 das private Versicherungswesen nach seiner öffentlich-rechtlichen Seite geordnet worden ist, gehen nunmehr auch die fast 50 Jahre zurückreichenden Bestrebungen´ wegen Schaffung eines gesetzlichen Versicherungsvertragesrechts, und zwar eines *einheitlichen* deutschen Versicherungsvertragsrechts, ihrer Erfüllung entgegen. Während dieser Bericht niedergeschrieben wird, verhandelt der deutsche Reichstag über die ihm vom Bundesrat gegen Ende des vorigen Jahres vorgelegten Entwürfe eines Gesetzes über den Versicherungsvertrag, eines dazu gehörigen Einführungsgesetzes und eines Gesetzes, betreffend Änderung der Vorschriften des Handelsgesetzbuchs über die Seeversicherung. Gelingt ihre Verabschiedung, so vollzieht sich damit ein Ereignis, das für Deutschland den Abschluß der Kodifikation seines Privatrechts und gleichzeitig für die Geschichte des gesamten Versicherungswesens einen Markstein bedeutet. Denn zum ersten Male bekommt hier die Versicherung in ihrer ganzen Ausdehnung den festen Boden eines zeitgemäßen Gesetzrechts unter die Füße. In Deutschland war bisher nur die Seeversicherung hierzu gelangt. Alle anderen Versicherungszweige unterstanden zwar den allgemeinen Vorschriften des Obligationenrechts und des bürgerlichen Rechts überhaupt, zum Teil auch des Handelsrechts, dagegen entbehrten sie gesetzlicher Sondervorschriften, wie sie den eigentümlichen Bedürfnissen des Versicherungsverkehrs entsprechen. Wohl hat sich der Verkehr selbst das ihm unentbehrliche Sonderrecht in Gestalt der von den Versicherungsunternehmungen allgemein und für den einzelnen Fall aufgestellten Versicherungsbedingungen geschaffen. Diese Versicherungsbedingungen führten bei der Rechts- und Geschäftskundigkeit der Versicherer im allgemeinen zu einer erschöpfenden und auch befriedigenden Regelung der einzelnen Versicherungsverhältnisse, ja sie nahmen typische Formen an und erlangten insoweit eine über den einzelnen Fall und über den Kreis der von einer und derselben Versicherungsanstalt abgeschlossenen Versicherungsverträge hinausreichende Bedeutung als Grundlage einer Verkehrssitte, ja hin und wieder wohl auch eines Gewohnheitsrechts. Allein unmittelbar erzeugten sie eben doch nur subjektives, nicht objektives Recht, und dieses Recht erwies sich obendrein oft selbst im Rahmen des einzelnen Rechtsverhältnisses, das zu beherrschen es berufen war, als unkräftig. Der nahezu schrankenlosen Vertragsfreiheit auf dem Gebiete des Versicherungswesens gegenüber entwickelte sich nämlich eine ungewöhnlich weitgehende Freiheit der Rechtsprechung. Die Gerichte unternachmen es, Versicherungsbedingungen, die nach ihrer Ansicht den Interessen der Versicherten zu nahe traten, durch Umdeutung der Vertragsworte und auf sonstige Weise zu entkräften und an Stelle des Gesetzgebers der Vertragsfreiheit Grenzen zu ziehen, deren Linien dabei schwankend und unsicher ausfallen mußten. Das Versicherungsvertragsgesetz wird den Ausnahmezustand, unter dem insofern die Versicherung gelebt hat, beseitigen.

Der Entwurf geht auf eine Kodifikation des gesamten Versicherungsrechts aus. Die Intensität, mit der er seinen Gegenstand erfaßt, ist aber gegenüber den verschiedenen Versicherungszweigen eine verschiedene. Auf der einen Seite stehen die bereits allgemein eingebürgerten und zu besonders hoher wirtschaftlicher Bedeutung und technischer Durchbildung gelangten Zweige der Feuer-, Hagel-, Vieh-, Transport-, Haftpflicht-, Lebens- und Unfallversicherung, auf der anderen alle übrigen erst in neuerer Zeit entstandenen und künftig noch entstehenden Versicherungszweige. Für letztere sollen nur gewisse allgemeine Rechtssätze gelten, die ersteren erfahren spezielle, auf ihre Besonderheiten eingehende Regelung. Indem der Entwurf außerdem von der Unterscheidung der Schaden- und der Personenversicherung ausgeht, gelangt er zur Zerlegung seines Stoffs in fünf Abschnitte. Der erste enthält Vorschriften für sämtliche Versicherungszweige und behandelt in einem ersten Titel allerlei vermischte Gegenstände, insbesondere den Versicherungsschein, die Verwirkungsklauseln, Beginn und Ende der Versicherung und Verjährung, in einem zweiten Titel die Anzeigepflicht und Gefahrerhöhung und in zwei weiteren Titeln die Prämie und die Versicherungsagenten. Der zweite Abschnitt ist der Schadenversicherung gewidmet und gibt in einem ersten Titel wiederum allgemeine Vorschriften für die gesamte Schadenversicherung in fünf weiteren Titeln spezielle Vorschriften für die Feuer-, Hagel-, Vieh-, Transport- und Haftpflichtversicherung. Der dritte und vierte Abschnitt behandelt die Lebens- und Unfallversicherung, der fünfte enthält Schlußvorschriften. Von diesen wird alsbald des näheren zu reden sein. Im ganzen umfaßt der Hauptenwurf 191 Paragraphen. Der Entwurf des Einführungsgesetzes beschäftigt sich wesentlich mit der Frage der Anwendung des neuen Rechtes auf schon bestehende Versicherungsverhältnisse. Der Entwurf eines Gesetzes, betreffend Änderung der Vorschriften des Handelsgesetzbuchs über die Seeversicherung bezweckt, die bezeichneten Vorschriften mit dem Rechte des Hauptentwurfs, wie es für die Versicherung gegen die Gefahren der Binnenschiffahrt maßgebend werden soll, in den Grundfragen in Übereinstimmung zu bringen.

Die im fünften Abschnitt des Hauptenwurfs enthaltenen Schlußvorschriften stellen die Grenzen des sachlichen Geltungsbereichs des neuen Rechtes fest. Sie ergeben wesentliche Beschränkungen des Kodifikationsprinzips. Gewisse Versicherungszweige einerseits und gewisse Versicherer anderseits werden der Herrschaft des Rechtes des Entwurfs oder doch eines Teils dieses Rechts entzogen. Von der Seeversicherung war schon die Rede. Für sie bleibt es bei der Ordnung des Handelsgesetzbuches mit den in dem erwähnten besonderen Entwurf enthaltenen Änderungen. Auch die allgemeinen Vorschriften des Hauptenwurfs finden auf diesen Versicherungszweig keine Anwendung. Diese Beschränkung des Kodifikationsprinzips ist indessen nur formaler Natur. Das Seeversicherungsrecht ist nicht in den Entwurf aufgenommen, sondern an der Stelle belassen worden, wo es bereits kodifiziert ist. Dagegen soll die Rückversicherung, die bereits durch das Gesetz über die privaten Versicherungsunternehmungen von der dort vorgeschriebenen behördlichen Aufsicht ausgenommen ist, nach der Absicht des Entwurfs überhaupt keinerlei spezifisch versicherungsrechtlichen Nomen unterworfen sein. Ausschlaggebend hierfür ist die Erwägung gewesen, daß bei diesem Versicherungszweig der den Entwurf beherrschende Gedanke des Schutzes der schwächeren Vertragspartei, als welche der geschäftsunerfahrene Versicherungsnehmer vorschwebt, nicht Platz greifen, vielmehr den Beteiligten überlassen bleiben kann, ihre gegenseitigen Rechte und Pflichten selbständig und frei zu regeln. Mit Rücksicht auf die Person des Versicherers werden von den Vorschriften des Entwurfs ausgenommen alle Versicherungen, die bei Berufsgenossenschaften, eingeschriebenen Hilfskassen und anderen der öffentlichrechtlichen Krankenund Unfallversicherung eingegliederten Versicherungseinrichtungen, wenn auch auf dem Wege des freien privatrechtlichen Verkehrs, zur Entstehung kommen. Bei der Exemtion gewisser Versicherungsverhältnisse von einem *Teil* der Vorschriften des Entwurfs handelt es sich hauptsächlich um die daselbst vorgesehenen, später näher zu besprechenden Beschränkungen der Vertragsfreiheit. Auch diese Exemtionen finden statt teils mit Rücksicht auf den Versicherungszweig, teils mit Rücksicht auf die Person des Versicherers. Sie führen dazu, daß die Beschränkungen der Vertragsfreiheit unbedingte Anwendung nur finden auf die Zweige der Feuer-, Hagel-, Vieh-, Haftpflicht-, Lebens- und Unfallversicherung. Die übrigen Versicherungszweige werden entweder vom Entwurf selbst von den Beschränkungen befreit oder sie sollen im Verordnungswege von ihnen befreit werden können. Zum Teil ist hierfür die oben bei der Rückversicherung erwähnte Erwägung maßgebend gewesen, zum Teil hat man jungen und erst in Zukunft entstehenden Versicherungszweigen größere Bewegungs- und Entwicklungsfreiheit geben oder doch ermöglichen wollen. Bei der Transportversicherung ist auch die Rücksicht auf die Internationalität des Rechtsverkehrs von Einfluß gewesen. Endlich werden die auf dem öffentlichen Recht einzelner Bundesstaaten beruhenden, teils kommunalen, teils staatlichen Anstalten, namentlich für Feuer-, aber auch für Hagel-, Vieh- und andere Versicherung, auch soweit die Versicherungen bei ihnen nicht kraft Gesetzes, sondern kraft Rechtsgeschäfts zustande kommen, den

Beschränkungen der Vertragsfreiheit entzogen und außerdem insofern begünstigt, als auch die Vorschriften über die Agenten für sie nicht verbindlich sein sollen. Die diesen Anstalten somit zugedachte Ausnahmestellung hat besonders starken Widerspruch hervorgerufen.

Wie schon bemerkt, wird der Entwurf von dem Grundgedanken der Fürsorge für den Versicherungsnehmer beherrscht. Selbstverständlich nicht in dem Sinne, daß er nur Rechte für ihn festsetzte und dem Versicherer überließe, sich das für ihn Notwendige vom Versicherungsnehmer versprechen zu lassen. Vielmehr normiert er Rechte und Pflichten für beide Vertragsteile und hat hierbei im allgemeinen auch zugunsten des Versicherers diejenigen vom jus commune abweichenden Bestimmungen aufgenommen, die gegenwärtig von den Versicherern durchweg bedungen zu werden pflegen, weil sie durch die besondern Einrichtungen und Bedürfniss des Versicherungsbetriebes gebieterisch gefordert werden. Aber die Tendenz der Fürsorge für den Versicherungsnehmer zeigt sich namentlich in einem doppelten: Einmal ist bei Normierung der Rechte des Versicherers auf ausgiebigste Schonung des Interesses des Versicherungsnehmers peinlichst Bedacht genommen. Insbesondere tritt Verlust des Versicherungsschutzes regelmäßig nur bei Verschulden des Versicherungsnehmers ein. Sodann aber ist Sorge getragen, daß die wohlwollenden Absichten des Gesetzgebers nicht durch rechtsgeschäftliche Versicherungsbedingungen durchkreuzt werden können. Zwar räumt bereits das Gesetz über die privaten Versicherungsunternehmungen vom 12. Mai 1901 der Aufsichtsbehörde Befugnisse ein, kraft deren sie den Versicherungsunternehmungen die Festsetzung übermäßig strenger Versicherungsbedingungen zu untersagen in der Lage ist. Allein das wird nicht für genügend gehalten. Vielmehr wird die Vertragsfreiheit auch privatrechtlich, zwar vielleicht nicht in den meisten, wohl aber den wichtigsten vom Entwurf behandelten Punkten, dergestalt beschränkt, daß Vereinbarungen, durch die von den Vorschriften des Entwurfs zum Nachteil des Versicherungsnehmers abgewichen wird, mit Erfolg nicht getroffen werden können. Der Versicherer kann sich auf sie nicht berufen, das Versicherungsverhältnis ist aber im übrigen voll wirksam. Hieraus ergibt sich ein das künftige Versicherungsvertragsrecht von dem sonstigen Obligationenrecht scharf scheidender Charakterzug. Während dieses fast durchweg dispositiver Natur und nur bestimmt ist, den Mangel bezüglicher Parteivereinbarungen zu ersetzen, beanspruchen die Vorschriften des Versicherungsvertragsrechts in großem Umfang absolute Geltung in dem oben gekennzeichneten Sinne. Die Begründung zum Entwurf weist selbst auf die Gefahr hin, die mit einer Häufung solcher Zwangsvorschriften für die Weiterentwicklung des Versicherungswesens verbunden ist, glaubt aber, daß diese Gefahr bei dem vom Entwurfe eingehaltenen Maße und den obenerwähnten Befreiungen einzelner Versicherungszweige vermieden sei. Ein zweiter Nachteil der gesetzlichen Ausschließung strenger Versicherungsbedingungen wird von der Reichsregierung offenbar nicht hoch eingeschätzt und deshalb in der Begründung zum Entwurf unerwähnt gelassen. Es ist der, daß der sorgfältige Versicherungsnehmer verhindert wird, durch die Übernahme strengerer

Versicherungsbedingungen den Vorteil geringerer Prämienzahlung zu erkaufen.

Die folgenden Mitteilungen werden Beispiele für die besprochene Tendenz des Entwurfs und von Zwangsbestimmungen zur Genüge ergeben.

Der Versicherungsvertrag kommt zustande wie jeder andere Vertrag durch Antrag und Annahme. Ausgeschlossen ist natürlich nicht, daß weitere Bedingungen des Zustandekommens, z. B. Bezahlung der Prämie oder der ersten Prämie oder Prämienrate, vereinbart werden. Bezüglich der Gebundenheit des Antragstellers gelten, ausgenommen die Feuerversicherung, die allgemeinen zivilrechtlichen Vorschriften. Aus ihnen ergibt sich u. a., daß sich der Antragende selbst, z. B. durch Unterzeichnung eines, eine bezügliche Bestimmung enthaltenden Antragsformulars für eine bestimmte Zeit an seinen Antrag binden kann. In der Lebensversicherung, soweit diese eine ärztliche Untersuchung des zu Versichernden voraussetzt, kann es tatsächlich zur Bindung erst nach Vollzug der Untersuchung kommen. Ein Zwang zur Duldung der Untersuchung ist nämlich nach dem Entwurf unter allen Umständen ausgeschlossen. Der Vertragsschluß ist formfrei. Ausstellung und Annahme eines Versicherungsscheins insbesondere ist nicht Erfordernis für das Zustandekommen des Versicherungvertrags. Wohl aber kann der Versicherungsnehmer auf Grund des Vertrags einen Versicherungsschein vom Versicherer verlangen. Diese Vorschriften sind indessen nicht zwingend. Der Versicherungsnehmer kann auf sein Recht auf einen Versicherungsschein wirksam verzichten, anderseits kann auch eine bestimmte Form des Vertragsschlusses, z. B. Schriftlichkeit, vereinbart werden. Zwingend ist dagegen vorgeschrieben, daß eine Vereinbarung, wonach mit der Annahme des Versicherungsscheins dessen gesamter Inhalt als vom Versicherungsnehmer genehmigt gilt, nur mit gewissen Beschränkungen getroffen werden kann. Der Charakter als reines Inhaberpapier kann dem Versicherungsschein nicht aufgeprägt werden.

Drei Tatbestände sind es, die nach den Versicherungsbedingungen wohl aller Versicherungsanstalten das Recht des Versicherungsnehmers aus einem im übrigen einwandsfrei zustande gekommenen Versicherungsvertrag in Frage stellen können: Verletzung der Anzeigepflicht, Erhöhung der Gefahr und Unterbleiben der Prämienzahlung. Der Entwurf will das zum Gesetz erheben. Er regelt den Gegenstand in besonders eingehender und ziemlich kasuistischer Weise. Eine Wiedergabe seiner Bestimmungen im einzelnen ist an diesem Orte ausgeschlossen, nur die Hauptpunkte können mitgeteilt werden. Die Anzeigepflicht liegt dem Versicherungsnehmer ob, nicht also etwa bei der Personenversicherung der zu versichernden dritten Person, obgleich diese unter Umständen allein imstande ist, über die erheblichsten Gefahrumstände Auskunft zu erteilen. Doch kann vereinbart werden, daß mangelhafte Mitteilung der Gefahrumstände durch die zu versichernde Person die gleichen Wirkungen hat, wie eine Verletzung der Anzeigepflicht durch den Versicherungsnehmer. Diese Wirkungen aber sind verschieden, je nachdem den Versicherungsnehmer ein Verschulden trifft oder nicht. Dabei ist zu berücksichtigen, daß die bloße Nichtanzeige eines dem Versicherungsnehmer selbst nicht bekannten Umstandes diesem regelmäßig nicht zum Vorwurf gereichen kann. Denn eine Ermittlungspflicht wird ihm nicht auferlegt, nur Anzeige der *ihm bekannten* Gefahrumstände wird von ihm gefordert. Hat er schuldhaft gehandelt, so kann der Versicherer vom Vertrag zurücktreten, muß das aber binnen Monatsfrist nach erlangter Kenntnis von der Verletzung der Anzeigepflicht erklären. Auch nach Eintritt des Versicherungsfalles kann der Rücktritt noch erfolgen, jedoch kann die Zahlung der Versicherungssumme in diesem Falle nicht verweigert werden, wenn der Versicherungsfall mit dem Gefahrumstand in keinem Zusammenhang steht. Ist der Versicherungsnehmer außer Schuld.— der Beweis hierfür liegt allerdings ihm ob —, so ist dem Versicherer der Rücktritt vom Vertrage verwehrt. Nur Anspruch auf eine erhöhte Prämie oder ein Kündigungsrecht steht ihm unter Umständen zu. Der erstere jedoch erst vom Beginn der laufenden Versicherungsperiode ab, das letztere mit der Maßgabe, daß eine einmonatliche Kündigungsfrist eingehalten werden muß. Nur solche Umstände sind anzuzeigen, die für die Übernahme der Gefahr tatsächlich erheblich sind. Hier ist jedoch die Ausfüllung eines Fragebogens durch den Versicherungsnehmer von Bedeutung. Sie enthebt den Versicherer im Streitfalle des Beweises für die Erheblichkeit eines in den Fragebogen aufgenommenen Umstandes. Anderseits nimmt sie ihm freilich auch das Recht des Rücktritts vom Vertrage wegen Nichtanzeige eines nicht in den Fragebogen aufgenommenen Umstandes, abgesehen vom Falle der Arglist. Für die Lebensversicherung sollen zwei Besonderheiten gelten. Es ist einmal die Einführung einer gesetzlichen Unanfechtbarkeit, die mit dem Ablauf von 10 Jahren seit dem Vertragsschluß in dem Sinne eintritt, daß, den Fall der Arglist ausgenommen, der Versicherer vom Versicherungsvertrag wegen einer Verletzung der Anzeigepflicht nicht mehr zurücktreten kann. Sodann die, daß im Falle unrichtiger Altersangabe nicht eine entsprechende Erhöhung der Prämie, sondern eine verhältnismäßige Herabsetzung der Versicherungssumme, Rücktritt vom Vertrage wegen Verletzung der Anzeigepflicht aber nur dann stattfindet, wenn nach dem Geschäftsplan die Versicherung wegen des Alters des Versicherten ausgeschlossen gewesen sein würde.

Auch eine Gefahrerhöhung hat nicht unter allen Umständen ohne weiteres die Beendigung des Versicherungsverhältnisses oder den Verlust der Ansprüche des Versicherungsnehmers zur Folge. Von Bedeutung ist, ob die Gefahrerhöhung mit oder ohne Willen des Versicherungsnehmers eintrat. Und außerdem spielt auch hier das Schuldmoment seine Rolle. Nur im Falle einer vom Versicherungsnehmer schuldhaft herbeigeführten Gefahrerhöhung kann der Versicherer seine Leistung ohne weiteres verweigern. Aber auch diese Befugnis fällt fort, wenn der Versicherungsfall außer Zusammenhang mit der Gefahrerhöhung steht, oder wenn der Versicherer von der Gefahrerhöhung erfahren und nicht binnen Monatsfrist das Vertragsverhältnis durch Kündigung zu sofortigem Erlöschen gebracht hatte. Er soll nicht auf Rechnung des Versicherungsnehmers spekulieren. Ist dagegen die Erhöhung der Gefahr dem Versicherungsnehmer nicht zur Schuld zu rechnen oder gar ohne sein Zutun eingetreten, so soll der Versicherer zwar nicht am Vertrag festgehalten, dem Versicherungsnehmer aber Zeit gelassen werden, sich anderweit zu decken. Der Versicherer erhält deshalb, ähnlich wie bei der entschuldigten Verletzung der Anzeigepflicht, nur ein Kündigungsrecht, das innerhalb kurzer Frist ausgeübt werden muß und erst nach Ablauf einer bestimmten Frist zum Erlöschen des Versicherungsverhältnisses führt. Damit er in die Lage kommt, es wahrzunehmen, wird dem Versicherungsnehmer die Pflicht zur unverzüglichen Anzeige der Gefahrerhöhung auferlegt. Verletzt er diese, so läuft er Gefahr, bei Eintritt des Versicherungsfalles in gleicher Weise wie bei schuldhafter Herbeiführung der Gefahrerhöhung mit seinem Anspruch zurückgewiesen zu werden, obwohl eine Kündigung nicht erfolgt war. Auch hier gelten für die Lebensversicherung Besonderheiten: Als Gefahrerhöhung gilt nur eine solche Änderung der Gefahrumstände, bezüglich deren dies ausdrücklich und schriftlich vereinbart ist. Und nach Ablauf von zehn Jahren seit der Gefahrerhöhung kann diese nicht mehr geltend gemacht werden.

Was die Prämienzahlung anlangt, so unterscheidet der Entwurf zwischen der vor oder bei Beginn der Versicherung und der später zu bewirkenden. Nur, wenn die erstere nicht rechtzeitig erfolgt, ist der Versicherer bei Eintritt des Versicherungsfalles vor Nachholung des Versäumten von der Leistungspflicht frei. Will er sich dagegen schützen, daß der Versicherungsnehmer die Prämienzahlung — vielleicht nach Jahr und Tag und nach Steigerung des Risikos — nachholt, so muß er kündigen und dabei auch noch eine Kündigungsfrist einhalten, während deren überdies die Prämienzahlung nachgeholt und die Wirkung der Kündigung beseitigt werden kann. Wird eine später fällig gewordene Prämie nicht rechtzeitig bezahlt, so muß dem Versicherungsnehmer zunächst eine Nachfrist gestellt werden. Erst nach ihrem Ablauf und auch nur, wenn der Versicherungsnehmer in Verzug ist, d. h. die Unterlassung der Prämienzahlung nicht entschuldigen kann, ist er von der Leistungspflicht frei und berechtigt, das Versicherungsverhältnis durch Kündigung, die hier sofort wirkt, zum Erlöschen zu bringen. Die Regelung dieser Materie zeigt entschieden eine gewisse Häufung der Schutzmaßregeln für den Versicherungsnehmer. Man möchte glauben, daß, nachdem dieser eine Nachfrist bestimmt erhalten hat, wobei er, wie besonders vorgeschrieben ist, auf die Folgen des Fristablaufs aufmerksam gemacht werden muß, eine nochmalige, die Kündigung nunmehr aussprechende Erklärung des Versicherers entbehrt werden könnte. Und auch bezüglich der ersten Prämie, deren Zahlung vom Versicherer doch nicht wohl übersehen werden kann, dürfte das gelten. Nicht unbedenklich ist auch, daß der Versicherer im Falle des Unterbleibens der zweiten oder einer späteren Prämienzahlung, auch wenn er alle Vorschriften behufs Aufhebung des Versicherungsverhältnisses erfüllt hat, doch nie mit Sicherheit wissen kann, ob er nun wirklich von seiner Haftung frei ist. Denn wie soll er feststellen, ob nicht vielleicht der Versicherungsnehmer doch in der Lage ist, das Unterbleiben der Prämienzahlung zu entschuldigen und ob nicht infolgedessen die ausgesprochene Kündigung wirkungslos ist? Eine Erleichterung — nicht des obenerwähnten Risikos, wohl aber bei Erfüllung der obigen Formalitäten — findet er dagegen in einer Bestimmung, nach der für alle dem Versicherungsnehmer gegenüber abzugebende Erklärungen die Absendung eines eingeschriebenen Briefes unter der letzten ihm bekannten Adresse des Versicherungsnehmers genügt, auch wenn dieser die Wohnung geändert hat. . Für die Lebensversicherung kommen wiederum besondere Vorschriften in Betracht, die aber zweckmäßiger an anderer Stelle mitgeteilt werden.

Trotz Rücktritts oder Kündigung, sei es wegen Verletzung der Anzeigepflicht, sei es wegen Gefahrerhöhung, sei es mangels Prämienzahlung, gebührt dem Versicherer die Prämie bis zum Schlusse der laufenden Versicherungsperiode. Nur die Kündigung des Vertragsverhältnisses wegen Nichtzahlung der vor oder bei Beginn der Versicherung zu entrichtenden Prämie macht eine Ausnahme. Hier kann der Versicherer nur eine angemessene Geschäftsgebühr fordern.

Alle hier besprochenen Bestimmungen über Anzeigepflicht, Gefahrerhöhung und Prämienzahlung gehören zu denen, die durch Parteivereinbarung zwar zum Vorteil, nicht aber zum Nachteil des Versicherungsnehmers abgeändert werden können. Dagegen sind es nicht die einzigen, deren Verletzung den Versicherungsnehmer seiner Ansprüche verlustig machen kann. Der Entwurf selbst gibt noch andere. Erwähnt seien die betrügerische Über- und Doppelversicherung, die schuldhafte Herbeiführung des Versicherungsereignisses bei der Transportversicherung, die vorsätzliche oder grob fahrlässige bei der sonstigen Schadenversicherung, die vorsätzliche bei der Lebens- und Unfallversicherung u. a. m. Außerdem ist es aber auch zulässig, durch Parteivereinbarung an die Verletzung anderer, sei es gesetzlicher, sei es vertragsmäßiger Obliegenheiten des Versicherungsnehmers die Wirkung zu knüpfen, daß der Versicherer vom Vertrage zurücktreten oder seine Leistung verweigern kann (sogenannte Verwirkungsklauseln). Allein das Verschuldungsprinzip gilt auch hier. Nur für den Fall des Verschuldens des Versicherungsnehmers darf die Verwirkung vereinbart werden; bei Obliegenheiten, die nach Eintritt des Versicherungsereignisses zu erfüllen sind, also namentlich derjenigen zu dessen Anzeige, sogar nur für den Fall des Vorsatzes und der groben Fahrlässigkeit.

An sonstigen aus dem Entwurf zu entnehmenden Rechtssätzen von allgemeinerem Interesse seien die folgenden erwähnt:

. Der Versicherungsnehmer kann jederzeit Abschriften seiner auf den Versicherungsvertrag bezüglichen Erklärungen fordern. Nach allgemeinen Grundsätzen wird die Leistung des Versicherers unmittelbar mit dem Eintritt des Versicherungsereignisses fällig. Verboten werden die in den Versicherungsbedingungen auch jetzt noch nicht selten erscheinenden Vereinbarungen, die den Zeitpunkt der Fälligkeit bis zur Feststellung des Anspruchs durch Anerkenntnis, Vergleich oder rechtskräftiges Urteil hinausschieben. Dagegen kann der Versicherer seine Leistung so lange verweigern, als ihm der Versicherungsnehmer nicht die erforderlichen Auskünfte erteilt und Belege beschafft hat. In letzterer Beziehung darf ihm aber durch die Versicherungsbedingungen nichts zugemutet werden, was das Maß des Billigen überschreitet. Ob sich also z. B. der Lebensversicherer unter allen Umständen die Vorlegung einer amtlichen Sterbeurkunde ausbedingen kann, ist mindestens zweifelhaft. Die Verpflichtung zur Anzeige des Versicherungsfalls wird dem Versicherungsnehmer gesetzlich auferlegt, in der Lebensversicherung jedoch nur, wenn der Tod als Versicherungsfall bestimmt ist. Die Anzeige muß im allgemeinen unverzüglich, d. h. ohne schuldhaftes Zögern erfolgen, doch sind für einzelne Versicherungszweige besondere Bestimmungen vorgesehen. So soll es bei der Lebensversicherung genügen, wenn die Anzeige binnen drei Tagen nach dem Tode abgesandt wird. Die Verjährungsfrist für die Ansprüche aus Versicherungsverträgen wird auf zwei, bei der Lebensversicherung auf fünf Jahre abgekürzt. Vereinbarungen, durch welche die Verjährung erleichtert wird, sind gar nicht, solche, durch die dem Versicherungsnehmer eine präklusivische Klagfrist bestimmt wird, nur mit erheblichen Beschränkungen zulässig. Die Prämienschuld ist eine Bringschuld. Ist aber die Prämie tatsächlich regelmäßig bei dem Versicherungsnehmer abgeholt worden, so wird dieser zur Übermittlung an die Empfangsstelle erst wieder verpflichtet, wenn diese schriftlich verlangt wird. Von erheblicher Tragweite sind die Bestimmungen in betreff der Agenten. Auch den bloßen Vermittlungsagenten wird eine weitgehende gesetzliche Vertretungsmacht eingeräumt, die zwar durch den Agenturvertrag eingeschränkt werden kann, aber mit Wirkung gegenüber Dritten nur, soweit diesen die Beschränkung bekannt ist oder bekannt sein muß. Namentlich hat auch der bloße Vermittlungsagent bezüglich der Prämien, Zinsen und Kosten Inkassovollmacht, die allerdings an den Besitz einer vom Versicherer handschriftlich oder auf mechanischem Wege unterzeichneten Prämienrechnung geknüpft ist. Schwerer wiegt noch, daß der Versicherungsnehmer die ihm obliegenden Anzeigen und sonstige Erklärungen grundsätzlich an jeden Agenten des Versicherers rechtswirksam ergehen lassen kann. Auf der anderen Seite dient dem berechtigten Interesse des Versicherers die Bestimmung, daß, wo schon seine bloße Kenntnis eines Umstandes, also z. B. eines Gefahrumstandes von rechtlicher Erheblichkeit ist, diese durch die Kenntnis eines Vermittlungsagenten nicht ersetzt wird.

Von denjenigen Teilen des Entwurfs, die einzelnen Versicherungszweigen gewidmet sind, kann hier nur der von der Lebensversicherung handelnde Abschnitt einer kurzen Betrachtung unterworfen werden. Er beschäftigt sich zum Teil mit der Lebensversicherung schlechthin, zum Teil nur mit der Todesfallversicherung und hier wieder besonders mit denjenigen Formen dieser Versicherung, bei denen der Versicherungsfall unbedingt eintreten muß und nur der Zeitpunkt seines Eintritts oder die Höhe des zur Hebung gelangenden Gesamtprämienbetrages ungewiß ist. Auch der Gegensatz von Kapital- und Rentenversicherung und derjenige der gewöhnlichen und der sogenannten kleinen Lebensversicherung kommt in Betracht. Ein Teil der Bestimmungen ist schon in anderem Zusammenhang mitgeteilt worden. Im übrigen sind besonders diejenigen, die mit der Einrichtung der Prämienreserve im Zusammenhang stehen, von Interesse. Sie haben im Verlauf der Entstehung des Entwurfs wohl die gründlichste Erörterung und den bedeutsamsten Wandel erfahren. Es handelt sich um die Verwendung der Prämienreserve zur Gewährung einer prämienfreien Versicherung und zur Leistung einer Herauszahlung an den Versicherungsnehmer namentlich bei vorzeitiger Beendigung des Versicherungsverhältnisses (Umwandlung und Rückkauf). Die Anwendung aller bezüglicher Vorschriften setzt zunächst voraus, daß die Prämie für mindestens drei Jahre bezahlt ist und in der Regel auch, daß die Versicherung mindestens drei Jahre bestanden hat. Sind diese Voraussetzungen erfüllt, so hat der Versicherungsnehmer bei jeder Art der Lebensversicherung den Anspruch auf eine prämienfreie Police, sei es daß er die Versicherung in der ursprünglichen Gesalt nicht fortsetzen will, sei es, daß der Versicherer wegen Nichtzahlung der Prämie kündigt. Der Betrag der prämienfreien Police bestimmt sich nach dem Lebensalter des Versicherten und der als einmalige Prämie anzusehenden Prämienreserve. Diese ist für den Schluß des laufenden Versicherungsjahres berechnet; Prämienrückstände werden von ihrem Betrage abgesetzt. Nur für Kapitalversicherungen auf den Todesfall, bei denen der Versicherungsfall notwendig eintreten muß, gelten sodann die Bestimmungen wegen Herauszahlung der Prämienreserve. Auf sie hat der Versicherungsnehmer Anspruch, wenn das Versicherungsverhältnis durch Rücktritt oder Kündigung aufgehoben wird oder wenn der Versicherungsfall eintritt, aber der Versicherer wegen Verletzung der Anzeigepflicht, Gefahrerhöhung oder aus einem sonstigen Grunde die Versicherungssumme nicht zu zahlen braucht. Hierher gehört auch der Fall des Selbstmords, nicht aber der der Tötung des versicherten Dritten durch den Versicherungsnehmer. In diesem ist der Versicherer von jeder Leistung frei. Für die Berechnung der Prämienreserve gilt das oben Gesagte. Besondere Schwierigkeit bereitete die Frage eines Abzugsrechts des Versicherers. Ursprünglich sollte bei der Umwandlung der Versicherung überhaupt kein Abzug gestattet sein, beim Rückkauf nur ein solcher von höchstens 3% der Versicherungssumme. Infolge der Kritik der Fachleute hat man sich aber entschlossen, in jedem Falle einen Abzug zuzulassen und lediglich vorzuschreiben, daß dieser „angemessen" sein muß. Über die Angemessenheit hätte an sich im Streitfall der Richter zu entscheiden. Doch ist das ohne praktische Bedeutung, da weiter bestimmt ist, daß, wenn der abzuziehende Betrag in den Versicherungsbedingungen festgesetzt ist, und die Festsetzung die Genehmigung der Aufsichtsbehörde gefunden hat, dieser Betrag „als angemessen gilt". Alle diese Vorschriften sind zwingendes Recht in dem früher angegebenen Sinne. Jedoch ist der Aufsichtsbehörde außer der eben erwähnten die weitere Vollmacht erteilt, eine andere Art sowohl der Umwandlung als der Berechnung des herauszuzahlenden Betrags in den Versicherungsbedingungen zu sanktionieren.

Keine besondere Berücksichtigung schenkt der Entwurf dem der Lebensversicherung innewohnenden Zweck der Familienversorgung. Er überläßt es dem Versicherungsnehmer, diesem Zwecke die Rechtsformen dienstbar zu machen, die das Bürgerliche Gesetzbuch an die Hand gibt, insbesondere die des Vertrages zugunsten Dritter. Die einschlägigen Bestimmungen werden nur für die Kapitalversicherung in einigen Punkten ergänzt. Der Versicherungsnehmer soll im Zweifel als befugt gelten, einseitig Bestimmungen bezüglich der bezugsberechtigten Person zu treffen und die getroffenen abzuändern, selbst wenn in den Versicherungsvertrag bereits eine solche Bestimmung aufgenommen ist. Für die häufig vorkommende Klausel, daß die Versicherung zugunsten der Erben gelten solle, wird eine Auslegungsregel aufgestellt. Endlich wird außer Zweifel gestellt, daß, wenn die Begünstigung eines Dritten aus irgend einem Grunde hinfällig wird, das Recht auf die Versicherungssumme dem Versicherungsnehmer selbst zusteht.

Für die Versicherung des Lebens eines Dritten wird die schriftliche Einwilligung dieses Dritten gefordert. Ausgenommen sind nur gewisse Versicherungen, die von Eltern auf das Leben eines minderjährigen Kindes genommen werden. Der Fall des Selbstmords der versicherten Person ist schon berührt worden. Nachzutragen ist nur, daß die Zahlung der Versicherungssumme nicht verweigert werden kann, wenn die Tat im Zustande der Unzurechnungsfähigkeit begangen wurde. Der Beweis hierfür liegt dem Forderungsberechtigten ob. Der Entwurf untersagt Vereinbarungen, die hiervon zuungunsten des Versicherungsnehmers abweichen. Unverwehrt ist es dagegen, den Versicherungsnehmer durch den Versicherungsvertrag günstiger zu stellen. Schließlich sei noch der Ausnahmestellung gedacht, die der Entwurf der sogenannten kleinen Lebensversicherung einräumt. Sie betrifft die Wirkungen der Versäumung von Prämienzahlungen, die Umwandlung und den Rückkauf der Police. Mit Genehmigung der Aufsichtsbehörde sollen diese Gegenstände abweichend vom Entwurf geregelt werden können. Dabei soll die Entscheidung der Aufsichtsbehörde auch in dem Sinne für den Zivilrichter bindend sein, daß dieser nicht nachprüfen darf, ob ein in den Kreis der sogenannten *kleinen* Lebensversicherung fallendes Vertragsverhältnis vorliegt.

Man sieht, daß in mehr als einer Beziehung die Wirksamkeit der durch das Reichsgesetz über die privaten Versicherungsunternehmungen vom 12. Mai 1901 geschaffenen Verwaltungsinstanzen unmittelbar auf das rein privatrechtliche Gebiet hinübergreifen wird, wenn der Entwurf Gesetzeskraft erlangt.

Mit den vorstehenden Mitteilungen ist der Berichtsstoff so gut wie erschöpft. Es ist erklärlich, daß eine Arbeit wie die Schaffung eines Versicherungsvertragsgesetzes die auf dem Gebiet des Privatversicherungswesens tätigen gesetzgeberischen Kräfte nahezu absorbiert. Es ist denn auch von diesem Gebiete ein sonstiges Ereignis von größerer und allgemeinerer Bedeutung nicht zu melden. Insbesondere ist die Aufgabe einer reichsgesetzlichen Regelung der Besteuerung der Versicherung, soweit bekannt, vorläufig gänzlich zurückgestellt. Erwähnung verdient immerhin, daß einer der kleineren deutschen Staaten, das Herzogtum Anhalt, neuerdings den Abzug der Lebensversicherungsprämien bis zu bestimmter Höhe vom Betrag des steuerpflichtigen Einkommens zugelassen hat. Es ist das geschehen durch Gesetz vom 4. Mai 1904. Die Steuerfreiheit bezieht sich nur auf

Prämien, die für die Versicherung des eigenen Lebens des Steuerpflichtigen bezahlt werden und erstreckt sich auf den Höchstbetrag von 400 Mark. Wenn endlich noch auf den dem deutschen Reichstag gleichfalls zur Beratung vorliegenden Entwurf eines Gesetzes über die Hilfskassen hingewiesen wird, der im wesentlichen darauf ausgeht, die bisher dem Organismus der öffentlichen Krankenversicherung eingegliederten eingeschriebenen Hilfskassen der Aufsicht des Kaiserlichen Aufsichtsamts für Privatversicherung zu unterstellen, so ist damit die diesem Bericht gesteckte Grenze vielleicht schon überschritten.

Des progrès de la législation en matière d'assurances privées.

Par A. Stichling, Gotha.

Le Conseil fédéral allemand a, vers la fin de l'année dernière, soumis au Reichstag un projet de loi sur le contrat d'assurance, un projet de loi d'introduction et un projet de loi portant modification des prescriptions du Code de Commerce concernant l'assurance maritime.

Ces divers projets sont actuellement l'objet des délibérations du Reichstag. Le principal d'entre eux se divise en cinq parties. La première renferme des dispositions s'appliquant à toutes les branches de l'assurance et traite plus spécialement au titre I : de la police, des clauses de résiliation, du commencement et de la fin de l'assurance, de la prescription. Les trois Titres suivants s'occupent de la déclaration obligatoire et de l'aggravation du risque, de la prime et des agents d'assurance. La deuxième partie est consacrée à l'assurance contre les sinistres fortuits. Son Titre I contient des dispositions générales se rapportant à tous les sinistres fortuits, les cinq Titres suivants concernent l'assurance contre l'incendie, l'assurance contre la grêle, l'assurance du bétail, l'assurance contre les risques de transport et l'assurance contre la responsabilité civile. Les troisième et quatrième parties ont trait à l'assurance sur la vie et à l'assurance contre les accidents. La cinquième partie est intitulée : „Dispositions finales“. Le projet principal compte en tout 191 articles.

La réassurance n'est pas comprise dans cette réglementation.

Seules les assurances-incendie, grêle, bétail, responsabilité civile, vie et accidents doivent être soumises à des prescriptions d'ordre public. Les autres branches de l'assurance, telles que l'assurance-transports, sont affranchies de ces dispositions par le projet lui-même ou tout au moins peuvent l'être par règlement d'administration publique.

Le projet est inspiré par un sentiment de sollicitude envers l'assuré. C'est en faveur de celui-ci que les règles les plus importantes, sinon les plus nombreuses, sont obligatoires, en ce sens que l'assuré qui aurait souscrit des conditions moins favorables que celles édictées par la loi n'est pas tenu de s'y conformer tandis que la police d'assurance conserve toute sa validité quant au reste.

Les principales données du projet sont les suivantes: Le contrat d'assurance se conclut conformément aux règles générales du droit, par offre et acceptation. Le proposant peut se lier par son offre pour un certain temps, mais non s'obliger à subir un examen médical. Le contrat n'est soumis à aucune forme déterminée, l'établissement d'une police n'est pas nécessaire à sa validité, mais les parties peuvent convenir qu'il en sera dressé une. Les conventions en vertu desquelles le fait d'accepter la police implique la reconnaissance de tout le contenu de cette dernière ne sont tolérées que sous certaines restrictions. Il n'est pas permis de donner à la police le caractère d'une valeur au porteur pure et simple.

L'assuré est tenu de déclarer quelles sont les circonstances contingentes du risque. Si l'assuré viole sciemment cette obligation l'assureur a le droit de se retirer du contrat. Si par contre l'assuré, sans qu'il y ait faute de sa part, omet d'accomplir cette formalité, l'assureur n'a le droit de réclamer que: le paiement d'une surprime — quand il s'agit d'assurance sur la vie il peut exiger que le capital assuré soit réduit — ou la résiliation, mais cela encore dans certains cas seulement. Au point de vue juridique la question de savoir si l'exposé des circonstances contingentes du risque doit ou non se faire par écrit, sur un questionnaire spécial, n'est d'ailleurs pas sans importance.

Lorsque la conclusion du contrat d'assurance remonte à 10 ans ce dernier est inattaquable à moins qu'un dol ne puisse être prouvé.

L'assuré n'a pas le droit d'aggraver le risque après que le contrat a été conclu, si le risque se trouve augmenté sans sa volonté il doit immédiatement en avertir l'assureur. Mais seule une aggravation coupable du risque autorise l'assureur à refuser l'exécution de sa prestation et à annuler le contrat. S'il n'y a pas faute de la part de l'assuré, l'assureur n'a d'autre droit que de résilier l'assurance moyennant observation d'un certain délai. Toutefois il pourra refuser l'accomplissement de sa prestation au cas où il n'aurait pu dénoncer le contrat, l'assuré ayant omis de lui signaler l'aggravation du risque. Quand il s'agit d'assurance sur la vie il faut que la notion de l'aggravation du risque ait été spécifiée expressément et par écrit. Si dix ans se sont écoulés depuis que cette aggravation s'est produite, elle ne saurait plus être opposée à l'assuré sauf quand un dol lui est imputable.

Le non-paiement des primes peut aussi avoir l'annulation de l'assurance pour conséquence, mais l'assureur n'est en droit de refuser purement et simplement d'accomplir sa prestation que si le versement de la prime doit être effectué avant que l'assurance prenne cours ou au moment même où elle commence à déployer ses effets.

En cas de non-paiement d'une prime dont l'échéance est postérieure, l'assureur doit impartir un délai à l'assuré. Ce dernier a, tant et aussi longtemps que l'assuré n'a pas dénoncé le contrat, le droit de verser la ou les primes en retard et de faire ainsi revivre l'assurance. Pour tous les avis que l'assureur est tenu de faire parvenir à l'assuré, il suffit qu'il envoie une lettre recommandée à la dernière adresse de ce dernier, et la signification est réputée faite même si ladite lettre ne touche pas le destinataire qui a changé de domicile. Quant à quelques particularïtés propres aux assurances sur la vie nous les examinerons plus tard.

Si le lieu de droit résultant de l'assurance cesse d'exister pour une des raisons que nous venons de citer l'assureur bénéficie des primes jusqu'à la fin de l'année d'assurance. Ce n'est que lorsque la résiliation intervient à cause de non-paiement d'une prime anticipée ou échéant au moment où l'assurance commence, que le preneur a l'obligation de verser une indemnité à la Compagnie. Les prescriptions concernant la déclaration, l'aggravation du risque et le paiement des primes sont obligatoires en faveur de l'assuré.

Les conventions d'après lesquelles la violation par l'assuré de conditions légales ou contractuelles entraîne pour ce dernier la perte de ses droits, ne sont valables qu'en tant qu'elles supposent une faute de sa part. En ce qui concerne les obligations à remplir après que l'événement qui fait l'objet de l'assurance s'est produit l'assuré ne perd ses droits qu'en cas de dol ou de négligence *grossière*.

Les conventions en vertu desquelles la créance de l'assuré n'est exigible que lorsqu'elle aura été établie par reconnaissance, accommodement ou jugement tombé en force, sont interdites.

La déclaration n'est obligatoire en matière d'assurance sur la vie qu'en cas de décès de l'assuré.

Le délai de prescription pour les créances résultant d'un contrat d'assurance est de deux ans, pour les assurances sur la vie il est porté à 5 ans. Ces délais ne peuvent être abrégés par les parties. L'assuré doit, à ses risques et périls, effectuer le versement de la prime en mains de l'assureur.

Toutefois si ce dernier faisait régulièrement encaisser les primes au domicile de sa contre-partie, celle-ci ne sera tenue d'opérer les paiements directement que si l'assureur lui en fait la demande par écrit. Les agents intermédiaires sont légalement présumés avoir le droit de recevoir tous versements et toutes déclarations de la part de l'assuré.

C'est surtout en matière d'assurance sur la vie que les dispositions relatives à la transformation et au rachat sont importantes. Pour qu'elles trouvent leur application il faut que le contrat existe depuis trois ans au moins, si c'est le cas l'assuré, quelle que soit la forme de l'assurance-vie, a droit à une police libérée. Quand le contrat est résilié en raison du non-paiement des primes, l'assurance ne s'éteint pas, mais se transforme en une police libérée. Pour les assurances en cas de décès où le capital doit en tout cas être payé un jour ou l'autre, mais pour celles-là seulement, la réserve mathématique doit être transférée au preneur lorsque l'assurance cesse du fait de sa démission ou par suite de résiliation, ou parce que l'assureur, quoique l'assurance vienne à échéance, n'est pas tenu de payer, la déclaration de risque ayant été omise ou pour toute autre cause. L'assureur, qu'il y ait transformation de la police ou rachat, est autorisé à opérer un décompte raisonnable. Est considéré comme tel tout décompte stipulé dans les conditions générales de la police avec approbation de l'autorité de surveillance. L'autorité de surveillance a, au reste, qualité pour permettre une autre forme de transformation ou de calcul des sommes restituables. Dans

le doute l'assuré a le droit, en matière d'assurance de capitaux, de disposer unilatéralement qu'un tiers sera le bénéficiaire de l'assurance et
de modifier unilatéralement aussi une disposition de ce genre. La clause
par laquelle l'assurance est contractée au profit des héritiers est l'objet
d'une interprétation authentique, mais il n'a pas été prévu de mesures
légales destinées à protéger la famille de l'assuré contre les prétentions
des créanciers de ce dernier.

Sauf certaines espèces d'assurances prises par des parents sur la vie
de leurs enfants, le consentement écrit du tiers sur la tête duquel l'assurance est contractée est nécessaire pour que l'acte soit valable.

En cas de suicide le paiement de l'assurance ne peut être refusé si
la personne qui a attenté à ses jours était en état d'irresponsabilité.
Les parties sont libres d'établir entre elles des conditions qui seraient
plus favorables au preneur que celles édictées par la loi.

Une place à part est faite à la „petite" assurance-vie en ce sens que,
moyennant autorisation concédée par l'Office de surveillance, les clauses
concernant l'effet du non-paiement des primes, la transformation et le
rachat de la police peuvent s'écarter des règles fixées par le projet.

A côté du projet dont il a été question jusqu'ici le législateur n'a
accompli aucun travail important dans le domaine de l'assurance privée.
L'idée d'une réglementation uniforme de l'impôt sur les assurances
parait, en particulier, avoir été momentanément abandonnée.

Dans le duché d'Anhalt une loi, du 4 mai 1904, permet que l'on
porte, jusqu'à un certain point, le montant des primes pour l'assurance-
vie, en déduction du revenu imposable. Il ne reste plus à citer qu'un
projet de loi sur les caisses de secours, dont est nanti le Reichstag et
qui tend principalement à séparer les caisses de secours autorisées de
l'organisme officiel de l'assurance contre la maladie, pour les soumettre
à la surveillance exercée sur l'assurance privée.

The progress of german legislation concerning private insurance.

By A. Stichling, Gotha.

By the introduction — about forty years ago — of the German
Commercial Code in almost every German State the marine insurance
contract alone was regulated by law in Germany. All other classes of
insurance are until this day without any regulation by law.

Towards the end of last year the Federal Council introduced into
the Reichstag bills on insurance contracts with an introductory bill to
them; furthermore a bill concerning modifications of the Commercial
Code regarding its clauses on marine insurance. The discussion on
these bills is taking place at present in the Reichstag. The principal bill
contains five sections.. The first section contains rules for all classes
of insurance business, and deals in its first chapter among other things
with the insurance certificate, the clauses on forfeiture, the beginning

and the termination of the insurance and the prescription. In three chapters the bill deals with the duty of notification, the increase of a risk, the premium, and the insurance agents. The second section deals with the insurance against damages in general, and contains in five more chapters special rules concerning fire- hail- cattle- transport and accident insurance. The third and fourth section deal with life- and accident insurance and the fifth section is headed "final regulations". Altogether the principal bill contains 191 paragraphs. The introductory bill deals mainly with the question of the retrospective effect of the new law on existing insurance contracts.

The bill concerning modifications of the paragraphs of the commercial code on marine insurance aims at harmonizing in their principal points those regulations with the proposed law concerning the insurance against risks in inland navigation.

Re-insurance is excluded from this law; likewise the insurances effected with professional unions, with registered friendly societies and other similar public institutions concerned in insuring against sickness or accidents. Only fire- hail- cattle- guarantee- life- and accident insurances are to be subjected also unconditionally to the obligatory rules without exception. The other branches of insurance business, particularly the Transport insurance (common carriers) are excluded from these regulations either by the law itself or by ordinances of the state authorities.

The same (exclusion) is the case with reference to insurances in municipal or state insurance offices, in many territories of the German Empire in accordance with public law especially in fire insurance offices of this kind, that are in existence for insurances of this kind, the regulations concerning insurance agents are also not of binding force.

The bill takes particularly good care of the interests of the insured. The most important clauses of the act shall be obligatory, in this sense: that conditions, differing from the general definitions of the law or of the contract against his (the insurer's) interest shall not be binding for him, though all the other parts of the insurance contract remain in full force.

We give herewith some details of the new bill. The general principles of law hold good also for the conclusion of an insurance contract. This contract also requires an offer and its acceptance. The proposer can limit his offer to a certain period of time, but cannot bind himself legally to submit to a medical examination. There is no particular form demanded for this contract. The writing out of an insurance certificate (Versicherungsschein) is not necessary to make the contract legally binding, but it may be asked for provided the contract entitles to it. Agreements, that with the acceptance of the insurance certificate its entire contents are agreed to are admitted with restrictions only. The insurance certificate cannot be made a paper "au porteur" (to bearer).

The insured has the duty to notify the existence of the risk. The violation of this duty, if culpable entitles the insurer to cancel the contract. Is the violation not culpable, the insurer is entitled to increase the premium, — in life insurance to diminish the insured amount — or to give notice; but even this right is not given under all circumstance. It is important from a legal point of view, whether all the details of the risk are stated in writing upon the "Questionaire". In life insurance the contract becoms incontestable after ten years, unless frand (dolus) can be proved.

After conclusion of the insurance contract the insured may not increase the risk; an increase of the risk occurring without his will should be notified to the insurer at once. Only a culpable increase of the risk entitles the insurer to decline to do his part of the contract and to cancel the same. If there be no fault, the insurer is merely entitled to give due notice of the termination of the contract; (but being bound by the time limit, expressed in the contract) if the notification of an increase of the risk has not been made, the insurer may decline to perform his part of the contract. In life insurance it must be stated expressly in writing, what is to be considered an increase of the risk; after ten years an increase of the risk cannot be any longer a disadvantage for the insured, unless bad faith or frand is proved.

If the premium is not paid it may also bring about the termination of the insurance contract. But the insurer can decline to perform his part of the contract only in the case, when the premium is not paid at or before beginning of the contract. In case of non-payment of a premium which is due afterwards the insurer is bound to give a certain "grace" (time) for its payment. In any case the insured is entitled to pay the premium and to keep the insurance intact for the future as long as the insurer has not given him notice of its termination, which regard to all notifications from the insurer to the insured it is considered sufficient, if the insurer has posted a registered letter to the last known residence of the insured, even should such a letter not reach the insured in consequence of the latter having changed his place of residence. Other peculiarities of the life insurance contract will be mentioned later on.

Should an insurance contract lapse in consequense of one of the above mentioned regulations, the premium remains the property of the insurer until the termination of the current insurance period. But if in case of non-payment of the premium before or at the conclusion of the insurance contract the insurer has given due notice, the insured is bound to pay only a reasonable sum for business expenses. The above mentioned regulations with regard to the duty of notification, increase of the risk and payment of premium are obligatory in favour of the insured persons.

Agreements, according to which the violation of any legal or contracted obligations (duties) on the part of the insured should carry with it the loss of his claims against the insurer — so called forfeiture clauses — can be made only for a case of culpable violation; for obligations, falling due after the insurance claim become payable such agreements can be made only for cases of mala fides (bad faith) or of very great negligence.

Those agreements are not permitted, by which the falling due of the insurance claim is postponed until it is settled by acknowledgment, or by compromise or by final judgment of a court of law. But on the other hand the payment of the insured sum may be declined until the necessary papers, references, documents etc. are handed in to the insurer. The duty of notification in case of life insurance exists only in case of the death of the insured person. It is sufficient to send this notification in writing within three days after the death of the insured. The time of the prescription of claims, arising from insurance claims is two years, for life insurance claims however five years. This time cannot be shortened by contract. The amount of the premium must be sent to the insurer by the insured at his (the latter's) risk and expense. Should however the premium have been collected from the insured, the duty of sending the premiums revives only after notification in writing by the insurer. Even a mere agent has a right to collect money and is considered entitled to receive all communications and declarations from the insured person.

For life insurance the regulations concerning changing and re-purchasing of a policy are of special interest. To effect either the insurance should have been in force during three years at the least. In this case the insured person is entitled in every class of life insurance business to ask for a policy free from premium. In case of notice of termination of the insurance contract having been given in consequence of non-payment of the premium, the insurance does not lapse but is changed into a "premium-free" insurance only in whole life capital insurances of that kind, when the insured capital becomes due *in any case* at some time, it is further enacted, that the relative premium-reserve has to be granted to the insured person, when the insurance contract has been cancelled either by its having been given up by the insured or by notice having been given; or in case of the insurance claim becoming due but when the insurer is not bound to pay the insured sum either in consequence of violation of the duty of notification, or of an increase of the risk or for any other reason. The case of suicide belongs to the last named class. In the case of modification as well as of re-purchase of the policy the insurer is entitled to make a resonable deduction. Such a deduction is considered reasonable in any case, when it has been stipulated among the conditions of the insurance contract with permission of the supervising office. This office has the right to permit also a different method of modification as well as of the calculation of the sum to be paid.

In insuring a sum of money (capital) the insured shall be entitled in case of doubt to dispose all alone of the money that a third person should have the right to receive that capital; the insured is also entitled to change of his own will such a disposition. An authentic interpretation of the clause is given, when it stipulates that the insured sum should go to the heirs at law of the insured. There are no legal regulations in the bill in favour of the family of the insured person against any creditors of the latter.

With the exception of certain cases of the insurance of the life of children by their parents the consent in writing of a third person (to be insured) is necessary. In case of suicide the payment of the insured amount cannot be refused when the suicide was committed in a state of inresponsibility. More favourable agreements, than this for the insured may be made.

The industrial insurance (so-called small insurance) has an exceptional position, because with consent of the supervising authority modifications from the clauses of the bill in the conditions of the insurance contract are permitted concerning the effect of late payments or non-payments of the premium and concerning the change or repurchase of the policy.

Besides these bills no other important legal proposals concerning private insurance can be mentioned. The regulation of the taxation of insurance by imperial laws has been evidently postponed.

In the Duchy of Anhalt it has been enacted by a law passed on the 4. May 1904, that within certain limits the amount of the premium on a life insurance policy may be deducted from the income, which is subjected to the income tax. Another bill has been introduced into the Reichstag concerning friendly societies (clubs) to the effect to subject also those friendly clubs, which hitherto belonged to the class of public friendly societies to the supervision office of the private insurance friendly clubs.

Der deutsche Entwurf eines Gesetzes über den Versicherungsvertrag und die neue ausländische Versicherungsgesetzgebung.

Von **Paul Moldenhauer**, Köln.

Der 1896 erschienene, im Auftrage des Bundesrates von Professor *Rœlli* ausgearbeitete Schweizer Entwurf zu einem Bundesgesetze über den Versicherungsvertrag, hat eine neue Epoche der Versicherungsgesetzgebung eingeleitet, ähnlich wie die Schweiz durch das Bundesgesetz betreffend Beaufsichtigung von Privatunternehmungen im Gebiete des Versicherungswesens vom 25. Juni 1885 anregend auf die Aufsichtsgesetzgebung gewirkt hat. Unter dem Banne des Schweizer Entwurfes stehen der deutsche Entwurf, der in erster Fassung 1903 vom Reichsjustizamt veröffentlicht wurde und in seiner neuen Fassung am 28. November 1905 dem Reichstag zuging, der französische Entwurf, der im Juli 1904 erschien, und der österreichische vom Mai 1905. Die beiden letzteren Entwürfe stehen aber auch unter dem Einfluß des deutschen, namentlich der österreichische, ja der deutsche Entwurf hat wiederum auf die letzte Fassung des Schweizer Entwurfes vom 16. Juni 1905 in verschiedenen Punkten eingewirkt (vergl. Art. 28 a, 42 a, 43 a, die eine fast wörtliche Übereinstimmung mit dem deutschen Entwurf zeigen). So stehen also diese vier neuen Entwürfe in engster Wechselbeziehung zueinander, nur der französische geht vielfach seine eigenen Wege, zeigt sich also weniger beeinflußt. Eine besondere Stellung nimmt dagegen die englische Marine Insurance Bill von 1899 ein. Sie baut sich ganz auf dem englisch-amerikanischen Seeversicherungsrecht auf und zeigt sich völlig unbeeinflußt von den modernen gesetzgeberischen Tendenzen, die die vier anderen Entwürfe beherrschen. Es hängt das allerdings auch zum Teil mit dem Gegenstand zusammen, der Seeversicherung, die unter anderen Grundsätzen steht wie die übrigen Versicherungszweige. Der österreichische und französische Entwurf behandeln die Seeversicherung überhaupt nicht, weil sie für diese Länder bereits im Handelsgesetzbuch bzw. *code de commerce* geregelt ist. Die deutsche Gesetzgebung will in einem besonderen Gesetz einige Grundsätze des künftigen Rechtes der Binnenversicherung auf die Seeversicherung übertragen, während der Schweizer Entwurf sich zwar auch auf die Seeversicherung bezieht, aber für sie die Vertragsfreiheit in erheblich geringerem Maße einschränkt als bei den übrigen Versicherungszweigen (Art. 80). Wegen ihrer abgesonderten Stellung scheide ich die Marine Incurance Bill aus der weiteren Erörterung aus.

Was ist nun das dem Schweizer, deutschen, französischen und österreichischen Entwurf trotz aller Verschiedenheit im einzelnen Gemeinsame? Es ist die Tendenz, den Versicherten, der als einzelner gegenüber der Versicerungsgesellschaft oder gar einem Versicherungskartell als der wirtschaftlich Schwächere erscheint, dadurch zu stärken, daß eine Reihe von Vorschriften erlassen werden, die einer Abänderung seitens der Parteien zugunsten des Versicherten entzogen sind. Wir finden hier denselben Gedanken wieder, der unsere neue Gesetzgebung überall beherrscht, wo es den Schutz des wirtschaftlich Schwächeren gilt, nämlich durch zwingende Vorschriften das Recht der freien Vereinbarung irgend eines Vertragsinhaltes einzuschränken. Es sei hier nur auf die Vorschriften der Gewerbeordnung bezüglich des Arbeitsvertrages, des Handelsgesetzbuches bez. der Handlungsgehilfen, das bürgerliche Gesetzbuch bez. des Dienstvertrages (§ 617—619) verwiesen. In Deutschland, Österreich und der Schweiz wird die Stellung des Versicherten aber noch durch einen weiteren Umstand gestärkt. Da hier durch die Aufsichtsgesetze die Aufstellung und ebenso die generelle Abänderung der allgemeinen Versicherungsbedingungen der Genehmigung der Aufsichtsbehörde unterliegt, werden die Versicherungsunternehmungen gezwungen sein, im allgemeinen sich auch nach den dispositiven Bestimmungen des Gesetzes zu richten, da die Aufsichtsbehörde wohl hierauf dringen wird, wenn nicht ganz besondere Gründe für eine Ausnahme vorhanden sind.

I. Es liegt auf der Hand, daß ein Gesetzgeber, der die Stellung des Versicherten stärken will, sein Hauptaugenmerk auf die Verwirkungsklauseln richten muß, d. h. auf Abmachungen, die gewisse Handlungen oder Unterlassungen des Versicherten mit der Verwirkung des Anspruches bedrohen. Der Gesetzgeber kann solche Verwirkungsklauseln einfach verbieten. Damit wäre aber den Versicherungsgesellschaften die einzige Waffe aus der Hand gewunden, die sie besitzen, um einen geregelten Geschäftsgang aufrecht zu erhalten und sich vor Ausbeutungen zu schützen. Es gilt also, die Verwirkungsklauseln derart einzuschränken, daß ihre Anwendung keine Härte für den Versicherten bedeutet, andererseits der Versicherer sich ihrer aber noch erfolgreich bedienen kann. Die vier Entwürfe haben dies Ziel durch die Einführung des Verschuldensprinzipes in das Versicherungsrecht zu erreichen versucht, d. h. sie suchen im allgemeinen den Grundsatz durchzuführen, daß nur eine von dem Versicherten verschuldete Verletzung einer ihm auferlegten Obliegenheit eine Verwirkung des Anspruches herbeiführt oder mit ihr bedroht werden darf. Dieses Prinzip kommt in den einzelnen Entwürfen in folgender Weise zum Ausdruck:

1) Obliegenheiten, die bei Abschluß des Versicherungsvertrages zu erfüllen sind.*) Während der deutsche, französische und österreichische

---

*) Wenn nichts anderes bemerkt ist, ist unter Entwurf stets die letzte Fassung verstanden. D. bedeutet deutscher, S. Schweizer, F. französischer und Ö. österreichischer Entwurf.

Entwurf an der Anzeigepflicht des Versicherten festhalten, ist der Schweizer Entwurf schließlich dazu übergegangen, dem Versicherten nur die Pflicht aufzuerlegen, dem Versicherer an Hand eines Fragebogens oder auf sonst schriftliches Befragen alle für die Beurteilung der Gefahr erheblichen Tatsachen schriftlich anzuzeigen (Art. 5). Aber auch der deutsche und österreichische Entwurf nehmen auf den in der Praxis üblichen Gebrauch eines Fragebogens Rücksicht, der deutsche, indem er bestimmt, daß wenn der Versicherer einen Fragebogen vorlegt, der Versicherer wegen unterbliebener Anzeige eines Umstandes, nach welchem nicht ausdrücklich gefragt worden ist, nur im Falle arglistiger Verschweigung zurücktreten kann (§ 18). Der österreichische Entwurf geht noch weiter, da dem Versicherten, soweit ihm nicht bestimmte Fragen in unzweideutiger Fassung vorgelegt werden, überhaupt nur Arglist zur Last fällt (§ 4). Ist die Anzeige- oder Antwortpflicht von dem Versicherten verletzt worden, so kann der Versicherer von dem Vertrag zurücktreten oder der Vertrag ist nichtig (F. Art. 36). Die Haftung des Versicherers bleibt dagegen bestehen oder ein Rücktrittsrecht ist ausgeschlossen: 1) wenn den Versicherten· kein Verschulden trifft (D. § 16 und 17; Ö. § 4) oder wenn der Versicherer die Verschweigung oder unrichtige Angabe veranlaßt hat (S. Art. 10. 2) oder wenn der Versicherte die verschwiegene Tatsache oder Unrichtigkeit nicht gekannt hat (F. Art. 36; S. Art. 8: der Versicherer ist nicht an den Vertrag gebunden, wenn der Versicherte ... kannte oder kennen mußte). 2) Wenn der Versicherer die Verschweigung oder Unrichtigkeit gekannt hat (D. § 16 und 17; Ö. § 4 (kennen mußte!); S. Art. 10, ebenfalls mit dem wichtigen Zusatz: oder kennen mußte). 3) Wenn der falsch oder unrichtig angegebene Umstand vor der Rücktrittserklärung fortgefallen ist (Ö. § 4 u. S. Art. 10). 4) Wenn der Versicherer auf den Rücktritt verzichtet oder diesen nicht innerhalb einer bestimmten Frist (ein Monat bzw. vier Wochen) ausübt (D. § 20, Ö. § 5 u. S. Art. 8). 5) Wenn der Anzeigepflichtige auf eine ihm vorgelegte Frage eine Antwort nicht erteilt und der Versicherer den Vertrag gleichwohl abgeschlossen hat (S. Art. 10). 6) Bei mangelndem Kausalzusammenhang (D. § 21), während der französische Entwurf ausdrücklich in Übereinstimmung mit dem bisherigen Recht erklärt, daß es auf den Kausalzusammenhang nicht ankomme (Art. 36 Abs. 2). Ist der Rücktritt ausgeschlossen, so kann der Versicherer unter gewissen Voraussetzungen den Vertrag kündigen oder eine höhere Prämie verlangen (D. § 41 u. Ö. § 24). Nach dem französischen Entwurf hat der Versicherer immer das Recht, den Vertrag unter Einhaltung einer Kündigungsfrist von 10 Tagen zu kündigen, wenn der Versicherungsfall noch nicht eingetreten ist. Ist dieser bereits eingetreten, so kann der Versicherer seine Leistung in dem Maße kürzen als die erhobenen Prämien von denen überstiegen werden, die der Versicherer bei richtiger Kenntnis der Sachlage verlangt hätte (F. Art. 36). Noch viel günstiger lauten die Bestimmungen der vier Entwürfe über die Anzeigepflicht für die Lebensversicherung (vergl. D. § 159 u. 160; S. Art. 66; F. Art. 39 u. 72; Ö. § 138 u. 140). Wir sehen also die Entwürfe in den Einzelbestimmungen stark divergieren, aber in allen vier das gleiche Bestreben, das Versicherungsrecht in dieser wichtigen Frage in einer dem Versicherten günstigeren Weise fortzubilden. Ob man aber hierin nicht zuweilen zu weit gegangen ist und zu wenig Rücksicht auf den Versicherer genommen hat (vgl. z. B. D. § 21), mag dahingestellt bleiben.

2) Obliegenheiten, die der Versicherte während der Dauer des Versicherungsvertrages zu erfüllen hat:

a) Die Prämienzahlung. Alle vier Entwürfe enthalten den wichtigen Grundsatz, daß der Versicherte erst in Verzug gerät und damit erst Rechtsnachteile für ihn eintreten können, wenn er schriftlich zur Zahlung der Prämie aufgefordert ist. Zahlt er dann innerhalb der gesetzten Frist [S. Art. 21 u. F. Art. 29: 10 Tage; D. § 39: zwei Wochen (vergl. aber §§ 38 u. 91); Ö. § 23: ein Monat] nicht, so ist der Versicherer bei Eintritt des Versicherungsfalles nicht zur Leistung verpflichtet. Er kann die Prämie einklagen oder den Vertrag kündigen. Nach dem Schweizer und österreichischen Entwurf gilt der Vertrag als stillschweigend gekündigt, wenn die Prämie nicht innerhalb einer bestimmten Frist (2 Monate) eingeklagt wird (Ö. § 23, S. Art. 22), während nach dem deutschen und französischen Entwurf eine ausdrückliche Willenserklärung erforderlich ist. Solange diese nicht erfolgt ist, kann der Versicherte (D. § 39; F. Art. 29) durch Zahlung der Prämie die Versicherung wieder in Kraft setzen. Ganz besonders schützen alle vier Entwürfe den Versicherten vor Verfall der Versicherung in der Lebensversicherung. Besteht die Versicherung drei Jahre lang, so kann der Versicherte Rückkauf (nur bei Todesfallversicherung) oder Umwandlung in eine prämienfreie Versicherung verlangen. Letzteres tritt ohne weiteres ein, wenn der Versicherte die Prämie nicht bezahlt. Auch über die Art und Weise der Berechnung des Rückkaufwertes und der prämienfreien Versicherung enthalten die Entwürfe Bestimmungen, die sie der Willkür des Versicherers entziehen (vergl. D. § 170—175; S. Art. 74—77; F. Art. 66—68; Ö. § 142—144).

Eine Bestimmung, die die Vereinbarung verbietet, daß der Versicherer haftet, wenn zwar die Police ausgehändigt ist, der Versicherte aber die Prämie nicht bezahlt hat, findet sich nur noch im Schweizer Entwurf (Art. 20), im deutschen ist sie fortgefallen. Dagegen enthalten alle Entwürfe mit Ausnahme des französischen die Vorschrift, daß, wenn die Prämie regelmäßig eingezogen worden ist, der Versicherungsnehmer zur Übermittlung der Prämie erst verpflichtet ist, wenn ihm schriftlich angezeigt wird, daß die Übermittlung verlangt werde (D. § 37; S. Art. 23; Ö. § 18).

Auch das Prinzip von der Unteilbarkeit der Prämie wird von den vier Entwürfen im allgemeinen anerkannt (D. § 40; Ö. § 5; S. Art. 25; F. Art. 36), wenn es auch an verschiedenen Stellen durchbrochen wird.

b) Erfüllung sonstiger Obliegenheiten während der Dauer des Versicherungsvertrages. Übereinstimmend enthalten der Schweizer, deutsche und österreichische Entwurf die allgemeine Bestimmung, daß eine Verwirkung des Anspruches an die Verletzung einer vor Eintritt des Versicherungsfalles zu erfüllende Obliegenheit nur geknüpft werden darf, wenn die Verletzung eine verschuldete ist (S. Art. 42 a; D. § 6;

Ö. §§ 7 u. 8). Der österreichische Entwurf fügt noch hinzu, daß der
Rechtsnachteil nur dann eintritt, wenn die Außerachtlassung der Vorschrift für den Eintritt des Versicherungsfalles oder den Umfang der
dem Versicherer obliegenden Leistung von Einfluß sein kann (§ 7), bzw.
wenn der Versicherungsfall bereits eingetreten ist, daß ein Kausalzusammenhang bestehen muß (§ 8) und der Schweizer enthält noch die
allerdings schon durch Art. 42 a gedeckte Bestimmung, daß der Versicherte eine ohne Verschulden versäumte Handlung nach Beseitigung
des Hindernisses ohne Verzug nachholen kann (Art. 42). In dem
französischen Entwurf findet sich keine derartige allgemeine Vorschrift,
sondern nur im Art. 37 mit besonderer Rücksicht auf die Arbeiter-
unfallversicherung (s. Motive S. 29 der amtl. Ausgabe) eine starke Einschränkung der Klausel, daß der Versicherte bei Verletzung von Gesetzen
oder Verordnungen (réglements) den Anspruch verwirkt. Eingehend
behandeln alle vier Entwürfe den für die Praxis wichtigsten Fall der
Gefahrerhöhung. Es wird zwischen einer Gefahrerhöhung mit Zutun
des Versicherten und ohne Zutun unterschieden. Im ersteren Falle
kann der Versicherer den Vertrag sofort kündigen (nach dem S. Art. 28
ist er für die Folgezeit nicht an den Vertrag gebunden), er haftet nicht,
wenn der Versicherungsfall eingetreten ist (D. § 23—25; F. Art. 31;
Ö. § 58 u. 59). Im letzteren Falle ist der Versicherte zur unverzüglichen Anzeige verpflichtet (D. § 27; S. Art. 28; Ö. § 59: ein Monat,
F. Art. 31: innerhalb 8 Tagen); der Versicherer kann nach dem
deutschen und österreichischen Entwurf unter Einhaltung einer Frist
von einem Monat kündigen (D. § 27, Ö. § 58); nach dem Schweizer nur,
wenn er sich das Rücktrittsrecht vorbehalten hat. Die Frist beträgt
14 Tage (Art. 29). Der französische Entwurf gibt auch in diesem Fall
dem Versicherer das sofortige Kündigungsrecht (Art. 31). Der Versicherer haftet in jedem Falle, wenn er die Gefahrerhöhung kannte und
nicht kündigte (D. § 24, 25 und 28; Ö. § 59; F. Art. 31), nach dem
deutschen, österreichischen und Schweizer Entwurf auch bei mangelndem Kausalzusammenhang (D. § 25 und 28; Ö. § 59; S. Art. 31). Besonders regeln der deutsche und der Schweizer Entwurf die Frage des
Verstoßes gegen bestimmte dm Versicherten zum Zweck der Verminderung der Gefahr oder zum Zweck der Verhütung einer Gefahrerhöhung auferlegten Obliegenheiten. Auch in diesem Fall soll der
Versicherer bei mangelndem Kausalzusammenhang haften (D. § 32;
S. A. 28a). Für die Lebensversicherung enthalten der deutsche und
der österreichische Entwurf noch weitere Einschränkungen der Ver-
tragungsfreiheit (vgl. D. § 161; Ö. § 135 und 136).

3. Obliegenheiten, die der Versicherte nach Eintritt des Versicherungsfalles zu beobachten hat. Eine besondere allgemeine Bestimmung
kennen nur der deutsche, der Schweizer und der österreichische Entwurf. Der erstere sieht vor, daß eine Verwirkung nicht eintritt, wenn
die Verletzung weder auf Vorsatz noch auf grober Fahrlässigkeit beruht (§ 6). Der österreichische Entwurf geht dagegen noch weiter.
Mit der Verwirkung dürfen nur arglistige Außerachtlassungen von
Pflichten bedroht werden, oder solche, die die Feststellung des Versicherungsfalles oder den Umfang der dem Versicherer obliegenden

Leistung beeinflußt haben, vorausgesetzt, daß dem Anzeigepflichtigen ein Verschulden zur Last fällt (§ 33). Der Schweizer Entwurf unterscheidet nicht zwischen Obliegenheiten, die vor Eintritt des Versicherungsfalles, und solchen, die nach Eintritt desselben zu erfüllen seien. Der Art. 42a bezieht sich demnach auf beide Fälle. Der französische Entwurf behandelt nur die allerdingswichtige Pflicht des Versicherten zur Anzeige des Versicherungsfalles und beschränkt zu seinen Gunsten die Vertragsfreiheit ein (F. Art. 37; vgl. auch die hierauf bezüglichen Bestimmungen des D. §§ 92; 108; 150; 168; 179 und S. Art. 37).

II. Zwischen den Versicherer und den Versicherten tritt in den meisten Fällen der Agent. Ihm sind Anzeigen zu machen, er unterstützt und berät den Versicherten bei Ausfüllung des Fragebogens, er händigt die Police aus, zieht die Prämien ein, kurz er vermittelt den ganzen Geschäftsverkehr zwischen dem Versicherten und dem Versicherer, ja als Abschlußagent tritt er für den Versicherten fast ganz an die Stelle des Versicherers. Es liegt auf der Hand, daß sich der Gesetzgeber mit dieser Frage, d. h. mit der Vollmacht des Agenten beschäftigen und sie so regeln muß, daß nicht aus der Mitwirkung des Agenten für den gutgläubigen und redlichen Versicherten ein Rechtsnachteil resultiert. Auf der andern Seite kann unmöglich dem Agenten eine unbeschränkte Vollmacht beigelegt werden, weil dadurch das Unternehmen des Versicherers auf eine so schwankende und unsichere Grundlage gestellt wird, daß eine gesunde Weiterentwicklung des Versicherungswesens gefährdet erscheint. Diese Frage gehört demnach zu den schwierigsten des Versicherungsrechtes, und auf verschiedene Weise suchen drei der Entwürfe das Problem zu lösen, der französische allein läßt es unberücksichtigt. Am kürzesten faßt sich der Schweizer Entwurf. Danach gilt der Agent dem Versicherungsnehmer gegenüber als ermächtigt, für den Versicherer alle diejenigen Handlungen vorzunehmen, welche die Verrichtungen eines solchen Agenten gewöhnlich mit sich bringen oder die der Agent mit stillschweigender Genehmigung des Versicherers vorzunehmen pflegt (Art. 33). Daß bei einer solch umstrittenen Frage diese alles der Entscheidung des Richters überlassende Regelung keinen erheblichen Fortschritt bedeutet, muß wohl zugegeben werden. Nur die eine positive Bestimmung enthält noch der Entwurf, daß der Agent nicht befugt ist, von den allgemeinen Versicherungsbedingungen abzuweichen (Art. 33). Für den Abschlußagenten ist diese Bestimmung wieder zu eng. Österreich sucht die Frage der rechtlichen Stellung des Agenten in zwei Gesetzen zu regeln, dem künftigen Aufsichtsgesetz und dem Versicherungsvertragsgesetz. Das erstere unterscheidet Zweigniederlassungen, die sich im wesentlichen mit den Abschlußagenten des deutschen Entwurfes decken, Geschäftsstellen (Stabil-Bezirks- und Hauptagenten) und Mobilagenten (99—103). Die letzteren sind nur zur Anwerbung von Parteien zum Geschäftsabschluß und zur Entgegennahme der Versicherungsanträge und des Widerrufes ermächtigt, die Geschäftsstellen außerdem zur Aushändigung der Versicherungsurkunden, zur Entgegennahme von Anzeigen, zur Empfangnahme der Prämien und zur Auszahlung der Versicherungs- bzw. Entschädigungssummen. Diese Vorschriften finden nun eine Ergänzung durch § 14 des Entwurfes über das Vertragsgesetz. Danach muß der Versicherer Erklärungen gegen sich gelten lassen, die der Versicherungsnehmer gegenüber Personen vornimmt, die von dem Versicherer mit dem Abschluß oder der Vermittlung von Versicherungsgeschäften betraut sind, also auch gegenüber Mobilagenten, sofern nicht durch die Umstände die Annahme begründet wird, daß der Versicherungsnehmer bei Erstattung der Anzeige gewußt habe, daß die fragliche Person zur Entgegennahme solcher Anzeigen nicht ermächtigt sei. Schließlich steht bezüglich der Anzeigepflicht die Kenntnis eines jeden Agenten der Kenntnis des Versicherers gleich (§ 14 Abs. 3). Der österreichische Entwurf geht also sehr weit, ihm gegenüber hat der deutsche eine gewisse Zurückhaltung beobachtet, ohne sich, wie der Schweizer, zu einer Unklarheit verleiten zu lassen. Scharf unterscheidet der deutsche Entwurf zwischen Abschluß-und Vermittlungsagenten und ferner zwischen solchen, die ausdrücklich für einen bestimmten Bezirk bestellt sind, und solchen, für die diese Einschränkung nicht vorgesehen ist (§§ 43, 45 und 46). Während die Vollmacht des Abschlußagenten mit Recht sehr weit gezogen ist, ist die des Vermittlungsagenten im wesentlichen auf die Entgegenahme von Anträgen, Anzeigen und Erklärungen, sowie Aushändigung von Versicherungsscheinen beschränkt. Prämien ist er nur anzunehmen befugt, wenn er sich im Besitz einer von dem Versicherer unterzeichneten Prämienrechnung befindet; seine Kenntnis steht nicht der des Versicherers gleich (§§ 43 und 44). Der deutsche Entwurf kommt demnach der Lösung des Problems am nächsten.

III. Außer den Bestimmungen, die sich auf die beiden Fragen der Verwirkungsklauseln und der rechtlichen Stellung der Agenten beziehen, finden wir noch verschiedene Vorschriften in den Entwürfen, die dem auf den Schutz des Schwächern gerichteten Bestreben ihre Entstehung verdanken. Aus ihnen seien im folgenden die wichtigsten hervorgehoben.

a) Der Schweizer und der österreichische Entwurf setzen die Frist, während welcher der Versicherte an seinen Antrag gebunden ist, auf 14 Tage, und wenn es sich um eine Versicherung mit ärztlicher Untersuchung handelt, auf vier Wochen bzw. einen Monat fest (S. Art. 2; Ö. § 1). Der deutsche Entwurf enthält eine derartige Bestimmung nur bezüglich der Feuerversicherung (§ 81).

b) Besondere Bestimmungen des deutschen, Schweizer und österreichischen Entwurfes suchen den Versicherten dagegen zu schützen, daß nicht ohne seine Kenntnis Abänderungen der Versicherungsbedingungen oder sonst getroffener Vereinbarungen sich in der Police finden, ihm aber durch vorbehaltlose Annahme des Versicherungsscheines das Widerspruchsrecht genommen ist. So bestimmt der Schweizer Entwurf, daß der Versicherte binnen vier Wochen nach Empfang des Versicherungsscheines die Berichtigung verlangen kann, wenn der Inhalt nicht mit den getroffenen Vereinbarungen übereinstimmt (Art. 13). Dasselbe bezweckt der § 5 des deutschen Entwurfes. Dazu kommt noch, daß nach dem deutschen Versicherungsaufsichtsgesetz der Versicherer verpflichtet ist, wenn er von den allgemeinen Versicherungsbedingungen zuungunsten des Versicherten abweichen will, diesen ausdrücklich darauf hinweisen und sein schriftliches Einverständnis einholen muß (V. A. G. § 9). Freilich hat diese Bestimmung keine zivilrechtliche Bedeutung (vgl. Kommentar von *v. Knebel-Doeberitz*, Berlin 1902, S. 31), während der österreichische Entwurf ausdrücklich vorsieht, daß, wenn der Versicherer den Versicherten nicht auf die Abweichungen aufmerksam macht, diese keine Geltung erlangen (§ 2). Alle drei Entwürfe verpflichten den Versicherer dem Versicherten auf Verlangen eine Abschrift der Erklärung, die er mit bezug auf den Vertrag abgegeben hat, auszuhändigen (S. Art. 12; D. § 3; Ö. § 11). Nach dem österreichischen Entwurf müssen die allgemeinen Versicherungsbedingungen in der Police enthalten sein (§ 10), nach dem Schweizer Entwurf (Art. 4) und dem deutschen V. A. G. (§ 10) müssen sie vor Abschluß des Vertrages dem Versicherten ausgehändigt werden. Freilich auch diese Bestimmung hat im Gegensatz zu dem Schweizer Entwurf keine zivilrechtliche Bedeutung (s. o.).

c) Alle vier Entwürfe verbieten eine Vereinbarung, nach der sich der Vertrag stillschweigend über eine weitere Zeit als ein Jahr verlängert (S. Art 43a; D. § 8; Ö. § 55; F. Art. 15).

d) Alle vier Entwürfe regeln die Verjährung. Die Frist ist verschieden; sie beträgt nach dem französischen Entwurf ein Jahr, beginnt aber erst mit dem Tage, wo der Versicherte Kenntnis von dem Eintritt des Versicherungsfalles erhält, zu laufen (Art. 38), nach dem Schweizer beträgt sie zwei Jahre (Art. 43), nach dem deutschen ebenfalls zwei Jahre, nur für die Lebensversicherung 5 Jahre (12, vgl. aber auch § 145), und nach dem österreichischen drei Jahre, bzw. für die Lebensversicherung 5 Jahre (§ 27). Eine Abkürzung dieser Fristen ist in allen vier Entwürfen als unzulässig erklärt worden. Der österreichische Entwurf verbietet auch eine Vereinbarung, daß der Versicherer die Leistung ablehnen kann, wenn ein Anspruch nicht innerhalb bestimmter Zeit angemeldet oder gerichtlich geltend gemacht wird (§ 28), während der deutsche Entwurf eine solche Vereinbarung unter gewissen Voraussetzungen und mit bestimmten Einschränkungen gestattet (§ 12) und dadurch dem Versicherer die Geschäftsführung erleichtert, ohne das Interesse des Versicherten zu beeinträchtigen.

e) Für die Sachversicherung ist die Frage wichtig, welchen Einfluß eine Veräußerung des versicherten Gegenstandes auf das Versicherungsverhältnis hat. Während nun nach dem französischen Entwurf die Versicherung insoweit fortbesteht als die Prämien bereits bezahlt sind, dagegen für die Zukunft beendet ist, ja dies auch für den Fall des Erbganges gilt (Art. 33), sehen die drei andern Entwürfe mehr im Interesse des Versicherten einen stillschweigenden Übergang der Versicherung auf den Erwerber vor; beide Teile haben ein Kündigungsrecht, jedoch muß der Versicherer eine Frist von vier Wochen bzw. einem Monat innehalten (S. Art. 49; D. §§ 69—73; Ö. §§ 64—72). Außerdem ist nach dem deutschen und österreichischen Entwurf der Versicherer von der Verpflichtung zur Leistung befreit, wenn er keine Kenntnis von der Veräußerung erhalten hat und seit der Veräußerung ein Monat verstrichen ist (D. § 71; Ö. § 66).

f) Der deutsche, Schweizer und österreichische Entwurf beschäftigen sich auch mit der Fälligkeit der Forderung gegen den Versicherer. Verboten wird die Vereinbarung, nach welcher die Leistung des Versicherers erst mit der Feststellung des Anspruchs durch Anerkenntnis, Vergleich oder rechtskräftiges Urteil fällig werden soll (D. § 11; S. Art. 39; Ö. §§ 35 und 38). Fällig wird die Forderung nach dem Ablauf eines Monats; nur wenn der Versicherte die Beibringung der Beweismittel verzögert, tritt eine Änderung ein (S. Art. 39; D. §§ 94, 122 und 151 [2 Wochen]; Ö. § 35). Der deutsche und österreichische Entwurf geben außerdem noch dem Versicherten ein Recht auf eine Abschlagszahlung (D. §§ 94, 122; Ö. § 36).

IV. Auf dem Gebiete der Lebensversicherung finden wir außer in den bereits erwähnten Fragen noch nach zwei Richtungen hin eine wichtige Weiterbildung des bisherigen Rechtes durch die neue Gesetzgebung.

1. Die Versicherung auf das Leben eines Dritten. Alle vier Entwürfe verlangen schriftliche Zustimmung (S. Art. 64; D. § 156; F. Art 48 und Ö. § 131 [nicht bei einer Versicherung auf die Person des Ehegatten oder der Kinder oder sonstigen Verwandten bis zum zweiten Grade]). Der französische verlangt außerdem entsprechend dem englischen Recht (Gambling Act) das Vorhandensein eines Interesses bei Abschluß des Vertrages einer Todesfallversicherung (Art. 48). Besonders mit der Kindertodesfallversicherung beschäftigen sich der französische und der deutsche Entwurf; ja man hat in Frankreich nicht den Erlaß des ganzen Gesetzes abgewartet, sondern diese Frage durch ein besonderes Gesetz vom 9. Dezember 1904 geregelt. Dieses erklärt die Todesfallversicherung von Kindern unter 12 Jahren für nichtig. Weniger radikal ist der deutsche Entwurf. Seine Regelung (§ 156 Abs. 3) läuft daraus hinaus, die Versicherung von Kindern unter 7 Jahren auf den Todesfall unmöglich zu machen, wenn die Versicherungssumme die gewöhnlichen Beerdigungskosten übersteigt. Damit nähert sich die deutsche Gesetzgebung der englischen. Zweckmäßiger wäre es wohl, das Verbot mit klaren Worten auszusprechen, als das Ziel auf dem Umwege zu erreichen.

2. Die Versicherung zugunsten eines dritten. In allen Entwürfen zeigt sich das Streben, an dieser Stelle das Recht nach der Seite eines größeren Schutzes der Familie hin weiter auszubauen. Am vorsichtigsten und zurückhaltendsten geht der deutsche Entwurf vor. Er begnügt sich im allgemeine mit einer Ergänzung der Vorschriften des B. G. B. über das Versprechen der Leistung an einen dritten (§§ 328 bis 335). Neu ist nur die von der bisherigen Rechtsprechung abweichende Bestimmung, daß, wenn die Zahlung an die Erben bedungen ist, im Zweifel diejenigen, welche zur Zeit des Todes als Erben berufen sind, nach dem Verhältnis ihrer Erbteile bezugsberechtigt sind, eine Ausschlagung der Erbschaft aber auf die Berechtigung keinen Einfluß hat (§ 164). Der französische Gesetzentwurf erklärt das Recht des Versicherten, den Begünstigten zu widerrufen, ebenso wie das Recht, den Vertrag fortzusetzen, oder eine prämienfreie Police zu verlangen oder den Rückkauf zu beantragen für ein höchst persönliches Recht des Versicherten (Art. 56 und 65). Wenn dieser die Versicherung fortsetzt, so

besteht sie zugunsten des Dritten, nicht der Gläubiger. Ist ein Begünstigter nicht genannt, so kann jeder andere mit Zustimmung des Versicherten die Police aufrechterhalten, wenn er den Gläubigern den Rückkaufswert zahlt (Art. 65). Damit ist ein weitgehender Schutz der Familie erreicht. Etwas ähnliches erstrebt der österreichische Entwurf. Wird der Anspruch gepfändet oder über das Vermögen des Versicherers der Konkurs eröffnet, so kann der Begünstigte, und wenn ein solcher nicht vorhanden ist, der Ehegatte oder die Kinder gegen Erstattung der Rückkaufssumme in den Vertrag eintreten (§ 148). Am weitesten geht der Schweizer Entwurf. Ist die Versicherung zugunsten des Ehegatten oder der Nachkommen der Versicherten genommen, so unterliegt der Versicherungsanspruch nicht dem Zugriff der Gläubiger des Versicherten. Die Ehegatten und Nachkommen treten bei einer fruchtlosen oder ungenügenden Pfändung oder wenn über das Vermögen des Versicherten der Konkurs eröffnet wird, an die Stelle des Versicherten in die Rechte und Pflichten aus dem Versicherungvertrag ein (Art. 69a und b). Sind sie nicht als Begünstigte bezeichnet, so haben sie ein Auslösungsrecht, wie es der österreichische Entwurf vorsieht (Art. 70). Da auch das englisch-amerikanische Recht (Married Women's Property Act) einen erhöhten Schutz der Ehefrauen kennt, ist die Zurückhaltung der deutschen Gesetzgebung zu bedauern. (Vgl. zu dieser Frage die auf dem 4. Internationalen Kongreß für Versicherungs-Wissenschaft erstatteten Referate, Proceedings of the Fourth International Congress of Actuaries, Vol. I, S. 787—881.)

Sehen wir so die neuen Gesetzentwürfe in vielen Punkten übereinstimmen oder, wenn auch in verschiedener Fassung, den gleichen Gedanken zum Ausdruck bringen, so fragen wir uns, inwieweit liegt eine möglichst große Übereinstimmung der Versicherungsgesetze aller Kulturnationen im Interesse des Versicherungswesens. Eine völlige Übereinstimmung kann natürlich auf absehbare Zeit nicht erzielt werden, da die Versicherungsgesetze nicht für sich allein stehen, sondern nur ein Teil des bürgerlichen und Handelsrechtes sind und durch die Verschiedenartigkeit dieser Rechte in den einzelnen Staaten beeinflußt werden. Offenbar ist die Antwort auf diese Frage nicht für alle Versicherungszweige die gleiche. Das größte Interesse haben daran die Versicherungszweige, bei denen am häufigsten ausländisches Recht in Frage kommt, das ist die Rück- und die Seeversicherung. Diesem Umstand haben die Entwürfe dadurch Rechnung getragen, daß sie diese Versicherungszweige entweder überhaupt von der Kodifikation ausgeschlossen haben, so die Rückversicherung im deutschen (§ 183), Schweizer (Art. 79) und österreichischen Entwurf (§ 160) und ebenfalls die Seeversicherung (s. darüber die Bemerkung oben) oder die zwingende Vorschriften, wie sie für nicht anwendbar erklären (S. Art. 80 bezügl. der Seeversicherung). Damit ist es also den Versichereru der einzelnen Länder überlassen, ihre Versicherungsbedingungen einander anzupassen. In den übrigen Versicherungszweigen zeigt sich zwar auch ein von Jahr zu Jahr sich steigernder internationaler Geschäftsverkehr, aber die Versicherungsverträge werden doch in der Regel von Hauptbevollmächtigten abgeschlossen, es findet also auf sie nur das Recht des betreffenden Landes Anwendung. Eine Statutenkollision wird demnach selten eintreten. Freilich muß eine in mehreren Ländern arbeitende Unternehmung für jedes Land besondere Versicherungsbedingungen ausarbeiten und das verschiedene Recht wird sie zu einer verschiedenen Normierung der Prämien nötigen. Insofern haben also auch diese Versicherungszweige ein Interesse an möglichster Übereinstimmung der einzelnen Versicherungsgesetze.

Le projet de loi allemand sur le contrat d'assurance et la législation étrangère sur la matière.

Par **Paul Moldenhauer,** Cologne.

Les nouveaux projets de loi sur le contrat d'assurance, notamment les projets allemand, suisse, autrichien et français, ont tous une tendance à considérer l'assuré comme la partie la plus faible et à le protéger. Le Marine Insurance Bill de 1899 (Angleterre) fait toutefois exception. Cette tendance à renforcer la situation de l'assuré se manifeste comme suit :

1. Les clauses d'annulation de la police sont considérablement restreintes en tant qu'elles se rapportent à des actes qui devraient être accomplis :

   a) au moment de la conclusion de la police (obligation de faire des déclarations complètes) ;·

   b) pendant la durée du contrat :

     α) paiement des primes ;

     β) autres actes, en particuliers ceux qui naissent d'un accroissement du risque ;

   c) après accomplissement de la condition suspensive (obligation d'en donner avis à la Compagnie).

2. Les pouvoirs des agents sont réglés dans un sens favorable à l'assuré.

3. Les projets en question renferment en outre toute une série de prescriptions importantes et qui sont favorables à l'assuré. Elles se rapportent :

   a) au délai pendant lequel le candidat est lié par sa proposition ;

   b) à l'acceptation de la police, sous condition, et aux stipulations qui s'écartent des conditions générales ;

   c) à la tacite reconduction ;

   d) à la prescription ;

   e) aux conséquences de l'aliénation de la chose assurée ;

   f) à l'échéance de la créance contre l'assureur.

4. La législation en matière d'assurances est de plus complétée en ce qui concerne:
   a) l'assurance sur la vie de tierces personnes (interdiction d'assurer les enfants en cas de décès);
   b) la protection dont jouissent les ayants-droits, spécialement la famille de l'assuré.

L'importance qu'il y a pour les diverses branches de l'assurance à ce que les États introduisent des prescriptions légales uniformes est plus ou moins grande suivant les cas. Ce sont l'assurance maritime et la réassurance qui y sont les plus intéressées. Du fait que les projets susmentionnés ne s'occupent pas d'elles ou ne les soumettent pas à des règles d'ordre public, il résulte que les assureurs sont dans la possibilité de faire que leurs clauses respectives harmonisent entre elles.

Draft of a German law on the contract of insurance and the latest foreign insurance legislation.

By **Paul Moldenhauer**, Cologne.

The latest drafts of a Law on the contract of insurance, i. e. the German, Swiss, Austrian and French drafts, show great resemblance, particularly a certain tendency to consider the insured person as the economically weaker. The only exception is the English Marine Insurance Law of 1899. The tendency to strengthen the position of the insured is shown in the following points:

1. The forfeiture clauses are considerably restricted, particularly concerning certain acts which have to be performed:
   a) When making the contract of insurance (duty to give full information);
   b) While the insurance contract is in force;
      α) Payment of the premium;
      β) Other acts, particularly those concerning an increase of the risk;
   c) When the condition is fulfilled, under which the insurance contract was made (duty of giving notice to the Company).

2. The Powers of Attorney of the Agents are regulated in a manner, favourable to the insured.

3. The drafts contain moreover a number of important clauses, which are all favourable to the insured. These refer:
   a) To the length of time, during which the applicant is bound by his proposal;
   b) To the conditional acceptance of the policy and to stipulations which are different from the general conditions of insuring;

c) To the tacit prolongation;

d) To the prescription;

e) To the consequences of selling the insured object;

f) When the claim against the insurer becomes due.

4. A development of the Law concerning life insurance will be found with reference to: —

a) The insurance of the life of third persons. (Prohibition to insure the lives of children against death);

b) The protection of the *cesquis que trustent,* particularly the family of the assured.

The different classes of insurance concerns are not equally interested in the unification of the insurance laws of the various countries; the Marine Insurance and Re-insurance are the most interested classes. When the drafts do not regulate these classes of insurance business, or when they do not subject them to stringent rules, they give the insurers a chance to make their conditions for insuring better harmonize with each other.

XI. — B 3.

Fortschritte der deutschen Gesetzgebung auf dem Gebiete der Arbeiterversicherung.

Von **Julius Hahn**, Berlin.

1. In Anknüpfung an die Berichte, welche dem Kongreß in London von *Unger* und dem Kongreß in New York von *Dr. Meyer* erstattet worden sind, werden hier die weiteren Fortschritte der deutschen Gesetzgebung auf dem Gebiete des Arbeiterversicherungsrechts dargestellt. Diese Fortschritte betreffen nur Einzelheiten (unten 2—4). Auf dem Gebiete der Krankenversicherung sind allerdings nicht unerhebliche Erweiterungen der Leistungen zu verzeichnen (unten 2). Die Grundzüge der in den früheren Berichten geschilderten Versicherungseinrichtungen sind jedoch unverändert geblieben. In dieser Richtung liegen aber weitgehende Bestrebungen und Pläne auf Abänderung und Erweiterung der Arbeiterversicherung vor, und es mag daher gestattet sein, den Bericht auch hierauf zu erstrecken (unten 5—10).

Krankenversicherung.

2. Nach dem Krankenversicherungs-Gesetz von 1883 und 1892 waren die Kassen zur Gewährung gewisser Mindestleistungen auf die Dauer von wenigstens 13 Wochen verpflichtet. Auf Invalidenrente aber hat nach dem Gesetze von 1899 der Versicherte (abgesehen vom Falle dauernder Erwerbsunfähigkeit) erst Anspruch, wenn er 26 Wochen ununterbrochen erwerbsunfähig ist. Hiernach entstand für die Fürsorge für den erwerbsunfähigen Kranken eine empfindliche Lücke vom Beginn der 14. Woche an, wenigstens in allen denjenigen Fällen, in denen die Erwerbsunfähigkeit nicht auf einen Unfall zurückzuführen war, für den nach Ablauf von 13 Wochen die Berufsgenossenschaft einzutreten hatte. Diese Lücke ist durch eine Novelle vom 25. Mai 1903 zum Krankenversicherungs-Gesetz ausgefüllt worden: man erstreckte die Unterstützungspflicht der Krankenkassen auf 26 Wochen. Gleichzeitig wurde das Gesetz in einigen anderen Punkten geändert, von denen die wichtigsten folgende sind: Die unter hygienischen Gesichtspunkten bedenkliche Bestimmung, wonach das Krankengeld teilweise oder ganz versagt werden konnte, wenn die Krankheit auf geschlechtliche Ausschweifung zurückzuführen war, ist aufgehoben. Die Unterstützung (das Krankengeld) für Wöchnerinnen ist allgemein auf sechs Wochen, statt wie bisher auf mindestens vier Wochen, zu ge-

währen.   Auch können Hebammendienste und ärztliche Behandlung
der Schwangerschaftsbeschwerden, sowie bis zur Gesamtdauer von
sechs Wochen auch ein Krankengeld wegen einer durch die Schwangerschaft verursachten Erwerbsunfähigkeit gewährt werden.

Unfall- und Invalidenversicherung.

3.   Auf diesen Gebieten ist die ordentliche Gesetzgebung in der
Berichtszeit nicht in Tätigkeit getreten, aber der Bundesrat hat, auf
Grund der ihm in den Gesetzen übertragenen Befugnis zur Normen-
gebung in gewissen Punkten, einige Beschlüsse erlassen, welche wegen
ihrer internationalrechtlichen Bedeutung hier besonders interessieren
dürften.   Wenn nämlich die deutschen Versicherungs-Gesetze grundsätzlich auf Ausländer wie auf Inländer gleichmäßige Anwendung
finden, so enthalten doch die Unfallversicherungs-Gesetze und das In-
validenversicherungs-Gesetz einzelne Bestimmungen zu ungunsten der
Ausländer, zugleich aber die Ermächtigung des Bundesrats, diese Bestimmungen für bestimmte Grenzgebiete oder für die Angehörigen
solcher auswärtiger Staaten, durch deren Gesetzgebung deutschen
Arbeitern eine entsprechende Fürsorge gewährleistet ist, außer Kraft
zu setzen.

a) Auf Grund dieser Ermächtigung hat der Bundesrat schon früher
laut Bekanntmachung des Reichskanzlers vom 12. Juni 1901 (ergänzt
laut Bekanntmachungen vom 16. Oktober 1902 und vom 1. Februar
1904) die Bestimmungen der *Unfall*-Versicherungs-Gesetze, wonach
den Hinterbliebenen eines Ausländers, welche zur Zeit des Unfalls nicht
im Inlande ihren gewöhnlichen Aufenthalt hatten, kein Anspruch auf
Rente zusteht, für gewisse Grenzgebiete von Dänemark, Niederlanden,
Österreich-Ungarn und für das neutrale Gebiet von Moresnet außer
Kraft gesetzt.

b) Ebenso wurden diejenigen Bestimmungen *der Unfallversicherungs-Gesetze und des Invalidenversicherungs-Gesetzes,* wonach
der Bezug jeder Rente ruht, solange der Berechtigte nicht im Inlande
seinen gewöhnlichen Aufenthalt hat, bereits laut Bekanntmachung des
Reichskanzlers vom 16. Oktober 1900 (ergänzt laut Bekanntmachung
vom 1. Februar 1904) außer Kraft gesetzt für bestimmte Grenzbezirke
von Dänemark, Niederlanden, Schweiz, Österreich-Ungarn, Belgien,
Rußland und für das neutrale Gebiet von Moresnet.

c) Endlich sind sowohl die Vorschriften über die Ausschließung
des Anspruches der Hinterbliebenen (oben a) als auch diejenigen über
das Ruhen der *Unfall*renten (oben b) bereits laut Bekanntmachung
vom 29. Juni 1901 außer Kraft gesetz worden für die Angehörigen
der im Reichsrate vertretenen Königreiche und Länder der österreich-
ungarischen Monarchie und des Königreichs Italien; hierbei kommt es
also nur auf die Staatsangehörigkeit, nicht auf den Aufenthalt in einem
bestimmten Grenggebiete an, doch sind die Berechtigten verpflichtet,
ihren Aufenthalt im Auslande nach Maßgabe der erlassenen Vorschriften gehörig mitzuteilen.   Es ist nun diese letzte Begünstigung
(unter c) laut Bekanntmachung vom 1. Juli 1903 auf die Angehörigen
der Niederlande, sowie die Begünstigungen unter a) und c) laut Be-

kanntmachung vom 9. Mai 1905 auf das ganze Gebiet des Großherzogtums Luxemburg (als Grenzgebiet, vgl. unter a) bzw. auf die Angehörigen dieses Staates (vgl. unter c) erstreckt worden.

4. Mit dem Großherzogtum Luxemburg hat das Deutsche Reich auch das erste und bisher einzige internationale Abkommen auf dem in Rede stehenden Gebiete geschlossen, nämlich ein Abkommen vom 2. September 1905 über Unfallversicherung. Sein wesentlicher Inhalt ist folgender: Die nach den Unfallversicherungs-Gesetzen beider Staaten versicherungspflichtigen Betriebe, mit Ausnahme der land- und forstwirtschaftlichen, folgen — beim Mangel anderweitiger Vereinbarungen — hinsichtlich derjenigen Personen, welche in einem vorübergehend (nicht über sechs Monate) in das Gebiet des anderen Staates übergreifenden Betriebsteile beschäftigt sind, auch für die Dauer dieser Beschäftigung der Unfallversicherung des Staates, in welchem der Sitz des Haupt- oder Gesamtunternehmens gelegen ist. Dies gilt namentlich auch für das Fahrpersonal, welches in durchgehenden Zügen die Grenze überschreitet, sowie für Personen, die ohne Wechsel ihres dienstlichen Wohnsitzes in dringenden Fällen vertretungsweise den Eisenbahndienst im anderen Staate wahrnehmen. Im Zweifel über die Anwendbarkeit der Gesetze des einen oder anderen Staates entscheidet, mangels anderweitiger Verständigung, ausschließlich und endgültig die Behörde in dem Staate, in welchem die Betriebstätigkeit ausgeführt wird (das Deutsche Reichsversicherungsamt oder die Luxemburgische Regierung). Der zuerst mit der Sache befaßte Versicherungsträger hat die einstweilige Fürsorge für die Entschädigungsberechtigten zu übernehmen. Bei der Durchführung der Unfallversicherung haben die zuständigen Organe und Behörden beider Staaten sich gegenseitige Rechtshilfe zu leisten.

Reformbestrebungen.

5. *Dr. Meyer* hat am Schlusse seines Berichtes (1903) der Hoffnung Ausdruck gegeben, daß man auf dem nächsten Kongresse über die Einführung einer allgemeinen Arbeiterhinterbliebenen-Versicherung werde berichten können. Diese Hoffnung ist bisher nicht erfüllt. Indessen kann doch von einem wichtigen Schritte der Gesetzgebung in der Richtung auf das bezeichnete Ziel berichtet werden. In dem am 1. März 1906 in Kraft getretenen Zolltarifgesetze vom 25. Dezember 1902 hat man zum Ausgleich für gewisse, die ärmeren Volksschichten besonders belastende Zollerhöhungen bestimmt: daß der Zollertrag für Roggen, Weizen, Rindvieh, Schafe, Schweine, Fleisch, Schweinespeck und Mehl, soweit er den früheren Ertrag (nach dem Durchschnitt von 1898—1903) übersteigt, zur Erleichterung der Durchführung einer Witwen- und Waisenversorgung zu verwenden ist. Über diese Versicherung ist durch ein besonderes Gesetz Bestimmung zu treffen. Bis zum Inkrafttreten dieses Gesetzes sind die Mehrerträge für Rechnung des Reiches anzusammeln und verzinslich anzulegen. Tritt das Gesetz bis zum 1. Januar 1910 nicht in Kraft, so sind von da ab die Zinsen der angesammelten Mehrerträge den einzelnen Invalidenversicherungsanstalten nach Maßgabe der von ihnen im vorhergehenden Jahre auf-

gebrachten Versicherungsbeiträge zum Zwecke der Witwen- und Waisenversorgung der bei ihnen Versicherten zu überweisen. Die Unterstützung erfolgt auf Grund eines vom Reichs-Versicherungsamte zu genehmigenden Statuts. — Die Schätzungen des hiernach für die Hinterbliebenenversicherung freiwerdenden Mehrbetrages der Zölle schwanken etwa zwischen jährlich 60 und 80 Millionen Mark. Wieweit die Arbeiten zur Vorbereitung des in Aussicht genommenen Gesetzes gediehen sind, und in welcher Art die Versicherung durchgeführt werden soll, darüber ist noch nicht bekannt. Die Thronrede des Kaisers bei Eröffnung des Reichstages am 28. November 1905 bemerkte, daß die Gesetzgebung mit der Ausgestaltung der Witwen- und Waisenfürsorge, wie mit der Vereinheitlichung des gesamten Arbeiterversicherungsrechts „auf Jahre hinaus" beschäftigt sein werde.

. 6. Das dringende Bedürfnis der hier erwähnten Vereinfachung unserer Versicherungseinrichtungen ist allgemein anerkannt. Das Deutsche Reich hat ja mit dieser Gesetzgebung einen bis dahin noch unbegangenen Pfad beschritten und konnte daher nur schrittweise und gleichsam tastend vorgehen. Man organisierte zunächst die Kranken-, dann die Unfall- und zuletzt die Invalidenversicherung, und zwar jeden dieser Zweige auf besonderen Grundlagen. So ist es gekommen, daß die verschiedenen Einrichtungen des rechten inneren Zusammenhanges entbehren. Auch auf jedem einzelnen der drei Versicherungsgebiete, namentlich bei der Krankenversicherung, der über 23 000 Kassen dienen, macht sich der Mangel der Einheit und Gleichheit des Versicherungswesens empfindlich geltend. Dazu kommt die mit solcher Vielgestaltigkeit naturgemäß verbundene Unübersichtlichkeit und Kostspieligkeit der Verwaltung. Auf Grund solcher Erwägungen hat der Reichstag bei der Verabschiedung der Novelle zum Krankenversicherungs-Gesetz vom 25. Mai 1903 (oben 2.) die verbündeten Regierungen ersucht: zu erwägen, ob nicht die drei Versicherungsarten zum Zwecke der Vereinfachung und Verbilligung der Arbeiterversicherung in eine organische Verbindung zu bringen, und die bisherigen Arbeiterversicherungs-Gesetze in einem einzigen Gesetze zu vereinigen seien. Die Regierungen haben, wie der (unter 5.) angeführte Satz der Thronrede beweist, die Anregung aufgenommen. Auch der Staatssekretär des Innern hatte schon am 2. März 1905 im Reichstage davon gesprochen, es müsse Aufgabe der Zukunft sein, die drei großen Versicherungen „in eine einheitliche Form" zusammenzufassen. Wie freilich diese Form gedacht ist, darüber schwebt noch völliges Dunkel. Die Wünsche der Beteiligten und die Vorschläge der Sozialpolitiker weisen auf die verschiedensten Möglichkeiten hin: von bloßer „Vereinfachung" unter Beibehaltung der drei Hauptformen der Organisation bis zu völliger „Vereinheitlichung", d. h. Verschmelzung aller Versicherungszweige zu einer einzigen großen Einrichtung auf einheitlicher Organisationsgrundlage.

7. Besonders empfindlich ist, daß auf den drei verschiedenen Gebieten der Versicherung nicht einmal der Kreis der versicherungspflichtigen Personen gleichmäßig bestimmt ist, daß es also Versicherte gibt, die zwar Anspruch auf Krankenunterstützung für 26 Wochen,

nicht aber bei fortdauernder Erwerbsunfähigkeit Anspruch auf Invalidenrente haben und umgekehrt, und daß Personen, die durch einen im Dienst erlittenen Unfall verletzt sind, zwar Anspruch auf Krankenfürsorge für 26 Wochen und bei fortdauernder Erwerbsunfähigkeit Anspruch auf Invalidenrente, nicht aber die weitergehenden Ansprüche wegen Unfallverletzung haben. Es machen sich daher Bestrebungen geltend, daß bei der Reform der Versicherungs-Gesetzgebung die Voraussetzungen des Versicherungszwanges für alle Versicherungsgebiete gleichmäßig bestimmt werden mögen. Inzwischen aber wird im Interesse einzelner Kreise der werktätigen Bevölkerung eine Erweiterung des Kreises der versicherungspflichtigen Personen auf dem einen oder anderen Gebiete als besonders dringlich gefordert. Eine Anregung der Gesetzgebung in dieser Richtung liegt bereits auf dem Gebiete der Krankenversicherung vor. Es hat nämlich der Reichstag, ebenfalls bei Verabschiedung des Gesetzes vom 25. Mai 1903 (oben 2. und 6.), die verbündeten Regierungen um baldige Vorlegung eines Gesetzentwurfs ersucht, durch welchen die reichsgesetzliche Krankenversicherungspflicht auf die Hausindustrie, auf die land- und forstwirtschaftlichen Arbeiter und auf die Dienstboten ausgedehnt wird (siehe nachstehend 8. und 9.).

8. Die Hausindustriellen, d. h. „selbständige" Gewerbetreibende, welche in eigenen Betriebsstätten im Auftrage und für Rechnung anderer Gewerbetreibender mit der Herstellung oder Bearbeitung gewerblicher Erzeugnisse beschäftigt werden, sind nämlich nach dem Krankenversicherungs-Gesetze nicht ohne weiteres versicherungspflichtig, konnten aber schon nach dem Gesetze von 1883 durch Ortsstatuten der Gemeinden dem Versicherungszwange unterstellt werden. Von dieser Ermächtigung ist aber, trotz des anerkannten wirtschaftlichen und hygienischen Bedürfnisses, nur in geringem Maße Gebrauch gemacht worden, hauptsächlich wegen gewisser Schwierigkeiten der Durchführung, und weil die Gemeinden vielfach besorgten, daß die Belastung der Arbeitgeber der Hausgewerbetreibenden mit Beiträgen zur Krankenversicherung die betreffende Industrie aus dem Gemeindebezirk in einen anderen zu verdrängen. Wo die Zwangsversicherung für Hausgewerbetreibende nicht eingeführt ist, verbleibt ihnen allerdings noch das gesetzliche Recht, freiwillig der Krankenversicherung beizutreten; allein hiervon können sie bei ihrer dürftigen Lage nur äußerst selten Gebrauch machen, da ihnen in diesem Falle neben den Beitragsanteilen für ihre Gehilfen noch die vollen Beiträge für sich selbst, ohne Beteiligung ihrer Auftraggeber, zur Last fallen. Man hat daher durch ein besonderes Gesetz vom 30. Juni 1900 auch den Bundesrat zur Erstreckung des Versicherungszwanges auf die Hausgewerbetreibenden aller oder bestimmter einzelner Gewerbszweige für das ganze Reich oder für einzelne örtliche Bezirke ermächtigt. Von dieser Ermächtigung ist bisher eine praktische Anwendung nicht gemacht worden, jedenfalls aus dem Grunde, der von den Regierungsvertretern schon bei der Beratung des aus der Initiative des Reichstages hervorgegangenen Gesetzes hervorgehoben wurde: daß nämlich „die in der Sache liegenden großen Schwierigkeiten, deren Überwindung auf dem

vergleichsweise leicht übersehbaren Gebiet einzelner Gemeinden trotz
aller Bemühungen bisher nicht. gelungen sei, für das Reichsgebiet
von einer Zentralstelle aus jedenfalls nicht leichter zu überwinden
sein würden." Deshalb wird die unmittelbare reichsgesetzliche Einführung des Versicherungszwanges und die Ausstattung der Behörden
mit hinreichenden Befugnissen zu Durchführungsmaßnahmen befür-
wortet. — In ähnlicher Lage, wie die Hausgewerbetreibenden, befinden sich übrigens auch andere kleinere Gewerbetreibende, besonders
kleine Handwerker, die als „selbständige" Gewerbetreibende nicht versicherungspflichtig sind. Infolge des erdrückenden Wettbewerbes der
Großbetriebe befinden sich jene Personen meist kaum in besserer, oft
sogar in schlechterer wirtschaftlicher Lage, als ihre Gehilfen, so daß
sie es als unbillig empfinden müssen, für diese zur Zahlung von Ver-
sicherungsbeiträgen verpflichtet zu sein. Die Krankenkassen können
nach dem Gesetze durch Statut die Aufnahme solcher Personen zulassen, auch können diese durch statutarische Regelung von der Beitragspflicht für ihre Gehilfen befreit werden, falls sie nicht mehr
als *zwei* Lohnarbeiter beschäftigen. Unter der gleichen Voraussetzung
und sofern sie nicht mehr als 3000 Mk. Jahresarbeitsverdienst haben,
können diese Personen (wie auch Hausgewerbetreibende) auch in die
Unfallversicherungspflicht durch Genossenschaftsstatut einbezogen
werden oder, wo dies nicht geschehen ist, freiwillig beitreten. Solcher
Beitritt steht ihnen auch auf dem Gebiete der Invalidenversicherung
unter gleichen Voraussetzungen zu, während hier die Ausdehnung der
Versicherungspflicht durch Bundesratsbeschluß nur dann erfolgen
kann, falls sie nicht regelmäßig wenigstens *einen* Lohnarbeiter beschäftigen. Die Ungleichmäßigkeit und Unzulänglichkeit dieser Regelung auf den verschiedenen Gebieten läßt eine Abhilfe durch einheitliche Einbeziehung der „Kleinmeister" in den gesetzlichen Versicherungszwang erstrebenswert erscheinen.

9. Auf die in der Land- und Forstwirtschaft beschäftigten Arbeiter
und Betriebsbeamten kann der Krankenversicherungszwang durch
statuarische Bestimmungen der Gemeinden ausgedehnt werden; wo
dies nicht geschehen ist, steht jenen Personen das Recht freiwilligen
Beitritts zur Versicherung zu. Man hatte für die Ablehnung einer
einheitlichen reichsgesetzlichen Regelung geltend gemacht, daß die Verhältnisse der bezeichneten Personen innerhalb des Deutschen Reiches
sehr verschieden geordnet seien und daß vielfach ihnen durch Her-
kommen oder Arbeitsvertrag in Krankheitsfällen eine Fürsorge gesichert sei, der gegenüber der gesetzliche Versicherungszwang nicht
immer eine Verbesserung darstellen würde. Indessen hat doch in den
zwei Jahrzehnten des Bestehens der Krankenversicherung die Anerkennung der Notwendigkeit allgemeiner Erstreckung des Versicherungszwanges auf die Land- und Forstwirtschaft sich deutlich kundgegeben. Von der Ermächtigung der örtlichen Einführung des Versicherungszwanges ist auch hier nur ein äußerst sparsamer Gebrauch
gemacht worden; ebenso von der Befugnis zur freiwilligen Versicherung,
die ja die Belastung der Versicherten mit den vollen Beiträgen, ohne
Beteiligung der Arbeitgeber, zur Folge hat. — Ähnlich verhält es sich

mit der Krankenversicherung der Dienstboten. Diese können nicht einmal durchs Ortsstatut dem Versicherungszwange unterworfen werden, sondern nur auf eigene Kosten freiwillig beitreten. Durch Gesindeordnungen ist in den Einzelstaaten das Recht der Dienstboten auf Pflege in Krankheitsfällen in der verschiedensten Weise, oft recht unzulänglich, geregelt. Auch hier ist daher das Bedürfnis nach einheitlicher und ausreichender Krankenfürsorge im Wege reichsgesetzlicher Zwangsversicherung dringend.

10. Besonderer Erwähnung bedürfen schließlich noch die Verhältnisse der sogenannten „Privatbeamten", d. h. des zahlreichen Kreises solcher Personen, welche im Dienste von Privatleuten (oder auch im öffentlichen Dienst, aber ohne Pensionsberechtigung) angestellt sind und nicht zu den gewerblichen oder landwirtlichen Arbeitern oder Gehilfen oder zu den Dienstboten gehören. Hierher gehören besonders: Betriebsbeamte, Werkmeister, Techniker, Handlungsgehilfen, Privatschullehrer, Erzieher, Privatsekretäre usw. Die Entwicklung unserer wirtschaftlichen Verhältnisse bringt es mit sich, daß die bezeichneten Berufe, die früher zumeist nur als Durchgangsstadium zu wirtschaftlicher Selbständigkeit angesehen wurden, immer mehr die Bedeutung abschließender Lebensberufe gewinnen. Um so dringender empfinden die Beteiligten das Bedürfnis ausreichender Vorsorge für den Fall ihrer Invalidität und für ihre Hinterbliebenen. Meist freilich werden die bezeichneten Personen schon nach dem geltenden Gesetze invalidenversicherungspflichtig sein, allein dies gilt nur, sofern ihr Jahresgehalt 2000 Mk. nicht übersteigt; sofern sie ein höheres Gehalt, jedoch nicht über 3000 Mk. beziehen, können sie der reichsrechtlichen Invalidenversicherung freiwillig beitreten, und sie sind auch befugt, wenn die Voraussetzungen der Versicherungspflicht wegfallen, das Versicherungsverhältnis freiwillig fortzusetzen, müssen aber in beiden Fällen die Beiträge allein aufbringen. Diese Regelung wird als unbillig empfunden, und zwar um so mehr, als das Invaliditätsrisiko bei den Privatbeamten, entsprechend der Art ihrer Beschäftigung und Lebenshaltung, selbstverständlich wesentlich geringer ist, als bei den gewerblichen Arbeitern, so daß die von den Privatbeamten zur allgemeinen Versicherung zu entrichtenden Beiträge unverhältnismäßig hoch erscheinen, im Vergleich zu den ihnen zustehenden Renten. Man strebt daher, wozu das geltende Gesetz eine Handhabe gewährt (§§ 8, 9, 10), die Bildung einer *besonderen* Kasseneinrichtung für die obligatorische Invaliden- und für die künftige Hinterbliebenen-Versicherung der Privatbeamten an; eine solche Einrichtung würde nach dem geltenden Gesetze der Zulassung des Bundesrats bedürfen, wenn in gleicher Weise, wie bei der allgemeinen Versicherung, die Arbeitgeber zur Tragung der halben Beiträge, und das Reich zur Gewährung des Zuschusses von jährlich 50 Mk. für jede Rente verpflichtet sein sollten.

Les progrès de la législation en matière d'assurance ouvrière.

Par **Julius Hahn**, Berlin.

1. Depuis le dernier rapport relatif à cette question (1903) la législation allemande en matière d'assurance ouvrière n'a été modifiée et complétée que sur un petit nombre de points (v. ci-après paragraphes 2—4) ; les principes n'ont pas changé.   Mais il a surgi d'importantes propositions visant à l'introduction de réformes très étendues.   Le rapport en fait mention aux paragraphes 5—10.

Assurance contre la maladie.

2. Les indemnités pour maladie qui étaient autrefois dues par les caisses (*Krankenkassen*) pendant 13 semaines seulement sont maintenant dues pendant 26 semaines au moins.   Les caisses n'ont plus le droit de se prévaloir du fait que la maladie a été causée par des excès sexuels pour se refuser à intervenir.   Elles sont tenues d'assister pécuniairement les femmes en couches pendant six semaines au lieu de quatre au moins, comme c'était le cas auparavant.   En ce qui concerne la femme enceinte lesdites caisses sont autorisées à lui procurer gratuitement les soins de sage-femme ou le traitement médical nécessités par les douleurs de la grossesse ; elles peuvent aussi lui accorder des secours pour incapacité de travail pendant six semaines.

Assurance contre les accidents et l'invalidité.

3. Les dispositions des lois sur l'assurance contre les accidents en vertu desquelles les ayants-droits d'un étranger, qui au moment de l'accident n'avaient pas leur domicile habituel dans le pays même n'avaient pas droit à la rente, ainsi que les prescriptions des lois sur les accidents et l'invalidité d'après lesquelles la rente ne pouvait pas être touchée tant que l'assuré n'avait pas son domicile habituel dans le pays, avaient déjà été abrogées pour certaines contrées frontières et, quant à l'assurance-accidents, pour les ressortissants de certains États étrangers. Tel est aussi le cas maintenant pour les Pays-Bas, selon publication faite par le chancelier de l'Empire à la date du 1er juillet 1903, pour tout le territoire du grand-duché du Luxembourg, considéré comme contrée frontière, et pour les ressortissants de cet État conformément à la publication du 9 mai 1905.

4. Avec le Luxembourg il a été conclu le 2 septembre 1905 une convention internationale pour l'assurance contre les accidents : Quand une exploitation emprunte temporairement le territoire de l'autre État, c'est le siège principal ou unique de l'entreprise qui détermine le for, en matière d'assurance contre les accidents.   Dans le doute c'est l'autorité de l'État où s'exerce l'activité de l'entreprise qui décide. C'est à l'État qui le premier est saisi d'une affaire qu'il appartient de prendre les mesures provisoires en faveur du sinistré.   Les deux pays s'accordent la réciprocité en matière de procédure.

Propositions de réformes.

5. On a l'intention d'élaborer une loi spéciale pour l'assistance à donner aux veuves et orphelins. La loi douanière, du 25 décembre 1902, prévoit que les excédents de recettes produits par certains droits (droits agraires) devront être capitalisés dans ce but. Au cas où la loi ne serait pas promulguée jusqu'au 1er janvier 1910, les intérêts de ces excédents seront remis aux établissements d'assurance-invalidité pour être employés en faveur des veuves et orphelins de leurs assurés.

6. En 1903 le Reichstag a prié les gouvernements confédérés de prendre en considération la réunion organique des diverses branches de l'assurance et la codification des différentes lois sur la matière, en vue de simplifier l'assurance ouvrière et de la rendre moins coûteuse. Les gouvernements ont, comme cela résulte en particulier du discours du trône prononcé le 28 novembre 1905 par l'Empereur à l'occasion de l'ouverture du Reichstag, donné suite à la demande qui leur avait été adressée. On ne possède d'ailleurs point encore de détails, et toutes sortes de propositions sont présentées depuis la seule „simplification" gardant les formes actuelles d'organisation, jusqu'à la complète „unification", ne laissant plus subsister qu'une seule grande organisation.

7. On exprime spécialement le vif désir que la réforme détermine d'une manière uniforme la sphère de chacun des trois genres d'assurances. En attendant on réclame aussi l'extension de l'assurance obligatoire, dans tel ou tel domaine. C'est ainsi que le Reichstag a, également en 1903, invité les gouvernements confédérés à présenter une loi étendant pour l'assurance-maladie l'obligation à l'industrie à domicile, aux ouvriers agricoles et forestiers, et aux domestiques attachés à la personne.

8. Les représentants de l'industrie à domicile ne peuvent jusqu'à présent être incorporés dans l'assurance-maladie obligatoire que par règlement local ou encore, suivant la loi de 1900, par décision du Conseil fédéral. Il n'a été fait qu'un usage très modéré de la première de ces facultés et la seconde n'a pas été utilisée du tout. Cela à cause de certaines difficultés d'exécution qui ne pourront être écartées que par une loi de l'Empire. D'autres petits fabricants, en particulier les artisans (petits patrons) se trouvent dans une situation économique analogue à celle des patrons de l'industrie à domicile. En ce qui les concerne, eux aussi, on demande l'assurance obligatoire dans tous les domaines.

9. L'assurance-maladie obligatoire ne peut être imposée aux ouvriers des exploitations agricoles et forestières que localement par les règlements communaux. Mais il n'a été fait que très faiblement usage de cette possibilité. Quant aux domestiques, même sous cette forme, ils ne peuvent être soumis à l'assurance-maladie obligatoire. Pour ces deux catégories de personnes également on voudrait que l'assurance-maladie obligatoire fût instituée directement par une loi de l'Empire.

10. Les employés privés, c'est-à-dire les personnes qui sont au service de particuliers, et qui ne rentrent pas dans la catégorie des ouvriers ou des domestiques (tels que contremaîtres, techniciens, commis, maîtres dans des écoles privées, précepteurs, secrétaires particu-

liers etc.) considèrent l'assurance-invalidité générale comme insuffisante et injuste, étant donnée leur condition spéciale; en effet, quoique les risques les atteignant soient relativement minimes, ils doivent payer des primes équivalentes à celles des ouvriers industriels pour n'obtenir en proportion que de faibles rentes. Voilà pourquoi ils demandent la création d'une caisse spéciale pour l'assurance-invalidité obligatoire ainsi que pour l'assistance à leurs veuves et orphelins.

The progress of legislation on workmen's insurance in Germany.

By Julius Hahn, Berlin.

1. The laws of workmen's insurance have not been changed or supplemented since the last report (1903), except in a *few special cases* (under 2—4); the principles remained unchanged. Several important suggestions, however, were introduced for far-reaching reforms in this legislation; the report therefore refers to them also (sub 5—10).

Health-Insurance.

2. The *duty of nursing* (taking care of) patients has been extended from 13 to 26 weeks at least. In cases of illness in consequence of sexual excess or abuse, payment of the insurance money cannot be refused any longer. All women confined are at present entitled to receive the Health-insurance amount for six weeks (instead as before for four weeks at least); services of midwives, and medical treatment of pregnant (enceinte) women for illness owing to pregnancy, as well as Health-insurance money (up to six weeks altogether) for being incapacitated owing to the pregnancy may be paid.

Accident, Invalid and Old Age Pension Insurance.

3. Those clauses of the *Accident-Insurance Laws* had been abrogated already for certain frontier-districts with reference to Accident-insurance and for the subjects of certain foreign nations, according to which the family of a foreigner could not claim an annuity, if the latter had not his usual permanent residence in Germany; furthermore also those clauses of the *Accident-Insurance and the Invalid-Insurance Laws,* according to which every annuity remains in abeyance so long as the person entitled to the annuity has not his usual (permanent) residence in Germany.

The same is now the case with reference to subjects of the Netherlands (Holland), according to the proclamation of the Imperial Chancellor, dated July 1, 1903, and for the whole territory of the Grand Duchy of Luxemburg as a frontier-district and for the subjects of Luxemburg, according to the proclamation of May 9, 1905.

4. An *international agreement* was concluded with Luxemburg, dated 2nd September, 1905, with reference to Accident-insurance: In case of temporary business extending into the territory of the other country the seat of the head-office of the concern determines which Accident-Insurance law is to take effect. In case of doubt the authorities of the State decide where the business is conducted. It pertains to the State which has the first cognizance and jurisdiction of the matter to take the provisional measures for the care of the injured. Reciprocity in the law-courts of the two countries is guaranteed.

New Insurance branches.

5. The introduction of a special insurance fund for *widows and orphans* is intended. To this effect the increase of the customs duties (agrarian duties) of the Customs duties laws of December 25, 1902, will be specially "earmarked" when collected. Should the new provision not become law until January 1st, 1910, the interest of the increased receipts shall be pro rata handed over to the Invalid-assurance Institutions for payment to the widows and orphans of those who were insured in those institutions.

6. In 1903 the Imperial Parliament requested the allied Governments to take into consideration the *unification* of the various Insurance laws and the organic junction of the different branches of insurance for the purpose of cheapening and simplifying the working men's insurance. The Allied Governments agreed to this suggestion, as appears from the Emperor's Speech at the opening of the Imperial Parliament on November 25, 1905. All details, however, are unknown. The most varying proposals have been made, from a mere "Simplification" with the continuation of the actual present forms of organisation to a complete "Unification" in *one* great organisation.

7. It is urgently desired that in any reform project the circle of those bound to insure should be within the *same limits for all the three branches* of Insurance. In the meantime efforts are made for the *widening* of the circle of those who are bound to insure in one or the other field. To mention one case, Parliament in 1903 also requested the allied governments to bring in at the earliest possible moment a bill for the extension of the obligatory Health-insurance to domestic industries, to agricultural and forest (gamekeeper) labourers and to domestic servants.

8. Up to the present time *home workmen* can be included in the obligatory Health-insurance by local communal laws only or by means of a law of the Bundesrat. Of the former in only a few cases has use been made, the latter has never been made use of, in consequence of certain difficulties in its administration which can only be got rid off by direct Imperial parliamentary legislation. In a similar economic position (like the domestic industrial workingmen) we find other small tradesmen, for instance and especially artisans ("small masters"). Efforts are being made to extend compulsory insurance in all branches to them also.

9. To *agricultural labourers* and *forest labourers* obligatory Health-insurance can be extended by local communal laws only; but of this possibility use was made but in very few cases. *Domestic servants* cannot be compelled even by local laws to obligatory health-insurance. Imperial legislation is asked for these two classes of working people for an obligatory health-insurance.

10. *"Private Employés", i. e.* persons in private employments, and not belonging to the class of domestic servants or workingmen (such as managers or foremen of works, technical clerks, other clerks, masters in private schools, tutors or teachers, private secretaries, etc.) consider the general Invalid (Old Age Pension)-Insurance Laws insufficient for their class of work and also as unfair; as they have to contribute an equal share for their insurance like ordinary or trade-workingmen (whereas the risk in their case is smaller) to obtain a rather small annuity. They are therefore endeavouring to form a special fund for obligatory invalid insurance and for the insurance of their families.

XI. — C.

Sur les progrès en matière de législation d'assurance.

Par M. Cosmao-Dumanoir, Paris.

Dans une note présentée au Congrès international des actuaires de 1903, nous avons eu à signaler l'élaboration par une commission technique d'un projet de loi sur le contrat d'assurance. Ce projet, dont nous avons donné, en collaboration avec le *Dr. Fachini,* un aperçu dans la *Zeitschrift für die gesamte Versicherungs-Wissenschaft* (B. V., Heft 3, S. 399 ff.) n'est pas encore devenu loi; il a seulement (et tout récemment) fait l'objet d'un rapport de Mr. le *Député Chastenet,* au nom de la Commission des assurances auquel il avait été renvoyé. Le caractère de ce projet est de se présenter avant tout comme le résumé et la consécration des principes posés par la pratique et la jurisprudence dans cette manière, où les dispositions législatives faisaient presque entièrement défaut et où les tribunaux avaient dû entièrement construire une théorie juridique d'après les principes généraux du droit. —

Un article a été détaché de ce projet pour former, avec modification, la loi du 8 décembre 1904, qui interdit l'assurance en cas de décès des enfants de moins de douze ans.

Antérieurement (le 2 janvier 1902),une loi avait édicté impérativement que tout litige relatif à un contrat d'assurance est de la compétence du tribunal du domicile de l'assuré; l'usage universel était antérieurement d'inscrire dans les polices la compétence du domicile de l'assureur.

La loi du 17 mars 1905, concernant la surveillance et le contrôle des Compagnies d'assurances et de toutes les entreprises dans lesquelles joue un rôle la durée de la vie humaine, est venue mettre fin à l'insuffisance des dispositions législatives sur le contrôle des sociétés d'assurances, en ce qui concerne l'assurance sur la vie; un projet relatif aux sociétés d'épargne et de capitalisation est actuellement sur le chantier. La loi nouvelle supprime pour les sociétés d'assurances la nécessité de l'autorisation préalable, et la remplace par l'enregistrement subordonné à l'observation des lois et des décrets réglementaires. Elle institue un comité consultatif et un corps de contrôleurs techniques. Les prescriptions d'ordre technique pour la constitution des Compagnies d'assurances sur la vie sont laissées à des décrets. Tous les décrets prévus et annoncés par la loi n'ont pas encore été promulgués: celui qui doit régler la situation des Compagnies étrangères au point de vue de

leurs assurances en cours se fait encore atendre: il n'est donc pas encore possible de savoir si elles seront pour le passé comme pour l'avenir
astreintes à déposer leurs réserves à la Caisse des dépôts et consignations. Quant aux tarifs minima, un décret les a fixés conformes
à ceux qui sont en usage dans les Compagnies françaises. Nous avons
donné de cette loi une analyse dans la *Zeitschrift für die ges. Versicherungs-Wissenschaft,* B. V., Heft 4, S. 609.

Die Fortschritte der Versicherungs-Gesetzgebung.

Von M. Cosmao-Dumanoir, Paris.

Die französische Gesetzgebung ist in den letzten Jahren um das
Gesetz vom 2. Januar 1902 über die Zuständigkeit des Gerichts für
Versicherungsstreitigkeiten bereichert worden, ferner um das Gesetz
vom 3. Dezember 1904, welches den Abschluß einer Versicherung auf
den Todesfall für Kinder unter 12 Jahren verbietet, und schließlich um
das Gesetz vom 17. März 1905 über die Beaufsichtigung der Versicherungsunternehmungen. In Vorbereitung befindet sich ein Gesetz über
den Versicherungvertrag und über die Sparvereine.

The progress of insurance legislation.

By M. Cosmao-Dumanoir, Paris.

French legislation has been within recent years enriched by the
law of January 2, 1902, concerning the competence of the tribunal
established for the trial of insurance causes, further by the law of December 3, 1904, which forbids insurance on the lives of children under
12 years of age, and finally by the law of March 17, 1905, concerning
the examination of insurance companies and undertakings. A law is
in course of preparation dealing with the contract of insurance and
with savings-institutions and associations.

Vorschläge zu Änderungen und Neuerungen
in der
schwedischen Versicherungsgesetzgebung.

Von **J. Tesdorpf,** Stockholm.

I. Nach vieljähriger Vorarbeit wurden endlich am 2. Mai 1903 das „Gesetz über den Betrieb von Versicherungs-Unternehmungen" und das „Gesetz über das Recht ausländischer Versicherungs-Anstalten, im Inlande Versicherungs-Geschäfte zu betreiben", vom schwedischen Reichstag genehmigt und den 24. Juli desselben Jahres vom König promulgiert.

Auf dem 4. internationalen Aktuaren-Kongreß in New-York 1903 hat Herr *D. F. Lundgren,* Redakteur der schwedischen Versicherungs-Zeitung „Gjallarhornet", einen Bericht über die Hauptbestimmungen der vorgenannten Gesetze abgegeben, und es scheint daher nicht notwendig, hier näher darauf zurückzukommen.

Freilich ist die Zeit, die seit dem Inkrafttreten der Gesetze verflossen ist, zu kurz, um ein auf Erfahrung begründetes Urteil über die Wirkung der Gesetze fällen zu können, doch hat man im allgemeinen die Empfindung, daß die Gesetze an und für sich, selbst ziemlich hoch gestellten Ansprüchen genügen. Selbstredend haben doch Fachleute bei dem Bestreben, sich dem Gesetze anzupassen, nicht umhin können, gewisse Lücken zu entdecken, deren Ergänzung wünschenswert wäre, sowie auch gewisse Bedenken gegen bald den einen bald den anderen Paragraphen zu hegen. Indessen sind diese Lücken und Bedenken nicht der Art gewesen, daß sie unbedingt eine unmittelbare Komplettierung oder Veränderung des Gesetzes erforderlich machen, und daher hat man es auch für am besten gehalten, seine Wünsche bis auf weiteres ruhen zu lassen, um inzwischen reichere Erfahrung zu sammeln.

Eine Ausnahme ist aber vorhanden. Betreffs eines Punktes, der die Lebensversicherung berührt, scheinen die Fachleute ziemlich einig darüber zu sein, daß das Gesetz mit Notwendigkeit und möglichst bald einer Veränderung oder Verdeutlichung dringend bedarf, und der Reichstag hat auch im vorigen Jahre auf Antrag zweier im Versicherungsfache tätigen Abgeordneten, Direktor *Sven Palme* und Professor *Curt Wallis,* ein Schreiben an die Regierung gerichtet, mit dem Ersuchen, der König möge in Erwägung ziehen, ob nicht eine Veränderung oder Vedeutlichung des Gesetzes in dem betreffenden Punkte nötig sei, um die Interessen der Versicherten zu schützen.

Die äußere Ursache der Anregung dieser Frage war, daß eine Lebensversicherungs-Anstalt königliche Konzession auf Berechnungs-Grundlagen für die Prämienreserve erhalten hatte, welche einer Mehrzahl von Sachverständigen besonders bedenklich erschienen.

Das Gesetz schreibt in § 121 über die Berechnung der Prämienreserve vor, wie folgt: „Für Gesellschaften, welche Lebensversicherung betreiben, soll die Prämienreserve mindestens dem Unterschied zwischen dem Zeitwerte der Verbindlichkeiten der Gesellschaft auf Grund laufender Lebensversicherungen und dem Zeitwerte der Nettoprämien, welche die Versicherten noch zu entrichten haben, entsprechen."

Dieser Paragraph ist von der betreffenden Anstalt so ausgelegt worden, als ob das Gesetz nicht einmal in Fällen, wo die Bruttoprämie konstant ist, fordere, daß man bei Berechnung des Zeitwertes der noch zu entrichtenden Nettoprämien unbedingt von einer festen, während der ganzen Prämienzahlungsperiode gleichbleibenden Nettoprämie ausgehen solle, es vielmehr frei stehe, aus der konstanten Bruttoprämie eine Nettoprämie zu konstruieren, die in den ersten Versicherungsjahren kleiner ist, als in den folgenden Versicherungsjahren.

Eine solche Berechnungsmethode bedingt selbstredend eine Reserve, die bedeutend niedriger ausfallen kann, als wenn sie nach der gewöhnlichen Nettoprämienmethode berechnet wird, und gleichzeitig erhält man dadurch ein bequemes Mittel, um auf Kosten der Prämienreserve die Anwerbekosten zu bestreiten.

Die betreffende Anstalt ist, wie gesagt, davon ausgegangen, daß der Wortlaut des § 121 ein solches „Zillmern" gestattet, und hat daher, um nötige Mittel zur Deckung der Anwerbekosten zu erübrigen, ihre Konzession auf Berechnungsgrundlagen beantragt, die Reservewerte ergeben, welche während der ganzen Versicherungsdauer bedeutend niedriger sind, als nach der Nettomethode berechnet.

Auch die Konzessionsbehörden waren der Ansicht, daß der Wortlaut des § 121 einer solchen Berechnungsmethode kein Hindernis entgegenstelle, und erteilten die beantragte Konzession.

An und für sich läßt sich ja ein ähnliches „Zillmern" wohl verteidigen, wenn es nur innerhalb der gebührenden Grenzen bleibt, denn bei den heutigen hoch aufgetriebenen Abschlußkosten wäre es sonst für junge Gesellschaften unmöglich, in der Konkurrenz zu bestehen, da sie ja die Abschlußkosten nicht auf einmal abschreiben können. In mehreren Ländern ist ja auch ein ähnliches „Zillmern" gesetzlich geregelt.

Unter dem Gesichtspunkte des schwedischen Gesetzes stellt sich die Sache doch anders.

Auch das schwedische Gesetz — und ebenso das dänische — gestattet, obwohl unter einer anderen Form, eine sukzessive Abschreibung der Anwerbekosten. Die §§ 48 und 99 des schwedischen Gesetzes bestimmen, daß „Kosten, welche während eines Rechnungsjahres für Anwerbung neuer Lebensversicherungen aufgewandt worden sind, in der Bilanz unter Aktiva aufgeführt werden können, jedoch nur bis zu einem Höchstbetrage von 1½% von der Summe der in dem Jahre abgeschlossenen und von der Gesellschaft für eigene Rechnung behaltenen, in Kraft gebliebenen Versicherungen, Leibrentenversicherungen nicht mitgerechnet. Sind Anwerbekosten für ein Jahr unter Aktiva aufgeführt worden, so sollen sie jedes folgende Jahr mit mindestens einem Fünftel amortisiert werden. Bevor Organisations- und Anwerbekosten vollständig abgeschrieben worden sind, dürfen für ein Jahr nicht mehr als insgesamt 5 Prozent des eingezahlten Aktien- resp. Garantie-Kapitals an Aktionäre, Garanten oder Versicherungsnehmer ausgeteilt werden."

Dadurch ist also die Form zum Ausdruck gekommen, in der das schwedische Gesetz jungen Gesellschaften die Amortisation der Anwerbekosten erleichtert, und die meisten schwedischen Sachverständigen sind der Ansicht, daß der § 121, wenn man ihn im Lichte der soeben zitierten §§ 48 und 99 sieht, in der Weise zu deuten ist, daß die Prämienreserve nach der gewöhnlichen Nettoprämienmethode berechnet werden soll, wenn auch eine deutlichere Stilisierung des Paragraphen, die jeden Zweifel ausschließen würde, wünschenswert wäre.

Unter solchen Umständen ist es ja ganz natürlich, daß die oben erwähnte Konzession in Fachkreisen große Aufmerksamkeit erregen müßte, eine Aufmerksamkeit, die sogar in dem erwähnten Antrag an den Reichstag wegen entsprechender Abänderung oder Verdeutlichung des Gesetzes zum Ausdruck gekommen ist. Ist es ja doch von größter Bedeutung für die solide Entwickelung des schwedischen Versicherungswesens, daß nicht unter dem Schutze des Gesetzes ein doppeltes „Zillmern" praktiziert werden kann, ein sozusagen verstecktes beim Berechnen der Prämienreserve, dem ja das Gesetz nach Ansicht der Behörden — *wenigstens dem Wortlaut nach* — keine Schranken setzt und ein offenes (in Übereinstimmung mit den §§ 48 und 99) durch Aufführung in der Bilanz von 1½ Prozent Abschlußkosten unter Aktiva.

Dem Zweck des vorerwähnten Reichstagsantrages wurde auch vom schwedischen Aktuaren-Verein und dem schwedischen Versicherungs-Verein beigestimmt.

Der Aktuaren-Verein hat folgendes Gutachten abgegeben:

„Da § 121 des Gesetzes einen solchen Wortlaut haben muß, daß er den §§ 48 und 99 nicht widerspricht, und das Zillmern nicht in Übereinstimmung mit der Absicht des Gesetzes, wie sie in den oben genannten Paragraphen ausgedrückt worden ist, zu stehen scheint, muß dies auch deutlich aus dem § 121 hervorgehen, und gestattet sich der schwedische Aktuaren-Verein die Äußerung, daß der § 121 beispielsweise durch einen solchen Zusatz verdeutlicht werden könnte, daß der Überschuß der Bruttoprämie über die Nettoprämie während der ersten Versicherungsjahre nicht größer sein darf als während der späteren Versicherungsjahre.

Wenn eine solche Veränderung des § 121 nicht als wünschenswert oder möglich erachtet werden sollte, dürfte in demselben das Zillmern ausdrücklich als gestattet anzugeben und dafür das Zugeständnis in den

§§ 48 und 99 wegen Aufnahme der Anwerbekosten unter die Aktiva zu streichen sein.

Das erste dieser Alternative bedeutet nur eine Verdeutlichung des Gesetzes, ohne das Prinzip, das rücksichtlich der Anwerbekosten in den §§ 48 und 99 zum Ausdruck kommt, zu ändern.

Das zweite Alternativ dagegen setzt in dieser Hinsicht eine prinzipielle Abänderung des Gesetzes voraus."

Professor *G. Mittag-Leffler*, hat zum Protokoll des Vereins erklärt, daß er eine von dem erwähnten Gutachten abweichende Meinung habe.

Der Versicherungs-Verein hat seine Beistimmung zum Zwecke des vorerwähnten Reichstagsantrages in einem Schreiben an die Herren Antragsteller kundgegeben.

Wie schon erwähnt, hat der Reichstag den Antrag genehmigt, und ruht nun die Sache bei der Regierung. Es ist zu hoffen, daß ein Vorschlag zu zweckmäßiger Verdeutlichung oder Veränderung des Gesetzes in dem betreffenden Punkte erfolgen wird.

II. Im Reichstage von 1903 wurde von einem Abgeordneten der Antrag gestellt, in das damals zur Behandlung vorliegende Versicherungsgesetz eine Bestimmung aufzunehmen, daß ein Lebensversicherter, der aus diesem oder jenem Grunde eine Versicherung aufgeben will, berechtigt sein solle, den Teil der eingezahlten Prämien, welcher jetzt in Form von Annullationsgewinn den Lebensversicherungsanstalten zufällt, zurückzuerhalten. Dieser Antrag wurde indessen ohne eingehende Prüfung abgelehnt, ganz einfach aus dem Grunde, daß nach Ansicht des Reichstages eine solche Bestimmung in dem damals vorliegenden Gesetzentwurf, der zunächst die öffentlich-rechtliche Seite des Versicherungswesens zu regeln bezweckte, nicht am Platze sei.

Im Reichstag 1905 kam derselbe Abgeordnete auf seinen Antrag zurück, obwohl in einer etwas erweiterten Form, indem er nun in Vorschlag brachte, der Reichstag möge ein Schreiben an die Regierung richten mit dem Ersuchen, einen Gesetzentwurf über den Versicherungs-Vertrag ausarbeiten und dem Reichstage vorlegen zu lassen.

In der Motivierung seines Vorschlages rekapituliert er, was er schon früher von dem vermeintlichen großen Annullationsgewinn der Lebensversicherungs-Anstalten erwähnt hat, und betont, daß schon dieser Umstand als Motiv für ein *Gesetz über den Versicherungs-Vertrag* völlig genüge.

Außerdem führt er indessen gewisse andere Umstände an, die nach seiner Meinung kräftig für das von ihm vorgeschlagene Gesetz sprechen, und bemerkt, daß die großartige und schnelle Entwickelung des schwedischen Versicherungswesens mit Notwendigkeit eine gesetzliche Regelung des Versicherungs-Vertrages erfordere, damit die Ungewißheit, die jetzt in vielen Punkten obwaltet, beseitigt werde und vor allem dem Publikum in den Hinsichten, über die die Verträge nichts enthalten, der nötige Schutz bereitet werde.

Gegen den vorerwähnten Antrag hatten die Fachleute viele Einwände zu machen. Zwar ist dies nicht so zu verstehen, als ob diese

Einwände auf den eigentlichen Zweck des Antrages abzielten; im Gegenteil, die meisten räumten ein, daß der Gedanke, welcher den Antragsteller geleitet hatte, Sympathie verdiene, sie meinten aber, der Zeitpunkt, ein solches Gesetz zu erlassen, sei noch nicht gekommen, man möge noch warten und sich dem soeben erhaltenen Versicherungs-Gesetze anpassen, bevor man mit einer neuen Gesetzesarbeit betreffender Art anfange; müßten doch zwei Gesetze, deren das eine die mehr öffentlich-rechtliche Seite des Versicherungswesens, das andere die privaten Verhältnisse zwischen dem Versicherer und dem Versicherungsnehmer betrifft, in vielen Punkten von einander abhängig werden. Es schien deshalb, als sei es zweckmäßiger, daß das erste und wesentlichere Gesetz etwas mehr erprobt würde, bevor ein zweites eingeführt wurde. Die Fachpresse vertrat auch dieselbe Meinung und behauptete, es sei betreffs der vorliegenden Frage kein „*periculum in mora*" vorhanden, denn die bisherige Entwickelung des schwedischen Versicherungswesens gebe gar keine Veranlassung zu befürchten, daß nicht auch künftighin berechtigte Ansprüche des Publikums den Gesellschaften gegenüber gewahrt werden würden. Ist doch die große Konkurrenz ein mächtiger Schutz für die Interessen des Publikums betreffs vorteilhafter und liberaler Versicherungsbedingungen.

Unter solchen Umständen und mit Bezug auf die knappe, wenig überzeugende und in gewissen Punkten irrige Motivierung des Antragsstellers hatte man Anlaß, zu vermuten, daß der betreffende Reichstags-Ausschuß, dessen Prüfung der Antrag anheimgestellt wurde, ein ablehnendes Votum fällen würde. Dies wurde indessen nicht der Fall. Der Ausschuß gab seine Zustimmung zu dem Antrag, und der Reichstag beschloß ein Schreiben an die Regierung zu richten mit dem Ersuchen, einen *Gesetzentwurf über den Versicherungs-Vertrag* ausarbeiten und dem Reichstage vorlegen zu lassen.

Die Versicherungs-Inspektion, der die Frage von der Regierung remittiert worden ist, hat an die verschiedenen Versicherungsanstalten ein Schreiben erlassen, durch welches die Anstalten eingeladen werden, ihre Meinungen über den Antrag schriftlich aufzusetzen und an die Inspektion einzusenden.

Eine ziemlich große Anzahl von Versicherungs-Anstalten ist dieser Einladung nachgekommen und hat mehr oder weniger vollständige Gutachten an die Inspektion eingesandt.

. In dem Material, welches dem Berichterstatter zur Verfügung steht und welches die Gutachten von mehr als 30 Anstalten — darunter fast alle unsere meist repräsentativen Versicherungs-Gesellschaften — umfaßt, sucht man vergebens nach einem Gutachten, das dem Reichstagsschreiben ganz unbedingt beipflichtet. Mit Ausnahme einiger der gegenseitigen Schadenversicherungs-Anstalten, die ohne Bedenken von dem vorgeschlagenen Gesetz abraten, wenigstens soweit es die fraglichen Anstalten selbst berühren würde, sind die meisten anderen Anstalten der Ansicht, daß ein Gesetz über den Versicherungs-Vertrag zwar an und für sich gewisse Vorteile herbeiführen könnte, sind aber der Meinung, daß der richtige Zeitpunkt, ein solches Gesetz zu stiften, noch nicht gekommen ist.

Aus der reichhaltigen und, wie es dem Berichterstatter scheint, auch stichhaltigen Argumentation gegen die gegenwärtige Einführung des vorgeschlagenen Gesetzes sei folgendes erwähnt: --

Die Frage wegen Erlasses eines *Gesetzes über den Versicherungs-Vertrag* darf nicht separat, sondern nur in Zusammenhang mit einer künftigen Umarbeitung des Obligationsrechtes in Behandlung genommen werden.

Die betreffende Gesetzgebung ist in den großen Kulturländern bislang noch nicht gelöst worden.

Der internationale Charakter des Versicherungswesens und die gemeinsame Arbeit der Versicherungs-Gesellschaften verschiedener Länder durch gegenseitigen Austausch von Risiken scheint, besonders für ein kleines Land wie das unsrige, jeden Gedanken an eine Isolierung in der Gesetzgebung ausschließen zu müssen. Da nun die Frage in einigen der großen Kulturländer auf der Tagesordnung steht, scheint es für uns zweckmäßig zu sein, unsre Zeit abzuwarten und unterdessen die Entwicklung der Frage in den großen Ländern mit Aufmerksamkeit zu verfolgen.

Dabei ist es von größter Wichtigkeit zu beachten, daß die Vermutung, die in dem Reichstagsschreiben zum Ausdruck gekommen ist und die schon an sich eine Forcierung der Frage motivieren könnte, nämlich daß das Publikum als der schwächere Teil den Gesellschaften als dem stärkeren Teil gegenüber der Unterstützung durch ein Gesetz über den Versicherungs-Vertrag bedürfe, durch die Erfahrung widerlegt wird. Die äußerst geringe Prozeßziffer, wenigstens betreffs der Lebensversicherung, auf welche doch der Reichstag hauptsächlich abzielt, muß doch als ein Beweis dafür angesehen werden, daß ein wirkliches Bedürfnis einer schnellen Lösung der Frage nicht vorliegt. Ist doch die Konkurrenz ein so mächtiger Schutz für das Publikum gegen Übergriffe seitens der Gesellschaften, daß es in gewissen Beziehungen eher diese letzteren sind, die des Schutzes gegen die Ansprüche des Publikums bedürfen.

Von einer Seite ist mit Nachdruck hervorgehoben worden, daß ein Gesetz, das der sicheren Stütze einer bereits gewonnenen Erfahrung entbehrt und das nur langsam und mit Schwierigkeit wiederum verändert werden kann, geeignet wäre, das formelle Recht auf Kosten des materiellen festzustellen.

Eine ganze Reihe anderer Gründe, die gegen das vorgeschlagene Gesetz angeführt worden sind, könnten ja leicht hier wiedergegeben werden, doch will ich meine Leser nicht damit ermüden.

Für eine unmittelbare Einführung des Gesetzes spricht sich nur ein Bruchteil der Anstalten aus, und auch dieser Bruchteil nimmt in verschiedenen wichtigen Punkten Abstand von der Motivierung des Reichstagsschreibens. Ein großer Teil der Argumente, welche die betreffenden Gesellschaften für das fragliche Gesetz anführen, können wohl an und für sich auch von der Mehrzahl der übrigen Anstalten gebilligt werden, denn auch diese Mehrzahl will ja nicht den Gedanken für alle Zeiten von sich weisen, sondern nur einen günstigeren Zeitpunkt abwarten. Die Gründe, welche die Minorität für eine schnelle Einführung des Gesetzes angeben, sind jedenfalls recht matt und scheinen nicht geeignet zu sein, die starken Gründe der Majorität für einen Aufschuß abzuschwächen. Dies ist also die jetzige Lage der Frage, die noch bei der Regierung ruht, und man ist in Versicherungskreisen sehr gespannt zu erfahren, welche Stellung die Regierung zur Frage einnehmen wird.

III. Das vorerwähnte Gesetz über Versicherungsbetrieb vom 24. Juli 1903 bestimmt in § 163, daß das Gesetz keine Anwendung finden soll auf Kranken -und Begräbniskassen oder sonstige Vereine für Selbsthilfe, deren Betrieb nicht als ein tatsächliches Versicherungsgeschäft anzusehen ist.

Obwohl der Reichstag also der Ansicht war, daß sich das in Rede stehende Gesetz für die betreffenden Vereine nicht eigne, wollte er doch die Wirksamkeit auch dieser Vereine durch ein zweckmäßiges Gesetz geregelt sehen und zwar umsomehr, da sie alle — oder wenigstens fast alle — auf dem reinen Assessment-System basierten und demnach ihren Mitgliedern nicht die nötige Sicherheit gewähren konnten. Als Beweis dafür, daß es sich hier um ein gesellschaftliches Interesse von größter Wichtigkeit handelt, sei erwähnt, daß es in Schweden nicht weniger als zirka 2000 registrierte Krankenkassen gibt und die Zahl der nicht registrierten ähnlichen Vereine auch sehr groß ist.

Der Reichstag beschloß daher, ein Schreiben an die Regierung zu richten mit dem Ersuchen, die gesagten Vereine einer eingehenden Erwägung unterziehen und einen Gesetzentwurf über dieselben ausarbeiten zu lassen. Anläßlich dieses Schreibens beauftragte die Regierung unmittelbar nach Promulgierung des Versicherungs-Gesetzes vom 24. Juli 1903 ein aus fünf Personen bestehendes Komitee mit der Erörterung der Frage von den Unterstützungs-Vereinen.

Das Gutachten des Komitees liegt jetzt seit Ende des vorigen Jahres fertig vor. Es ist eine umfangreiche Arbeit, welche von dem betreffenden Komitee und auf seine Veranlassung ausgeführt worden ist, und enthält teils einen Gesetzentwurf für Unterstützungs-Vereine nebst verschiedenen dadurch bedingten Vorschlägen zu Abänderungen gewisser Bestimmungen in bisher maßgebenden Gesetzen nebst Motivierung der Vorschläge, teils drei Beilagen, nämlich 1) Bericht über Organisation und Wirksamkeit 753 nicht registrierter Unterstützungs-Vereine, 2) Erörterung der Möglichkeit nach versicherungs-technischen Gründen eine gewisse Anzahl der größten dieser Vereine umzugestalten, 3) Bericht über die Gesetzgebung betreffs kleinerer privater Personenversicherungs-Anstalten in fremden Ländern.

Wir gehen jetzt zu einer Besprechung der charakteristischsten Bestimmungen in dem Gesetzentwurf über.

Das vorgeschlagene Gesetz umfaßt nur Vereine, welche Lebensversicherung, Krankenhilfe oder anderweitige ähnliche Unterstützung gewähren, und welche keinen geschäftsmäßigen Versicherungsbetrieb bezwecken.

Es ist somit sehr wichtig, eine deutliche Definition zu geben, was unter „geschäftsmäßigem Versicherungsbetrieb" zu verstehen ist. Das Komitee versteht darunter, daß sich der betreffende Verein für die Anwerbung von Versicherungen oder für die Einziehung der Versicherungsbeiträge der Hilfe von Agenten, welche Provision erhalten, bedient, oder daß sich der Verein verpflichtet hat, Personen, die Garantiekapital vorgeschossen haben, Zinsen, Anteil am Reingewinn oder andere Vergütung zu gewähren. Mit dieser Definition erhebt das Komitee indessen nicht den Anspruch, eine *für alle Zeiten* passende Abgrenzung gegeben zu haben; in der Motivierung heißt es nämlich, daß eine solche Definition schwerlich gegeben werden könnte, und daß sich das Komitee daher zu einer Abgrenzung, die nach seiner Ansicht den heutigen Verhältnissen entspricht, beschränkt hat.

Vereine, welche in Gemäßheit dieser Definition Versicherung *geschäftlich* betreiben, würden also unter das Versicherungsgesetz von 1903, alle anderen dagegen unter das neue Gesetz gehören.

Alle Vereine sollen registriert werden und müssen zum Zweck der Registrierung ihre Statuten an die Regierungsbehörde einsenden.

Die Statuten sollen genaue Angaben über verschiedene Umstände enthalten, so zum Beispiel über die Firma und den Zweck des Vereins, über die Abgaben an den Verein ebenso wie über Beschaffenheit und Größe der Unterstützung mit audrücklicher Angabe des Höchstbetrages, welchen die Unterstützungen erreichen können, nebst Zeit und Bedingungen für Auszahlung der Unterstützungen, über die Fonds des Vereins und die Gründe, nach welchen die Fondsabsetzung stattfinden soll.

Für Vereine, welche Lebensversicherungen auf höhere Beträge als 500 Kronen oder Leibrenten auf mehr als 50 Kronen jährlich versichern, und welche also relativ hohe ökonomische Interessen vertreten, werden in gewissen Beziehungen besondere mehr restriktive Vorschriften vorgeschlagen.

Für solche Vereine sollen die Statuten, außer den soeben erwähnten Angaben, auch Grundsätze für Berechnung von Prämien und Prämienreserve, Bestimmungen über Rückkauf, über Verfall der Versicherungen bei Verabsäumung, die Prämie binnen festgestellter Frist zu erlegen, und über Regeln für Vorschüsse gegen Verpfändung der Policen enthalten.

Vor Registrierung solcher Vereine hat die Aufsichtsbehörde zu prüfen, ob die Statuten so stilisiert sind, daß sie dem Versicherungsnehmer die nötige Sicherheit gewähren. Die betreffenden Vereine müssen also, bevor sie ihre Wirksamkeit beginnen, die Konzession der Aufsichtsbehörde abwarten.

Außerdem wird in Vorschlag gebracht, daß sie gerade wie die größeren Lebensversicherungs-Gesellschaften einen nach technischen Gründen berechneten Versicherungsfonds wie auch einen Sicherheitsfonds absetzen und die Geldmittel des Versicherungsfonds in gewissen sicheren Valuten anlegen sollen.

Betreffs der Berechnung der Versicherungs- und Sicherheitsfonds, sowie Anlegung der Geldmittel des Versicherungsonds hat das Komitee im großen und ganzen dieselben Bestimmungen beibehalten, welche das Versicherungsgesetz von 1903 enthält.

Zu bemerken ist, daß die betreffenden Vereine gegen Entschädigung berechtigt sein sollen, von Seiten der Aufsichtsbehörde die nötige Hilfe bei den technischen Berechnungen zu erhalten.

Nach dieser Relation der für größere Vereine vorgeschlagenen Separatbestimmungen kommen wir wieder auf die für alle Vereine *gemeinsamen* Bestimmungen zurück.

Ein Verein, welcher Lebens- oder Krankenversicherung zum Zweck hat, darf keine andere Wirksamkeit damit verknüpfen; doch können mit der Zustimmung der Aufsichtsbehörde diese beiden Versicherungsarten vereinigt werden.

Betreffs der Aufbewahrung der Prämienreserve hat das Komitee keine *bindende* Bestimmung vorgeschlagen; doch heißt es, daß ein Verein, welcher Lebensversicherung erteilt, in seinen Statuten *bestimmen kann,* daß die Wertpapiere, in welchen die Prämienreserve angelegt ist, abgesondert von dem übrigen Vermögen des Vereins unter Kontrolle eines von der Aufsichtsbehörde verordneten Bevollmächtigten verwahrt werden sollen, und daß, wenn ein Verein sich so eingerichtet hat, die Versicherten an diesen Wertpapieren Faustpfandrecht haben.

Hierdurch hat das Komitee den Vereinen die Möglichkeit bereiten wollen, ihren Versicherten ein ähnliches Pfandrecht an der Prämienreserve einzuräumen, wie es nach dem Versicherungsgesetz von 1903 bei den Lebensversicherungs-Gesellschaften obligatorisch ist.

Das von einem registrierten Unterstützungs-Verein erteilte Anrecht auf Krankenhilfe oder auf Begräbnishilfe, deren Betrag 500 Kr. nicht übersteigt, kann nicht übertragen oder gerichtlich verpfändet werden.

Die Aufsicht über Unterstützungs-Vereine wird von einer für das ganze Reich gemeinsamen Behörde ausgeübt.

Die Vereine sind verpflichtet, bei der Aufsichtsbehörde jährlich folgende Vorlagen einzureichen:

1) Jahresbericht der Direktion, Bilanz, Bericht der Revisoren und Bericht über die bei der Generalversammlung gefaßten Beschlüsse;

2) einen in Gemäßheit eines von der Aufsichtsbehörde festzustellenden Formulares ausgefertigten und von der Direktion unterzeichneten Bericht über die Wirksamkeit des Vereins während des verflossenen Jahres und seine finanzielle Lage am Ende desselben.

Die Aufsichtsbehörde hat das Recht, weitere Aufklärungen einzufordern und ist außerdem berechtigt, zu jeder Zeit die Rechnungsbücher und übrigen Schriftstücke des Vereins durchzugehen. Sie ist auch berechtigt, sich bei Sitzungen der Direktion und in der Generalversammlung wie auch rücksichtlich solcher Vereine, die Lebensversicherung betreiben, bei der Revision repräsentieren zu lassen.

Auf folgende Anstalten oder Vereine soll das Gesetz keine Anwendung finden:

1) Pensionsanstalten, welche vom Staate eingerichtet sind;

2) Renten- und Kapitalversicherungsanstalten;

3) Unterstützungsvereine, welche aus weniger als 5 Mitgliedern bestehen.

Für bei dem eventuellen Inkrafttreten des Gesetzes schon bestehende Vereine werden gewisse Übergangsbestimmungen vorgeschlagen.

Für Vereine, deren Statuten *vor* dem eventuellen Inkrafttreten des Gesetzes von der Regierung oder einer Provinzialregierung festgestellt worden sind, und welche weder Lebensversicherungen-auf höhere Beträge als 500 Kr. noch Leibrenten auf mehr als 50 Kr. jährlich erteilen, ebenso wie für Vereine, welche in Gemäßheit des schon bestehenden Gesetzes über Krankenkassen einregistriert worden sind, und welche keine Begräbnishilfe gewähren, sollen die Bestimmungen des vorgeschlagenen Gesetzes nicht maßgebend sein betreffs solcher Punkte, von welchen die Statuten besondere Bestimmungen enthalten. In gewissen Punkten sollen doch auch die vorstehenden Vereine sich nach den Bestimmungen des ·vorgeschlagenen Gesetzes richten; unter diesen Punkten seien folgende erwähnt: das den Versicherten in gewissen Fällen zustehende Faustpfandrecht, Auspfändungsfreiheit für gewisse Unterstützungen, Beaufsichtigung seitens der betreffenden Behörde, Registrierung bei der Aufsichtsbehörde u. a. m.

Die Aufsichtsbehörde hat das Recht für besondere Fälle zu gestatten, daß Vereine, die schon vor Inkrafttreten des Gesetzes ihre Wirksamkeit angefangen haben, für die Anpassung an das Gesetz eine gewisse Frist, jedoch nicht über 5 Jahre, in Anspruch nehmen dürfen.

Eine sehr wichtige Übergangsbestimmung ist die, welche die Dotierung der Prämienreserve bei größeren Vereinen betrifft. Nach dieser Bestimmung kann die Aufsichtsbehörde solchen Vereinen, denen es schwer fällt, die volle vom Gesetze geforderte Prämienreserve abzusetzen, eine Frist von nicht weniger als 25 Jahren einräumen, unter der Bedingung, daß der Unterschied jährlich in Übereinstimmung mit einem von der Behörde festzustellenden Plan vermindert wird.

Dies ist in großen Zügen der Inhalt des vorliegenden Gesetzentwurfes. Wie er in interessierten Kreisen aufgenommen worden ist, ist dem Berichterstatter bei der Niederschrift dieser Zeilen noch nicht bekannt. Es ist indessen zu vermuten, daß er manchem Fegefeuer der Kritik unterzogen werden wird, bevor er endlich dem Reichstage zur Prüfung unterbreitet wird, und wahrscheinlich ist er dann in manchen Punkten ganz anders als jetzt.

Proposition de modifications et d'innovations en matière de législation suédoise sur les assurances.

Par J. Tesdorpf, Stockholm.

L'art. 121 de la „Loi sur les entreprises d'assurances" prescrit que les Compagnies qui font des assurances sur la vie doivent établir une réserve mathématique correspondant, pour le moins, à la différence entre la valeur actuelle des obligations incombant à la société, par suite des assurances en cours, et la valeur actuelle des primes nettes que les assurés ont encore à verser.

On s'est rendu compte que cette disposition pouvait être interprétée en ce sens que, pour calculer la valeur actuelle des primes nettes restant à verser, il n'était pas nécessaire de partir d'une prime nette constante, même lorsque la prime brute est constante, et que l'on peut construire une prime nette qui soit moins élevée pendant les premières années de l'assurance que pendant les suivantes.

Il va sans dire que grâce à une méthode semblable la réserve mathématique sera sensiblement inférieure à celle que l'on fixerait d'après la méthode habituellement employée et que l'on aurait ainsi un moyen commode de couvrir les frais d'acquisition qui sont relativement considérables. Cette application du système de *Zillmer* est défendable en soi, pourvu qu'elle ne dépasse pas certaines limites, mais la loi suédoise, art. 48 et 99, a prescrit une autre forme pour l'amortissement des frais d'acquisition en autorisant, sous certaines conditions, l'inscription des frais d'acquisition à l'actif du bilan, jusqu'à concurrence de $1\frac{1}{2}\%$ de la somme que la Compagnie assure elle-même.

Comme il est, bien entendu, très important que toute possibilité de faire une sorte de double emploi de la méthode de *Zillmer* avec la complicité de la loi, soit écartée, le Parlement a, sur proposition présentée par deux députés, professionnels de l'assurance, et approuvée par presque tous les experts suédois en matière d'assurance, présenté au Gouvernement une adresse pour que le roi daignât considérer s'il ne serait point nécessaire de modifier la loi ou de lui donner plus de précision sur ce point.

On doit espérer que le Gouvernement soumettra au Parlement un projet répondant à ce but.

Au cours de la session de 1905 un député présenta au Parlement une proposition tendant à ce que le gouvernement fût invité à élaborer un projet de loi sur le contrat d'assurance pour le soumettre audit Parlement. Dans son exposé des motifs l'auteur de la proposition signale un certain nombre de faits qui, selon lui, parlent en faveur de la promulgation d'une telle loi et constate que l'énorme développement pris par les assurances en Suède, rend une réglementation du contrat d'assurance indispensable. Il insiste surtout sur l'opportunité qu'il y aurait à ce que des dispositions légales imposassent aux Compagnies l'obligation de restituer une fraction aussi forte que possible des primes versées, quand l'assuré renonce à l'assurance.

Bien que la plupart des spécialistes et la presse professionnelle dans sa grande majorité estimassent que le moment de créer une loi semblable n'était pas encore venu, le Parlement décida d'adresser au Gouvernement une invitation dans le sens indiqué par le proposant.

L'„Inspection des assurances", à laquelle le Gouvernement renvoya la question, s'est adressée aux divers établissements d'assurance les invitant à émettre leur préavis par écrit et à le lui faire parvenir. Parmi les nombreuses réponses arrivées jusqu'à présent, il n'y en a que peu qui recommandent l'introduction immédiate de cette loi, les autres, tout en reconnaissant ce qu'a de sympathique en soi l'idée telle qu'elle est formulée, concluent en général qu'il est préférable d'attendre un moment plus favorable pour édicter des mesures de ce genre. L'affaire repose maintenant dans les cartons du Ministère et, dans les milieux intéressés, on est très impatient de savoir quelle sera l'attitude que ce dernier prendra dans cette question.

La loi suédoise sur les entreprises d'assurances, du 24 juillet 1903, prescrit, art. 163, que ses dispositions ne seront point appliquées aux caisses de secours en cas de maladie et de décès ou autres sociétés de secours mutuels dont l'activité ne constitue pas une exploitation commerciale au sens propre du terme.

Le Parlement en étant dès lors venu à se convaincre qu'il était de toute nécessité de soumettre les opérations des associations sus-nommées à une réglementation, autre d'ailleurs que celle instituée par la loi de 1903, saisit le Gouvernement de la question et ce dernier chargea une Commission d'élaborer un avant-projet relatif aux sociétés de secours mutuels.

Le rapport très détaillé de cette commission a été déposé vers la fin de l'année dernière.

L'avant-projet *ne concerne que les associations qui délivrent des assurances sur la vie, des secours en cas de maladie ou autres analogues, sans qu'il y ait entreprise commerciale de leur part.*

Sous le terme „entreprise commerciale" la commission entend l'acquisition d'assurés ou la perception des cotisations au moyen d'agents à la commission, ou l'obligation contractée par la société de verser des intérêts, des dividendes ou autres bonifications aux personnes ayant fait l'avance du capital de garantie.

Les sociétés qui, conformément à cette définition, font de l'assurance une „entreprise commerciale" tomberaient sous le coup de la loi de 1903 tandis que les autres seraient soumises à la nouvelle loi.

Toutes les sociétés doivent être autorisées (enregistrées) ; à cet effet elles présenteront leurs statuts au visa de l'autorité compétente.

En ce qui concerne les réserves mathématiques on propose de permettre aux mutualités d'assurance sur la vie de stipuler que les valeurs constituant ladite réserve seront mises à part et conservées sous le contrôle d'un fondé de pouvoirs de l'Autorité de Surveillance afin de donner aux assurés un droit de gage sur ces valeurs. Cette garde sous contrôle officiel n'est toutefois pas obligatoire.

Les droits à des secours en cas de maladie ou à des frais de funérailles, dont le montant est inférieur à 500 couronnes, sont incessibles et insaisissables.

Quant aux sociétés qui délivrent des polices sur la vie pour des sommes supérieures è 500 couronnes ou des rentes viagères dont chaque annuité dépasse 50 couronnes, on propose certaines mesures spéciales, par exemple qu'elles ne puissent commencer leurs opérations avant d'être munies d'une concession de la part de l'Autorité de surveillance. Leurs statuts devraient renfermer des indications exactes sur les principes appliqués au calcul des primes et des réserves mathématiques, sur les rachats, avances contre nantissement de polices etc. On propose aussi que, tout comme les grandes Compagnies, elles soient tenues d'établir sur la base de calculs techniques un fonds d'assurance et de placer le montant du fonds de garantie en valeurs de tout repos. D'une manière générale, ce sont les dispositions de la loi de 1903 qui seraient applicables au calcul et au placement des fonds d'assurance et de garantie.

La surveillance des sociétés de secours serait exercée dans tout le Royaume par une autorité spéciale.

La loi ne serait pas appliquée aux établissements et sociétés ci-après: 1. Caisses de pensions érigées par l'État, 2. Caisses de rentes et d'assurances de capitaux (*Kapitalversicherungsanstalten*), 3. Sociétés de secours mutuels composées de moins de 5 membres.

Pour les sociétés existant déjà au moment de l'entrée en vigueur de la loi, on adopterait certaines dispositions transitoires. La plus importante d'entre ces dernières se rapporterait à la dotation du fonds des réserves mathématiques des sociétés d'une certaine étendue. Selon cette proposition l'Autorité de surveillance aurait la faculté d'accorder aux sociétés, auxquelles il serait difficile de constituer immédiatement le fonds des réserves mathématiques prévu par la loi, un délai d'au moins 25 ans à condition que la différence fût chaque année réduite d'après un plan dressé par ladite autorité.

Proposals for modifications and innovations in insurance legislation in Sweden.

By J. Tesdorpf, Stockholm.

Clause 121 in the Swedish "Law of Insurance" reads thus: Companies, doing life insurance business, should hold a premium reserve, which should at least correspond with the difference between the sums assured on existing business and the net premiums still to be paid thereon.

It has been shown that this clause can be interpreted in such a manner, that in calculating the present value of the net-premiums, which are still to be paid, a constant net-premium had not necessarily to be taken as the basis (even if the gross-premium was constant); but that there war a possibility of assuming a net-premium, which is smaller during the first years of insurance than during the following years.

By the use of such a method of calculation a considerably smaller reserve can result than by calculating according to the usual net method; in this manner an easy way would be found to defray the large acquisition expenses.

Per se, a similar kind of "Zillmerism" within proper limits might be defended; but the Swedish law in clauses 49 and 99 has ordered a different form for amortizing the acquisition expenses. The said clauses prescribe that the Company on certain conditions may put those expenses at the utmost up to 1½% of the insured amount among the assets in the balance sheet.

It being of course very important to exclude any possibility of a double "Zillmern" under protection of the law, the Swedish Parliament on the motion of two of its members, experts in Insurance matters, and with the consent of several other Swedish experts made an address to the King, asking his majesty to take into consideration, whether either a change, or a clearer formulation of the law on the above mentioned point could not be effected.

We hope that the Government will propose to the Parliament a suitable change in that respect.

In the session of 1905 one of the members of Parliament proposed, that the Parliament should deliver an address to the Government asking for the drawing up and laying before the Parliament of a Bill concerning the "Insurance Contract". That address argued that in view of certain circumstances and of the marked development of Swedish Insurance business it appeared quite necessary, that the Insurance-Contract should be regulated by law. And it further laid particular stress upon a regulation by-law concerning re-payment of a smuch as possible of the paid-up premiums in case of voluntary cancelling of the insurance contract. Although most of the experts and the professional journals were of opinion, that the moment had not yet arrived for such a law, the Parliament nevertheless decided to address the Government in the above mentioned line.

The Insurance-Bureau to whom this matter was referred addressed a letter to all insurance companies, asking for their opinion in writing on the above mentioned proposal. Of the many replies, which until now have been received, only a few are in favour of an immediate introduction of such a law. The great majority of the other answers develop the idea that it is better to wait for a more favourable moment for the introduction of such a law, though they sympathise with its objects and purports.

The matter rests at present with the Government and those interested in insurance are eager to see, what steps the Government will take.

§ 163 of the Swedish law on Insurance Concerns dated July 24th 1903 reads thus: this law does not apply to burial- or sickness clubs nor to any other friendly societies, whose business cannot be considered as real insurance business. But the Parliament being of opinion, that the business of these societies should also be regulated by law, though the above mentioned law ought not to apply to them, a committee was appointed to prepare a special draft for a law concerning these friendly societies.

This elaborate draft law, prepared by the committee, was presented the end of last year.

This draft refers only to societies, that grant insurances on life, aid to the sick, or similar aid, but which do not undertake regular insurance business (for profit). By the words insurance business („geschäftsmäßiger Versicherungsbetrieb") the committee understands, that the concern employs agents for the acquisition of insurance candidates or for collecting the premiums, who get commissions for the sums obtained; or that the Society undertakes to pay to the persons, who advanced or underwrote the capital of the concern either interest on the capital, or to grant them a part of the net profit or other advantages.

Concerns doing *business* on these (just mentioned) conditions are subject to the insurance law of 1903; all other concerns (friendly societies) are under the new law.

All concerns have to be registered, and are bound to send their bylaws to the Registry Office, for the purpose of registration.

Concerning the safe keeping of the premium reserve it is proposed, that a life insurance company *may* order in its bylaws, that the securities of the premium reserve should be kept separately and under the control of a person, appointed by the Supervising Office, so as to enable the Company to constitute these securities a pledge to the insured persons. But this safe keeping under public control is not obligatory.

All claims for support in case of sickness or for a burial under 500 Kronor to be granted by friendly societies cannot be transferred nor attached by a judgment of a court of law.

Special regulations under certain conditions are prescribed for those concerns, that issue life insurance policies for more than 500 Kronor or annuities for more than 50 Kronor annually; they are bound for instance to obtain a "concession" from the Supervising Office before they may begin to do business; their by-laws must contain accurate definitions of the principle on which the calculations of their premium, their premium-reserve, the surrenders, the policy loans, and the pledging of their policies are made etc. etc. It is also proposed that they should keep apart like the ordinary great insurance companies an insurance fund calculated on a technical basis as a security fund, and that the security fund should be invested in first class securities. It is proposed, that on the whole for the calculation of these insurance- and security funds and for the investment of these funds the regulations of the Insurance Law of 1903 should apply.

The supervision of these friendly societies shall be executed by a special office, with jurisdiction over all societies in the entire Kingdom.

The law shall not apply to the following societies or concerns:

1. Pension Offices, instituted by the State;
2. Annuity and endowment offices:
3. Friendly societies, consisting of less than five members.

Certain interim regulations are proposed for those concerns existing already when this new Law goes into effect. The most important of these ad interim regulations is that referring to the formation of the premium reserve in larger concerns. According to these propositions the Supervising Office is entitled to grant to those concerns, that would find it difficult to keep apart the full premium reserve as demanded by law a term of not less than 25 years on condition, that the difference be reduced upon a plan, in agreement and in concert with the supervising office.

XI. — D 2.

Die Arbeiterversicherung in Schweden.

Von John May, Stockholm.

Schon am 18. November 1881 hat der König eine Verfügung betreffend die Verwendung von minderjährigen Arbeitern in Fabriks-, Handwerks- und anderen Betrieben ergehen lassen; diese Verfügung wurde aber in den wesentlichsten Teilen am 17. Oktober 1900 aufgehoben durch das Gesetz betreffend die Verwendung in industriellen Betrieben von Minderjährigen und Frauen. Dieses Gesetz ist am 1. Januar 1901 in Kraft getreten.

Von einem Reichstagsabgeordneten wurde am 11. Mai 1884 im Reichstage beantragt, daß die königliche Regierung in Erwägung ziehen sollte, „ob und inwiefern Mittel ausfindig gemacht werden könnten, die geeignet wären, das Verhältnis zwischen Arbeitgebern und Arbeitern bezüglich etwaiger *Betriebsunfälle* zu ordnen, sowie den Arbeitern und den diesen gleichzuhaltenden Personen eine *Altersversicherung* einzurichten und danach die bezüglichen Anträge an den Reichstag zu stellen."

Infolgedessen wurde am 3. Oktober 1884 ein Komitee — das sogenannte Arbeiterversicherungskomitee — eingesetzt, das nach und nach verschiedene Gutachten erstattete und Gesetzesvorlagen ausarbeitete. Von diesen Vorlagen führte die eine zur Ausfertigung des Gesetzes betreffend Schutz gegen Betriebsgefahren vom 10. Mai 1889. Am 12. März 1890 übermittelte der König dem Reichstag eine Gesetzvorlage über die Versicherung für Unfälle bei der Arbeit, welche sich an die entsprechende Vorlage und die Gutachten des Arbeiterversicherungskomitees anlehnte.

Diese Regierungsvorlage beruhte gleich der des Komitees auf dem Gedanken, daß innerhalb gewisser industrieller Betriebe die Arbeiter auf Kosten der Arbeitgeber gegen Betriebsunfälle bei einer vom Staate eingerichteten Reichsversicherungsanstalt zwangsversichert sein sollten, bei welcher auch eine freiwillige Versicherung gegen Betriebsunfälle abgeschlossen werden könnte.

Diese Vorlage, welche in einzelnen Punkten (Umfang der Versicherungspflicht, Festsetzung der Entschädigungen) von dem Komitee-Entwurfe abwich, wurde jedoch vom Reichstage abgelehnt.

Dasselbe Schicksal erfuhr eine in einigen nicht wesentlichen Punkten umgearbeitete Regierungsvorlage vom Jahre 1891. Die hauptsächlichste Divergenz der Anschauungen hatte sich nämlich daraus er-

geben, daß die Regierung das Prinzip der Zwangsversicherung, der
Reichstag (und auch das um Begutachtung der Vorlage angegangene
„höchste Gericht") hingegen das Haftpflichtprinzip vertrat.

Die Frage über Einführung eines Zwangsgesetzes für Unfallversicherung war also zum zweiten Male vom Reichstage abgelehnt worden.
Dagegen wurde im Jahre 1891 die Krankenkassenvorlagen des Arbeiter-
versicherungkomitees vom Reichstag angenommen, wonach das Gesetz
am 30. Oktober 1891 ausgefertigt wurde.

In demselben Jahre legte das Arbeiterversicherungskomitee einen
Entwurf über *Altersversicherung* nebst den hierüber abgegebenen Äußerungen vor. Der damalige Minister des Innern betonte aber, daß diese
Frage für die Gesetzgebung noch nicht spruchreif sei, und daß diese
Versicherung, wie auch die Unfallversicherung, wenn möglich mit dem
Invaliditätsprinzip in Verbindung gesetzt werden sollte. Auf Verlangen
des Ministers des Innern wurde ein neues Komitee eingesetzt — gewöhnlich das neue Arbeiterversicherungskomitee genannt — welches am
30. März 1893 den Entwurf eines Gesetzes betreffend die Versicherung
von *Pensionen bei vollständiger Erwerbsunfähigkeit* mit ausführlichen
Motiven und statistischen Tabellen einreichte. Diese Vorlage war auf
dem Invaliditätsprinzipe gegründet und enthielt Bestimmungen über
die obligatorische Versicherung aller mindestens 18 Jahre alten, bei den
Arbeitgebern angestellten Lohnarbeiter, einschließlich der Seeleute und
Dienstboten sowie der Betriebsbeamten und sonstigen Gehilfen und Beamten in Handel und Gewerbe mit einem Jahresgehalt bis 1800 K.
Diese Personen sollten in einer Reichsversicherungsanstalt gegen jede
vollständige Erwerbsunfähigkeit versichert werden, gleichviel ob diese
Erwerbsunfähigkeit vom Alter, von einem Betriebsunfalle oder aus
andern Ursachen herrührte. Die Versicherung sollte daher die Altersversicherung und Unfallversicherung in sich schließen. Nur die vorübergehende Erwerbsunfähigkeit kam nicht in Betracht, sondern wurde
den Krankenkassen und den gleichzuhaltenden Anstalten überlassen. Mit der Invaliditätsversicherung war eine Pension für Ehefrauen und Kinder verbunden. Die Kosten für die Versicherung sollten
durch Versicherungsbeiträge bestritten werden, welche in drei Pen-
sionsklassen eingeteilt waren und teils dem Arbeitgeber, teils dem Arbeiter zur Last fielen. Das Pensionsmaß war von der Dauer der Bei-
tragsleistung abhängig.

Diese Vorlage wurde nach vorheriger Begutachtung mit einigen
Modifikationen von der königlichen Regierung im Reichstage im Jahre
1895 eingebracht. Die Vorlage wurde jedoch vom Reichstage abgelehnt,
welcher in einem Schreiben vom 10. Mai 1895 den Wunsch aussprach,
daß die königliche Regierung die Frage von neuem zu prüfen und einen
neuen Entwurf vorzulegen hätte.

Infolgedessen wurde ein neuer Gesetzentwurf betreffend die Versicherung von Pensionen oder Leibrenten ausgearbeitet. Diese Vorlage unterschied sich von der im Reichstage im Jahre 1895 eingebrach-
ten unter anderm in folgenden Punkten:

Die Beitragspflicht der Arbeitgeber wurde beseitigt und durch entsprechende Staatszuschüsse ersetzt; ein Staatszuschuß war auch für die

freiwillige Versicherung in Aussicht gestellt; die Kinderpensionen sollten wegfallen, endlich war normiert, daß die Pension in keinem Falle vor dem 50. Lebensjahre ausbezahlt werde, auch wenn früher Invalidität eingetreten ist.

Die königliche Regierung beschloß nun, dem Reichstage im Jahre 1898 den genannten Gesetzentwurf betreffend die Versicherung von Pensionen oder Leibrenten zur Annahme zu empfehlen. Aber auch dieser Vorschlag wurde vom Reichstage abgelehnt.

Die königliche Regierung nahm die Frage betreffend die Entschädigung der Arbeiter für Unfälle bei der Arbeit wieder im Jahre 1900 auf, indem sie es mit Rücksicht auf die bisherigen Vorfälle nicht für angezeigt hielt, wieder auf die Frage der Invaliditäts, und Altersversicherung zurückzukommen. Die königliche Regierung glaubte vielmehr, daß man den wahrscheinlich nicht so fernen Zeitpunkt abwarten müsse, in welchem die Erkenntnis von der Bedeutung einer solchen Versicherung in die verschiedenen Bevölkerungsklassen Schwedens vollständiger eingedrungen sei, und auch vollständigere und reichere Erfahrungen im Auslande vorlägen, welche die bisher gehegten Zweifel und Befürchtungen widerlegen könnten.

Die königliche Regierung hatte aus diesen Gründen und mit Rücksicht auf die im Reichstage bei verschiedenen Gelegenheiten gegen die obligatorische Unfallversicherung ausgesprochenen Bedenken, eine neue Gesetzesvorlage betreffend die Entschädigung für Schäden infolge von Betriebsunfällen ausarbeiten lassen, welche auf dem Grundsatze der *Haftpflicht* des Arbeitgebers beruhte, aber so viel wie möglich die mit der Annahme dieses Grundsatzes verbundenen Ungelegenheiten vermied.

Die fragliche Vorlage fand indessen nicht die Zustimmung des Reichstages, indem die Regierungsvorlage von der ersten Kammer abgelehnt wurde, nachdem sie von der zweiten Kammer mit gewissen Modifikationen gebilligt worden war. Unter diesen Modifikationen war die wichtigste, daß für die freiwillige Versicherung eine Reichsversicherungsanstalt eingerichtet werden sollte.

Die königliche Regierung nahm die Frage von neuem im Jahre 1901 auf und legte dem Reichstage eine neue Gesetzesvorlage betreffend Entschädigung von Betriebsunfällen vor. In dieser Vorlage waren die vom Reichstage gewünschten Modifikationen berücksichtigt. Daher wurde zunächst dem Beschlusse der zweiten Kammer dadurch Rechnung getragen, daß nach der neuen Vorlage die freiwillige Versicherung, durch welche die Arbeitgeber sich von ihrer Haftpflicht freimachen, bei einer für diesen Zweck eingerichteten, nicht auf Gewinn berechneten Reichsversicherungsanstalt abgeschlossen werden konnte, deren Verwaltungskosten aus öffentlichen Mitteln zu bestreiten wären. Um die Arbeiter gegen unvorteilhafte Übereinkommen zu schützen, ohne aber alle früher geschlossenen Übereinkommen betreffend Unfallsentschädigungen als ungültig zu erklären, wurde in diese Vorlage die Bestimmung aufgenommen, daß solche Übereinkommen für beide Parteien bindend sein sollten, wenn sie von der Reichsversicherungsanstalt als für die Arbeiter vorteilhaft befunden werden.

Diese Gesetzvorlage der königlichen Regierung wurde vom Reichstage zum größten Teile angenommen, worauf der König am 5. Juli 1901 das *Gesetz betreffend Entschädigungen für Verletzungen infolge von Unfällen bei der Arbeit* ausfertigen ließ, welches am 1. Januar 1903 in Kraft trat.

Im folgenden ist der wesentliche Inhalt dieses Gesetzes angegeben:

Haftpflicht.

Das Gesetz (§ 1) statuiert für die Unternehmer der ihm unterworfenen Betriebe (§§ 2 und 3) bei Betriebsunfällen der von ihnen beschäftigten Arbeiter, beziehungsweise Vorarbeiter eine Schadenersatzpflicht, welche jedoch nicht eintritt, wenn der Unfall auf grobes Verschulden des Betroffenen oder Vorsatz zurückzuführen ist, sei es nun, daß eigener Vorsatz oder Vorsatz eines nicht mit der Betriebsleitung oder Betriebsaufsicht befaßten Dritten vorliegt.

Haftpflichtige Betriebe.

Solche sind (§§ 2 und 3), gleichviel ob sie von Privaten oder vom Staate oder Kommunen betrieben werden, u. a.:

Fabriken einschließlich fabriksmäßig betriebener Brennereien, Brauereien, Bäckereien, Schlächtereien, Mühlen; Bergwerke, Gruben, Brüche; Waldmanipulation, Sägen; Eis- oder Torfgewinnung. Erzeugung von Explosivstoffen; Laden und Entladen von Waren; Flößerei; Eisenbahnbetrieb; Eisenbahn-, Wege- oder Wasserbau; Maurer, Zimmerer, Dachdecker; Betrieb und Installation von elektrischen, Gas- oder Wasserleitungen, sowie von Anlagen für elektrische Kraftübertragung.

Höhe des Schadenersatzes (§§ 4 und 5).

A. Bei vorübergehender Erwerbsunfähigkeit vom 61. Tage ab Krankengeld in der Höhe von 1 K.[1]) täglich.

B. Bei dauernder Erwerbsunfähigkeit:

a) Wenn vollständige Invalidität besteht (wie bei vollständiger Geistesstörung, allgemeiner Lähmung, Blindheit auf beiden Augen, bei Verlust oder vollständiger Lähmung beider Arme oder beider Beine, oder eines Armes und eines Beines) eine jährliche Leibrente von 300 K.

b) Wenn teilweise Invalidität bei mindestens 10%iger Verringerung der Erwerbsfähigkeit besteht; einen entsprechenden Teil dieser Rente (z. B. 20% bei Blindheit auf einem Auge, 70% bei Blindheit auf einem Auge und Schwächung der Sehkraft des zweiten Auges, 50% bei Taubheit auf beiden Ohren, 15% bei Leistenbrüchen, Verlust eines Daumens 25, eines Zeigefingers 15%, aller Finger einer Hand 50%, aller Zehen eines Fußes 20% u. a).

---

[1]) 1 K. schwedisch = 1 Rm. 10 Pf.

C. Bei tödlicher Verunglückung Beerdigungskostenbeitrag 60 K.; Witwenrente (zahlbar bis zur Wiederverheiratung) jährlich 120 K.; Kinderrente (zahlbar bis zum 15. Lebensjahr) jährlich 60 K. Maximum der Hinterbliebenenrenten 300 K.

Reichsversicherungsanstalt.

Bei dieser Anstalt können die Unternehmer ihre Arbeiter mit der Wirkung versichern, daß sie bis zum Betrage dieser Versicherung von der Ersatzpflicht befreit sind.

Zur Zahlung einer Leibrente verpflichtete Unternehmer können sich durch Erlegung des Kapitalwertes der Rente bei der Anstalt von der weiteren Zahlung befreien (§ 10).

Diese Anstalt ist auch verpflichtet, über Verlangen der Parteien oder der Gerichte bei Unfällen, welche sich in nicht bei ihr versicherten Betrieben ereignet haben, kostenlos Gutachten über das Zutreffen der Haftpflicht, sowie über das Maß der Verminderung der Erwerbsfähigkeit zu erstatten (§ 15).

Der aus der Konkursmasse eines Betriebes für die Befriedigung der Ersatzansprüche Verunglückter erübrigende Betrag soll zum Einkaufe von Leibrenten bei der Anstalt verwendet werden, sofern die resultierende Rente mindestens 45 K. jährlich beträgt (§ 17).

Dasselbe gilt hinsichtlich jener Beträge, welche von den aus irgend einem Grunde zahlungssäumigen, zur Rentenleistung verpflichteten Arbeitgebern hereingebracht werden (§ 18).

Der Prüfung der Reichsversicherungsanstalt unterliegen alle zwischen Arbeitern und Arbeitgebern hinsichtlich Unfallentschädigung getroffenen privaten Übereinkommen, welche, wenn sie von der Anstalt als unvorteilhaft befunden werden, nicht zu genehmigen sind (§ 21).

Auch Arbeiter, gleichviel ob sie bei einer nach dem Gesetze haftpflichtigen Unternehmung oder anderweitig beschäftigt sind, können sich bei der Anstalt gegen die Folgen von Unfällen auf Schadenersatz versichern (§ 24).

Die Versicherungsbeiträge werden von der Anstalt, deren Organisations- und Verwaltungskosten der Staat trägt, nach versicherungstechnischen Grundsätzen unter Berücksichtigung der Unfallsgefährlichkeit der Betriebe festgesetzt (§ 25).

Ausdehnung des Gesetzes vom 5. Juli 1901.

Nach dem vorstehend mitgeteilten Gesetze vom 5. Juli 1901 ist die Schadenersatzpflicht der Arbeitgeber durch eine 60tägige Karenzfrist beschränkt. Diese Beschränkung in der Befugnis der Reichsversicherungsanstalt erwies sich demzufolge der Entwicklung der Anstalt hinderlich.

Die Reichsversicherungsanstalt regte daher am 30. Dezember 1903 bei der königlichen Regierung eine Abänderung des Gesetzes an, wonach die Arbeitgeber, welche ihr Arbeiterpersonal freiwillig für die ersten 60 Tage nach dem Unfalle zu versichern wünschten, eine solche Versicherung auch bei der Reichsversicherungsanstalt abzuschließen in die

Lage kämen. Überdies sollte die Reichsversicherungsanstalt auch Versicherungen gegen die Gefahren außerhalb des Betriebes abschließen können.

Die königliche Regierung erstattete daher dem Reichstage, entsprechend dem Antrage der Reichsversicherungsanstalt, einen Vorschlag zur Abänderung des § 23 des geltenden Gesetzes, wobei sie aber den Antrag der Reichsversicherungsanstalt, ihr die Versicherung des Risikos außerhalb des Betriebes zu gestatten, nicht aufnahm. Dieser Entwurf fand am 7. Mai 1904 die einhellige Billigung des Reichstages. Ein Mitglied der zweiten Kammer des Reichstages hatte allerdings auch die Zulässigkeit der Versicherung auf das Risiko außer der Arbeit beantragt, diesem Antrag wurde aber, nachdem der Ausschuß ihn abgelehnt hatte, nur in der zweiten Kammer zugestimmt.

In dem angegebenen Sinne wurde § 23 des Gesetzes abgeändert mit Gesetzeskraft vom 1. Oktober 1904.

Ehe das Gesetz betreffend Entschädigungen für Verletzungen infolge von Unfällen an der Arbeit vom 5. Juli 1901 in Kraft trat, war eine Anzahl von etwa 150 000 Arbeitern schon in privaten Unfallversicherungsanstalten versichert. Beinahe alle diese Versicherungen umfaßten auch das Risiko für Unfälle *außer der Berufsarbeit.* Laut den Bestimmungen des Gesetzes vom 5. Juli 1901 kann die Reichsversicherungsanstalt einstweilen nur Versicherungen für Unfälle *an der Berufsarbeit* abschließen; da aber sowohl Arbeitgeber als Arbeiter ihre Wünsche ausgesprochen haben, daß die Versicherungen auch dieses Risiko außer der Berufsarbeit umfassen solle, sind die meisten Versicherungen in privaten Versicherungsanstalten abgeschlossen worden.

Um der Reichsversicherungsanstalt Gelegenheit zu geben, auch dieses Risiko übernehmen zu können, hat der Reichstag dieses Jahres, auf Veranlassung eines Reichstagsabgeordneten, beschlossen, dem Könige anheimzustellen, daß der König in Erwägung ziehen wolle, ob und unter welchen Bedingungen und Voraussetzungen die Reichsversicherungsanstalt Befugnis erhalten werde, für Arbeiter, welche in der Anstalt für Unfälle an der Berufsarbeit versichert werden, auch Versicherungen für Unfälle außer der Arbeit abzuschließen und dem Reichstag den Vorschlag zu unterbreiten, wozu diese Erwägung veranlassen könne.

Gesetz betreffend Krankenkassen vom 30. Oktober 1891.

Die, wie eingangs schon erwähnt, am 3. Oktober 1884 eingesetzte Arbeiterversicherungs-Kommission hielt es zunächst für angezeigt, die im Reiche schon bestehenden Kranken-, Sterbe-, Begräbnis-, Pensions- und übrigen Kassen für Arbeiter zu untersuchen, und sammelte so ein reichhaltiges Material, welches der Gegenstand einer sehr sorgfältigen und verdienstlichen Bearbeitung wurde. Die Untersuchung umfaßte 1049 Kassen mit 138 726 Mitgliedern.

Die Kommission entwarf einen Vorschlag zu einem Gesetze betreffend Krankenkassen, das ausschließlich für solche Kassen gelten sollte, die eine Krankenunterstützung mit oder ohne Begräbniskostenersatz ge-

währten und sich freiwillig unter den Schutz des Gesetzes stellen wollten. Dieser Gesetzentwurf enthielt nach ausländischem Muster zwei
Arten von dergleichen Kassen: eingeschriebene (*registrierte*) und anerkannte.

Gegen die Vorschriften über anerkannte Krankenkassen erhoben
jedoch die Departements und Behörden, denen die Vorlage zur Begutachtung überwiesen wurde, so große Bedenken, daß der damalige
Minister des Innern sich veranlaßt sah, dieselbe in seinem Ministerium
einer Umarbeitung zu unterwerfen.

Darauf veröffentlichte die königliche Regierung das unter dem
30. Oktober 1891 sanktionierte Gesetz betreffend Krankenkassen.

Im folgenden wird eine Übersicht über den wesentlichen Inhalt
dieses Gesetzes gegeben:

Das Gesetz normiert die Bedingungen, unter welchen Krankenkassen die Rechte von behördlich eingetragenen (registrierten)
Krankenkassen erlangen können.

Die Eintragung (Registrierung) können vor allem nur solche
Krankenkassen begehren, welche mindestens 25 Mitglieder zählen, einen
Vorstand einsetzen und Statuten errichten, welche den Anforderungen
des Gesetzes entsprechen (§ 1).

Das Gesetz trifft Bestimmungen über die Einbringung und Be-
schaffenheit derartiger Registrierungsgesuche (§ 2) und verpflichtet die
Registrierungsbehörde solche Kassen, deren Statuten den gesetzlichen
Vorschriften entsprechen, in ihre Register einzutragen und die erfolgte
Eintragung in den Zeitungen zu veröffentlichen. Ein die Registrierung
ablehnender Bescheid ist zu begründen (§ 3).

Bei Prüfung der Statuten hat die Registrierungsbehörde darauf
zu sehen, ob das Statut gemäß § 5 des Gesetzes Bestimmungen enthält
über Namen und Zweck der Kasse, ferner über Eintritt und Austritt
(Ausschluß) von Mitgliedern, über die Höhe der Beiträge, über die
Höhe, Art und Dauer der Unterstützungen, sowie über die Versicherungsbedingungen, über die Verwaltung der Kasse (Zusammensetzung,
Wahl und Obliegenheiten des Vorstandes), über Vermögensanlage, über
die Vornahme von Statutenänderungen, endlich über die Auflösung der
Kasse.

Das Gesetz läßt die Verwendung der Mittel einer eingetragenen
Kasse nur zu für die Gewährung von Krankenunterstützungen oder Be-
gräbnisgeldern, für die Bestreitung der Verwaltungskosten und für die
Dotierung der Fonds (§ 6).

Die eingetragenen (registrierten) Krankenkassen haben alljährlich
innerhalb vorgeschriebener Fristen und nach vorgeschriebenen Formularen Berichte über ihre Gebarung der Registrierungsbehörde vorzulegen, welche auch befugt ist, die Verwaltung der Kassen amtlich zu
untersuchen (§ 10).

Die eingetragenen Krankenkassen haben juristische Persönlichkeit
und haften für ihre Verbindlichkeiten nur mit ihrem Vermögen, während eine Haftung der Vorstands- und Kassenmitglieder im allgemeinen
ausgeschlossen ist (§ 11).

Eingetragenen Kassen, welche trotz ergangener Mahnung ihre Pflichten nicht erfüllen, kann die Registrierungsbehörde die Rechte einer eingetragenen Kasse entziehen, worüber gleichfalls eine öffentliche Bekanntmachung in den Zeitungen zu erfolgen hat (§ 13).

Die Staatsbeiträge zu den Krankenkassen.

Der Staat gewährt den eingetragenen Krankenkassen Beiträge zu den Verwaltungskosten.

Für das Jahr 1906 beträgt der den Krankenkassen vom Staate hiernach gewährte Beitrag:

Je 1,50 Kronen für weniger als 101 Mitglieder,
je 1 Krone für 101—300 Mitglieder,
je 50 Öre für 301—2600 Mitglieder und
je 25 Öre für jedes fernere Mitglied.

Er wird unter folgenden Bedingungen gewährt:

1. Die Krankenkasse muß nach den Vorschriften des Gesetzes betreffend Krankenkassen bei der betreffenden Behörde eingetragen (registriert) sein.

2. Die Krankenkasse muß im verflossenen Rechnungsjahr ein eigenes Einkommen gehabt haben, das wenigstens ebenso groß war wie der beantragte Verwaltungsbeitrag sein soll.

3. Der Verwaltungsbeitrag ist jährlich nach der geringsten Anzahl der in den verflossenen Jahren beitragspflichtigen Krankenkassenmitglieder zu berechnen.

L'assurance ouvrière en Suède.

Par John May, Stockholm.

En Suède la législation sociale en matière d'assurance ouvrière en est encore à ses débuts. L'auteur estime cependant que le moment n'est pas éloigné où non seulement la législation pourra être refondue et complétée mais encore où l'on instituera les retraites ouvrières.

Le roi Oscar de Suède s'intéresse vivement à la législation sociale et dans le discours du Trône qu'il a prononcé cette année à l'occasion de l'ouverture du Parlement, il a déclaré vouloir examiner avec soin l'importante question d'une assurance ouvrière pour la vieillesse. Le roi a sans doute l'intention de soumettre à la Chambre une proposition de principe à ce sujet. Le Parlement lui-même voue une attention toute particulière à cette question et alloue depuis 1896 une somme annuelle de 1 400 000 couronnes au Fonds des assurances ouvrières qui est actuellement de 17 millions de couronnes et profitera aux générations existant au moment de l'entrée en vigueur de la loi.

Workmen's insurance in Sweden.

By **John May,** Stockholm.

The Swedish legislation on the insurance of workmen is still in its infancy; but I trust and hope, that we are not far from the period, when not only an extension and reform of those laws will be possible, but also invalidity and old age insurance will become an established fact.

King Oscar of Sweden is highly interested in all social questions and in social legislation; in his speech from the Throne on the occasion of opening the Reichstag of this year he declared that he would devote his careful attention to the important question of "old age" insurance. It is undoubtedly the King's intention to lay before the Reichstag the principles of a plan on that question. The Reichstag (Parliament) also devotes great attention to this matter, and assigned since the year 1896 a yearly contribution of 1 400 000 Kroner (1 Swedish Krone = 1 Sh. 2 d.) for the workmen's insurance fund. This fund amounts now to the sum of 17 millions of Kroner and will be applied for the benefit of the now living generation as soon as the above-named proposal will become law.

XI. — E.

Mitteilung über den Stand und die Fortschritte der schweizerischen Versicherungsgesetzgebung.

Von Chr. Moser, Bern.

I.

Als der Vorstand der neu gegründeten „Vereinigung schweizerischer Versicherungsmathematiker" am 12. August 1905 in Bern seine konstituierende Sitzung abhielt, war als Punkt 2 der Tagesordnung verzeichnet: „Stellungnahme zum Internationalen Versicherungskongreß, Berlin 1906." Bei der Besprechung des zur Austeilung gelangten wissenschaftlichen Kongreßprogrammes, dessen zweckmäßige Aufstellung unsere allseitige Anerkennung fand, wurde der Verfasser der vorliegenden Mitteilung von seinen Kollegen im Vorstande gebeten, über die Fortschritte auf dem Gebiete der Versicherungsgesetzgebung in der Schweiz Bericht zu erstatten. Der Verfasser fügte sich damals dem geäußerten Wunsche in der Hoffnung, daß bis zum nächsten Jahre der schweizerische Entwurf eines Gesetzes über den Versicherungsvertrag alle Instanzen passiert habe und dem Kongresse als fertiges Gesetz vorgelegt werden könne. Allein zur Zeit, da diese Zeilen geschrieben werden (27. Februar 1906), sind wir noch nicht so weit. Die Vorlage hat bis jetzt den Bundesrat, die ständerätliche Kommission und den Ständerat sowie, in erster Lesung der allgemeinen Bestimmungen, die nationalrätliche Kommission passiert. Es fehlt namentlich noch die Beratung durch den Nationalrat sowie die Bereinigung von allfälligen Differenzen, die sich in den Beschlüssen des Ständerates und des Nationalrates ergeben könnten. Um unserem dem obengenannten Vorstande gegebenen Versprechen nicht untreu zu werden, haben wir es dennoch unternommen, einen kurzen Bericht zu schreiben. Wir werden uns dabei auf ganz wenige Punkte beschränken. Als Hauptsache betrachten wir die Mitteilung der zwei wichtigen Neuerungen, die der Ständerat bei der Lebensversicherung bezüglich der Sicherstellung der Familie (Art. 69a—70) und bezüglich des den Gesellschaften zugestandenen Rechtes der Aufrechnung (Art. 77a) vorgenommen hat.

II.

In der Schweiz gehört das Hoheitsrecht der Gesetzgebung, soweit es nicht durch die Bundesverfassung auf den Bund übertragen wurde, den Kantonen. Die *Kantone* sind daher berechtigt, öffentliche Anstalten für die verschiedenen Versicherungszweige zu errichten. Sie haben von diesem Rechte im wesentlichen nur Gebrauch gemacht, soweit die Feuer- und die Viehversicherung in Betracht fallen. So besitzen z. B. von den 25 Kantonen und Halbkantonen der Schweiz 17 eigene Brandkassen für die Gebäudeversicherung, zwei Kantone haben auch Einrichtungen zur Versicherung des Mobiliars geschaffen. Auf dem Gebiete der Lebensversicherung ist eine einzige kantonale Anstalt zu verzeichnen, nämlich die neuenburgische Volksversicherungskasse, die vom Kanton subventioniert wird, aber dafür auch eine Abteilung für nicht ärztlich untersuchte Versicherte aufweist. Wir versagen es uns, die Änderungen, die bei der kantonalen Versicherungsgesetzgebung in den letzten Zeiten vorgekommen sind, im einzelnen aufzuführen. Wir bemerken nur, daß das Studium dieser Gesetzgebung für den Volkswirt ein interessantes ist, und zwar um so mehr, als alle diese Gesetze jeweilen dem Volkswillen weitgehende Rechnung zu tragen haben.

III.

Dem Bunde kommt, soweit die *Arbeiterversicherung* in Betracht fällt, das Recht zu, die Kranken- und Unfallversicherung einzurichten und den Beitritt allgemein oder für einzelne Bevölkerungsklassen obligatorisch zu erklären. Ein bezügliches Bundesgesetz ist jedoch in der Volksabstimmung vom 20. Mai 1900 unterlegen. Das Gesetz war sehr umfassend, es zog, mit wenigen Ausnahmen, alle unselbständig Erwerbenden in den Kreis der obligatorisch Versicherten ein, brachte die Unfallversicherung mit der Krankenversicherung in organische Verbindung und war so eingerichtet, daß sich die Invalidenversicherung und andere Arbeiterversicherungszweige der in Aussicht genommenen Organisation leicht hätten angliedern lassen. Neue, weniger weitgehende Gesetzesprojekte über die Kranken- und Unfallversicherung sind gegenwärtig in Vorbereitung.

IV.

Dem Bunde kommt ferner, und zwar schon seit dem Jahre 1874, die Kompetenz zur Aufsicht und Gesetzgebung über den Geschäftsbetrieb von *Privatunternehmungen* im Gebiete des Versicherungswesens zu. Von dieser Kompetenz wurde durch Erlaß des Aufsichtsgesetzes vom 25. Juni 1885 Gebrauch gemacht,[1]) eines Gesetzes, das noch gegenwärtig unverändert in Kraft besteht. Es führte zur Einrichtung des *eidgenössischen Versicherungsamtes,* dessen Tätigkeit sich nunmehr über einen Zeitraum von über 20 Jahren erstreckt.

V.

Nach der schweizerischen Bundesverfassung steht dem Bunde im Gebiete des privaten Versicherungswesens nicht nur die Gesetzgebungshoheit über die verwaltungsrechtliche, sondern auch über die privat-

---

¹) Vgl. den Bericht von Herrn F. Rosselet am letzten Kongreß in New York, Proceedings, Bd. I, Seite 1057 und Bd. II, Seite 240.

rechtliche Seite zu. Mit Botschaft vom 2. Februar 1904 legte der Bundesrat der Bundesversammlung den Entwurf zu einem *Bundesgesetze über den Versicherungsvertrag* vor. Die Botschaft samt dem Entwurfe findet sich in dem am 26. Mai 1905 veröffentlichten Berichte des eidgenössischen Versicherungsamtes über die privaten Versicherungsunternehmungen in der Schweiz im Jahre 1903 vollinhaltlich abgedruckt. Der Redakteur des Entwurfes, Herr Prof. Dr. *H. Roelli* in Zürich, war in den Jahren 1890 bis 1895 Chef der juristischen Abteilung des eidgenössischen Versicherungsamtes in Bern. Herr Prof. *Roelli* beschäftigte sich mit der ganzen Materie eingehend und berücksichtigte, wir heben dies gerne hervor, namentlich auch die Technik des Versicherungswesens überall sorgfältig. Der Verfasser des Entwurfes darf die Genugtuung haben, daß seine hervorragende gesetzgeberische Arbeit sowohl von den Expertenkommissionen, denen sie unterbreitet wurde, als auch vom Bundesrate und den eidgenössischen Räten die verdiente volle Anerkennung fand. Die Änderungen, die der Ständerat durch seine Beschlüsse vom Jahre 1905 vorgenommen hat, lassen alle wesentlichen Grundgedanken des Entwurfes, wie ihn der Bundesrat vorlegte, intakt. An verschiedenen Orten fand allerdings eine Ausgestaltung statt, mit der jedoch sowohl der Verfasser des Entwurfes als auch der zuständige Vertreter des Bundesrates jeweilen einverstanden waren. Dies trifft insbesondere zu mit Bezug auf die zwei Neuerungen, von denen wir uns erlauben, noch kurz zu berichten.

VI.

Schon der bundesrätliche Entwurf eines Gesetzes über den Versicherungsvertrag unterschied in der Personenversicherung bei dem Vertrage zugunsten Dritter zwei Fälle:

a) Der Versicherungsnehmer verzichtet in der Police auf den Widerruf der Begünstigung und übergibt die Police dem Begünstigten.

b) Die Forderungen unter a) sind nicht erfüllt. Der Versicherungsnehmer hat sich also das freie Verfügungsrecht über den Anspruch aus der Versicherung gewahrt.

Der durch die Begünstigung begründete Versicherungsanspruch unterliegt, im ersten Falle, im allgemeinen nicht dem Zugriffe der Gläubiger des Versicherungsnehmers.

Trifft der zweite Fall zu, so erlischt die Begünstigung mit der Pfändung des Versicherungsanspruches und mit der Konkurseröffnung über den Versicherungsnehmer. Die Begünstigung lebt wieder auf, wenn die Pfändung dahin fällt oder der Konkurs widerrufen wird.

Nach dieser rechtlichen Ordnung, die, wie bemerkt, schon der Entwurf des Bundesrates vorsah, könnte also der Familienvater dafür sorgen, daß der Versicherungsanspruch seiner Frau oder seinen Kindern zukommen würde: Er müßte auf den Widerruf der Begünstigung verzichten und die Police seiner Frau oder seinen Kindern übergeben.

Das kann man in der Theorie alles sehr schön finden, es genügt aber in vielen Fällen nicht, um der Versicherung den Charakter der

Familienfürsorge wirksam zu wahren. Mancher wird lieber den Kindern einen Betrag in die Sparkasse legen, als daß er einen Versicherungsvertrag eingeht und hernach den geforderten Formalitäten gerecht wird. Jedenfalls wird sich jeder, der eigenen ʿRechtes ist und eigenen Rechtes sein will, nur ungern dazu bequemen, das Verfügungsrecht über den Versicherungsanspruch ganz zu verlieren, auf den Widerruf der Begünstigung zu verzichten und die Police aus den Händen zu geben.

Soweit der Ehegatte und die Nachkommen des Versicherungsnehmers als Begünstigte in Frage kommen, ist dies nunmehr auch nicht erforderlich.

Über die *Sicherstellung der Familie* des Versicherungsnehmers finden sich, nach den Beschlüssen des Ständerates vom 16. Juni 1905 in den Artikeln 69a—69e nachstehende Bestimmungen vor:

Art. 69a. „Sind der Ehegatte und die Nachkommen des Versicherungsnehmers Begünstigte, so unterliegt, vorbehältlich allfälliger Pfandrechte, weder der Versicherungsanspruch des Begünstigten noch derjenige des Versicherungsnehmers dem Zugriffe der Gläubiger les letzteren."

Art. 69b. „Sind der Ehegatte und die Nachkommen des Versicherungsnehmers Begünstigte aus einem Lebensversicherungsvertrage, so treten sie, sofern sie es nicht ausdrücklich ablehnen, mit dem Zeitpunkte, in dem gegen den Versicherungsnehmer eine fruchtlose oder ungenügende Pfändung vorliegt oder über ihn der Konkurs eröffnet wird, an seiner Stelle in die Rechte und Pflichten aus dem Versicherungsvertrage ein.

Die Begünstigten sind verpflichtet, den Übergang der Versicherung durch Vorlage einer Bescheinigung des Betreibungsamtes oder der Konkursverwaltung dem Versicherer anzuzeigen. Sind mehrere Begünstigte vorhanden, so müssen sie einen Vertreter bezeichnen, der die dem Versicherer obliegenden Mitteilungen entgegenzunehmen hat."

Art. 69c. „Gegenüber den Bestimmungen der Art. 68, Absatz 2, 69, Absatz 2, 69a und 69b werden die Vorschriften der Art. 285 ff. des Bundesgesetzes über Schuldbetreibung und Konkurs vom 11. April 1889 vorbehalten." (Betrifft die Anfechtungsklage.)

Art. 69d. „Sind als Begünstigte die Kinder einer bestimmten Person bezeichnet, so sind darunter die erbberechtigten Nachkommen derselben zu verstehen.

Unter dem Ehegatten ist der überlebende Ehegatte und unter den Hinterlassenen sind die erbberechtigten Nachkommen und der überlebende Ehegatte zu verstehen.

Unter den Erben und Rechtsnachfolgern sind in erster Linie die erbberechtigten Nachkommen sowie der überlebende Ehegatte und, wenn weder erbberechtigte Nachkommen noch ein Ehegatte vorhanden sind, diejenigen Personen zu verstehen, denen ein Erbrecht am Nachlasse zusteht.

Sind erbberechtigte Nachkommen, ein Ehegatte, Eltern, Großeltern oder Geschwister die Begünstigten, so fällt ihnen der Versicherungsanspruch zu, auch wenn sie die Erbschaft nicht antreten."
Art. 69e, Absatz 1. „Fällt der Versicherungsanspruch den erbberechtigten Nachkommen und dem überlebenden Ehegatten als Begünstigten zu, so erhalten der Ehegatte die Hälfte der Versicherungssumme und die andere Hälfte die Nachkommen nach Maßgabe ihrer Erbberechtigung."

Mit obigen Artikeln finden in der Gesetzgebung des Kontinents Bestimmungen Eingang, wie sie in England und Amerika zum Teil schon längere Zeit bestehen. (Vgl. das Referat von Herrn GeneralDirektor *Gerkrath* [Berlin] in den „Veröffentlichungen des Deutschen Vereins für Versicherungs-Wissenschaft", Heft II, S. 311. Ferner verweisen wir auf die Verhandlungen des letzten Kongresses in Neuyork betreffend den Schutz von Frauen und Kindern den Ansprüchen der Gläubiger gegenüber.)

Wenn der Versicherungsanspruch der betreibungs- oder konkursrechtlichen Verwertung unterliegt, so bestimmt der Entwurf, im Interesse der Familie des Versicherungsnehmers und im allgemeinen in Übereinstimmung mit dem Vorschlage, den schon der Bundesrat in seiner Vorlage vom 2. Februar 1904 bringt, das Folgende:

Art. 70. „Unterliegt der Anspruch aus einem Lebensversicherungsvertrage, den der Schuldner auf sein eigenes Leben abgeschlossen hat, der betreibungs- oder konkursrechtlichen Verwertung, so können der Ehegatte und die Nachkommen des Schuldners mit dessen Zustimmung verlangen, daß der Versicherungsanspruch ihnen gegen Erstattung des Rückkaufspreises übertragen werde.

Ist ein solcher Versicherungsanspruch verpfändet und soll er betreibungs- oder konkursrechtlich verwertet werden, so können der Ehegatte und die Nachkommen des Schuldners mit dessen Zustimmung verlangen, daß der Versicherungsanspruch ihnen gegen Bezahlung der pfandversicherten Forderung oder, wenn diese kleiner ist als der Rückkaufspreis, gegen Bezahlung dieses Preises übertragen werde.

Der Ehegatte und die Nachkommen müssen ihr Begehren vor Verwertung der Forderung bei dem Betreibungsamte oder der Konkursverwaltung geltend machen."

VII.

Es kommt oft vor, daß der Versicherungsnehmer seine Lebensversicherungspolice bei der Gesellschaft verpfändet hat. Eine Untersuchung, die das eidgenössische Versicherungsamt vornahm, zeigte, wie häufig dies der Fall ist, zeigte auch, wie kulant die Gesellschaften in der Regel gegenüber dem Versicherungsnehmer sich verhalten. Namentlich ist anzuerkennen, daß manche Gesellschaften sich mit einem nur mäßigen Zinsfuße begnügen.

Soll indessen die als Faustpfand hinterlegte Police zur Verwertung gelangen, so ist es für die Gesellschaft nicht besonders bequem und auch nicht angenehm, den gewöhnlichen Weg der Pfandverwertung beschreiten zu müssen. Namentlich wird es die Gesellschaft nicht gern sehen, wenn sie die von ihr ausgestellte Police zur öffentlichen Versteigerung ausschreiben lassen muß. Mit Rücksicht auf den Umstand, daß wir es hier mit Lebensversicherungsgesellschaften, d. h. mit Gläubigern zu tun haben, die der Kontrolle durch eine staatliche Aufsichtsbehörde unterstehen, kann man um so eher von der öffentlichen Verwertung absehen. Nach den vom Ständerate gefaßten Beschlüssen erhält das Gesetz nunmehr folgenden neuen Artikel, welcher der Gesellschaft das *Recht zur Aufrechnung* ihrer Forderung mit dem Rückkaufspreise der Versicherung zugesteht:

Art. 77a. „Hat der Forderungsberechtigte den Anspruch aus dem Lebensversicherungsvertrage dem Versicherer verpfändet, so ist der Versicherer berechtigt, seine Forderung mit dem Rückkaufspreise der Versicherung zu verrechnen, nachdem er unter Androhung der Säumnisfolgen den Schuldner ohne Erfolg schriftlich aufgefordert hat, binnen sechs Monaten, vom Empfange der Aufforderung an gerechnet, die Schuld zu bezahlen."

Aus diesen und den übrigen von uns erwähnten Beschlüssen und Maßnahmen dürfte unseres Erachtens hervorgehen, daß der schweizerische Gesetzgeber bemüht ist, Rechte und Pflichten in angemessener Weise zu verteilen und Gesetze zu schaffen, die geeignet sind, der Versicherung und ihrer Entwicklung Vorschub zu leisten.

L'état et les progrès de la législation suisse en matière d'assurance.

Par **Chr. Moser**, Berne.

L'auteur mentionne la compétence des cantons, d'une part, et celle de la Confédération, d'autre part, pour légiférer en matière d'assurance. Puis après avoir parlé de l'assurance ouvrière et du contrôle par la Confédération des sociétés d'assurances, il relate le projet de loi fédérale sur le contrat d'assurance. L'auteur relève spécialement deux innovations, apportées en 1905, dans le domaine de l'assurance sur la vie, l'une ayant trait à la protection de la famille, l'autre comportant le droit des sociétés de compenser leur créance avec la valeur de rachat de la police.

Status and progress of Swiss legislation on insurance.

By Chr. Moser, Bern.

The author points out the competency for legislating in insurance matters of the cantons on the one hand and of the federal authority on the other hand.   Then after mentioning the workmen's insurance and the supervision of the insurance companies by the federal authority, he goes on to relate the project of a federal law on the insurance contract.

The author lays particular stress upon two innovations in that project, brought forward in 1905 and pertaining to life insurance, the one making for protection of the family, the other admitting the right of the societies to compensate their claims with the surrender value of the policy.

XII.

Die gebräuchlichen technischen Hilfsmittel.

Les divers auxiliaires techniques.

Aids to actuarial calculation.

XII. — A.

Technische Hilfsmittel in Dänemark.

Von **D. Vermehren,** Kopenhagen.

I.

Seit den Zeiten, wo *Pascal* und *Leibniz* ihre so oft erwähnten Rechenmaschinen erfanden, haben schon eine Menge dieser Apparate das Tageslicht erblickt.

Wenn man sich jetzt die Frage vorlegen würde, *was bisher an Erleichterungen in Bezug auf die Arbeit des Rechners erzielt worden ist,* muß man, um diese Frage beantworten zu können, zunächst wissen, *was verlangt werden muß, bevor man die Behauptung aufstellen kann, daß die technischen Hilfsmittel vollkommen sind.*

Um dieses so deutlich wie möglich zu zeigen, muß man sich vergegenwärtigen, welches die Aufgaben sind, die im praktischen Leben zur Ausführung gelangen.

Dieselben lassen sich in 2 Hauptklassen einteilen:

A. Solche Aufgaben, welche in der Geschäftswelt zur Ausführung gelangen und die in der Hauptsache aus Aufgaben in den 4 Rechnungsarten sowie in der Bruchrechnung bestehen und

B. solche Aufgaben, welche mehr in der wissenschaftlichen Welt zur Anwendung gelangen und zu deren Lösung im allgemeinen Logarithmen benutzt werden.

A.

1. Addition.

In einem jeden Geldinstitut sowie in jedem größeren Geschäfte werden täglich Zahlenkolonnen aufaddiert, und es ist eine ganz natürliche Sache, daß die Frage „Additionsmaschine" in die Erscheinung tritt.

Es muß indessen von vornherein als Tatsache erachtet werden, daß, sofern man verlangt, daß die Zahlen in den erwähnten Kolonnen mit der Hand geschrieben werden sollen, eine Additionsmaschine sich als ganz unpraktisch erweisen wird. — Es ist nämlich einer solchen Maschine gar nicht möglich, es mit einem einigermaßen geübten Aufaddierer aufzunehmen, wenn erst alle einzelnen Addenden in die Maschine gebracht werden sollen.

Ganz anders indessen stellt sich die Sache, wenn man der Maschine überlassen kann, die Zahlen zu schreiben, woraus sofort hervorgehen dürfte, daß eine Additionsmaschine, die nicht schreiben kann, ohne praktische Bedeutung ist.

Wenn man z. B. beim Saldoziehen in den Hauptbüchern, beim Aufaddieren von Postanweisungen oder ähnlichen Arbeiten die Maschine Zahlen schreiben lassen kann, muß man behaupten können, daß diese ein ganz vorzügliches Hilfsmittel ist, und Additionsmaschinen, die schreiben können, werden daher auch vielfach verwendet.

Man ist auf diesem Gebiete ungefähr bis zur Vollkommenheit gelangt.

Die am meisten verbreitete Maschine ist die von dem Amerikaner *Burrough* konstruierte.

Von dieser Maschine sind für ungefähr 15 Millionen Mk. in den Handel gebracht. Sie arbeitet ganz ausgezeichnet, hat jedoch mehrere geringe Mängel.

Sie ist zu groß, zu hoch, so daß der Rechner nicht an seinem Pulte *sitzen* kann mit der Maschine und dem Hauptbuche vor sich.

Man kann die Tangenten nicht blindlings finden, weshalb man ständig von dem Buche auf die Maschine und umgekehrt blicken muß; endlich ist sie auch zu *teuer*.

Eine Additionsmaschine, welche dasselbe wie die von *Burrough* leistet, jedoch ohne die genannten Fehler ist, wird daher auf eine große Verbreitung rechnen können.

2. Multiplikation.

Sieht man von den soeben erwähnten eigentlichen Additionsmaschinen ab, gibt es in der Hauptsache nur eine Art Rechenmaschinen, deren Name *erweiterte Additionsmaschine* ist.

Die Maschine von *Leibniz* war eine solche, und alle später in den Handel gekommenen Maschinen ruhen mehr oder weniger auf derselben Basis.

Diese Maschinen führen die Multplikation zweier Faktoren aus, indem man den einen Faktor auf den Einstellungsapparat der Maschine einstellt und darauf durch Umdrehungen und Verschiebungen (Veränderungen der Stellungen des Einstellungsappartaes und Zählapparates zueinander) den anderen Faktor in dem sogenannten „Quotienten" bildet oder zum Vorschein kommen läßt, worauf sich das Produkt im Zählapparat zeigt.

Man dreht, ebensoviele Male mit der Kurbel wie Einheiten in den Ziffern des Faktoren vorhanden sind oder, mit anderen Worten, wie die Quersumme der Zahl angibt, und schiebt einmal weniger als die Zahl der Ziffern.

Man multipliziert z. B. mit 456, indem man $4 + 5 + 6 = 15$ mal die Kurbel herumdreht und 2 mal schiebt. Obwohl man bei Anwendung dieses Verfahrens viel schneller zum Resultat gelangt als wenn man selbst das Rechnen ausführt, ist ein solches Vorgehen dennoch keineswegs ideal zu nennen. Schon *Leibniz* erklärt, wie man auf eine weit schnellere Weise zu multiplizieren in der Lage ist, nämlich indem man nur einmal für jede Ziffer herumdreht.

In den letzten Jahren hat man verschiedene Versuche gemacht, wirkliche Multiplikationsmaschinen zu konstruieren, die dazu bestimmt sind, die erweiterten Additionsmaschinen abzulösen, indessen haben die Maschinen, welche als Resultat der obengenannten Versuche hervorgegangen sind, soweit mir bekannt, die Aufgabe nicht in befriedigender Weise gelöst.

Man kann somit behaupten, daß man noch *die ideale Multiplikationsmaschine vermißt.*

Eine derartige Maschine muß folgenden Forderungen gerecht werden:

Beide Faktoren müssen sich *von vornherein* und mit gleicher Schnelligkeit auf der Maschine einstellen lassen können, und dann muß das Rechnen in der Weise vor sich gehen, daß die Kurbel ebensoviele Male herumgedreht wird wie die Anzahl der Ziffern in dem kleinsten Faktor. Während des Drehens muß die Verschiebung *automatisch* vor sich gehen.

Wenn die Drehung beendigt ist, müßte man durch eine besondere Bewegung das Produkt *abdrucken,* und für den Fall, daß man mehrere Multiplikationen hat, nach und nach die Produkte in Reihenfolge untereinander abdrucken können, indem das Papier sich zwischen den einzelnen Abdrücken verschieben muß.

Wenn die verschiedenen Multiplikationen abgedruckt sind, muß die Maschine durch eine besondere Bewegung in der Lage sein, die Summe aller Produkte abzudrucken und der Zählapparat muß gleichzeitig auf 0 zurückgehen.

Erst nachdem eine solche Maschine hergestellt worden ist, kann man sagen, daß die Multiplikation ganzer Zahlen in vollkommen zufriedenstellender Weise ausführbar ist.

Eine solche Maschine findet im praktischen Leben eine außerordentlich vielseitige Verwendung.

In einer jeden Bank sowie in Geldwechslergeschäften, in Lebens-Versicherungsanstalten, in Bureaus, in denen Berechnungen angestellt werden, in Observatorien usw. werden täglich eine Menge Multiplikationen vorgenommen, und es ist leicht ersichtlich, von wie großer Bedeutung es ist, wenn man nicht allein ein solches Rechnen in der obengenannten schnellen Weise ausführen, sondern auch die Resultate drucken kann, so daß man gegen unangenehme Ablese- oder Abschreibefehler geschützt ist.

3. Bruchrechnen.

Wenn es sich somit gezeigt hat, daß die jetzigen erweiterten Additionsmaschinen nicht in der Lage sind, die Frage bezüglich der *Multiplikation ganzer Zahlen* in zufriedenstellender Weise zu lösen, stellt sich das Verhältnis noch ungünstiger, wenn wir zur Bruchrechnung übergehen.

Nehmen wir ein Beispiel:

5% von 637 Mk. in 56 Tagen?

Die Rechnung, welche hier vorgenommen werden soll, ist ja:

$$\frac{5 \cdot 637 \cdot 56}{100 \cdot 360} = 637 \cdot {}^{56}/{}_{7200}$$

oder mit anderen Worten: *Eine Zahl ist mit einem Bruch zu multiplizieren.*

Mit Hilfe der jetzigen erweiterten Additionsmaschinen wird Vorstehendes in folgender Weise gerechnet:

Zunächst wird 637 mit 56 multipliziert. 637 wird auf den Einstellapparat eingestellt, worauf man durch 5 + 6 = 11 Umdrehungen und 1 Schiebung die Zahl 56 im „Quotienten" bildet.

Das Produkt, welches darauf im Zählapparat abgelesen werden kann, soll jetzt mit 7200 dividiert werden; dieses kann indessen nur dadurch geschehen, daß die Einstellung 637 durch 7200 ersetzt wird, und da das Resultat im Quotienten erscheinen soll, muß die daselbst stehende Zahl 56 verschwinden.

Wenn man bei fortgesetzten Subtraktionen und Verschiebungen die Division vorgenommen hat und das Resultat im „Quotienten" abgelesen wird, ist man nicht in der Lage, durch die Maschine seine früheren Einstellungen, weil diese verschwunden sind, zu kontrollieren.

Eine derartige Kontrolle ist indessen nicht allein wünschenswert, sondern notwendig, wenn man nicht, um über die Richtigkeit des Resultates im Klaren zu sein, dazu gezwungen ist, die Rechnung auf der Maschine oder auf Papier nochmals vorzunehmen.

Da die Operation selbst auf der Maschine, wie ersichtlich ist, umständlich ist, folgt daraus, daß die erweiterten Additionsmaschinen sich durchaus nicht zur Vornahme solcher Bruchrechnungen eignen. Es hat sich auch gezeigt, daß man solche Maschinen abgeschafft hat, obwohl sie gerade für diesen Zweck angeschafft sind, weil man es bequemer fand, selbst das Rechnen vorzunehmen.

Daß solches Rechnen täglich im praktischen Leben in großem Maßstabe vorkommt, wird ja niemand leugnen, und es leuchtet ein, daß das, was hier von nöten, die *Bruchrechenmaschine* ist, eine Maschine, die imstande ist, zu multiplizieren und gleichzeitig zu dividieren oder, mit anderen Worten, die Rechnung $a \cdot \frac{b}{c}$ so auszuführen, daß alle drei Zahlen a, b und c stehen bleiben, nachdem die Rechnung vorgenommen, um als Kontrolle gleichzeitig mit dem Resultate abgelesen zu werden.

Erst wenn eine solche Maschine auf den Markt kommt, wird der Rechner die bedeutende Erleichterung bei der Ausführung der Operationen erreichen, wodurch erzielt wird, daß er nicht allein die Maschine benutzt, sondern auch, daß sie ihm unentbehrlich wird.

B.

Wir kommen jetzt zu der zweiten Klasse der Rechenoperationen, nämlich zu denen, welche durch Anwendung von Logarithmen vorgenommen werden.

Die technischen Hilfsmittel, welche hier zur Verfügung stehen, können, vielleicht mit einer einzigen Ausnahme, nicht mit dem Namen „Maschinen" belegt werden, sondern müssen Apparate genannt werden. Schon zu Anfang des 17. Jahrhunderts konstruierte *Gunter* sein bekanntes logarithmisches Lineal, welches später auf Grund verschiedener Entwicklungsstufen sich zu dem gegenwärtig vielfach angewandten „Rechenstock" entwickelt hat.

Neben diesem hat indessen eine große Menge logarithmischer Apparate das Tageslicht erblickt.

Der Zweck dieser Apparate ist teils der gewesen, andere Formen für den Rechenstock zu finden, teils auf mancherlei verschiedene Weise denselben zu verlängern, so daß mehrere Ziffern mit Hilfe desselben abgelesen werden können.

Obwohl nun die zwei bis drei Ziffern, welche man von dem Rechenstock ablesen kann, in manchen Fällen nicht genügen und daher mehr Ziffern in hohem Grade wünschenswert sind, haben dennoch die genannten logarithmischen Apparate nicht den gewöhnlichen Rechenstock verdrängen können.

Der Grund hierfür muß wohl zunächst teilweise darin zu suchen sein, daß der Rechenstock sehr einfach und leicht transportabel ist, teilweise darin, daß an den anderen Apparaten, außer der Größe, dieselben Mängel in bezug auf die ungleiche Länge der Einteilungen wie bei dem Rechenstocke kleben.

Muß man einen größeren und sicherlich auch teueren Apparat anschaffen, will es erscheinen, als ob man im allgemeinen mehr verlangt, als was die bis zum heutigen Tage auf den Markt gelangten Apparate leisten.

Das Verlangen nach mehreren Ziffern bleibt natürlich bestehen; indessen scheint es, als ob man sich so lange mit dem Rechenstocke zu behelfen beabsichtigt, bis ein Apparat herauskommt, welcher, außer dem Umstande, daß derselbe mehr Ziffern zeigt, gleichzeitig von den Mängeln des Rechenstockes befreit ist.

Was man wünschen könnte, ist wahrscheinlich, daß der eventuelle neue Apparat seine Resultate in ähnlicher Weise an den Tag legen könnte wie die eigentlichen Rechenmaschinen, so daß das Ablesen ganz anders leicht vonstatten gehen würde, sowie daß ein derartiger Apparat in ähnlicher Weise wie die Rechenmaschinen bedient werden könnte.

Um jedoch diesen Forderungen genügen zu können, muß man Logarithmen auf mechanischem Wege hervorbringen können.

Das Verlangen geht also dahin, nicht mehr logarithmische *Rechenapparate* zu bekommen, sondern die *logarithmische Rechenmaschine*.

II.

Nachdem somit untersucht worden ist, welche Forderungen man an die technischen Hilfsmittel stellen kann, bevor diese vollkommen genannt werden können, sehen wir uns in die Lage versetzt, die erst gestellte Frage zu beantworten:

Was ist bislang erreicht worden zur Arbeitserleichterung des Rechners?

Die Antwort lautet nämlich dahin, daß man nur auf dem Gebiete der Additionsmaschinen nahezu vollkommene Apparate geschaffen hat, während, was sonst zur Lösung gewöhnlicher Recheñaufgaben vorhanden ist, nur erweiterte Additionsmaschinen sind.

Gerade weil diese Maschinen nur Additionsmaschinen sind, können sie keine Multiplikationen zweier Faktoren in vollständig befriedigender Weise ausführen, während sie auf Grund ihrer Konstruktion vollständig ungeeignet für *Bruchberechnung* sind.

Da nun noch obendrein zur Lösung von Rechenaufgaben, zu denen Logarithmen angewandt werden, kein Apparat existiert, welcher den Rechenstock hat verdrängen können, läßt sich behaupten, daß die Lösung der Frage „Rechenmaschine" bezüglich der im Handel existierenden Apparate zurzeit noch im Werden begriffen ist.

III.

Es ist dem Ingenieur *O. Giersing* in Kopenhagen gelungen, eine Additionsmaschine zu konstruieren, welche hinsichtlich Größe, Bedienung und des Preises Vorzüge der *Burrough'schen* Maschine gegenüber bietet.

Der Rechner kann an seinem Pulte sitzend Hauptbuch sowie Maschine vor sich haben, und da diese nur mit 10 Tangenten versehen ist, wird man sie nach einiger Übung ohne weiteres auch *im Blinden* finden können.

Da die Maschine aller Wahrscheinlichkeit nach für ungefähr den fünften Teil des Preises der amerikanischen Maschine geliefert werden könnte, ist kaum ein Zweifel darüber vorhanden, daß das Problem „Additionsmaschine" beim Erscheinen dieser Maschine als bis zur Vollkommenheit gelöst angesehen werden muß.

Es ist dem Verfasser die Erfindung von 4 verschiedenen Rechenmaschinen: a, b, c und d gelungen, a und b: *Bruchrechenmaschinen* in 2 Ausführungen:

a) *Eine kleinere Bruchrechenmaschine,* welche die Rechnung $a \cdot \frac{b}{c}$ in *einer Operation* ausführt und in der Weise, daß *alle Einstellungen stehen bleiben.*

Sie ergibt Resultate bis zu 4 Ziffern und hat, neben dem, daß sie zur Bruchrechnung dient, vor allen anderen Rechenmaschinen den Vorteil, daß sie mit Größen operieren kann, welche nicht nach dem Dezimalsystem geteilt sind.

Die zur Zeit fertigen Exemplare sind zum Rechnen mit englischer Währung eingerichtet.

b) *Eine größere Bruchrechenmaschine,* welche, abgesehen davon, daß sie nur mit dem Dezimalsystem operiert, dieselben Rechnungen wie die kleine Maschine ausführt, indessen Resultate ergibt, welche bis zu 10 Ziffern und darüber haben, falls solches gewünscht wird.

c) *Die ideale Multiplikationsmaschine,* welche 2 Faktoren multipliziert, welche bis zu 6 bzw. 10 Ziffern (oder auf Wunsch mehr) in der Weise haben können, daß beide Faktoren im voraus eingestellt werden, und daß man dann ebensoviele Male die Kurbel herumdreht, wie Ziffern in dem kleinsten Faktor vorhanden sind.

Während des Drehens geschieht die Verschiebung automatisch, und sobald die Drehung vollführt ist, wird das Produkt infolge einer besonderen Bewegung auf dem Papier abgedruckt.

Wenn ein Produkt abgedruckt ist, und ein anderes nachfolgt, verschiebt sich das Papier, und kann auf diese Weise eine ganze Reihe von Produkten untereinander abgedruckt werden.

Wenn man mit dem Rechnen fertig ist, kann man durch eine besondere Bewegung vermittels der Maschine die Summe sämtlicher Produkte unter diesen abdrucken. Durch diese Bewegung wird der Hauptzählapparat, welcher nach und nach die einzelnen Produkte addiert hat, auf 0 zurückgeführt. Die Typenräder und diejenigen Räder, welche diese bewegen, stehen während des Rechnens unter dem Einfluß des Hauptzählapparates, werden jedoch nach jedem Abdruck automatisch wieder auf 0 gebracht.

Die hier angedeutete Form für die ideale Multiplikationsmaschine wird jedoch kaum die endgültige bleiben.

Die ganze Konstruktion datiert erst seit September 1905, so daß es schon aus dem Grunde merkwürdig sein würde, wenn die Maschine in ihrer Entwicklung vollkommen wäre.

Ich hoffe im Laufe dieses Jahres soweit zu kommen, daß man vermöge einer einzigen Bewegung einer Kurbel nicht allein die Multiplikation der beiden Faktoren, sondern auch den Abdruck auf Papier vornehmen kann.

d) *Die logarithmische Rechenmaschine.*

Es ist mir gelungen aufzufinden, in welcher Weise man *Logarithmen auf mechanischem Wege darstellen kann.*

Die Maschine führt dieselben Operationen aus wie der Rechenstock, gibt indessen 4- bis 5zifferige Resultate.

Sie zieht die Kubikwurzel *direkt* und hat auch in bezug auf die trigonometrischen Funktionen dem Rechenstock gegenüber bedeutende Vorteile.

Die Resultate kommen im Zählapparate in ähnlicher Weise zum Vorschein wie bei den eigentlichen Rechenmaschinen.

Diese 4 Maschinen sowie die Additionsmaschine von *Giersing* werden eingehend in einem Buche über Rechenmaschinen zur Besprechung gelangen, welches der Verfasser in Bearbeitung hat, und welches voraussichtlich im Laufe eines Jahres in deutscher Sprache erscheinen wird.

Ebenfalls steht zu erwarten, daß fix und fertige, zum Verkauf bereite Exemplare sämtlicher fünf Maschinen innerhalb desselben Zeitraumes hergestellt sein werden.

Les auxiliaires techniques en usage au Danmark.

Par **D. Vermehren**, Copenhague.

I.

Avant de pouvoir dire jusqu'à quel point on est parvenu à faciliter le travail du calculateur il faut savoir quelles sont les conditions que doivent remplir les moyens mécaniques de calcul pour mériter le qualificatif de parfaits.

Or dans la vie pratique on se trouve en présence de deux catégories de problèmes :

A. ceux qui intéressent le monde des affaires et qui consistent généralement en opérations des quatres règles et en calcul de fractions.

B. ceux qui concernent plutôt le monde scientifique et pour la solution desquels on se sert généralement des logarithmes.

A.

1. *Addition.* — Sous ce rapport la *Machine de Burrough* réalise presque l'idéal. Elle a cependant quelques légers défauts et il est certain qu'une machine à additionner qui en serait exempte et dont le prix serait moins élevé, pourrait compter sur une grande diffusion.

2. *Multiplication.* — On ne connaît guère dans ce domaine que les „*machines à additionner amplifiées*". Grâce à elles on gagne il est vrai beaucoup de temps, mais elles sont loin de répondre à toutes les exigences.

3. *Calcul des fractions.* — Les *machines à additionner amplifiées* offrent encore plus d'inconvénients quand il s'agit de calculer des fractions que quand il s'agit de multiplier des nombres entiers, car elles ne peuvent pas multiplier une seule opération un nombre par une fraction. Ce qu'il faudrait c'est une machine à calculer les fractions, c'est-à-dire effectuant la multiplication et la division en même temps de telle sorte que toutes les données demeurent lisibles jusqu'à la fin du calcul, ce qui permettrait d'en vérifier le résultat.

B.

On a souvent essayé de perfectionner et d'agrandir l'arithmomètre. Mais de tous les appareils qui ont ainsi vu le jour il n'en est point qui ait répondu à ce qu'on en attendait et en général on leur préfère encore l'arithmomètre.

En effet s'ils ont l'avantage de donner plusieurs chiffres, par contre ils ont tous les défauts de l'arithmomètre et sont beaucoup plus encombrants.

Le besoin d'une machine à calculer les logarithmes se fait donc vivement sentir.

II.

Monsieur l'ingénieur civil *O. Giersing* est parvenu à construire une machine à additionner qui surpasse celle de *Burrough* et l'auteur du présent rapport a inventé quatre types de machines à calculer.

a et b pour le calcul des fractions: a) petit modèle donnant des produits de 4 chiffres et pouvant être employé pour les fractions ordinaires, b) grand modèle avec produits jusqu'à 10 chiffres, mais utilisable seulement pour les décimales.

c) la machine à multiplier idéale.

d) la machine à calculer les logarithmes. L'auteur a en effet réussi
à produire mécaniquement des logarithmes.

Aids to actuarial calculation.

By **D. Vermehren**, Kopenhagen.

I.

If it be asked what has so far been achieved in facilitating the
labours of the accountant, it is first of all necessary to ascertain what
may be regarded as a perfect machine. To decide as to this the
problems of practical life have to be recalled. These may be divided into
two main groups:

A. Those applicable to the four branches of arithmetic, including
fractions.

B. Those appertaining to science usually requiring the use of
logarithms.

A.

1. *Addition.* — The technical aids have in this domain almost
attained perfection by the appearance of the *writing addition machine
by Burrough. Yet this has got some small defects.* Therefore an addition machine, able to perform the same work as *Burrough's machine,*
but not having the above-mentioned defects would be of great utility.

2. *Multiplication.* — The so-called *enlarged addition machines* are
in the main point the technical aids in this domain. And although by
means of these the result is of course much more quickly attained than
when the calculation is performed by one's self, the process is by no
means perfect. Therefore *an ideal multiplication machine* is still
wanted.

3. *Fractions.* — The enlarged addition machines are still less fit
for *fractions* than for multiplication of whole numbers, as they are not
able to multiply a number by a fraction in *one operation.*

A fraction machine is therefore wanted, a machine able to perform
a multiplication and a division *at the same time,* so that all the steps in
the calculation are left standing.

B.

Many attempts to improve and enlarge the calculating machine
generally known and used have been made. But the many attempts
made have not fulfilled expectations.

One prefers rather to use the sliding-rule than the above-mentioned other apparatuses; even if they produce more figures, they are not free from other defects of the sliding-rule.

A logarithmic calculating machine is wanted.

II.

The civil engineer, Mr. *O. Giersing* from Copenhagen has succeeded in constructing an addition machine, that is preferable to the machine, constructed by *Burroughs*.

I, the Author of this Paper, has succeeded in inventing four different calculating machines: a, b, c and d (a and b, the *fraction calculating machine,* in two patterns or models).

a) A smaller *fraction calculating machine;*

b) A bigger *fraction calculating machine;*

c) *The ideal multiplication machine;*

d) *The logarithmic calculating machine.*

I have succeeded in finding a method of producing logarithms in a mechanical way.

Die bei den deutschen Lebensversicherungs-Gesellschaften zur Anwendung gelangenden technischen Hilfsmittel.

Von **Georg Engelbrecht**, Magdeburg.

Nicht die unwichtigste unter den mannigfaltigen Aufgaben des Mathematikers einer Lebensversicherungsgesellschaft ist die, alle Arbeiten so einzurichten, daß sie mit einem möglichst geringen Aufwande an Zeit und Arbeitskraft zu einem möglichst sicheren Ergebnis gelangen. Diese Aufgabe wird um so schwieriger, je größer das Arbeitsquantum und damit die Anzahl der Hilfskräfte wird. Denn mit der Anzahl der Hilfskräfte muß die Vereinfachung und Schematisierung der Arbeit entsprechend zunehmen, sollen Reibungen vermieden und der Überblick des Leiters gewahrt werden. Man wird eine Arbeit oft ganz anders arrangieren, wenn man sie selbst durchführt, als wenn eine größere Anzahl von Hilfsarbeitern daran zu beteiligen ist. Auch die Qualität der Hilfsarbeiter ist von großer Bedeutung. Rechnern von Fach wird man bei weitem mehr zumuten können als unerfahrenen Anfängern mit geringer Vorbildung.

Für den Lebensversicherungsmathematiker spielen deshalb die technischen Hilfsmittel, welche zur Vereinfachung und Beschleunigung der Durchführung von Zähl- und Rechenarbeiten erfunden worden sind, eine große Rolle, zumal da ihre Anwendung überdies geeignet ist, eine Schematisierung der Arbeiten herbeizuführen, wie sie in jedem größeren Betriebe unumgänglich notwendig ist. Durch die richtige Auswahl und Anordnung der gebotenen technischen Hilfsmittel bzw. ihre geeignete Weiterbildung wird der Mathematiker im allgemeinen und im Einzelfalle seinem Ziele, mit möglichst geringem Aufwand an Zeit und Arbeitskraft ein möglichst sicheres Resultat zu erhalten, möglichst nahe kommen.

Ich habe es zunächst als meine Aufgabe betrachtet, durch eine Rundfrage bei meinen Kollegen festzustellen, welche Hilfsmittel bei den deutschen Lebensversicherungsgesellschaften Verwendung finden und welche Erfahrungen man damit gemacht hat. Ich werde also in erster Linie das Resultat dieser Rundfrage hier wiedergeben, in zweiter Linie mir jedoch erlauben, meine eigene Meinung über den Wert und die Eigenschaften der einzelnen technischen Hilfsmittel zum Ausdruck zu bringen.

Unter technischen Hilfsmitteln verstehe ich dabei vor allem numerische Tabellen, Rechenapparate und Rechenmaschinen. Als Anhang werde ich auch noch über die bei den deutschen Gesellschaften in Gebrauch befindlichen Kartenregister, soweit ich davon Kenntnis erhalten habe, berichten.

Hinsichtlich der Literatur über die Hilfsmittel für Rechenoperationen verweise ich auf den Bericht von *R. Mehmke* über „Numerisches Rechnen" in der „Encyclopädie der mathematischen Wissenschaften mit Einschluß ihrer Anwendungen," I. Band, II. Teil. Leipzig, Teubner, 1900—1904, und *M. d'Ocagne,* „Le calcul simplifié par les procédés méchaniques et graphiques," deuxième édition, Paris 1905. Insbesondere der erstgenannte Bericht enthält sehr eingehende weitere Literaturangaben.

Von den technischen Hilfsmitteln für Rechenoperationen will ich zunächst die allgemeinen Hilfsmittel für Additionsarbeiten vorweg nehmen, dann die zahlreicheren Hilfsmittel für die Multiplikation, Division usw. behandeln und schließlich noch einige Tabellen für besondere Zwecke aufführen.

I. Hilfsmittel zur Addition.

Für die Addition kommen als technische Hilfsmittel lediglich die sogenannten Additionsmaschinen in Frage, Spezialmaschinen, die für andere Zwecke, wenigstens mit Vorteil, nicht verwendet werden können. Man kann allerdings auch auf allen — nachher zu behandelnden — Maschinen zum Multiplizieren auch Additionen ausführen; die Arbeit ist jedoch umständlich, und man erreicht sicher dem gewöhnlichen Addieren gegenüber keine Zeitersparnis. Bei den Additionsmaschinen erzielt man eine solche vor allem dadurch, daß die Einstellung der Ziffern nicht wie bei den Maschinen zum Multiplizieren durch Verschieben von Einstellknöpfen, sondern durch Anschlagen bzw. Niederdrücken von Tasten erfolgt. Neuerdings hat *Arthur Burkhardt* in Glashütte in Sachsen, der Fabrikant des „Burkhardt Arithmometer", wie er mir mitteilt, seine Maschine mit Tasten versehen. Wenn sich dieses neue Modell, das bereits zur Patentierung angemeldet ist, als brauchbar erweist, ist es nicht ausgeschlossen, daß damit eine Universalmaschine, die mit gleichen Vorteilen zur Addition, Multiplikation und Division verwendet werden kann, gefunden ist.

Bei den deutschen Lebensversicherungsgesellschaften sind zur Zeit folgende Additionsmaschinen in Gebrauch: Der „Comptometer" von *Felt & Tarrant,* Mfg. Co. in Chicago, 52/56 Illinois Street, „Burrough's Additions-Maschine", vertrieben von *Glogowski & Co.,* Berlin W., Friedrichstr. 83 und die „Standard Addier-Maschine", vertrieben von *Benno Knecht,* Berlin SW.12, Charlottenstr. 78.

Die „Addix", die seit einiger Zeit von der Addix-Company in Mannheim in den Handel gebracht wird und allerdings nur 15 Mk. kostet, hat sich bei den Versuchen, die damit angestellt wurden, nicht als praktisch brauchbar erwiesen.

Weitaus am häufigsten wird die Burroughsche Maschine verwendet. Alle Gesellschaften, die damit längere Zeit gearbeitet haben, haben sehr günstige Erfahrungen damit gemacht und konstatieren, daß damit von dem geübten Arbeiter eine erhebliche Zeitersparnis gegenüber dem gewöhnlichen Addieren erzielt wird.

Die Standard Addier-Maschine ist erst in neuester Zeit auf den Markt gebracht worden. Es liegen deshalb bezüglich ihrer Brauchbarkeit noch keine längeren Erfahrungen vor. Ihre Einrichtung ist gegenüber derjenigen der „Burrough" einfacher, da sie nur 10 Zifferntasten hat, während die „Burrough" so viel mal 9 Tasten hat, als sie Stellen zuläßt, also z. B. bei der 9-stelligen Maschine, die Zahlen bis 999 999 999 addiert, 81 Tasten. Dafür müssen aber bei der „Standard" auch die Nullen, wenn sie nicht am Schlusse der Zahl stehen, angeschlagen werden, was bei der „Burrough" nicht der Fall ist, ferner muß für jede Zahl (nicht für jede Ziffer) eine Stellentaste angeschlagen werden, und schließlich erfordert die Bedienung der Maschine eine etwas größere Kraftanstrengung, da die Tasten, nicht wie bei der „Burrough" bloß „getippt", sondern schon mehr niedergedrückt werden müssen. Anderseits ist aber die Standard Addier-Maschine billiger als die „Burrough".

Beide Maschinen lassen sich so einrichten, daß sie „Nummern" und Zahlen nebeneinander schreiben, aber lediglich die Zahlen addieren. Die Auseinandersetzung der hierfür zu treffenden besonderen Einrichtungen, die bei beiden Maschinen wesentlich verschieden sind, würde hier jedoch zu weit führen.

Beide Maschinen sind „selbstschreibende" Additionsmaschinen und können mit Einrichtung zum Schreiben lediglich auf Papierstreifen und zum Schreiben auf ganzen Bogen geliefert werden.

Dagegen ist der „Comptometer", der nur bei 3 Gesellschaften im Gebrauch ist, nicht zum Schreiben eingerichtet, und dafür wesentlich billiger als die beiden anderen Maschinen. Sonst ist seine Einrichtung derjenigen der „Burrough" ähnlich.

Die Einrichtung des Schreibens muß meines Erachtens als ein bedeutender Vorteil angesehen werden, einmal, weil dadurch die Kontrolle des Resultats erleichtert wird, dann aber, weil die Maschine insbesondere bei der Verwendung von Kartenregistern gleichzeitig zur Herstellung der Buchregister, die dabei an Sauberkeit gewinnen, zu gebrauchen ist.

II. Hilfsmittel zur Multiplikation, Division usw.

Für die Multiplikation, Division etc. kommen als technische Hilfsmittel in Betracht:

1. Multiplikations- und Divisionstabellen.
2. Logarithmentafeln,
3. Rechenapparate,
4. Rechenmaschinen.

1. Multiplikations- und Divisionstabellen.

Multiplikations- und Divisionstabellen werden bei allen Gesellschaften, welche überhaupt solche besitzen, nur gelegentlich verwendet. Ich beschränke mich hier darauf, die Titel[1]) der Werke wiederzugeben, die mir auf meine Rundfrage genannt worden sind:

J. Riem, Rechentabellen für Multiplikation und Division, 1. Aufl. Basel, 2. Aufl. München (Ernst Reichardt).

Adolf Henselin, Rechentafel, Berlin (O. Elsner).

Dr. A. L. Crelle, Erleichterungstafel für jeden, der zu rechnen hat, enthaltend die 2, 3, 4, 5, 6, 7, 8 und 9 fachen aller Zahlen von 1 bis 10 Millionen, Berlin (G. Reimer), spätere Auflagen mit Vorwort von Dr. C. Bremiker.

H. C. Schmidt, Zahlenbuch, entworfen von C. Cario, Aschersleben, (Hallersche Buchdruckerei).

C. A. Müller, Multiplikationstabellen, Karlsruhe (G. Braun).

Dr. H. Zimmermann, Rechentafel nebst Sammlung häufig gebrauchter Zahlenwerte, Berlin (Wilhelm Ernst & Sohn).

Multiplikationstabellen aller Zahlen von 1 bis 500. Oldenburg (Schulzesche Buchhandlung, C. Berndt & A. Schwarz).

M. B. Cotsworth, Direct Calculator (Series O), London E. C. (Mc. Corquodale & Co., Limit., 41 Coleman Street).

M. Baldus, Landmesser in Wiesbaden, Rechentafel zur Multiplikation zwei -und dreistelliger Zahlen. Selbstverlag.

Als Tafel der reziproken Werte wird verwendet: *W. H. Oakes,* Table of the Reciprocals of Numbers from 1 to 100 000, London (C. & E. Layton).

Wenn die Multiplikations- und Divisionstabellen auch im allgemeinen an Leistungsfähigkeit hinter den Logarithmen und Rechenmaschinen zurückstehen, so lassen sie sich doch manchmal zu Spezialzwecken mit Vorteil verwerten. Bruchteile von Multiplikationstabellen, die z. B. das Vielfache von Tarif-, Nettoprämien usw. angeben, sind sicher bei sehr vielen Gesellschaften in Gebrauch, wenn ihre Verwendung auch nicht überall so weitgehend ist, wie bei der Gothaer Lebensversicherungsbank. Diese Gesellschaft verwendet keine Rechenmaschinen, sondern arbeitet im allgmeinen nur mit Logarithmen. Sie ist deshalb in besonders hohem Maße darauf angewiesen, für häufig vorkommende Rechnungen eine Vereinfachung zu erzielen, und hat deshalb verschiedene Produktentafeln, wie für Dividendenreserven (enthaltend das 10- bis 99 fache einer Dividendenreserve von 2 bis 614 — 611 ist das vorkommende Maximum ihrer Dividendenreserven), zur Umwandlung von Dividenden in Summenzuwachs, zur Berechnung der Jahresprämien und Reserven (das 1 bis 9 fache der „reinen Jahresprämien", der „Reservefüße" und bestimmter bei der Reserveberech-

---

[1]) Für die Richtigkeit und Vollständigkeit meiner Angaben kann ich keinerlei Verantwortung übernehmen, da nur ein Teil der aufgeführten Werke mir vorgelegen hat. Von der Angabe der Auflagen und des Jahres des Erscheinens habe ich ganz abgesehen. Viele Werke sind in ganz alten Auflagen in Gebrauch, und ich konnte nicht immer feststellen, ob nicht inzwischen neuere Auflagen erschienen sind.

nung zu verwendenden Faktoren) angelegt. Je ein Exemplar dieser interessanten, zum Teil recht umfangreichen Tabellen wird der Bibliothek des „Deutschen Vereins für Versicherungs-Wissenschaft" einverleibt werden.

2. Logarithmentafeln.

Auch die Logarithmentafeln werden nur von wenigen Gesellschaften in ausgedehnterem Maße benützt. Wenn auch mehrere Gesellschaften, die sich noch im Übergangsstadium befinden, noch einen Teil ihrer Arbeiten vorzugsweise mit Logarithmen durchführen, so gibt es abgesehen von einigen kleineren Gesellschaften doch nur die genannte eine große Gesellschaft, welche — soweit nicht die oben erwähnten Spezial-Multiplikationstabellen in Frage kommen — ausschließlich mit Logarithmen arbeitet.

Die Titel der mir als in Verwendung befindlich bekannt gewordenen Logarithmentafeln sind:

4 stellig:

Logarithmen und Antilogarithmen, Heidelberg (Köster).

Logarithms and Antilogarithms, London (C. & E. Layton).

5 stellig:

Theodor Wittstein, Fünfstellige Logarithmisch-trigonometrische Tafeln. Hannover und Leipzig (Hahnsche Buchhandlung).

Schubert, Fünfstellige Tafeln und Gegentafeln, ferner die Tafeln von *F. G. Gauss,* von *J. de la Lande* (Leipzig, Tauchnitz), von *Dr. G. J. Houel* (Gauthier-Villars, Paris, und A. Cohn, Berlin).

6 stellig:

Dr. C. Bremiker, Logarithmisch-trigonometrische Tafeln mit 6 Dezimalstellen, bearbeitet von Dr. Th. Albrecht, Berlin (Nicolai).

7 stellig:

L. Schrön, Siebenstellige gemeine Logarithmen, Braunschweig (Vieweg & Sohn).

G. von Vegas Logarithmisch-trigonometrisches Handbuch, bearbeitet von Dr. J. A. Hülsse, später von Dr. C. Bremiker, Berlin (Weidmann).

Dr. C. Bruhns, Neues logarithmisch-trigonometrisches Handbuch auf 7 Dezimalen, Leipzig (Bernhard Tauchnitz).

Hülsse, Sammlung mathematischer Tafeln, Berlin (Weidmann).

H. G. Köhler, Logarithmisch-trigonometrisches Handbuch, Leipzig (Tauchnitz).

20 stellig ist die Logarithmentafel von *A. Steinhauser,* Wien (C. Gerolds Sohn),

20- und bzw. 61 stellig die von *Fr. Callet,* Paris (Firmin Didot).

Schließlich sei noch erwähnt:

Zech, Additions- und Subtraktions-Logarithmen. Auf wie viel Stellen die Zahlen hier gegeben sind, ist mir nicht bekannt.

3. Rechenapparate.

Von Rechenapparaten ist lediglich der logarithmische Rechenschieber von *A. W. Faber* (Preis 10 Mk.) und die Rechenwalze von *Julius Billeter* in Zürich (Preis bis zu 400 Mk.), der erste bei 3, die letztere bei 1 Gesellschaft in Gebrauch. Der Rechenschieber wird bei gelegentlicher Verwendung besonders für den gute Dienste leisten, der eine Rechnung kontrollieren oder das ungefähre Resultat einer noch genauer durchzuführenden Rechnung wissen will. Die Billeterschen Rechenwalzen sind, wie mir mitgeteilt wird, besonders zur Berechnung von $\frac{a \cdot b}{c}$ sehr bequem. Die Genauigkeit geht bei den größeren Walzen bis zu 5 bis 6 Stellen.

4. Rechenmaschinen.

Weitaus die meisten Gesellschaften arbeiten ausschließlich oder wenigstens regelmäßig nur mit Rechenmaschinen. So groß auch die Anzahl der erfundenen Rechenmaschinen ist, so werden doch nur wenige Typen fabrikmäßig hergestellt, und die Auswahl bei Anschaffung einer Rechenmaschine ist nicht groß. Die bei den deutschen Lebensversicherungsgesellschaften in Gebrauch befindlichen Rechenmaschinen zum Multiplizieren stammen nur aus 8 verschiedenen Fabriken. Und wenn wir von kleineren Abweichungen absehen, so haben wir es tatsächlich nur mit 4 verschiedenen Typen zu tun, der Thomasmaschine, dem Brunsviga-Typ (die Maschine von Odhner), dem von Steiger erfundenen „Millionär" und der Rechenmaschine „Gauss".

Was zunächst die Thomas-Maschine anlangt, so ist dieselbe in 4 verschiedenen Fabrikaten im Gebrauch.

In geringer Anzahl werden sogenannte Original-Thomas-Maschinen aus einer Pariser Fabrik verwendet. Dieselben sind anscheinend alte Exemplare, die sich aber recht gut bewährt zu haben scheinen.

Weitaus die meisten Gesellschaften besitzen den „Burkhardt Arithmometer" aus der 1. deutschen Rechenmaschinenfabrik von Zivilingenieur *Arthur Burkhardt* in Glashütte (Sachsen). Diese Maschinen haben sich nach den mir gewordenen Mitteilungen fast durchweg sehr gut bewährt und zeichnen sich insbesondere durch geringe Reparaturbedürftigkeit aus. Nur vereinzelt wurde die Meinung laut, daß die Maschinen jüngsten Datums an Qualität gegenüber dem älteren Fabrikat etwas zurückständen. Neuerdings hat *Burkhardt* seine Maschinen auch mit einer verbesserten Auslöschvorrichtung versehen, so daß er wohl auch in dieser Beziehung wieder der Konkurrenz der nachher zu besprechenden „Bunzelmaschine" gewachsen sein dürfte.

Das Burkhardtsche Fabrikat darf nicht verwechselt werden mit der ihr sonst vollständig gleichenden Marke „Saxonia", die von der Rechenmaschinenfabrik Saxonia, die von früheren Hilfskräften Burkhardts vor einigen Jahren begründet worden ist und ebenfalls in Glashütte in Sachsen domiziliert, fabriziert und von der „Ersten Glashütter Rechenmaschinen-Vertriebsgesellschaft" in Berlin vertrieben wird. Die

Saxonia-Rechenmaschinen sind noch zu jungen Datums, als daß über ihre Qualität ein sicheres Urteil gefällt werden könnte, doch ist mir ein ungünstiges Urteil nicht bekannt geworden.

Infolge bedeutender Reklame ist neuerdings die „Bunzelmaschine", die von *Hugo Bunzel* in Wien, Roteturmstr. 21, fabriziert wird und abgesehen von der sehr einfachen und praktischen Auslöschvorrichtung dem „Burkhardt-Arithmometer" gleicht, ziemlich häufig gekauft worden. Das Urteil, das über diese Maschine gefällt wird, ist recht günstig.

Die Maschinen des Brunsviga-Typs zeichnen sich gegenüber der Thomasmaschine vor allem durch ihren geringeren Umfang aus und scheinen aus diesem Grunde von einzelnen Gesellschaften bevorzugt zu werden.

Die Brunsviga, fabriziert von *Grimme, Natalis & Co. C. G. a. A.* in Braunschweig, ist die älteste Maschine dieser Art; sie ist billiger als die Thomasmaschine, es wird jedoch allgemein darüber geklagt, daß sie sich verhältnismäßig rasch abnutzt und, sobald sie längere Zeit im Gebrauch ist, häufiger Reparaturen bedarf. Dasselbe gilt von der nur in wenigen Exemplaren im Gebrauch befindlichen Maschine „Berolina", fabriziert von *Ernst Schuster* in Berlin.

Die Steigersche Rechenmaschine „Millionär", fabriziert von *Hans W. Egli* in Zürich, hat bis jetzt noch keine große Verbreitung gewinnen können, obwohl kein Zweifel sein kann, daß sie an sich der Thomasmaschine und dem Brunsviga-Typ an Leistungsfähigkeit überlegen ist. Während bei den bis jetzt aufgeführten Maschinen zur Ausführung einer Multiplikation mit einer 1 stelligen Zahl so viel Umdrehungen der Kurbel zu machen sind, als der Multiplikator selbst oder, falls das weniger sind, 1 mehr als die Ergänzung zu 10 angibt, so daß im Durchschnitt auf jede Stelle des Multiplikators nahezu 3 Umdrehungen entfallen, ist beim „Millionär" infolge Verwendung eines eigenartigen die Produkte aller einstelligen Zahlen verkörpernden Einmaleinskörpers für jede solche Stelle nur eine Drehung der Kurbel vonnöten. Allerdings muß mit der linken Hand vor jeder Drehung ein Hebel auf die betreffende Ziffer eingestellt werden, dafür fällt aber die Verschiebung des Zählwerks (Lineals), wie sie bei den anderen Maschinen nötig ist (beim Brunsviga-Typ wird statt dessen das Schaltwerk verschoben), fort, da dieselbe automatisch erfolgt. Nachteile des „Millionär" sind allerdings ein höherer Preis, sein großer Umfang und sein hohes Gewicht. Diese sind aber ohne Bedeutung, wenn es sich um länger dauernde Arbeiten handelt. Hierbei ist er sicher den andern Maschinen bedeutend überlegen. Zur Ausführung gelegentlicher kleiner Berechnungen eignet er sich weniger. Auch bei der Division leistet der „Millionär" nicht wesentlich mehr als die andern genannten Maschinen, da dabei der Quotient jeweils erraten bzw. mit Hilfe einer an der Maschine angebrachten kleinen Produktentafel festgestellt werden muß, und die Verbesserung etwaiger Fehlgriffe Zeit raubt. Immerhin steht aber der „Millionär" auch bei der Division nicht hinter den andern Maschinen zurück, zumal seine Einrichtung ihre Ausführung in derselben Weise wie bei diesen ebenfalls zuläßt.

Über die Reparaturbedürftigkeit der Maschine läßt sich bei der verhältnismäßig geringen Anzahl von Jahren, welche sie im Handel ist, noch kein abschließendes Urteil fällen. Doch ist auch nach dieser Richtung die Meinung allgemein eine sehr günstige.

Die Rechenmaschine „Gauss", fabriziert von *R. Reiss* in Liebenwerda, zeichnet sich durch ihren sehr geringen Umfang, kleines Gewicht, sehr leisen Gang und ihren niedrigen Preis (sie kostet nur 200 Mk.) aus. Jedoch können ohne weiteres nur Multiplikationen mit einem Endergebnis von nicht über 10 Stellen darauf ausgeführt werden. Bei mehr Stellen wird allerdings eine Zerlegung in mehrere Operationen durch die radiale Anordnung des Mechanismus begünstigt, doch dürften für solche Rechnungen zweifellos die andern Maschinen mit mehr Stellen erheblich vorzuziehen sein. Auch der Übergang von der Multiplikation zur Division ist bedeutend weniger einfach als bei den andern Maschinen, was auch bei der Multiplikation sehr unangenehm ist, wenn versehentlich eine Umdrehung zu viel gemacht wurde. Außerdem scheint die Maschine von sehr empfindlicher Konstruktion zu sein und deshalb vieler Reparaturen zu bedürfen. Sie ist übrigens nur bei zwei deutschen Gesellschaften im Gebrauch und wird nur zur Ausführung kleinerer Rechnungen benutzt.

Die „Monopol-Maschine" von *Schubert & Salzer*, Maschinenfabrik, Aktiengesellschaft in Chemnitz, der „Triumphator" der Leipziger Röhrenwerke G. m. b. H., sowie die von einer neuen (dritten) Glashütter Firma, *Reinhold Pöthig* auf den Markt gebrachte Thomas-Maschine, sind bei keiner deutschen Lebensversicherungsgesellschaft in Gebrauch.

Es kann wohl heute nach den Erfahrungen von Jahrzehnten kein Zweifel mehr sein, daß die Rechenmaschine im allgemeinen den andern technischen Hilfsmitteln, insbesondere auch dem Logarithmenrechnen weit überlegen ist. Sie arbeitet schneller und sicherer und strengt die Nerven des Rechners bedeutend weniger an als das Kopf- oder Logarithmenrechnen. Sie hat höchstens den einen Nachteil, daß sie ein verhältnismäßig großes Geräusch verursacht, das allerdings für die im gleichen Raume befindlichen, momentan nicht an den Rechenmaschinen arbeitenden Beamten, besonders wenn sie empfindliche Nerven haben, lästig ist. Aber man gewöhnt sich daran, und schließlich läßt sich dem dadurch abhelfen, daß die Rechenmaschinen in einem besonderen Raume aufgestellt werden.

Freilich muß hervorgehoben werden, daß nicht auch für jede einzelne Arbeit die Maschine die größte Leistungsfähigkeit besitzt. So werden z. B. größere Multiplikationsarbeiten, bei denen der eine Faktor oder gar beide Faktoren bei den aufeinanderfolgenden Operationen nur wenig und um regelmäßige Differenzen verschieden sind, an sich mit Vorteil mit Hilfe von Logarithmentafeln erledigt werden. Auch die Berechnung größerer Ausdrücke, bei denen das Resultat einer Multiplikation oder Division mehrfach von neuem zu multiplizieren oder zu dividieren ist, wird schneller mit Logarithmen auszuführen sein.

Schließlich wird auch in besonderen Fällen die Benutzung von Produktentafeln von Nutzen sein, insbesondere, wenn im Betriebe die Multiplikation mit einer bestimmten Zahl besonders häufig sich notwendig macht, z. B. bei der Berechnung von Dividenden. Meist kommt aber hierbei die Anlegung von Spezial-Produktentafeln in Frage.

Im großen und ganzen wird aber auch bei denjenigen Operationen, die an sich — d. h. bei gleicher Übung des Rechners in dem Gebrauche beider Hilfsmitel — schneller mit Logarithmen ausgeführt werden, die Rechenmaschine in der Leistung nur sehr wenig zurückstehen. Und da die Häufigkeit der Rechnungen, bei denen obige Voraussetzung als erfüllt gelten kann, nicht allzu groß ist, so wird dieser Unterschied schon dann als ausgeglichen gelten können, wenn die Übung im Gebrauche der Rechenmaschine eine größere ist als im Logarithmenrechnen.

In größeren Betrieben wird es immer als erstrebenswert angesehen werden müssen, nur mit einer Art von Hilfsmitteln zu arbeiten, da dann nicht nur in dem Gebrauch derselben eine größere Fertigkeit, sondern auch im allgemeinen ein strafferes Ineinandergreifen der Hilfskräfte und ein besserer Überblick erzielt wird. Als alleiniges technisches Hilfsmittel wird sich aber die Rechenmaschine sicher vorteilhafter erweisen als die Logarithmentafel, sobald nur die Anwendungsmöglichkeit groß genug ist.

III. Tabellen für besondere Zwecke.

Neben den bis jetzt besprochenen Hilfsmitteln, die für alle Arten von Rechenoperationen Verwendung finden können, sind bei den Lebensversicherungsgesellschaften zur Abkürzung mancher Rechnungen noch Tabellen mancherlei Art im Gebrauch, welche die Resultate gewisser Ausdrücke bereits ausgerechnet enthalten. Hier können natürlich nur solche Werke in Frage kommen, deren Hauptzweck die Angabe von Zahlenwerten ist.

Zunächst seien erwähnt:

J. Riem, „Die Nettorechnungen für ein Leben auf Grundlage der von Dr. Zillmer ausgeglichenen Sterbetafel der 23 deutschen Gesellschaften für normal versicherte Männer und Frauen mit vollständiger ärztlicher Untersuchung zu 3½%", Basel (Selbstverlag), und

J. Riem, „Nettorechnungen usw. zu 3%."

Dann *O. Dietrichkeit,* „Die Fundamentalzahlen für Invaliditätsversicherung auf Grundlage der Tabellen des Vereinsblattes für deutsches Versicherungswesen, Jahrgang 1892 Nr. 5 und 1894 Nr. 1 und 2, sowie eines Zinsfußes von 3½%", Elberfeld (Friedrich Müller Söhne).

Sehr zahlreich sind die bei den deutschen Lebensversicherungsgesellschaften benutzten Tabellen von Zinsfaktoren. Auf meine Rundfrage wurden mir folgende Werke genannt:

S. Spitzer, Tabellen für die Zinseszinsen und Rentenrechnung, Wien (C. Gerolds Sohn).

H. Murai, Zinseszinsen-, Einlagen-, Renten- und Amortisations-Tabellen, Budapest (Selbstverlag).

W. M. T. Werker, Die zusammengesetzte Zinsen- und Zeitrenten- oder Annuitäten-Rechnung, Berlin (Puttkammer & Mühlbrecht).

L. F. Ritter, Zuverlässige Tafeln der zusammengesetzten Zins- usw. Rechnung, Stuttgart (J. B. Metzler).

E. Toepke & *E. Leunenschloss,* Zinstabellen für die Bank- und Handelswelt, Berlin und Leipzig (H. Haessel).

Fleischhauer, Theorie und Praxis der Rentenrechnung, Berlin (Weidmann).

J. A. Hülsse, Sammlung mathematischer Tafeln, Berlin (Weidmann).

E. L. Kraft, Berechnung der Zinsen usw., Stuttgart (Karl Erhard).

V. Bärlocher, Handbuch der Zinseszins-, Renten-, Anleihen- und Obligationen-Rechnung, Zürich (Orell Füssli & Co.).

G. Schinkenberger, Handbuch der Berechnungen von Anleihen usw., Frankfurt a. M. (Diesterweg).

J. Krauss-Tassius, Formules et tables pour les calculs d'intérêts composés, d'annuités et d'amortissements, Paris (A. Lahure, 9 Rue de Fleurus).

Schließlich sei noch einmal

W. H. Oakes, Table of the Reciprocals of Numbers from 1 to 100 000, London (C. & E. Layton), erwähnt, die bei Verwendung von Rechenmaschinen zur Umwandlung von Divisionen in Multiplikationen mit Vorteil gebraucht wird.

Anhang.

Die bei den deutschen Lebensversicherungs-gesellschaften in Gebrauch befindlichen Kartenregister.

Auch Kartenregister bilden zweifellos ein technisches Hilfsmittel, das dem Versicherungsmathematiker bei seinen statistischen und rechnerischen Arbeiten wertvolle Dienste leistet. Trotzdem glaubte ich, ihre Behandlung von den oben erörterten technischen Hilfsmitteln allgemeinerer Natur absondern zu sollen, insbesondere deshalb, weil ich nicht bloß die in den mathematischen und statistischen Bureaux verwendeten, sondern möglichst alle Kartenregister in den Bereich meiner Ermittlungen ziehen wollte. Ich habe dabei meine Aufgabe hauptsächlich darin gefunden, diese Karten zu sammeln und, soweit dies bei den außerordentlich vielen Verschiedenheiten des Zweckes und der Einrichtung möglich ist, zu ordnen. Die Karten werden der Bibliothek des „Deutschen Vereins für Versicherungs-Wissenschaft" überwiesen werden.

Die Verwendung von Karten ist bei den deutschen Lebensversicherungsgesellschaften eine sehr ausgedehnte. Ich hatte mich an 46 deutsche Gesellschaften mit der Bitte um Zusendung der von ihnen gebrauchten Karten aller Art gewandt. Davon verwenden nur 4 Gesellschaften gar keine Karten. Eine verwendet Karten ohne Vordruck aushilfsweise. Alle andern Gesellschaften, also 41 Gesellschaften, benutzen regelmäßig Karten. Hiervon haben 5, darunter die 3 jüngsten deutschen Aktiengesellschaften, es abgelehnt, ihre Karten der Öffentlichkeit zu übergeben. Von 2 Gesellschaften habe ich zur Zeit die Karten noch nicht erhalten, dieselben werden aber jedenfalls der Sammlung noch einverleibt werden, die dann die Karten von 36 Gesellschaften enthalten wird. Es muß allerdings bemerkt werden, daß meines Erachtens auch von diesen Gesellschaften wohl nicht auch alle außerhalb der mathematischen oder statistischen Abteilung gebrauchten Karten zur Verfügung gestellt wurden.

Ich habe die Karten je nach ihrer Verwendung in 7 Gruppen eingeteilt.

1. Karten der statistischen und mathematischen Abteilung (ohne Abgangskarten und Karten, die das Policebuch ersetzen).
2. Abgangskarten.
3. Karten als Ersatz für das Policebuch.
4. Karten der Prämieneinzugs-Abteilung (Prämien und Dividenden-Karten).
5. Karten für Ausleihungen (insbesondere Policedarlehen und deren Zinsen).
6. Karten betreffend Vertrauensärzte.
7. Karten für die Organisation.
8. Karten für die Registratur.

Es ist nicht ausgeschlossen, daß ich mich bei der Zuteilung einmal geirrt habe, wenn der Zweck der Karte aus dem Vordruck nicht mit Sicherheit hervorging. Außerdem ist es nicht ausgeschlossen, daß Karten mehreren Zwecken zu gleicher Zeit dienen. So verwendet z. B. eine Gesellschaft Karten, die Prämienkarten und statistische Karten gleichzeitig sind, von mir aber unter die Prämienkarten eingereiht wurden.

Soweit mir von den betreffenden Herren Kollegen ausführlichere Erläuterungen geworden sind, habe ich dieselben neben die betreffenden Karten geheftet. Meist ist eine Erläuterung nicht nötig, oder wird durch die Beifügung eines ausgefüllten Exemplars der Karte überflüssig.

Den größten Teil der 1. Gruppe machen die sogenannten statistischen Karten aus, wie sie bei den meisten Gesellschaften als Grundlage der Jahresstatistik, der Prämienreserveregister, manchmal auch der Addition von Einzelreserven verwendet werden. Von den 34 Gesellschaften, von denen ich bis jetzt Karten erhalten habe, haben nur 4 keine derartigen Karten. Die Einrichtung der Karten ist sehr verschieden, wie auch ihr Zweck sich nicht bei allen Gesellschaften deckt. Manche Gesellschaften haben für die Statistik und die Deckungskapitalberechnung zwei verschiedene Karten. Eine Gesellschaft hat zwei verschiedene Kartensysteme ganz gleicher Einrichtung nebeneinander, von denen jedoch das eine stets geordnet bleibt, während das andere zur Durchführung der statistischen Berechnungen dient. Interessant ist.

wie die einzelnen Gesellschaften die einzelnen Versicherungskombinationen, das Geschlecht des Versicherten, den Umstand, ob auf dieselbe Person noch eine früher abgeschlossene Versicherung läuft oder nicht, unterscheiden. Das nächstliegende ist wohl die Farbe des Kartons; einzelne Gesellschaften gehen in der Verwendung dieses Unterscheidungsmittels ziemlich weit, doch verwenden sie daneben meist noch andere Merkmale, wie einen dicken schwarzen oder farbigen Strich an der Seite, oder in der Mitte, oder über Kreuz, oder sie drucken der Karte einen Stern auf, oder sie verwenden verschiedene Umrahmungen der Karten, oder schneiden Ecken ab usw. Die Verwendung verschiedenfarbiger Kartons hat eine gewisse Grenze, da mit der Steigerung der Anzahl der Farben die Möglichkeit der Verwechslung schnell zunimmt. Außerdem eignen sich nicht alle Farben dafür, da sie leicht die Augen angreifen. Insbesondere sollte rot nur für seltener vorkommende Fälle Anwendung finden.

Neben diesen Karten allgemeiner Verwendung haben einige Gesellschaften besondere Kartenregister zur Aufstellung besonderer Berechnungen und Statistiken, z. B. zur Berechnung der Dividendenreserve, für eine Statistik der Versicherungen nach Ländern, für eine solche nach Berufen. Schließlich sind in dieser Abteilung auch noch die Karten aufgenommen, welche von der Gothaer Lebensversicherungsbank und von der Allgemeinen Rentenanstalt in Stuttgart bei ihren in den letzten Jahren durchgeführten Sterblichkeitsuntersuchungen verwendet wurden. Erläuterungen dazu sind denselben beigeheftet.

In der 2. Gruppe sind nur solche Karten untergebracht, welche bei der Bearbeitung des Abgangs eines Geschäftsjahres vorübergehende Verwendung finden (sogenannte Stornokarten). Dieselben bedürfen wohl ebensowenig einer Erläuterung wie die Karten der 3. Gruppe, welche als Ersatz für ein Policebuch verwendet werden.

In der 4. Gruppe (Karten für die Prämieneinzugsabteilung) habe ich, abgesehen von den eigentlichen Prämienkarten (Karten der Bruttoprämien und Karten der Prämien abzüglich Dividenden), auch die Karten der Dividenden sowie solche Karten untergebracht, welche lediglich den Termin angeben, wann die Zahlung der Prämie oder eines Prämienteils aufhört, und zwar letztere auch dann, wenn sie anscheinend von der mathematischen Abteilung geführt werden. Übrigens beziehen sich die Karten zum Teil auch auf Unfall- und Haftpflichtversicherung.

Die 5. Gruppe enthält insbesondere Karten, welche bei der Verrechnung von Policedarlehen und deren Zinsen Verwendung finden oder als fliegende Register zum schnelleren Auffinden der Akten dafür oder für Ausleihungen anderer Art (Hypotheken usw.) dienen.

Die 6. Gruppe enthält die vom Verein der deutschen Lebensversicherungsgesellschaften eingeführten Karten für Vertrauensärzte, welche angeben, für welche Gesellschaften der einzelne Arzt noch tätig ist, sowie andere Karten, in denen für jeden Vertrauensarzt die von ihm ausgeführten Untersuchungen verzeichnet werden.

Die 7. Gruppe enthält auf die Organisation bezügliche Karten, für fliegende Register der Agenten, nach dem Namen oder nach dem Ort oder der Generalagentur geordnet, zum Teil mit Registrierung der erzielten Resultate, Karten für die Policen, welche der einzelnen Agentur zum Inkasso überwiesen sind, Karten für die Unfall- und Haftpflichtschadenfälle, welche in den einzelnen Agenturen vorgekommen sind, Karten der von den einzelnen Vertretern hinterlegten Kautionen.

Die 8. Gruppe (Registraturkarten) enthält Karten für fliegende Register der Versicherten, der Abgelehnten usw., geordnet nach Namen, Policenummern oder Wohnorten. Diese Abteilung ist vermutlich die lückenhafteste. Karten dieser Art sind wohl fast bei allen Gesellschaften in Verwendung. Sie besitzen aber meist keinen Vordruck und bieten auch sonst wohl nur wenig besonderes Interesse.

Wie aus dieser Aufzählung hervorgeht, benutzen die deutschen Gesellschaften Kartenregister zu den verschiedensten Zwecken, und man darf wohl behaupten, daß ihre Benutzung stetig zunimmt. Leider war es nicht möglich, im Rahmen dieses kurzen Berichts weiter auf diese für den praktischen Versicherungsmann viel Interesse bietende Materie einzugehen.

Die Kartenregister werden zwar hinsichtlich der Sicherheit stets hinter festen Registern zurückstehen müssen. Denn da durch Unachtsamkeit oder Böswilligkeit leicht eine Karte falsch eingereiht oder verloren werden kann, die richtige Ordnung des Kartensystems aber die unbedingte Voraussetzung eines richtigen Funktionierens desselben ist, so sind fehlerhafte Resultate dabei leichter möglich als bei festen Registern. Aber anderseits ist doch die Handhabung eines Kartenregisters bei weitem einfacher und mit viel geringerem Zeitaufwand durchführbar. Dort, wo die kleine Steigerung der Fehlermöglichkeit nicht ins Gewicht fällt, wird man deshalb stets mit Vorteil Karten anwenden. Aber auch bei solchen Arbeiten, die mit größter Exaktheit durchgeführt werden müssen, läßt sich immer eine Kontrolle schaffen, durch die die Fehlermöglichkeit auch bei Kartenregistern aufs äußerste beschränkt wird, indem man gewisse Kontrollwerte noch in anderer Weise, entweder durch ein zweites, wenn auch an sich andern Zwecken dienendes Kartenregister oder durch ein Buchregister feststellt. Schließlich werden die meisten Arbeiten mit Karten, speziell mit den in der mathematischen oder statistischen Abteilung verwendeten Karten, nur am Zugang oder Abgang des Kartenregisters vorgenommen, wodurch sich meist ganz von selbst eine Kontrolle ergibt.

Möge die vorliegende Sammlung von Karten eine Anregung sein zur weiteren Ausgestaltung und regeren Benutzung dieses Hilfsmittels.

Des moyens techniques employés par les compagnies allemandes d'assurance sur la vie.

Par **Georg Engelbrecht**, Magdebourg.

Pour l'addition, le moyen technique que l'on emploie de préférence en Allemagne est ia machine à additionner de *Burrough*. Cette dernière fait gagner un temps relativement considérable et fonctionne d'ailleurs d'une manière satisfaisante. Depuis quelque temps on cherche à introduire la machine à additionner „Standard" dont l'emploi est un peu plus facile et le prix légèrement moins élevé. Le „Comptomètre" de *Felt et Tarrant*, à Chigaco, infiniment meilleur marché, ne se rencontre que rarement chez nous. Contrairement aux deux machines sus-indiquées, il ne possède pas la faculté d'enregistrer automatiquement la somme en même temps que les membres, faculté qui facilite le contrôle et est d'une grande utilité pratique.

En ce qui concerne les multiplications, divisions etc. on se sert de préférence, en Allemagne, de machines. Parmi les grandes Compagnies une seule travaille encore uniquement avec les logarithmes. Les tables, baguettes, et cylindres de multiplication ne sont utilisés qu'occasionnellement par certaines Compagnies isolées. Néanmoins on emploie parfois avec avantage des tables à produits spéciaux, combinées pour des buts déterminés.

Parmi les machines à calculer il faut citer en première ligne la machine „Thomas"; le modèle fabriqué par *Arthur Burkhardt*, à Glashütte, en Saxe, en est le plus répandu et fonctionne bien. Cette même machine est également construite par la fabrique de machines à calculer „Saxonia" à Glashütte, Saxe, installée depuis quelques années, et par *Hugo Bunzel*, à Vienne, Roteturmstraße 21. Les machines de *Bunzel* ont trouvé beaucoup d'acquéreurs ces dernières années, grâce à une grande réclame et à un procédé pratique d'effacement.

Quelques Compagnies préfèrent la machine „Brunsviga", inventée par *Odhner* et fabriquée par *Grimme, Natalis et Cie.*, à Brunswig. Elle a été munie de divers perfectionnements et prend moins de place que les autres. Toutefois on se plaint en général de ce qu'elle exige de fréquentes réparations après un usage de quelques années. La „Berolina" qui sort des ateliers de *E. Schuster*, à Berlin, et qui est d'une construction analogue n'est pas d'un emploi courant.

Bien qu'elle soit encore relativement peu connue, c'est cependant la machine „Millionär", inventée par *Steiger* et fabriquée par *Hans Egli*, à Zurich, qui doit être considérée comme la meilleure de toutes. Sa supériorité quant à la multiplication consiste en ce qu'elle n'exige qu'une seule rotation de la manivelle par décimale, tandis qu'avec les autres machines, même quand les chiffres au-dessus de cinq sont remplacés par leur complément de dix, on doit en moyenne effectuer au moins trois rotations. En ce qui concerne la division, elle ne le cède en rien à ses concurrentes. Il faut pourtant remarquer qu'à cause de son poids élevé et de ses grandes dimensions elle convient mieux à un travail considérable et suivi qu'à des calculs occasionnels.

La machine à calculer „Gauss", fabriquée par R. Reiss, à Liebenwerda, se distingue avant tout par son bon marché, mais ne se prête qu'à de petites opérations et doit être réparée assez souvent.

Dans l'annexe de cette étude l'auteur s'est occupé des registres par cartes en usage auprès des Compagnies allemandes d'assurance sur la vie. Il n'y a que peu de Sociétés n'employant pas les cartes, la plupart s'en servent sur une grande échelle et dans toutes sortes de buts.

Aids to calculation used by German life insurance companies.

By Georg Engelbrecht, Magdeburg.

Among technical aids for additions we use in Germany principally "Burrough's Addition Machine". This machine permits a considerable saving of time compared with the ordinary method of casting up of sums, and is also reliable in most other respects. Lately efforts have been made to introduce the "Standard" addition machine, the manipulation of which is somewhat more simplified and which is also cheaper. Different from these two "selfwriting" addition machines is the much cheaper "Comptometer", made by Felt & Tarrant of Chicago; of this machine there are but few in use; it does not possess the above-mentioned arrangement, which facilitates considerably the controlling and the utility of the first-named machines.

For multiplications, divisions, etc., there are generally calculating machines in use; one of the more important companies however works with logarithms only; multiplication tables, ready reckoners or calculating cylinders are used occasionally only by some companies. For special cases however some companies use specially self-constructed tables with advantage.

The first of all calculating machines is the so-called "Thomas" machine. The machine, made by Arthur Burkhardt in Glashütte (Saxony), is very reliable. The same machine is also made by the factory Saxonia in Glashütte (Saxony) which was established a few years ago only; and also by Hugo Bunzel in Vienna, Roteturmstraße 21. The last-named machines have been bought a good deal lately in consequence of steady advertising and on account of their very simple way of wiping out the writing.

Some companies prefer the "Brunsviga", a machine which requires less space; it was invented by Odhner and greatly improved; the manufacturers are Grimme, Natalis & Co. in Brunswick. The only complaint is, that this machine wants to be frequently repaired after having been in use for a few years only. The "Berolina", a similar machine, manufactured by *Ernest Schuster* in Berlin, is used only by a few companies.

A very good working machine is the "Millionair", invented by *Steiger* and manufactured by *Hans W. Egli* in Zürich; (though it is not used in many offices) this machine is far superior to the others for multiplications, because it requires for each figure one turning of the handle only; whereas in other machines on the average three turns at least are required, even in those cases, when figures above 5 are supplemented by the complement to 10. In divisions this machine is not inferior to other machines. But on account of its heavy weight and larger size this machine is more fit for continuous work than for occasioual calculations.

The calculating machine "Gauss", manufactured by *R. Reiss* in Liebenwerda, is noted particularly for its cheapness; it is however fit only for smaller calculations, and requires a great many repairs.

The Annex shows the registers of cards which are used by the German Life Insurance Companies. There are but a few companies, which do not make use of any cards. Most companies employ them liberally for various purposes.

Neue Art, Annuitäten zu berechnen.

Von Carl **Dizler**, Stuttgart.

Einleitung.

Die Abhandlung möge als kleiner Beitrag zum Kapitel der technischen Hilfsmittel betrachtet werden.

Für die Berechnung der Zeitrenten oder Annuitäten hat man in der Regel Hilfsbücher, welche die zur Tilgung von 1 Mk. Darlehen dienenden jährlichen Zahlungen bei verschiedenen Zinsfüßen enthalten. Den Ausgangspunkt für die Ermittlung der Grundzahlen bilden geometrische Reihen, deren Glieder die verschiedenen Potenzen des Aufzinsungsfaktors oder Abzinsungsfaktors sind.

Eine neue Art der Berechnung entsteht, wenn man Leibrentenwerte in Potenzreihen nach der Zinszahl entwickelt und die Zeitrenten als Leibrenten betrachtet, bei denen die Absterbeordnung eine arithmetische Reihe $\underline{0}$ter Ordnung bildet.

Die auf diesem Wege .erhaltene Reihe ist unendlich und kann für große Dauer des Rentenlaufs nicht gebraucht werden. Aber man kann damit alle praktisch vorkommenden Fälle in hinlänglicher Genauigkeit berechnen. Sie eignet sich zur Kontrollrechnung oder zur Rechnung nach Zinsfüßen, die in den Handbüchern nicht verzeichnet sind. Besondere Vorteile bieten sich beim systematischen Maschinenrechnen.

Die Abhandlung geschieht in drei Paragraphen. Der erste befaßt sich mit der Herleitung der Formel. Daran reiht sich ein Verzeichnis der Koeffizienten. Zum Schlusse folgt ein Beispiel, aus dem ersichtlich ist, in welchem Umfange sich die Formel verwenden läßt.

Als Zeichen sind zunächst die internationalen verwendet. Es bedeutet i die Zinszahl (z. B. i $= 0{,}04$); r den Aufzinsungsfaktor $(r = 1 + i$; z. B. $r = 1{,}04)$; v den Abzinsungsfaktor $\left(v = \dfrac{1}{r} = \dfrac{1}{1+i}\right)$; n die Dauer der Rentenzahlung; l_x die Zahl der Lebenden nach einer Sterbetafel im Alter x; a_x den Barwert der vorschüssigen Leibrente 1 im Alter x; $a_{\overline{n}|}$ den Barwert der nachschüssingen Zeit-. rente 1 und $U_{\overline{n}|}^{(1)}$ die zum Kapital 1 gehörige Annuität $\left(U_{\overline{n}|}^{(1)} = \dfrac{1}{a_{\overline{n}|}}\right)$.

§ 1. Herleitung der Formel.

I. Den Ausgangspunkt der Betrachtung bilden die *Leibrenten*. Dieselben werden späterhin in Zeitrenten umgewandelt. Hierbei entspricht das Sterbejahr bei Leibrenten dem Endtermine der Zeitrenten. Die nachschüssigen Leibrenten mit voller Rente im Sterbejahr ($a_x \cdot v$) gehen über in nachschüssige Zeitrenten, bei welchen im letzten Jahre noch eine Zahlung zu leisten ist ($a_{\overline{n}|}$), während die nachschüssigen Leibrenten ohne Sterberente (a_x) den nachschüssigen Zeitrenten ohne Rentenleistung im Endjahre ($a_{\overline{n-1}|}$) entsprechen. Wir beschäftigen uns nur mit dem erstgenannten Falle.

Der Barwert der jährlich zahlbaren nachschüssigen Leibrente 1 mit Vollrente im Sterbjahr kann als endliche Potenzreihe in v dargestellt werden wie folgt:

$$(1)\qquad a_x \cdot v = \frac{l_x}{l_x} v + \frac{l_{x+1}}{l_x} v^2 + \frac{l_{x-2}}{l_x} v^3 + \ldots\ldots + \frac{l_{\omega-1}}{l_x} v^{\prime\prime\prime - x}$$

Nun ist der Abzinsungsfaktor v^m nach dem binomischen Satze

$$(2)\qquad v^m = (1+i)^{-m} = 1 - \frac{m}{1}i + \frac{(m+1)m}{1.2}i^2 - \frac{(m+2)(m+1)m}{1.2.3}i^3$$
$$+ \frac{(m+3)(m+2)(m+1)m}{1.2.3.4}i^4 - + \ldots\ldots \text{ in inf.}$$

Nimmt man hierin der Reihe nach $m = 1; 2; 3; 4 \ldots\ldots$ und setzt diese Werte in Gleichung (1) ein, so ergibt sich

$$(3)\qquad a_x \cdot v = \frac{l_x}{l_x}(1 - i + i^2 - i^3 + - \ldots.) + \frac{l_{x+1}}{l_x}(1 - 2i + 3i^2 - 4i^3 + - \ldots.)$$
$$+ \frac{l_{x+2}}{l_x}(1 - 3i + 6i^2 - 10i^3 + - \ldots\ldots) + \ldots\ldots\ldots$$
$$+ \frac{l_{\omega-1}}{l_x}\left(\binom{\omega-x-1}{0} - \binom{\omega-x}{1}i + \binom{\omega-x+1}{2}i^2 - \binom{\omega-x+2}{3}i^3 + - \ldots.\right)$$

Fassen wir ferner die Glieder mit gleichen Potenzen von i zusammen, so erhalten wir die unendliche alternierende Potenzreihe in i

$$(4)\; a_x \cdot v = \frac{l_x + l_{x+1} + l_{x+2} + l_{x+3} + \cdots}{l_x} - \frac{l_x + 2l_{x+1} + 3l_{x+2} + 4l_{x+3} + \cdots}{l_x}i$$
$$+ \frac{l_x + 3l_{x+1} + 6l_{x+2} + 10l_{x+3} + \cdots}{l_x}i^2 - + \ldots\ldots \text{ in inf.}$$

Nun ist zu bedenken, daß

$$l_x + l_{x+1} + l_{x+2} + l_{x+3} + \ldots = \Sigma l_x$$

$$l_x + 2\,l_{x+1} + 3\,l_{x+2} + 4\,l_{x+3} + \ldots = \Sigma l_x + \Sigma l_{x+1} + \Sigma l_{x+2} + \Sigma l_{x+3}$$
$$+ \ldots = \Sigma\,\Sigma\, l_x = \Sigma^{II} l_x$$

$$l_x + 3\,l_{x+1} + 6\,l_{x+2} + 10\,l_{x+3} + \ldots = \Sigma^{II} l_x + \Sigma^{II} l_{x+1} + \Sigma^{II} l_{x+2}$$
$$+ \Sigma^{II} l_{x+3} + \ldots = \Sigma\,\Sigma\,\Sigma\, l_x = \Sigma^{III} l_x \quad \text{usw.}$$

Demgemäß kann Gleichung (4) kurz geschrieben werden

(5) $\quad a_x \cdot v = \dfrac{\Sigma l_x}{l_x} - \dfrac{\Sigma^{II} l_x}{l_x} i + \dfrac{\Sigma^{III} l_x}{l_x} i^2 - \dfrac{\Sigma^{IV} l_x}{l_x} i^3 + - \ldots \ldots \text{ in inf.}$

II. Für die nachschüssigen *Zeitrenten* ergibt sich speziell

$$l_x = 1$$

$$\Sigma l_x = 1 + 1 + 1 + \ldots + 1 + 1 + 1 = \frac{n}{1} = \binom{n}{1}$$

$$\Sigma^{II} l_x = \binom{n}{1} + \binom{n-1}{1} + \binom{n-2}{1} + \ldots + 3 + 2 + 1 = \frac{(n+1)\,n}{1 \cdot 2} = \binom{n+1}{2}$$

$$\Sigma^{III} l_x = \binom{n+1}{2} + \binom{n}{2} + \binom{n-1}{2} + \ldots + 6 + 3 + 1 = \frac{(n+2)(n+1)\,n}{1 \cdot 2 \cdot 3} = \binom{n+2}{3}$$

usw.

Mithin nimmt Formel (5) für die Zeitrenten die Gestalt an:

(6) $\quad a_{\overline{n}|} = \binom{n}{1} - \binom{n+1}{2} i + \binom{n+2}{3} i^2 - \binom{n+3}{4} i^3 + - \ldots \ldots \text{ in inf.}$

Diese alternierende unendliche Potenzreihe in i stellt die Einlage dar für die Zeitrente von jährlich 1, zahlbar erstmals nach 1 Jahr, letztmals nach n Jahren.

Der reziproke Wert von (6) ist die nachschüssige für n Jahre dauernde jährliche Zeitrente aus dem Kapitale 1, d. h. die gesuchte *Annuitätenformel*

(7)

$$U^{(1)}_{\overline{n}|} = b_0 + b_1 i + b_2 i^2 - b_3 i^3 - b_4 i^4 + b_5 i^5 + b_6 i^6 - b_7 i^7 - b_8 i^8 + + - - \ldots \ldots \text{ in fin.}$$

wo

$$b_0 = \frac{1}{n} \qquad b_3 = \frac{n^2-1}{24\,n} \qquad b_6 = \frac{(n^2-1)(2\,n^4-145\,n^2+863)}{60\,480\,n}$$

$$b_1 = \frac{n+1}{2\,n} \qquad b_4 = \frac{(n^2-1)(n^2-19)}{720\,n} \qquad b_7 = \frac{(n^2-1)(n^2-25)(2\,n^2-11)}{24\,192\,n}$$

$$b_2 = \frac{n^2-1}{12\,n} \qquad b_5 = \frac{(n^2-1)(n^2-9)}{480\,n} \qquad b_8 = \frac{(n^2-1)(3\,n^6-497\,n^4+9247\,n^2-33953)}{3\,628\,800\,n}$$

Die Koeffizienten b_0; b_1; b_2 .... der Potenzreihe (7) sind Funktionen der Dauer n. Sie erscheinen in Bruchform. Ein Gesetz des Fortschreitens läßt sich nicht erkennen. Das Argument n tritt im Nenner nur in der ersten Potenz, im Zähler in fortschreitend höheren, vom 3. Glied ab jedoch nur geraden Potenzen auf. Das 1. Glied b_0 der Reihe ist positiv; dann folgen paarweise positive und negative Glieder.

§ 2. Die gebräuchlichen Koeffizienten der Annuitätenformel (7).

n	b_0	b_1	b_2	b_3	b_4	b_5	b_6	b_7	b_8
1	1.000 000 00	1.000 000 0	0.000 000	0,000 00	0.000 0	0,000	0.00	0.0	
2	0.500 000 00	0.750 000 0	0,125 000	0.062 50	— 0,031 2	— 0,016	0.01	0.0	
3	0,333 333 33	0.666 666 7	0.222 222	0,111 11	— 0.037 0	0,000	— 0,01	— 0,01	
4	0.250 000 00	0.625 000 0	0,312 500	0.156 25	— 0.015 6	0.055	— 0,06	— 0,03	
5	0.200 000 00	0.600 000 0	0.400 000	0.200 00	0.040 0	0.160	— 0.12	0,0	
6	0.166 666 67	0.583 333 3	0,486 111	0,243 06	0,137 7	0,328	— 0.17	0.16	
7	0.142 857 14	0.571 428 6	0.571 429	0,285 71	0,285 7	0.571	— 0.16	0.6	— 1
8	0,125 000 00	0,562 500 0	0,656 250	0,328 12	0,492 2	0.902	— 0.03	1.5	— 1,5
9	0.111 111 11	0.555 555 6	0,740 741	0.370 37	0,765 4	1.333	0,33	3.1	— 2
10	0.100 000 00	0,550 000 0	0.825 000	0,412 50	1.113 7	1.877	1.04	5.8	— 3
11	0,090 909 09	0.545 454 5	0.909 091	0,454 55	1,545 5	2.545	2.27	10.0	— 3
12	0,083 333 33	0.541 666 7	0,993 056	0,496 53	2,068 9	3,352	4,23	16,2	0
13	0.076 923 08	0.538 461 5	1.076 923	0,538 46	2,692 3	4,308	7.15	25.2	6
14	0,071 428 57	0,535 714 3	1,160 714	0,580 36	3,424 1	5.426	11.85	37.5	20
15	0.066 666 67	0.533 333 3	1.244 444	0,622 22	4.272 6	6,720	17,16	54.2	46
16	0.062 500 00	0.531 250 0	1.328 125	0,664 06	5,246 1	8,201	24,99	76,2	88
17	0.058 823 53	0.529 411 8	1,411 765	0.705 88	6,352 9	9,882	35,29	104,8	157
18	0.055 555 56	0.527 777 8	1,495 370	0.747 69	7,601 5	11,776	48.61	141.3	261
19	0.052 631 58	0.526 315 8	1.578 947	0,789 47	9,000 0	13.895	65.53	187.1	416
20	0.050 000 00	0.525 000 0	1.662 500	0,831 25	10,556 9	16,251	86.71	244.0	639
21	0,047 619 05	0.523 809 5	1.746 032	0,873 02	12,280 4	18,857	112.90	313,8	951
22	0,045 454 55	0.522 727 3	1,829 545	0,914 77	14,179 0	21,726	144.91	398,6	1 380
23	0,043 478 26	0.521 739 1	1,913 043	0,956 52	16,260 9	24.870	183,65	500.7	1 960
24	0,041 666 67	0.520 833 3	1.996 528	0,998 26	18.584 4	28,301	230,11	622,6	2 731
25	0.040 000 00	0,520 000 0	2.080 000	1,040 00	21.008 0	32.032	285,38	767.0	3 742
26	0,038 461 54	0,519 230 8	2,163 462	1,081 73	23,689 9	36,076	350,62	936.8	5 050
27	0.037 037 04	0.518 518 5	2.246 914	1,123 46	26,585 5	40,444	427,11	1 135,4	6 723
28	0,035 714 29	0.517 857 1	2.330 357	1.165 18	29,712 1	45,151	516.24	1 366,0	8 842
29	0,034 482 76	0,517 241 4	2.413 793	1,206 90	33.069 0	50.207	619,48	1 632,6	11 500
30	0,033 333 33	0.516 666 7	2.497 222	1,248 61	36,667 5	55,626	738.45	1 939,0	14 804
31	0.032 258 06	0.516 129 0	2.580 645	1.290 32	40.516 1	61.419	874,84	2 289.7	18 880
32	0.031 250 00	0,515 625 0	2.664 063	1.332 03	44.623 0	67,601	1 030.49	2 689,1	23 870
33	0.080 303 03	0,515 151 5	2.747 475	1,373 74	48,996 6	74,182	1 207.36	3 142,3	29 937
34	0,029 411 76	0,514 705 9	2,830 882	1,415 44	53.645 2	81,176	1 407,53	3 654.4	37 267
35	0,028 571 43	0,514 285 7	2.914 286	1,457 14	58,594 1	88.594	1 633,21	4 230.9	46 068
36	0.027 777 78	0.513 888 9	2.997 685	1.498 84	63,800 7	96,451	1 886.74	4 877.9	56 579
37	0,027 027 03	0.513 513 5	3.081 081	1,540 54	69,324 8	104,757	2 170.62	5 601.4	69 063
38	0.026 315 79	0.513 157 9	3,164 474	1,582 24	75.156 2	113.525	2 487.47	6 408,2	83 819
39	0.025 641 03	0.512 820 5	3,247 863	1,623 93	81.304 8	122.769	2 840,08	7 305,1	101 179
40	0.025 000 00	0.512 500 0	3.331 250	1.665 63	87,778 4	132,500	3 231.35	8 299.5	121 512
41	0.024 390 24	0,512 195 1	3.414 634	1,707 32	94,585 4	142,732	3 664,39	9 399.1	145 228
42	0,023 809 52	0,511 904 8	3,498 016	1,749 01	101,784 0	153,475	4 142,42	10 612.1	172 782
43	0,023 255 81	0,511 627 9	3,581 395	1.790 70	109.232 6	164,744	4 668,86	11 947.0	204 675
44	0,022 727 27	0.511 363 6	3,664 773	1,832 39	117,080 5	176,550	5 247,27	13 412,7	241 458
45	0.022 222 22	0.511 111 1	3.748 148	1,874 07	125,313 1	188,907	5 881.39	15 018,6	283 738
46	0,021 739 13	0,510 869 6	3,831 522	1,915 76	133,911 7	201,825	6 575,13	16 774,5	332 181·
47	0,021 276 60	0.510 638 3	3,914 894	1,957 45	142,893 6	215.319	7 332,60	18 690.7	387 513
48	0,020 833 33	0,510 416 7	3,998 264	1,999 13	152,267 2	229.400	8 158,06	20 777,8	450 529
49	0,020 408 16	0.510 204 1	4.081 633	2,040 82	162,040 8	244.082	9 055.98	23 047,1	522 093
50	0.020 000 00	0.510 000 0	4.165 000	2,082 50	172,222 7	259.375	10 031.01	25 510.2	603 151

§ 3. Beispiel.

Aufgabe: Jemand nimmt auf ein Anwesen ein Darlehen von 10000 Mk. zu $4\,^0/_0$ Zins auf. Hierbei soll die Tilgung der Schuld samt Zinsen durch n gleiche jährliche Zahlungen erfolgen. Wie groß ist der jährliche Tilgungsbetrag für eine Dauer von 5; 10; 15; 20; 25; 30; 35; 40; 45; 50 Jahren?

Lösung: Dieselbe erfolgt gemäß Formel (7) unter Benützung der Koeffiz#ententafel (§ 2), wobei i = 0,04 ist.

Resultate: Dieselben sind gegeben a) für 1 Mk. Kapital gemäß folgender Rechnung und gerundet auf 6 Dezimalstellen; b) desgl. zur Vergleichung nach den Tafeln von E. L. Kraft (1838); c) für 10000 Mk. Kapital.

	n = 5 J.	n = 10 J.	n = 15 J.	n = 20 J.	n = 25 J.
$\begin{array}{l}b_0\\ +\ b_1\,i\\ +\ b_2\,i^2\end{array}$	0,200 000 00 0,024 000 00 0.000 640 00	0,100 000 00 0,022 000 00 0,001 320 00	0,066 666 67 0,021 333 33 0,001 991 11	0,050 000 00 0,021 000 00 0,002 660 00	0,040 000 00 0,020 800 00 0,003 328 00
$\begin{array}{l}-\ b_3\,i^3\\ -\ b_4\,i^4\end{array}$	0,224 640 00 — 12 80 — 10	0,123 320 00 — 26 40 — 2 85	0,089 991 11 — 39 82 — 10 94	0,073 660 00 — 53 20 — 27 03	0.064 128 00 — 66 56 — 58 78
$\begin{array}{l}+\ b_5\,i^5\\ +\ b_6\,i^6\end{array}$	0.224 627 10 2	0,123 290 75 19	0,089 940 35 69 7	0,073 579 77 1 66 86	0,064 007 66 3 28 1 17
$\begin{array}{l}-\ b_7\,i^7\\ -\ b_8\,i^8\end{array}$	0,224 627 12	0,123 290 94	0,089 941 11 — 1	0,073 581 79 — 4	0,064 012 11 — 13 — 2
	0.224 627 12	0,123 290 94	0,089 941 10	0,073 581 75	0,064 011 96
Resultate: a) pro 1 Mk. auf 6 Dezim. b) desgl. nach Tabellen	0,224 627 0,224 627	0,123 291 0,123 291	0,089 941 0,089 941	0,073 582 0,073 582	0,064 012 0,064 012
c) für 10 000 Mk. Kap.	Mk. 2 246,27	Mk. 1 232,91	Mk. 899,41	Mk. 735,82	Mk. 640,12

	n = 30 J.	n = 35 J.	n = 40 J.	n = 45 J.	n = 50 J.
$\begin{array}{l}b_0\\ +\ b_1\,i\\ +\ b_2\,i^2\end{array}$	0,033 333 33 0,020 666 67 0,003 995 56	0,028 571 43 0,020 571 43 0,004 662 86	0,025 000 00 0,020 500 00 0,005 330 00	0,022 222 22 0,020 444 44 0,005 997 04	0,020 000 00 0,020 400 00 0,006 664 00
$\begin{array}{l}-\ b_3\,i^3\\ -\ b_4\,i^4\end{array}$	0,057 995 56 — 79 91 — 93 87	0,053 805 72 — 93 26 — 149 96	0,050 830 00 — 106 60 — 224 71	0,048 663 70 — 119 94 — 320 80	0,047 064 00 — 133 28 — 440 89
$\begin{array}{l}+\ b_5\,i^5\\ +\ b_6\,i^6\end{array}$	0,057 821 78 5 70 3 02	0,053 562 50 9 07 6 69	0,050 498 69 13 57 13 24	0,048 222 96 19 84 24 09	0,046 489 83 26 56 41 09
$\begin{array}{l}-\ b_7\,i^7\\ -\ b_8\,i^8\end{array}$	0,057 830 50 — 32 — 10	0,053 578 26 — 69 — 30	0,050 525 50 — 1 36 — 80	0,048 266 39 — 2 46 — 1 86	0,046 557 48 — 4 18 — 3 95
	0,057 830 08	0,053 577 27	0,050 523 34	0,048 262 07	0,046 549 35

(Schluß der Tabelle von Seite 561.)

	n = 30 J.	n = 35 J.	n = 40 J.	n = 45 J.	n = 50 J.
Resultate:					
a) pro 1 Mk. auf 6 Dezim.	0,057 830	0,053 577	0,050 523	0,048 262	0,046 549
b) desgl. nach Tabellen	0,057 830	0,053 577	0,050 523	0,048 262	0,046 550
c) für 10 000 Mk. Kap.	Mk. 578,30	Mk. 535,77	Mk. 505,23	Mk. 482,62	Mk. 465,49

Nouvelle methode pour le calcul des annuités.

Par C. Dizler, Stuttgart.

Ces notes doivent être regardées comme une petite contribution au chapitre des moyens techniques auxiliaires.

Pour le calcul des annuités on se sert généralement de manuels qui indiquent les versements annuels nécessaires pour l'amortissement d'une somme de 1 marc à différents taux d'intérêt. Ce sont des progressions géométriques finies, suivant les puissances de la quantité $(1 + i)$, i désignant le taux d'intérêt, qui forment le point de départ pour la recherche des valeurs fondamentales.

Un nouveau procédé de calcul s'offre lorsqu'on développe les valeurs des rentes viagères en séries suivant les puissances du taux d'intérêt et qu'on considère les annuités certaines comme des rentes viagères, pour lesquelles la table de mortalité forme une progression arithmétique de raison 0.

La série ainsi obtenue est infinie et ne peut être employée pour des annuités de longue durée, mais elle offre une exactitude suffisante dans tous les cas qui se présentent dans la pratique. Elle se prête au calcul de contrôle ou au calcul par des taux d'intérêt qui ne sont pas indiqués dans les manuels. Aussi a-t-on certains avantages quand on calcule systématiquement à la machine.

Le travail se compose de trois paragraphes. Le premier s'occupe de la déduction des formules; puis vient une table des coëfficients; enfin un exemple démontre dans quelles limites la formule est applicable.

On a new method of calculating annuities certain.

By **C. Dizler**, Stuttgart.

This Paper may be regarded as contributing a new practical method of calculation.

For the purpose of calculating annuities certain the tables usually employed give the annual payment corresponding to a value of Mk. 1 at various rates of interest. The whole calculus is based on geometric series proceeding after the powers of the quantity $(1 + i)$, i denoting the rate of interest.

A new method of calculation arises out of the development of the present value of a life annuity in the powers of the rate of interest and by regarding an annuity certain as a kind of life annuity based on a mortality table forming an arithmetical series of the zero order.

The series found in this way is infinite and is not fitted for the calculation of annuities of long duration, but it gives a sufficient approximation in all cases presenting themselves in practical work.

The method can be used for checking and for dealing with a rate of interest not contained in the text-books. It offers special advantages when calculations are made systematically on a machine.

The Paper is divided into three parts. The first gives the derivation of the formula; the second sets out the values of the coefficients; and in the last an example is given, showing to what extent the formula can be used.

XII. — C.

Brief statement of the counting machines in Japan.

By **Tsuneta Yano**, Tokio.

How our ancestors in far remote antiquity used to count remains unknown. So far as we can trace the course of development of the art of counting in Japan, we may describe the following instruments which were and are employed to facilitate computation.

A. "Zeichiku". (A bundle of thin round bamboo sticks used in the art of divining.)
B. "Sangi". (Pieces of wood used in calculation.)
C. "Soroban" or "Samban". (A kind of improved abacus.)
D. Yadzu's "Jidoh Samban" (literally, automatic abacus), and several kinds of arithmometers made in Europe.

A. Zeichiku.

The adoption of the "zeichiku" in calculation seems to be similar to the use of pebbles and shells (of shell-fish) which ancients are supposed to have utilized. That method is of course exceedingly primitive. Perhaps it was done by simply arranging the same number of the "zeichiku" instead of articles and moneys to be counted; the details however are still in the dark.

B. Sangi.

A little improved one is the "sangi". It consists of one plate and a certain number (some forty or fifty) of wooden pieces of equal size (right quadrangular prism, the length of which is under one inch and a half, with the breadth and thickness of one-sixth of its length). The plate is made of paper or cloth, and has on its surface vertical and horizontal lines drawn with equal intervals; each interval being made somewhat larger than the size of the wooden pieces of the "sangi". The pieces indicate number, while the intervals of the plate denote the order of figures. The following figure shows the process of division, the dividend being 123456789 and the divisor, 6208. The operation is extremely circuitous and requires enormous space for carrying out the work, so that it could not be used in these days of rapid calculation.

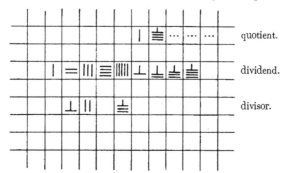

The "zeichiku", "sangi" and "soroban" (or "samban" of which I am now going to explain) seems to have been of Chinese invention; but since the "soroban" became widely used the two other artificial aid of counting, the "zeichiku" and "sangi", soon lost their advantages and now are only owned by some mathematicians as things of curiosity.

C. Soroban.

The "soroban" consists of a series of wooden heads which slide on bamboo rods fixed in a case made of wood. The case is divided into two sides; each rod contains one or two beads on the upper side and five beads on the under side. The beads on the upper side represent five, whilst those five heads on the under side represent the numbers one to five. In European countries and America an instrument resembling the soroban is used in infant schools in order to give children an idea of number. Consequently the Europeans and Americans usually· think that such kind of instrument can not be available for general use, for the calculation by such instrument will require enormous labour. In Japan however the soroban is extensively used to-day, and in many cases far more convenient and acceptable than calculations by writing. Especially those who engage in commerce and industry find superior advantage in the soroban, notwithstanding they are well skilled in writing calculations during their course in academies and colleges. Although this instrument is simple and inartificial in its external appearance, yet we must bear in mind its valuable and unrivalled functions in our ordinary calculations. In the following illustration heads are placed to indicate respective numbers.

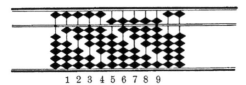

1 2 3 4 5 6 7 8 9

The soroban is especially recommended in case of addition and sub-traction. Particularly we find very much convenience in the soroban when the numbers to be counted are written in irregular order or written on separate papers or cards, because in writing calculations we must at first rewrite figures on a paper and then continue counting, while by the soroban we can easily calculate at once by simply moving the beads. Indeed the calculation which requires the labour of an hour in the former can be done very well in course of half an hour by the latter.

In case of addition and subtraction the counting is simply done by adding or subtracting the figures of the same order by moving wooden heads and consequently requires no explanation.

In multiplication and division the operation is somewhat compli-cated and some illustration is necessary. In multiplication, for example, the multiplicand is placed on the right side and the multiplier on the left, and then worked out by multiplication table which is easily known by heart. Let us now illustrate the operation:

(1) 5 × 5 = 25.

Before the operation,

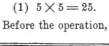

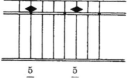

After the operation,

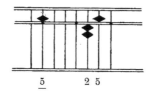

(2) 5 × 55 = 275.

Before the operation,

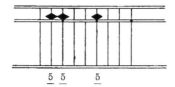

After the first operation,

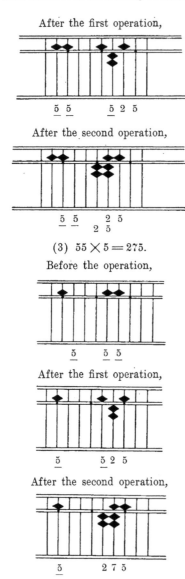

$$\bar{5}\ \bar{5}\qquad \bar{5}\ 2\ \bar{5}$$

After the second operation,

$$\bar{5}\ \bar{5}\qquad 2\ \bar{5}$$
$$2\ \bar{5}$$

(3) $55 \times 5 = 275$.

Before the operation,

$$\bar{5}\qquad \bar{5}\ \bar{5}$$

After the first operation,

$$\bar{5}\qquad \bar{5}\ 2\ \bar{5}$$

After the second operation,

$$\bar{5}\qquad 2\ 7\ \bar{5}$$

In case of division the dividend is placed on the right side in the case and the divisor on the left, and the operation is performed by means of the following division table, which is also easily learnt by heart.

dividend / divisor	1	2	3	4	5	6	7	8	9
1	10.0								
2	5.0	10.0							
3	3.1	6.2	10.0						
4	2.2	5.0	7.2	10.0					
5	2.0	4.0	6.0	8.0	10.0				
6	1.4	3.2	5.0	6.4	8.2	10.0			
7	1.3	2.6	4.2	5.5	7.1	8.4	10.0		
8	1.2	2.4	3.6	5.0	6.2	7.4	8.6	10.0	
9	1.1	2.2	3.3	4.4	5.5	6.6	7.7	8.8	10.0

In this table the figures before the decimal point show the quotient and the decimals, the remainder. For example: 1:7.

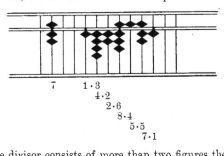

$$7 \quad 1\cdot3$$
$$4\cdot2$$
$$2\cdot6$$
$$8\cdot4$$
$$5\cdot5$$
$$7\cdot1$$

When the divisor consists of more than two figures the operation of division shall be performed as follows:

  a) Divide only the top figure of the dividend by the top figure of the divisor (using the division table).

  b) The first figure of the quotient, which will be seen on the top of the dividend, shall be multiplied by the figures of the divisor (but excepting the top figure).

  c) Next, the product shall be subtracted from the remaining figures of the dividend (that is, the subtraction is done from the remainder).

  d) Then divide the top figure of the remainder (excepting the figure of the quotient) by the top figure of the divisor and the above processes (a), (b), (c) shall be repeated.

In performing the above processes by using the division table, there will be found two special operations which need attention, viz.:

1. If the first figure of the remainder (in the dividend) is large enough compared with the top figure of the divisor, it must be carried and added to the quotient before working the processes (b) and (c).

2. If on the contrary the remainder is too small to subtract the product in the process (b), the quotient is partly diminished and its equivalent shall be added to the remainder.

These two processes also require special table, but they are very much complicated and shall be omitted here. As an example I shall illustrate the operation of division by using the multiplication table only.

a) First, place the figure supposed to be the quotient, on the column next higher than the top of the dividend. If the top figure of the divisor is smaller than the top figure of the dividend, then the figure of the quotient shall be placed two columns higher than the top of the dividend, so that there remains one column between the quotient and the dividend.

b) Multiply the figures of the divisor (beginning from the top figure) by the figure of the quotient.

c) The product shall be subtracted from the remainder in the dividend, and so on.

For example: 214: 325.

Firstly,

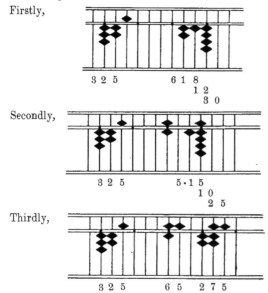

Secondly,

Thirdly,

If the calculation is done by those who are equally skilled in both calculations, the soroban calculation is far superior, even in multiplication and division, than writing calculation. For in the latter the multiplication table is at first used and then addition or subtraction shall be carried on, but in the former (the soroban) such processes will be performed at once.

D. Yadzu's "Jidoh Samban".

This machine is not extensively used yet in Japan; only a few actuaries employ it at the present time. The machine was designed and constructed by Mr. *Yadzu* in his early years when he had not possessed even a least knowledge of mechanical engineering. Later, however, he discovered several points necessary to be improved, in his machine, but since his wonderful energy is now entirely absorbed in the designing of an aeronautic machine, he has no time to spare in the improvement of his machine. Consequently the Institute of Actuaries of Japan hesitated for a time to expose such machine of bad workmanship before the eyes of the distinguished officials and actuaries of Europe and America, but at last agreed to exhibit the machine for the reason that it has one characteristic when compared with other machines already made in Europe (such as the Thomas' or Tate's arithmometer, the Brunsviga, the Millionaire etc.). The characteristic is that when using the other machines, in multiplication for example, the multiplicand is at first arranged on the machine, and it is necessary to turn the crank for each unity in the different figures of the multiplier (as in the Brunsviga, the Thomas' or Tate's arithmometer), or the lever ought to be put in one of the positions 0 to 9. according to the figures of the multiplier, before turning the crank (as in the Millionaire) and therefore the operator shall more or less be attentive in his calculation, but in Yadzu's machine when the multiplicand and the multiplier are once correctly placed upon the machine, the operation is performed by simply turning the crank without requiring any kind of observation or thought; in fact, even those who are utterly destitute of the idea of number can be well skilled to do work excellently. In division as well, no labour or trouble exists in this machine to use the auxiliary table as in the Millionaire, or to displace a part of the machine after hearing the alarm of the bell as in the Brunsviga. Indeed, the dividend and the divisor are once stated on the machine, the quotient can easily be obtained by only turning the crank.

The machine is in its normal position, when:

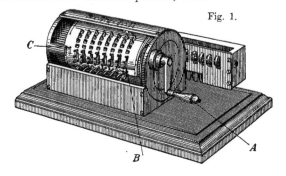

Fig. 1.

1. The crank A is hung down as in the above figure.
2. The teeth B of the gearing are all inclined to the right side. There are ten teeth, of which four are separated and five connected, they can be moved a little to right and left. To indicate figures the teeth must be placed to the left as in the following illustration.

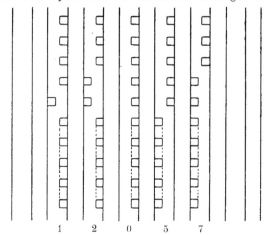

1   2   0   5   7

3. The fixer C is pushed to the right side.

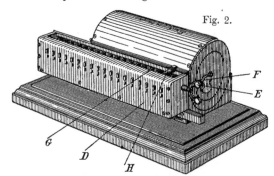

Fig. 2.

F

E

G

D

H

4. The carriage box D is in the position shown in the Fig. 2.
5. The effacer E and the regulator F are in the vertical position. The small hole shows the upside.
6. The markers G in the carriage box must be placed to show 0.
   Multiplication:
a) First, place the multiplicand on the teeth of the gearing and give the crank on whole turn in the direction opposite clockwise. Then the multiplicand will be seen on the markers G and the figures on the teeth of the gearing will be automatically effaced; the gearing itself is again in its normal position.

b) Move the carriage box D to the left so that the last figure of the multiplicand in G is placed to the left of the index H. (To move D the crank must be hanging down and a little drawn to the operator's own side.)

c) Next, place the multiplier on the teeth and push the fixer C to the left. Place the regulator F horizontally (in the position of ●─●) and turn the crank in the same direction as before until it becomes unable to be rotated.

d) Then give the crank one turn on the opposite direction (direction clockwise), and D will be automatically displaced toward the right side in the space of one order of figures.

e) Again turn the crank as before on the direction opposite clockwise until the crank stops and continue the operation. as in (d). When the markers G on the left side of the index H become 0, the product is shown on the markers G on the right side of H. The figures on G can be effaced by turning the effacer E.

Division:

The same step as in multiplication is taken to place the dividend on carriage box D. Next, place the figures of the divisor on the teeth of the gearing and push C to the left. Give the regulator F a half turn and turn the crank in the direction clockwise until it ceases to rotate. When the crank can not be turned, give it one turn in the opposite direction, and then continue rotating in another direction as before. The quotient will be shown on the left side of H and the remainder on the right.

Kurze Übersicht über die in Japan gebrauchten Rechenmaschinen.

Von **Tsuneta Yano**, Tokio.

In Verbindung mit der Besprechung von Rechenmaschinen mögen die folgenden japanischen technischen Hilfsmittel beschrieben werden.

1. Zeichiku. Dies besteht in einem Bündel dünner, runder Bambusstöcke, wie sie in der Wahrsagekunst gebraucht wurden. Sein Gebrauch scheint ein ähnlicher gewesen zu sein, wie der von Kieselsteinen und Muscheln, welche die Alten benutzt haben sollen. Vielleicht wurden diese Bambusstöcke einfach in einer gewissen Anzahl zusammengelegt, um damit die Anzahl der zu verkaufenden Gegenstände und der entsprechenden Geldsumme anzuzeigen; indessen sind die Einzelheiten hierüber noch unbekannt.

2. Sangi. Es besteht aus einer Platte und einer gewissen Anzahl (etwa 40 bis 50) gleich großer Holzstückchen (rechtwinklige, vierkantige Prismen, deren Länge weniger als 1½ Zoll und deren Breite und Dicke ein Sechstel ihrer Länge beträgt). Die Platte ist aus Papier oder Stoff hergestellt, und auf ihrer Oberfläche sind vertikale und hori-

zontale Linien in gleichen Abständen gezogen; jeder dieser Abstände
beträgt etwas mehr als die Länge der Holzstäbchen des Sangi. Die
Stäbchen bedeuten eine Ziffer, während die Intervalle der Platte ihren
Rang angeben.

3. Soroban. Der Soroban besteht aus Reihen von Kügelchen, die
auf Bambusstäbchen verschoben werden können; das Ganze befindet sich
in einem Holzkasten, der in der Mitte durchgeteilt ist, und jedes Stäbchen enthält im oberen Teil eine oder zwei, im unteren fünf Kügelchen.
Die Kügelchen im oberen Teile bedeuten 5, die im unteren die Zahlen
von 1 bis 5. Ein Instrument, das dem Soroban ähnelt, wird in
europäischen und amerikanischen Schulen gebraucht zum ersten
Rechenunterricht. Infolgedessen meinen Europäer und Amerikaner,
daß ein solches Instrument für den allgemeinen Gebrauch untauglich
sei, da das Rechnen damit außerordentlich viel Arbeit mache. In Japan
dagegen wird der Soroban in ausgedehntem Maße noch heute gebraucht,
und in vielen Fällen gewährt er bedeutende Vorteile vor dem schriftlichen Rechnen.

Speziell für die Addition und Subtraktion ist der Soroban zu
empfehlen und besonders, wenn die zur Rechnung gegebenen Zahlen in
ungeordneter Weise oder auf einzelne Zettel oder Karten geschrieben
sind; denn dann muß man beim schriftlichen Rechnen die Zahlen noch
einmal aufschreiben und dabei weiter rechnen, während beim Soroban
das Rechnen mit Leichtigkeit durch Verschieben der Kügelchen ausgeführt wird. In der Tat kann man mit dem letzteren sehr wohl eine
Rechnung in einer halben Stunde ausführen, die schriftlich eine ganze
Stunde dauern würde.

4. Yadzu's Jidoh Samban. Diese Maschine ist noch nicht so allgemein im Gebrauch in Japan; gegenwärtig gebrauchen sie nur wenige
Versicherungsmathematiker. Sie wurde von Herrn *Yadzu* entworfen
und konstruiert in seinen jungen Jahren, als er noch nicht die geringste Erfahrung in praktischer Mechanik besaß. Später bemerkte er
allerdings mehrere Punkte an seiner Maschine, die der Verbesserung be-
durften; jedoch fehlt es ihm gegenwärtig an der Zeit, seine Maschine
zu verbessern, da er mit bewundernswerter Energie an dem Entwurf
einer Flugmaschine arbeitet und dadurch vollkommen in Anspruch genommen ist. Deshalb trug auch das japanische „Institute of Actuaries"
zunächst Bedenken, eine solche Maschine von schlechter Ausführung
den Fachbeamten und Versicherungsmathematikern von Europa und
Amerika vor Augen zu führen, entschloß sich zuletzt aber doch dazu, die
Maschine auszustellen aus dem Grunde, weil sie im Vergleich mit
anderen europäischen Maschinen (z. B. Thomas' oder Tates Arithm-
meter, der Brunsviga, dem Millionär usw.) ein Charakteristikum besitzt. Das Charakteristikum besteht darin, daß bei den genannten
Maschinen, z. B. beim Multiplizieren, entweder (wie bei der Brunsviga, Thomas' und Tates Arithmometer) nach Einstellung des Multi-
plikanden der Hebel für jede Einheit in den Stellen des Multiplikators
einmal gedreht werden muß, oder (wie beim Millionär) der Stellhebel
auf eine der Ziffern 0 bis 9, je nach den Ziffern des Multiplikators, gestellt und dann der Hebel einmal gedreht werden muß, wobei der

Rechner mehr oder weniger Aufmerksamkeit verwenden muß. Dagegen werden bei der Maschine von Yadzu Multiplikand und Multiplikator auf der Maschine eingestellt, und dann die Multiplikation durch einfache Drehung des Hebels vollzogen, worauf man gar keine Aufmerksamkeit zu verwenden braucht. Sogar jemand, der gar keinen Begriff vom Werte der Zahlen hat, kann leicht auf diese mechanische Arbeit eingeübt werden.

Des machines à calculer en usage au Japon.

Par **Tsuneta Yano**, Tokio.

Les auxiliaires techniques d'origine japonaise sont les suivants:

1º. Le *Zeichiku* est un faisceau de bambous minces et ronds tels qu'on les employait pour l'art de la divination. Il semble qu'il ait eu à remplir le même emploi que les cailloux et les coquillages chez les anciens. Peut-être ces baguettes étaient-elles simplement destinées à indiquer le nombre des marchandises à vendre et leur prix. Toutefois on ne connaît point encore de détails précis à ce sujet.

2º. Le *Sangi* se compose d'un plateau et de quarante à cinquante petits morceaux de bois de même dimension (prismes quadrangulaires dont la longueur est inférieure à un pouce et demi et dont la largeur et l'épaisseur comportent ⅛ de leur longueur). Le plateau est de papier ou d'etoffe et sa surface est divisée par des lignes verticales et horizontales équidistantes. Chaque intervalle est un peu plus long que les petits morceaux de bois du Sangi. Les petits morceaux de bois représentent des chiffres tandis que les intervalles du plateau indiquent leur ordre.

3º. Le *Soroban* consiste en séries de boules qui se meuvent sur des baguettes de bambou. Le tout se trouve enfermé dans une caisse en bois divisée par la moitié et chaque baguette est munie d'une ou de deux boules à sa partie supérieure et de cinq à sa partie inférieure. Les boules de la partie supérieure valent 5 et celles de la partie inférieure de 1 à 5. Un instrument qui a quelque analogie avec le Soroban s'emploie dans les écoles d'Europe et d'Amérique pour inculquer aux enfants les premières notions de l'arithmétique. Les Européens et les Américains croient pour cette raison que ce procédé ne saurait être pratiquement utile et qu'il nécessite un travail considérable. Au Japon, au contraire, on se sert encore du Soroban sur une grande échelle et dans bien des cas il présente des avantages considérables sur le calcul écrit.

C'est spécialement pour l'addition et la soustraction que le Soroban est recommandable, surtout lorsque les chiffres qui doivent faire l'objet du calcul ne sont pas placés dans l'ordre et qu'ils sont portés sur des cartes ou des bulletins, car alors on doit écrire les chiffres encore une fois, tandis qu'avec le Soroban il suffit de placer les boules. Et en effet on peut de cette manière faire en une demi-heure un calcul qui, par écrit, durerait au moins une heure.   -

4º. Le *Jidoh Samban de Yadzu* n'est pas encore très répandu au Japon, quelques actuaires seuls s'en servent. Cette machine fut inventée et construite par M. *Yadzu* alors qu'il était encore jeune et ne possédait pas la moindre expérience en matière de mécanique appliquée. Par la suite il remarqua, il est vrai, que son invention était susceptible de beaucoup de perfectionnements, mais le temps de les exécuter lui manque actuellement, car l'aéroplane auquel il travaille avec une merveilleuse énergie absorbe tous ses instants. L'Institut des actuaires japonais hésita d'abord à soumettre une machine défectueuse aux fonctionnaires spécialistes et aux actuaires d'Europe et d'Amérique, et si elle finit par se décider à le faire c'est uniquement parce que, comparée aux autres machines européennes (Arithmomètre de Thomas ou de Tate, Brunsviga, Millionär etc.), elle offre une particularité. Avec certaines de ces machines (par exemple la Brunsviga, l'arithmomètre de Thomas et celui de Tate) il faut, après avoir posé le multiplicande, tourner la manivelle pour chacun des chiffres du multiplicateur, avec d'autres (la Millionär par exemple) le levier de manœuvre est placé sur l'un des chiffres 0—9 d'après les chiffres du multiplicateur, puis on doit tourner une fois la manivelle, ce qui exige une plus ou moins grande somme d'attention de la part du calculateur. Avec la machine de Yadzu, par contre, on pose le multiplicande et le multiplicateur, puis on opère la multiplication en tournant simplement la manivelle sans que la moindre attention soit nécessaire. Même quelqu'un qui n'a aucune idée de la valeur des chiffres peut facilement être dressé à ce travail mécanique.

XIII.

Vorschläge zu einer Vereinheitlichung der Rechtsvorschriften über die Staatsaufsicht.

Propositions pour uniformiser les dispositions légales en ce qui concerne particulièrement la surveillance exercée par l'Etat.

The uniformity of legal requirements, especially as regards reports to be made to the insurance authorities.

XIII. — A.

Zur Vereinheitlichung der Rechtsvorschriften betr. Staatsaufsicht.

Vom Königlichen Aufsichtsamt („Forsikringsraadet"), Kopenhagen.

Das Aufsichtsamt würde es für besonders wünschenswert erachten, wenn die von den Lebensversicherungsgesellschaften zu gebenden Auskünfte statistischer Natur in allen Ländern vermittels gleichartiger Formulare eingereicht werden könnten, und man wird mit großem Interesse eventuelle Vorschläge für solche gemeinschaftliche Schemas in Erwägung ziehen.

De l'utilité d'avoir des prescriptions légales uniformes en matière de surveillance par l'État.

Par l'Office de surveillance, Copenhague.

L'Office de surveillance (Forsikringsraadet) à Kopenhague estime qu'il serait très désirable que les renseignements de nature statistique que doivent fournir les Compagnies d'assurance sur la vie pussent être donnés sur des formulaires uniformes pour tous les pays. Ledit Office prendrait en considération, avec beaucoup d'intérêt, toutes les propositions qui pourraient être faites en vue de l'établissement de semblables modèles communs.

The unification of the laws relating to state supervision.
By the **Supervising Office**, Copenhagen.

The Supervising Office in Copenhagen would consider it particularly desirable, if the statistical returns of Insurance Companies in all countries could be furnished on uniform, identical blank-forms. All proposals to this effect will be taken into serious consideration with great interest.

Vorschläge zu einer Vereinheitlichung der Rechtsvorschriften über die Staatsaufsicht.

Von **Ph. Labes,** Frankfurt a. M. und **Th. Walther,** Leipzig.

Einleitung.

Der internationalen Entwicklung des Versicherungswesens droht eine Gefahr dadurch, daß die Vorschriften der Aufsichtsgesetze der einzelnen Staaten in wichtigen Punkten erheblich voneinander abweichen, ganz abgesehen von den empfindlichen Erschwerungen, die die zahlreichen neuen Aufsichtsbehörden bei der Handhabung der Gesetze den Versicherungsunternehmungen bereiten.

Nur zu erklärlich ist es daher, daß der Fachmann mit Sorge der fortschreitenden Kodifikation des öffentlichen wie privaten Versicherungsrechtes zusieht, die ihm die Bewältigung seiner umfangreichen, verantwortungsvollen Arbeit immer mehr erschwert. Diese Entwicklung der modernen Versicherungsgesetzgebung mit ihrer weittragenden Bedeutung für das gesamte Versicherungswesen beschäftigte schon den IV. Internationalen Kongreß für Versicherungs-Wissenschaft in New York in dem Maße, daß er es als wünschenswert bezeichnete, auf die Tagesordnung aller künftigen Kongresse die Fortschritte auf dem Gebiete der gesamten Versicherungsgesetzgebung in allen Kulturländern zu setzen. Man war sich wohl bewußt, daß die mächtige Entwicklung, die die Versicherung in allen ihren Zweigen in den letzten Jahrzehnten genommen hat, schwer getroffen werden müßte, wenn sie sich einer Gesetzgebung unterstellt sehen sollte, die den Forderungen der Technik und Praxis nicht genügend Rechnung trägt. Denn das würde für die Versicherung bedeuten, daß sie nicht mehr imstande wäre, ihre Aufgabe zu erfüllen, den Bedürfnissen des Verkehrslebens zu dienen.

Die Versicherung bedarf zu ihrer Entwicklung ebenso sehr einer gewissen Freiheit der Bewegung wie auch der räumlichen Ausdehnung.

Sehr richtig weist in dieser Hinsicht der Jahresbericht des Eidgenössischen Versicherungsamtes von 1903 darauf hin, daß kaum ein Gebiet der internationalen Pflege bedürfe, wie dasjenige des Versicherungswesens.

Der Entwicklung der Versicherung würde es am meisten entsprechen, wenn die Rechtsvorschriften aller Kulturländer, in denen der Gedanke der Versicherung Ausbreitung und praktische Betätigung gefunden hat, eine internationale Regelung erführen, beruhend auf sachlichen, nicht handelspolitischen Erwägungen und dem Prinzipe paritätischer Behandlung aller Versicherungsanstalten, der inländischen wie der ausländischen.

Wenn die Verwirklichung dieses Gedankens nach der Richtung hin wohl noch in weiter Ferne steht, daß eine allgemeine internationale Regelung des Versicherungsrechtes in seiner Gesamtheit erfolgt, so erscheint doch nicht ausgeschlossen, daß zunächst durch die Verständigung der Aufsichtsbehörden eine Einigung in bezug auf gewisse Vorschriften erfolgt, die in der Regel nicht durch das Gesetz selbst, sondern durch behördliche Anordnung aufgestellt und daher einer Änderung leichter zugänglich sind.

Auch in bezug auf die von den Aufsichtsbehörden gehandhabte Praxis bei Ausübung ihrer Tätigkeit werden sich gemeinsame Gesichtspunkte finden lassen, die in gewissem Sinne zu einer Vereinheitlichung der Staatsaufsicht führen und dadurch die Ausbreitung des Versicherungsgedankens fördern.

Tatsächlich ist der Anfang zu einer internationalen Regelung der Staatsaufsicht von den Aufsichtsbehörden Deutschlands, Österreichs und der Schweiz auch schon gemacht worden, deren Vertreter im Dezember 1905 in Berlin zusammenkamen, um eine einheitliche Gestaltung der Vorschriften über die Rechnungslegung zu vereinbaren, und es wäre zu begrüßen, wenn auch andere Staaten sich diesem Vorgehen anschließen wollten. Liegen bei diesen Einigungsbestrebungen, da die Vorschriften über die Rechnungslegung im Verordnungswege erlassen werden, besondere Hindernisse nicht vor, so dürfte eine Vereinheitlichung bei den Materien, die gesetzlich geregelt werden, schwieriger zu erzielen sein; denn hier haben die gesetzgebenden Körperschaften mitzuwirken und könnten Bestimmungen, die entgegen den Regierungsanträgen durch eine vielleicht zufällige Majorität beschlossen werden, nicht leicht wieder geändert werden. Immerhin ist zu erwarten, daß man auch auf diesen Gebieten sich einer Vereinheitlichung nähern kann, wenn die verschiedenen Regierungen sich vorher über die übereinstimmend zu regelnden Punkte verständigen und bei der Beratung der Gesetzesvorlagen davon abweichende Anträge mit dem gehörigen Nachdruck unter Hinweis auf die anzustrebende internationale Einheitlichkeit bekämpfen.

In dem nachstehenden haben die Referenten über einige Gegenstände, bei denen im Interesse des internationalen Versicherungsbetriebs eine Vereinheitlichung der Rechtsvorschriften besonders wünschenswert erscheint, Vorschläge aufgestellt und zwar betreffen diese

- I. die Vermögensanlagen der Versicherungsgesellschaften,
- II. die Einstellung der Wertpapiere in die Bilanz und
- III. die Berechnung, Aussonderung und Sicherstellung der Prämienreserven von Lebensversicherungen.

Allerdings wird die praktische Verwertung dieser Vorschläge in nicht geringem Grade davon abhängig sein, welche Tendenz die Gesetzgebung selbst verfolgt, und ob sie die juristischen und wirtschaftlichen Grundsätze, die für die Gestaltung der Aufsichtsgesetze maßgebend zu sein haben, mehr vom nationalen Standpunkte aus behandelt *oder ob sie geneigt ist, auch dem der Versicherung innewohnenden internationalen Charakter gebührende Rechnung zu tragen.*

Die nachstehenden Ausführungen nehmen u. a. bezug auf folgende Gesetze und Gesetzentwürfe:

Deutsches Gesetz: Reichsgesetz über die privaten Versicherungsunternehmungen vom 12. Mai 1901; *Österreichisches Assekuranzregulativ:* Verordnung des Ministeriums des Innern, der Justiz, des Handels und der Finanzen vom 5. März 1896; R. G. Bl. 31, betreffend die Errichtung, die Einrichtung und die Geschäftsgebahrung von Versicherungsanstalten; *Österreichischer Gesetzentwurf:* Entwurf vom April 1905 für ein Gesetz betreffend die Versicherungsanstalten. Schweizerisches Gesetz: *Schweizerisches Bundesgesetz,* betreffend Beaufsichtigung von Privatunternehmungen im Gebiete des Versicherungswesens vom 25. Juni 1885. *Französisches Gesetz* vom 17. März 1905 betreffend die Lebensversicherungsgesellschaften. *Italienischer Gesetzentwurf:* über den Betrieb von Versicherungsgeschäften im Jahre 1905. *Dänisches Gesetz:* vom 29. März 1904 über den Betrieb der Lebensversicherung.

I. Vorschriften über die Vermögensanlagen.

Die Aufsichtsgesetze, die dazu berufen sind, das Vertrauen der Versicherungsnehmer zu den Versicherern zu schützen und die Gesellschaften leistungsfähig zu erhalten, gehen hinsichtlich ihrer Vorschriften für die Vermögensanlagen der Versicherungsgesellschaften von der richtigen Tendenz aus, daß diese Vermögensanlagen, vornehmlich soweit sie zur Deckung der Prämienreserven von Lebensversicherungen dienen, den äußersten Anforderungen an Sicherheit zu entsprechen haben, und daß alle Spekulationen dabei auszuschließen sind.

Diese Prinzipien, die die Aufsichtsgesetze aufstellten, indem sie der bei fast allen Gesellschaften längst bestehenden Praxis folgten, wird man nur billigen können. Von dem Wunsche geleitet, den Versicherungsnehmern durch ihre Einrichtungen zuverlässige Garantie für die Wahrung der ihnen anvertrauten Interessen zu bieten, hielten die privaten Versicherungsunternehmungen bei ihren Geldanlagen stets darauf, daß letztere nach vorsichtigem Ermessen sicher sind und einen gleichmäßigen, möglichst günstigen Zinsertrag liefern.

Im Prinzip begegnen sich also die Tendenzen der Aufsichtsbehörden mit denjenigen der Versicherungsunternehmungen, ebenso sind auch die Vorschriften der Aufsichtsgesetze und Entwürfe alle auf dasselbe Ziel gerichtet. Gleichwohl besteht hinsichtlich der Werte, die in den einzelnen Staaten für die Vermögensanlagen zugelassen werden, solche Verschiedenheit in den gesetzlichen Vorschriften, daß daraus für die Versicherungsunternehmungen, deren Tätigkeit sich über mehrere Staaten erstreckt, Unzuträglichkeiten und geschäftliche Erschwerungen erwachsen.

Neben mündelsicheren in- und ausländischen Staatspapieren, Schuldverschreibungen inländischer kommunaler Körperschaften, Schul- und Kirchengemeinden, Pfandbriefen, Hypotheken, Darlehen auf die eigenen Policen, an Erwerbs- und Wirtschaftsgenossenschaften, auf mündelsichere Wertpapiere, Anlagen bei Banken und Sparkassen sind auch Wechsel sowie Grundstücke zur Vermögensanlage zugelassen und zwar nicht nur des freien Vermögens, dem keine direkte, besondere Verpflichtung gegenübersteht, sondern auch des zur Deckung der Prämienreserve für Lebensversicherungen erforderlichen.

So zahlreich die Werte oder, richtiger gesagt, die Gruppen von Werten sind, die jeweils den Gesellschaften in den einzelnen Staaten zu Vermögensanlagen zur Verfügung stehen, so können die Gesellschaften von einzelnen dieser Werte doch nur relativ geringen Gebrauch machen, einmal, weil manche Gesetze oder Entwürfe Zwangsvorschriften hinsichtlich der Verwendung einzelner Werte aufstellen, sodann aber, weil die Anschaffung von gewissen Vermögensobjekten, die nur geringe Verzinsung gewähren und ein sehr beschränktes Absatzgebiet haben, unter Umständen also direkt unverkäuflich sind, sich für ausländische Gesellschaften von selbst verbietet.

Der Versuch, Vorschläge zu einer Vereinheitlichung der Rechtsvorschriften über die Vermögensanlagen der Versicherungsgesellschaften, insbesondere der Bestände der Prämienreserven aufzustellen, wird somit darauf Bedacht nehmen müssen, nur solche Werte zu berücksichtigen, die unbedenklich in allen Staaten zu diesem Zwecke zugelassen werden können.

Wenn die Zahl dieser Werte vorerst auch nur eine beschränkte sein kann, so dürfte man es gleichwohl als einen Erfolg bezeichnen, wenn zunächst hinsichtlich dieser zur Bedeckung der Prämienreserve zugelassenen Werte einheitliche Normen für alle Staaten aufgestellt würden, sofern die Gesellschaften die Anlage ihres Vermögens nach freier Wahl in diesen Werten vornehmen dürften und ihnen die Anlage in den etwa sonst noch durch das betreffende Gesetz zugelassenen Werten nicht beschränkt würde.

Was nun die einzelnen Vermögenswerte anbetrifft, die in den Aufsichtsgesetzen zur Bedeckung der Reserve zugelassen werden, so hätten nach den obigen Ausführungen eine ganze Reihe derselben aus dem Kreise der Vermögensobjekte, die für die Aufstellung einheitlicher Normen in Frage kommen könnten, deshalb auszuscheiden, weil sie nur für inländische Verhältnisse bestimmt und schwer oder gar nicht verkäuflich sind. Hier wären zu nennen: Schuldverschreibungen an Kirchen- und Schulgemeinden, Darlehen an Erwerbs- und Wirtschaftsgenossenschaften, Schuldscheine inländischer Banken und Sparkassen, Kommunalobligationen u. a. m.

Bei anderen Vermögenswerten ist der Standpunkt einzelner Aufsichtsgesetze hinsichtlich ihrer Zulassung zur Bedeckung der Prämienreserve ein von den anderen Gesetzen grundsätzlich so verschiedener, daß auch diese Werte hierbei nicht in Betracht kommen können.

Zu den letzteren gehören Anlagen bei Banken und Sparkassen, sowie Wechsel.

Auch hinsichtlich der Grundstücke und deren Verwendung zu Vermögensanlagen der Prämienreserve gilt dasselbe. Während zum Beispiel das deutsche Gesetz Grundstücke von der Bedeckung der Prämienreserve prinzipiell ausschließt, gestatten der österreichische und der italienische Entwurf, sowie das dänische Gesetz die Anlage der Reservewerte in Grundstücken. Zweifellos ist der Grundbesitz als eine sichere Kapitalanlage anzusehen und gewährt bei rationeller Verwaltung ausreichenden Zinsgenuß. Indessen liegt die Gefahr seiner spekulativen Verwertung nahe. Auch bietet die zuverlässige Ermittelung des Wertes namentlich ausländischer Grundstücke erhebliche Schwierigkeiten, wie andrerseits bei Veräußerungen von Grundstücken, besonders wenn sie zu bestimmter Zeit zu erfolgen hätten, eine Werteinbuße nicht ausgeschlossen werden kann, sofern die Veräußerung überhaupt zu ermöglichen ist.

Die Gesetze, welche die Deckung des der Prämienreserve gehörigen Vermögens durch Grundstücke zulassen, enthalten in richtiger Erkenntnis dieser Momente auch Beschränkungen entweder hinsichtlich der Art der Grundstücke oder nach der Richtung, daß die Grundstücke frei von Belastung sein müssen. Darin liegt ein Korrektiv gegen die Erwerbung von Grundstücken, die eine zu geringe Rente abwerfen und deshalb schwer verkäuflich sind oder die etwa Spekulationszwecken dienen könnten, und die Gefahren, welche für die Sicherheit der Prämienreserve durch Anlagen in Grundbesitz erwachsen könnten, sind dadurch erheblich vermindert. Gleichwohl ist nicht zu erwarten, daß bei der grundsätzlichen Stellungnahme der verschiedenen Aufsichtsgesetze zu dieser Frage Vorschläge für eine Vereinheitlichung der diesbezüglichen Vorschriften Aussicht auf Erfolg haben.

Die *Wertpapiere,* sofern sie nicht Aktien oder denen ähnliche Papiere darstellen, insbesondere die sogenannten mündelsicheren Wertpapiere, sind dagegen von allen Gesetzen zur Vermögensanlage zugelassen, allerdings mit der Einschränkung, daß für die im Inlande abgeschlossenen Versicherungen nur inländische Werte zur Bedeckung der Prämienreserve zu verwenden sind.

Gegen diese Vorschrift, die auf dem Grundsatze paritätischer Behandlung beruht und im Interesse der Durchführung der Staatsaufsicht fremden Gesellschaften gegenüber erforderlich ist, wird sich nichts einwenden lassen, wenn logischerweise auch den inländischen Gesellschaften für die im Auslande getätigten Versicherungen die Belegung der Prämienreserve in Werten des betreffenden Staates, sofern sie den behördlichen Anforderungen entsprechen, freigegeben wird.

Nach den meisten Aufsichtsgesetzen steht es den Gesellschaften frei, in welchen von den zugelassenen Werten sie die Bestände der Prämienreserve anlegen wollen. Dagegen schreibt der österreichische Entwurf vor, daß mindestens 25% der Anlagekapitalien in inländischen Staatspapiere bestehen müssen, während nach dem zur Zeit in Kraft befindlichen Bestimmungen des italienischen H. G. B. Art. 145 sogar 25% der eingezahlten Prämien zuzüglich Zinsen in italienischen Staatspapieren anzulegen sind. Hier wird also zugunsten der Staatspapiere ein direkter Zwang auf die Versicherungsanstalten ausgeübt. Wenn man berücksichtigt, daß die sicheren Wertpapiere nur eine ganz unzureichende Verzinsung bieten, anderseits die Zinsen einen wesentlichen Gewinnfaktor der Lebensversicherungsgesellschaften bilden, und daß die Gesellschaften im Interesse ihrer Versicherten wie im eigenen darauf angewiesen sind, eine möglichst günstige Verzinsung ihrer Kapitalien bei sicherer Anlage zu erzielen, und deshalb Wertpapiere bei ihren Kapitalanlagen in größerem Umfange nicht verwenden *können,* dann wird man gegen solche Vorschriften, die nur fiskalischen Bedürfnissen zu dienen bestimmt sind, Einspruch erheben müssen. *Dazu kommt noch, daß die Wertpapiere ihrer Natur nach Kursschwankungen unterworfen sind und in jede Bilanz, namentlich wenn Vorschriften über ihre Einstellung bestehen, fortgesetzte Änderungen bringen.*

Daraus ist es auch zu erklären, daß die deutschen Gesellschaften eine entschiedene Abneigung gegen diese sogenannten mündelsicheren Papiere zeigen, von denen sie außer unzureichender Verzinsung Kursverluste und Konvertierungen zu befürchten haben.

Die Gesellschaften anderer Staaten, denen hinsichtlich der Wertpapiere ebenfalls Vorschriften gegeben sind, und die auf derselben Grundlage arbeiten wie die deutschen Kompagnieen, werden auch nicht in der Lage sein, solche Werte in größerem Umfange zur Deckung ihrer Bestände zu nehmen.

Die Vermögensanlage in solchen Werten, die wegen der Bereithaltung flüssiger Mittel in einem gewissen Umfange nicht zu umgehen ist, enspricht im übrigen aus den hier hervorgehobenen Gründen den Intentionen der Gesellschaften und dem Interesse der Versicherten nicht, sie widerstreitet auch den Grundprinzipien, von denen die Aufsichtsgesetze für die Vermögensanlagen der Gesellschaften auszugehen haben, und deshalb würde eine Vorschrift wie diejenige des österreichischen Entwurfes und des italienischen Gesetzes einen Widerspruch gegen diese Prinzipien, im übrigen aber *einen schweren Eingriff in die Selbstverwaltung der Gesellschaften bedeuten, sowie deren Interessen in einem sehr wichtigen Punkte ernstlich gefährden.*

Bei den Lebensversicherungsgesellschaften darf nicht übersehen werden, daß *es die Versicherten sind, die man hier im Staatsinteresse schädigen würde.*

Vorschriften wie diejenige des österreichischen Entwurfes und des italienischen Gesetzes müssen somit verworfen werden.

Neben den Wertpapieren sind es die Vorauszahlungen auf die eigenen Policen bis zur Höhe des Rückkaufswertes sowie Hypotheken, die allgemein zur Bedeckung der Bestände der Prämienreserve zugelassen werden und dem Bedürfnisse der Gesellschaften im weitesten Maße entsprechen.

Was die Hypotheken anbetrifft, so gestattet das deutsche Aufsichtsgesetz die Beleihung bis zu $\frac{3}{5}$ des Wertes der Grundstücke im Gegensatze zu dem italienischen Entwurfe, der 50% als Grenze bezeichnet und dem österreichischen Entwurfe, der ebenso wie die noch bestehende österreichische Ministerialverordnung nur pupillarsichere Hypotheken auf ertragsfähige städtische Realitäten — §§ 86, 89 des Entwurfs — zulassen will.

Der erste Entwurf des deutschen Gesetzes sah eine ähnliche Einschränkung vor. Dieselbe ist jedoch gefallen und die derzeitige Bestimmung — § 60 — im engsten Anschluß an die Vorschriften des

Hypothekenbankgesetzes entstanden. Maßgebend hierfür war einesteils, daß die bis dahin gemachten Erfahrungen kein Bedürfnis zur Verschärfung der seither gültigen bewährten Grundsätze begründeten, die deutschen Lebensversicherungsgesellschaften sich vielmehr als durchaus geschäftskundige und vorsichtige Verwalter der ihnen anvertrauten Gelder erwiesen hatten, sowie ferner, daß man keinen Grund dafür gegeben sah, für diese Anlegung im allgemeinen strengere Grundsätze aufzustellen als diejenigen, die hinsichtlich der zur Deckung für Hypothekenpfandbriefe dienenden Hypotheken bestanden.

Diese seit vielen Jahren in Deutschland bestehende und durch das deutsche Aufsichtsgesetz adoptierte Praxis der Beleihung bis zu 60% hat sich durchaus bewährt und ist somit zu empfehlen.

Im Interesse der Vereinheitlichung der Rechtsvorschriften für die Vermögensanlagen aller Versicherungsgesellschaften bzw. des internationalen Versicherungskapitales sind daher als Werte festzustellen, *die in jedem Staate zuzulassen wären, und in denen die Vermögensanlage nach freier Wahl der Gesellschaften, ohne die Anlage in den sonst etwa noch zugelassenen Objekten zu beschränken, zu erfolgen hätte:*

1. mündelsichere inländische Wertpapiere,

2. Vorauszahlungen auf die eigenen Lebenspolicen bis zum Rückkaufswerte derselben.

3. Hypothekendarlehen auf inländische Grundstücke bis zu 60% ihres sorgfältig ermittelten Wertes.

II. Einstellung der Wertpapiere in die Bilanz.

Die Vorschriften über die *Einstellung der Wertpapiere in die Bilanz* sind teils in den Aufsichtsgesetzen selbst, teils in den Handelsgesetzen der betreffenden Staaten enthalten, die auf dem Verordnungswege durch die Aufsichtsbehörden den privaten Versicherungsunternehmungen, soweit sie nicht als Aktiengesellschaften dem Handelsgesetze ohnehin unterstellt sind, besonders auferlegt wurden.

Diese Vorschriften weichen ganz außerordentlich von einander ab. Nahezu jedes Gesetz regelt die Frage, wie die Wertpapiere in die Bilanz eingestellt werden sollen, in anderer Weise. Es finden sich Vorschriften, die das Bilanz-Prinzip in vollem Umfange wahren und es dem Statut der Gesellschaft überlassen, einschränkendere Bestimmungen zu treffen, während andere Vorschriften nicht mehr und nicht weniger wie eine Verleugnung des Grundprinzips der Bilanz bedeuten, daß sie wahr sein soll.

Die Tendenz dieser letzteren Vorschriften, die auf Solidität hinzielen und Spekulationen ausschließen wollen, ist wohl zu verstehen und zu billigen. Das Opfer, das sie, um ihren Zweck zu erreichen, fordern, ist aber zu groß und dazu nicht nötig. Es wird Aufgabe dieser Untersuchung sein, zu zeigen, daß der beabsichtigte Zweck in anderer Weise verwirklicht werden kann und in dem Gesetze eines andern Staates teilweise tatsächlich verwirklicht wird.

Nach den Grundsätzen für die Bilanz soll diese den wirklichen Stand des Vermögens darstellen, d. h. also die Aktiven und Passiven nach dem Werte angeben, der ihnen zur Zeit der Aufnahme in die Bilanz tatsächlich beikommt. In dieser Forderung stimmen die Handelsgesetze aller Kulturstaaten überein.

Wenn aber die Bilanz eine Angabe des *wirklichen, effektiven* Wertes der einzelnen Posten sein soll, so erhellt daraus von selbst, daß eine Bilanz dieser Forderung nicht entspricht, deren Aktiven zu hoch oder zu niedrig angegeben werden. Eine solche Bilanz ist nicht wahr und aus ihr ist der wirkliche Stand eines Unternehmens nicht zu ersehen. Es unterliegt ferner auch keinem Zweifel, daß ein Gesetz, das, gleichviel aus welchen Gründen, die Veranlassung dazu gibt, daß Vermögensobjekte nicht mit ihrem wirklichen Werte in der Bilanz erscheinen, in dieser Hinsicht gegen die Bilanzgrundsätze verstößt.

Wie verhalten sich nun die einzelnen Gesetze zu dieser Forderung?

Das deutsche Handelsgesetzbuch, dessen Vorschriften für die Versicherungsgesellschaften maßgebend sind, schreibt in § 261 vor:

Wertpapiere und Waren, die einen Börsen- oder Marktpreis haben, dürfen höchstens zu dem Börsen- oder Marktpreis des Zeitpunktes, für welchen die Bilanz aufgestellt wird, sofern dieser Preis jedoch den Anschaffungs- oder Herstellungspreis übersteigt, höchstens zu dem letzteren angesetzt werden.

Nach dieser Vorschrift dürfen die Wertpapiere in maximo zu dem Anschaffungspreis in die Bilanz eingestellt werden, möge die Differenz zwischen diesem und dem Tageskurs an der Börse so groß sein, wie sie wolle, während anderseits jeder tiefer stehende Kurs als der Anschaffungswert, auch wenn er nur ein ganz vorübergehender Kurs war, von der besitzenden Gesellschaft als Verlust auszuweisen ist. Sobald also der Börsenpreis den Anschaffungswert übersteigt, sind die Gesellschaften gezwungen, anstelle der wirklichen fiktive Werte in ihre Bilanzen einzusetzen und ihre Vermögenslage falsch anzugeben. Eine solche Bilanzverschleierung, die im Interesse der Aktionäre bzw. Versicherten erfolgt, kann sich zwar auf die Autorität des Gesetzes berufen, sie bleibt indessen eine Bilanzverschleierung und als solche unzulässig.

Abgesehen von dieser mißlichen Lage, in die der Vorstand des Unternehmens sich durch diese Gesetzvorschrift gedrängt sieht, entstehen durch letztere auch hinsichtlich des Besitzes an Effekten für das Unternehmen Schwierigkeiten, sobald ein größerer Bestand von Wertpapieren in Frage kommt.

Denn die Differenz zwischen dem Tageskurse und dem Kurse, zu dem die Wertpapiere in die Bilanz eingestellt werden müssen, kann so erheblich werden, daß auch selbst in der Gestalt einer stillen Reserve der Ausfall sich nicht mehr weiter führen läßt.

In solcher Lage bliebe nichts anderes übrig, als durch Verkauf und Wiederankauf — also eine Umgehung des Gesetzes — den Gewinn zu realisieren, um ihn nicht länger der Verfügung des Unternehmens zu entziehen. Könnte es aber, so ist dann zu fragen, als im Interesse der Versicherten, als im Interesse einer sichern, stabilen Vermögensanlage erachtet werden, wenn die Gesellschaften durch die Fassung der gesetz-

lichen Vorschrift zu einem derartigen Wechsel der Vermögenswerte veranlaßt würden? Diese Frage fordert entschiedene Verneinung. Allerdings läßt das deutsche Gesetz auch die Realisierung eines buchmäßigen
Kursgewinnes zu, wenn nämlich der Börsenpreis unter den Anschaffungspreis gesunken war und den letzteren wieder erreicht, und
von dieser Maßnahme mögen die Gesellschaften wohl auch Gebrauch
machen, sie genügt aber nicht, um den schweren Druck, der durch die
Zwangsvorschrift über die Einstellung der Wertpapiere in die Bilanz
auf die Gesellschaften ausgeübt wird, zu mildern oder auszugleichen.

Eine weitere Schwierigkeit, die sich aus der Vorschrift des deutschen Handelsgesetzbuches ergibt, besteht darin, daß der für die Wert-
ermittlung maßgebende Kurs der Kurs eines Tages sein soll. Das Gesetz sagt, daß der Zeitpunkt, für welchen die Bilanz aufgestellt wird, zu
entscheiden hat. Die Aufstellung der Bilanz erfolgt für den Schluß
des Geschäftsjahres, und das Geschäftsjahr schließt mit dem letzten
Tage. Demgemäß entscheidet der Kurs *dieses Tages*.

Wenn man bedenkt, wie feinfühlig die Börse ist, wie sie auf jedes
politische Ereignis durch Kursaufgang oder Niedergang reagiert, dann
wird man zugeben müssen, daß es dem Zufall einen großen Einfluß auf
die Gestaltung der Bilanz einer Gesellschaft einräumen heißt, wenn der
Kurs eines Tages für die Höhe der einzusetzenden Effekten bestimmend
sein soll.

Die Vorgänge der letzten Jahre, ja der letzten Monate zeigen, daß
gewisse Ereignisse geradezu einen Kurssturz an der Börse verursachen
können, ganz besonders wenn die letztere sich in einem Zustande der
Nervosität befindet. Träfe nun ein solcher Kurssturz auf den 30. oder
31. Dezember, so würden sämtliche Versicherungsgesellschaften, die
ihr Geschäftsjahr mit dem Kalenderjahr identifiziert haben, einen
großen Kursverlust verzeichnen müssen, auch wenn die gesunkenen
Kurse sich in den allernächsten Tagen wieder vollständig erholten.
Anderseits könnte der Kurs zufällig an diesem Tage durch irgend-
welchen Anlaß steigen und dadurch einen auch im Rahmen der deutschen Vorschrift zulässigen Buchgewinn ermöglichen, der dem Durch-
schnittskurse des betreffenden Papiers durchaus nicht entspräche.

Welche Störungen können auf diese Weise in die Rechnung einer
Versicherungsgesellschaft hineingetragen werden, deren ganzes Be-
streben gerade darauf gerichtet ist, möglichst alle Faktoren aus ihrer
Vermögensverwaltung auszuschalten, die solche Schwankungen und
Änderungen verursachen könnten!

Eine Vorschrift, ähnlich der des deutschen Handelsgesetzbuches
enthält das *dänische Gesetz* über den Betrieb der Lebensversicherung
vom 29. März 1904, indem es in § 23, Absatz bestimmt:

1. Bei der Aufmachung des Jahresschlusses werden die Wertpapiere
   aufgeführt, welche auf der Kopenhagener Börse notiert werden,
   nach einer Durchschnittsberechnung der am Abschlußtage zuletzt
   notierten Käuferkurse und den Kursen der entsprechenden Tage
   in den letzten voraufgegangenen 9 Jahren, jedoch nicht über pari.

2. Andere Wertpapiere werden in die Abrechnung zu dem Preise eingestellt, für welchen sie erworben sind, es sei denn, daß der Wert für niedriger erachtet werden muß.

Auch hier sind die Gesellschaften genötigt, hinsichtlich der inländischen Papiere unter Umständen falsche Werte in ihre Bilanzen einzustellen, wenn auch die Kursermittelung nach einer Durchschnittsberechnung erfolgen kann und nicht dem Zufall eines Tages überlassen ist. Auch nach dem neuen *italienischen Entwurf* eines Gesetzes über den Betrieb von Versicherungsgeschäften vom Jahre 1905 soll sich der Wert von Wertpapieren nach dem Kurse der Börse des Ortes, an welchem das Unternehmen seinen Sitz hat, oder nach dem Kurse der nächst gelegenen Börse richten, vorausgesetzt, daß der Kurs nicht höher ist als der Nominalwert der Papiere.

Nach beiden Vorschriften, der dänischen wie der italienischen, wäre die Einstellung der Wertpapiere höchstens zum Nominalwerte zulässig. Es müßten also Gesellschaften, die Wertpapiere mit einem Kurse über pari kaufen wollten, diese sofort mit einem Kursverluste in die Bilanz einstellen. Daß unter solchen Umständen geringe Neigung zum Erwerbe solcher Wertpapiere bestehen dürfte, leuchtet ohne weiteres ein.

Einen kaufmännisch richtigen Standpunkt nimmt dagegen das *schweizerische Bundesgesetz* betreffend die Beaufsichtigung von Privatunternehmungen im Gebiete des Versicherungswesens ein, das in Artikel 6 lediglich verlangt: „die Wertpapiere sollen unter den Aktiven nach ihren Arten und ihrer Wertung aufgeführt werden." Die dabei noch zu berücksichtigende Vorschrift des schweizerischen Obligationenrechts — Bundesgesetz vom 1. Januar 1883 — Artikel 656 lautet:

„Kurshabende Papiere dürfen höchstens zu dem Kurswerte angesetzt werden, welchen dieselben durchschnittlich in dem letzten Monat vor dem Bilanztage gehabt haben."

Diese Vorschrift allein ermöglicht es, Wertpapiere dem Bilanzprinzip entsprechend in die Jahresrechnung einzustellen, und den nachteiligen Einfluß, den der Zufallskurs eines Tages auf die Gestaltung der Bilanz auszuüben vermag, fernzuhalten, indem statt dessen der Durchschnittskurs eines Monats dafür eingesetzt wird.

Geht man von der Erwägung aus, daß das Gesetz nur die allgemeine Norm aufstellen und namentlich bei der Aktiengesellschaft und der ihr in der geschäftlichen Behandlung gleich zu achtenden Gegenseitigkeitsgesellschaft deren Statut überlassen soll, einschränkende Bestimmungen zu treffen, dann muß man sagen, daß diese Vorschriften der schweizerischen Gesetze den Vorzug vor den andern hier angeführten Gesetzen verdienen.

Einen von allen übrigen Gesetzen abweichenden Standpunkt nimmt die *österreichische Ministerialverordnung* vom 5. März 1896 sowie der neue österreichische Entwurf ein, die davon ausgehen, daß der Rechnungsabschluß die gesamte Gebarungs- und Vermögensnachweisung *klar und deutlich* darzustellen hat — § 94 —, und dementsprechend bestimmen, daß die Wertpapiere mit dem börsenmäßigen Verkaufswerte am Schlusse des Rechnungsjahres zu bewerten sind. Es können hier also die wirklichen Kurse berücksichtigt werden.

Allerdings gestatten diese Vorschriften die Verteilung eines buchmäßigen Gewinnes nicht, sondern verlangen dessen Zuführung einer Kursschwankungsreserve — § 84 —, die ihrerseits wieder zur Deckung von Kursverlusten zu dienen hat. Das Prinzip, in die Bilanz die Vermögensbestände nach ihrem effektiven Werte einzusetzen, wird indessen vollkommen gewahrt, und zugleich ein Weg bezeichnet, der die Bereitstellung von Mitteln zur Abwehr von Kursverlusten ermöglicht.

Bedenklich bei der österreichischen Vorschrift bleibt allerdings der Umstand, daß der Kursstand des Bilanztages maßgebend für die Bedeutung der Papiere sein soll. Die österreichische Vorschrift steht indessen hinsichtlich der Wahrheit der Bilanz auf einem korrekten Standpunkte und verdient den Vorzug vor derjenigen des deutschen Handelsgesetzbuches. Und auch der der österreichischen Vorschrift anhaftende Mangel läßt sich beseitigen durch die Kombination dieser Vorschrift mit derjenigen des schweizerischen Obligationenrechtes. Allerdings würde ein solcher Vorschlag zur Vereinheitlichung der Vorschriften über die Einstellung der Wertpapiere in die Bilanz eine Abänderung bestehender Gesetze oder eine dieser gleichzuachtende Aufnahme neuer Vorschriften in die Aufsichtsgesetze bedeuten und deshalb an maßgebender Stelle vielleicht Bedenken begegnen. Wenn man indessen erwägt, wie erheblich z. B. die Vorschriften des B. G. B. durch den deutschen Entwurf des Versicherungsvertragsgesetzes zum Nachteile der Versicherungsgesellschaften abgeändert werden sollen, dann darf man wohl erwarten, daß auch gesetzliche Vorschriften, die sich in der Praxis nicht bewähren, nicht länger aufrecht erhalten werden.

Der Vorschlag, der nunmehr unterbreitet wird, entspricht der dreifachen Forderung:

a) Er ermöglicht die Wahrung der Bilanzgrundsätze bei Einstellung der Wertpapiere in die Bilanz,

b) er trifft Vorkehrung, daß Gewinne, die nicht realisiert sind oder bei denen unsicher wäre, ob sie sich überhaupt realisieren lassen, nicht zur Verteilung gelangen,

c) der maßgebende Kurs für die Höhe der Wertpapiere ist nicht der Zufallskurs eines Tages, sondern ein Durchschnittskurs, der einige Gewähr dafür bietet, daß der wirkliche Zeitwert der betreffenden Papiere in die Bilanz eingestellt wird.

Hiernach wird vorgeschlagen:

Wertpapiere sind zu dem börsenmäßigen Verkaufswerte in die Bilanz einzusetzen und zwar zu dem Kurse, welchen dieselben durchschnittlich in dem letzten Monate vor dem Bilanztage gehabt haben. Buchmäßige nicht realisierte Kursgewinne auf Wertpapiere sind einer Kursausgleichreserve zuzuführen, die lediglich zur Deckung von Kursverlusten verwendet werden darf. Eine anderweite Verwendung dieser Reserve ist nur mit besonderer Genehmigung der Aufsichtsbehörde statthaft.

III. Vorschriften betreffend die Prämienreserven der Lebensversicherungsgesellschaften.

1. Berechnung der Prämienreserven.

Im Interesse des internationalen Versicherungsbetriebs ist zu fordern, daß der Gesetzgeber des einzelnen Staates es vermeidet, zwingende Vorschriften für die Gebiete aufzustellen, die der wissenschaftlichen Fortentwicklung unterliegen. Diese Freiheit von gesetzlichen Zwangsvorschriften verlangen vor allem die bei der Berechnung der Prämienreserven zur Anwendung kommenden technischen Grundlagen. Die neueren Gesetze und Gesetzentwürfe (Deutsches Gesetz § 11, Schweizerisches Gesetz Art. 2 Nr. 2 a, Österreichisches Assekuranz-Regulativ § 8, Österreichischer Gesetzentwurf § 13, Italienischer Entwurf Art. 6 Nr. 2, Dänisches Gesetz § 11 Nr. 2) gewähren im allgemeinen diese Freiheit. Sie verlangen nur die Angabe der Sterblichkeitstafel, des Zinsfußes, der Nettoprämie und der Methode der Prämienreserveberechnung und behalten der Aufsichtsbehörde die Prüfung und Genehmigung dieser Rechnungsgrundlagen vor. Nur in wenigen Staaten müssen noch bestimmte Rechnungsgrundlagen angewendet werden. So ist z. B. in Rußland von dem Aufsichtsamt für Versicherung vorgeschrieben worden, daß die Prämienreserven der Todesfallversicherungen nach Tafel M I der 23 deutschen Gesellschaften und die der Lebensfallversicherungen nach der Semmlerschen Tafel zu dem Zinsfuß von 4% zu berechnen sind, und das Versicherungsgesetz des Staates New York vom Jahre 1892 Art. 2 § 84 fordert für die nach dem 1. Januar 1901 abgeschlossenen Versicherungen die Zurückstellung der Prämienreserven nach der amerikanischen Sterblichkeitstafel und einem Zinsfuß von $3\frac{1}{2}\%$.

Nach dem französischen Gesetz Art. 9 Nr. 5 sollen die Sterblichkeitstafeln, der Zinsfuß und der Zuschlag, wonach die Prämien und Prämienreserven berechnet werden, nach Anhörung des Versicherungsbeirats durch Verordnung bestimmt werden; es ist zu erwarten, daß hier nicht bestimmte Sterblichkeitstafeln für alle in Frankreich arbeitenden Gesellschaften vorgeschrieben werden, sondern daß man jede Tafel zulassen wird, die den an eine solche zu stellenden wissenschaftlichen Anforderungen entspricht.

Eine erhebliche Beschränkung bei der Berechnung der Prämienreserven wird den Gesellschaften dagegen in den meisten Staaten dadurch auferlegt, daß die Einrechnung der Abschlußprovisionen direkt oder indirekt untersagt wird. Das ausdrückliche Verbot enthalten z. B. das österreichische Assekuranzregulativ § 28 Nr. 1 c, und der österreichische Gesetzentwurf § 68, Abs. 2. Das dänische Gesetz § 15 Nr. 2 fordert die Berechnung der Prämienreserven unter Zugrundelegung von Nettoprämien. Nach dem italienischen Gesetzentwurf Art. 9 soll bei der Berechnung der mathematischen Reserve nur die Sterblichkeitstafel und der entsprechende Zinsfuß angewandt werden. Ebenso schließen die amerikanischen, russischen und französischen Vorschriften den Abzug von Abschlußprovisionen von den Prämienreserven aus. Das deutsche Gesetz § 11 erklärt den Abzug von $12\frac{1}{2}°/_{00}$ der Versicherungssumme von der Prämienreserve für zulässig, wobei es jedoch streitig ist, ob dieser Abzug von der Aufsichtsbehörde genehmigt werden muß oder nicht. Nur das schweizerische Gesetz Art. 2 Nr. 2 a enthält keine einschränkende Bestimmung und verlangt nur die Angabe der bei der Reserveberechnung angewandten Methode.

In Deutschland hat zuerst *Dr. Zillmer* in seiner 1863 veröffentlichten Schrift „Beiträge zur Theorie der Prämienreserven bei Lebensversicherungsanstalten" den Weg gezeigt, wie man aus gleichbleibenden Bruttoprämien durch eine Abstufung der Nettoprämien größere Mittel zur Deckung der erstjährigen Abschlußkosten gewinnen kann, ohne daß die hierdurch bedingte, anfängliche Verminderung der Prämienreserven eine Gefahr für die Gesellschaften bedeute. Fast unausgesetzt ist seitdem über die Berechtigung dieser Methode gestritten worden, doch ist dieser Streit, wenigstens in Deutschland, nunmehr zu ihren Gunsten entschieden worden. Man findet jetzt in allen fachwissenschaftlichen Veröffentlichungen nur noch Befürworter dieser Methode.

Es sei hier vor allem auf die im Jahre 1902 erschienene Broschüre von Logophilus (*Dr. Höckner*) verwiesen, worin auf breiterer Grundlage als sonst geschehen, überzeugend dargelegt worden ist, daß man neben der Sterblichkeitstafel und dem Zinsfuß auch noch die Verwaltungskosten, insbesondere die Abschlußkosten, als dritte Rechnungsgrundlage berücksichtigen müsse, wenn man zu einer geordneten Finanzwirtschaft innerhalb der einzelnen Gesellschaften kommen wolle. Die Notwendigkeit, die Frage wegen Deckung der Verwaltungskosten rationell zu lösen, wird um so größer, wenn man bei Berechnung der Prämie und Prämienreserve von den bisher in Gebrauch gewesenen einfach, nach dem Eintrittsalter, abgestuften Sterblichkeitstafeln zu der Anwendung doppelt, nach dem Eintrittsalter und der Versicherungsdauer, abgestuften Tafeln (select tables) übergeht, da dann der bisherige zur Deckung der Abschlußkosten mit verwandte Sterblichkeitsgewinn der ersten Versicherungsjahre wegfällt oder wenigstens erheblich vermindert wird. Stellt man, wie in neuerer Zeit immer mehr geschieht, die Forderung auf, daß die Verteilung der Überschüsse möglichst gerecht erfolgen soll, indem man jede einzelne Versicherung die Ausgaben tragen läßt, die sie im Durchschnitt verursacht, und ihr anderseits von den gemachten Einzahlungen alles wieder zurückvergütet, was durch diese Ausgaben nicht in Anspruch genommen wird, so muß jede einzelne Versicherung auch die Abschlußkosten tragen, die im Durchschnitt für ihre Gewinnung aufgewendet worden sind. Verhindern gesetzliche Bestimmungen, die Abschlußkosten gleich bei Berechnung der Prämienreserve mit zu berücksichtigen, so bleibt nichts übrig, als sie vorläufig aus anderen Mitteln, insbesondere aus den Überschüssen bereits laufender Versicherungen zu decken, und diese Verläge aus den späteren Überschüssen der Versicherungen, für die sie gemacht worden sind, wieder zu amortisieren. Es ist dies ein Umweg, der durch die Einführung der Abschlußkosten in die Prämienreserven vermieden werden kann; außerdem würde die Feststellung und Verteilung der Überschüsse bei dieser Art der Prämienreserveberechnung viel klarer und übersichtlicher erfolgen können, als bei jenem mehr

oder minder komplizierten Amortisationsverfahren. Daß auch die
Feststellung der Rückvergütung bei Aufgabe einer Versicherung viel
gerechter erfolgen kann, wenn die Abschlußkosten, von deren Erstattung der ausscheidende Versicherte doch nicht entbunden werden
kann, bei der Berechnung der Prämienreserve schon berücksichtigt
sind, mag hier nur nebenbei erwähnt werden.

Aus allen diesen Gründen wird jetzt in vielen wissenschaftlichen
Erörterungen betont, daß die sogenannte Zillmersche Methode nicht
nur zulässig, sondern vielmehr notwendig sei, nicht allein für die
jungen und kleinen Gesellschaften, deren Entwicklung sonst un-
gerechterweise unterbunden wird, sondern auch für große Gesellschaften, damit diese im Interesse einer gerechten Überschußverteilung mit
den Abschlußkosten direkt die Versicherten belasten können, durch die
sie veranlaßt worden sind.

Auch außerhalb Deutschlands wird vielfach dieser Standpunkt
vertreten. Der bekannte amerikanische Aktuar *Miles Menander
Dawson* wirft in seinem Werke „The Business of Life Insurance," New
York 1905, S. 191 f. der Berechnung der Prämienreserve auf der Basis
gleichbleibender Nettoprämien die Fehler vor, daß dabei nicht für die
Deckung der erstjährigen Kosten gesorgt sei, wodurch die Entstehung
neuer sowie das Gedeihen und die Entwicklung kleiner Gesellschaften
fast ganz verhindert werde, während alte und große Gesellschaften
sich von den Überschüssen ihrer Versicherten die zu diesem Zweck
nötigen Beträge leihen könnten, und daß man keinen zuverlässigen
Maßstab habe, bis zu welcher Höhe Abschlußkosten noch zum Vorteil
der Gesellschaften aufgewendet werden können.

Weiter möge hier an den Antrag erinnert werden, den *Fr. Trefzer,*
der Delegierte des Schweizerischen Aufsichtsamts, auf dem letzten
Kongreß in New York gestellt hat. Der Genannte wies bei Besprechung des von *Moir* über das Verhältnis der Abschlußkosten und
der Selektion zur Reserveberechnung erstatteten Berichts auf die oben
erwähnte Schrift von Logophilus (*Dr. Höckner*) sowie auf die Um-
wälzung, die sich hinsichtlich der Berechnung der Prämienreserven
vorbereite, hin und beantragte, daß der nächste Kongreß die Frage
eingehend behandele, ob bei der Berechnung der Prämienreserven
außer den bisherigen Grundlagen auch noch andere Elemente, wie die
Abschlußprovision, die Inkassoprovision, die Verwaltungskosten, Zu-
schlagsprämien usw. in Anschlag zu bringen seien.

Die Überzeugung von der Notwendigkeit, die Abschlußkosten in
die Berechnung der Prämienreserven einzubeziehen, wird sich ohne
Zweifel, wie in Deutschland, auch anderwärts immer mehr Bahn
brechen, und man wird verlangen, daß die Abschlußkosten voll und
nicht bloß teilweise eingerechnet werden. Der nach dem deutschen
Gesetz § 11 für zulässig erklärte Satz von $12\frac{1}{2}{}^0/_{00}$ der Versicherungssumme ist zu gering, da nicht nur die Abschlußprovisionen der Agen-
ten, die bei vielen Gesellschaften schon höher als jener Betrag sind,
sondern auch die sonstigen, durch die Anwerbetätigkeit entstehenden
Kosten, Gehalte, Reisekosten, Druckkosten, Arzthonorare usw., in Betracht kommen. Die Befürchtung, daß hierdurch die Unkosten ins

Ungemessene steigen könnten, welcher Grund hauptsächlich gegen die Zillmersche Methode ins Feld geführt wurde, ist als unbegründet zurückzuweisen. Müssen die voraussichtlich im Durchschnitt aufzuwendenden Abschlußkosten nach einem genauen Geschäftsplan bei der Berechnung der Prämien und Prämienreserven jeder einzelnen Versicherung eingestellt werden und erhält weiter nach einem genauen, die Gewinnquellen berücksichtigenden Dividendensystem jede Versicherung nur die Überschüsse zugeteilt, die sie, insbesondere nach Deckung der auf sie im Durchschnitt entfallenden Kosten, der Gesellschaft wirklich gebracht hat, so hat die Gesellschaft selbst ein Interesse daran, auf eine Verringerung der Unkosten hinzuarbeiten. Denn ein Steigen der letzteren würde sofort in einer notwendig werdenden Erhöhung der Tarifprämien oder in einer Verminderung der Dividenden zum Ausdruck kommen, viel präziser als unter den jetzigen Verhältnissen, wo die Abschlußkosten der neuen Versicherungen zum größten Teile aus den Überschüssen der früher abgeschlossenen Versicherungen gedeckt werden.

Diese Bestrebungen der Versicherungs-Wissenschaft, die Berechnung der Prämien, der Prämienreserven und der Überschüsse rationell zu gestalten, werden gehemmt, wenn der Gesetzgeber dekretiert, daß die Prämienreserven ohne Berücksichtigung der Abschlußkosten zurückgestellt werden müssen.

Der Vorschlag, in allen Versicherungsaufsichtsgesetzen die unbeschränkte Einstellung der Abschlußkosten bei der Berechnung der Prämienreserven ausdrücklich für zulässig zu erklären, würde, da zur Zeit die Berechtigung dieser Methode noch nicht in allen Ländern und namentlich von den meisten Aufsichtsbehörden noch nicht anerkannt wird, keine Aussicht auf Verwirklichung haben. Es wird daher im Interesse einer freien Weiterentwicklung der technischen Grundlagen durch die Versicherungs-Wissenschaft nur folgendes gefordert:

In den Versicherungsaufsichtsgesetzen ist von zwingenden Vorschriften über die Berechnung der Prämienreserven abzusehen; es sind weder bestimmte Sterblichkeitstafeln noch ein bestimmter Zinsfuß vorzuschreiben; die Einrechnung der Abschlußkosten in die Prämienreserven ist weder direkt noch indirekt zu untersagen; die Gesellschaften sind nur zu verpflichten, die Sterblichkeitstafel, den Zinsfuß und die Grundsätze, die sie bei der Berechnung der Prämien und Prämienreserven anwenden wollen, den Aufsichtsbehörden zur Genehmigung einzureichen.

Stellen sich die Versicherungsaufsichtsgesetze in allen Ländern auf diesen Standpunkt, so hat die Aufsichtsbehörde des einzelnen Staates es immer noch in der Hand, bei der Konzessionierung und Beaufsichtigung der ihr unterstellten Gesellschaften bis auf weiteres die Zurückstellung der Prämienreserven ohne Einrechnung der Abschlußkosten zu fordern, ist aber nicht gehindert, diese Einrechnung zuzulassen, sofern sie sich von der Berechtigung dieser Methode überzeugt. Dann wird es auch möglich sein, daß die verschiedenen Aufsichtsbehörden, unterstützt von der immer mehr fortschreitenden Versicherungs-Wissenschaft, sich untereinander über die bei der Berechnung der Prämienreserven zu beobachtenden Regeln verständigen, und man darf die Hoffnung aussprechen, daß in diesem Falle die Einrechnung der Abschlußkosten in vollem Umfange mindestens erlaubt werden wird.

2. Aussonderung und Sicherstellung der Prämienreserven.

Die Erfüllbarkeit der von den Lebensversicherungsgesellschaften übernommenen Verpflichtungen hängt in erster Linie davon ab, daß der durch die Rechnungsgrundlagen geforderte Prämienreservefonds jeder Zeit ungeschmälert vorhanden ist. Auf die in den letzten Jahrzehnten immer mehr hervortretende Tendenz der Staatsaufsicht, besondere Maßregeln zum Schutze der Versicherungsnehmer zu treffen, sind die Vorschriften zurückzuführen, nach denen die Bestände der Prämienreservefonds in bestimmten Werten angelegt und an bestimmten Stellen verwahrt oder hinterlegt werden, die ausländischen Gesellschaften die Prämienreserven ihrer im Inland abgeschlossenen Versicherungen daselbst festlegen müssen usw.   Unter diesen von den einzelnen Staaten bis jetzt erlassenen oder vorbereiteten gesetzlichen Vorschriften herrscht die größte Mannigfaltigkeit; der eine Staat schreibt nur vor, in welchen Werten die Prämienreserven anzulegen sind, der andere nimmt diese ganz oder teilweise in Verwahrung. Bei dieser Entwicklung, die die Gesetzgebung nimmt, liegt die Gefahr nahe, daß die einzelnen Staaten sich nach und nach in immer schärferen, die Gesellschaften beschränkenden Bestimmungen überbieten, und ist daher eine einheitliche Regelung dringend wünschenswert. Allerdings wird man hierbei die im Zug der Zeit liegende, vorstehend hervorgehobene Tendenz der Staatsaufsicht in gewissem Grade berücksichtigen müssen, wenn man zu Vorschlägen, die Aussicht auf Verwirklichung haben sollen, kommen will.

Von diesem Standpunkt ausgehend, wird man gegen die Vorschriften des deutschen Gesetzes (§ 57) und des österreichischen Gesetzentwurfs (§§ 72 und 73), nach denen die in vorgeschriebenen Werten angelegten Bestände der Prämienreservefonds von dem übrigen Vermögen abzutrennen, gesondert an einer der Aufsichtsbehörde anzugebenden Stelle aufzubewahren und in Register einzutragen sind, von denen die Aufsichtsbehörde alljährlich beglaubigte Abschriften zu erhalten hat, Einwendungen nicht erheben können.

Die Gesellschaften behalten die nötige Bewegungsfreiheit, können je nach Bedarf innerhalb der zulässigen Grenzen die Vermögensanlagen ändern (Österreichischer Gesetzentwurf § 73 Abs. 3) und sind so an der möglichst günstigen zinsbaren Ausnutzung ihres Vermögens nicht gehindert.

Gesetzliche Vorschriften, durch die den *inländischen* Gesellschaften noch weitergehende Beschränkungen bei der Aufbewahrung und Verwaltung der den Prämienreservefonds bildenden Bestände auferlegt werden, sind jedoch zu verwerfen. Hierzu sind z. B. zu rechnen die jetzt noch geltenden Vorschriften des italienischen Handelsgesetzbuchs (codice di commercio Art. 145), wonach die einheimischen Gesellschaften ein Viertel der eingezahlten Prämien sowie deren

Zinsen in Titeln der italienischen Staatsschuld anzulegen und diese bei einer staatlichen Kasse zu hinterlegen haben. Noch weiter geht der vorliegende Entwurf des Versicherungsaufsichtsgesetzes für Italien (Art. 11 und 12), wonach auch die einheimischen Gesellschaften sämtliche Wertpapiere, in denen Teile der Prämienreserve angelegt sind, mit dem Vermerk, daß sie einen Teil der Reserve bilden, versehen lassen und bei der staatlichen Cassa dei depositi e prestiti oder einem Emissionsinstitut hinterlegen müssen. Grundstücke und Hypotheken, in denen Gelder des Prämienreservefonds angelegt werden, sind durch Hypothek oder Verpfändung für die Gesamtheit der Versicherten sicher zu stellen. Nach dem dänischen Gesetz § 20 muß jedes Wertpapier, das zur Bedeckung der Prämienreserve dient, mit der Erklärung der Gesellschaft, daß es zur Sicherheit der Ansprüche der Versicherungsnehmer dienen soll, versehen werden; diese Erklärung ist von einem durch den Versicherungsrat ernannten Vertrauensmann mit zu unterschreiben, der außerdem darüber zu wachen hat, daß diese Wertpapiere gesondert verwahrt werden.

Derartige Vorschriften erschweren unnötigerweise den Geschäftsbetrieb der Gesellschaften; zu empfehlen ist der von Deutschland und Österreich eingenommene Standpunkt, wonach die Bestände ohne Mitwirkung eines außerhalb der Gesellschaft stehenden Organes so zu verwalter und aufzubewahren sind, daß sie jederzeit als Bestandteile des Prämienreservefonds erkennbar sind. Die der Aufsichtsbehörde freistehende Revision der Gesellschaften und Strafbestimmungen gegen Gesellschaftsorgane, die den gesetzlichen Vorschriften nicht nachkommen, dürften genügen, um die Befolgung der letzteren zu gewährleisten.

Bei den *ausländischen* Gesellschaften ist eine besondere Sicherstellung der auf die im Inland abgeschlossenen Versicherungen entfallenden Prämienreserven nicht zu vermeiden. Will der Staat seine Angehörigen wirksam gegen eine Benachteiligung durch ausländische Versicherungsunternehmungen schützen, so muß er dafür Sorge tragen, daß die Prämienreserven, deren ungeschmälertes Vorhandensein Voraussetzung für die künftige Erfüllung der Versicherungsansprüche ist, im Inlande vorhanden sind und, falls die ausländische Gesellschaft freiwillig oder gezwungen ihren Geschäftsbetrieb im Inland aufgibt, nicht aus diesem in das Ausland überführt werden können. Die ausländischen Anstalten dürfen jedoch dabei in ihrer Bewegungsfreiheit und in der Ausnutzung der zur Bedeckung der Prämienreserven dienenden Werte nicht mehr beschränkt werden, als zur Erreichung jenes Zweckes unbedingt erforderlich ist. Es muß daher verlangt werden:

a) daß den ausländischen Gesellschaften gestattet ist, die Prämienreserven ihrer im Inland abgeschlossenen Versicherungen nach ihrer freien Wahl in den Werten und innerhalb der Grenzen anzulegen, die für die einheimischen Gesellschaften zugelassen sind, und

b) daß sie nur verpflichtet werden, diese Werte so sicher zu stellen, daß sie darüber nur mit Genehmigung der Aufsichtsbehörde des betreffenden Staates verfügen können.

Diesen Forderungen entspricht der jetzt von dem deutschen Versicherungsaufsichtsgesetz eingenommene Standpunkt. Die Sicherstellung unterliegt der freien Vereinbarung zwischen der Aufsichtsbehörde und den Gesellschaften und kann je nach den Anlagewerten,
die von den einzelnen Gesellschaften bevorzugt werden, auf verschiedene Weisen, z. B. bei Wertpapieren durch deren Eintragung ins
Staatsschuldbuch oder deren Hinterlegung, bei Hypotheken durch eine
Vormerkung im Grundbuch usw., erfolgen. Die noch in dem ersten
Entwurf zu dem deutschen Gesetz befindlich gewesene Vorschrift, daß
die ausländischen Gesellschaften verpflichtet seien, die Hälfte des Prämienreservefonds in verbrieften Forderungen gegen das Reich oder
einen Bundesstaat anzulegen, wogegen die deutschen Gesellschaften
selbst Widerspruch erhoben hatten, ist in das Gesetz nicht mit aufgenommen worden.

In Österreich sind nach § 28 des zur Zeit noch in Kraft befindlichen Assekuranzregulativs die Prämienreserven der von ausländischen
Versicherungsunternehmungen abgeschlossenen inländischen Versicherungen in den durch § 30 vorgeschriebenen Werten anzulegen. Eine
besondere Sicherstellung ist nicht vorgeschrieben, nur kann nach § 17
die Aufsichtsbehörde bei Beginn des Geschäftsbetriebs oder während
desselben den Erlag einer Kaution bzw. deren Erhöhung fordern.
Auf dem gleichen Standpunkt steht der jetzt vorliegende österreichische Gesetzentwurf (§ 6 Abs. 2 und § 141 in Verbindung mit
§§ 68 bis 76 und 86). Nach der Begründung zu den §§ 132 bis 144
dieses Entwurfs (Seite 33 letzter Absatz) ist anzunehmen, daß beabsichtigt wird, in der Regel die Bestellung einer Kaution in der Höhe
der Prämienreserve der in Österreich abgeschlossenen Lebensversiche-
rungsverträge zu fordern. Da die Aufsichtsbehörde hinsichtlich der
Werte, in denen sie die Kaution hinterlegt haben will, freie Hand hat,
und diese, worauf die Begründung zu dem Gesetzentwurf (Seite 9
Abs. 8) hinweist, bei einer Staatskasse erlegt werden müssen, würden
die in Österreich arbeitenden ausländischen Gesellschaften gezwungen
werden können, die gesamten Prämienreserven ihrer in Österreich abgeschlossenen Versicherungen in österreichischen Staatspapieren anzulegen. Eine Gesellschaft, die sonst des besseren Zinsertrages halber die
Anlage ihres Vermögens in hypothekarischen Darlehen bevorzugt,
würde dadurch eine Zinseneinbuße erleiden und den selbst bei den
sichersten Staatspapieren leicht möglichen Kursverlusten ausgesetzt sein.

In Italien müssen die ausländischen Gesellschaften nach den zur
Zeit noch geltenden Bestimmungen des Art. 145 des codice di commercio die Hälfte der eingezogenen Prämien sowie die davon auf-
laufenden Zinsen, also unter Umständen mehr als die auf eine einzelne Versicherung entfallende Prämienreserve, in italienischen Staatspapieren anlegen und bei der staatlichen Depositen- und Leihkasse
(cassa dei depositi e prestiti) hinterlegen. Sie werden auch hier der
Gefahr erheblicher Zins- und Kursverluste ausgesetzt.

Der vorliegende italienische Entwurf zu einem Versicherungsaufsichtsgesetz unterwirft in Art. 41 die ausländischen Gesellschaften

hinsichtlich der Prämienreserven der in Italien abgeschlossenen Versicherungen den für die inländischen Gesellschaften geltenden Bestimmungen und es ist daher auf das oben Gesagte zu verweisen.

In Rußland müssen ausländische Gesellschaften nach den ihnen auferlegten Konzessionsbedingungen 30% der Prämieneinnahme bei der russischen Reichsbank bar oder in russischen Staatspapieren hinterlegen.

Das französische Gesetz (Art. 7 Abs. 3) fordert endlich von den ausländischen Gesellschaften die Hinterlegung nicht bloß der Prämienreserven, sondern des auf das französische Geschäft entfallenden Anteils der gesamten Aktiven mit Ausnahme der Immobilien bei der Depositen- und Konsignationskasse (Caisse des dépôts et consignations). Die näheren Bedingungen der Hinterlegung der Werte, die diesem Anteil der Aktiven entsprechen, sind nach dem Gutachten des „Comité consultatif des assurances sur la vie" durch Verordnung festzusetzen (Art. 9 Nr. 6). Man wird erst nach dem Erlaß dieser noch ausstehenden Verordnung ermessen können, welchen Beschränkungen die ausländischen Gesellschaften in Frankreich unterliegen werden. Doch kann man schon jetzt sagen, daß die Forderung, wonach außer der Prämienreserve auch noch der entsprechende Anteil der sonstigen Aktiven, also der Sicherheits- und Dividendenreserven, und zwar, wie man annehmen muß, in der Hauptsache in Wertpapieren, zu hinterlegen sind, viele Gesellschaften abhalten wird, ihren Geschäftsbetrieb auf Frankreich auszudehnen. Von allen bisher erlassenen Gesetzen dürfte das französische am meisten gegen den in der Einleitung betonten internationalen Charakter des Versicherungswesens verstoßen.

In Gemäßheit der vorstehenden Ausführungen werden für die einheitliche Gestaltung der die Aussonderung und Sicherstellung der Prämienreserven von Lebensversicherungen betreffenden Rechtsvorschriften folgende Vorschläge aufgestellt:

a) *Inländische* Gesellschaften haben die in den gesetzlich vorgeschriebenen Werten angelegten Bestände der Prämienreserven von ihrem sonstigen Vermögen auszusondern, behalten sie in eigener Verwaltung und Verwahrung, tragen die Werte in Register ein und haben von diesen der Aufsichtsbehörde Abschriften vorzulegen sowie die Art der Verwahrung der letzteren anzuzeigen. Ein Wechsel der Anlagen innerhalb der zulässigen Grenzen ist gestattet.

b) *Ausländische* Gesellschaften haben die Prämienreserven der von ihnen im Inland abgeschlossenen Versicherungen — und zwar nur diese, nicht sonstige Reserven — in derselben Weise, in denselben Werten und innerhalb derselben Grenzen wie die inländischen Gesellschaften anzulegen, auszusondern und, unter Ausschluß weitergehender beschränkender Vorschriften, in der Weise sicher zu stellen, daß sie nur mit Genehmigung der inländischen Aufsichtsbehörde darüber verfügen können. Die Form dieser Sicherstellung unterliegt der Vereinbarung zwischen der Aufsichtsbehörde und den Gesellschaften.

Propositions tendant à l'établissement de prescriptions uniformes
pour la surveillance exerce par l'Etat.

Par **Ph. Labes**, Francfort s./le M. et **Th. Walther**, Leipsig.

I. Prescriptions concernant les placements de
fonds.

Proposition: Dans chaque État les Compagnies devraient avoir le
libre choix d'opérer leurs placements de l'une des manières suivantes et
sans être obligées de s'en tenir à l'un des autres placements parfois
prescrits:

a) Valeurs indigènes de tout repos,
b) Avances sur les polices de la Compagnie elle-même jusqu'à concurrence de leur valeur de rachat,
c) Hypothèques sur bien-fonds situés dans le pays jusqu'à concurrence du 60% de leur valeur estimée avec soin.

En cherchant à faire des propositions pour l'établissement de
règles uniformes relativement aux placements des Compagnies d'assurance, on ne peut prendre en considération que des valeurs présentant
les plus grandes garanties de sécurité et donnant néanmoins de bons
intérêts ou celles qui sont admises sans hésitations dans tous les États.

Bien que certaines lois sur la surveillance des Compagnies d'assurance mentionnent un assez grand nombre de groupes de valeurs comme
pouvant être utilisées pour les placements, en particulier pour les placements des réserves mathématiques, quelques-unes, seulement, de ces
valeurs entrent en ligne de compte quand il s'agit de proposer l'unification des prescriptions légales sur la matière.   Quantié de valeurs
telles qu'emprunts communaux, obligations émises par des paroisses et
des associations scolaires n'ont qu'un marché très limité et ne peuvent
par conséquent être vendues que difficilement et non, suivant les circonstances, sans pertes sur les cours.   Les Compagnies étrangères ne
sauraient donc les faire figurer dans leur portefeuille.   Quant à d'autres
valeurs, effets de commerce, propriétés foncières etc., les points de vue
des divers législateurs diffèrent si considérablement que des propositions pour l'établissement de règles uniformes n'auraient aucune chance
de succès.

Par contre dans tous les pays on admet sans hésitations les valeurs
de tout repos, les prêts sur polices et les hypothèques.

En ce qui concerne les valeurs, certaines lois ou certains projets
de lois exigent qu'une partie relativement importante des capitaux
des Compagnies soit placée en rentes de l'État en question.   On doit
s'élever contre une semblable contrainte.   Il est à peine besoin de dire
que les lois qui posent les principes d'après lesquels le contrôle sur les
entreprises privées d'assurance doit s'effectuer ne sont pas destinées à
prêter un appui aux Finances de l'État.   Une Compagnie n'acquerra
des valeurs cotées à la Bourse que pour disposer de ressources liquides
mais non à titre de placement ferme, car les fluctuations des cours, le

taux trop bas de l'intérêt et le danger toujours imminent d'une conversion exposeraient les bilans à de fréquentes variations et modifications.

Les prêts hypothécaires devraient être autorisés jusqu'au 60% de la valeur, estimée avec soin, de l'immeuble. Cette limite de tous temps en usage en Allemagne a fort bien fait ses preuves.

II. Des valeurs de Bourse dans le bilan.

Proposition: Les valeurs de Bourse doivent figurer au bilan en prenant la moyenne des cours de vente cotés pendant le dernier mois qui précède la clôture. Les plus-values non réalisées doivent être portées dans un compte spécial de réserve pour compensations de cours, lequel sera le cas échéant employé à couvrir les pertes qui se produiraient. Cette réserve ne pourra recevoir une autre destination que moyennant l'autorisation de l'autorité de surveillance.

La question de savoir comment les valeurs de Bourse doivent figurer au bilan est réglée de manière très différente dans les diverses lois. Suivant le but qu'il croit devoir poursuivre, le législateur édicte des prescriptions qui s'écartent plus ou moins des principes qu'il faut suivre pour établir un bilan.

Étant donnée la grande diversité des dispositions qui régissent la matière, il semble que des propositions tendant à amener une réglementation uniforme s'imposent dans ce domaine plus que dans d'autres, mais elles nécessiteraient une modification des lois existantes. Il serait toutefois bon de faire des efforts dans ce sens, car il est certainement possible d'arriver à la solution de cette question.

D'une manière générale les prescriptions actuelles sont sujettes à la critique en ce qu'elles ne respectent pas les principes qui sont à la base d'un bilan rationnel et font souvent dépendre l'estimation de valeurs dans le bilan du cours fortuit d'un seul jour.

D'autre part il faudrait prendre des mesures pour empêcher que des bénéfices résultant de différences de cours, mais qui ne sont pas encore réalisés, pussent être répartis.

La proposition ici faite répond à ces postulats puisqu'elle tend à porter dans un compte spécial de réserve les bénéfices comptables qui serviront à couvrir les pertes de cours.

En stipulant en outre que le Fonds de réserve pour compensation de cours ne pourra être mis à contribution pour un autre usage sans l'autorisation de l'autorité de surveillance, on respecte les principes d'une saine exploitation telle que les lois tendent à l'établir.

III. Prescriptions concernant les réserves mathématiques des assurances sur la vie.

1. Calcul des réserves mathématiques.

Proposition: „Les lois sur la surveillance des Compagnies d'assurance ne doivent renfermer aucune disposition obligatoire quant au calcul des réserves mathématiques; elles ne doivent ni prescrire certaines tables de mortalité ni fixer un taux d'intérêt; elles ne doivent inter- dire, ni directement ni indirectement, qu'on fasse rentrer les frais de conclusion du contrat dans les réserves mathématiques; les Compagnies ne doivent avoir d'autre obligation que de soumettre leurs tables de mor- talité, leur taux d'intérêt et les principes qu'elles appliquent pour le calcul des primes et des réserves mathématiques, à l'approbation des autorités de surveillance."

Dans les lois de surveillance on s'abstiendra de fixer les données techniques applicables au calcul des réserves mathématiques afin de ne pas nuire à leur perfectionnement scientifique. Il n'y a plus que peu d'États qui exigent telles ou telles tables de mortalité ou déterminent le taux de l'intérêt. Par contre dans beaucoup de pays il est directe- ment ou indirectement défendu de comprendre les commissions payées à l'occasion de la conclusion de la police dans les réserves mathématiques (méthode de *Zillmer*).

En Allemagne la dispute scientifique qui se livra pendant de longues années autour de la méthode de *Zillmer* doit être considérée comme terminée à l'avantage de cette dernière. Voir l'ouvrage de Logophilus (*Dr. Höckner*): „La dispute sur la méthode de Zillmer." Leipsig 1902. L'introduction de tables de mortalité à deux degrés (select tables) exige une répartition correcte des frais résultant de la conclusion du contrat. Au lieu de couvrir ces derniers au fur et à mesure, grâce aux excédents produits par les anciennes assurances, on fait supporter à chaque nouvelle assurance les frais moyens occasionnés par son acquisition. Hors d'Allemagne aussi, on demande toujours davantage que les frais résultant de la conclusion du contrat soient mis en ligne de compte dans le calcul des réserves mathématiques. Voir „The Business of Life Insurance" de *Dawson,* p. 191 et suiv., New York 1905, et la proposition de *Trefzer* au dernier Congrès de New York: Rapports, Tome II, p. 223.

Si l'on fait rentrer les frais nécessités par la conclusion du contrat dans le calcul des réserves mathématiques ce ne doit pas être en partie seulement, mais en totalité. La crainte de voir ces frais s'accroître, de ce chef, sont absolument injustifiés.

La présente proposition tend à ce que le législateur n'entrave pas le développement de cette étude par des mesures prohibitives. Les auto- rités de surveillance des divers pays n'en pourront pas moins exiger que le calcul des réserves mathématiques s'établisse sans le facteur des frais, mais en tous cas elles ne seraient plus dans l'impossibilité de permettre qu'on en tint compte. Alors une entente entre les différentes autorités de surveillance deviendrait possible en ce qui concerne les règles à appli- quer pour le calcul des réserves mathématiques et l'on ose espérer que les efforts faits dans ce sens et appuyés par la science actuarielle auront pour résultat que le compte de tous les frais dans le calcul des réserves mathématiques sera à tout le moins permis.

2. Mise à part et garantie des réserves mathématiques.

Propositions:

„a) Les Compagnies indigènes doivent tenir un compte spécial des réserves mathématiques et gérer ces dernières à part de leurs autres capitaux, elles en ont l'administration et la garde et inscrivent ces valeurs dans des registres *ad hoc* dont elles doivent fournir des copies aux autorités de surveillance en leur indiquant comment ces fonds sont placés. Il serait toutefois loisible aux Compagnies de modifier leurs placements dans les limites admises.

b) Les sociétés étrangères ont l'obligation, mais en dehors de toutes autres contraintes spéciales, de placer, de mettre à part et de garantir les réserves mathématiques des assurances contractées dans le pays, en mêmes valeurs et aux mêmes conditions que les Compagnies indigènes, ne pouvant, comme elles, en disposer qu'avec l'autorisation des autorités de surveillance du pays en question. La forme à donner à la garantie sus-indiquée, sera déterminée après entente préalable entre les autorités de surveillance et les Compagnies."

En faisant cette proposition on a tenu compte de la tendance toujours plus marquée qu'ont les autorités de surveillance à exiger que les réserves mathématiques soient en tout temps disponibles dans la mesure prescrite par les lois et séparées du reste de la fortune de la Compagnie en cause, de manière à ce que celle-ci puisse remplir les obligations qu'elle a prises.

Les propositions qui sont ici soumises répondent aux dispositions en vigueur en Allemagne lesquelles remplissent leur but sans imposer · aux Compagnies une gêne par trop grande dans l'administration de leur fortune et la manière de la faire fructifier.

Enfin les auteurs s'élèvent contre les prescriptions en vigueur dans certains pays, ou qui y sont projetées, et d'après lesquelles les Compagnies étrangères, voire même les Compagnies indigènes, sont tenues de placer leurs réserves mathématiques en titres de rentes sur l'État ou de les déposer dans des caisses de l'État et aussi contre l'idée de forcer les Compagnies étrangères à garantir encore d'autres réserves que les réserves mathématiques.

Proposals for the unification of the laws concerning state supervision.

By **Ph. Labes**, Frankfort o. M. and **Th. Walther**, Leipsic.

I. Regulations concerning the investment of the assets.

Proposal: The investment of the assets should be permitted in every State, according to the free choice of the Company without restriction to any other class of other securities, which may also be on the list of "permissible" securities.

a) *Home securities of the first class, so-called gilt-edged papers recommended as investments for minors.*

b) *Advances upon the policies of the Company itself-up to their surrender value.*

c) *Mortgages on real estate within that country, where the Company does business up to 60% of its value, after the most careful valuation.*

A plan for the unification of the Laws on investments of insurance companies can of course take into consideration such investments only, which yield the highest security coupled with the best rate of interest; and such a class of securities only, which would be permitted in every State without any hesitation whatever.

Although the various Laws of different States may perhaps designate a sufficient number of classes of securities, which could be used as investments, especially for the premium-reserves, still after due reflection a small number of classes of securities will remain, which might be considered in a proposition for the unification of the law of supervision. A certain number of entire classes of securities must be excluded at once, such, for instance, as municipal loans, loans by parishes, vestries or ecclesiastical bodies, etc. These securities have only a very restricted market, are not very easily sold, and under some circumstances can be sold only with a great loss on the capital invested; some of them could not be purchased at all by foreign insurance companies. Other classes of securities, for instance bills of exchange or real estate are treated in the most different manner by the various State Laws with regard to their admission as investments by companies; so much so that they cannot be considered, with any prospect of success, in a proposal for the unification of the supervision laws.

On the other hand, all countries permit as investments Inland first-class securities (so-called gilt-edged papers, used by guardians, etc., for minors), advances on their own policies, and mortgages.

Concerning securities there are rules in the laws of some countries, demanding that a certain — not inconsiderable — portion of the money should be invested in securities of that State itself. Strong opposition should be raised against such compulsion. One should not require very special arguments to show that the laws for the supervision of private insurance companies are not intended for the purpose of strengthening the finances of a country. The companies undoubtedly buy securities with the intention only to possess means which can be easily, quickly converted into cash and not as lasting investments; papers which are quoted on the stock-exchange are subject to great changes in their value, do not pay sufficient interest and on account of a possible conversion would expose the balance sheet of an insurance company to frequent variations and changes.

Mortgages should be permitted up to 50% of the value of the property, after a very careful valuation. This has been always the usual limit in Germany, and has worked satisfactorily.

II. Securities in the balance sheet.

Securities should appear in the balance sheet at the price they could be sold at on the Stock Exchange; at the middle quotation, which they averaged during the month previous to making up the balance sheet. Profits which, though shown in the account books, have not yet been actually realized should be placed on a "Quotation-Reserve-Account", which should be used merely for covering losses on prices. Any other use of this Reserve should be possible only with a special permit from the supervising State authority.

The various laws of different countries regulate the question, "in which manner securities should appear in the balance sheet", in very different ways. The rules vary according to the principle, which these laws are based upon; but frequently these rules are not in accord with general principles which should govern the making up of the balance sheets. Proposals for the unification of these rules are therefore the more necessary on account of their variety; but they would necessitate changes in the laws of some countries. Notwithstanding this difficulty we are bound to ask for such changes, as a settlement of this question can be achieved without doubt.

What we find fault with in the existing laws is this:

They are not in accordance with the principles of a true balance sheet;

They often make the valuation of securities in the balance sheet depend upon their chance quotation on a certain day.

On the other hand, measures will have to be taken to prevent the distribution of profit on securities, which appears according to the account-books but has not been realized yet. The proposals are in accordance with these principles. They imply, that a mere "account-book profit" is to be placed to the credit of a special *Fluctuation-Reserve* (i. e., a reserve for making good eventual losses, owing to lower quotations of securities).

The stipulation, that this *Fluctuation-Reserve* cannot be employed for any other purpose except with a special permit from the supervising authority is a sufficient guarantee, that the sound business principles — which the laws of various countries demand — will be strictly enforced.

III. Regulations concerning Premium-Reserves of Life Insurance Companies.

1. Proposal re: the Calculation of Premium-Reserves.

„The laws affecting the supervision of Insurance-Companies shall not contain any hard and fast rule as to how the premium-reserves are to be calculated, nor prescribe the use of certain mortality-tables, nor fix the rate of interest to be charged. The Companies shall neither directly nor indirectly be inhibited from inclusing acquisition expenses in the premium-reserves; they shall only be obliged to submit to the superintending authorities the mortality-table and the rate of interest, and to show the principles upon which the calculation of the premiums and the premium-reserves is based."

The technical principles governing the calculation of the premium-reserves are not to be determined by law, lest their development by Insurance-science be impeded. There are but few countries in which the law prescribes the mortality-tables to be used and fixes the rate of interest to be charged. On the other hand, there are numerous countries in which Insurance-Companies are inhibited from deducting the commission from the premium-reserves (Zillmer Method).

In Germany, the controversy on the "Zillmer Method" which lasted for years may be said to have terminated in favour of that system (cf. the Paper by Logophilus — *Dr. Höckner* — entitled "The Controversy on the Zillmer Method". Leipzig 1902). The adoption of select Tables necessitates a correct treatment of the acquisition-expenses. Instead of covering these expenses continuously out of the surpluses from current policies, each fresh insurance should be debited with such sum as, on an average, the acquisition costs. In other countries besides Germany opinions are growing more and more in favour of such expenses being included in the calculation of the premium-reserves (cf. *Dawson's* work: The Business of Life-Insurance, New York, 1905, from p. 191, and the proposal, made by *Trefzer* at the last Congress in New York, Reports, Vol. II, p. 223).

If acquisition-expenses are considered at all in the calculation of the premium-reserves, they should be included in full and not in part only. The objection that this would increase acquisition-expenses lacks foundation.

The object of the proposal is to prevent the legislative authorities from issuing prohibitive laws impeding the further development of any of these questions. The superintending authorities still have it in their power to demand the calculation of the premium-reserves without including acquisition-expenses; but there is nothing to prevent them from admitting the latter. This would render it possible for the various superintending authorities to come to some agreement as to the rules to be observed in calculating the premium-reserves and it is to be hoped that these efforts to effect a unification, assisted by Insurance-science will result in our obtaining at least permission to include the full acquisition-expenses.

2. Proposals re: the Isolating and Securing of the premium-reserves.

a) Home Companies are bound to isolate from their capital, the premium-reserves invested in securities prescribed by law and to retain them in their own custody and under their own management; to enter the securities in a special register, copies of which have to be sent to the superintending authorities together with a notification as to how and where the securities are stowed. A change in the investments ought to be permitted within the limits set by the law.

b) Foreign Companies have to invest and isolate the premium-reserves of the home (local) insurance (and those only, no other reserves) in the same manner, in the same class of securities and within the same limits as the Home Companies and (while any other restricting rules are excluded) Foreign Companies shall secure them in such manner that they can dispose of them only with the consent of the Home (local) superintending authorities. The manner as to how such premium-reserves shall be secured has to be agreed upon by the State authorities and the Company."

In drawing up the present propositions, due consideration has been given to the tendency which has been steadily increasing during the last decades on the part of the State-Superintendence to hit upon special measures by which the premium-reserves shall at all times be present in securities prescribed by law and separated from the rest of the capital, to guarantee the Foreign Companies fulfilling their obligations.

These propositions are in keeping with the German laws and regulations which answer the purpose required, without imposing upon the Companies such great restrictions as would impede them in the management and utilizing of their capital.

What we would chiefly oppose are the regulations adopted or proposed in various countries, according to which the premium-reserves, wholly or in part, are to be invested, only by the Foreign Companies or even by the Home Companies, in Government securities and deposited in the State Treasury; we also oppose the stipulation requiring Foreign Companies to deposit security not only for the premium-reserves but also for other reserves.

XIII. — C.

Vorschläge zu einer Vereinheitlichung der Rechtsvorschriften über die Staatsaufsicht.

Von S. R. J. van Schevichaven, Amsterdam.

Im Programm des gegenwärtigen Kongresses werden die am Kopfe dieses Aufsatzes als Titel angeführten Worte angewendet zur Umschreibung in deutscher Sprache der Nr. XIII der zu behandelnden Gegenstände. Es ist bemerkenswert, daß die Übersetzung dieser Worte ins Französische und ins Englische nicht nur dem Wortlaut, sondern auch dem Sinne nach vom Original abweicht. Die französische Übersetzung lautet: „Proposition pour une uniformisation des dispositions légales en ce qui concerne particulièrement les renseignements à fournir aux autorités"; im Englischen heißt es: „The uniformity of legal requirements, especially as regards reports to be made to the insurance authorities". Ich füge noch hinzu, daß die Amerikaner die Übersetzung in nachstehender Weise vorgenommen haben: „The uniformity of reports to insurance authorities."

Nach meiner Ansicht wird der deutsche Ausdruck: „Rechtsvorschriften" ziemlich genau mittels der französischen Worte: „dispositions légales", wiedergegeben, wie auch mittels der englischen: „legal requirements". Während aber im deutschen Original von Rechtsvorschriften „über die Staatsaufsicht" die Rede ist, schweigen die französische und die englische Übersetzung gänzlich über diese Aufsicht und erklären nur, daß die erwähnten Rechtsvorschriften sich in der Hauptsache auf die von den Gesellschaften den Versicherungsbehörden vorzulegenden Daten beziehen sollen. Amerika scheint sich sogar ausschließlich darauf beschränken zu wollen.

Es kann schwerlich als ein günstiges Omen für die Erreichung einer uniformen Gesetzgebung angesehen werden, daß die Versuche, genau anzugeben, worüber man eigentlich eine Abhandlung verlangt, so wenig uniform ausgefallen sind. Um die Sache zu vereinfachen, scheint es mir angezeigt, in erster Linie zu untersuchen, was man hier unter „Staatsaufsicht" zu verstehen hat.

Es wird wohl niemand leugnen, daß der Staat den Lebenversicherungsbetrieb beaufsichtigen soll. Soll aber der Staat nicht alle und alles beaufsichtigen? Gibt es einen einzigen Gegenstand, der dieser Aufsicht entzogen werden darf? Falls man erstere Frage im bejahenden, letztere im verneinenden Sinne beantwortet, so wird man mir vielleicht zugeben, daß es sich empfiehlt, von jetzt an nicht mehr von einer „Staatsaufsicht" auf den Lebensversicherungsbetrieb, sondern von einer „gesetzlichen Regelung" desselben zu sprechen, weil das Recht des Staates zur Ausübung einer *speziellen* Aufsicht auf diesen Betrieb und die Art und Weise, worauf er diese spezielle Aufsicht auszuüben hat, mittels eines Gesetzes bestimmt werden sollen. Es ergibt sich dann noch die Frage, ob diese spezielle Aufsicht auch mittels eines speziellen Gesetzes oder mittels eines mehr allgemeinen Gesetzes (das also auch außer des Lebensversicherungsbetriebes angewendet wird) geregelt werden soll.

Die Antwort auf diese Frage hängt davon ab, zu welcher Gruppe von Rechtsinstituten man die Versicherungsanstalten in den verschiedenen Ländern zählt und auf welche Weise diese Gruppe gesetzlich geregelt erscheint. Nachdem diese Regelung nicht überall dieselbe ist, man aber meines Erachtens wohl nirgends gegen die separate Regelung eines Unterteils einer Gruppe Beschwerden erheben wird (vorausgesetzt, daß kein Widerspruch mit dem allgemeinen, sich auf die Gruppe beziehenden Gesetz entsteht), so wird man nach meinem Dafürhalten, um sich der Vereinheitlichung soviel wie möglich zu nähern, das Versicherungswesen mittels eines Separatgesetzes regeln müssen.

Zweck eines derartigen Gesetzes soll es sein, die Interessen der Versicherten einerseits, anderseits aber auch diejenigen des Versicherers zu schützen, wobei im Auge zu behalten ist, daß dieselben in mancher Hinsicht identisch sind, und daß im Lebensversicherungsbetrieb — im Verhältnis zu seinem Umfang — das Bedürfnis an einem derartigen Schutz seitens des Staates sich nur wenig fühlbar gemacht hat, jedenfalls aber in geringerem Maße als in manchem anderen Betriebszweig. Zwischen dem Versicherer und dem Versicherten besteht ein vertragsmäßiges Übereinkommen, und die Aufgabe des Staates soll keine andere sein, als die beiderseitige ehrliche Ausführung desselben zu überwachen.

Die beiden Parteien stehen einander aber nicht völlig gleich gegenüber: der Versicherte macht mit der Ausführung den Anfang, indem er seine Prämie einzahlt, und sollte der Versicherer in dem Augenblick, worin er seinerseits seinen Verpflichtungen nachkommen muß, dazu nicht imstande sein, so hat ersterer sein Geld teilweise oder gänzlich eingebüßt. Gegen diese Eventualität soll er in Schutz genommen werden und es scheint mir nicht schwer, dies zustande zu bringen.

Von mehreren Seiten wird behauptet, das versicherungsbedürftige Publikum sei nicht imstande zu beurteilen, ob eine Gesellschaft, bei der es sich zu versichern wünscht, derart eingerichtet sei, daß sie zur bestimmten Zeit ihren Verpflichtungen wird nachkommen können; es wisse nicht, ob die von ihm zu zahlenden Prämien genügen, ob die Unkosten zu hoch aufgeführt, die Reserven richtig berechnet und in solider Weise angelegt seien usw. Deshalb soll das Publikum das Urteil in diesen Angelegenheiten dem Staate, d. h. den Staatsbeamten, überlassen und sich in dieser Hinsicht die Freiheit des Handelns nehmen lassen. Dem gegenüber steht die Meinung derjenigen, die behaupten, die soeben beschriebene Auffassung widerstreite dem elementarsten Begriff der persönlichen Freiheit, und ihre konsequente Durchführung leite zu Maßnahmen, vor denen sogar der verstockteste Autokrat zurückschrecken würde. Es ist unbegreiflich, wie man dazu kommen kann, in denselben Ländern, wo man dem großen Publikum mit dem allgemeinen Wahlrecht die Befugnis gibt, über die schwierigsten und wichtigsten Angelegenheiten zu urteilen, diesem Publikum gleichzeitig das Recht zu entziehen, selbständig zu entscheiden, wem es sein Vertrauen schenken will und wem nicht. Wer stellt seinen unmündigen Kindern die Entscheidung anheim über die Frage, wie sie erzogen und behandelt werden sollen?

Die Kritik ist aber unsere Aufgabe nicht. Wir können uns darauf beschränken zu konstatieren, daß es Völker gibt, die ihre vollständige persönliche Freiheit über jedes andere Gut stellen, und andere, die sich dafür wenig oder gar nicht begeistern und sich zufrieden geben, wenn sie sich innerhalb eines kleineren, beschränkten Kreises ungehindert bewegen können. In Rußland habe ich einmal einen Holländer getroffen, der dort 40 Jahre gewohnt hatte und mir auf meine Frage, ob er gern in die Heimat zurückkehren möchte, entgegnete: „Aber gewiß nicht! Man ist hier in seinem Tun und Lassen viel freier als in Holland, wenn man sich nur nicht in diejenigen Sachen mischt, worin die Regierung keine Einmischung duldet." Zu einer derartigen Auffassung kommt man, wenn man der persönlichen Freiheit lange entbehrt hat.

Ich glaube kaum, daß es sich als möglich erweisen wird, eine Vereinheitlichung der diesbezüglichen Rechtsvorschriften zustande zu bringen, welche die Verfechter beider Auffassungen befriedigt. Es liegen die Sachen hier gewissermaßen so wie in der Frage des Weltfriedens. Alle Regierungen auf der Welt wünschen den Frieden, vorausgesetzt, daß die Wünsche einer einzigen derselben für die anderen maßgebend seien. Sie finden es aber ganz natürlich, nicht vor einem Kriege zurückzuschrecken, damit jede sich selbst zu dieser „einzigen" mache. Wenn wir uns nun die Gesetzgebung in den verschiedenen Ländern näher ansehen, so finden wir einerseits, daß in Belgien und Holland das Lebensversicherungswesen in der Hauptsache *nicht* mittels spezieller Gesetze geregelt erscheint, während anderseits im *Deutschen Reiche* die Versicherungsgesellschaften als Verwaltungsbureaus betrachtet werden, welche sich — sobald sich ihre eigenen Ansichten geltend machen *könnten* — den Ansichten der Versicherungsbehörden unterzuordnen haben. Zwischen diesen beiden Extremen liegen dann — wir beschränken uns hier auf die bedeutendsten Länder —: England, Ungarn, die Schweiz, Frankreich, Österreich, Rußland, die Vereinigten Staaten von Nordamerika usw. Bei dieser Aufzählung erscheinen die Länder nach dem Maße geordnet, in welchem sie dem Prinzip der Betriebsfreiheit huldigen. Obwohl ich die Verhältnisse auf diesem Gebiet in den Staaten, wo man den beiden extremen Auffassungen huldigt, in gleichem Maße bedauerlich erachte, so darf ich gewiß doch wohl darauf hinweisen, daß während der letzten 50 Jahre,

bei vollkommenster Betriebsfreiheit, in Holland auf dem Versicherungsgebiet keine Unregelmäßigkeiten von irgend welcher Bedeutung vorgekommen sind, woraus hervorgeht, daß das Bedürfnis an Schutz für
die Versicherten dortselbst weniger hervortritt. Und ich glaube, daß
man dasselbe von England sagen kann, wo die Lebensversicherung derart · gesetzlich geregelt erscheint, daß die persönliche Freiheit der
Staatsbürger unangetastet bleibt, und die diesbezüglichen Gesetze anderen Staaten zum Vorbild ihres Verhaltens dienen können. Auch hier
wird eine Aufsicht ausgeübt, die sich aber darauf beschränkt zu untersuchen, ob in jeder Hinsicht nach dem Gesetze gehandelt wird. Es
ist dies ganz etwas anderes als das ins Lebenrufen eines Aufsichtsamtes,
welches zu kontrollieren hat, ob die Auffassungen der Verwaltungen
der Privatversicherungsgesellschaften sich mit den seinigen decken, ob
die Ergebnisse der von den bekanntesten und angesehensten Fach-
männern angestellten wissenschaftlichen Untersuchungen mit den von
dem Amte aufgestellten Dogmen übereinstimmen, ob das Urteil der
bekanntesten finanziellen Spezialitäten dem seinigen nicht widerstreitet.
Von einer „Aufsicht" kann dann kaum die Rede sein, sondern es werden
die Gesellschaften hier vielmehr von Personen *verwaltet,* die für die
Folgen der von ihnen gegebenen Vorschriften nicht verantwortlich sind
und nicht immer zu den bekanntesten und vortrefflichsten Fach-
männern gehören.

.   Wünscht man, im Falle man den Fähigkeiten und der Zuverlässigkeit der Gesellschaftsverwaltungen kein genügendes Vertrauen ent-
gegenbringt oder sich auf den gesunden Verstand des Publikums nicht
zu verlassen den Mut hat, den ganzen Betrieb bis in die geringsten
Einzelheiten zu regeln, werden auch wir diese Auffassung — obwohl sie
mit der unseren nicht übereinstimmt — respektieren. Dann aber soll
man die diesbezüglichen Vorschriften *im Gesetze* festlegen und eine
möglichst scharfe Aufsicht darauf ausüben, daß dieses Gesetz befolgt
werde. Die Errichtung eines Amtes mit unbeschränkter Vollmacht
und ohne jede Verantwortlichkeit für die Folgen seiner Handlungen
widerstreitet jedem Begriff des Rechtes und verträgt sich nicht mit der
Staatsorganisation eines freien Volkes. Wir wollen der Deutlichkeit
wegen einige Beispiele geben. Der bekannte Aktuar und Alt-Präsident
des englischen „Institute of Actuaries", Mr. *T. E. Young,* schrieb vor
einiger Zeit in einer englischen Fachzeitschrift, er sei nach reiflicher Erwägung zur Überzeugung gelangt, daß die Bruttoprämie die Grundlage für die Reserveberechnung bilden soll. Falls dieser vortreffliche
Fachmann Aktuar eines Unternehmens wäre, das sich dem Willen eines
Aufsichtsamtes zu fügen hätte, so würde er seiner Überzeugung zu-
widerhandeln und die Nettomethode anwenden *müssen,* wenn dieses
Amt diese Methode bevorzugen sollte. — Man hat mehrere Methoden
zur Deckung der Gründungskosten einer Gesellschaft erfunden, und
unter diesen Methoden ist gewiß diejenige, welche man als die Ein-
zahlung eines „Fonds perdu" zu bezeichnen pflegt, die am wenigsten
wissenschaftliche. Dennoch kann man zu dieser Methode gezwungen
werden, wenn ein in dieser Angelegenheit allmächtiges Aufsichtsamt
amt einer anderen Meinung huldigt.

In jeder Versicherungsgesetzgebung müssen unseres Erachtens die Vorschriften bezüglich der Veröffentlichungen seitens der Gesellschaften an erster Stelle stehen; die Form der zu diesem Zwecke auszufüllenden Formulare ist gesetzlich vorzuschreiben. Behufs richtiger Ausfüllung derselben soll eine fortwährende Aufsicht ins Leben gerufen werden. Überdies kann es wünschenswert sein, die Gründung nicht lebensfähiger Anstalten durch zweckmäßige Vorschriften zu verhindern. Es wäre z. B. zu empfehlen, ein nicht zu niedriges Minimum für das Aktienkapital festzusetzen oder eine Kaution zu verlangen, welche zurückerstattet wird, sobald die Geschäfte einen gewissen Umfang erreicht haben. Man hat bereits die Frage gestellt, ob es wünschenswert sei, eine Lebensversicherungsgesellschaft sich zu einem so riesigen Institut entwickeln zu lassen, daß sie eine Macht im Staate bilden und mit ihren Kapitalien einen maßgebenden Einfluß auf den Geldmarkt ausüben könnte? Die Besorgnis, welche zu dieser Frage Anlaß gibt, scheint mir nicht gänzlich unbegründet. Vielleicht könnte man bestimmen, daß eine Gesellschaft, welche einen derartigen Umfang erreicht hat, daß es kaum möglich ist, ihre Geschäfte zu übersehen und es gefährlich wäre, mit der Verwaltung ihrer riesigen Kapitalien eine einzige Person oder doch einige wenige Personen zu betrauen, auf natürlichem Wege liquidieren soll. Im Falle sie sich dennoch weiter auszubreiten wünscht, wären die neuen Versicherten als die Versicherten einer neuen Gesellschaft zu betrachten, welche von der alten Gesellschaft gänzlich unabhängig verwaltet werden soll.

In denjenigen Ländern, wo man das Verhältnis der Regierung zum Publikum als dasjenige eines Vaters zu seinen unmündigen Kindern betrachtet, hat die Veröffentlichung der Einzelheiten des Betriebes eigentlich gar keinen Sinn, am allerwenigsten für die Versicherten. Sie hat aber dennoch eine gewisse Bedeutung für den Versicherer, und zwar aus nachstehenden Gründen. In allen den Ländern, wovon hier die Rede ist, besteht eine Aufsichtsbehörde, welche mit der Kontrolle über die Gesellschaften oder mit deren Verwaltung belastet ist. Es kann vorkommen, daß diese Aufsichtsbehörde die Gesellschaften mit einer Reihe von Fragen belästigt, von denen die Mehrzahl aus einer Art wissenschaftlicher Neugierde geboren wird und mit der Bonität und der finanziellen Lage der Anstalten in gar keiner Verbindung steht. Die Beantwortung derartiger Fragen kann den Gesellschaften große Unkosten verursachen und ist auch, der Konkurrenz gegenüber, nicht ganz gefahrlos. Es ist nämlich, sogar beim besten Willen, nicht immer möglich, die Korrespondenz mit den Gesellschaften völlig geheim zu halten. Sobald aber gesetzlich bestimmt ist, wie weit die Veröffentlichungen gehen sollen, ist jede Willkür von vornherein ausgeschlossen.

Noch auf einen andern Umstand soll hier hingewiesen werden. Wenn einer Aufsichtsbehörde das Recht zugeteilt wird, nach Willkür jede Frage zu stellen und, wenn die Antwort ihr nicht gefallen sollte, jede von ihr gewünschte Änderung vorzuschreiben, so können den Gesellschaften, und besonders den jüngeren unter denselben, große Schwierigkeiten erwachsen. Es gibt Behörden, welche nicht nur for-

dern, daß die Reserve sehr reichlich dotiert werde, sondern auch —
weil sie den Ergebnissen der Wahrscheinlichkeitsrechnung nur mäßiges
Vertrauen entgegenbringen — verlangen, daß das Aktienkapital intakt
bleibe, daß außerdem eine Extrareserve bis zu einem nicht unansehn-
lichen Betrage formiert und daß ein größeres Kapital als „Fonds
perdu" eingezahlt werde. Die Frage, ob alle diese Forderungen auch
nur einigermaßen mit dem Zuschlag, welcher für Unkosten auf die
Prämien gelegt wurde, übereinstimmt, wird gar nicht in Betracht gezogen.   Führt man das Mißverhältnis zwischen beiden ins Treffen, so
heißt es einfach, man soll die Prämien höher oder die Unkosten niedriger stellen.   In vielen Fällen ist dies aber entschieden unmöglich.
Vom Standpunkt der Behörden aus betrachtet, sind diese Forderungen
vielleicht berechtigt, aber dem Lebensversicherungsbetrieb treten sie
hemmend entgegen.   Ich möchte dem Wunsche Ausdruck geben, daß
die von den Behörden zu stellenden Forderungen *gesetzlich vorgeschrie-*
ben würden, und zwar unter Angabe von Minimaltarifen und von
einem Maximalsatz für Acquisitions- und allgemeine Spesen.   Es
scheint, daß man in Frankreich diesem Wege zu folgen gewillt ist, und
ich kann das nur als vollkommen logisch bezeichnen.   Es werden dann
zwar alle Anstalten zu Verwaltungsbureaus, indem sie aufhören als
Handelsunternehmungen ihre Geschäfte zu führen, aber es ist besser,
die Verantwortlichkeit für abgezwungene Maßregeln auf die Behörde,
welche dieselben durchsetzt, zu übertragen, als selbst Versicherer zu
bleiben, ohne der eigenen Einsicht folgen zu dürfen.

Ich glaube, daß derartige „Aufsichtsbehörden", welche faktisch
die Verwaltung führen, gewöhnlich ins Leben gerufen sind mit dem
Auge auf die Volksversicherung.   Ich will damit keinesfalls sagen,
daß die Volksversicherungsanstalten dazu einen besonderen Anlaß gegeben haben; aber ich finde es begreiflich, daß man sich eher dazu ent-
schließt, denjenigen Versicherten Schutz zu gewähren, die oft nicht
einmal wissen, bei welcher Gesellschaft sie versichert sind, die im
Rechnen wenig oder gar keine Übung haben, die in der Führung ihrer
eigenen Geschäfte oft nachlässig sind und nicht immer wissen, in
welcher Weise sie sich anderen gegenüber Recht verschaffen können —
als denjenigen, die in Kenntnissen, Bildung, gesellschaftlicher Stellung
und Wohlhabenheit den verwaltenden Beamten gleich oder überlegen
sind.   Die Versicherten letzterer Kategorie können über die Vertrauenswürdigkeit der Anstalten ebenso richtig urteilen als die Staats-
behörden selbst, und, gesetzt den Fall, daß sie es *nicht* können, so
wissen sie ganz genau, wie und wo zuverlässige Erkundigungen ein-
zuziehen sind.   Deshalb wird meines Erachtens das System der *Staats-*
verwaltung allmählich verschwinden, je nachdem der Sinn für Versicherung unter den besseren und vermögenden Klassen der Gesellschaft
zunimmt.

Wie bereits gesagt, ich glaube kaum, daß man je zu einer Vereinheitlichung der Rechtsvorschriften über die Staatsaufsicht kommen
wird.   Es ist dafür der Unterschied zwischen den beiden Systemen,
welche man mit den Namen Staats*regelung* und Staats*verwaltung* an-
deuten könnte, allzu groß.   Ich glaube z. B., daß die Engländer nie

und niemals darin zustimmen würden, das System, so wie es jetzt im Deutschen Reiche besteht, in England einzuführen, während man sich in Deutschland in absehbarer Zeit nicht zum englischen System bekehren wird.

Man wird mir vielleicht entgegenführen, daß das deutsche System nur eine Beaufsichtigung und keineswegs die Verwaltung der Gesellschaften bezweckt und mich auf den Umstand hinweisen, daß die deutschen Behörden, sowie die englischen, sich darauf beschränken, den Anstalten Fragen zur Beantwortung vorzulegen. Es sind aber diese Fragen in England gesetzlich vorgeschrieben, während das deutsche Aufsichtsamt jede Frage, die ihm einfällt, auch richtig stellen kann; überdies aber enthalten sich die englischen Behörden jeder Kritik, die deutschen aber haben das Recht, nicht nur eine gegebene Antwort als unstatthaft zu bezeichnen, sondern auch mit dem Fragen so lange fortzufahren, bis sie eine Antwort bekommen, die mit ihren Auffassungen übereinstimmt. Dieses willkürliche Fragesystem sollte, in möglichst vollständiger Form, durch bestimmte gesetzliche Vorschriften ersetzt werden; es würde dies die Schnelligkeit im Verkehr mit dem Amte fördern und gleichzeitig die Anstaltsverwaltungen einer Verantwortlichkeit entheben, welche auf sich zu nehmen sie sich weigern müssen.

Bis jetzt haben wir uns beschränkt auf die Besprechung der Aufsicht auf die inländischen Gesellschaften. Wir lassen unsere diesbezüglichen Konklusionen hier in knappster Form folgen:

1. Vereinheitlichung der diesbezüglichen Rechtsvorschriften ist nicht möglich. Die gesetzlichen Bestimmungen werden sich in Ländern, wo man das versicherungsbedürftige Publikum ohne die Hilfe von Staatsbeamten zum Urteilen über die Vertrauenswürdigkeit der Anstalten unfähig erachtet, anders gestalten als in denjenigen Staaten, wo man den Staatsbürgern die Freiheit läßt, sich selbständig ein Urteil zu bilden über die Frage, was ihnen dienlich ist und was nicht.

2. In den Ländern ersterer Kategorie soll das Gesetz in allen Einzelheiten die Ausübung des Betriebes regeln und bestimmte Vorschriften geben mit bezug auf die Sterblichkeitstabellen, die Minimaltarife, den Maximalsatz für Akquisitions- und allgemeine Spesen usw. Den Versicherungsbehörden wird die Kontrolle übertragen auf die genaue Befolgung des Gesetzes; eine unbeschränkte Vollmacht wird ihnen niemals erteilt. Die Regierungen haften für die Erfüllung der von den Anstalten übernommenen Verpflichtungen.

3. In den übrigen Ländern soll das Gesetz die Fragen festsetzen, welche allen Gesellschaften zur Beantwortung vorgelegt werden. Den Behörden muß das Recht zustehen, über die eingelaufenen Antworten nähere Erklärungen zu verlangen, welche gleichzeitig mit den Antworten veröffentlicht werden. Für die Festsetzung der Fragen kann das englische Gesetz als Leitfaden dienen, wobei aber den später in Vorschlag gebrachten Abänderungen in demselben Rechnung zu tragen ist.

4. Jede Gesellschaft soll bei ihrer Gründung ein Aktienkapital besitzen und eine Kaution stellen zum Betrage von mindestens 2 000 000 Mk. (100 000 £) zusammen, ohne Hinzurechnung des nicht eingezahlten Teiles des Aktienkapitals.

5. Mit bezug auf die unter 3 erwähnten Fragen soll ein Unterschied gemacht werden zwischen den Volksversicherungs-Gesellschaften und den Anstalten, die nur größere Versicherungen abschließen.

6. Die Kontrolle seitens der Behörden auf die Richtigkeit der gemachten Angaben soll immer gestattet sein.

Über die Regelung der Liquidation und Fusion von Gesellschaften, über Geld- und andere Strafen usw. schweige ich hier gänzlich. Es sind dies keine Hauptsachen und sie bieten kaum Anlaß zu Mißbräuchen, weder seitens der Anstalten, noch seitens der Behörden.

Wenn schon bezüglich des Obengesagten die größte Meinungsverschiedenheit herrscht, und die Schwierigkeiten, zu einer befriedigenden Lösung zu gelangen, sich förmlich anhäufen, so ist dies in noch viel höherem Maße der Fall, wenn es sich um die Zulassung und Verwaltung ausländischer Anstalten handelt.

Daß die Versicherung ein internationales Institut ist, wird allgemein anerkannt, und meines Wissens nach hat noch kein einziger Staat die ausländischen Anstalten vom Geschäftsbetrieb im Inland ausgeschlossen. Aber dennoch legt man sich in vielen Ländern die Frage zur Beantwortung vor, ob nicht die ausländische Konkurrenz den inländischen Gesellschaften einen Schaden zufügt, und diese Frage an und für sich hat schon eine etwas protektionistische Farbe. Ich wünsche hier der Neigung zum Protektionismus keinesfalls entgegenzutreten, sondern einfach zu konstatieren, daß ich ein überzeugter Freihändler bin und im Interesse meines Volkes herzlich hoffe, daß es sich nie auf protektionistische Wege verirren wird. Es ist in unseren Tagen gar oft die Rede von der Politik der „offenen Tür", aber auch in diesem Falle wünschen viele Leute eine offene Tür nur für sich selbst bei anderen, während sie die eigene Tür am liebsten gut verschlossen halten. Wie dem aber auch sei, wir wollen einmal annehmen, daß alle Nationen ihren Schwesternationen die Tür öffnen und sie mit der ausgesuchtesten Höflichkeit zum Hereintreten einladen. Unter den Eintretenden gibt es nun eine Lebensversicherungsgesellschaft, die den inländischen Behörden (welche nicht immer und überall Weltbürger sind) unbekannt ist. Wenn diese Gesellschaft aber einen Empfehlungsbrief von einem geschätzten Freunde in der Tasche hat, so fordert die Höflichkeit diesem Freunde gegenüber ihre Zulassung. Lassen wir aber die Bildersprache beiseite.

Ich kann mir denken, daß es Ursachen geben kann, die es wünschenswert erscheinen lassen, eine ausländische Versicherungsanstalt vom inländischen Geschäftsbetrieb auszuschließen. Wenn z. B. die Regierung des Landes A für die Zulassung der Anstalten aus dem Lande B derartige Bedingungen stellt, daß es unmöglich ist, dieselben zu erfüllen, so ist es begreiflich, daß die Regierung des Landes B nicht gesinnt ist, den Anstalten aus dem Lande A den Zulaß zu gewähren. Oder wenn eine Anstalt ihren Sitz in einem Lande hat, wo die gesellschaftlichen Verhältnisse noch ungeregelt sind und die europäische Kultur noch kaum bekannt ist, so erachte ich es nur für lobenswert, daß die Regierung eines anderen Landes sorgfältig zu untersuchen wünscht, wie die Gesellschaft eingerichtet ist und auf welche Weise sie zu arbeiten beabsichtigt. „Unbekannt macht unbeliebt," sagt ein holländisches Sprichwort. Aber bei der innigen Liebe, welche die Völker und Regierungen der Kulturstaaten einander entgegenbringen und beim allgemeinen Verlangen nach der Politik der „offenen Tür", könnte man voraussetzen, daß alle Gesellschaften in allen Ländern Versicherungsverträge abschließen dürfen, vorausgesetzt, daß sie in dem Lande, wo sie ihren Sitz haben, nach den dortigen Gesetzen gegründet wurden und arbeiten. Dem ist aber bei weitem nicht so. In den meisten Ländern werden die Gesetze der anderen Länder von den Versicherungsbehörden kritisiert, die in ihrem Urteil gewöhnlich vollständig frei sind. Fällt diese Kritik günstig aus, so können die Gesellschaften zugelassen werden. Sollten dieselben aber wirklich die Zulassung begehren, so haben sie sich den Gesetzen des fremden Landes zu unterwerfen und den Auffassungen, Einsichten und Vorschriften der fremden Versicherungsbehörden zu fügen. Diese Forderung kann sich sogar nicht nur auf den Betrieb im fremden Lande, sondern auf den *ganzen* Betrieb, selbst im Heimatslande der betreffenden Anstalt, beziehen. Dieser letzten Forderung kann sich meines Erachtens keine Anstalt fügen. Insoweit es die Befolgung der fremden Gesetze für den Geschäftsbetrieb im fremden Lande selbst gilt, könnte man eine Abhilfe schaffen, indem man die Gesellschaft in Abteilungen teilt, deren jede dem Gesetze eines anderen Landes unterworfen ist. Es ist dies aber in regelrechtem Widerspruch mit dem richtigen ökonomischen Begriff der Versicherung, nach welchem die sämtlichen Versicherten das Gesamtrisikò tragen sollen. Diejenigen Behörden, die für ein bestimmtes Land eine separate Bilanz und ein separates Gewinn- und Verlustkonto sowie eine separate Reserveberechnung verlangen, scheinen diese einfache Wahrheit nicht zu verstehen. Die Forderung, den ganzen Geschäftsbetrieb einer fremden Anstalt (sogar in anderen Ländern und in ihrer Heimat) zu beaufsichtigen und zu regeln, widerstreitet aber in dem Maße jedem Begriff des internationalen Rechtes und jedem patriotischen Gefühl, daß man eine Gesellschaft, die sich derselben fügt, nicht mehr mit dem Namen des Landes bezeichnen kann, wo sie ihren Sitz hat.

In anderen Ländern verlangt man, daß eine fremde Gesellschaft, welche um die Erlaubnis zum Geschäftsbetrieb anhält, den Behörden über die Art und Weise, wie sie den Betrieb ausübt, ausführliche Auskünfte erteile. Wenn diese Auskünfte nicht befriedigend ausfallen, müssen in Übereinstimmung mit den Ansichten der Aufsichtsbehörden Änderungen vorgenommen werden. Wenn aber die Zulassung einmal stattgefunden hat, so ist die Anstalt in der Konkurrenz mit den einheimischen Anstalten völlig frei. Es läßt sich dieses System aus triftigen Gründen verteidigen, wenn nur die Behörden in ihrer Kritik nicht gänzlich frei, sondern gewissen gesetzlichen Vorschriften unterworfen sind; denn man kann schwerlich voraussetzen, daß jeder einzelne der beaufsichtigenden Beamten jede Frage in derselben Weise beurteilen wird, und überdies ist es für die um die Konzession anhaltende Gesellschaft von größter Wichtigkeit, mit dem Urteil der Behörden bezüglich derjenigen Fragen, die zu Meinungsverschiedenheiten Anlaß geben können, im vornherein bekannt zu sein. Auch ist es wünschenswert, daß dieses Urteil sich nicht bei jedem Personenwechsel im Aufsichtsamte ändere.

Es gibt aber gegen dieses System eine Beschwerde, die es faktisch für die Praxis wertlos macht. Jede bereits zugelassene fremde Gesellschaft könnte nachher in ihr Arbeitssystem Änderungen einführen, ohne davon die Behörden des fremden Landes in Kenntnis zu setzen. Um diesem Übel vorzubeugen, ist eine fortwährende Beaufsichtigung der Operationen der Gesellschaften notwendig und eben gegen diese Beaufsichtigung muß man aus den bereits angeführten Gründen Stellung nehmen.

Die Lösung dieser Frage wird noch infolge des auf diesem Gebiet herrschenden Mangels an Aufrichtigkeit beträchtlich erschwert. Glaubt man in der Tat, daß die Regierungen derjenigen Länder, welche den fremden Gesellschaften freien Zutritt gewähren, sich in viel geringerem Maße für ihre versicherten Landesgenossen interessieren als die Regierungen in anderen Staaten, wo man diesen Gesellschaften genau vorschreibt, was sie zu tun und zu unterlassen haben? Glaubt man wirklich, daß den Versicherten in jenen Ländern größere Gefahren drohen als in diesen? Die Erfahrung hat das Gegenteil bewiesen. Glaubt man in der Tat, daß die Vorschriften der Herren X oder Y für die Bonität der Anstalten von größerer Bedeutung sind als die Mitwirkung der bekanntesten Aktuare? Wenn es sich wirklich nur darum handelt, unsoliden Anstalten den Zutritt zu verhindern, so soll man in der Heimat der Gesellschaften Erkundigungen über ihre Vertrauenswürdigkeit einziehen und dabei auch die Personen ihrer Direktoren, Verwaltungsräte, Aktuare, Chef-Ärzte, Bankiers usw. berücksichtigen. In meiner Heimat arbeiten 16 deutsche, 15 französische, 14 englische, 6 amerikanische Anstalten; überdies noch eine österreichische, eine belgische, eine schweizerische und eine dänische Gesellschaft, im ganzen also 55 ausländische Unternehmungen, ohne daß man sie in irgend welcher Weise belästigt. Die inländischen Gesellschaften in meinem kleinen Lande fürchten sich aber keineswegs vor der Konkurrenz mit den fremden Schwester-Anstalten, sondern sie erachten deren Einfluß für einen wirklichen Segen für unser Fach. Die Konkurrenz wird aber nicht überall in diesem Lichte betrachtet, und dennoch hat sie unendlich viel Gutes zustande gebracht, hauptsächlich durch ihren Einfluß auf ältere Gesellschaften, welche früher ein schweres Geld verdienten und sich wenig geneigt zeigten, sich jetzt mit weniger zufrieden zu geben. Im allgemeinen ist es nicht empfehlenswert, den Direktoren älterer Anstalten einen großen Einfluß auf die Gesetzgebung einzuräumen: gewöhnlich hängen dieselben allzu sehr an veralteten Auffassungen und verhindern demzufolge die Einführung neuer Ansichten und frischer Gedanken in unsern Betrieb.

Wir geben uns keinen Augenblick der Hoffnung hin, daß man den Anstalten, welche sich eines guten Rufes erfreuen, überall den Zutritt gewähren wird. Bevor es so weit kommt, müssen erst die großen Fehler des Systems der Staatsverwaltung klar ans Licht treten. Wir müssen dem Zeitgeist Rechnung tragen und dieser zeigt fast überall auf das Zuschließen der „offenen Tür" hin. Seien wir also vernünftig und bereiten wir einander keine Unannehmlichkeiten! Diejenigen Anstalten, welche ihren Geschäftsbetrieb auf Länder auszudehnen wünschen, wo die Staatsverwaltung auf unserem Gebiet besteht, sollen sich — wie ich auf dem Kongreß zu New York bereits in Vorschlag brachte — dazu entschließen, in diesen Ländern separate Gesellschaften zu gründen. Wenn es den Behörden ernst ist mit der Behauptung, daß es ihnen nur darum zu tun ist, die Versicherten vor finanziellen Verlusten zu schützen, so liegt keine Ursache vor, warum sie sich diesem Vorschlag widersetzen und den ausländischen Gesellschaften, welche ihn zu befolgen wünschen, Schwierigkeiten bereiten würden. Es ist selbstverständlich, daß diese neu zu gründenden Gesellschaften sich in allem dem Willen der Aufsichtsbehörden zu fügen haben, aber anderseits ist es ebenfalls selbstverständlich, daß man sie in genau derselben Weise als die inländischen zu behandeln hat. Man würde in diesem Falle darin zustimmen müssen, daß die Mehrzahl der Aktien einer derartigen Gesellschaft sich im Besitz einer ausländischen Lebensversicherungsgesellschaft befände, und dieser Gesellschaft müßte seitens der Regierung ihres Landes die Erlaubnis erteilt werden, einen Teil ihres Besitzes in Aktien einer ausländischen Lebensversicherungsgesellschaft anzulegen. Man könnte außerdem besondere Garantien fordern und z. B. verlangen, daß die zur Bildung der Reserve bestimmten Gelder oder die Wertpapiere zur Deckung derselben unter die unmittelbare Aufsicht der Behörden zu stellen seien, welche letztere dann für die sichere Aufbewahrung derselben haften. Ich glaube, daß nur auf diese Weise einer Gesellschaft, welche im Lande A ihren Sitz hat, die Gelegenheit eröffnet werden kann, im Lande B ihren Betrieb auszuüben, wenn der B'schen Behörde das Recht zustehen soll, den Gesamtbetrieb der ausländischen Gesellschaft zu überwachen, sogar in den Ländern C und D, wo sie Zweigniederlassungen hat. Wie bereits bemerkt, darf meines Erachtens keine Gesellschaft dieses Recht anerkennen. Eine Forderung in diesem Sinne steht der Ausschließung der fremden Gesellschaften gleich, und die Gesellschaften, welche sich derselben fügen, können nur als zu demjenigen Landen gehörig betrachtet werden, nach dessen Gesetzen sie sich einzurichten haben.

Ich möchte aber nicht den Schein erwecken, als ob ich die Gründung derartiger separaten Gesellschaften als etwas vortreffliches empfehlen würde. Am liebsten würde ich sehen, daß in denjenigen Ländern, wo die Staatsverwaltung auf unserem Gebiet besteht, überhaupt keine einzige fremde Gesellschaft tätig wäre. Es ist dies aber nicht möglich, weil so manche fremde Gesellschaft bereits vor der Einführung des diesbezüglichen Gesetzes in einem solchen Lande arbeitete und daselbst vielleicht mit großen Kosten eine ausgebreitete Organisation zustande brachte. In diesem Falle darf sie die Versicherten nicht ihrem Geschick überlassen und die Kosten, welche sie auf die Organisation anwendete, nicht einfach als verlorenes Geld betrachten. Zwar wird sie sich Einsichten und Auffassungen unterwerfen müssen, die vielleicht aus triftigen Gründen angefochten werden können, ich halte es aber für nicht unwahrscheinlich, daß das System der Staatsverwaltung sich nicht lange halten wird. Es ist dies zwar eine gänzlich persönliche Auffassung, sie entspricht aber der bekannten Wahrheit, daß der zu straff gespannte Bogen bricht.

Es ist eine angenehme Empfindung, nachdem man längere Zeit im struppigen Gebüsch der zur Aufrechterhaltung der Staatsverwaltung ausgedachten Vorschriften herumgeirrt hat, sich in die Regelung der Lebensversicherung in England zu vertiefen, wo von Unregelmäßigkeiten so gut wie niemals die Rede war und jede ausländische Gesellschaft, nachdem sie eine gewisse Kaution geleistet, ihren Betrieb in vollständiger Freiheit ausüben kann. Auch in Belgien und Holland ist dies der Fall (sogar ohne Leistung einer Kaution), aber hier fehlt jede gesetzliche Regelung, ein Mangel, der durch die Überzeugung, daß jedes inkorrekte Vorgehen den Anstalten und ihren Direktoren einen Schaden zufügt, nicht gänzlich wettgemacht wird. Die neue Regelung in Frankreich ist zwar nicht so liberal als die englische, sie schließt aber jede Willkür aus und huldigt dem Protektionismus in nicht übertriebenem Maße, obwohl dessen Einfluß auch hier unverkennbar ist.

Daß der Versicherungsbetrieb und besonders der Lebensversicherungsbetrieb sich der Theorie anzuschließen hat, und daß die Praxis diesem Umstand Rechnung tragen muß, wird heutzutage wohl ebenso allgemein anerkannt als daß die Theorie die Forderungen der Praxis berücksichtigen soll. Die Versicherungsbehörden aber kümmern sich meines Erachtens viel zu wenig um die Praxis. Die Lebensversicherung ist ein Handelsgeschäft, und es ist unmöglich, ein Handelsgeschäft nach unveränderlichen Regeln und weitläufigen Theorien zu treiben. Man soll im geeigneten Augenblick selbständig zu handeln imstande sein, und wenn die Umstände sich ändern, soll man frei sein, einen neuen Kurs zu halten, ohne sich im vornherein davon überzeugen zu müssen, ob diese oder jene Behörde dagegen vielleicht etwas einzuwenden hat. Die Hauptsache ist, daß man es mit Männern anerkannter Rechtschaffenheit, Vertrauenswürdigkeit und Fähigkeit zu tun hat. Und solche Männer gibt es doch wohl noch unter den Vorständen der Lebensversicherungsgesellschaften. Natürlich kommen auch hier Ausnahmen vor; hieraus sollte man aber nie Anlaß nehmen, den ganzen Betrieb unter Kuratel zu stellen! Es gibt Behörden, welche zwar behaupten, daß sie von ihrem Recht zur Einmischung in die Einzelheiten der Verwaltung ausländischer Gesellschaften (mit Zweigniederlassungen in mehreren europäischen und nicht-europäischen Ländern) keinen oder doch nur einen sehr mäßigen Gebrauch machen werden; auf dieses Recht aber kommt es hier an, und dieses Recht sollte ihnen nie und nirgends gewährt werden.

Meine „Desiderata" mit Bezug auf das Verhältnis zwischen den Regierungen und den ausländischen Gesellschaften sind also folgende:
1. In allen Staaten, wo der Lebensversicherungsbetrieb noch nicht gesetzlich geregelt ist, soll diese Regelung sobald wie möglich zur Hand genommen werden.

2. In allen Staaten, wo man sich auf die gesetzliche Vorschreibung der Publizität mit Bezug auf die Verwaltung der Gesellschaften beschränkt, soll auch die einheitliche Form dieser Publizität gesetzlich vorgeschrieben werden. Alle ausländischen Anstalten, die sich diesen Vorschriften unterwerfen, sollen zum Geschäftsbetrieb żugelassen werden.

3. Keine Gesellschaft soll sich der Forderung seitens der Versicherungsbehörden irgend eines Landes zur Einmischung in den Geschäftsbetrieb auch außerhalb dieses Landes fügen. Diejenigen Gesellschaften aber, die sich früher auf sich genommener Verpflichtungen wegen nicht gänzlich aus dem betreffenden Lande zurückziehen können, sollen daselbst eine separate Gesellschaft ins Leben rufen.

4. Anstalten, die ihren Geschäftsbetrieb auf fremde Länder auszudehnen wünschen, sollen sich den dortigen Gesetzen ohne weiteres unterwerfen, wenn dieselben ihnen keine oder doch keine allzu große Einschränkungen der Betriebsfreiheit auferlegen und vorausgesetzt, daß sie annehmen, auch bei der Befolgung dieser Gesetze noch einen Gewinn erzielen zu können.

5. Die Auffassung, es sei nicht wünschenswert, daß ausländische Gesellschaften im Inland einen Gewinn erzielen, soll (nicht nur mit Worten, sondern auch in der Tat) überall als unstatthaft und als der internationalen Höflichkeit widerstreitend bezeichnet werden.

Man soll nie vergessen, daß man weder Menschen noch Gesellschaften mittels Zwangsmaßregeln besser machen kann. Ich möchte vielmehr das Gegenteil behaupten. Eben weil man sie auf diese Weise schlechter macht, kommt man dazu, den Zwang immer mehr zu verschärfen, die Schnüre immer straffer anzuziehen. Vor Diebstahl, Urkundenfälschung, Betrug usw. schützt jeden Staatsbürger das Strafgesetz. Eine Strafe aufzuerlegen, weil man in geschäftlicher Hinsicht einer andern Meinung huldigt als die Versicherungsbehörden (denn darauf kommt in einigen Ländern das Versicherungsgesetz hinaus), kann man aber nur als eine Erinnerung an das Mittelalter betrachten. Mit vollem Recht hat man gesagt: „Frei zu sein ist, sich verantwortlich zu fühlen". Wenn man einem Volke das Gefühl der Verantwortlichkeit nimmt, nimmt man ihm gleichzeitig die Gedankenfreiheit.

Sorgen wir dafür, daß die Gedankenfreiheit, das Ergebnis so vieler blutiger und unblutiger Kämpfe der letzten Jahrhunderte, uns unversehrt bewahrt bleibe.

Propositions pour une uniformisation des dispositions légales en ce qui concerne les renseignements à fournir aux autorités.

Par S. R. J. van Schevichaven, Amsterdam.

Sous le numéro XIII du programme des travaux du congrès actuel nous trouvons un sujet portant le titre français qui se trouve en tête du présent travail. Ce qui doit frapper le congressiste à première vue, c'est que non seulement les traductions dans les programmes allemand et anglais ne rendent pas littéralement le texte français, mais surtout que la portée de la question a été complètement modifiée par cette traduction même. Les termes de la traduction allemande sont: „Vorschläge zu einer Vereinheitlichung der Rechtsvorschriften über die Staatsaufsicht"; voici ceux de la traduction anglaise: „The uniformity of legal requirements, especially as regards reports to be made to the insurance authorities"; pour être complet, nous ajoutons que les Américains se sont servis des termes suivants: „The uniformity of reports to insurance authorities".

Il nous semble que l'expression allemande „Rechtsvorschriften" correspond assez exactement au français „dispositions légales" et à l'anglais „legal requirements"; par contre, là où le texte allemand parle de dispositions légales „pour le contrôle de l'État" („über die Staatsaufsicht"), les textes anglais et français suppriment complètement ces termes; à les lire, on dirait que les propositions susdites doivent se rapporter principalement aux renseignements que les compagnies sont tenues de fournir aux autorités chargées du contrôle des compagnies d'assurances. A en juger d'après le texte américain, ce serait même là l'unique objet des délibérations.

Le manque d'uniformité dans la façon de rendre le sujet qui fait le fond de nos débats, nous parait de mauvais augure pour l'uniformité à introduire dans la législation. Pour tirer l'affaire au clair, nous nous efforcerons de rechercher d'abord ce qu'il faut entendre, dans le sujet qui nous occupe, par le contrôle de l'État („Staatsaufsicht").

A nos yeux, il est urgent que le gouvernement contrôle l'industrie des assurances-vie. Le gouvernement n'est-il pas appelé à contrôler tout et tous? Y a-t-il quelque chose qui puisse être soustrait au contrôle de l'État? Si l'on donne une réponse affirmative à la première question, une réponse négative à la seconde, on nous concédera probablement que dorénavant on fera bien de ne plus parler du „contrôle de l'État", mais d'une „réglementation légale"; en effet, c'est sous la forme d'une loi spéciale que doivent être codifiés le droit de l'État à un contrôle spécial à exercer sur l'industrie des assurances et les modalités à suivre pour l'exercice de ce droit. La question se présente alors de savoir si l'affaire peut être réglée par une loi contenant des dispositions générales, se rapportant aussi à d'autres institutions ou par une loi spéciale.

La réponse à donner à cette question dépend de la catégorie d'institutions dans laquelle les gouvernements des différents pays rangent les sociétés d'assurances, et de la législation appliquée à ces catégories. Comme cette réglementation n'est nulle part la même, et qu'à nos yeux il n'y aurait pas d'objections fondées à faire à la réglementation spéciale d'une partie d'une catégorie, pourvu qu'on eût soin d'éviter les inconséquences par rapport à la réglementation générale, nous sommes d'avis que, pour arriver autant que possible à l'uniformité, il faut réglementer par une loi spéciale l'industrie des assurances.

Une loi pareille doit tendre à sauvegarder les intérêts des assurés autant que ceux des assureurs, en tenant compte du fait que les intérêts des deux parties sont les mêmes en bien des cas, et que, par rapport à l'extension donnée à notre industrie, le besoin d'un contrôle gouvernemental s'est fait sentir rarement, ou en tout cas à un degré moindre comparativement aux autres industries. Un contrat lie assureur et assuré; à nos yeux le rôle de l'État doit se borner à surveiller l'exécution stricte de ce contrat par les deux parties. Cependant les deux parties contractantes ne se trouvent pas dans la même situation l'une vis-à-vis de l'autre : l'assuré commence par faire des versements, et si l'assureur, au moment où il s'agira de faire honneur à ses engagements, se trouve ne pas être à même d'y faire face, l'assuré en est pour le montant des sommes versées, s'exposant à ne pas toucher ou bien à ne toucher qu'en partie la somme qui lui revient. C'est là une chose à laquelle il faut veiller, et il me semble qu'il ne sera pas difficile de trouver des mesures répondant à ce but.

De divers côtés on a insisté sur le fait que l'assuré n'est pas à même de juger de la solvabilité de la compagnie chez laquelle il souscrit une police ; il ignore si les primes versées sont suffisantes, si les frais généraux sont trop élevés, si les réserves ont été calculées d'une façon exacte, si les placements s'effectuent en valeurs de tout repos, etc. C'est pourquoi l'assuré doit donner mission au gouvernement, c'est-à-dire à ses fonctionnaires, d'en juger en connaissance de cause, et laisser entraver sa liberté. D'un avis diamétralement opposé ceux qui croient cette opinion contraire à toute idée de liberté individuelle. Cette argumentation, appliquée systématiquement, entraînerait des mesures devant lesquelles l'autocratie la plus bornée reculerait. On ne s'explique pas que là où le grand public, au moyen du suffrage universel, tranche les questions les plus ardues et les plus importantes, ce même grand public se voie refuser le droit de placer sa confiance là où il croit bon de le faire. Qui conférerait à ses enfants mineurs le droit de décider de la façon dont on les traitera et élèvera ?

Mais ce n'est pas ici le lieu de présenter des critiques. Nous avons simplement à constater le fait qu'il existe des pays habités de nations préférant à tout leur complète liberté individuelle, à côté d'autres pays pour la population desquels cette liberté compte peu ou point et qui se contente de pouvoir vivre librement dans un cercle étroitement limité. Il m'est arrivé, un jour, en Russie, de rencontrer un Hollandais, qui y était établi depuis 40 ans; quand je lui eus demandé s'il n'aimerait pas rentrer en Hollande, il me répondit: „Oh!

non, ici on est bien plus libre de faire ce qu'on veut qu'en Hollande, pourvu qu'on ne s'occupe pas des choses dont le gouvernement n'admet pas qu'on s'occupe". C'est là une façon d'envisager les choses à laquelle on aboutit quand on n'a pas été depuis longtemps en possession de la liberté individuelle.

Or, nous ne sommes pas d'avis qu'il soit possible de faire droit à ces deux conceptions en les englobant dans une seule réglementation légale uniforme. Il en est de cette question comme de celle du mouvement pacificiste. Tous les gouvernements de tous les pays déclarent vouloir la paix, pourvu que la volonté d'un seul ait force de loi pour tous les autres. A leurs yeux il est pourtant évident que, pour devenir cette puissance exerçant la suprématie, il ne faut pas reculer devant une guerre.

Si nous parcourons les réglementations légales chez les différentes nations, nous constatons des extrêmes, d'une part en Belgique et en Hollande où les lois spéciales font défaut pour plusieurs branches d'assurances, et, d'autre part, dans l'empire allemand où les institutions privées d'assurances sont considérées comme des bureaux d'administration, soumis aux volontés des autorités en matière d'assurances là où elles seraient portées à faire valoir leurs propres opinions. Entre ces deux extrêmes se trouvent, pour commencer par les nations les plus avides de liberté et pour nous borner aux principales, l'Angleterre, la Hongrie, la Suisse, la France, l'Autriche, la Russie, les États-Unis de l'Amérique du Nord, etc. Quoique nous reprouvions également l'état de choses dans les pays placés sous les régimes extrêmes, nous nous croyons autorisé à insister sur le fait que, malgré l'extrême liberté de notre industrie en Hollande, il ne s'est pas présenté, dans la dernière cinquantaine d'années, d'irrégularités d'importance dans le domaine de l'industrie des assurances, de sorte que le besoin de protection pour les assurés ne s'y fait pas sentir d'une façon immédiate. Et nous croyons qu'on pourra en dire autant de l'Angleterre, où existe une réglementation légale qui n'empiète en rien sur la liberté individuelle et qui, à nos yeux, pourra servir de modèle à d'autres pays, pour les grandes lignes de la législation. En Angleterre il y a un contrôle effectif, mais qui se borne à rechercher si les prescriptions légales sont rigoureusement observées. Cela diffère complètement de la création d'une institution appelée à contrôler si les vues des directions des compagnies particulières sont conformes aux siennes propres, si les résultats de l'expertise scientifique faite par les professionnels les plus connus et les plus autorisés se trouvent d'accord avec les dogmes immuablement fixés par cette institution, si l'opinion de professionnels renommés en matière d'affaires financières n'est pas contraire à sa propre façon de les envisager. Dans le dernier cas, il ne s'agit plus d'un contrôle, mais d'une gestion exercée par des hommes qui ne sont pas responsables des conséquences de leurs prescriptions et qui ne comptent pas toujours parmi les spécialistes les plus autorisés et les plus éminents.

Qu'on veuille édicter des prescriptions détaillées, quand on manque de confiance dans les capacités et la sincérité des directions ou qu'on n'ose pas se fier au bon sens du public, voilà une opinion devant laquelle nous n'avons qu'à nous incliner. Mais alors il faut codifier ces prescriptions, et surveiller de prés l'observation de cette loi. La création d'une institution gouvernementale d'un pouvoir illimité et qui n'est pas responsable des suites de ses actes de gestion, est en contradiction flagrante avec toute idée de droit, et constitue une mesure inadmissible dans le régime d'un peuple libre. Qu'on nous permette de donner quelques exemples pour exposer clairement notre opinion. Mr. *T. E. Young,* l'actuaire bien connu, ancien président de l'„Institute of Actuaries" d'Angleterre, a dernièrement, dans une feuille technique anglaise, exposé que, après mûre réflexion, il avait acquis la conviction que c'est la prime brute d'une société d'assurances-vie qui doit servir de base au calcul de la réserve. Si cet éminent savant était actuaire d'une compagnie sujette aux prescriptions d'une institution gouvernementale, il devrait ne pas tenir compte de sa conviction et prendre pour base la prime nette, si cette institution préférait cette méthode de calcul. Voici un autre exemple pour étayer notre opinion: on a combiné différentes méthodes pour pourvoir aux frais de constitution d'une société, parmi lesquelles une des moins scientifiques consiste à faire un versement à fonds perdu. Pourtant une institution toute-puissante en matière d'assurances pourrait nous y contraindre, si c'était là son avis, quelle que fût notre propre opinion.

Dans toute législation en matière d'assurances la publicité de l'entreprise constitue un élément primordial; à cet effet il faut remplir des tableaux à fixer par la loi. Il faut surveiller exactement la façon dont on remplit ces états. Ensuite on peut prescrire des mesures pour combattre la constitution de compagnies qui, à l'époque de la création, portent déjà en elles les germes de la mort. Peut-être il serait recommandable de stipuler un capital social à minimum assez élevé, ou le versement d'une caution, à rendre si les affaires prennent de l'extension. On s'est demandé s'il convient qu'une compagnie d'assurances s'étende à ce point qu'elle forme une puissance dans l'État et que, grâce à ses capitaux, elle exerce une influence prépondérante sur le marché financier? Cette question trahit des appréhensions assez fondées à nos yeux. On pourrait stipuler peut-être qu'une compagnie arrivée à un tel degré d'extension qu'il est difficile d'embrasser le total des affaires et de confier la gestion de ses énormes capitaux à une ou deux personnes, doit liquider ses affaires d'une façon normale, et que, si elle veut continuer à donner de l'extension à ses affaires, les nouveaux admis doivent être considérés comme les assurés d'une compagnie nouvelle à gestion spéciale.

Dans les pays où les rapports entre le gouvernement et la nation ont le caractère de ceux qui lient un père à ses enfants mineurs, la publicité manque de raison d'être, du moins par rapport aux assurés. Mais elle importe aux assureurs, pour la raison suivante. Dans tous ces pays existe une institution, comme celle que nous venons de décrire, chargée de contrôler ou de gérer les sociétés. Or, il peut arriver qu'une institution pareille poursuive les compagnies d'une série de questions inspirées souvent par le goût des curiosités scientifiques ou bien simplement par la curiosité, mais qui n'ont aucun rapport avec la solvabilité ou l'état

financier des compagnies.   La solution de ces problèmes entraîne quelquefois pour les compagnies des frais considérables et elle n'est pas
exempte d'un certain danger au point de vue de la concurrence, car,
malgré la meilleure volonté on ne saurait avoir soin que la correspon-
dance avec les compagnies reste strictement secrète.   Si la loi délimite
exactement le degré de publicité, tout arbitraire sera exclu.

Nous devons relever ici une autre question.   Si une institution du
caractère précité a reçu le droit de dresser arbitrairement des question-
naires et de prescrire des modifications toutes les fois que les réponses
reçues ne sont pas satisfaisantes à ses yeux, ce droit peut causer de
grandes difficultés aux compagnies, spécialement aux compagnies de
fondation récente.   Il y a telle institution qui désire que la réserve soit
calculée sur de larges bases et qui, tenant en piètre estime les résultats
du calcul des probabilités, demande que le capital social ne soit pas
écorné, qu'on constitue en outre une réserve extraordinaire se montant
à une somme assez importante et qu'on verse une somme assez forte à
fonds perdu.   On écarte la question de savoir si toutes ces exigences
sont tant soit peu en rapport avec la charge des primes fixée pour faire
face aux frais, et si les compagnies posent cette question catégorique-
ment, on répond qu'on n'a qu'à élever les primes ou qu'à diminuer les
frais; pourtant ces deux mesures seront impossibles en bien des
cas.   En se plaçant au point de vue de ces institutions, elles ont
peut-être raison, mais leur immixtion ne fait que mettre des entraves
à notre industrie.   A nos yeux, il faudrait régler par la voie de
la loi les exigences que ces institutions pourraient avoir, et statuer sur
les minima des tarifs et les maxima de commission pour les agents et
les frais généraux.   Il semble que ce soit la voie dans laquelle on veut
s'engager en France, et cela nous paraît on ne peut plus raisonnable.
Il est vrai qu'en ce cas les compagnies d'assurances deviennent de simples bureaux d'administration et qu'elles cessent d'être des institutions
de commerce ou d'industrie, mais n'est-il pas préférable d'endosser la
responsabilité de certaines mesures imposées par une institution à cette
institution même qui les a édictées, que d'être un assureur dépourvu du
droit de pouvoir suivre ses propres idées?

Nous croyons que la création de pareilles institutions a eu lieu en
majeure partie en vue des assurances populaires.   Ce n'est pas que ces
compagnies-ci aient spécialement nécessité cette institution, mais il est
évident à nos yeux qu'on en vient plutôt à protéger des assurés qui
ignorent les règles ordinaires du calcul, dont l'administration laisse à
désirer et qui ignorent le plus souvent les voies à suivre pour obtenir
justice, qu'à protéger des assurés qui égalent ou surpassent les fonctionnaires administrateurs en connaissances, en civilisation, en position sociale et en bien-être.   De pareils assurés sont capables de s'occuper de
leurs propres affaires et de juger, aussi bien que lesdits fonctionnaires,
de la solvabilité plus ou moins grande des compagnies; s'ils ne sont pas
capables d'en juger par eux-mêmes, ils n'ignorent pas à qui ils auront à
s'adresser pour avoir des renseignements dignes de confiance.   C'est
pourquoi nous présumons que le système de la gestion gouvernementale

disparaîtra à mesure que les assurances auront un plus large accès auprès des classes élevées et des bourgeois aisés.

Encore une fois, nous ne croyons pas qu'il soit possible d'aboutir à une législation uniforme sur le contrôle gouvernemental. Pour y arriver, la différence est trop grande entre les deux systèmes, qu'on pourrait peut-être définir le plus exactement en les nommant le système de la réglementation gouvernementale et celui de la gestion gouvernementale. A nos yeux, il serait impossible d'amener les Anglais à adopter le système existant, par exemple, dans l'empire d'Allemagne; par contre, les Allemands montreraient aussi peu de dispositions à se laisser convertir à l'adoption du système anglais dans un temps plus ou moins rapproché.

On nous objectera peut-être que le système allemand ne vise qu'à l'exercice du contrôle, mais non pas à celui de la gestion, et on nous rappellera le fait que là-bas, aussi bien qu'en Angleterre, les autorités se bornent à demander des renseignements aux compagnies. Mais il importe de relever en premier lieu que la loi anglaise prescrit les questions à poser, tandis que les autorités allemandes sont libres de demander ce que bon leur semble; en second lieu, il faut rappeler que les autorités anglaises n'exercent aucune critique, tandis que les autorités allemandes peuvent non seulement rejeter les réponses reçues, mais aussi réitérer leurs demandes jusqu'à l'obtention d'une réponse conforme à leurs vues. Ce système interrogatoire doit être remplacé par un système de prescriptions légales directement données, de prescriptions complètes; cela favoriserait la célérité dans la liquidation des affaires, et allégerait les directeurs d'un fardeau de responsabilités qu'ils ne peuvent pas prendre sur eux.

Nous nous sommes borné jusqu'ici à des considérations sur le contrôle des compagnies établies dans le pays même, et voici les conclusions que nous tirons de ce qui précède:

1. L'uniformisation dans la législation est impossible. Dans les pays où le gouvernement croit l'assuré incapable de juger de la solvabilité des compagnies sans le concours de fonctionnaires de l'État, la loi aura un tout autre caractère que dans les pays où les habitants sont libres de juger de leurs propres intérêts.

2. Dans les pays de la première catégorie, la loi devra régler, dans les détails, l'exercice de l'industrie des assurances par les compagnies. A cet effet il faudra prescrire les tables de mortalité, les tarifs minima, le taux de la rente, la méthode de calculer la réserve, les modalités de rachat, les placements de fonds, les maxima de commission pour les agents et de frais généraux. Ce sont les autorités qui seront chargées du contrôle de l'exécution des prescriptions afférentes de la loi; les pouvoirs qu'elles possèdent ne seront pas illimités. Les gouvernements se porteront garants de l'exécution des obligations des compagnies.

3. Dans les pays de la deuxième catégorie la loi établira les questions auxquelles les compagnies seront tenues de répondre. Les autorités auront le droit de demander de plus amples renseignements à propos des réponses données; les réponses seront publiées en même

40*

temps que les pièces échangées y afférentes. On pourra s'inspirer de la loi anglaise, tout en tenant compte des modifications proposées en Angleterre.

4. Lors de la formation, chaque compagnie devra posséder un capital-social et verser un dépôt se montant ensemble à deux millions de marks (£ 100 000) au minimum, sans compter la partie non-libérée du capital.

5. Pour les questions comprises sous le No. 3, il faudra faire une distinction entre les compagnies d'assurances populaires et celles qui souscrivent des assurances d'un montant plus élevé.

6. Les compagnies seront tenues de permettre à tout moment aux autorités de contrôler la justesse des données fournies par les compagnies.

Nous n'avons pas ici en vue la réglementation de la liquidation et de la fusion de sociétés, ni celle des amendes et des sanctions pénales. Ce ne sont pas là des questions primordiales; elles ne sauraient donner lieu à de graves abus, ni de la part des compagnies, ni de la part des autorités.

Mais si la divergence d'opinions sur le sujet que nous venons de traiter, et la difficulté d'aboutir à une réglementation satisfaisante sont grandes, infiniment plus grandes sont les difficultés qui se présentent pour l'admission et la gestion des compagnies étrangères. On reconnaît généralement que les assurances sont une institution internationale, et, pour autant que nos connaissances permettent d'en juger, aucune nation n'a fixé par la voie légale l'exclusion des compagnies étrangères. Pourtant on se demande, dans plusieurs pays, si la concurrence des compagnies étrangères n'est pas de nature à nuire aux compagnies nationales; le fait seul de poser la question suffit à trahir des tendances protectionnistes. Nous n'avons aucunement le dessein de combattre de pareilles tendances, mais nous nous bornons à constater que personnellement nous sommes libre-échangiste convaincu, et que nous espérons que, pour la prospérité de notre nation, nous ne verrons jamais adopter le protectionisme. Actuellement tout le monde parle de „la politique de la porte ouverte“, mais en matière d'assurances beaucoup de gens demandent que toutes les portes leur soient ouvertes, quitte à fermer la porte au nez aux autres. Mais, quoi qu'il en soit, nous admettrons que toutes les nations ouvrent les portes toutes grandes aux nations-sœurs, les invitant courtoisement à entrer. Toutefois la compagnie qui demande accès est généralement une inconnue pour les autorités, qui ne sont pas toujours des cosmopolites; si cette compagnie possède une lettre d'introduction de la part d'un ami respecté et vénéré, la politesse veut qu'on l'introduise. Mais renonçons au langage figuré.

Nous comprenons qu'il puisse y avoir des motifs qui s'opposent à l'admission d'une compagnie étrangère dans un pays. Par exemple, si pour l'admission d'une compagnie établie dans le pays A le gouvernement du pays B pose des conditions telles qu'elles sont irréalisables, on comprend que le gouvernement du pays B ferme son territoire aux compagnies du pays A. Ou bien, si une compagnie est établie dans un pays où l'anarchie règne en matière d'assurances et où la civilisation européenne n'a pas encore pénétré, nous n'avons qu'à louer le gouvernement d'un autre pays qui se mettra à scruter les bases et la méthode de travail de cette société. On ne saurait aimer que ce que l'on connaît bien. Or, en constatant que les nœuds d'un amour ardent lient entre eux les peuples européens et les gouvernements des pays civilisés, et que tous réclament unanimement „la porte ouverte", on pourrait s'attendre à voir toutes les compagnies libres de souscrire partout des contrats d'assurance, dès qu'elles ont été légalement admises à exercer leur industrie dans leur pays d'origine. Mais il n'en est rien. Dans la grande majorité des pays, les prescriptions légales des autres nations sont soumises à la critique des autorités en matière d'assurances, dont le jugement quelquefois n'est soumis à aucun contrôle. Si leur jugement est favorable, elles ont le droit d'admettre les compagnies à exercer leur industrie, à moins que celles-ci ne refusent de se soumettre aux lois du pays où elles demandent accès et de suivre les vues, les idées et les conceptions des autorités étrangères non seulement à l'étranger, mais même dans le pays où elles sont établies. A nos yeux aucune compagnie ne saurait s'y soumettre. Quant à la première difficulté — celle de se conformer aux lois de l'étranger dans le pays étranger même —, on pourrait, s'il y en avait lieu, l'écarter en divisant les compagnies en un certain nombre de sections spéciales dont l'une observerait les prescriptions légales d'un pays, l'autre celles d'un autre pays. Mais cette mesure serait en opposition flagrante avec les idées saines en matière d'assurance, qui exigent que tous les assurés supportent également tous les risques, principe que se refusent à admettre quelques autorités, qui réclament pour un pays déterminé un compte spécial des profits et pertes et un calcul spécial de réserve. Et quant à la seconde difficulté — l'exigence que les autorités d'un seul pays contrôlent et gèrent l'ensemble des affaires d'une compagnie, même dans d'autres pays étrangers —, cette exigence est tellement contraire aux idées régnantes en matière de droit international qu'une société qui s'y soumettrait n'aurait plus le droit de porter le nom du pays où elle est établie.

Dans d'autres pays on exige d'une compagnie étrangère qui y demande accès, qu'elle expose aux autorités les modalités de l'exercice de son industrie et qu'elle les modifie conformément aux vues de ces autorités, si les renseignements donnés ne sont pas suffisants; une fois admise, une compagnie pourra librement faire concurrence aux compagnies nationales. On est fondé à défendre ce système, pourvu que les autorités ne soient pas absolument libres dans leur critique et qu'elles soient obligées d'observer des prescriptions légales; en effet, nous sommes en droit de supposer que lesdites autorités ne seront pas unanimement d'accord sur tous les points, et puis, il importe qu'une compagnie qui demande à s'établir quelque part, soit auparavant fixée sur l'opinion des autorités sur tous les points discutables. Il importe aussi que l'opinion des autorités ne dépende pas d'un changement de personnel.

Il y a pourtant une difficulté qui entrave l'application de ce système, c'est celle-ci: la société étrangère, qui demande à être admise, pourrait modifier plus tard sa méthode de travail sans en faire part aux autorités du pays où elle exerce son industrie. Afin de parer à cet abus, il faut nécessairement avoir recours à un contrôle continuel sur les opérations des compagnies; nous avons déjà constaté que, pour les raisons énoncées plus haut, ce contrôle est inadmissible.

Ce qui rend encore plus difficile la réglementation de cette question ardue, c'est le manque de bonne foi qui préside à cette réglementation. Est-ce que l'on croirait vraiment que les gouvernements des pays où les compagnies étrangères ont libre accès, s'intéressent moins à leurs nationaux assurés que les gouvernements qui ont donné aux compagnies les prescriptions détaillées sur les modalités de leurs opinions? Croirait-on vraiment que les assurés dans ces pays-là soient exposés à de plus grands dangers que les autres? L'expérience nous fournit des preuves du contraire. Croirait-on vraiment qu'en observant les prescriptions de messieurs X ou Z, les compagnies soient établies sur des bases plus solides qu'en s'inspirant des vues des actuaires les plus connus? S'il s'agit réellement d'évincer les compagnies peu dignes de confiance, on n'a qu'à demander des renseignements dans leurs pays d'origine sur la réputation dont elles jouissent et sur la personnalité de leurs directeurs, commissaires, actuaires, banquiers, en un mot, de tous ceux qui, de prés ou de loin, sont intéressés à la compagnie. Dans notre pays, 55 compagnies: 16 allemandes, 15 françaises, 14 anglaises, 6 américaines, une autrichienne, une belge, une suisse et une danoise, exercent notre industries sans être le moins du monde entravées. Malgré cela nous osons hardiment tenir tête à cette concurrence, dans notre petit pays, et nous bénissons l'excellente influence qu'elles exercent sur notre industrie. Il semble qu'on ne se rende pas partout compte des bienfaits de la concurrence, qu'on ne saurait assez louer, spécialement par rapport aux anciennes compagnies qui ont fait des affaires fabuleuses à une époque éloignée et qui refusent actuellement de se contenter d'un chiffre de profits moins élevé. On commettrait une faute en confiant justement aux directeurs de ces anciennes compagnies le droit d'exercer une grande influence sur la législation; généralement ils sont trop attachés à des idées périmées et ils mettent autant que possible des obstacles à l'introduction d'idées nouvelles, d'un esprit nouveau dans l'industrie.

Nous ne nous forgeons pas l'illusion de croire qu'on admettra partout les compagnies jouissant d'une bonne réputation. On n'y arrivera que le jour où les grands défauts de la gestion gouvernementale auront éclaté en plein jour. Il nous faut tenir compte des signes du temps, qui presque partout font prévoir la fermeture de la „porte ouverte". Eh bien! inspirons-nous de la raison et du bon sens et efforçons-nous d'écarter les difficultés en nous prêtant un mutuel appui. Que les compagnies désireuses d'opérer dans les pays à gestion gouvernementale prennent la mesure que nous avons déjà proposée au Congrès de New-York, en formant des compagnies spéciales dans ces pays. Si les autorités parlent sérieusement en prétendant que, pour elles, il ne s'agit que des intérêts financiers des assurés, elles n'auront aucun motif de combattre cette formation ou de susciter des difficultés aux compagnies étrangères désireuses d'y procéder. Forcément ces compagnies devront se soumettre en tout à la volonté des autorités, mais en même temps il n'y aura pas un seul motif de les traiter sur un autre pied que les sociétés nationales. On devrait permettre que toutes les actions d'une compagnie pussent appartenir à une compagnie étrangère d'assurances-vie, laquelle devrait être autorisée à son tour par son gouvernement à placer une partie de l'argent qu'elle possède en actions d'une société établie à l'étranger. On pourrait encore s'entourer de garanties spéciales: ainsi, par exemple, on pourrait statuer que les fonds destinés à la réserve ou les titres servant à la couvrir, seraient placés sous le contrôle direct des autorités, qui seraient responsables de leur conservation intégrale. Il nous semble qu'il n'y a pas d'autre route à suivre pour une compagnie établie dans le pays A et désireuse d'opérer dans le pays B, si le gouvernement du pays B prétend que ses fonctionnaires aient non seulement le droit de contrôler l'ensemble des opérations de cette compagnie sur son territoire même, mais aussi dans les pays C et D, où cette compagnie a établi des succursales; c'est là une prétention devant laquelle une compagnie ne doit pas capituler, à nos yeux. Une pareille prétention doit être considérée comme une proposition excluant toute compagnie étrangère du pays où cette prétention s'énonce; les compagnies qui s'y soumettent doivent être considérées, comme nous venons de le dire plus haut, comme établies dans le pays dont les lois régissent leurs opérations.

Nous sommes loin de regarder comme une chose excellente cette formation de compagnies spéciales à l'étranger. Ce que nous préférerions, c'est de voir qu'aucune compagnie étrangère ne serait admise à opérer dans un pays sous le régime de la gestion gouvernementale. Toutefois ce sera impossible, quand une compagnie y aura fait des opérations avant l'introduction de la gestion gouvernementale et qu'elle y aura créé une vaste organisation, ayant entraîné parfois des dépenses considérables. Elle n'aura pas le droit d'abandonner ses assurés et de considérer comme perdues les sommes qu'elle aura dépensées à cette organisation. Il est vrai qu'elle aura à se soumettre à des conceptions et à des opinions inébranlables, mais nous ne croyons pas que l'application du système de la gestion gouvernementale se fasse pendant une longue période. C'est là une opinion personnelle, nous en convenons, mais elle est basée sur le fait bien connu que l'arc trop tendu finit par se rompre facilement.

Après s'être perdu longtemps dans le maquis des prescriptions inventées par les agents de la gestion gouvernementale, on éprouve un sentiment de bien-être à se retrouver en face de la réglementation légale de l'industrie des assurances-vie en Angleterre; rarement ou jamais il n'y est question de graves irrégularités, et toutes les compagnies étrangères y ont libre accès. Il en est de même en Hollande et en Belgique, mais une réglementation légale de l'industrie y fait défaut; l'idée que tout écart de la bonne voie fait tort aux sociétés et aux directions ne compense pas cette lacune. La nouvelle réglementation en France n'est pas aussi libérale que celle de l'Angleterre, mais elle ne donne pas lieu à des actes d'arbitraire, et elle n'a pas un caractère trop nettement protectionniste, quoique de pareilles tendances se montrent quelquefois.

Que la théorie soit indispensable à l'industrie des assurances, spécialement aux assurances-vie et que la pratique doive en tenir compte, ce sont là deux faits qu'on reconnaît aussi généralement que le fait que la théorie doit s'adopter aux exigences de la pratique. Malgré cela, nous présumons que les autorités se soucient trop peu de la pratique. Notre industrie a le caractère d'une entreprise commerciale; une pareille entreprise ne saurait être dirigée d'après une série de règles prescrites ou de théories anxieusement détaillées. A un moment donné il faut pouvoir agir de son autorité propre et s'arranger selon les circonstances, sans être contraint de demander d'abord si quelque personnage officiel s'y oppose. L'essentiel, c'est d'avoir affaire à des hommes d'une probité à toute épreuve, de bonne foi et de connaissances techniques. Et vraiment, ils ne manquent pas parmi ceux qui se trouvent à la tête des compagnies. Ils ne le sont pas tous, cela s'entend, mais ce n'est pas là un motif pour faire interdire tous les directeurs. Il existe des autorités qui prétendent qu'elles n'out aucunement l'intention de se mêler de tous les détails de l'industrie des compagnies étrangères souscrivant des contrats d'assurance en Europe et hors d'Europe. Mais c'est seulement ce droit d'intervention qui est en cause et c'est là un droit qu'on ne saurait jamais leur reconnaître.

Voici nos desiderata au sujet des rapports entre le gouvernement et les compagnies étrangères:

1. Tous les États où il n'y a pas encore de réglementation légale de notre industrie, devront s'empresser de l'introduire.

2. Dans les pays où l'on se borne à la publicité dans les formes prescrites, cette forme devra être uniformisée; les compagnies qui se déclareront prêtes à se soumettre à la publicité prescrite, seront librement admises.

3. Aucune compagnie étrangère ne se soumettra à la prétention que les autorités d'un pays, quel qu'il soit, aient le droit de s'immiscer dans les opérations de la compagnie hors du pays soumis aux susdites autorités; les compagnies qui, vu leurs engagements antérieurs, ne sauraient se retirer complètement de ce pays, y créeront des compagnies spéciales.

4. Les compagnies étrangères désireuses d'opérer dans un pays où les prescriptions ne sont que peu ou point paralysantes à l'égard de ces compagnies, devront se soumettre aux lois de ce pays, si elles sont d'avis qu'elles pourront, ce faisant, opérer avec quelque profit.

5. L'idée que les compagnies étrangères ne devraient pas être autorisées à se procurer des profits dans un autre pays, devra être partout réprouvée comme étant contraire à toute idée de courtoisie internationale.

Il ne faut pas oublier de prendre en considération le fait que les mesures coercitives ne réussiront à corriger ni les hommes ni les compagnies. C'est le contraire qui est vrai. C'est justement parce qu'on les rend plus mauvais que la contrainte doit devenir plus grande, que

l'on doit resserrer les liens plus étroitement.   Les lois pénales sont
faites pour prévenir et pour punir les vols, les faux en écriture, les
escroqueries, etc., mais punir quelqu'un pour avoir embrassé, dans le
domaine industriel, des idées en désaccord avec celles des autorités en
matière d'assurances d'un certain pays (et c'est à quoi se ramène la
législation dans quelques pays), voilà qui sent son moyen-âge.   C'est
à bon droit que l'on a dit: „Être libre, c'est sentir sa responsabilité."   En
ôtant à la population le sentiment de sa responsabilité, on la prive en
même temps de sa liberté de pensée.

Ayons tous soin de nous conserver intacte cette liberté de pensée,
fruit de tant de luttes sanglantes ou pacifiques dans les derniers siècles!

The uniformity of legal requirements, especially as regards reports to be made to the authorities.

By S. R. J. van Schevichaven, Amsterdam.

The French and English translations of No. XIII of the
programme of the Congress differ in a peculiar way from the German
original text.   The term *Staatsaufsicht,* i. e. supervision on the part of
the State Authorities should be identical with *gesetzlicher Regelung,* i.e.
regulation by law; and there can be no complaint, that such a regulation should be made by means of a special law concerning the business
of Life Insurance.   Its object should be to see that the Life Insurance
contract is carried out honestly by both parties.

As long as Governments exist, which believe that the public are
neither capable nor to be allowed to decide for themselves, which Insurance Company they may trust and which not trust, whilst other
Governments don't want to deprive the public of that right — as long as
this difference of conception exists, a uniform regulation of this matter
by Law is impossible.   According to the former view the Authorities
virtually undertake the management of the Company; this however
should never be done by a Supervising (Authority) Office, which possesses unlimited power and no responsibility.   The management of a
company should be carried on according to rules, which are regulated
by Law.   The establishment of weak Companies and the extension of
the business without any limits whatever should be prevented as much
as possible.   Publicity is always necessary, but its form should be
settled by Law, were it only to prevent unnecessary questioning.   The
starting of new Companies should not be made impossible by the im-
position of impossible conditions.   The system of the management by
the State was probably thought out with regard to industrial insurance;
otherwise that system could hardly be explained.

· The author draws the following conclusions with reference to the legislation for Home Insurance Companies:

1. A uniform regulation by Law for all countries is impossible.
2. In countries with management of the Companies by the State the Law should regulate the business in its smallest details. The State is responsible for the engagements of the Companies.
3. In all other countries the questions to be asked of the Companies should be regulated by Law.
4. The paid-up capital should be at least 2 million Marks (£ 100 000 or $ 500 000), caution money included.
5. Regarding the questions (see under 3) a distinction should be made between Industrial Insurance Companies and Companies insuring only larger sums.
6. The State Authorities should be entitled to enquire at all times concerning the correctness of the data which are given by the Companies.

Though life insurance is an international business, and though the relations of the various Governments towards each other are very friendly, still very great difficulties are put in the way of foreign Companies; these owe their origin to a protectionist craving and to a fear of rivals.

I would distinguish three different systems:

1. It is demanded, that foreign Companies should subject their entire business to the supervision and to the co-management of the Supervising State Office. This demand should be rejected always and everywhere.
2. The permission to start business is given only after an exhaustive examination by the Supervising State-Office with regard to the entire business-management. The permission once granted, the Company is treated exactly like a Home Company. This system might be recommended, if it did not lead to system No. 1.
3. Foreign Companies are admitted, if they subject their business to the law of the country. There would be no objection to this system, as long as a division into different parts is not demanded of the foreign Company.

Rivalry is a blessing for the Home Companies also, especially with regard to the overshadowing influence of old Companies.

A Company, already doing business in a foreign country before the introduction of a new law to which it does not want to submit, may start a new Company in that country, and keep the majority of its shares in its own possession.

Auszug aus den Kongreß-Festschriften
der deutschen Behörden.

Notes sur les Publications présentées
par les Autorités Allemandes.

Notes on the Publications presented
by the German Authorities.

XIV.

a) Kaiserliches Aufsichtsamt für Privatversicherung.

b) Reichsversicherungsamt.

c) Kaiserliches Statistisches Amt.

**a) Par l'Office Impérial
de Surveillance pour l'Assurance Privée.**

b) Par l'Office Impérial d'Assurance Sociale.

c) Par l'Office Impérial de Statistique.

----

a) The Imperial Office for Superversion of Insurance.

b) The Imperial Office for Workmen-Insurance.

c) The Imperial Statistical Office.

XIV. — A.

Die Gewinnbeteiligung der Versicherten bei den im Deutschen Reiche arbeitenden Lebensversicherungsunternehmungen.

Vom **Kaiserlichen Aufsichtsamt für Privatversicherung**, Berlin.

Die dem Kongreß überreichte Festschrift zerfällt in einen allgemeinen und einen besonderen Teil.

In dem *allgemeinen* Teile werden zunächst die Grundsätze besprochen, nach denen die Gesamtheit der Versicherten einer Lebensversicherungsunternehmung an dem Jahresüberschusse teilnimmt. Sodann wird gezeigt, in welcher Weise aus der Gesamtheit der Versicherten gewisse Gruppen gewinnberechtigter Versicherten zum Zwecke gesonderter Gewinnberechnung gebildet werden. Die wesentlichsten Gesichtspunkte, welche zu beachten sind, wenn für solche Gruppen völlig gesonderte Abrechnungen aufgestellt werden sollen, werden eingehend erläutert; hierbei waren besonders die Grundsätze für die Verteilung der gemeinsamen Einnahmen und Ausgaben der Gesellschaft (Zinsen und Mieten, allgemeine Verwaltungskosten, Gewinne oder Verluste aus Kapitalanlagen pp.) zu berücksichtigen.

An diese Betrachtungen schließt sich dann die Besprechung der verschiedenen, für die Ermittlung des jährlichen Gewinnanteils der einzelnen Versicherten maßgebenden Dividendensysteme an. In Betracht gezogen werden mußte namentlich die Gewinnverteilung nach:

a) dem Verhältnisse einer einzelnen Jahresprämie;
b) dem Verhältnisse der Prämienreserve;
c) dem Verhältnisse der Summe der gezahlten Jahresprämien;
d) einem gemischten Systeme;
e) dem sogenannten Kontributionsplane.

Ein weiteres Kapitel ist der Behandlung der verschiedenen Systeme der Gewinnansammlung gewidmet, wobei unterschieden werden mußten:

1. die Ansammlung auf besonderem Konto der einzelnen Versicherten;
2. die Ansammlung durch Verwendung der jährlichen Dividenden zum Erwerbe von Zusatz-Versicherungen;
3. die Ansammlung mit Vererbung ohne Gruppenbildung;
4. die Ansammlung nach dem Tontinen- oder Halbtontinensysteme.

In diesem Kapitel haben insbesondere auch die Methoden der großen amerikanischen Gesellschaften Berücksichtigung gefunden. Zum Schlusse werden noch diejenigen versicherungstechnischen Berechnungen in den Kreis der Erörterung gezogen, deren sich die Gesellschaften bedienen, um die Höhe der bei Verteilungssystemen mit steigenden Maßstäben erforderlichen Dividendenreserven zu kontrollieren. Die für derartige Kontrollrechnungen zur Anwendung gelangenden mathematischen Formeln, sowie die in der Regel den eigenen Erfahrungen der betreffenden Gesellschaften entnommenen Rechnungsgrundlagen werden eingehend besprochen. Das Vorhandensein solcher Kontrollmethoden ist für die betreffenden Anstalten von erheblicher Bedeutung, um eine möglichste Stetigkeit in der Entwickelung der zur Anrechnung kommenden Dividendenprozentsätze gewährleisten zu können.

Der *besondere* Teil enthält eine möglichst vollständige Beschreibung der Gewinnverteilungseinrichtungen der einzelnen im Deutschen Reiche arbeitenden inländischen und ausländischen Lebensversicherungsgesellschaften. Die Anordnung des Stoffes ist genau dieselbe, wie in dem allgemeinen Teile. Bei den einzelnen Gesellschaften sind überall die neuesten maßgebenden Bestimmungen der Satzungen und Versicherungsbedingungen berücksichtigt, soweit dies bis zum Abschluß der Denkschrift noch möglich war; in vielen Fällen sind die betreffenden Bestimmungen wörtlich angeführt worden. Der besondere Teil soll daher namentlich dazu dienen, eine leichte Orientierung über die außerordentliche Mannigfaltigkeit der tatsächlichen Verhältnisse auf dem Gebiete der Gewinnverteilung bei den verschiedenen Anstalten zu ermöglichen.

Dem besonderen Teil sind mehrere Tabellen beigegeben, welche in übersichtlicher Weise die für die Gewinnverteilung bei den einzelnen Gesellschaften wichtigsten Daten und Grundsätze erkennen lassen.

La participation des assurés aux bénéfices des entreprises d'assurances sur la vie opérant dans l'Empire Allemand.

Par l'Office Impérial de Surveillance pour les entreprises privées d'assurances, Berlin.

Le rapport comprend deux parties, une partie générale et une partie spéciale.

La partie générale traite en première ligne des bases sur lesquelles est fondée la participation aux bénéfices de l'ensemble des assurés d'une entreprise d'assurances sur la vie; ensuite de la manière dont est opéré le groupement des assurés participants en catégories distinctes, aux fins de calculer pour chaque groupe séparément la part des bénéfices qui lui revient. Des explications détaillées sont données sur les points à considérer principalement lorsque *le décompte* de chaque groupe est à faire séparément; en particulier, sur la méthode de répartition des recettes et dépenses incombant à l'ensemble des groupes (intérêts, loyers, frais généraux, profits et pertes sur fonds, etc.).

Ensuite les différents systèmes adoptés pour établir la part annuelle dans les bénéfices revenant à chaque assuré font l'objet d'une discussion, à savoir:

a) système de répartition proportionnellement à la prime annuelle,
b) système de répartition proportionnellement à la réserve mathématique,
c) système de répartition proportionnellement à la somme des primes annuelles payées,
d) système mixte,
e) système intitulé „Contributionplan".

Un chapitre spécial est destiné aux systèmes d'accumulations des bénéfices, à savoir:

1. système d'accumulation dans lequel chaque assuré a son compte particulier,
2. les parts de bénéfices sont considérées comme primes uniques d'assurances complémentaires,
3. système d'accumulation avec versement en cas de vie, sans formation de groupes,
4. tontines ou mi-tontines.

Ce chapitre comprend également une étude des méthodes en usage dans les plus importantes compagnies américaines.

La fin de la partie générale est consacrée aux calculs techniques nécessaires pour le contrôle des réserves que nécessitent les systèmes à mode de répartition croissante des bénéfices attribués aux assurés participants et donne en outre les formules mathématiques relatives, ainsi que les bases de calcul dressées par les compagnies d'après les résultats que leur ont donné leurs propres expériences. Ces méthodes de contrôle, permettant de garantir une certaine régularité des taux du bénéfice à distribuer aux assurés, rendent de signalés services aux compagnies.

La partie spéciale contient une description aussi complète que possible des modes de participation en usage dans les entreprises allemandes ou étrangères opérant dans l'Empire Allemand. La répartition de la matière dans la partie spéciale est identique à celle de la partie générale. Il a été tenu compte des modifications les plus récentes apportées aux statuts et aux conditions générales de chaque compagnie. Le but de la partie spéciale est donc de permettre de se retrouver facilement dans la multitude de combinaisons pratiquées par les compagnies pour la participation aux bénéfices.

Les tableaux comparatifs annexés à la partie spéciale montrent quels sont les principaux systèmes de participation adoptés par les diverses compagnies.

Methods of distribution of surplus in German life insurance companies.

By the Imperial Office of Supervision of Private Insurance, Berlin.

The memoir consists of a general and of a special part. The *general* part deals first of all with the principles which govern the participation of the assured in the yearly profit of a life insurance concern.. And it is furthermore explained how certain groups from all the insured persons are formed of those entitled to participate in the profit, with special calculation of the profit. An elaborate explanation is given of the most important points which should be observed in establishing entirely separate accounts for these groups; particular attention had to be paid to the general principles, which should govern the distribution of the common income and disbursements of the company (interest and rent, general cost of the administration, profit or loss on investments etc.).

Then follows an explanation of the various dividend-systems, according to which the annual bonus of each insured person is calculated.

Particular attention had to be paid to the distribution of profit according to:

a) the proportion of the premium for one year;

b) the proportion of the premium-reserve;

c) the proportion of the sum of all yearly premiums, which have been paid;

d) a mixed system;

e) the so-called contribution plan.

Another section is devoted to the treatment of the different systems of accumulating the profit; we have to distinguish:

1. the accumulation on the separate account of each insured person (Cash bonuses);

2. the accumulation effected through the acquisition of an additional insurance for the yearly dividend sums (reversionary bonuses);

3. the accumulation with the right of succession without formation of groups;

4. the accumulation according to the tontine, or half tontine-plan.

In this section special attention is paid to the systems, adopted by the great American Insurance Companies.

Finally are discussed certain technical methods of calculation, which insurance companies make use of for the purpose of controlling the amount of the dividend-reserves, which are necessary under a system of distribution with rising graduations.

An elaborate explanation is given of those mathematical formulas, which are used by insurance companies for this kind of control-calculations; and likewise of the method of calculations, which is generally adopted by the Companies themselves in accordance with their own experience.

These systems of control are necessary and are of considerable importance for those insurance companies to enable them to secure the greatest possible steadiness in the development of the percentage of the estimated dividends.

The *special* part of the paper contains a fairly complete description of the various methods of distribution of the profit of all insurance companies, doing business in Germany. (Foreign as well as German companies.)

The subjects are treated in the same order, which was adopted in the general part of the memoir. For every company its latest by-laws, rules and special conditions for insuring are taken into consideration (as much as it was possible before finishing the paper); in many cases those rules and regulations are given in extenso, verbatim. The particular aim of this special part consists in furnishing an accurate survey of the extraordinary variety of different methods in the distribution of profits of the various insurance companies.

Several tables are appended to the special part of the paper, which show at a glance the most important data and principles in the distribution of profit of the various insurance companies.

Die Beiträge des Reichs-Versicherungsamts
zu den internationalen Kongressen für Versicherungs-Wissenschaft und Versicherungs-Medizin in Berlin 1906.

Durch die deutsche Arbeiterversicherung — die erste Verwirk-lichung des Versicherungsgedankens kraft Gesetzes auf breiter sozialer Grundlage — ist der Versicherungswissenschaft ein neuer selbständiger Zweig hinzugefügt und der Versicherungsmedizin die Aufgabe er-wachsen, auch im Dienste dieser Arbeiterfürsorgegesetze zu wirken, welche Millionen Versicherte der ärztlichen Behandlung zugeführt haben.

Das Reichs-Versicherungsamt sucht auf dem Gebiete der Recht-sprechung und Verwaltung die Versicherungswissenschaft und Ver-sicherungsmedizin im Rahmen seiner allgemeinen Aufgaben zu fördern. Es bestätigt das Interesse der Reichsverwaltung an den internationalen Kongressen für Versicherungswissenschaft und Versicherungsmedizin, indem es für sie besondere Beiträge liefert. Auf diese, wie auf die übrigen für Versicherungswissenschaft und Versicherungsmedizin in Betracht kommenden Veröffentlichungen des Reichs-Versicherungs-amts, soll nachstehend kurz hingewiesen werden.

Auf den bezeichneten Kongressen wird, ihrer Geschichte ent-sprechend, voraussichtlich die Privatversicherung im Vordergrunde des Interesses stehen. Die Privatversicherung aber hat mit der öffentlich-rechtlichen Arbeiterversicherung mannigfache Berührungspunkte. Diese zu betonen, die Wechselwirkung der gleichartigen oder verwandten Begriffe und Einrichtungen aufzudecken und dadurch fruchtbringend zu gestalten, wird eine dankbare Aufgabe der Kongresse sein.

Das Reichs-Versicherungsamt widmet den beiden Kongressen zu-nächst eine Schrift *„Die deutsche Arbeiterversicherung als soziale Ein-richtung“*,[1]) in welcher ein Überblick über die öffentlich-rechtliche Arbeiterversicherung gegeben wird. Die Darstellung betrifft die reichs-

---

[1]) Die deutsche Arbeiterversicherung als soziale Einrichtung. Dritte Auflage, im Auftrage des Reichs-Versicherungsamts für die internationalen Kongresse für Versicherungswissenschaft und Versicherungsmedizin in Berlin 1906 bearbeitet von *A. Bielefeldt, K. Hartmann, G. A. Klein, L. Laß, F. Zahn.* Verlag von *A. Asher & Co.*, Berlin 1906.

Anschluß an diese Versicherungszweige ausgebildeten weiteren, der Arbeiterversicherung dienenden und die von ihr hervorgerufenen oder geförderten Maßnahmen.

Die Schilderung beginnt in ihrem ersten Teile „Entstehung und soziale Bedeutung" mit dem Eintritte der breiten Klasse der Lohnarbeiter in die moderne Gesellschaftsordnung. Ihre Bedürfnisse und ihre Ansprüche auf Schutz gegen die Fährlichkeiten des Berufs und die Versuche der Gesetzgebung, sich damit zunächst auf dem Boden des Privatrechts abzufinden, werden mit gleichzeitigem Ausblick auf die verwandten Bewegungen bei anderen Kulturvölkern vorgeführt. Das Deutsche Reich sehen wir dann, allen voran, eine große scharfumrissene Neugestaltung auf sozialpolitischen und öffentlich-rechtlichen Grundlagen ins Leben rufen. Die Grundzüge und die soziale Ausgestaltung dieser neuen Arbeiterversicherung werden hierauf in knapper Zusammenfassung dargestellt.

Der zweite Teil bringt als statistischen Bericht über Umfang, Einrichtung und Leistungen der Arbeiterversicherung eine Besprechung der aus amtlichen Quellen zusammengestellten Zahlen über die Versicherungsträger und die Versicherten, über die Einnahmen, die Ausgaben und das Vermögen der Versicherungsträger, über die Entschädigungsfälle selbst, über die Häufigkeit, die Ursachen, die Dauer und die Folgen von Krankheit, Unfall und Invalidität und endlich über den Rechtsgang im Verfahren bei streitigen Ansprüchen. Die gleichfalls für die Kongresse neubearbeitete „Statistik der Arbeiterversicherung des Deutschen Reichs für die Jahre 1885—1904"[2]) bietet die amtlichen Zahlen in übersichtlicher Zusammenstellung und damit eine Ergänzung dieses Teiles.

Der dritte Teil behandelt die Unfallverhütung. Eingedenk des Wortes, daß es besser ist, Unfälle zu verhüten als zu entschädigen, und daß eine Unfallrente niemals einer Familie den getöteten Vater ersetzen. dem Verletzten ein volles Entgelt für verstümmelte Glieder bieten kann, hat das Gesetz selbst und das zu seiner Durchführung berufene Reichs-Versicherungsamt von jeher besonderen Wert auf den Ausbau der Unfallverhütung gelegt. Sie fügt sich um so glücklicher und zweckmäßiger in das System der Unfallversicherungsgesetze ein, als die Versicherungsträger (Berufsgenossenschaften) ein großes praktisches Interesse an der Herabminderung der Betriebsgefahren wegen der dadurch verminderten Beitragslast haben. Die Schilderung gibt zunächst die Entwicklung des Unfallverhütungswesens in den letzten Jahrzehnten und führt dann gruppenweise die wichtigsten Schutzmaßnahmen für die verschiedenen Betriebsarten und Betriebseinrichtungen in Gewerbe und Landwirtschaft vor. Daran schließt sich eine kurze Erörterung über die Mittel zur Verhütung der Gewerbekrankheiten, wie solche in zahlgesetzliche Kranken-, Unfall- und Invalidenversicherung und die im

---

[2]) Statistik der Arbeiterversicherung des Deutschen Reichs für die Jahre 1885 bis 1904. Im Auftrage des Reichs-Versicherungsamts für die internationalen Kongresse für Versicherungs-Wissenschaft und Versicherungs-Medizin in Berlin 1906 bearbeitet von Dr. jur. *G. A. Klein*, Kaiserlichem Regierungsrat und ständigem Mitgliede des Reichs-Versicherungsamts. Berlin 1906. *Carl Heymanns Verlag.*

reichen Betrieben durch Einatmung von gesundheitsschädlichen Gasen, Dämpfen und Staubarten, durch den Umgang mit giftigen Stoffen und durch sonstige nachteilige Einwirkungen entstehen und Tausende von Arbeitern zur Invalidität bringen.

Im vierten Teile wird dargestellt, auf welchen Wegen und in welchem Umfange die Gesundheit des Volkes durch die Arbeiterversicherung gehoben worden ist. Die bedeutenden Aufwendungen für Heilbehandlung neben den Rentenzahlungen an die Versicherten, ferner die den Versicherungsträgern selbst und Dritten gehörenden Heilanstalten aller Art werden aufgeführt. Dazu kommen die zahlreichen Einrichtungen für erste Hilfe in Krankheits- und Unglücksfällen, die in Städten und auf dem Lande mittelbar oder unmittelbar vor den Organen der Arbeiterversicherung ins Leben gerufen sind. Schließlich wird auch der Nutzbarmachung der für die eigentlichen Versicherungszwecke nicht alsbald verwendbaren gewaltigen Deckungskapitalien und Reservefonds der Versicherungsträger gedacht, die zu einem großen Teile für die Erbauung gesunder Arbeiterwohnungen und für andere hygienische Zwecke zu billigem Zinsfuße hergeliehen werden. Endlich werden im Rahmen dieses Teiles die Ergebnisse der vom Reichs-Versicherungsamte neubearbeiteten „Statistik der Heilbehandlung von an tuberkulösen und anderen Leiden erkrankten Versicherten für die Jahre 1901 bis 1905" behandelt.[3]) In der Statistik werden die in Betracht kommenden Rechtsverhältnisse, die einmaligen und dauernden Aufwendungen für Heilstätten, Gemeindepflege usw. sowie die Arten, die Orte und die Erfolge der Heilbehandlung besprochen.

Der fünfte Teil der Schrift legt dar, in welchem Maße sich die heimische Volkswirtschaft unter dem Einflusse der Arbeiterversicherung fortentwickelt hat. An der Hand der Wirkungen, welche die drei Versicherungszweige auf Arbeiter, Arbeitgeber, Gemeinden, auf Staat und Reich seither geübt haben, wird die Bedeutung der Arbeiterversicherung für die wirtschaftlichen Verhältnisse im Reiche mit Streiflichtern auf das soziale Gebiet näher geschildert. Als wesentlich ergibt sich hierbei, daß seit Einführung der Versicherung die Arbeiterschaft in ihrer Gesamtlage nach ihren materiellen, hygienischen, rechtlichen, sittlichen und geistigen Interessen eine ganz erhebliche Förderung erfahren hat, daß in dem gleichen Zeitraum aber auch die gesamte Volkswirtschaft des Reichs einen mächtigen Aufschwung genommen hat. Die Arbeiterversicherung ist allerdings nur eine der Triebkräfte dieser Entwicklung. Wie indessen die Schilderung nachweist, besteht zwischen Arbeiterversicherung und Volkswirtschaft eine enge Wechselwirkung, und es läßt sich die bisweilen im Auslande vertretene Meinung, als bilde die Arbeiterversicherung ein Hemmnis für Volkswirtschaft und Volkswohlstand, jedenfalls auf Grund der deutschen Entwicklung nicht vertreten.

---

[3]) Statistik der Heilbehandlung bei den Versicherungsanstalten und den zugelassenen Kasseneinrichtungen der Invalidenversicherung für die Jahre 1901, 1902, 1903, 1904 und 1905. 2. Beiheft zu den Amtlichen Nachrichten des Reichs-Versicherungsamts 1906. Verlag von *A. Asher & Co.* Berlin.

Einen kürzeren Überblick über die deutsche Arbeiterversicherung gibt der ebenfalls für die Kongresse neubearbeitete *„Leitfaden zur Arbeiterversicherung des Deutschen Reichs"*,[4]) dem ein Anhang über den neuesten Stand der Arbeiterversicherung im Auslande beigegeben ist.

In der besonderen Schrift: *„Der Begriff der Erwerbsunfähigkeit auf dem Gebiete des Versicherungswesens"*[5]) wird dieser Begriff nach den gesetzlichen und sonstigen Bestimmungen sowie nach der Praxis auf dem Gebiete der öffentlich-rechtlichen Kranken-, Unfall- und Invalidenversicherung und auf den einschlägigen Gebieten der Privatversicherung, unter Heranziehung auch der medizinischen Literatur, behandelt. Der erste Teil der Arbeit beschäftigt sich mit den Merkmalen des Begriffs, von denen zwei Gruppen unterschieden werden. Zu der ersten Gruppe werden diejenigen Merkmale gerechnet, die für den Begriff an sich wesentlich sind und daher bei seiner Auslegung und Anwendung stets sämtlich in Betracht kommen. Diese sind, wie unter Abgrenzung von den Begriffen „Arbeitsfähigkeit" und „Arbeitslosigkeit" dargelegt wird: „Fähigkeit", „Arbeit" und „Verwertbarkeit der Arbeit zum Erwerb". Die zweite Gruppe umfaßt solche Gesichtspunkte, die in verschiedener Weise durch die maßgebenden Vorschriften oder deren Handhabung zu wesentlichen Begriffsmerkmalen gemacht werden oder als solche nach dem Zwecke der einzelnen Versicherung anzuerkennen sind. Als dahin gehörend werden bezeichnet und näher erörtert: 1. die Unteilbarkeit oder Teilbarkeit der Erwerbsunfähigkeit („völlige" — „teilweise" — verschiedene Abstufungen der letzteren); 2. ihre Dauer („dauernde" — „vorübergehende"); 3. ihre Ursachen (Lebensalter, Schwangerschaft und Wochenbett, Krankheit, Gebrechen, Unfall sowie gewisse entferntere Veranlassungen); 4. persönliche Verhältnisse der Versicherten (Alter, Geschlecht, Ausbildung, Beschäftigung und Beruf, Lebensstellung usw.). Aus der Vereinigung derartiger Merkmale miteinander und mit den zur ersten Gruppe gehörenden, deren Zusammenfassung für sich allein nur den „allgemeinsten", für die Praxis nicht brauchbaren Begriff der „Erwerbsunfähigkeit" darstellt, ergeben sich die — namentlich auf dem Gebiete der Privatversicherung sehr mannigfaltigen — „Sonderbegriffe" der Erwerbsunfähigkeit. Der zweite Teil der Schrift bezweckt die Klar-

---

[4]) Leitfaden der Arbeiterversicherung des Deutschen Reichs. Im Auftrage des Reichs-Versicherungsamts bearbeitet von Dr. *Zacher*, frühelem Senatsvorsitzenden im Reichs-Versicherungsamt, fortgeführt unter Mitwirkung von Professor Dr. jur. *L. Lass*, Senatsvorsitzendem im Reichs-Versicherungsamt, und Dr. jur. *G. A. Klein*, Kaiserlichem Regierungsrat im Reichs-Versicherungamt. Neu zusammengestellt für die internationalen Kongresse für Versicherungs-Wissenschaft und Versicherungs-Medizin in Berlin 1906. 11. Ausgabe. Verlag von *A. Asher & Co.* Berlin 1906.

[5]) „Der Begriff der Erwerbsunfähigkeit auf dem Gebiete des Versicherungswesens".. Im Auftrage des Reichs-Versicherungsamts für die internationalen Kongresse für Versicherungs-Wissenschaft und Versicherungs-Medizin in Berlin 1906 bearbeitet von *H. Siefart*, Kaiserlichem Regierungsrat und ständigem Mitgliede des Reichs-Versicherungsamts. Verlag von *A. Asher & Co.*, Berlin 1906.

stellung der Frage, welche praktische Bedeutung die vorher erörterten Begriffsbestimmungen haben, d. h. wie sich danach die Ansprüche der Versicherten und die den Versicherern obliegenden Leistungen gestalten. Hier wird zunächst dargelegt, daß auf den sämtlichen einschlägigen Gebieten die Erwerbsfähigkeit selbst das versicherte Rechtsgut ist. Weiter wird gezeigt, welche Folgerungen sich für die Feststellung der Invalidität (bzw. Teilinvalidität) daraus ergeben, daß die private Versicherung in der Hauptsache nur mit guten Risiken zu tun hat, die öffentlich-rechtliche Versicherung dagegen keinerlei Auswahl treffen kann, und ferner, wie die Bemessung der durch Unfall herbeigeführten Einbuße an Erwerbsfähigkeit cine andere sein muß, je nachdem von einem Individualverdienst oder von einem Normal-(Durchschnitts-) Lohne bzw. einer diesem gleichzuachtenden versicherten Summe ausgegangen wird. Zuletzt werden die verschiedenen Schätzungsweisen besprochen, die nach den bestehenden Vorschriften oder in deren Sinne behufs Ermittlung des im einzelnen Falle vorhandenen Maßes von Erwerbsunfähigkeit zur Anwendung gelangen.

In einem Schlußworte werden die Begriffsbestimmungen und ihre Handhabung unter dem Gesichtspunkte betrachtet, welche Vorzüge sie bieten, und inwiefern sie etwa zu Bedenken Anlaß geben, sowie welche Änderungen vielleicht möglich erscheinen.

Schließlich hat das Reichs-Versicherungsamt anläßlich der Kongresse die wiederholte Untersuchung über „*das Ausscheiden der Invalidenrentenempfänger aus dem Rentengenusse*" zum Abschlusse gebracht und legt das Ergebnis in dem 1. auch mit einer graphischen Darstellung versehenen Beihefte zu den Amtlichen Nachrichten 1906 (Verlag von *A. Asher & Co.,* Berlin) vor. Die Beobachtungen der ersten Untersuchung (2. Beiheft zu den Amtlichen Nachrichten des Reichs-Versicherungsamts 1901) erstreckten sich auf die bis Ende 1897 bewilligten Invalidenrenten; jeder Rentenempfänger wurde, sofern die Rente nicht früher weggefallen war, bis zum Wiederkehrstage des Rentenbeginns im Jahre 1898 beobachtet. Die neue Untersuchung umfaßt die Weiterbeobachtung dieser Rentenempfänger sowie die Beobachtung der in den Jahren 1898 und 1899 hinzugekommenen Rentenempfänger; jeder Rentenempfänger wurde bis zum Wiederkehrstage des Rentenbeginns im Jahre 1903 beobachtet. Das Ausscheiden aus dem Rentengenusse wird nicht bloß in Abhängigkeit von dem Geschlecht und Lebensalter der Rentenempfänger, sondern auch in Abhängigkeit von dem Zeitraume, der seit Eintritt der Erwerbsunfähigkeit verflossen war, untersucht. Es werden die Beobachtungen nach Alter, Geschlecht und Rentenbezugsdauer der Empfänger und die weggefallenen Renten nach der Ursache des Wegfalls (Tod, Wiedererlangung der Erwerbsfähigkeit, sonstige Ursachen) getrennt gegeben, sowie auch die aus den Erfahrungen der einzelnen Versicherungsträger gefundenen Zahlen besonders mitgeteilt. Die Ausscheidewahrscheinlichkeiten erwiesen sich für die ersten Jahre des Rentenbezugs im allgemeinen kleiner, für die spätere Zeit des Rentenbezugs im allgemeinen größer als die bei der früheren Untersuchung festgestellten. Die frühere Erfahrung, daß der Unterschied in der Sterblichkeit beider Geschlechter bei den Invalidenrentempfängern viel mehr als bei der Gesamtbevölkerung hervortritt, wird durch die neue Untersuchung bestätigt.

Von den regelmäßigen Veröffentlichungen des Reichs-Versicherungsamts, welche für Versicherungswissenschaft und -medizin Interesse bieten, sind die *Amtlichen Nachrichten des Reichs-Versicherungsamts* zu erwähnen (Verlag von A. Asher & Co., Berlin, seit 1885, alljährlich ein Band). In ihnen werden die wichtigsten Verwaltungs- und oberstinstanzlichen spruchgerichtlichen Entscheidungen des Amtes und seiner Senate sowie alle für die Verwaltung und Rechtsprechung in Unfall- und Invalidenversicherungssachen wichtigen Anordnungen usw. veröffentlicht. In der Januarnummer jedes Jahrganges finden sich die Rechnungsergebnisse der Berufsgenossenschaften usw. der Unfallversicherung und der Versicherungsanstalten usw. der Invalidenversicherung. In der Aprilnummer gelangt der Geschäftsbericht des Reichs-Versicherungsamts zum Abdruck, in dem ein Überblick über die gesamten Geschäfte des Amtes, außerdem eine Statistik der Rechtsprechung aller Instanzen der Unfall- und Invalidenversicherung, in den letzten Jahren zugleich eine Übersicht über den Inhalt der wichtigsten neuen Entscheidungen, insbesondere auch des Erweiterten Senats des Reichs-Versicherungsamts, gegeben wird. Seit April 1905 werden vom Reichs-Versicherungsamt in dem vom Kaiserlichen Statistischen Amt, Abteilung für Arbeiterstatistik, herausgegebenen Reichs-Arbeitsblatt besondere Beiträge veröffentlicht, von denen hier hervorzuheben sind: Zum Begriff des entschädigungspflichtigen Betriebsunfalls bei verbotswidrigem Handeln des Verletzten (1905 Heft 5); Zur rechtlichen Beurteilung der Berufs- (Gewerbe-) Krankheiten in der deutschen Arbeiterversicherung (1905 Heft 11) und Körperschädigungen durch Blitzschläge als Betriebsunfälle (1906 Heft 5).

Das Gebiet der Versicherungsmedizin betreffen die ärztlichen Obergutachten von Sachverständigen von anerkannter wissenschaftlicher Bedeutung über wichtige Fragen der Versicherungsmedizin (z. B. über Rückenmarkserkrankung eines Caissonarbeiters, Hundswut, Osteomalacie, Beri-Beri-Krankheit, Akromegalie, Unfälle durch elektrische Schläge, Verbrennung durch Röntgenstrahlen, Vergiftungen durch Leuchtgas, Grubengas, Nitrobenzol, Blei usw.). Seither sind im ganzen 91 solcher Obergutachten veröffentlicht; auch eine die ersten 60 Gutachten enthaltende Buchausgabe ist erschienen, der ein die Benutzung erleichterndes ausführliches Sachregister beigegeben ist.

Seit 1898 werden besondere größere Arbeiten, meist statistischen Inhalts, als Beihefte zu den Amtlichen Nachrichten des Reichs-Versicherungsamts veröffentlicht. Als wichtigste neueste Veröffentlichungen ihrer Art seien hier hervorgehoben

auf dem Gebiete der Unfallversicherung:

Alphabetisches Verzeichnis der Gewerbszweige der am 1. Juli 1903 bestehenden Berufsgenossenschaften, Amtliche Nachrichten des Reichs-Versicherungsamts 1903, Seite 403 ff.;

Statistik der Unfallversicherung 1885 bis 1898. 1. Beiheft zu
den Amtlichen Nachrichten des Reichs-Versicherungsamts 1900;
Gewerbe-Unfallstatistik für das Jahr 1897. 3 Beihefte zu den
Amtlichen Nachrichten des Reichs-Versicherungsamts 1899, 1900;
Unfallstatistik für Land- und Forstwirtschaft für das Jahr
1901. 1. und 2. Beiheft zu den Amtlichen Nachrichten des Reichs-
Versicherungsamts 1904;

Statistik der Unfallfolgen, Amtliche Nachrichten des Reichs-
Versicherungsamts 1899, Seite 666 ff.;

Rentenminderung infolge teilweiser Reaktivierung, Ausscheidewahrscheinlichkeit aus dem Rentengenusse, Kapitalwerte für Ver-
letztenrenten bei der Tiefbau-Berufsgenossenschaft und den Versicherungsanstalten der Baugewerks-Berufsgenossenschaften, Amtliche Nachrichten des Reichs-Versicherungsamts 1894, Seite 297 ff.;

Sammlung ärztlicher Obergutachten. Aus den Amtlichen Nach-
richten des Reichs-Versicherungsamts 1897 bis 1902. 1. Band der
Buchausgabe, 2. Beiheft zu den Amtlichen Nachrichten des Reichs-
Versicherungsamts 1902;

auf dem Gebiete der Invalidenversicherung:

Anleitung, betreffend den Kreis der nach dem Invalidenversicherungsgesetze vom 13. Juli 1899 versicherten Personen. Amtliche Nachrichten des Reichs-Versicherungsamts 1905, Seite 612 ff.;

Statistik der Invalidenversicherung 1891 bis 1899. 1. Beiheft
zu den Amtlichen Nachrichten des Reichs-Versicherungsamts 1901;

Statistik der Ursachen der Erwerbsunfähigkeit (Invalidität):
1891 bis 1895. Beiheft zu den Amtlichen Nachrichten des Reichs-
Versicherungsamts 1898; 1896 bis 1899. 2. Beiheft zu den Amtlichen Nachrichten des Reichs-Versicherungsamts 1903;

Untersuchung über die Ursachen der Erwerbsunfähigkeit bei
Rentenempfängern, die zuletzt in der Textilindustrie beschäftigt gewesen sind. Amtliche Nachrichten des Reichs-Versicherungsamts
1905, Seite 512 ff.;

Statistik der Heilbehandlung 1897 bis 1904. Beihefte zu den
Amtlichen Nachrichten des Reichs-Versicherungsamts 1902, 1903,
1905, 1906.

Das Ausscheiden der Invaliden- und Altersrentenempfänger aus
dem Rentengenusse. Amtliche Nachrichten des Reichs-Versicherungsamts 1901. 2. Beiheft 1902, Seite 532 ff., 1906 1. Beiheft.

Die Art der Anlegung der Bestände der Versicherungträger der
Invalidenversicherung. Amtliche Nachrichten des Reichs-Versicherungsamts 1906, Seite 213 ff.

Ein die Jahrgänge 1885 bis 1905 umfassendes Generalregister zu
den Amtlichen Nachrichten des Reichs-Versicherungsamts erleichtert
die Benutzung des bis jetzt 20bändigen Werkes.

Von den Mitgliedern des Reichs-Versicherungsamts sind in dem
„Handbuch der Unfallversicherung" (2. neubearbeitete und erheblich
vermehrte Auflage, Leipzig, Verlag von Breitkopf & Härtel, 1897) die

Reichs-Unfallversicherungsgesetze nach den Akten des Amtes dargestellt worden. Eine dritte Auflage dieses Handbuchs ist in Bearbeitung. Das Handbuch ist nach der Legalordnung der damals geltenden Unfallversicherungsgesetze geordnet und bietet der Versicherungswissenschaft reichhaltigen Stoff und wohl auch manche Anregung.

Von den Verfassern bearbeitete Auszüge aus den Schriften: „Die deutsche Arbeiterversicherung als soziale Einrichtung", „Der Begriff der Erwerbsunfähigkeit auf dem Gebiete des Versicherungswesens" und „Das Ausscheiden der Invalidenrentenempfänger aus dem Rentengenusse" finden sich an entsprechender Stelle der Kongreßberichte.

Gaebel,
Präsident des Reichs-Versicherungsamts.

Pfarrius,	*Dr. Sarrazin,*
Direktor der Abteilung für Unfallversicherung.	Direktor der Abteilung für Invalidenversicherung.

Les contributions de l'Office impérial des assurances (ouvrières) aux Congrès internationaux des Actuaires et des Médicins-Experts de Compagnies d'assurances tenus à Berlin en 1906.

L'assurance ouvrière allemande — première réalisation de l'idée d'organiser l'assurance par l'action de la loi et sur de larges bases sociales — l'assurance ouvrière allemande ajoute à la science de l'assurance un rameau nouveau. Du même coup, s'impose à la médecine des assurances le devoir de se mettre elle aussi au service de ces lois de protection ouvrière, qui font passer sous l'œil du médecin des millions d'assurés.

L'Office impérial des assurances cherche, dans le cadre de ses attributions générales et par les voies de la jurisprudence et de l'administration, à faire progresser la science de l'assurance et la médecine des assurances. L'intérêt que l'Administration de l'Empire porte aux Congrès internationaux des Actuaires et des Médecins-Experts se manifeste par le fait qu'elle leur adresse des contributions spéciales. On nous permettra de donner ici quelques indications sur ces contributions, ainsi que sur les autres publications de l'Office qui sont intéressantes pour l'actuaire et le médecin des assurances.

Au premier plan des travaux des deux congrès — fidèles en cela à leur histoire — se trouveront probablement toutes les questions relatives à l'assurance *privée*. Mais l'assurance privée a de multiples points de contact avec l'assurance ouvrière de droit public. Les Congrès rendront un service signalé s'ils marquent fortement ces contacts, s'ils découvrent l'action réciproque des notions ou procédés identiques ou analogues et, par suite, s'ils la fortifient et la fécondent.

L'Office impérial des assurances dédie d'abord aux deux Congrès un ouvrage intitulé *„L'assurance ouvrière considérée comme institution sociale"*[1]), où l'on trouvera un aperçu général de l'assurance ouvrière de droit public. L'exposé s'étend à l'assurance impériale contre la maladie, les accidents, l'invalidité, ainsi qu'aux mesures d'applications nécessitées par ces lois, et aux autres institutions provoquées ou développées par les assurances ouvrières.

La première partie de cet ouvrage, „Origine et importance sociale", rappelle d'abord l'entrée de la vaste classe des ouvriers salariés dans l'organisation sociale moderne. Les besoins, le droit qu'on lui reconnait d'être protégée contre tous les risques de la profession, les tentatives faites par le législateur pour répondre tout d'abord par les procédés du droit privé à ces besoins nouveaux, sont exposés ensuite, en même temps que l'auteur jette un coup d'œil sur les tendances parallèles observées dans les autres pays civilisés. On voit alors l'Empire allemand, agissant en précurseur, réaliser une réforme puissante, aux contours nettement tracés, sur les bases de la politique sociale et du droit public. Les principes de l'assurance ouvrière et les développements qu'elle a reçus au point de vue social sont enfin indiqués à grands traits.

La deuxième partie constitue un rapport statistique sur l'étendue, l'organisation et les prestations de l'assurance ouvrière. Elle commente les chiffres, extraits des comptes-rendus officiels, relatifs aux divers organes de l'assurance et aux assurés, aux recettes, aux dépenses, aux capitaux des organes de l'assurance, aux risques indemnisés eux-mêmes, à la fréquence, aux causes, à la durée et aux conséquences de la maladie, de l'accident et de l'invalidité, enfin à la procédure en cas de contestations. La *„Statistique de l'assurance ouvrière de l'Empire allemand pour les années 1885—1904"* remise à jour également pour les membres des deux Congrès[2]), donne tous les chiffres officiels sous la forme de tableaux, et constitue ainsi le complément de cette deuxième partie.

La troisième partie traite de la prévention des accidents. Le législateur s'est souvenu de la maxime: qu'il vaut mieux prévenir les accidents qu'indemniser les victimes et qu'une rente ne remplacera jamais le père de famille tué ou ne remplacera jamais pour l'estropié le membre qu'il a perdu; la loi (et avec elle l'Office chargé de l'appliquer) a dès le début attaché une importance toute particulière à l'organisation de la prévention. Celle-ci se comprend d'autant mieux, dans le système de l'assurance contre les accidents allemande, que les organes de

---

[1]) Die deutsche Arbeiterversicherung als soziale Einrichtung, 3e édition, préparée au nom de l'Office impérial pour le Ve Congrès international des actuaires et le IVe Congrès international des médecins-experts de Compagnies d'assurances (Berlin 1906) par *A. Bielefeldt, K. Hartmann, G. A. Klein, L. Lass, F. Zahn.* Éditeur: *A. Asher & Co.,* Berlin.
[2]) Statistik der Arbeiterversicherung des Deutschen Reichs für die Jahre 1888 bis 1904. Préparée au nom de l'Office impérial des assurances pour le Ve Congrès international des actuaires et le IVe Congrès international des médecins-experts de Compagnies d'assurances (Berlin 1906) par Monsieur *G. A. Klein,* Dr. en droit, Conseiller de gouvernement et membre permanent de l'Office. Éditeur: *Carl Heymann,* Berlin 1906.

l'assurance (corporations professionnelles) ont un grand intérêt pratique à diminuer les risques professionnels, puisqu'elles diminuent du même coup les charges financières. L'ouvrage publié par l'office décrit d'abord le développement des mesures de prévention dans les dernières périodes décennales, et expose ensuite, en les prenant par groupes, les principales mesures protectrices prises dans les différentes catégories d'entreprises et natures de travaux, de l'industrie et de l'agriculture. On trouve ensuite une courte discussion des moyens employés pour la prévention des maladies professionnelles, qui sont, dans tant d'entreprises, le résultat de l'inhalation de gaz, vapeurs et poussières nuisibles à la santé, ou de la manipulation de matières vénéneuses et d'autres influences mauvaises, toutes causes qui provoquent l'invalidité chez des milliers d'ouvriers.

La quatrième partie expose par quels moyens et dans quelle mesure la santé du peuple a été améliorée par l'assurance ouvrière. Elle indique les sommes considérables qui ont été consacrées, à côté du paiement des rentes, au traitement médical des assurés; puis elle cite les établissements de cure de toute nature qui appartiennent aux organes de l'assurance eux-mêmes et à des tiers. Viennent ensuite les nombreuses institutions de prompt secours en cas de maladie et d'accident, créées dans les villes et les campagnes directement ou indirectement par les organes de l'assurance. L'ouvrage mentionne enfin l'utilisation des énormes capitaux représentatifs qui ne sont pas immédiatement nécessaires pour le règlement des sinistres, ainsi que des fonds de réserve des organes de l'assurance: ces sommes peuvent en grande partie être prêtées, à un taux d'intérêt assez bas, en vue de la construction de maisons ouvrières salubres et pour d'autres institutions d'hygiène sociale. Cette partie de l'ouvrage commente les résultats de la *„Statistique du traitement médical des assurés atteints de tuberculose ou d'autres maladies, 1901—1905“*,[1]) élaborée par l'Office impérial. Il est successivement question, dans cette statistique, des conditions légales dans lesquelles intervient le traitement, des dépenses de premier établissement ou permanentes effectuées pour des sanatoria, pour l'assistance médicale dans les communes, etc., ainsi que des méthodes, des localités et des résultats du traitement.

La cinquième partie expose dans quelle mesure la situation économique du peuple allemand a progressé sous l'influence de l'assurance ouvrière. Elle examine les effets exercés jusqu'ici par les trois assurances sur les ouvriers, les patrons, les communes, l'État, l'Empire, et éclaire de plus prés, en jetant des regards sur les conditions de la vie sociale, l'importance de l'assurance ouvrière pour le développement économique de l'Allemagne. Elle constate tout particulièrement que, depuis l'introduction de l'assurance la classe ouvrière, prise dans son ensemble, a réalisé de très notables progrès, qu'il s'agisse de ses intérêts matériels ou de son hygiène ou de ses droits, ou de sa vie morale et

---

[1]) Statistik der Heilbehandlung bei den Versicherungsanstalten und den zugelassenen Kasseneinrichtungen der Invalidenversicherung für die Jahre 1901, 1902, 1903, 1904 und 1905. 2e annexe aux Amtliche Nachrichten 1906. Berlin, *Asher & Co.*, éditeurs.

intellectuelle; mais, de plus, pendant la même période, l'ensemble de la vie économique allemande a reçu une puissante impulsion. L'assurance ouvrière, certes, n'est que l'un des facteurs de cette évolution. Et cependant l'ouvrage publié par l'Office le démontre, il existe entre l'assurance ouvrière et la vie économique nationale une étroite solidarité, et rien du moins dans l'évolution subie par l'Allemagne, ne permet de défendre l'opinion, parfois exprimée à l'étranger, que l'assurance ouvrière exerce un effet fâcheux sur la prospérité économique et le bien-être de la nation.

Un aperçu plus rapide sur l'assurance ouvrière allemande se trouve dans le „*Guide de l'assurance ouvrière allemande*",[1] également remis à jour pour les Congrès et complété par des tableaux indiquant l'état le plus récent de l'assurance ouvrière à l'étranger.

Dans une brochure spéciale, „*La notion de l'incapacité de gain dans le domaine de l'assurance*",[2] on trouvera les dispositions légales et autres ainsi que les résultats de la pratique, en ce qui concerne l'incapacité de gain: qu'il s'agisse des assurances de droit public contre la maladie, les accidents et l'invalidité ou des domaines correspondants de l'assurance privée; la littérature médicale a été mise à contribution pour ce travail. La première partie recherche les éléments caractéristiques ou distinctifs de l'incapacité de gain, et les classe en deux groupes. D'un côté sont classés les éléments essentiels et qui par conséquent se retrouvent toutes les fois qu'on veut définir ou appliquer cette notion; ils ressortent plus nettement encore de la différenciation de l'incapacité de gain avec la capacité de travail et l'absence de travail (chômage): ce sont la „capacité", le „travail", l'„utilisation du travail en vue du gain". Le deuxième groupe comprend les points de vue que la réglementation en vigueur ou son application ont transformé en éléments caractéristiques ou distinctifs de la notion d'incapacité, ou qui doivent être considérés comme tels d'après les besoins de telle ou telle assurance. Il s'agit 1° de la possibilité ou de l'impossibilité de fractionner l'incapacité de gain (totale, partielle, différents degrés de l'incapacité partielle); 2° de la durée de l'incapacité (permanente, temporaire); 3° de ses causes (âge, état de grossesse ou suite de couches, maladie, infirmités, accidents, ainsi que certaines causes plus indirectes); 4° situation personnelle des assurés (âge, sexe, apprentissage, emploi et profession; mode de vie, etc.). En combinant

---

[1] Leitfaden der Arbeiterversicherung des Deutschen Reichs, rédigé au nom de l'Office impérial des assurances par le Dr. *Zacher*, directeur à l'Office impérial de statistique et Conseiller intime (précédemment président de Sénat à l'Office impérial) continué avec la collaboration du Prof. Dr. *Lass*, président de Sénat à l'Office impérial et Conseiller intime, et de Dr. *G. A. Klein*, Conseiller de gouvernement et membre permanent de l'Office impérial. Édition refondue pour le Ve Congrès international des actuaires et le IVe Congrès international des médecins-experts de Compagnies d'assurances. *Asher & Co.*, éditeurs, Berlin 1906.

[2] Der Begriff der Erwerbsunfähigkeit auf dem Gebiete des Versicherungswesens. Rédigé au nom de l'Office impérial des assurances, pour le Ve Congrès international des actuaires et le IVe Congrès international des médecins-experts de Compagnies d'assurances par Monsieur *Siefart*, Conseiller de gouvernement et membre permanent de l'Office. *Asher & Co.*, éditeurs, Berlin 1906.

les éléments caractéristiques ou distinctifs de ce second groupe ou ceux-ci avec ceux du premier groupe (dont la combinaison ne fournit que la notion la plus générale, non utilisable dans la pratique, de l'incapacité de gain), on obtient les „notions secondaires" de l'incapacité de gain, particulièrement nombreuses en matière d'assurance privée.

La deuxième partie de l'ouvrage expose l'importance pratique des notions élucidées dans la première partie, c'est-à-dire leur répercussion sur les droits et les obligations des assurés. L'auteur expose tout d'abord que, dans toutes les assurances considérées, la capacité de gain elle-même est l'objet de l'assurance. Il montre ensuite quelles conséquences résultent, pour la fixation de l'invalidité (ou de l'invalidité partielle), du fait que l'assurance privée ne s'occupe en général que de bons risques, tandis que l'assurance de droit public ne peut faire aucun choix, et aussi du fait que l'évaluation de la perte de capacité résultant d'un accident doit varier, selon qu'on a pris pour base un salaire individuel ou bien un salaire normal (ou moyen), ou bien une somme assurée équivalant à ce salaire. Enfin l'auteur examine les divers procédés d'estimation appliqués, conformément à la réglementation actuelle ou à son esprit, pour évaluer la fraction d'incapacité de gain existant dans un cas donné.

Dans ses conclusions, l'auteur se demande, à propos de ces notions et de ces applications, quels en sont les avantages et les inconvénients et quelles modifications on pourrait y apporter.

Enfin l'Office impérial a achevé, à l'occasion des Congrès, les nouvelles recherches auxquelles il avait procédé sur *„la cessation de jouissance de la rente chez les bénéficiaires de rentes d'invalides"*; les résultats en sont publiés dans la première annexe (avec graphiques) aux *Amtliche Nachrichten* 1906 (Asher et Co., éditeur, Berlin). Lors de la première enquête (deuxième annexe aux *Amtliche Nachrichten* de 1901), les observations portaient sur les rentes d'invalides accordées jusqu'à la fin de 1897; tout pensionné, à moins que la cessation de jouissance n'eût eu lieu auparavant, fut observé jusqu'au jour anniversaire en 1898 de l'entrée en jouissance de la rente. La nouvelle enquête s'étend d'une part à ces premiers pensionnés qu'on a continué à observer et d'autre part aux bénéficiaires de pensions entrés en 1898 et 1899; tout pensionné fut observé jusqu'au jour anniversaire en 1903 de l'entrée en jouissance de la rente. La cessation de jouissance a été examinée eu égard non seulement au sexe et à l'âge des pensionnés, mais encore à la durée écoulée depuis le début de l'incapacité de gain. Ce travail groupe séparément les observations d'après l'âge, le sexe, la durée de jouissance de la rente; il classe les cessations de jouissance (extinctions de rentes) d'après la cause, mort, recouvrement de la capacité de gain, causes diverses. Il donne à part les chiffres afférents à chacune des caisses d'assurance. Les probabilités d'extinction des rentes sont en général plus faibles qu'elles n'apparaissaient d'après la statistique précédente. Mais la nouvelle enquête confirme que la différence de mortalité des deux sexes apparaît bien plus nettement dans le personnel des invalides que dans la population générale.

Parmi les publications régulières de l'Office impérial qui présentent de l'intérêt pour les actuaires et les médecins d'assurance, il faut signaler les *Nouvelles officielles de l'Office impérial des assurances* (*Amtliche Nachrichten des Reichsversicherungsamts,* Asher et Co., éditeur, Berlin, un volume par an depuis 1885). On trouvera dans cette publication les principales décisions administratives ou rendues à titre de jurisdiction arbitrale supérieure par l'Office ou ses Chambres (Sénats), ainsi que tous les règlements etc. importants pour l'administration et la jurisprudence en matière d'accidents du travail ou d'invalidité. Le numéro de janvier de chaque année contient le compte rendu des corporations, etc., d'assurance contre les accidents et des organes de l'assurance contre l'invalidité. Le numéro d'avril contient le compte rendu de l'Office impérial, qui jette un coup d'œil sur les différents travaux de l'Office et donne ensuite la statistique des procès intervenus, ainsi que — du moins dans les derniers rapports — un résumé des principales décisions nouvelles, en particulier de celles rendues par l'Office impérial siégeant en Chambres réunies (en Sénat élargi). Depuis avril 1905, l'Office impérial publie dans le Journal impérial du travail (*Reichs-Arbeitsblatt*) édité par l'Office impérial de statistique, section de la statistique du travail, des articles spéciaux, tels que: „La notion de l'accident du travail, soumis à indemnité dans le cas de violation par le blessé des défenses faites" (1905, no. 5); „L'appréciation au point de vue juridique des maladies professionnelles dans l'assurance ouvrière" (1905, no. 11); „Les lésions causées par les coups de foudre considérées comme accidents du travail" (1906, no. 5).

L'Office entre dans le domaine de la médecine des assurances avec les rapports de sur-expertise (Obergutachten) qu'il demande, pour départager les experts médicaux, à des savants d'une autorité incontestée. Ces rapports concernent souvent des questions importantes pour la médecine des assurances (par exemple la maladie de la moelle épinière chez un ouvrier de caisson hydraulique, la rage canine, l'ostéomalacie, le béri-béri, l'acromégalie, les électrocutions, les blessures par les rayons X, les empoisonnements par le gaz d'éclairage, ou le gaz de mine, le nitrobenzol, le plomb, etc.). L'Office a déjà publié 90 de ces rapports; les 60 premiers sont même groupés sous forme de volume, avec une table des matières détaillée qui facilite les recherches.

Depuis 1898, des travaux plus étendus, pour la plupart d'ordre statistique, sont publiés sous forme d'annexes aux *Nouvelles officielles* (*Amtliche Nachrichten*) de l'Office impérial. Parmi les plus importantes et les plus récentes publications de ce genre, on peut citer:

Travaux relatifs à l'assurance contre les accidents:

Nomenclature alphabétique des professions comprises dans les corporations professionnelles existant à la date du 1er juillet 1903, — *Amtliche Nachrichten* 1903, p. 403 et ss.;

Statistique de l'assurance contre les accidents 1885—1898,— 1re annexe aux *Amtliche Nachrichten* 1900;

Statistique des accidents survenus dans l'industrie, en 1897, — 3 annexes aux *Amtliche Nachrichten* 1899, 1900;

Statistique des accidents survenus dans l'agriculture et les forêts en 1901, — 1re et 2e annexe aux *Amtliche Nachrichten* 1904;

Statistique des conséquences des accidents, *Amtliche Nachrichten* 1899, p. 666 et ss.;

Réduction des rentes consécutive au recouvrement partiel de l'activité, probabilités de cessation de jouissance de la rente, capitaux représentatifs des rentes de blessés pour la corporation d'assurance des travaux en profondeur et les établissements annexes d'assurance des corporations du bâtiment, *Amtliche Nachrichten* 1894, p. 297 ss.;

Collection de rapports de sur-expertise médicale. Extrait des *Amtliche Nachrichten* 1897—1902. 1er volume de l'édition spéciale: 2e annexe aux *Amtliche Nachrichten* 1902.

Travaux relatifs à l'assurance contre l'invalidité.

Guide introductif, concernant les diverses catégories de personnes assurées d'après la loi du 13 juillet 1899, — *Amtliche Nachrichten* 1905, p. 612 ss.;

Statistique de l'asurance contre l'invalidité 1891—1899; — 1re annexe aux *Amtliche Nachrichten* 1901;

Statistique des causes de l'incapacité de gain (invalidité), 1891—1895, Annexe aux *Amtliche Nachrichten* 1898; — 1896—1899, 2e annexe aux *Amtliche Nachrichten* 1903;

Enquête sur les causes de l'incapacité de gain chez les pensionnés qui se trouvaient en dernier lieu occupés dans l'industrie textile, — *Amtliche Nachrichten* 1905, p. 512 ss.;

Statistique du traitement médical 1897—1904, Annexes aux *Amtliche Nachrichten* 1902, 1903, 1905, 1906;

La cessation de jouissance de la rente chez les bénéficiaires de rentes d'invalidité ou de vieillesse. *Amtliche Nachrichten* 1901; 2e annexe 1902, p. 532 ss.; 1901, 1re annexe;

Le mode de placement des fonds des caisses d'assurance contre l'invalidité. *Amtliche Nachrichten* 1906, p. 279 ss.

Une table générale des matières des *Amtliche Nachrichten,* portant sur l'ensemble des annexes 1885—1905, facilite les recherches dans cette collection de 20 années.

Les membres de l'Office impérial ont, dans le *Manuel de l'assurance contre les accidents (Handbuch für Unfallversicherung)* (2e édition refondue et considérablement augmentée, Leipzig, chez Breitkopf et Härtel 1897), exposé la législation sur l'assurance contre les accidents d'après les archives de l'Office. Une 3e édition de cet ouvrage est en préparation. Les matières du Manuel sont rangés d'après l'ordre du texte des lois primitives; cet ouvrage offre aux actuaires des documents de grande valeur et sans doute bien des suggestions utiles.

Des tirages à part, rédigés par les auteurs des ouvrages „L'assurance ouvrière allemande considérée comme institution sociale", „La notion de l'incapacité de gain dans le domaine de l'assurance" et „La cessation de jouissance de la rente chez les bénéficiaires de pensions d'invalidité" se trouvent dans les rapports du Congrès à leur place respective.

Gaebel,
Président de l'office impérial des assurances.

Pfarrius,	*Dr. Sarrazin,*
Directeur de la section d'assurance contre les accidents.	Directeur de la section d'assurance contre l'invalidité.

The contributions of the Imperial Insurance Department to the International Congresses of Actuaries and Examining Physicians in Berlin 1906.

With German Workmen's Insurance — the first realization of the idea of insurance by legislation on a broad social basis — has been added a new and independent branch to Insurance Science, and for Insurance Medicine has arisen the task also to work in the service of these Laws for Provision of Workmen, which has brought millions of insured under medical treatment.

The Imperial Insurance Department seeks within the limits of its general scope to advance Insurance Science and Insurance Medicine by legislation and management. The Government prove their interest in the International Congresses by furnishing special contributions. To these and the other publications of importance to Insurance Science and Insurance Medicine a brief reference is here made.

At the above-mentioned Congresses Private insurance will probably stand in the foreground of interest, as may be gathered from their history. But Private insurance has many points in common with Compulsory Workmen's Insurance. To accentuate these and to explain the alternate effect of similar and kindred ideas and arrangements and thereby to make them productive of good results, will be a laudable task for the Congresses.

The Imperial Insurance Department, first of all, presents to both Congresses a pamphlet "The German Workman Insurance as a social institution" (Die deutsche Arbeiterversicherung als soziale Einrichtung), in which is given a Survey of Compulsory Workmen's Insurance. The exposition deals with Sickness, Accident and Invalid in-

42*

surance, as established by law, and those allied branches of insurance which serve the interests of workmen's insurance and have been created or advanced by it.

In its first part "Origin and social importance" the exposition begins with the entry of the large classes of labourers into the modern order of society. Their wants and their claims to protection against the dangers of their occupation, and the attempts of legislators to settle these points on the basis of civil law are duly presented, analogous movements of other civilized peoples being taken into account. We see then the German Empire, in advance of all others, call into being a great and well-defined new institution on a social-political and legal foundation. After this the broad outline and social formation of this new workmen's insurance are given in a precise form.

The second part gives a statistical report regarding the scope organization and achievements of workmen's insurance, a discussion on the figures compiled from official sources anent the insurers and the insured, the receipts, the expenditure and the wealth of the insurers, the claims themselves, their frequency, causes, the duration and consequences of sickness, accident and invalidity, and finally the result of legal actions under disputed claims. The "Statistics of the Workmen's insurance of the German Empire for the years 1885—1904", revised for the Congresses, gives the official figures in a summary form and thereby supplements this part.

The third part treats of the prevention of accidents. Mindful of the words, that it is better to prevent accidents than to compensate them, and that an accident annuity can never make reparation to a family for the killed father, or to the injured for his maimed limbs the law itself and the Imperial Insurance Department appointed to carry it out have always attached much importance to the elaboration of the system for prevention of accidents. This is all the more a fortunate and purposeful addition to the system of laws for accident insurance, as the insurers, the workmen's unions (Berufsgenossenschaften) have a great and practical interest in the lessening of the dangers of occupation, on account of the slighter burden of compensation resulting therefrom. The description gives first the development of the movement for the prevention of accidents within the last decades and also in a tabulated form the most important preventive measures for the different kinds and organisations of industry and agriculture. To this is added a short discussion of the means for the prevention of industrial diseases, such as are caused in numerous occupations by inhaling noxious gases, steam and dust, through contact with poisonous matter and other detrimental influences, which invalide thousands of workmen.

In the fourth part is shown, by what means and to what extent the health of the people has been improved by Workmen's insurance. The considerable expenditure for curative treatment as well as the annuity payments to the insured; further, the sanatoria of all kinds either belonging to the insurers or third parties are enumerated. Added to this are the numerous institutions in town or country for first aid in cases of sickness and accident which owe their existence directly or indirectly to the application of Workmen's insurance. Finally mention is made of the utilisation of the enormous surplus capital and reserve funds of the insurers for the erection of healthy workmen's dwellings and other hygienic purposes, for which loans are granted at a low rate of interest. Last, but not least, there is a treatise on the results of the Imperial Insurance Department's revised edition of "Statistics of Curative Treatment of Insured suffering from Tuberculosis and other Maladies for the years 1901—1905." In these statistics are discussed features of legal interest, the single and continuous expenditure for sanatoria, infirmaries, etc., as well as the kinds, places and successes of curative treatment.

In the fifth part is explained to what extent national economy has been developed under the influence of Workmen's insurance. In view of the effects which the three branches of insurance have had on workmen, employers, communities, on individual states and the whole Empire, the importance of workmen's insurance to the economic condition of the Empire is described in detail, sidelights being thrown on sociology. Substantial proof is given that the material, hygienic, legal, moral and intellectual interests of entire sections of the working classes have been advanced since the introduction of insurance, as well as that the national economy of the Empire has made gigantic strides. Of course, workmen's insurance is only one of the motive powers of this development. However, the description proves that there exists a close connection between Workmen's insurance and national economy, and the opinion at times prevailing in foreign countries that Workmen's insurance is an obstacle to national economy and national prosperity cannot well be substantiated so far as regards Germany.

A shorter survey of German Workmen's insurance is contained in the "Treatise on Workmen's Insurance in the German Empire" with an appendix showing the latest position of Workmen's insurance in other countries revised for the Congresses.

In the special pamphlet: "Definition of Incapacity to Work, in relation to Insurance" this idea is treated in accordance with the legal and other definitions as well as from the experience gained in the practice of compulsory sickness, accident and invalid insurance and the allied private insurance and with the aid of medical literature. The first part of this work occupies itself with the characteristics of the idea; of which two groups are differentiated. To the first group are reckoned all those that are important to the idea and that are taken into consideration by its definition and application. These are, as is explained under the definitions of the ideas "ability to work" and "unemployment": "ability", "work" and "utilisation of work for wage-earning". The second group embraces such points of view as are made important characteristics of the idea in different ways by authoritative prescription or the administration of the prescription or such as are to be recognised according to the purpose of the individual branch of insurance. As belonging to this category are mentioned and discussed in detail: I. The indivisibility and divisibility of incapacity ("complete", "partial" — different degrees of the latter). II. Its duration ("continuous", "temporary"). III. Its causes (senility, pregnancy and childbed, illness, infirmity, accident, as well as certain more distant causes). IV. Personal condition of the Insured (age, Sex, Constitution, occupation and calling, position in life, etc.). From the combination of characteristics of this kind and with those belonging to the first group, the condensation of which represents in itself alone only the "most general" and is of no use in practice, result "special ideas" of incapacity, especially in private insurance they appear in great variety. The second part of this pamphlet has as purpose the elucidation of the question, what practical importance the above-discussed definitions of the idea convey, i. g. what form the claims of the insured and the obligations of the insurers take from it. It is first explained that in all branches under consideration capacity itself is the insured object. Then is shown what inferences can be drawn from the determination of *incapacity* (respectively partial incapacity), that private insurance has principally to deal with "good risks" only, whereas compulsory insurance has no choice whatever, that the measuring of loss of capacity through accident must be different when an insured sum equivalent to either individual wage or normal (average) wage, respectively, is made the starting-point. Finally are discussed the different methods of calculation, which are used in accordance with existing rules or in their meaning for the purpose of ascertaining the degree of incapacity in individual cases.

In the concluding chapter are examined the definitions of ideas and their application from the point of view of what advantages they offer, how far they may be open to doubt, as well as any modifications which are within the realm of possibilities.

Prompted by the Congresses, the Imperial Insurance Department has finally brought to a conclusion the reported inquiries into the *rates of withdrawal amongst annuitants* and presents the result in a graphic description in the 1st supplement to the "Official Intelligence" 1906. The observations of the first inquiry (2nd supplement to the "Official Intelligence of the Imperial Insurance Department" 1901) extend to annuities granted to the end of 1897; every annuitant was, as far as the annuity had not ceased before, observed until the anniversary of annuities in 1898. The new inquiry embraces the further observation of these annuitants as well as those added in 1898 and 1899; every annuitant was observed until the anniversary in 1903. The causes of withdrawal are not only examined as far as they depended on the sex and age of the recipient, but also on the period that had elapsed since the commencement of incapacity. The results of the observations are given classified according to the recipient's age, sex and duration of annuity, and in the case of ceased annuities according to the causes of cessation (death, regaining of capacity, and other causes), as well as the figures obtained from the experiences of individual insurers. The probabilities of withdrawal were generally proved to be smaller than those given by former inquiries. The former experience that the proportion of mortality of both sexes is greater amongst the recipients of invalid annuities than that of the total population has been confirmed.

Of the regular publications of the Imperial Insurance Department of interest to insurance science and insurance medicine are to be mentioned "The Official Intelligence of the Imperial Insurance Department" (Amtliche Nachrichten des Reichs-Versicherungsamts). In this are published the most important decisions of the High Court and of the management of the Department and its Board of Councillors. In the January number of each year are to be found the balance-sheets of all branches of insurance. The business report of the Imperial Insurance Department is printed in the April number, also the statistics of decisions of all instances of accident and invalid insurance and in the last few years a survey of the contents of the most important decisions, in particular those of the Extended Board of Councillors. Since April 1905 the Imperial Insurance Department publishes special articles in the "Imperial Work Gazette" (Reichsarbeitsblatt) which is issued by the Imperial Statistical Office, Department for Workmen Statistics, of which the following should be mentioned: "On the conception of accidents liable to compensation when the injured acts contrary to regulations" (1905, part 5); "On the legal judgment of industrial sickness in the German Workmen's insurance" (1905, part 11); "On bodily injuries through lightning as industrial accidents" (1906, part 5).

Medical experts of recognised scientific reputation give their opinions on important questions of insurance medicine (for instance on the injury to the spinal cord of a powder-cart driver, hydrophobia, osteomalacy, beri-beri, acromegaly, accidents through electric shock, burning by Röntgen rays, poisoning by lighting-gas, mine-gas, nitro-benzol, lead, etc.). Altogether 90 such opinions have been published; the first 60 have also appeared in bookform, and for the sake of convenience a comprehensive index has been added.

Since 1898 special extensive works, mostly containing statistics, are published as supplements to the "Official Intelligence of the Imperial Insurance Department". The following is a selection of the latest and most important publications:

On accident insurance:

Alphabetical index of the industrial branches of societies in existence on 1st July, 1903; page 403, "Official Intelligence" 1903.

Statistics of accident insurance from 1885—1898. (1st supplement to the "Official Intelligence of the Imperial Insurance Department" 1900).

Statistics of industrial accidents for 1897. (3 supplements 1899 and 1900).

Statistics of forest and agricultural accidents for 1901 (1st and 2nd supplement 1904).

Statistics of the consequences of accidents ("Official Intelligence" 1899, p. 666).

Reduction of annuity in consequence of partial regaining of capacity, probabilities of withdrawal from the annuity, capital value of anuuities for injured with Mine Trade Societies and Building Trade Societies ("Official Intelligence" 1894, p. 297).

Collection of medical opinions. (From the "Official Intelligence" 1897—1902. 1st volume in bookform. 2 supplements to "Official Intelligence" 1902.)

On invalid insurance.

Manual concerning the circle of insured persons in accordance with the invalid insurance law of 13th June, 1899 ("Official Intelligence" 1905, p. 612).

Statistics of the invalid insurance from 1891—1899. (1st supplement 1901.)

Statistics of the causes of incapacity (invalidity) from 1891—1895. (Supplement to the "Official Intelligence", 1898; 1896—1899; 2nd supplement 1903.)

Inquiry into the causes of incapacity of annuitants, last employed in the textile industry. ("Official Intelligence" 1905, p. 512.)

Statistics of curative treatment from 1897—1904. (Supplements 1902, 1903, 1905, 1906.)

The withdrawals of invalid and old age pension annuitants from the annuity. (2nd supplement 1902, p. 532; 1901, 1 supplement.)

The insurer's kinds of investment of the surplus of the invalid insurance. ("Official Intelligence" 1906, p. 279.)

The general index to the "Official Intelligence" embraces the years from 1885—1905 and facilitates the use of this work of 20 volumes.

The members of the Imperial Insurance Department have explained the accident insurance laws from the documents of that Department in the "Handbook of accident insurance" (Handbuch der Unfallversicherung). A third edition of this handbook is in preparation. The handbook is compiled in accordance with the accident insurance laws in force at the time and offers abundant matter to insurance science and perhaps many suggestions.

Extracts prepared by the authors of the pamphlets: "The German Workmen's Insurance as a social institution", "The ideas of incapacity as applicable to insurance", and "The rates of withdrawal amongst annuitants" will be found in their respective places in reports of the Congresses.

XIV. — B 2.

Die deutsche Arbeiterversicherung als soziale Einrichtung.

Vom **Reichs-Versicherungsamt**, Berlin.

Auszug aus der gleichbetitelten, in dritter Auflage im Auftrage des Reichs-Versicherungsamts für den V. internationalen Kongreß für Versicherungswissenschaft und den IV. internationalen Kongreß für Versicherungsmedizin bearbeiteten Schrift (Verlag von *A. Asher & Co.* Berlin 1906.)

I. Entstehung und soziale Bedeutung.

Von Ludwig Laß.

1. Die Entwicklung der wirtschaftlichen Verhältnisse in der jüngsten Vergangenheit, insbesondere der Übergang vom Klein- zum Großbetriebe, führte überall zu einer neuen sozialen Schichtung der Bevölkerung, welche die große Klasse der *Lohnarbeiter* in den Vordergrund treten ließ. Die wirtschaftliche Lage dieser Personen war günstig, solange sie ihre Arbeitskraft in unvermindertem Maße ausnutzen konnten, sie war aber höchst traurig und vom sozialpolitischen Standpunkt aus bedenklich, wenn die Fälle der Not *(Krankheit, Unfall, Invalidität* und hohes *Alter)* dies unmöglich machten. Mit dieser Entwicklung der wirtschaftlichen und sozialen Verhältnisse hatte die Gesetzgebung nicht gleichen Schritt gehalten. Der freie *Arbeitsvertrag* berücksichtigt diese Fälle der Not in der Regel nicht, und auch das *bürgerliche Recht* enthielt ganz ungenügende Vorschriften. Denn diese Vorschriften erstreckten sich nur auf einen verschwindend kleinen Teil der arbeitenden Bevölkerung, galten vielfach nicht im gesamten Deutschen Reiche und gewährten häufig nur einen unzureichenden Schutz. In den meisten Fällen mußte für die erkrankten, unfallverletzten und sonstwie invalide gewordenen Arbeiter und ihre Angehörigen die *öffentliche Armenpflege* eintreten.

2. Bei den verschiedenen Versuchen, Abhilfe zu schaffen, lag es nahe, zunächst an einen Ausbau bestehender Rechtseinrichtungen zu denken. Man dachte an eine Verbesserung und Ausgestaltung der *öffentlichen Armenpflege,* an eine Erweiterung der privatrechtlichen

Vorschriften über die *Alimentationspflicht* der Verwandten, an eine Ausbildung der *freien Selbsthilfe* (des *Hilfsvereinswesens*), an eine Nutzbarmachung der *freiwilligen Versicherung* und, was die Unfälle anlangte, an eine *Erweiterung der Haftpflicht* der Unternehmer, wie sie zum Teil bereits in dem Reichs-Haftpflichtgesetze vom 7. Juni 1871 eingeführt war, sowie endlich an eine verschiedenartig zu regelnde *Verbindung des Haftpflichtgedankens mit dem Versicherungssystem.* Die rechtlichen Gestaltungsversuche zeigen das Eigentümliche, daß sie sich im Laufe der Zeit immer mehr von dem Boden des Privatrechts entfernten und auf den Boden des *öffentlichen, sozialen* Rechtes hinübertraten. Die letzte Stufe der Entwicklung bildet die *öffentliche, soziale Versicherung* auf der Grundlage des Versicherungszwanges, wie sie im Deutschen Reiche durchgeführt ist. Lange hat der Kampf zwischen den Anhängern der individualistischen und der sozialpolitischen Richtung gedauert, im Auslande ist dieser Kampf noch nicht beendigt. Auch in Deutschland war es nicht leicht, sich von den althergebrachten Anschauungen loszumachen und den Forderungen der Neuzeit gerecht zu werden, aber schließlich ist das *soziale Prinzip* als Sieger aus diesem Kampfe hervorgegangen. Im Deutschen Reiche trat man von vornherein mit einem klaren und scharf umrissenen Plane hervor, welcher in der unvergeßlichen *Botschaft Kaiser Wilhelms des Großen vom 17. November 1881* enthalten ist. Die Durchführung dieses Planes ist dank der Weitsicht *Kaiser Wilhelms I.,* der energischen Förderung *Kaiser Wilhelms II.* und der Tatkraft des Reichskanzlers *Fürsten von Bismarck* in ungewöhnlich schneller Zeit gelungen. Im Laufe der letzten Jahrzehnte ist ein zusammenhängendes System von Gesetzen geschaffen worden, welche von *wirtschaftlichen, ethischen* und *sozialen* Gesichtspunkten ausgehen und ebensolche Ziele verfolgen. Die ursprünglichen Gesetze sind später sämtlich einer eingehenden Revision unterzogen worden. Die jetzt geltenden Gesetze sind:

das *Krankenversicherungsgesetz* vom 15. Juni 1883 in der revidierten Fassung vom 10. April 1892 mit den Novellen vom 5. Mai 1886, 30. Juni 1900 und 25. Mai 1903;

die *Unfallversicherungsgesetze* (Gesetz, betreffend die Abänderung der Unfallversicherungsgesetze, Gewerbe-Unfallversicherungsgesetz, Unfallversicherungsgesetz für Land- und Forstwirtschaft, Bau-Unfallversicherungsgesetz, See-Unfallversicherungsgesetz) vom 30. Juni 1900 in der Fassung der Bekanntmachung vom 5. Juli 1900;

das *Invalidenversicherungsgesetz* vom 13. Juli 1899 in der Fassung der Bekanntmachung vom 19. Juli 1899.

Dazu kommen: das Gesetz, betreffend die *Unfallfürsorge für Gefangene,* vom 30. Juni 1900 und das Gesetz, betreffend die *Unfallfürsorge für Beamte und Personen des Soldatenstandes,* vom 18. Juni 1901 (zu vgl. auch die Pensionsgesetze vom 31. Mai 1906).

3. Die *Grundlagen* der deutschen Arbeiterversicherung bilden einerseits der unentbehrliche *Zwang,* welcher sich in der Versicherungspflicht und in der Beitragspflicht äußert, zum anderen das in anderen Ländern kaum geahnte große Maß von *Freiheit* der Beteiligten in der Durchführung der Arbeiterversicherung. Denn die Durchführung der

Arbeiterversicherung ruht in den Händen von freien sozialpolitischen Körperschaften und Anstalten, mit weitgehenden Rechten der *Selbstverwaltung.* Diese Selbstverwaltung ermöglicht es, daß die Arbeiterversicherung auf den mannigfachsten Gebieten gemeinnütziger Aufgaben eine umfassende und segensreiche Tätigkeit entfaltet (Förderung der Volksgesundheit durch die verschiedensten Maßnahmen, Unfall- und Krankheitsverhütung, Kampf gegen den Alkoholismus usw.).

Auch die *Einzelheiten* der deutschen Versicherungseinrichtungen zeigen überall, daß bei ihrer Ausgestaltung sozialpolitische Gedanken in die Tat umgesetzt worden sind. Dies gilt insbesondere von der *Organisation,* indem Arbeitgeber und Arbeitnehmer in weitem Umfange zu gemeinsamer praktischer Tätigkeit herangezogen werden, dies gilt weiter bezüglich des *Kreises der in die Versicherung einbezogenen Personen,* welcher nicht nur die Arbeiter umfaßt, sondern auch die geringer besoldeten Betriebsbeamten und sogar eine größere Zahl von Kleinunternehmern, deren wirtschaftliche Lage nicht selten noch schlechter bestellt ist als die ihrer Arbeiter; dies gilt ferner bezüglich der Vorschriften über die den Versicherten zu gewährenden *Leistungen,* welche überall sozialpolitische Tendenzen und Gesichtspunkte erkennen lassen. Auch die Regelung der Art und Weise, wie die zur Durchführung der Arbeiterversicherung erforderlichen *Mittel* aufgebracht werden, ist nach sozialpolitischen Grundsätzen erfolgt, indem auch hierbei vielfach der Gedanke der Zusammengehörigkeit der produktiven Kräfte — Kapital und Arbeit — zum Ausdrucke gelangt. Endlich sind auch die Einrichtungen der *Verwaltung und Rechtsprechung* auf dem Gebiete der Arbeiterversicherung von großer Bedeutung für die Beteiligten in sozialpolitischer Beziehung. Denn hier wirken Arbeitgeber und Arbeitnehmer mit gleichen Rechten und Pflichten nebeneinander in der Verwaltung, bei den Schiedsgerichten für Arbeiterversicherung und auch in der Zentralinstanz, dem Reichs-Versicherungsamt. Das Verfahren bei der Rechtsverwirklichung ist ebenfalls durchweg nach ethischen und sozialpolitischen Grundsätzen ausgestaltet worden, das Verfahren ist formlos, schleunig und kostenfrei; die leitenden Grundsätze sind: Offizialbetrieb, Gleichheit in der Behandlung beider Parteien, Erforschung materieller Wahrheit von Amts wegen, freie Beweiswürdigung. Zwischen Mündlichkeit und Schriftlichkeit des Verfahrens ist in glücklicher Weise die richtige Mitte gefunden. Hinzu kommt noch, daß auch bei der *Auslegung der Arbeiterversicherungsgesetze* ihrem sozialen Geiste entsprechend die formell-rechtlichen Gesichtspunkte zurücktreten und das materielle Recht in den Vordergrund gestellt wird.

II. Umfang, Einrichtung und Leistungen.

(Statistik der Arbeiterversicherung.)

Von G. A. Klein.

1. Umfang, Versicherungsträger, Versicherte.

Der Krankenversicherung unterliegen alle in der Industrie (einschl. Bergbau), im Handwerk und Handel und zum Teil auch die in der Landwirtschaft beschäftigten Personen, jedoch Betriebsbeamte, Handlungsgehilfen und Bureauarbeiter nur mit einem Jahresarbeitsverdienste bis 2000 M. Die Zahl der gegen Krankheit Versicherten belief sich im Jahre 1904 auf 11 418 446 (davon 8 716 816 Männer, 2 701 630 Frauen).

Die *Unfallversicherung* umfaßt die im Gewerbe, im Bau- und Seewesen sowie die in der Land- und Forstwirtschaft beschäftigten Arbeiter, ferner die Betriebsbeamten mit einem Jahresarbeitsverdienste bis 3000 M. und kleinere Unternehmer, die teils zwangsversichert sind, teils nach statutarischer Vorschrift sich freiwillig versichern können. Die Zahl der gegen Unfall Versicherten belief sich im Jahre 1904 auf 18 376 000 (davon 13 261 000 Männer, 5 115 000 Frauen), wobei die nach dem Gewerbe-Unfallversicherungsgesetz und nach dem Unfallversicherungsgesetze für Land- und Forstwirtschaft doppelt Versicherten, deren Zahl auf rund 1,5 Millionen zu schätzen ist, nur einmal gezählt sind. Die Zahl der Versicherten der Gewerbe-, Bau- und See-Unfallversicherung betrug im Jahre 1904 8 452 563, die der Unfallversicherung für Land- und Forstwirtschaft 11 423 462.

Die Invalidenversicherung umfaßt die Arbeiterschaft sämtlicher Berufszweige. Die Zahl ihrer Versicherten ist nur schätzungsweise bekannt und für 1904 auf rund 13 756 400 (darunter 9 105 800 Männer, 4 650 600 Frauen) anzunehmen.

Die höhere Zahl der Versicherten der Unfallversicherung wird im wesentlichen durch die Mitversicherung kleiner Unternehmer bedingt.

. Zur Durchführung der Krankenversicherung bestanden 1904 22 912 Krankenkassen, und zwar

		Kassen	Versicherte
Gemeinde-Krankenversicherungen . .		8 194	1 515 789
Orts-		4 692	5 337 967
Betriebs- (Fabrik-)	Krankenkassen	7 601	2 693 927
Bau-		41	22 712
Innungs-		672	249 054
Eingeschriebene	Hilfskassen	1 368	853 897
Landesrechtliche		168	37 874
Knappschaftskassen		176	707 726

Die Unfallversicherung erfolgt auf Gegenseitigkeit der Betriebsunternehmer in Berufsgenossenschaften, zu denen die Unternehmer gleicher und verwandter Gewerbe und Berufe vereinigt sind; für die in Staats- und Kommunalbetrieben beschäftigten Personen durch besondere Ausführungsbehörden. Berufsgenossenschaften gab es im Jahre 1904 66 gewerbliche mit 7 849 120 Versicherten und 48 land- und forstwirtschaftliche mit 11 189 071 Versicherten. Daneben bestanden 503 staatliche und kommunale Ausführungsbehörden mit 837 834 Versicherten.

Die Invalidenversicherung erfolgt seit 1891 in 31 Versicherungsanstalten neben (1904) 9 besonderen zugelassenen Kasseneinrichtungen. Die Verteilung des Versichertenbestandes auf diese Versicherungsträger ist zur Zeit nicht genau bekannt.

2. Einnahmen, Ausgaben, Vermögen.

Die Einnahmen der Arbeiterversicherung beliefen sich im Jahre 1904 auf 671 102 732 M., sie sind stetig gewachsen und betragen in ihrer Summe für die Jahre 1885—1904 6 627 559 566 M. Als einzelne Einnahmeposten kommen die Beiträge der Arbeitgeber und der Versicherten (diese fallen für die Unfallversicherung fort) und neben dem Zuschusse des Reichs, der nur für die Invalidenversicherung gewährt wird, die Zinsen der Kapitalbestände usw. in Betracht. An Beiträgen sind von den Arbeitgebern in den Jahren 1885—1904 zusammen 2 972 587 418 M. (1904 304 708 201 M.) aufgebracht worden; von den Versicherten 2 723 431 182 M. (1904 249 610 298 M.). Über die Höhe der Einnahmen bei den einzelnen Versicherungszweigen gibt die nachstehende Zusammenstellung Aufschluß.

Einnahmen.

| | Überhaupt | Beiträge der | | Zuschuß des Reichs | Zinsen usw. |
| | | Arbeitgeber | Versicherten | | |
	M.	M.	M.	M.	M.
			Krankenversicherung.		
1903	224 577 840	66 479 079	146 845 473	.	11 253 288
1904	264 819 404	79 413 599	172 566 398	.	12 889 407
1885—1904	2 853 673 242	824 798 621	1 893 742 304	.	135 132 317
			Unfallversicherung.		
1903	154 168 285	135 263 575	.	.	18 904 710
1904	167 782 800	148 250 702	.	.	19 532 098
1885—1904	1 492 599 536	1 318 099 919	.	.	174 499 617
			Invalidenversicherung.		
1903	224 721 766	73 138 263	73 138 263	41 854 727	36 590 513
1904	238 500 528	77 043 900	77 043 900	45 275 550	39 137 178
1891—1904	2 281 286 788	829 688 878	829 688 878	339 475 377	282 433 655

Von je 100 M. der Einnahmen der Arbeiterversicherung überhaupt entfallen im Jahre 1904 auf Beiträge der $\begin{cases} \text{Arbeitgeber} & 45,40 \text{ M.} \\ \text{Versicherten} & 37,19 \text{ „} \end{cases}$ Reichszuschuß 6,75 M., Zinsen usw. 10,66 M.

Die Ausgaben der Arbeiterversicherung in den Jahren 1885—1904 haben 5 024 403 658 M. betragen (1904 560 961 448 M.). Wie die Einnahmen, so sind auch die Ausgaben und insbesondere die Entschädigungen stetig gestiegen. Das Anwachsen der Entschädigungen und der Verwaltungskosten der Arbeiterversicherung insgesamt ergibt die Gegenüberstellung der Angaben für die als Stichjahre herausgegriffenen Jahre 1885, 1895 und 1904. Als Aufwendungen für Krankenfürsorge sind berücksichtigt bei der Krankenversicherung die sogenannten Krankheitskosten (für ärztliche Behandlung; Arznei und Heilmittel; Krankengeld; Wöchnerinnen, seit 1904 auch Schwangerenunterstützung; Krankenhaus und Rekonvaleszenz sowie Sterbegeld); bei der Unfallversicherung die Aufwendungen für Heilverfahren, Fürsorge innerhalb der gesetzlichen Wartezeit (§ 76 c des Krankenversicherungsgesetzes), Heilanstaltspflege und Angehörigenrente; bei der Invalidenversicherung die für Heilverfahren und erhöhte Angehörigenunterstützung gezahlten Beträge, während unter „andere Entschädigungen" bei der Krankenversicherung die noch nicht aufgeführten sonstigen Leistungen; bei der Unfallversicherung Verletzten- und Hinterbliebenenrenten, die Abfindungen von In- und Ausländern sowie die Witwenabfindung und das Sterbegeld; bei der Invalidenversicherung die Invaliden-, Kranken- und Altersrenten sowie die Beitragserstattungen und Invalidenhauspflege verstanden sind.

Ausgaben.

	Überhaupt	Entschädigungen			Verwaltung
		Insgesamt	Kranken-fürsorge	Andere Ent-schädigungen	
	M.	M.	M.	M.	M.
1885	58 792 014	54 159 321	52 663 593	1 495 728	4 632 693
1895	231 841 386	208 635 827	119 279 443	89 356 384	23 205 559
1904	560 961 448	512 772 380	253 820 840	258 951 540	48 189 068
1885—1904	5 024 403 658	4 555 682 290	2 599 683 292	1 955 998 998	468 721 368

Hiernach beliefen sich also die Entschädigungen der Arbeiterversicherung, d. h. die Summe dessen, was den Versicherten und deren Angehörigen bar gezahlt worden oder in Gestalt von Heilbehandlung usw. unmittelbar zugute gekommen ist, für die Jahre 1885—1904 auf 4 555 682 290 M. Die Jahresausgabe an Entschädigungen hat für 1904 den Betrag von 512 772 380 M. erreicht, das macht also eine durchschnittliche Tagesleistung der Arbeiterversicherung zugunsten der Versicherten von rund 1,4 Million Mark.

Vermögen.

Das Vermögen der Arbeiterversicherung ist in den Jahren 1885 bis 1904 in stetigem Anwachsen von 31 782 095 M. auf 1 610 423 434 M. gestiegen. Es betrug im Jahre 1904 bei der Krankenversicherung 212 840 205 M., bei der Unfallversicherung 237 177 761 M. Bei der Invalidenversicherung ist es infolge des hier durchgeführten Systems der Kapitaldeckung erheblich höher und stellte sich für 1904 auf 1 160 405 468 M.

Über die Art der Anlegung und Verzinsung der Bestände der Versicherungsträger der Invalidenversicherung veröffentlicht das Reichs-Versicherungsamt alljährliche Nachweisungen. Danach waren am Schlusse des Jahres 1904 angelegt 417 969 452 M. (36,02 Prozent) für gemeinnützige und 742 436 016 M. (63,98 Prozent) für sonstige Zwecke.

Die Leistungen der Versicherungszweige im einzelnen zerfallen in

	1885—1904	1904	1903
Krankenversicherung:	M.	M.	M.
Krankheitskosten	2 455 559 719	233 160 688	198 771 841
und zwar:			
Ärztliche Behandlung	514 803 920	50 460 598	43 081 636
Arznei und Heilmittel . . .	402 757 651	34 958 013	31 609 818
Krankengeld an { Mitglieder .	1 093 852 467	103 202 413	86 044 268
{ Angehörige	20 777 022	2 656 964	2 087 842
Wöchnerinnen (seit 1904 auch Schwangerenunterstützung) .	36 543 672	4 289 121	2 854 947
Krankenhauspflege und Rekonvaleszenz	303 061 148	31 121 102	27 196 218
Sterbegeld.	83 763 839	6 472 477	5 897 112
Sonstige Leistungen	38 414 074	3 946 922	3 490 650
Unfallversicherung:	1885—1904		
Heilverfahren	27 639 038	2 912 460	2 735 071
Fürsorge in der gesetzlichen Wartezeit (§ 76c des Krankenversicherungs-Gesetzes)	6 636 678	667 225	666 377
Heilanstaltsbehandlung	43 356 262	4 453 960	4 219 461
Angehörigenrente	11 654 071	1 232 038	1 188 172
Verletztenrente	753 988 345	93 789 672	86 193 405
Verletztenabfindung (Inländer seit 1900)	5 184 583	1 041 244	1 093 302
Sterbegeld	6 927 990	615 675	580 518
Hinterbliebenenrente (Witwen, Waisen usw.)	191 777 559	21 665 928	20 356 587
Witwenabfindung	7 747 570	769 559	729 507
Ausländerabfindung	2 846 489	161 205	150 477
Invalidenversicherung:	1891—1904		
Heilverfahren	53 415 635	10 908 430	9 903 428
Erhöhte Angehörigenunterstützung (seit 1900)	1 421 889	486 039	399 733
Invalidenhauspflege (seit 1900) . .	534 223	254 068	146 998
Invaliden- }	551 851 493	105 846 175	92 795 751
Kranken- (seit 1900) } Rente . . .	8 635 468	2 634 679	2 238 803
Alters- }	336 472 878	20 868 243	22 113 103
Beitrags- { bei Heirat (seit 1895). .	38 025 117	5 542 222	5 408 794
erstattung { - Unfall (- 1900). .	171 201	59 350	48 796
{ - Tod (seit 1895) . .	13 422 508	2 256 598	2 097 933

Während der Nachweis der Verwaltungskosten der Krankenversicherung eine weitere Trennung nicht zuläßt, trifft dies für die Unfall- und Invalidenversicherung zu.

Verwaltungskosten der Unfallversicherung.

	1885—1904 M.	1904 M.	1903 M.
Unfallverhütung	10 298 433	1 185 126	1 031 285
darunter:			
Überwachung der Betriebe	9 743 570	1 072 600	972 948
Kosten bei Erlaß von Unfallverhütungs-			
vorschriften	445 886	48 342	45 821
Prämien für Rettung Verunglückter .	108 977	14 184	12 516
Entschädigungsfeststellung	33 557 000	4 067 262	3 723 251
Schiedsgerichte	15 847 063	1 785 813	1 748 685
Übrige Verwaltung	137 960 694	12 880 050	12 374 272

Verwaltungskosten der Invalidenversicherung.

	1891—1904 M.	1904 M.	1903 M.
Beitragserhebung und Kontrolle . . .	33 613 520	3 674 416	3 506 434
Rentenfeststellung	7 921 497	1 400 981	1 308 565
Schiedsgerichte	5 372 081	535 585	501 213
Übrige Verwaltung	70 024 310	8 409 279	7 448 741

3. Entschädigungsfälle.

Eine Summe der Entschädigungsfälle der Arbeiterversicherung zu bilden, ist bei der verschiedenartigen Natur dieser Fälle und auch um deswillen nicht wohl angängig, weil hierbei Doppelzählungen nicht zu vermeiden sind.

Von der Krankenversicherung sind die Erkrankungsfälle und Krankheitstage nachgewiesen, welche mit Erwerbsunfähigkeit verbunden waren, und für welche Krankengeld zu zahlen war; nicht nachgewiesen sind diejenigen Erkrankungsfälle, die vor Ablauf der statutarisch geregelten Karenzzeit geheilt wurden oder eine Erwerbsunfähigkeit überhaupt nicht im Gefolge hatten, so daß Krankengeld nicht zu zahlen war. In der Gesamtzeit von 1885—1904 sind von der Krankenversicherung 60 526 910 Erkrankungsfälle und 1 047 806 984 Krankheitstage entschädigt worden, und es betrug die Zahl der im Jahre 1904 entschädigten Erkrankungsfälle 4 642 679 (höchste Zahl). Die im Jahre 1904 entschädigten Krankheitstage (höchste Zahl) beliefen sich auf 90 051 510.

Die Unfallversicherung entschädigte im Jahre 1904 zusammen 834 815 alte und neue Unfälle, d. h. Verletzte, für welche oder für deren Angehörige bzw. Hinterbliebene in diesem Jahre Entschädigungen zum ersten Male gezahlt worden sind oder auf Grund der Feststellung in früheren Jahren noch zu zahlen waren. Die Zahl dieser zu entschädigenden Unfälle ist stetig gewachsen. An neuen Unfällen (Zahl der Verletzten, für welche im Berichtsjahr Entschädigungen zum ersten Male gezahlt sind) wurden für das Jahr 1904

137 673 gezählt. Auch die Zahl dieser Fälle ist stetig gewachsen und beläuft sich in ihrer Summe für die Jahre 1885—1904 auf 1 433 481.

Bei der Invalidenversicherung ist, was die Renten betrifft, ähnlich zu unterscheiden zwischen den im Anfange des Berichtsjahrs laufenden und im Berichtsjahre neu bewilligten Renten. Es betrug die Zahl der zu Anfang des Jahres laufenden Invalidenrenten 1904 663 140, 1905 734 985, 1906 780 762; Krankenrenten 1904 14 186, 1905 16 977, 1906 20 141; Altersrenten 1904 156 618, 1905 145 466, 1906 134 080. Die Zahl der laufenden Invalidenrenten ist stetig gewachsen (1897 161 670), die der Altersrenten dagegen stetig gesunken (1897 203 955). Die Entwicklung der Häufigkeit der neu bewilligten Renten ist ähnlich wie die der laufenden Renten. Die Invalidenrenten sind bis 1903 von Jahr zu Jahr häufiger geworden, in den Jahren 1904 und 1905 aber zurückgegangen; (neu bewilligte Invalidenrenten 1905 122 869, 1903 152 871, 1891 31); die bewilligten Krankenrenten sind von Jahr zu Jahr gestiegen (1905 11 871, 1900 6677). Die Altersrenten sind im wesentlichen regelmäßig zurückgegangen. Es wurden Altersrenten neu bewilligt 1891 132 926 (höchste Zahl, bedingt durch die die Altersrentengewähr erleichternden gesetzlichen Übergangsbestimmungen), 1905 10 672. Beitragserstattungen der Invalidenversicherung wurden bewilligt bei Heirat 1895—1905 1 356 866 (1905 151 874), bei Unfall 1900—1905 3564 (1905 768), bei Tod 1895—1905 295 355 (1905 33 964).

Bildet man die Summen der Entschädigungsfälle der Invalidenversicherung, so ergeben sich neu bewilligte Invalidenrenten 1891—1905 1 292 833, neu bewilligte Krankenrenten 1900—1905 54 578, neu bewilligte Altersrenten 1891—1905 437 894, Beitragserstattungen insgesamt 1895—1905 1 655 785.

Die Durchschnittsberechnungen auf einen Entschädigungsfall ergeben bei der Krankenversicherung auf einen mit Erwerbsunfähigkeit verbundenen Erkrankungsfall im Jahre 1904 den Betrag von 51,07 M., auf einen Krankheitstag 2,63 M. Der niedrigste Betrag dieses Durchschnitts beläuft sich auf 27,67 M. für den Erkrankungsfall und 1,94 M. auf den Krankheitstag für das Jahr 1885. Diese Durchschnittsbeträge sind im ganzen gestiegen.

Im einzelnen entfallen von den Entschädigungen auf 1 mit Erwerbsunfähigkeit verbundenen

	Erkrankungsfall		Krankheitstag	
	1904 M.	1885 M.	1904 M.	1885 M.
Ärztliche Behandlung	10,87	5,09	0,56	0,36
Arznei und Heilmittel	7,53	4,13	0,39	0,29
Krankengeld	22,80	13,52	1,17	0,95
Sonstige Entschädigungen . . .	9.87	4,93	0,51	0,34

Die Leistungen im einzelnen Falle werden in Ergänzung der Durchschnittsberechnungen noch klarer durch Beispiele, die aus der Praxis entnommen sind.

Beispiele der Krankenversicherung.

Ein Arbeiter hat einen Wochenlohn von	24,00 M.
Er zahlt einen Wochenbeitrag von	0,72 „
Aufwand für ihn im Krankheitsfall auf die Dauer bis 26 Wochen	
Krankengeld wöchentlich	12,00 „
Ärztliche Behandlung und Arznei wöchentlich .	5,40 „
Bei 17wöchiger Krankheit also zusammen	295,80 „
Sterbegeld	80,00 „
Außerdem häufig freie ärztliche Behandlung der Familie. —	
Eine Arbeiterin hat einen Wochenlohn von	16,00 „
Sie zahlt einen Wochenbeitrag von	0,48 „
Aufwand für sie im Krankheitsfall auf die Dauer bis 26 Wochen	
Krankengeld wöchentlich	8,00 „
Ärztliche Behandlung und Arznei wöchentlich .	5,40 „
Bei 10wöchiger Krankheit also zusammen	134,00 „
Wöchnerinnenunterstützung	48,00 „
Sterbegeld	53,33 „

Die vorstehenden Beispiele sind als Einzelfälle der Mitgliedschaft von Kassen entnommen, bei welchen der tatsächliche Arbeitsverdienst die Grundlage für die Bemessung der Beiträge und des Krankengeldes usw. bildet. Bei anderen Kassen richten sich Beiträge und Krankengeld usw. nach dem ortsüblichen Tagelohn oder nach Durchschnittslöhnen.

Bei der *Unfallversicherung* entfallen im Durchschnitt auf 1 entschädigungspflichtigen Unfall im Jahre 1904 151,70 M. Entschädigungen. Der höchste Durchschnittsbetrag ergibt sich für das Jahr 1887 mit 237,17 M., die niedrigsten Beträge entfallen auf die Jahre 1885 (erstes Berichtsjahr, und zwar nur ein Vierteljahr) mit 74,66 M. und 1899 mit 144,66 M. Die Bewegung dieser Durchschnittszahlen ist von 1887—1899 sinkend, von da ab bis 1903 steigend. Für 1904 ergibt sich ein kleiner Rückgang. Das Fallen dieser Durchschnittsleistungen erklärt sich aus der später noch zu besprechenden Erscheinung, daß die leichten Unfälle im Verhältnisse zu den schwereren, hoch zu entschädigenden zugenommen haben, außerdem aber für die alten Unfälle wegen der Abschwächung der Unfallfolgen mit der Zeit weniger zu zahlen ist. Dieser Grund spricht so lange mit, bis alle Arbeiter vom Beginn ihrer Arbeitstätigkeit des Schutzes der Unfallversicherung teilhaftig waren. Den Beginn der Lohnarbeit mit 16 Jahren und die Lebensdauer mit 70 Jahren gerechnet, wird dieser Beharrungszustand etwa im Jahre 1940 erreicht sein. Für die Steigerung des Durchschnittsbetrags seit 1900 bis 1903 ist das Inkrafttreten der neuen Unfallversicherungsgesetze mit ihren erhöhten Leistungen entscheidend. Die genaueste Rentendurchschnittsberechnung ist die Ermittlung der durchschnittlichen Tagesrenten nach dem Grade der Erwerbsunfähigkeit der Verletzten. Hierüber liegen Angaben aus der Gewerbe-Unfallstatistik für das Jahr 1897 vor, die aus der Vergleichung des in diesem Jahre zu zahlenden Rentenbetrags (Rentensolls) mit der Zahl der Tage gewonnen sind, für welche die einzelnen Rentensätze zu gewähren waren.

Die durchschnittlichen Tagesrenten betrugen 1897 bei den gewerblichen Berufsgenossenschaften insgesamt für eine Erwerbsunfähigkeit von

10 bis unter 15 Prozent	16 Pf.
25 „ „ 50 „	48 „
75 „ „ 100 „	115 „
100 Prozent	160 „

Zur weiteren Beleuchtung der Unfallrentenhöhe und der sonstigen Leistungen der Unfallversicherung dienen die nachstehenden, aus der Praxis entnommenen

Beispiele der Unfallversicherung.

	Beruf des Verletzten		
	Maurer	Arbeiterin an der Seifenpresse	Landwirtschaftlicher Tagelöhner
Jahresarbeitsverdienst	1391,70 M.	392,60 M.	540,00 M.
Art der Verletzung	Quetschung des Brustkastens und Verlust beider Arme	Quetschung der rechten Hand	Knieverletzung, Blutvergiftung
Heilanstaltsbehandlung usw. . .	(90 Tage) 306,55 M.	.	(105 Tage) 157,80 M.
Angehörigenrente während der Heilanstaltsbehandlung	204,31 M. (Ehefrau, 2 Kinder)	.	93,20 M. (Ehefrau, 2 Kinder)
Grad der Erwerbsunfähigkeit . .	100 Proz.	15 Proz.	90 Proz.
Jahresrente des Verletzten . . .	928,20 M.	39,60 M.	324,00 M.
Außerdem für die Zeit der völligen Hilflosigkeit jährlich	463,50 „	.	
Sterbegeld	92,80 „		50,00 M.
Hinterbliebenenrente	835,20 „	.	324,00 „

Was die *Invalidenversicherung* betrifft, so sind die Durchschnittsbeträge der in den Berichtsjahren neu bewilligten Invalidenrenten in stetigem Steigen begriffen. Für das Jahr 1891 ergibt sich der Betrag von 113,49 M., für das Jahr 1904 der von 155,13 M. Die Durchschnittskrankenrente ist etwas höher (1900 147,73 M., 1904 158,87 M.). Der Altersrentendurchschnitt ist von 124,00 M. im Jahre 1891 auf 157,18 M. im Jahre 1904 gewachsen. Die Beitragserstattungsbeträge sind bei Heirat weiblicher Versicherter von 19,84 M. (1895) auf

36,23 M. (1904), in den Fällen der Erwerbsunfähigkeit infolge eines von der Unfallversicherung entschädigten Unfalls von 47,37 M. (1900) auf 69,88 M. (1904) und in Todesfällen von Versicherten, sofern sie, wenn noch keine Rente gezahlt war, an die Witwe und Kinder gewährt werden, von 28,17 M. (1895) auf 70,01 M. (1904) gestiegen. Erstattet wird die Hälfte der für die Versicherten gezahlten Beiträge. Die Steigerung aller dieser Durchschnittsbeträge der Invalidenversicherungsleistungen wird anhalten, da deren Höhe abhängig ist von der Zahl der Beiträge, und die Invalidenversicherung erst seit 1891 besteht. Die Arbeiter zahlen nach ihrem Lohne Beiträge von 7—18 Pf. wöchentlich; gleich hohe Beiträge zahlen die Arbeitgeber.

Es gibt 5 Lohnklassen nach dem Jahresarbeitsverdienste.

Klasse I	Jahresarbeitsverdienst	bis 350 M. einschl. . . .	Wochenbeitrag	14 Pf.
„ II	„	von 350 bis 550 M. . .	„	20 „
„ III	„	„ 550 „ 850 „ . .	„	24 „
„ IV	„	„ 850 „ 1150 „ . .	„	30 „
„ V		„ mehr als 1150 M. . .	„	36 „

Die Invaliden- (Kranken-) Rente richtet sich nach Zahl und Höhe der Beiträge; sie schwankt bei einem Wochenbeitrage der Versicherten von 7 Pf. zwischen 116 und 200 M. und bei einem Wochenbeitrage von 18 Pf. zwischen 150 und 500 M. jährlich. Siebzigjährige, aber noch erwerbsfähige Versicherte erhalten Altersrenten von 110—230 M. jährlich. und vom Eintritte der Erwerbsunfähigkeit an die höheren Invalidenrenten.

4. Häufigkeit der Krankheiten, Unfälle, Invaliden- und Altersrenten.

Die Krankheitshäufigkeit belief sich 1904 bei Männern auf 3 686 498 mit Erwerbsunfähigkeit verbundene Erkrankungsfälle und 67 832 772 solcher Erkrankungstage, bei Frauen auf 956 181 mit Erwerbsunfähigkeit verbundene Erkrankungsfälle und 22 218 738 solcher Erkrankungstage. Nach der Zahl der Erkrankungsfälle war das günstigste Jahr 1888 mit 34,17 Erkrankungsfällen auf 100 versicherte Männer und 28,65 Erkrankungsfällen auf 100 versicherte Frauen, das ungünstigste Jahr dagegen 1904 mit 42,29 Erkrankungsfällen auf 100 versicherte Männer und 35,39 Erkrankungsfällen auf 100 versicherte Frauen. Nach der Zahl der auf 100 Versicherte entfallenden Krankheitstage ist 1889 das günstigste Jahr gewesen (für Männer 561,87, für Frauen 504,89), das ungünstigste 1904 (für Männer 778,18, für Frauen 822,42). Die Krankheitslast ist nach der Zahl der Erkrankungsfälle durchweg größer bei Männern als bei Frauen; nach der Zahl der Krankheitstage weichen von dieser Regel die Jahre 1898, 1903 und 1904 mit einer höheren Zahl für Frauen ab.

Die Unfallhäufigkeit auf 1000 Versicherte desselben Alters und Geschlechts stellt sich wie folgt bei der

Alter	Gewerbe-, Bau- und See-Unfallversicherung 1897		Unfallversicherung für Land- und Forstwirtschaft 1901	
	Männer	Frauen	Männer	Frauen
unter 16 Jahre . . .	2,7	1,6	3,1	1,5
16 bis unter 18 Jahre	3,6	1,6	2,8	1,5
18 „ „ 20 „	4,3	1,3	2,6	1,5
20 „ „ 30 „	6,2	1,6	3,0	2,1
30 „ „ 40 „	10,1	1,9	4,4	4,9
40 „ „ 50 „	13,6	2,5	6,6	6,8
50 „ „ 60 „	15,3	3,3	8,1	9,1
60 „ „ 70 „	16,0	2,6	10,4	10,3
70 Jahre und darüber	9,9	1,1	8,9	8,4

Die Unfallhäufigkeit wird am besten zum Ausdrucke gebracht durch den Vergleich der Zahl der Verletzten mit der Zahl der sogenannten Vollarbeiter. Bei dem statistischen Begriffe des Vollarbeiters wird die Arbeitszeit berücksichtigt. Je 300 von der Gesamtzahl der von allen beschäftigten Personen geleisteten Arbeitstage sind hier gleich einem Vollarbeiter gesetzt. Diese Zahl der Vollarbeiter wird für die Gewerbe-Unfallversicherung seit 1897 ermittelt, für die Landwirtschaft ist sie nur ungefähr und nur für 16 Berufsgenossenschaften bekannt.

Es entfallen Verletzte, für welche im Berichtjahre zum ersten Male Entschädigungen festgestellt sind, bei der

	Gewerbe-, Bau- und See-Unfallversicherung	Unfallversicherung für Land- und Forstwirtschaft
	auf 1000 Vollarbeiter	
1897	7,97	12,29
1898	8,10	11,99
1899	8,40	13,03
1900	8,47	13,12
1901	9,09	14,41
1902	9,06	14,53
1903	9,12	13,59
1904	9,32	14,35

Der Berechnung der Häufigkeit der Invaliden- und Altersrentengewähr auf Grund der Zahl der Versicherten steht die Schwierigkeit entgegen, daß die Zahl dieser, wie oben bereits erwähnt, nur schätzungsweise ermittelt ist. Es ist anzunehmen, daß die Häufigkeit der Invaliden- und Altersrentengewähr auch bei dieser Berechnung für die Invaliden- (Kranken-) Renten (bis auf die Jahre 1903 und 1904) eine steigende, für die Altersrenten eine sinkende Entwicklung zeigt. Die Berechnung würde für das Jahr 1895 4,6 Invalidenrenten und 2,5 Altersrenten auf 1000 Versicherte ergeben, für das Jahr 1905 8,8 Invalidenrenten, 0,9 Krankenrenten und 0,8 Altersrenten.

5. Krankheits-, Unfall- und Invaliditätsursachen.

Über die Krankheitsursachen, die einzelnen Krankheiten und ihren Zusammenhang mit den Berufs- und Gewerbeschädlichkeiten (Gewerbekrankheiten usw.) enthält die amtliche Statistik der Krankenversicherung zur Zeit keine besonderen Nachweise.

Über die Unfallursachen geben die Unfallstatistiken insofern Auskunft, als festgestellt ist, bei welchen Betriebseinrichtungen und Vorgängen sich die Unfälle ereigneten, und auf wessen Schuld sie zurückzuführen waren. In der Unfallstatistik für Land- und Forstwirtschaft für das Jahr 1901 sind die Unfälle außerdem auch nach den Arten der Bewirtschaftung getrennt.

Wie sich die Unfälle auf die einzelnen Betriebseinrichtungen und Vorgänge, bei welchen sie sich ereigneten, verteilen, ist aus der nachstehenden Übersicht zu ersehen, in der neben den 16 Gruppen von Betriebseinrichtungen und Vorgängen diejenigen noch einzeln besonders aufgeführt sind, welche für die Gewerbe-Unfallstatistik und die Unfallstatistik für Land- und Forstwirtschaft von besonderer Bedeutung sind.

	Gewerbe-, Bau- und See-Unfallversicherung			Unfallversicherung für Land- u. Forstwirtschaft		
	1897		1887	1901		1891
	Ver-letzte	Proz.	Proz.	Ver-letzte	Proz.	Proz.
Unfälle überhaupt	45 971	100	100	56 907	100	100
Maschinenunfälle	11 384	24,76	26,84	5 609	9,86	13,97
Andere Unfälle	34 587	75,24	73,16	51 298	90,14	86,03
Die Unfälle nach den einzelnen Betriebseinrichtungen u. Vorgängen:						
I. Motoren (Transmissionen, Arbeitsmaschinen)	9 150	19.90	21,21	5 478	9,63	13.25
II. Hebemaschinen (Fahrstühle, Aufzüge, Flaschenzüge, Winden, Krane)	2 234	4.86	5.63	131	0.23	0.72
III. Dampfkessel, Dampfkochapparate, Dampfleitungen . .	146	0,32	0.47	3	0.01	0.01
IV. Sprengstoffe (Explosion von Pulver, Dynamit, Sprengen von Steinen, Holz usw., Schußwaffen, Selbstschüsse) . . .	439	0.95	1.80	195	0.34	0.53
V. Feuergefährliche, heiße und ätzende Stoffe usw. (glühendes Metall, giftige Stoffe, Gase, Dämpfe)	1 541	3,35	5,36	438	0,77	0.98
VI. Zusammenbruch, Einsturz, Herab- und Umfallen von Gegenständen	7 788	16.94	20.80	6 383	11.22	13.25
VII. Fall von Leitern, Treppen, aus Luken, in Vertiefungen usw.	5 439	11,83	14.48	11 586	20,36	20.95
VIII. Auf- und Abladen von Hand, Heben, Tragen usw. . . .	6 324	13.76	9.91	4 072	7.16	6.61
IX. Fuhrwerk (Überfahren, Absturz usw.)	2 927	6.37	5.69	10 486	18.42	19.91
X. Eisenbahnbetrieb (Überfahren usw.)	3 603	7.84	4,29	162	0.28	0.21
XI. Schiffahrt und Verkehr zu Wasser	629	1.37	0.99	40	0.07	0.08
XII. Tiere (Stoß, Schlag, Biß usw.), einschließlich aller Unfälle beim Reiten	418	0.91	1.12	8 657	15.21	11,69
XIII. Handwerkszeug und einfache Geräte	1 642	3,57	5,62	4 483	7.88	6,93
XIV. Verschiedene	3 691	8.03	2,63	4 793	8.42	4.88

Diese Zahlen geben allerdings keine genaue Gefährlichkeitsziffer für die einzelnen Maschinen, Betriebseinrichtungen und Vorgänge. Hierzu wäre erforderlich zu wissen, wieviel Maschinen vorhanden, wieviel Arbeiter, und in welcher Zeit die Arbeiter an den Maschinen tätig gewesen sind, Angaben, welche nicht vorliegen. Solche genauen Gefährlichkeitsziffern wären allerdings nötig, um die Unfallhäufigkeit der betreffenden Art bei den einzelnen Versicherungsträgern usw. genau vergleichen zu können. Für die Unfallverhütung indessen genügen schon die absoluten Zahlen. Durch diese ist die Aufgabe der Unfallverhütungstechnik hinreichend bezeichnet, da auch diese Zahlen Fingerzeige nach der Richtung geben, wie viele Unfälle vermieden werden können, indem die Betriebseinrichtungen und Vorgänge, bei denen sich die Unfälle ereigneten, in ihren Einzelheiten geschildert sind. Insbesondere bietet die eingehende Schilderung der Vorgänge bei den Unfällen vom technischen Standpunkt aus, wie sie die deutsche Statistik sehr ausführlich (so z. B. für die Gewerbe-Unfallstatistik für das Jahr 1897 auf 446, für die Unfallstatistik für Land- und Forstwirtschaft 1901 auf 123 Textseiten) bietet, ein Material, welches von der Technik und Verwaltung durchforscht, diesen den Weg zeigt, wie zahlreiche Unfälle durch Anbringung von Schutzvorrichtungen und Unfallverhütungsvorschriften zu verhüten sind.

Über die Invaliditätsursachen liegen zwei Statistiken vor, welche die in den Jahren 1891—1895 und 1896—1899 bewilligten Invalidenrenten betreffen. Nach dem Geschlechte der Invalidenrentenempfänger getrennt und geordnet nach fallenden Zahlen der bei der Bearbeitung für 1896—1899 berücksichtigten Invalidenrentenempfänger überhaupt, stellen sich die Invaliditätsursachen wie folgt dar:

Invaliditätsursachen	1896—1899 Invalide		Prozentzahlen			
			1896—1899		1891—1895	
			auf Invalidenrentenempfänger desselben Geschlechts			
	Männer	Frauen	Männer	Frauen	Männer	Frauen
Entkräftung, Blutarmut, Altersschwäche	30 385	20 018	15,0	22,1	10,7	15,0
Krankheiten der Lunge, ausschließlich Tuberkulose	33 810	8 097	16,7	8,9	20,5	12,4
Tuberkulose der Lungen	30 353	8 573	15,0	9,5	12,2	7,6
Gelenkrheumatismus, Gicht . . .	12 425	7 732	6,2	8,5	6,4	8,6
Krankheiten des Herzens und der großen Blutgefäße	12 090	7 781	6,0	8,6	5,2	8,3
Krankheiten der Bewegungsorgane .	10 074	4 664	5,0	5,2	5,9	6,8
Krankheiten der Augen	7 708	4 464	3,8	4,9	4,6	6,3
Krankheiten der Atmungswege . .	7 410	2 033	3,7	2,2	4,4	2,7
Krankheiten des Magens	5 954	2 838	3,0	3,1	3,2	3,2
Krebs usw.	5 006	2 400	2,5	2,7	1,6	2,1
Gehirnschlagfluß usw.	4 953	1 577	2,5	1,7	2,9	2,4
Krankheiten einzelner Nerven und Nervenbezirke	3 842	2 256	1,9	2,5	2,0	2,7
Geisteskrankheiten	3 639	1 870	1,8	2,1	1,2	1,3
Krankheiten der Haut und des Unterhautzellgewebes	3 412	1 969	1,7	2,2	2,3	3,0

Invaliditätsursachen	1896—1899 Invalide		Prozentzahlen			
			1896—1899		1891—1895	
			auf Invalidenrentenempfänger desselben Geschlechts			
	Männer	Frauen	Männer	Frauen	Männer	Frauen
Folgen mechanischer Verletzungen .	4 133	1 148	2,0	1,3	2,4	1,9
Krankheiten des Rückenmarks . .	4 326	878	2,1	1,0	2,5	1,4
Unterleibsbrüche	3 975	855	2,0	0,9	2,6	1,3
Muskelrheumatismus	3 450	1 269	1,7	1.4	2,3	2,1
Krankheiten der Harn- und Geschlechtsorgane	1 299	3 199	0.6	3,5	0,7	4.0
Sonstige Krankheiten der Blutgefäße, Lymphgefäße und Lymphdrüsen .	2 317	1 576	1,1	1,7	0,8	1,6
Krankheiten der Nieren	2 374	921	1,2	1.0	1,1	0,8
Krankheiten des Darms, der Leber oder Milz	1 996	917	1,0	1,0	1,1	1,1
Tuberkulose anderer Organe . . .	1 953	898	1,0	1,0	0,9	1,0
Epilepsie und verwandte Formen .	1 805	1 142	0,9	1,3	0,8	1,0
Sonstige Allgemeinleiden	1 388	767	0,7	0,9	0,6	0,6
Krankheiten des Brustfells	1 026	242	0.5	0,3	0,5	0,2
Krankheiten der Ohren	649	402	0,3	0,4	0,4	0,5
Krankheiten der sonstigen Verdauungsorgane	232	71	0,1	0,1	0,2	0,1

Die Statistik der Invaliditätsursachen bietet eingehende Nachweise für alle die vorstehend aufgeführten Krankheitsgruppen, auch nach dem Alter und dem Berufe der Invalidenrentenempfänger; die letzteren allerdings nur nach sechs größeren Berufsgruppen, wie Landwirtschaft, Industrie usw.

Auf alle Einzelheiten kann hier nicht eingegangen werden, es möge als Beispiel die Lungentuberkulose herausgegriffen werden, deren Häufigkeit nach Geschlecht, Alter und Beruf der Invalidenrentenempfänger an der Hand der 1896—1899 ermittelten Zahlen die nachstehende Zusammenstellung ersichtlich macht:

Tuberkulöse auf 1000 Invaliditätsfälle.

Alter in Jahren	Männer:			Frauen:		
	Landwirtschaft	Industrie	Sonstige Berufe	Landwirtschaft	Industrie	Sonstige Berufe
20 bis unter 25	371	624	568	284	597	355
25 „ „ 30	330	576	507	231	472	289
30 „ „ 35	277	505	414	161	373	206
35 „ „ 40	210	430	348	144	285	145
40 „ „ 45	185	352	281	86	203	114
45 „ „ 50	132	272	215	78	140	81
50 „ „ 55	96	162	135	46	82	48
55 „ „ 60	55	100	84	36	59	33
60 „ „ 65	32	54	44	17	28	19
65 „ „ 70	18	27	24	10	14	11

Diese Zahlen lassen erkennen, daß der Anteil der Lungentuberkulose unter den Invaliditätsursachen insgesamt mit dem steigenden Alter durchweg fällt. Ihre Häufigkeit ist in der Industrie am größten und in der Landwirtschaft am geringsten, sowohl bei Männern als auch bei Frauen.

6. Dauer und Folgen der Krankheiten, Unfälle und Invalidität.

Die Krankheitsdauer schwankt, wenn man alle Krankenkassen zusammen betrachtet, bei Männern zwischen 15,76 (1890) und 18,40 (1904), bei Frauen zwischen 17,18 (1890) und 23,24 (1904) mit Erwerbsunfähigkeit verbundenen Krankheitstagen auf einen Erkrankungsfall. Sie ist bei Frauen durchweg höher wie bei Männern.

Die Folgen der Unfälle werden von der Statistik besonders eingehend ermittelt. Es liegen Nachweise vor über die Schwere der Unfälle (Tod, Minderung der Erwerbsfähigkeit der Verletzten) und über den Verlauf dieser Unfallfolgen in späteren Jahren, ferner über die Bezugszeit der einzelnen Rentengrade und über die Art der Verletzungen. Über die Unfallfolgen und deren Verlauf, welcher für vier aufeinander folgende Jahre nachgewiesen wird, geben die nachstehenden Zahlen der gewerblichen Berufsgenossenschaften ein Bild.

Gewerbliche Berufsgenossenschaften

	Erste Beurteilung (etwa 1 Jahr nach der Feststellung der ersten Entschädigung)				Abgeschlossene Beurteilung (etwa nach 4 bis 5 Jahren)		
				Unfallfolgen bei 100 Verletzten			
	Tod	Dauernde Erwerbsunfähigkeit		Vorübergehende Erwerbsunfähigkeit	Tod	Dauernde Erwerbsunfähigkeit		Vorübergehende Erwerbsunfähigkeit
		völlige	teilweise			völlige	teilweise	
1886	24,91	15,92	38,88	20,29	25,89	3,50	39,65	30,96
87	18,51	17,70	50,88	12,91	19,49	3,11	46,98	30,42
88	15,65	10,03	54,60	19,72	16,68	3,25	50,67	29,40
89	15,14	10,43	57,24	17,19	15,93	2,80	52,21	29,06
1890	13,62	7,08	61,01	18,29	14,22	2,30	55,63	27,85
91	12,85	5,55	61,79	19,81	13,39	2,06	56,20	28,35
92	11,47	5,26	63,07	20,20	12,05	2,12	56,28	29,55
93	11,51	4,42	63,33	20,74	12,24	2,01	51,54	34,21
94	10,48	2,61	61,06	25,85	11,04	1,85	51,81	35,30
1895	10,80	2,31	57,26	29,63	11,40	1,65	49,69	37,26
96	10,48	1,54	52,55	35,43	11,02	1,48	47,69	39,81
97	10,18	1,50	50,90	37,42	10,71	1,33	47,09	40,87
98	10,28	1,20	49,79	38,73	10,77	1,24	45,96	42,03
99	9,71	1,18	48,47	40,64	10,24	1,10	45,46	43,20
1900	9,88	1,15	47,95	41,02	10,40	1,06	45,44	43,10
01	8,97	1,07	47,11	42,85	9,41	1,03	44,28	45,28
02	7,99	1,05	46,61	44,35	.	.	.	.
03	7,79	1,03	45,30	45,88	.	.	.	.
04	7,63	0,93	44,27	47,17	.	.	.	.

Bei den landwirtschaftlichen Berufsgenossenschaften ist der Verlauf der Unfallfolgen ähnlich.

Die Zahlen ergeben also, daß an der Steigerung der Unfallhäufigkeit überwiegend die leichten Unfälle beteiligt sind, und es ist auch anzunehmen, daß das mit der Zeit, besonders durch Eintreten der Versicherungsträger innerhalb der gesetzlichen Wartezeit (in der Regel innerhalb der ersten 13 Wochen nach dem Unfall), nachhaltiger gewordene Heilverfahren und die damit verbundene erhöhte Fürsorge für die Verletzten die Folgen der Unfälle in bezug auf die Erwerbsunfähigkeit der Betroffenen wesentlich mildert.

Über die Art der Verletzungen und die verletzten Körperteile gibt die nachstehende Übersicht Aufschluß.

	Gewerbe-, Bau- und See-Unfallversicherung 1897		Unfallversicherung für Land- und Forstwirtschaft 1901	
	Verletzte	Proz.	Verletzte	Proz.
Wunden, Quetschungen, Knochenbrüche usw.	43 549	94,73	56 291	98,92
Arme	17 430	37,92	18 957	33,31
Beine	11 589	25,21	16 806	29,53
Rumpf	5 484	11,93	10 461	18,38
Kopf und Hals,	4 808	10,46	4 788	8,42
darunter Augen	2 308	5,02	2 698	4,74
Mehrere Körperteile zugleich	3 891	8,46	5 028	8,84
Ganzer Körper	347	0,75	251	0,44
Verbrennungen, Verbrühungen, Ätzungen,	1 637	3,56	307	0,54
darunter Augen	597	1,30	77	0,14
Ertrinken	365	0,80	48	0,08
Blitzschlag, Hitzschlag, Erfrieren	217	0,47	208	0,37
Ersticken	203	0,44	53	0,09

Über die Dauer der Unfallentschädigungsgewähr fehlen allgemein gültige Nachweise. Die Feststellung eines Kapitaldeckungstarifs für die Tiefbau-Berufsgenossenschaft usw., für welche 18 007 Unfallzählkarten benutzt wurden, hat ergeben, daß sowohl die Rentenminderung als auch die Ausscheidewahrscheinlichkeit aus dem Rentengenusse, somit auch der Kapitalwert der Verletztenrente nicht nur von dem Alter der Rentenempfänger, sondern auch von der Zeitdauer, welche seit dem Unfalle verflossen ist, abhängig ist. Über das Ausscheiden der Invalidenrentenempfänger aus dem Rentengenusse wird an anderer Stelle berichtet.

III. Unfallverhütung und Arbeitshygiene.

Von K. Hartmann.

Die Arbeiter sind bei Ausübung ihrer Berufstätigkeit Gefahren verschiedener Art ausgesetzt, welche ihre Gesundheit und ihr Leben bedrohen, indem sie Unfälle oder Gewerbe- oder Berufskrankheiten herbeiführen.

Die Größe und Bedeutung dieser Unfall- und Krankheitsgefahren läßt sich aus der bedeutenden Zahl der Unfälle und der Erkrankungen erkennen, für deren Beurteilung die Statistik der Arbeiterversicherung Anhaltspunkte bietet.

Auch die Entschädigungssummen, welche nach den Bestimmungen der Arbeiterversicherungsgesetze für Unfälle und Erkrankungen gewährt werden, geben ein klares Bild von der Bedeutung der Arbeitsgefahren, wobei zu betonen ist, daß diese Beträge keineswegs vollständig dem überhaupt durch Unfälle und Erkrankungen entstandenen wirtschaftlichen Schaden entsprechen, sondern nur ein Teil desselben sind. Diese Summen stellen eine schwerwiegende Belastung der versicherten Industrie und Landwirtschaft dar und weisen mit Notwendigkeit darauf hin, daß alle Anstrengungen gemacht werden müssen, um eine Verminderung der Arbeitsgefahren und ihrer Lasten herbeizuführen. Mehr noch aber als die Rücksicht auf diese Ziffern müssen die Gefühle der Menschlichkeit zum Kampfe gegen die Gefahren der Arbeit auffordern. Daß dieser Kampf nicht nutzlos ist, lehrt die Erfahrung und zeigt ziffermäßig die Statistik, wie sie wiederholt vom Reichs-Versicherungsamt auch über die Ursachen der Unfälle aufgestellt worden ist. Hiernach läßt sich behaupten, daß für etwa ein Drittel aller Unfälle die Möglichkeit bestand oder durch Verbesserung der Unfallverhütungstechnik in naher Zukunft bestehen wird, durch technische Unfallverhütungsmaßnahmen ihre Verhütung zu bewirken.

Zur Begründung dafür, daß von den auf die Erkrankungsgefahren zurückzuführenden zahlreichen Gesundheitsschädigungen viele entweder vollständig vermieden oder doch in ihren Folgen abgeschwächt werden können, bedarf es eigentlich keines besonderen Beweises; denn es ist selbstverständlich, daß mit der Beseitigung oder Verminderung der Krankheitsursachen Zahl und Schwere der Erkrankungen beträchtlich abnehmen müssen. Viele Untersuchungen, die in einzelnen Industriegebieten und für einzelne Gewerbszweige vorgenommen worden sind, haben aber auch den Nutzen gewisser Schutzmaßnahmen deutlich erwiesen, indem infolge derselben die Zahl der Erkrankungen eine erhebliche Abnahme zeigte.

In Hinsicht auf die Notwendigkeit der Verminderung der Arbeitsgefahren hat die *Gesetzgebung* nach den verschiedensten Richtungen die Grundlagen zu einer energischen Bekämpfung dieser Gefahren geschaffen. Ganz besonders ist durch die Arbeiterschutzgesetze und namentlich durch die Reichsgewerbeordnung vom 1. Juni 1891 dem Arbeitgeber die Verpflichtung auferlegt worden, den Betrieb und seine Einrichtungen so zu regeln, daß Gefahren für Leben und Gesundheit der Arbeiter so weit ausgeschlossen sind, „wie die Natur des Betriebs es gestattet". Ferner ist dem Bundesrate, den Landes-Zentralbehörden und den zum Erlasse von Polizeiverordnungen befugten Behörden das Recht gegeben, Vorschriften darüber zu erlassen, welchen Anforderungen in bestimmten Arten von Anlagen zur Durchführung der Forderungen des Arbeiterschutzes zu genügen ist. Zahlreiche Verordnungen wurden durch diese Gesetze veranlaßt. Außer diesen sind noch viele Schutzvorschriften erlassen worden, die sich auf besondere Gesetze oder auf das Landesrecht stützen.

Für die Durchführung der Unfallverhütung ist eine weitere Grundlage von der größten Bedeutung in den Unfallversicherungsgesetzen enthalten, welche den zur Durchführung der Unfallversicherung geschaffenen Berufsgenossenschaften und Ausführungsbehörden das Recht gibt, *Unfallverhütungsvorschriften* zu erlassen „über die von den Arbeitgebern zur Verhütung von Unfällen in ihren Betrieben zu treffenden Einrichtungen und Anordnungen".

Für die Unfallverhütung ist aber auch das Verhalten der Arbeiter bei ihren Arbeitsausführungen von der größten Bedeutung. Denn die Unfälle, welche durch Leichtsinn, Unachtsamkeit, Nichtgebrauch von Schutzvorrichtungen, Verkennen der Gefahr, Unvorsichtigkeit und Ungeschicklichkeit erzeugt werden, sind, wie die Unfallstatistik zeigt, recht zahlreich. Die Berufsgenossenschaften haben deshalb durch die

Unfallversicherungsgesetze auch das Recht erhalten, Vorschriften „über das in den Betrieben von den Versicherten zur Verhütung von Unfällen zu beobachtende Verhalten" zu erlassen.

Von dem Rechte des Erlasses von Unfallverhütungsvorschriften haben die Berufsgenossenschaften und Ausführungsbehörden weitgehenden Gebrauch gemacht. Die erlassenen Vorschriften behandeln die verschiedenen Gefahren, wie sie in gewerblichen und land- und forstwirtschaftlichen Betrieben auftreten. Fortdauernd finden Verbesserungen und Ergänzungen dieser Vorschriften statt, um sie den durch die rasche Entwicklung der Industrie sich ändernden Gefahrenverhältnissen anzupassen.

Diese zahlreichen gesetzlichen und gesetzlich begründeten Maßnahmen würden aber wenig nützen, wenn ihre Durchführung nicht durch eine möglichst eingehende Kontrolle gewährleistet würde und nötigenfalls durch Strafen erzwungen werden könnte. Es ist also eine ausreichende Überwachung der Betriebe notwendig, die nach der Reichsgewerbeordnung vom 1. Juni 1891 und den Unfallversicherungsgesetzen durch staatliche und berufsgenossenschaftliche Beamte ausgeübt wird, deren Zahl zur Zeit etwa 400 und 260 beträgt.

Außer der Betriebsrevision durch staatliche oder berufsgenossenschaftliche Aufsichtsbeamten besteht in Deutschland noch eine staatliche Überwachung der Bergwerke durch Beamte der Bergbehörden und eine polizeiliche oder durch Vereinsbeamte ausgeführte Revision verschiedener besonderer Betriebseinrichtungen, z. B. für Dampfkessel, Dampffässer, Fahrstühle, Bauausführungen.

Bei Nichtbeachtung der Verordnungen und Vorschriften können den Unternehmer je nach Lage des Falles recht empfindliche Strafen treffen.

Sehr wichtig ist ferner für die Unfallverhütung, daß die von den Unternehmern zur Durchführung der Unfallversicherung zu leistenden Beiträge nicht nur nach der Höhe der an die Arbeitnehmer des betreffenden Betriebs gezahlten Löhne, sondern auch nach der Gefährlichkeit des Betriebs bemessen werden. In besonderen Fällen, in denen Betriebe sich als gefährlich kennzeichnen, kann dieser Betrag sogar noch erhöht werden. Für gefährliche Gewerbszweige besteht daher das größte Interesse, durch eine energisch durchgeführte Unfallverhütung die durch sie entstehenden Unfallentschädigungen zu mindern, um dadurch auch die zu leistenden Beiträge herabzudrücken.

Eine wirksame Bekämpfung der Arbeitsgefahren wird Maßnahmen nach verschiedener Richtung erfordern, bei deren Festsetzung von der Art und Größe der einzelnen Arbeitsgefahren auszugehen ist, um ganz besondere Schutzmaßregeln gegen diejenigen Gefahren zu treffen, deren schädliche Wirkung sich durch verhältnismäßig viele Unfälle oder Erkrankungen kennzeichnet und deren Bekämpfung praktischen Erfolg verspricht. Untersuchungen zur Erkennung der Unfall- und Erkrankungsgefahren sind vom Reichs-Versicherungsamt und dem Kaiserlichen Statistischen Amte, der deutschen Kommission für Arbeiterstatistik und seit 1902 von der an die Stelle dieser Kommission getretenen, im Kaiserlichen Statistischen Amte gegründeten

Abteilung für Arbeiterstatistik ausgeführt worden. Diesen statistischen Ergebnissen entsprechend haben die zu ergreifenden Schutzmaßnahmen sich in folgenden Richtungen zu bewegen.

Selbstverständlich ist die Art der *Betriebsführung* für die Sicherheit der Arbeiter von großer Bedeutung; namentlich ist eine genügende, sachverständige Aufsicht der Arbeitsausführung und Unterweisung der Arbeiter, eine zweckmäßige Bekanntgabe und Erläuterung der für die Arbeiter erlassenen Vorschriften und Verordnungen notwendig.

Wichtig ist ferner die *Auswahl der Arbeitskräfte*, namentlich zur Ausführung besonders gefährlicher Arbeiten.

Da für weibliche und jugendliche Personen wegen ihrer weniger widerstandsfähigen Körperbeschaffenheit ein erhöhtes Schutzbedürfnis besteht, so ist durch die neuere Arbeiterschutzgesetzgebung die Beschäftigung solcher Personen in vielen gesundheitsgefährlichen Betriebsarten verboten oder wesentlich eingeschränkt worden.

Als ein gefahrerhöhendes Gebrechen ist auch die Trunksucht und überhaupt der Alkoholmißbrauch anzusehen, weshalb in den Unfallverhütungsvorschriften, Arbeitsordnungen usw. die Ausweisung von Betrunkenen aus der Arbeitsstätte, die Nichtzulassung von Arbeitern, die an Trunksucht leiden, zu gefährlicheren Arbeiten, das Verbot des Mitbringens alkoholischer Getränke und selbst das Verbot des Verkaufs und des Genusses solcher auf der Arbeitsstätte verlangt werden.

Schwere Schädigungen für Leben und Gesundheit können durch übermäßig lange Arbeitszeit, durch besondere Anstrengungen, durch unter erschwerenden Umständen auszuführende, ohne genügende Arbeitspausen zu leistende Arbeit, durch andauerndes Sitzen, beständiges Stehen, gezwungene Körperhaltung, z. B. gebeugte Stellung, Knien, Liegen hervorgerufen werden.

Die Maßnahmen, die gegen diese Schädigungen zu ergreifen sind, bestehen zunächst in der Vermeidung solcher Überanstrengungen und gesundheitsschädlicher Körperhaltungen durch Änderung der Arbeitsweise, Verwendung von Maschinenkraft an Stelle der Körperkraft, Benutzung besonderer Betriebseinrichtungen, welche eine günstige Körperhaltung ermöglichen; können solche Mittel nicht angewendet werden, dann ist auf die Einschränkung der schädlichen Arbeitsweise auf einen möglichst kurzen Zeitraum hinzuwirken. Zur Beschränkung der Arbeitszeit auf ein gesundheitlich zulässiges Maß und zur Festlegung bestimmter Ruhepausen sind in den letzten Jahren gesetzliche Maßnahmen getroffen worden.

Zur Verhütung von Gesundheitsschädigungen durch giftige Stoffe sind in vielen Fällen Maßnahmen zu ergreifen, welche die Arbeiter zur größten *Reinlichkeit*, besonders zur Säuberung von Gesicht und Händen vor Einnahme der Mahlzeiten, dann zu häufigem Waschen, zum Wechseln der Kleider bei Beginn und Beendigung der Arbeit veranlassen. Die Arbeitgeber haben dann die erforderlichen Einrichtungen zum Waschen, Baden, Umkleiden, Aufbewahren der Kleider und in gewissen Fällen auch die für die Reinigung notwendigen besonderen Mittel zur Verfügung zu stellen.

Gegen manche Arbeitsgefahren kann sich der Arbeiter durch *geeignete Kleidung* und besondere Ausrüstung, die dann allerdings vom Arbeitgeber zu liefern ist, schützen.

Der sicherste Weg zur *Beseitigung der Gefahren* wird aber darin bestehen, die Betriebseinrichtungen so zu gestalten, daß Gefahren überhaupt nicht oder nur in verschwindend geringem Maße auftreten können. Die Erfüllung dieser Forderung ist die wichtigste Aufgabe der Unfall- und Krankheitsverhütungstechnik, und die neuere Entwicklung derselben geht ganz besonders dahin, Konstruktionen zu ersinnen und praktisch auszuführen, die der Bedingung gerecht werden, daß sie von vornherein gefahrlos sind; Schutzmittel sind nur ein Notbehelf. Kann die Betriebseinrichtung nicht in sich sicher gebaut werden, dann wird doch meistens die besonders anzubringende Sicherheitsvorrichtung so organisch mit der Betriebseinrichtung in Zusammenhang gebracht werden können, daß der Zweck der Unfall- oder Krankheitsverhütung erreicht und das Bild eines Flickwerkes, das nachträglich angefügte Schutzmittel nur zu leicht darbieten, vermieden wird.

Um den Erfindungstrieb anzuregen und besonders schwierige Fragen der Unfallverhütung zu klären und möglichst auch zu lösen, wurde mit Erfolg der Weg des Preisausschreibens beschritten.

Eine weitere Förderung hat die Sicherheitstechnik durch eingehende Untersuchungen erfahren, die von staatlichen und privaten Kommissionen sowie von einzelnen Sachverständigen zur Feststellung besonderer, zu zahlreichen Unfällen und Erkrankungen führender Gefahrenverhältnisse und zur Erzielung von Vorschlägen zur Verbesserung der letzteren ausgeführt worden sind. Ebenso sind umfassende Prüfungen von bekannten Sicherheitsvorkehrungen vorgenommen worden, um deren Brauchbarkeit und Zweckmäßigkeit festzustellen und Gesichtspunkte für die weitere Vervollkommnung zu gewinnen.

Von großem Werte für die Entwicklung der Sicherheitstechnik ist auch die Wirksamkeit der staatlichen und berufsgenossenschaftlichen Aufsichtsbeamten, indem diese bei ihren Betriebsrevisionen die Unternehmer und Betriebsleiter auf bewährte Sicherheitseinrichtungen hinweisen und deren Verwendung empfehlen und nötigenfalls auch anordnen. Um aber diesen Beamten und um überhaupt allen denen, die sich für den Arbeiterschutz interessieren oder interessieren müssen, die Kenntnisnahme zweckmäßiger Vorkehrungen zu vermitteln, ist deren Bekanntgabe durch die Literatur, durch Vorträge, Berichte, Anweisungen unbedingt nötig. Auch in dieser Richtung sind besonders in den letzten Jahren große Fortschritte gemacht worden. Fast an allen technischen Hochschulen Deutschlands werden Vorträge über Unfallverhütung und Arbeitshygiene gehalten; in Instruktionskursen und in Konferenzen werden den staatlichen Aufsichtsbeamten bewährte Sicherheitseinrichtungen mitgeteilt; in öffentlichen Vorträgen wird auf die Bedeutung der Sicherheitstechnik hingewiesen. Die technischen Zeitschriften widmen der Unfallverhütung und Arbeitshygiene und ganz besonders den technischen Maßnahmen manche instruktive Artikel. Besondere Zeitschriften, wie „Die Berufsgenossenschaft", die

„Zeitschrift der Zentralstelle für Arbeiterwohlfahrtseinrichtungen"
(von 1900 ab „Concordia" genannt), die Zeitschrift „Gewerblich-
Technischer Ratgeber" bringen fortlaufend Mitteilungen über bewährte Sicherheitseinrichtungen. Die Jahresberichte der staatlichen
Gewerbeaufsichtsbeamten und der Aufsichtsbeamten der Berufsgenossenschaften, ferner die von manchen Berufsgenossenschaften herausgegebenen Zeitschriften und sonstigen Veröffentlichungen enthalten wertvolle Angaben über die Unfallverhütungstechnik der für
die Berufsgenossenschaft besonders in Betracht kommenden Industrie-
zweige.

Einige Spezialgebiete der Unfallverhütungstechnik hat auch der
Verein deutscher Revisions-Ingenieure bearbeitet, der sich speziell zu
dem Zwecke gebildet hat, die auf die Förderung der Unfallverhütung
gerichtete Tätigkeit der Aufsichtsbeamten zu unterstützen.

Außer diesen verschiedenartigen Veröffentlichungen umfaßt die
deutsche Literatur der Sicherheitstechnik noch mehrere größere
Werke.

Eine andere Art der Bekanntgabe bewährter Sicherheitsvorrich-
tungen bieten Ausstellungen und Museen.

Ganz besonders hat das Reichs-Versicherungsamt, zum Teil auch
mit Unterstützung der Berufsgenossenschaften, die Aufgabe durchgeführt, die deutsche Unfallverhütungstechnik durch eine ausgewählte
Sammlung zweckmäßiger Schutzvorrichtungen, die teils in betriebs-
fertigen Ausführungen, teils in Modellen, teils in Zeichnungen und Pho-
tographien vorgezeigt wurden, darzustellen; diese Sammlungen waren
auf den bereits erwähnten Ausstellungen in Berlin 1889 und Frankfurt a. M. 1901, ferner auf der Berliner Gewerbeausstellung 1896, auf
der Internationalen Ausstellung in Brüssel 1897, auf der II. Kraft-
und Arbeitsmaschinen-Ausstellung in München 1898, auf der Ausstellung für Volksgesundheitspflege und Volkswohlfahrt in Stettin 1903,
auf den Weltausstellungen in Chicago 1893, Paris 1900 und St. Louis
1904, auf der Ausstellung für Sanitäts- und Rettungswesen in Dort-
mund 1905, auf der Jubiläums-Gewerbeausstellung in Kassel 1905
und auf der vom Königlichen Landes-Gewerbemuseum in Stuttgart im
Jahre 1906 veranstalteten Sonderausstellung für Unfallverhütung vorgeführt.

Um fortdauernd Gelegenheit zur Kenntnis zweckmäßiger Sicher-
heitsmaßnahmen zu geben, sind ständige Ausstellungen oder Museen
in Wien, Zürich, Amsterdam, München, Charlottenburg (vom
Deutschen Reiche mit einem Kostenaufwande von über einer Million
Mark in Charlottenburg, Fraunhoferstraße Nr. 11/12, als „Ständige
Ausstellung für Arbeiterwohlfahrt" geschaffen), Karlsruhe („Badisches
Tuberkulosemuseum"), in Paris, New-York, Stockholm, Luxemburg
und Reichenberg errichtet worden.

Es ist somit besonders in den letzten Jahren nach verschiedenen
Richtungen hin eine eifrige Tätigkeit entfaltet worden, um die Bekämpfung der Gefahren der Arbeit zu fördern. Große Fortschritte
sind hierdurch bei den einzelnen Betriebseinrichtungen und in den verschiedensten Gewerbszweigen erzielt. Das Interesse an ihrer Aus-

gestaltung hat von Jahr zu Jahr zugenommen, teils infolge des aus menschenfreundlichen Motiven hervorgehenden Gefühls, die Arbeiter, soweit es in menschlicher Kraft liegt, vor den Gefahren ihrer Berufstätigkeit zu schützen, teils infolge des Zwanges, den die soziale Gesetzgebung zur Förderung des Arbeiterschutzes notgedrungen ausüben muß.

Allerdings verursacht die praktische Durchführung der Forderungen der Unfallverhütung und Arbeitshygiene große Kosten. Aber diese Opfer werden nicht vergeblich gebracht, denn sie dienen dem Wohle von Millionen von Arbeitern und haben, wie dies die industrielle Entwicklung Deutschlands zeigt, keineswegs diese gehemmt, sondern unzweifelhaft zur Verbesserung vieler Fabrikationsarten und Betriebseinrichtungen auch in ihrer wirtschaftlichen Ausnutzung beigetragen.

IV. Arbeiterversicherung und Volksgesundheit.

Von A. Bielefeldt.

Auf jedem der drei Gebiete der deutschen öffentlich-rechtlichen Arbeiterversicherung — Kranken-, Unfall- und Invalidenversicherung — hat die Bekämpfung von Krankheiten der Arbeiter eine gesetzliche Regelung gefunden. Nach der Art der zur Anwendung kommenden Mittel lassen sich zwei Gruppen von Maßnahmen unterscheiden, die auf eine Hebung der Volksgesundheit abzielen. Die eine Gruppe umfaßt alles, was die *Krankheitsheilung,* das heißt die Beseitigung einer bereits eingetretenen Gesundheitsstörung, zum Gegenstande hat. Unter die andere Gruppe fallen solche Einrichtungen und Leistungen, die den Eintritt einer Gesundheitsstörung verhindern wollen, das sind die *vorbeugenden Maßregeln.*

Den ersten Platz nimmt die Krankheits*heilung* ein. Der Haupt- und Endzweck der *Krankenversicherung* besteht darin, vorübergehende Gesundheitsstörungen zu beseitigen. Deshalb übernehmen die Krankenkassen neben der pekuniären Fürsorge für die Versicherten und deren Familien während der Krankheit die Kosten der ärztlichen Behandlung, von Arznei, Brillen, Bruchbändern und sonstigen Heilmitteln für die Dauer von mindestens 26 Wochen. Auch können spezialärztliche Behandlung sowie Verpflegung in Krankenhäusern, Bädern, Tages- (Wald-) Erholungsstätten usw. gewährt werden. Nach Ablauf der eigentlichen Krankheit ist ferner für die Dauer eines Jahres von Beendigung der Krankenunterstützung ab die Genesendenfürsorge in Rekonvaleszenten- und Genesungshäusern zulässig.

Auf dem Gebiete der *Unfallversicherung* gilt der Satz, daß die Wiederherstellung der Gesundheit und Erwerbsfähigkeit des Arbeiters wirtschaftlich wertvoller ist als die vollkommenste Rentenunterstützung eines arbeitsunfähigen Gliedes der menschlichen Gesellschaft.

Deshalb haben nach Ablauf der 13. Krankheitswoche seit dem Betriebsunfalle, das heißt von dem Augenblick ab, wo spätestens die Schadensersatzpflicht der Unfallversicherung beginnt, die Berufsgenossenschaften die Verpflichtung, für eine sachgemäße Heilung der Verletzten, sei es unmittelbar, sei es durch Vermittlung der Krankenkassen, Sorge zu tragen. Dabei tritt eine Befreiung von der gleichzeitigen Bewilligung einer Unfallrente nur dann ein, wenn das Heilverfahren in einer Heilanstalt durchgeführt wird. In solchen Fällen ist aber die gesetzliche Angehörigenrente an die Familie des Verpflegten zu zahlen, und es können bei besonderer Bedürftigkeit noch weitergehende Unterstützungen gewährt werden. Da ferner die Erfahrung lehrt, daß bei Verletzungen der Verlauf des Heilungsprozesses im allgemeinen von der ersten Wundbehandlung abhängt, so ist den Berufsgenossenschaften gesetzlich die Befugnis eingeräumt, auch schon während der ersten 13 Wochen nach einem Unfalle die Heilbehandlung des Verletzten zu übernehmen. Von dieser Befugnis haben sie von Jahr zu Jahr in wachsendem Maße Gebrauch gemacht. Dem Bestreben, eine schnelle und sachgemäße Behandlung bei Unglücksfällen zu sichern, verdanken auch zahlreiche Organisationen für die erste Hilfeleistung — in den größeren Städten die Unfallstationen, auf dem Lande die Gemeindepflegestationen — sowie chirurgische und mediko-mechanische Heilanstalten für Unfallverletzte ihre Entstehung und Erhaltung.

Die Aufnahme der Krankenfürsorge auch unter die Aufgaben der *Invalidenversicherung* beruht auf denselben Gesichtspunkten wie bei der Unfallversicherung. Wenngleich es sich hierbei, wie auf dem Gebiete der Unfallversicherung, nur um Nebenleistungen handelt, und noch dazu um solche, die nicht erzwingbar sind, so sind doch die Träger der deutschen Invalidenversicherung infolge ihrer großen Leistungsfähigkeit und mit Rücksicht auf ihr finanzielles Interesse an einer möglichst langen Erhaltung der Erwerbsfähigkeit der Versicherten geradezu die Grundpfeiler aller auf die Hebung der Volksgesundheit gerichteten Bestrebungen geworden.

Was den Umfang des Rechtes der Heilbehandlung betrifft, so sind alle den Bestrebungen der Versicherungsanstalten etwa hinderlichen zeitlichen und sonstigen Schranken beseitigt. Sie können den Kranken in Krankenhäusern — Kliniken, mediko-mechanischen, orthopädischen Instituten usw. —, in Heilanstalten für Lungenkranke oder Luftkurorten, in Genesungsheimen (Rekonvaleszentenanstalten), in See-, Mineral-, Schwefel-, Moor- usw. Bädern oder in Privatpflege usw. unterbringen. Daß sie von ihren weitreichenden Befugnissen zum Nutzen der deutschen Arbeiter einen umfassenden Gebrauch gemacht haben, lassen die alljährlich vom Reichs-Versicherungsamte bearbeiteten Statistiken der Heilbehandlung bei den Versicherungsanstalten und zugelassenen Kasseneinrichtungen der deutschen Invalidenversicherung erkennen. Danach sind in den 9 Jahren 1897 bis 1905 für die Heilbehandlung von kranken Arbeitern und Arbeiterinnen mehr als 70 Millionen Mark ausgegeben worden. Der bei weitem größte Anteil hiervon, nämlich rund 45 Millionen Mark, ent-

fällt auf 128 427 Tuberkulöse. Die zum Zwecke der Schwindsuchts-
bekämpfung getroffenen Maßnahmen und 'die dadurch erzielten Erfolge stehen gegenüber den gleichen Bestrebungen aller anderen Kulturvölker unerreicht da.

An der *Krankheitsverhütung* haben sich die Träger der Kranken-,
Unfall- und Invalidenversicherung nach Maßgabe der vorhandenen
Mittel und der gesetzlichen Befugnisse beteiligt. Erwähnung verdient
hier auf dem Gebiete der *Krankenversicherung* vor allem die von
Krankenkassen in neuerer Zeit vielfach durchgeführte Untersuchung
von Wohnungen erkrankter Kassenmitglieder. Außerdem erfolgt von
Seiten der Ärzte, Krankenschwestern und Krankenkontrolleuren in
Wort und Schrift eine umfassende Aufklärung der Gesunden und
Kranken über die wichtigsten Grundsätze der Hygiene und die Ge-
fahren der Krankheitsübertragung durch Ansteckung. Bei vielen
Krankenkassen sind hierüber winterliche Vortragskurse eingeführt.
Endlich haben sich alle irgendwie leistungsfähigen Krankenkassen an
der Verbreitung gemeinverständlicher Druckschriften hygienischen
Inhalts, wie beispielsweise über Tuberkulose, Geschlechtskrankheiten,
Alkoholmißbrauch usw., beteiligt.

Für die *Unfallversicherung* kommen als Maßregeln der Prophylaxe vor allem die Unfallverhütungsvorschriften in Betracht. Die Berufsgenossenschaften besitzen die Befugnis, zum Schutze ihrer Versicherten gegen Unfallgefahr mit Genehmigung der Aufsichtsbehörde
„Unfallverhütungsvorschriften" zu erlassen. Mit wenigen Ausnahmen
ist von dieser Befugnis ein umfassender Gebrauch gemacht worden.
Dabei hat man sich nicht auf bloße Vorsichtsmaßnahmen gegen Unfälle im engeren Sinne beschränkt, sondern da, wo die Verhältnisse
darauf hinwiesen, auch den Einfluß gesundheitsschädlicher Einwirkungen der verschiedensten Art (Gase, Dämpfe, Staub, Trunksucht
usw.) in den Bereich der fürsorglichen Regelung gezogen.

Die Träger der *Invalidenversicherung* haben von Jahr zu Jahr
mehr Wert darauf gelegt, ihre Einrichtungen und ihre Mittel allen Bestrebungen dienstbar zu machen, die eine verständige Krankheitsvor-
beugung (Prophylaxe) bezwecken. Ein vorzügliches Feld hierfür
bieten die zahlreichen Heilanstalten für die arbeitenden Klassen. In
denselben wird ein Ärztepersonal herangebildet, das bei der Fülle der
wissenschaftlichen Anregungen und durch die umfassenden Erfahrungen der Praxis zu einer wohl kaum vorher betätigten Gründlichkeit
und Sorgfalt in der Erforschung und Anwendung hygienischer Lebens-
regeln angespornt wird und diese mit Hilfe einer strengen Anstalts-
disziplin und auf dem Wege ärztlicher Beratung und Belehrung bei
den ihnen anvertrauten Kranken in wirksamer Weise zur Geltung
bringt. Die Kranken aber tragen wiederum das, was sie am eigenen
Körper als nützlich erkannt haben, in ihre Familien. So gelingt es,
in den Arbeiterkreisen die vielfach vorherrschenden gesundheits-
widrigen Lebensgewohnheiten sowie unrichtige Anschauungen, Empfindungen und Schwächen, die den Keim so mancher Krankheit bilden,
mehr und mehr zurückzudrängen.

Eine ganz besondere Bedeutung für die Hebung der Volksgesundheit hat die Einrichtung und Verbreitung der Krankenpflege auf dem Lande. Dank dem zielbewußten Eintreten der Versicherungsanstalten der Invalidenversicherung ist es gelungen, weite Landgebiete mit Gemeindepflegestationen, die von Krankenschwestern oder in der Krankenpflege ausgebildeten Personen geleitet sind, mit Marthaspenden, Margaretenspenden, Wanderkörben für Wöchnerinnen usw. auszustatten. Gemeinverständlich gehaltene Schriften über gesundheitliche Fragen finden durch die Versicherungsanstalten der Invalidenversicherung vermöge der ihnen zu Gebote stehenden größeren Mittel eine noch weitere Verbreitung als durch Krankenkassen und Berufsgenossenschaften.

Endlich darf nicht unerwähnt bleiben, daß die für Rentenzahlungen nicht alsbald benötigten Kapitalien der Versicherungsanstalten durch Hergabe für den Bau von eigenen und fremden Kranken-, Genesungshäusern, Volksheilstätten, Herbergen zur Heimat, Volksbädern, Kleinkinderschulen, Wasserleitungs-, Kanalisationsanlagen usw. — bis Ende 1905 mehr als 210 Millionen Mark — sowie für den Bau gesunder Arbeiterwohnungen — bis Ende 1905 nahezu 151 Millionen Mark — zur Verbesserung der gesundheitlichen Verhältnisse des Volkes in außerordentlichem Maße beigetragen haben.

Der Krankheitsheilung und -verhütung zugleich dienen auf den 3 Versicherungsgebieten die gesetzlich zu gewährenden Geldentschädigungen. Dadurch wird verhindert, daß der Kranke, der Verletzte, der Invalide und seine Familie darben, daß die durch Leiden und Gebrechen bereits beeinträchtigten Körperkräfte unter einer ungenügenden Ernährung noch mehr dahinschwinden.

V. Arbeiterversicherung und Volkswirtschaft.

Von F. Zahn.

Daß ein Gesetzgebungswerk wie die Deutsche Arbeiterversicherung in der praktischen Durchführung sich noch über seinen ursprünglichen Zweck hinaus wirksam erweisen würde, war vorauszusehen. Aber niemand konnte ahnen, daß der Einfluß der sozialen Versicherung ein so mächtiger und vielseitiger werden würde, wie sie ihn innerhalb unseres wirtschaftlichen und gesellschaftlichen Lebens noch weiterhin tatsächlich geltend macht.

Es erscheint daher von Interesse, die Frage zu untersuchen: In welcher Weise hat sich die deutsche Volkswirtschaft im Zeichen der deutschen Arbeiterversicherung entwickelt und mit welchen Wirkungen überhaupt ist die Arbeiterversicherung bisher in die Erscheinung getreten?

Bei der Volkszählung vom 1. Dezember 1905 wurden im Deutschen Reiche, auf einer Fläche von 540 743 qkm, 60,6 Millionen Einwohner

44*

gezählt. Eine größere Einwohnerzahl als Deutschland haben von den
wichtigeren Kulturstaaten lediglich Rußland (128,3 Millionen) und
die Vereinigten Staaten von Amerika (78,7 Millionen) aufzuweisen.

Die erwähnte Bevölkerungsziffer ist das Ergebnis des stetigen
Wachstums, dessen sich die deutsche Bevölkerung seit Jahrzehnten
erfreut. Während die Bevölkerungszunahme im Jahrfünft 1880/85
3,6 Prozent betrug, hat sie sich seitdem auf 5, im letzten Jahrfünfte
sogar auf über 7 Prozent erhöht. Mit dieser Zunahme gehört Deutschland zu den europäischen Ländern, deren Bevölkerung relativ am
meisten wächst, zumal wenn man Länder von annähernd gleicher Größe
in Betracht zieht.

Diese Entwicklung des deutschen Volkes darf als eine günstige,
gesunde angesehen werden, beruht sie doch auf der eigenen Kraft, ohne
Beihilfe fremdländischer· zugewanderter Elemente. Und zwar gründet
sie sich auf eine relativ hohe Geburtenhäufigkeit und eine nur mittel-
mäßige und noch dazu —— wenigstens ihrer Haupttendenz nach — im
Rückgange befindliche Sterblichkeit.

Als hauptsächliche Ursachen der raschen Bevölkerungszunahme
kommen in Betracht für Deutschland wie für andere Staaten die ein-
schneidenden wirtschaftlichen Fortschritte der letzten Jahrzehnte, die
Steigerung des nationalen Machtbewußtseins und der damit geschaffene
Aufschwung des Staatslebens sowie die wesentliche Verbesserung der
inneren Verwaltung, namentlich der Sanitätspflege. Daneben dürften
aber in Deutschland noch besonders ins Gewicht fallen die zahlreichen
hygienischen Maßregeln, wie· sie aus Anlaß der Arbeiterversicherung
fortwährend getroffen werden zu dem Zwecke, dem Arbeiter die Gesundheit, der Nation die Lebenskraft zu erhalten.

In engem Zusammenhange mit der eben geschilderten Zunahme
der Bevölkerung steht, daß die Erwerbstätigkeit innerhalb der einzelnen Bevölkerungsschichten sich im Laufe der letzten Jahrzehnte erhöhte. Und zwar haben die Erwerbstätigen noch stärker zugenommen
als die Gesamtbevölkerung. Es sind nämlich 22,1 Millionen oder 42,7
Prozent der Gesamtheit nach der Berufszählung von 1895[1]) am Erwerbe beteiligt; seit der entsprechenden Zählung von 1882 bedeutet das
eine Mehrung von 3,1 Millionen oder 16,6 Prozent, während das
Wachstum der Gesamtbevölkerung in diesem Zeitraum 14,7 Prozent
erreichte. Von den 3,1· Millionen Mehr-Erwerbstätigen entfallen
2,1 Millionen auf das männliche, 1,0 Million auf das weibliche Geschlecht. Es wird jetzt eben häufiger und frühzeitiger dem Erwerbe
nachgegangen.

Vornehmlich vollzog sich die Zunahme der Erwerbstätigkeit in
Berufen, die zu Gewerbe und Industrie sowie zu Handel und Verkehr
zählen. So kommt es, daß die beiden großen Schlagadern unserer
deutschen Volkswirtschaft, Landwirtschaft und Industrie, ihre Stellung im Gesamtorganismus vertauscht haben, und Deutschland sich
aus einem überwiegenden Agrikultur- zu einem überwiegend industriellen Staate entwickelte. Im Jahre 1882 war es noch die Landwirt-

---

[1]) Eine neue Berufszählung ist für 1907 in Aussicht genommen.

schaft, jetzt ist es die Industrie, welche die meisten Menschen versorgt, nämlich 20,3 Millionen oder 39 Prozent; nächst ihr steht die Landwirtschaft mit 18.5 Millionen Personen oder 35,7 Prozent der Reichsbevölkerung, und dann in weiterem Abstande Handel und Verkehr mit rund 6 Millionen oder 11,5 Prozent.

Was die *Landwirtschaft* im speziellen betrifft, so hat sich zwar die Zahl ihrer menschlichen Arbeitskräfte in den letzten Dezennien verringert, aber die Grundbesitzverteilung veränderte sich wenig. Das eigentliche Gepräge empfängt die deutsche Landwirtschaft nach wie vor vom Bauerngute (2—100 ha landwirtschaftlich benutzte Fläche), das durch den Eigentümer selbst bewirtschaftet wird. Mit fast drei Vierteln ist es an der gesamten landwirtschaftlich benutzten Fläche beteiligt, sein Areal wird zu neun Zehnteln vom Eigentümer selbst und von auch ihrem Hauptberufe nach eigentlichen Landwirten bewirtschaftet. Das mittlere (20—50 ha) und größere Bauerngut hat jetzt sogar einen noch stärkeren Anteil an der gesamten Wirtschaftsfläche als im Jahre 1882. Außerdem hat die Nutzviehhaltung, die Verwendung von landwirtschaftlichen Maschinen sowie die Verbindung der Landwirtschaft mit Nebengewerben (wie Molkerei, Getreidemüllerei, Zuckerproduktion, Bierbrauerei, Branntweinbrennerei, Stärke-, Spiritusfabrikation, Kunst- und Handelsgärtnerei) in den letzten Dezennien stark zugenommen.

Damit steht in Zusammenhang, daß nicht nur keine Einschränkung der landwirtschaftlichen Benutzung des deutschen Bodens im Laufe der letzten Jahrzehnte stattgefunden hat, sondern vielmehr eine stetige, wenn auch geringe, Ausdehnung derselben. Und zwar hat gerade der wichtigste Teil der Landwirtschaftsfläche, das Acker- und Gartenland, eine Zunahme erfahren, von diesem wiederum die vom Standpunkte der Ernährung des Volkes und des Viehstandes so wichtige Fläche für Getreide und für Futterpflanzen.

Ebensowenig wie von einer Einschränkung der landwirtschaftlichen Fläche ist von einem Rückgange der Ertragsfähigkeit des landwirtschaftlichen Bodens die Rede. Im Gegenteil, infolge fortgesetzt rationellerer und intensiverer Betriebsweise ist es gelungen, den Ertrag an landwirtschaftlichen Produkten, insbesondere an Getreide, namhaft zu steigern, nicht bloß absolut, sondern auch im Verhältnis zur Anbaufläche. Infolgedessen sind jetzt erheblich größere Grtreidemengen zur Befriedigung des Nahrungsbedarfs der ständig wachsenden Bevölkerung verfügbar. Außerdem kann ein großer Teil davon der industriellen Verarbeitung zu Zucker, Spiritus, Stärke zugeführt werden. Endlich ist hierdurch eine ansehnliche *Vermehrung des heimischen Viehstandes* möglich geworden, der quantitativ sowohl wie qualitativ gewachsen ist.

Nach alledem ist von einer Minderung der Leistungsfähigkeit der deutschen Landwirtschaft keine Rede, wenn auch zugegeben werden muß, daß sie angesichts der so rasch angewachsenen Bevölkerung dem erhöhten Bedarf an agrarischen Produkten, namentlich an Brot und Fleisch, nur unter einiger Beihilfe des Auslandes voll zu genügen vermag.

In *Gewerbe und Handel* arbeiteten nach der Zählung von 1895 rund 10 Millionen in gewerblichen und kommerziellen Betrieben, deren es über 3 Millionen gab. 160 000 dieser Betriebe bedienten sich noch motorischer Kraft, als Leistung dieser Elementarkräfte wurden 3,4 Millionen Pferdestärken ermittelt. 54 Prozent des Personals, 88 Prozent der motorischen Kräfte sind in Mittel- und Großbetrieben tätig, in ihnen ruht also das tatsächliche Schwergewicht von Gewerbe und Handel.

Auch die Entwicklung vollzieht sich im Zeichen der Ausbildung zum Großbetriebe. So sind im Zeitraum 1882/1895 nur die allerkleinsten Betriebe (die Alleinbetriebe) zurückgegangen, die anderen haben nach Zahl der Betriebe wie nach Personen zugenommen, und zwar dergestalt, daß die größten Betriebe die bedeutendste Entwicklung aufweisen.

Daß die Entwicklung seit 1895 in ähnlichem Sinne weiter gegangen ist, läßt sich zwar noch nicht fürs Ganze statistisch dartun, lehrt aber ein Blick in die gewerbliche Praxis, wo man allenthalben erhöhte Einstellung von Arbeitskräften sowie noch häufigere und intensivere Verwendung von Kraftmaschinen und von Arbeits- und Werkzeugmaschinen gewahrt.

Naturgemäß hatte diese Entwicklung der deutschen gewerblichen Betriebsorganisation eine hervorragende Steigerung der gewerblichen Produktion zur Folge. So stieg bei Kohlen und Eisen, diesen Muskeln und Knochen des gewerblichen Organismus, die inländische Erzeugung in den letzten Dezennien wie folgt:

	Kohlen	Eisen
	Millionen	Tonnen
1882	65,3	3,0
1895	104,0	4,8
1900	149,7	7,5
1904	169,4	10,1
1905	173,8	10,9

Unterstützt wurde diese Entfaltung unserer Gewerbetätigkeit, insbesondere unseres großindustriellen Gewerbefleißes, durch die Ausbildung des Verkehrs, dessen Einrichtungen — Post, Telegraph, Telephon, Eisenbahn, Binnen- und Seeschiffahrt — im Laufe der letzten Jahrzehnte verbessert, vermehrt und verbilligt und so zu erhöhten Leistungen befähigt wurden.

Dementsprechend hat sich auch unser auswärtiger *Handel* ganz erheblich erweitert. Im Zeitraum 1891/1905 stieg unsere Ausfuhr von 3,3 auf 5,7 Milliarden, die Einfuhr von 4,4 auf 7,0 Milliarden. Abgesehen von seiner quantitativen Zunahme hat sich der Außenhandel auch hinsichtlich seiner Qualität, nämlich in bezug auf den Anteil der landwirtschaftlichen und industriellen Produkte, geändert. Bisher gelangten zur Ausfuhr vorwiegend landwirtschaftliche Erzeugnisse, zur Einfuhr Industrieerzeugnisse und Tropenprodukte. Neuerdings bilden den hauptsächlichen Export Fabrikate (und zwar immer mehr qualifizierte Waren), den hauptsächlichen Import landwirtschaftliche Produkte und industrielle Rohstoffe.

Durch diese Entwicklung unseres Außenhandels ist die deutsche Volkswirtschaft innig mit der Weltwirtschaft verflochten worden. Sie wurde zugleich selbst zu einem mächtigen Faktor auf dem Weltmarkte. Am gesamten Warenumsatz im internationalen Handelsverkehr, der sich für das Jahr 1903 auf 101 Milliarden Mark bewerten läßt, ist Deutschland mit 11,7 Milliarden beteiligt, lediglich Großbritannien (mit allerdings 18,4 Milliarden) geht ihm vor, während in den 80er Jahren Deutschland noch an dritter und vierter Stelle stand.

Aus dem Gesagten erhellt, daß die deutsche Volkswirtschaft in den letzten Jahrzehnten einen erfreulichen Aufschwung genommen hat, und daß Gewerbe und Handel sich auch im Wettstreite mit ausländischen Staaten als hinreichend widerstandskräftig erwiesen und mit immer größerem Erfolge bis in die letzten Jahre auf dem Weltmarkte zu konkurrieren vermochten.

Ebenso stieg die steuerliche Leistungsfähigkeit der Bevölkerung, und damit die Finanz- und Wehrkraft des Reichs und der Bundesstaaten sowie der allgemeine Wohlstand überhaupt.

Der hier kurz skizzierte, in der besprochenen Schrift auch zahlenmäßig nachgewiesene wirtschaftliche Aufschwung des Reichs ist dem Zusammenwirken von Triebkräften zu danken, wie sie auch in anderen Kulturstaaten neuerdings sich geltend machten, aber auch von Triebkräften, die speziell innerhalb des Deutschen Reichs während der letzten Jahrzehnte tätig waren. Vor allem ist als das wesentliche Rüstzeug, mit dem wir die gegenwärtige Stellung erkämpften, zu nennen Disziplin und Ausdauer, Volksschule, Wehrpflicht sowie Ausbildung der modernen Technik, ferner die politische Einigung der Bundesstaaten zu einem starken Reiche, dessen Macht die innere Entwicklung vor auswärtigen Störungen sicherte und die Wahrnehmung unserer gesamten nationalen Wirtschaftsinteressen ermöglichte. Daneben hat aber noch die deutsche Sozialgesetzgebung — die Arbeiterschutz- und die Arbeiterversicherungs-Gesetzgebung — einen wesentlichen Einfluß geübt.

Was die *Arbeiterversicherung* angeht, so erscheint sie auf den ersten Blick für die Volkswirtschaft als eine Last.

Hohe Summen werden in Form von Beiträgen der Unternehmer und der Versicherten und eines Reichszuschusses für Zwecke der Arbeiterversicherung angesammelt und der rein kapitalistischen gewerbsmäßigen Verwertung entzogen.

Indessen tatsächlich bleiben diese Gelder der heimischen Volkswirtschaft nicht bloß erhalten, sondern kommen ihr auch wirklich zugute, und zwar teils in Gestalt einer höheren Leistungsfähigkeit der Arbeiterschaft, die durch die Arbeiterversicherungs-Maßnahmen gesünder und widerstandskräftiger gemacht wird, teils durch Entlastung der öffentlichen Armenpflege, die früher bei Krankheit, Unfall, Invalidität, Alter des Arbeiters vielfach einzutreten hatte und zur Bestreitung des betreffenden Aufwandes die Steuerpflichtigen heranzog, teils durch Förderung volkswirtschaftlich wichtiger Zwecke (Befriedigung des landwirtschaftlichen Kreditbedürfnisses, Bau von Arbeiter-

wohnungen, Kranken-, Genesungsheimen, Volksheilstätten, Wasser-
leitungs-, Kanalisations-, Entwässerungsanlagen, Straßenbauten, Spar-,
Konsumvereine, Kleinkinderschulen usw.).

Die Ausgaben für die Arbeiterversicherungszwecke sind daher
richtiger nicht als Last, sondern nur als notwendige Spesen unserer
deutschen Volkswirtschaft zu betrachten, die ähnlich wie die der Wehrkraft, dem Heer und Marine gewidmeten Posten unseres Reichshaus-
halts dazu berufen sind, die Bedingungen für eine ersprießliche wirtschaftliche Tätigkeit zu schaffen. Sie sind in hohem Maße reproduktiv
und erweisen sich auch für die einzelnen Betriebe erträglich.

Vielfach waren die Versicherungslasten geradezu mit Anlaß zur
Hebung unserer heimischen Produktion. Die Unternehmer suchten die
erhöhten Gestehungskosten durch verbesserten Betrieb, durch technische Fortschritte wett zu machen, so daß mittels weniger Arbeiter
und besserer Betriebseinrichtungen die gleiche Qualität und Quantität
wie zuvor, oder mit ebensovielen Arbeitern wie früher und vollkom-
meneren Betriebsmitteln mehr und Besseres geleistet wird. Wenn sie
dabei die Technik auch zum Besten der Arbeiterschaft günstiger ge-
stalteten, zum Teil aus Anlaß der gesetzlichen Bestimmungen über den
Betriebsstättenschutz, indem sie für eine größere Unfallsicherheit des
Betriebs und eine bessere persönliche Ausrüstung ihrer Arbeiterschaft
(z. B. mit Arbeitskleidern, Respiratoren, Schutzbrillen) sorgten, so
leitete sie hierzu in erster Linie das eigene wohlverstandene Interesse
an einer arbeitsfreudigen, leistungsfähigen Arbeiterschaft. Diese Erkenntnis ist der Unternehmerschaft gerade durch die ersprießliche
Wirksamkeit der von der Sozialgesetzgebung ins Leben gerufenen Einrichtungen zum Bewußtsein gekommen. Darum sind denn auch zahlreiche Arbeitgeber darauf bedacht, ihre Arbeiterfürsorge noch weit
über die gesetzlichen Aufwendungen hinaus zu erstrecken, und zwar
nicht allein innerhalb der eigenen Betriebe, sondern sie beteiligen sich
in steigendem Maße auch an den allgemeinen sozialen Wohlfahrts-
bestrebungen.

Diese soziale Tätigkeit der Unternehmer übt zugleich eine ver-
söhnende Rückwirkung auf die zwischen Arbeitgeber und Arbeitnehmer vorhandenen Gegensätze. Das gegenseitige Verständnis
zwischen Arbeitgeber und Arbeitnehmer wird noch wesentlich gefördert durch die gemeinschaftlichen Beratungen und Sitzungen, zu
welchen die Arbeiterversicherung Arbeitgeber und Arbeiter zusammen-
führt. Im Laufe der Verhandlungen über Versicherungsfragen lernen
die Unternehmer die Vertreter der Gegeninteressenten, die Arbeiter,
immer mehr verstehen, sie werden geneigt, mit der gleichen Ruhe und
Sachlichkeit auch andere die Arbeiterverhältnisse betreffenden Fragen
(über Arbeitszeit, Arbeitslose usw.) mit ihnen zu erörtern. Besonders
macht sich die auf diese Weise bewirkte Förderung des sozialen Frie-
dens bemerkbar durch die Fortschritte, welche die kollektiven Arbeits-
verträge zwischen Arbeitgebern und Arbeitern, die sogenannten Tarif-
gemeinschaften, gerade in den letzten Jahren in Deutschland gemacht haben.

Anderseits war eine bedeutungsvolle Nebenwirkung der Arbeiterversicherung, insonderheit der Unfallversicherung, der engere Zusammenschluß der Arbeitgeber selbst und ihre gegenseitige Annäherung in den Berufsgenossenschaften, die ihnen schon manchen Vorteil brachte. Bei einzelnen Berufsgenossenschaften ist diese Wirkung so augenfällig, daß die Unternehmer, die früher gegenseitig in Fehde lagen und nach außen sich schädigten, nunmehr eine kompakte Masse bilden, die unter weiser Leitung und im besten Einvernehmen ihre wirtschaftlichen Interessen wahrzunehmen weiß. Neuestens ist diese Solidarität der Unternehmer auch, durch Gründung einer „Hauptstelle deutscher Arbeitgeberverbände" und des „Vereins deutscher Arbeitgeberverbände" zutage getreten.

Der wichtigste Ausgleich für die Belastung, die die heimische Volkswirtschaft, die deutsche Unternehmerschaft infolge der Arbeiterversicherung erfuhr, ist aber zu erblicken in dem wohltätigen Einflusse der Arbeiterversicherung auf die Arbeiterschaft. Die 4 Milliarden, die aufgebracht wurden, haben sich für die Arbeiterschaft sehr bewährt. Es hat der deutsche Arbeiter nicht bloß eine Steigerung seines Einkommens durch die ihm öffentlich garantierten Unterstützungen, welche die Versicherungskassen leisten, nicht bloß eine Erhöhung seines Reallohns um die Zuschüsse, welche die Unternehmerschaft und das Reich zur Arbeiterversicherung zahlen, zu verzeichnen, er hat auch trotz der Arbeiterversicherung eine Erhöhung seines Geldlohns erreicht. Dies geht beispielsweise aus den Löhnen der Bergarbeiter hervor, wird aber weiter durch die anrechnungsfähigen Löhne der gewerblichen Berufsgenossenschaften, die Beiträge zur Invalidenversicherung und durch die ortsüblichen Tagelöhne gewöhnlicher Tagearbeiter dargetan.

Diese materielle Besserstellung der deutschen Arbeiterschaft, wie sie trotz und zum Teil infolge der Arbeiterversicherung eintrat, hat gleichzeitig ihre Konsumkraft gesteigert, ihre Lebenshaltung verbessert. Damit erweiterte sich sowohl für unsere Landwirtschaft, wie namentlich für unsere Industrie der Absatzmarkt im Innern — ein wichtiger Faktor unter den Ursachen, die den neuzeitlichen raschen Aufschwung der heimischen Volkswirtschaft bewirkten. Zugleich vermehrte sich die Sparkraft und Sparfähigkeit der unteren Massen, was wiederum die Vermögensbildung innerhalb des gesamten Volkes begünstigte und das Niveau des allgemeinen Wohlstandes entsprechend erhöhte.

Was aber von besonderer Bedeutung ist, die Gesundheit und Lebenskraft unserer Arbeiterschaft erfuhr durch die Arbeiterversicherung eine ganz erhebliche Förderung, wie unter IV dargetan ist.

Aber auch die sittlichen und geistigen Interessen der Arbeiterschaft sind durch die Arbeiterversicherung namhaft gefördert worden.

Aus dem Arbeiter, der im Falle der Erkrankung und Invalidität früher der Armenpflege anheimfiel und Almosenempfänger wurde, ist ein Rentenempfänger geworden, er ist all den in gewisser Hinsicht entehrenden Folgen, die sich an den Genuß einer Armenunterstützung knüpfen (Verlust des Wahlrechts usw.), überhoben, er bewahrt bei Empfang der Rente seine volle Selbständigkeit, den Vollbesitz der bürgerlichen Rechte. Sein Selbstgefühl, das Bewußtsein seines persönlichen Wertes erleidet keine Einbuße. Im Gegenteil, es wird noch erheblich verstärkt. Was die Arbeiterversicherung ihm als rechtmäßigen Anspruch bei Krankheit, Unfall, Invalidität und hohem Alter an Unterstützung gewährt, ist ihm ein wichtiges Vermögensrecht und stellt ihn in die Reihe der Besitzenden; die zahlreichen Krankengeldempfänger, die 1¾ Millionen Unfall- und Invalidenrentner vermehren diese Reihe.

Das höhere soziale Niveau, das der Arbeiter so erreicht hat, findet zugleich die notwendige Ergänzung in einem höheren geistigen Niveau, zu welchem ihm seine Beteiligung an der Rechtsprechung und Verwaltung der Arbeiterversicherung erzieht. Die Arbeiterschaft gewinnt durch Mitwirkung beim Vollzuge der Versicherungsgesetze (als Vorstandsmitglieder der Krankenkassen, der Versicherungsanstalten, Arbeitervertreter bei den Schiedsgerichten für Unfall- und Invalidenversicherung und bei den Senaten des Reichs-Versicherungsamts und der Landesversicherungsämter) zunächst eine größere Rechtskenntnis und Rechtssicherheit sowie ein tieferes Vertrauen zur Rechtsprechung selbst. Aber außerdem lernt sie in dieser Schule der Selbstverwaltung, der Besorgung konkreter Geschäfte, die Grenzen des Ausführbaren kennen, sie gewöhnt sich an sachliche, auf dem Boden positiver Gesetze sich bewegende Behandlung der sie angehenden Fragen. Zugleich liegt im Zusammenwirken von Beamten, Arbeitgebern und Versicherten auf dem Boden der Gleichberechtigung ein unvergleichliches Mittel zur sozialen Erziehung der Beteiligten; die gegensätzliche Gesinnung zwischen Arbeiterschaft und Unternehmertum wird gemildert und das gegenseitige Verständnis erleichtert.

Selbstredend ist ein dermaßen gehobener Arbeiterstand, mit höherem materiellen, hygienischen, sozialen und intellektuellen Niveau, sowohl fähig wie — gemäß der ihm innewohnenden höheren Arbeitsfreude — bereit zu höheren Leistungen physischer und geistiger Art. Tatsächlich erwies sich auch die deutsche Arbeiterschaft imstande, die schwierigen und umfassenden Aufgaben im modernen Produktionsprozesse zu bewältigen, und hat so wesentlich den neuzeitlichen wirtschaftlichen Aufschwung Deutschland mit ermöglicht. Ohne die von der Arbeiterversicherung namhaft geförderte Hebung des allgemeinen Niveaus unserer Arbeiterschaft wäre der Aufschwung schwerlich so rasch, als wir ihn wirklich erlebten, vor sich gegangen.

Begünstigt wurde die geschilderte Entwicklung erheblich durch die Anregungen, welche die Arbeiterversicherung in weitgehendem Maße bei Gemeinde, Staat, Reich und der gesamten Gesellschaft gegeben hat.

Was die Gemeinden betrifft, so sind sie zunächst durch die Arbeiterversicherung sowohl als untere Verwaltungsbehörden, die eine Reihe von Ausführungsarbeiten für alle drei Versicherungszweige zu leisten haben, wie als Träger der Gemeindekrankenversicherung, die vielfach Zuschüsse aus allgemeinen Gemeindemitteln bedarf, und als eigene Unternehmer von versicherungspflichtigen Betrieben (z. B. Gasanstalten, Wasserleitungen, Elektrizitätswerke, Straßenbahnen) belastet. Aber sie sind auch, wenigstens zum Teil, entlastet worden unter dem Einflusse, den die Arbeiterversicherung auf die Armenpflege übt.

Abgesehen davon wurden die Gemeinden durch die Arbeiterversicherung angeregt, neue Wege sozialer Fürsorge zu beschreiten. Eine große Reihe von Gemeinden machte von der ihnen vom Gesetz übertragenen Befugnis Gebrauch, durch Ortsstatut die Arbeiterversicherung auf weitere Personenkreise, die von Reichswegen nicht ohne weiteres der Versicherungspflicht unterliegen, auszudehnen, z. B. auf unständige Arbeiter, land- und forstwirtschaftliche Arbeiter, Hausgewerbetreibende, Dienstboten und auf im Kommunaldienst und Kommunalbetrieben beschäftigte Personen. Vielfach haben die Städte für ihre Arbeiter eigene Versicherungseinrichtungen getroffen; so haben etwa 40 Städte eigene Betriebskrankenkassen und etwa 300 Städte die Unfallversicherung für die von ihnen beschäftigten Arbeiter in eigner Regie.

Eine Anzahl größerer Städte hat ferner ihren Arbeitern und Angestellten weitergehende Ansprüche, als ihnen gesetzlich zustehen, eingeräumt, und viele Gemeinden haben Maßnahmen zur Bekämpfung der Arbeitslosigkeit (vor allem auf dem Wege paritätisch geleiteter Arbeitsnachweise) getroffen, damit möglichst ein jeder gesunde Arbeiter Beschäftigung findet. Endlich gehen die Gemeinden damit um, Rechtsberatungsstellen zu schaffen, bei denen die Arbeiterschaft rasch, verlässig und unentgeltlich in allen Fragen des Arbeiterrechts Auskunft, Rat und Hilfe bekommt. Auch sonst tragen sie dem mit der Verbesserung der materiellen und sozialen Stellung zugleich immer stärker hervortretenden Bildungsbedürfnisse der Arbeiterschaft, dem förmlichen Bildungshunger derselben, der sich mit den Darbietungen der Volksschule nicht mehr begnügt, gebührend Rechnung. Zu dem Zwecke haben eine Reihe von Gemeinden obligatorische gewerbliche Fortbildungsschulen eingeführt, außerdem Volksbibliotheken, Volkslesehallen, Volksvorlesungen, Theater-, Konzertvorstellungen, Museumsführungen, Haushaltungsschulen usw. für minder bemittelte Bevölkerungskreise eingerichtet.

Bei Durchführung der vorerwähnten sozialen Aufgaben hat es eine Reihe von Städten für zweckmäßig befunden, besondere Deputationen als sogenannte soziale Kommissionen einzusetzen, welche die auf die Arbeiterschaft bezüglichen Maßnahmen der Kommunen anzuregen und zu begutachten haben. Zu ihnen sind auch Vertreter der Arbeitnehmer zugezogen, damit von vornherein in Fühlung mit der interessierten Arbeiterschaft die wünschenswerten Maßnahmen vorbereitet werden und den getroffenen Maßnahmen das Vertrauen der Arbeiter sicher ist.

Aber auch Staat und Reich, die gemeinsam mit dem Reichstage die Arbeiterversicherung geschaffen haben, werden durch die Arbeiterversicherung in mannigfacher Beziehung beeinflußt.

Soweit sie Inhaber besonderer Betriebe (z. B. Eisenbahnen, Bergwerke, Militärwerkstätten, Werften) sind, ist der Einfluß ähnlich wie bei den Kommunen. Sie suchen die Arbeitsverhältnisse in bezug auf Arbeitszeit, Arbeitslohn, Arbeitsordnung, Arbeiterausschüsse, Arbeiterwohnungen so zu gestalten, daß ihre Betriebe mehr und mehr bezüglich der Arbeiterfürsorge zu Musteranstalten für die übrigen Unternehmungen sich entfalten. In diesem Bestreben sind sie bestärkt durch Kaiser Wilhelm II. selbst, der diesen Wunsch in einem besonderen Erlasse vom 4. Februar 1890 zum Ausdrucke brachte.

Ferner ist der Landesgesetze zu gedenken, die den von der Reichsgesetzgebung gezogenen Rahmen der Arbeiterfürsorge erweitern und die Wohltat der Arbeiterversicherung noch einem weiteren Kreise von Arbeitern zugänglich macht.

In der Erkenntnis der großen Bedeutung der Wohnungsverhältnisse für die Erwerbsfähigkeit der Arbeiter stellen Reich und Staat große Mittel von Jahr zu Jahr zur Verfügung, um die Wohnungsfürsorge energisch zu fördern. Auch die sonstige arbeiterhygienische Tätigkeit der Bundesstaaten und des Reichs macht seit der Wirksamkeit der Arbeiterversicherung ganz außerordentliche Fortschritte, wie ein Hinweis auf die Arbeiterschutzgesetzgebung und auf die heutige mit staatlichen Mitteln auch mittels der Arbeiterstatistik wesentlich unterstützte eingehende Bekämpfung der Volkskrankheiten beweist.

Was die als Abschluß der bestehenden Arbeiterversicherung vielfach gewünschte Witwen- und Waisenversicherung sowie Arbeitslosenversicherung betrifft, so steht eine Witwen- und Waisenversicherung von Reichswegen bereits für das Jahr 1910 zu erwarten (vgl. § 15 des Zolltarifgesetzes vom 25. Dezember 1902). Bezüglich der Arbeitslosenversicherung sind Untersuchungen von Reichswegen veranstaltet, außerdem gibt das Reich namhafte Summen, um die bestehenden paritätischen Arbeitsnachweise auszugestalten, die möglicherweise einmal Träger einer solchen Versicherung werden.

Angesichts solch vielseitiger Rückwirkungen, die die Arbeiterversicherung auf die gesetzgebenden Faktoren — auf Staat und Reich selbst —, auf die Gemeinden, auf Arbeitgeber und Arbeiter ausübt, ist es kein Wunder, wenn die Sozialgesetzgebung zu einer sozialpolitischen Schule für die ganze Nation wurde, wenn sie die gesamte Bevölkerung des Reichs in ihrem Denken und Tun beeinflußte. Man sieht immer mehr ein, daß an einer gedeihlichen Lage der Arbeiter die Gesamtheit interessiert sei, und trägt dieser Erkenntnis tatsächlich durch Fortführung der von der Arbeiterversicherung eingeleiteten Fürsorgetätigkeit Rechnung. Die mannigfaltigsten Wege der Selbsthilfe und der Privatwohltätigkeit sind es, auf denen nunmehr die Gedanken und Ziele der Arbeiterversicherung fortgebildet und ausgestaltet werden.

Es ist weder die Selbsthilfe noch die Gemeinnützigkeit durch die Arbeiterversicherung lahmgelegt worden. Im Gegenteil. Den Beteiligten hat die Erziehung zur Selbstverwaltung in den Krankenkassen, Berufsgenossenschaften, Invalidenversicherungsanstalten die Befähigung und die Lust erhöht, Gebiete der Arbeiterwohlfahrt im Geiste der Arbeiterversicherung zu regeln. Bei der Gesamtheit hat die Arbeiterversicherung das soziale Gewissen, das sich bereits in der Arbeiterversicherung verkörpernde soziale Verantwortlichkeits- und Solidaritätsgefühl — das Gefühl, daß sie den schwächeren Volksschichten beizustehen und ihnen zu höherer wirtschaftlicher und sittlicher Entwicklung zu verhelfen haben — und zugleich das Auge für das Notwendige und Erreichbare geschärft. Nunmehr angeregt und neu belebt durch die Arbeiterversicherung, übt der humanitäre Gedanke, der Geist des sozialen Empfindens, allenthalben werbende Kraft. Die freie Liebestätigkeit und Gemeinnützigkeit entfaltet sich in einer Vielseitigkeit, wie dies ohne die Grundlagen der Sozialgesetzgebung schwerlich der Fall gewesen wäre. Sie arbeitet den Zielen der Arbeiterversicherung in die Hände, sie sichert und vermehrt die Früchte ihrer Wirksamkeit, sie trägt bei zur Stärkung der Volks- und Wehrkraft, zur Festigung des Volkscharakters, zur Förderung des Volkswohls.

Wie an dem Vorgehen Deutschlands bereits ersichtlich, wird eine *Internationalisierung der Arbeiterversicherung* sich reichlich lohnen. Sie wird dazu beitragen, den breiten Volksschichten in den einzelnen Ländern einen immer größeren Anteil an den Kulturfortschritten zu sichern, den sozialen Frieden zu fördern, die Arbeits- und Produktionskraft der Nationen zu stählen und sie wird die, wie auch Kaiser Wilhelm II. mehrfach betonte, so wünschenswerte und erfreulicherweise auf verschiedenen Gebieten bereits hervortretende Solidarität unter den Völkern und Kulturländern fester knüpfen und schmieden — zum Segen aller Erwerbsstände, zum Wohle der Gesamtheit.

Der Begriff der Erwerbsunfähigkeit auf dem Gebiete des Versicherungswesens.

Von Hugo Siefart.

Für Millionen von Menschen sind Leben und Gedeihen von ihrer eigenen Erwerbsfähigkeit oder von der ihres Ernährers abhängig. Es ist daher eine der bedeutsamsten und wertvollsten Aufgaben der Volkswirtschaft, einen Ausgleich der durch Verlust oder Beeinträchtigung der Erwerbsfähigkeit bedingten wirtschaftlichen Nachteile zu ermöglichen, die sich ergeben, wenn die durch Krankheit und Unfall, Gebrechen und natürliche Abnutzung verursachten Schädigungen der Körper- und Geisteskräfte nicht zu beseitigen sind. Diese Aufgabe vermag nach den bisherigen Erfahrungen keine andere Einrichtung in so umfassender und zweckmäßiger Weise zu erfüllen, wie die Versicherung. In Deutschland dient für die Arbeiter und die ihnen in sozialer und wirtschaftlicher Beziehung gleichstehenden Personen jenem Zwecke in großem Stile die seit etwa zwei Jahrzehnten bestehende, auf den sozialpolitischen Gesetzen beruhende Versicherung mit ihren drei Zweigen: „Kranken-, Unfall- und Invalidenversicherung". Weiteren Personenkreisen bietet die Privatversicherung, in der sich dieselben drei Zweige, teils einzeln, teils vereinigt, finden, die Möglichkeit zur Deckung eines durch Einbuße an Erwerbsfähigkeit eintretenden Bedarfs.

Den Begriff der „Erwerbsunfähigkeit" in seiner Bedeutung für alle diese Gebiete zu untersuchen, erscheint sowohl für die Handhabung der vorhandenen Einrichtungen und Bestimmungen als auch für deren weiteren Ausbau wichtig.

In erster Reihe fragt es sich, welche Merkmale für diesen Begriff bestimmend sind.

Der positive Begriff „Erwersfähigkeit" enthält zunächst Merkmale, die für ihn an sich wesentlich sind und daher sämtlich für seine Auslegung und Anwendung auf allen Versicherungsgebieten in Betracht kommen. Sie können bezeichnet werden durch die Worte: „Fähigkeit", „Arbeit" und „Verwertbarkeit der Arbeit zum Erwerb".

Nicht jede Art von Erwerb, sondern nur der durch „Arbeit" vermittelte Erwerb kommt hier in Frage. „Arbeit" ist — im Gegensatze zu Spiel oder Erholung — Aufwendung von Mühe zu einem sittlich-vernünftigen und zugleich erlaubten Zwecke. Die Erwerbsfähigkeit setzt daher die Fähigkeit zu solcher Arbeit, die „Arbeitsfähigkeit" voraus. Diese ist in dem hier maßgebenden Sinne eine menschliche, bei jeder Person verschiedene und ganz in der einzelnen Persönlichkeit wurzelnde Eigenschaft, die in dem Vermögen besteht, Arbeiten der bezeichneten Art zu verrichten. Sie beruht auf einer Summe von einzelnen Eigenschaften, die sich unterscheiden lassen in (angeborene) Anlagen und durch Übung und Ausbildung solcher erworbene Fähigkeiten (Fertigkeiten) körperlicher und geistiger, auch moralischer Art. „Erwerbsfähigkeit" liegt nur vor, wenn die Fähigkeit zur Verrichtung von solchen Arbeiten besteht, durch die man einen „Erwerb" erzielen, das heißt, sich wirtschaftliche Güter als Gegenleistung für die Arbeit verschaffen kann. Dazu ist es erforderlich, daß die Arbeit einen wirtschaftlichen Wert hat. Ob und inwieweit ein solcher vorhanden ist, hängt, sofern ein Bedürfnis nach einer Leistung der angebotenen Art überhaupt besteht, von dem Werturteile der als Abnehmer der Arbeitsleistung in Betracht kommenden Personenkreise ab. Dieses Urteil wird bestimmt durch Vergleichung und Schätzung gegenüber anderen Arbeitsleistungen einmal unter dem Gesichtspunkte der Brauchbarkeit und ferner nach der Stellungnahme zu der Frage, mit welcher größeren oder geringeren Schwierigkeit man sich dieselben Arbeitsleistungen von anderen Personen verschaffen kann.

Enthält sonach der Begriff „Erwerbsfähigkeit" die Bestandteile „Arbeitsfähigkeit" und „Verwertbarkeit der Arbeit", so kann sich die in dem Begriff „Erwerbsunfähigkeit" liegende Verneinung auf jeden dieser Bestandteile erstrecken. Demnach decken sich die Begriffe „Arbeitsunfähigkeit" und „Erwerbsunfähigkeit" nicht. Letzterer ist der inhaltreichere, da er die Bewertung der etwa noch vorhandenen Arbeitsfähigkeit zum Ausdrucke bringt. Nur tatsächlich fallen Erwerbsunfähigkeit und Arbeitsunfähigkeit insofern zusammen, als keine Erwerbsfähigkeit vorhanden sein kann, insoweit es an Arbeitsfähigkeit fehlt, da ja ein *arbeitsloser* Erwerb hier nicht von Belang ist. Die durch Ausschluß oder Verringerung der *Arbeits*fähigkeit bedingte Einschränkung der Erwerbsfähigkeit bildet im Leben das bei weitem größte Anwendungsgebiet des Begriffs „Erwerbsunfähigkeit", keineswegs aber das einzige. Vielmehr kann unter Umständen zwar Arbeitsfähigkeit, aber dennoch keine entsprechende Erwerbsfähigkeit vorhanden sein, weil die Arbeit nicht oder nur beschränkt verwertbar ist. Das trifft jedenfalls dann zu, wenn die Leistungen eines bestimmten Menschen aus Gründen, die mit seiner Person zusammenhängen, von den Kreisen, die von solchen Arbeiten an sich Gebrauch machen könnten, als für sie unbrauchbar abgelehnt werden, z. B. wegen auffälliger Verunstaltungen, wegen ekelerregender oder ansteckender Krankheiten, wegen Geisteskrankheit, Blindheit, Epilepsie des Erwerbsuchenden usw. Die Arbeitsfähigkeit kann aber trotz völliger oder teilweiser Brauchbarkeit der Arbeit auch deshalb unverwertbar sein, weil entweder kein Bedarf für die dem Erwerbsuchenden möglichen Leistungen vorliegt oder ein Überangebot von Arbeitskräften besteht. Manche wollen in diesen Fällen (teils allgemein, teils nur in gewissem Umfange) ebenfalls „Erwerbsunfähigkeit" annehmen. Den für die deutsche Arbeiterversicherung als gesetzlich anzuerkennenden Begriffen entspricht dies jedoch nicht. Nach maßgebenden Ausführungen in den Begründungen und Beratungen der Gesetze wie in der Rechtsprechung ist hier vielmehr folgender Standpunkt der richtige: Abgesehen von einigen aus Billigkeit zuzulassenden Einschränkungen ist das Aufsuchen von Arbeitsgelegenheit lediglich Sache der Arbeitnehmer, die im allgemeinen zu diesem Zwecke nötigenfalls auch ihren Aufenthalt verlegen müssen. Soweit ihre Bemühungen wegen der Lage des Arbeitsmarkts fehlschlagen, handelt es sich, auch wenn die Körperverletzung oder Krankheit in gewisser Beziehung mitgewirkt hat (z. B. weil sie zum Verlust einer Arbeitsstelle führte), um eine von der Erwerbsunfähigkeit scharf zu trennende „Arbeitslosigkeit". Gegen die aus dieser sich ergebenden Nachteile bietet die Arbeiterversicherung zur Zeit keinen Schutz mit alleiniger Ausnahme der durch die Unfallversicherungsgesetze vom 30. Juni 1900 den Versicherungsträgern übertragenen Befugnis, bei einer „aus Anlaß des Unfalls" eingetretenen unverschuldeten Arbeitslosigkeit die Teilrente bis zum Betrage der Vollrente vorübergehend zu erhöhen.

Im allgemeinen ist als Unterscheidung festzuhalten, daß eine Beschränkung der Erwerbs*fähigkeit* nur vorliegt, wenn die Unverwertbarkeit der Arbeit im wesentlichen auf der persönlichen Eigenart des Erwerbsuchenden beruht, wobei freilich zu beachten ist, daß vielfach nicht sowohl die Persönlichkeit an sich, als vielmehr die Beurteilung, die sie findet, den eigentlichen Hinderungsgrund bildet. Als Beschränkung der Arbeitsfähigkeit und damit auch der Erwerbsfähigkeit wird es demgemäß insbesondere auch anzusehen sein, wenn das Aufsuchen von Arbeitsaufträgen dem Verletzten oder Erkrankten infolge seines Körper- oder Geisteszustandes unmöglich oder wesentlich erschwert ist.

Erwerbsunfähigkeit ist aber jedenfalls nicht schon deshalb als vorliegend anzunehmen, weil keine Erwerbstätigkeit ausgeübt wird, insbesondere nicht, wenn solche Tätigkeit unterlassen wird, weil der Wille dazu fehlt (Trägheit, eingebildete Krankheit, Untätigkeit eines Rentiers, eines Pensionierten usw.), oder weil äußere Verhältnisse, unter Umständen ein äußerer Zwang, die Verrichtung hindern (häusliche Pflichten, Strafhaft, Aufenthalt im Krankenhaus ohne zwingenden Grund, Quarantäne, Streik, Aussperrung usw.). Anderseits kann Erwerbsunfähigkeit bestehen, obwohl tatsächlich eine Erwerbstätigkeit verrichtet wird (vergeblicher Arbeitsversuch, Gefahr der Verschlimmerung eines Leidens).

In der Privatversicherung bevorzugt man vielfach die Bezeichnung „*Arbeits*unfähigkeit" statt „*Erwerbs*unfähigkeit". Man trägt damit der sehr verbreiteten Ansicht Rechnung, daß jemand, der keine Erwerbstätigkeit ausübt (z. B. ein Rentier), wohl in seiner Arbeitsfähigkeit beeinträchtigt werden, aber keine Einbuße an Erwerbsfähigkeit erleiden könne, und daß anderseits jemand, der, obwohl er verhindert ist zu arbeiten, dennoch sein Einkommen ungeschmälert fortbezieht (z. B. ein Fabrikbesitzer oder ein Beamter), nur in seiner Arbeitsfähigkeit, nicht aber in seiner Erwerbsfähigkeit geschädigt sei. Finden hierbei auch die vorhin dargelegten streng begrifflichen Unterscheidungen zwischen „Erwerbs*fähigkeit*“ und „Erwerbs*tätigkeit*“ bzw. zwischen Erwerb durch Arbeit und arbeitslosem Einkommen keine Beachtung, so läßt sich doch dieser Standpunkt mit Rücksicht auf die Zwecke der Privatversicherung durch die angedeuteten praktischen Erwägungen rechtfertigen, vorausgesetzt, daß danach — wie es wohl in der Regel geschieht — auch solche Personen für „arbeitsunfähig“ erachtet und demgemäß entschädigt werden, die nach den obigen Ausführungen zwar nicht „arbeitsunfähig“, wohl aber „erwerbsunfähig“ sein würden.

Bei der Verwendung des Ausdrucks „*Arbeits*unfähigkeit“ kann jedenfalls umsoweniger davon die Rede sein, hierunter auch die Unverwertbarkeit der Arbeit infolge Mangels an „Arbeitsgelegenheit“ begreifen zu wollen. In letzterer Beziehung wird man sich aber auch da, wo die Bezeichnung „Erwerbsunfähigkeit“ gebraucht wird, mit der Behandlung dieser Frage in der öffentlich-rechtlichen Versicherung im Einklange halten müssen, abgesehen von den Fällen, wo in den Versicherungsbedingungen zugleich der Erwerbs*tätigkeit* bzw. der Erwerbs*losigkeit* oder dem tatsächlich erzielten Erwerb ausdrücklich Gewicht beigemessen wird.

Der aus der Zusammenfassung der bisher erörterten Merkmale sich ergebende „allgemeinste“ Begriff der Erwerbsunfähigkeit — als der *mangelnden Fähigkeit zur Verrichtung einer zum Erwerbe verwertbaren Arbeit* — ist in der Praxis kaum jemals verwendbar. Die Rücksichtnahme auf die verschiedenen Versicherungsbedürfnisse erfordert vielmehr die Hinzufügung anderer Gesichtspunkte. Solche werden durch die gesetzlichen und vertragsmäßigen Bestimmungen ebenfalls zu wesentlichen Begriffsmerkmalen gemacht, und zwar in verschiedener Weise, bald der eine, bald der andere, in der Regel mehrere zugleich, vielfach auch der einzelne in verschiedenem Umfange. Wo genauere Begriffsbestimmungen fehlen, übernehmen Wissenschaft und Rechtsprechung die Ergänzung in diesen Beziehungen.

Die hierhin gehörenden Merkmale betreffen folgende Punkte:

1. Unteilbarkeit oder Teilbarkeit der Erwerbsunfähigkeit,
2. ihre Dauer,
3. ihre Ursachen,
4. persönliche Verhältnisse der Versicherten.

1. *Teile* (Abstufungen) der Erwerbsunfähigkeit werden in der öffentlichen wie in der privaten Unfallversicherung allgemein zugelassen. Auf den Gebieten der Kranken- und Invalidenversicherung sind sie für die Arbeiterversicherung ausgeschlossen, abgesehen davon, daß bei nur teilweiser oder nur zeitweiser Erwerbsfähigkeit Befreiung von der Krankenversicherungspflicht eintreten kann, und daß die gesetzliche Invalidität überhaupt nur eine Teilinvalidität (Zweidrittelinva-

lidität) ist. Ebenso finden sich mehrere Stufen (Grade) der Erwerbsunfähigkeit nur ausnahmsweise in der privaten Krankenversicherung, dagegen vielfach in der privaten Invalidenversicherung. An sich erscheint die Berücksichtigung von Teilen der Erwerbsunfähigkeit mit jedem der drei Versicherungszweige vereinbar. Für die — vielfach bemängelte — Stellungnahme der sozialen Kranken- und Invalidenversicherung zu diesem Punkte waren lediglich praktische Erwägungen bestimmend.

2. Die Unterscheidung der Erwerbsunfähigkeit in „*dauernde*" und „*vorübergehende*" ist für die Krankenversicherung nicht von rechtlicher Erheblichkeit; sowohl die Krankheit wie die darauf beruhende Erwerbsunfähigkeit können an sich dauernd sein, nur die Leistungen sind zeitlich beschränkt. Das wird auch im allgemeinen in der öffentlichen wie in der privaten Versicherung beachtet. Invalidität ist ihrem Wesen nach „dauernde" Erwerbsunfähigkeit. Die Privatversicherung bezeichnet sie auch meist ausdrücklich als solche, die Arbeiterversicherung dagegen gewährt in bewußter Abweichung von diesem Begriffsmerkmal eine Invalidenrente unter gewissen Voraussetzungen auch für „nicht dauernde" Erwerbsunfähigkeit. Auf dem letzteren Gebiet ist überdies, auch wenn „dauernde" Erwerbsunfähigkeit angenommen worden war, die Entziehung der Rente zulässig, sobald infolge einer wesentlichen Veränderung der Verhältnisse keine Erwerbsunfähigkeit mehr anzunehmen ist. In der Privatversicherung tritt bei späterer Erhöhung der Erwerbsfähigkeit vielfach eine Minderung der Leistungen des Versicherers (Rente bzw. Prämiennachlaß) ein. Eine noch größere Rolle spielen die nachträglichen Veränderungen der Erwerbsfähigkeit auf dem Gebiete der Unfallversicherung. Hier werden sie von der sozialen Versicherung dergestalt berücksichtigt, daß sie sowohl zu einer Erhöhung als auch zu einer Herabsetzung oder Aufhebung der Rente führen können, weshalb auch niemals eine „dauernde" Erwerbsunfähigkeit ausdrücklich anerkannt wird. Für die private Unfallversicherung wird das Anwendungsgebiet der nachträglichen Änderungen schon durch die dort sehr verbreitete Form der Kapitalentschädigung, die übrigens der öffentlich-rechtlichen Unfallversicherung auch nicht ganz fremd ist (zu vergl. § 95 des Gewerbe-Unfallversicherungsgesetzes usw.), wesentlich eingeschränkt. Bei den Rentengewährungen hat in der Privatversicherung bestimmungsgemäß fast ausschließlich eine Erhöhung und nur ganz vereinzelt auch eine weitere Herabsetzung der Erwerbsfähigkeit eine entsprechende Änderung der Leistungen zur Folge. Im übrigen wird in der Privatunfallversicherung die Bezeichnung „dauernd" für den Zustand gebraucht, der die Voraussetzung für die Zubilligung der Kapitalentschädigung oder der Rente (den Invaliditätsfall) bildet, und im Gegensatze hierzu der Zeitraum, für den die Tagesentschädigung (sogenannte „Kurquote") gewährt wird, gewöhnlich die Dauer der „vorübergehenden Erwerbs- (Arbeits-) unfähigkeit" genannt. Unter „vorübergehender" Erwerbsunfähigkeit ist im allgemeinen diejenige zu verstehen, die nach verständiger, sachlich begründeter Voraussicht in absehbarer Zeit ganz oder teilweise verschwinden wird oder durch

die dem Versicherten zuzumutenden Mittel zu beseitigen ist. Wo dies
nicht zutrifft, ist „dauernde" (oder „bleibende") Erwerbsunfähigkeit
anzunehmen. Auch dem Ausdrucke „lebenslänglich" (insbesondere
mit dem Zusatze „voraussichtlich"), der sich in der Privatversicherung
öfter findet und daselbst früher noch häufiger war, kann keine andere
Deutung gegeben werden. Er erscheint aber in der Regel nicht
empfehlenswert, weil er zu der Annahme Anlaß bieten könnte, als seien
darunter nur Fälle zu begreifen, in denen eine Änderung der Erwerbsunfähigkeit völlig undenkbar ist. Bisweilen wird dies allerdings ge-
meint und deshalb zweckmäßig von der Aufhebung der Erwerbs-
(Arbeits-)fähigkeit „für die ganze Lebenszeit" gesprochen.

3. Welche von den natürlichen *Ursachen* der Erwerbsunfähigkeit im
Einzelfall in Betracht kommt, ist an sich für diesen Begriff nicht
wesentlich; durch die maßgebenden gesetzlichen oder vertragsmäßigen
Bestimmungen ist diesen Ursachen aber in verschiedenem Umfange
wesentliche Bedeutung beigelegt worden. Es können an sich Erwerbsunfähigkeit bedingen:

a) jugendliches oder hohes Lebensalter,

b) natürliche Zustände des weiblichen Geschlechts (Schwangerschaft und Wochenbett bei regelmäßigem Verlaufe),

c) Krankheiten (die Zustände zu b bei Hinzutritt von Unregelmäßigkeiten, ferner sonstige innere oder äußere, körperliche oder geistige Krankheiten, auch durch Verletzungen verursachte, sowie
die sogenannten Gewerbekrankheiten; unter Umständen auch die
Folgezustände von Krankheiten: Rekonvaleszenz und Siechtum),

d) angeborene Gebrechen (Fehlen oder Mißbildung von Gliedmaßen, Fehlen von Sinneswerkzeugen, gänzlicher oder teilweiser
Mangel der Gebrauchsfähigkeit von Gliedmaßen oder Sinneswerkzeugen, Störung der allgemeinen Gehirntätigkeit),

e) Folgen von Unfällen (Körperverletzungen).

Das jugendliche Alter bildet eine natürliche Untergrenze, soweit
das Kind noch nicht zur Verrichtung von Arbeit in dem oben angegebenen Sinne fähig ist, seine Tätigkeit sich vielmehr als Spiel darstellt oder seine Arbeitsleistungen unbrauchbar und deshalb wirtschaftlich nicht verwertbar sind. Die Privatversicherung erspart sich
die Prüfung dieser Fragen durch Ablehnung der Versicherung bis zu
einem gewissen Lebensalter, während von der sozialen Gesetzgebung
eine solche Grenze nur auf dem Gebiete der Invalidenversicherung
durch Beschränkung der Versicherungsfähigkeit gezogen ist.

Nicht dieselbe Bedeutung hat es ersichtlich, daß von den Privat-
gesellschaften vielfach Personen höheren Lebensalters in die Versicherung nicht aufgenommen werden. Wichtiger aber erscheint es, daß
Altersschwäche und allgemeine Körperschwäche als Invaliditätsgrund
bei mehreren Unternehmungen ausdrücklich ausgeschlossen sind. Auf
dem Gebiete der Arbeiterversicherung wird zwar Altersgebrechlichkeit
für sich allein durch die Rechtsprechung nicht als „Krankheit" im

Sinne der Krankenversicherung anerkannt, wohl aber bildet sie eine der gesetzlichen Invaliditätsursachen. Nach den Satzungen zahlreicher privater Kassen und Berufsvereinigungen wird die zur Pensionsgewährung berechtigende Erwerbsunfähigkeit bei Erreichung eines gewissen Lebensalters ohne weiteres angenommen. Man kann in diesen Fällen von einer fingierten Erwerbsunfähigkeit sprechen und denselben Gesichtspunkt auch auf die — hier nicht weiter behandelte — besondere öffentlich-rechtliche und private Altersversicherung anwenden.

Schwangerschaft und Wochenbett sind zwar bei regelmäßigem Verlaufe keine „Krankheiten" im Sinne der öffentlich-rechtlichen Krankenversicherung, können aber im Bereiche der letzteren nach Gesetz bzw. Statut zum Bezug einer dem Krankengelde gleichzuachtenden Unterstützung berechtigen, die Schwangerschaft nur, wenn sie Beschwerden im Gefolge hat, die Erwerbsunfähigkeit verursachen, während bei Wöchnerinnen die Erwerbsunfähigkeit gesetzlich fingiert wird.

Im übrigen ist für die soziale Krankenversicherung die Entstehungsursache der Erkrankung grundsätzlich ohne Belang, insbesondere gehören auch Körperverletzungen durch Unfälle dahin. Nur muß eine „Krankheit" im Sinne des Gesetzes, d. h. ein anormaler Körperzustand, der ärztliche Behandlung oder die Anwendung von Heilmitteln notwendig macht, der Erwerbsunfähigkeit zugrunde liegen. Außerdem erfordern gewisse Ausschlußbestimmungen, von denen später die Rede sein wird, ein Zurückgehen auf Ursachen. Die private Krankenversicherung erkennt überwiegend nur „innere Erkrankung", vereinzelt aber auch „Körperverletzung" als Ursache der zur Entschädigung berechtigenden Erwerbsunfähigkeit an. Schließt sie ausdrücklich die Entschädigung für eine mit einer Körperverletzung oder deren Folgen in ursächlichem Zusammenhange stehende Erwerbsunfähigkeit aus, so wird nicht selten die Entstehungsursache eines Leidens näher erforscht werden müssen.

Das Invalidenversicherungsgesetz vom 13. Juli 1899 führt als Ursachen der Erwerbsunfähigkeit ausdrücklich an: Alter, Krankheit und andere Gebrechen, aber auch Unfall. Hinsichtlich des letzten Grundes bestehen nur, soweit die Erwerbsunfähigkeit durch einen nach den Unfallversicherungsgesetzen zu entschädigenden Unfall verursacht ist, besondere Bestimmungen zur Vermeidung einer doppelten Fürsorge für denselben Fall. Auch hier kommen ferner die weiter unten zu erörternden Ausschlußbestimmungen in Betracht. Nicht viel anders stellt sich die private Invalidenversicherung zu den Ursachen der Invalidität. Von den größeren Unternehmungen schließt nur eine Gesellschaft das Unfallrisiko aus, und selbst diese übernimmt es ausnahmsweise unter gewissen Voraussetzungen. Überwiegend wird die Versicherung gegen „jede Art der Invalidität" abgeschlossen, öfter auch die Invaliditätsgefahr auf den durch „Krankheit oder Unfall" herbeigeführten Verlust der Erwerbsfähigkeit beschränkt. Die Satzungen der Pensionskassen besagen sehr oft nur, daß die Invalidenpension im Falle der „Dienstunfähigkeit" („Dienstuntauglichkeit", „Erwerbsunfähigkeit" usw.) zu gewähren sei, ohne auf die Ursachen dieser Invalidität näher einzugehen. Mitunter werden aber auch Alter,

Krankheit und Unfall als solche Ursachen ausdrücklich aufgeführt. Zudem finden sich hier, ähnlich wie in der öffentlich-rechtlichen Invalidenversicherung, Bestimmungen zur Vermeidung von Doppelentschädigungen.

Ist hiernach die Zurückführung der Erwerbsunfähigkeit auf eine bestimmte Ursache für die Kranken- und Invalidenversicherung nur von begrenzter Bedeutung, so ist dagegen dasselbe Moment für die öffentliche wie die private Unfallversicherung allgemein von größter Wichtigkeit. Die Beschränkung der Entschädigung auf die „infolge eines Unfalls" eingetretene Erwerbsunfähigkeit macht hier für die beiden Rechtssphären die Ursache zu einem wesentlichen Begriffsmerkmal und erfordert stets eine dreifache Feststellung, die eines Unfalls, die einer Beeinträchtigung der Erwerbsfähigkeit und die eines ursächlichen Zusammenhanges zwischen beiden. Es ist also dabei namentlich auch zu dem schwierigen und in der öffentlich-rechtlichen Versicherung in mancher Hinsicht anders als in der privaten aufgefaßten Unfallbegriffe Stellung zu nehmen. Für die Arbeiterversicherung kommt hinzu, daß sich der Unfall „bei dem Betriebe" ereignet haben muß, in dem der Verletzte zur Zeit des Unfalls beschäftigt war. Hier wird also eine Entschädigung — abgesehen von gewissen Ausdehnungen — nur für eine solche Erwerbsunfähigkeit gewährt, zu der die Ausübung der Arbeitstätigkeit, auf welche sich die Versicherung erstreckt, Anlaß bot, ein Gesichtspunkt, der für die soziale Kranken- und Invalidenversicherung nicht von rechtlicher Erheblichkeit ist und in der Privatversicherung nur vereinzelt, namentlich in Pensionskassenstatuten, hervortritt. In der privaten Unfallversicherung wiederum ist die ursächliche Beziehung zu bestimmten Unfallgefahren mannigfach durch die besondere Art der Versicherung, wie Eisenbahn-, Seereise-, Radfahrer-Unfallversicherung zum Erfordernisse gemacht. Zudem finden sich namentlich in diesem Zweige der Privatversicherung zahlreiche Bestimmungen (sogenannte „Prämienausschlüsse" und „absolute Ausschlüsse"), durch die der Versicherer entweder hinsichtlich des Unfallereignisses (z. B. eines solchen bei Benutzung von Kraftfahrzeugen, beim Jagen, Segeln, bei Hochgebirgstouren bzw. bei Begehung von Verbrechen oder Vergehen, bei Beteiligung an einer Schlägerei oder einem Raufhandel, in offenbarer Trunkenheit usw.) oder hinsichtlich der Beschädigung (z. B. Bauch- und Unterleibsbrüche, Entzündung des Blinddarms usw.) seine Entschädigungspflicht einschränkt. Auch sie machen ein Eingehen auf die Ursache der Erwerbsunfähigkeit erforderlich. Ähnliche — zum Teil dieselben — Ausschlußbestimmungen kennt übrigens auch die private Kranken- und Invaliditätsversicherung. Ebenso enthalten die sämtlichen Arbeiterversicherungsgesetze einige dahin gehörende Vorschriften, wonach die Entschädigungsleistungen aus gewissen Gründen ganz oder teilweise versagt werden müssen bzw. können, so namentlich das Krankengeld, wenn sich der Versicherte die Krankheit „vorsätzlich oder durch schuldhafte Beteiligung bei Schlägereien oder Raufhändeln oder durch Trunkfälligkeit" zugezogen, die Unfallentschädigung und die Invalidenrente, wenn der Versicherte den Unfall oder die Erwerbsunfähig-

keit „vorsätzlich" oder „bei Begehung eines Verbrechens oder vorsätz-
lichen Vergehens" herbeigeführt hat. Was den ursächlichen Zusam-
menhang zwischen Unfall und Erwerbsunfähigkeit anlangt, so braucht
nach der Rechtsprechung auf dem Gebiete der Arbeiterversicherung der
Unfall nicht die alleinige und auch nicht die unmittelbare Ursache der
Erwerbsunfähigkeit zu sein. Es genügt vielmehr zur Begründung des
Entschädigungsanspruchs, daß durch den Unfall ein schon bestehendes
Leiden erheblich verschlimmert worden ist oder wegen eines solchen
Leidens die Folgen der Verletzung in wesentlich erhöhtem Maße
schädigend wirken, sowie auch, daß die Verletzung erst infolge des
Hinzutretens anderer Schädlichkeiten, z. B. einer Blutvergiftung, die
Erwerbsfähigkeit nachteilig beeinflußt hat. Vielfach in denselben
Richtungen bewegt sich die Rechtsprechung (namentlich des Reichs-
gerichts) auf dem Gebiete der privaten Unfallversicherung, während
die Gesellschaften naturgemäß bestrebt sind, die zu Erschwerungen der
Versicherungsmöglichkeit führende Annahme eines solchen entferne-
ren Kausalzusammenhanges durch die Versicherungsbedingungen tunlichst zu verhindern.

4. Bei dem oben erörterten allgemeinsten Begriffe der Erwerbsunfähigkeit war für die Frage nach der Verwertbarkeit der Arbeit das
Arbeitsgebiet in der weitesten sachlichen und räumlichen Ausdehnung
ins Auge gefaßt worden. Danach würde jemand, solange er durch
irgendwelche Arbeit an irgend einem Orte etwas zu verdienen vermag,
nicht erwerbsunfähig sein. Gerade in dieser Beziehung zwingt aber die
in mannigfacher Hinsicht sich als notwendig erweisende Rücksichtnahme auf die *persönlichen Verhältnisse der Versicherten* zu Einschränkungen des allgemeinen Begriffs.

Schon durch die Humanität geboten, aber oft auch dem Interesse
der Versicherer entsprechend, erscheint für alle hier fraglichen Versicherungszweige der Grundsatz, daß keinem Menschen eine Arbeits-
verrichtung zugemutet werden darf, durch die er sein Leiden verschlim-
mern würde. Diese Rücksicht führt in vielen Fällen dazu, daß völlige
Erwerbsunfähigkeit als vorliegend angenommen werden muß, obwohl
zur Zeit gewisse Arbeiten geleistet werden können und vielleicht auch
tatsächlich geleistet werden. Deshalb und zugleich, weil hier meist
vorübergehende Verhältnisse in Betracht kommen, zeigt sich auch die
praktische Bedeutung dieses Gesichtspunkts hauptsächlich auf dem Gebiete der Krankenversicherung.

Weiter wird im allgemeinen überall zu beachten sein, daß eine
ältere Person sich langsamer an veränderte Verhältnisse zu gewöhnen
pflegt und schwerer eine neue Beschäftigung zu erlernen vermag
als eine junge.

Bei einer weiblichen Person kann unter Umständen zu der Annahme einer höheren Einbuße an Erwerbsfähigkeit die Erwägung führen, daß ihr durch Krankheit oder Verletzungsfolgen die Ausführung
mancher, hauptsächlich dem weiblichen Geschlechte vorbehaltenen
Arbeiten (Nähen, Sticken, Waschen, Melken, Kinderpflege usw.) verschlossen ist.

Die Berücksichtigung der Ausbildung und der bisherigen Beschäftigung einer Person kommt in sehr verschiedenem Umfange vor. Die äußersten Gegensätze in dieser Beziehung werden durch die Begriffe „Berufsinvalidität" („berufliche Erwerbsunfähigkeit") und „allgemeine" oder „gewöhnliche" Erwerbsunfähigkeit gekennzeichnet. Dem ersteren — in neuerer Zeit auch in Gesetzentwürfen sowie in den Begründungen und Beratungen zu solchen mehrfach gebrauchten Begriffe — fehlt es an der festen Umgrenzung. Bei der großen Vielgestaltigkeit der Erwerbstätigkeiten und der Flüssigkeit der Grenzen zwischen vielen von ihnen hält es schon schwer, zu einer bestimmten Berufsgliederung zu gelangen. Noch schwieriger ist es oft, im einzelnen Falle zu sagen, welches der Beruf einer Person ist; auch macht es dabei nicht selten einen Unterschied, welcher Zeitpunkt als maßgebend angesehen werden muß. Im allgemeinen hat man bei der Bezeichnung „Beruf" nur solche Erwerbstätigkeiten im Auge, die eine Ausbildung erfordern und denen man längere Zeit hindurch obzuliegen pflegt. Unter mehreren Berufen derselben Person wird in der Regel derjenige für die Frage der Erwerbsunfähigkeit entscheidend sein, der betrieben wurde, als die für die angebliche Erwerbsunfähigkeit geltend gemachte Ursache (Unfall, Krankheit usw.) eintrat. Schwierigkeiten können aber entstehen, wenn lediglich eine allmähliche Abnutzung der Arbeitskraft in Frage kommt, in der Privatversicherung auch, wenn während des Bestehens der Versicherung ein Berufswechsel stattfindet. Für die gewöhnliche Erwerbsunfähigkeit bildet der allgemeine Arbeitsmarkt den Maßstab. Sie besteht daher in der Einschränkung der Fähigkeit eines Versicherten, auf dem ganzen wirtschaftlichen Gebiete nach seinen gesamten Anlagen und Fähigkeiten zum Erwerbe verwertbare Arbeiten zu verrichten. Ob dieses weite Arbeitsfeld oder das enge eines bestimmten Berufszweigs bei der Prüfung der Frage nach dem Bestehen und dem Maße der Erwerbsunfähigkeit in Betracht gezogen oder der Beruf wenigstens einigermaßen berücksichtigt wird, ist für das Ergebnis selbstverständlich von der größten Tragweite. Ein Glasbläser kann durch eine verhältnismäßig geringfügige Verletzung der Lippen zu seinem Berufe völlig untauglich werden und dabei fast für alle übrigen Berufsarten brauchbar bleiben. Der Berginvalide ist oft genug noch zu mancherlei sonstigen Arbeiten wohl imstande.

Die deutsche Arbeiterversicherung erkennt die „Berufsinvalidität" im engsten und eigentlichen Sinne nicht als maßgebend an. Indes wird in ihren sämtlichen drei Zweigen, teils durch ausdrückliche Gesetzesbestimmungen, teils von der Wissenschaft und Praxis, in mehr oder weniger weitgehender Weise auf den Beruf oder gewisse Beschäftigungsarten der Versicherten Rücksicht genommen.

Für die Krankenversicherung ist die bisherige Beschäftigung des Versicherten schon deshalb als für das Maß seiner Erwerbsfähigkeit im wesentlichen bestimmend anzusehen, weil hier für einen verhältnismäßig kurzen Zeitraum Unterstützung zu gewähren ist und meist besonders schnelle Hilfe not tut. Es kann hier füglich nicht verlangt werden, daß der Versicherte sich in ein ihm fremdes Arbeitsfeld einarbeitet, und es wird deshalb (volle) Erwerbsunfähigkeit im allgemeinen schon dann als bestehend angesehen, wenn der Versicherte außerstande ist, die Beschäftigung auszuüben, auf Grund deren er dem Versicherungszwang unterliegt oder die er in der letzten Zeit gewöhnlich verrichtet hat. Freilich darf man auch hier die Grenzen hinsichtlich der Beschäftigungen nicht allzu eng ziehen. Vielmehr wird auch im Sinne des Krankenversicherungsgesetzes die Erwerbsunfähigkeit dann zu verneinen sein, wenn der Versicherte in der Lage ist, eine seiner bisherigen Beschäftigung ähnliche und namentlich auch hinsichtlich des Verdienstes gleichwertige Tätigkeit zu verrichten und solche auch ohne erhebliche Aufwendung von Mühe und Zeit zu erlangen. Das wird namentlich von ungelernten Handarbeitern zu gelten haben. Man kann also auch auf diesem Gebiete höchstens von einer Berufsinvalidität im „weiteren" Sinne sprechen.

Auf den beiden anderen Gebieten der Arbeiterversicherung ist, wie bei den Vorarbeiten zu den einschlägigen Gesetzen wiederholt zum Ausdrucke gekommen und von der Rechtsprechung festgehalten worden ist, nicht die „Berufsinvalidität" entscheidend.

Eine gewisse Annäherung an diese ist allerdings durch die Begriffsbestimmung der zum Bezuge der Invalidenrente berechtigenden Erwerbsunfähigkeit in der veränderten Fassung, die sie durch das Invalidenversicherungsgesetz erhalten hat, unleugbar beabsichtigt. Gleichwohl darf auch hiernach weder zur Bemessung der persönlichen Leistungsfähigkeit des Rentenbewerbers lediglich erwogen werden, inwieweit dieser noch fähig ist, die gewöhnlichen Arbeiten seines bisherigen Berufs zu verrichten, noch ist es zulässig, die sogenannte „Verdienstgrenze", d. h. den Geldbetrag, dessen Unerzielbarkeit für die Annahme der Erwerbsunfähigkeit im Einzelfalle ausschlaggebend ist, nach dem eigenen Verdienste des Antragstellers zu bestimmen. Vielmehr sind für die erste Feststellung alle dem Rentenanwärter nach seinem derzeitigen geistigen und körperlichen Zustande zugänglichen Tätigkeiten des gesamten wirtschaftlichen Erwerbsgebiets heranzuziehen; seiner Ausbildung und seinem bisherigen Beruf aber muß dabei nur insofern „billige Berücksichtigung" zuteil werden, als er nicht auf eine diesen völlig fremde Beschäftigung verwiesen werden darf. Im übrigen ist die Verweisung nicht bloß, wie früher, auf „Lohnarbeit", sondern auf jede angemessene „Tätigkeit", mit Ausnahme einer selbständigen gewerblichen Tätigkeit, statthaft. Was aber die Ermittlung der gesetzlichen Verdienstgrenze anlangt, so soll ihr zwar der Durchschnittsverdienst der der Berufsgruppe des Rentensuchers angehörenden Personen mit gleichem Entwicklungsgang und aus derselben Gegend zugrunde gelegt werden, aber der Kreis dieser Personen darf nicht zu eng, wenn auch freilich ebensowenig zu weit gefaßt werden. Dabei ist derjenige Beruf des Versicherten der zu beachtende, den er zuletzt bei einer im wesentlichen ungeschwächten Arbeitskraft ausgeübt hat; indes kommt es nicht gerade auf die in allerletzter Zeit von ihm eingenommene, vielleicht besonders begünstigte oder herabgedrückte Stellung an sich, sondern auf sein Arbeitsleben im ganzen an. In der Reichs-Unfallversicherung hat bei dem Mangel einer gesetzlichen Definition die Rechtsprechung den Begriff auch nach der in Rede stehenden Seite hin ausgestaltet und abgegrenzt, und zwar in ähnlicher Weise wie dies durch das Invalidenversicherungsgesetz hinsichtlich der Leistungsfähigkeit des Rentenbewerbers geschehen ist. Immerhin liegt auf diesem Gebiete die Sache insofern etwas anders, als einmal die Unfallfolgen gewöhnlich im Anfang in erheblicherem, nach und nach aber in immer geringerem Maße die Arbeitsfähigkeit zu beeinträchtigen pflegen, und ferner die Entschädigungsfeststellung diesem Wechsel durch die hier zulässigen Abstufungen und späteren wiederholten Veränderungen der Rente zu folgen vermag. Diese Umstände rechtfertigen es, daß einem Unfallverletzten in weiterem Umfange zugemutet wird, auch außerhalb seines bisherigen Arbeitsfeldes eine jeweilig für ihn geeignete, wenngleich vielleicht weniger angesehene oder einträgliche Beschäftigung zu übernehmen, und daß die Fähigkeit zu einer solchen Tätigkeit bei der Bemessung des Grades der Erwerbsunfähigkeit weitergehend in Betracht gezogen wird, als wenn es sich, wie bei dem Anspruch auf Invalidenrente, darum handelt, ob jemand überhaupt noch erwerbsfähig im Sinne des Gesetzes ist oder nicht. Anderseits kann gerade die Tatsache, daß nur eine Entschädigung von geringer Höhe und für eine voraussichtlich kurze Zeit in Frage kommt, die Zumutung einer Berufsänderung als eine unbillige Härte erscheinen lassen. Übrigens ist es zwar gewöhnlich, aber keineswegs immer für den Verletzten günstiger, wenn seine Erwerbsfähigkeit nach den Anforderungen bemessen wird, die seine besondere Berufstätigkeit an ihn stellt. Er kann gerade in dieser, vielleicht vermöge besonderer Kenntnisse, Erfahrungen und Geschicklichkeiten, eine beträchtliche Erwerbsfähigkeit behalten haben, dagegen für die Mehrzahl der sonstigen Beschäftigungen, die für ihn an sich geeignet gewesen wären, erheblich beeinträchtigt sein. Auch in solchen Fällen wird unter Umständen dieses weitere wirtschaftliche Gebiet mit ins Auge zu fassen sein. Für die Frage, welche von mehreren, zu verschiedenen Zeiten von dem Verletzten betriebenen Berufstätigkeiten zu beachten ist, gilt im wesentlichen das bezüglich der Berechtigung zur Invalidenrente Gesagte. Danach kommt es zwar nicht unter allen Umständen auf die zuletzt vor dem Unfalle verrichtete Arbeit oder versehene Stellung an. Doch ist in der Regel weder eine seit längerer Zeit nicht mehr ausgeübte, wenn auch erlernte Beschäftigung (z. B. ein Handwerk), noch ein Beruf, zu dem der Verletzte möglicherweise später hätte gelangen können, zu berücksichtigen. Ebensowenig darf hier auf außerhalb der Berufssphäre des Verletzten liegende Fertigkeiten (z. B. die eines gewerblichen Arbeiters zum Musizieren) oder gar auf Standesrücksichten Wert gelegt werden.

Nur durch ein sorgfältiges Erforschen und verständiges Abwägen aller einschlägigen Verhältnisse kann in diesen mehr oder weniger auf sämtlichen Gebieten der Arbeiterversicherung schwierigen Fragen das Richtige getroffen werden.

Auch in räumlicher Beziehung sind gewisse Einschränkungen zugunsten der Versicherten unvermeidbar. So wird in der Rechtsprechung des Reichs-Versicherungsamts der in der Natur der Dinge begründeten größeren Seßhaftigkeit der landwirtschaftlichen Bevölkerung insofern Rechnung getragen, als namentlich von einem landwirtschaftlichen Betriebsunternehmer das Aufsuchen und die Übernahme einer entfernteren Arbeitsstelle nicht verlangt wird. Noch allgemeiner bezüglich der Personen bemerkt die Begründung zum Invalidenversicherungsgesetze, daß die Versicherten nicht auf eine Erwerbsgelegenheit verwiesen werden dürfen, die sich möglicherweise an einer von dem bisherigen Beschäftigungsorte weit entfernten Stelle bieten könnte, ein Satz, der jedoch für manche Verhältnisse wieder einzuschränken sein wird z. B. bezüglich solcher Personen, die, wie Sachsengänger, die polnischen Bergarbeiter des westfälischen Bergreviers usw., auf gewissen außerhalb ihrer Heimat belegenen Arbeitsgebieten heimisch sind.

Sind es in der Arbeiterversicherung sozialpolitische Erwägungen, die den Gesetzgeber oder die Rechtsprechung zu den dargelegten Einengungen veranlaßt haben, so führen in der Privatversicherung die Wünsche und Bedürfnisse der beteiligten Kreise vielfach zu ähnlichen Ergebnissen. Die an ein überwiegend gebildeteres und wirtschaftlich besser gestelltes Publikum sich wendenden Versicherungsgesellschaften nehmen zumeist aus Geschäftspolitik auf derartige Ansprüche Rücksicht. Insbesondere erfordern die höheren Berufsarten eine tunlichst weitgehende Beachtung der Berufsunfähigkeit. Auch wird sich — von Ausnahmefällen abgesehen — schwerlich jemand bei einer (freiwilligen) Privatversicherung einen Aufenthaltswechsel zumuten lassen. Andere Veranstaltungen, wie namentlich die auf die Angehörigen gewisser Berufsklassen oder auf die Mitglieder bestimmter Vereine beschränkten Vereinigungen und die bei gewerblichen Großbetrieben (Fabriken, Reedereien, Banken) für das Personal (hauptsächlich die höheren kaufmännischen und technischen Angestellten) bestehenden Versorgungseinrichtungen werden nicht selten durch ihre Zwecke dazu bestimmt, der „beruflichen" Erwerbsunfähigkeit erhöhte oder ausschließliche Bedeutung beizumessen. Sie wollen vielfach durch Gewährung von Krankenunterstützungen oder Pensionen (Ruhegehältern) für ihre Mitglieder gerade dann sorgen, wenn diese infolge von Krankheit oder Invalidität den Anforderungen eines bestimmten Berufszweigs nicht zu genügen vermögen. Demgemäß finden sich in den Versicherungsbedingungen der die Kranken-, Unfall- oder Invaliditätsversicherung betreibenden Gesellschaften in großer Zahl Bestimmungen, wonach der „Beruf" (die „Berufstätigkeit"), die „Beschäftigung", auch die „Lebensstellung" und der „Stand" zu „berücksichtigen" sind, während sich die Satzungen der Kranken- und Pensionskassen oft schlechthin der Ausdrücke „Dienstunfähigkeit", „Dienstuntauglichkeit" „Berufsunfähigkeit", „Untauglichkeit zur Berufspflicht", „Unfähigkeit zur Ausübung der Berufsgeschäfte" und dgl., sogar so spezieller Bezeichnungen wie „Bühnenuntauglichkeit" bedienen. Mit den Angaben der letzteren Gruppe dürfte immer beabsichtigt sein, die eigentliche Berufsinvalidität als maßgebend hinzustellen. Inwieweit dagegen nach den allgemeineren Hinweisen der ersten Art der Beruf usw. ins Gewicht fällt, muß — beim Mangel besonderer Abmachungen im Einzelfalle — durch Auslegung der allgemeinen Versicherungsbedingungen bzw. der Statutbestimmungen unter Heranziehung aller einschlägigen Verhältnisse ermittelt werden. Soweit danach der Beruf von Bedeutung ist, kommt es gewöhnlich auf die im Antrage des Versicherungsnehmers bzw. in der Police oder deren Nachträgen angegebene Berufstätigkeit an. Die Versicherungsbedingungen lassen aber in dieser Beziehung mitunter die erforderliche Klarheit vermissen. Überdies geben die Angaben in den Anträgen usw. öfter zu Zweifeln Anlaß (z. B. die Angabe „Frontoffizier" zu dem Zweifel, ob sie sich *nur* auf den Dienst eines Frontoffiziers oder auf alle Zweige des Offiziersberufs, insbesondere auch auf die Stellung eines Bezirksoffiziers bezieht).

Eine besondere Rolle spielt in dieser Beziehung für die Erwerbsfähigkeit der Bergmannsberuf. Die Anstrengungen und Gefahren, die durch die Haupttätigkeiten dieses Berufs geboten werden, stellen Anforderungen an die körperliche und geistige Leistungsfähigkeit, denen durch Krankheit oder Unfallfolgen geschwächte Personen oft nicht gewachsen sind, wenngleich sie in manchem anderen Berufe noch brauchbare Arbeiten leisten könnten. Auch tritt selbst ohne besondere Schädigungen bei den Bergarbeitern durchschnittlich in beträchtlich früherem Lebensalter als sonst eine zur Ausübung ihres Berufs untauglich machende Verbrauchtheit ein. Diese Erfahrungen in Verbindung mit der Abgeschlossenheit des bergmännischen Berufs und wohl auch mit gewissen historischen Momenten haben, wie in anderen Ländern, so auch in Deutschland zu Einrichtungen — hier zu den auf Grund berggesetzlicher Vorschriften errichteten Knappschaftskassen (Knappschaftsvereinen) — geführt, bei denen meist schon die Berufsunfähigkeit zum Empfange der satzungsmäßigen Leistungen berechtigt. Die „Berginvalidität" wird im allgemeinen angenommen, wenn die Unfähigkeit vorliegt, die eigentlichen bergmännischen Arbeiten (Hauer-, Schlepper- und Reparaturhauer-Arbeiten) und die diesen im Bergbau gleichwertigen Arbeiten zu verrichten. Daraus erhellt, daß sich die „Berginvalidität" von der Erwerbsunfähigkeit der reichsgesetzlichen Invalidenversicherung erheblich unterscheidet und in der Regel bedeutend eher anzunehmen sein wird als diese.

Die Bezeichnung „Dienstunfähigkeit" wird, wie oben erwähnt, in Kassensatzungen usw. auch in dem Sinne von Unfähigkeit zur Verrichtung der Arbeiten eines bestimmten Betriebszweigs gebraucht. Soll sie eine besondere Bedeutung haben, so ist sie nur angebracht für Personen, die einem größeren Organismus in festerer Stellung angehören, also namentlich für solche, die eine beamtenähnliche Stellung einnehmen (Privatbeamte). Im engsten Sinne bedeutet „Dienstunfähigkeit" bei einem Beamten die Unfähigkeit zu der Erfüllung seiner Amtspflichten (zu vergl. z. B. §§ 34, 36 des Gesetzes, betreffend die Rechtsverhältnisse der Reichsbeamten vom 31. März 1873), bei einem Offizier die Unfähigkeit zur Fortsetzung des aktiven Militärdienstes (zu vergl. § 1 Abs. 1 des Gesetzes über die Pensionierung der Offiziere einschließlich Sanitätsoffiziere des Reichsheeres, der Kaiserlichen Marine und der Kaiserlichen Schutztruppen vom 31. Mai 1906).

Aus der Vereinigung von einzelnen solcher Merkmale, welche die Teilbarkeit, die Dauer und die Ursachen der Erwerbsunfähigkeit sowie die für die Abgrenzung des Arbeitsgebiets erheblichen persönlichen Verhältnisse der Versicherten betreffen, miteinander und mit den oben erörterten allgemeinen Merkmalen ergeben sich die verschiedenen „Sonderbegriffe" der Erwerbsunfähigkeit. Sie sind, wie aus der vorstehenden Darstellung ersichtlich sein dürfte, namentlich auf dem Gebiete der Privatversicherung sehr mannigfaltig, enthalten aber auch in der sozialen Versicherung für die drei Zweige, Kranken-, Unfall- und Invalidenversicherung, derart erhebliche Unterschiede, daß eine Person zu derselben Zeit im Sinne der einen Versicherung erwerbsfähig, im Sinne der anderen erwerbsunfähig sein kann und namentlich der Grad der Erwerbsunfähigkeit für denselben Versicherten und zu der nämlichen Zeit ganz anders zu bemessen sein kann, je nachdem der Begriff des einen oder des anderen Versicherungsgebiets ins Auge zu fassen ist.

Schließlich sei erwähnt, daß die jetzigen Unfallversicherungsgesetze auch eine „qualifizierte Invalidität", die „Hilflosigkeit", kennen. Es ist nämlich den Verletzten, die infolge des Unfalls nicht nur völlig erwerbsunfähig, sondern auch derart hilflos geworden sind, daß sie ohne fremde Wartung und Pflege nicht bestehen können, für die Dauer dieser Hilflosigkeit ein Rechtsanspruch auf Erhöhung der Rente bis zum vollen Betrage des Jahresarbeitsverdienstes eingeräumt worden. Das Gesetz läßt hiernach für die Erhöhung der Rente einen — verschiedene Abstufungen ermöglichenden — Spielraum zwischen $66\frac{2}{3}$ und 100 Prozent des Jahresarbeitsverdienstes. An sich ist ein gewisser Grad von Hilflosigkeit in dem bezeichneten Sinne auch denkbar, wenn noch nicht völlige Erwerbsunfähigkeit besteht, z. B. bei einem an beiden Beinen Gelähmten, der aber Arbeiten im Sitzen verrichten kann. In solchen Fällen, die allerdings nicht gerade häufig sein werden, ist aber nach der Fassung der gesetzlichen Vorschrift die Gewährung einer Entschädigung für die Hilflosigkeit nicht zulässig.

Die vorstehend in ihren Einzelheiten erörterten Begriffsbestimmungen können in ihrer Bedeutung nur dann recht erkannt werden, wenn auch die Wirkung betrachtet wird, die sie für die Rechte der Versicherten und für die entsprechenden Leistungen der Versicherer haben, und zwar teils an sich, teils in Verbindung mit gewissen, bei den hier behandelten Versicherungsarten zur Anwendung kommenden Grundsätzen.

In dieser Beziehung ist zunächst auf folgendes hinzuweisen: Der in der Privatversicherung wohl allgemein beobachtete Grundsatz, daß eine Versicherung nicht mehr Platz greifen kann, wenn der Versicherungsfall bereits eingetreten ist, hat in der reichsrechtlichen Arbeiterversicherung bezüglich der Erwerbsunfähigkeit eine verschiedene Behandlung erfahren. Rein erscheint er nur in der Invalidenversicherung. Das Gesetz schließt hier ausdrücklich alle Personen, die in dem zum Bezug einer Invalidenrente berechtigenden Umfange dauernd erwerbsunfähig sind, von der Versicherungspflicht aus, und zwar sowohl von der Begründung eines neuen,

als auch von der Fortsetzung eines bestehenden Versicherungsverhältnisses. Nach einer weiteren Bestimmung scheidet jeder
Empfänger einer reichsgesetzlichen Invalidenrente — auch bei nur vorübergehender Erwerbsunfähigkeit — aus der Versicherung für die
Dauer des Rentenbezugs aus, ohne Rücksicht darauf, ob er inzwischen
tatsächlich wieder erwerbsfähig geworden ist. Auch Beiträge zur freiwilligen Versicherung dürfen nach eingetretener Erwerbsunfähigkeit
nachträglich oder für die fernere Dauer der Erwerbsunfähigkeit nicht
entrichtet werden; bei vorübergehender Erwerbsunfähigkeit ist jedoch
die Verwendung freiwilliger Beiträge erst nach Ablauf von 26 Wochen
unzulässig. In der Krankenversicherung tritt der in Rede stehende Gedanke bezüglich der Erwerbsunfähigkeit nur in der Bestimmung hervor, daß „nur teilweise oder nur zeitweise erwerbsfähige" Personen
unter gewissen Voraussetzungen von der Versicherungspflicht befreit
werden können. Als eine Abweichung von dem fraglichen Grundsatz
erscheint aber — da der Eintritt der Erwerbsunfähigkeit als Versicherungsfall angesehen werden muß — die in den sämtlichen Unfallversicherungsgesetzen vom 30. Juni 1900 sich findende Vorschrift, daß
auch ein Verletzter, der „zur Zeit des Unfalls bereits dauernd völlig
erwerbsunfähig" war, Anspruch auf gewisse Leistungen (freie ärztliche
Behandlung, Arznei usw.) sowie, wenn der Unfall zu einer Hilflosigkeit führt, auf eine Rente bis zur Hälfte der Vollrente hat.

Im übrigen kann für die sämtlichen einschlägigen Gebiete des
öffentlichen und privaten Versicherungswesens der Grundsatz aufgestellt werden, daß *die Erwerbsfähigkeit selbst das versicherte Rechtsgut bildet.* Das Kranken- und das Invalidenversicherungsgesetz besagen schlechthin, daß das Krankengeld bzw. die Invalidenrente „im
Falle" („für den Fall") *„der Erwerbsunfähigkeit"* zu gewähren ist.
Die Unfallversicherungsgesetze bezeichnen allerdings als „Gegenstand
der Versicherung" den „Ersatz des Schadens, welcher durch Körperverletzung . . . . entsteht", machen dann aber die Gewährung und Höhe
der Rente ebenfalls lediglich von dem Bestehen der (völligen oder teilweisen) „Erwerbsunfähigkeit" abhängig. Es ist daher hiernach nur
der Schaden zu ersetzen, der in der Einbuße an Erwerbsfähigkeit besteht. Das gilt auch für die Privatversicherung. Daraus folgt zunächst, daß die Entschädigung nicht für die *„Körperverletzung"* selbst,
also z. B. nicht für den keine Beeinträchtigung der Erwerbsfähigkeit
bedingenden Verlust eines Fingerglieds, verlangt werden kann, und
ebensowenig für körperliche oder seelische Schmerzen, falls diese keine
Erwerbsunfähigkeit im Gefolge haben. Ferner können sonstige durch
die Verletzung herbeigeführte Nachteile, wie die Unmöglichkeit oder
Erschwerung, sich zu verheiraten und dadurch vielleicht eine Versorgung zu erhalten, der bloße Verlust der Zeugungsfähigkeit usw. keine
Berücksichtigung finden, desgleichen auch nicht die Verhinderung, eine
einträglichere Stellung zu erlangen, ein vorteilhaftes Geschäft abzuschließen und dergleichen. Daß ein durch den Unfall verur-
sachter *Sachschaden* (Beschädigung der Kleidung, Zerschlagen eines
künstlichen Gebisses bei dem Unfallereignisse) nach den Unfallversicherungsgesetzen nicht zu vergüten ist, geht zwar schon daraus hervor,

daß nur der durch „Körperverletzung" entstandene Schaden zu ersetzen ist, wird aber ebenso auch durch die Beschränkung dieses Ersatzes auf die Schädigung der „Erwerbsfähigkeit" bedingt. Weiter kommt es aber auch überall an sich nur auf den Verlust oder die Verminderung der Erwerbsfähigkeit, nicht auf einen dadurch verursachten *Vermögensnachteil* an. Zwar bildet die Ausgleichung eines vermögensrechtlichen Schadens den wirtschaftlichen Zweck des in der sozialen Versicherung auf dem Gesetz, in der privaten auf Vertrag beruhenden Versicherungsanspruchs. Die rechtliche Konstruktion ist aber weder auf dem einen, noch auf dem anderen Gebiete die des Schadensersatzes im Sinne des bürgerlichen Rechtes oder in dem des Haftpflichtrechts. Einerseits kann daher derjenige, der durch die Einbuße an Erwerbsfähigkeit keine Vermögensbeeinträchtigung, insbesondere keinen Verdienstausfall erleidet, weil er seine Erwerbsfähigkeit seit längerer Zeit zu keinerlei Erwerbstätigkeit ausgenutzt hat und voraussichtlich auch in Zukunft nicht gebraucht haben würde (z. B. ein Rentier), gleichwohl im Falle der Schmälerung seiner Erwerbsfähigkeit ein Recht auf die Versicherungssummen haben. Anderseits ist es für das Bestehen und die Höhe des Anspruchs an sich nicht von ausschlaggebender Bedeutung, ob und in welchem Umfange der Versicherte trotz Minderung seiner Erwerbsfähigkeit eine Erwerbstätigkeit entwickelt und Einnahme erzielt. Der letztere Gesichtspunkt führt nach der negativen Seite hin — entsprechend der Begrenzung des Begriffs „Erwerbsunfähigkeit" (und noch mehr „Arbeitsunfähigkeit") — dazu, denjenigen Ausfall an Einkommen nicht zu berücksichtigen, der lediglich auf der durch Mangel an Arbeitsgelegenheit veranlaßten Unmöglichkeit beruht, die vorhandene Arbeitsfähigkeit wirtschaftlich zu verwerten. Daß die Grundlage des Versicherungsanspruchs ausschließlich eine (insofern „abstrakt" genommene) Herabsetzung der Erwerbsfähigkeit bildet, zeigt sich ferner darin, daß nur eine Veränderung in dem Maße der Erwerbsfähigkeit, nicht aber eine solche in anderen Verhältnissen, insbesondere nicht eine ohne Zu- oder Abnahme der Erwerbsfähigkeit eingetretene Steigerung bzw. Minderung des Lohnes oder Gehalts zu einer Kürzung oder Entziehung bzw. zu einer Erhöhung der Leistungen des Versicherers führen kann. Freilich enthalten die Bedingungen der privaten Versicherungsunternehmungen einige Bestimmungen, durch welche der Ausübung einer Erwerbstätigkeit oder der tatsächlichen Erzielung eines Einkommens nach der einen oder der anderen Richtung hin ein maßgebendes Gewicht beigelegt wird. Sie sind aber lediglich als Ausnahmen gegenüber den eben dargelegten Grundsätzen aufzufassen, von denen im allgemeinen auch die Privatversicherung beherrscht wird. Endlich entspricht es der hiernach der Erwerbsunfähigkeit an sich für den Versicherungsanspruch zukommenden Bedeutung, daß es für diesen belanglos ist, ob und welche Erwerbsquellen der Versicherte außer seiner Arbeit hat (z. B. Kapitalvermögen, freiwillige Unterstützungen, Alimentationen, mehrere Versicherungen zugleich, wobei nur aus anderen Gründen mitunter Grenzen gezogen werden, usw.), wie es umgekehrt, soweit sich die Versicherungen auf die Erwerbsfähigkeit beziehen, auch

gleichgültig ist, ob Bedürftigkeit besteht. Hervorzuheben ist in diesem
Zusammenhange noch, daß nach einem in der öffentlich-rechtlichen Unfallversicherung aus dem Gesetze zu entnehmenden, in der privaten
Unfallversicherung allgemein anerkannten (hier der „Schadensver-
sicherung" angehörenden) Grundsatze die Verbindlichkeit des Versicherers zur Leistung nicht dadurch ausgeschlossen wird, daß ein Dritter,
sei es, weil er den Schaden vorsätzlich oder fahrlässig verursacht hat,
sei es aus einem anderen Grunde, dem Versicherten ersatzpflichtig ist.

Sobald eine teilweise Erwerbsunfähigkeit zu berücksichtigen ist,
entsteht die Frage, von welchem Ganzen die Teile festzustellen sind.
Für die Unfallversicherung — die soziale wie die private — beantwortet
sich die Frage einfach damit, daß der durch den Unfall verursachte
Schaden nur in der Schmälerung der *eigenen* bisherigen Erwerbsfähigkeit des Verletzten bestehen kann. Es ist daher hier das Maß von Erwerbsfähigkeit, das dieser nach dem Unfalle noch besitzt, in Vergleich
zu stellen mit demjenigen, über das er vor dem Unfalle verfügte. Der
Unterschied zwischen diesen beiden Größen stellt die „durch den Unfall herbeigeführte" und deshalb zu entschädigende „Einbuße an Erwerbsfähigkeit" dar (selbstverständlich vorausgesetzt, daß nicht andere,
vom Unfall unabhängige und darum nicht mit abzugeltende Schädigungen mitgewirkt haben, die Erwerbsfähigkeit auf das nach dem Unfalle bestehende Maß herabzudrücken). Im wesentlichen ebenso — nur
mit dem Unterschiede, daß die ursächliche Beziehung keine Rolle spielt
— kann sich die private Invaliditätsversicherung stellen. Denn da sie
in der Regel nur gesunde Personen aufnimmt, und, sofern hiervon ausnahmsweise abgewichen wird, die vorhandenen Gebrechen vorher festgestellt werden, ist hier die Gegenüberstellung der Erwerbsfähigkeit
des Versicherten einerseits nach dem Stande beim Beginne der Versicherung und anderseits nach dem Stande zur Zeit der Anspruchserhebung
möglich, und zwar nicht nur, wenn die Veränderung des Gesundheitszustandes und damit der Erwerbsfähigkeit durch einen Unfall oder eine
schwere Krankheit herbeigeführt worden ist, sondern auch, wenn ein
schleichendes Leiden oder allmähliche Abnutzung der Kräfte dies Ergebnis gezeitigt haben. Dementsprechend scheint auch auf diesem Gebiet allgemein verfahren zu werden. Die öffentlich-rechtliche Invalidenversicherung ist nicht in der Lage, ebenso vorzugehen. Sie kann
mit Rücksicht auf ihren sozialpolitischen Zweck keine Auswahl unter
den Risiken treffen, und es ist hier auch ausgeschlossen, den Gesundheitszustand aller Versicherten beim Eintritt in die Versicherung oder
zu irgend einem sonstigen Zeitpunkte vor der Inanspruchnahme der Invalidenrente festzustellen. Während nun die soziale Unfallversicherung
zwar ebenfalls von dieser — einen fundamentalen Unterschied zwischen
der öffentlichen und privaten Versicherung enthaltenden — Grundlage
ausgeht, aber doch die Zurückführung auf ein einzelnes, zeitlich bestimmtes Ereignis, den Unfall, erfordert und dadurch die Möglichkeit
bietet, aus der früheren Erwerbsfähigkeit des Verletzten einen abgrenz-
baren Teil als den durch den Unfall verloren gegangenen und deshalb
durch die Entschädigung abzugeltenden auszusondern, fehlt der Invalidenversicherung auch diese Handhabe, da für sie der Ursprung der

Erwerbsunfähigkeit rechtlich unerheblich ist und tatsächlich in zahlreichen Fällen allmähliche Abnahme der Kräfte den Versicherten zum Invaliden macht. Man mußte deshalb einen anderen Maßstab als die eigene Erwerbsfähigkeit des Rentenbewerbers nach irgend einem früheren Stande für die Feststellung der Erwerbsunfähigkeit suchen, die ja hier, wie oben bereits erwähnt wurde, wenn auch keine weiteren Abstufungen zulässig sind, doch an und für sich schon eine Teilinvalidität (Zweidrittelinvalidität) ist. Einen solchen Maßstab fand man in einem Verdienstmindestmaße, das nach dem jetzt geltenden Gesetze nicht mehr eine feste, gegebene Größe, sondern eine schätzungsweise, und zwar für jeden Fall besonders zu ermittelnde Ziffer bildet. Diese in die gesetzliche Definition aufgenommene Bestimmung der Verdienstgrenze, die zur Annahme der Erwerbsunfähigkeit im Sinne dieses Gesetzes nicht mehr erreichbar sein darf, geht, wie die Begründung des Gesetzentwurfs hervorhebt, nicht von einem „abstrakten Normalarbeiter" aus, „der sich praktisch kaum finden ließe, sondern von einem Versicherten, der im wesentlichen die gleichen Kenntnisse und Fähigkeiten besitzt, welche der Rentenbewerber nach menschlicher Voraussicht haben würde, wenn er sich im Vollbesitze seiner geistigen und körperlichen Gesundheit befände."

Von weittragender praktischer Bedeutung ist in der öffentlichen wie in der privaten Unfallversicherung die Behandlung der Fälle, in denen die Erwerbsfähigkeit schon vor dem zu entschädigenden Unfalle durch ein Leiden oder Gebrechen, insbesondere auch durch Folgen eines früheren Unfalls herabgesetzt war. Grundsätzlich ergibt sich für beide Gebiete schon aus dem Begriffe der Unfallversicherung, daß die *vor* dem Unfalle liegenden Schäden an sich nicht mitzuentschädigen sind. Die Verwirklichung dieses Gedankens ist aber auf den beiden Gebieten in der Form und vielfach im wirtschaftlichen Ergebnis aus folgendem Grunde eine verschiedene: In der Arbeiterversicherung wird bei der Bemessung der Unfallrenten grundsätzlich von einem *Individualverdienst* ausgegangen, um die Entschädigung, wenn sie auch sich nicht für den Lohnausfall, sondern für die Einbuße an Erwerbsfähigkeit erfolgt, möglichst den Verhältnissen des Einzelfalls anzupassen. Hierbei ist der für die Rentenberechnung maßgebende Jahresarbeitsverdienst wegen der älteren Beschränkung nicht geringer zu bemessen, weil im allgemeinen mit Recht angenommen wird, daß eine solche, wenn sie einigermaßen erheblich ist, regelmäßig in jenem Arbeitsverdienst ihren Ausdruck finden wird, sei es, daß der Lohn tatsächlich gekürzt ist oder ohne den nachteiligen Einfluß des vor dem Unfalle vorhanden gewesenen Zustandes höher gestiegen sein würde, eine Annahme, die im einzelnen Falle allerdings oft einer Fiktion nahe kommt. Diese Erwägung trifft aber nicht zu, wenn die Berechnung der Rente nach einem Durchschnittsverdienst erfolgt, der den Lohn im wesentlichen gesunder Arbeiter darstellt. Dies ist der Fall in der land- und forstwirtschaftlichen sowie in der See-Unfallversicherung mit gewissen Ausnahmen (Betriebsbeamte und Facharbeiter bzw. Lotsen, Dock-, Hafenarbeiter usw.), auf den Gebieten des Gewerbe- und des Bau-Unfallversicherungsgesetzes nur bezüglich solcher Personen, die keinen oder einen

hinter dem ortsüblichen Tagelohne gewöhnlicher Arbeiter zurück-
bleibenden Lohn beziehen. In allen diesen Fällen muß nach gesetzlicher, durchaus folgerichtiger Vorschrift der der Rentenberechnung zugrunde zu legende durchschnittliche (abstrakte) Verdienst bei Personen, die vor dem Unfalle bereits teilweise erwerbsunfähig waren, dem
Maße dieser Beschränkung entsprechend gekürzt werden. Weder in der
einen noch in der anderen Gruppe von Fällen darf aber aus Anlaß der
älteren Beschränkung der Erwerbsfähigkeit der *Prozentsatz* der durch
den Unfall herbeigeführten Einbuße an Erwerbsfähigkeit niedriger bemessen werden. Vielmehr ist in dieser Beziehung lediglich zu entscheiden, wieviel der Verletzte durch den Unfall in der Erwerbsfähigkeit, die er bei dessen Eintritt besaß — diese zu 100 Prozent angesetzt
— beeinträchtigt worden ist. Dabei nimmt übrigens das Reichs-Versicherungsamt in feststehender Praxis und offenbar mit vollem Rechte
an, daß ein Arbeiter, der bereits mit einem die Erwerbsfähigkeit beschränkenden Leiden behaftet ist, durch die Folgen eines die Erwerbsfähigkeit weiter mindernden Unfalls in der Regel schwerer
geschädigt wird, als ein gesunder Arbeiter, und deshalb auch (dem
Prozentsatze nach) höher zu entschädigen ist, als dieser bei den
gleichen Unfallfolgen zu entschädigen wäre. Anders ist jedoch die
Schmälerung dann zu bemessen, wenn der Unfall die Unbrauchbarkeit
eines Körperteils herbeigeführt hat, der schon früher seine Gebrauchsfähigkeit teilweise eingebüßt hatte. Ein solches Glied hat schon vorher
nicht dieselbe Bedeutung für die Erwerbsfähigkeit gehabt wie ein ge-
sundes, und es ist deshalb, wenn es verloren geht, der durch die Rente
auszugleichende Nachteil ein geringerer, als er ohne den älteren
Schaden gewesen sein würde.

In der privaten Unfallversicherung wird von einer festen versicherten Summe ausgegangen, in der sich der frühere Schaden nicht ausdrückt, und die auch nicht mit Rücksicht auf ihn gemindert werden
kann. Werden hier Personen, die mit einem Gebrechen behaftet sind,
in die Versicherung aufgenommen, so wird nach den allgemeinen Bedingungen des „Verbandes der in Deutschland arbeitenden Unfall-Ver-
sicherungs-Gesellschaften" bei der Feststellung des durch den Unfall
bedingten Invaliditätsgrades, sofern Körperteile bereits vor dem Unfalle ganz oder teilweise verloren, verkrüppelt oder gebrauchsunfähig
waren, der infolge hiervon schon vor dem Unfalle vorhandene Inva-
liditätsgrad in Abzug gebracht, und zwar ist dieser Grad dabei nach
denselben Grundsätzen zu berechnen wie der für die Entschädigung
selbst maßgebende. Ähnlich verfahren die Gesellschaften, die sich nicht
den Verbandsbedingungen angeschlossen haben. Übrigens hat es der
Versicherungsnehmer (selbstverständlich mit Zustimmung der Gesellschaft) in der Hand, auch in solchem Falle die ihm angemessen er-
scheinende Bedarfsdeckung zu erlangen, nämlich durch Versicherung
einer entsprechend höheren Summe (z. B. bei einem Abzuge von 20 Prozent 25 000 M. statt 20 000 M.). Hiervon wird auch vielfach Gebrauch
gemacht.

Beschäftigen sich die letzten Ausführungen bereits teilweise mit
der Bemessung der den Versicherern obliegenden Leistungen, so kann

im übrigen hierauf im Rahmen dieser Arbeit nur in den Hauptzügen eingegangen werden.

Bei der Feststellung der Erwerbsunfähigkeit und, soweit erforderlich, ihrer Höhe müssen die tatsächlichen Verhältnisse des Einzelfalls nach den vorstehend erörterten Gesichtspunkten — sowohl den die Begriffsbestimmung der Erwerbsunfähigkeit, als auch den die Stellung der letzteren in den verschiedenen Versicherungsgebieten betreffenden — gewürdigt werden. Entsprechend den oben angegebenen Bestandteilen des Begriffs „Erwerbsunfähigkeit" zerfällt die Feststellung in die Ermittlung der Arbeitsfähigkeit und in die Beurteilung des Wertes, den diese für die Erzielung eines Erwerbes hat. In ersterer Beziehung handelt es sich größtenteils um Fragen der ärztlichen Wissenschaft, aber auch um solche technischer Art. Denn es kommt hier darauf an, festzustellen, welche Krankheiten oder Gebrechen bestehen, oder welche physiologischen Folgen ein Unfall hinterlassen hat, und welche Tätigkeiten der Kranke oder Verletzte zu verrichten vermag, wobei namentlich auch die Geschicklichkeit des einzelnen zu prüfen und die große Bedeutung zu beachten ist, die im allgemeinen der Gewöhnung für den Gebrauch der menschlichen Glieder auch nach Verstümmelungen zukommt. Bei der Entscheidung über Verwertbarkeit der erhalten gebliebenen Arbeitsfähigkeit muß gewissermaßen das Werturteil der Abnehmer der Arbeitsleistung, im weitesten Sinne des Publikums, nachgebildet werden. Auch hierbei bedarf es eines sorgfältigen Eingehens auf die Umstände des einzelnen Falles. Dabei ist einerseits in Betracht zu ziehen, welchen Wert die vorhandenen Anlagen und Fähigkeiten auch mit Rücksicht darauf haben, daß verloren gegangene etwa durch solche ausgeglichen werden, die bisher nicht oder weniger ausgenutzt wurden (z. B. die Fähigkeit zur Aufsichtsführung, besondere Kenntnisse, Fertigkeiten und Erfahrungen usw.). Anderseits darf aber nicht auf zufällige, vorübergehende Arbeitsgelegenheiten und besonders günstige Verhältnisse (Arbeit bei Verwandten, langjährigen, rücksichtsvollen Arbeitgebern, Vertrautheit mit den Betriebsverhältnissen usw.) ausschlaggebendes Gewicht gelegt werden. Es sind ferner überall nur die eigenen Arbeitsleistungen des Versicherten maßgebend, und es ist deshalb zu prüfen, wieviel er ohne fremde Hilfe zu vollbringen vermag. Weiter ist unter Umständen auf das Lebensalter und das Geschlecht sowie darauf Bedacht zu nehmen, daß nicht die Ausführung von Arbeiten verlangt werden darf, die zwar an sich dem Versicherten möglich sind, aber von ihm nur mit einer für einen normalen Menschen nicht in gleichem Maße bestehenden Gefährdung seiner Gesundheit verrichtet werden könnten. Schließlich ist als sehr erheblicher Faktor für die Wertbemessung die Frage in Erwägung zu ziehen, ob nach den anzuwendenden Vorschriften oder Grundsätzen die berufliche oder die allgemeine Erwerbsfähigkeit entscheidend ist, bzw. inwieweit der Beruf, die frühere Beschäftigung, die Ausbildung oder die Lebensstellung zu berücksichtigen sind. Da es nur auf die Erwerbs*fähigkeit* ankommt, können aus einer tatsächlich betriebenen Tätigkeit wie aus einem noch erzielten Verdienste nur Schlüsse auf die Fähigkeit gezogen werden. Deshalb muß es im allgemeinen für gleich-

gültig erachtet werden, ob es sich bei einer solchen Beschäftigung
um Lohnarbeit oder eine sonstige Tätigkeit, insbesondere auch um eine
Unternehmertätigkeit handelt. Freilich wird aus der letzteren keineswegs immer gefolgert werden können, daß auch die Fähigkeit zur Verrichtung von Lohnarbeiten besteht, die auf dem allgemeinen Arbeitsmarkt einen entsprechenden oder überhaupt einen Wert haben. Was
insbesondere eine früher betriebene Nebenbeschäftigung und einen dadurch erlangten Nebenverdienst betrifft, so kann für eine darin eingetretene Störung an sich im allgemeinen keine Entschädigung verlangt werden; es kann sich vielmehr höchstens fragen, ob auch daraus
auf eine Schmälerung der gesamten in Betracht zu ziehenden Erwerbs-
fähigkeit zu schließen ist. Aus demselben Grunde kann es umgekehrt
wohl angängig sein, einem Entschädigungsberechtigten eine ihm bewahrt gebliebene Fertigkeit (z. B. eine gute Handschrift, Zeichenfertig-
keit, Ausbildung im Geigenspiel usw.), auch wenn er sie in letzter Zeit
nicht zu Erwerbszwecken benutzt hat, in dem Sinne entgegenzuhalten,
daß in Anbetracht ihres Vorhandenseins seine Erwerbsfähigkeit weniger
gemindert erscheint.

Alle diese Gesichtspunkte können in ausgiebiger und gerechter
Weise nur im Wege der freien Schätzung und Vergleichung erfaßt und
gewürdigt werden. Auf diesem Wege allein erfolgt in Deutschand auf
dem Gebiete der Arbeiterversicherung die Feststellung der Erwerbsunfähigkeit und ihres Grades, wobei dieser in Prozenten der völligen
Erwerbsunfähigkeit (durch die Praxis auf etwa 20 Stufen beschränkt)
ausgedrückt wird. Daß für gewisse in derselben Weise wiederkehrende
Schädigungen vielfach dieselben Prozentsätze gewählt werden, liegt in
der Natur der Sache und trägt auch zur Einheitlichkeit der Entschädigungsfeststellung bei. Das Reichs-Versicherungsamt hat sich aber niemals an eine bestimmte Invaliditätsskala gebunden, vielmehr stets betont, daß auf diesem Gebiete tunlichst individualisiert werden müsse.
Neben den ärztlichen Gutachten ist der wichtigste Anhalt für die
Schätzung aus den tatsächlichen Arbeits- und Lohnverhältnissen zu
entnehmen. Denn, wenn diese auch rechtlich nicht ausschlaggebend
sind, so gestatten sie doch erklärlicherweise in zahlreichen Fällen einen
Rückschluß auf die Arbeits- und Erwerbsfähigkeit und sind somit als
Beweismoment von hoher Bedeutung. Indes muß selbstverständlich
dabei beachtet werden, ob der Lohn nicht etwa aus Mitleid oder ähnlichen Beweggründen des Arbeitgebers, infolge Arbeitermangels usw.
höher als der Wert der Arbeitsleistungen bemessen ist. Weiter
kommen als Hilfsmittel Auskunfterteilungen der Arbeitgeber, Vergleiche mit den Arbeitsleistungen und Lohnverhältnissen gleichartiger Arbeiter, die Anhörung von Sachverständigen aus den Berufsgruppen, denen der Rentenbewerber angehört, wofür aber nicht selten
auch die Mitwirkung sachkundiger Arbeitgeber und Arbeitnehmer in
den Rentenfeststellungsinstanzen Ersatz bietet, sowie endlich als Notbehelf gewisse Fiktionen in Betracht. Auf den Gebieten der Privatversicherung bedient man sich vielfach einer sogenannten „Gliedertaxe".
Über ihre Vorzüge und Nachteile ist viel gestritten worden. Sie bietet
jedenfalls den für beide Parteien nicht zu unterschätzenden Vorteil,

daß die Leistungen danach im voraus klar bestimmt sind, ein Vorzug, der allerdings verloren geht, wenn die Taxe, wie in der Rechtsprechung der ordentlichen Gerichte wiederholt angenommen worden ist, nur die Bedeutung einer Mindestgrenze hat. Daneben kommt auch das System der freien Schätzung vor, namentlich zur Bemessung der Tagesentschädigung für die Dauer der vorübergehenden Erwerbsunfähigkeit in der Unfallversicherung. Außerdem finden sich — besonders in der privaten Invaliditätsversicherung, zum Teil auch in der Kollektiv-Unfallversicherung — Bestimmungen, wonach nur einige Invaliditätsstufen (Voll-, Halb-, Drittel- oder geringere Invalidität) zulässig sind. Endlich beschränken sich manche Gesellschaften darauf, sei es in den Versicherungsbedingungen, sei es in den Formularen für die Arztatteste, gewisse Direktiven für die Feststellung der Erwerbsunfähigkeit zu geben, z. B. dahin, daß es für diese Feststellung maßgebend sein soll, ob Personen, deren Tätigkeit hauptsächlich außerhalb des Hauses stattfindet, das Zimmer verlassen dürfen, bei anderen, wieviel Stunden sie täglich ihrer bisherigen Beschäftigung zu Hause obliegen können, ferner, ob der Zustand solcher Personen, die keinen Beruf haben, oder sich vorübergehend außerhalb ihrer Berufstätigkeit befinden, ihnen gestattet, täglich einige Stunden Bureauarbeiten zu verrichten und dergleichen mehr. Zu erwähnen ist hier noch, daß die Privatversicherung vielfach schon im Stadium des Versicherungsabschlusses die Entschädigung so bestimmt, daß sie den konkreten Verhältnissen des Falles tunlichst angepaßt wird. So wird z. B. keine Unfallversicherungs-Gesellschaft einen Handlungsgehilfen, der ein Jahreseinkommen von 1500 M. hat, mit einer Tagesentschädigung von 20 M. versichern, vielmehr wird diese auf etwa 5 M. begrenzt oder die Versicherung abgelehnt werden. Ebenso können durch besondere Bestimmungen zum Versicherungsvertrag andere Prozentsätze als die der allgemeinen Bedingungen vereinbart, namentlich kann auch die Anwendung der Gliedertaxe ganz ausgeschlossen werden.

Im Anschluß an die vorstehenden Darlegungen dürften vielleicht folgende Betrachtungen zulässig erscheinen:

Die deutsche Arbeiterversicherung besitzt in der Bestimmung des § 5 Abs. 4 des Invalidenversicherungsgesetzes eine Definition des Begriffs der Erwerbsunfähigkeit, die den an eine solche zu stellenden Anforderungen für dieses Gebiet in ausreichender Weise und bezüglich aller Punkte sachgemäß Rechnung trägt. Diese Begriffsbestimmung bietet allerdings der praktischen Handhabung öfter nicht unerhebliche Schwierigkeiten, doch sind diese für eine „verständige Praxis", auf die dabei ausweislich der Gesetzesbegründung gerechnet worden ist, keineswegs unüberwindlich. Für die Unfallversicherung haben die vom Reichs-Versicherungsamt in jahrelanger Rechtsprechung ausgebildeten und im wesentlichen einheitlich festgehaltenen Grundsätze den Mangel

einer gesetzlichen Begriffsbestimmung dergestalt ersetzt, daß ein Be-
dürfnis nach einer solchen zur Zeit kaum vorhanden sein dürfte. Diese
Rechtsübung steht auch mit den wiederholt zum Ausdrucke gelangten
Absichten des Gesetzgebers durchaus im Einklange. Für das Gebiet der
Krankenversicherung fehlt es nicht nur an Legaldefinitionen für die
Begriffe „Krankheit" und „Erwerbsunfähigkeit", sondern es ist auch
bei der großen Zersplitterung der zur Entscheidung berufenen Instanzen eine vollständige Einheitlichkeit der Auslegungen nicht vorhanden.
Immerhin stimmen diese insoweit überein, daß auch hier, was die Begriffsbestimmungen an und für sich betrifft, ein empfindlicher Übelstand nicht wohl anzuerkennen ist. Wenn gleichwohl in nicht unbe-
trächtlichem Umfang und von verschiedenen Seiten bezüglich des Begriffs der Erwerbsunfähigkeit auf den drei Gebieten der Arbeiterversicherung Ausstellungen erhoben werden, die sich teils gegen die Gesetze
selbst, teils gegen deren Anwendung richten, so dürften sie ihre Erklärung und eine gewisse Berechtigung — abgesehen von Mängeln der
Handhabung, die sich mehr und mehr werden beseitigen lassen —
hauptsächlich in zwei Umständen finden: Der eine besteht darin, daß
drei verschiedene Begriffe der Erwerbsunfähigkeit vorhanden sind, die
nach dem jetzigen Stande der Gesetzgebung streng auseinandergehalten
werden müssen, der andere hängt mit der der Erwerbsunfähigkeit zu-
gewiesenen Stellung zusammen, die oben dahin gekennzeichnet worden
ist, daß diese selbst das versicherte Rechtsgut bildet.

Die Mehrgestaltigkeit der Begriffe führt allerdings, obwohl eine erhebliche Besserung schon dadurch erreicht ist, daß die Leistungen der drei
Versicherungszweige durch die neueren Gesetze zeitlich aneinander angeschlossen worden sind, öfter zu unerfreulichen Ungleichmäßigkeiten. Besonders aber wird auf die meist erheblich verschiedene Höhe der Leistungen seitens der Unfall- und der Invalidenversicherung hingewiesen
und geltend gemacht, daß die durch die Verschiedenartigkeit der Begriffe der Erwerbsunfähigkeit auf diesen beiden Gebieten bedingte unter-
schiedliche Behandlung von Unfallverletzungen und anderen Leiden
(namentlich sogenannten Berufskrankheiten) der inneren Berechtigung
entbehre. Darauf ist zu erwidern, daß ein einheitlicher Begriff der
Erwerbsunfähigkeit   nur   durch   Aufgabe   der   Unfallversicherung
als eines selbständigen Versicherungszweigs erreichbar wäre. Denn
der Umstand, daß nach der jetzigen Gesetzeslage die ursächliche Beziehung zu einem Unfall ein wesentliches Merkmal des Begriffs der Erwerbsunfähigkeit im Sinne der Unfallversicherung ist und sein muß,
hindert dessen Vereinigung mit den beiden anderen Begriffen. Würde
diese Sonderstellung der Unfallversicherung preisgegeben, so würde
man zu einer Invaliditätsversicherung gelangen, wie wir sie in der Privatversicherung bei den das Unfallrisiko nicht ausschließenden Unternehmungen, also bei fast allen größeren die Invaliditätsversicherung betreibenden Gesellschaften, finden, selbstverständlich davon abgesehen,
daß sie hier meist als Zusatzversicherung zur Lebensversicherung erscheint. Ein besonderer Begriff der Erwerbsunfähigkeit im Sinne der
Krankenversicherung wäre nicht erforderlich, wenn diese dadurch ersetzt würde, daß man der Rentengewährung lediglich einen Zeit-

abschnitt des Heilverfahrens, der wohl nicht entbehrlich sein dürfte, voranstellte. In allen übrigen Beziehungen, namentlich was die Berücksichtigung des Berufs und sonstiger persönlicher Verhältnisse anlangt, wäre eine Ausgleichung der jetzt auch darin bestehenden Verschiedenheiten ohne besondere Schwierigkeit denkbar. Ebenso wäre alsdann die gegenwärtige, den Gegenstand mancher Angriffe bildende uneinheitliche Behandlung der Frage, betreffend die Teilbarkeit der Erwerbsunfähigkeit, dadurch zu lösen, daß für die Rentengewährung Teile der Erwerbsunfähigkeit (am besten prozentuale) zugelassen würden, während solche für die Dauer des Heilverfahrens kaum notwendig erscheinen dürften. Diese Erwägungen, die — mit Ausnahme des Hinweises auf das durch die Privatversicherung gebotene Vorbild — in ähnlicher Weise schon mehrfach bei den Vorschlägen zur Vereinfachung der deutschen Arbeiterversicherung erörtert worden sind, müssen sich hier, dem Rahmen der Aufgabe entsprechend, auf den Begriff der Erwerbsunfähigkeit beschränken und wollen selbstverständlich auch in dieser Beziehung nur theoretische Bedeutung beanspruchen.

Die zweite Grundlage der oben erwähnten Ausstellungen hat die Eigentümlichkeit, daß sie auf sie sowohl die Bemängelungen derer zurückzuführen sind, welche meinen, daß den Arbeitern zu wenig gewährt werde, als auch derer, die der gegenteiligen Ansicht sind. Zuzugeben ist, daß der wirtschaftliche Zweck, einen Ausgleich für einen „Schaden" zu gewähren, nicht immer ganz erreicht wird, vielmehr die getroffenen Entscheidungen, auch wenn sie dem Gesetze vollkommen entsprechen und die Tatumstände des Einzelfalls danach richtig würdigen, öfter den konkreten Verhältnissen nach der einen oder anderen Seite hin nicht völlig gerecht werden. Bald müssen diejenigen Ansprüche zurückgewiesen werden, die sich lediglich darauf stützen, daß der Arbeiter durch einen Unfall oder eine Krankheit seine Stelle verloren hat und keine andere Arbeitsgelegenheit findet. Bald muß eine Rente weiter gewährt werden, weil sich die Erwerbsfähigkeit nicht gehoben hat, obwohl ein Verdienstausfall und somit ein Vermögensnachteil nicht besteht. In der ersteren Beziehung ist darauf hinzuweisen, daß man bereits ernstlich der Lösung der schwierigen Frage amtlich näher getreten ist, in welcher Weise der Arbeitslosigkeit und ihren wirtschaftlichen Folgen entgegenzuwirken sei, und daß die Entwicklung dieser Maßnahmen abzuwarten bleibt. Um den nach der anderen Seite hin erhobenen Bedenken Rechnung zu tragen, könnte an eine Änderung der Bestimmungen über die Minderung und Entziehung oder auch über das Ruhen der Renten gedacht werden, und zwar in dem Sinne, daß hierbei einem höheren, einigermaßen gesicherten Einkommen nicht, wie jetzt, nur als einem Indizium Bedeutung beizulegen wäre, sondern bestimmt würde, daß in dem Umfang Erwerbsunfähigkeit als nicht vorliegend anzunehmen sei oder die Rente ruhen solle, in welchem ein Erwerb erzielt wird, wenigstens soweit es sich um wirklichen Lohn für gleichwertige Arbeit handelt. Solche Vorschläge sind auch mehrfach gemacht worden, und ihre Einführung (die in anderen Ländern sogar versucht worden ist) würde dem Wesen der Versicherung an sich nicht widersprechen. Es stehen ihr aber sonstige erhebliche Bedenken entgegen, von denen hier nur hervorgehoben seien: die Schwierigkeit der praktischen Durchführung und die fortwährende Beunruhigung der Arbeiterschaft, der dann billigerweise auch die Berücksichtigung einer (nicht ganz vorübergehenden) Verschlechterung ihres Einkommens zugestanden werden müßte, durch Rentenänderungen aus solchem nicht auf einer Änderung der Erwerbs*fähigkeit* beruhenden Anlaß. Durchaus zu verwerfen dürfte jedenfalls die von einer einseitigen Vertretung der Arbeiterinteressen wiederholt verlangte Übertragung der Grundsätze des bürgerlichen Rechtes über die Schadensersatzleistung auf die soziale Versicherung sein, womit übrigens keineswegs durchweg ein den Arbeitern vorteilhafterer Zustand geschaffen werden würde. Die deutsche Arbeiterversicherung hat ihre trotz aller Bemängelung unleugbar segensreiche Wirkung zum großen Teile dadurch erzielt, daß sich die einschlägige Gesetzgebung von den Grundsätzen jenes Privatrechtsgebiets freigemacht und den Versicherungs- und Fürsorgegedanken für diesen weiten Bereich zur Herrschaft gebracht hat. Sie wird diesen Erfolg, der zugleich die beste Gewähr für ihren Bestand bietet, nicht durch ein Zurückfallen in frühere Versuche in Frage stellen, sondern auf dem glücklich errungenen guten Boden weiterbauen.

Was die Privatversicherung anlangt, so will es dem Verfasser erscheinen, als könnten namentlich auf den Gebieten der Kranken- und der Invaliditätsversicherung, wenn auch nicht gerade vollständige Definitionen des Begriffs „Erwerbsunfähigkeit" erforderlich sind, doch die in den allgemeinen Versicherungsbedingungen hervorgehobenen Begriffsmerkmale manchmal schärfer gefaßt und hinsichtlich ihrer Wesentlichkeit besser klargestellt werden. Indes ist hier durch die Schaffung der Reichsaufsicht bereits der Weg gegeben, auf dem wesentliche Mängel abgestellt werden können, ohne die freie Entwicklung dieser Versicherungszweige zu stören, deren namentlich die noch im Anfangsstadium befindliche Invaliditätsversicherung bedarf. Die viel ältere und trotz der Einführung der sozialen Versicherung zu hoher Blüte gelangte Privat-Unfallversicherung hat unter dem Schutze jener Aufsicht einen neuen beträchtlichen Fortschritt gemacht, der auch der Bestimmung des Begriffs „Arbeits- (bzw. Erwerbs-) unfähigkeit" zugute gekommen ist, indem sich sämtliche bedeutenderen Unfall-Versicherungsgesellschaften zu einem Verbande vereinigt und für sie alle verbindliche allgemeine Versicherungsbedingungen für die Einzel- und die Kollektiv-Unfallversicherung vereinbart haben, denen das Kaiserliche Aufsichtsamt für Privatversicherung die Genehmigung erteilt hat.

Ein Vergleich der öffentlichen und der privaten Versicherung hinsichtlich der hier behandelten Fragen dürfte die Ansicht rechtfertigen, daß die weitere Entwicklung dieser beiden Rechtsgebiete im wesentlichen unabhängig voneinander wird erfolgen müssen. Auf der einen Seite Versicherungszwang und Abhängigkeit von festen Gesetzesvorschriften neben der vorherrschenden Tendenz der Fürsorge für wirtschaftlich Schwache, ohne die Zulässigkeit einer Auswahl unter ihnen — auf der anderen Seite vertragsmäßige Grundlage, insbesondere die Möglichkeit

einer Risikobeschränkung und einer (wenigstens teilweisen) Voraus-
nahme der Schadensregulierung, ferner das Bedürfnis nach tunlichster
Klarstellung der Leistungen beim Versicherungsabschluß und endlich
die hier in erhöhtem Maße erforderliche Rücksichtnahme auf die finanzielle Existenzmöglichkeit der Unternehmungen: das sind so schwerwiegende Verschiedenheiten, daß man jedenfalls in der Übertragung
von Grundsätzen des einen Gebiets auf das andere die größte Vorsicht
wird beobachten müssen. Dessenungeachtet wird es durchaus angebracht sein, manche Gesichtspunkte, insbesondere die Begriffsmerkmale
„Fähigkeit", „Arbeit", „Verwertbarkeit der Arbeit zum Erwerb",
„dauernd" und „vorübergehend", „beruflich" usw. in beiden Rechtssphären gleichmäßig aufzufassen.

Unter allen Umständen aber dürfte es für ein gedeihliches Wirken
auf dem einen wie dem anderen Gebiete von Nutzen sein, die Einrichtungen und Erfahrungen beider genau kennen zu lernen und gegenein-
ander abzuwägen, wenn dies auch nur mit dem Erfolge geschieht, zu
größerer Klarheit über das für jeden Versicherungszweig Erforderliche
und Geeignete und zu dessen Abgrenzung zu gelangen. Dieses Ziel zu
fördern, erscheinen die Kongresse für Versicherungs-Wissenschaft und
Versicherungs-Medizin in hervorragendem Maße geeignet, und dazu
will auch die hier auszugsweise wiedergegebene Arbeit einen Beitrag
liefern.

Das Ausscheiden der Invalidenrentenempfänger der Jahre 1891 bis 1899 aus dem Rentengenuß.

Von Georg Pietsch.

Bei dem Ausscheiden der Invalidenrentenempfänger aus dem Rentengenuß spielt nicht bloß das Lebensalter, sondern auch die Invaliditätsdauer, d. h. der seit dem Eintritt der Invalidität verflossene Zeitraum, eine große Rolle. Zu Untersuchungen unter Berücksichtigung des Einflusses der Invaliditätsdauer ist ein umfangreicher Beobachtungsstoff erforderlich. Ein solcher liegt bei der reichsgesetzlichen Invalidenversicherung vor. Es ist deshalb hier von jeher besonderer Wert auf die Erforschung des Einflusses der Invaliditätsdauer auf den Rentenwegfall gelegt worden.

Bereits in den Jahren 1894/95 sind von der Rechnungsstelle des Reichs-Versicherungsamts Untersuchungen über das Ausscheiden der Invalidenrentempfänger aus dem Rentengenuß angestellt worden, die bei den Berechnungen in der Denkschrift, betreffend die Höhe und Verteilung der finanziellen Belastung aus der Invalidenversicherung (zu Nr. 93, Reichstag, 10. Legislaturperiode, I. Session 1898/99), Verwendung gefunden haben. Die Ergebnisse einer zweiten Untersuchung sind in den Amtlichen Nachrichten des Reichs-Versicherungsamts 1901, 2. Beiheft, veröffentlicht worden; diese haben auch den deutschen Verein für Versicherungs-Wissenschaft in der am 12. Dezember 1902 abgehaltenen wissenschaftlichen Mitgliederversammlung, in welcher der Bearbeiter darüber berichtete, beschäftigt (Veröffentlichungen des Deutschen Vereins für Versicherungs-Wissenschaft, Heft 1, S. 36 ff.). Ein abschließendes Urteil über die Abhängigkeit des Rentenwegfalls von Lebensalter und Invaliditätsdauer gestattete auch diese zweite Untersuchung, wenngleich sie auf umfangreichere Beobachtungen als die erste sich stützte, noch nicht, weil für den Einfluß der Invaliditätsdauer genügend sichere Ergebnisse nur für die ersten fünf Jahre nach Eintritt der Invalidität abgeleitet werden konnten und deutlich zu erkennen war, daß insbesondere bei den jüngeren und den in mittleren Altern stehenden Invaliden die Invaliditätsdauer auch noch für weitere Jahre die Sterblichkeit wesentlich beeinflußt. Zur Ableitung der Zahlen für die späteren Jahre wurde die Annahme gemacht, daß mit Zunahme der Invaliditätsdauer die Ausscheidewahrscheinlichkeiten allmählich in die Sterbenswahrscheinlichkeiten der deutschen Sterbetafel für Männer übergehen werden.

Bei der großen Bedeutung der aus der Ausscheidetafel sich ergebenden Kapitalwerte der Invalidenrenten für die Beurteilung der Vermögenslage der Träger der Invalidenversicherung war eine Verbesserung der damals aufgestellten Ausscheidetafel dauernd im Auge behalten worden; insbesondere mußte danach gestrebt werden, die mehr oder weniger auf Annahmen beruhenden Ausscheidewahrscheinlichkeiten für das sechste und die folgenden Invaliditätsjahre durch aus Beobachtungen abgeleitete Zahlen zu ersetzen. Auch für die Förderung der Versicherungswissenschaft ist es von hohem Werte, daß hier, wo so umfangreiche Beobachtungen vorliegen, in eingehender Weise die Abhängigkeit des Wegfalls der Invalidenrenten von der Dauer der Invalidität festgestellt wird. Mit Rücksicht hierauf ist die im Jahre 1905 begonnene neue Untersuchung so beschleunigt worden, daß die Ergebnisse schon in dem dem fünften internationalen Kongreß für Versicherungswissenschaft gewidmeten 1. Beiheft zu den Amtlichen Nachrichten des Reichs-Versicherungsamts vom Jahre 1906 werden veröffentlicht werden können. Die Hauptergebnisse dieser Statistik sind die folgenden.

Bei der im Jahre 1901 veröffentlichten Statistik erstreckte sich die Beobachtung auf die bis Ende 1897 bewilligten Invalidenrenten; jeder Rentenempfänger wurde, sofern die Rente nicht früher weggefallen war, bis zum Wiederkehrstage des Rentenbeginns im Jahre 1898 beobachtet. Die neue Untersuchung umfaßt die Weiterbeobachtung dieser Rentenempfänger sowie die Beobachtung der in den Jahren 1898 und 1899 hinzugekommenen Rentenempfänger; jeder Rentenempfänger wurde bis zum Wiederkehrstage des Rentenbeginns im Jahre 1903 beobachtet. Bei der neuen Untersuchung wurden 366 328 (bei der vorigen 274 814) Rentenempfänger berücksichtigt. Davon waren innerhalb der Beobachtungszeit 132 362 (78 121) aus dem Rentengenuß ausgeschieden, und zwar 125 835 (74 735) durch Tod, 5474 (2885) durch Wiedererlangung der Erwerbsfähigkeit und 1053 (501) aus anderen Ursachen. Für die Ableitung der neuen Ausscheidetafel wurden die Ergebnisse der früheren und der jetzigen Untersuchung zusammengefaßt; sie stützt sich auf die Beobachtung von 444 655 Rentenempfängern mit 210 483 Ausscheidefällen, wovon 200 570 auf Tod, 8359 auf Wiedererlangung der Erwerbsfähigkeit und 1554 auf andere Ursachen kommen.

Als Einheit für den Beobachtungszeitraum wurde bei den ersten fünf Bezugsjahren wegen des großen Einflusses der Invaliditätsdauer auf das Ausscheiden nicht das Jahr gewählt, sondern es wurde die Zeit bis zum Schlusse des ersten Invaliditätsjahrs in Beobachtungsmonate und die Zeit von da ab bis zum Schlusse des fünften Invaliditätsjahrs in Beobachtungsvierteljahre zerlegt. Diese Zeiträume richteten sich für jeden Rentenempfänger genau nach dem Tage, an welchem er erwerbsunfähig geworden war. Aus den Ausscheidewahrscheinlichkeiten für die erwähnten Beobachtungszeiträume wurden solche für Beobachtungsjahre berechnet.

In der nachstehenden Übersicht sind die unausgeglichenen Werte der Ausscheidewahrscheinlichkeiten, getrennt für männliche und für weibliche Rentenempfänger, mitgeteilt.

Alter in Jahren beim Rentenbeginn	Ge-schlecht	Wahrscheinlichkeit, im Laufe des							
		1.	2.	3.	4.	5.	6.	7.	8.
		Invaliditätsjahres aus dem Rentengenuß auszuscheiden							
20 bis 24	m.	0,5620	0,3233	0,1758	0,1432	0,0992	0,0800	0,0648	0,0770
	w.	4680	2022	1137	0946	0702	0546	0491	0573
25 bis 29	m.	0,5110	0,2888	0,1690	0,1155	0,0902	0,0658	0,0577	0,0597
	w.	3210	1603	0894	0677	0557	0459	0437	0536
30 bis 34	m.	0,4460	0,2583	0,1485	0,1064	0,0900	0,0765	0,0633	0,0626
	w.	2345	1274	0671	0536	0433	0500	0368	0504
35 bis 39	m.	0,4015	0,2430	0,1500	0,1077	0,0807	0,0709	0,0712	0,0437
	w.	1918	1050	0598	0488	1251	0442	0346	0319
40 bis 44	m.	0,3568	0,2116	0,1306	0,0978	0,0846	0,0738	0,0660	0,0634
	w.	1708	0895	0542	0449	0356	0283	0371	0342
45 bis 49	m.	0,3032	0,1724	0,1166	0,0924	0,0789	0,0709	0.0651	0,0683
	w.	1072	0802	0488	0396	0375	0397	0377	0419
50 bis 54	m.	0,2490	0,1418	0,0971	0,0852	0,0768	0,0732	0,0705	0,0734
	w.	1068	0664	0451	0427	0435	0491	0442	0429
55 bis 59	m.	0,1882	0,1160	0,0861	0,0811	0,0807	0,0776	0,0784	0,0852
	w.	0897	0593	0479	0459	0507	0535	0545	0621
60 bis 64	m.	0.1595	0,1014	0,0860	0,0822	0,0876	0,0918	0,0973	0,1019
	w.	0758	0556	0517	0484	0609	0610	0645	0779
65 bis 69	m.	0,1483	0,1093	0,1001	0,1021	0,1074	0,1142	0,1222	0,1342
	w.	0858	0661	0675	0715	0752	0779	1014	1056
70 bis 74	m.	0,1147	0,1026	0,1046	0,1158	0,1293	0,1408	0,1548	0,1679
	w.	0625	0655	0721	0819	0954	1105	1249	1247
75 bis 79	m.	0,1255	0,1339	0,1335	0,1583	0,1866	0,2096	0,1997	0,2324
	w.	0732	0897	1114	1228	1575	1184	2011	1658

Abgesehen von den sehr hohen Lebensaltern ist die Ausscheidewahrscheinlichkeit im ersten Invaliditätsjahre größer als im zweiten. Die Ausscheidewahrscheinlichkeit im ersten Invaliditätsjahr ist wesentlich von dem Lebensalter, in dem die Erwerbsunfähigkeit eintritt, abhängig; sie ist bei den jüngeren Invaliden größer als bei den älteren. Die Unterschiede sind sehr groß. Von den jüngeren Invaliden scheidet annähernd die Hälfte, von den Invaliden in mittleren Altern etwa der vierte Teil, von den älteren ein noch kleinerer Bruchteil im ersten Invaliditätsjahr aus. Der Hauptgrund für diese Verchiedenheit ist leicht zu erkennen. Die in jungen Jahren erwerbsunfähig werdenden Personen leiden meist an schweren, zu einem baldigen Tode führenden Krankheiten, insbesondere an Lungentuberkulose. Unter den in höherem Alter invalide werdenden Personen dagegen befinden sich viele, bei denen die allmähliche Abnahme der Kräfte die Ursache der Invalidität ist, und viele, die mit Krankheiten behaftet sind, die zwar die Erwerbsfähigkeit erheblich beschränken, nicht aber eine wesentlich über das Durchschnittsmaß hinausgehende Sterblichkeit zur Folge haben.

Unter den Invaliden befinden sich einerseits zähe, widerstandsfähige, lebenskräftigere und anderseits mit schweren Leiden behaftete, weniger widerstandsfähige Personen. Die zweite Gruppe liefert den größten Teil der Todesfälle, die die Sterblichkeit der Invaliden in der ersten Zeit der Invalidität so groß erscheinen lassen. In dem Maße, als

Alter in Jahren beim Rentenbeginn	Untersuchung vom Jahre	Wahrscheinlichkeit, im Laufe des									
		1.	2.	3.	4.	5.	6.	7.	8.	9.	10.
		Invaliditätsjahres aus dem Rentengenuß auszuscheiden									
20 bis 24	1906	0.5120	0,2641	0.1432	0,1167	0,0831	0.0660	0,0560	0,0664	0,0525	0,0366
	1901	5040	2800	1530	1080	0700	0466	0306	0194	0141	0115
25 bis 29	1906	0,4390	0.2346	0,1326	0,0926	0,0736	0.0534	0,0513	0,0570	0,0403	0,0376
	1901	4500	2550	1430	1030	0700	0483	0323	0205	0160	0135
30 bis 34	1906	0,3750	0.2138	0.1178	0,0854	0,0713	0,0660	0,0529	0,0581	0,0453	0,0408
	1901	4000	2300	1330	0980	0700	0503	0345	0235	0187	0162
35 bis 39	1906	0,3405	0,2012	0,1198	0,0866	0,0680	0,0614	0,0582	0,0396	0,0466	0,0529
	1901	3500	2050	1230	0930	0700	0523	0373	0279	0220	0196
40 bis 44	1906	0,3049	0,1756	0,1058	0.0797	0,0676	0,0579	0,0560	0,0537	0,0532	0,0522
	1901	3040	1800	1115	0880	0700	0545	0420	0332	0274	0246
45 bis 49	1906	0,2495	0,1444	0,0948	0,0748	0,0650	0.0605	0,0562	0,0600	0,0579	0,0558
	1901	2590	1540	1000	0830	0700	0573	0478	0403	0348	0316
50 bis 54	1906	0,2082	0,1187	0,0819	0,0710	0,0658	0,0653	0,0622	0,0640	0,0620	0,0657
	1901	2140	1270	0910	0782	0700	0622	0551	0502	0456	0430
55 bis 59	1906	0,1555	0,0990	0,0742	0,0699	0,0712	0,0700	0,0712	0,0784	0,0771	0.0755
	1901	1710	1060	0850	0764	0720	0680	0645	0630	0620	0616
60 bis 64	1906	0,1320	0,0879	0,0753	0,0716	0,0793	0,0822	0,0872	0,0947	0,0980	0,1057
	1901	1410	0960	0860	0835	0817	0810	0815	0825	0855	0897
65 bis 69	1906	0,1323	0,0969	0,0904	0,0929	0.0977	0,1033	0,1159	0,1256	0,1365	0,1502
	1901	1265	1020	1000	1005	1025	1055	1100	1155	1230	1305
70 bis 74	1906	0,0952	0,0882	0,0915	0,1018	0,1153	0,1283	0,1428	0,1510	0.1810	0,1676
	1901	1265	1220	1240	1280	1340	1420	1515	1623	1745	1873
75 bis 79	1906	0,1108	0,1209	0,1267	0,1470	0,1774	0,1795	0,2002	0,2096	0,2557	0,2917
	1901	1505	1560	1640	1750	1873	2007	2147	2290	2436	2585

diese Gruppe durch Tod ausscheidet, verschiebt sich das Gemisch der Invaliden zugunsten der widerstandsfähigeren. Dazu mag noch kommen, daß mancher Invalide, weil er infolge des Rentenbezugs seine Gesundheit mehr als früher schonen kann, im Laufe der Zeit eine größere Widerstandsfähigkeit erlangt. Die Erhöhung des Anteils der

widerstandsfähigeren Rentenempfänger hat zur Folge, daß die zuerst
sehr hohe Sterblichkeitsziffer bald erheblich zurückgeht. Der Rückgang
tritt bei den jungen Invaliden, bei denen ja auch die Sterblichkeit am
meisten von der Durchschnittssterblichkeit des Lebensalters abweicht,
am schärfsten und bei den alten Invaliden am schwächsten hervor.

Die Ausscheidezahlen sind für die weiblichen Invaliden erheblich
niedriger als für die männlichen, besonders bei den mittleren Lebensaltern. Mit zunehmender Invaliditätsdauer schwächt sich der Unterschied ab, er bleibt aber immer nennenswert größer als der Sterblich-
keitsunterschied bei der Gesamtbevölkerung.

In der folgenden Übersicht sind die aus der neuen Untersuchung
bei Zusammenfassung beider Geschlechter sich ergebenden Zahlen den
Zahlen der früheren Ausscheidetafel gegenübergestellt. Hierbei sind,
soweit die frühere Untersuchung in Betracht kommt, die ausgeglichenen
Zahlen, und zwar die für die Alter von 22, 27, 32 usw. Jahren, benutzt
worden, weil unmittelbare Beobachtungen damals bis zum zehnten Invaliditätsjahre nicht vorlagen.

Für die frühere Ausscheidetafel lagen genügend sichere Unterlagen
nur für die ersten fünf Invaliditätsjahre vor. Für diese liefert die neue
Untersuchung etwas niedrigere Ausscheidewahrscheinlichkeiten; der
Unterschied ist meist nicht sehr groß. Dagegen lehrt die Erfahrung,
daß das Ausscheiden in höheren Invaliditätsjahren im allgemeinen erheblich stärker ist als es den Zahlen der früheren Ausscheidetafel entspricht; die Annahme, daß mit Zunahme der Bezugsdauer die Ausscheidewahrscheinlichkeiten allmählich in die Sterbenswahrscheinlichkeiten der deutschen Sterbetafel für Männer übergehen werden, hat sich
als nicht zutreffend erwiesen. Die bildliche Darstellung der neu gefundenen Zahlen läßt zwar erkennen, daß, wenn seit dem Eintritte der
Erwerbsunfähigkeit ein längerer Zeitraum, der bei Personen mittleren
Alters etwa 10 Jahre, bei jüngeren mehr, bei älteren weniger als 10
Jahre beträgt, vergangen ist, das Ausscheiden aus dem Rentengenusse
sich unabhängig von der Invaliditätsdauer und lediglich abhängig von
dem Lebensalter vollzieht. Die Zahlenreihe für diese Ausscheidewerte
liegt aber bei den niederen Altern wesentlich über den Sterbenswahrscheinlichkeiten der deutschen Sterbetafel; sie nähert sich diesen mit
zunehmendem Alter immer mehr und bleibt in den hohen Altern, etwa
vom Alter von 70 Jahren ab, hinter ihnen zurück.

XIV. — C.

Die bestehenden Einrichtungen zur Versicherung gegen die Folgen von Arbeitslosigkeit.

Vom **Kaiserlichen Statistischen Amt** in Berlin.

Am 31. Januar 1902 beschloß der Reichstag, den Herrn Reichskanzler zu ersuchen, eine Kommission zu bilden mit der Aufgabe, die
bisher gegen die Folgen der Arbeitslosigkeit getroffenen Versicherungseinrichtungen zu prüfen und Vorschläge über eine zweckmäßige Ausgestaltung dieses Zweiges der Versicherung zu machen. Der Bundesrat ersuchte in Erledigung dieser Resolution des Reichstages am 30.
Oktober 1902 den Reichskanzler, das Kaiserliche Statistische Amt feststellen zu lassen, welche Einrichtungen bezüglich der Versicherung
gegen die Folgen der Arbeitslosigkeit bisher getroffen und welche Ergebnisse dadurch erzielt worden sind. Entsprechend diesem Ersuchen
hat der Herr Reichskanzler dem Kaiserlichen Statistischen Amt unter
dem 20. November 1902 den Auftrag zu der vom Bundesrat gewünschten
Darstellung erteilt, und das Kaiserliche Statistische Amt entledigt sich
jetzt dieses Auftrages durch die dem Bundesrat und dem Reichstag
vorgelegte Denkschrift: Die bestehenden Einrichtungen zur Versicherung gegen die Folgen der Arbeitslosigkeit im Ausland und im
Deutschen Reich.

Die Denkschrift, die vom Regierungsrat *Dr. Leo* bearbeitet ist,
zerfällt nach ihrer Anlage in zwei Teile. Den einen Teil bildet die
Darstellung der bestehenden Einrichtungen und Projekte zur Arbeitslosenversicherung im In- und Ausland, sowie die kritische Würdigung
ihrer Ergebnisse. Den zweiten Teil bildet die Vorführung der gegenwärtigen Lage der organisierten Arbeitsvermittelung im Deutschen
Reich. Dem ersten Teil ist noch ein Anlagenband beigegeben, in den
das reiche Material an Zahlen, Statuten, Gesetzen, Verordnungen, das
ohne die Lesbarkeit des Textes zu beeinträchtigen, in die laufende
Darstellung nicht aufgenomen werden konnte, verwiesen ist. Die ganze
Denkschrift besteht mithin aus 3 Bänden von insgesamt rund 1400
Druckseiten. Ein alphabetisches Sachregister erleichtert die rasche
Orientierung. Für die Darstellung der Versicherungseinrichtungen
ist eine Gliederung des Materials nach Ländern gewählt worden. Es ist

auf diese Weise ermöglicht, sich über den gegenwärtigen Stand der Frage in jedem einzelnen Lande rasch und zusammenhängend zu unterrichten.

Nach dem Auftrage des Herrn Reichskanzlers war es ausgeschlossen, daß das Kaiserliche Statistische Amt *selbst* Vorschläge über eine zweckmäßige Ausgestaltung einer Arbeitslosenversicherung zu machen hatte. Der Auftrag ging vielmehr nur dahin, daß das Kaiserliche Statistische Amt die vorhandenen Einrichtungen darstellen und, was als selbstverständliche Ergänzung behandelt wurde, diejenigen Tatsachen und Gesichtspunkte zur Vorführung bringen sollte, welche für eine Bearbeitung dieser Einrichtungen in Betracht kommen. Da ein Teil der Einrichtungen im Stadium des Projektes stecken geblieben ist, anderseits auch die Kenntnis der bestehenden Projekte und Vorschläge zur Gewinnung eines vollständigen Bildes des gegenwärtigen Standes der Frage der Arbeitslosenversicherung unbedingt erforderlich schien, so wurde die Darstellung auch auf die schwebenden Projekte und die in der Literatur gemachten Vorschläge erstreckt.

Die Denkschrift gibt in der Einleitung eine kurze, aber eindringende Analyse des ganzen Problems und der Grundbegriffe der Arbeitslosenversicherung. Eine eingehende Darstellung ist sodann den Einrichtungen des Auslandes (England, Schweiz, Belgien, Frankreich, Niederlande, Italien, Österreich, Ungarn, Dänemark, Schweden, Norwegen, Vereinigte Staaten von Amerika) gewidmet; die zweite Hälfte des ersten Teiles nimmt die Vorführung der *deutschen* Einrichtungen, Projekte und Vorschläge ein. Wenn das Kaiserliche Statistische Amt bei dieser Darstellung sich eigener Vorschläge auch zu enthalten hatte, so hat es zum Schluß des ersten Teils die wesentlichsten Ergebnisse seiner Untersuchung doch in Kürze formuliert. Als Ergebnis ist danach hervorzuheben, daß die Bekämpfung der Arbeitslosigkeit selbst nicht im Wege der Versicherung zu erfolgen hat, sondern daß die Bekämpfung teils durch vorbeugende Maßnahmen allgemeinen Charakters (Regelung der Produktion, allgemeine Wirtschaftspolitik, Hebung der Volksbildung, Regelung des Lehrlingswesens usw.) sich zu vollziehen hat, teils durch Vermittlung vorhandener Arbeit und durch Arbeitsbeschaffung (Notstandsarbeiten) geschieht, während die Versicherung nur eine Sicherstellung gegen die aus der Arbeitslosigkeit sich ergebenden wirtschaftlichen Folgen bietet.

Die Darstellung der Tatsachen der Arbeitslosigkeit ergibt, daß es sich bei der vorübergehenden Arbeitslosigkeit begrenzter Personenkreise in der Volkswirtschaft um eine wirtschaftliche Erscheinung handelt, welcher eine gewisse Regelmäßigkeit und Gesetzmäßigkeit zukommt, die sowohl nach dem Zeitpunkte wie nach der Dauer und dem Umfang auf Grund längerer Beobachtung als schätzbar zu betrachten ist und unter diesem Gesichtspunkt an sich für eine Versicherung unter versicherungstechnischen Gesichtspunkten unüberwindliche Schwierigkeiten wohl nicht bieten würde. Es zeigt sich ferner, daß die Gefahr der Arbeitslosigkeit in den einzelnen Berufen sehr verschieden ist, dementsprechend auch das Bedürfnis einer Sicherstellung gegen die Folgen der Arbeitslosigkeit nicht gleichmäßig in allen Berufen besteht.

Die Schwierigkeiten einer Versicherung liegen in anderer Richtung. Sie ergeben sich vor allem bei der Feststellung und Begrenzung des Begriffs der zur Unterstützung berechtigenden Arbeitslosigkeit und bei der Kontrolle der Durchführung dieser Feststellung in der Praxis, sowie bei der Regelung der Frage der Annahmepflicht von Arbeit.

Was die verschiedenen Formen der Lösung anlangt, welche öffentliche Mittel für die Zwecke der Arbeitslosenversicherung bereitstellen wollen, so findet sich, daß bei allgemeiner *obligatorischer* Arbeitslosenversicherung in weitem Maße Berufskreise mit Lasten belegt werden, für welche die Gefahr der Arbeitslosigkeit überhaupt nicht besteht oder sehr gering ist, daß aber anderseits eine wirklich dem Risiko entsprechende Abstufung der Beiträge sehr schwierig ist. Abgesehen von der Frage des Bedürfnisses, der Versicherung einen solchen Umfang zu geben, tritt hervor, daß jede bureaukratische obligatorische Versicherung genötigt ist, Kautelen zu schaffen und den Begriff der unterstützungsfähigen Arbeitslosigkeit in einer Weise einzuschränken, die leicht von den Arbeitern als eine Beeinträchtigung ihrer Bewegungsfreiheit und als eine Schädigung der von ihren Fachverbänden angestrebten Ziele empfunden wird. Die Lösungen, welche die Arbeitslosenversicherung *fakultativ* gestalten wollen, können von vornherein nur auf diejenigen Kreise rechnen, welche selbst das Bedürfnis zur Versicherung empfinden. Das sind erfahrungsmäßig nur wenige Kreise. Bei den am schlechtesten gestellten Arbeitern fehlt, soweit darüber Erfahrungen vorliegen, teils die eigene Initiative zur Versicherung, teils die Möglichkeit, von dem Einkommen den Betrag der Beiträge regelmäßig aufzubringen.

Als ein Mittelweg zwischen der Einrichtung selbständiger, obligatorischer oder fakultativer Arbeitslosenkassen, der in Belgien von den Gemeinden, in Frankreich vom Staate bereits beschritten ist, ergibt sich das System des Zuschusses an bestehende Einrichtungen, sei es der Arbeiterverbände oder sonstiger Organisationen, welche sich die Unterstützung bei Arbeitslosigkeit zum Ziel gesetzt haben. Die Schwäche auch dieser Lösung besteht darin, daß nur ein Teil der Arbeiterschaft bei dieser Lösung berücksichtigt wird, derjenige Teil, der organisiert ist oder sonst genügend Initiative besitzt, sich selbst zu versichern. Dies zu verhindern und einen Ausgleich für die *unorganisierten* Arbeiter durch Gewährung von Zuschüssen zu Spareinlagen zu schaffen, hat sich überall als schwierig gezeigt. Ergänzende, allgemeine Versicherungskassen bestehen noch nicht, sind aber als Ergänzung des Systems erforderlich. Eine Weiterbildung in Belgien und Frankreich der gefundenen Lösungen wird in Norwegen und Dänemark vorgeschlagen. Die Bewährung aller dieser Lösungen, soweit es sich um die Beteiligung des Staates handelt, steht noch aus. Auch diesen Lösungen gegenüber fehlt es nicht an Bedenken wirtschaftlicher wie sonstiger Natur.

Die Sicherstellung gegen die Folgen der Arbeitslosigkeit durch Selbsthilfe ohne Inanspruchnahme öffentlicher Mittel ist für begrenzte Arbeiterkreise vor allem in der gewerkschaftlichen Organisation in allen Ländern gelungen. Die Arbeiter erkennen aber die alleinige

Selbsthilfe als die normale Form der Sicherstellung gegen die Folgen der Arbeitslosigkeit nur begrenzt an und stehen auf dem grundsätzlichen, von anderer Seite bestrittenen Standpunkt, daß die Verweisung des Arbeiters auf die Selbsthilfe ihn zu Unrecht belaste, da die Arbeitslosigkeit eine Folgeerscheinung der geltenden kapitalistischen Wirtschaftsordnung sei und daher die Kosten der Sicherstellung gegen sie von der Gesamtheit zu tragen seien. Es darf dabei nicht übersehen werden, daß dieser Gesichtspunkt sich nicht auf die *Hand*arbeiter beschränken läßt, sondern in gleicher Weise von allen wirtschaftlich unselbständigen Personen geltend gemacht werden kann, und daß diese Art der Begründung in ihren Konsequenzen zu der Forderung einer öffentlichen Versicherung aller wirtschaftlich unselbständigen Personen führt. Die gleiche Auffassung führt die Arbeiter auch zur grundsätzlichen Ablehnung des Prinzips des Sparzwanges als Ersatzmittel der Arbeitslosenversicherung.

Alle Vorschläge sind darin einig, daß von wesentlicher Bedeutung für jede Form einer Arbeitslosenversicherung das Vorhandensein und die Vervollkommnung der *Arbeitsvermittelung* ist. Der Darstellung ihres Standes im Deutschen Reich ist der II. Teil der Denkschrift gewidmet.

Die Tätigkeit des Arbeitsnachweises bildet die Voraussetzung einer Arbeitslosenversicherung, da eine Unterstützung oder der Versicherungsfall erst dann eintreten soll, wenn Arbeit zu vermitteln zur Zeit nicht möglich ist. Von der gleichen Bedeutung wie für den Beginn der Unterstützung oder Versicherung ist die Tätigkeit des Arbeitsnachweises für das Ende einer Versicherung, da diese aufhört, sobald Arbeit vermittelt wird. Diese enge Verbindung von Arbeitsnachweis und Arbeitslosenversicherung rechtfertigt die besondere Darstellung des Arbeitsnachweises im II. Teil, in dem zunächst nach einer Einleitung kurz die Grundfragen der Arbeitsvermittelung skizziert werden und dann die einzelnen Formen des Arbeitsnachweises in ihrer Entwicklung und ihrem gegenwärtigen Stande zur Darstellung gelangen.

Auch hier hat das Kaiserliche Statistische Amt sich aller Vorschläge über Weiterbildung oder Reformen des Arbeitsnachweises zu enthalten und den gegenwärtigen Zustand kritisch nur dahin zu würdigen gehabt, inwieweit er genügt oder geeignet wäre, einer Lösung des Problems der Arbeitslosenversicherung als Unterlage zu dienen. Eine kritische Betrachtung zeigt, daß dies im ganzen genommen im Deutschen Reich heute noch nicht der Fall ist, und daß der Ausbau, die Zusammenfassung und die organische Verbindung der einzelnen Formen des Arbeitsnachweises erst erfolgen müssen, um die Vorbedingungen für die Lösung des Arbeitslosenversicherungsproblems zu schaffen.[1])

---

[1]) Die Denkschrift ist in Carl Heymanns Verlag erschienen und im Buchhandel für den Preis von 27 Mark erhältlich.

Des institutions qui existent actuellement pour l'assurance contre les conséquences du chômage.

Par l'Office Impérial de Statistique, Berlin.

Le 31 janvier 1902, le Reichstag décida d'inviter le Chancelier de l'Empire à constituer une commission destinée à enquêter sur les moyens mis en œuvre jusqu'alors pour obvier aux conséquences du chômage et chargée de présenter des propositions en vue du développement de cette branche des assurances.   Venant appuyer ladite résolution du Reichstag, le Conseil fédéral demanda à son tour, le 30 octobre 1902, au Chancelier de faire constater par l'Office Impérial de Statistique quelles étaient les institutions d'assurance contre les conséquences du chômage actuellement en vigueur et quels étaient les résultats que l'on avait ainsi obtenus.

Donnant suite à ce postulat le Chancelier donna, le 20 novembre 1902, à l'Office Impérial du Statistique mandat de se livrer à l'exposé désiré par le Conseil fédéral et ledit office s'en acquitte en présentant un rapport sur les instiutions d'assurance contre les suites du chômage, à l'étranger et en Allemagne.   Ce rapport œuvre de M. le Conseiller de Gouvernement *Dr. Leo* se compose de deux parties.   La première renferme l'exposé des organisations ou des projets d'assurance contre le chômage, que l'on rencontre en Allemagne et à l'étranger, ainsi que l'appréciation critique de leurs résultats.   La seconde partie donne un aperçu de ce que sont actuellement les services de placement organisés en Allemagne.   A la première partie est jointe une annexe contenant de nombreux matériaux sous forme de chiffres, de statuts, de lois, d'ordonnances, que l'on n'aurait pu intercaler dans le texte même, sans nuire à sa clarté.   Le rapport se compose donc de trois volumes, soit d'environ 1400 pages d'impression.   Une table alphabétique des matières facilite les recherches.   En ce qui concerne les institutions d'assurance on a choisi la classification par pays, ce qui permet de se renseigner rapidement et complètement sur l'état de la question dans chacun d'eux.

Vu la teneur du rescrit du Chancelier, l'Office Impérial de Statistique n'avait pas à formuler *lui-même* des propositions quant à la meilleure manière d'établir l'assurance contre le chômage.   La tâche de l'Office consistait au contraire simplement à exposer quelles étaient les institutions existantes et, ce qui allait de soi, les circonstances et les points de vue permettant de se livrer à une étude sérieuse du sujet. Étant donné qu'une partie de ces institutions n'étaient encore qu'à l'état de projets et que, d'autre part, il était nécessaire de connaître toutes les propositions pour se faire une idée juste de l'état actuel de la question de l'assurance contre le chômage, l'exposé s'étendit aux projets encore en suspens et aux propositions formulées dans la littérature.

Le rapport donne dans son introduction une analyse succinte, mais approfondie du problème tout entier et des notions principales de l'assurance contre le chômage.   Puis vient un exposé détaillé des institutions qui fonctionnent à l'étranger (Angleterre, Suisse, Belgique, France, Hollande, Italie, Autriche, Hongrie, Danemark, Suède, Norwège, États-Unis d'Amérique). La seconde moitié de la première partie est consacrée aux institutions, projets et propositions concernant l'Allemagne. L'Office Impérial devait, il est vrai, s'abstenir de présenter ses propres propositions, mais il a brièvement indiqué les résultats de son enquête. Il ressort de ces constatations que ce n'est point par des lois spéciales qu'il faut lutter contre le chômage, mais par des mesures préventives d'ordre général, d'une part (réglementation de la production, politique économique générale, élévation du niveau de la culture du peuple, réglementation de l'apprentissage etc.) et de l'autre par un service de placement et par la mise en chantier de grands travaux publics, tandis que l'assurance est simplement un moyen de protection contre les conséquences économiques du chômage. L'exposé des circonstances dans lesquelles le chômage a lieu démontre que lorsqu'il s'agit de manque temporaire d'ouvrage frappant telle ou telle catégorie bien déterminée de personnes, on se trouve en présence d'un phénomène économique qui se reproduit avec une certaine régularité, obéit à une sorte de loi, et dont on peut par conséquent, grâce à une observation minutieuse et prolongée, déterminer l'époque, évaluer la durée et l'importance. A ce point de vue l'organisation d'une assurance ne se heurterait sans doute pas à des obstacles techniques insurmontables. De plus on remarque que les risques de chômage sont très différents de métier à métier, et que par conséquent le besoin d'une protection contre les conséquences d'un manque de travail n'est pas le même dans toutes les professions.

Les difficultés qu'offre la création de l'assurance sont d'une autre nature: elles résident surtout dans la définition et la délimitation du chômage donnant droit à l'assistance, dans le contrôle de ces données, dans la pratique ainsi que dans la manière de régler l'obligation qu'aura l'ouvrier d'accepter du travail.

Quant aux diverses formes préconisées pour trouver les ressources nécessaires à l'assurance contre le chômage on constate que, si l'on voulait introduire une assurance générale et *obligatoire,* de nombreux milieux professionnels se verraient imposer des charges sans compensation, puisque le risque de chômage n'existe pas pour eux ou est des plus minimes, que si, au contraire, on entendait proportionner le montant des cotisations aux risques réellement courus, on se trouverait en présence d'une tâche des plus ardues. Abstraction faite de la question de savoir si ce serait répondre à un véritable besoin que d'instituer l'assurance contre le chômage sur une si grande échelle, il est évident que toute assurance bureaucratique obligatoire devrait s'entourer de précaution et tellement restreindre la notion du chômage donnant droit à l'assistance que les ouvriers seraient tentés de voir dans ce fait une atteinte portée à la liberté de leurs mouvements et un préjudice aux buts poursuivis par leurs associations professionnelles.

Les combinaisons, par contre, qui considèrent l'assurance *facultative* comme la meilleure solution ne peuvent compter que sur les milieux qui éprouvent vraiment le besoin de s'assurer et l'on sait que ces derniers sont peu nombreux.   Les ouvriers qui sont le moins bien partagés manquent, soit de l'initiative nécessaire, soit des ressources leur permettant de payer régulièrement leurs cotisations.

Les communes, en Belgique, et l'État, en France, ont choisi un moyen terme entre les caisses obligatoires et les caisses facultatives, en accordant des subventions aux institutions existantes, associations ouvrières ou autres organisations, qui se sont donné pour mission l'assistance en cas de chômage.   La faiblesse de cette solution consiste en ce qu'une partie seulement de la classe ouvrière bénéficie de ladite intervention, à savoir celle qui s'est organisée ou qui possède assez d'esprit d'initiative pour s'assurer elle-même.   Partout on a dû se convaincre de la difficulté qu'il y aurait à éviter cet écueil et à établir une compensation en faveur des ouvriers qui ne sont pas organisés, en leur accordant des allocations pour leurs placements d'épargne.   Des caisses complémentaires et générales d'assurance n'existent pas encore, mais sont indispensables pour parfaire le système.

En Norwège et au Danemark on propose de développer les principes mis en œuvre en Belgique et en France.   Toutefois, en ce qui concerne l'intervention de l'État, aucune des solutions sus-mentionnées n'a, jusqu'à présent, fait ses preuves, et elles ne sont pas exemptes de critiques soit au point de vue économique, soit à d'autres égards.   Ce système est un encouragement à l'effort personnel et convient mieux là où cet encouragement est encore nécessaire que là où les organisations ouvrières ont, depuis longtemps, pris un essor considérable, comme en Angleterre.

Dans tous les pays l'initiative privée est parvenue à mettre certains groupes professionnels bien déterminés à l'abri du chômage, grâce surtout à l'organisation syndicale, et cela sans recourir aux deniers publics.   Mais les ouvriers n'admettent qu'en partie le principe de l'effort personel comme forme normale de la protection contre les suites du chômage et affirment, ce qui d'ailleurs est contesté d'autre part, qu'en les abandonnant à leurs propres forces on leur impose une charge injuste, car le chômage est, selon eux, une conséquence du régime capitaliste actuel, d'où il résulte que les frais faits pour les mettre à l'abri de ce phénomène devraient être supportés par la collectivité.   Il ne faut pas perdre de vue que cette théorie ne saurait s'appliquer aux artisans seuls, mais qu'elle pourrait être invoquée par toutes les personnes qui ne sont point économiquement indépendantes, et que ce raisonnement conduirait à réclamer une assurance officielle pour tous les gens qui n'occupent pas une situation économique indépendante.   C'est cette même conception qui incite les ouvriers à repousser, en principe, l'idée de l'épargne obligatoire comme moyen pouvant remplacer l'assurance contre le chômage.

Tous les projets sont d'accord pour reconnaître que l'existence d'un mode de placement et son perfectionnement sont de la plus haute importance quelle que soit la forme choisie pour l'assurance contre le chômage.   La deuxième partie du rapport expose quel est l'état de la question du placement, dans l'Empire allemand.

L'activité d'un service de placement est la première condition d'une assurance contre le chômage, car une indemnité ne peut être accordée que s'il est impossible de procurer du travail à l'assuré. Ce service est tout aussi important en ce qui concerne le moment auquel le versement de l'indemnité doit prendre fin, car l'assurance cessera de déployer ses effets dès que du travail a été procuré à l'intéressé. C'est cette étroite corrélation entre placement et assurance qui justifie l'exposé spécial auquel la deuxième partie du rapport est consacré. Après une introduction du sujet, l'auteur esquisse les questions fondamentales du placement, puis indique sous quelles différentes formes il se présente, comment il s'est développé et quel est son état actuel.

Ici, également, l'Office Impérial de Statistique avait à s'abstenir de toutes propositions relativement au perfectionnement ou à la réforme du système de placement et n'avait à examiner critiquement la pratique actuelle que pour apprécier jusqu'à quel point elle est suffisante et pourrait être propre à servir de base à la solution du problème de l'assurance contre le chômage. Une étude critique démontre que les services de placement, en Allemagne, devraient être remaniés et que leurs diverses formes devraient être réunies en un tout organique, afin d'avoir les premières données indispensables à la solution du problème de l'assurance contre le chômage.

The existing provisions for insurance against the inability to obtain employment.

By the Imperial Statistical Office in Berlin.

On the 31st of January 1902, the Reichstag resolved to request the Chancellor of the Empire to appoint a Commission charged with the task of examining the provisions which up to that time had been made for insurance against the inability to obtain employment and of making suggestions looking to a suitable development and establishment of this branch of insurance. For the carrying out of this resolution of the Reichstag the imperial Council on the 30th October 1902 requested the Chancellor to direct the imperial Statistical Office to ascertain definitely what provision concerning insurance against inability to find employment had up to then been made and what results had been attained thereby. In compliance with this request the Chancellor on the 20th November 1902 commissioned the imperial Statistical Office to furnish the desired information. This has now been done and the facts set out at length in the memoir presented to the Council and the Reichstag and entitled: "The existing Provisions for Insurance against the Inability to obtain Employment, in Foreign Countries and in the German Empire".

The memoir has been prepared and edited by government Councillor *Dr. Leo,* and is divided according to its plan into two parts. The first part consists of a presentation of the existing provisions and plans for insurance against inability to obtain employment, in foreign countries and at home, as well as a critical estimation of the results attained. The second part shows the present position of the organized mediatory agencies in the German Empire for bringing together the workman and the employer. A supplementary volume has been added to the first part, containing rich material in the form of figures, regulations, laws and ordinances which could not have been inserted in the text without impairing its clearness and the ease of perusal. The whole memoir thus consists of three volumes of about 1400 pages in all. An alphabetical subject-index renders easy a speedy reference to the contents of the volumes. For the setting out of the various provisions for insurance of this kind, a grouping of the material by countries has been chosen; in this way it is possible, quickly and in a connected manner, to inform oneself of the present condition of the question in any given country.

It was excluded from the commission given by the Chancellor to the Statistical Office, that this latter should *itself* make suggestions in respect to an elaboration of a suitable form of insurance against inability to obtain employment. The direction went rather only so far as to require the Statistical Office to set forth the existing provisions and, as a supplement thereto, those facts and points of view which come naturally into consideration in treating of those provisions. Since a part of the provisions in relation to the subject have remained in the domain of mere plans, and on the other hand the knowledge of existing projects and proposals seems unconditionally demanded in order to obtain a complete view of the present state of the question concerning insurance of this kind, the presentation was extended to include also pending projects, and the proposals and suggestions met with in the literature of the subject.

In the introduction to the memoir a brief but exact analysis is given of the whole problem and of the fundamental conceptions underlying the question of this form of insurance. An exhaustive presentation is then made of the provisions existing in foreign countries (England, Switzerland, Belgium, France, Holland, Italy, Austria, Hungary, Denmark, Sweden, Norway, United States of America); the second half of the first part contains the *German* provisions, plans and proposals. If the imperial Statistical Office had to refrain in this presentation from making suggestions of its own, it has however, at the conclusion of the first part, stated concisely the essential results of its investigations. One such result stands out prominently, viz.: that the efforts to overcome the difficulty of providing the workman with employment, place no hindrance in the way of effecting insurance against the consequences of the lack of work, but that while these efforts have to render themselves effectual, partly through preventive measures of a general nature (regulation of production, application of general social-economic principles, raising the standard of popular education,

regulation of apprenticeship, etc.), partly through providing and making accessible the work that is waiting to be done and through the supplying of work created for the very purpose of relieving the distress,
insurance on the other hand, offers only a guaranty against the
economic consequences to the workman which arise from his inability
to obtain work.

The presentation of the facts in reference to the inability referred
to, shows that the difficulty of obtaining employment experienced
temporarily from time to time by definite classes of workmen, is an
economic phenomenon which presents a certain regularity and law, and
which as well in reference to its time of occurrence as to its duration
and extent is, as a result of long observation, to be regarded as capable
of estimation and computation and therefore would not offer in itself,
from a technical insurance standpoint, any insurmountable difficulties
as a subject of insurance. Further, it is shown that the risk of lack of
work varies much in the single trades and industries and that correspondingly the need of an assurance against this risk is not the same
in all cases.

The difficulties in reference to insurance of this kind lie in another direction, they show themselves above all in the attempt to establish and limit what shall constitute such a lack of employment as justifies the payment of the insurance relief, and in the carrying out in
practice of this determination, and also in the settlement of the question as to the duty in a given case of accepting work.

Whatever may concern the different methods of solution of the
problem in question, whatever public means may be at hand for the
purpose of effecting insurance against inability to find employment, it
is found that, with a *compulsory* general insurance of this kind, in
a great measure certain classes of workmen are burdened for whom the
risk of being without employment does not on the whole exist, or if
so, to a very small degree, and that on the other hand a graduated
premium corresponding to the actual risk is very difficult to adjust.
Apart from the question of the necessity to give to the insurance such
a wide extent, there is the fact that every bureaucratic obligatory insurance system is obliged to provide safeguards, and to limit in some
way the definition of what constitutes such an inability to find employment as deserves insurance relief, and these provisions and limitations
are easily felt by the workmen as an infringement upon their freedom
of movement and as an injury to the ends striven after by their trades-
unions. The solutions of the question which would fashion the form
of the insurance so that it would be optional can, as a matter of course,
only reckon upon those classes that themselves feel the necessity of
such insurance, and experience shows that these are very few. Experience likewise shows that, among the workmen who are the worse
situated, there is wanting partly their own initiative to insure, partly
the possibility of contributing regularly from their income the amount
of the premium.

Distinguished from the provision of a relief fund provided either
by the voluntary or compulsory contributions of the workmen, is the

method which has been adopted by the Parishes in Belgium and by the State in France, of contributions by those governmental bodies to existing institutions, whether trades-unions or other organizations, which have for their aim the support of those unable to obtain employment. The weakness of this solution of the question consists in the fact that only a part of the whole body of workmen is taken into consideration, that part which is organized or otherwise possesses sufficient initiative to insure itself. To prevent this limitation of benefits and to create an equalization through the granting of contributions to savings bank deposits, whereby the unorganized workmen may be also helped, has shown itself everywhere to be difficult. General insurance relief funds, supplemental to the funds already existing, have not yet been established, but are demanded as the complement and completion of the relief fund system. A development of the methods adopted in Belgium and France is proposed in Norway and Denmark. A vindication of all these methods, so far at least as the participation of the State is concerned, is yet wanting. Over against these attempted solutions there are not wanting also considerations of an economic or other kind. The system is one for the encouragement of self-help and is suitable, in general, more to conditions in which this encouragement is still necessary than to those which have outgrown this necessity and developed the trade-union (England).

Protection against the consequences of want of employment, through self-help without making a claim on public resources, has been acquired, especially through the trade-union for definite classes of workmen in all countries. The workmen recognize however only in a limited way self-help as the normal form of protection against want of employment and stand upon the fundamental principle, contested by the other side, that requiring the workman to rely upon self-help, places a burden upon him unjustly, since the failure of employment is a result of the existing capitalistic economic order, and therefore the cost of protection against this failure ought to be borne by the community. It must not be overlooked that this principle cannot be limited to the *manual* worker, but is valid in the same way for all who are dependent upon their labour for a livelihood, and that this argument leads in its ultimate consequences to a demand upon the State to insure all persons who are thus dependent. The same view leads the workmen to a complete refusal also to accept the principle of a compulsory savings fund as a substitute for insurance against want of employment.

All suggestions in reference to the question here considered agree upon this, that the existence and complete organization of an agency for ascertaining the demand that exists for labour and for supplying that demand, in other words for bringing together the workman and the employer, is of essential significance for every form of insurance against inability to obtain employment. To the setting forth of the extent to which such a means of mediation and communication between workman and employer exists in the German Empire, the second part of the memoir is dedicated.

Active effort to obtain information as to labour conditions is a prerequisite of a system of insurance against inability to obtain employment, since a proper case for paying an insurance relief can then only arise when for the time it is impossible to set the man to work. The significance which such an information agency has for determining when a workman is entitled to insurance relief is the same for determining how long it should continue, as the relief should cease as soon as work is procured. This close connexion between information as to labour conditions, i. e. as to supply and demand, and the question of insurance, justifies the special presentation which is given in the IInd part, of the means taken to acquire this information and the extent to which it has been obtained; in this part after an introduction, the principles underlying the bringing together of employer and workman are briefly sketched and then the different methods of obtaining information as to labour conditions, their development and their present day status are set out.

In this domain also the imperial Statistical Office had to abstain from all suggestions concerning the development or reform of the methods of obtaining the information referred to, and to estimate the present condition of the matter critically, only as to how far this condition would suffice or be adapted to serve as a basis for a solution of the question here at issue. A critical consideration shows that it is not yet the case to-day in the German Empire that this condition can be taken as such a basis and that the enlargement, the putting together and the organic union of the various methods of acquiring information as to labour conditions must first be brought about, in order to fashion the preliminary conditions for the solution of the problem of insurance against inability to obtain employment.

Gedruckt in der Königl. Hofbuchdruckerei von E. S. Mittler & Sohn, Berlin SW68, Kochstr. 68—71.